Dispersionen und Emulsionen

Dispersionen und Emulsionen

Gerhard Lagaly
Oliver Schulz
Ralf Zimehl

Eine Einführung
in die Kolloidik
feinverteilter Stoffe
einschließlich
der Tonminerale

mit einem historischen
Beitrag über
Kolloidwissenschaftler
von Klaus Beneke

STEINKOPFF
DARMSTADT

Prof. Dr. Dr. h.c. GERHARD LAGALY
Dipl. Chem. Dipl. Psych. OLIVER SCHULZ
Dr. RALF ZIMEHL
Christian-Albrechts-Universität
Institut für Anorganische Chemie
D-24098 Kiel

Die Deutsche Bibliothek – CIP-Einheitsaufnahme

Lagaly, Gerhard:
Dispersionen und Emulsionen: eine Einführung in die Kolloidik feinverteilter Stoffe einschließlich der Tonminerale / Gerhard Lagaly; Oliver Schulz; Ralf Zimehl. Mit einem historischen Beitrag über Kolloidwissenschaftler / von Klaus Beneke. – Darmstadt: Steinkopff, 1997
ISBN 978-3-7985-1087-6 ISBN 978-3-642-59248-5 (eBook)
DOI 10.1007/978-3-642-59248-5

Ursprünglich erschienen bei Dr. Dietrich Steinkopff Verlag, GmbH & Co. KG Darmstadt 1997

Verlagsredaktion: Dr. Maria Magdalene Nabbe – Herstellung: Heinz J. Schäfer
Umschlaggestaltung: Erich Kirchner, Heidelberg

Satzherstellung: K+V Fotosatz GmbH, Beerfelden

Gedruckt auf säurefreiem Papier

Vorwort

Die Bedeutung kolloidchemischer Vorgänge in der Praxis ist weitgehend erkannt, die kolloidchemische Forschung wird zunehmend verstärkt. Viele chemische Produkte, pharmazeutische und kosmetische Präparate werden als kolloidale Systeme angeboten oder sind unter bewußter oder unbewußter Berücksichtigung kolloidchemischer Vorgänge hergestellt worden. Es überrascht jedoch, daß die meisten Chemiker und Physiker, die die Hochschule verlassen, kaum Kenntnisse der Kolloidchemie besitzen und sich an ihrer neuen Wirkungsstätte in dieses neue Gebiet einarbeiten müssen. Studenten können nur an wenigen Hochschulen kolloidwissenschaftliche Grundlagen erwerben: Kolloidik gehört nicht zu der regulären Ausbildung von Chemikern und Naturwissenschaftlern.

Mittlerweile sind mehrere kolloidwissenschaftliche Lehrbücher unterschiedlicher Fragestellung griffbereit vorhanden. Hinweisen möchte ich auf die Werke:

- P.C. Hiemenz: Principles of Colloid and Surface Chemistry (M. Dekker, 1977)
- R.J. Hunter: Foundations of Colloid Science. Vol. I, II (Clarendon Press, 1991)
- R.J. Hunter: Introduction to Modern Colloid Science (Oxford Sci. Pub., 1993)
- H.-D. Dörfler: Grenzflächen- und Kolloidchemie (VCH, 1994)
- M.J. Schwuger: Lehrbuch der Grenzflächenchemie (G. Thieme Verlag, 1996)

Zum Studium der Grundlagen ist das dreibändig angelegte Werk von J. Lyklema: „Fundamentals of Interface and Colloid Science“ besonders zu empfehlen. Bisher sind die beiden Bände: „I. Fundamentals“ (Acad. Press, 1991) und „II. Solid-liquid Interfaces“ (Acad. Press, 1995) erschienen.

Somit können sich Wissenschaftler je nach Arbeitsgebiet und praktischer Anforderung theoretische Grundlagen in gewünschter Vertiefung erarbeiten.

1935 schrieb Aladar v. Buzágh im Vorwort seines erfolgreichen Buches „Kolloidik“ (Verlag von Theodor Steinkopff, Dresden und Leipzig, 1936): „In der Kolloidik bestätigt sich wie wohl kaum in einer anderen Wissenschaft so ausgeprägt die Wahrheit, daß unsere Kenntnisse sehr wenig gefördert werden, wenn man in Verbindung mit neuen Tatsachen auf Kosten ausgereifter Theorien gewaltsam neue Theorien schaffen will und sich vor der Zeit in zu weitreichende Verallgemeinerungen einläßt. Andererseits ist verständlich, daß sich neue Erscheinungen nur dann in vollem Ausmaß erfassen lassen, wenn man sie nicht mit aller Gewalt in den Rahmen der bisherigen Kenntnisse hineinzuzwängen versucht.

Theorien sind gut, wenn sie zur Erkenntnis neuerer Gesetzlichkeiten führen und die Auffindung der Zusammenhänge zwischen den Erscheinungen ermöglichen. Wir müssen aber stets damit rechnen, daß die Theorien und Prinzipien auch falsch sein können. Die Ergebnisse der sorgfältig ausgeführten Experimente sind dagegen zeit- und wertbeständig. Nur ein derartiges, von Dogmen freies Forschungsprinzip kann wirklich fruchtbar und erfolgreich sein".

Oft ist es schwierig, die theoretischen Kenntnisse auf die meist kompliziert zusammengesetzten praktischen Systeme zu übertragen. In der Praxis sind daher Entscheidungen auf Grund einfacher Überlegungen oder Messungen zu fällen.

Durch einfache Experimente läßt sich erstaunlich viel über kolloidale Systeme lernen. Wichtige Informationen sind aus dem Einfluß chemischer Veränderungen (pH-Wert, Zusatz von Salzen und organischen Stoffen) abzuleiten. Dazu soll dieses Buch eine Hilfe geben. Es ist weniger daran gedacht, aufwendige und teure Geräte vorzustellen und werbewirksam zu empfehlen. Daß sie heute unentbehrlich sind, steht außer Frage. Jedoch ist damit eine große Gefahr verbunden. Moderne Geräte werden immer irgendwelche Größen und Zahlenwerte liefern, die dank moderner Datenverarbeitung appetitlich präsentiert werden – ob sie richtig sind, ist eine andere Frage. Ein instruktives Beispiel ist der Umgang mit Zetapotentialen. Manchmal ist die Kenntnis von Absolutwerten weniger wichtig als ihre Veränderung mit den chemischen Parametern.

Der Leser mag beim ersten Blick auf die mit mathematischen Formeln gefüllten Seiten den Eindruck einer ausführlichen Darstellung der theoretischen Grundlagen bekommen. Das ist aber nicht der Fall. Vieles ist abgekürzt wiedergegeben, damit sich der Leser nicht zu sehr in den mathematischen Zusammenhängen verliert und sie möglicherweise überbewertet. Wer es genau wissen will und auf eine korrekte Erfassung der thermodynamischen Grundlagen besteht, muß zu den Bänden von J. Lyklema greifen!

Ein ins Auge fallender Unterschied zu anderen kolloidwissenschaftlichen Werken ist die Darstellung chemischer Zusammenhänge – das Buch ist schließlich von einem Chemiker geschrieben. Aber nicht nur deshalb! Bei aller Wertschätzung physikalischer und mathematischer Zusammenhänge, der ich selbst oft fröne, muß betont werden, daß kolloidale Systeme aus realem Material bestehen, das chemischen Reaktionen unterliegt und das sich mit der Temperatur, dem Druck und den chemischen Parametern (wie pH-Wert, Salzgehalt, Art der Salze und der organischen Verbindungen) entscheidend verändern kann. Wie sich solche Veränderungen auf die Kolloidstabilität auswirken, wird an vielen Beispielen gezeigt. Gerade darin sehen wir eine entscheidende Hilfestellung für den praktisch tätigen Kolloidwissenschaftler.

Natürlich kann ein von einem Autor geschriebenes Buch nicht alle Gebiete in gleichem Umfang erfassen; persönliche Erfahrungen und Vorlieben werden ihre Spuren hinterlassen. Sicher aber gewinnt die Darstellung dadurch an Einheitlichkeit. Man möge mir Einiges verzeihen:

„Das Schaffen selbst ist eitel Bewegung,
Das stümpert sich leicht in kurzer Frist;
Jedoch der Plan, die Überlegung
Das zeigt erst wer ein Künstler ist."
(H. Heine, Schöpfungslieder)

Ein besonderes Anliegen war der Hinweis auf die ältere Literatur. Vieles wird heute als neu vorgestellt, was in älteren Arbeiten angedeutet oder sogar klar ausgesprochen wurde! Eine der Ursachen ist manchmal eine gewisse wissenschaftliche Arroganz, die nur das für richtig hält, was mit modernsten Geräten (gelegentlich unter Verbrauch merklicher finanzieller Mittel) und in den jüngsten Jahren gemessen wurde. Oft ist es auch Unkenntnis der älteren Literatur, die durch die fast ausschließliche Benutzung der elektronischen Literatursuche gefördert wird. Ältere Arbeiten müssen in den Originalzeitschriften aufgespürt werden!

Es wurde Wert darauf gelegt, die Originalarbeiten durchzusehen und ihre Titel im Literaturverzeichnis anzugeben. Einige Originalarbeiten konnten wir leider nicht erhalten. Eine große Hilfe war Herr Klaus Beneke, der sich seit Jahren mit der Geschichte der Kolloidwissenschaften befaßt. Ihm verdanken wir Kapitel 16, in dem er die Lebensumstände bedeutender Kolloidwissenschaftler ausführlich dargestellt hat, und das zudem weitere Informationen über Dispersionen und Emulsionen liefert.

Dies mag eines der letzten Bücher sein, in denen der Autor die Abbildungen mit eigener Hand gezeichnet hat. Nur einige wenige Abbildungen wurden mit dem Computer angefertigt, und dafür danke ich meinem Mitarbeiter, Herrn Dr. P. Thiesen.

Zu danken habe ich meinen Sekretärinnen, Frau C. Vogel und Frau H. Mittag, die in unermüdlichem Eifer die handschriftlichen Manuskripte in les- und verarbeitbare Form brachten und sich auch durch mathematische und chemische Formeln nicht bremsen ließen. Herzlichen Dank an Frau Dr. Maria Magdalene Nabbe und allen Mitarbeitern im Steinkopff Verlag, die bis zuletzt geduldig die einzelnen Kapitel erwarteten und daraus in kürzester Zeit dieses Buch entstehen ließen.

Im Juli 1997 GERHARD LAGALY

Inhaltsverzeichnis

1 Kolloidale Verteilungen und ihre technische Bedeutung

1.1 Kolloidale Systeme

Die Verteilung eines Stoffes in einem Dispersionsmittel (kontinuierliche Phase) wird als kolloidal bezeichnet, wenn mindestens eine Dimension der dispergierten Phase ≤ 1 μm ist. Üblicherweise grenzt man die kolloidalen Dispersionen bei etwa 1 nm gegen die echten Lösungen ab (Abb. 1.1).

Der Begriff „Kolloide" (von griech. „kollan" = leimen) wurde zum ersten Mal von Thomas Graham (1805–1869) für Stoffe benutzt, die in Lösungen unsichtbar sind, aber dennoch bei der Dialyse (auch dieser Ausdruck stammt von Graham!) nicht durch poröse Membranen diffundieren (Graham, 1861). Durch Dialyse konnte Graham organische Kolloide wie Tannin, Albumin, Gelatine und Dextrin recht rein isolieren und anorganische kolloidale Lösungen verschiedener Metalloxide herstellen. Noch 1900 war die Natur der aus einer kolloidalen Dispersion ausgefällten Niederschläge unklar (Stark, 1899). Der kolloidale Zustand ist nicht

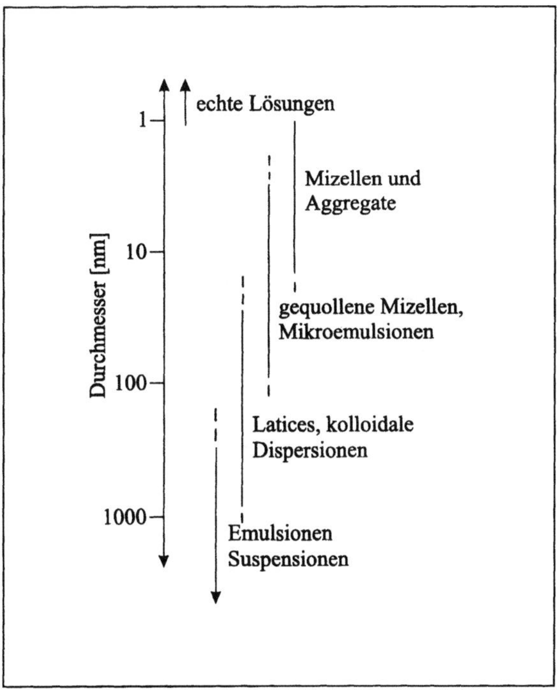

Abb. 1.1. Typische Durchmesser kolloidaler Systeme

ein vierter Aggregatzustand, und Kolloide sind nicht besondere Stoffe, sondern allgemein mögliche Verteilungszustände der Materie. Dies wurde 1906 von Peter P. von Weimarn in einem Vortrag vor der russischen chemischen Gesellschaft (s. von Weimarn 1907, 1926) und von Wolfgang Ostwald (1907, 1914) endgültig klargestellt. Aber noch 1914 betont Bancroft diese Tatsache ausdrücklich.

Die drei Grundtypen kolloidaler Systeme sind die zweiphasigen Dispersionen (im allgemeinen Sinne), die Lösungen makromolekularer Stoffe und die Assoziationskolloide (Abb. 1.2). Die makromolekularen Lösungen sind einphasige Systeme, während die Mizellbildung sowohl mit einphasigen Modellen (nach dem Massenwirkungsgesetz) als auch mit zweiphasigen (Phasentrennung) beschrieben wird.

Die wichtigsten Typen der zweiphasigen Systeme sind in Tabelle 1.1 zusammengestellt. In vielen Fällen ist die dispergierte Phase in Teilchen bzw. Tröpfchen kolloidaler Dimensionen aufgeteilt (partikuläre Kolloide: Nebel, Dunst, Rauch, Aerosole, Dispersionen), während Schäume relativ grobe Dispersionen von Gasblasen in einer Flüssigkeit sind. Die großen Gasblasen sind durch einen Flüssigkeitsfilm kolloidaler Dicke voneinander getrennt. Auch in Emulsionen können die dispergierten Öltröpfchen (in O/W-Emulsionen) oder Wassertröpfchen (in W/O-Emulsionen) viel größer als 1 μm Durchmesser sein. Bei der Annäherung zweier Tröpfchen wird die kontinuierliche Phase bis auf einen Flüssigkeitsfilm kolloidaler Dimension verdrängt, der für die Stabilität der Emulsion ausschlaggebend wird. So beruht auch hier die Stabilität auf den Gesetzmäßig-

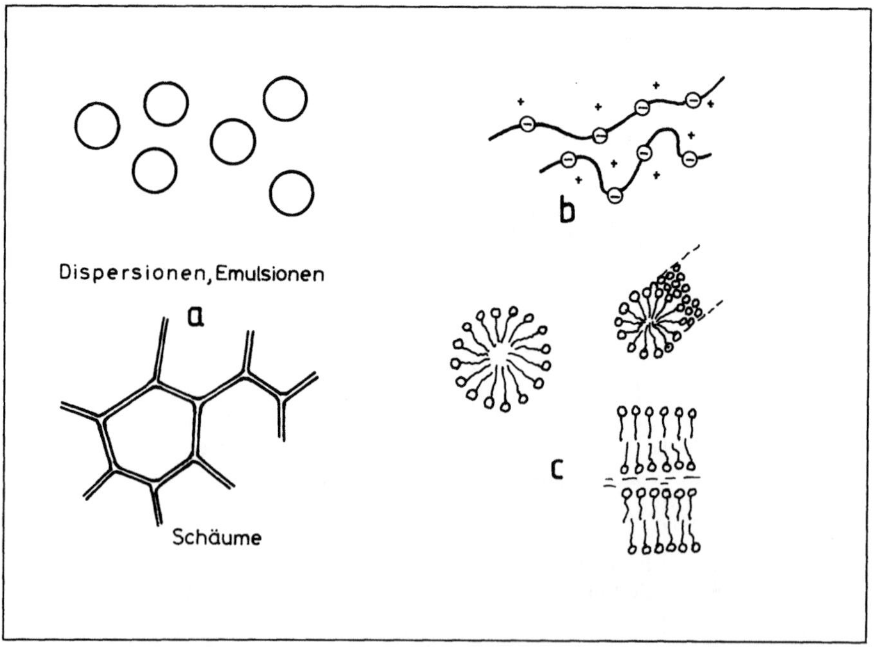

Abb. 1.2. a–c Kolloidale Verteilungen. **a** zweiphasige Systeme, **b** Makromoleküle in Lösung, **c** Assoziationskolloide

Tabelle 1.1 Kolloidale Verteilungen

Kontinuierliche Phase	Disperse Phase	Bezeichnung
gasförmig	flüssig	Aerosol (flüssiger Teilchen), Dunst, Nebel
gasförmig	fest	Aerosol (fester Teilchen), Rauch
flüssig	gasförmig	Schaum
flüssig	flüssig	Emulsion
flüssig	fest	Dispersion (Sol, Suspension, Schlicker, Paste)
fest	gasförmig	fester Schaum
fest	flüssig	feste Emulsion
fest	fest	festes Sol, fest-fest-Dispersion, Legierung

keiten der Kolloidik. Beim Übergang von O/W- in W/O-Emulsionen und umgekehrt (Phaseninversion) treten auch bikontinuierliche Emulsionen auf, indem eine Phase ein kontinuierliches Netzwerk in der anderen, ebenfalls kontinuierlichen Phase bildet (s. Abb. 7.6, 7.19). Mikroemulsionen haben Teilchendurchmesser von 0,01 bis 0,1 µm und unterscheiden sich durch ihre spontane Bildung von Emulsionen. Zwischen Mizellen und Emulsionen gibt es möglicherweise einen kontinuierlichen Übergang, in den die Mikroemulsionen einzureihen sind. Dabei können auch bikontinuierliche Verteilungen auftreten.

Suspensionen sind Dispersionen aus so schweren Teilchen, daß diese durch die Schwerkraft schnell sedimentieren. Um mit solchen Teilchen kolloidale Dispersionen herzustellen, hilft keine noch so gute Stabilisierung, sondern nur die Verringerung des Dichteunterschieds zwischen Teilchen und Dispersionsmittel oder die Verteilung im Gel bzw. Mikroemulsionsgel (Hoffmann und Ebert, 1988).

Koazervat wird für alles Mögliche gebraucht. Oft bezeichnet man damit eine Phasentrennung von Dispersionen, bei der sich die Teilchen in konzentrierter Form zusammen mit dem Lösungsmittel als eigene Phase von einer verdünnten Phase oder dem reinen Lösungsmittel abtrennen. Als ein möglicher Verfahrensschritt spielt die Koazervation bei der Mikroverkapselung eine Rolle. Zuweilen werden Verteilungen in flüssig-kristallinen Phasen Koazervate genannt.

Auch dem Begriff *Gel* haftet eine merkliche Unschärfe an. Üblicherweise bezeichnet man damit kolloidale Verteilungen, die dem Fließen einen gewissen Widerstand entgegensetzen.

Die *Grenzfläche* zwischen dispergierten Teilchen und Dispersionsmittel muß nicht eine scharf definierte Fläche bedeuten, sondern kann ein *Grenzbereich* mit endlicher Dicke sein (Kap. 2.2). Die Existenz von Grenzbereichen ist z. B. bei bestimmten Latexdispersionen wesentlich. Es ist ja nicht von vornherein zu erwarten, daß bei der Emulsionspolymerisation von Monomeren wie Styrol, Butadien, Acrylsäure und Derivaten eine völlig glatte Oberfläche gebildet wird. Durch Emergenzen kann ein Übergangsbereich entstehen, in dem sich das Teilchen zum Dispersionsmittel hin „öffnet". Die Struktur dieses Grenzbereichs, der durch Oberflächemodifizierung vielfältig verändert werden kann, hat großen Einfluß auf die Stabilität der Dispersion.

Gelöste makromolekulare Stoffe stellen einphasige kolloidale Dispersionen dar. Diese Lösungen sind im thermodynamischen Sinn echte Lösungen. Sie werden kolloidalen Systemen zugerechnet, da sowohl die Makromoleküle selbst als auch deren Knäuel in Lösung kolloidale Größe haben. Das Verhalten der Makromoleküle wird durch die Wechselwirkung mit dem Lösungsmittel bestimmt. Die Knäuel sind keine dichten, sondern sehr lockere Gebilde aus jeweils einem verschlungenen Makromolekül. Die Dichte des lösungsmittelfrei gedachten Knäuels ist daher sehr gering (z. B. Polymethylmethacrylat, Molmasse 500 bis 5 000 000 in Aceton: 0,05 bis 0,01 g/cm^3; Cellulose, Molmasse 100 000 bis 1 000 000 in Aceton: 0,025 bis 0,0023 g/cm^3). Das Knäuel ist umso offener und lockerer, je höher die Molmasse ist.

Assoziationskolloide entstehen durch Zusammenlagerung von Tensiden zu Gebilden kolloidaler Dimensionen. Dies können kugel-, scheiben- bzw. röhrenförmige Mizellen oder zweidimensionale Systeme (z. B. Seifenfilme in Wasser) sein. Beim Gelieren von Kohlenwasserstoffen durch Tenside in Gegenwart von Wasser entstehen zweiphasige Kohlenwasserstoffgele (Hoffmann und Ebert, 1988).

Der Zielsetzung des Buches entsprechend werden die Assoziationskolloide nicht weiter behandelt. Über die „faszinierenden Eigenschaften" dieser Systeme siehe Hoffmann und Ebert (1988) sowie Hoffmann (1994).

1.2 Kolloide in der Technik

Herstellung und Einsatz von Teilchen kolloidaler Größe sind in der Industrie von außerordentlicher Bedeutung. Die Vielfalt der Anwendungen umfaßt u. a. hochdisperse Füllstoffe, Verdickungs- und Thixotropierungsmittel, Farb- und Magnetpigmente, Latexdispersionen, Dispersionsfarben, Druckfarben, Bohrspülflüssigkeiten, Pestizidformulierungen, pharmazeutische und kosmetische Produkte. In den Materialwissenschaften spielt die Fest/fest-Verteilung eine wichtige Rolle, z. B. bei der Dispersionshärtung von Legierungen, bei Verbundwerkstoffen, nanopartikulären Strukturen und Polymerlegierungen.

Die Gesetze der Kolloidik werden benutzt, neue Stoffe zu schaffen, häufiger aber, um Anwendung und Anwendbarkeit vorhandener Produkte zu verbessern, den Verbrauchergewohnheiten anzupassen oder diese zu steuern und neue Einsatzgebiete zu gewinnen. Zuweilen werden Präparate nur aus optischen oder werbetechnischen Gründen verändert. Manche Produkte werden in kolloidaler Verteilung als Dispersionen eingesetzt, andere koaguliert, geflockt oder im gelartigen Zustand verwandt. Daher kommt den Untersuchungen über die Stabilität von Dispersionen besondere Bedeutung zu. Die Herausforderungen an den Hersteller werden dadurch verschärft, daß die Dispersionen bis zur Anwendung stabil, lagerfähig und möglichst unempfindlich gegenüber Temperatureinflüssen sein müssen.

In den wenigsten Fällen ist dem Anwender bewußt, wie sehr Gesetzmäßigkeiten der Kolloidwissenschaften bei der Herstellung des Produkts ausgenutzt werden. Heute gelingt es fast jedem, und manchmal sogar abgehobenen Theoretikern, Wände zu tünchen, weil die Dispersionsfarben kolloidchemisch raffiniert eingestellte Systeme sind. Gute Benetzung und Filmbildung, ausreichende Thixotropie und gute Aufrührbarkeit verlangen unterschiedliche kolloidchemische Bedingungen, für die durch geeignete Rezepturen ein Mittelweg gefunden werden muß. Ähnlich sensibel müssen die kolloidchemischen Eigenschaften der Streichfarben bei der Papierherstellung, der Druckereifarben, Schlitzwanddispersionen und Bohrspülflüssigkeiten eingestellt werden. Bei Erdölbohrungen in der Nordsee (Off-shore-Bohrungen) oder bei Bohrungen durch Salzdome muß die Bohrspülflüssigkeit zusätzlich eine hohe Salzstabilität aufweisen (Kap. 3.6, 3.11) (Jasmund und Lagaly, 1993, Kap. 9).

Klebstoffe können äußerst komplexe Systeme sein. Fliesenkleber erfüllen heute in jeder Hinsicht die Erwartungen eines Handwerkers; warum sie es aber tun, ist oft rätselhaft.

In der Landwirtschaft spielt die Kolloidik eine stärkere Rolle als man zunächst meinen möchte. Für die Ertragfähigkeit des Bodens ist die Struktur der Aggregate wesentlich, da ausreichende Porosität und Permeabilität gewährleistet sein muß. Bei vielen Böden hat das Na^+/Ca^{2+}-Verhältnis einen entscheidenden Einfluß, weil es den Dispersionsgrad der Tonminerale steuert (Quirk, 1986; vgl. Kap. 3 in Jasmund und Lagaly, 1993) (Kap. 12.1.3). Die Applikation der Pestizide ist in besonderer Weise an kolloidchemische Gesetzmäßigkeiten gebunden. Pestizide werden häufig als feinteilige Dispersionen bereitgestellt. Eine Sedimentation läßt sich oft nicht verhindern, doch darf das Sediment nicht dilatant sein und muß sich leicht aufrühren lassen. Durch Zusätze von Verdickungsmitteln (Polymere), sterisch stabilisierten Dispersionen oder durch Ausnutzung der Verarmungsflockung (Kap. 4.12) (Tadros and Zsednai, 1990) wird das Sediment locker gehalten und ist leicht aufzurühren. Bei zu hoher Löslichkeit besteht die Gefahr des Teilchenwachstums durch Ostwald-Reifung (Kap. 5.4, S. 170, s. a. Kap. 6.2 in Everett, 1992), die durch Wachstumshemmer, ein anderes Lösungsmittel oder durch eine andere, weniger lösliche Form des Pestizids verringert werden muß. In Wasser unlösliche bzw. wenig lösliche Pestizide können durch eine Art Solubilisierung mit Natriumbentonit feinteilig dispergiert werden (Takahashi und Yamaguchi 1991; vgl. Lagaly, 1994). Hydrophob wirkende Biozide lassen sich durch Solubilisierung in mizellaren Lösungen aufbereiten. Viele Insektizide und Fungizide werden als Lösungen oder Dispersionen in einem öligen Lösungsmittel bereitgestellt, das bei der Anwendung in einem meist großen Volumen Wasser verteilt wird und bei schwachem Umrühren sofort emulgieren soll. Es gibt auch Pestizide, die in der Wasserphase einer W/O-Emulsion gelöst sind, so daß beim Verdünnen mit Wasser eine multiple Emulsion (Kap. 7.1) entsteht. Da viele Biozide aufgesprüht werden, wird der Aerosolbildung viel Aufmerksamkeit gewidmet. Neben den Problemen bei der Bereitstellung der gieß- oder sprühfähigen Dispersionen bzw. Emulsionen muß die Haftung der Wirkstoffe auf der Pflanze berücksichtigt werden. Auch hier sind kolloidchemische Eigenschaften wesentlich, um Verluste bzw. erhöhte Verunreinigungen des Untergrunds zu verhindern.

Milch, Mayonnaise, Margarine und Cremeliköre sind bekannte Emulsionen des täglichen Lebens (Dickinson, 1992). Die Wahl der Emulgatoren oder Dispersionshilfsmittel ist für die Güte vieler Produkte entscheidend, die mit Wasser oder Milch angerührt werden sollen. Ketchup wird thixotrop eingestellt (Kap. 12.2.4), um seine Applikation auf „Hamburgern“ und ähnlichen Produkten zu verbessern.

Emulsionen werden auch benutzt in Form pharmazeutischer und kosmetischer Produkte, zu einer verbesserten Erdölgewinnung, in der Umwelttechnik, z. B. zur Emulgierung von ausgelaufenem Öl, zur Verbesserung von Asphalt (Liang and Hesp, 1993) oder bei der Bodenreinigung.

Der Umgang mit kolloidal verteilten Systemen ist in der Verfahrenstechnik oft eine Herausforderung. Viele Verfahren werden durch die Größe und Form der Teilchen, das Ausmaß der interpartikulären Wechselwirkungen, die Art der Verteilung (dispergiert, koaguliert, geflockt, gelartig) und die Form der Sedimentbildung beeinflußt. Dazu gehören Dispergieren, Flocken, Filtrieren, Aufrühren, Verdünnen, Umpumpen, Gelbildung, Vermeidung von Synäresen bei Gelen, Salben und Cremes, Entwässern und Eindicken (Kap 12.1.3).

In nichtwäßrigen, nichtleitenden Lösungsmitteln kann die Adsorption von Verunreinigungen, auch in kleinsten Konzentrationen, zu einer Aufladung der Oberfläche führen. Die Zahl der Ladungen von Röhren und Tanks oder Wassertropfen ist gering und ungefährlich, solange die nicht oder kaum leitende Flüssigkeit ruht oder nur langsam strömt. Bei stärkerer Strömung kommt es infolge der zu geringen Leitfähigkeit zur Trennung der Ladungen und Bildung hoher Potentialdifferenzen, die zur Funkenentladung führen können (Morrison, 1993). Auch in Öltanks und Öltankern können durch die Sedimentation von Wassertropfen starke elektrische Felder entstehen, deren Entladung in Gegenwart von Luftsauerstoff zu Brand oder Explosionen führt (s. a. Kap. 10.8).

Die folgende Übersicht läßt die vielfältigen Anwendungen der Kolloide noch besser erkennen.

Chemische Industrie. Farbpigmente, Effektpigmente, Dispersionsfarben, Pulverlacke, Latexdispersionen, elektrophoretische Lackierung, Klebstoffe, Verdikkungs- und Thixotropierungsmittel, Schmiermittel, viskose Schalter (Antonietti, 1994), Katalysatoren, Katalysatorträger, Füllstoffe, Adsorptionsmittel, Bleicherden, photographische Dispersionen, Reinigungs- und Waschmittel, Mineralflotation, Schäume zur Feuer- und Ölbrandbekämpfung, Asphalt, Asphaltemulsionen, Emulsionen in der Textilindustrie (Kap. 7.3).

Pharmazeutische Industrie. Emulsionen, Mikroemulsionen (Beyer und Mubarak, 1983), Cremes, Salben, Kosmetika, Adsorptionsmittel, Depotstoffe, Sprengmittel für Tabletten, Aerosole.

Lebensmittelindustrie. Milch, Margarine, Zusätze zu Lebensmitteln, Dispersionshilfsmittel, Emulgatoren (Dickinson, 1992).

Papierindustrie, Druckerei. Füllstoffe und Streichfarben bei der Papierherstellung (Kap. 3.6), Tinten, Druckpasten (Kap. 7.4, S. 240), Durchschreibepapiere (Jasmund und Lagaly, 1993, Kap. 9).

Materialwissenschaften. Silicatische und nichtsilicatische Keramik, Glaskeramik, Pulvermetallurgie, Legierungen, Dispersionshärtung, mechanisches Legieren, nanopartikuläre Strukturen (Legierungen, Keramik-Metall-Legierungen, Glas und organische Polymere, Ormocere), Färbung von Gläsern (Goldrubinglas,

Kap. 5.6), Kunststoffe, Polymerlegierungen, Füllstoffe, Verbundwerkstoffe, Membranherstellung, Aerogele (Kap. 12.2.1).

Bauindustrie. Zement, Klebstoffe, Schlitzwandbau, Bodenabdichtung, Geotechnik (Kap. 3.6; 12.2.4).

Ölindustrie. Erdölgewinnung, Bohrspülflüssigkeiten (Kap. 3.6; 3.11, S. 109; Kap. 12.2.4), tertiäre Erdölförderung mit Mikroemulsionen (Kosswig, 1984; Bansal and Shah, 1977), Teersandextraktion mit Mikroemulsionen, Bitumengewinnung durch Emulgierung von Öl, Brechung von Emulsionen (Demulgierung), Ölbindung, feste Additive in Schmierölen, z. B. zur Säurebindung (Kap. 5.9, S. 185).

Landwirtschaft. Bodenverbesserung, Handhabbarkeit von Chemikalien (Sedimentation, Aufrührbarkeit), Pestizidapplikation (Dispersionen, Emulsionen, solubilisiert in Mizellen, Mikroemulsionen, Aerosole).

Umwelttechnologie. Wasserreinigung (Kap. 3.3, S. 83; Kap. 12.1.3), elektrochemische Koagulation (Szynkarczuk et al., 1994), Transport kolloidaler Teilchen oder Transport von Stoffen über kolloidale Teilchen im Boden und Grundwasser (Swanton, 1995), Ölbindung, Öl- und Fettemulgierung (Kaltlöser), Deinking (Recycling bedruckter Papiere; Epple et al., 1994), Aerosole, Schäume, Beseitigung von Kohlestaub, Klärschlamm, Schadstoffbindung, Barrieren, Deponien, Altlastsanierung, Bodenreinigung.

Zur Ergänzung seien einige spezifische Systeme von praktischer Bedeutung aufgeführt.

Kolloidale Kieselsäure und Kieselgele. Zur technischen Darstellung wäßriger kolloidaler SiO_2-Dispersionen werden Wasserglaslösungen zu verdünnter Salzsäure gegeben oder durch Ionenaustauscher in die H^+-Form überführt. Das gebildete Kieselsäuresol ist sehr instabil und wird durch maßvolle Alkalisierung und Temperaturerhöhung (z. B. auf etwa 60 °C) stabilisiert. Die Eigenschaften der Dispersionen lassen sich durch die experimentellen Bedingungen bei der Herstellung steuern. Kolloidale Lösungen können auch durch Dispergieren feinverteilter SiO_2-Präparate (z. B. Aerosil®) in Wasser oder organischen Lösungsmitteln gewonnen werden (Weiss et al. 1982; Flörke et al., 1993; Yoshida, 1994; s. a. Kap. 5.5).

In wäßrigen Solen mit Feststoffgehalten über 10–15 % läßt sich die Teilchengröße an der Trübung erkennen. Das Sol erscheint wasserklar, solange die Teilchendurchmesser <7 nm sind. Durchscheinend trübe sind Sole mit Teilchen zwischen 10 und 30 nm. Teilchen über 40 bis 50 nm machen die Dispersion milchig weiß (Flörke et al., 1993).

Gut stabilisierte Kieselsole sind jahrelang lagerfähig, wenn Verunreinigungen von außen und Verdunstung von Wasser vermieden werden. Große Teilchen (etwa >60 nm) sedimentieren jedoch aufgrund der Schwerkraft innerhalb weniger Monate.

Organosole entstehen beim Austausch des Wassers durch wasserlösliche Alkohole oder Ether. Ein wasserfreies Kieselsol enthält z. B. 70 % SiO_2 und 30 % Ethylenglycolethylether.

Bei Zugabe von Säure zur Wasserglaslösung (technisch heute kontinuierlich durch gleichzeitiges Zusammengeben von Wasserglas und Schwefelsäure) entstehen Kieselgele, die getrocknet als Xerogele bezeichnet werden (Kap. 12.2.1). Porosität und Art der Poren werden durch die Reaktionsbedingungen, vor allem durch spezielle Behandlungen während des Waschens und/oder Trocknens, festgelegt (Weiss et al., 1982; Flörke et al., 1993).

Die sogenannten Fällungskieselsäuren werden ebenfalls durch Umsetzung von Wasserglaslösungen mit Säuren hergestellt. Durch Vermeidung des Gelzustandes entstehen Produkte mit anderen Eigenschaften (Weiss et al., 1982; Flörke et al., 1993; Ferch, 1994).

Pyrogene Kieselsäuren mit wiederum anderen Eigenschaften werden bei hohen Temperaturen aus der Gasphase, z. B. durch Flammenhydrolyse von $SiCl_4$ in einer Knallgasflamme, hergestellt (Kap. 5.8) (Weiss et al., 1982; Flörke et al., 1993; Ferch, 1994).

SiO_2-Dispersionen und Kieselgele werden vielfältigst eingesetzt, z. B. in Anstrichmitteln, pharmazeutischen und kosmetischen Produkten, als Mattierungsstoffe, Verdickungsmittel für wäßrige und nichtwäßrige Lösungsmittel und Dispersionen (Kap. 12.3.2), als Textilhilfsmittel und als Adsorptionsmittel zum Schönen von Wein und Säften. Xerogele sind bekannte Trocken- und Adsorptionsmittel (auch in der Chromatographie). Sie werden zudem als Reinigungs- und Entfärbungsmittel, als Filterhilfsstoffe, Träger für Biozide, als Speicherstoffe, Katalysatorträger, Füllstoffe, zur Immobilisierung in der Biotechnologie und zur Verbesserung der Rieselfähigkeit von Schüttgütern eingesetzt.

Die genannten Produkte (Kieselsole, Xerogele, gefällte Kieselsäure, pyrogene Kieselsäure) bestehen aus amorphem Siliciumdioxid. Feinteilige Quarzprodukte (Quarzmehl) dienen als Strahl- und Schleifmittel und werden als Streu-, Form- und Kernsand in der Metallurgie verwandt.

Oxide und Hydroxide. Oxide, Oxidhydroxide und Hydroxide des Aluminiums (technisch meist undifferenziert als Tonerde bzw. Tonerdehydrate bezeichnet) werden u. a. benutzt als Füllstoffe in Polymeren, Gummi, Papier, Teppichböden, Schaumstoffen, in Zahnputzmitteln, als Schleifmittel, als Flammschutzmittel, in der Textilindustrie, als Beizmittel und als Trägermaterial für Enzyme bzw. Katalysatoren (oft in Form von Heterokoagulaten mit Kieselsäure). Die eingesetzten Stoffe sind kristallin ($Al(OH)_3$: α=Bayerit, γ=Hydrargillit (=Gibbsit), $AlO(OH)$: α=Diaspor, γ=Böhmit; Al_2O_3: α=Korund).

TiO_2 (meist als Rutil, doch auch als Anatas) ist infolge seiner hohen Deckkraft und seines guten Streuvermögens das beste (auch teuerste) Weißpigment. In Anstrichfarben sind Teilchengrößen von 0,15–0,25 μm besonders geeignet (Bittler und Ostertag, 1980; Winter, 1986). Kolloidales Titanphosphat wird zur Oberflächenkonditionierung vor der Zinkphosphatierung eingesetzt (Tegehall, 1989).

Die Eisenoxide und Eisenoxidhydroxide (Fe_2O_3: α=Hämatit, γ=Maghemit; $FeO(OH)$: α=Goethit, γ=Lepidokrokit) sind wichtige Pigmente mit Farbtönen von gelb über rot bis schwarz (Winter, 1986; Bittler und Ostertag, 1980). Ocker sind Mischungen dieser Verbindungen, die je nach Gehalt an Goethit und Hämatit gelb oder rot sind. Die rote Farbe silicatkeramischer Produkte (Ziegel, Klinker, Blumentöpfe etc.) geht auf Hämatit zurück. In besonders kunstvoller Weise wurden die Rottöne von Hämatit und die Braun- bis Schwarztöne von Maghemit in der Vasenmalerei ausgenutzt (Hofmann, 1962). Eisenoxidteilchen mit einem Durchmesser kleiner 0,1 µm bilden transparente Buntpigmente (Bittler und Ostertag, 1980; Winter, 1986).

Technisch wichtig ist der Einsatz des Maghemits als magnetisches Pigment in Tonbändern. Die Eignung ist ganz besonders an Größe und Form der kolloidalen Teilchen gebunden (Bittler und Ostertag, 1980; Winter, 1986).

Sulfide, Schwefel. Kolloidale Sulfide (Arsen-, Nickel-, Cobaltsulfid) sind vielen Chemikern (meist recht unangenehm) aus der Zeit der analytischen Ausbildung in Erinnerung, da sie sich leicht bilden und die Trennungsgänge stören.

Kolloidaler Schwefel (Kolloidschwefel) mit Teilchengrößen von 0,5–2 µm wird technisch durch Mahlen in Kugelmühlen hergestellt. Er ist besonders reaktionsfähig und wird zum Vulkanisieren von Kautschuk, als Fungizid im Obst- und Weinbau und für kosmetische Zwecke verwandt.

Kolloidale Halbleiterteilchen. Neben kolloidalen Teilchen aus CdS, CdSe, Cd_3P_2 und PbS wurden in den letzten Jahren kolloidales ZnS, ZnO, TiO_2, AgI, AgBr, HgI_2, MoS_2 und WS_2 beschrieben. Das Interesse an diesen Teilchen mit Durchmessern von Nanometern (Q-Teilchen) wurde durch die Beobachtung des Größenquantisierungseffekts geweckt (Henglein et al., 1987; Weller, 1993). In nanometergroßen Teilchen verschieben sich der Beginn der Lichtabsorption und die Lage der Fluoreszensbanden zu kürzeren Wellenlängen (Abb. 1.3). Dadurch ändert sich die Farbe der Teilchen. Schwarzes Cd_3P_2 wird mit abnehmender Teilchengröße braun (mittlere Teilchengröße etwa 3 nm), rot, gelb und schließlich fast weiß (mittlere Teilchengröße dann 1,5 nm). Ursache ist ein quantenmechanischer Effekt. „Die durch Lichtabsorption erzeugten, im Mikrokristall frei beweglichen Ladungsträger spüren in nanometergroßen Partikeln die Teilchenwände“ (Weller, 1993).

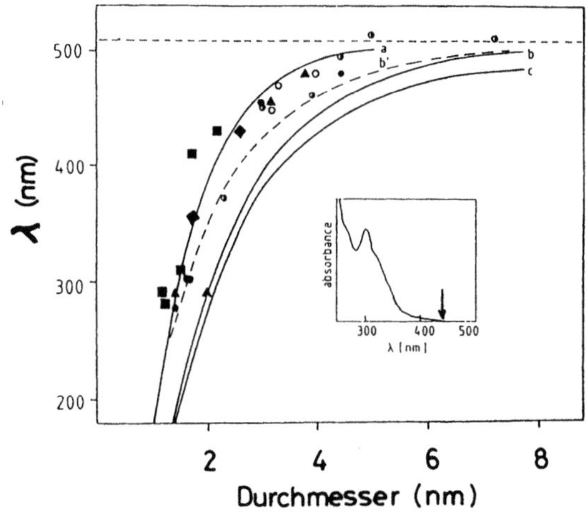

Abb. 1.3. Verschiebung des Beginns der Absorptionsbande (Pfeil) von CdS mit dem Teilchendurchmesser (Kurven a, b, b', c: theoretisch; Symbole: experimentell; im einzelnen s. Weller et al., 1986)

Silberhalogenide. Die lichtempfindlichen Silberhalogenide spielen in der Photographie immer noch die wichtigste Rolle. Die sogenannten photographischen Emulsionen sind in Wirklichkeit Dispersionen der Silberhalogenidkörner mit einem Volumen von etwa 1 μm^3. Überwiegend wird Silberbromid mit einem Zusatz von 2–5 Mol% Silberiodid benutzt. Silberiodid ist einer der klassischen Untersuchungsstoffe der Kolloidchemiker. Teilchen aus dieser Verbindung wurden als geeignete Fremdkeime für die Kondensation von Wasser (künstliches Abregnen) untersucht.

Kolloidale Metalle. Kolloidales Gold wurde vor etwa 400 Jahren zum ersten Mal beschrieben. Auch heute noch sucht man nach neuen Herstellungsverfahren kolloidaler Metalle zum Einsatz als Katalysatoren, z. B. für die photolytische Wasserspaltung. In Zukunft mögen auch bimetallische Kolloide an Bedeutung gewinnen (Sermon et al., 1987; Duff et al., 1987; Thompson and Collins, 1992).

Metallcluster wie Au_{55}, die ebenso wie die oben erwähnten Halbleiterkolloide den Größenquantisierungseffekt zeigen, können als kleinste elektronische Schalter benutzt werden (Schmid und Lehnert, 1989; Simon et al., 1993; Schön und Simon, 1995).

Kolloidal verteiltes Natrium erzeugt die intensive Farbe des blauen Steinsalzes (Lehmann, 1978).

Tonminerale. Die mengenmäßig und auch am vielfältigsten eingesetzten Kolloide sind die Tonminerale, vor allem Montmorillonite und Kaolinite, die die eigenschaftsbestimmenden Bestandteile in den Bentoniten bzw. Kaolinen darstellen. Zunehmend gewinnen synthetische Hectorite (z. B. Laponite®) und vielleicht auch Saponite an Bedeutung. Neben weltweit etwa 10 Mio t Bentonit und 25 Mio t Kaolin pro Jahr werden etwa 50 Mio t gemeine Tone (genaue Werte sind nicht bekannt) gebraucht.

Die besonderen chemischen Eigenschaften der Tonminerale werden seit der ersten Formung von Idolen aus Lehm (die ältesten Zeugnisse sind etwa 22000 Jahre alt!) ausgenutzt. Die Bandbreite (Jasmund und Lagaly, 1993, Kap. 7–9) reicht von der Beeinflussung des kolloidchemischen Verhaltens bei der Herstellung von Keramik bis zur feinfühligen Einstellung der kolloidalen Eigenschaften von Bohrspülflüssigkeiten und Papierstreichmassen sowie von Malschlickern zur Dekorierung von Vasen (Hofmann, 1962).

Die Verwendung der Kaoline in der Keramik umfaßt nur etwa ein Fünftel des geförderten Kaolins; mehr als die Hälfte wird als Streichfarbe zur Papierherstellung gebraucht. Bentonite werden besonders vielfältig eingesetzt (Jasmund und Lagaly, 1993, Kap. 9). Mehrere Millionen Tonnen werden als Formsandbinder in der Gießereiindustrie benutzt, etwa 2,5 Millionen Tonnen werden in Bohrspülflüssigkeiten (van Olphen, 1977; Darley and Gray, 1988) verarbeitet. Ein wichtiges Einsatzgebiet finden thixotrope Bentonitdispersionen in der Bauindustrie und Geotechnik beim Bau von Schlitz- und Schmalwänden.

Zeolithe. Synthetischer Zeolith A mit kolloidaler Teilchengröße (1–12 μm) wird als Phosphatersatz in Waschmitteln eingesetzt (Schwuger, 1984; Puppe, 1986). Ein anderer mineralischer Builder, der vor einiger Zeit entwickelt wurde, ist δ-$Na_2Si_2O_5$ (Dany et al., 1990). Ultramarine sind wichtige blaue, aber auch grüne, rote und violette Pigmente mit Zeolithstruktur. Als Mineral heißt der schwefelhaltige Zeolith Lasurit. Er ruft die Blaufärbung des Lasursteins (Lapislazuli, von lapis (lat.) = Stein und lazaward (arab.) = Azur) hervor (Seel et al., 1979).

Latexdispersionen. Latices sind meist, aber nicht unbedingt, kugelförmige Polymerteilchen, die durch Emulsionspolymerisation geeigneter Monomere (Styrol, Butadien, Acrylsäure und -derivaten) hergestellt werden. Mit Latex wurde zunächst der Milchsaft der Hevea-Arten bezeichnet; latex (lat.) = Flüssigkeit, nicht Milch (= lac).

Hauptanwendungsgebiet der Latexdispersionen sind die Dispersionsfarben. Weitere wichtige Einsatzbereiche umfassen die Herstellung von Gummiartikeln (Latex), Schaumgummi, Beschichtungen (Teppichfliese), Imprägnierungen und die Verwendung in der Papierindustrie.

Ruß, Kohle. Kohlenstoff in Form verschiedenster Ruße ist ein wichtiger Füllstoff (z. B. für Gummi). Suspensionen von Kohle in Wasser oder Öl werden seit langem als Flüssigbrennstoffe erwogen.

Literatur

Antonietti M (1994) Vorzüge und Möglichkeiten kolloidaler Systeme. Spektr Wiss, 92–106

Bancroft WD (1914) The theory of colloid chemistry. J Phys Chem 18: 548–558

Bansal VK und Shah DO (1977) Microemulsions and tertiary oil recovery. In: Prince LM (ed) Microemulsions. Theory and Praxis. Acad Press, pp 149–173

Beyer C und Mubarak K (1983) Mikroemulsionen. Pharm uns Zeit 12: 55–60

Bittler K und Ostertag W (1980) Entwicklungen bei anorganischen Pigmenten. Angew Chem 92: 187–194

Dany FJ, Gohla W, Kandler J, Rieck HP und Schimmel G (1990) Kristallines Schichtsilikat – ein neuer Builder. Seifen – Öle – Fette – Wachse 116: 805–808

Darley HCH und Gray GR (1988) Compostion and properties of drilling and completion fluids. Gulf Publ Comp, Houston, 5th edn

Dickinson E (1992) An introduction to food colloids. Univ Press, Oxford

Duff DG, Curtis AC, Edwards PP, Jefferson DA, Johnson BFG und Logan DE (1987) Morphologie und Nanostruktur von kolloidalem Gold und Silber. Angew Chem 99: 688–691

Epple M, Schmidt DC und Berg JC (1994) The effect of froth stability and wettability on the flotation of a xerographic toner. Colloid Polym Sci 272: 1264–1272

Everett DH (1992) Grundzüge der Kolloidwissenschaften. Steinkopff Verlag, Darmstadt

Ferch HK (1994) Industrial synthetic silicas in powder chemistry of silica. In: Bergna HE (ed) The colloid chemistry of silica. Advan Chem Ser 234. Amer Soc Washington, pp 481–504

Flörke OW, Martin B, Benda L, Paschen S, Bergna HE, Roberts WO, Welsh WA, Ettlinger M, Kerner D, Kleinschmit P, Meyer J, Gies H und Schiffmann D (1993) Silica. Ullmann's Encyclopedia of Industrial Chemistry. VCH, Weinheim, vol A 23, pp 583–660

Graham T (1861) Liquid diffusion applied to analysis. Phil Trans Roy Soc London 151: 183–224 Deutsche Übersetzung (1862): Anwendungen der Diffusion der Flüssigkeiten zur Analyse. Liebigs Annalen 121: 1

Henglein A, Fojtik A und Weller H (1987) Reactions on colloidal semiconductor particles. Ber Bunsenges Phys Chem 91: 441–446

Hoffmann H (1994) Fascinating phenomena in surfactant chemistry. Advan Mater 6: 116–129

Hoffmann H und Ebert G (1988) Tenside, Micellen und faszinierende Phänomene. Angew Chem 100: 933–944

Hofmann U (1962) Die chemischen Grundlagen der griechischen Vasenmalerei. Angew Chem 74: 397–442

Jasmund K und Lagaly G (1993) Tonminerale und Tone. Struktur, Eigenschaften, Anwendung und Einsatz in Industrie und Umwelt. Steinkopff Verlag, Darmstadt

Kosswig K (1984) Erdölproduktion mit Chemikalien. Chem uns Zeit 18: 87–95

Lagaly G (1994) Bentonites: adsorbents of toxic substances. Progr Colloid Polym Sci 95: 61–72

Lehmann G (1978) Festkörperphotochemie – eine Methode zur Erzeugung ungewöhnlicher Wertigkeitsstufen. Angew Chem 90: 95–103

Liang Z und Hesp SAM (1993) In situ steric stabilization of polyethylene emulsions in asphalt binders for hot–mix pavement applications. Colloids Surfaces A 81: 239–250

Morrison ID (1993) Electrical charges in nonaqueous media. Colloids Surfaces A 71: 1–37

Olphen van H (1977) Clay colloid chemistry. John Wiley & Sons, New York

Ostwald Wo (1907) Zur Systematik der Kolloide. Z Chem Ind Koll (Kolloid Z) 1: 291–300; 331–341331–341

Ostwald Wo (1914) Die Welt der vernachlässigten Dimensionen. Steinkopff Verlag, Dresden, Leipzig, 1. Aufl

Puppe L (1984) Zeolithe – Eigenschaften und technische Anwendungen. Chem uns Zeit 20: 117–127

Quirk JP (1986) Soil permeability in relation to sodicity and salinity. Phil Trans Roy Soc London A 316: 297–317

Schmid G und Lehnert A (1989) Die Komplexierung von Goldkolloiden. Angew Chem 101: 773–774

Schober P, Merz G, Schlimper HU, Ferch H und Kreher A (1982) Siliciumdioxid. Ullmanns Encyclopädie der technische Chemie. VCH, Weinheim, Kap 5–7, 4. Aufl, Bd 21, S 456–472

Schön G und Simon U (1995) A fascinating new field in colloid science: small ligand–stabilized metal clusters and possible application in microelectronics I, II. Colloid Polym Sci 273: 101–117; 201–218

Schwuger MJ (1984) Physikalisch–chemische Grundlagen der Phosphat–Substitution in Waschmitteln. Ber Bunsenges Phys Chem 88: 1123–1137

Seel F, Guttler HJ, Wieckowski AB und Wolf B (1979) Zum Problem der Farbträger des Ultramarin–Grün und des Ultramarin–Rot. Z Naturforsch 34 b: 1671–1677

Sermon PA, Thomas JM, Keryou K und Millward GR (1987) Kolloidale Bimetall–Katalysatoren: Pt – Au. Angew Chem 99: 949–951

Simon U, Schön G und Schmid G (1993) Die Verwendung von Au_{55}–Clustern als Quantenpunkte. Angew Chem 105: 264–267

Stark J (1899) a) Über Pseudofällung und Flockenbildung. Ann Phys 68 (NF): 117–124

Stark J (1899) b) Über die Coagulation kolloidaler Lösungen. Ann Phys 68 (NF): 331–341

Swanton SW (1995) Modelling colloid transport in groundwater; the prediction of colloid stability and retention behavior. Advan Coll Interf Sci 54: 129–208

Szynkarczuk J, Kan J, Hassan TAT und Donini JC (1994) Electrochemical coagulation of clay suspensions. Clays Clay Min 42: 667–673

Tadros TF und Zsednai A (1990) Application of depletion flocculation for prevention of formation of dilatant sediments. Colloids Surfaces 43: 105–116

Takahashi T und Yamaguchi M (1991) Host–guest interactions between swelling clay minerals and poorly water–soluble drugs. J Coll Interf Sci 146: 556–564

Tegehall PE (1989) Colloidal titanium phosphate – the chemical activator in surface conditioning before zinc phosphating. Colloids Surfaces 42: 155–164

Thompson DW und Collins IR (1992) Electrical properties of the gold–aqueous solution interface. J Coll Interf Sci 152: 197–204

Weimarn von PP (1907) Zur Lehre von den Kolloiden, amorphen und kristallinen Zuständen. Z Chem Ind Koll (Kolloid Z) 7: 76–83

Weimarn von PP (1926) Die Allgemeinheit des Kolloidzustandes. Theodor Steinkopff Verlag, Dresden, Leipzig, 2. Aufl, Bd I

Weiss R, Paschen S, Schober P, Merz G, Schlimper HU, Ferch H, Kreher A und Habersang S (1982) Siliciumdioxid. Ullmanns Encyklopädie der technischen Chemie. VCH, Weinheim, 4. Aufl, Bd 21, S 439–476

Weller H (1993) Kolloidale Halbleiter–Q–Teilchen: Chemie im Übergangsbereich zwischen Festkörper und Molekül. Angew Chem 105: 43–55

Weller H, Schmidt HM, Koch U, Baral S, Henglein A, Kunath W, Weiss K und Diemann E (1986) Photochemistry of colloidal semiconductors. Onset of light absorption as a function of size of extremely small CdS particles. Chem Phys Lett 127: 557–560

Winter G (1986) Anorganische Pigmente: Disperse Festkörper mit technisch verwertbaren optischen und magnetischen Eigenschaften. Ber Bunsenges Phys Chem 90: 736–742

Yoshida A (1994) Silica nucleation, polymerization, and growth preparation. In: Bergna HE (ed) The colloid chemistry of silica. Advan Chem Ser 234. Amer Chem Soc Washington, pp 51–66

Elektrostatisch stabilisierte Dispersionen (DLVO-Theorie)

.1 Stabilisierungsmechanismen

ie kolloidale Verteilung der in einer kontinuierlichen Phase dispergierten Teil-ıen ist nur stabil, solange die Teilchen durch abstoßende Kräfte auseinander ge-ılten werden. Gegenwärtig sind drei Stabilisierungsmechanismen bekannt \bb. 2.1):

die elektrostatische Stabilisierung
die sterische Stabilisierung und
die Verarmungsstabilisierung (depletion stabilization).

ır elektrostatischen Stabilisierung müssen an der Oberfläche der Teilchen bzw. im renzbereich (Kap. 1.1) Ladungen vorhanden sein. Die Oberflächenladungen wer-:n durch die Gegenionen (bei negativ geladenen Oberflächenladungen also Katio-:n) kompensiert. Die Gegenionen (counterions) sitzen nicht direkt auf der Ober- äche, sondern bilden eine diffuse Ionenschicht um die Teilchen (Abb. 2.1) Kap. 2.3). Die Abstoßung zwischen den diffusen Ionenschichten stabilisiert die ispersion. Da zwischen den Teilchen auch die attraktiven Van-der-Waals-Kräfte

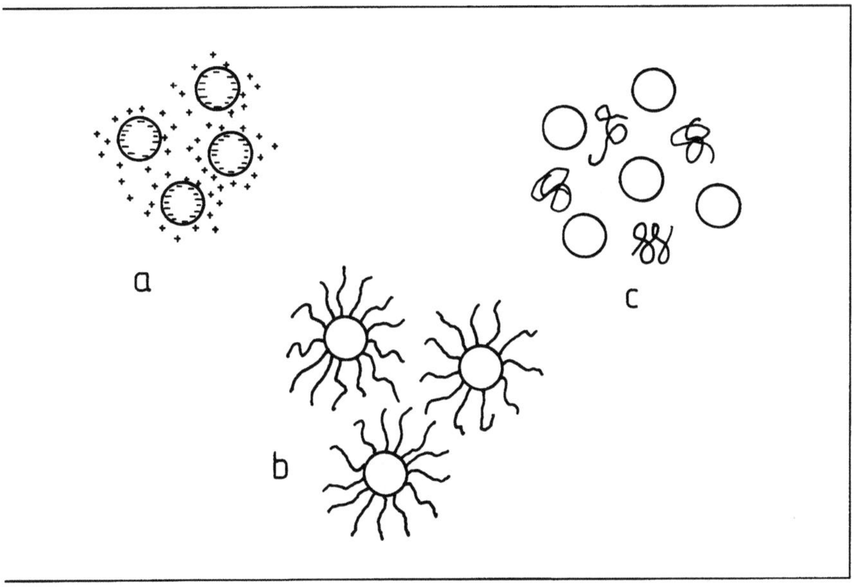

ɔb. 2.1 a–c. Stabilisierung kolloidaler Teilchen, **a** elektrostatische Stabilisierung, **b** sterische ıbilisierung, **c** Verarmungsstabilisierung.

wirken, werden die Dispersionen oder Emulsionen unter bestimmten Bedingungen instabil. Der Einfluß beider Kräfte auf die Stabilität wird durch die DLVO-Theorie beschrieben (DLVO von *D*erjaguin, *L*andau, *V*erwey und *O*verbeek) (Derjaguin and Landau, 1941; Verwey und Overbeek, 1948; Verwey und Overbeek, 1955).

Die sterische Stabilisierung tritt auf, wenn Makromoleküle (durch Adsorption oder kovalente Bindungen) an der Teilchenoberfläche angeheftet sind (Abb. 2.1). Wenn das Lösungsmittel in bezug auf die Makromoleküle der Hülle gut ist (Kap. 4.2), können sich die Hüllen der Teilchen nicht wesentlich ineinander schieben, und die Teilchen bleiben so weit voneinander entfernt, daß die Dispersion stabil ist (Kap. 4.5).

Im Idealfall tragen weder die Teilchenoberfläche noch die Makromoleküle Ladungen. Gerade in technischen Systemen sind jedoch oft Ladungen vorhanden, so daß zusätzlich zur sterischen Stabilisierung noch elektrostatische Wechselwirkungen auftreten (elektrosterische Stabilisierung).

Üblicherweise destabilisieren gelöste Polymere eine Dispersion durch Verarmungseffekte (depletion flocculation). Bei ausreichend hohen Polymerkonzentrationen kann in bestimmten Fällen eine Restabilisierung erfolgen (Kap. 4.12).

2.2 Die Oberflächenladung

Vorstellungen über das Zustandekommen der Oberflächenladung und ihrer Veränderbarkeit mit den chemischen Parametern des Systems sind für das Verständnis der Stabilität von Dispersionen und Emulsionen von großer Bedeutung.

Bei Oxiden entstehen Oberflächenladungen durch Adsorption bzw. Desorption von Protonen an Hydroxyl- oder Sauerstoffionen im Oberflächenbereich (Abb. 2.2a). Die Ladungsdichte ändert sich daher mit dem pH-Wert der Dispersion. Im sauren Bereich ist die Ladung durch einen Überschuß von Protonen positiv. Mit steigendem pH-Wert nimmt die Ladungsdichte ab, wird bei einem bestimmten Wert Null und dann negativ (Abb. 2.3a). Für praktische Zwecke erscheint der genaue Verlauf der Kurven $\sigma_0 = \mathrm{f}(\mathrm{pH})$ oft weniger wichtig als die Lage des Ladungsnullpunkts (point of zero charge, pzc).

Bei den Sulfiden ändert sich die Oberflächenladung ebenfalls mit dem pH-Wert, wobei über die Art der Gruppen und ihren Beitrag zur Oberflächenladung noch keine ausreichende Klarheit besteht (Zhang et al., 1995; Gärd et al., 1995; Muster et al., 1996).

Bei salzartigen Kolloiden wie den Silberhalogeniden entsteht die Ladung durch Adsorption der den Kristall bildenden Ionen (Abb. 2.2b). Die Oberflächenladungsdichte des Silberiodids z. B. wird durch die Konzentration der Silberionen in der Lösung festgelegt. Bei ausreichend hoher Silberionenkonzentration ist die Oberflächenladung positiv. Mit sinkender Silberionenkonzentration nimmt sie ab, geht durch den Nullpunkt und wird negativ. In Analogie zu den Oxiden trägt man die Oberflächenladungsdichte gegen pAg auf (Abb. 2.3b) ($p\mathrm{Ag} = -\log a_{\mathrm{Ag}^+}$; a_{Ag^+} = Aktivität, in verdünnten Lösungen = Konzentration der Silberionen c_{Ag^+}. Zunehmender Wert von pAg → abnehmende Konzentration der Silberionen).

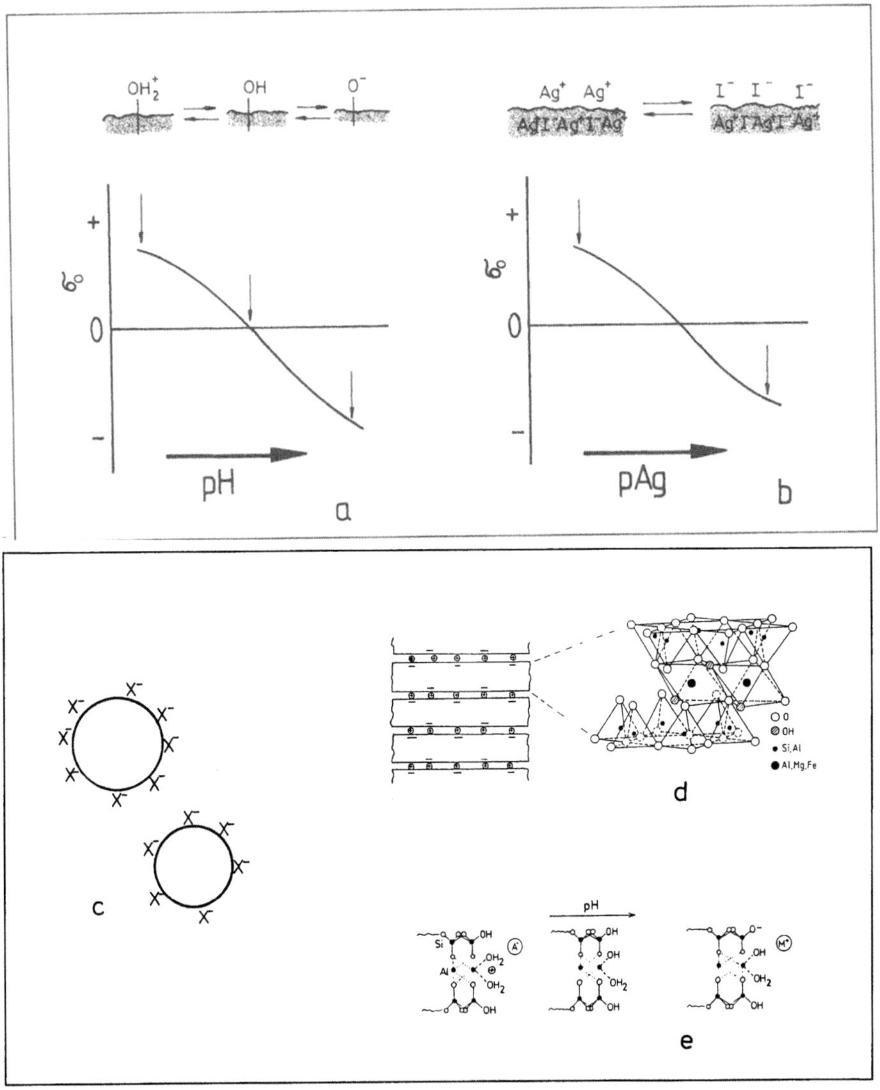

Abb. 2.2 a–e. Entstehung und Veränderung von Oberflächenladungen.
a Bei Oxiden entsteht die Ladung durch Adsorption bzw. Desorption von Protonen. Die Ladungsdichte σ_0 ändert sich daher mit dem pH-Wert.
b Bei salzartigen Kolloiden, z. B. AgI, wird die Ladung durch die Aktivität der potentialbestimmenden Ionen festgelegt.
c Bei Metallkolloiden entstehen Oberflächenladungen durch adsorbierte Ionen. Die Ladungsdichte hängt daher von den Milieubedingungen ab.
d Bei Tonmineralen sind die negativen Schichtladungen durch isomorphe Substitution und Fehlstellen während ihrer Entstehung gebildet worden. Sie verändern sich mit den Milieubedingungen nicht.
e Am Rande der Tonmineralkriställchen ändern sich Ladung und Ladungsdichte durch Adsorption bzw. Desorption von Protonen in Abhängigkeit von den Milieubedingungen (pH, Salzgehalt, Dielektrizitätskonstante, Temperatur etc.).

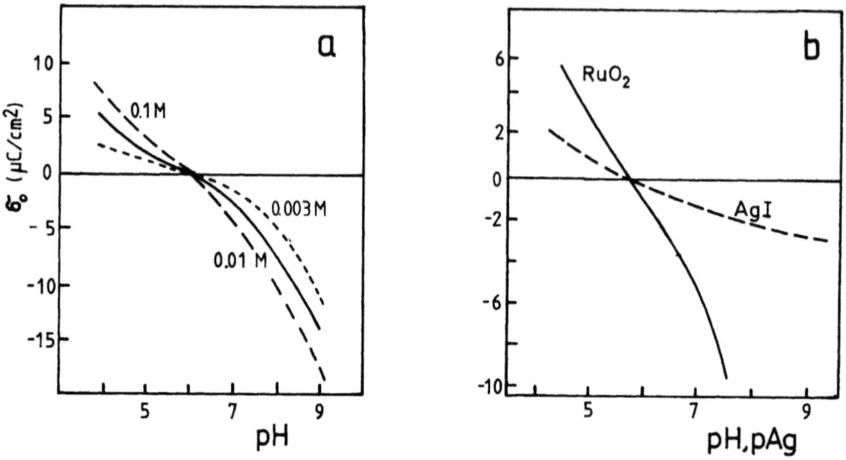

Abb. 2.3 a, b. Oberflächenladungsdichte als Funktion der Konzentration der potentialbestimmenden Ionen in Lösung.
a Rutil (TiO_2, BET-Oberfläche 20,6 m^2/g). Änderung der Oberflächenladungsdichte mit dem pH-Wert in KNO_3-Lösungen bei 21 °C (nach Jang and Fuerstenau, 1986). **b** Änderung der Oberflächenladungsdichte von RuO_2 mit dem pH-Wert und von AgI mit dem *p*Ag-Wert, 0,1 M KNO_3, 25 °C (nach Lyklema et al., 1990).

Für Silberiodid liegt der Ladungsnullpunkt bei *p*Ag = 5,7. Er liegt nicht bei *p*Ag = 8, wie man aus dem Löslichkeitsprodukt (*p*Ag + *p*I = 16) erwarten möchte, sondern bei einer höheren Silberionenkonzentration, weil Iodidionen gegenüber Silberionen bevorzugt adsorbiert werden. Dispergiert man daher Silberiodid in Wasser, so löst sich soviel AgI auf, bis das Löslichkeitsprodukt erreicht wird. Die Konzentrationen von Silber- und Iodidionen sind aber nicht gleich, weil mehr Iodidionen als Silberionen an der Oberfläche gebunden bleiben, so daß die Oberfläche negativ wird. Man muß Silberionen bis zu einer Konzentration $C_{Ag^+} = 10^{-5,7}$ M zusetzen, um den Ladungsnullpunkt zu erreichen.

Die quantitative Titration von Chloridionen mit Silberionen in Gegenwart von Eosin nach Fajans und von Sulfationen mit Bariumionen in Gegenwart von Alizarin S beruht auf der Umladung der kolloidal dispergierten Niederschläge von negativ nach positiv und der damit verbundenen Adsorption des anionischen Farbstoffs im Bereich des Äquivalenzpunkts. (Beachte: Die Lage des Äquivalenzpunktes ist nicht identisch mit dem Ladungsnullpunkt, doch ist die Differenz für die Titration bedeutungslos.)

Für viele Salze wurde versucht, die Art der Oberflächenladung (positiv oder negativ) aus den freien Hydrationsenthalpien der Ionen abzuleiten. Wenn diese Größe für das Kation negativer als für das Anion ist, werden die Kationen bevorzugt desorbieren, und die Oberfläche wird negativ geladen. Das stimmt in vielen Fällen, in anderen nicht, z. B. nicht für NaCl und KCl (Hydrationsenthalpien: Cl^-, –345; Na^+, –370; K^+, –298 kJ/mol). Es können sich etwa Gitterfehler auf die Oberflächenladung auswirken. Bei KCl entsteht die negative Oberflächenladung (nach obiger Annahme wäre sie positiv) offenbar durch Farbzentren und vor allem durch Sauerstoffionendefekte (O_2^-- und O^{2-}-Defekte). Sie wird daher durch den Sauerstoffgehalt des KCl bestimmt (Yalamanchili and Miller, 1994) und bei Gehalten >150 ppm negativ. Natürliche und übliche synthetische Proben haben Sauerstoffgehalte um 350 ppm. Die unterschiedliche Oberflächenladung von KCl (negativ) und NaCl (positiv) ist entscheidend für die Trennung von Sylvin und Steinsalz durch Flotation.

Kolloidal verteilte Metalle erwerben ihre Oberflächenladung durch Adsorption von Ionen aus der Lösung oder von Ionen, die als Stabilisatoren zugesetzt werden, wie z. B. anionische und kationische Tenside (Abb. 2.2c). Citrationen werden gerne zur Reduktion der Metallionen zum Metall benutzt und wirken gleichzeitig stabilisierend (Heard et al., 1983; Furlong and Sasse, 1983; Nakao and Kaeriyama, 1986; Thompson and Collins, 1992). Bei der Bildung von Goldsolen durch Reduktion von $[AuCl_4]^-$-Lösungen mit Citrat werden die zunächst nur schwach stabilisierend wirkenden $[AuCl_4]^-$-Ionen durch die besser stabilisierenden Citrationen verdrängt (Kap. 5.6).

Die kolloidchemischen Eigenschaften der Tonminerale sind durch die permanent negativen Schichtladungen geprägt, die durch isomorphe Substitution und Fehlstellen in der Silicatschicht bei der Bildung der Minerale entstanden sind (Abb. 2.2d; Tabelle. 2.1) (Jasmund und Lagaly, 1993, Kap. 1). Die Schichtladung ändert sich daher nicht mit dem pH-Wert oder der Konzentration von Salzen. Das kolloidchemische Verhalten wird aber dadurch kompliziert, daß an den Rändern variable Ladungen vorhanden sind, die sich, ähnlich wie bei den Oxiden, mit dem pH-Wert ändern (Abb. 2.2e). Bei Montmorilloniten (dem eigenschaftsbestimmenden Mineral in Bentoniten) erfolgt die Umladung der Ränder wahrscheinlich schon bei pH = 5–6. Bei Kaoliniten könnte dieser Wert etwas höher liegen. Genaue Werte sind nicht bekannt, da sich die Änderung der Randladung mit dem pH-Wert gegenüber der hohen permanenten Schichtladung nicht durch elektrokinetische Messungen (Kap. 10.4) bestimmen läßt.

Tabelle 2.1. Oberflächenladungsdichte σ_0 von 2:1-Tonmineralen (aus der Schichtladung ξ, ohne Berücksichtigung der Randladungen) (zur Berechnung s. Kap. 9.6).

Mineral	M	a [Å]	b [Å]	ξ [eq/mol]	σ_o [C/m^2]	$2A_e$ [Å^2/Ladung]
Hectorit	380	5,25	9,18	0,23	0,076	209,5
Montmorillonite	370	5,18	9,00	0,25	0,086	186,5
				0,3	0,103	155,4
				0,4	0,137	116,6
Beidellit	360	5,18	9,00	0,5	0,172	93,2
Vermiculite	390	5,35	9,25	0,6	0,194	82,5
				0,7	0,226	70,7
				0,8	0,259	61,9
Muscovit	390	5,19	9,00	1	0,343	46,7
Biotit	455	5,33	9,23	1	0,326	49,2
Clintonit	419	5,19	9,00	2	0,685	23,4

Anmerkungen: M = mittlere Molmasse der Formeleinheit; a,b = Gitterkonstanten der Elementarzelle (= 2 Formeleinheiten); ξ = Schichtladung (Ladungen pro Formeleinheit); σ_0 = Oberflächenladungsdichte ($\equiv \xi/2$); $2A_e$ = Fläche pro Ladung an der äußeren Oberfläche (im Schichtzwischenraum ist die Äquivalentfläche = A_e).

Polymerkolloide können je nach Ausgangssubstanzen bei der Herstellung negative oder positive Oberflächenladungen besitzen. Bei den amphoteren Latices enthält die Oberfläche positive und negative Ladungen. Industriell werden Latexdispersionen in Gegenwart von (meist negativ geladenen) Emulgatoren hergestellt, deren Adsorption an der Oberfläche im wesentlichen die Ladung bestimmt. Zusätzlich entstehen Oberflächenladungen durch Sulfat- und Sulfonatgruppen, die durch den Starter (z. B. Kaliumperoxodisulfat) geliefert werden, wie auch durch Carboxylatgruppen, die bei der Herstellung durch oxidative Nebenreaktionen entstehen oder durch Verwendung geeigneter Monomere (z. B. Acrylsäure und Acrylsäurederivate) gezielt eingeführt werden (Kap. 6.5). Die adsorbierten Emulgatoren werden beim Verdünnen der Latexdispersionen oder bei Reinigungs- und Mischungsschritten in unterschiedlichem Ausmaß desorbiert. Dadurch ändert sich die Oberflächenladungsdichte – ein Vorgang, der oft nicht genügend beachtet wird.

Für die systematische Untersuchung der Eigenschaften von Latexdispersionen eignen sich die durch emulgatorfreie Emulsionspolymerisation hergestellten Latices besser. Die Ladungen entstehen durch den Zerfall des Initiators sowie in geringem Umfang durch oxidative Nebenreaktionen (also wiederum Sulfat-, Sulfonat- oder Carboxylatgruppen) oder durch Copolymerisation mit entsprechenden Monomeren (z. B. Acrylsäure und Derivate, Vinylbenzolderivate etc., Kap. 6.5). Die Oberflächenladungsdichte bleibt daher bei Reinigungsschritten weitgehend erhalten.

Die Art der ladungstragenden Gruppen bestimmt, ob sich Ladung und Ladungsdichte mit dem pH-Wert verändern. Sulfat- und Sulfonatgruppen sind die Anionen starker Säuren, so daß die Latices im üblichen pH-Bereich ihre Ladung behalten. Die stärker basischen Carboxylatgruppen binden unterhalb pH $\approx$ 6 zunehmend Protonen, so daß die Anzahl der dissoziierten Gruppen zurückgeht. Bei Latices mit quartären Ammoniumgruppen bleibt die Ladungsdichte weitgehend unverändert, während die positive Ladung protonierter primärer, sekundärer und tertiärer Aminogruppen oder von Stickstoffatomen im alkalischen Bereich verlorengeht. Dementsprechend kann die Stabilität in unterschiedlichster Weise von den Systemparametern (pH, Salzgehalt, Art der Ionen, Temperatur etc.) abhängen.

Die Struktur der Latexoberfläche und die Ladungsverhältnisse sind aber häufig komplizierter als aus der bisherigen Betrachtung folgt (Kap. 6.5).

Für Dispersionen in nichtwäßrigen Lösungsmitteln sind recht hohe elektrophoretische Beweglichkeiten der Teilchen zunächst überraschend, da sie hohen Oberflächenladungsdichten entsprechen. Die aus den Beweglichkeiten berechneten Zetapotentiale (Kap. 10.3) können nahezu 100 mV erreichen (für SiO_2 s. Spange et al., 1991). Das Vorzeichen des Potentials hängt vom Dispersionsmittel ab; in den meisten Fällen ist es negativ (Labib and Williams, 1986; 1987).

Die Ladung der Oberfläche kann durch folgende Prozesse entstehen:

1. Säure-Base-Reaktionen, wobei ein Proton von einer Oberflächengruppe auf ein Lösungsmittelmolekül oder umgekehrt übertragen wird, z. B.

$$|\text{-OH} + B \rightleftarrows |\text{-O}^- + HB^+$$

Die Dispersionsmittelmoleküle wirken als Base.

2. Donor-Akzeptor-Wechselwirkungen mit Elektronenübergang zwischen Oberfläche und Lösungsmittel. Das Vorzeichen der Oberflächenladung hängt von der Richtung des Elektronenübergangs ab (Labib and Williams, 1986): Lösungsmittel als Elektronendonor

   $$|\text{-X} + \text{D} \rightleftarrows |\text{-X}^- + \text{D}^+$$

   Lösungsmittel als Elektronenakzeptor

   $$|\text{-Y} + \text{A} \rightleftarrows |\text{-Y}^+ + \text{A}^-$$

3. Durch Spuren von Wasser wird die Oberflächenladung verändert (Labib and Williams, 1987). Wasser kann direkt als Base wirken (wie bei 1.) oder ein Proton auf das Lösungsmittel B übertragen, so daß OH^--Gruppen von der Oberfläche gebunden werden (z. B. für SiO_2: Spange et al., 1991):

   $$\text{Si–OH} + \text{OH}_2 + \text{B} \rightleftarrows \text{Si–OH} \cdots \text{OH}^- + \text{HB}^+, \text{ oder}$$

   $$\text{Si–OH} + \text{OH}_2 + 2\,\text{B} \rightleftarrows \text{Si–OH} \cdots \text{B} \cdots \text{OH}^- + \text{HB}^+$$

Nach 1. und 2. sollte die Ladung der Oberfläche mit den Donoreigenschaften des Lösungsmittels, z. B. der Gutmannschen Donorzahl, zusammenhängen. Bei sehr niedrigen Gutmannschen Donorzahlen war die Oberfläche von TiO_2, Al_2O_3 und MgO positiv geladen, wurde aber bereits bei Donorzahlen um 10 oder sogar noch darunter negativ. Die negative Ladung ging mit weiter steigender Donorzahl (bis etwa 60) wieder etwas zurück (Labib and Williams, 1986, 1987). SiO_2 war in allen Flüssigkeiten negativ geladen. In Benzol und 1,2-Dichlorethan (Donorzahl 0) wurden Zetapotentiale von –85 bzw. –87 mV gemessen, die in Acetanhydrid (Donorzahl 10,5) auf –42 mV anstiegen. Mit weiter steigender Donorzahl nahm das Potential noch etwas zu. Die Korrelation zwischen Zetapotential und Gutmannscher Donorzahl (und auch mit anderen Donorwerten) war nicht besonders hoch, doch war eine Tendenz erkennbar (Spange et al., 1991).

Einen Zusammenhang zwischen Oberflächenladung und Donor- bzw. Akzeptorzahl für Dispersionen von Rückständen aus der Schmieröldestillation in organischen Flüssigkeiten und dem Einfluß dieser Größen auf die Stabilität beschrieben Siffert et al. (1990).

In unpolaren organischen Lösungsmitteln, deren Moleküle weder Protonen noch Elektronen aufnehmen oder abgeben können (also gesättigten Kohlenwasserstoffen, Erdölfraktionen) kann eine Aufladung von Teilchen nur durch Adsorption erfolgen, z. B. von ionischen Tensiden oder Polyionen. So konnte SiO_2 in Xylol durch Zusatz von Metallsulfosuccinaten, -naphthalaten oder Lecithinen dispergiert werden oder Kohlenstoff in Xylol durch Seifen, verschiedene Succinate und AOT (AOT s. Kap. 7.10, S. 263; weitere Beispiele: Morrison, 1993). Bei gleichem Stabilisator kann das Vorzeichen der Ladung demjenigen in der wäßrigen Dispersion entgegengesetzt sein (was nicht gerade verwundert). So waren die SiO_2-Teilchen positiv geladen, weil die Metallionen (Natrium-, Calciumionen) der Stabilisatoren und nicht die organischen Anionen adsorbiert wurden. Kohlenstoff war dagegen negativ geladen. Kolloidal verteilte TiO_2-Teilchen konnten in Hexan durch Amine, z. B. Butylamin, stabilisiert werden. Durch Protonentransfer von TiOH-Gruppen zum Butylamin entstanden negativ geladene Teilchen mit Zetapotentialen bis –150 mV (Kap. 10.10.6) (Siffert et al., 1994).

Auch bei der Stabilisierung durch adsorbierte Stoffe können geringe Mengen oder Spuren von Wasser die Stabilität beeinflussen, und zwar sowohl verschlechtern als auch verbessern (Morrison, 1993). Aluminiumoxiddispersionen in Cyclohexan mit AOT (Natrium-bis-(2-ethylhexyl)-sulfosuccinat; Formel s. S. 263) als Stabilisator wurden erst stabil in Gegenwart von wenig Wasser (etwa $5 \cdot 10^{-3}$ M), das die Ionisierung des adsorbierten AOT ermöglicht. Bei höheren Wassergehalten (etwa 0,1 M) nahm die Stabilität wieder ab. Dabei spielten mehrere Mechanismen eine Rolle, z. B. die zunehmende Bildung einer W/O-Mikroemulsion oder die Verbrückung der Teilchen über Wasserschichten (Malbrel and Somasundaran, 1989).

Die Konzentration (und manchmal auch die Art) der Ladungsträger in den unpolaren Dispersionsmitteln ist meist nicht bekannt. Auf alle Fälle sind die Konzentrationen äußerst gering.

Auf die praktische Bedeutung und die Gefahren kolloidaler Stoffe in nichtwäßrigen, nichtleitenden Lösungsmitteln wurde in Kap. 1.2 hingewiesen.

2.3 Die diffuse Ionenschicht

2.3.1 Gouy-Chapman-Modell

Die Gegenionen, die die Oberflächenladungen kompensieren, bilden eine diffuse Ionenschicht um die Teilchen (Gouy, 1910; Chapman, 1913).

Als Beispiel seien Teilchen mit negativen Oberflächenladungen betrachtet (Abb. 2.4). Die Verteilung der Gegenionen (hier der Kationen) und der Coionen (hier der Anionen) wird durch den Verlauf des elektrostatischen Potentials bestimmt. Es hat an der Teilchenoberfläche den Maximalwert ψ_0 (Oberflächenpotential) und fällt exponentiell in das Dispersionsmittel hinein ab (Abb. 2.5a). Daher nimmt die Konzentration der Gegenionen von einem Maximalwert an der Oberfläche zur Lösung hin exponentiell ab. Die Coionen werden von der Oberfläche abgedrängt; ihre Konzentration steigt also zur Lösung hin an (Abb. 2.5b, c).

Um diese Verhältnisse mathematisch zu erfassen, sind mehrere Größen notwendig (im SI-System, numerische Werte s. Kap. 15):

- c_i: Konzentration des Ions i an der Stelle x (mol/m^3!); zur Unterscheidung von Kation und Anion: c^+, c^-
- $c_{i,o}$: Konzentration des Ions i (mol/m^3) weit weg vom Teilchen
- v_i: Wertigkeit der Kationen ($v_i > 0$) und der Anionen ($v_i < 0$); bei sog. symmetrischen Elektrolyten ist $v_i^+ = -v_i^- = v$
- I: Ionenstärke; $I = \frac{1}{2}\Sigma v_i^2 c_i$
- ε: relative Dielektrizitätskonstante des Dispersionsmittels

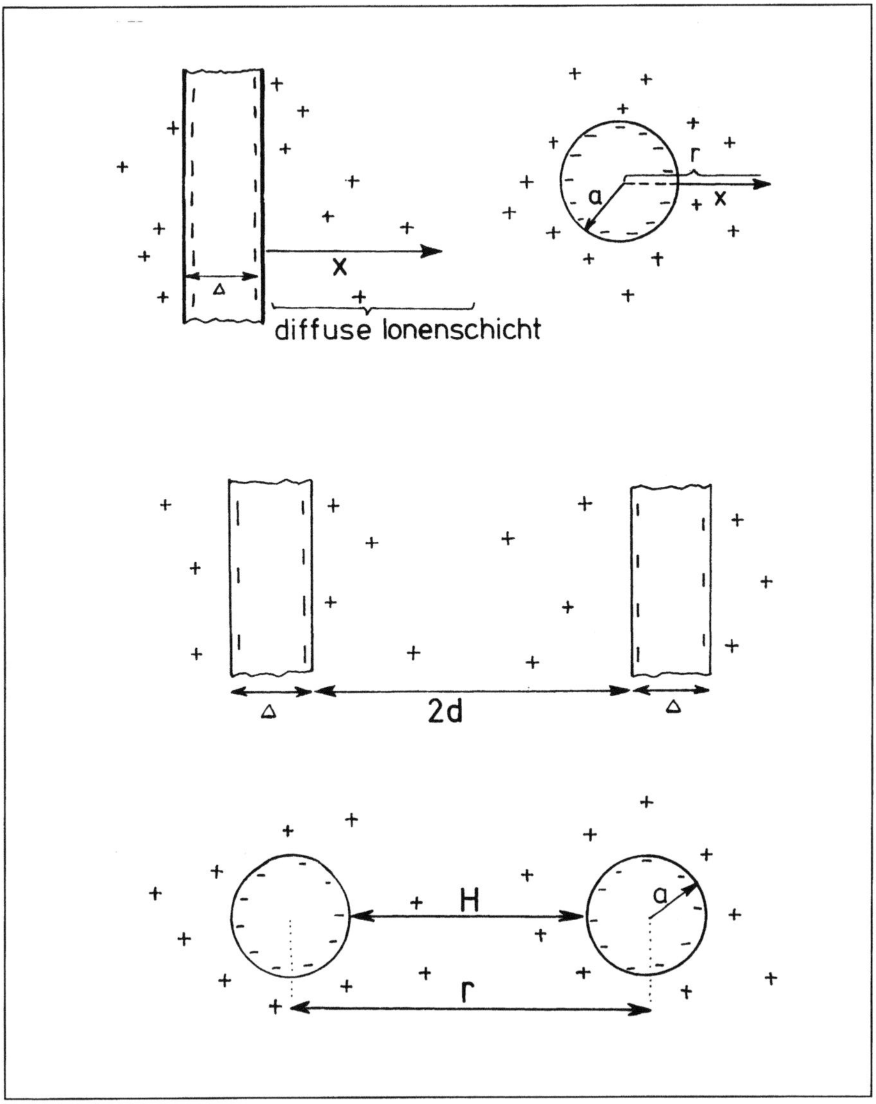

Abb. 2.4. Die diffusen Ionenschichten um kolloidale Teilchen.

ε_0: elektrische Feldkonstante [As/Vm]
T: Temperatur [K]
RT: thermische Energie [J/mol]
F: Faraday-Konstante (C)
ψ: Potential (V)
ψ_0: Oberflächenpotential [V], $\psi_0 < 0$ bei Oberflächen mit negativen Ladungsgruppen.

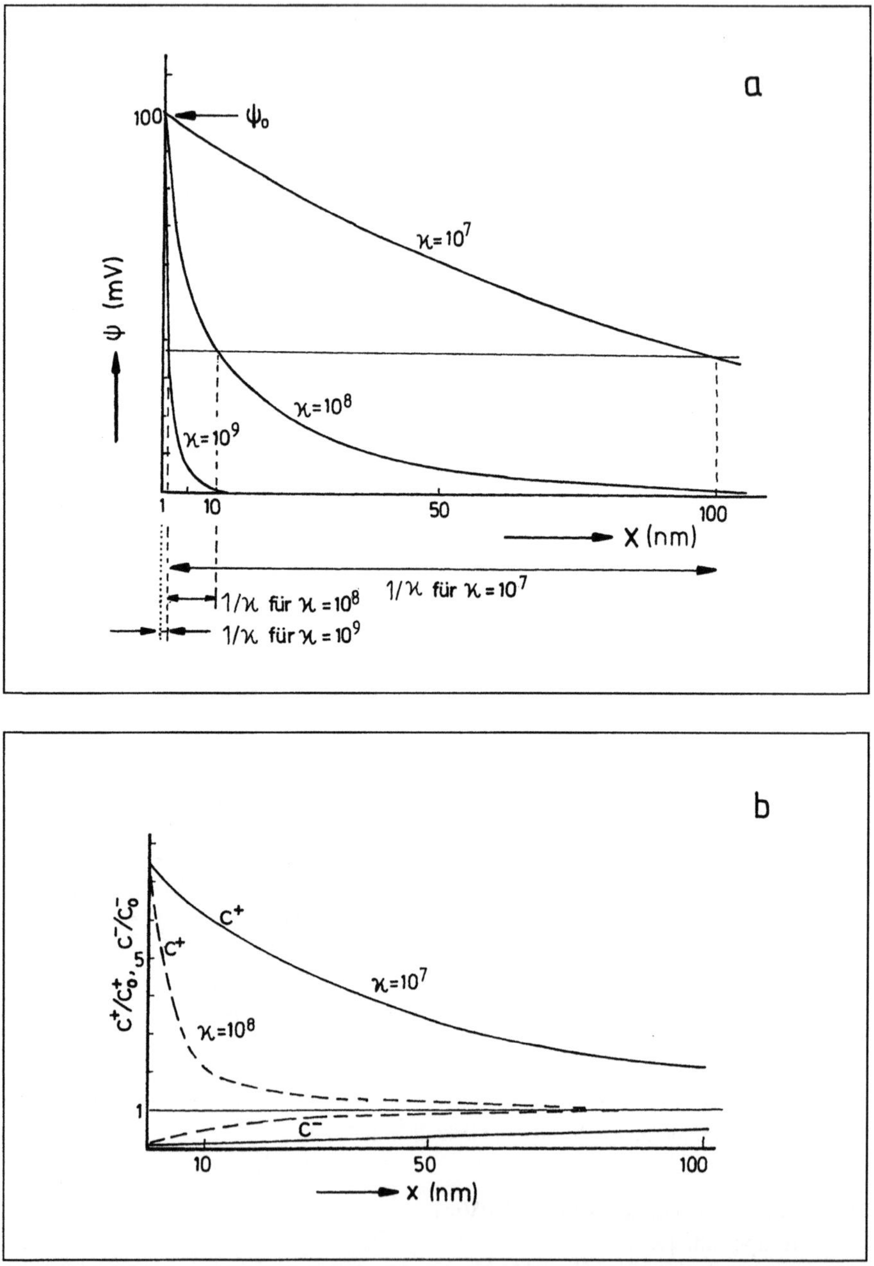

Abb. 2.5. **a** Potentialverlauf in der diffusen Ionenschicht um plättchenförmige oder große kugelförmige Teilchen; Oberflächenpotential ψ_0 = 100 mV, wäßrige Salzlösungen ($v^+ = -v^- = 1$), Konzentration durch κ ausgedrückt: $\kappa = 10^7$ m^{-1}, $c_0 \approx 10^{-5}$ M; $\kappa = 10^8$ m^{-1}, $c_o \approx 10^{-3}$ M; $\kappa = 10^9$ m^{-1}, $c_0 \approx 10^{-1}$ M (Kap. 15.3), **b** Anreicherung von Gegenionen und Verarmung von Coionen an negativ geladenen Oberflächen, Oberflächenpotential $z = 2$ (ψ_0 = 51,4 mV), Salzlösungen wie in **a**. **c** wie **b**, jedoch x logarithmisch aufgetragen.

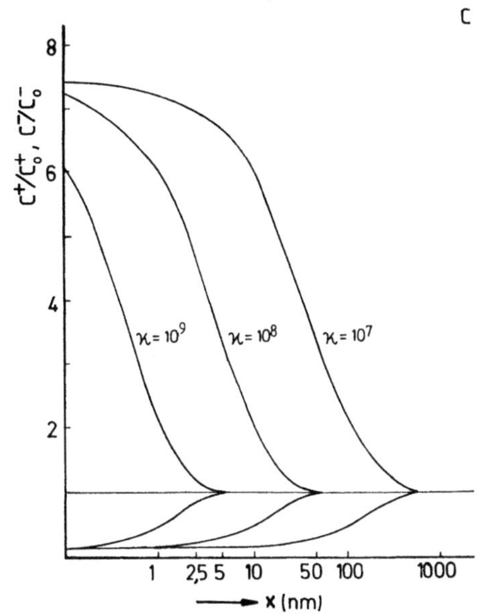

Abb. 2.5c.

Die Potentiale werden oft als reduzierte, d. h. dimensionslose Größen ausgedrückt:

$$y = \frac{vF}{RT}\psi \qquad z = \frac{vF}{RT}\psi_0$$

In Wasser entspricht y (oder z) = 1 einem Potential ψ (oder ψ_0) = 25,3 mV bei 20°C und 25,7 mV bei 25°C.

Die Konzentrationen werden meist über die reziproke Debye-Hückel-Länge berücksichtigt:

$$\kappa = \sqrt{\frac{2F^2}{\varepsilon\varepsilon_0 RT} I} = \sqrt{\frac{F^2}{\varepsilon\varepsilon_0 RT} \Sigma v_i^2 c_i}$$

Geometrische Größen sind (Abb. 2.4):

x = Koordinate von der Teilchenoberfläche in die Lösung hinein [m]
a = Radius kugelförmiger Teilchen [m]
H = Abstand kugelförmiger Teilchen [m]
Δ = Dicke plättchenförmiger Teilchen [m]
$2d$ = Abstand plättchenförmiger Teilchen [m]

Ein Gegenion an der Stelle x hat die potentielle elektrostatische Energie $vF\psi$. Die thermische Energie versucht, das Teilchen von dieser Stelle wegzutreiben. Die Konzentration der Gegenionen an dieser Stelle wird daher nach dem Boltzmann-Ansatz durch das Verhältnis der elektrostatischen Anziehungsenergie $vF\psi$ und der thermischen Energie RT bestimmt:

$$c_i^+ = c_{i,o}^+ \exp(-v_i F\psi/RT) = c_{i,o}^+ \exp(-y). \tag{2.1a}$$

Da für eine negativ geladene Oberfläche $\psi < 0$ ist, wird für $v_i > 0$ (Kationen) $y < 0$ und somit $c_i^+ > c_{i,0}^+$. Entsprechend gilt für die Verarmung der Coionen in der Nähe der Grenzfläche

$$c_i^- = c_{i,o}^- \exp(-v_i F\psi/RT) = c_{i,o}^- \exp(-y). \tag{2.1b}$$

Mit $\psi<0$ und $v_i<0$ wird $y > 0$, somit $c_i^- < c_{i,0}^-$.

Zur Ermittlung des Potentialverlaufs wird von der Poisson-Boltzmann-Gleichung ausgegangen:

$$\Delta^2 \psi = -\frac{\rho}{\varepsilon\varepsilon_0} \tag{2.2a}$$

(Δ = Laplace-Operator, im eindimensionalen Fall = $d^2\psi/dx^2$). Weiter ist die Raumladungsdichte am Punkt x:

$$\rho = F\,\Sigma v_i c_i = F\,\Sigma v_i c_{i,0} \exp(-y). \tag{2.3a}$$

Für symmetrische Elektrolyte erhält man:

$$\rho = vc_0 F[\exp(-y) - \exp(+y)] = -2vc_0 F \sinh y. \tag{2.3b}$$

Mit Gleichung 2.3a wird aus Gleichung 2.2a:

$$\Delta^2 \psi = -\frac{F}{\varepsilon\varepsilon_0} \Sigma v_i c_{i,o} \exp(-y). \tag{2.2b}$$

Die Integration dieser Gleichung, die dann zu $\psi = f(x)$ führt, wird in der Literatur sehr ausführlich diskutiert (vgl. z. B. Gur et al., 1978; Hamieh and Siffert, 1992, 1994). Für ebene Oberflächen und symmetrische Elektrolyte läßt sich die Integration einfach durchführen (s. u.), nicht aber für Salzlösungen mit verschiedenwertigen Ionen und für Doppelschichten um kugelförmige Teilchen.

Die exakte analytische Lösung der Poisson-Boltzmann-Gleichung für kugelförmige harte Teilchen ist mathematisch äußerst aufwendig (McCormack et al., 1995). Einfacher ist die Lösung für zwei weiche Teilchen zu finden, die vollständig permeabel für die Elektrolytionen sind (Ohshima, 1994). Davon ausgehend konnte Ohshima (1994, 1995) die Lösung für harte Teilchen bei niederen Potentialen und analytische Näherungsbeziehungen für hohe Potentiale entwickeln. Die Ursache, daß die Poisson-Boltzmann-Gleichung für zwei weiche Teilchen leichter zu lösen ist, liegt im Wegfall der Bildkräfte, die immer dann entstehen, wenn sich an der Grenzfläche die Dielektrizitätskonstante ändert. (Zur Erklärung der „image forces“ s. Lehrbücher der Physik oder z. B. Israelachvili, 1994, S. 180.).

Wegen der erwähnten mathematischen Schwierigkeiten wird häufig eine linearisierte Form der Poisson-Boltzmann-Gleichung benutzt. Für symmetrische Elektrolyte erhält man aus Gleichung 2.2a und 2.3b:

$$\frac{d^2\psi}{dx^2} = \frac{F}{\varepsilon\varepsilon_0} \cdot 2v\,c_o \sinh y. \tag{2.2c}$$

Daraus mit $\kappa x = \xi$:

$$\frac{d^2y}{d\xi^2} = \sinh y. \tag{2.2d}$$

Für kleine Potentiale ($\psi \leq 25/v$ (mV), $y < 1/v$) wird sinh $y \approx y$, und Gleichung 2.2d vereinfacht sich zu:

$$\frac{d^2y}{d\xi^2} = y \qquad \text{bzw.} \qquad \frac{d^2\psi}{dx^2} = \kappa^2\psi. \tag{2.2e}$$

Diese lineare Form wird als Debye-Hückel-Näherung bezeichnet und gilt nur für niedrige Potentiale. Sie wird z. B. benutzt, um die Abnahme des Potentials mit x für kugelförmige Teilchen zu berechnen. Man erhält (Verwey and Overbeek, 1948, S. 37):

$$\psi = \psi_0 \frac{a}{a+x} e^{-\kappa x} \tag{2.4a}$$

oder

$$y = z\frac{a}{a+x} e^{-\kappa x}. \tag{2.4b}$$

Für $x = 0$ wird $\psi = \psi_0$, für $x \to \infty$ geht ψ asymptotisch gegen Null.

Wie erwähnt läßt sich die Poisson-Boltzmann-Gleichung 2.2d bei plättchenförmigen Teilchen in Anwesenheit symmetrischer Elektrolyte direkt integrieren, und man erhält schließlich (Verwey and Overbeek 1948, S. 25):

$$y = 2 \ln \left[(1 + \gamma e^{-\xi})/(1 - \gamma e^{-\xi})\right] \tag{2.5}$$

mit

$$\xi = \kappa x \qquad \text{und} \qquad \gamma = \frac{e^{z/2} - 1}{e^{z/2} + 1}.$$

Eine einfache Näherung für Gleichung 2.5 ist:

$$y = ze^{-\kappa x} \tag{2.6}$$

Für qualitative Betrachtungen ist ein Maß für die Ausdehnung der diffusen Schicht wichtiger als der genaue Verlauf von c^+ und c^-. Die Größe $1/\kappa$ (Debye screening length) wird als Dicke der diffusen Schicht bezeichnet. Die Bedeutung von $1/\kappa$ ergibt sich aus Gleichung 2.6 (Abb. 2.5a): für $x = 1/\kappa$ wird $y = z/e$ d.h. das Oberflächenpotential sinkt auf den Wert $\psi = 0{,}37\ \psi_0$ ab. Mit der Größe $1/\kappa$ wird also nicht die ganze Ausdehnung der diffusen Schicht erfaßt. Da das Potential asymptotisch gegen Null geht, kann man die volle Ausdehnung der diffusen Schicht als den Wert von x bezeichnen, für den $\psi \approx 0{,}01\ \psi_0$ wird; also: $e^{-\kappa x} = 0{,}01$, somit $x = 4{,}6 \cdot 1/\kappa$. Die diffuse Schicht dehnt sich in einer Dicke von etwa $5 \cdot 1/\kappa$ in das Dispersionsmittel hinein aus.

Wichtig ist, daß die Ausdehnung der diffusen Ionenschicht von der Ionenstärke in der Lösung sowie von ε und T abhängt, nicht aber von der Höhe der Oberflächenladungsdichte oder des Oberflächenpotentials.

Aus der allgemeinen Beziehung für κ (I = Ionenstärke):

$$\kappa^2 = \frac{2F^2}{\varepsilon\varepsilon_0 RT} I \tag{2.7a}$$

und

$$\kappa^2 = \frac{F^2}{\varepsilon\varepsilon_0 RT} \Sigma v_i^2 c_{i,o} \tag{2.7b}$$

folgt für $|v_i^+| = |v_i^-| = v$ und $\Sigma c_{i,o} = 2c_o$:

$$\kappa^2 = \frac{2F^2}{\varepsilon\varepsilon_0 RT} v^2 c_o. \tag{2.8a}$$

Für Wasser (ε=78,5, T = 298 K) ergibt sich (c_o in mol/L):

$$\kappa = 32{,}87 \cdot 10^8 v\sqrt{c_o} \qquad [\mathrm{m}^{-1}] \tag{2.8b}$$

Typische Werte von κ und $1/\kappa$ sind in Kap. 15.3 angegeben. Daraus wird der starke Einfluß der Salzkonzentration auf die Ausdehnung der diffusen Schicht ersichtlich (Abb. 2.5). In nahezu reinem Wasser ($c_o = 10^{-5}$ M, $v = 1$) ist die diffuse Ionenschicht etwa 4,6 · 96,2 = 443 nm dick, in 10^{-1} M Lösung ($v = 1$) ist sie auf etwa 4,6 · 0,96 = 4,4 nm geschrumpft. In einer Lösung mit zweiwertigen Ionen ist die diffuse Ionenschicht jeweils halb so dick.

Während in Kap. 2.2 die Oberflächenladungen bzw. deren Dichte betrachtet wurden, erscheint in diesem Kapitel das Oberflächenpotential als charakteristische Größe. Daher muß jetzt der Zusammenhang zwischen Potential und Ladungsdichte gefunden werden.

Die gesamte Ladung in der diffusen Schicht muß gleich der Oberflächenladungsdichte σ_0 sein:

$$-\int_0^\infty \rho \mathrm{d}x = \sigma_0. \tag{2.9}$$

Daraus ergibt sich (Verwey and Overbeek, 1948, S. 30 ff):

$$\sigma_0 = \sqrt{2\varepsilon_0 \varepsilon c_0 RT}\sqrt{2\cosh z - 2} \qquad (2.10a)$$

oder (Kap. 15.4):

$$\sigma_0 = \sqrt{8\varepsilon_0 \varepsilon c_0 RT}\,\sinh(z/2). \qquad (2.10b)$$

Für Wasser bei 25 °C erhält man:

$$\sigma_0 = 37,13 \cdot 10^{-4}\sqrt{c_0}\,\sinh\,(z/2) \qquad [\mathrm{C/m^2}]. \qquad (2.10c)$$

Die Beziehung zwischen Oberflächenpotential (in z) und Oberflächenladungsdichte σ_o enthält die Elektrolytkonzentration c_o

$$\sigma_0 \propto \sqrt{c_0}\ \sinh\,(z/2). \qquad (2.10d)$$

Das bedeutet, das Oberflächenpotential nimmt bei Salzzusatz ab, wenn die Ladungsdichte der Oberfläche konstant bleibt, wie dies für die permanenten Ladungen der Tonminerale gelten sollte. Umgekehrt muß bei konstant bleibendem Potential die Ladungsdichte mit der Salzkonzentration zunehmen. Dieser Prozeß wird oft nur unvollständig ablaufen, nämlich nur soweit, wie vom Aufbau der Oberfläche her ladungstragende Gruppen geschaffen werden können. So kann die Zahl der Ladungen von Latices mit schwach sauren, noch undissoziierten Gruppen an der Oberfläche durch zunehmende Dissoziation steigen, aber eben nur so lange, bis alle Gruppen dissoziiert sind.

Es muß hier erwähnt werden, daß bei kolloidalen Salzen, wie den Silberhalogeniden, die Konzentration der Silberionen das Oberflächenpotential und nicht die Oberflächenladung bestimmt; d. h. solange pAg konstant ist, bleibt ψ_0 konstant, und bei Salzzusatz muß σ_0 größer werden. Ähnliches gilt für die Oxide, bei denen die Protonen potentialbestimmend sind. Wird der pH-Wert des Dispersionsmittels konstant gehalten, muß oberhalb des Ladungsnullpunkts die Zahl der negativen Gruppen mit zunehmendem Salzgehalt steigen – soweit das vom Aufbau der Oberfläche her möglich ist.

Die Anpassung der Oberflächenladungsdichte an eine veränderte Salzkonzentration bei konstant bleibendem Oberflächenpotential ist ein dynamischer Prozeß, der eine gewisse Zeit beansprucht. Es kann zu Relaxationserscheinungen kommen, so daß das tatsächliche Verhalten eher in der Mitte zwischen Potential- und Ladungskonstanz liegt (Lyklema, 1980; Metcalfe and Healy, 1990). Es wird weiter unten gezeigt, daß die Unterschiede zwischen Ladungs- und Potentialkonstanz hauptsächlich die Redispergierung, weniger die Stabilität beeinflussen. Die Relaxation der Doppelschichten spielt offenbar für die Ablösung kolloidaler Teilchen von Oberflächen eine wichtige Rolle (Kallay et al., 1986).

Der oben angegebene Zusammenhang zwischen Ladungsdichte und Potential (Gleichungen 2.10) wurde nach dem Gouy-Chapman-Modell für *ebene* Oberflächen abgeleitet und gilt nur für die Anwesenheit eines einzigen, symmetrischen Elektrolyten (McCormack et al., 1995). Für Doppelschichten um kugelförmige

Teilchen wurden numerische Lösungen von Loeb et al. (1960) angegeben. Von zahlreichen weiteren numerischen Lösungen (Ref. s. Hamieh and Siffert, 1992, 1994) sei das Näherungsverfahren von Hamieh und Siffert (1994) genannt, das den Zusammenhang von Oberflächenladungsdichte und -potential in Gegenwart unsymmetrischer Elektrolyte und in Abhängigkeit vom Teilchenradius herstellt. Bei gleichem Potential steigt die Oberflächenladungsdichte mit abnehmendem Teilchenradius (<100 nm) und mit der Art des Elektrolyten (Kation : Anion) in der Reihenfolge:

$$\sigma_0(1{:}1) < (2{:}1) < (3{:}1) < (1{:}2) < (3{:}2) < (1{:}3) < (2{:}3).$$

Die große Ausdehnung der diffusen Ionenschicht hat zur Folge, daß die Teilchen bei niedriger Salzkonzentration weit voneinander entfernt sind. In Wasser oder verdünnten Salzlösungen muß die Konzentration der dispergierten Teilchen niedrig bleiben, wenn sich die diffusen Ionenschichten nicht gegenseitig stören sollen. Steht zu wenig Dispersionsmittel zur Verfügung, ist die Teilchenkonzentration also zu hoch, unterliegen die Teilchen einem geometrischen Zwang, der ihre freie Bewegung einschränkt. Folglich steigt die Viskosität; auch eine Fließgrenze kann auftreten (sekundärer elektroviskoser Effekt; Kap. 12.2.3, S. 451; Abb. 12.15).

2.3.2 Stern-Modell

Im Gouy-Chapman-Modell werden die Ionen als Punktladungen angesehen. Infolge der endlichen Ausdehnung der Gegenionen und Coionen gibt es einen Minimalabstand, bis auf den sich die Schwerpunkte der Ionen der Grenzfläche nähern können. Die Poisson-Boltzmann-Gleichung ist dann für unterschiedliche Werte der Ladungsdichte (Summenausdruck in Gleichung 2.2b) bei $0 < x < a_1$; $a_1 < x < a_2$ und $x > a_2$ zu lösen, wenn a_1 bzw. a_2 die Radien des kleinen bzw. des großen Ions sind (vgl. Fig. 1 in Huerta et al., 1992). Mit diesem Ansatz wurde z. B. der Quellungsdruck von Tonmineralen in Abhängigkeit von der Ionengröße berechnet (Huerta et al., 1992; Greathouse et al., 1994).

Eine noch wichtigere Folge der endlichen Ionengröße ist, daß die Anzahl der Ionen, die unmittelbar an der Grenzfläche liegen, einen Sättigungswert nicht überschreiten kann. Die Verteilung der Gegenionen nach dem einfachen Gouy-Chapman-Modell würde bei höheren Oberflächenpotentialen zu unrealistisch hohen Konzentrationen dieser Ionen an der Grenzfläche führen. Zum Beispiel wird nach Gleichung 2.1a für

$$y = -8 \ (\psi = -206 \text{ mV}) \text{ und } v = 1 \ c^+/c_o^+ = e^8 = 2981,$$

d. h. schon für $c_o^+ = 10^{-2}$ mol/L würde $c^+ = 29{,}8$ mol/L werden.

Die Berücksichtigung der Ionengröße allein ist nicht ausreichend, dies zeigen experimentelle Befunde. Es ist bekannt, daß hohe Oberflächenpotentiale (etwa über 100 mV) den Teilchen nicht die erwartete, hohe Salzstabilität verleihen. Das System verhält sich so, als wären deutlich niedrigere Oberflächenpotentiale wirksam. Weiterhin wird immer ein gewisser spezifischer Ioneneffekt beobach-

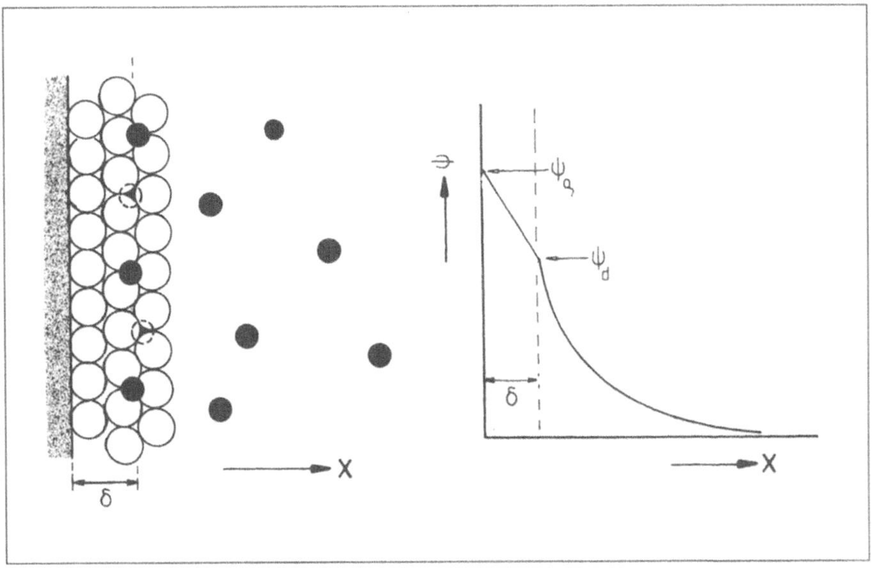

Abb. 2.6. Verteilung der Gegenionen (•) und Potentialverlauf nach dem Stern-Modell (s. a. Abb. 9.4). Adsorption von Gegenionen in einer Schicht der Dicke δ (Stern-Schicht). Wassermoleküle nur in der Stern-Schicht gezeichnet. ψ_0: Oberflächenpotential, ψ_d: Stern-Potential

tet. Nach dem Gouy-Chapman-Modell müßte die elektrostatische Wechselwirkung zwischen den Teilchen für Ionen derselben Wertigkeit genau gleich sein, da die Ionen als Punktladungen angesehen werden. Aber schon die verschiedenen Alkaliionen als Gegenionen beeinflussen die Stabilität auf unterschiedliche Weise (Kap. 3.2).

Schließlich ist ein weiterer Punkt unbefriedigend. Die Dielektrizitätskonstante ε ist für die unmittelbar an die Teilchenoberfläche angrenzende Lösung sicher anders als für das reine Dispersionsmittel. Der Unterschied ist vor allem für sehr polare Flüssigkeiten mit hoher Dielektrizitätskonstante wie Wasser beträchtlich (s. u.).

Die Unzulänglichkeiten des Gouy-Chapman-Modells wurden recht elegant durch Stern gelöst (Stern, 1924). Danach bleibt ein gewisser Anteil der Gegenionen in einer Schicht der Dicke δ an der Oberfläche adsorbiert; die restlichen Gegenionen bilden die diffuse Schicht (Abb. 2.6). Die Gegenionen der Stern-Schicht werden nicht unbedingt an dem Teilchen anliegen. Vor allem die stark hydratisierten Ionen werden durch Wassermoleküle von der Oberfläche getrennt sein.

Im einfachsten Fall wird ein linearer Abfall des Potentials von ψ_0 auf ψ_d in der Ebene der Gegenionen angenommen (Abb. 2.6). Es gibt aber eine Reihe weiterer Modelle, die sich in der Lage der Gegen- und Coionen und dem Verlauf des Potentials unterscheiden (Kap. 9.4, Abb. 9.4).

Stern hat die Menge der an der Oberfläche adsorbierten Ionen durch eine der Langmuirschen Adsorptionsisotherme nachgebildete Beziehung berechnet. Danach ist die Ladungsdichte in der Stern-Schicht (Shaw, 1980):

$$\sigma_1 = \frac{\sigma_m}{1 + \frac{N_A}{V_m c_o} \exp - \left[\frac{vF\psi_d + \phi}{RT} \right]}. \tag{2.11}$$

Da $V_m c_o$ im allgemeinen klein gegen N_A (Avogadrozahl) ist, wird

$$\sigma_1 = \sigma_m \frac{V_m c_o}{N_A} \exp \left(\frac{vF\psi_d + \phi}{RT} \right). \tag{2.12}$$

Hier ist c_o die Bulk-Konzentration der Gegenionen und V_m das Molvolumen des Dispersionsmittels. Die maximal mögliche Ladungsdichte ist σ_m. Sie ergibt sich aus dem Platzbedarf der (hydratisierten) Gegenionen, kann also nicht zu unrealistischen Werten wie im Gouy-Chapman-Modell ansteigen. ϕ ist eine spezifische Wechselwirkungsenergie (s. u.).

Die Berechnung der Gegenionenverteilung in der Stern-Schicht und diffusen Ionenschicht unter Berücksichtigung spezifischer Wechselwirkungen und von Komplexbildungsreaktionen in der Lösung wurde von Nir und Mitarbeitern iterativ gelöst (Hirsch et al., 1989; Rytwo et al., 1996).

Für die Stabilität der Dispersion ist nicht das Oberflächenpotential, sondern das Stern-Potential verantwortlich. Je stärker die Adsorption in der Stern-Schicht ist, umso kleiner wird bei gleichbleibendem Oberflächenpotential ψ_d und um so geringer die Stabilität. Da bei hohen Werten von ψ_0 die Adsorption ausgeprägt ist, sind zu niedrig erscheinende Salzstabilitäten nicht länger verwunderlich. Weiterhin ist das für die Stabilität maßgebende Potential in Systemen mit potentialbestimmenden Ionen nicht mehr konstant, sondern ändert sich auch bei konstanter Konzentration der potentialbestimmenden Ionen mit dem Neutralsalzgehalt.

Im allgemeinen wird die Zahl der Gegenionen pro Flächeneinheit in der Stern-Schicht kleiner sein als die Anzahl der Oberflächenladungen pro Flächeneinheit. Das Potential fällt, wie bisher diskutiert, von ψ_0 auf ψ_d ab (Abb. 2.6). Wenn aber mehr Gegenionen adsorbiert werden als zur Neutralisation der Oberflächenladungen notwendig, kommt es zu einer Umladung. Das Potential ändert sich z. B. von einem negativen Wert bei $x = 0$ auf einen positiven bei $x = \delta$ (s. Abb. 9.4c, S. 326). Dieser Fall tritt häufig mit mehrwertigen Gegenionen auf, die nicht äquivalent, sondern äquimolar gebunden werden. Eine Umladung wird fast immer mit ionischen Tensiden als Gegenionen gefunden. Dabei wird die Dicke der Stern-Schicht empfindlich von der Struktur der Tenside und der Art ihrer Anordnung bestimmt (Kap. 10.10.6).

Coionen (also Anionen bei negativ geladenen Teilchen) werden normalerweise aus der Stern- und der Gouy-Chapman-Schicht abgedrängt. Es ist aber denkbar, daß – entgegen der elektrostatischen Abstoßung – auch Coionen adsorbiert werden, vor allem bei Teilchen mit komplexen Oberflächenstrukturen wie manchen Latices, oder wenn die Coionen grenzflächenaktiv sind. Das Potential wird von ψ_0 auf ψ_d ansteigen, wenn mehr Coionen als Gegenionen adsorbiert werden.

Die Einführung einer spezifischen Wechselwirkungsenergie ϕ ist eine formale Möglichkeit, Unterschiede zwischen den einzelnen Ionen zu berücksichtigen. Nach Stabilitätsmessungen von Lyklema und de Wit (1975, 1978) waren in Dispersionen negativ geladener AgI-Teilchen bei pAg = 12 in 0,05 M KNO_3-Lösung und 10^{-3} M $BaCl_2$-Lösung 67 % der Kaliumionen und 85 % der Bariumionen in der Stern-Schicht gebunden, wozu eine spezifische Wechselwirkungsenergie von $\phi = 5\ RT$ (KNO_3) und 6 RT ($Ba(NO_3)_2$) benötigt wurde. Der Betrag des Stern-Potentials wurde dadurch deutlich kleiner ($|\psi_d| < 30$ mV) als das theoretisch für pAg = 12 berechnete Oberflächenpotential ($\psi_0 = -354$ mV; Kap. 10.1). In reinem Ethylenglycol stieg die adsorbierte Menge der Kaliumionen auf 74% und der Bariumionen auf 98%; ϕ wurde für Kaliumionen etwas kleiner als in Wasser ($\approx$ 4 RT), für Bariumionen größer ($\approx$ 8,5 RT).

Schließlich bietet das Modell von Stern eine Möglichkeit, die Veränderung der Dielektrizitätskonstante grob zu berücksichtigen. Wird die Stern-Schicht als Kondensator betrachtet, ergibt sich eine Beziehung zwischen σ_0 und der Potentialdifferenz ($\psi_0 - \psi_d$):

$$\sigma_0 = \frac{\varepsilon_0 \varepsilon'}{\delta} (\psi_0 - \psi_d). \tag{2.13}$$

Darin ist ε' die relative Dielektrizitätskonstante des Mediums an der Grenzfläche. Als Wert für δ wird die Dicke von zwei Wasserschichten angenommen ($\approx$ 0,5 nm).

Die Werte von ε' und δ sind nicht vollständig unabhängig voneinander, da sie sowohl die Wechselwirkungen der Lösungsmittelmoleküle und Ionen (Gegenionen wie auch Coionen) mit der Grenzfläche als auch die Struktur des Lösungsmittels unter dem Einfluß der Ionen und der Grenzfläche ausdrücken. Die Wechselwirkung zwischen Kationen und Lösungsmittel verursacht im gerade beschriebenen System den entgegengesetzten Verlauf von ϕ für Kalium- und Bariumionen mit zunehmendem Ethylenglycolgehalt. Die spezifischen Wechselwirkungsenergien sind sicher nicht nur als Adsorptionsenergien für Kalium- und Bariumionen an der AgI-Grenzfläche zu verstehen, sondern hängen auch mit der Flüssigkeitsstruktur zusammen. Lyklema und de Wit (1975) vermuten, daß die erhöhte Adsorption der Gegenionen in der Stern-Schicht durch eine Zunahme der Entropie des Systems begünstigt wird.

Naheliegend ist eine Verfeinerung des Modells, indem die Hydration der Gegenionen berücksichtigt und eine stetige Abnahme der Dielektrizitätskonstante vom Bulk zur Grenzfläche angesetzt wird (Gur et al., 1978). Infolge der Hydration wird die Konzentration der Gegenionen an der Grenzfläche niedriger als im Gouy-Chapman-Modell, und zwar umso mehr, je höher das Oberflächenpotential und je höher die Gesamtkonzentration ist. Der Effekt ist bei den am stärksten hydratisierten Kationen, den Lithiumionen, am größten (Abb. 2.7).

Spielt die Struktur des Dispersionsmittels unter dem Einfluß der Grenzfläche und der Gegenionen und Coionen eine merkliche Rolle, kann man die Dicke δ der Stern-Schicht nicht unbedingt als konstant betrachten. Sie sollte sich ändern mit dem Oberflächenpotential, der Art und Konzentration der Gegenionen und Coionen, dem Salzgehalt, dem pH-Wert, dem Lösungsmittel, dem Mischungsverhältnis bei Lösungsmittelmischungen, der Temperatur und dem Zusatz organischer Stoffe.

In diesem Zusammenhang ist ein Beitrag von Gan und Low (1993) von Interesse. Das kolloidchemische Verhalten der 2:1-Tonminerale, insbesondere der Montmorillonite, scheint durch ein relativ niedriges Stern-Potential bestimmt zu

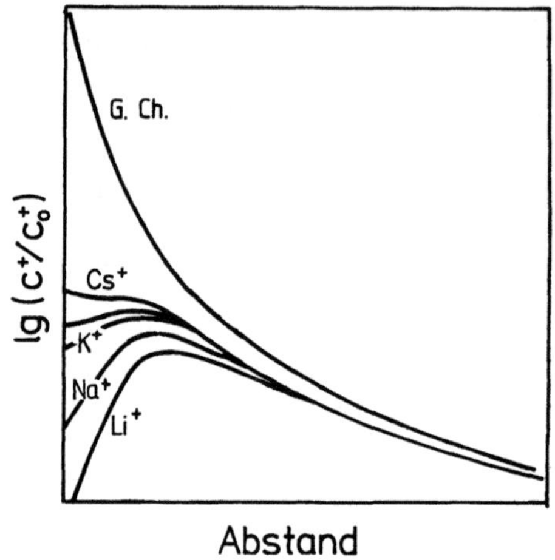

Abb. 2.7. Verteilung der Gegenionen unter Berücksichtigung ihrer Hydration und einer zur Oberfläche hin kontinuierlich abnehmenden Dielektrizitätskonstante (dielektrische Sättigung) (Gur et al., 1978). Zum Vergleich: Konzentration der Gegenionen nach dem Gouy-Chapman-Modell

sein, das sich mit dem Salzgehalt nicht oder nur wenig ändert (Kap. 8.9). Bei konstanter Oberflächenladungsdichte müßte das Stern-Potential mit steigender Elektrolytkonzentration sinken (vgl. van Olphen, 1977, S. 256ff.; Usui, 1984). ψ_d könnte konstant bleiben, wenn trotz zunehmender Salzkonzentration Gegenionen aus der Stern-Schicht herauswanderten, was aber dem Massenwirkungsgesetz widerspräche. Eine weitere Möglichkeit wäre, daß die Stern-Schicht mehr als zwei Wasserschichten umfaßt und mit zunehmender Salzkonzentration dünner würde. Auf Grund IR-spektroskopischer Untersuchungen (Einfluß der Kationen und Anionen an der Montmorillonitoberfläche auf die Si-O-Schwingungen zwischen 970 und 1120 cm^{-1}) folgerten Gan und Low (1993), daß mit zunehmender Salzkonzentration die Stern-Schicht dünner wird.

2.4 Elektrostatische Wechselwirkung zwischen kolloidalen Teilchen

2.4.1 Teilchen mit gleichen Oberflächenpotentialen

Die elektrostatische Wechselwirkung zwischen zwei kolloidalen Teilchen sollte sich aus dem Potentialverlauf erhalten lassen. Der entsprechende Ausdruck ist aber nur numerisch zu lösen (Verwey and Overbeek, 1948). Zur Berechnung der elektrostatischen Abstoßung begnügt man sich daher meistens mit Näherungsformeln. Die wichtigste Beziehung für kugelförmige Teilchen ist (im CGS-System):

$$V_R = \frac{a}{v^2} \cdot \frac{8\varepsilon (kT)^2}{e_0^2} \cdot \gamma^2 e^{-\kappa H} \qquad [\mathrm{erg}], \qquad (2.14a)$$

im SI-System:

$$V_R = \frac{a}{v^2} \cdot \frac{32\pi\varepsilon\varepsilon_0 (RT)^2}{F^2} \cdot \gamma^2 e^{-\kappa H}. \qquad [J] \tag{2.14b}$$

Hier ist $\gamma = (e^{z/2} - 1)/(e^{z/2} + 1)$ mit $z = vF\psi_0/RT$ (Kap. 15.3). H bezeichnet den Abstand zwischen den Teilchen mit Radius a (s. Abb. 2.4). Anmerkung: Statt γ wird gelegentlich tanh (z/4) geschrieben:

$$\tanh(z/4) = (e^{z/4} - e^{-z/4})/(e^{z/4} + e^{-z/4}) = (e^{z/2} - 1)/(e^{z/2} + 1) = \gamma. \tag{2.15}$$

Durch Einsetzen der Konstanten erhält man:

$$V_R = 0,461 \cdot 10^{-10} \cdot \frac{a}{v^2} \gamma^2 e^{-\kappa H} \qquad [J]. \tag{2.16}$$

Als Beispiel ist in Abb. 2.8 V_R als Funktion von H für drei Elektrolytkonzentrationen und z = 2 und 4 dargestellt. Die Elektrolytkonzentration ist dabei durch κ ausgedrückt (Kap. 15.3).

Gleichungen 2.14 bis 2.16 wurden für konstantes Potential abgeleitet. Die elektrostatische Abstoßung bei konstanter Ladungsdichte wurde von Verwey und Overbeek (1948, S. 143–156) sowie Frens und Overbeek (1972) berechnet. Nach Frens und Overbeek (1972) werden V_R^ψ (d. h. Potential konstant) und V_R^σ (d. h. Ladungsdichte konstant) nur bei $\kappa H < 1$ deutlich verschieden. Dann ist V_R^σ etwas größer als V_R^ψ, d. h. V_R^σ steigt mit abnehmendem Abstand etwas stärker an.

Sehr einfache Näherungsformeln wurden von Usui (1973) angegeben:

$$V_R^\sigma = -\frac{\varepsilon a \psi_0^2}{2} \ln\{1 - \exp(-\kappa H)\} \tag{2.17a}$$

$$V_R^\psi = +\frac{\varepsilon a \psi_0^2}{2} \ln\{1 + \exp(-\kappa H)\}. \tag{2.17b}$$

ψ_0 ist das Oberflächenpotential bei unendlicher Entfernung der Teilchen.

Gleichungen 2.14 bis 2.17 gelten zunächst für das einfache Gouy-Chapman-Modell. Bei Annahme einer Gegenionenverteilung nach Stern ist anstelle von ψ_0 das Stern-Potential ψ_d einzusetzen, das aber nun nicht mehr konstant ist, sondern sich mit dem Abstand der Teilchen und dem Salzgehalt ändert (s. z. B. Tab. XIII und Fig. 33 in Verwey and Overbeek, 1948).

Für plättchenförmige Teilchen gilt, wiederum für konstantes Potential, eine der Gleichung 2.14 ähnliche Näherungsbeziehung (d = halber Abstand der Plättchen), im GGS-System:

$$V_R = \frac{64nkT}{\kappa} \cdot \gamma^2 e^{-2\kappa d} \qquad [\mathrm{erg/cm^2}]. \tag{2.18a}$$

Die Konzentrationsabhängigkeit ist in n und κ enthalten. Daher wird die Beziehung auch geschrieben:

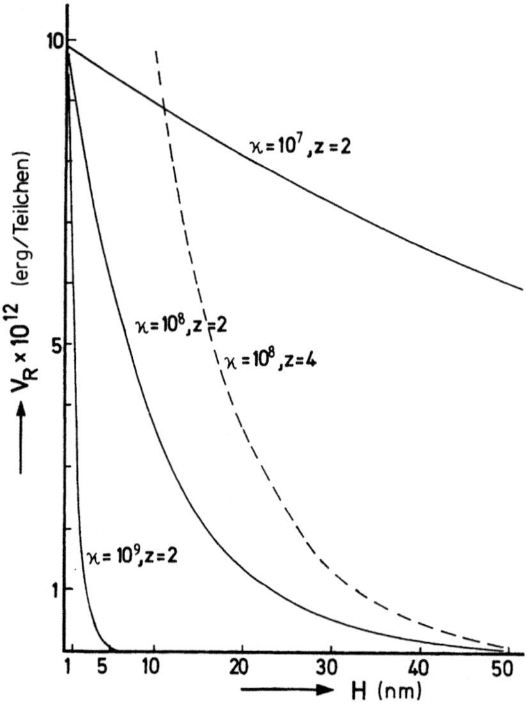

Abb. 2.8. Elektrostatische Wechselwirkung V_R zwischen kugelförmigen Teilchen (Radius a = 10^2 nm) für Oberflächenpotentiale $z = 2$ ($\psi_0 = 51{,}4$ mV) und $z = 4$ ($\psi_0 = 102{,}8$ mV), berechnet nach Gleichung 2.14 bzw. 2.16. Die Elektrolytkonzentration ist durch κ ausgedrückt. Bei 1:1-Salzen entspricht $\kappa = 10^7\ \mathrm{m}^{-1}$ einer Salzkonzentration von etwa 10^{-5} M, $\kappa = 10^8\ \mathrm{m}^{-1}$ einer von 10^{-3} M und $\kappa = 10^9\ \mathrm{m}^{-1}$ einer von 10^{-1} M (Kap. 15.3) $1 \cdot 10^{-12}$ erg/Teilchen $\hat{=}\ 10^{-19} \cdot 6{,}02 \cdot 10^{23} = 60$ kJ/mol.

$$V_R = \frac{8\varepsilon(kT)^2}{\pi v^2 e_0^2} \cdot \kappa\gamma^2 \mathrm{e}^{-2\kappa d}. \tag{2.18b}$$

Im SI-System:

$$V_R = \frac{64cRT}{\kappa} \cdot \gamma^2 \mathrm{e}^{-2\kappa d} \qquad [\mathrm{J/m^2}], \tag{2.18c}$$

bzw.

$$V_R = \frac{32\varepsilon\varepsilon_0(RT)^2}{v^2F^2} \cdot \kappa\gamma^2 \mathrm{e}^{-2\kappa d} \qquad [\mathrm{J/m^2}]. \tag{2.18d}$$

Für Wasser bei 298 K erhält man:

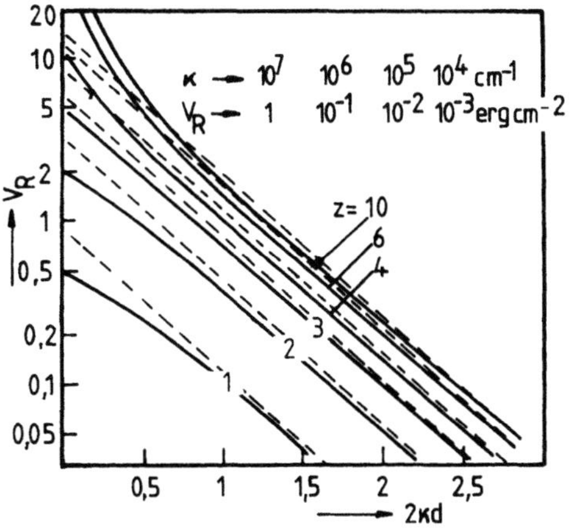

Abb. 2.9. Elektrostatische Abstoßung V_R logarithmisch gegen κd aufgetragen. Durchzogene Kurven: exakte Lösung, gestrichelt: nach Gleichung 2.18 e (nach Verwey und Overbeek, 1948).

$$V_R = 0,147 \cdot 10^{-10} \cdot \frac{\kappa}{v^2} \gamma^2 e^{-2\kappa d} \qquad [\mathrm{J/m^2}] \qquad (2.18e)$$

Gegenüber den Gleichungen 2.14 enthalten die Gleichungen 2.18 noch die reziproke Debye-Hückel-Länge κ im vorexponentiellen Faktor. Das bedeutet, daß bei kugelförmigen Teilchen die Potentialkurven für $H \to 0$ unabhängig vom Salzgehalt immer beim gleichen Wert von V_R beginnen (solange γ konstant ist). Bei plättchenförmigen Teilchen wird mit zunehmendem Salzgehalt (zunehmendem κ) V_R für $2d \to 0$ immer größer.

Wird V_R logarithmisch gegen κH bzw. κd aufgetragen, schieben sich die Kurven mit zunehmendem Oberflächen- oder Stern-Potential immer näher zusammen (Abb. 2.9), weil $\gamma = (e^{z/2} - 1) / (e^{z/2} + 1)$ mit zunehmendem z gegen 1 geht. Das ist für praktische Zwecke wichtig. Solange die Oberflächen- oder Stern-Potentiale niedrig sind, hängt die elektrostatische Wechselwirkung empfindlich von ihnen ab. Bei höheren Potentialen (etwa $z > 5$, ψ_0 oder ψ_d >125 mV) nimmt die Abstoßung mit dem Oberflächen- oder Stern-Potential kaum noch zu. Eine Steigerung des Potentials erhöht die Stabilität der Dispersion nicht mehr.

Zur Berechnung der Wechselwirkung zwischen gegeneinander geneigten Plättchen (bei konstantem Potential) siehe Anandarajah and Chen (1994; 1997).

Für die Berechnung von V_R bei konstanter Ladungsdichte hat van Olphen (1977) ein einfaches Verfahren angegeben. Auch die Ladungsverteilung nach dem Stern-Modell kann berücksichtigt werden (s. a. Permien und Lagaly, 1994). Zum Potentialverlauf unter Berücksichtigung der Adsorption in der Stern-Schicht s. Sridharan and Satyamurty (1996).

2.4.2 Teilchen mit unterschiedlichen Oberflächenpotentialen

In der Praxis werden oft Dispersionen gemischt. Auch wenn sie nach denselben Formulierungen dargestellt worden sind, können unerwartete Destabilisierungsphänomene auftreten. Ursachen sind neben Teilchengrößeneffekten unterschiedliche Oberflächen- bzw. Stern-Potentiale. Wenn ψ_{01} und ψ_{02} verschiedene Vorzeichen haben, spricht man von Heterokoagulation.

Für kugelförmige Teilchen mit den Radien a_1 bzw. a_2 und den Oberflächenpotentialen ψ_{01} bzw. ψ_{02} ist die elektrostatische Abstoßung (Hogg et al., 1966; Wiese and Healy, 1970; Usui, 1973) im CGS-System:

$$V_R^\sigma = V_R^\psi - \frac{\varepsilon a_1 a_2}{2(a_1 + a_2)}(\psi_{01}^2 + \psi_{02}^2)\ln\{1 - \exp(-2\kappa H)\} \tag{2.19a}$$

$$V_R^\psi = \frac{\varepsilon a_1 a_2}{4(a_1 + a_2)}(\psi_{01}^2 + \psi_{02}^2)$$
$$\left[\frac{2\psi_{01}\psi_{02}}{(\psi_{01}^2 + \psi_{02}^2)}\ln\left\{\frac{1 + \exp(-\kappa H)}{1 - \exp(-\kappa H)}\right\} + \ln\{1 - \exp(-2\kappa H)\}\right] \tag{2.19b}$$

$$V_R^\sigma = \frac{\varepsilon a_1 a_2}{4(a_1 + a_2)}(\psi_{01}^2 + \psi_{02}^2)$$
$$\left[\frac{2\psi_{01}\psi_{02}}{(\psi_{01}^2 + \psi_{02}^2)}\ln\left\{\frac{1 + \exp(-\kappa H)}{1 - \exp(-\kappa H)}\right\} - \ln\{1 - \exp(-2\kappa H)\}\right]. \tag{2.19c}$$

Für $a_1 = a_2$ und $\psi_{01} = \psi_{02}$ gehen die Gleichungen 2.19 in die Gleichungen 2.17 über.

Nach Gregory (1975) wird die elektrostatische Wechselwirkung durch die Gleichungen 2.19 überschätzt, wenn ψ_{01} und ψ_{02} gleiches Vorzeichen haben. Für den Fall der Heterokoagulation (ψ_{01} und ψ_{02} haben entgegengesetztes Vorzeichen) treffen die Beziehungen besser zu. Gregory (1975) empfiehlt als bessere Näherung (bei κa >10):

$$V_R = \frac{128\pi nkT}{\kappa^2}\gamma_1\gamma_2\frac{a_1 + a_2}{a_1 + H + a_2}\exp(-\kappa H) \tag{2.20}$$

Für praktische Zwecke, wo eine Entscheidung zwischen V_R^σ und V_R^ψ oft nicht möglich ist bzw. weder der eine noch der andere Grenzfall zutrifft, ist Gleichung 2.20 von Nutzen, da V_R (für Abstände oberhalb des Maximums von V_R^ψ bzw. des Minimums von V_R^σ, Abb. 2.10) nahezu in der Mitte zwischen den exakten Lösungen für V_R^ψ und V_R^σ liegt.

Für plättchenförmige Teilchen gilt nach Hogg et al. (1966) und Usui (1975):

$$V_R^\sigma = \frac{\varepsilon\kappa}{8\pi}\{(\psi_{01}^2 + \psi_{02}^2)(\coth\ 2\kappa d - 1) + 2\psi_{01}\psi_{02}\ \mathrm{cosech}\ 2\kappa \mathrm{d}\}, \tag{2.21a}$$

$$V_R^\psi = \frac{\varepsilon\kappa}{8\pi}\{(\psi_{01}^2 + \psi_{02}^2)(1 - \coth\ 2\kappa d) + 2\psi_{01}\psi_{02}\ \mathrm{cosech}\ 2\kappa d\}, \tag{2.21b}$$

oder auch:

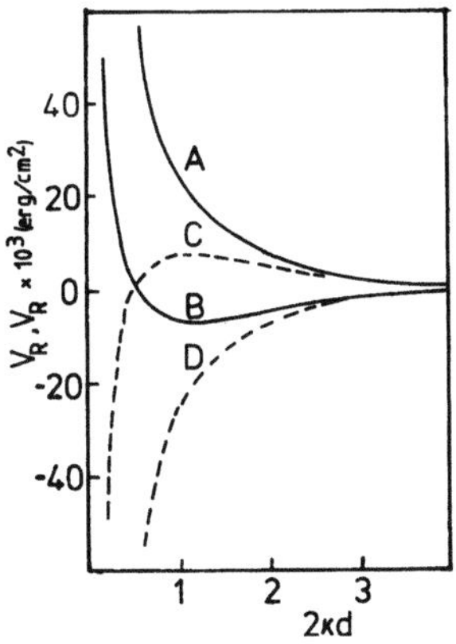

Abb. 2.10. Elektrostatische Wechselwirkung V_R zwischen plättchenförmigen Teilchen bei Ladungs-(- - - -) bzw. Potentialkonstanz (——) (nach Usui, 1973).
A V_R^σ für $\psi_{01} = 10$ mV, $\psi_{02} = 30$ mV
B V_R^σ für $\psi_{01} = -10$ mV, $\psi_{02} = 30$ mV
C V_R^ψ für $\psi_{01} = 10$ mV, $\psi_{02} = 30$ mV
D V_R^ψ für $\psi_{01} = -10$ mV, $\psi_{02} = 30$ mV.

$$V_R^\sigma = V_R^\psi + \frac{\varepsilon\kappa}{4\pi}(\psi_{01}^2 + \psi_{02}^2)(\coth 2\kappa d - 1). \tag{2.21c}$$

Zur Bedeutung von cosech $2\kappa d$ s. Kap. 15.4. Wiederum empfiehlt Gregory (1975) als bessere Näherung bei Potentialen mit gleichen Vorzeichen:

$$V_R = \frac{64nkT}{\kappa}\gamma_1\gamma_2 \exp(-\kappa d). \tag{2.22}$$

Bedeutungsvoll ist eine Änderung des Vorzeichens von V_R^σ bzw. V_R^ψ unter bestimmten Bedingungen. Bei verschieden hohen Potentialen mit gleichem Vorzeichen ($\psi_{01}\psi_{02} > 0$) schlägt V_R^ψ in eine Anziehung um, wenn ein bestimmter Teilchenabstand unterschritten wird (Abb. 2.10). Das Maximum von V_R^ψ liegt nach Usui (1973) für plättchenförmige Teilchen bei:

$$\cosh 2\kappa d = \frac{\psi_{01}^2 + \psi_{02}^2}{2\psi_{01}\psi_{02}}. \tag{2.23a}$$

Die Höhe des Maximums wird lediglich durch die Größe des kleineren Potentials bestimmt:

$$V_R^\psi(\max) = \frac{\varepsilon\kappa}{4\pi}\psi_{01}^2. \tag{2.23b}$$

Im Gegensatz zu V_R^ψ ist V_R^σ bei $\psi_{01}\psi_{02} > 0$ immer positiv (Abstoßung; Abb. 2.10).

Bei Heterokoagulation ($\psi_{01}\psi_{02} < 0$) ist es gerade umgekehrt. Hier bleibt V_R^ψ immer negativ (Anziehung), während V_R^σ bei kleinem κd in Abstoßung umschlägt (Abb. 2.10). Das Minimum wird bestimmt durch:

$$\cosh 2\kappa d = \frac{\psi_{01}^2 + \psi_{02}^2}{2\psi_{01}\psi_{02}}. \tag{2.24a}$$

Die Tiefe des Minimums wird wiederum lediglich durch das kleinere Oberflächenpotential ψ_{01} angegeben:

$$V_R^\sigma\,(\min) = -\frac{\varepsilon\kappa}{4\pi}\psi_{01}^2. \tag{2.24b}$$

Der Wechsel im Vorzeichen mag verblüffen. Er ist kein mathematischer Artefakt der Näherungsbeziehungen. Auch die exakte Berechnung zeigt das Maximum von V_R^ψ für $\psi_{01}\psi_{02} > 0$ (Gregory, 1975). Zur ausführlichen Darstellung s. Derjaguin et al. (1987, Seiten 200–210, 314–319) sowie McCormack et al. (1995). Ein Wechsel im Vorzeichen kann auch erfolgen, wenn ein für Ionen durchlässiges Teilchen mit einem festen Teilchen in Wechselwirkung tritt (Terui et al., 1990; Taguchi et al., 1990).

Für die Stabilität kolloidaler Dispersionen ist die Energiebarriere maßgebend, die bei $\kappa d \approx 1$ liegt (vgl. z. B. Abb. 2.15). Für $\kappa d > 1$ sind die Unterschiede zwischen V_R^σ und V_R^ψ nicht allzu groß (Usui, 1973; Gregory, 1975), und die Berechnung der Koagulationskonzentrationen wird durch die Festlegung auf V_R^ψ oder V_R^σ nicht sonderlich beeinflußt. Die deutlichen Unterschiede bei $\kappa d < 1$ wirken sich dagegen auf die Repeptisation aus (Kap. 2.6.2). Der Wechsel im Vorzeichen von V_R sollte für die Repeptisation und die Stabilität des Koagulats von Bedeutung sein. Aufgrund der negativen Werte von V_R^ψ bei $\psi_{01}\psi_{02} > 0$ müßte ein Koagulat aus unterschiedlich hoch geladenen Teilchen ($\psi_{01} \neq \psi_{02}$) schwerer zu repeptisieren sein als ein solches aus Teilchen mit gleichen Oberflächenpotentialen, wenn Potentialkonstanz einigermaßen gewährleistet ist. In der Praxis könnten diese Vorgänge z. B. beim Vermischen von Latices aus verschiedenen Ansätzen eine Rolle spielen.

Auch in sog. einheitlichen Dispersionen kann das Oberflächenpotential von Teilchen zu Teilchen variieren. Warum sollten in einem Latexansatz alle Teilchen in bezug auf ihre Oberflächenladungsdichte genau gleich sein? Priewe und Lin (1982) haben gezeigt, daß eine Variation des Stern-Potentials – z. B. nach einer Gauß-Verteilung – die Stabilität stärker erniedrigt als eine Verbreiterung der Teilchengrößenverteilung.

2.5 Van-der-Waals-Wechselwirkung

Die Van-der-Waals-Wechselwirkung (London, 1930; s. a. Kap. 16: Van-der-Waals) zwischen zwei kugelförmigen Teilchen mit Radius a im Abstand H (Abb. 2.4) (Hamaker, 1937; Verwey und Overbeek, 1948) ist:

$$V_A = -\frac{A}{6}\left(\frac{2}{s^2-4} + \frac{2}{s^2} + \ln\frac{s^2-4}{s^2}\right) \tag{2.25a}$$

mit $s = (H + 2a)/a = (H/a) + 2$. Für zwei Teilchen mit Radius a_1 und a_2 gilt entsprechend (Hamaker, 1937):

$$V_A = -\frac{A}{6}\left(\frac{2a_1a_2}{H^2+2(a_1+a_2)H} + \frac{2a_1a_2}{H^2+2(a_1+a_2)H+4a_1a_2} + \ln\frac{H^2+2(a_1+a_2)H}{H^2+2(a_1+a_2)H+4a_1a_2}\right) \tag{2.25b}$$

Für gleich große Teilchen wird für Abstände $H \ll a$ folgende Näherung verwandt:

$$V_A = -\frac{A}{12}\cdot\frac{a}{H} \tag{2.26}$$

Statt Gleichung 2.26 sollte besser die Beziehung benutzt werden (Overbeek, 1980):

$$V_A = -\frac{A}{12}\left(\frac{L}{H} + 2\ln\frac{H}{L}\right) \tag{2.27}$$

mit $L = a + 0{,}75\ H$.

Für plättchenförmige Teilchen (Δ = Dicke der Plättchen) im Abstand $2d$ gilt (de Boer, 1936; Verwey und Overbeek, 1948):

$$V_A = -\frac{A}{48\pi}\left(\frac{1}{d^2} + \frac{1}{(d+\Delta)^2} - \frac{2}{(d+\Delta/2)^2}\right) \tag{2.28a}$$

Für dicke Plättchen ($\Delta \gg d$) wird

$$V_A = -\frac{A}{48\pi d^2} \tag{2.28b}$$

Zur Berechnung der Wechselwirkung zwischen nichtparallelen Plättchen siehe Anandarajah and Chen (1997).

In allen Gleichungen ist A die Hamaker-Konstante, die bei gegebener Geometrie allein die Höhe der Van-der-Waals-Wechselwirkung bestimmt. In erster Näherung ist A vom Elektrolytgehalt der Dispersion und dem Abstand der Teilchen unabhängig. Typische Werte sind in Tabelle 2.2 angegeben.

Eine genügend genaue Berechnung von A aus atomaren Daten gelingt nicht. Daher wurde die Hamaker-Konstante zunächst aus kritischen Salzkonzentrationen berechnet (Kap. 3.1). In der Literatur findet man auch heute noch recht unterschiedliche Werte (Visser, 1972; Vincent, 1973; Duckworth and Lips, 1978; Israelachvili, 1994; Priewe and Russell, 1988). Eine kritische Zusammenstellung lieferte Lyklema (1991).

Die Hamaker-Konstanten für wäßrige Dispersionen liegen in folgenden Bereichen (Tabelle 2.2):

Metalle	$A \approx (15-30) \cdot 10^{-20}$ J
Oxide, Silicate	$A \approx (1-5) \cdot 10^{-20}$ J
Salze	$A \approx (0{,}3-5) \cdot 10^{-20}$ J
Polymere (Latices)	$A \approx (0{,}3-1{,}4) \cdot 10^{-20}$ J

Die oben angegebenen Werte beziehen sich bereits auf Wasser als Medium zwischen den kolloidalen Teilchen. Diese Hamaker-Konstante A setzt sich zusammen aus den Hamaker-Konstanten A_S für die Wechselwirkung zwischen den

Tabelle 2.2. Hamaker-Konstanten (soweit nicht anders vermerkt nach Daten von Hough and White, 1980; s. a. Lyklema, 1991). A: Hamaker-Konstante für wäßrige Dispersionen, A_s, A_m: Hamaker-Konstante des festen Stoffes und des Dispersionsmittels im Vakuum) (alle Werte in 10^{-20} J). Hinweis: Die Werte von A und A_s wurden unabhängig voneinander ermittelt und nicht nach Gleichung 2.29 ineinander umgerechnet.

Gruppe	Beispiele	
Metalle		
	$A \approx 15-30$	
	Cu	17,5
	Au	30
	Si	25,6
	Ag	28,2
	$A_s \approx 20-45$	
	Cu	28,4
	Au	41,1
	Pt	19,9
	Ag	40,0
Kohlenstoff		
	Diamant, A	14,0
	Diamant, A_s	28,4
	Graphit, A_s	47,0
Oxidische Verbindungen		
	$A \approx 1-5$	
	Quarz	1,7
	„Quarzglas" (fused silica)	0,8[4)]
	Glas	1,3
	Glimmer	2,0[4)]
	Illit	2,5[1)]
	Montmorillonit	2,2[1)]
	Kaolinit	3,1[1)]
	Palygorskit	16,3[1)]
	MgO	1,8
	Al_2O_3	4,2[4)]; 5,3[4)]
	ZrO_2	13[4)]
	Rutil	26[4)]
	$A_s \approx 5-20$	
	Quarz	8,8
	Quarzglas (fused silica)	6,5[4)]
	Glimmer	10[4)]
	MgO	10,5
	Hämatit	16,4[3)]
	Al_2O_3	14[4)]
	Rutil	43[4)]
Salze		
	$A \approx 0,3-5$	
	CaF_2	1,0
	Calcit	2,2
	CdS	4,8
	KCl	0,3
	KBr	0,5
	AgI	2,6

Tabelle 2.2. (Fortsetzung)

Gruppe	Beispiele	
	$A_s \approx 5-15$	
	CaF_2	7,2[4]
	Calcit	10,1
	CdS	15,3
	KCl	6,2
	KBr	6,7
	KI	6,3
Polymere		
	$A \approx 0{,}3-1{,}4$	
	Polystyrol	1,4[4]; 0,95; 1,3 (ber.)[4]; 1,37[3]
	Polyvinylchlorid	1,30
	Polymethacrylat	1,05
	Polyisopren	0,75
	PTFE	0,33[4]
	Tetradecan	0,47[3]
	Hexadecan	0,50[4]
	$A_s \approx 3-8$	
	Polystyrol	6,6[4]; 8,15[3]
	Polyvinylchlorid	7,8[4]
	Polymethacrylat	7,1
	Polyisopren	6,0
	PTFE	3,8[4]
Lösungsmittel		
	$A_m \approx 4-7$	
	Alkane C_5H_{12} bis $C_{16}H_{34}$	3,7–5,2
	Tetradecan	5,0[3]; 5,1[4]
	Cyclohexan	5,2[4]
	Benzol, Nitrobenzol	5,0[4]
	Toluol	6,1[2]
	$CHCl_3$	6,0[2]
	CCl_4	5,5[4]
	Methylethylketon	4,7[2]
	Aceton, Diethylether, Ethylacetat	4,2[2]
	Aceton	4,1[4]
	Ethanol	4,2[4]
	Ethylenglycol	6,2[2]
	Glycerin	7,4[2]
	Wasser	3,7[4]
		3,9[3]

[1] Novich and Ring (1984) (aus Stabilitätsmessungen); [2] Vincent (1973); [3] Prieve and Russel (1988); [4] Israelachvili (1994)

Atomen der Teilchen und A_m für die Wechselwirkung zwischen den Atomen des Mediums (Verwey und Overbeek, 1948):

$$A = (\sqrt{A_s} - \sqrt{A_m})^2. \tag{2.29}$$

Ist das Medium eine binäre Flüssigkeitsmischung, so gilt (Osmond et al., 1973; Vincent, 1973; Vincent et al., 1980, 1990)

$$A_m = (v_1\sqrt{A_{m,1}} + (1 - v_1)\sqrt{A_{m,2}}) \tag{2.30}$$

Darin sind $A_{m,1}$ und $A_{m,2}$ die Hamaker-Konstanten der beiden Flüssigkeiten, und v_1 ist der Volumenbruch der Flüssigkeit 1.

Nach Gleichung 2.29 wird die Van-der-Waals-Anziehung umso geringer, je ähnlicher die Hamaker-Konstanten der Teilchen und des Dispersionsmittels A_m werden.

Die von Lifshitz und Mitarbeitern ab 1955 entwickelte Theorie erlaubt eine genauere Berechnung der Van-der-Waals-Wechselwirkung. Teilchen und Medium werden als Kontinua betrachtet, und die Wechselwirkungsenergie wird aus den dielektrischen Spektren der einzelnen Stoffe ermittelt. Eine bedeutsame Einschränkung verlangt, daß die Teilchen so weit voneinander entfernt bleiben, daß sie gegenseitig als Kontinuum aufzufassen sind. Zur Ermittlung der Wechselwirkungen müssen die Dielektrizitätskonstanten als Funktion der Frequenz gemessen werden (Persegian, 1975). Prieve und Russel (1988) haben ein vereinfachtes Verfahren zur Bestimmung der Hamaker-Konstanten nach der Lifshitz-Theory angegeben.

Die mit der Lifshitz-Theorie gewonnenen Daten (Persegian, 1975; Hough and White, 1980; Persegian and Weiss, 1981; Prieve und Russel, 1988; Duckworth und Lips, 1978) lassen einige wichtige Gesichtspunkte erkennen:

1. Die Van-der-Waals-Wechselwirkung ist nicht unabhängig vom Abstand. Für Polystyrol in Wasser z. B. ist die Hamaker-Konstante bei kleinen Abständen $A = 1{,}4 \cdot 10^{-20}$ J und sinkt bei Abständen $>10^2$ nm auf $0{,}3 \cdot 10^{-20}$ J (Abb. 2.11) (Persegian, 1975; Prieve und Russel, 1988). Die Abnahme der Hamaker-Konstanten zu großen Abständen hin wird als Retardation bezeichnet (zur Berechnung s. Anandarajah and Chen, 1995).

   Ottewill und Richardson (1982) empfehlen zur Berechnung der Van-der-Waals-Wechselwirkung nach Gleichung 2.25 die folgende Abhängigkeit der Hamaker-Konstante vom Abstand H (in Å!) für $H < 600$ Å:

$$A = (9{,}086 - 7{,}586 \cdot 10^{-3}\, H - 2{,}196 \cdot 10^{-6}\, H^2) \cdot 10^{-14} \quad \text{[erg]} \tag{2.31}$$

2. Die Van-der-Waals-Wechselwirkung ist nicht völlig unabhängig vom Salzgehalt, sondern nimmt mit ihm etwas ab (Abb. 2.11).
3. Wenn in einem System: Stoff 1-Medium 2-Stoff 3 die Stoffe 1 und 3 identisch sind, ist die Wechselwirkung immer negativ, also attraktiv. Sie wird aber

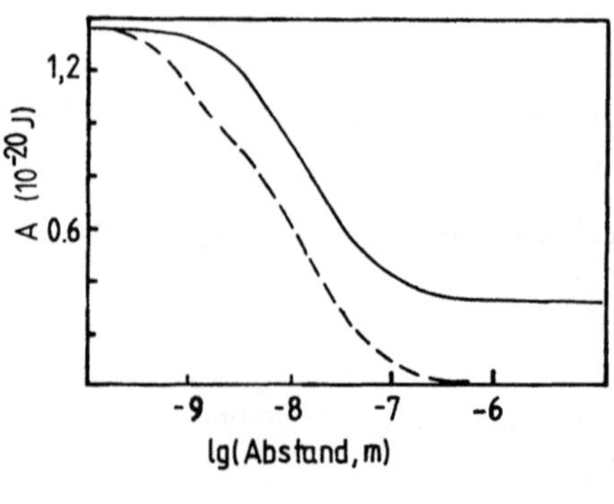

Abb. 2.11. Hamaker-Konstante für zwei Halbräume aus Polystyrol, berechnet nach der Lifshitz-Theorie (Persegian und Weiss, 1981; Prieve and Russel, 1988). —— reines Wasser, - - - - 0,1 M NaCl-Lösung.

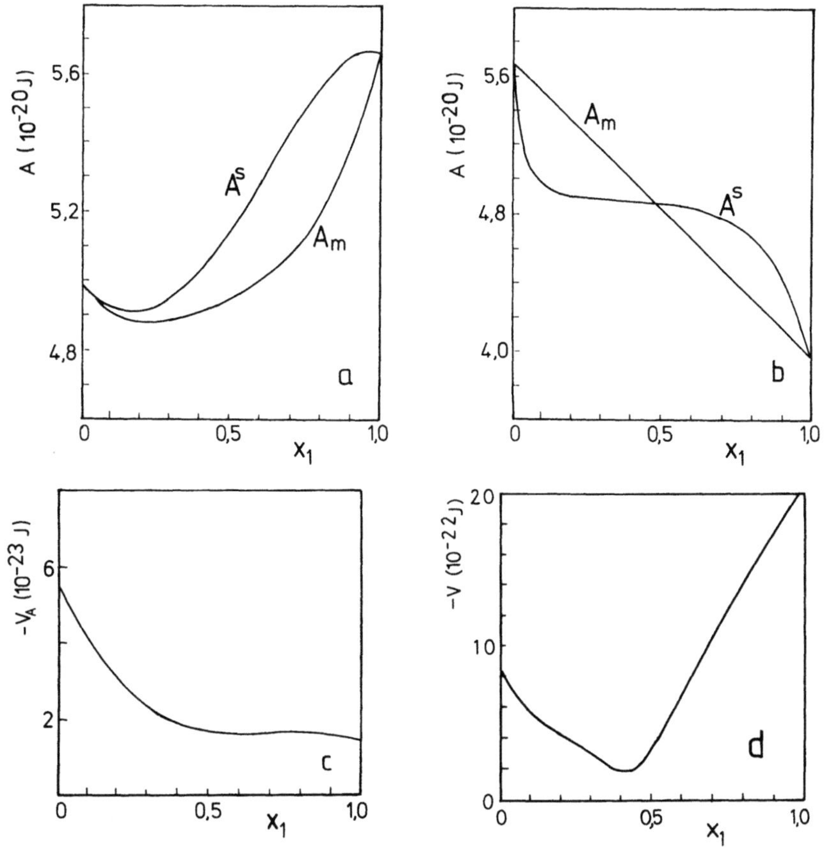

Abb. 2.12. Hamaker-Konstante und Van-der-Waals-Wechselwirkung für hydrophobiertes Aerosil (R972, Degussa) in Benzol/n-Heptan und Methanol/Benzol-Mischungen (Machula et al., 1993). **a** Hamaker-Konstante A_m für die Benzol/Heptan-Mischungen und A_s für die Adsorptionsschicht aus Benzol/Heptan; x_1: Molenbruch von Benzol, **b** wie **a** jedoch für Methanol/Benzol-Mischungen, x_1: Molenbruch Methanol, **c** Van-der-Waals-Wechselwirkung zwischen den mit einer Adsorptionsschicht bedeckten SiO_2-Teilchen in Abhängigkeit von der Zusammensetzung des Dispersionsmittels Benzol/Heptan; x_1: Molenbruch Benzol, Abstand zwischen den Teilchen H=2 nm, **d** wie **c** jedoch für Methanol/Benzol; x_1: Molenbruch Methanol, H = 0,1 nm

abstoßend ($A < 0$), wenn die Dielektrizitätskonstante des Mediums zwischen denen der Stoffe 1 und 3 liegt. Für Polystyrol-Wasser-Luft ist $A = -1{,}57 \cdot 10^{-20}$ J; für Polystyrol-Tetradecan-Wasser ist $A = -0{,}19 \cdot 10^{-20}$ J (Prieve and Russel, 1988).

4. Im Falle nicht retardierender Zustände ist die Wechselwirkung zweier identischer Stoffe 1, die durch ein Medium 2 getrennt sind, die gleiche wie für zwei Stoffe 2, die durch das Medium 1 getrennt sind.

Die Van-der-Waals-Wechselwirkung wird natürlich auch beeinflußt, wenn die kolloidalen Teilchen von einer merklichen Adsorptionsschicht überzogen sind (Vold, 1961). Je ähnlicher die Hamaker-Konstante dieser Schicht der des Dispersionsmittels ist und je dicker die Schicht wird, umso geringer wird die Anziehung zwischen den Teilchen.

Die Attraktion zwischen AgI-Teilchen in Wasser nimmt ab, je dicker diese mit Alkylpolyethylenglycol (C_8E_6) umhüllt werden. Die Abnahme der Van-der-Waals-Wechselwirkung erhöht die Salzstabilität der kolloidalen Teilchen (Mathai und Ottewill, 1966). Zu erwarten ist eine Abnahme der Van-der-Waals-Anziehung zwischen Latexteilchen in Wasser, wenn zwischen den Haaren an der Oberfläche (Kap. 6.5) Wasser immobilisiert wird.

Bei der Dispergierung kolloidaler Teilchen in binären Flüssigkeitsmischungen hat die adsorbierte Schicht im allgemeinen eine andere Zusammensetzung als das Dispersionsmittel. Wenn die Zusammensetzung der Adsorptionsschicht aus den Kompositisothermen (Kap. 14) zu ermitteln ist, läßt sich die Van-der-Waals-Wechselwirkung als Funktion der Zusammensetzung des Dispersionsmittels genauer berechnen. Ein Beispiel ist in Abb. 2.12 gegeben (Dekany, 1993; Machula et al., 1993; Kiraly et al., 1996).

2.6 Stabilität der Dispersionen

2.6.1 Gesamtwechselwirkungskurven

Die von der Elektrolytkonzentration weitgehend unabhängige Van-der-Waals-Anziehung V_A und die vom Salzgehalt empfindlich abhängige elektrostatische Abstoßung V_R überlagern sich zur Gesamtwechselwirkungskurve $V_T = V_A + V_R$. Der typische Verlauf dieser Kurve ist in Abb. 2.13 gezeigt. Da bei sehr kleinen Abständen der numerische Wert von V_A immer größer als der von V_R ist, entsteht ein Potentialmaximum (bei $\kappa d \approx 1$), das zu kleinen Abständen hin steil abfällt. Da bei direktem Kontakt der Teilchen die Bornsche Abstoßung V_B wirksam wird, bildet sich ein tief liegendes primäres Minimum, das allerdings für die Stabilität bzw. Repeptisation kaum Bedeutung hat (s. u.). Bei großen Abständen liegt das sehr flache sekundäre Minimum.

Die Änderung der Wechselwirkungskurve mit der Elektrolytkonzentration sei an der Originalabbildung aus Verwey und Overbeek (1948) gezeigt (Abb. 2.14). Die Elektrolytkonzentration ist durch κ ausgedrückt (Kap. 2.3.1, Gleichungen 2.7 und 2.8 sowie Kap. 15.3). Bei sehr niedriger Salzkonzentration ist nur eine geringe Abstoßung vorhanden (Kurve **A**). Unter diesen Bedingungen ist eine kolloidale Dispersion nicht besonders stabil, eher als labil zu bezeichnen, so daß Sekundäreffekte (Anisometrie der Teilchen, ungleichmäßige Ladungsverteilung, Verunreinigungen, Alterungsprozesse) leicht destabilisieren. Richtig stabil wird die Dispersion erst, wenn ein ausgeprägtes Maximum $V_m = V_{T,max}$ ausgebildet wird (Kurven **C**, **D**). Weiterer Salzzusatz erniedrigt V_m sehr schnell. Wenn $V_m \approx 0$ wird, ist die Dispersion nicht mehr stabil; sie koaguliert. Die dazu notwendige Salzkonzentration heißt kritische Koagulationskonzentration c_K (Kap. 3.1). Um diese zu erreichen, muß V_m nicht Null werden. Infolge ihrer thermischen Energie können die Teilchen noch Barrieren in der Größenordnung von 10–15 kT über-

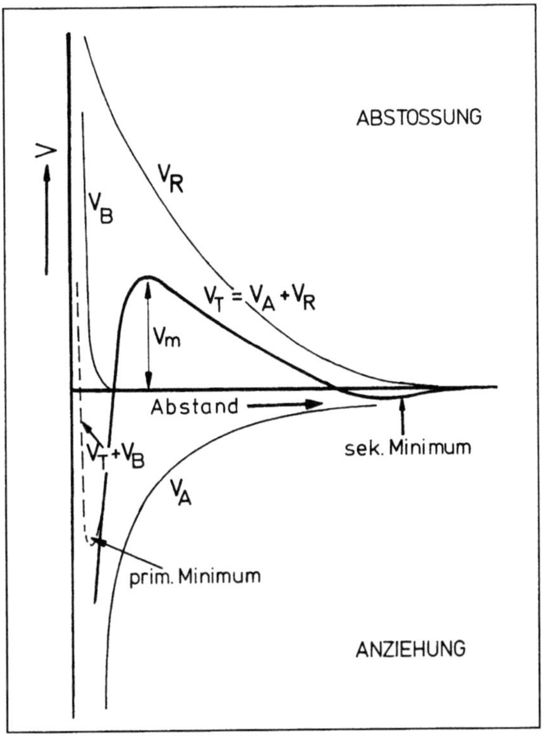

Abb. 2.13. Überlagerung der elektrostatischen Abstoßung V_R, Bornsche Abstoßung V_B und Van-der-Waals-Anziehung V_A zur Gesamtwechselwirkungskurve $V_T = V_R + V_B + V_A$. $V_m = V_{T,\max}$

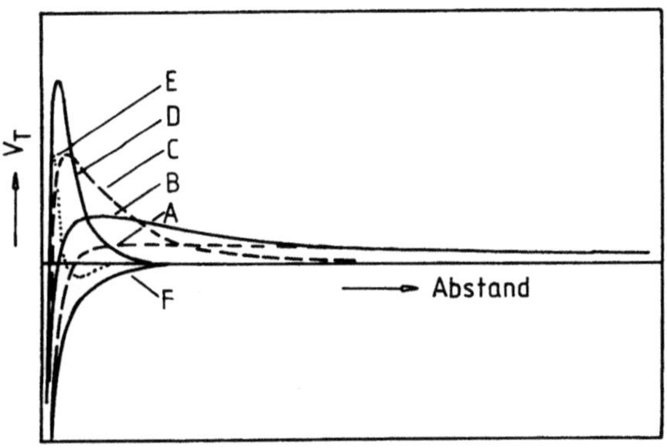

Abb. 2.14. Einfluß der Salzkonzentration (1:1-Elektrolyt) auf die Gesamtwechselwirkungsenergie $V_T = V_R + V_A$ für plättchenförmige Teilchen, schematisch nach Verwey und Overbeek (1948, Fig. 29). **A** bis **F**: steigende Salzkonzentration

winden; es genügt also, wenn $V_m < 10-15\ kT$ wird (Kap. 2.6.3, S. 53; Verwey und Overbeek, 1948, S. 169).

Als Beispiel für kugelförmige Teilchen ist in Abb. 2.15 die Gesamtwechselwirkung $V_T = V_R + V_A$ für Polystyrollatices in Abhängigkeit von der Elektrolytkonzentration (1:1-Elektrolyt) bei Stern-Potentialen $z = 2$ ($\psi_d = 51{,}4$ mV) und $z = 1$ ($\psi_d = 25{,}7$ mV) dargestellt. Bei $z = 2$ (Abb. 2.15a,b) koaguliert die Latexdispersion, wenn die Salzkonzentration größer als 0,3 M wird. Die empfindliche

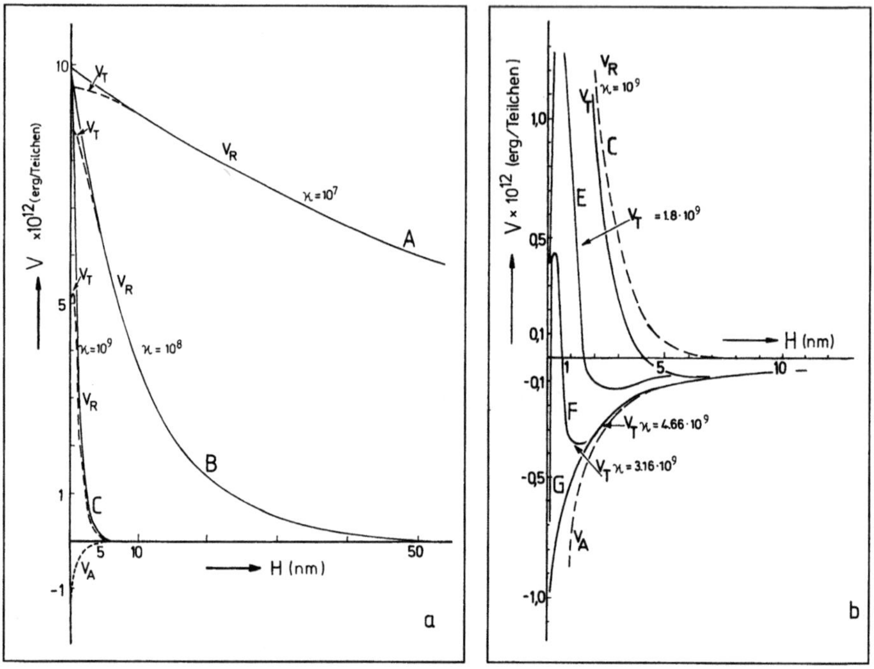

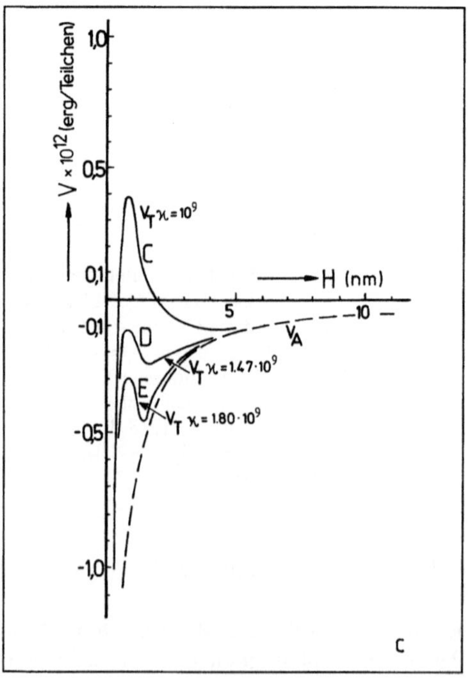

Abb. 2.15. Wechselwirkungsenergie $V_T = V_R + V_A$ zwischen kugelförmigen Polystyrolteilchen (Radius $a = 10^2$ nm, $v = 1$, $\varepsilon = 78{,}5$, $T = 298$ K); V_R nach Gleichung 2.16, V_A nach Gleichung 2.27
(a) $z = 2$, $A = 0{,}5 \cdot 10^{-20}$ J (für größere Abstände)
(b) $z = 2$, $A = 10^{-20}$ J ($H < 10$ nm)
(c) $z = 1$, $A = 10^{-20}$ J ($H < 10$ nm)
A $\kappa = 10^7$ m^{-1}, $c = 10^{-5}$ M
B $\kappa = 10^8$ m^{-1}, $c = 10^{-3}$ M
C $\kappa = 10^9$ m^{-1}, $c = 10^{-1}$ M
D $\kappa = 1{,}47 \cdot 10^9$ m^{-1}, $c = 0{,}2$ M
E $\kappa = 1{,}8 \cdot 10^9$ m^{-1}, $c = 0{,}3$ M
F $\kappa = 3{,}16 \cdot 10^9$ m^{-1}, $c = 0{,}9$ M
G $\kappa = 4{,}66 \cdot 10^9$ m^{-1}, $c = 2$ M

Abhängigkeit der Stabilität vom Stern-Potential, ausgedrückt durch die Höhe der Barriere, ist in Abb. 2.15b,c gezeigt.

Bei manchen praktischen Fragestellungen, z. B. in der Geotechnik, ist die Berechnung der Drucke naheliegender als die der Wechselwirkungsenergien. Hierzu siehe z. B. Verwey and Overbeek (1948, S. 90f); Barclay and Ottewill (1970); Ottewill (1977); Madsen and Müller-Vonmoos (1985); Delville and Laszlo (1989); Greathouse and McQuarrie (1995).

2.6.2 Repeptisation

Unter Einfluß der Bornschen Abstoßung entsteht das tiefe primäre Minimum, in das die Teilchen bei der Koagulation fallen sollten. Wenn bei Repeptisationsversuchen die Elektrolytlösung verdünnt wird, bleibt das Minimum erhalten, die Barriere wächst wieder (Abb. 2.16a–c) und verhindert die Repeptisation des Koagulats, auch wenn bei der gegebenen Salzkonzentration die kolloidale Aufteilung stabil wäre. (Daher wurden diese Dispersionen zeitweise als „irreversibel“ bezeichnet; ein Terminus, der unbedingt zu vermeiden ist.)

Der Verstoß der DLVO-Theorie gegen experimentelle Befunde konnte formal durch Einführung des „distance of closest approach“ behoben werden (Frens and Overbeek, 1972; Overbeek, 1977). Die Teilchen können sich nicht weiter als bis auf einen bestimmten Abstand von etwa 0,4–0,5 nm nähern. Dadurch werden die Wechselwirkungen vor dem Absturz in das primäre Minimum abgeschnitten. In Abb. 2.16d ist das Sol koaguliert, die Teilchen haben den kleinstmöglichen Abstand von $2\,\delta \approx 0{,}4$ nm. Beim Verdünnen schiebt sich V_T nach oben. Die Teilchen müssen jetzt nur eine geringe Energie von weniger als 10 kT überwinden, um zu redispergieren (Abb. 2.16e).

Die Einführung eines Mindestabstandes erscheint zunächst rein formal. Bei Koagulation mit direktem Teilchen-Teilchen-Kontakt müßte die Elektrolytlösung vollständig zwischen den Teilchen herausgedrängt werden; die Gegenionen würden ihre Hydrathüllen verlieren. Das wird kaum möglich sein; ein Mindestabstand von der Dicke zweier Wasserschichten, eben 0,4–0,5 nm, wird bleiben. Der Mindestabstand kann auch größer sein, z. B. bei stark hydratisierten, kleinen Gegenionen wie Aluminiumionen oder spezifisch adsorbierten, großen organischen Ionen.

Die Existenz eines „distance of closest approach“ ist seit langem von den quellungsfähigen 2:1-Tonmineralen bekannt. Natriummontmorillonite behalten auch bei hohen Natriumsalzkonzentrationen noch zwei Wasserschichten im Schichtzwischenraum, so daß der Abstand zwischen den Schichten nicht unter 0,5 nm absinkt (Abb. 3.11 in Jasmund und Lagaly, 1993). Nur wenn die Hydration der Gegenionen weniger stark ausgeprägt, die Ladungsdichte hoch ist und spezifische Wechselwirkungen auftreten (Kaliumionen und hochgeladene 2:1-Tonminerale wie Vermiculite und Glimmer), wird das Wasser vollständig zwischen den Schichten herausgedrängt.

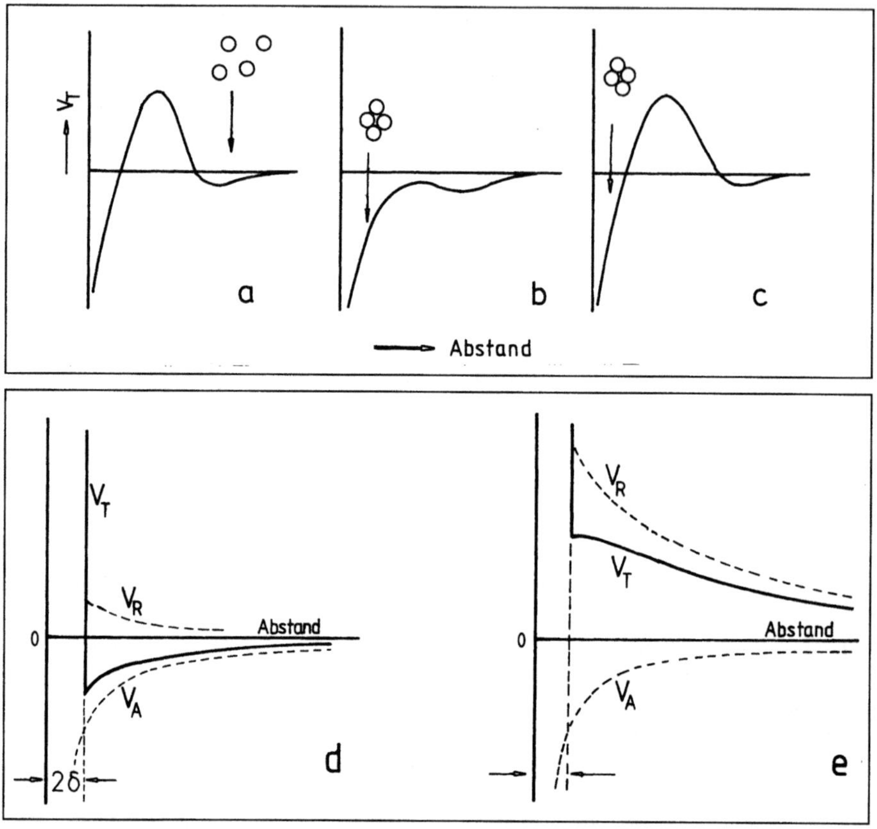

Abb. 2.16a–e. Zur Repeptisation koagulierter Dispersionen (nach Overbeek, 1977). **a** Stabile Dispersion. **b** Salzzusatz läßt die Barriere verschwinden, die Dispersion koaguliert. **c** Erniedrigung der Salzkonzentration der koagulierten Dispersion (Verdünnen, Auswaschen mit Wasser, Dialysieren): die aggregierten Teilchen bleiben im primären Minimum gefangen. **d** Wenn sich die Teilchen bei der Koagulation nur bis zu einem Abstand von $2\,\delta$ nähern, fallen sie nicht in die volle Tiefe des primären Minimums. **e** Beim Erniedrigen der Salzkonzentration wird die Wechselwirkung zwischen den Teilchen im Abstand 2δ zunehmend positiv (Abstoßung), und zur Repeptisation ist nur eine geringe Barriere von einigen kT zu überwinden.

2.6.3 Der Stabilitätsfaktor

Die Barriere im Energiediagramm für elektrostatisch stabilisierte Dispersionen bedeutet, daß die Stabilität kinetischer und nicht thermodynamischer Natur ist. „Eine kolloidale Dispersion ist stabil" heißt daher zunächst nur, daß sie innerhalb einer gewissen Zeit nicht koaguliert.

Die Koagulation wird durch einen Zusammenstoß zweier Teilchen nach Art einer bimolekularen Reaktion eingeleitet. Durch weitere Kollisionen entstehen Trimere, Tetramere, Oligomere und schließlich größere Aggregate. Die Konzentration der Einzelteilchen n_0 nimmt daher mit fortschreitender Zeit zunächst wie bei einer bimolekularen Reaktion ab:

$$-\mathrm{d}n_0/\mathrm{d}t = kn_0^2 \tag{2.32}$$

Die Geschwindigkeitskonstante k hat ihren Maximalwert k_0, wenn sich die Teilchen nicht abstoßen, also $V_T \leq 0$ ist. Von Smoluchowski (1906, 1916, 1918) betrachtete die schnelle Koagulation ($k \rightarrow k_0$) als eine Folge von Stößen von Einzelteilchen miteinander oder mit höheren Aggregaten, wobei die Teilchen nur der Brownschen Diffusion unterlagen. Unter Berücksichtigung des Stokesschen (Reibungskoeffizient $f = 6\pi\eta a$) und Einsteinschen Gesetzes (Diffusionskoeffizient $D = kT/f$) wird (Sonntag and Strenge, 1987; S. 41–43):

$$k_0 = 8kT/3\eta. \tag{2.33}$$

Eine Abstoßung wird die Abnahme der Konzentration der Einzelteilchen verzögern, da mit zunehmender Energiebarriere immer weniger Einzelteilchen einander so nahe kommen, daß Paare gebildet werden. Die Koagulation wird umso langsamer und die Stabilität umso größer, je stärker die Abstoßung zwischen den Teilchen wird. Es ist dann $k < k_0$ (zur Kinetik s. Sonntag and Strenge, 1987; Adachi, 1995). Das Verhältnis

$$W = k_0/k \tag{2.34}$$

wird umso größer, je kleiner k wird. W heißt Stabilitätsfaktor. In stabilen Dispersionen ist $W \geq 10^5$. Für $V_T \leq 0$ wird $W = 1$ (sog. schnelle Koagulation).

Der Vergleich des Koagulationsprozesses mit den bimolekularen Stoßreaktionen in der chemischen Kinetik darf nicht zu weit geführt werden. Ein entscheidender Unterschied liegt in der kinetischen Energie der Teilchen. Die Teilchen in der Dispersion verbrauchen ihre kinetische Energie durch Reibung. Wie Verwey und Overbeek (1948, S. 164) berechnet haben, verlieren auch vergleichsweise schnelle Teilchen (kinetische Energie etwa 10 kT) schon innerhalb einer Strecke von wenigen Å ihre kinetische Energie. Eine Barriere (Aktivierungsenergie), auch von nur wenigen kT, kann daher nicht direkt durch bimolekulare Stöße zwischen Teilchen mit entsprechend hoher kinetischer Energie überwunden werden. Die Wahrscheinlichkeit, daß die Teilchen die Barriere überspringen, hängt daher nicht nur von ihrer kinetischen Energie und $V_{T,max}$ ab. Das Aufeinandertreffen zweier Teilchen ist vielmehr als Diffusion in einem Kraftfeld zu betrachten (Verwey and Overbeek, 1948, S. 164; Hunter, 1991, S. 440).

Die Koagulationsgeschwindigkeit wurde zunächst von Von Smoluchowski (1906, 1916, 1918) ausgehend vom Fickschen Gesetz für den Fall der schnellen Koagulation (d. h. bei Abwesenheit abstoßender Kräfte, $V_T < 0$) berechnet (Näheres s. Verwey and Overbeek, 1948, S. 165; Hunter, 1991, S. 440). Danach ist die Koagulationszeit $t_{1/2}$, d. h. die Zeit, bis zu der die Zahl der Einzelteilchen auf die Hälfte gesunken ist:

$$t_{1/2} = 1/(8\pi D a n_0) \tag{2.35a}$$

(D = Diffusionskoeffizient, a = Teilchenradius, n_0 = Zahl der Teilchen pro mL). Nach der Einsteinschen Beziehung ist $D = kT/6\pi\eta a$ (η = Viskosität des Lösungsmittels) (Hunter, 1991, S. 56; Lyklema, 1991, S. 6.30 sowie Lehrbücher der Physik) und somit:

$$t_{1/2} = 3\eta/4kTn_0. \tag{2.35b}$$

In Wasser wird bei 25 °C $t \approx 2 \cdot 10^{11}/n_0$. Da n_0 auch in konzentrierten Solen kaum größer als 10^{14} Teilchen/cm^3 wird, liegt die kürzeste Koagulationszeit in der Größenordnung von 10^{-3} s; für die üblichen Verdünnungen bei der Messung der Koagulationskinetik sogar in der Größenordnung von Sekunden.

Die nach Gleichung 2.33 berechnete maximale Koagulationsgeschwindigkeit wurde experimentell nicht gefunden. Als eine der Ursachen wird ein hydrodynamischer Effekt angesehen. Wenn sich die Teilchen mehr und mehr näher kommen, muß das Dispersionsmittel aus dem Kontaktbereich zwischen den Teilchen herausgepreßt werden, was deren Bewegung deutlich verzögert (Honig et al., 1971; s. a. Overbeek, 1977). Die hydrodynamische Korrektur nach Honig et al. (1971) kann in einfacher Weise durchgeführt werden und stimmt mit experimentellen Werten gut überein (s. Overbeek, 1977). Die tatsächliche Koagulationsgeschwindigkeit ist etwa um den Faktor 0,4 - 0,6 (je nach Hamaker-Konstante) kleiner, als Von Smoluchowski berechnet hat. Allerdings wurde der Einfluß der Ladungen auf die hydrodynamische Korrektur von Honig et al. (1971) nicht berücksichtigt. Nach Van de Ven (1988) wirkt er sich deutlich auf den Stabilitätsfaktor aus (Kap. 3.2; Kap. 11.5).

Wenn zwischen den Teilchen eine Potentialbarriere V_T mit einem Maximalwert $V_{T,max}$ existiert, wird die Koagulation verzögert. Die Ausbildung einer Barriere hat zur Folge, daß sich ein Teilchen in einer Richtung mit einer größeren Wahrscheinlichkeit als in einer anderen bewegt. Dieses Verhalten der Teilchen wurde von Fuchs (1934) berücksichtigt. Er berechnete den Stabilitätsfaktor nach:

$$W = 2a \int_{2a}^{\infty} \exp\,(V_T/kT)\mathrm{d}r/r^2 \tag{2.36a}$$

oder mit $r = H + 2a$:

$$W = 2 \int_{0}^{\infty} \exp(V_T/kT)\frac{\mathrm{d}(H/a)}{(H/a+2)^2}. \tag{2.36b}$$

Nach der Theorie von Von Smoluchowski ist der Stabilitätsfaktor auf die theoretische Geschwindigkeitskonstante k_0 bezogen. In praktischen Fällen wird die Geschwindigkeit der langsamen Koagulation (slow coagulation) mit der der schnellen Koagulation (fast coagulation) verglichen, bei der die Van-der-Waals-Kräfte die Wechselwirkung zwischen den Teilchen bestimmen. Der Stabilitätsfaktor wird dann (Honig et al., 1971; Sonntag und Strenge, 1987; S. 47):

$$W = \frac{\int_0^\infty \frac{\beta(u)}{(u+2)^2}\exp(V_T/kT)\mathrm{d}u}{\int_0^\infty \frac{\beta(u)}{(u+2)^2}\exp(V_A/kT)\mathrm{d}u} \tag{2.36c}$$

mit $u = H/a$. Der hydrodynamische Effekt wird durch $\beta(u)/(u + 2)^2$ berücksichtigt. $\beta(u)$ ist ein Korrekturfaktor für den Diffusionskoeffizienten der Teilchen (s. Honig et al., 1971).

Die Berechnung von W erfordert die numerische Integration der Gesamtwechselwirkung. Jedoch wird W wegen des exponentiellen Ausdrucks $\exp(V_T/kT)$ hauptsächlich durch $V_{T,max}$ bestimmt, während der genaue Verlauf der Kurve $V_T = f(H)$ von untergeordneter Bedeutung ist (Verwey und Overbeek, 1948, S. 167 ff.; Reerink und Overbeek, 1954). Es gilt dann für zwei Teilchen mit Radius a_1 und a_2 (Wang, 1991):

$$W \approx (a_1 + a_2)^{-1} \kappa^{-1} \exp(V_{T,max}/kT). \tag{2.37}$$

Damit $W \geq 10^5$ wird, muß $V_{T,max} \geq 15\ kT$ sein. Für $V_{T,max} = 25\ kT$ wird $W = 10^9$.

Marmur (1979) definierte den Stabilitätsfaktor als reziproken Wert des Bruchteils der erfolgreichen Kollisionen bzw. als Verhältnis der Gesamtzahl der Stöße zur Zahl der Stöße, die zur Koagulation führen (s. auch Sonntag und Strenge, 1987). Er nahm an, daß die Stöße erfolgreich sind, wenn die kinetische Energie der beiden kollidierenden Teilchen größer ist als das Potentialmaximum. Entscheidend sollte jedoch die relative kinetische Energie der zusammenstoßenden Teilchen sein. Für diesen Fall leitete Wang (1991) eine einfache Beziehung für den Stabilitätsfaktor ab:

$$W^{-1} = \left(\frac{\Delta V_{T,max}}{kT} + 1\right) \exp\left(-\frac{\Delta V_{T,max}}{kT}\right). \tag{2.38}$$

Darin ist $\Delta V_{T,max} = V_{T,max} - V_{T,min}$ der Energieunterschied zwischen dem Maximum und dem sekundären Minimum der Potentialkurve.

Ausgehend von Gleichungen 2.16 und 2.26 erhielten Reerink und Overbeek (1954) (s. Ottewill and Shaw, 1966; Shaw, 1980) für kugelförmige Teilchen einen einfachen Ausdruck für die Änderung von $\lg W$ mit $\lg c$ (c = Konzentration des Salzes in mol/L):

$$\mathrm{d}\lg W/\mathrm{d}\lg \mathrm{c} = -2{,}15 \cdot 10^7 a\gamma^2/v^2 \qquad \text{(im CGS)} \tag{2.39}$$

mit $\gamma = (e^{z/2}-1)/(e^{z/2}+1)$, $z = ve_0\psi_d/kT$, v = Wertigkeit des Gegenions; a = Teilchenradius. Da $\mathrm{d}\lg W/\mathrm{d}\lg c$ photometrisch bestimmt werden kann (Kap. 11.4), läßt sich γ und damit das Stern-Potential ermitteln. Von besonderem Vorteil ist, daß die Hamaker-Konstante in Gleichung 2.39 nicht eingeht, da sie nach Gleichung 2.26 unabhängig von der Konzentration ist.

Für einen vorgegebenen Stabilitätsfaktor, z. B. $W = 10^5$, läßt sich über $V_{T,max}$ die kritische Salzkonzentration als Funktion des Stern-Potentials ermitteln (Abb. 2.17). Da die elektrostatische Abstoßung bei hohen Stern-Potentialen nur noch geringfügig mit diesen zunimmt (Kap. 2.4.1, S. 37), steigen die Kurven bei hohen kritischen Salzkonzentrationen bzw. dem zugehörigen Wert von κ steil an, d. h. die kritische Salzkonzentration wird nahezu unabhängig vom Stern-Potential. Bei kleinem Potential hängt sie dagegen empfindlich von diesem ab. Bei hohen Werten von κ und z verschwindet die Abhängigkeit von der Teilchengröße zumindest theoretisch, sofern die Teilchen nicht extrem klein sind (<10 nm). Solche Teilchen können nur durch hohe Stern-Potentiale stabilisiert werden. Bei kleinen Stern-Potentialen nähert sich die Kurve für Plättchen der Kurve für große kugelförmige Teilchen.

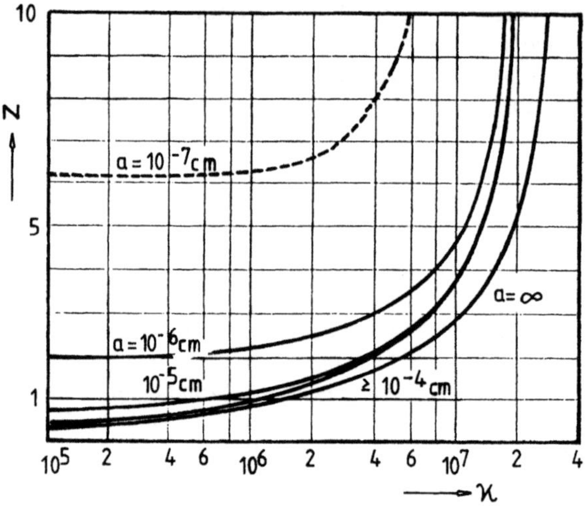

Abb. 2.17. Zusammenhang zwischen Stern-Potential und kritischer Salzkonzentration (ausgedrückt durch κ) für kugelförmige (Radius a in nm) und plättchenförmige Teilchen. Die Kurven gelten für $W = 10^5$. Links von den Kurven ist $W > 10^5$, die Dispersion ist stabil. Rechts von ihnen ist $W < 10^5$, und die Dispersion koaguliert. Berechnet für $A = 10^{-19}$ J (Originalabbildung nach Verwey und Overbeek, 1948)

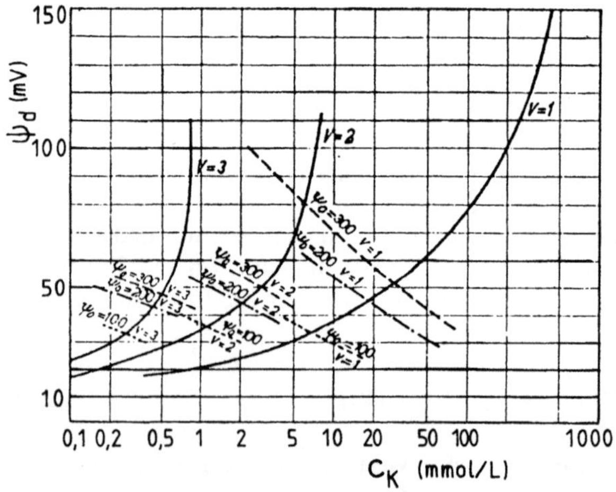

Abb. 2.18. Zusammenhang zwischen Stern-Potential und kritischer Salzkonzentration für plättchenförmige Teilchen. Die Koagulationsbedingung ist $V_T = 0$. Die Kurve für $v = 1$ entspricht der Kurve für plättchenförmige Teilchen in Abb. 2.17. Die gestrichelten Kurven geben die Änderung des Stern-Potentials in Abhängigkeit von der Salzkonzentration bei dem angegebenen konstanten Oberflächenpotential an (die spezifische Adsorptionsenergie ist Null). Die Koagulation von Teilchen mit diesen konstanten Oberflächenpotentialen erfolgt im jeweiligen Schnittpunkt der gestrichelten Kurve mit der durchgezogenen Kurve (Verwey and Overbeek, 1948).

In Abb. 2.18 ist auch der Zusammenhang zwischen Oberflächenpotential und Stern-Potential in Abhängigkeit von der Elektrolytkonzentration zu erkennen. In 2 mM Lösung und mit $v = 1$ gehört zu einem Oberflächenpotential von $\psi_0 =$ 300 mV ein Stern-Potential ψ_d = 100 mV, das in 100 mM Lösung auf etwa 30 mV absinkt. Bei ψ_d = 50 mV (Schnittpunkt mit der durchgezogenen Kurve) wird die Dispersion instabil. Deutlich erkennbar ist, daß die Koagulation für $v =$

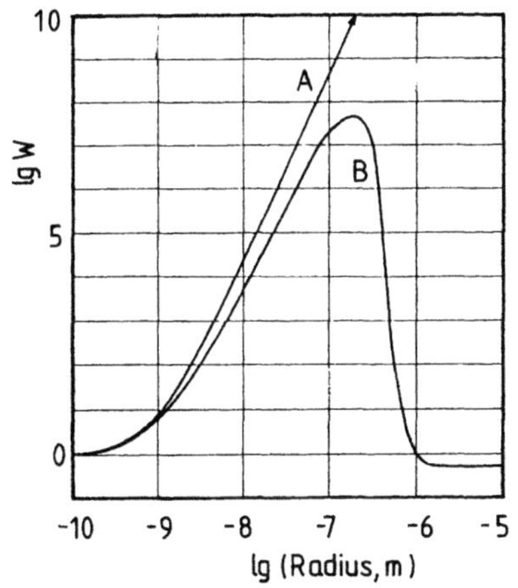

Abb. 2.19. Abhängigkeit des Stabilitätsfaktors von der Teilchengröße ($A = 2 \cdot 10^{-19}$ J, $\psi_d \approx 100$ mV, $v = 1$) (Originalabbildung von Verwey und Overbeek, 1948). Beachte die dramatische Änderung von W, wenn sich die Elektrolytkonzentration der Stabilitätsgrenze nähert; Salzgehalt: A 25,3 mmol/L B 26,6 mmol/L.

1, 2 und 3 bei nahezu gleichem Stern-Potential erfolgt (etwa 50 mV bei ψ_0 = 300 mV; 45 mV bei ψ_0 = 200 mV und etwa 35 mV bei ψ_0 = 100 mV).

Die Abhängigkeit der Stabilität kugelförmiger Teilchen von der Teilchengröße wurde oft diskutiert, da die experimentellen Ergebnisse widersprüchlich sind. Sowohl die elektrostatische Abstoßung (Gleichung 2.14 bzw. 2.16) als auch die Van-der-Waals-Anziehung (Gleichung 2.26) sind proportional zum Teilchenradius a. Bei niedrigen Elektrolytkonzentrationen überwiegt die elektrostatische Abstoßung. Daher steigt die Stabilität mit dem Teilchenradius an. Wenn sich die Salzkonzentration dem Koagulationspunkt nähert, wird die Van-der-Waals-Anziehung wirksam, und die Stabilität muß mit steigendem Teilchenradius abnehmen. Dieser Effekt ist zumindest theoretisch sehr ausgeprägt (Abb. 2.19), d. h. unter bestimmten Bedingungen sollten Dispersionen größerer Teilchen koagulieren, während solche aus kleineren Teilchen stabil wären. Dukhin und Lyklema (1990) vermuten, daß die oft beobachtete Unabhängigkeit der Stabilität vom Radius (Honig et al., 1971; Overbeek, 1977) die Folge von Relaxationsvorgängen ist (s. a. Kap. 10.5.1).

In diesem Zusammenhang sei auf einen ganz anderen Effekt der Teilchengröße hingewiesen. Wenn extreme Teilchengrößenunterschiede auftreten, z. B. sehr große (5 µm) und sehr kleine Teilchen (5 nm) vorhanden sind, können geringe Mengen kleinster Teilchen ähnlich wie Hard-sphere-Makromoleküle durch einen Verarmungseffekt (Kap. 4.12) destabilisieren (Walz and Sharma, 1994).

2.6.4 Koagulation im sekundären Minimum

Das sekundäre Minimum ist recht flach. Da die Potentialtiefe mit der thermischen Energie der Teilchen vergleichbar ist, sind die koagulierten Teilchen leicht zu redispergieren. Unter der Annahme einer Boltzmann-Verteilung wird der Anteil der redispergierenden Teilchen proportional zu $\exp(V_{min}/kT)$ sein. Für den Stabilitätsfaktor in bezug auf das sekundäre Minimum gilt (Hogg and Yang, 1976):

$$W_s = \frac{r_s \int_r^\infty \exp(V_T/kT) dr/r^2}{1 - \exp(V_{min}/kT)} \tag{2.40}$$

mit $r = H + 2a$ (s. Abb. 2.4). r_s ist der Abstand der Teilchen im sekundären Minimum mit der Wechselwirkungsenergie V_{min}. In vielen Fällen gilt näherungsweise (Hogg and Yang, 1976; Marmur, 1979):

$$W_s \approx 1/[1 - \exp(V_{min}/kT)]. \tag{2.41}$$

Wang (1991) erhielt unter ähnlichen Voraussetzungen wie für die Koagulation im primären Minimum

$$W_s^{-1} = 1 - \left(1 - \frac{V_{T,min}}{kT}\right) \exp\left(\frac{V_{T,min}}{kT}\right). \tag{2.42}$$

Der Stabilitätsfaktor in bezug auf beide Koagulationsarten ist (Marmur, 1979):

$$W = 1/(W_p^{-1} + W_s^{-1}), \tag{2.43}$$

wobei W_p auf die Koagulation im primären Minimum bezogen ist.

In Abb. 2.20 ist die Abhängigkeit des Stabilitätsfaktors von der Teilchengröße für die Koagulation im primären und sekundären Minimum dargestellt. Die Stabilität gegen Koagulation im primären Minimum nimmt mit der Teilchengröße steil zu (vgl. Abb. 2.19). Die Kurven schneiden aber diejenigen für die Koagulation im sekundären Minimum, die eine Destabilisierung mit zunehmender Teilchengröße anzeigen. Bei vorgegebener Salzkonzentration tritt bei bestimmten Teilchengrößen ein Maximum der Stabilität auf (vgl. Abb. 4 bei Marmur, 1979). Koagulation im sekundären Minimum kann daher nur bei recht großen Teilchen erfolgen. Ein wichtiges Beispiel ist das Aufrahmen (creaming) von Emulsionen. Nach Lyklema

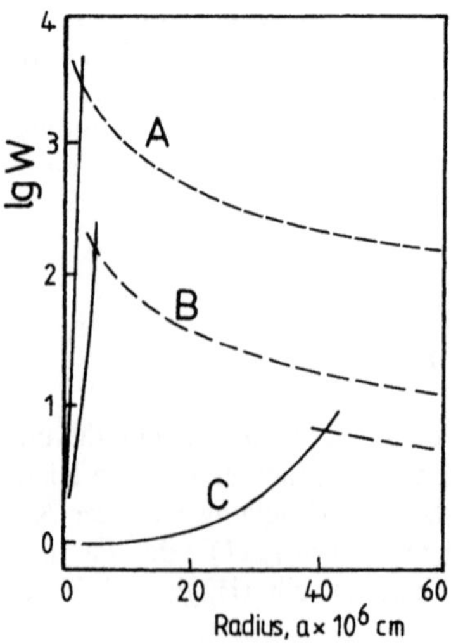

Abb. 2.20. Einfluß der Teilchengröße auf den Stabilitätsfaktor für die Koagulation im primären (—) und sekundären (- - -) Minimum bei 1:1-Elektrolyten der Konzentrationen 10^{-5} M (**A**), 10^{-3} M (**B**) und $6 \cdot 10^{-3}$ M (**C**). Stern-Potential 25 mV, $A = 5 \cdot 10^{-20}$ J (nach Hogg and Yang, 1976).

et al. (1989) wird die Adhäsion verschiedener Bakterien an Polystyroloberflächen reversibel durch Adsorption im sekundären Minimum eingeleitet.

2.6.5 Unpolare Dispersionsmittel

Auch in unpolaren Dispersionsmitteln kann eine Stabilisierung durch Ladungen wirksam sein (Beispiele: Kap. 2.2, Kap. 5.9 sowie Morrison, 1993). Die Konzentration der Ladungsträger im Dispersionsmittel ist jedoch extrem gering, so daß κ trotz niedrigem ε nach Gleichungen 2.7 und 2.8 sehr klein, die diffuse Ionenschicht also sehr ausgedehnt wird. Das Potential fällt daher nur langsam mit dem Abstand von der Teilchenoberfläche ab. Folglich sind relativ hohe Zetapotentiale in derartigen Dispersionen (Kap. 2.2; 10.5.5; 10.8; S. 381) verständlich. Die elektrostatische Abstoßung zwischen den Teilchen ist schwach, aber weitreichend.

Aufgrund der geringen Ionenkonzentration wird von manchen Autoren bezweifelt, ob überhaupt von einer diffusen Ionenschicht gesprochen werden kann. Im einfachsten Fall wird daher die Wechselwirkung zwischen zwei Teilchen nach dem Coulombschen Gesetz für geladene, leitende Kugeln berechnet (Vold and Vold, 1983, S. 283 f.):

$$V_R = k\frac{\varepsilon a^2}{H+2a}\psi_0^2 \exp(-\kappa H). \tag{2.44a}$$

Die Konstante k, die von κa und H abhängt, liegt nahe bei 1 (Tab. 8-3 in Vold and Vold, 1983, S. 284). Für ψ_0 könnte das Zetapotential (Kap. 10.3, 10.5) eingesetzt werden. Mit $\psi_0 = \zeta$ und $k = 1$ ergibt sich eine schon früher von Romo (1963) abgeleitete Gleichung.

Unter Annahme dieses Zusammenhangs haben Siffert et al. (1994) die Stabilität von TiO_2-Dispersionen in Hexan in Gegenwart von Butylamin (Kap. 10.10.6) berechnet. In der etwas modifizierten Form wurde berücksichtigt, daß der Abstand H zwischen den Teilchen durch die adsorbierten Butylaminmoleküle um L (etwa 0,8 nm) verringert wird:

$$V_R = \frac{\varepsilon a^2}{H+2a}\zeta^2 \exp(-(H-2L)/\delta), \tag{2.44b}$$

wobei δ eine effektive Dicke der diffusen Ionenschicht ist, die aber im Gegensatz zu den Dispersionen in polaren Lösungsmitteln nicht bekannt ist. Durch Anpassung wurde ein erstaunlich niedriger Wert von 6 nm ermittelt.

Für Dispersionen in unpolaren Lösungsmitteln mit sehr niedrigen Ionenstärken wurde von Morrison (1991), ausgehend von Gleichung 2.44a, ein einfacher Ausdruck für den Stabilitätsfaktor abgeleitet. Danach ist die Dispersion stabil, wenn

$$\psi_0^2 > 10^3/\varepsilon a \tag{2.45}$$

ist (Oberflächenpotential in mV, Teilchenradius a in µm).

2.7 Zusätzliche Wechselwirkungen

2.7.1 Ionen-Ionen-Korrelation

In der Literatur ist gelegentlich von „non-DLVO-interactions“ die Rede. Das sind zusätzlich zu den bisher besprochenen elektrostatischen und Van-der-Waals-Wechselwirkungen abstoßende oder anziehende Kräfte.

Da ist zunächst der experimentelle Befund, daß Dispersionen von Tonmineralen (in der Li^+- oder Na^+-Form) bereits durch kleinste Mengen von Calciumionen und anderer zweiwertiger Ionen destabilisiert werden. Intuitiv könnte man dies dadurch erklären, daß bei hoher Ladungsdichte die zweiwertigen Ionen zwischen zwei Silicatschichten nicht zwei sich abstoßende diffuse Ionenschichten bilden, sondern eine zentrale Gegenionenschicht, die die Schichten zusammenhält.

Die Natur dieser zusätzlich wirkenden anziehenden Kraft ist heute klar. Sie ist die Folge von Ionen-Ionen-Korrelationen in der diffusen Ionenschicht zwischen zwei Teilchen. Das von der einen Hälfte des Raumes zwischen den beiden Teilchen erzeugte elektrische Feld ist in der anderen Hälfte nur im zeitlichen Mittel Null. Die Ladungen in dieser Hälfte reagieren ständig auf das sich räumlich verändernde Feld der ersten Hälfte. Es entsteht eine Korrelation, die wie bei den Londonschen Dispersionskräften zu einer attraktiven Wechselwirkung führt und der elektrostatischen Abstoßung zwischen den Doppelschichten entgegenwirkt. Im Einzelnen s. die ausgezeichnete Einführung von Kjellander (1996). Zur Berechnung wurden Monte-Carlo-Simulationen (Guldbrand et al., 1984; Wennerström and Jönsson, 1988; Bratko et al., 1986; Valleau et al., 1991) oder anisotrope HNC-Berechnungen (HNC = hypernetted chain theory; Kjellander and Marcelja, 1986; Lozada-Cassou et al., 1990; Kjellander et al., 1988, 1992; Grenberg and Kjellander, 1994) eingesetzt. Dabei wurden auch die an einer dielektrischen Grenze auftretenden Bildkräfte (image forces; Israelachvili, 1994, S. 180) berücksichtigt.

In der Poisson-Boltzmann-Gleichung (Kap. 2.3.1) als Ausgangspunkt der Berechnung der elektrostatischen Abstoßung nach der DLVO-Theorie sind die Van-der-Waals-artigen Wechselwirkungen durch Ionen-Ionen-Korrelation nicht berücksichtigt. Es kann daher unter bestimmten Bedingungen zu deutlichen Abweichungen von den aus der Poisson-Boltzmann-Gleichung abgeleiteten Ergebnissen kommen. Bei einwertigen Gegenionen wird die elektrostatische Abstoßung etwas verringert und zwar umso stärker, je höher die Ladungsdichte ist. Dominant wird die Anziehung durch Ionen-Ionen-Korrelation bei niedrigen Dielektrizitätskonstanten. In Wasser wirkt sie sich vor allem in Gegenwart zweiwertiger Ionen aus: Bei ausreichend hoher Ladungsdichte wird die gesamte Wechselwirkung negativ. Unter Berücksichtigung einer niedrigen Dielektrizitätskonstante in der Nähe der Grenzfläche erhält man ein Konzentrationsprofil der Gegenionen, das in charakteristischer Weise vom Verlauf nach dem Poisson-Boltzmann-Modell abweicht. Die Gegenionen werden von der Grenzfläche abgedrängt, und es entsteht ein Maximum der Gegenionenkonzentration in der Nähe der Grenzfläche (Bratko et al., 1986).

Nach der DLVO-Theorie und dem Stern-Modell wird eine verringerte Abstossung zwischen den Teilchen, d. h. eine geringere Stabilität der Dispersion, auf

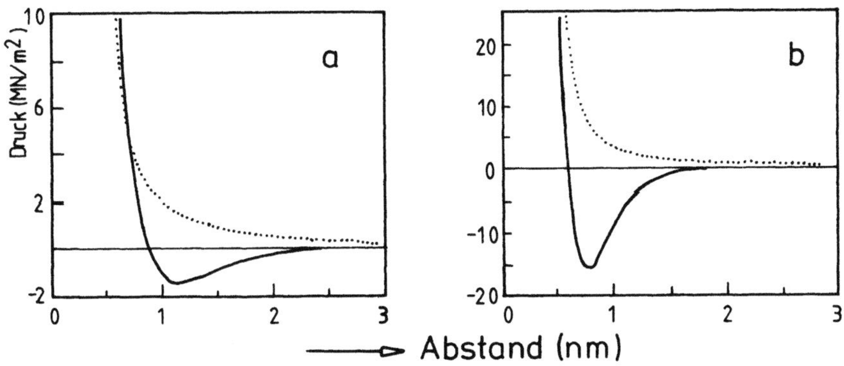

Abb. 2.21. Druck zwischen zwei Silicatschichten in Wasser in Gegenwart von Calciumionen (A=2,2 · 10^{-20} J) (···) DLVO-Theorie, (—) unter Berücksichtigung der Ionen-Ionen-Korrelation (Kjellander et al., 1988). **a** Montmorillonit, Oberflächenladungsdichte 0,12 C/m^2. **b** Vermiculit, Oberflächenladungsdichte 0,26 C/m^2.

den Einfluß spezifischer Wechselwirkungen zurückgeführt. Dieser Effekt wird in vielen Fällen überschätzt. Vielmehr wird die elektrostatische Abstoßung durch die Ionen-Ionen-Korrelation erniedrigt (Kjellander, 1996).

Infolge der Ionen-Ionen-Korrelation zwischen großen, mehrwertigen Gegenionen kann es mit zunehmender Oberflächenladungsdichte zu einer Umladung kommen, indem mehr Ionen an der Oberfläche angereichert werden als der Oberflächenladung entspricht (Kjellander, 1996; Sjöström et al., 1996). Die scheinbare Ladung, d. h. Oberflächenladung minus Ladung dieser Gegenionen, steigt daher mit zunehmender Oberflächenladung zu einem Maximum, fällt dann ab, geht durch den Nullpunkt und ändert das Vorzeichen. Das bedeutet, daß bei einer bestimmten Oberflächenladung die scheinbare Ladung Null wird, und die Van-der-Waals-Wechselwirkung dominiert. Im Gegensatz zu Voraussagen der DLVO-Theorie wird die Dispersion instabil.

Mit dem Einfluß der Ionen-Ionen-Korrelation ist hauptsächlich bei mehrwertigen Gegenionen und hoher Oberflächenladung zu rechnen. Nach Mange et al. (1993) sollen diese Kräfte zur Aggregation von TiO_2 bei pH = 11 – 12 unter der Wirkung von Calciumionen beitragen.

Die Ionen-Ionen-Korrelation verursacht schon bei relativ niedrig geladenen Tonmineralen (Montmorillonite, Oberflächenladungsdichte 0,10 – 0,14 C/m^2, s. Tabelle 2.1) ein deutliches Minimum in der Potential- bzw. Druckkurve (Abb. 2.21). Bei den höher geladenen Vermiculiten (Oberflächenladungsdichte 0,19 – 0,30 C/m^2) wird das Minimum noch tiefer (Kjellander et al., 1988). Die Attraktion der Silicatschichten in Gegenwart von Calciumionen ist bei der praktischen Anwendung von Tonmineraldispersionen (Kap. 3.6; 12.1.3; 12.2.5 sowie Jasmund und Lagaly, 1993, Kap. 3.9) und für die Aggregatbildung in Böden (Kap. 1.2; Kap. 12.1.3) von entscheidender Bedeutung.

2.7.2 Attraktion nach Sogami

Ionen-Ionen-Korrelationen liefern einen attraktiven Term für kleine Abstände. Von anderen Autoren, vor allem Norio Ise und Mitarbeitern (Sogami and Ise, 1984; Ise, 1986; Dosho et al., 1993; Smalley, 1994; Ise and Matsuoka, 1994) wird ein Modell vertreten, bei dem es zu attraktiven elektrostatischen Wechselwirkungen bei großen Abständen kommt. Es geht zurück auf theoretische Berechnungen von Sogami (1983), der eine elektrostatische Anziehung zwischen gleichsinnig geladenen Teilchen berechnete. Die Anziehung wird durch die Gegenionen bewirkt und ist wiederum vor allem bei hochgeladenen Teilchen groß. Durch Überlagerung mit der normalen elektrostatischen Abstoßung entsteht ein Minimum in der Potentialkurve, das für plättchenförmige Teilchen und niedrige Salzkonzentrationen bei $(2d)\kappa = 4$ liegt. (Zur Diskussion s. Ise 1986; Overbeek 1987; Smalley 1994.)

Die elektrostatische Anziehung bei großen Abständen ist für die Stabilität kolloidaler Dispersionen nicht von Bedeutung, da für die Koagulation die Verhältnisse bei kleinen Abständen ($\kappa H \approx 1$, Kap. 2.4.2, S. 40) maßgebend sind. Wohl aber könnte sie für geordnete Strukturen (Kap. 12.4) wichtig sein. Einige Beobachtungen bei geordneten Latexstrukturen (Kap. 12.4) (Packung nicht raumfüllend, kleinere Abstände als bei gleichmäßiger Verteilung, Fehlstellen in der geordneten Struktur) wurden der elektrostatischen Anziehung bei großen Abständen zugeschrieben (Dosho et al., 1993). Als weiterer Beleg für die Sogami-Theorie wurde die Gelbildung von Butylammonium-Vermiculit in Wasser und Salzlösungen herangezogen (Smalley, 1994). Butylammonium-Vermiculit ist vom chemischen Standpunkt sicher das falsche Modell, da die organischen Gegenionen an der Teilchenoberfläche adsorbiert sind und keine diffuse Ionenschicht bilden. Zudem werden die organischen Ionen die Wasserstruktur an der Grenzfläche beeinflussen. Es fällt jedenfalls auf, daß Vermiculite mit einfachen anorganischen Ionen (Li^+, Na^+) nicht als Modelle zur Stützung der Sogami-Theorie benutzt wurden. Die Frage bleibt offen, unter welchen Voraussetzungen ggf. eine elektrostatische Anziehung zwischen gleichsinnig geladenen Teilchen wirksam wird.

2.7.3 Strukturelle Kräfte

Eine spannende Geschichte sind die sog. strukturellen Kräfte. Churaev und Derjaguin schrieben 1985: „A fairly lengthly period of doubts as to the possibility of their existence, especially in the Western scientific literature, has at present changed by what may be called structural boom. Scores of papers dealing with the theory of structural forces and with their direct experimental examination are being published.“

Die experimentellen Untersuchungen beziehen sich hauptsächlich auf die direkte Kraftmessung zwischen sich nähernden makroskopischen Oberflächen (Israelachvili, 1994; Israelachvili and McGuiggan, 1988). Die Begriffe „strukturelle Kräfte“, „oszillierende Kräfte“, „Hydrations- und Solvationskräfte“ werden oft wenig kritisch benutzt[1)]. Unter Solvationskräften werden die Oszillations-

[1)] Van Oss et al. (1987, 1990) und Chheda et al. (1992) diskutieren AB-Kräfte, die sie auf Lewis Säure-Base-Reaktionen zwischen Festkörper und Flüssigkeit zurückführen.

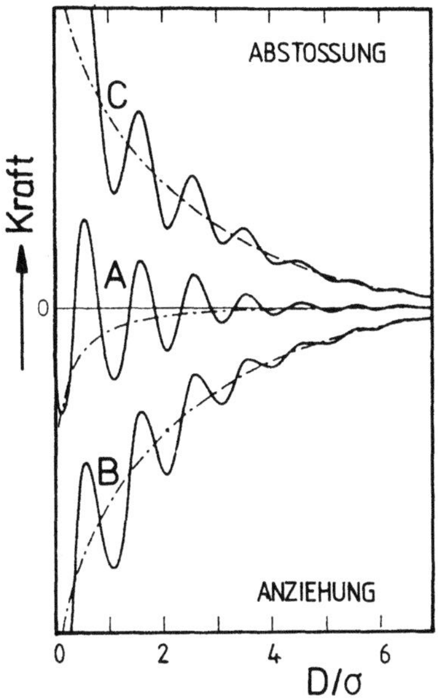

Abb. 2.22. Oszillierende Kräfte und Überlagerung durch monoton sich ändernde Kräfte. D/σ = Abstand in Einheiten des Durchmessers der Flüssigkeitsmoleküle (Israelachvili, 1994).
A: Überlagerung der Van-der-Waals-Wechselwirkung,
B: Überlagerung einer anziehenden Kraft zwischen hydrophobierten Oberflächen,
C: Überlagerung einer abstoßenden Hydrationskraft zwischen hydrophilen Oberflächen.

kräfte (oscillatory forces), anziehende „hydrophobe" Kräfte (attractive hydrophobic forces) und abstoßende Hydrationskräfte (repulsive hydration forces) zusammengefaßt. Eine ausgezeichnete Darstellung gibt Israelachvili (1994).

Oszillationskräfte werden bei der direkten Kraftmessung zwischen zwei Oberflächen gefunden und haben einen geometrischen Ursprung. Sie hängen mit der diskreten molekularen Natur kondensierter Phasen zusammen und resultieren nicht aus *irgendwelchen attraktiven Wechselwirkungen der Moleküle* in der Flüssigkeit untereinander oder mit der Oberfläche.

Wenn der Abstand zwischen zwei sich nähernden glatten Oberflächen groß gegenüber dem Durchmesser der Flüssigkeitsmoleküle ist (mindestens fünfmal größer), äußert sich die molekulare Natur des Mediums in der Kraftmessung nicht. Bei kleineren Abständen aber müssen die Moleküle schichtweise aus dem Zwischenraum zwischen den Platten herausgedrückt werden, was zu einer Oszillation der Kraft mit exponentiell ansteigender Amplitude führt (**A** in Abb. 2.22). Die Periodizität der oszillierenden Kraft entspricht dem mittleren Moleküldurchmesser.

Ob oszillierende Kräfte beobachtet werden, hängt von der Gestalt der Flüssigkeitsmoleküle ab. Lineare Kettenmoleküle (z. B. n-Tetradecan) zeigen ausgeprägte Oszillationen mit Perioden von etwa 0,4 nm, die dem kleinsten Kettendurchmesser entsprechen. Dagegen werden die Oszillationen bei unregelmäßig geformten Molekülen, die sich nicht in diskrete Schichten packen lassen, nicht weit reichen, sich verwischen oder ganz verschwinden. Das wird auch bei einer rauhen Oberfläche passieren, auch wenn die Rauhigkeit nur im Bereich einiger Ångström liegt.

Den Oszillationen können monoton abfallende Kräfte überlagert sein (Abb. 2.22, **B**, **C**). In wäßrigen Lösungen treten zusätzliche, anziehende (**B**) oder abstoßende (**C**) Kräfte auf. Ursprung und Natur dieser Hydrationskräfte wurden lange kontrovers diskutiert.

Attraktive Kräfte werden zwischen hydrophoben Oberflächen gefunden, wobei hydrophob in dem Sinne gebraucht wird, daß Wassermoleküle weder ionisch noch über Wasserstoffbrücken gebunden werden.

Die repulsiven Kräfte können zwei unterschiedliche Ursachen haben. Zum einen wurden solche Kräfte an Seifen- und Lipidfilmen gemessen. Israelachvili und Wennerström (1990) führen die Abstoßung auf einen Entropieterm zurück und nennen die Kräfte „protrusion forces". Die zweite Gruppe von Systemen, an der abstoßende Hydrationskräfte gefunden wurden, sind stark hydrophile Oberflächen, die über Wasserstoffbrückenbindungen mit dem angrenzenden Wasser vernetzt sind.

Anziehende „hydrophobe Kräfte"

Claesson and Christenson (1988) nehmen an, daß die *Anziehung* zwischen hydrophobierten Oberflächen (Israelachvili and Pashley, 1984) auf die Instabilität eines Wasserfilms zwischen den hydrophobierten Grenzflächen zurückgeht und halten eine Auswirkung der Wasserstruktur für wenig wahrscheinlich. Auch Rukkenstein und Churaev (1991) führen die Attraktion zwischen hydrophobierten Oberflächen in Wasser auf einen hydrodynamischen Effekt zurück. Die Inkompatibilität zwischen der hydrophobierten Oberfläche und der Wasserschicht erzeugt eine Instabilität der planaren Grenzflächen. Infolgedessen treten Fluktuationen auf, die hydrodynamisch korreliert sind (Ruckenstein, 1997).

Protrusionskräfte

Israelachvili und Wennerström (1990) erklären die *Abstoßung* zwischen amphiphilen Oberflächen in Wasser mit einem Entropieeffekt. Die Oberfläche amphiphiler Filme ist sicher nicht glatt, sondern rauh, indem infolge der thermischen Bewegung die endständigen Kopfgruppen nicht exakt in einer Ebene liegen, sondern unterschiedlich weit in die Lösung hineinragen. Die entropische Abstoßung zwischen diesen Gruppen infolge der Einschränkung der Konformationsmöglichkeiten wird als die eigentliche Ursache der mit sinkendem Abstand experimentell zunehmenden Abstoßung angesehen (Abb. 2.23). Hydrationskräfte spielen schon eine Rolle, aber nicht in dem Sinne, daß beim Aufeinandertreffen der

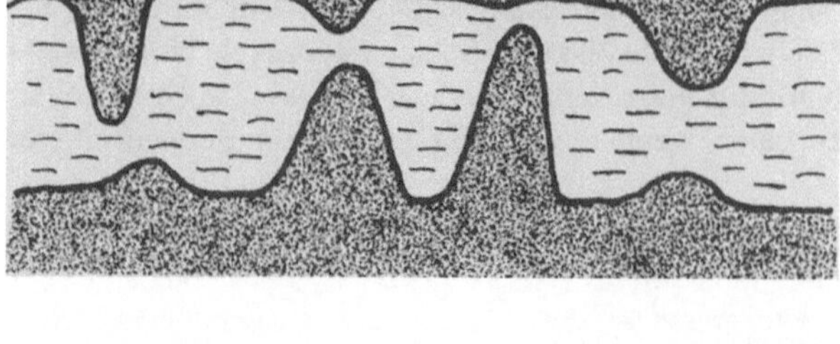

Abb. 2.23. Erklärung einer entropischen Abstoßung zwischen amphiphilen Filmen in Wasser (Israelachvili and Wennerström, 1990).

straff organisierten Wasserhüllen zweier Teilchen eine Abstoßung entstünde. Vielmehr beeinflußt die Hydration der Kopfgruppen die thermische Rauhigkeit, die Fluktuationen an der Oberfläche und die Wechselwirkung der Kopfgruppen untereinander.

Das Modell der entropischen Abstoßung zwischen rauhen Oberflächen (Abb. 2.23) ließe sich auch sehr gut auf manche modifizierte Latices übertragen, da gerade bei diesen nicht mit einer glatten und geschlossenen Oberfläche zu rechnen ist.

Abstoßende Hydrationskräfte zwischen hydrophilen Oberflächen

Bei hydrophilen Teilchen wird das in und an der Oberfläche verankerte Wasser als Ursache für eine zusätzliche Abstoßung angesehen. Es sei jedoch ausdrücklich darauf hingewiesen (s. auch Churaev and Derjaguin, 1985), daß die strukturellen Kräfte nicht nur durch die Hydration der Ionen im Bereich der Oberfläche (Pashley, 1981 a, b) hervorgerufen werden, sondern alle Änderungen der Struktur des Wassers unter dem Einfluß des von den Teilchenoberflächen ausgehenden Kraftfeldes einschließen.

Paunov et al. (1996) berechneten die abstoßende Hydrationskraft ausgehend von der numerischen Lösung der Poisson-Boltzmann-Gleichung. Sie berücksichtigten dabei ähnlich wie Gur et al. (1978) (Kap. 2.3.2, S. 33) die Hydration der Ionen, ihre Größe und die Änderung der Dielektrizitätskonstante in der Nähe der Grenzfläche. Sie erreichten eine gute Übereinstimmung mit direkt gemessenen Kräften.

Die Reichweite der abstoßenden Kraft liegt bei 30–50 nm und ist damit etwa doppelt so groß wie diejenige der oszillierenden Kräfte in Wasser. Empirisch wurde eine exponentielle Abhängigkeit der Abstoßung vom Abstand H zwischen zwei Oberflächen gefunden:

$$V_{\mathrm{R}}^{\mathrm{Hydr}} = +V_{\mathrm{R,0}}^{\mathrm{Hydr}} \mathrm{e}^{-H/k}, \tag{2.46}$$

wobei für 1:1-Elektrolyte $k = 0{,}6-1{,}1$ nm ist. $V_{\mathrm{R,0}}^{\mathrm{Hydr}}$ hängt von der Wechselwirkung des Wassers mit der Oberfläche ab und liegt etwa zwischen 3 und 30 mJ/m^2 (Israelachvili, 1994, S. 277). Anstelle einer exponentiellen Abhängigkeit wurde die gemessene Wechselwirkung auch durch eine einfache Potenzabhängigkeit beschrieben: Claesson and Christensen (1988); Skvarla (1993).

Die zusätzliche Abstoßung verändert den Charakter der Potentialkurve im DLVO-Diagramm im allgemeinen nicht, doch wird das Maximum höher und zu etwas kleineren Abständen verschoben (Churaev and Derjaguin, 1985; Rohrsetzer et al., 1995; s. a. Marcělja, 1997). Mit der Zunahme der Energiebarriere zwischen sekundärem und primärem Minimum steigt natürlich die Stabilität einer kolloidalen Dispersion. Entscheidend wird der Einfluß der Hydrationskräfte auf die Stabilität bei niedriger Oberflächenladung (Fig. 1 in Churaev und Derjaguin, 1985). Infolge der Hydrationskräfte könnten Dispersionen sogar am isoelektrischen Punkt stabil werden (Churaev and Derjaguin, 1985).

Nach Zukoski et al. (1994) sowie Look and Zukoski (1995) wirken sich abstoßende Hydrationskräfte auf die Bildungsprozesse kolloidaler Teilchen aus.

Durch das Wechselspiel der drei Kräfte V_A, V_R und V_R^{Hydr} kann es zu einer Aggregation wachsender kugelförmiger TiO_2-Teilchen kommen, wenn ein bestimmter Teilchenradius erreicht wird. Bei sehr kleinen Zetapotentialen (etwa < 12 mV) kann je nach Bilanz der Kräfte (Van-der-Waals-Anziehung, elektrostatische Abstoßung, Abstoßung durch Hydrationskräfte) bei einer bestimmten Teilchengröße ein Minimum ($V_T < 0$) in der Potentialkurve $V_T = V_A + V_R + V_R^{Hydr}$ auftreten, das sich bei kleineren Teilchen (etwa < 100 nm bei den von Look und Zukoski (1995) eingesetzten Parametern) nicht bemerkbar macht und sich bei größeren Durchmessern zu positiven Werten von V_T verschiebt (Abb. 2.24). Zur Bedeutung der Aggregation bei der Bildung kolloidaler Teilchen s. Kap. 5.4, 12.2.6.

Man kann sich vorstellen, daß die Hydrationskräfte mit steigendem Elektrolytgehalt zu- oder abnehmen. Wenn die Hydration der Kationen an der Grenzfläche die entscheidende Rolle spielt, sollte die mit dem Salzgehalt zunehmende Konzentration der Kationen in der Stern-Schicht den Widerstand der Wassermoleküle gegen Verdrängung bei der Annäherung der Oberflächen steigern, d. h. die Hydrationskraft würde mit der Salzkonzentration zunehmen. Wenn dagegen die Ausbildung einer mit den Oberflächengruppen verankerten Wasserschicht ausschlaggebend ist, und die Gegenionen (oder Coionen) diese Struktur eher stören, sollte die Hydrationskraft mit zunehmender Elektrolytkonzentration abnehmen. Von den im folgenden aufgeführten Beispielen würden TiO_2, Glimmer sowie bestimmte Latices (Kap. 6.5) zum ersten, SiO_2 zum zweiten Fall gehören. In diesem Zusammenhang sei auf neuere Theorien der Hydrationskräfte hingewiesen (Nilsson et al., 1990; Besseling, 1997).

Yotsumoto und Yoon (1993) versuchten, den Einfluß der abstoßenden Hydrationskräfte auf die Stabilität von TiO_2-Dispersionen zu ermitteln. Dazu wurde allerdings eine lineare Abhängigkeit zwischen der Turbidität (Kap. 8.4) und der Höhe des Maximums in der Potentialkurve ($V_A + V_R + V_R^{Hydr}$) angenommen. Es ist schwer zu entscheiden, ob die ermittelten Abklinglängen (decay lengths) und vorexponentiellen Faktoren (Gleichung 2.46) realistisch sind, da bislang Bezugs- oder Vergleichswerte fehlen. Die strukturellen Kräfte wurden erst bei Elektrolytkonzentrationen $> 2 \cdot 10^{-2}$ M NaCl bemerkbar und sollten dann für die Repeptisation des TiO_2 in 1 M NaCl-Lösung bei pH $\approx$ 6,2 (= isoelektrischer Punkt in

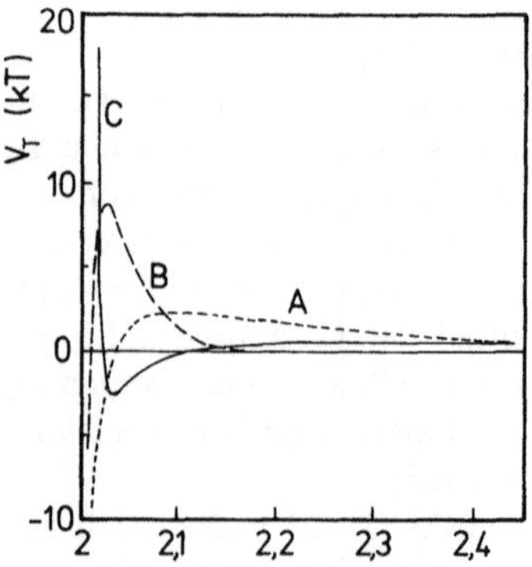

Abb. 2.24. Wechselwirkungspotential $V_T = V_A + V_R + V_R^{Hydr}$ bei wachsenden Teilchen; Radius a: **A** 5 nm, **B** 25 nm, **C** 150 nm; berechnet für ψ_d = 6 mV, $\kappa = 2 \cdot 10^7\ m^{-1}$, A = 2,5 kT. V_R^{Hydr} wurde berechnet nach $V_R^{Hydr} = \pi s_a l_s a \exp[-(a/l_s)H/a]$ mit $s_a = 1{,}5 \cdot 10^{-3}$ Jm^{-2}, $l_s = 10^{-9}$ m (Look and Zukoski, 1995).

verdünnteren Salzlösungen, < 0,2 M NaCl) verantwortlich sein. Die Frage bleibt offen, ob hinter dieser Repeptisation nicht chemische Reaktionen stehen.

Eine grundlegende, chemisch orientierte Vorstellung über die strukturellen Kräfte fehlt noch. Dies wird an den SiO_2-Dispersionen noch deutlicher. Es ist lange bekannt, daß die Stabilität nicht dem einfachen Modell einer sich mit dem pH-Wert der Dispersion ändernden Oberflächenladungsdichte entspricht (Healy, 1994). Da der isoelektrische Punkt bei pH ≤ 2 liegt, sollte mit steigendem pH-Wert die Dichte der negativen Oberflächenladungen zunehmen und oberhalb eines bestimmten pH-Wertes konstant bleiben. Entsprechend würde die kritische Salzkonzentration zunehmen und einem konstanten Wert zustreben. Die elektrophoretische Beweglichkeit steigt zwar mit dem pH-Wert an, besonders stark bei pH > 8 (Axelos et al., 1989), aber die kritische NaCl- und $CaCl_2$-Konzentration nimmt zwischen pH $\approx$ 6 bis pH $\approx$ 12 ab (Matijevioć, 1973; Zerrouk et al., 1990). Die abnehmende Stabilität wurde mit der Zerstörung der Hydratstruktur an der Oberfläche durch die zunehmende Zahl negativer Ladungen erklärt (Allen and Matijević, 1969). Tatsächlich wurden bei Kraftmessungen zwischen zwei SiO_2-Oberflächen Kurven gefunden, die bis herab zu 3 nm entsprechend der DLVO-Theorie verliefen. Bei kleineren Abständen trat jedoch additiv die exponentiell ansteigende Hydrationskraft mit einer Abklinglänge von 0,5 – 1 nm auf (Fig. 13.8 in Israelachvili, 1994).

Bei ausreichend starkem Einfluß der abstoßenden Hydrationskräfte kann daher eine Dispersion auch nahe am Ladungsnullpunkt stabil bleiben, z. B. sehr feinteilige SiO_2-Dispersionen (vgl. Churaev and Derjaguin, 1985). Wie oben ausgeführt, tritt in der Potentialkurve $V_A + V_R + V_R^{Hydr}$ ein Minimum auf, dessen Tiefe vom Teilchenradius abhängt (Churaev and Derjaguin, 1985; Look and Zukoski, 1995). Nach den Rechnungen von Churaev und Derjaguin (1985; Fig. 3) für SiO_2 nimmt am Ladungsnullpunkt die Tiefe des Minimums mit abnehmender Teilchengröße ab. Bei Teilchen mit einem Radius von 10^{-6} cm ist das Minimum nahezu verschwunden. Dispersionen solcher SiO_2-Teilchen sind daher auch am Ladungsnullpunkt stabil.

Auch Yotsumoto und Yoon (1993b) beobachteten die Stabilität der SiO_2-Dispersionen bei niedrigen Elektrolytkonzentrationen bis nahe an den isoelektrischen Punkt. Mit zunehmendem Salzzusatz wurde der Einfluß der Hydrationskräfte geringer, und die Stabilität der Dispersion sank im sauren Bereich ab.

Die Elektrolytabhängigkeit der strukturellen Kräfte ist gerade entgegengesetzt dem Verhalten der TiO_2-Dispersionen. Befunde an einem Oxid können also nicht ohne weiteres auf ein anderes Oxid übertragen werden. Das ist letztendlich nicht unverständlich, da der Einfluß der Hydrationskräfte durch die chemische Struktur der Oberfläche bestimmt wird.

Vigil et al. (1994) schlossen aus direkten Kraftmessungen sowie Adhäsions-, Reibungs- und Kontaktwinkelmessungen an verschiedenen SiO_2-Oberflächen (durch Elektronenstrahlverdampfung von geschmolzenem Quarz hergestelltes amorphes SiO_2 auf Glimmer), daß die beobachtete zusätzliche Abstoßungskraft bei kleineren Abständen (<5 nm) keine Hydrationskraft darstellt, sondern die Folge einer gelartigen Siliciumoxidhydroxidschicht auf der Oberfläche des aufgedampften SiO_2 ist. Diese Gelschicht verursachte eine zusätzliche Abstoßung nach Art der Protrusionskräfte (s. auch Healy, 1994). Im Gegensatz zu Glimmeroberflächen (s. u.) nahm die zusätzliche Abstoßung mit abnehmender Ionenstärke zu.

Weiterhin war sie bei SiO_2 weniger vom pH-Wert und den Hydrationszahlen der Kationen abhängig als bei Glimmeroberflächen. Die anionische Gelschicht schrumpfte bei niedrigem pH-Wert, hoher Ionenstärke oder in Gegenwart von Calciumionen, und die Reichweite der sterischen Abstoßung wurde kleiner (Ref. s. Vigil et al., 1994).

Bei hydrophoben Oberflächen (z. B. SiO_2-Glasoberflächen) stimmen die gemessenen Kräfte bis herab zu einem Abstand von 1 nm ausgezeichnet mit den Vorhersagen der DLVO-Theorie überein ($A = 6 \cdot 10^{-20}$ J, $\psi_d = 85$ mV in Wasser, 80 mV bei 10^{-3} M 1:1-Elektrolyt, 5 mV bei 10^{-2} M, Modell der konstanten Ladung). Unterhalb eines Plattenabstands von 1 nm war die gemessene Abstoßung größer als die berechnete. Die Reichweite der zusätzlichen abstoßenden Kraft betrug daher maximal etwa 0,5 nm pro Oberfläche. Durch Verschiebung der äußeren Helmholtz-Ebene um 0,2–0,3 nm in Richtung zur Lösung wurde eine gute Übereinstimmung zwischen den gemessenen Kräften und den nach DLVO berechneten Werten erreicht. Es sei noch erwähnt, daß oszillierende Kräfte bei SiO_2-Oberflächen bisher nicht beobachtet wurden.

Axelos et al. (1989) zeigten durch Kleinwinkelröntgenstreumessungen an SiO_2-Dispersionen (Ludox-Sol HS), daß die Oberfläche bei pH = 7 scharf gegen die Lösung abgegrenzt war, während sie sich bei pH = 10 in eine etwa 1 nm dicke gelartige Schicht auflöste. Zerrouk et al. (1990) beobachteten mit gleicher Methode ein deutliches Schrumpfen der primären SiO_2-Teilchen bei der Koagulation mit Calciumionen.

Eisenoxidhydroxid ist ein weiteres Oxid, bei dem Hydrationskräfte oder evtl. ebenfalls Protrusionskräfte zur Stabilität beitragen (Rohrsetzer et al., 1995).

Die meisten Kraftmessungen wurden mit Glimmeroberflächen durchgeführt (Pashley, 1981a,b; Pashley and Israelachvili, 1984; Israelachvili and McGuiggan, 1988; Pashley and Quirk, 1989; Quirk and Pashley, 1991; Israelachvili, 1994). In verdünnten Salzlösungen ($<10^{-2}$ M NaCl, $<10^{-3}$ M KCl, $<10^{-2}$ M $CaCl_2$, $<10^{-2}$ M $LaCl_3$) trafen die DLVO-Berechnungen bei allen Abständen zu. Aus dem Kurvenverlauf wurden das Stern-Potential ψ_d (maximal etwa –180 mV mit Na^+) und die zugehörige Ladungsdichte σ_d ermittelt. In Gegenwart von Ca^{2+}-Ionen wurden ψ_d und σ_d positiv, d. h. es erfolgte eine Umladung durch die in der Stern-Schicht gebundenen Ca^{2+}-Ionen (äquimolarer Ionenaustausch) (Pashley and Quirk, 1984).

Bei höheren Konzentrationen trat zusätzlich eine Abstoßung kurzer Reichweite von 3–4 nm mit Oszillationsperioden von 0,22–0,26 nm auf, die etwa dem Durchmesser der Wassermoleküle entsprachen. Der Einfluß der Kationen war deutlich erkennbar. Die Stärke bzw. Reichweite der Hydrationsabstoßung nahm mit der Hydration der Kationen ab:

$$Mg^{2+} > Ca^{2+} > Li^+ \approx Na^+ > K^+ > Cs^+.$$

In Gegenwart von Protonen traten keine Hydrationskräfte auf (Pashley and Israelachvili, 1984a,b; Pashley, 1981a,b; Pashley and Quirk, 1984).

Derjaguin et al. (1987) wiesen auf einen wesentlichen Effekt bei der Bildung einer Wasserhülle um streng hydrophile Teilchen hin. Die Hülle mag zu einem gewissen Ausschluß von Ionen führen (undissolving volume; erinnert sehr an die salzfreie Wasserhaut, die früher bei Tonmineralen diskutiert wurde; Hofmann und Giese, 1939). Bei höheren Elektrolytkonzentrationen können Ionen in die Wasserschicht eindringen, jedoch Gegenionen und Coionen nicht in gleichem Maße. Dadurch entstehen Raumladungen innerhalb der Adsorptionsschicht, die sich auf die elektrostatischen Wechselwirkungen zwischen den Teilchen auswirken und bei hohen Salzgehalten zu einer Redispergierung führen (vgl. Fig. 2 in Derjaguin et al., 1987).

Mit dem Derjaguinschen Modell lassen sich manche merkwürdigen experimentellen Befunde erklären. Auch die oben erwähnte Redispergierung von TiO_2-Dispersionen ließe sich verstehen. Bei manchen oberflächenmodifizierten Latices scheinen besonders komplexe Wasserstrukturen aufzutreten. Kationen und Anionen werden in derartige Hüllen nicht nur unterschiedlich weit eindringen, sondern ausgeprägte spezifische Effekte bewirken, indem sich z. B. Iodid- und Nitrationen deutlich anders als Chloridionen bzw. Lithiumionen anders als Cäsiumionen verhalten. Stabilitätsmesssungen an oberflächenmodifizierten Latices lassen spezifische Ioneneffekte erkennen, die wahrscheinlich auf der unterschiedlichen Adsorption der Ionen im Grenzbereich beruhen (Kluß, 1992).

Bei den meisten kolloidalen Dispersionen spielen die strukturellen Kräfte kaum eine Rolle, offenbar sind die Oberflächen weder stark hydrophil noch vollständig hydrophob. Die vorexponentiellen Konstanten in Gleichung 2.46 ändern beim Übergang vom einen Extrem zum anderen ihr Vorzeichen und werden daher in den meisten Fällen nahe Null sein (Churaev and Derjaguin, 1985).

Zum Abschluß sei Israelachvili zitiert (1985; S. 281): „It may be fair to say that (the hydration force) is probably the most important yet the least understood of all forces in liquids". Vor einer kritiklosen Interpretation von Stabilitätsmessungen mit Hilfe struktureller Kräfte sei daher gewarnt.

Literatur

Adachi Y (1995) Dynamic aspects of coagulation and flocculation. Advan Coll Interf Sci 56: 1–31

Allen LH und Matijević E (1969) Stability of colloidal silica. I. J Coll Interf Sci 31: 287–296

Anandarajah A und Chen J (1994) Double-layer repulsive force between two inclined platy particles according to the Gouy-Chapman theory. J Coll Interf Sci 168: 111–117

Anandarajah A und Chen J (1995) Single correction function for computing retarded van der Waals attraction. J Coll Interf Sci 176: 293–300

Anandarajah A und Chen J (1997) Van der Waals attractive force between clay particles in water and contaminants. Sols and Foundations, Jpn Geotechn Soc, vol 37, No 2, in press

Axelos MAV, Tchoubar D und Bottero JY (1989) Small-angle X-ray scattering investigation of the silica/water interface: evolution of the structure with pH. Langmuir 5: 1186–1190

Barclay LM und Ottewill RH (1970) Measurement of forces between colloidal particles. Spec Discuss Faraday Soc 1: 138–147

Besseling NAM (1997) Theory of hydration forces between surfaces. Langmuir 13: 2113–2122

Boer de JH (1936) The influence of van der Waals' forces and primary bonds on binding energy, strength and orientation, with special reference to some artificial resins. Trans Faraday Soc 32: 10–38

Bratko D, Jönsson B und Wennerström H (1986) Electrical double layer interactions with image charges. Chem Phys Lett 128: 449–453

Chapman DL (1913) A contribution to the theory of electrocapillarity. The London, Edinburgh and Dublin Phil Mag and J of Sci, 6th Ser, vol 25: 475–481

Chheda P, Grasso D und van Oss CJ (1992) Impact of ozone on stability of montmorillonite suspensions. J Coll Interf Sci 153: 226–236

Churaev NV und Derjaguin BV (1985) Inclusion of structural forces in the theory of stability of colloids and films. J Coll Interf Sci 103: 542–553

Claesson PM und Christenson HK (1988) Very long range attractive forces between uncharged hydrocarbon and fluorocarbon surfaces in water. J Phys Chem 92: 1650–1655

Dékány I (1993) Thermodynamic properties of the S/L interfacial layer: stabilization of the colloidal system in binary liquids. Pure Appl Chem 65: 901–906

Delville A und Laszlo P (1989) Simple results on cohesive energies of clays from a Monte Carlo calculation. New J Chem 13: 481–491

Derjaguin B und Landau L (1941) A theory of the stability of strongly charged lyophobic sols and the coalescence of strongly charged particles in electrolyte solution. Acta Phys-Chim USSR 14: 633 (russisch). Englische Übersetzung in: Haar DT (ed) Collected papers of LD Landau. Gordon and Breach, Science Publ New York, pp 331–354

Derjaguin BV, Churaev NV und Muller VM (1987) Surface forces (translated by VI Kisin and JA Kitchener) Consultants Bureau, New York and London

Derjaguin BV, Dukhin SS und Yaroshchuk AE (1987) On the role of the electrostatic factor in stabilization of dispersions protected by adsorption layers of polymers. J Coll Interf Sci 115: 234–239

Dosho S, Ise N, Ito K, Iwai S, Kitano H, Matsuoka H, Nakamura H, Okumura H, Ono T, Sogami IS, Ueno Y, Yoshida H und Yoshiyama T (1993) Recent study of polymer latex dispersions. Langmuir 9: 394–411

Duckworth RM und Lips A (1978) The influence of Stern layers on the coagulation of Hamaker functions from coagulation data. J Coll Interf Sci 64: 311–319

Dukhin SS und Lyklema J (1990) Dynamics of colloid particle interaction. Incomplete desorption relaxation. Faraday Discuss Chem Soc 90: 535–538

Frens G und Overbeek JTG (1972) Repeptization and the theory of electrocratic colloids. J Coll Interf Sci 38: 376–387

Fuchs N (1934) Über die Stabilität und Aufladung der Aerosole. Z Phys 89: 736–743

Furlong DW und Sasse WHF (1983) Colloidal platinum sols: anion effects on coagulation behaviour. Aust J Chem 36: 2163–2167

Gan H und Low PF (1993) Spectroscopic study of ionic adjustments in the electric double layer of montmorillonite. J Coll Interf Sci 161: 1–5

Gärd R, Sun Z und Forsling W (1995) FT-IR and FT-Raman studies of colloidal ZnS. 1. Acidic and alkaline sites at the ZnS/water interface. J Coll Interf Sci 169: 393–399

Gouy G (1910) Sur la constitution de la charge électrique la surface d'une électrolyte. J Phys; 4. Serie, 9: 457–467

Greathouse JA, Feller SE und McQuarrie DA (1994) The modified Gouy-Chapman theory: comparison between electrical double layer models of clay swelling. Langmuir 10: 2125–2130

Greathouse JA und McQuarrie DA (1995) Counterion adsorption effects on the swelling pressure in clays. J Coll Interf Sci 175: 219–224

Gregory J (1975) Interaction of unequal double layers at constant charge. J Coll Interf Sci 51: 44–51

Grenberg H und Kjellander R (1994) Electric double-layer properties calculated in the anisotropic reference hypernetted chain approximation. Mol Phys 83: 789–801

Guldbrand L, Jönsson B, Wennerström H und Linse P (1984) Electrical double layer forces. A Monte Carlo study. J Chem Phys 80: 2221–2228

Gur Y, Ravina I und Babchin AJ (1978) On the electrical double layer theory. II. The Poisson-Boltzmann equation including hydration forces. J Coll Interf Sci 64: 333–341

Hamaker HC (1937) The London-van der Waals attraction between spherical particles. Physica 4: 1058–1072

Hamieh T und Siffert B (1992) Calcul du potentiel et de la densité de charge de surface d'une sphère chargée en présence d'électrolytes dissymétriques. J Chim Phys 89: 1799–1834

Hamieh T und Siffert B (1994) Theoretical and experimental study of the surface charge density and the surface potential of coal-water suspensions in dissymmetrical electrolytes. Colloids Surfaces A 84: 217–228

Healy TW (1994) Stability of aqueous silica sols. In: Bergna HE (ed) The colloid chemistry of silica. Advan Chem Ser 234. Amer Chem Soc, Washington, pp 147–159

Heard SM, Grieser F und Barraclough CG (1983) The characterization of Ag sols by electron microscopy, optical adsorption and electrophoresis. J Coll Interf Sci 93: 545–555

Hirsch D, Nir S und Banin A (1989) Prediction of cadmium complexation in solution and adsorption to montmorillonite. Soil Sci Soc Am J 53: 716–721

Hofmann U und Giese K (1939) Über den Kationenaustausch an Tonmineralien. Kolloid Z 87: 21–36

Hogg R, Healy TW und Fuerstenau DW (1966) Mutual coagulation of colloidal dispersions. Trans Faraday Soc 62: 1638–1651

Hogg R und Yang KC (1976) Secondary coagulation. J Coll Interf Sci 56: 573–577

Honig EP, Roebersen GJ und Wiersema PH (1971) Effect of hydrodynamic interaction on the coagulation rate of hydrophobic colloids. J Coll Interf Sci 36: 97–109

Hough DB und White LR (1980) The calculation of Hamaker constants from Lifshitz theory with applications to wetting phenomena. Advan Coll Interf Sci 14: 3–41

Huerta MM, Curry JE und McQuarrie DA (1992) The effect of unequal ionic size on the swelling pressure in clays. Clays Clay Min 40: 491–500

Hunter RJ (1991) Foundations of colloidal science. Clarendon Press, Oxford, vol 1

Ise N (1986) Geordnete Bereiche in verdünnten Lösungen von ionischen Spezies durch Anziehung gleichsinnig geladener Teilchen – ein Paradigmenwechsel in der Kolloid- und Polymerchemie. Angew Chem 98: 323–334

Ise N und Matsuoka H (1994) Repulsion – only assumption or lang-range attraction – repulsion assumption. Macromolecules 27: 5218–5219

Israelachvili JN und McGuiggan PM (1988) Forces between surfaces in liquids. Science 241: 795–800

Israelachvili JN und Pashley RM (1984) Measurement of the hydrophobic interaction between two hydrophobic surfaces in aqueous electrolyte solutions. J Coll Interf Sci 98: 500–514

Israelachvili TN (1994) Intermolecular and surface forces. Acad Press, London

Isrealachvili JN und Wennerström H (1990) Hydration or steric forces between amphilic surfaces. Langmuir 6: 873–876

Jang HM und Fuerstenau DW (1986) The specific adsorption of alkaline earth cations at the rutil/water interface. Colloids Surfaces 21: 235–257

Jasmund K und Lagaly G (1993) Tonminerale und Tone. Struktur, Eigenschaften, Anwendung und Einsatz in Industrie und Umwelt. Steinkopff Verlag, Darmstadt

Kallay N, Biskup B, Tomic M und Matijević E (1986) Particle adhesion and removal in model systems. X. The effect of electrolytes on particle detachment. J Coll Interf Sci 114: 357–362

Király Z, Turi L, Dékány I, Bean K und Vincent B (1996) Van der Waals attraction between Stöber silica particles in a binary solvent system. Colloid Polym Sci 274: 779–787

Kjellander R (1996) Ion-ion correlations and effective charges in electrolyte and macroion systems. Ber Bunsenges Phys Chem 100: 894–904

Kjellander R, Åkesson T, Jönsson B und Marcelja S (1992) Double layer interactions in mono- and divalent electrolytes: a comparison of the anisotropic hypernetted chain theory and Monte Carlo simulations. J Chem Phys 97: 1424–1431

Kjellander R und Marcelja S (1986) Double-layer interaction in the primitive model and the corresponding Poisson-Boltzmann description. J Phys Chem 90: 1230–1232

Kjellander R, Marcelja S und Quirk JP (1988) Attractive double-layer interactions between calcium clay particles. J Coll Interf Sci 126: 194–211

Kluß BU (1992) Darstellung und Eigenschaften oberflächen-modifizierter Latexdispersionen. Dissertation. Univ Kiel

Lalib ME und Williams R (1986) An experimental comparison between the aqueous pH scale and the electron donicity scale. Colloid Polym Sci 264: 533–541

Lalib ME und Williams R (1987) The effect of moisture on the charge at the interface between solids and organic liquids. J Coll Interf Sci 115: 330–338

Loeb AL, Wirsema PH und Oberbeek JTG (1960) The electrical double layer around a spherical colloid particle. MIT Press, Cambridge, Massachusetts

London F (1930) Zur Theorie und Systematik der Molekularkräfte. Z Phys 63: 245–279

Look JL und Zukoski CF (1995) Colloidal stability and titania precipitate morphology: influence of short-range repulsions. J Amer Ceram Soc 78: 21–32

Lozada-Cassou M und Diaz-Herrera E (1990) Three point extensions of the hypernetted chain and other integral equation theories: numerical results. J Chem Phys 92: 1194–1210

Lyklema J (1980) Colloid stability as a dynamic process. Pure Appl Chem 52: 1221–1227

Lyklema J (1991) Fundamentals of interface and colloid science. I. Fundamentals. Acad Press, London

Lyklema J und de Wit JN (1975) The electrical double layer on silver iodide in water-ethylene glycol mixtures. II. Inner layer properties and their relation to sol stability. J Electroanal Chem 65: 443–452

Lyklema J und de Wit JN (1978) Colloid stability of silver iodide in water-ethylene glycole mixture. Colloid Polym Sci 256: 1110–1120

Lyklema J, Fokkink LGJ und de Keizer A (1990) Interfacial electrochemistry of oxides: recognition of common principles. Progr Colloid Polym Sci 83: 46–51

Lyklema J, Norde W, van Loosdrecht MCM und Zehnder AJB (1989) Adhesion of bacteria to polystyrene surfaces. Colloids Surfaces 39: 175–187

Machula G, Dékány I und Nagy LG (1993) The properties of the adsorption layer and the stability of aerosil dispersions in binary liquids. Colloids Surfaces 71 A: 241–254

Madsen FT und Müller-Vonmoos M (1985) Swelling pressure calculated from mineralogical properties of a Jurassic opalinum shale, Switzerland. Clays Clay Min 33: 501–509

Malbrel CA und Somasundaran P (1989) Water-induced dispersion/flocculation of colloidal suspensions in nonpolar medium. J Coll Interf Sci 133: 404–408

Mange F, Couchot P, Foissy A und Pierre A (1993) Effects of sodium and calcium ions on the aggregation of titanium dioxide, at high pH, in aqueous dispersions. J Coll Interf Sci 159: 58–67

Marcelja S (1997) Hydration in electrical double layers. Nature 385: 689-690 sowie Israelachvili JN; Wennerström H (1997) – Reply – Nature 385: 690

Marmur A (1979) A kinetic theory approach to primary and secondary minimum coagulations and their combination. J Coll Interf Sci 72: 41–48

Mathai KG und Ottewill RH (1966) Stability of hydrophobic sols in the presence of non-ionic surface agents I, II. Trans Faraday Soc 62: 750-758; 759–769

McCormack D, Carnie SL und Chan DYC (1995) Calculations of electric double-layer force and interaction free energy between dissimilar surfaces. J Coll Interf Sci 169: 177–196

Metcalfe IM und Healy TW (1990) Charge-regulation modelling of the Schulze-Hardy rule and related coagulation effects. Faraday Discuss Chem Soc 90: 335–344

Morrison ID (1991) Criterion for electrostatic stability of dispersions at low ionic strength. Langmuir 7: 1920–1922

Morrison ID (1993) Electrical charges in nonaqueous media. Colloids Surfaces A 71: 1–37

Muster TH, Toikka G, Hayes RA, Prestidge CA und Ralston J (1996) Interactions between zinc sulphide particles under flotation-related conditions. Colloids Surfaces A 106: 203–211

Nakao Y und Kaeriyama K (1986) Preparation of noble metal sols in the presence of surfactants and their properties. J Coll Interf Sci 110: 82–87

Nilsson U, Jönsson B und Wennerström H (1990) Hydration force, steric force or double-layer force between zwitterionic surfaces. Faraday Discuss Chem Soc 90: 107–114

Novich BE und Ring TA (1984) Colloidal stability of clays using photon correlation spectroscopy. Clays Clay Min 32: 400–406

Ohshima H (1994) Electrostatic interaction between two spherical colloidal particles. Advan Coll Interf Sci 53: 77–102

Ohshima H (1995) Effective surface potential and double-layer interaction of colloidal particles. J Coll Interf Sci 174: 45–52

Olphen van H (1977) Clay colloid chemistry. Intersci Publ, New York

Osmond DWJ, Vincent B und Waite FA (1973) The van der Waals attraction between colloid particles having adsorbed layers. I. A repraisal of the „Vold effect". J Coll Interf Sci 42: 262–269

Oss van CJ, Chaudhury MK und Good RJ (1987) Monopolar surfaces. Advan Coll Interf Sci 28: 35–64

Oss van CJ, Giese RF und Costanzo PM (1990) DLVO and non-DLVO interactions in hectorite. Clays Clay Min 38: 151–159

Ottewill RH (1977) Stability and instability in disperse systems. J Coll Interf Sci 58: 357–373

Ottewill RH und Richardson RA (1982) Studies of particle-particle interactions using polystyrene latices and time-average light scattering. Colloid Polym Sci 260: 708–719

Ottewill RH und Shaw JN (1966) Stability of monodisperse polystyrene latex dispersions of various sizes. Discuss Faraday Soc 42: 154–163

Overbeek JTG (1980) The role of Schulze and Hardy. Pure Appl Chem 52: 1151–1161

Overbeek JTG (1977) Recent developments in the understanding of colloid stability. J Coll Interf Sci 58: 408–422

Overbeek JTG (1987) On the electrostatic interaction in macroionic solutions and suspensions. J Chem Phys 87: 4406–4408

Pashley RM (1981) a) DLVO and hydration forces between mica surfaces in Li^+, Na^+, K^+, and Cs^+ electrolyte solutions: a correlation of double-layer and hydration forces with surface cation exchange properties. J Coll Interf Sci 83: 531–546

Pashley RM (1981) b) Hydration forces between mica surfaces in aqueous electrolyte solutions. J Coll Interf Sci 80: 153–162

Pashley RM und Isrealachvili JN (1984) a) DLVO and hydration forces between mica surfaces in Mg^{2+}, Ca^{2+}, Sr^{2+}, and Ba^{2+} chloride solutions. J Coll Interf Sci 97: 446–455

Pashley RM und Isrealachvili JN (1984) b) Molecular layering of water in thin films between mica surfaces and its relation to hydration forces. J Coll Interf Sci 101: 511–523

Pashley RM und Quirk JP (1984) The effect of cation valency on DLVO and hydration forces between macroscopic sheets of muscovite mica in relation to clay swelling. Colloids Surfaces 9: 1–17

Pashley RM und Quirk JP (1989) Ion exchange and interparticle forces between clay surfaces. Soil Sci Soc Am J 53: 1660–1667

Paunov VN, Dimova RI, Kralchevsky PA, Broze G und Mehreteab A (1996) The hydration repulsion between charged surfaces as an interplay of volume exclusion and dielectric saturation effects. J Coll Interf Sci 182: 239–248

Permien T und Lagaly G (1994) The rheological and colloidal properties of bentonite dispersions in the presence of organic compounds. I. Flow behaviour of sodium montmorillonite in water-alcohol. Clay Min 29: 751–760

Persegian VA (1975) Long range van der Waals interactions. In: van Olpen H and Mysels KJ (eds) Physical chemistry: enriching topics from colloid and surface science. Theorex, La Jolla, California, pp 27–72

Persegian VA und Weiss GH (1981) Spectroscopic parameters for computation of van der Waals forces. J Coll Interf Sci 81: 285–289

Prieve DC und Lin MMJ (1982) The effect of a distribution in surface properties on colloid stability. J Coll Interf Sci 86: 17–25

Prieve DC und Russel WB (1988) Simplified procedure of Hamaker constants from Lifshitz theory. J Coll Interf Sci 125: 1–13

Quirk JP und Pashley RM (1991) Structural component of the swelling pressure of calcium clays. Aust J Soil Res 29: 209–214

Reerink K und Overbeek JTG (1954) The rate of coagulation as a measure of the stability of silver iodide sols. Discuss Faraday Soc 18: 74–84

Rohrsetzer S, Bán S, Kovácz P und Pászli I (1995) Colloidal stability of electrostatically stabilized sol particles. II. The role of hydration and the concentration of potential determining ions in coagulation and peptization of ferric hydroxide sols. Colloid Polym Sci 273: 189–194

Romo LA (1963) Stability of nonaqueous dispersions. J Phys Chem 67: 386–389

Ruckenstein E (1997) The instability of the solid-liquid interface and the hydrophobic force. JDColl Interf Sci 188: 218–233

Ruckenstein E und Churaev N (1991) A possible hydrodynamic origin of the forces of hydrophobic attraction. J Coll Interf Sci 147: 535–538

Rytwo G, Banin A und Nir S (1996) Exchange reactions in the Ca-Mg-Na-montmorillonite system. Clays Clay Min 44: 276–285

Shaw DJ (1980) Introduction to colloid surface chemistry. Butterworths, London

Siffert B, Jada A und Eleli-Letsango J (1994) Stability calculations of TiO_2 nonaqueous suspensions: thickness of the electrical double layer. J Coll Interf Sci 167: 281–286

Siffert B, Kuczinski J und Papirer E (1990) Relationship between electrical charge and flocculation of heavy oil distillation residues in organic medium. J Coll Inter Sci 135: 107–117

Sjöström L, Åkesson T und Jönsson B (1996) Charge reversal in electrical double layers – a balance between energy and entropy. Ber Bunsenges Phys Chem 100: 889–893

Skvarla J (1993) On the decay of polar surface forces between hydrophobic surfaces and colloids. 1. Coagulation. J Coll Interf Sci 155: 506–508

Smalley MV (1994) Electrical theory of clay swelling. Langmuir 10: 2884–2891

Smoluchowski von M (1906) Zur kinetischen Theorie der Brownschen Molekularbewegung und der Suspensionen. Ann Physik (Leipzig) (4. F) 21 : 756–780

Smoluchowski von M (1916) Drei Vorträge über Diffusion, Brownsche Molekularbewegung und Koagulation von Kolloidteilchen. Phys Z 17: 557-571; 585–599

Smoluchowski von M (1918) Versuch einer mathematischen Theorie der Koagulationskinetik kolloidaler Lösungen. Z Phys Chem 92: 129–168

Sogami I (1983) Effective potential between charged spherical particles in dilute suspension. Phys Lett A 96: 199–203

Sogami I und Ise N (1984) On the electrostatic interaction in macroionic solutions. J Chem Phys 81: 6320–6332

Sonntag H und Strenge K (1987) Coagulation kinetics and structure formation. Plenum Press, New York, London

Spange S, Simon F, Heublein G, Jacobasch HJ und Börner M (1991) Donator acceptor behaviour of aerosil in several organic liquids. Colloid Polym Sci 269: 173–178

Sridharan A und Satyamurty PV (1996) Potential-distance relationships of clay-water systems considering the Stern theory. Clays Clay Min 44: 479–484

Stern O (1924) Theorie der elektrischen Doppelschicht. Z Elektrochem 30: 508–516

Taguchi T, Terui H, Ohshima H und Kondo T (1990) Interaction between an ion-penetrable particle and a solid particle. II. Criteria for heterocoagulation. Colloid Polym Sci 268: 83–87

Terui H, Taguchi T, Ohshima H und Kondo T (1990) Interaction between an ion-penetrable particle and a solid particle. I. Electrical double layer interaction. Colloid Polym Sci 268: 76–82

Thompson DW und Collins IR (1992) Electrical properties of the gold-aqueous solution interface. J Coll Interf Sci 152: 197–204

Usui S (1973) Interaction of electrical double layers at constant surface charge. J Coll Interf Sci 44: 107–113

Usui S (1984) Variation of the potential of the Stern plane with interaction of dissimilar flat electrical double layers. J Coll Interf Sci 97: 247–253

Valleau JP, Ivokov R und Torrie GM (1991) Colloid stability: the forces between charged surfaces in an electrolyte. J Chem Phys 95: 520–532

Ven van de TGM (1988) On the role of ion size in coagulation. J Coll Interf Sci 124: 138–145

Verwey EJW und Overbeek JTG (1948) Theory of the stability of lyophobic colloids. The interaction of sol particles having an electrical double layer. Elsevier Pub Comp, Amsterdam – New York

Verwey EJW und Overbeek JTG (1955) Theorie der Stabilität lyophober Kolloide. Kolloid Z 141: 44–45

Vigil G, Xu Z, Steinberg S und Israelachvili JN (1994) Interactions of silica surfaces. J Coll Interf Sci 165: 367–385

Vincent B (1973) The van der Waals attraction between colloid particles having adsorbed layers. II. Calculation of interaction curves. J Coll Interf Sci 42: 270–285
Vincent B, Király Z, Emmett S und Beaver A (1990) The stability of silica dispersions in ethanol/cyclohexane mixtures. Colloids Surfaces 49: 121–132
Vincent B, Luckham PF und Waite FA (1980) The effect of free polymer on the stability of sterically stabilized dispersions. J Coll Interf Sci 73: 508–521
Visser J (1972) On Hamaker constants: a comparison between Hamaker constants and Lifshitz-van der Waals constants. Advan Coll Interf Sci 3: 331–363
Vold MJ (1961) The effect of adsorption on the van der Waals interaction of spherical colloidal particles. J Coll Sci 16: 1–12
Vold RD und Vold MJ (1983) Colloid and interface chemistry. Addison-Wesley Publ Comp, London
Walz JY und Sharma A (1994) Effect of long range interactions on the depletion force between colloidal particles. J Coll Interf Sci 168: 485–496
Wang Q (1991) On colloidal suspension Brownian stability ratios: theoretical approaches. J Coll Interf Sci 145: 99–107
Wennerström H und Jönsson B (1988) Amphiphile-water systems and electrostatic interactions. J Phys France 49: 1033–1041
Wiese GR und Healy TW (1970) Effect of particle size on colloid stability. Trans Faraday Soc 66: 490–499
Yalamanchili MR und Miller JD (1994) The surface charge of KCl as influenced by crystal lattice defects. J Coll Interf Sci 163: 137–144
Yotsumoto H und Yoon RH (1993) a) Application of extended DLVO theory. I. Stability of rutile suspensions. J Coll Interf Sci 157: 426–433
Yotsumoto H und Yoon RH (1993) b) Application of extended DLVO theory. II. Stability of silica suspensions. J Coll Interf Sci 157: 434–441
Zerrouk R, Foissy A, Mercier R, Chevallier Y und Morawski JC (1990) Study of Ca^{2+}-induced silica coagulation by small angle scattering. J Coll Interf Sci 139: 20–29
Zhang Q, Xu Z und Finch JA (1995) Surface ionization and complexation at the sphalerite/water interface. J Coll Interf Sci 169: 414–421
Zukoski CF, Look JL und Bogush GH (1994) Formation of uniform precipitates from alkoxides. In: Bergna HE (ed) The colloid chemistry of silica. Advan Chem Ser 234. Amer Chem Soc, Washington, pp 451–464

3 Die Stabilität elektrostatisch stabilisierter Dispersionen

3.1 Koagulation durch Salze

Die Stabilität elektrostatisch stabilisierter Dispersionen wird durch die elektrostatische Abstoßung V_R und die Van-der-Waals-Anziehung V_A bestimmt. Die Potentialkurve $V_T = V_A + V_R$ einer stabilen Dispersion zeigt eine Energiebarriere V_m (Kap. 2.6; Abb. 2.13–2.15), die mit steigendem Salzgehalt abnimmt. Wenn $V_{T,max}$ unter 15 kT absinkt, wird die Dispersion instabil und koaguliert. Die dazu notwendige kritische Koagulationskonzentration c_K des Salzes hängt empfindlich von der Wertigkeit v des Gegenions ab.

Die Barriere verschwindet, wenn $V_T \approx 0$ und $dV_T/dH = 0$ wird. Im einfachsten Fall (Gouy-Chapman-Modell und Potentialkonstanz) erhält man mit den Näherungsgleichungen 2.16 und 2.26 für kugelförmige Teilchen (Verwey und Overbeek, 1948, S. 117 f):

$$c_K = \frac{49{,}63\,(4\,\pi\,\varepsilon\,\varepsilon_0)^3 (RT)^5}{F^6} \frac{\gamma^4}{A^2\,v^6}, \tag{3.1a}$$

in Wasser (ε = 78,5) bei 25 °C:

$$c_K = 3{,}837 \cdot 10^{-39}\,\gamma^4/A^2\,v^6 \quad [\text{mol/L}]. \tag{3.1b}$$

Die entsprechende Beziehung für plättchenförmige Teilchen ergibt sich aus Gleichung 2.18 und 2.28b (Overbeek, 1980):

$$c_K = \frac{107{,}46\,(4\pi\varepsilon_0\,\varepsilon)^3 (RT)^5}{F^6} \frac{\gamma^4}{A^2\,v^6}, \tag{3.2a}$$

für Wasser bei 25° C:

$$c_K = 8{,}308 \cdot 10^{-39}\,\gamma^4/A^2\,v^6 \quad [\text{mol/L}]. \tag{3.2b}$$

Die kritische Koagulationskonzentration hängt über $\gamma = (e^{z/2} - 1)/(e^{z/2} + 1)$ vom Oberflächenpotential ab, wobei $z = vF\psi_0/RT$ bzw. $vF\psi_d/RT$ ist. Sie geht bei hohen Potentialen wegen $\gamma \longrightarrow 1$ gegen einen Grenzwert, der bei umso niedrigeren Oberflächenpotentialen erreicht wird, je größer v ist (Abb. 3.1).

Für hohe Oberflächenpotentiale ($\gamma \longrightarrow 1$) ändert sich c_K mit der Wertigkeit nach $(1/v)^6$. Ein c_K-Wert von 100 mmol/L bei v = 1 würde auf 1,6 mmol/L bei v = 2 und auf 0,14 mmol/L bei v = 3 absinken. Da in den Beziehungen 3.1 und 3.2 die Wertigkeit etwas versteckt auch in ψ enthalten ist, wird der Exponent mit abnehmen-

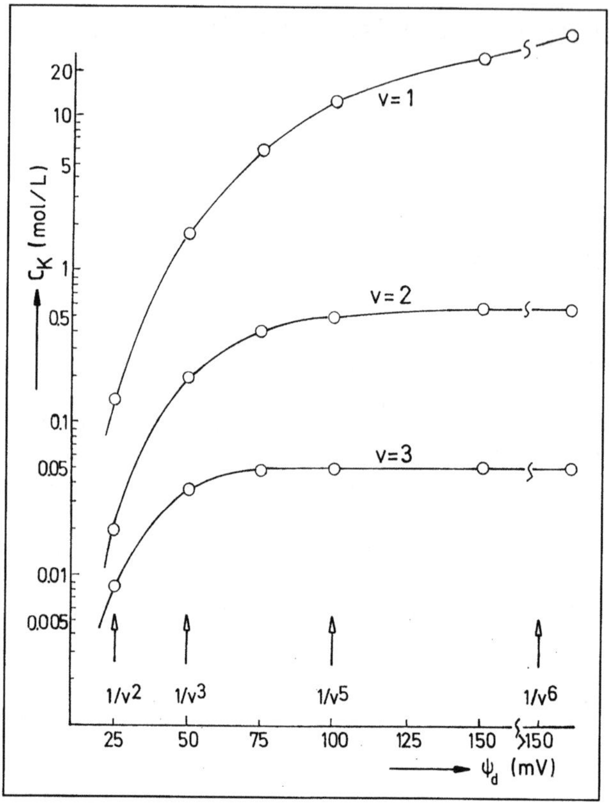

Abb. 3.1. Kritische Koagulationskonzentration als Funktion des Oberflächen- bzw. Stern-Potentials für ein-, zwei- und dreiwertige Gegenionen ($v=1,2,3$, berechnet nach Gleichung 3.1).

den Oberflächenpotentialen kleiner als 6 (Abb. 3.1). Bei sehr niedrigen Potentialen wird schließlich $c_K \propto (1/v)^2$.

Die empfindliche Abhängigkeit der kritischen Koagulationskonzentration von der Wertigkeit der Gegenionen ist schon sehr lange bekannt. Schulze (1882, 1883) berichtete, daß das Koagulationsvermögen von Salzen gegenüber Dispersionen negativ geladener Teilchen (z. B. As_2S_3) sehr stark mit der Wertigkeit des Kations ansteigt. Etwas später bestätigte Hardy (1900) diese Abhängigkeit für Dispersionen positiv geladener Teilchen und Anionen als Gegenionen.

Nach Hardy (1900) ändern sich die Koagulationskonzentrationen für ein-, zwei- und dreiwertige Gegenionen im Verhältnis $1 : x : x^2$, wobei $x = 1/30$ bis $1/40$ ist, also 1 : 0,033 : 0,0011 bzw. 1 : 0,025 : 0,0006. Anders ausgedrückt: $c_K(1) = 30\ c_K(2) = 900\ c_K(3)$ bzw. $c_K(1) = 40\ c_K(2) = 1600\ c_K(3)$.

Die Änderung der c_K kann auch durch die Beziehung:

$$\lg c_K = a - bv \tag{3.3}$$

erfaßt werden (nach Hardy ist $b = \lg 30$ bzw. $\lg 40$). Viele experimentelle c_K-Werte einwertiger Gegenionen liegen zwischen 25 und 500 mmol/L. Nach der Schulze-Hardy-Regel sind dann mit zwei- und dreiwertigen Gegenionen Koagulationskonzentrationen von 0,6 bis 17 mmol/L ($v=2$) und von 0,016 bis 0,56 mmol/L ($v=3$)

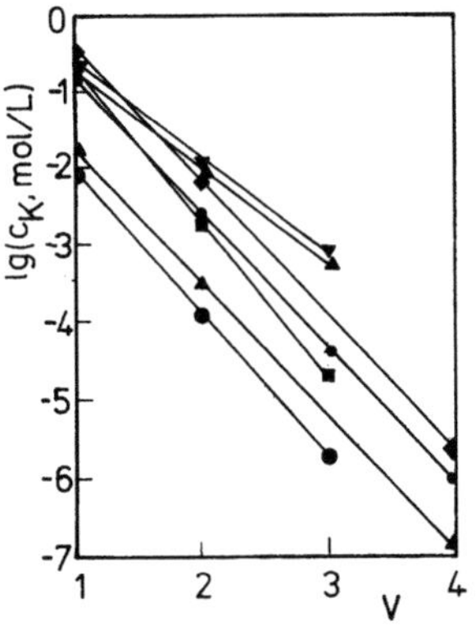

Abb. 3.2. Kritische Koagulationskonzentration (mol/L) (aufgetragen ist $\lg c_K$) in Abhängigkeit von der Wertigkeit v der Gegenionen (Matijević, 1973);
1: PVC-Latex, **2:** Styrol-Butadien-Latex, **3:** Escherichia coli, **4:** AgBr (negativ), **5:** AgI (negativ), **6:** AgBr (positiv), **7:** AgBr (negativ) bei einer Dielektrizitätskonstante $\varepsilon = 39{,}5$.

zu erwarten. Diese Bereiche decken die beobachteten Werte gut ab. Auch die lineare Abhängigkeit zwischen $\lg c_K$ und v wurde oft gefunden (Abb. 3.2) (Matijević, 1973). Als Folge der speziellen Struktur der Grenzfläche (Kap. 3.2) sind die Steigungen der Geraden nicht genau gleich.

Gegenüber der experimentell gefundenen Spreizung der c_K-Werte

$$c_K\,(1) = (30 \text{ bis } 40)\; c_K\,(2) = (900 \text{ bis } 1600)\; c_K\,(3)$$

liefert die DLVO-Theorie für das Gouy-Chapman-Modell ($c_K \propto (1/v)^n$, $n = 2$ bis 6)

$$c_K\,(1) = (4 \text{ bis } 64)\; c_K\,(2) = (9 \text{ bis } 729)\; c_K\,(3)$$

Bei niedrigen Potentialen ($n < 6$) sind die berechneten c_K-Werte mehrwertiger Gegenionen deutlich höher als beobachtet. Ursache ist die Vernachlässigung der Adsorption der Gegenionen an der Grenzfläche. Das Stern-Modell (Kap. 2.3.2) ist realistischer als das Gouy-Chapman-Modell. Nach Abbildung 2.18 ist das Stern-Potential am Koagulationspunkt nahezu unabhängig von der Wertigkeit des Gegenions. In Wirklichkeit zeigen Koagulationsdaten und Werte der elektrophoretischen Beweglichkeit (Stern-Potential $\psi_d \approx$ Zetapotential, Kap. 10.3), daß es mit v abnimmt. Es müssen spezifische, im Stern-Modell durch ϕ zu berücksichtigende Wechselwirkungen zwischen Gegenionen und Oberfläche auftreten (s. a. Kap. 2.7.1). Häufig ist bei niedrigen Potentialen für ein gegebenes kolloidales System $v\,\psi_d =$ konstant. Weiterhin gilt für die kritische Gegenionenkonzentration, ausgedrückt durch κ, oft die Beziehung $\psi_d^2/\kappa =$ konstant[1]. Für AgI als typische hydrophobe kolloidale Teilchen treffen beide Bedingungen sogar recht genau zu (Frens und Heuts, 1988). Die Konstanz von $v\,\psi_d$ und ψ_d^2/κ mag deshalb für viele praktische Fälle ausreichend sein, den Einfluß der Wertigkeit der Gegenionen abzuschätzen.

Wenn beide Bedingungen erfüllt sind, folgt mit $\kappa/v\sqrt{c} =$ konstant direkt $v^6\,c_K =$ konstant, also die $(1/v)^6$-Abhängigkeit auch für niedrige Potentiale, die

[1] Die Beziehung $\psi_d^2/\kappa =$ konstant ist als Eilers-Korff-Regel bekannt. Beide Autoren leiteten sie allerdings mit nicht haltbaren Argumenten ab (Eilers and Korff, 1940).

nach dem Gouy-Chapman-Modell nur für hohe Oberflächenpotentiale gültig sein sollte (Kap. 3.1).

Overbeek (1980) untersuchte den Einfluß der Adsorption in der Stern-Schicht auf das Verhältnis der c_K-Werte. Er berücksichtigte, daß die Van-der-Waals-Kraft über den Abstand H zwischen zwei Partikeln wirkt, während für die elektrostatische Abstoßung der Abstand $H - 2\delta$ (δ = Dicke der Stern-Schicht) maßgebend ist. Die beobachtete Abstufung der c_K-Werte mit der Wertigkeit der Gegenionen wurde nur unter Berücksichtigung einer spezifischen Adsorptionsenergie ϕ (Kap. 2.3.2) erhalten, das mit v zunimmt. Der Ansatz $\phi/RT = \alpha + \beta v$ war zutreffender als $\phi/RT = \beta v$. Um die beobachteten c_K-Werte richtig zu erfassen, war der Spielraum von ϕ/RT nicht allzu groß; Overbeek erreichte mit $\alpha=2$ und $\beta=3$ gute Übereinstimmung mit den experimentalen Daten.

Die Annahme $\phi/RT = \alpha + \beta v$ ist wahrscheinlicher, weil neben den durch die Wertigkeit der Ionen bestimmten Wechselwirkungen noch zusätzliche Interaktionen auftreten können, die nicht oder nur in deutlich geringerem Maße von der Gegenionenwertigkeit bestimmt werden (vgl. Kap. 3.2).

Für einfache anorganische Ionen liegt ϕ in der Größenordnung einiger RT (Lyklema und de Wit, 1975). Die spezifischen Adsorptionsenergien – zuweilen als spezifische Adsorptionspotentiale bezeichnet – werden häufig in eV angegeben: 0,1 eV = 3,9 kT bzw. pro Mol 3,9 RT (Kap. 15.2).

3.2 Spezifische Ioneneffekte

Die kritische Koagulationskonzentration wird zwar in erster Linie durch die Wertigkeit der Gegenionen bestimmt, doch ändert sie sich auch innerhalb der Reihe homologer Ionen, also z. B. von Lithium- zu Cäsiumionen oder von Magnesium- zu Bariumionen. Für Dispersionen negativ geladener Teilchen nehmen die c_K-Werte meist von Li^+ zu Cs^+ oder von Mg^{2+} zu Ba^{2+} ab. Zum Beispiel sank der c_K-Wert einer Dispersion emulgatorfrei hergestellter Latices (Typ-1-Latices) (Kap. 6.5) von 531 mmol/L (LiCl) auf 299 mmol/L (CsCl) bzw. von 47 mmol/L ($MgCl_2$) auf 24 mmol/L ($BaCl_2$) (Tabelle 3.1). Ähnliches gilt für Anionen als Gegenionen (Abb. 3.3a-c). Die Anreicherung von Cäsium- (und Alkylammonium)ionen in der Stern-Schicht von Latices wurde durch elektrokinetische und dielektrische Messungen bestätigt (Midmore et al., 1989).

Der Einfluß der Gegenionen folgt der Reihung der Ionen in der lyotropen Reihe. Diese geht auf Hofmeister (1888) zurück, der die eiweißfällende Wirkung von Salzen untersuchte. Die Abfolge der Ionen in der Hofmeister-Reihe ist in der Literatur unterschiedlich zitiert. Daher sei hier die Originalangabe aufgeführt. Die Salze wurden nach der Konzentration geordnet, die zur Fällung von Hühnereiweiß, das aus einer größeren Zahl von Hühnereiern gewonnen worden war, benötigt wurde:

Konzentration, ausgedrückt in Normallösung				
I	II	III	IV	V
1,51–1,69	2,03	2,51–2,72	3,53–3,63	5,42–5,52
Lithiumsulfat Natriumsulfat Natriumphosphat Kaliumphosphat Kaliumacetat Natriumacetat Kaliumcitrat Natriumcitrat Kaliumtartrat Natriumtartrat	Ammonsulfat	Magnesiumsulfat Ammonphosphat Ammoncitrat Ammontartrat Natriumbicarbonat Natriumchromat Kaliumchromat	Chlornatriumsulfat Chlorkalium	Natriumnitrat Natriumchlorat

Tabelle 3.1. Gegenionen- und Coioneneinfluß auf die kritische Koagulationskonzentration (mmol/L) von Dispersionen negativer Latices (Zimehl und Lagaly, 1986).

Salz	Typ-1-Latex	Typ-3-Latex
LiCl	531	1900
NaCl	473	910
KCl	363	850
NH_4Cl	299	
RbCl	272	
CsCl	299	800
$MgCl_2$	47	15
$CaCl_2$	34	7,5
$BaCl_2$	24	12
$LaCl_3$	0,42	0,068
NaF	457	
NaCl	473	910
NaI	509	800
NaN_3	537	
NaSCN	562	800
$NaClO_4$		940
Na_2SO_4	275	250

Typ-1-Latex: emulgatorfrei hergestellt aus Styrol mit Kaliumperoxodisulfat als Starter (mittlere Teilchengröße 90 nm)
Typ-3-Latex: hergestellt aus Styrol und Kaliumstyrolsulfonat ohne Starter (mittlere Teilchengröße 290 nm)

Für Natriumsalze gilt also:
Citrat, Tartrat, Acetat, SO_4^{2-}, $PO_4^{3-} < HCO_3^-$, $CrO_4^{2-} < Cl^- < NO_3^-$, ClO_4^-

In einer weiteren Arbeit untersuchte Hofmeister (1889) die fällende Wirkung auf Serumeiweiß, Leim, Eisenoxid und Natriumoleat. Für Eisenoxidsol stieg die Fällungskonzentration der Natriumsalze von Acetat zu Iodid an:

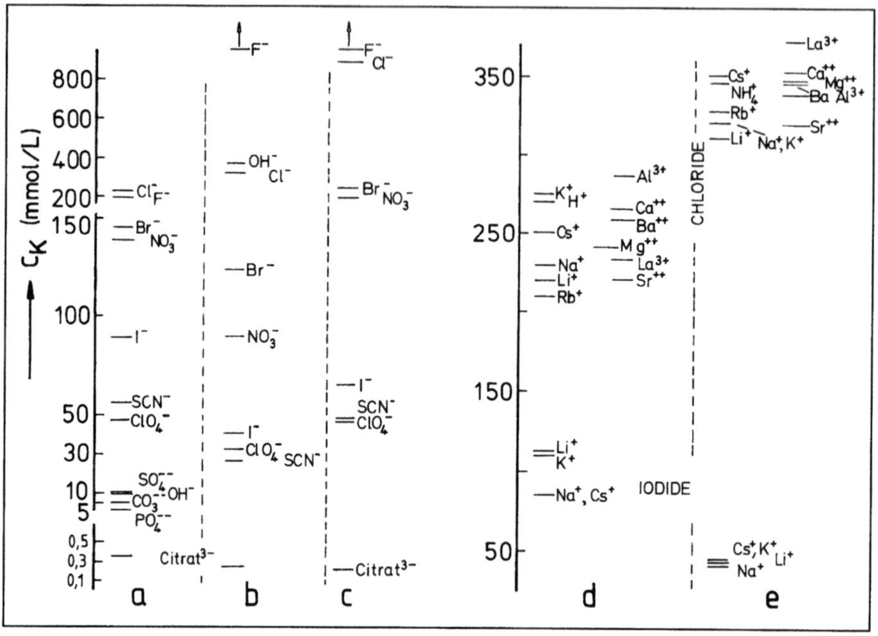

Abb. 3.3a–e. Gegenionen- und Coioneneinfluß auf die kritische Koagulationskonzentration von Dispersionen positiver Latexteilchen (Wieboldt, 1991).
a – c Einfluß von Anionen als Gegenionen (Kation ist Natrium); **d, e** Einfluß von Kationen als Coionen (Anion ist Chlorid oder Iodid).
Latices:
a, d positiv geladener Typ-1-Latex, hergestellt aus Styrol, initiiert durch Azo-bis-N,N′-dimethylen-isobutyramidin (ADMBA, Kap. 6.5); **b, e** positiv geladener Typ-3-Latex, hergestellt aus Styrol, ADMBA · 2 HCl als Initiator und Vinylbenzyltriphenylphosphoniumchlorid; **c** positiv geladener Typ-3-Latex, hergestellt aus Styrol, ADMBA · 2 HCl als Initiator und Vinylbenzyltrimethylammoniumchlorid.

$$\text{Acetat} < Cl^- < NO_3^- < Br^- < ClO_3^- < I^- .$$

Für Kaliumsalze galt die gleiche Folge, wobei die jeweiligen Konzentrationen immer größer als bei den Natriumsalzen waren.

Der spezifische Einfluß der Ionen ist im wesentlichen eine Folge ihrer Größe, die sich zum einen direkt, zum anderen über den Einfluß auf die Wasserstruktur auswirkt.

Nach Van de Ven (1977; 1988) beeinflußt die Größe der Ionen den hydrodynamischen Widerstand beim Annähern zweier Teilchen. In der Theorie von Honig (Kap. 2.6.3) wurde sie nicht berücksichtigt. Die Ionen beeinflussen jedoch durch den von ihrer Größe abhängigen Reibungskoeffizienten die Diffusionsgeschwindigkeit zweier kolloidaler Teilchen während der Koagulation (Ohshima et al., 1984). Der Reibungskoeffizient der Ionen ist aus den Grenzwerten der Äquivalentleitfähigkeit abzuleiten (vgl. Kap. 10.5.1, Gleichungen 10.14) und nimmt mit steigendem Ionenradius ab.

Der von der Ionengröße abhängige hydrodynamische Effekt erhöht die kritische Salzkonzentration, und zwar umso mehr, je höher der Reibungskoeffizient des Gegenions, d. h. je kleiner dieses ist. In den lg W(lg c)-Diagrammen (Gleichung 2.39 sowie Abb. 11.4) wird die Steigung der Geraden unterhalb des c_K-Wertes mit abnehmendem Ionenradius größer und der Knickpunkt, d. h. der c_K-Wert, zu höheren Konzentrationen verschoben.

Die Wechselwirkung der Ionen mit der Wasserstruktur hat u. a. Luck (1978, 1984) ausführlich untersucht. Dieser Einfluß ist auch an den aufgeführten c_K-Werten zu sehen. Je weniger streng das Gegenion hydratisiert ist, desto besser kann es sich der Grenzfläche nähern und in der Stern-Schicht anreichern: Das Stern-Potential ist abgesenkt, die elektrostatische Abstoßung reduziert und die kritische Salzkonzentration erniedrigt.

Eine Abstufung der c_K-Werte nach der lyotropen Reihe wird nicht immer beobachtet. Manchmal kehrt sich die Reihenfolge der Ionen um (Kallay et al., 1994) oder wird durcheinandergewürfelt. Sie wird sich z. B. umkehren, wenn das kleinere Ion fester gebunden wird (größere spezifische Adsorptionsenergie) als das größere. Grundsätzlich muß aber auch die Struktur des Wassers selbst an der Grenzfläche und der Einfluß der Ionen auf diese Struktur berücksichtigt werden.

Oft tritt an die Stelle einer klar definierten Grenzfläche Teilchen/Dispersionsmittel ein Grenzflächenbereich endlicher Dicke, in den die Gegenionen mehr oder weniger weit eindringen. In diesem Zusammenhang ist wiederum das Modell von Derjaguin (Kap. 2.7.3) berücksichtigenswert. Infolge solcher komplexer Wechselwirkungen folgen die c_K-Werte nicht mehr der lyotropen Reihe. Manche Gegenionen können ganz aus dem Grenzbereich ausgeschlossen werden (sehr hohe c_K-Werte), andere bevorzugt eindringen (sehr niedrige c_K-Werte). Sofern der Grenzflächenbereich durch flexible Makromoleküle oder Polyionen (Haare) geprägt wird, kann das Stabilitätsverhalten noch dadurch beeinflußt werden, indem die Gegenionen deren Konformation durch direkte Wechselwirkungen oder über die Lösungsmittelgüte verändern.

Aus diesem Grund zeigen Dispersionen von Latexteilchen mit komplexer Oberflächenstruktur ungewöhnliche Salzstabilitäten. Dies sei für einige Typ-3-Latices (Kap. 6.5) in Tabelle 3.1 und Abb. 3.3b,c gezeigt. Die Latices tragen an der Grenzfläche „Haare" aus geladenen Makromolekülen, die die Salzstabilität deutlich beeinflussen und Abweichungen von der lyotropen Reihe hervorrufen (Wieboldt, 1991).

Die Veränderung der Lösungsmittelstruktur und des Grenzbereichs durch die Ionen ist natürlich nicht auf die Gegenionen beschränkt. Auch die Coionen müssen einen Einfluß auf die c_K-Werte haben. Strukturbrechende Coionen (z. B. Anionen) werden die Hydration der Gegenionen (Kationen) begünstigen und die c_K-Werte von Dispersionen negativer Teilchen erhöhen. Daher stieg die kritische Salzkonzentration für negative Typ-1-Latices von NaF nach NaSCN an (Tabelle 3.1). Bei Latices mit komplexer Oberflächenstruktur (Typ-3-Latices in Tabelle 3.1) war das nicht mehr der Fall. Bei den positiv geladenen Latices folgte der Einfluß der Coionen auch bei den Typ-1-Latices nicht mehr der lyotropen Reihe (Abb. 3.3d,e), was die insgesamt wohl komplexere Wechselwirkung der Anionen mit der Grenzfläche und der Wasserstruktur andeutet.

3.3 Einfluß des pH-Wertes

Die Stabilität vieler Dispersionen hängt vom pH-Wert ab. Oft genügen kleine Veränderungen des pH-Wertes, um die Dispersion zu destabilisieren oder koagulierte Dispersionen wieder zu peptisieren. Ursachen sind:

- Veränderung der Oberflächenladung mit dem pH-Wert,
- Änderung der Ladung der koagulierenden Gegenionen durch Protolyse, oft verbunden mit Oligo- oder Polymerisierung und
- kolloidale Ausfällung der Gegenionen als Hydroxide oder Oxidhydroxide.

Einige Beispiele sollen den pH-Einfluß verdeutlichen.

Die kritische Konzentration von $NaNO_3$, $Ca(NO_3)_2$ und $La(NO_3)_3$ für die Koagulation von AgBr-Dispersionen ist pH-unabhängig, da das Oberflächenpotential durch den pH-Wert nicht verändert wird. Als dreiwertiges Gegenion wurde La^{3+} eingesetzt, weil die Lanthanionen nicht protolysieren.

Hydratisierte Aluminium- und Eisenionen reagieren als Brønsted-Säuren:

$$[Al(OH_2)_6]^{3+} + H_2O \rightleftarrows [Al(OH)(OH_2)_5]^{2+} + H_3O^+$$

Der pK_s-Wert dieser Reaktion ist 4,80, d. h. die Säurestärke entspricht der Essigsäure. Hydratisierte Eisenionen wirken noch stärker sauer, der pK_s-Wert ist 2,2. Die gebildeten Monohydroxokomplexe kondensieren zu Polyhydroxometallionen $[M_n(OH,O)_m(H_2O)_o]^{p+}$ (Stol et al., 1976; Dousma and de Bruyn, 1976; Bottero et al., 1987).

Am bekanntesten wurde das Polyhydroxoaluminiumion $[Al_{13}O_4(OH)_{24}(H_2O)_{12}]^{7+}$, dessen Aufbau, die sog. Keggin-Struktur, bekannt ist und das sich leicht aus wäßrigen Aluminiumsalzlösungen durch Zusatz von NaOH gewinnen läßt (vgl. Bottero et al., 1987; Bertram et al., 1986; Schönherr et al., 1981). Es spielt bei der Herstellung von Polyoxoaluminium-Tonmineralen (pillared clays) eine wichtige Rolle (Jasmund und Lagaly, 1993, Kap. 9.2.6).

Aufgrund der Protolyse der (hydratisierten) Aluminiumionen wird die kritische Konzentration zur Koagulation von AgI pH-abhängig (Abb. 3.4). Oberhalb pH = 4 sinkt der c_K-Wert stufenförmig ab. Es ist aber nicht bekannt, welche

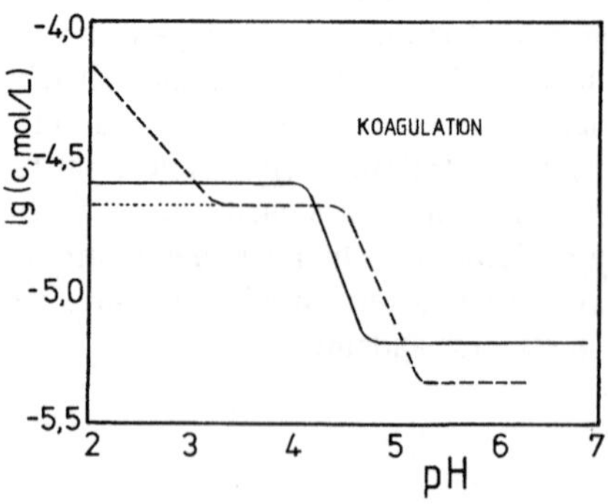

Abb. 3.4. Kritische Koagulationskonzentration von Aluminiumnitrat (——) und Aluminiumsulfat (- - -) in Abhängigkeit vom pH-Wert (negativ geladenes Silberiodid-Sol, AgI: 1×10^{-4} M, KI: 4×10^{-4} M)... Konzentration der nicht komplexierten Aluminiumionen in der Aluminiumsulfatlösung (Matijević, 1973).

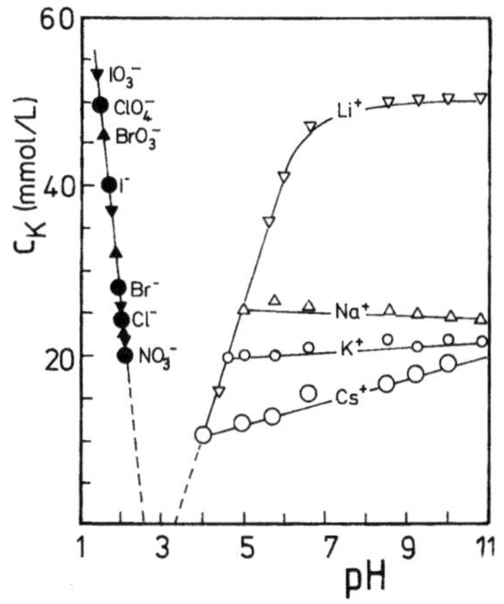

Abb. 3.5. Spezifische Ioneneffekte bei der Koagulation von Rutilsolen (Kronos, RC 800). Dargestellt ist die Änderung der kritischen Koagulationskonzentration c_K von Alkalisalzen: bei pH <3 in Abhängigkeit von Anion (= Gegenion; Kation ist Na^+); bei pH >3 in Abhängigkeit vom Kation (= Gegenion; Anion ist Cl^-) (Dumont et al., 1990).

Spezies von Polyhydroxoaluminiumionen dafür verantwortlich ist (Matijević, 1973). In Gegenwart von Sulfationen bilden sich bei kleinen pH-Werten Aluminiumsulfatokomplexe, die die c_K-Werte erhöhen (Kap. 3.4).

Aluminiumsulfat (alum) ist ein weitverbreitetes Koagulationsmittel in der Abwasserbehandlung. Die koagulierende Wirkung der Aluminiumionen wird im leicht sauren Bereich durch geringe Mengen von gelöstem Silicat (etwa <50 mg SiO_2/L) verstärkt. Bei höherem pH-Wert können niedrige Konzentrationen von gelöstem Silicat ($\approx$ 10 mg SiO_2/L) die Koagulation verhindern. Ursache ist die Bildung löslicher Hydroxoalumosilicatspecies (Duan and Gregory, 1996).

Bei Oxiden wird mit steigendem pH-Wert der Ladungsnullpunkt durchlaufen. Im Bereich um diesen Punkt wird die Dispersion instabil. Mit zunehmendem pH-Wert sinkt daher der Stabilitätsfaktor W auf $W=1$ am Ladungsnullpunkt und steigt dann wieder an (vgl. Abb. 3.8a). Entsprechend durchläuft die kritische Salzkonzentration ein Minimum. Es ist zu beachten, daß bei pH-Werten unterhalb des Ladungsnullpunkts die Anionen, oberhalb dieses Punkts die Kationen Gegenionen sind (Abb. 3.5).

SiO_2-Teilchen sind bei pH-Werten über 2 negativ geladen. Man erwartet mit steigendem pH-Wert infolge der Zunahme der negativen Ladungen eine wachsende Salzstabilität. Gefunden wurde dagegen bei pH>6 eine Abnahme der Stabilität (Abb. 3.6) (Matijević, 1973; Zerrouk et al., 1990). Hier müssen also noch andere Kräfte als elektrostatische wirksam sein, bzw. die strukturelle Veränderung der Oberfläche dominiert über den Einfluß der Ladungen (Kap. 2.7.3).

Lanthanionen grenzen ein halbmondförmiges Instabilitätsgebiet ab. Der Scheitelpunkt liegt etwa beim pH-Wert des Ladungsnullpunkts. Bei pH = 4 reichen niedrige Lanthanionenkonzentrationen (lg $c_K \approx$ -3,8) zur Koagulation aus. Erhöht man sie, wird die Dispersion bei lg $c_K \approx$ -1,2 wieder stabil. Ursache ist die Umladung der negativen SiO_2-Teilchen in positive durch adsorbierte Lanthanionen.

Mit Aluminiumsalzen entsteht ein kompliziertes Zustandsdiagramm (Abb. 3.7) (Matijević, 1973), da zusätzlich zur Änderung der Oberflächenladung mit dem pH-Wert und Umladung durch adsorbierte Aluminiumionen (s. a. Kap. 10.10.1) kolloidales $Al(OH)_3$ ausgefällt wird. So entstehen abwechselnd Stabilitäts- und

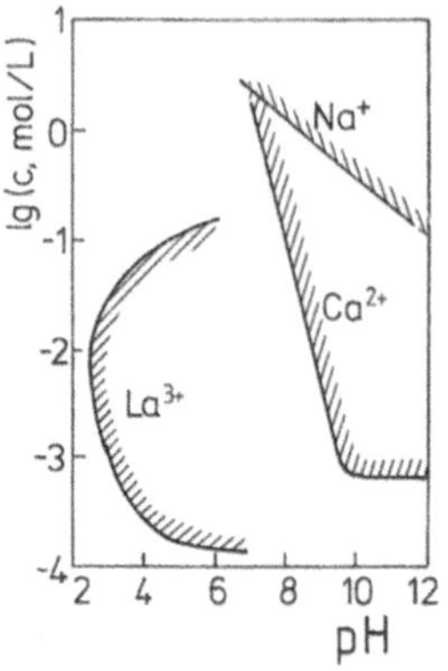

Abb. 3.6. Kritische Koagulationskonzentration von NaCl, $CaCl_2$, $Ca(NO_3)_2$ und $La(NO_3)_3$ für ein SiO_2-Sol (Ludox AM; 0,2 % SiO_2) in Abhängigkeit vom pH-Wert (Matijević, 1973).

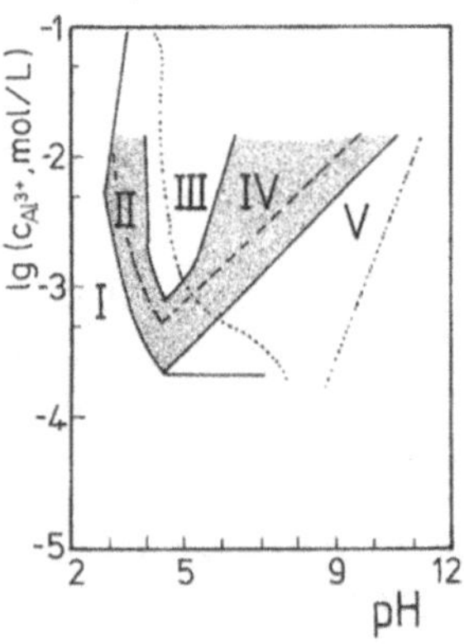

Abb. 3.7. Stabilitätsdiagramm eines SiO_2-Sols (Ludox AM; 0,2 % SiO_2) in Gegenwart von Aluminiumnitrat: **I** stabiles SiO_2-Sol, **II** Sol durch Aluminiumionen oder deren Oligomere koaguliert, **III** umgeladenes positives SiO_2-Sol, **IV** Heterokoagulation zwischen SiO_2 und $Al(OH)_3$, **V** stabile negative Sole von SiO_2 und $Al(OH)_3$. - - - Ladungsnullpunkt des Koagulats bzw. Heterokoagulats, ··· $Al(OH)_3$-Fällung (Matijević, 1973).

Instabilitätsgebiete. In Feld **I** ist das SiO_2-Sol negativ geladen und bis zu hohen Salzkonzentrationen stabil. Es wird in Feld **II** durch (oligomere) Aluminiumionen koaguliert. Das Feld **II** hat rechts eine Grenze, weil die SiO_2-Teilchen durch Aluminiumionen umgeladen werden und die Dispersion wieder stabil wird (Feld **III**). In diesem Bereich setzt aber auch die Ausfällung des Aluminiumhydroxids ein (punktierte Linie). Solange diese Teilchen noch positiv geladen sind, bleibt das Sol stabil. Umladung der Aluminiumhydroxidteilchen bei einem etwas höheren pH-Wert führt dann zur Heterokoagulation zwischen umgeladenem (positivem) SiO_2 und negativem $Al(OH)_3$. Im Feld **IV** fallen große Flocken des Heterokoagulats aus. Die mit Aluminiumionen belegten SiO_2-Teilchen ändern bei höherem pH-Wert erneut ihre Oberflächenladung, dabei gehen die Aluminiumionen in negative Tetrahydroxokomplexe über, und schließlich liegt in Bereich **V** eine stabile Dispersion aus negativen SiO_2- und $Al(OH)_3$-Teilchen vor.

Die Destabilisierung im Feld **IV** kann auch nach dem Modell der Oberflächenausfällung (surface precipitation) gedeutet werden (s. Abb. 10.22) (James et al., 1977). Infolge des starken elektrischen Feldes, das von der Oberfläche ausgeht, und der niedrigen Dielektrizitätskonstante der ersten Wasserschichten kann das Hydroxid schon unter Bedingungen (Metallionenkonzentration, pH) ausgefällt werden, die in homogener Lösung noch nicht zur Fällung führen. Möglicherweise bildet sich der Überzug aus Aluminiumhydroxid bzw. -oxidhydroxid direkt aus den Polyhydroxoaluminiumionen and der Oberfläche der SiO_2-Teilchen. Diese verhalten sich dann wie Aluminium(oxid)hydroxidteilchen, d. h. die Teilchen sind zunächst noch positiv geladen und dispergiert. Mit etwas weiter steigendem pH-Wert werden sie umgeladen, wobei das Instabilitätsfeld **IV** durchschritten wird.

Als weiteres Beispiel für Oxide sei die Koagulation von Mischdispersionen aus Al_2O_3 und TiO_2 beschrieben (Healy et al., 1973). Abbildung 3.8 a gibt die Änderung des Oberflächenpotentials und des Stabilitätsfaktors einer TiO_2- und einer Al_2O_3-Dispersion schematisch wieder. Zwischen den beiden Ladungsnullpunkten (TiO_2 : pH = 6; Al_2O_3 : pH = 9) sind die TiO_2-Teilchen negativ und die Al_2O_3-Teilchen positiv geladen. Mischungen beider Dispersionen sind daher bei $6 < pH < 9$ instabil ($W \approx 1$). Im Experiment beobachtete man ein entsprechendes Verhalten nur unter gewissen Bedingungen (**C** in Abb. 3.8 b), und zwar dann, wenn W unmittelbar nach der Mischung der beiden Dispersionen ermittelt wurde. Nach 24 Stunden glich die Kurve der Mischdispersion genau derjenigen der reinen Al_2O_3-Dispersion. Was war passiert? Die TiO_2-Teilchen überzogen sich nach dem Vermischen allmählich mit Aluminiumhydroxid oder -oxidhydroxid und verhielten sich dann wie Al_2O_3-Teilchen. Es sei erwähnt, daß die Ab-

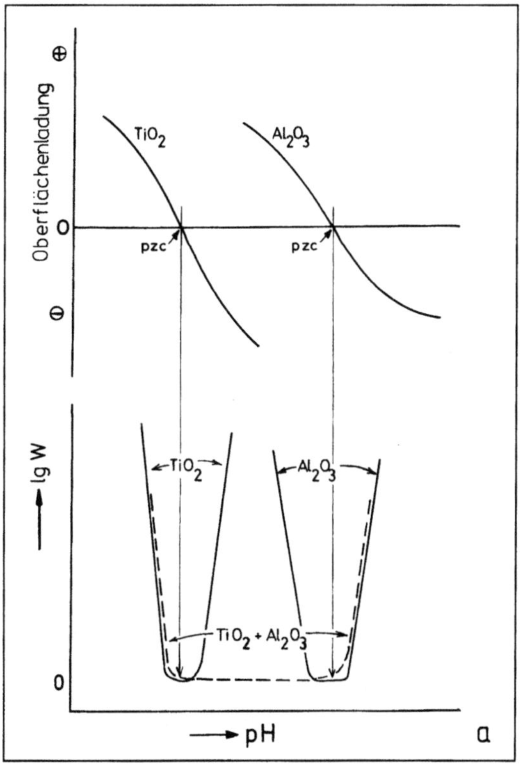

Abb. 3.8 a, b. Koagulation von Al_2O_3/TiO_2-Solen. **a** Oberflächenladung und Stabilitätsfaktor einer Al_2O_3- und einer TiO_2-Dispersion in Abhängigkeit vom pH-Wert (schematisch). In dem mit - - - gekennzeichneten Bereich sollte die Mischung beider Sole instabil sein. **b** Gemessene Stabilitätsfaktoren in 10^{-4} M KNO_3. **A**: reines TiO_2, **B**: reines Al_2O_3, **C**: $TiO_2 + Al_2O_3$, 15 s nach Vermischen, **D**: wie **C**, jedoch 24 h später (Healy et al., 1973).

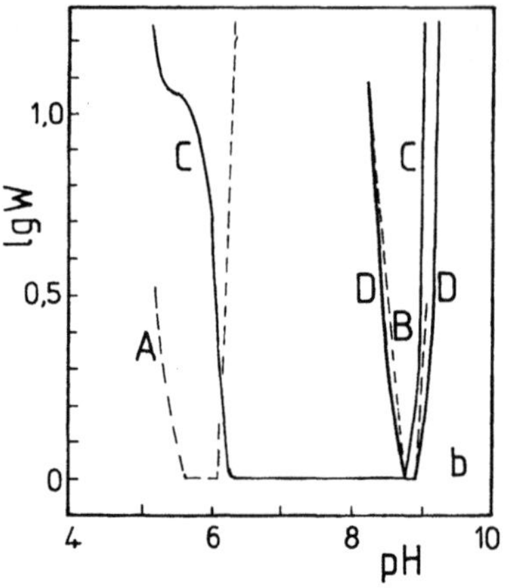

Abb. 3.8 b.

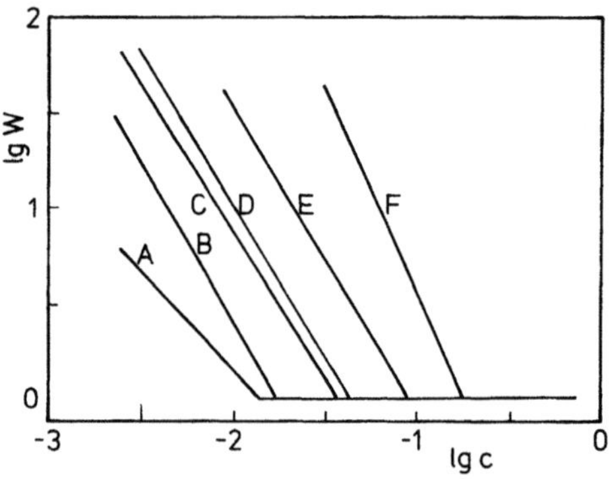

Abb. 3.9. Einfluß des pH-Werts auf die kritische Koagulationskonzentration von NaCl für PTFE-Latices. pH-Werte: 2,15 (Kurve **A**); 2,45 (**B**); 2,85 (**C**); 3,15 (**D**); 4,0 (**E**) und 5,8 (**F**) (Duckworth and Lipps, 1978).

scheidung von Aluminiumhydroxiden (coating) auf TiO_2-Pigmenten zur Verhinderung der Verkreidung von Dispersionsfarben durch photochemische Reaktionen des TiO_2 eine wichtige praktische Rolle spielt. Das Beispiel macht deutlich, daß die Stabilität von Mischdispersionen durch die wechselseitige Adsorption gelöster Spezies entscheidend beeinflußt werden kann.

Latices mit stark sauren Oberflächengruppen (Sulfonat- und Sulfatgruppen) oder quartären Ammoniumgruppen zeigen normalerweise bei ein- und zweiwertigen Gegenionen keine pH-Abhängigkeit der kritischen Salzkonzentration – allerdings nur, solange es sich um klassische Latices mit einfacher, nichthaariger Oberflächenstruktur handelt (Kap. 3.2). Dagegen können Aluminiumionen die Stabilität von Dispersionen negativer Latices pH-abhängig machen.

Sind schwach saure Gruppen, d. h. Carboxylgruppen, an der Oberfläche gebunden, wird die Oberflächenladung pH-abhängig, weil die Zahl der dissoziierten COOH-Gruppen bis pH ≈ 7 mit dem pH-Wert ansteigt. Die Stabilität wird entsprechend zunehmen, wie in Abb. 3.9 für Teflonlatices (Duckworth and Lipps, 1978) zu erkennen ist.

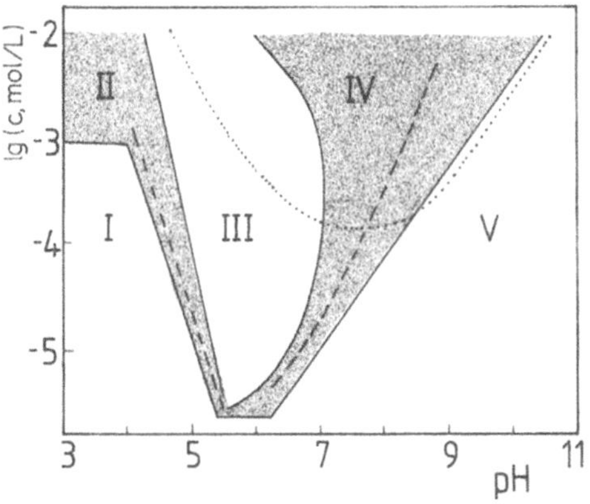

Abb. 3.10. Stabilitätsdiagramm von PVC-Latex (5 mg/100 mL) in Gegenwart von Aluminiumnitrat. **I** Stabiles negatives PVC-Sol, **II** Fällung dieses Sols durch Aluminiumionen oder deren Oligomere, **III** Restabilisierung durch Umladung, **IV** Heterokoagulation zwischen PVC(–) und $Al(OH)_3$ (+), **V** stabile negative Sole von PVC und $Al(OH)_3$. ··· Fällung von $Al(OH)_3$, - - - Ladungsnullpunkt des Koagulats bzw. Heterokoagulats (Matijević, 1981).

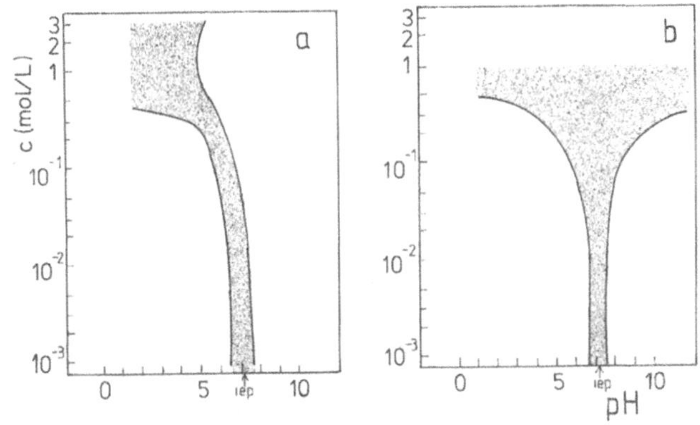

Abb. 3.11. Koagulation einer amphoteren Latexdispersion: (0,01 % Massenanteil) durch KNO_3 (**a**) und $CsNO_3$ (**b**) in Abhängigkeit vom pH-Wert (Healy et al., 1978).

Das Zustandsdiagramm von negativen PVC-Latices in Gegenwart von Aluminiumnitrat enthält wie Abb. 3.7 abwechselnd Stabilitäts- und Instabilitätsbereiche (Abb. 3.10) (Matijević, 1981). Bei niedrigem pH-Wert wird das negative Sol (**I**) durch 10^{-3} M Al^{3+} koaguliert (**II**). Ein schmaler Instabilitätsbereich **II** trennt die Bereiche **I** und **III**. In **III** werden die PVC-Latices infolge Umladung durch adsorbierte Aluminiumionen restabilisiert. Der Instabilitätsbereich **IV** könnte wiederum die Folge einer Heterokoagulation zwischen den immer noch positiven Latexteilchen und umgeladenem (negativem) Aluminiumhydroxid oder eine Folge der Oberflächenausfällung sein. Bei den höchsten Al^{3+}-Konzentrationen reicht das Instabilitätsgebiet fast bis pH = 11, während es bei niedrigeren Aluminiumsalzkonzentrationen in Übereinstimmung mit Abb. 10.22, S. 386 stark eingeengt ist.

In der Praxis enthalten Latexdispersionen oder latexhaltige Formulierungen neben Tensiden oft stabilisierende Makromoleküle (Kap. 4.5, 4.10–4.14). Durch die Makromoleküle kann die pH-Stabilität der Dispersionen zusätzlich beeinflußt werden. Manchmal treten in Abhängigkeit vom pH-Wert und des Polymerzusatzes vergleichsweise enge Instabilitätsbereiche auf, z. B. für Triton-X-100-stabilisierte Teflonlatices in Gegenwart von Gelatine (Kratohvil and Matijević, 1976). Bei der praktischen Anwendung können solche Effekte Verwirrung schaffen.

Amphotere Latices, die gleichzeitig pH-abhängige negative und positive Oberflächengruppen besitzen, sind nur in einem engen pH-Bereich instabil, sofern die Salzkonzentration nicht zu hoch ist (Abb. 3.11). Bei Zusatz von $CsNO_3$ wirken die Nitrationen im sauren Bereich als Gegenionen, die kritische Konzentration von $CsNO_3$ sinkt mit steigendem pH-Wert zunächst langsam, fällt dann aber sehr steil ab (Abb. 3.11a), wenn sich der pH-Wert dem isoelektrischen Punkt nähert. Dieser entsteht durch die zunehmende Umwandlung der $-NH_3^+$- in $-NH_2$- und der $-CO_2H$- in CO_2^--Gruppen. Mit wachsender negativer Gesamtladung peptisiert die Dispersion wieder und wird erst durch Cäsiumionenkonzentrationen oberhalb 100 mmol/l destabilisiert (Healy et al., 1978).

$LiNO_3$ und KNO_3 wirken im sauren Bereich wie $CsNO_3$ (Abb. 3.11b). Oberhalb des isoelektrischen Punktes ist die Dispersion jedoch bis zu den höchsten Salzkonzentrationen stabil. Möglicherweise verhindern die abstoßenden Hydrationskräfte die Koagulation. In Kap. 2.7.3 wurde diskutiert, daß die DLVO-Theorie die Stabilität bei niedrigeren Salzkonzentrationen gut beschreibt, während bei hohen eine zusätzliche Abstoßung durch die Hydrationskräfte auftreten kann. Bei den nichthydratisierten Cäsiumionen spielen diese Kräfte noch keine Rolle, während sie sich vor allem bei Lithium-, aber auch noch bei Kaliumionen auswirken.

3.4 Einfluß der Komplexbildung

Komplexbildung kann die kritische Salzkonzentration erhöhen oder erniedrigen. Zunächst einmal ändert sich bei der Komplexierung des Gegenions häufig die Ladung. Es hängt aber von der Stabilität des Komplexes ab, ob sich die Ladungsänderung nach der Schulze-Hardy-Regel voll auf die c_K-Werte auswirkt oder nicht. Wird z. B. ein Ion M^{3+} mit hoher Komplexstabilitätskonstanten fast vollständig in $[ML_n]^+$ umgewandelt, sollte der c_K-Wert nicht mehr demjenigen eines dreiwertigen, sondern dem eines einwertigen Gegenions entsprechen.

Liegen bei kleineren Stabilitätskonstanten neben $[ML_n]^+$- noch M^{3+}- oder $[ML_m]^{2+}$-Ionen vor, wird ein c_K-Wert zwischen dem von drei- bzw. zwei- und einwertigen Ionen zu erwarten sein. Da die c_K-Werte dreiwertiger Ionen jedoch wesentlich kleiner als die der zwei- und einwertiger Gegenionen sind, wird der c_K-Wert in erster Linie durch die Konzentration der nichtkomplexierten M^{3+}-Ionen bestimmt. Das geht aus mehreren von Matijević (1973) untersuchten Beispielen hervor. Eines ist die Zunahme des c_K-Wertes bei pH <3,3 (Abb. 3.4), wenn Sulfationen anwesend sind. In erster Näherung nimmt man an, daß die nicht als $[AlSO_4]^+$ komplexierten Al^{3+}-Ionen hauptsächlich den c_K-Wert bestimmen.

Ein anderes Beispiel ist die Koagulation von negativem Silberbromid durch Aluminiumperchlorat in Gegenwart von Kaliumfluorid (Abb. 3.12). Durch die Fluoridionen werden die Aluminiumionen komplex gebunden:

$$Al^{3+} + nF^- \rightleftarrows [AlF_n]^{(3-n)+} .$$

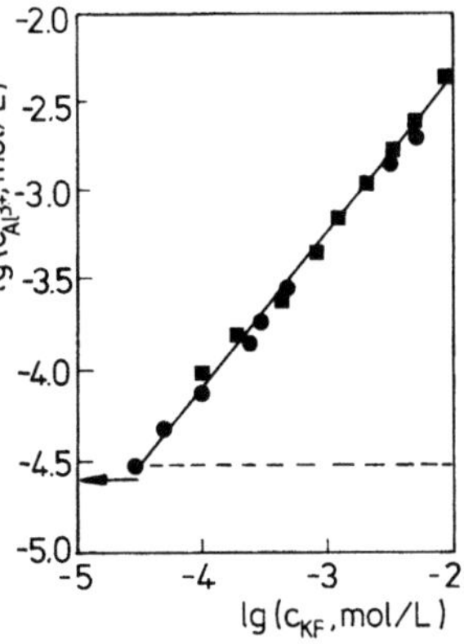

Abb. 3.12. Kritische Koagulationskonzentration c_K von Aluminiumperchlorat in Abhängigkeit vom Zusatz an Kaliumfluorid. Negatives AgBr-Sol bei pH $\approx 3{,}0$ (●) und 3.9 (■) - - - Konzentration der Aluminiumionen im Gleichgewicht mit den Fluorokomplexen (in homogener Lösung). Pfeil: c_K von Aluminiumionen in Abwesenheit von Fluoridionen (Matijević, 1973).

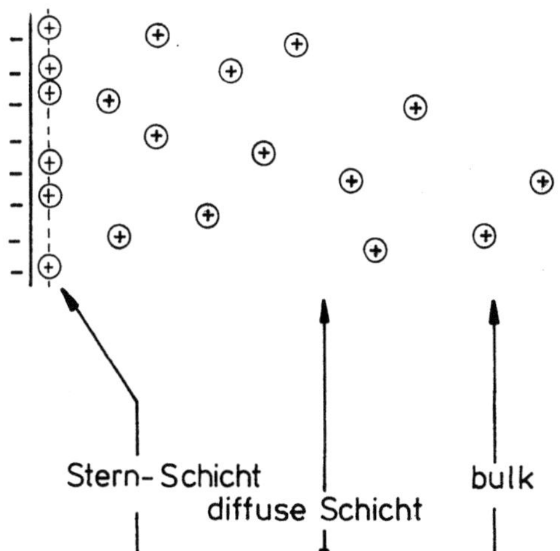

NaCl mol/L	Cd^{2+} µmol/L	Cd^{2+}($CdCl^+$; $CdCl_2$) %		
0,01		85,4 (5,0; -)	6,1 (0,1; -)	1,8 (1,7; 0,1)
0,03	0,13 - 1,07	42,7 (22,0; -)	3,1 (0,1; -)	7,6 (21,7; 2,7)
0,05		17,6 (24,7; -)	1,3 (0,1; -)	8,3 (39,8; 8,3)

Abb. 3.13. Verteilung von Cadmiumionen und den Spezies $CdCl^+$ bzw. $CdCl_2$ auf die Stern-Schicht, diffuse Schicht und in Lösung; berechnet für Gesamtkonzentrationen von Cadmium von 0,13 bis 1,07 µM in Abhängigkeit von der NaCl-Konzentration (0,01 bis 0,05 M). Disperse Phase ist Natriummontmorillonit (Hirsch et al., 1989).

Da die Komplexbildungskonstanten der verschiedenen Fluorokomplexe bekannt sind, läßt sich die Konzentration der freien Al^{3+}-Ionen aus der jeweiligen Konzentration des Aluminiumperchlorats am Koagulationspunkt berechnen. Diese Werte sind praktisch konstant (unterbrochene Linie in Abb. 3.12) und liegen sehr nahe bei dem c_K-Wert der reinen Aluminiumsalzlösung. Aus Abb. 3.12 folgt, daß mit zunehmender Zugabe des Komplexbildners die Konzentration des M^{3+}-Salzes (hier $Al(ClO_4)_3$) so weit gesteigert werden muß, daß die Konzentration der noch verbleibenden, unkomplexierten M^{3+}-Ionen dem c_K-Wert in reiner M^{3+}-Lösung entspricht.

Komplexierende Verbindungen wirken antagonistisch, wenn die Gegenionen bevorzugt in Lösung gehalten werden. Ihre Adsorption in der Stern-Schicht wird verringert, das Stern-Potential und damit der c_K-Wert steigen an. In Abb. 3.13 ist die Verteilung der Cadmiumionen auf die Stern-Schicht und diffuse Ionenschicht und in Lösung für Natriummontmorillonitdispersionen in Gegenwart von NaCl dargestellt (Hirsch et al., 1989). Dabei sind die für die Lösung bekannten Stabilitätskonstanten von $CdCl^+$ und $CdCl_2$ berücksichtigt. Die Gesamtkonzentration der Cadmiumionen ist deutlich niedriger (0,13 – 1,07 μM) als die des Natriumchlorids (0,01 – 0,05 M). Bei 0,01 M NaCl sind 90 % der Cadmiumionen in der Stern-Schicht gebunden und nur 4 % frei in Lösung. In 0,05 M NaCl-Lösung sinkt der Anteil der adsorbierten Gegenionen auf 43 %, und 56 % bleiben jetzt in Lösung. In der diffusen Ionenschicht sind jeweils nur geringe Mengen gebunden. Die Abnahme der Cadmiumionen in der Stern-Schicht hängt einmal mit der Verdrängung durch die in großem Überschuß vorhandenen Natriumionen zusammen. Zum anderen spielt die Komplexierung der Cadmiumionen durch Chloridionen eine Rolle. Dies zeigt der Vergleich mit der Ionenverteilung in Gegenwart von Perchlorationen, die mit Cd^{2+} keine Komplexe bilden. Der Anteil der in der Stern-Schicht adsorbierten Cadmiumionen ist dann höher: 98 %, 86 % und 69 % in 0,01, 0,03 und 0,05 M NaCl-Lösung. Die angegebenen Werte wurden nach einem Modell von Nir berechnet, mit dem die Verteilung der Gegenionen auf die Stern-Schicht, diffuse Schicht und in Lösung ermittelt werden kann (Nir, 1986; Nir et al., 1994). Die berechneten Anteile der Cadmiumionen in der Stern-Schicht stimmen mit der experimentell gefundenen Menge adsorbierter Cadmiumionen gut überein.

Die kritische Konzentration eines Salzes bei Zugabe eines Komplexbildners sinkt ab, wenn die Komplexe bevorzugt an der Grenzfläche adsorbiert werden. Die Adsorption ist häufig so ausgeprägt, daß die Koagulation nicht durch die Kompression der diffusen Ionenschicht, sondern durch Ladungsneutralisation erfolgt. $\lg c_K$ (c_K in mol/l) entspricht dann dem isoelektrischen Punkt (Tabelle 3.2). Oberhalb dieser Konzentration erfolgt Umladung (Matijević, 1973). Auffällig ist, daß das AgBr-Sol auch durch Zusatz des reinen Chelatbildners, also z. B. 2,2′-Dipyridyl, destabilisiert wird. Dipyridyl ist eine Base, die im Sauren protoniert wird und dann als Gegenion für das negative AgBr-Sol wirken könnte. Die Abnahme der c_K-Werte mit steigendem pH-Wert (Fig. 15 in Matijević, 1973) zeigt aber, daß das neutrale Dipyridyl ein besseres Koagulationsmittel als das Kation ist und zudem das Sol umladen kann. Wahrscheinlich komplexiert Dipyridyl Silberionen in der Oberfläche und drängt Bromidionen aus der Oberfläche hinaus in die Lösung. Dadurch kommt es mit zunehmender Dipyridylkonzentration zu einer Abnahme der negativen Oberflächenladungen und schließlich zur Umladung. Anders ausgedrückt, die

Tabelle 3.2. Kritische Koagulationskonzentration (c_K) von Metallionen, Metallchelaten und freiem Ligand sowie isoelektrische Punkte (IEP) eines AgBr-Sols (AgBr 10^{-4} M, pBr = 3,72) (Matijević, 1973).

Koagulierende Spezies	pH	lg (c_K, mol/L)	IEP
Ni^{2+}		−3	–
Co^{3+}		>−4,5	–
$Ni(dipyr)_3^{2+}$	3,6	−6,2	−6,1
	6,4	−6,4	−6,2
$Co(dipyr)_3^{3+}$	3,6	−6,7	−6,5
Dipyridyl	4,4	−4,6	−4,3
	7,4	−4,9	−4,1

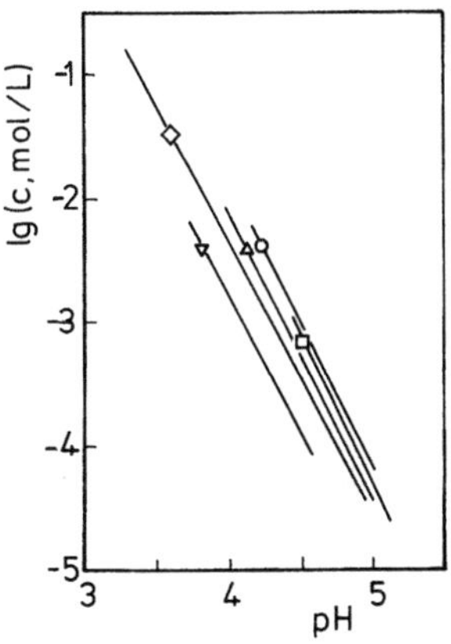

Abb. 3.14. Die für die Umladung der Grenzfläche notwendige Konzentration von Aluminiumnitrat in Abhängigkeit vom pH-Wert. Dispersionen: PVC-Latex (□), Styrol-Butadien-Latex (▽), AgBr (◇), AgI (△ pI = 3,4; ○ pI = 2,7) (Matijević, 1973).

Wirkung des Chelatliganden ist so stark, daß es zu einem Umbau der Teilchenoberfläche kommt.

Spannend ist der Einfluß hydrolysierter Metallionen, also von Hydroxokomplexen. Diese sind nach Matijević (1973; 1977) die Ursache für die Umladung der Teilchen durch mehrwertige Metallionen. Es ist also nicht die Adsorption der Ionen M^{3+} selbst, sondern die der Hydroxokomplexe $[(M^{3+})_x(OH)_yH_2O)_z]^{(3x-y)+}$, die die Umladung hervorruft. Das folgt aus der pH-Abhängigkeit sowohl des Zetapotentials (Kap. 10.10.1) wie auch aus der für die Umladung erforderlichen Aluminiumionenkonzentration (Abb. 3.14). Je höher der pH-Wert und je ausgeprägter damit die Bildung der Polyhydroxoaluminiumkomplexe ist, umso weniger Aluminiumnitrat wird zur Umladung benötigt.

3.5 Anisometrische Teilchen

Die Kolloidchemie anisometrischer Teilchen ist sehr vielfältig, da sich die Partikel auf unterschiedliche Weise zusammenlagern können. Zudem können nicht nur die Ladungsdichten der einzelnen Flächen verschieden sein, die Ladungen können sich auch im Vorzeichen unterscheiden. Bei der Destabilisierung werden mehrere Arten von Kontakten gebildet, die ggf. mit unterschiedlich hohen c_K-Werten verbunden sind.

Charakteristisch für stark anisometrische Teilchen ist die Bildung steifer Gele schon bei relativ niedrigen Massengehalten, auch wenn die Wechselwirkung zwischen den Teilchen noch abstoßend ist, also bei Salzkonzentrationen unterhalb der c_K-Werte. Ursache ist der starke geometrische Zwang, dem die Teilchen mit ihren abstoßenden diffusen Doppelschichten unterworfen sind. Die daraus folgende regelmäßige Orientierung der Teilchen behindert ihre Bewegung drastisch, das System versteift (Kap. 12.2.3; 12.2.5).

Die Parallelorientierung der anisometrischen Teilchen in Sedimenten und gelartig versteiften Dispersionen äußert sich in optischer Doppelbrechung. In verdünnten Dispersionen beobachtet man diese Erscheinung bei Bewegung oder Strömung (Strömungsdoppelbrechung), die Dispersionen schillern (Schiller-Schichten bei plättchenförmigen Teilchen).

Optische Doppelbrechung ist die Folge der richtungsabhängigen Ausbreitungsgeschwindigkeit des Lichts. In kolloidalen Dispersionen tritt Doppelbrechung auf, wenn sich anisometrische Teilchen ordnen (auch wenn die Teilchen selbst keine Eigendoppelbrechung zeigen) und die disperse Phase und das Dispersionsmittel unterschiedliche Brechungsindices haben. Nicht zu kleine anisometrische Teilchen ordnen sich bereits bei leichtem Strömen der Dispersion. Die Strömungsdoppelbrechung läßt sich daher häufig beim Bewegen der Dispersion als richtungsabhängige Lichtreflextion (Schillern) beobachten (zur Messung der Strömungsdoppelbrechung s. Brezesinski und Mögel, 1993, S. 136 ff., 154 f.).

Anisometrische Teilchen mit permanentem Dipolmoment oder anisotroper Polarisierbarkeit ordnen sich auch unter der Wirkung eines elektrischen, bzw., wenn sie ein magnetisches Moment besitzen, unter dem Einfluß eines magnetischen Feldes (elektro- und magnetooptischer Effekt, Kap. 8.4; Kap. 8.10).

In den bisher beschriebenen Fällen sind die Kräfte zwischen den Teilchen abstoßend. Bei leicht attraktiven Wechselwirkungen, z. B. wenn das sekundäre Minimum (Kap. 2.6.4) ausreichend tief ist, bilden sich Taktosole. Diese Dispersionen erscheinen homogen, zeigen aber unter dem Mikroskop spindelförmige Bereiche (Taktoide) aus parallel orientierten Teilchen mit hoher Teilchenzahldichte und Doppelbrechung neben Bereichen mit geringerer Teilchenkonzentration. Da das sekundäre Minimum meist nicht sehr tief ist, werden die Taktoide immer wieder durch die Brownsche Molekularbewegung auseinandergerissen. Es kommt zu Fluktuationen in der Teilchengröße. Mit steigender Größe der Teilchen wird das Minimum tiefer und der Grad der Parallelausrichtung höher.

Die spindelförmigen Bereiche können auch koaleszieren und eine eigene, optisch anisotrope Phase hoher Teilchenkonzentration neben einer Phase geringer Teilchenzahldichte bilden (s. dazu Abb. 5.10). Die Abstände zwischen den Teilchen können 1 bis 100 nm und mehr betragen. Beispiele sind Eisenoxidhydroxidsole, WO_3- und V_2O_5-Taktosole und Dispersionen des Tabakmosaikvirus (Verwey and Overbeek, 1948, S. 13, 125). Die Herstellung eines koaleszierenden V_2O_5-Taktosols ist in Kap. 5.10.6 beschrieben.

Als Beispiel für anisometrische Teilchen seien stäbchenförmige Boehmitpartikel (γ-AlO(OH)) genannt. In Abhängigkeit von Feststoffgehalt und Salzkonzentration ordnen sich diese Teilchen bereits unterhalb der kritischen Salzkonzentration auf verschiedene Weise, wobei vielfach Doppelbrechnung beobachtet wird (Kap. 12.1.2) (Buining et al., 1994). Buining et al. berechneten auch die Potentialkurven für die elektrostatische und Van-der-Waals-Wechselwirkung zwischen den stäbchenförmigen Boehmitteilchen.

3.6 Tonmineraldispersionen

Unterschiedliche Aggregationsweisen sind für die technisch besonders wichtigen und mengenmäßig bedeutenden Tonmineraldispersionen typisch (Kaolin-, Ton- und Bentonitdispersionen; Nomenklatur, Struktur und Reaktion der Tonminerale und Anwendungen s. Jasmund und Lagaly, 1993, insbesondere Kap. 1, 2, 3 und 9).

Kaoline enthalten als bedeutsames Mineral Kaolinit. Dieses schichtförmige Tonmineral bildet meist etwa sechseckige Plättchen (Jasmund und Lagaly, 1993, S. 33 ff.) mit Durchmessern von 0,5–4 µm. Die in den Kristalliten übereinanderliegenden Silicatschichten sind ungeladen (Abb. 3.15a), doch tragen die äußeren Oberflächen (im Idealfall nur eine der beiden Basisflächen) negative Ladungen, die durch Substitutionen im Gitter entstanden und daher permanent sind. Wie für Dreischichttonminerale in Abb. 2.2e und 3.16 gezeigt, sind die Kanten durch Adsorption bzw. Desorption von Protonen an den Aluminol- und Silanolgruppen im sauren Bereich positiv, im alkalischen negativ geladen. Der Ladungsnullpunkt der Kanten ist nicht bekannt; er dürfte bei pH $\approx$ 6 liegen.

Kolloidale Kaolindispersionen entstehen nur, wenn die Gegenionen Alkaliionen sind und die attraktiven Wechselwirkungen zwischen positiven Kanten und negativen Flächen beseitigt werden (Abb. 3.17). Zweiwertige Ionen, üblicherweise Calciumionen, verhindern die Dispergierung (Kap. 2.7.1) (s. Permien und Lagaly, 1994a, b). Kaoline dispergieren daher nur nach Zusatz ausreichender Mengen von Natriumionen und im alkalischen Bereich. Im neutralen und sauren Bereich müssen die positiven Randladungen durch Adsorption geeigneter Anionen umgeladen werden.

Die wichtigsten Peptisationsmittel sind neben Soda die Natriumsalze von Ortho-, Oligo- und Polyphosphaten und einiger anderer Polyanionen (Polyacrylate, Huminate) sowie Natronwasserglas und manche recht ominösen, kaum definierten Verbindungen. Einmal werden durch das Peptisationsmittel Natriumionen zugeführt, zum anderen die Calciumionen zumindest teilweise als schwerlösliche Salze (Orthophosphate) ausgefällt oder durch Bindung an die Polyanionen in Lösung gehalten. In einigen Fällen tritt durch adsorbierte makromolekulare Verbindungen sterische Stabilisierung auf (Kap. 3.11, 4.5). Die Peptisation von Tonen durch Huminstoffe wurde wahrscheinlich zuerst von Keppler (1909) beschrieben. In der Keramik wird die Herstellung von Kaolindispersionen, sog. Schlikkern, als Verflüssigung bezeichnet (Kap. 12.1.3; 12.3.3). Die Verflüssigung durch Phosphate läßt sich in einem eindrucksvollen Versuch zeigen (Kap. 12.3.3). Große Bedeutung hat die Peptisierung des Kaolins bei der Herstellung der Streichfarben, da nicht nur der Massenanteil mit bis zu 70 % extrem

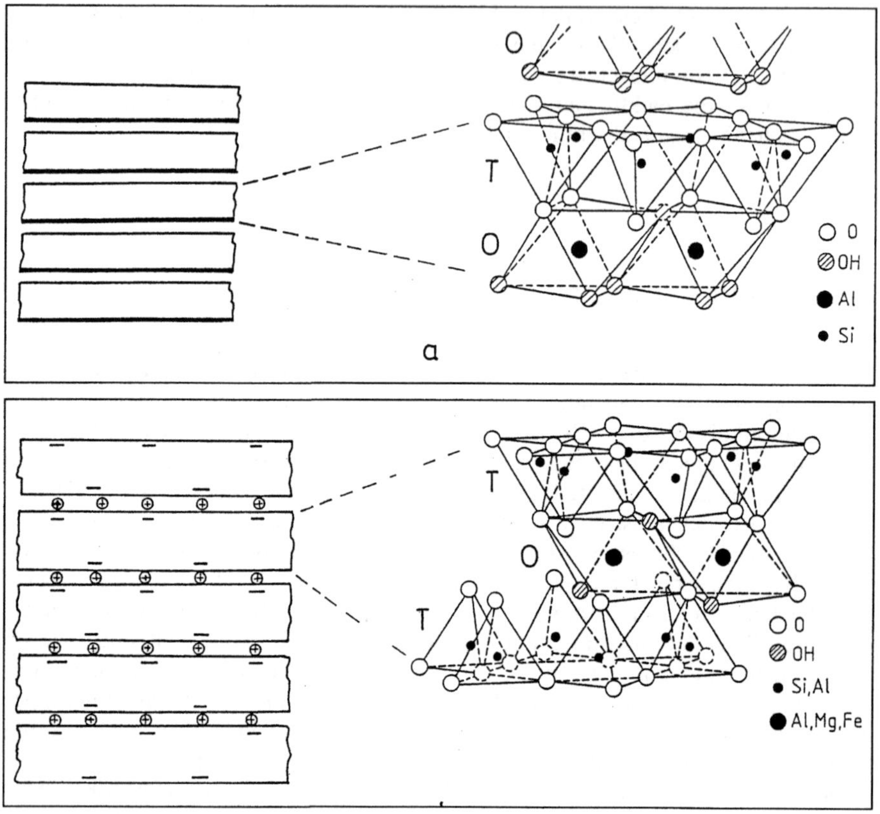

Abb. 3.15 a, b. Struktur der Tonminerale. **a** 1 : 1-Tonminerale (z. B. Kaolinit), **b** 2 : 1-Tonminerale (z. B. Smectite: Montmorillonit, Hectorit, Vermiculit, Glimmer). T, O = Tetraeder-, Oktaederschicht.

hoch ist, sondern auch eine gewisse, allerdings nicht zu hohe Thixotropie (Kap. 12.2.4) gefordert wird.

Die Dispergierung der Bentonite ist ein recht eigenartiger Vorgang. Die Dispersionen erhalten ihre besonderen Eigenschaften durch die Montmorillonite – dem verbreitesten Mineral aus der Gruppe der Smectite. Die Teilchen dieses Minerals (Durchmesser etwa 0,1 bis 2 µm) ähneln mehr Papierfetzen als richtigen, regelmäßig begrenzten Kristallen. Sie bestehen aus Quasikristallen (kohärent streuenden Schichtpaketen), die gegeneinander versetzt und nicht unbedingt parallel übereinander gelagert sind (Abb. 3.18) (Vali und Köster, 1986; Malla et al., 1993). Die einzelnen negativ geladenen Silicatschichten sind durch die Zwischenschichtkationen und Wasser getrennt. Der Abstand zwischen den Schichten ändert sich mit dem Wassergehalt, also entweder dem äußeren Wasserdampfpartialdruck oder in Salzlösungen mit dem Elektrolytgehalt (intrakristalline Quellung, Hofmann et al., 1933; Jasmund und Lagaly, 1973, Kap. 3.2). Die Ladungen der Flächen (Kap. 2.2, Tabelle 2.1) sind wie beim Kaolinit permanent, während die Kantenladungen pH-abhängig sind (s. Abb. 3.16). Der Ladungsnull-

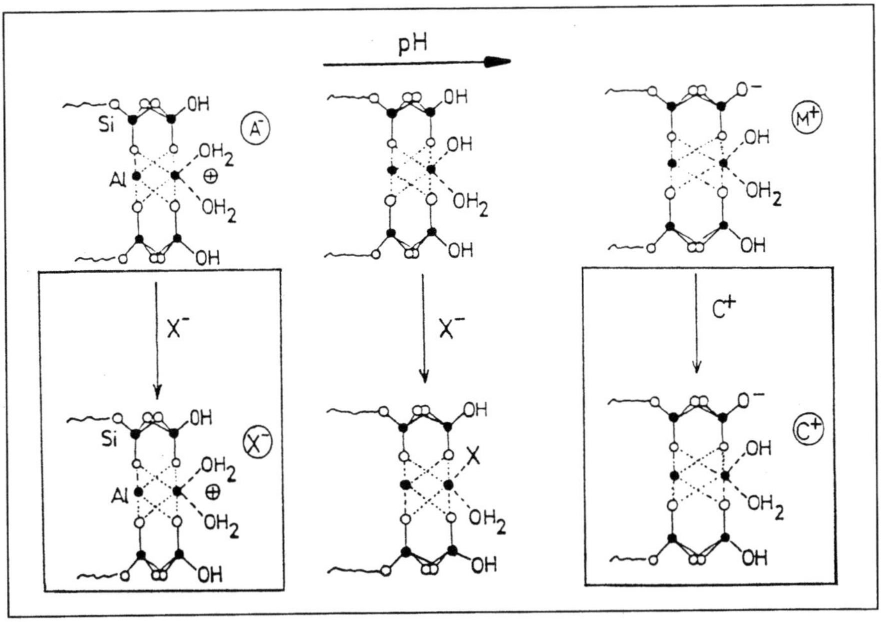

Abb. 3.16. Ladung und austauschbare Ionen an den Kanten der Tonmineralplättchen in Abhängigkeit vom pH-Wert des Dispersionsmittels. Neben bevorzugtem Anionenaustausch bei pH-Werten kleiner 5 und Kationenaustausch bei höherem pH können auch OH-Gruppen ausgetauscht werden (Ligandenaustausch, Mitte des Bildes).

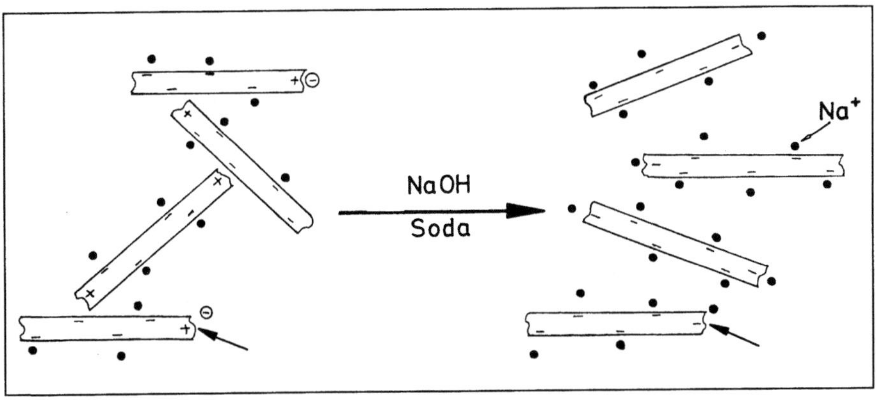

Abb. 3.17. Dispergierung von Kaolinitaggregaten durch Umladung der Kanten, z. B. infolge von NaOH- oder Sodazusatz. Die Plättchen stellen Kaolinitkristalle dar.

punkt dürfte etwas stärker im Sauren liegen als bei Kaolinit, etwa bei pH $\approx$ 5. Montmorillonite verschiedener Lagerstätten können sich beträchtlich unterscheiden und zwar nicht nur bezüglich Teilchengröße und -form, sondern auch hinsichtlich Schicht- und Kantenladung.

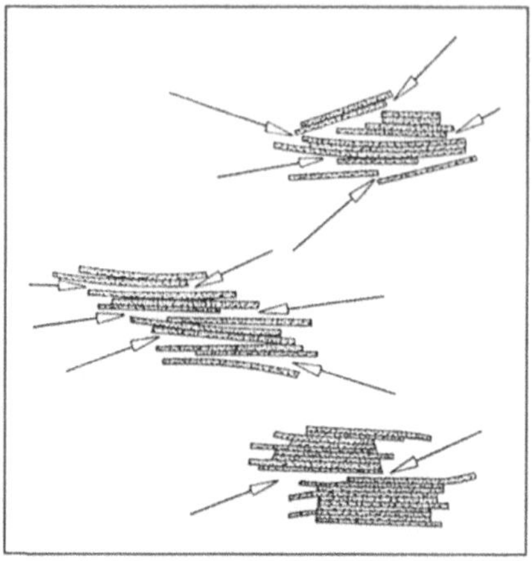

Abb. 3.18. Montmorillonit„kriställchen" (schematisch). Bruchstellen, an denen die „Kriställchen" unter mechanischer Belastung bevorzugt auseinanderbrechen, sind durch Pfeile angezeigt. Die schraffierten Bereiche stellen die etwa 1 nm dicken Silicatschichten dar.

Zum Dispergieren sind wiederum ausreichende Mengen Natriumionen und eine Umladung der Kanten erforderlich, die durch einen leicht alkalischen pH-Wert oder durch Adsorption von Anionen und Polyanionen ähnlich wie bei Kaolinit zu erreichen ist. Optimale Dispergierung setzt zudem die Entfernung störender Verunreinigungen voraus (Kap. 5.3; 5.12). In der Technik wird fast ausschließlich Soda benutzt (sodaaktivierte Bentonite). Durch Soda werden Natriumionen zugeführt, Calciumionen als Carbonat ausgefällt, und die Dispersion wird hinreichend alkalisch. Dazu werden 4 % wasserfreies Soda (bezogen auf die Masse des bei 110–120 °C getrockneten Bentonits) in den Rohbentonit eingeknetet. Die Menge der Natriumionen entspricht etwa dem Kationenaustauschvermögen. Bei zu hohem Sodagehalt nehmen Thixotropie und Viskosität der Dispersion wieder ab. Da die Calciumionen nicht entfernt werden, ist die Dispergierung nicht optimal, doch tragen gerade die nicht als Calciumcarbonat ausgefällten Calciumionen wesentlich zu dem technisch gewünschten Fließverhalten bei (Jasmund und Lagaly, 1993, Kap. 3.2.7, 9.2.4; Permien und Lagaly, 1994 a, b, c).

In den Bohrspülflüssigkeiten werden neben Polyphosphaten vielfältige Substanzen als „thinners" verwandt, wie organische Phosphate und Phosphonate, Carboxymethylcellulose, Quebracho-Tannate, Ligninsulfonate und Leonardit (Linguit, „brown coal") (van Olphen, 1977; Darley and Gray, 1991; Lagaly, 1993; Jasmund und Lagaly, 1993). Die Verflüssigung wird dabei nicht nur durch Umladung, sondern in manchen Fällen auch durch sterische Stabilisierung erreicht (Kap. 4.5).

Im Gegensatz zu Kaolinit ist die Dispergierung mit einer für Montmorillonite typischen Reaktion verbunden (Lagaly, 1993): Die Montmorillonitkriställchen zerfallen in die einzelnen Silicatschichten oder in dünne Lamellen aus zwei, drei ... oder einigen wenigen dieser Schichten (Delamination; Abb. 3.19). Die Delamination wurde durch Kleinwinkelstreuung (Norrish und Rausell-Colom, 1963), Lichtstreuung (Schramm und Kwak, 1982a), elektronenmikroskopische Untersuchung (Nadeau, 1985) und Messung des Anionenausschlusses (Kap. 8.9) (Schramm und Kwak, 1982b; Bailey et al., 1994; s. auch Chan et al., 1984) bestätigt.

Die Delamination der Montmorillonitkriställchen ist nur vollständig mit Lithium- und Natriumionen als alleinige Gegenionen. Mit schweren Alkaliionen

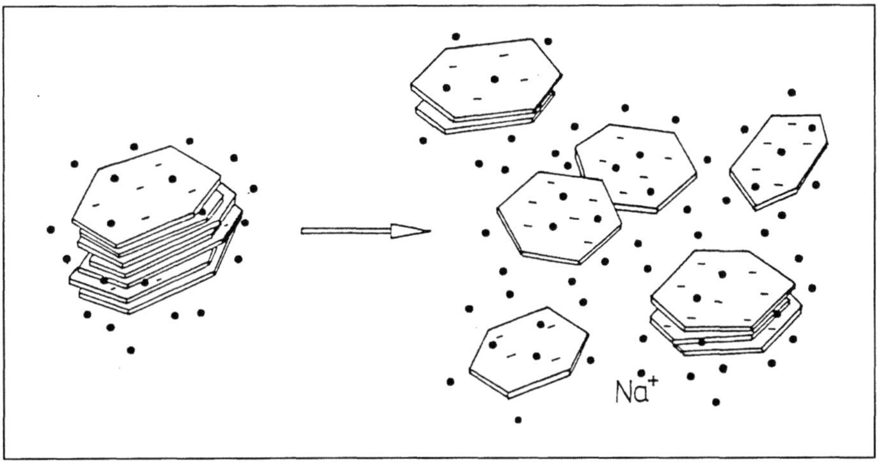

Abb. 3.19. Zerfall der Natriummontmorillonit„kriställchen" beim Dispergieren in Wasser (Delamination). Die Schichten sind die etwa 1 nm dicken Silicatschichten.

soll es zur Bildung taktoidartiger Strukturen kommen, in dem sich einige wenige Schichten (maximal 3 bei Cs^+) in 1 nm-Abständen zusammenlagern (aus Trübungsmessungen, Kap. 8.5 ermittelt, Schramm und Kwak, 1982a, b). Cebula et al. (1980) beobachteten mit Neutronenstreuung in Gegenwart von Cäsiumionen Aggregate aus drei Schichten, allerdings jeweils in 0,5 nm Abstand.

Unter technischen Bedingungen wird durch die Sodaaktivierung eine hinreichend gute Dispergierung, aber keine vollständige Delamination bewirkt. Die beste Dispergierung mit optimaler Aufteilung wird durch Herstellung des homoionischen Natriummontmorillonits erreicht, wobei der Montmorillonit nach gewissen Reinigungsschritten durch Teilchengrößenfraktionierung aus dem Bentonit abgetrennt wird (Kap. 5.12; 8.7.3).

Bei der Destabilisierung durch Salze könnte die Koagulation über Fläche/Fläche-, Fläche/Kante- und Kante/Kante-Kontakte erfolgen (Abb. 3.20) (Kap. 12.2.5). Bentonitdispersionen, die im leicht alkalischen Bereich hergestellt werden, oder Natriummontmorillonitdispersionen koagulieren bei Salzzusatz über Kante(–)/Fläche(–)-Kontakte, wozu bei pH $\approx$ 6,5 etwa 10 mmol/L NaCl erforderlich sind (Permien und Lagaly, 1994c). Bei niedrigeren pH-Werten ist die kritische Salzkonzentration kleiner bzw. die Dispersion ist überhaupt nicht mehr stabil, da Heterokoagulation über Kante(+)/Fläche(–)-Kontakte auftritt. In Gegenwart von Natriumdiphosphat steigt der c_K-Wert auf 200 mmol/L NaCl, weil durch die Bindung der vierfach negativ geladenen Diphosphationen die Kantenladung so hoch wird, daß die notwendigen Koagulationskonzentrationen in den Bereich der c_K-Werte für die Fläche/Fläche-Koagulation fallen. Aufgrund der größeren Kontaktfläche erfolgt dann eine Fläche/Fläche-Koagulation. Die Kante/Kante-Koagulation spielt bei Montmorilloniten wohl kaum eine Rolle, da die Kontaktflächen bei den sehr dünnen Montmorillonitlamellen klein sind und die Kontakte leicht mechanisch auseinandergerissen werden. Dennoch wurde jüngst auf die Bildung solcher Kontakte hingewiesen (Pierre, 1992).

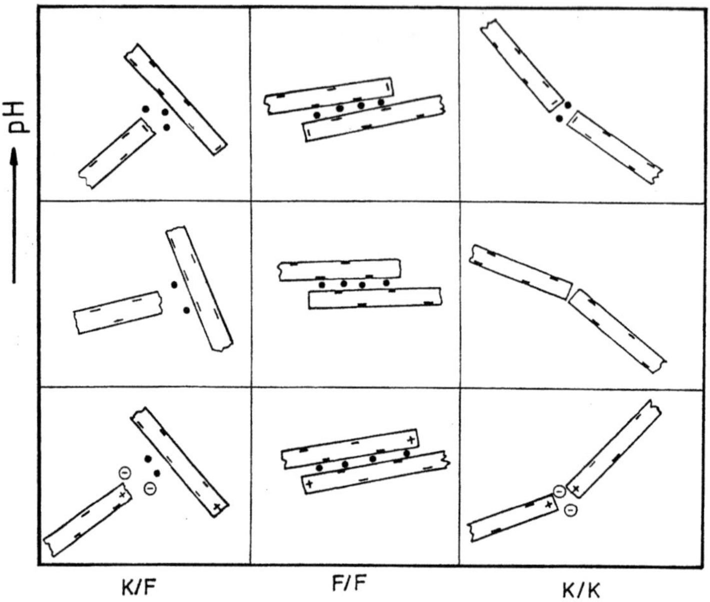

Abb. 3.20 a. Die verschiedenen Kontakte zwischen Tonmineralplättchen in Abhängigkeit vom pH-Wert. Anstelle der diffusen Ionenschicht sind einzelne Kationen oder Anionen gezeichnet.

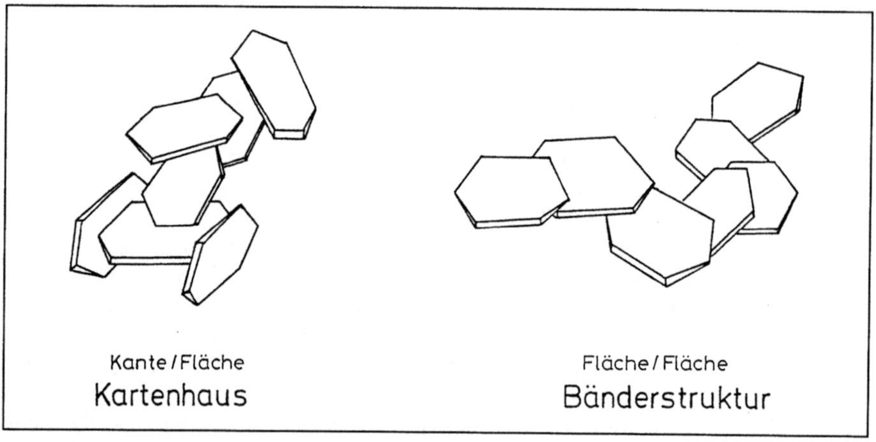

Abb. 3.20 b. Die Bildung von Kante/Fläche-Kontakten führt zur Kartenhausstruktur, die von Fläche/Fläche-Kontakten zur Bänderstruktur.

Die Koagulation der Kaolinitdispersionen erfolgt in gleicher Weise im saueren Bereich über Kante(+)/Fläche(–) und im alkalischen oder nach Umladung durch adsorbierte Anionen über Kante(–)/Fläche(–). Aufgrund der Dicke der dispergierten Kaolinitteilchen ist die Kante(–)/Fläche(–)-Koagulation gegenüber derjenigen Fläche(–) gegen Fläche(–) wohl weniger benachteiligt als bei den Montmorilloniten.

Pierre (1992) gibt das Verhältnis der elektrostatischen Abstoßung zwischen zwei Flächen (V_R^{FF}), zwischen Kante und Fläche (V_R^{KF}) und Kante/Kante (V_R^{KK}) unter Annahme gleicher und konstanter Oberflächenpotentiale an:

$$V_R^{KF} = \left(\frac{2\pi R}{\kappa L^2}\right)^{1/2} V_R^{FF} \tag{3.4 a}$$

und

$$V_R^{KK} = \left(\frac{\pi R}{\kappa L^2}\right)^{1/2} V_R^{FF} = \frac{1}{\sqrt{2}} V_R^{KF}, \tag{3.4 b}$$

wenn die Kanten in einer Ebene aufeinandertreffen. Stehen sie senkrecht aufeinander, ist

$$V_R^{KK} = \frac{2\pi R}{\kappa L^2} V_R^{FF}. \tag{3.4 c}$$

L ist die Länge, R der Radius der zylindrisch gedachten Kante.

Mit steigender Salzkonzentration (zunehmendem κ) wird die Abstoßung zwischen Kante und Fläche gegenüber der Fläche/Fläche-Abstoßung immer geringer und damit die Bildung der Kante(–)/Fläche(–)-Kontakte wahrscheinlicher. Für einzelne Silicatschichten ergibt sich mit L = 100 nm und R = 0,5 nm für 10^{-3} M NaCl-Lösung $V_R^{KF}/V_R^{FF} = 0{,}06$, für 10^{-1} M Lösung $V_R^{KF}/V_R^{FF} = 0{,}02$.

Die Art der Koagulation bestimmt die Anordnung der Teilchen in Sedimenten, Filterkuchen und Gelen, die unter entsprechenden Bedingungen aus den Kaolin-, Bentonit- und Tondispersionen entstehen (Kap. 12.1.2; 12.1.3; 12.2.5).

3.7 Scherinduzierte Koagulation

In den meisten Fällen wird die Kolloidstabilität unter perikinetischen Bedingungen gemessen (Kap. 11.1), d. h. die Teilchen treffen nur infolge der Brownschen Molekularbewegung aufeinander; die Dispersionen werden während der Messung nicht bewegt, weder geschüttelt noch gerührt. In der Technik ist jedoch häufig die Stabilität beim Rühren, Schütteln oder Fließen von Interesse; es kann zur orthokinetischen Koagulation kommen. Unter dem mechanischen Einfluß des Schüttelns oder Rührens wird der Teilchenfluß verstärkt und zwar mit der dritten Potenz der Kollisionsdurchmesser der Teilchen. Damit wird die orthokinetische Aggregation vor allem bei großen Teilchen (wie sie z. B. in Emulsionen vorliegen) um einen Faktor bis zu 10^4 schneller als die perikinetische (Shaw, 1980). Bei sehr kleinen Teilchen hat dagegen Rühren kaum einen Einfluß auf die Koagulationsgeschwindigkeit.

Unter orthokinetischen Bedingungen kommt es zu einem Wechselspiel der hydrodynamischen Kräfte mit denjenigen zwischen den kolloidalen Teilchen

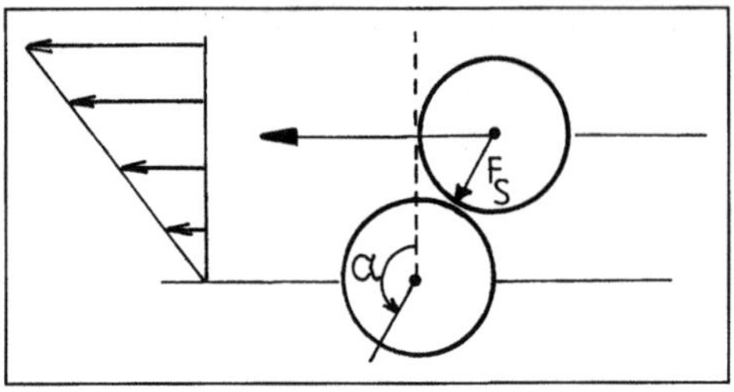

Abb. 3.21. Hydrodynamische Kräfte zwischen sich berührenden Teilchen in einer gescherten Dispersion. Die Kraft ist attraktiv für $90° < \alpha < 180°$ und abstoßend für $\alpha < 90°$.

(Zeichner und Schowalter, 1977, 1979; van de Ven und Mason, 1977; Logtenberg und Stein, 1985; Oles, 1992; Husband and Adams, 1992; Wang, 1992). Nach Goren (1971) wirkt auf ein Dublett aus zwei gleichgroßen, kugelförmigen Teilchen (Radius a) unter laminarem Fluß eine Scherkraft (Abb. 3.21):

$$F_s = 6\pi\eta a^2 \dot{\gamma} h \cdot \cos\alpha \cos(90 - \alpha). \tag{3.5a}$$

Darin ist η die Viskosität des Dispersionsmittels, $\dot{\gamma}$ das Schergeschwindigkeitsgefälle, h eine tabellierte Funktion in Abhängigkeit von den Radien, $h = 2{,}04$ für gleich große Kugeln. Wenn sich zwei Teilchen nähern, liegt α zwischen 90° und 180°, und F_s wird negativ, d. h. die Teilchen werden gegeneinander gedrückt. Der Maximalwert von F_s wird bei $\alpha = 135°$ erreicht:

$$F_{s,\max} = 6\pi\eta a^2 \gamma \cdot 2{,}04 \cdot 0{,}5. \tag{3.5b}$$

Ob bei einem gegebenen Schergeschwindigkeitsgefälle eine scherinduzierte Aggregation erfolgt oder nicht, hängt von dem Verhältnis von $F_{s,\max}$ und der maximalen Kraft im DLVO-Potentialdiagramm ($V_{T,\max}$ in Abb. 2.13) ab.

Der typische Einfluß des Schergeschwindigkeitsgefälles (Kap. 13) auf die Stabilität der kolloidalen Dispersion ist in Abb. 3.22 dargestellt. Die Dispersion kann bei niedrigen und hohen Scherraten instabil werden, aber bei mittleren stabil sein. Niedrige Scherraten begünstigen die Koagulation im sekundären Minimum, hohe erzwingen Koagulation im primären Minimum (Wang, 1992). Die Destabilisierung durch Scherung hängt empfindlich von der Teilchengröße ab. Kleine Teilchen sind bei geringer Schergeschwindigkeit besonders anfällig für die Koagulation im sekundären Minimum. Bei der Koagulation im primären Minimum, d. h. im Bereich hoher Schergeschwindigkeiten, werden Dispersionen aus größeren Teilchen schon bei niedrigeren Scherraten instabil als kleinerteilige Dispersionen. Im einzelnen ergibt sich jedoch eine recht komplexe Abhängigkeit der Stabilität von der Schergeschwindigkeit, der Teilchengröße und der Wechselwirkungsenergie (Hamaker-Konstante und Stern-Potential). In Gegenwart unterschiedlich großer Teilchen werden die Verhältnisse noch komplizierter (Wang, 1992). Im Falle der Koagulation im sekundären Minimum ist die Heterokoagulation (hier gemeint als Koagulation zwischen zwei unterschiedlich großen Teilchen) bevorzugt gegenüber den beiden Homokoagulationen (zwischen den jeweils gleich großen Teilchen); bei Destabilisierung im primären Minimum ist die Koagulation zwischen den gleichgroßen Teilchen bevorzugt.

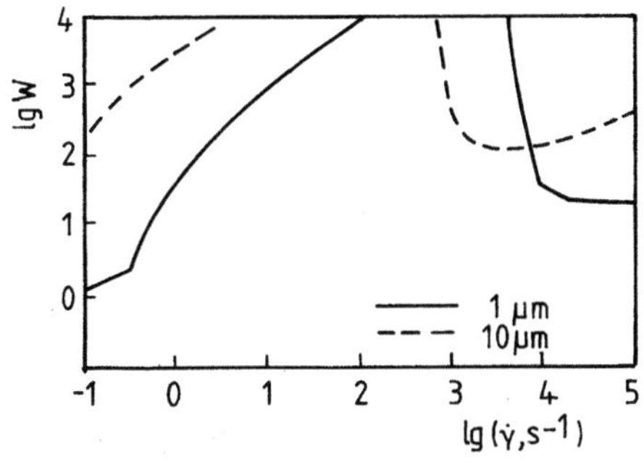

Abb. 3.22. Scherstabilitätsfaktor für gleichgroße Teilchen (1 u. 10 µm Radius) in Abhängigkeit vom Schergeschwindigkeitsgefälle $\dot{\gamma}$ (bei $\psi_d = 25$ mV, $\kappa = 10^8$ m^{-1}, $A = 10^{-20}$ J) (Wang, 1992).

Die Stabilität gegenüber Scherung spielt in der Technik eine Rolle, z. B. bei der Papierbeschichtung mit latexhaltigen Streichfarben (Husband and Adams, 1992), aber auch beim Umpumpen oder Rühren von Dispersionen. Die Berechnungen von Wang (1992) machen deutlich, daß schon durch geringe Veränderungen der Dispersionen, z. B. in bezug auf Stern-Potential, Salzgehalt und Teilchengröße oder beim Vermischen von Dispersionen unterschiedlicher Teilchengröße scherinduzierte Koagulation erfolgen kann. Bei den meisten praktischen Anwendungen tritt jedoch Koagulation infolge turbulenten Fließens auf. Die Koagulation unter diesen Bedingungen wurde bisher nur vereinzelt behandelt (Adachi, 1995).

Die technische Bedeutung der orthokinetischen Koagulation wird auch daraus ersichtlich, daß über Jahre stabile Latexdispersionen bei Scherung innerhalb kurzer Zeit (30 Minuten bei $\dot{\gamma} = 2 \cdot 10^4$ s^{-1}) zusammenbrachen (Zollars and Syed, 1986). Scherung während der Herstellung kann die Teilchenform und -aggregation der dispergierten Phase beeinflussen. Die Hydrolyse von Tetraethylorthotitanat führte z. B. bei höheren Scherraten zu Aggregaten aus miteinander verschmolzenen TiO_2-Teilchen, während bei niedrigeren Scherraten einheitliche kolloidale TiO_2-Teilchen entstanden (Look and Zukoski, 1992).

Die Gegenwart von Tensiden kann die orthokinetische Destabilisierung fördern (Warren, 1975). Ein Beispiel ist die Scherflockung von Quarzteilchen mit Alkylammoniumsalzen (Murphy et al., 1995). Da unter den Bedingungen der Scherflockung das Zetapotential negativ blieb, war die Destabilisierung nicht die Folge einer Ladungskompensation, sondern der Aggregation von Tensiden in einzelnen Kontakträumen zwischen den Teilchen. Dabei wurden die Teilchen über die hydrophobe Wechselwirkung zwischen den unpolaren Gruppen der Tenside zusammengehalten.

Technisch kann Scherflockung für die Flotation von Bedeutung sein (Murphy et al., 1995). Die Aggregate der Teilchen sind im allgemeinen so stabil, daß sie turbulenten Strömungen widerstehen. Da die Flocken hydrophob sind, können sie direkt bei der Flotation gesammelt werden. Die selektive Flotation kann möglicherweise durch Ausnützung der Scherflockung verbessert werden. Eine denkbare Anwendung wäre die Flotation von Mineralen, die in traditioneller Weise schwierig zu flotieren sind.

3.8 Selektive Koagulation

Reizvoll ist die Frage, wie vollständig die einzelnen Komponenten aus einer Dispersion von mindestens zwei verschiedenen Feststoffen durch Salzzusatz selektiv koaguliert werden können. Sofern die c_K-Werte beider Teilchen recht unterschiedlich sind, sollten bei vorsichtiger Salzzugabe zunächst die Teilchen mit dem niedrigsten Stern-Potential koagulieren, dann Mischaggregate aus niedrig- und hochgeladenen Teilchen entstehen und schließlich – sofern vom Mengenverhältnis noch vorhanden – die höchstgeladenen Partikel sedimentieren. Die Stabilitätskurven (lg W als Funktion der Teilchengröße und des Oberflächenpotentials, berechnet nach Gleichung 2.19b bzw. 2.25b, Pugh and Kitchener, 1971) zeigen, daß eine Fraktionierung prinzipiell möglich sein sollte, sofern die Teilchen nicht zu klein sind. Mit abnehmender Größe wird nämlich die Differenz zwischen den Stabilitätsfaktoren für die Koagulation der niedrig geladenen Teilchen untereinander und für

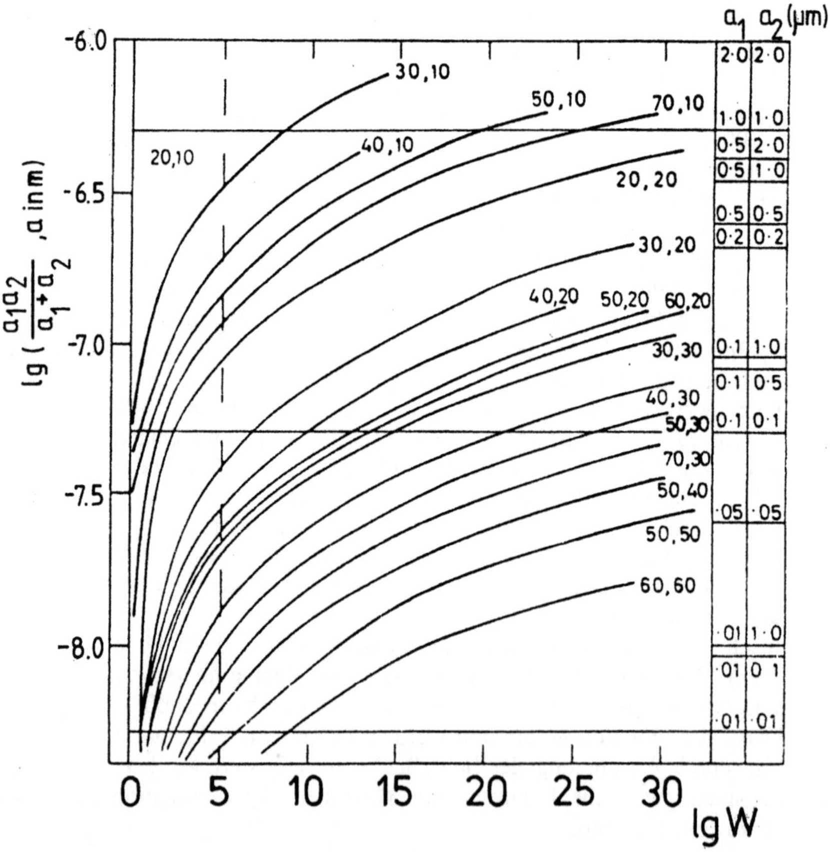

Abb. 3.23. Stabilitätskurven für Teilchen mit den Radien a_1 und a_2 und gleichen oder unterschiedlichen Stern-Potentialen (in mV) (Pugh and Kitchener, 1971).

die Bildung des Mischaggregats kleiner als die Differenz zum Stabilitätsfaktor für die Koagulation der hoch geladenen Teilchen (Abb. 3.23). Die Kurven zeigen auch, daß – zumindest theoretisch – aus polydispersen Systemen die feinsten Teilchen zuerst koagulieren sollten. Bisher gibt es zu wenig experimentelle Untersuchungen, zudem widersprüchliche Befunde bzgl. der Teilchengröße, um zu einer endgültigen Aussage über die Möglichkeit der selektiven Koagulation zu kommen.

Die selektive Koagulation zwei unterschiedlich hoch geladener Dreischichtsilicate, einem Montmorillonit und einem Beidellit (mittlere Oberflächenladungsdichte 0,095 und 0,13 C/m^2) konnte untersucht werden (Frey und Lagaly, 1979a,b). Die Dispersionen bestanden aus delaminiertem Natriummontmorillonit bzw. -beidellit (Kap. 3.6). Bei der Koagulation können sich die unterschiedlich hoch geladenen Schichten in verschiedener Weise zusammenlagern (Abb. 3.24). Die Art der Schichtenfolge wurde mit der Alkylammonium-Methode sicher erkannt. Bei großen Teilchen (Fraktion >0,1 μm) wurde Entmischung beobachtet, während sich die Silicatschichten der kleineren Teilchengrößenfraktionen (<0,1 μm) statistisch zusammenlagerten.

Die selektive Koagulation durch Salze erfordert eine sehr genaue Einstellung der Bedingungen und kann leicht durch Veränderung des Stern-Potentials gestört werden. Sie hat daher kaum technische Bedeutung. Für industrielle Zwecke dürfte die selektive Flockung durch Polymere aussichtsreicher sein, weil sie weitgehend von der Teilchengröße und -gestalt unabhängig ist (Friend and Kitchener, 1972; Rubio and Kitchener, 1977). Sie könnte zur Abtrennung besonders feinteiliger Erze an Bedeutung gewinnen. Die Übertragung der Laborergebnisse in der Praxis stößt allerdings auf größere Schwierigkeiten (Clauss et al., 1976).

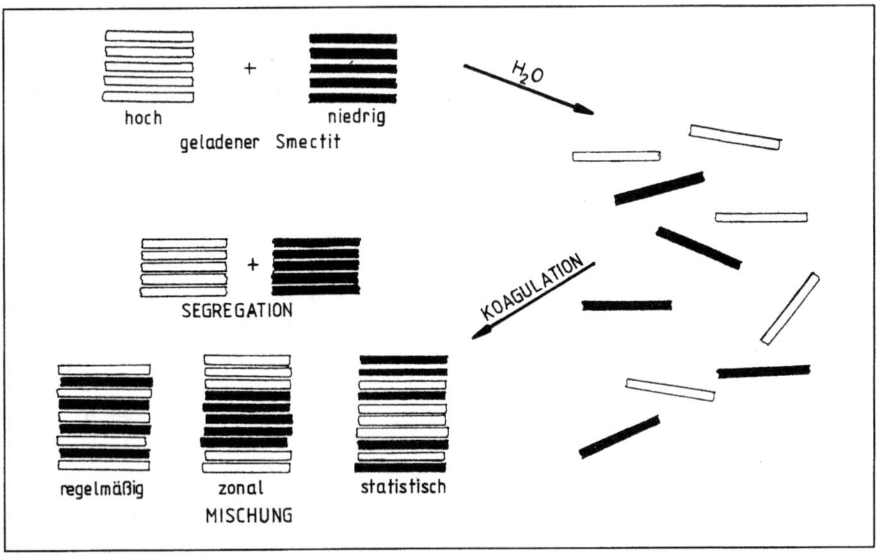

Abb. 3.24. Koagulation einer Dispersion aus zwei unterschiedlich hoch geladenen Smectiten: Die hoch- und niedriggeladenen Silicatschichten können zu hoch- und niedriggeladenen Teilchen segregieren oder sich innerhalb der einzelnen Teilchen mischen. (Die Schichtladungen und Gegenionen sind nicht gezeichnet).

3.9 Einfluß organischer Lösungsmittel

Im allgemeinen erniedrigt der Zusatz organischer Lösungsmittel zu wäßrigen Dispersionen die Dielektrizitätskonstante[2)], verringert die Ausdehnung der diffusen Ionenschicht ($1/\kappa \propto \sqrt{\varepsilon}$; Gleichung 2.8) und setzt damit die Stabilität der kolloidalen Verteilung herab. Nach Gleichung 3.1 müßte die kritische Salzkonzentration proportional zu ε^3 absinken. Der c_K-Wert nimmt immer mit der Dielektrizitätskonstante ab (Matijević et al., 1966; de Rooy et al., 1980; Overbeek, 1980; Permien und Lagaly, 1994a), eine Änderung mit ε^3 tritt aber, wenn überhaupt, nicht über den ganzen Mischungsbereich auf. Eine der wesentlichen Ursachen hierfür ist die mit sinkender Dielektrizitätskonstante zunehmende Abdrängung der Gegenionen aus der diffusen Ionenschicht in die Stern-Schicht (Lyklema und de Wit, 1975, 1978; Permien und Lagaly, 1994b). Dieser Vorgang ist natürlich bei mehrwertigen Gegenionen noch stärker ausgeprägt als bei einwertigen. Im Extremfall werden alle der Dispersion zugesetzten zwei- und dreiwertigen Gegenionen zur Teilchenoberfläche gedrängt und ihre Konzentration in der diffusen Ionenschicht wird sehr niedrig. Durch die Neutralisation der Ladungen werden die Teilchen ungeladen und koagulieren (equivalent coagulation). Die zur Koagulation notwendige Menge der Gegenionen wird dann von der gesamten Oberflächenladung aller Teilchen, d. h. vom Feststoffgehalt, abhängig (Kap. 11.10) (de Rooy et al., 1980).

Ein weiterer Effekt niedriger Dielektrizitätskonstanten ist die verringerte Dissoziation oberflächenständiger Gruppen, so daß die Oberflächenladung der Teilchen absinkt. Erkennbar ist dieser Vorgang an den sehr niedrigen c_K-Werten einwertiger Gegenionen (de Rooy et al., 1980).

3.10 Destabilisierung und Stabilisierung durch Tenside

Der Grenzfall vollständiger Gegenionenadsorption in der Stern-Schicht wird durch viele Tenside als Gegenionen verwirklicht. Die Tensidionen werden so stark adsorbiert, daß $\psi_\delta = 0$ und die Dispersion instabil wird (Abb. 3.25a; Kap. 10.10.2). Allerdings muß die Zugabe der Tensidionen sorgfältig dosiert werden, da sonst die Grenzfläche durch einen Überschuß an Tensidionen umgeladen und die Dispersion wieder stabil wird.

Die Umladung ist eine Folge der starken Aggregationstendenz der Tenside. Üblicherweise wird die Umladung durch Einbau überschüssiger Tensidionen (zusammen mit ihren Gegenionen) zwischen die als Gegenionen gebundenen Tensidionen erklärt, so daß mono- oder sogar bimolekulare Filme entstehen (Abb. 3.25a). Derartige Anordnungen treten aber nur bei genügend hoher Ladungsdichte auf, z. B. bei den Tonmineralen. In vielen Fällen ist die Packungs-

[2)] Flüssigkeiten mit höherer Dielektrizitätskonstante als Wasser sind z. B. Formamid ($\varepsilon = 109$), N-Methylformamid ($\varepsilon = 182$) und N-Methylpropionamid (85 mol% in Wasser, $\varepsilon = 140$).

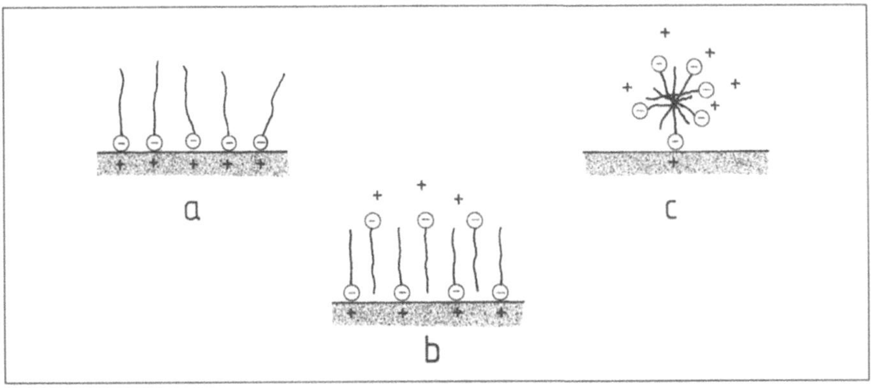

Abb. 3.25 a–c. Bindung von Tensidionen als Gegenionen an Festkörperoberflächen. **a** Absättigung der Ladungen, **b** Aufbau eines monomolekularen Films bei hoher Dichte der verankerten Tensidionen, **c** Bildung kleiner Oberflächenaggregate.

dichte der verankerten Tensidionen so gering, daß keine geschlossene Abdekkung erfolgt, sondern kleine Oberflächenaggregate gebildet werden (Abb. 3.25c) (Rupprecht und Gu, 1991).

Anorganische Ionen, die in der Stern-Schicht adsorbiert werden, können die Tensidadsorption entscheidend beeinflussen. Nach Rupprecht und Biedermann (1974) wurden Tetradecylpyridiniumionen (mit Chloridionen als Gegenionen) erst oberhalb des Ladungsnullpunkts bei pH $\approx$ 5,5 gebunden (Abb. 3.26a, **A**). In Gegenwart von Sulfationen (**B**) war die adsorbierte Menge der Tensidkationen bei pH >5,5 größer. Mit abnehmendem pH-Wert durchlief die adsorbierte Menge jedoch ein Minimum. Im sauren Bereich wurden Sulfationen durch die positiven Oberflächenladungen äquimolar gebunden. So konnten auch kationische Tenside adsorbiert werden. Mit steigendem pH-Wert nahm die Zahl der positiven Ladungen und der äquimolar gebundenen Sulfationen ab, so daß auch die Tensidadsorption zurückging. Bei pH >5,5, wurden die Tensidkationen dann direkt, d. h. ohne Vermittlung der Sulfationen, gebunden. Die Sulfationen förderten jedoch die Aggregation der Tensidkationen stärker als die Chloridionen und die adsorbierte Tensidmenge wurde etwas größer. Die Adsorptionsisothermen bei pH = 4 (Abb. 3.26b) lassen den Synergismus deutlich erkennen: In Gegenwart des kationischen Tensids war auch die Adsorption der Sulfationen erhöht. Zur Tensidadsorption s. a. Kap. 9.3, S. 324, 10.10.2 und 10.10.5.

Tensidanionen wirken gegenüber SiO_2-Dispersionen stärker destabilisierend als Natriumionen, obwohl die Oberfläche des SiO_2 negativ geladen ist (Ludox-Sol TM und Alkylsulfate; Kline und Kaler, 1996). Die zur Koagulation notwendigen Ionenstärken von längerkettigen Alkylsulfaten (unter Berücksichtigung der im Sol enthaltenen Salze) lagen bei 0,1 M, während NaCl und kurzkettige Alkylsulfate (bis zum Hexylderivat) je nach Feststoffgehalt bei Ionenstärken von 0,35 bis 0,2 M koagulierten. Neben dem Einfluß der Tensidanionen als Inertsalz, also Koagulation durch Kompression der diffusen Ionenschicht, macht sich eine zusätzliche Verarmungsdestabilisierung infolge der Mizellbildung der Tenside bemerkbar. Die c_K-Werte lagen deutlich über den kritischen Mizellbildungskonzen-

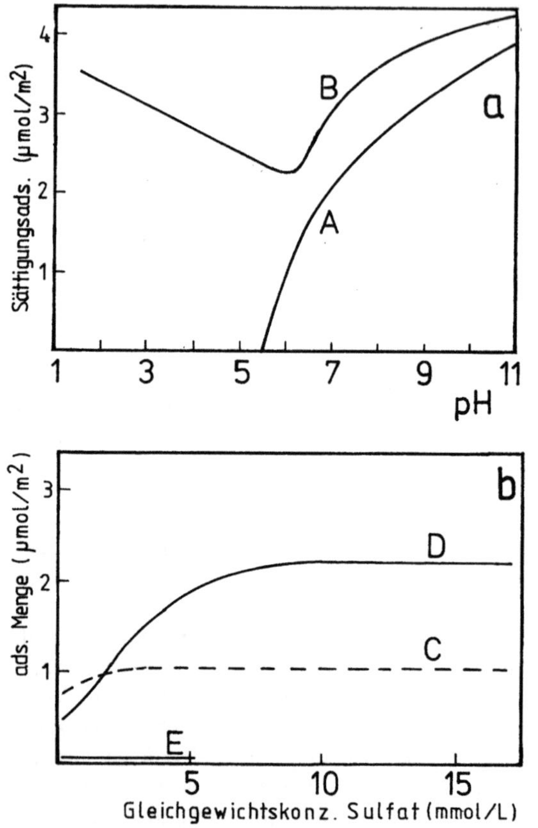

Abb. 3.26. a Adsorption von Tetradecylpyridiniumionen an TiO_2 (P 25, Degussa); Sättigungsadsorption in Abhängigkeit vom pH-Wert. Dispersionen ohne Sulfat (**A**) und mit 10 mM Sulfat (**B**), **b** Einfluß des Tetradecylpyridiniumchlorids auf die Adsorption der Sulfationen bei pH = 4 (10 mM Tetradecylpyridiniumchlorid, **D**) **C**: Adsorption der Sulfationen in Abwesenheit des Tensids: Adsorption der Chloridionen (Rupprecht und Biedermann, 1974).

trationen. Die Mizellen wirkten wie die gelösten Polymerknäuel bei der Verarmungsdestabilisierung (Kap. 4.12).

Ähnlich wie ionische Tenside können ionische Farbstoffe als Gegenionen die Oberflächenladungen neutralisieren und die Dispersion destabilisieren. Bei Überschuß werden die Teilchen umgeladen, und das System repeptisiert. Nach spektroskopischen Messungen an Kristallviolett bzw. Acridinorange und 2:1-Tonmineralen (Montmorillonite, synthetische Hectorite, Kap. 3.6) dimerisierten die Farbstoffmoleküle innerhalb der Flocken der koagulierten Tonminerale weitaus stärker als in den peptisierten Solen (Garfinkel-Shweky and Yariv, 1995).

3.11 Einfluß von Polymeren

Die meisten Dispersionen reagieren empfindlich auf den Zusatz von Makromolekülen. Häufig werden sie bei Zugabe geringster Polymermengen salzempfindlicher oder flocken aus (Sensibilisierung). Bei höheren Polymerkonzentrationen werden sie wieder stabil und die kritischen Salzkonzentrationen zur Koagulation können sehr hoch werden (>1 mol/L). Der Stabilitätsfaktor sinkt im Bereich der Sensibilisierung mit zunehmender Polymerkonzentration auf ein Minimum ab und steigt dann wieder an. In einzelnen Fällen können die Dispersionen bei noch höheren Polymerkonzentrationen erneut instabil werden.

Die Sensibilisierung der Dispersionen oder die direkte Flockung durch geringe Polymergehalte beruht auf einer Ladungsneutralisation oder der Verbrückung der dispergierten Teilchen durch die Makromoleküle (Kap. 4.4). Die Stabilisierung ist eine Folge der sterischen Wechselwirkung zwischen den makromolekularen Hüllen um die Teilchen (sterische Stabilisierung, Kap. 4.5).

Gelöste Makromoleküle können Dispersionen oberhalb eines bestimmten Volumenbruchs durch Verarmung destabilisieren (depletion destabilization, Kap. 4.12). Entweder flocken die Teilchen aus, oder es tritt Phasentrennung auf (Kap. 4.13). Die erwähnte Destabilisierung im Anschluß an den Bereich der sterischen Stabilisierung ist daher die Folge des Verarmungseffekts, wenn nach der Adsorption der Polymeren an den Teilchenoberflächen noch genügend Makromoleküle in Lösung verbleiben.

Die Stabilisierung kolloidal verteilter Teilchen durch Makromoleküle wurde zum ersten Mal von Faraday (1857) beschrieben. Er beobachtete das faszinierende Farbspiel, daß sich mit Gallerten stabilisierte Goldteilchen beim Eintrocknen blau, beim Anfeuchten wieder rot färben (Kirchner und Zsigmondy, 1904). Die Schutzwirkung makromolekularer organischer Stoffe, der sog. Schutzkolloide (Abb. 3.27), wurde von Zsigmondy (1905, 1925) ausführlich untersucht. Zur Messung der Schutzwirkung wurde die Goldzahl eingeführt. Sie gibt „diejenige Anzahl Milligramm Schutzkolloide an, die eben nicht mehr ausreicht, den Farbenumschlag von 10 ccm hochroter Goldlösung gegen Violett oder dessen Nuancen zu verhindern, welcher ohne Schutzkolloidzusatz durch 1 ccm 10 proz. Kochsalzlösung hervorgerufen wird“ (Zsigmondy, 1925, S. 228). Beispiele: Gelatine $5 \cdot 10^{-5}$, Kasein $1 \cdot 10^{-4}$, Gummi arabicum $1{,}5 \cdot 10^{-3}$, Stärke 0,5 (Thiele, 1950).

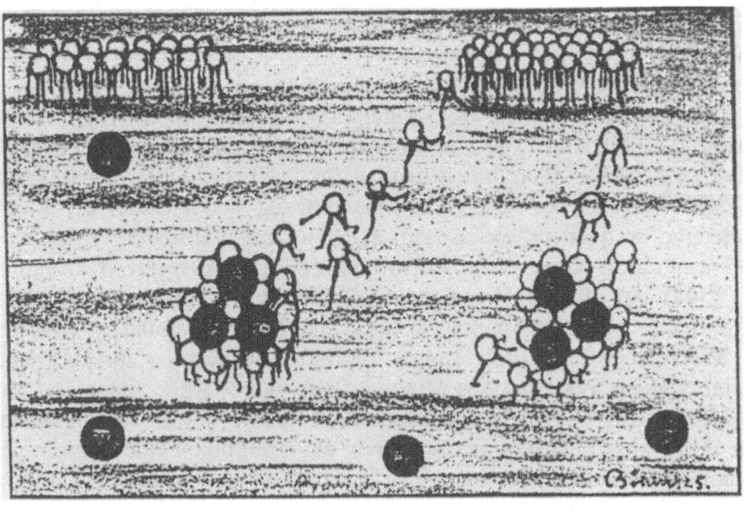

Abb. 3.27. Beschreibung der Schutzkolloidbildung aus dem Jahre 1925 (Behm, 1925).

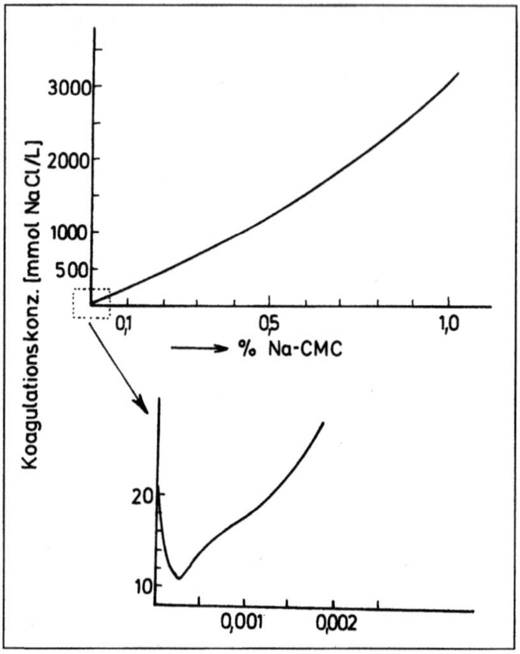

Abb. 3.28. Sensibilisierung und Schutzwirkung von Natriumcarboxymethylcellulose gegenüber Salzzusatz (NaCl) bei Natriumbentonitdispersionen (van Olphen, 1977).

Ein eindrucksvolles Beispiel für die Erhöhung der kritischen Salzkonzentration ist die Stabilisierung von Natriumbentonitdispersionen durch Carboxymethylcellulose (Abb. 3.28) (van Olphen, 1977).

Eine gute Stabilisierung von Dispersionen durch Polymere erfolgt erst mit ausreichend langen Makromolekülen und oberhalb einer gewissen Packungsdichte. In Abb. 3.29 ist der Stabilitätsfaktor (abgeleitet aus PCS-Messungen, Kap. 11.7) in Abhängigkeit von der $BaCl_2$-Konzentration für Polystyrollatices aufgetragen, die mit verschiedenen Pluronic-Typen, d. h. ABA-Copolymeren aus Polyethylenoxid und Polypropylenoxid stabilisiert waren (Einarson and Berg, 1992). Typ L-43 hatte die kleinste PEO-Kettenlänge (Molmasse 650), L-35 eine PEO-Molmasse von 950 und L-44 von 1000; L-35 und L-44 unterschieden sich in der Molmasse des PPO (Gesamtmolmassen für L-43, L-35 und L-44: 1850, 1900 und 2200). Mit den kürzesten Polymeren belegt verhielt sich der Latex noch wie der reine, weitgehend elektrostatisch stabilisierte Latex, nur lag die kritische Salzkonzentration höher. Nach Adsorption der längerkettigen Makromoleküle (L-35, L-44) lief W in Abhängigkeit von der $BaCl_2$-Konzentration zwar durch ein Minimum, blieb aber immer so hoch, daß keine Koagulation erfolgte. Die Länge der Ankergruppe hatte keinen Einfluß. Die Kurven für KCl und $AlCl_3$ verliefen ähnlich, doch lag das Minimum von W bei $AlCl_3$ tiefer. Die zunehmende Stabilität bei höherer Salzkonzentration könnte mit der Bindung der Kationen an PEO zusammenhängen, wodurch die Makromoleküle stärker gestreckt und besser stabilisiert würden.

Nicht immer wird ein gewisser Anstieg der Stabilität mit der Polymerkonzentration durch sterische Stabilisierung verursacht. Er kann auch die Folge einer

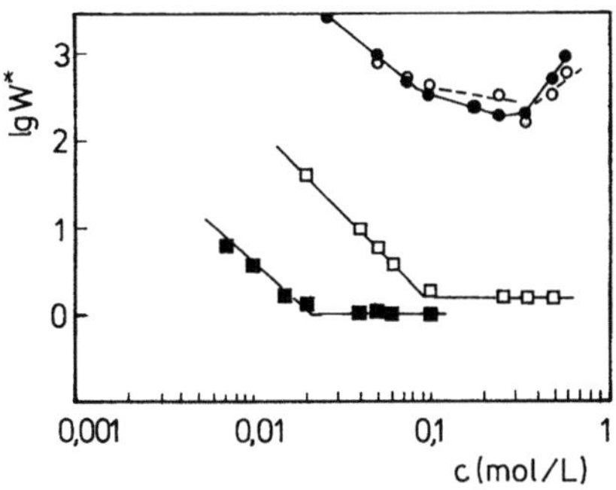

Abb. 3.29. Stabilisierung von Polystyrollatices mit Pluronics (ABA Blockpolymere aus Polyethylenglycol und Polypropylenoxid). Aufgetragen ist ein normierter Stabilitätsfaktor als Funktion der Konzentration von $BaCl_2$ (Einarson and Berg, 1992).
■ ohne Polymer, □ mit Pluronic L-43 (Molmasse: Gesamt 1850, PEO: 650); ● L-35 (1900 bzw. 950); ○ L-44 (2200 bzw. 1000).

Umladung der Teilchen durch die adsorbierten Polymere sein. Die c_K-Werte liegen vielleicht etwas höher, aber noch in dem für elektrostatisch stabilisierte Dispersionen gültigen Bereich (etwa bis 600 mmol/L bei einwertigen Gegenionen). Ein Beispiel ist die technisch wichtige Stabilisierung von Natriumbentonitdispersionen durch Polyphosphate und Tannate (Jasmund und Lagaly, 1993, S. 392, 403). Williams und Ottewill (1971) beschrieben das Verhalten positiver AgI-Sole in Gegenwart von Polyacrylamid: Das Sol wurde durch 2,2 mmol/L Na_2SO_4 und 64 mmol/L $BaCl_2$ koaguliert; nach Zusatz von 1 mg Polyacrylamid (mit negativen Gruppen infolge Hydrolyse) pro 100 ml betrugen die c_K-Werte 490 mmol/L Na_2SO_4 und 5 mmol/L $BaCl_2$. Vor der Adsorption waren die SO_4^{2-} und Cl^- die Gegenionen. Nach Umladung durch Adsorption waren es die Na^+- und Ba^{2+}-Ionen. Bei den einwertigen Gegenionen (Cl^-, Na^+) stieg die c_K durch die Polymerzugabe von 2·64 auf 2·490 mmol/L, mit zweiwertigen (SO_4^{2-}, Ba^{2+}) von 2,2 auf 5 mmol/L. Es ist also schon eine zunehmende Stabilisierung erkennbar, die aber noch weitgehend elektrostatisch bestimmt war.

In wasserfreien Medien kann eine Stabilisierung nur durch Makromoleküle erfolgen. Durch kovalentes Anbinden der Makromoleküle an die Oberfläche (grafting) können in einzelnen Fällen besonders gute Voraussetzungen für sterische Stabilisierung geschaffen werden.

Literatur

Adachi Y (1995) Dynamic aspects of coagulation and flocculation. Advan Coll Interf Sci 56: 1–31

Bailey L, Keall M, Audibert A und Lecourtier J (1994) Effect of clay/polymer interactions on shale stabilization during drilling. Langmuir 10: 1544–1549

Behm HW (1925) Kolloidchemie. Kosmos, Ges der Naturfreunde. Franck'sche Verlagsbuchhandlung, Stuttgart

Bertram R, Geßner W und Müller D (1986) Zur Bildung des $Al_{13}O_{40}$-Kations beim Verdünnen hochkonzentrierter hochbasischer Aluminiumchloridlösungen. Z Chem 26: 340–342

Bottero JY, Axelos M, Tchoubar D, Cases JM, Fripiat JJ und Fiessinger F (1987) Mechanism of formation of aluminum trihydroxide from Keggin Al_{13} polymers. J Coll Interf Sci 117: 47–57

Brezensinski G und Mögel HJ (1993) Grenzflächen und Kolloide. Physikalisch-chemische Grundlage. Spektr Akad Verlag, Heidelberg

Buining PA, Philipse AP und Lekkerkerker HNW (1994) Phase behavior of aqueous dispersions of colloidal boehmite rods. Langmuir 10: 2106–2114

Cebula DJ, Thomas RK und White JW (1980) Small angle neutron scattering from dilute aqueous dispersions of clay. J Chem Soc Faraday I, 76: 314–321

Chan DYC, Pashley RM und Quirk JP (1984) Surface potentials derived from co-ion exclusion measurements on homoionic montmorillonite and illite. Clays Clay Min 32: 131–138

Claus CRA, Appleton EA und Vink JJ (1976) Selective flocculation of cassierite in mixtures with quartz using a modified polyacrylamide flocculant. Intern J Min Processing 3: 27–34

Darley HCH und Gray GR (1991) Composition and properties of drilling and completion fluids. Gulf Publ Comp, Houston

Dousma J und de Bruyn PL (1976) Hydrolysis-precipitation studies of iron solutions. I. J Coll Interf Sci 56: 527–539

Duan J und Gregory J (1996) Influence of soluble silica on coagulation by aluminium sulphate. Colloids Surfaces A 107: 309–319

Duckworth RM und Lips A (1978) The influence of Stern layers on the calculation of Hamaker functions from coagulation data. J Coll Interf Sci 64: 311–319

Dumont F, Warlus J und Watillon A (1990) Influence of the point of zero charge of titanium dioxide hydrosols on the ionic adsorption sequences. J Coll Interf Sci 138: 543–554

Eilers H und Korff J (1940) The significance of the phenomenon of the electrical charge on the stability of hydrophobic dispersions. Trans Faraday Soc 36: 229–241

Einarson MB und Berg JC (1992) Effect of salt on polymer solvency: implications for dispersion stability. Langmuir 8: 2611–2615

Faraday M (1857) Experimental relations of gold (and other metals) to light. Phil Trans Roy Soc London 147: 145–181

Frens G und Heuts JJFG (1988) The double layer potential as a rate determining factor in the coagulation of electrocratic colloids. Colloids Surfaces 30: 295–305

Frey E und Lagaly G (1979) a) Selective coagulation and mixed-layer formation from sodium smectite solutions. Proc Internat Clay Conf, Oxford. Elsevier Sci Publ Comp, Amsterdam, pp 131–140

Frey E und Lagaly G (1979) b) Selective coagulation in mixed colloidal suspensions. J Coll Interf Sci 70: 46–55

Friend JP und Kitchener JA (1972) The separation of minerals from mixtures by selective flocculation. Filtration Separation 9: 25–28

Garfinkel-Shweky D und Yariv S (1995) The effect of the exchangeable metallic cation on the colloidal properties of laponite treated with acridine orange – a spectrophotometric study. Colloid Polym Sci 271: 453–463

Goren SL (1971) The hydrodynamic forces on touching spheres along the line of centers exerted by a shear field. J Coll Interf Sci 36: 94–96

Hardy WB (1900) A preliminary investigation of the conditions which determine the stability of irreversible hydrosols. Proc Roy Soc London 66: 110–125

Healy TW, Homola A, James RO und Hunter RJ (1978) Coagulation of amphoteric latex colloids: reversibility and specific ion effects. Faraday Discuss 65: 156–163

Healy TW, Wiese GR, Yates DE und Kavanagh BV (1973) Heterocoagulation in mixed oxide colloidal dispersions. J Coll Interf Sci 42: 647–649

Hirsch D, Nir S und Banin A (1989) Prediction of cadmium complexation in solution and adsorption to montmorillonite. Soil Sci Soc Am J 53: 716–721

Hofmann U, Endell K und Wilm D (1933) Kristallstruktur und Quellung von Montmorillonit. Z Kristallogr 86: 340–349

Hofmeister F (1888) 11. Zur Lehre von der Wirkung der Salze: Zweite Mitteilung. Über Regelmäßigkeiten in der eiweißfällenden Wirkung der Salze und ihre Beziehung zum physiologischen Verhalten derselben. Arch f Exp Pathol u Pharmakol 24: 247–260

Hofmeister F (1889) 12. Zur Lehre von der Wirkung der Salze. Dritte Mitteilung. Über die wasserentziehende Wirkung der Salze. Arch f Exp Pathol u Pharmakol 25: 1–30

Husband JC und Adams JM (1992) Shear-induced aggregation of carboxylated polymer latices. Colloid Polym Sci 270: 1194–1200

James RO, Wiese GR und Healy TW (1977) Charge reversal coagulation of colloidal dispersions by hydrolysable metal ions. J Coll Interf Sci 59: 381–385

Jasmund K und Lagaly G (1993) Tonminerale und Tone. Struktur, Eigenschaften, Anwendung und Einsatz in Industrie und Umwelt. Steinkopff Verlag, Darmstadt

Kallay N, Colic M, Fuerstenau DW, Jang HM und Matijević E (1994) Lyotropic effect in surface charge, elektrokinetics, and coagulation of a rutile dispersion. Colloid Polym Sci 272: 554–561

Keppler K (1909) Wesentliche Eigenschaften der Tone. Z Chem Ind Koll (Kolloid Z) 4: 271–273

Kirchner F und Zsigmondy R (1904) Über die Ursachen der Farbänderungen von Gold-Gelatinepräparaten. Ann Phys 320 (4. F) 15: 573–595

Kline SR und Kaler EW (1996) Aggregation of colloidal silica by n-alkyl sulfates. Langmuir 12: 2402–2407

Kratohvil S und Matijević E (1976) Stability of colloidal Teflon dispersions in the presence of surfactants, electrolytes, and macromolecules. J Coll Interf Sci 57: 104–114

Lagaly G (1993) From clay minerals to colloidal clay mineral dispersions. In: Dobias B (ed) Coagulation and flocculation. Theory and applications. Marcel Dekker, Inc, New York, pp 427–494

Logtenberg EHP und Stein HN (1985) Coagulation in a shear field generated by stirring in a cylindrical vessel. J Coll Interf Sci 104: 258–268

Look JL und Zukoski CF (1992) Shear induced aggregation during the preparation of titanium alkoxides. J Coll Interf Sci 153: 461–482

Luck WAP (1978) Zur Struktur des Wassers und wäßriger Systeme. Progr Colloid Polym Sci 65: 6–28

Luck WAP (1984) Structure of water and aqueous systems. In: Belford G (ed) Synthetic membrane processes. Acad Press, pp 23–72

Lyklema J und Wit JN de (1975) The electrical double layer on silver iodide in water–ethylene glycol mixtures. II. J Electroanal Chem 65: 443–452

Lyklema J und Wit JN de (1978) Colloid stability of silver iodide in water-ethylene glycol mixtures. Colloid Polym Sci 256: 1110–1120

Malla PB, Robert M, Douglas LA, Tessier D und Komarneni S (1993) Charge heterogeneity and nanostructure of 2:1 layer silicates by high-resolution transmission electron microscopy. Clays Clay Min 41: 412–422

Matijević E (1973) Colloid stability and complex chemistry. J Coll Interf Sci 43: 217–245

Matijević E (1977) The role of chemical complexing in the formation and stability of colloidal dispersions. J Coll Interf Sci 58: 374–389

Matijević E (1981) Interactions in mixed colloidal systems (heterocoagulation, adhesion, microflotation). Pure Appl Chem 53: 2167–2179

Matijević E, Ronayne ME und Kratohvil JP (1966) Coagulation of lyophobic colloids in mixed solvents. II. J Phys Chem 70: 3830–3834

Midmore BR, Diggins D und Hunter RF (1989) The effect of temperature and ion type on the effective charge in polystyrene latices. J Coll Interf Sci 129: 153–161

Murphy DD, Spears DR und Bakker MG (1995) The role of micellar structures in shear flocculation I. Colloids Surfaces A 96: 143–154

Nadeau P (1985) The physical dimensions of fundamental clay particles. Clay Min 20: 499–514

Nir S (1986) Specific and non-specific cation adsorption to clays: solution concentrations and surface potentials. Soil Sci Soc Am J 50: 52–57

Nir S, Rytwo G, Yermiyahu U und Margulies L (1994) A model for cation adsorption to clays and membranes. Colloid Polym Sci 272: 619–632

Norrish R und Rausell-Colom JA (1963) Low-angle X-ray diffration studies of the swelling of montmorillonite and vermiculite. Clays Clay Min 12: 123–149

Ohshima H, Healy TW, White LR und O'Brien RW (1984) Sedimentation velocity and potential in a dilute suspension of charged spherical colloidal particles. J Chem Soc, Faraday Trans 2, 80: 1299–1317

Oles V (1992) Shear-induced aggregation and breakup of polystyrene latex particles. J Coll Interf Sci 154: 351–358

Olphen van H (1977) An introduction to clay colloid chemistry. John Wiley & Sons, New York

Overbeek JTG (1980) The role of Schulze and Hardy. Pure Appl Chem 52: 1151–1161

Permien T und Lagaly G (1994) a,b) The rheological and colloidal properties of bentonite dispersions in the presence of organic compounds (I/II). Clay Min 29: 751–760; 761–766

Permien T und Lagaly G (1994) c) The rheological and colloidal properties of bentonite dispersions in the presence of organic compounds (III). Colloid Polym Sci 272: 1306–1312

Pierre AC (1992) The gelation of colloidal platelike particles. J Can Ceram Soc 61: 135–138

Pugh RJ und Kitchener JA (1971) Theory of selective coagulation in mixed colloidal suspensions. J Coll Interf Sci 35: 656–664

Rooy N de, Bruyn PL de und Overbeek JTG (1980) Stability of dispersions in polar organic media. J Coll Interf Sci 75: 542–554

Rubio J und Kitchener JA (1977) New basis for selective flocculation of mineral slimes. Trans Inst Min Metall London C86: C97–C100

Rupprecht H und Biedermann M (1974) Anomales Sorptionsverhalten von Titandioxid gegenüber Arzneistoffkationen in Gegenwart von Sulfat- und Phosphationen. Colloid Polym Sci 252: 558–565

Rupprecht H und Gu T (1991) Structure of adsorption layers of ionic surfactants at the solid/liquid interface. Colloid Polym Sci 269: 506–522

Schönherr S, Görz H, Müller D und Gessner W (1981) Darstellung und Charakterisierung eines wasserlöslichen $Al_{13}O_{40}$-Chlorides. Z Anorg Allg Chem 476: 188–194

Schramm LL und Kwak JCT (1982) a) Influence of exchangeable cation composition on the size and shape of montmorillonite particles in dilute suspensions. Clays Clay Min 30: 40–48

Schramm LL und Kwak JCT (1982) b) Interactions in clay suspensions: the distribution of ions in suspension. Colloids Surfaces 3: 43–60

Schulze H (1882) Schwefelarsen in wäßriger Lösung. J Prakt Chem 25: 431–452

Schulze H (1883) Arsentrisulfid in wäßriger Lösung. J Prakt Chem 27: 320–332 Beide Arbeiten in Ostwald's Klassiker der exakten Naturwiss, Hatschek E, Bd 217 (1926) 1–22, 23–34

Shaw DJ (1980) Introduction to Colloid and Surface Chemistry. Butterworths, London, 3. Aufl

Stol RJ, van Helden AK und Bruyn PL de (1976) Hydrolysis – precipitation studies of aluminum(III)solutions. 2. A kinetic study and model. J Coll Interf Sci 57: 115–131

Thiele H (1950) Praktikum der Kolloidchemie als Einführung in die Arbeitsmethoden. Steinkopff Verlag, Frankfurt/Main

Vali H und Köster HM (1986) Expanding behaviour, structural disorder, regular and random irregular interstratification of 2:1 layer-silicates studied by high-resolution images of transmission electron microscopy. Clay Min 21: 827–859

Ven van de TGM (1988) On the role of ion size in coagulation. J Coll Interf Sci 124: 138–145

Ven van de TGM und Mason SG (1977) The microrheology of colloidal dispersions. VII. Orthokinetic doublet formation of spheres. Colloid Polym Sci 255: 468–479

Verwey EJW und Overbeek JTG (1948) Theory of the stability of lyophobic colloids. Elsevier Publ Comp, Amsterdam

Wang Q (1992) A study on shear coagulation and heterocoagulation. J Coll Interf Sci 150: 418–427

Warren LJ (1975) Shear flocculation of ultrafine scheelite in sodium oleate solutions. J Coll Interf Sci 50: 307–318

Wieboldt J (1991) Kolloidchemische Untersuchungen von Latexdispersionen. Dissertation. Univ Kiel

Williams DJA und Ottewill RH (1971) The stability of silver iodide sols in the presence of polyacrylic acids of various molecular weights. Koll Z Z Polym 243: 141–147

Zeichner GR und Schowalter WR (1977) AIChE J 23: 243

Zeichner GR und Schowalter WR (1979) Effects of hydrodynamic and colloidal forces on the coagulation of dispersions. J Coll Interf Sci 71: 237–253

Zerrouk R, Foissy A, Mercier R, Chevallier Y und Morawski JC (1990) Study of Ca^{2+}-induced silica coagulation by small angle scattering. J Coll Interf Sci 139: 20–29

Zimehl R und Lagaly G (1986) Coagulation of latex dispersions by inorganic salts: structural effects. Progr Colloid Polym Sci 72: 28–36
Zollars RL und Syed IA (1986) Shear coagulation in the presence of repulsive interparticle forces. J Coll Interf Sci 114: 149–166
Zsigmondy R (1905) Zur Erkenntnis der Kolloide. Über irreversible Hydrosole und Ultramikroskopie. Verlag von Gustav Fischer in Jena
Zsigmondy R (1925) Kolloidchemie. Ein Lehrbuch. Verlag von Otto Spamer, Leipzig, S 227 ff

4 Kolloidale Dispersionen und Polymere

.1 Stabilisierung und Destabilisierung kolloidaler Dispersionen durch Polymere

)as Schicksal einer Dispersion in Gegenwart von Polymeren hängt davon ab, ob ie Polymere an den Teilchen adsorbiert werden oder in Lösung bleiben Abb. 4.1). Im ersten Fall kommt es häufig schon bei geringsten Konzentratio-en zur Flockung (Kap. 4.4). Bei ausreichender Bedeckung der Teilchen durch ie adsorbierten Makromoleküle setzt sterische Stabilisierung (steric stabilizati-n) ein (Kap. 4.5). Werden die Makromoleküle nicht adsorbiert, verbleiben also n Dispersionsmittel, flockt die Dispersion bei einer bestimmten Polymerkonzen-ation infolge von Verarmungseffekten (depletion flocculation; Kap. 4.12). Ianchmal werden diese Dispersionen bei hohen Polymerkonzentrationen wieder abil (Verarmungsstabilisierung, depletion stabilization). Verarmungseffekte tre-

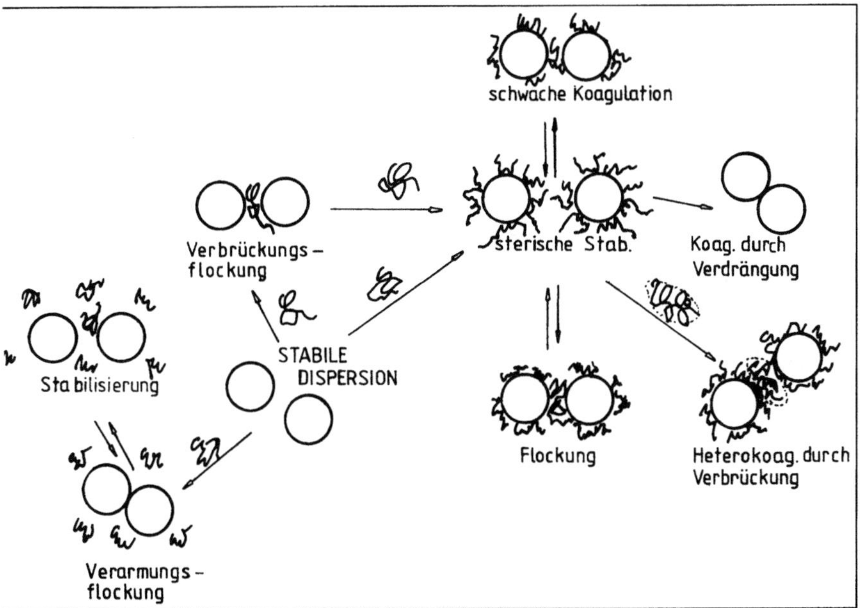

bb. 4.1. Stabilisierung und Destabilisierung kolloidaler Dispersionen durch Makromoleküle ach Napper, 1983).

ten auch auf, wenn eine Dispersion von Teilchen mit makromolekularer Hülle noch gelöste Polymere enthält (Kap. 4.12). Solche Systeme sind in der Technik besonders häufig.

4.2 Polymerlösungen

Der Einfluß von Polymeren auf die Stabilität kolloidaler Dispersionen wird in hohem Maße von den Wechselwirkungen zwischen Polymer- und Lösungsmittel bestimmt. In Lösung liegen die Makromoleküle als Knäuel vor. Die Zahl der möglichen Konformeren eines flexiblen Makromoleküls ist astronomisch hoch, so daß zur Beschreibung der Knäuel nur statistische Methoden angewandt werden können. Die wichtigste Größe ist der End-zu-End-Abstand r_i (end-to-end length), der sich von Knäuel zu Knäuel unterscheidet (Abb. 4.2). Um die Größe des Knäuels zu charakterisieren, verwendet man daher die quadratisch gemittelte Länge (root-mean-square end-to-end length):

$$\sqrt{\langle r^2 \rangle} = \sqrt{(\Sigma n_i r_i^2 / \Sigma n_i)} \tag{4.1}$$

Darin ist n_i die Zahl der Knäuel mit dem End-zu-End Abstand r_i.

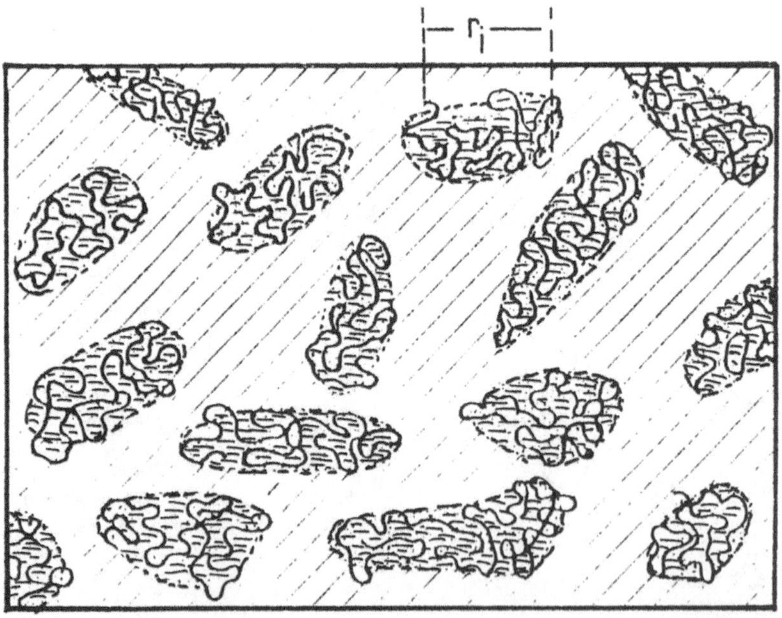

Abb. 4.2. Schematische Darstellung einer verdünnten makromolekularen Lösung (Vollmert, 1973). (Makromolekül, Knäuelvolumen, gebundenes Lösungsmittel, freies Lösungsmittel, r_i End-zu-End-Abstand).

Der statistische End-zu-End-Abstand steigt mit der Molmasse des Polymeren und zwar mit $M^{(1+a)/3}$, wobei $a \approx 0{,}5$ bis 1 ist und z. B. durch Viskositätsmessungen ermittelt werden kann. Entsprechend nimmt die Dichte ρ_K des lösungsmittelfrei gedachten Knäuels ab ($\rho_\mathrm{K} \propto M^{-a}$). Es sei erwähnt, daß diese Dichte sehr niedrig ist, z. B. Polymethylmethacrylat in Aceton, M = 500000, ρ_K = 0,05 g/cm^3; M = 5000000, ρ_K = 0,01 g/cm^3 (a = 0,7); Cellulosenitrat in Aceton, M = 100000, ρ_K = 0,025; M = 1000000, ρ_K = 0,0023 g/cm^3 (a = 1,04).

Die Wechselwirkung der Makromoleküle mit dem Lösungsmittel wird durch den Flory-Huggins-Parameter χ erfaßt. Die Energie χkT ist die Energiedifferenz zwischen einem Lösungsmittelmolekül in der Polymerlösung und im reinen Lösungsmittel. In nichtwäßrigen Lösungsmitteln ist normalerweise $\chi > 0$, d. h. Polymer und Lösungsmittel mischen sich endotherm.

Eine Bezugsgröße von Polymerlösungen ist der Theta-Punkt. Dieser wird als diejenige Temperatur (Theta-Temperatur) oder diejenige Lösungsmittelzusammensetzung (Theta-Lösung) definiert, bei der die Wechselwirkung zwischen den Lösungsmittelmolekülen und den Segmenten des Polymers gleich derjenigen zwischen den Segmenten untereinander ist, d. h. Lösungsmittel-Polymer-Kontakte und Segment-Segment-Kontakte sind energetisch gleichwertig.

Der Theta-Punkt wird durch die Bedingungen festgelegt, unter denen der zweite Virialkoeffizient B_2 des osmotischen Druckes Π verschwindet (c_2 = Polymerkonzentration in g/L):

$$\Pi/c_2 = RT\ (B_1 + B_2\,c_2 + B_3\,c_2^2 + \ldots) \tag{4.2a}$$

$$\Pi/c_2 = RT\ (1/M_\mathrm{n} + B_2\,c_2 + B_3\,c_2^2 + \ldots) \tag{4.2b}$$

Am Theta-Punkt wird (unter der Voraussetzung, daß auch die höheren Glieder verschwinden):

$$\Pi/c_2 = RT/M_\mathrm{n}. \tag{4.2c}$$

M_n ist das Zahlenmittel der Molmasse.

Je größer B_2 ist, desto stärker ist die Abweichung vom idealen Verhalten, und umso ausgeprägter ist die Tendenz der Polymerknäuel, im Lösungsmittel zu quellen, damit möglichst viele Segment-Lösungsmittel-Kontakte entstehen. Man sagt: das Lösungsmittel sei umso besser, je größer B_2 wird. B_2 ist also die thermodynamische Größe zur Erfassung der Güte eines Lösungsmittels (solvent power) gegenüber einem Polymeren.

Nach der Flory-Huggins-Theorie ist

$$\Pi/c_2 = RT\,(1/M + (v_2^2/V_1)\,(0{,}5 - \chi)\,c_2 + \ldots), \tag{4.3a}$$

mit $v_2 = V_2/M$ = partielles spezifisches Volumen des Polymeren und V_1, V_2 = molares Volumen des Lösungsmittels bzw. des Polymeren. Damit wird

$$B_2 \propto (0{,}5 - \chi). \tag{4.3b}$$

Am Theta-Punkt (B_2 = 0) ist also χ = 0,5. In einem guten Lösungsmittel (Polymer-Lösungsmittel-Kontakte gegenüber Polymer-Polymer-Kontakten bevorzugt, $B_2 > 0$) ist demnach $\chi < 0{,}5$. Für ein schlechtes Lösungsmittel (genauer: schlechter als am Theta-Punkt, worse than a theta-solvent) ist $B_2<0$ und somit $\chi>0{,}5$. Also bedeutet abnehmendes χ zunehmende Lösungsmittelgüte.

Der Theta-Punkt läßt sich als Referenzpunkt der konformativen Zustände betrachten: Das Knäuel hat seine ungestörte Dimension, und der End-zu-End-Abstand wird durch $<r^2>_0^{1/2}$ angegeben. Liegen keine Theta-Bedingungen vor, wird der End-zu-End Abstand:

$$\sqrt{\langle r^2\rangle} = a \cdot \sqrt{\langle r^2\rangle_0} \,. \tag{4.4}$$

In einem guten Lösungsmittel ist das Knäuel aufgeweitet; der Expansionsfaktor a beträgt 1,0 bis 1,5. In einem schlechten Lösungsmittel sind die Knäuel zusammengezogen, und a ist kleiner 1,0.

4.3 Polymeradsorption

Makromoleküle verändern ihre Konformation, wenn sie an der Teilchenoberfläche adsorbiert werden. Die Knäuel gehen in Konformere über, bei denen ein gewisser Anteil der Segmente (Züge, trains) direkt auf der Oberfläche aufliegt, während andere Teile schlaufenartig in die Lösung reichen (Schlaufen, loops). Die Enden können als Schwänze (Borsten, tails) von der Oberfläche abstehen (Abb. 4.3).

Die theoretische Beschreibung der Polymeradsorption ist ein schwieriges Unterfangen. Hier seien nur einige Anhaltspunkte genannt, die im wesentlichen auf der Gittermodelltheorie von Scheutjens-Fleer beruhen (z. B. Scheutjens and Fleer, 1979, 1980; Fleer et al., 1988). Die möglichen Gitterplätze für Polymersegmente bzw. Lösungsmittelmoleküle liegen in Schichten parallel zur Oberfläche. Sie sind entweder durch Polymersegmente oder Lösungsmittelmoleküle besetzt. Die Verteilungsfunktion für die Mischung aus Polymersegmenten und Lösungsmittelmolekülen wird nach Bragg-Williams berechnet. Durch den Flory-Huggins-Parameter χ wird die Wechselwirkung zwischen den Segmenten und Lösungsmittelmolekülen erfaßt, diejenige zwischen den Segmenten und der Oberfläche durch die differentielle Adsorptionsenergie. Der Adsorptionsenergieparameter χ_s ist die Differenz zwischen der freien Überführungsenergie eines Segments von der makromolekularen Lösung an die Oberfläche und derjenigen eines Lösungsmittelmoleküls von der reinen Lösung zur Oberfläche, ausgedrückt

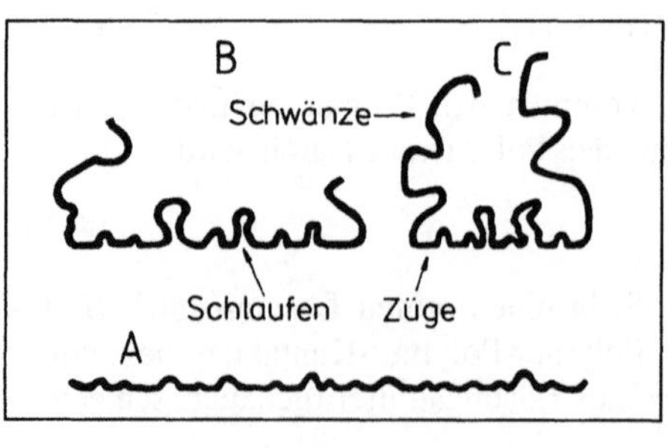

Abb. 4.3. Konformation adsorbierter Makromoleküle mit Schwänzen (tails), Zügen (trains) und Schlaufen (loops) in sehr verdünnter Lösung (**A**), verdünnter Lösung (**B**) und Schmelzen (**C**). Die Dicke der adsorbierten Schicht steigt mit zunehmender Konzentration steil an, hauptsächlich durch Bildung längerer Schwänze (Fleer et al., 1988).

in Vielfachen von kT. Wenn $\chi_s > 0$ ist, wird ein Segment gegenüber dem Lösungsmittel bevorzugt adsorbiert.

Wie auch andere Theorien zur Polymeradsorption aussagen, wird ein flexibles Makromolekül erst adsorbiert, wenn χ_s einen kritischen Wert (üblicherweise einige Zehntel kT) überschreitet. Dadurch unterscheidet sich die Polymeradsorption deutlich von der Adsorption kleiner Moleküle. Die Ursache ist der Verlust an Konformationsentropie bei der Adsorption eines flexiblen Makromoleküls, der durch einen Gewinn an Adsorptionsenergie überkompensiert werden muß, damit die Änderung der freien Energie negativ wird.

Am Theta-Punkt ($\chi = 0{,}5$) nimmt die adsorbierte Menge (ausgedrückt in Belegungsgraden, equivalent monolayers) bei längeren Ketten linear mit der Zahl r der Segmente zu (Abb. 4.4a). In guten Lösungsmitteln ($\chi = 0$, Abb. 4.4b) ist sie deutlich niedriger und erreicht bei längeren Ketten fast ein Plateau.

Bei der Adsorption aus einem schlechten Lösungsmittel ist nach der Theorie der Anteil der Schlaufen höher und der der Züge niedriger als im Falle der Adsorption aus einem guten Lösungsmittel. Der Anteil der Schwänze ist weitgehend unabhängig von der Lösungsmittelgüte. Daher sind die quadratisch gemittelte Dicke und die hydrodynamische Dicke, die beide maßgeblich durch die Größe der Schwänze bestimmt werden, bei gleicher Polymerkonzentration nur wenig von der Lösungsmittelgüte abhängig. (Die Schwänze reichen weiter in die Lösung hinein als die Schlaufen). Der mittels dynamischer Lichtstreuung gemessene hydrodynamische Teilchendurchmesser (Kap. 8.6) ist daher oft deutlich größer als der durch Kleinwinkelstreuung ermittelte Wert, da Schwänze bei zu geringer Dichte röntgenographisch nicht mehr gesehen werden (Killmann et al., 1992). Killmann und Sapuntz-

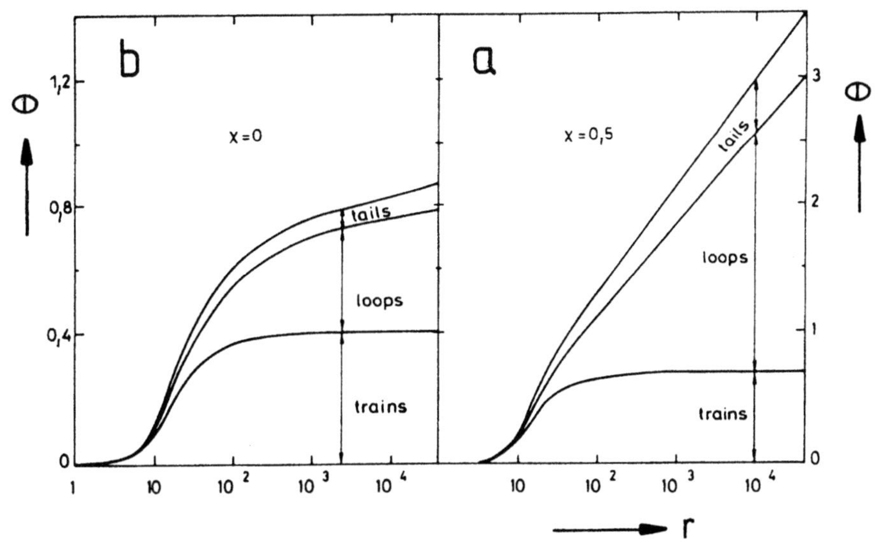

Abb. 4.4. Abhängigkeit der adsorbierten Polymermenge (in Belegungsgraden) von der Kettenlänge (r = Zahl der Segmente pro Molekül). $\chi_s = 1$, Polymerkonzentration (Volumenbruch) $\phi_2 = 10^{-3}$ (Fleer et al., 1988). **a** $\chi = 0{,}5$: Lösungsmittel am Theta-Punkt, **b** $\chi = 0$: gutes Lösungsmittel.

jis (1994) fanden bei PCS-Messungen mit sinkendem Radius von Latex- und SiO_2-Teilchen eine Abnahme der hydrodynamischen Dicke der Polyethylenoxidhülle, d. h. eine Verringerung der Reichweite der Schwänze. Diese Beobachtung läßt sich geometrisch verstehen: Ein bei ebener Oberfläche zylindrisches Volumenelement der Hülle geht bei Kugeln mit abnehmendem Radius in einen Kegelstumpf über, dessen Öffnungswinkel umso größer wird, je stärker sich die Oberfläche krümmt.

Mit zunehmender Polymerkonzentration bleibt der Anteil der Schlaufen zunächst nahezu konstant, während derjenige der Züge etwas ab- und der der Schwänze etwas zunimmt (Abb. 4.5). Bei Volumenbrüchen $\phi_2 > 10^{-2}$ wird der Anteil der Züge und Schlaufen kleiner, während der Anteil der Schwänze beachtlich steigt. Beim Übergang zur Schmelze ($\phi_2 \rightarrow 1$) umfassen die beiden Schwänze eines Polymers nahezu zwei Drittel der Gesamtlänge.

Im Gegensatz zu kleinen Molekülen werden adsorbierte Makromoleküle nur schwer oder überhaupt nicht von der Oberfläche verdrängt, wenn die Polymerkonzentration durch Verdünnen der Gleichgewichtslösung verringert wird. Dieser Widerstand ist kein thermodynamischer, sondern ein kinetischer Effekt, da viele Haftstellen gelöst werden müssen, bevor sich das Makromolekül von der Oberfläche entfernen kann. Daraus folgt, daß nur dann eine gewisse Desorption zu erwarten ist, wenn eine frei werdende Adsorptionstelle an der Oberfläche durch ein fester haftendes Molekül besetzt wird, das die Rolle eines Verdrängers übernimmt. Zur Desorption müssen also dem Lösungsmittel entweder kleine Moleküle als Verdränger zugesetzt werden, oder es muß die Zusammensetzung des Lösungsmittels durch Zusatz eines zweiten oder eines weiteren Lösungsmittels so verändert werden, daß zumindest eine Lösungsmittelkomponente gegenüber dem Polymer bevorzugt adsorbiert wird. So kann z. B. Polyvinylpyrrolidon in Wasser oder Dioxan von der SiO_2-Oberfläche durch DMSO, Pyridin, N-Ethylpyrrolidon u. a. verdrängt werden (Cohen-Stuart et al., 1984).

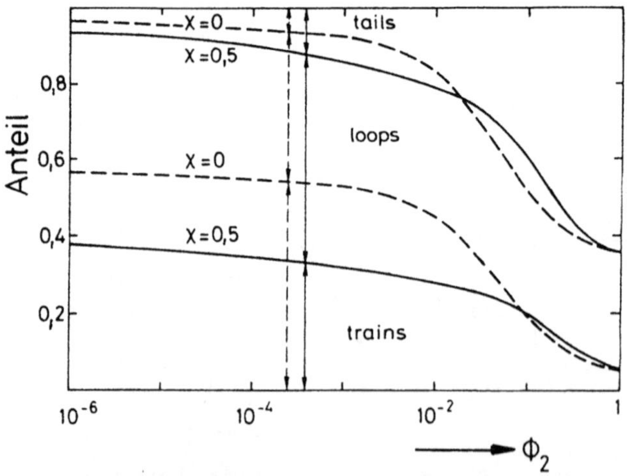

Abb. 4.5. Anteil von Zügen, Schlaufen und Schwänzen in Abhängigkeit vom Volumenbruch ϕ_2 des Polymers in Lösung (r = 1000, χ_s = 1) (Fleer et al., 1988). — χ = 0,5: Theta-Punkt - - - χ = 0: gutes Lösungsmittel.

Infolge der scheinbar irreversiblen Bindung der Makromoleküle kommt es bei der Absorption aus Lösungen von Polymeren unterschiedlicher Molmassen (was die Regel ist) häufig zu einer Fraktionierung, indem die längeren Ketten bevorzugt adsorbiert werden.

Die Adsorption geladener Polymerer (Polyelektrolyte) kann als Adsorption von Polymeren aus sehr guten Lösungsmitteln betrachtet werden. Nur bei ausreichend hohen Ionenstärken werden die elektrostatischen Wechselwirkungen soweit unterdrückt, daß sich die Polyelektrolyte mehr wie ungeladene Polymere verhalten (Cohen-Stuart, 1988). Daher nimmt mit steigendem Salzgehalt die Adsorption deutlich zu (Papenhuizen et al., 1985a,b; Cohen-Stuart, 1988). Ein weiterer auffallender Unterschied zur Adsorption niedermolekularer Verbindungen ist die in manchen Fällen gemessene Zunahme der adsorbierten Menge mit der Temperatur (Nevskaia et al., 1996).

Infolge der Abstoßung zwischen den nicht adsorbierten Molekülteilen und den die Oberfläche bedeckenden Polyionen durchläuft die Segmentdichte mit zunehmendem Abstand von der Oberfläche ein Minimum (Abb. 4.6). Bei höheren Salzgehalten nähert sich der Profilverlauf infolge zunehmender Abschirmung der Ladungen dem der ungeladenen Polymeren (Cohen-Stuart, 1988).

Häufig steuert der pH-Wert die Ionisation des Polyelektrolyten, z. B. wenn Ladungen durch Dissoziation von Carboxylgruppen entstehen (Fleer, 1996). Die an einer entgegengesetzt geladenen Oberfläche adsorbierte Menge kann dann in Abhängigkeit vom pH-Wert ein Maximum durchlaufen. Zunächst fördert die mit dem pH-Wert zunehmende Ladung des Makromoleküls die Adsorption, die aber bei zu hoher Ladungsdichte durch die zunehmende laterale Abstoßung wieder verringert wird (Cohen-Stuart, 1988). Allerdings hängt die Änderung mit dem pH-Wert auch von der nichtelektrostatischen Wechselwirkung der Makromoleküle mit der Oberfläche, also der Größe χ_s, ab. Je höher χ_s und die Salzkonzentration werden, desto geringer wird der Einfluß der Ladungen (Papenhuijzen et al., 1985a).

Ein Beispiel für den Einfluß der Ladungszustände ist die Adsorption von Polyacrylsäure an TiO_2 (Foissy et al., 1983). Der isoelektrische Punkt des eingesetzten TiO_2 lag bei pH = 6,2. Bei pH = 2,8 war die Adsorption der Polyacryl-

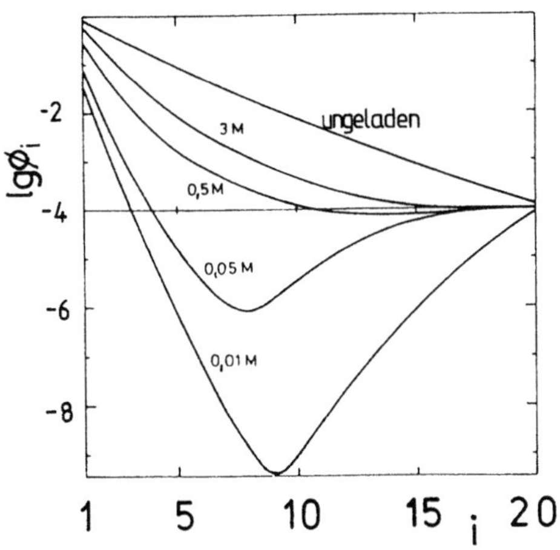

Abb. 4.6. Polyelektrolytadsorption aus Salzlösungen: Änderung der Segmentdichte mit dem Abstand von der Oberfläche. Kettenlänge r = 2000 Segmente, Segmentdichte ϕ_i in Volumenbrüchen, Abstand durch die Zahl i der Gitterebenen ausgedrückt; Polyelektrolyt entgegengesetzt zur Oberfläche geladen. Zum Vergleich Segmentdichteverteilung eines ungeladenen Makromoleküls (Cohen-Stuart, 1988).

säuren (Molmassen 700, 2000 und 4000) recht hoch (nahezu 60 mg/g bei der Molmasse 4000) und stieg mit der Molmasse. Da die Polyacrylsäure bei diesem pH-Wert undissoziert ist, sollte sie hauptsächlich als neutrales Polymer adsorbiert werden, es sei denn, es würden unter dem Einfluß des elektrischen Feldes der positiven TiO_2-Oberfläche Protonen aus der Säure abgestoßen. Die elektrophoretische Beweglichkeit sank mit steigender Polymerbelegung auf ein Plateau ab, die Ladung blieb aber positiv. Bei pH = 4,5 wurden zunächst Segmente durch Ladungsneutralisation gebunden. Mit zunehmender Polymerkonzentration stieg die adsorbierte Menge, doch nahm der Anteil der an der Oberfläche durch Ladungsneutralisation gebundenen Segmente ab. Der Plateauwert der Isothermen lag bei etwa 25 mg/g (Molmasse 4000). Wurde der pH-Wert auf 9,8 erhöht, waren die Ladungsverhältnisse für eine elektrostatische Bindung ungünstig (hohe negative Ladungsdichte der TiO_2-Oberfläche, Polyacrylsäure vollständig dissoziiert), dennoch wurde Polyacrylat adsorbiert (5 mg/g bei einer Molmasse von 4000), was mehrere Ursachen haben kann. Die Van-der-Waals-Wechselwirkung vermag die elektrostatische Abstoßung zu überspielen, wenn sich die Segmente fest an die Oberfläche anschmiegen. Es können aber auch CO_2^--Gruppen des Polyacrylats oberflächenständige OH^--Ionen ersetzen (Ligandenaustausch). Nicht auszuschließen ist eine Bindung über mehrwertige Ionen, z. B. über TiO^{2+} oder andere als Verunreinigung eingeschleppte Ionen (s. u.). Ein Adsorptionsmaximum in Abhängigkeit vom pH-Wert, wie oben diskutiert, wurde nicht gefunden, da die Polyacrylsäure auch in undissozierter Form adsorbiert wurde.

In Gegenwart von mehrwertigen Ionen können die Verhältnisse recht kompliziert werden. Diese Ionen fördern im allgemeinen die Adsorption bei gleicher Ladung von Grenzfläche und Polyionen deutlich (Dupont et al., 1993). Im oben besprochenen Beispiel stieg die Adsorption des Polyacrylates bei pH = 9,8 von 5 mg/g auf 14 mg/g, wenn $5 \cdot 10^{-4}$ mol/L Ca^{2+} zugesetzt wurden. Viele Polyanionen bilden mit mehrwertigen Ionen Chelatkomplexe. Durch Erniedrigung der Gesamtladung wird die Löslichkeit verringert (oft tritt Phasentrennung auf) und die Adsorption an negativen oder niedrig geladenen Oberflächen gefördert (Kap. 4.4).

In nicht gerade wenig Fällen werden mehrwertige Ionen durch Auflösung aus der Festkörperoberfläche geliefert und durch die Polyanionen gebunden. Durch diese Komplexbildung kann die Löslichkeit des Festkörpers erhöht werden. Die relativen Konzentrationen der komplexierenden Ionen und der gelösten Polymeren spielen eine wichtige Rolle für die Adsorption und Stabilität der kolloidalen Dispersionen. Ausführlich untersucht wurden diese Reaktionen für Aluminiumoxid in Gegenwart von Polyacrylamid und Polyacrylsäure (Ringenbach et al., 1995).

4.4 Flockung durch Polymere

4.4.1 Ladungsneutralisation und Verbrückungsflockung

Kolloidale Dispersionen werden durch Polymere und Polyelektrolyte geflockt, wenn die Teilchen entweder durch die Makromoleküle verbrückt oder die Oberflächenladungen durch die entgegengesetzten Ladungen der Polyelektrolyte kompensiert (neutralisiert) werden (Abb. 4.7).

Ladungsneutralisation erfordert eine genauere Anpassung der experimentellen Parameter und ist daher im allgemeinen technisch weniger brauchbar. Im Gegensatz zu einer Ladungsneutralisation durch Monomere oder kurzkettige Oligomere sollte das Ladungsmuster des Polymers (also z. B. der Abstand der Ladungen) im Vergleich zur Ladungsverteilung auf dem Festkörper eine Rolle spielen (vgl. Lagaly, 1986; Walker and Grant, 1996a). Ladungsneutralisation bedeutet, daß die Summe der Ladungen der adsorbierten Makromoleküle gleich der Gesamtzahl der Ladungen auf dem Teilchen ist. Ist der Abstand der Ladungen auf dem Makromolekül kleiner als derjenige der entgegengesetzten Ladungen auf der Teilchenoberfläche, kann nicht jedes Ladungszentrum auf eine Oberflächenladung treffen. Vielmehr entsteht in einem gewissen Bereich eine Überschußladung, die durch die Ladung der nicht bedeckten Bereiche kompensiert wird (Gregory, 1973; Mabire et al., 1984) (Abb. 4.7b). Eine solche Ladungsverteilung hat zur Folge, daß die nicht abgedeckten Bereiche eines Teilchens mit den Bereichen mit entgegengesetzter Überschußladung eines anderen Teilchens in Wechselwirkung treten: Es entsteht eine zusätzliche Anziehung. Gregory (1973) er-

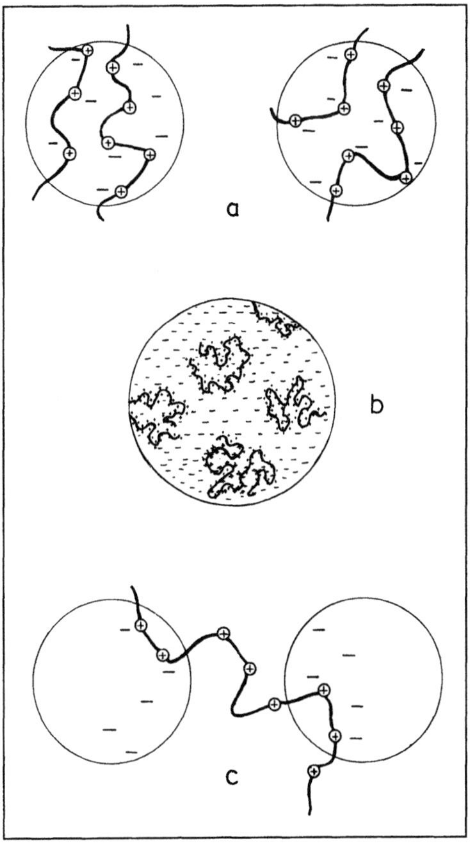

Abb. 4.7 a–c. Flockung durch Polymere. **a** Flockung durch Ladungsneutralisation (nach Jasmund und Lagaly, 1993), **b** Mosaik-Modell (Gregory, 1973; Mabire et al., 1984), **c** Verbrükkungsflockung (nach Jasmund und Lagaly, 1993).

klärte mit diesem Modell zwei auffällige experimentelle Befunde bei der Flokkung von Polystyrollatices mit einem kationischen Polymer (polymeres Dimethylaminoethylmethacrylat): Der zur Flockung benötigte Konzentrationsbereich der Polykationen mit höherer Molmasse war deutlich breiter als derjenige von kürzerkettigen Polykationen, und die Flockungsgeschwindigkeit war größer als mit einfachen Salzen. Mit zunehmender Ionenstärke nahm die Reichweite der zusätzlichen Attraktion ab, und die maximale Flockungsgeschwindigkeit ging auf den Wert für die Destabilisierung durch einfache Salze zurück. Die fleckenartige Verteilung adsorbierter Polymere konnte im Kraftmikroskop (atomic force microscope) sichtbar gemacht werden (Akari et al., 1996).

Bei der Ladungsneutralisation hängen die optimalen Flockungskonzentrationen nicht (oder kaum) von der Molmasse des Polymeren ab. Die Flockung entspricht Bedingungen, unter denen das Zetapotential (Kap. 10.3) nahe bei Null liegt, ohne daß jedoch eine Site-by-site-Kompensation erfolgen muß.

Flockung durch Verbrückung hängt empfindlich von der Molmasse des Polymers ab. Daher sind bei praktischer Anwendung der Verbrückungsflockung möglichst hochmolekulare Verbindungen vorzuziehen. Die Polymere sollen niedrig geladen sein, weil sie dann weiter in die Lösung reichen als höher geladene Makromoleküle, die infolge der elektrostatischen Wechselwirkungen flacher auf der Oberfläche aufliegen.

Nach La Mers Modell (Smellie and La Mer, 1958; Adachi, 1995) ist die Wahrscheinlichkeit der Brückenbildung proportional zum Anteil der belegten (θ) und der unbelegten ($1 - \theta$) Oberfläche, also zu $\theta\,(1 - \theta)$. Das bedeutet, daß optimale Verbrückung unterhalb der Sättigung ($\theta = 1$) gefunden wird. Das Modell ist qualitativ einleuchtend, gibt aber nur ein vereinfachendes Bild der Verbrükkungsflockung wieder.

Ein wichtiger Aspekt der Verbrückungsflockung ist die weitgehende Irreversibilität (Adachi, 1995). Eine im Experiment zu beachtende Folgerung ist die Abhängigkeit der Stabilität von der Art des Zusammengebens von Polymer und Feststoff. Das älteste, gut bekannte Beispiel ist die Zugabe von Polyvinylalkohol zu AgI-Dispersionen. Optimale Destabilisierung wurde erreicht, wenn gleiche Mengen bedeckter und nackter Teilchen zusammengegeben wurden. Die Verbrückung wurde durch Moleküle höherer Molmasse begünstigt. Wurde die gesamte Polymermenge direkt zu den nackten Teilchen gegeben, blieb die Dispersion stabil, weil die Adsorption des Polyvinylalkohols an *allen* Teilchen für sterische Stabilisierung ausreichte (Fleer und Lyklema, 1974; 1976).

Die Bildung von Flocken bei Polymerzugabe kann die Einstellung des Adsorptionsgleichgewichtes merklich verzögern, da Adsorptionsplätze innerhalb der Flocken dem Adsorptiv unzugänglich werden. In den entstehenden Flocken kann zudem Lösungsmittel eingeschlossen werden, so daß die Polymerkonzentration oberhalb des Gleichgewichtswertes bleibt, evtl. sogar größer wird als die Ausgangskonzentration. Beide Prozesse können gerade bei mittleren Polymerzugaben zu einer empfindlichen Abhängigkeit der adsorbierten Menge von den Arbeitsbedingungen (Art der Polymerzugabe, Mischen, Schütteln, Rühren etc.) führen, oft erkenntlich an einer schlechten Reproduzierbarkeit der Meßwerte (Chaplain et al., 1995).

4.4.2 Beispiele für Flockung durch Polymere

Die Flockungsbedingungen hängen von der Teilchenkonzentration ab. Bei zu niedrigen Werten erfolgt keine Flockung (Abb. 4.8). SiO_2- oder Latexdispersionen wurden mit Polykationen (PAM/MAPTAC) innerhalb eines Gebietes geflockt, das bis zu sehr niedrigen Teilchenkonzentrationen (etwa 0,1 g/L) herabreichte und sich bei höheren Feststoffgehalten in bezug auf die Polymerzugabe immer weiter ausdehnte. In den konzentrierten Dispersionen wurde der Anteil der nicht geflockten Teilchen bzw. das Gesamtvolumen der Flocken abhängig von den Mischungsbedingungen (Caplain et al., 1995).

Ein Beispiel für die Abhängigkeit des Flockungsmechanismus von der Ladungsdichte des Polymers ist die Destabilisierung von SiO_2- und Natriummontmorillonitdispersionen mit quartärniertem Polyacrylamid mit m Amideinheiten und n quartären Einheiten (Wang and Audebert, 1987; Durand-Piana et al., 1987). Bei niedriger Polymerladungsdichte ($n/(n+m)<0{,}05$) erfolgte Flockung durch Verbrückung. Erst bei $n/(n+m)>0{,}15$ wurde die Ladungsneutralisation entscheidend. Die Flockung von mikrokristalliner Cellulose durch Polyethylenimine erfolgte hauptsächlich durch Ladungsneutralisation. Verbrückung trat erst bei hohen Molmassen auf, wenn genügend Molekülenden (tails) von der Oberfläche abstanden (Kap. 12.1.4) (Alince and Robertson, 1974).

Diese Beispiele zeigen, daß bei einer Flockung durch Ladungsneutralisation geometrische Faktoren, d. h. die Passung der Ladungsmuster von Polyionen und Oberfläche, von Bedeutung sein sollten und in der Diskussion von Meßergebnissen deutlicher beachtet werden müßten. Zum Beispiel könnten solche Effekte bei der Adsorption von Proteinen eine steuernde Rolle spielen.

Ein wichtiger experimenteller Befund bei der Verbrückungsflockung geht auf Iler (1971) zurück: Kleinste SiO_2-Teilchen (etwa <40 nm) wurden bei der Flokkung durch quartärniertes Polyacrylamid lediglich durch ein Makromolekül ver-

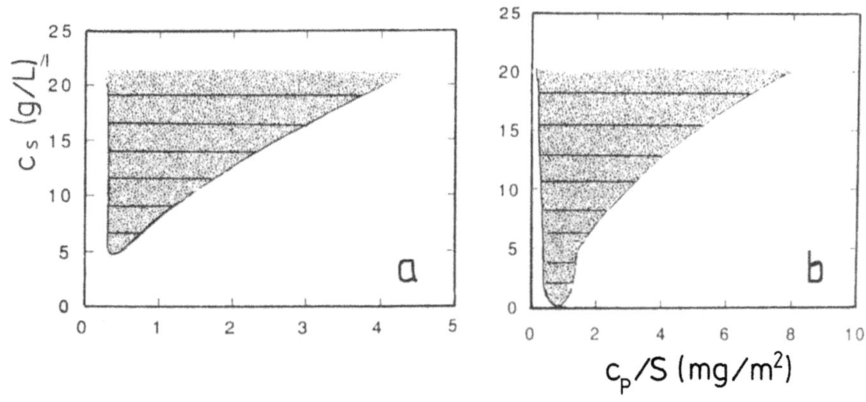

Abb. 4.8. Instabilitätsbereich bei der Flockung von SiO_2 mit Polyethylenglycol **a** und Polykationen **b** (Chaplain et al., 1995). C_s: Feststoffgehalt, c_p/S: zugesetzte Polymermenge pro m^2 Adsorbens. **a** SiO_2 (PST 1, Nissan Chem. Ind., pH = 6, Ionenstärke $5 \cdot 10^{-3}$ M) und PEO 2M (Molmasse $2 \cdot 10^6$), **b** SiO_2 (wie **a** mit PAM/MAPTAC (Polyacrylamid/3-Methacrylamidopropyltrimethylammoniumchlorid, Molmasse 10^6).

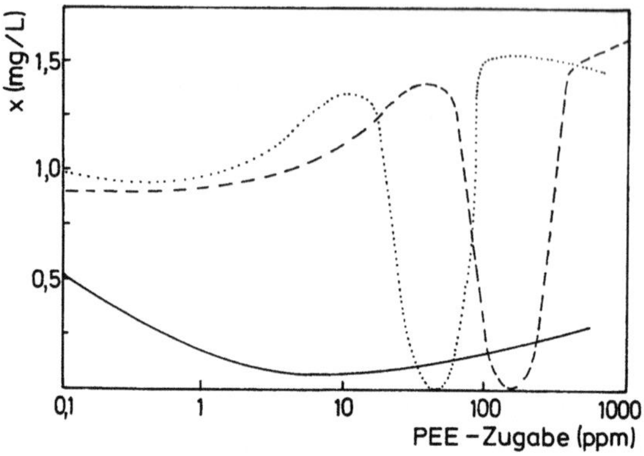

Abb. 4.9. Flockung einer Natriumbentonitdispersion mit Polykationen (PEE, s. Text) (nach Kim et al., 1983). *x*: Montmorillonit + adsorbiertes PEE in Dispersion (mg/L); - - - , — — — reines Wasser (<1 µS/cm) mit Ausgangsbentonitgehalten von 100 (- - -) bzw. 300 mg/L (— — —) ——Leitungswasser (≈ 200 µS/cm, mit etwa 100 mg $CaCO_3$/L), Bentonitgehalt 100–300 mg/L.

brückt. Zur Flockung kam es erst, wenn eine gewisse Anzahl von Teilchen an einem Makromolekül gebunden wurde (Nowicki and Nowicka, 1995). Größere Teilchen wurden durch mehrere Makromoleküle verbrückt.

Im allgemeinen wird die Verbrückungsflockung in wäßrigen Systemen durch einen geringen Salzgehalt gefördert oder sogar erst ermöglicht (s. a. Smith et al., 1996). Durch Elektrolytzusatz wird die Ausdehnung der diffusen Ionenschicht um die Teilchen – und damit deren Abstand – so weit verringert, daß er von den Makromolekülen überspannt werden kann. Das hat zur Folge, daß die Flokkungsbereiche in Gegenwart von Salzen meist ausgedehnter als in salzfreien Dispersionen sind. Abbildung 4.9 zeigt die Flockung von Natriumbentonit durch ein kationisches Polymer, PEE, hergestellt aus Ethanolamin und Epichlorhydrin (Kim et al., 1983):

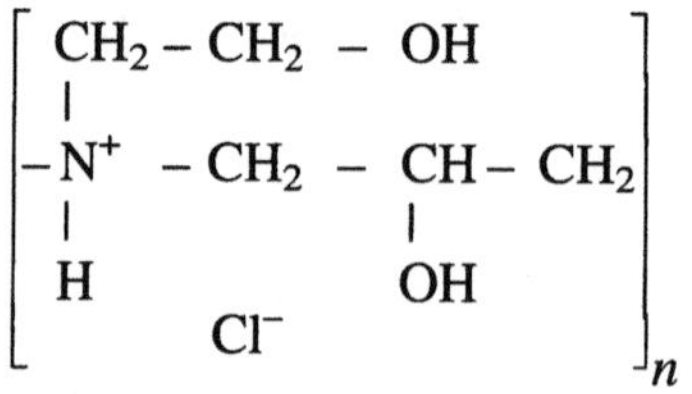

In salzfreiem Wasser flockte der Bentonit nur bei ganz bestimmten PEE-Konzentrationen. Dagegen war die Bentonitdispersion in normalem Leitungswasser in einem weiten Konzentrationsbereich PEE instabil.

Bei anisometrischen Teilchen können mehrere Flockungs- und Stabilitätsbereiche aufeinander folgen. Ein Beispiel ist die Flockung von Kaolinit mit Polyacrylamid PAM (Abb. 4.10) (Nabzar et al., 1984). Im sauren Milieu bildeten die Kaolinitplättchen über Kante(+)/Fläche(-)-Kontakte eine Kartenhausstruktur (Kap. 3.6; 12.2.5). Die Kontakte brachen bei einem geringen Zusatz von PAM auf (**B** → **C** in Abb. 4.10). PAM wirkte leicht dispergierend, und der Anteil des sedimentierten Kaolinits nahm ab. Neutrales PAM lagerte sich in deutlich größerer Menge an den Kanten als an den Basisflächen an (Nabzar und Pefferkorn, 1985; Pefferkorn et al., 1987; Lee et al., 1991). Da die Verstrebung der Kaolinitplättchen zum Kartenhaus eingeschränkt wurde, konnten sich diese dichter packen, und die Sedimentdichte

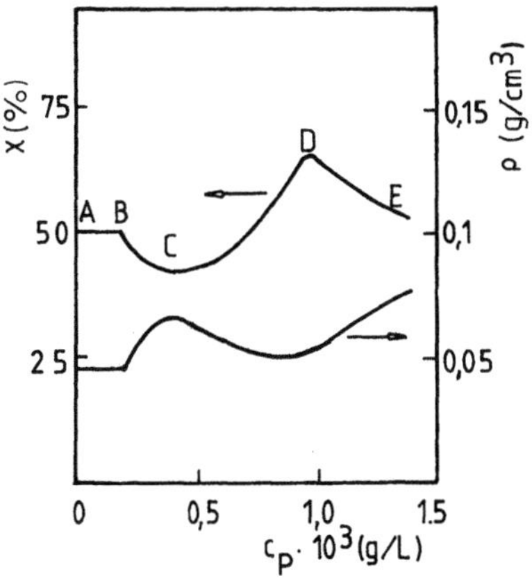

Abb. 4.10a. Flockung einer Natriumkaolinitdispersion mit Polyacrylamid (Molmasse 1,2 · 10^6) in 10^4 M NaCl bei pH = 3,7; χ: Anteil des geflockten Kaolinits (%); ρ: Dichte der Flocken; c_p Gleichgewichtskonzentration des Polymers (Nabzar et al., 1984).

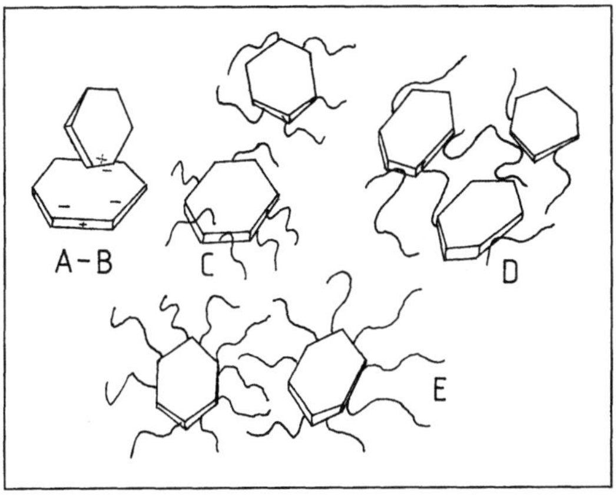

Abb. 4.10b. Schematische Darstellung der Wechselwirkungen zwischen Kaolinitplättchen und PAM.

erreichte bei **C** ein Maximum. Bei höheren Polymerzugaben (**C** → **D**) flockten die Kaolinitteilchen durch Verbrückung, wobei die Sedimentdichte wieder abnahm. Schließlich verringerte die einsetzende sterische Stabilisierung (Kap. 4.5) den Anteil des geflockten Kaolinits (**D** → **E**). Der Anstieg der Dichte der Flocken zeigte an, daß dabei die lockeren Aggregate zuerst aufgelöst wurden.

Die Wechselwirkung von Kaolinit mit Polyelektrolyten ist technisch bei der Aufbereitung von Kaolin und der Herstellung von Papierstreichfarben von großer Bedeutung (Jasmund und Lagaly, 1993, Kap. 9). Die Aggregation des Kaolinits durch Polyacrylat (PA) in Gegenwart von Calciumionen wird durch die Wechselwirkung zwischen Polyacrylat und Calciumionen bestimmt (Stenius et al., 1990; Järnström und Stenius, 1990). Rheologische Untersuchungen zeigten, daß die Aggregatbildung bei einem bestimmten Konzentrationsverhältnis c_{Ca}^{2+}, gesamt/c_{PA} einsetzte. Während nicht mit Calciumionen belegtes PA offenbar nur an den Kanten adsorbiert wurde, lagerten sich die mit Calciumionen gesättigten Makromoleküle an den Flächen an. Es kam zu einer Fläche/Fläche-Aggregation der Kaolinitplättchen. Schon früher wiesen Sarkar and Teot (1973) den Einfluß der Salzbildung zwischen mehrwertigen anorganischen Ionen und anionischen Makro-

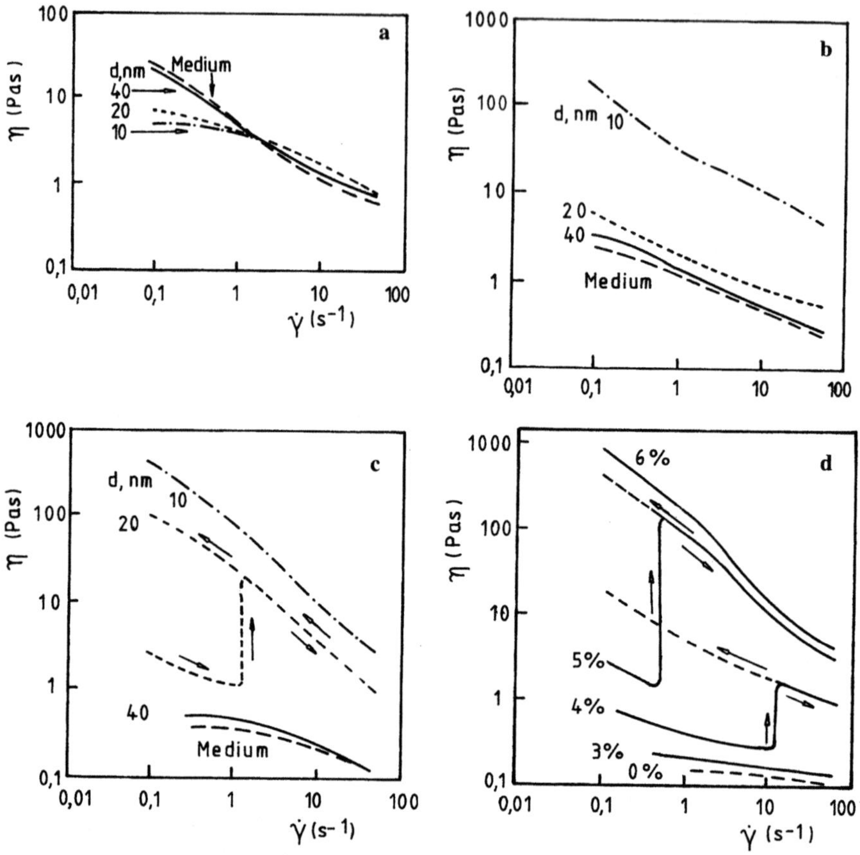

Abb. 4.11 a–d. Fließverhalten und scherinduzierte Versteifung von SiO_2-Dispersionen in Gegenwart von Polyacrylamid. η: scheinbare Viskosität, $\dot{\gamma}$: Schergeschwindigkeitsgefälle (Kap. 13); **a** 0,5 % Polyacrylamid (Molmasse 10^7) Glycerin/Wasser 75 : 25 Volumenteile; SiO_2-Teilchendurchmesser 10, 20 bzw. 40 nm, Massenanteil 5 % SiO_2, SiO_2 = Aerosil OX 50, 130 und 300 (Fa. Degussa), **b** wie **a** Molmasse $5{,}5 \cdot 10^6$, Glycerin/Wasser 75 : 25, **c** wie **a** Molmasse $5{,}5 \cdot 10^6$, Glycerin/Wasser 50 : 50, **d** wie **c**, jedoch in Abhängigkeit vom Massenanteil SiO_2 (3–6 %), Teilchengröße 15 nm (Aerosil 200, Fa. Degussa) (**a** – **c**: Otsubo and Watanabe 1988; **d**: Otsubo and Watanabe, 1989b).

molekülen auf die Destabilisierung von Dispersionen nach (Ausfällung eines neutralen Salzes zwischen La^{3+} und Natriumpolystyrolsulfonat und Wechselwirkungen dieses Salzes mit negativ geladenen Latices).

Otsubo und Watanabe (1988; 1989a,b; s. Otsubo, 1994) berichteten über eine sensible Abhängigkeit der Verbrückung von der Molmasse des Polymers, der Lösungsmittelgüte und Teilchengröße (Abb. 4.11). Gemessen wurde die Viskosität von SiO_2-Dispersionen (Massenanteil 5 % SiO_2, Teilchengröße 10, 20 und 40 nm) in Glycerin/Wasser-Mischungen in Abhängigkeit von der Molmasse des PAM (0,5 % Massenanteil) und der Lösungsmittelgüte, d. h. dem Mischungsverhältnis Glycerin/Wasser. Bei hoher Molmasse ($1 \cdot 10^7$) waren die Dispersionen

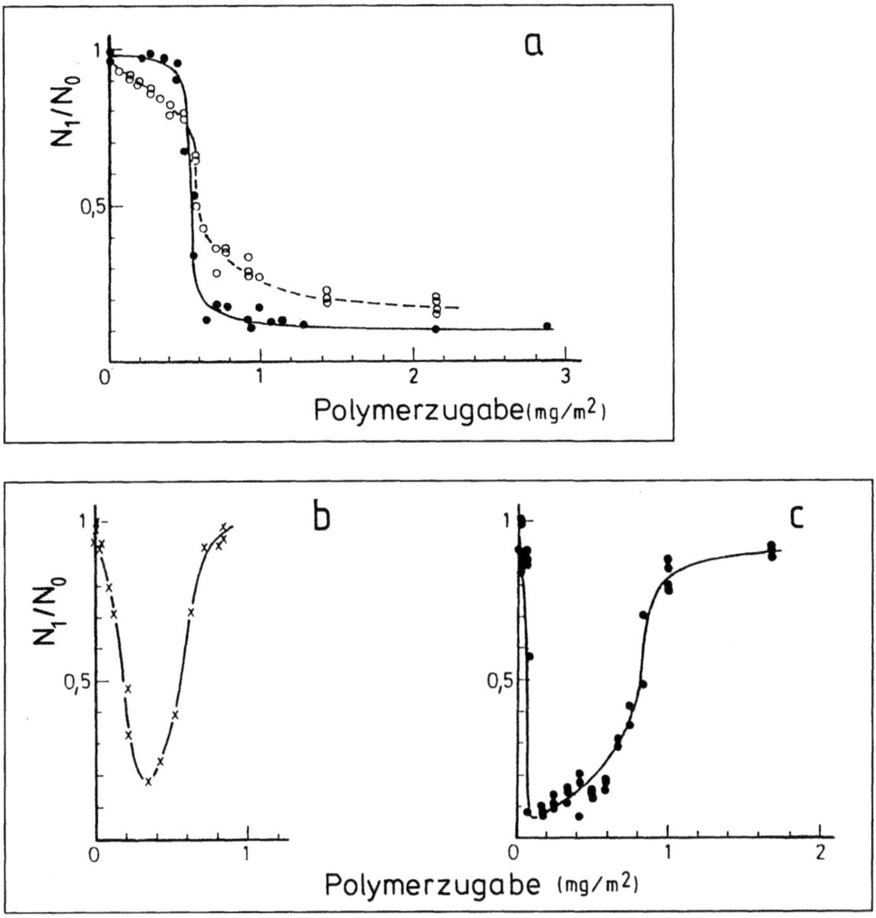

Abb. 4.12 a–c. Flockung von Polystyrollatices mit Polyethylenoxid N_o: Zahl der Einzelteilchen vor Beginn der Flockung; N_1: Zahl der Einzelteilchen während der Flockung (Pelssers et al., 1989). **a** monodisperses PEO ($5{,}7 \cdot 10^5$) (ooo) und polydisperses PEO ($6 \cdot 10^5$) (•••), $N_o = 2{,}27 \cdot 10^9$ cm^{-3}, 0,01 M KNO_3, **b** PEO ($4 \cdot 10^6$), $N_o = 3 \cdot 10^9$ cm^{-3}, H_2O, **c** PEO ($5 \cdot 10^6$), $N_o = 3 \cdot 10^9$ cm^{-3}, 0,01 M KNO_3.

in der PAM-Lösung (Volumenanteile Glycerin/Wasser = 75/25) sterisch stabilisiert (Kap. 4.5). Die Viskosität lag bei allen Teilchengrößen unter der der reinen PAM-Lösung, weil durch die Adsorption die Konzentration des PAM in der Lösung abnahm. Bei etwas niedrigerer Molmasse ($5{,}5 \cdot 10^6$)[1)] stieg die Viskosität der Dispersion aus 10 nm-Teilchen infolge Verbrückung weit über diejenige des Lösungsmittels an (Abb. 4.11). Bei den größeren Teilchen spielte die Verbrükkung eine geringe Rolle, und die Viskosität lag nur wenig über der des reinen Lösungsmittels. Wurde die Lösungsmittelgüte erhöht (Volumenanteile Glycerin/

1) Der Einfluß der Molmasse (keine Angaben über die Verteilung) wurde wohl dadurch verstärkt, daß die Polyacrylamide von verschiedenen Herstellern bezogen worden waren.

Wasser = 50/50), kam es zu einer irreversiblen, scherinduzierten Verbrückung der 20 nm-Teilchen. Die Viskosität stieg bei Schergeschwindigkeiten von etwa 1 s^{-1} schlagartig an. Zur scherinduzierten Gelbildung von SiO_2-Dispersionen in Gegenwart von Poly(ethylenglycol) s. Cabane et al., 1997.

Die scherinduzierte Verbrückung hing offenbar empfindlich von der Teilchengröße ab. Sehr kleine Teilchen waren nur über einzelne Makromoleküle verknüpft (Iler, 1971). Es bildeten sich Aggregate mit hoher Flexibilität, die den Scherkräften gut widerstanden. Zu große Teilchen waren infolge der insgesamt niedrigeren spezifischen Oberfläche ausreichend von Makromolekülen abgedeckt und gut stabilisiert. Nur Teilchen mit mittleren Durchmessern boten daher noch freie Oberflächenplätze zur Verankerung einiger Segmente von Makromolekülen während der Kollision mit vorbeigleitenden Teilchen. Die scherinduzierte Verbrückung trat nur bei bestimmten Teilchenkonzentrationen (4 und 5 % Massenanteil SiO_2) auf (Abb. 4.11d) (Otsubo und Watanabe, 1989b). Bei 3 % blieb die Viskosität niedrig; bei 6 % entstand eine Raumnetzstruktur, die die Viskosität stark erhöhte.

Die Primärschritte der Flockung untersuchten Pelssers et al. (1989; 1990a) in einem (selbst entwickelten) optischen Einzelteilchenanalysator. In diesem Gerät konnten Aggregate aus bis zu sieben Einzelteilchen unterschieden werden. In Abb. 4.12 sind einige Ergebnisse zur Flockung von emulgatorfreien Polystyrollatices durch Polyethylenoxide PEO dargestellt. Niedermolekulares PEO (Molmasse um $6 \cdot 10^5$) flockte die Latexdispersion nur in Anwesenheit von 10^{-2} M KNO_3. Die noch zu kurzen Makromoleküle konnten in salzfreien Lösungen den durch die diffusen Ionenschichten erzwungenen großen Abstand der Teilchen nicht überspannen. Bei größeren Polymerzugaben wurde die Dispersion nicht restabilisiert. PEO mit einer Molmasse von $5 \cdot 10^6$ flockte ohne Salzzusatz und restabilisierte bei etwas höherer Konzentration.

Bei niedermolekularem PEO verlief die Flockung bimolekular. Allerdings war die Geschwindigkeitskonstante deutlich kleiner als bei der schnellen Koagulation durch Salze. Es führte also nur ein geringer Anteil von Stößen zur Verbrückung. Die Anzahl der Dimere blieb niedrig, und Oligomere traten kaum auf. Mit einsetzender Destabilisierung entstanden sehr schnell ausgedehnte Flocken. Höhermolekulares PEO flockte nicht durch einen bimolekularen Stoßprozeß. Bei einer gegebenen PEO-Konzentration fand Flockung erst oberhalb einer bestimmten Konzentration von Latexteilchen statt.

Die Wirksamkeit eines Flockungsmittels wird durch mehrere Prozesse bestimmt (Abb. 4.13):

- Art der Mischung von Polymerlösung und Dispersion,
- Zusammenstöße zwischen Polymer und Teilchen, die zur Bindung des Polymers führen,
- Einstellung der Konformation der adsorbierten Makromoleküle (Pelssers et al., 1990 b; Elaissari und Pefferkorn, 1991; Hoogeveen et al., 1996; Tripp and Hair, 1996; Walker and Grant, 1996a,b),
- Zusammenstöße zwischen Teilchen, die zur Verbrückung führen.

Bei ausreichender Teilchenkonzentration ist die Kollisionsrate zwischen den mit Makromolekülen belegten Teilchen so hoch, daß es zur Flockung kommt, bevor die Makromoleküle die Gleichgewichtskonformation eingenommen haben (Nichtgleichgewichtsflockung nach Pelssers et al., 1989, 1990 b; vgl. Gregory,

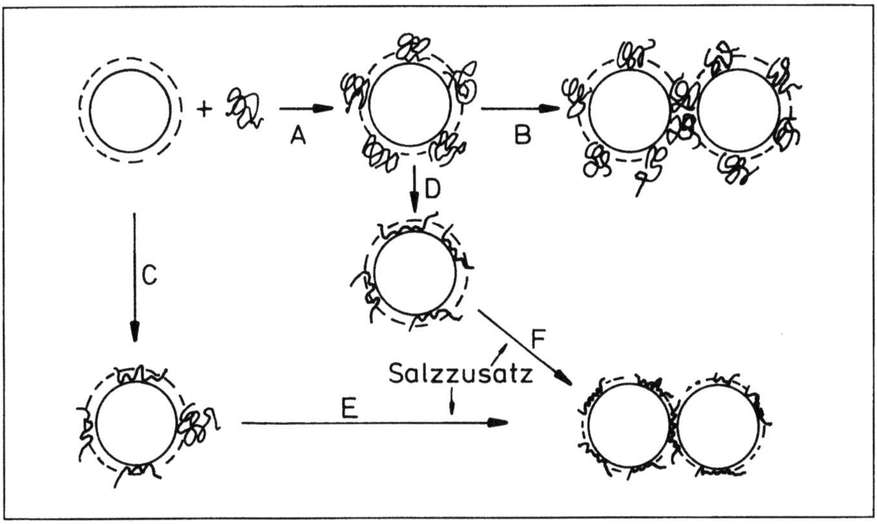

Abb. 4.13. Kinetik der Flockung kolloidaler Dispersionen. Zu beachten ist der Einfluß der zeitabhängigen Konformationsänderung der adsorbierten Moleküle (Pelssers et al., 1989). **A**, **B** Nichtgleichgewichtsflockung: die mit Makromolekülen belegten Teilchen kollidieren, bevor die Makromoleküle die Gleichgewichtskonformation erreichen. **A** schnelle Anlagerung der Polymeren, **B** schnelle Kollision der Teilchen. **C**, **D** Übergang der adsorbierten Makromoleküle in die Gleichgewichtskonformation bei langsamer Anlagerung **C** oder niedriger Kollisionsrate **D**). **E**, **F** Flockung durch Salzzusatz (Gleichgewichtsflockung).

1973). Bei kleinerer Teilchenkonzentration und damit niedrigerer Kollisionsrate können die Makromoleküle in die Gleichgewichtskonformation übergehen. Ob dann Flockung stattfindet, hängt von Molmasse und Salzgehalt ab. Bei zu niedriger Molmasse sind die Schlaufen und Schwänze kürzer als der durch die Dicke der diffusen Ionenschicht bestimmte halbe Abstand zwischen den Teilchen. Flokkung erfolgt daher erst nach Kompression der diffusen Ionenschicht durch Salzzusatz. Zur Kinetik der Flockung s. Adachi (1995).

4.5 Sterische Stabilisierung

Die sterische Stabilisierung wird technisch in vielfältigen Anwendungen benutzt, um kolloidale Dispersionen zu stabilisieren, Flockungsvorgänge zu kontrollieren und die Eigenschaften von Sedimenten einzustellen (Kap. 12.1). Daher spielt sie sowohl bei der Herstellung vieler Produkte als auch bei deren kolloidchemischer Optimierung eine wichtige Rolle, u. a. bei Anstrichmitteln und Tinten, Beschichtungen, Magnetbändern, Pestiziddispersionen (Kap. 1.2), Emulsionen, (Kap. 7.4), Bohrspülflüssigkeiten (Kap. 12.2.4), keramischen Werkstoffen (Kap. 3.6; 5.3; 12.1.3; 12.3.3). Bereits in altägyptischer und chinesischer Zeit (etwa 2500 v. Chr.) wurden sterisch stabilisierte Tinten benutzt, die nach Eintrocknen leicht in Wasser zu redispergieren waren (Napper, 1983, S. 18).

Sterische Stabilisierung tritt auf, wenn kolloidale Teilchen von einer Hülle aus Makromolekülen umgeben sind und sich in einem guten Lösungsmittel (besser als am Theta-Punkt) befinden. Mackor (1951) sowie Mackor and van der Waals (1952) versuchte als erster, die Stabilisierung zu erklären. Die Abstoßung zweier sich nähernder Teilchen wurde auf den Verlust an Konformationsentropie der Makromoleküle zurückgeführt (Entropieabstoßung, Volumenrestriktion). Der Einfluß des Lösungsmittels wurde nicht berücksichtigt. Fischer (1958) erkannte die Bedeutung des Lösungsmittels und schuf damit die Grundlage für die späteren Theorien. Wichtige Ansätze zur Weiterentwicklung der Theorie der sterischen Stabilisierung stammten von Meier (1967), Hesselink et al. (1971) und Napper (Evans and Napper, 1973 b; Napper, 1977, 1983). Evans und Napper (1973a) gingen ausführlich auf die Schwachpunkte der vorausgehenden Theorien und die mangelnde Übereinstimmung mit experimentellen Befunden ein. Eine umfassende und anschauliche Darstellung der sterischen Stabilisierung gab Napper (1983).

Wenn sich zwei Teilchen mit ihrer makromolekularen Hülle nähern, sind drei Abstandsbereiche zu unterscheiden (H = Abstand; δ = Konturlänge der makromolekularen Hülle; Abb. 4.14):

$H > 2\delta$: es tritt noch keine Wechselwirkung zwischen den Hüllen auf,
$\delta < H < 2\delta$: die Polymerschichten dringen ineinander („interpenetration domain"),
$H < \delta$: die Polymerschichten dringen nicht nur ineinander, sondern werden gleichzeitig komprimiert („interpenetration-plus-compression domain"; zur Diskussion s. Napper, 1983, S. 267-270).

Bei der Verzahnung wird die Dichte der Segmente erhöht, und Lösungsmittelmoleküle werden aus dem Überlappungsbereich in die Lösung gedrängt. Verzahnung bedeutet Entmischung von Polymersegmenten und Lösungsmittel. In einem guten Lösungsmittel ist sie daher thermodynamisch ungünstig; in einer

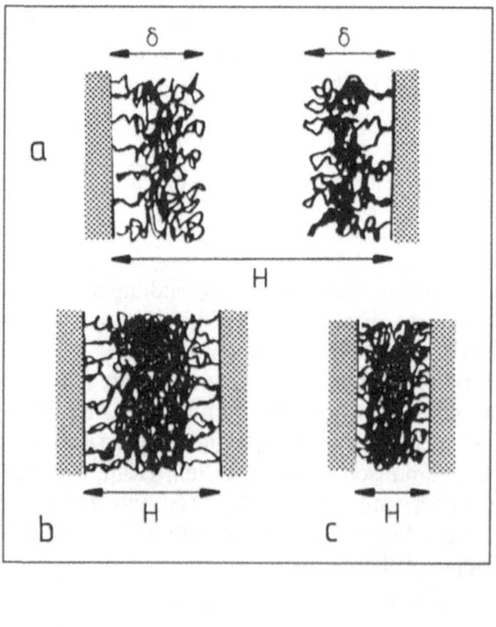

Abb. 4.14 a–c. Zwei Teilchen mit makromolekularer Hülle (H: Abstand der Teilchen, δ: Konturlänge der makromolekularen Hülle) (nach Napper, 1983); **a** keine wechselseitige Durchdringung der Hülle, $H \geq 2\delta$, **b** Durchdringung, $\delta \leq H \leq 2\delta$, **c** Durchdringung und Kompression der makromolekularen Hüllen, $H<\delta$.

„Schlechter-als-Theta-Lösung" wird sie begünstigt. Daher hängt die freie Enthalpie des Systems – und damit die Stabilität – empfindlich von der Lösungsmittelgüte ab. Ein gutes Lösungsmittel verhindert die Verzahnung und erhöht die Stabilität der Dispersion, ein schlechtes Lösungsmittel fördert die Verzahnung und destabilisiert die Dispersion.

Man bezeichnet diese Komponente der sterischen Stabilisierung als Mischungsterm. Vielfach wird auch der Ausdruck osmotischer Term gewählt (Meier, 1967; Hesselink et al., 1971). Bei der Verzahnung wird durch die erhöhte Segmentdichte zwischen den Teilchen das chemische Potential der Lösungsmittelmoleküle im Überlappungsbereich größer als in der Lösung (im Bulk). Diese Potentialdifferenz ist die Ursache eines osmotischen Druckes, der die Teilchen auseinander drückt.

Zusätzlich zum Mischungsterm ist eine freie elastische Energie zu berücksichtigen, die auf den Verlust der Konformationsentropie zurückgeht. Meier (1967) und Hesselink et al. (1971) bezeichneten den elastischen Term als Volumenrestriktion. Die Größe dieses elastischen Terms ist gegenüber dem Mischungsterm sehr klein, da der Volumenbruch der Segmente niedrig ist (<0,05). Die freie Enthalpie im Bereich der Verzahnung (interpenetration) wird daher nahezu ausschließlich durch den Mischungsterm bestimmt.

Der elastische Term erzeugt dagegen unabhängig von der Lösungsmittelgüte eine nicht mehr zu vernachlässigende Abstoßung, wenn $H < \delta$ wird, also die Kompression der makromolekularen Hülle einsetzt. Die freie Energie ist dann $\Delta G_{\mathrm{mix}} + \Delta G_{\mathrm{el}}$, wobei das Vorzeichen von ΔG_{mix} empfindlich vom Lösungsmittel abhängt, ΔG_{el} aber immer positiv ist.

Der Beginn der Destabilisierung einer Dispersion durch Flockung wird primär durch die Vorgänge bei einsetzender Verzahnung bestimmt, d. h. maßgebend ist praktisch nur der Mischungsterm. Natürlich können bei zu hohen Teilchenkonzentrationen Abstände erzwungen werden, die in den Bereich der Kompression fallen. Dabei ist auch der elastische Term zu berücksichtigen. In Fällen unvollständiger sterischer Stabilisierung (deviant flocculation, Kap. 4.8) muß unter Umständen auch der Entropieterm in Betracht gezogen werden.

Die freie Energie der sterischen Wechselwirkung im Bereich der Verzahnung (Mischungsterm) ist für nichtwäßrige Systeme eine Funktion einer geometrischen Größe Γ, des thermodynamischen Faktors t und der Funktion S der Segmentdichteverteilung (Napper, 1983, S. 217ff, S. 270ff):

$$\Delta G = \Gamma \cdot t \cdot S\,. \tag{4.5}$$

Für kugelförmige Teilchen gilt z. B.:

$$\Delta G = 2\,kT\;(V_{\mathrm{S}}^2/V_1)\,(0{,}5 - \chi) \cdot S\,. \tag{4.6}$$

(V_{S}, V_1: Volumen eines Segmentes bzw. eines Lösungsmittelmoleküls).

Die Segmentdichteverteilung wird durch die Konformation der Makromoleküle an der Teilchenoberfläche bestimmt. Diese wiederum hängt ab von

- der chemischen Konstitution des Polymers,
- der chemischen Natur und geometrischen Gestalt der Grenzfläche,

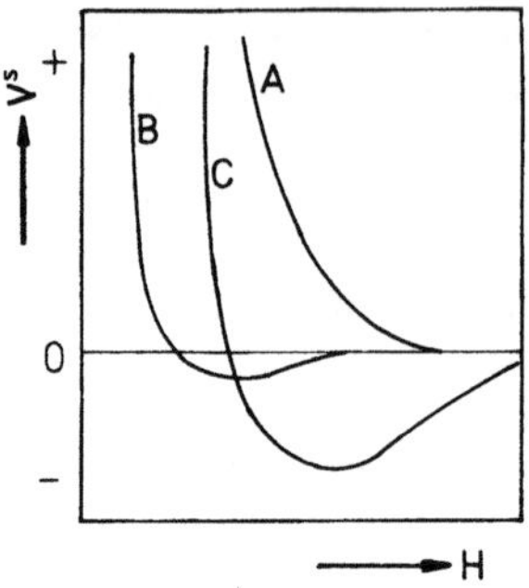

Abb. 4.15. Potentialkurven für sterisch stabilisierte Dispersionen. **A** gutes Lösungsmittel, **B** gutes Lösungsmittel, aber „deviant flocculation", **C** Lösungsmittel schlechter als am Theta-Punkt (nach Napper, 1983)

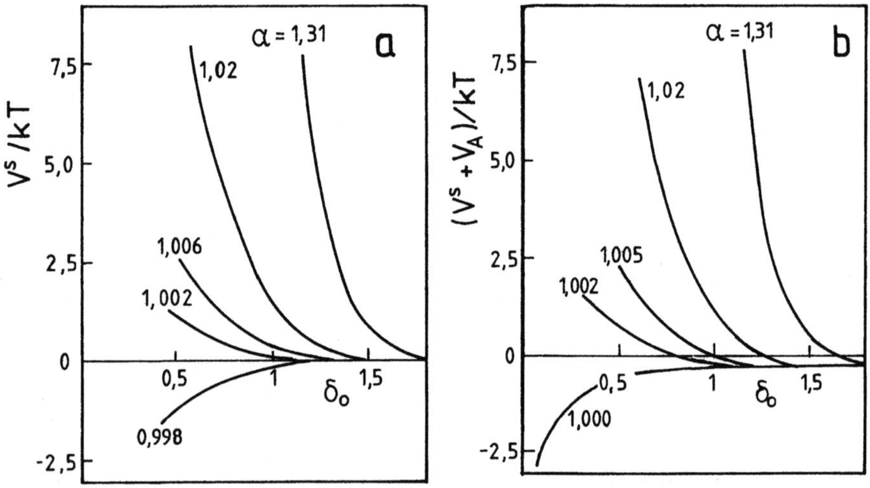

Abb. 4.16 a, b. Potentialkurven berechnet für Polyvinylacetatteilchen, stabilisiert mit Polyethylenoxiden, Molmasse 9,6 · 10^4; Teilchenradius 100 nm; Hamaker-Konstante 3 · 10^{-21} J; $T = 303$ K; δ_0: normierter Abstand der Teilchen (s. Text) (Evans and Napper, 1973 b); **a** V^s, **b** $V^s + V_A$.

- der Zusammensetzung des Lösungsmittels,
- der Aufteilung der Makromoleküle an der Grenzfläche in Züge, Schlaufen und Schwänze und
- der Dichte der Makromoleküle an der Grenzfläche.

Damit gehen zwei der wichtigsten Aspekte der Polymerwissenschaft in die Theorie der sterischen Stabilisierung ein: Konformation der Makromoleküle an der Grenzfläche und ausgeschlossene Volumina, und zwar sowohl intra- als auch intermolekular. Daher wird meist mit vorgegebenen Segmentdichteverteilungen gerechnet (vgl. Abb. 4.17). Die Theorien von Fischer (1958) und Ottewill und Walker (1968) beruhen auf der am wenigsten wahrscheinlichen konstanten Segmentdichte.

Der thermodynamische Faktor t enthält die Größe $(0{,}5 - \chi)$ (Napper, 1983, S. 270 ff). Da also ΔG direkt proportional zu $(0{,}5 - \chi)$ ist, wird die Stabilität einer sterisch stabilisierten Dispersion entscheidend durch die Lösungsmittelgüte bestimmt: Am Theta-Punkt (χ = 0,5) und in „Schlechter-als-Theta-Lösungen" (χ > 0,5) ist die Dispersion instabil.

Der typische Potentialverlauf ist in Abb. 4.15 für ein gutes Lösungsmittel (Kurve **A**) und für eine „Schlechter-als-Theta-Lösung" (Kurve **C**) dargestellt. Dabei wird die Wechselwirkung durch den Mischungsterm bestimmt. Größenordnungsmäßig spielt die Van-der-Waals-Wechselwirkung zwischen den Teilchenkernen keine Rolle. Die Kurven zeigen den entscheidenden Unterschied zur elektrostatischen Stabilisierung: Ein primäres Minimum, das durch eine Aktivierungsbarriere vom sekundären getrennt ist, tritt nicht auf.

Es gibt allerdings einige Fälle, in denen sich die Van-der-Waals-Anziehung auswirkt (Kap. 4.8). Es entstehen Potentialkurven wie **B** in Abb. 4.15. Wenn das Minimum tiefer wird als die kinetische Energie der Teilchen (unter Berücksichtigung der Konformationsentropie der Teilchen, vgl. Napper, 1983, S. 281 ff), koaguliert die Dispersion. Es handelt sich um eine schwache Koagulation (weak coagulation) in einer „Besser-als-Theta-Lösung".

Als numerische Beispiele sind in Abb. 4.16 die Wechselwirkungsenergien V^s und $V^s + V_A$ für Latexteilchen dargestellt, die mit Polyethylenoxid stabilisiert wurden. Es wird deutlich, daß die Van-der-Waals-Wechselwirkung nur von geringem Einfluß ist (Evans und Napper, 1973 b; Napper, 1983, S. 125).

Weiterhin folgt aus der Abhängigkeit von ΔG von $(0{,}5 - \chi)$, daß

- die Destabilisierung nicht von der Molmasse des Polymeren abhängt und
- unabhängig vom Teilchenradius ist, da sie durch die Theta-Bedingung erfolgt.

4.6 Berechnung der sterischen Wechselwirkung

Die Berechnung der sterischen Stabilisierung ist nicht so leicht durchzuführen wie die der elektrostatischen Wechselwirkung. Einmal sind die zur Verfügung stehenden Formeln Näherungsbeziehungen unter Voraussetzungen, die in der Praxis oft nicht erfüllbar sind. Eine bessere Anpassung ist denkbar, aber mit einem zu hohen mathematischen Aufwand verbunden. Zum anderen sind die notwendigen Größen, die die Polymerhülle charakterisieren, meist nicht genau genug bekannt. Dies schränkt z. B. die Anwendung der Gittertheorie von Scheutjens und Fleer (z. B. Fleer et al., 1988) auf praktische Systeme ein.

Die Wechselwirkung $V_T = V^s + V_A$ in Abb. 4.15 wurde nach:

$$V_T = \frac{(2\pi)^{5/2}}{27} \langle r^2 \rangle^{3/2} \nu^2 (\alpha^2 - 1)\, a S kT - \frac{Aa}{12 \langle r^2 \rangle^{1/2} \delta_0} \tag{4.7}$$

berechnet (Evans and Napper, 1973 b). Darin beziehen sich der quadratisch gemittelte End-zu-End-Abstand $\langle r^2 \rangle^{1/2}$ und der Expansionsfaktor α auf die Struktur des Polymers in der Lösung. ν ist die Zahl der Polymerketten, die pro Flächeneinheit am Teilchen angeheftet sind, a der Teilchenradius, A die effektive Hamaker-Konstante und $\delta_o = H/\langle r^2\rangle^{1/2}$ der normierte Abstand zwischen den Teilchen. S ist ein Geometriefaktor (Hesselink et al., 1971), der von der Wahl der Polymerkonformation (Schlaufen oder Schwänze) und δ_o abhängt und von Evans and Napper (1973 a) tabelliert wurde. Der genaue Wert von ν müßte aus Adsorptionsmessungen abgeleitet werden. In erster Näherung kann ν durch $\langle r^2\rangle$ abgeschätzt werden: $\nu \approx \langle r^2\rangle$ (Evans und Napper, 1973 a).

Pragmatischer sind die von Vincent und Mitarbeitern auf der Basis der Napperschen Theorie abgeleiteten Formeln, die mit einem Minimum an Inputdaten auskommen (Vincent et al., 1986 a).

Für Abstände $\delta < H < 2\delta$ (Abb. 4.14) ist der Mischungsanteil V^s_{mix} maßgebend. Er hängt natürlich vom Segmentdichteverlauf ϕ_2^a in der Polymerhülle ab. Die vier in der Gruppe von Vincent benutzten Funktionen sind in Abb. 4.17 dargestellt. Ein Maximum in der Segmentdichteverteilung wurde z. B. für Polystyrolketten an SiO_2 in CCl_4 gefunden (Barnet et al., 1982).

Für die verschiedenen Segmentdichtefunktionen ergeben sich bei $\delta < H < 2\delta$, $H \ll a$ folgende Mischungsbeiträge V^s_{mix}:

konstante Segmentdichte (Abb. 4.17, **A**):

$$V^s_{mix} = \frac{4\pi a kT}{v_1} (\bar{\phi}_2^a)^2 (0,5 - \chi) \left(\delta - \frac{H}{2}\right)^2 \qquad (4.8a)$$

lineare Abnahme der Segmentdichte (Abb. 4.17, **B**):

$$V^s_{mix} = \frac{16\pi a kT}{3 v_1 \delta^2} (\bar{\phi}_2^a)^2 (0,5 - \chi) \left(\delta - \frac{H}{2}\right)^4 \qquad (4.8b)$$

Homopolymer (Abb. 4.17, **C**):

$$V^s_{mix} = \frac{32\pi a kT}{5 v_1 \delta^4} (\bar{\phi}_2^a)^2 (0,5 - \chi) \left(\delta - \frac{H}{2}\right)^6 \qquad (4.8c)$$

mit Schwänzen (Abb. 4.17, **D**):

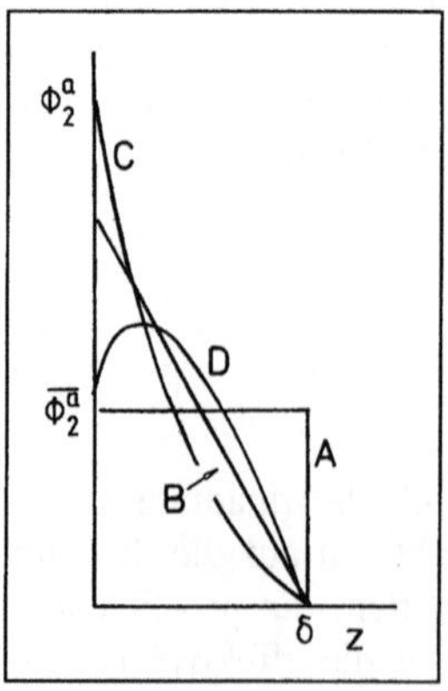

Abb. 4.17. Funktionen für den Segmentdichteverlauf in der makromolekularen Hülle. ϕ_2^a, Volumenbruch der Segmente in der makromolekularen Hülle der Dicke δ; $\overline{\phi_2^a}$ Mittelwert. **A** konstante Dichte, **B** linear, **C** Homopolymer, **D** mit Schwänzen (Vincent et al., 1986 a).

$$V^s_{\text{mix}} = \frac{32\,\pi\,a\,kT}{5\,v_1\,\delta^4}\,(\bar{\phi}^a_2)^2\,(0{,}5-\chi)\left[10\,\delta^2\left(\delta-\frac{H}{2}\right)^4 - 12\,\delta\left(\delta-\frac{H}{2}\right)^5 + 3\left(\delta-\frac{H}{2}\right)^6\right] \tag{4.8d}$$

Darin ist v_1 das molare Volumen des Lösungsmittels, $\overline{\phi^a_2}$ der mittlere Volumenbruch der Segmente in der adsorbierten Schicht, δ die Dicke der Polymerhülle, H der Abstand zwischen den Teilchenoberflächen (Abb. 4.14) und χ der Flory-Huggins-Parameter (Kap. 4.2). Bei Abständen $0 < H < \delta$ ist neben dem Mischungsterm (der dann auch anders von H abhängt als in Gleichung 4.8) der elastische Term zu berücksichtigen (s. hierzu Vincent et al., 1980).

4.7 Kritische Flockungspunkte

Sterisch stabilisierte Dispersionen können nur durch Verschlechterung der Lösungsmittelgüte destabilisiert werden. Dies läßt sich durch Änderung der Zusammensetzung des Lösungsmittels, der Temperatur und des Druckes erreichen. Zum Lösungsmittel muß eine Komponente zugesetzt werden, die mit diesem mischbar ist, aber für die stabilisierenden Makromoleküle ein Nichtlösungsmittel darstellt. Die Lösungsmittelgüte wäßriger Dispersionen kann auch durch Zusatz von Salzen herabgesetzt werden. Druckveränderungen können ebenfalls destabilisierend wirken. Die Temperaturabhängigkeit der Stabilität ist unterschiedlich (s.u.). Manche Dispersionen werden beim Erwärmen instabil, andere flocken beim Abkühlen und wieder andere beim Erwärmen *und* Abkühlen. Einige Systeme können überhaupt nicht durch Temperaturänderung destabilisiert werden.

Destabilisierung beim Abkühlen wurde z.B. bei Latices beobachtet, die mit bestimmten Copolymeren stabilisiert waren (Buscall, 1981) und bei Emulsionen (s.u.).

Es werden folgende kritische Flockungspunkte beobachtet:

- kritisches Flockungsvolumen: Zusatz eines Nichtlösungsmittels (Tabelle 4.1),
- kritischer Flockungsdruck: Flockung durch Druckveränderung,
- obere kritische Flockungstemperatur: Flockung durch Temperaturerhöhung,
- untere kritische Flockungstemperatur: Flockung durch Temperaturerniedrigung.

Die kritische Flockungstemperatur ist nach der Theorie mit der Theta-Temperatur identisch. In den Tabellen 4.2 und 4.3 sind die kritischen Flockungstemperaturen und Theta-Temperaturen einiger nichtwäßriger Dispersionen angegeben.

Die Temperaturabhängigkeit der Flockung folgt aus der Beziehung:

$$\Delta G_F = \Delta H_F - T\,\Delta S_F\,. \tag{4.9}$$

ΔG_F ist die Änderung der freien Energie, wenn sich zwei Teilchen nähern (freie Energie der Flockung). Damit eine Dispersion stabil ist, muß $\Delta G_F > 0$ sein. Aus $\partial(\Delta G_F)/\partial T = -\Delta S_F$ folgt für $\Delta S_F > 0$, daß mit steigender Temperatur die Stabili-

Tabelle 4.1. Kritische Flockungsvolumina v_K von Alkoholen in n-Heptan und Theta-Zusammensetzung (Vol% Alkohol) für das stabilisierende Polymer in Wasser/Alkohol (Napper, 1983).

Stabilisierende Segmente	Molmasse	Flockungsmittel	T [K]	v_K Vol% Alkohol	Thetapunkt Vol % Alkohol
Poly(laurylmethacrylat)	25000	Ethanol	249	31	33
			313	51	51
		Propanol	274	56	52
			297	70	67
Poly(12-hydroxystearinsäure)	1750	Ethanol	274	40	39
			313	58	59
		Propanol	274	61	65
		n-Butanol	274	74	81
Poly(isobutylen)	2350	Ethanol	294	20	20
Poly(dimethylsiloxan)	11200	Ethanol	340	49	49
	29800	Ethanol	340	49	49

Tabelle 4.2. Kritische Flockungstemperatur T_K wäßriger Dispersionen und Theta-Temperatur θ des im Dispersionsmittel gelösten stabilisierenden Polymers (Napper, 1983).

Stabilisierende Segmente	Molmasse	Dispersionsmittel	o/u[1]	T_K	θ [K]
Poly(oxyethylen)	1400	0,39 M $MgSO_4$	o	317	330
	10000			318	319
	23000			314	315
	96000			316	315
	315000			315	314
	1000000			317	315
Poly(acrylsäure)	9800	0,2 M HCl	u	287	287
	19300			289	289
	89700			281	287
Poly(vinylalkohol)	26000	2 M NaCl	o	320	300
	57000			301	300
	270000			312	300
Poly(acrylamid)	18000	2,1 M $(NH_4)_2SO_4$	u	292	
	60000			295	
	180000			280	

[1] o, u: obere bzw. untere Flockungstemperatur, d. h. die Dispersionen werden beim Erwärmen (o) bzw. Abkühlen (u) instabil.

tät abnimmt und die obere Flockungstemperatur erreicht wird (enthalpiestabilisiertes System). Für $\Delta S_F > 0$ ist $\partial(\Delta G_F)/\partial T < 0$ und das System ist erst oberhalb einer bestimmten Temperatur (untere Flockungstemperatur) stabil (entropiestabilisiertes System). Die Kombinationen von ΔH_F und ΔS_F, die in bestimmten Temperaturbereichen zu $\Delta G_F > 0$ führen, sind:

ΔH_F	ΔS_F	$\Delta H_F / T\Delta S_F$	Typ	Flockung
+	+	> 1	enthalpisch	beim Erwärmen
–	–	< 1	entropisch	beim Abkühlen
+	–	<,> 1	enthalpisch-entropisch	nicht möglich

Im letzten Fall wird ΔG für alle Werte von $T\Delta S_F$ positiv, und Flockung ist durch Temperaturänderung nicht möglich. March und Napper (1977) gaben ein schönes Beispiel für die Temperaturabhängigkeit der Stabilität von Emulsionen (Tabelle 4.4). Enthalpisch bzw. entropisch stabilisiert bedeutet Flockung mit steigender bzw. abnehmender Temperatur.

Die Stabilität wäßriger, sterisch stabilisierter Dispersionen nimmt meistens beim Erwärmen ab (enthalpische Stabilisierung). Polyethylenoxide verhalten sich enthalpiestabilisierend in wäßrigen Dispersionen und entropiestabilisierend in Methanol. Mit steigendem Zusatz von Methanol zu Wasser (oder umgekehrt) wird ein gleichzeitig enthalpie- und entropiestabilisierter Bereich durchschritten, in dem daher Flockung durch Temperaturänderung nicht möglich ist. Ähnliches gilt für Polyvinylalkohol in Wasser/Dioxan.

Neben der ausgeprägten Abhängigkeit der Stabilität von der Lösungsmittelzusammensetzung und der Temperatur seien einige weitere Parameter diskutiert.

Teilchenzahldichte. Die Flockung ist in Übereinstimmung mit der Theorie von der Teilchenzahldichte unabhängig. Ausnahmen werden beobachtet, wenn die Molmasse der Makromoleküle niedrig und die Teilchendurchmesser groß sind. Es kommt dann bereits in „Besser-als-Theta-Lösungen" zur Destabilisierung. Ursache ist der Einfluß der Van-der-Waals-Wechselwirkungen bei unvollständig ab-

Tabelle 4.3. Kritische Flockungstemperaturen T_K nichtwäßriger Dispersionen und Theta-Temperatur θ des im Dispersionsmittel gelösten stabilisierenden Polymers (Napper, 1983).

Stabilisierende Segmente	Molmasse	Dispersions-mittel	o/u[1]	T_K	θ [K]
Poly(isobutylen)	23 000	2-Methylbutan	o	325	325
	150 000		o	325	325
	760 000		o	327	318
	760 000	2-Methylhexan	o	423	426
	760 000	Cyclopentan	o	455	461
Poly(α-methylstyrol)	9 400	n-Butylchlorid	u	254	263
			o	403	412
Polystyrol	110 000	Cyclopentan	u	280	293
			o	410	427
Polystyrol	6 000	n-Butylformiat	u	264	264
	22 600		u	264	264
Poly(dimethylsiloxan)	3 200	n-Heptan/	u	340	340
	11 200	Ethanol (51:49 v/v)	u	340	340
	48 000		u	338	340

[1] s. Tabelle 4.2.

Tabelle 4.4. Kritische Flockungstemperaturen T_K sterisch stabilisierter Emulsionen (March and Napper, 1977) und Theta-Temperaturen θ des im Dispersionsmittel gelösten stabilisierenden Polymers.

Emulsionstyp	stabilisierende Segmente[1)]	Ankersegmente[1)]	dispergierte Phase	Dispersionsmittel	Flockung beim	Stabilitätstyp	T_K	θ [K]
O/W	PEO	PVAc	Toluol	0,39 M $MgSO_4$	Erhitzen	enthalpisch	318	318
O/W	PVA	PVAc	Toluol	2 M NaCl	Erhitzen	enthalpisch	297	299
O/W	PAM	PVAc	Toluol	2,1 M $(NH_4)_2SO_4$	Abkühlen	entropisch	297	298
O/W	PA	PVAc	Toluol	0,2 M HCl	Abkühlen	entropisch	298	287
W/O	PLM	PA	Wasser	n-Pentanol	Abkühlen	entropisch	301	303
W/O	PS	PEO	Wasser	Cyclohexan	Abkühlen	entropisch	308	307

[1)] PEO: Poly(ethylenoxid), PVA: Poly(vinylalkohol), PAM: Poly(acrylamid), PA: Poly(acrylsäure), PLM: Poly(laurylmethacrylat), PS: Polystyrol

gedeckter Oberfläche (vgl. Abb. 4.15, Kurve **B**; deviant flocculation, Kap. 4.8). Der Prozeß ist eher eine Koagulation als eine Flockung. Verdünnte Dispersionen sind stabiler als konzentrierte, weil die Konfigurationsentropie der Teilchen in diesem Fall merklich zur Stabilität beiträgt (Napper, 1983, S. 169).

Ankergruppen. Die chemische Natur der Ankergruppe hat auf den kritischen Flockungspunkt keinen Einfluß.

Teilchengröße. Der kritische Flockungspunkt ist unabhängig von der Teilchengröße, solange die Molmasse nicht zu hoch und die Teilchen nicht zu groß sind. Abweichungen haben die gleiche Ursache wie im Falle der Teilchenzahldichte.

Oberflächenbelegung. Bei zu geringer Abdeckung der Oberfläche durch die Makromoleküle kann es wiederum zu einem erheblichen Einfluß der Van-der-Waals-Wechselwirkungen kommen und Flockung bereits in „Besser-als-Theta-Lösungen“ erfolgen. Die obere Flockungstemperatur liegt dann unter der Theta-Temperatur bzw. wenn eine untere Flockungstemperatur beobachtet wird, über der Theta-Temperatur.

Molmasse. Die Flockungspunkte sind von der Molmasse unabhängig, sofern diese genügend hoch ist (einige Tausend; vgl. Tab. 6.6 in Napper, 1983).

4.8 Einfluß der Van-der-Waals-Wechselwirkung

Der Napperschen Theorie zufolge ist der kritische Flockungspunkt mit dem Theta-Punkt zu identifizieren. Die Gültigkeit dieser Annahme ist durch sehr viele Messungen belegt. In folgenden Fällen können Ausnahmen auftreten:

- die stabilisierenden Makromoleküle sind nicht fest genug oder überhaupt nicht verankert,
- die Abdeckung der Oberfläche ist nicht vollständig,
- die stabilisierende Schicht ist zu dünn.

Napper (1983) faßt diese Einflüsse unter „deviant flocculation“ zusammen.

Optimale sterische Stabilisierung wird nur erreicht, wenn die Makromoleküle fest mit der Teilchenoberfläche verbunden sind. Die wichtigsten Möglichkeiten sind Ankoppelung über kovalente Bindungen oder Adsorption über Ankergruppen, die mit dem Teilchenmaterial besser verträglich sind als mit dem Dispersionsmittel, d. h. in diesem schlecht löslich sind.

Makromoleküle, die nicht fest genug gebunden sind, können während einer Brownschen Kollision der Teilchen durch laterale Verschiebung oder Desorption aus der Kontaktzone abgedrängt werden. Die Teilchen nähern sich dann weiter, bis die Van-der-Waals-Wechselwirkung einsetzt und bereits in „Besser-als-Theta-Lösungen“ zur Koagulation führt (Verdrängungskoagulation, displacement coagulation). Diese Art der Koagulation läuft weitgehend irreversibel ab. Unter Umständen spielt als Folgereaktion auch Verbrückung eine Rolle.

Infolge der besseren Beweglichkeit an der Flüssig/flüssig-Oberfläche kommt der Verankerung der stabilisierenden Makromoleküle bei Emulsionen eine besondere Bedeutung zu. Bei einer mit Polystyrol-Polyethylenoxid-Blockpolymeren stabilisierten Toluol-Wasser-Emulsion stieg die obere Flockungstemperatur mit zunehmendem Anteil des Ankerpolymers Polystyrol an, bis bei ausreichender Verankerung eine konstante Flockungstemperatur erreicht wurde, die sehr nahe bei der Theta-Temperatur von Polyethylenoxid in Wasser lag (313 K; Abb. 4.18).

Unvollständige Abdeckung der Oberfläche führt ebenfalls zur Koagulation in „Besser-als-Theta-Lösungen“. Auch bei ursprünglich gleichmäßiger Verteilung der Makromoleküle können durch laterale Verschiebungen während der Annäherung zweier Teilchen größere Oberflächenbereiche von Makromolekülen entblößt werden und die Koagulation unter Einfluß der Van-der-Waals-Kräfte fördern. Hierbei kann es unter Umständen zur Verbrückung kommen.

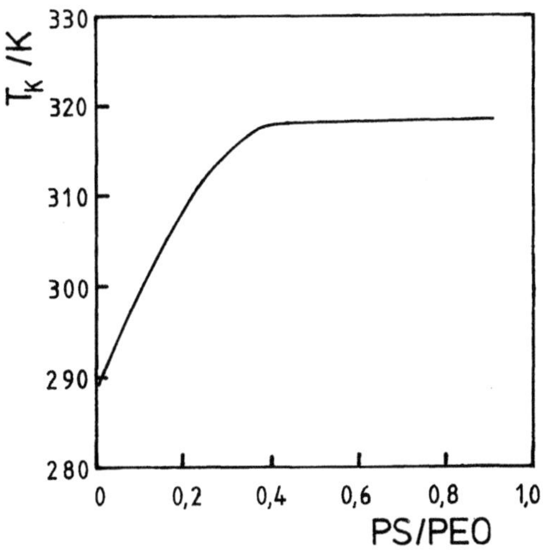

Abb. 4.18. Kritische Flockungstemperatur T_K von Toluol/Wasser-Emulsionen (0,39 M $MgSO_4$) in Abhängigkeit des Massenverhältnisses Polystyrol/Polyethylenoxid im Blockpolymer (March and Napper, 1977).

Bei nicht ausreichend dicken makromolekularen Hüllen und genügend starker sterischer Abstoßung entstehen Potentialkurven mit einem flachen Minimum (s. Abb. 4.15, **B**), das mit dem sekundären Minimum elektrostatisch stabilisierter Dispersionen vergleichbar ist. Ist es genügend tief, kann schwache Koagulation (weak coagulation) in „Besser-als-Theta-Lösungen" auftreten.

Im Fall der schwachen Koagulation wird die Stabilität auch von der Teilchengröße, der Teilchenkonzentration und der Molmasse abhängen, was bei voller sterischer Stabilisierung nicht zutrifft.

Der Einfluß der Van-der-Waals-Wechselwirkungen kann sich auch in Abhängigkeit von der Temperatur bemerkbar machen, nämlich dann, wenn sich, wie bei den temperatursensitiven Latices, die Struktur der makromolekularen Hülle mit der Temperatur ändert (Makino et al., 1994; Snowden et al., 1994; Okubo and Ahmad, 1995). Bei Latices aus Poly(styrol-co-N-isopropylacrylamid) zog sich die negativ geladene Hülle aus Poly(N-isopropylacrylamid) bei 33 °C zusammen. Die Teilchen wurden härter, wie aus der Beweglichkeit ermittelt wurde (Kap. 10.10.7). Die weitgehend ungeladene Hülle von Teilchen, die durch zweistufige Polymerisation mit einem nichtionischen Starter in der zweiten Stufe hergestellt worden waren (Kap. 6.6), änderte dagegen ihre Dicke nicht. Sie wurde jedoch weicher, da sich die Polymersegmente lateral stärker bündelten und größere Hohlräume in der Hülle entstanden (Makino et al., 1994).

Snowden et al. (1994) untersuchten die Änderung der Van der Waals-Wechselwirkung beim Schrumpfen carboxylierter bzw. methylierter Poly(N-isopropylacrylamid)-Latices. Die Teilchendurchmesser schrumpften von 265 nm bei 25 °C auf 130 nm bei 50 °C. Im einfachsten Fall gilt für die Hamaker-Konstante in Analogie zu Gleichung 2.29:

$$A = (\phi \sqrt{A_p} + (1 - \phi) \sqrt{A_w})^2 \tag{4.10}$$

wobei A_p die Hamaker-Konstante des Polymers und A_w die des Wassers ist. ϕ bezeichnet den mittleren Volumenanteil des Polymers in den gequollenen Latexteilchen, der sich aus dem Teilchendurchmesser vor (a_1) und nach der Schrumpfung (a_2 = hard sphere diameter) ergibt:

$$\phi = (a_2/a_1)^3 .$$

Da $A_p > A_w$ ist, und der Anteil des Polymeren bei der Schrumpfung zunimmt, wird die Van-der-Waals-Wechselwirkung mit steigender Temperatur größer und die Salzstabilität geringer. Bei einem NaCl-Gehalt von $5 \cdot 10^{-2}$ M flockten die Dispersionen oberhalb 36 °C (methylierte Form) bzw. 43 °C (carboxylierte Form).

Latexdispersionen können bei einer bestimmten Temperatur auch dadurch destabilisiert werden, daß ein Koagulationsmittel zugesetzt wird, das bei Zimmertemperatur nicht destabilisiert. Zum Beispiel beschrieben Goossens und Vogt (1990) die temperatursensible Koagulation von Latices aus 35 % Acrylonitril, 61 % Butadien und 4 % Methacrylsäure (jeweils Massenanteile) in Gegenwart eines silylierten Polyethers. Die Stabilität der Latexdispersion beruhte auf der elektrostatischen und sterischen Wechselwirkung infolge der aus der Teilchenoberfläche herausgewachsenen Haare. Bei niedrigem pH-Wert oder höherer Temperatur kam es zu stärkeren Wechselwirkungen zwischen den COOH-Gruppen der Haare und dem Polyether, die zu einer Kompression der makromolekularen Hülle und zu einer Abnahme der Stabilität führten. Die verstärkte Wechselwirkung bei erhöhter Temperatur war durch die abnehmende Hydration der Polyethermoleküle bedingt.

4.9 Verstärkte sterische Stabilisierung

Schwierig zu verstehen sind einige Befunde, bei denen sterisch stabilisierte Systeme auch noch unter „Schlechter-als-Theta-Bedingungen" stabil sind (enhanced steric stabilization; Napper, 1983, S. 182 ff.; Tadros, 1982). Zwei Schulbeispiele sind in Abb. 4.19 und 4.20 dargestellt. In der ersten Abbildung sind die oberen Flockungstemperaturen wäßriger Dispersionen unterschiedlich hoch geladener Latices als Funktion der Menge des Stabilisators Polyethylenoxid aufgetragen (Dobbie et al., 1973). Bei den ungeladenen Polyvinylacetatlatices (Abb. 4.19, **A**) und den Polystyrollatices mit geringer Oberflächendichte von Carboxylgruppen stieg die kritische Flockungstemperatur mit zunehmender Stabilisatormenge an und erreichte ein Plateau, das genau bei der Theta-Temperatur lag. Bei hoher Ladungsdichte (**C**) verhielt sich das System „pathologisch anormal" (Napper, 1983, S. 183). Bei geringen Stabilisatormengen erstreckte sich das Stabilitätsfeld bis nahezu 20 K über die Theta-Temperatur. Vollständig im „Schlechter-als-Theta-Bereich" lagen die oberen Flockungspunkte von Polystyrollatices, die mit Polyvinylalkohol in 1 M KCl stabilisiert worden waren (Abb. 4.20) (Tadros, 1982).

Die Mechanismen der verstärkten sterischen Stabilisierung sind noch nicht genau bekannt. Diese scheint aufzutreten, wenn die Segmentdichte der Makromoleküle mit wachsender Entfernung nahezu exponentiell abnimmt. Das bedeutet, daß die äußeren Bereiche der Hülle nur so wenige Segmente enthalten, daß auch am Theta-Punkt die Attraktion zwischen den Segmenten zweier aufeinandertreffender Teilchen nicht zur Destabilisierung ausreicht. Damit die Dispersion flockt, muß der Zustand deutlich schlechter als am Theta-Punkt werden, d. h. die obere Flockungstemperatur liegt über dem Theta-Punkt.

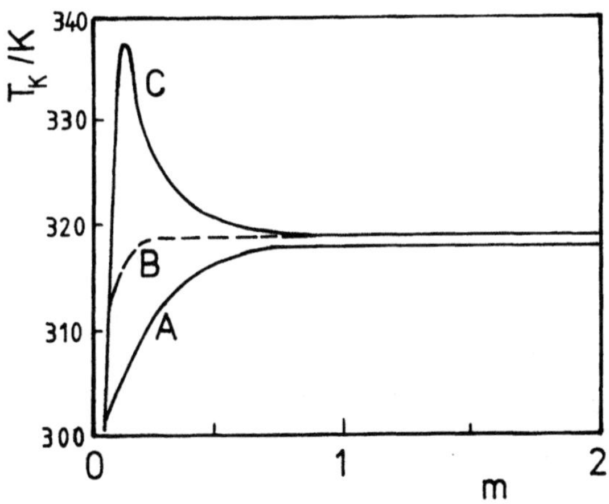

Abb. 4.19. Obere kritische Flockungstemperatur T_K von Latexdispersionen in Abhängigkeit vom Massenverhältnis m von Stabilisator (Polyethylenoxid) und Teilchen (Dobbie et al., 1973). **A** Polyvinylacetatpartikel **B**, **C** Polystyrollatices mit niedriger und hoher Carboxylgruppendichte.

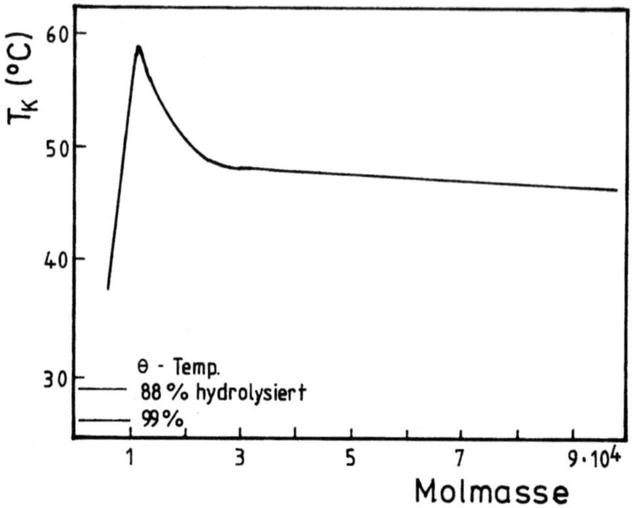

Abb. 4.20. Obere kritische Flockungstemperatur T_K von Polystyrollatices, stabilisiert mit partiell hydrolysiertem Polyvinylacetat, in Abhängigkeit von dessen Molmasse in wäßriger 1 M KCl-Lösung (Tadros, 1982).

Der Unterschied zur „deviant flocculation" besteht darin, daß die Van-der-Waals-Wechselwirkung infolge der hohen Segmentdichte an der Teilchenoberfläche nicht zum Tragen kommt. Möglicherweise nähern sich die Teilchen soweit, daß auch die Entropieabstoßung zur Stabilisierung beiträgt (zur Diskussion s. Napper, 1983, S. 187 ff.; Tadros, 1982).

4.10 Sterische Stabilisierung durch Polyelektrolyte

Die sterische Stabilisierung durch Polyelektrolyte ist von beachtlicher technischer Bedeutung. Üblicherweise überlagern sich sterische und elektrostatische Stabilisierung (elektrosterische Stabilisierung). Als Beispiel seien Latexdispersionen aufgeführt, die mit Polyacrylsäure bzw. Polyacrylat stabilisiert wurden (Buscall, 1981). Bei Dissoziationsgraden bis zu etwa 0,4 und hoher Ionenstärke (1,6 M NaCl) wurde die Dispersion beim Abkühlen instabil; die unteren Flockungstemperaturen deckten sich mit den Theta-Temperaturen. Bei nahezu vollständiger Dissoziation traten merkwürdige Effekte auf. Die Dispersion wurde durch 1,2 M NaSCN bei 270 K und 1,6 M NaSCN bei 292 K geflockt. Diese Temperaturen lagen etwas unterhalb der Theta-Temperatur. In 1,5 bis 2,5 M NaI-Lösung wurde die Dispersion instabil, bei höheren Salzkonzentrationen wieder stabil und flockte erneut bei 6 M NaI. Offensichtlich schlagen die Segment-Segment-Wechselwirkungen bei 1,5 M von abstoßend nach anziehend um, werden bei 2,5 M wieder abstoßend und schließlich bei 6 M wieder anziehend.

Bei diesem Verhalten wird deutlich, daß sich die strukturfördernde oder -brechende Wirkung der Salze empfindlich auf die Stabilität auswirken kann. In dem Maße, wie ein Elektrolyt die Lösungsmittelgüte für die stabilisierenden Einheiten herabsetzt, wird die Stabilität erniedrigt. Darüber hinaus können Ionen durch direkte Wechselwirkung mit den geladenen Makromolekülen die Struktur der Hülle verändern und auch dadurch die Stabilität beeinflussen (Kap. 3.2). Die Wirkung der Salze kann der Hofmeister-Reihe (Kap. 3.2) folgen oder nicht.

4.11 Zusammenfassung: Sterische Stabilisierung

Optimale sterische Stabilisierung erfordert eine ausreichende Dicke der Polymerhülle. In diesem Fall ist die Stabilität von der Molmasse der stabilisierenden Makromoleküle, der Teilchengröße und der Teilchenkonzentration unabhängig.

Destabilisierung kann durch Änderung der Lösungsmittelgüte (solvency) erreicht werden, und zwar entweder durch Zugabe eines für die stabilisierenden Makromoleküle unlöslichen Lösungsmittels, so daß das Lösungsmittel schlechter wird, oder durch Temperaturänderung. Am Theta-Punkt werden sterisch stabilisierte Dispersionen instabil.

Polyelektrolytstabilisierte Dispersionen können auch durch Zusatz von Tensiden mit zum Polyelektrolyt entgegengesetzter Ladung geflockt werden (Magdassi and Rodel, 1996).

Temperaturerhöhung kann sowohl stabilisieren als auch destabilisieren. Enthalpisch stabilisierte Systeme werden beim Erwärmen instabil (obere kritische Flockungstemperatur), entropisch stabilisierte Dispersionen werden erst oberhalb einer kritischen Temperatur stabil (untere kritische Flockungstemperatur). Stabilisierung und Destabilisierung sind reversibel.

Optimale sterische Stabilisierung erfordert eine feste Verankerung der stabilisierenden Polymere.

Homopolymere sind im allgemeinen schlechte sterische Stabilisatoren. Die stabilisierenden Einheiten müssen möglichst weit ins Dispersionsmittel reichen, um gute sterische Abstoßung zu erzielen, d. h. das Dispersionsmedium muß ein möglichst gutes Lösungsmittel für das Homopolymer sein. Damit sich dieses aber fest auf der Oberfläche verankert, muß das Lösungsmittel ausreichend schlecht sein – zwei Bedingungen, die einander widersprechen. Homopolymere und statistische Copolymere können allerdings wirksam werden, indem sie mit Oberflächengruppen der Teilchen eine feste Bindung eingehen.

Die besten sterischen Stabilisatoren sind amphipathische Block- oder Graftpolymere. Eine Komponente des Copolymers soll als Ankergruppe dienen und daher weitgehend unlöslich im Dispersionsmittel sein. Die andere sollte sich als der stabilisierende Teil des Makromoleküls gut mit dem Lösungsmittel vertragen (Tabelle 4.5). Die Art der Ankergruppe hat auf die Stabilität keinen Einfluß (s. a. Einarson und Berg, 1992), (Modellberechnungen zur Adsorption von Blockpolymeren s. Wijmans et al., 1994). Polyvinylalkohol gehört zu den bevorzugten Stabilisatoren in wäßrigen Dispersionen. Er ist aber durchweg kein echtes Homopo-

Tabelle 4.5. Stabilisierende und verankernde Segmente für sterisch stabilisierte Dispersionen (Napper, 1983).

Ankersegment	Stabilisierende Segmente
Wäßrige Dispersionen	
Polystyrol	Poly(oxyethylen)
Poly(vinylacetat)	Poly(vinylalkohol)
Poly(methylmethacrylat)	Poly(acrylsäure)
Poly(acrylnitril)	Poly(methacrylsäure)
Poly(dimethylsiloxan)	Poly(acrylamid)
Poly(vinylchlorid)	Poly(vinylpyrrolidon)
Poly(ethylen)	Poly(ethylenimin)
Poly(propylen)	Poly(vinylmethylether)
Poly(laurylmethacrylat)	Poly(4-vinylpyridin)
Nichtwäßrige Dispersionen	
Poly(acrylnitril)	Polystyrol
Poly(oxyethylen)	Poly(laurylmethacrylat)
Poly(ethylen)	Poly(12-hydroxystearinsäure)
Poly(propylen)	Poly(dimethylsiloxan)
Poly(vinylchlorid)	Poly(isobutylen)
Poly(methylmethacrylat)	*cis*-1,4-Poly(isopren)
Poly(acrylamid)	Poly(vinylacetat)
	Poly(methylmethacrylat)
	Poly(vinylmethylether)

lymer, sondern aufgrund seiner Herstellung durch Hydrolyse von Polyvinylacetat ein Copolymer, das oft merklichen Blockcharakter besitzt. Manche Polymere können sowohl in wäßriger als auch in organischer Phase stabilisieren, z. B. kammförmige Polymere folgender Art (Yu and Somasundaran, 1994):

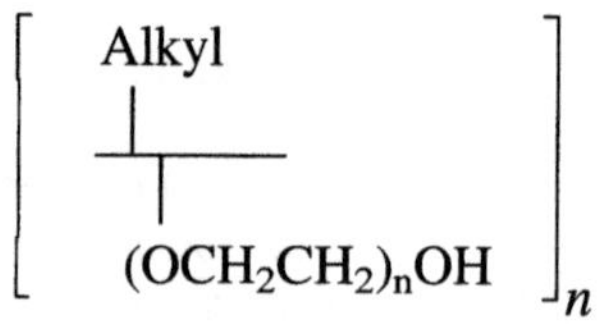

Vorteile der sterischen Stabilisierung sind:

- Stabilisierung kann gleichermaßen in wäßrigen und nichtwäßrigen Dispersionen erfolgen.
- Die Flockung ist reversibel.
- Die Stabilität ist weitgehend salzunabhängig bzw. die kritischen Salzkonzentrationen liegen weit oberhalb derjenigen elektrostatisch stabilisierter Systeme.
- Die sterische Stabilisierung ist bei niedrigen und hohen Feststoffkonzentrationen gleichermaßen wirksam. Während elektrostatisch stabilisierte Dispersionen bei höheren Feststoffgehalten häufig Gele bilden, steigt die Viskosität bei sterischer Stabilisierung wesentlich schwächer an, so daß die Dispersionen bei hohen Feststoffgehalten vergleichsweise dünnflüssig bleiben.

4.12 Verarmungseffekte

Gelöste, nicht adsorbierende Makromoleküle destabilisieren eine Dispersion häufig (depletion flocculation). Bei hohen Polymerkonzentrationen kann die Dispersion wieder stabil werden. Die Destabilisierung führt zur Phasentrennung oder Flockung, wobei beide reversibel ablaufen und durch ähnliche Prozesse bestimmt werden. Eine größere Zahl von Untersuchungen geht auf Vincent und Mitarbeiter zurück. Vulkankurven sind typisch für den Einfluß des Polymergehaltes auf die Stabilität der Dispersion (Abb. 4.21). Dargestellt ist der reziproke Stabilitätsfaktor $1/W$ für Latexteilchen, die mit Polyethylenoxid stabilisiert worden waren, in Abhängigkeit vom Polyethylenoxidgehalt in der Lösung (Cowell et al., 1978). Oberhalb einer kritischen Volumenkonzentration trat ein scharfes Instabilitätsmaximum auf. In Gegenwart größerer Polymermengen blieb die Dispersion stabil. Die zur Flockung notwendige kritische Polymerkonzentration nahm mit zunehmender Molmasse ab.

In den beschriebenen Systemen waren die Teilchen von einer makromolekularen Hülle umgeben („weiche" Teilchen). Natürlich können auch Dispersionen aus „harten" Teilchen (Teilchen ohne makromolekulare Hülle oder solche mit angebundenen, dicht gepackten Alkylketten wie SiO_2-g-C_{18}; Kap. 5.9, S. 186) durch gelöste Polymere geflockt werden. Die theoretische Behandlung der Verarmungsphänomene ist für harte Teilchen sogar weiter entwickelt als für weiche (Vincent et al., 1988; van Lent et al., 1990). Ein Beispiel für die Verarmungsflockung in elektrostatisch stabilisierten Systemen ist der Zusatz von Hydroxyethylcellulose als lösliches Polymer zu wäßrigen Polystyroldispersionen (Sperry et al., 1981). Die Flokkung kann durch Verdünnung unter die kritische Volumenkonzentration des gelösten Polymers oder auch durch Scherung rückgängig gemacht werden.

Man kann sich vorstellen, daß auch sehr kleine, hydrophile feste Teilchen in einem Ensemble großer Teilchen durch Verarmungseffekte destabilisierend wirken. Auch die Destabilisierung von SiO_2-Solen durch Mizellen anionischer Tenside wurde beschrieben (Kap. 3.10, S. 105). Ebenso können Mizellen O/W-Emulsionen destabilisieren (Mondain-Monval et al., 1995).

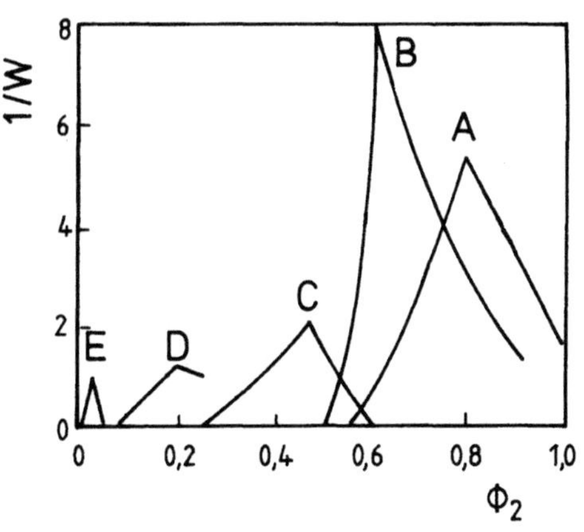

Abb. 4.21. Reziproke Stabilitätsfaktoren von Latexdispersionen, stabilisiert durch angebundenes PEO in Abhängigkeit von der Konzentration an freiem PEO, ausgedrückt durch den Volumenbruch ϕ_2 (Cowell et al., 1978). Molmasse des gelösten PEO: **A** : 200, **B** : 600, **C** : 4000, **D** : 10000, **E** : 30000.

Als erste versuchten Asakura und Oosawa (1954, 1958), die Destabilisierung durch gelöste Polymere zu erklären. Später verfeinerten Feigin und Napper (1980) das Modell und sagten eine Restabilisierung bei hohen Polymerkonzentration voraus. Sie nahmen an, daß die Stabilisierung auf der Ausbildung einer Aktivierungsbarriere beruhen und damit ein kinetischer Effekt sei.

Der entscheidende Fortschritt im Verständnis der Verarmungseffekte wurde von Fleer et al. (1984) erzielt. Wenn die Oberfläche zweier harter Teilchen mit einer Polymerlösung in Kontakt kommt, entsteht eine Verarmungszone der Dikke Δ, in der die Polymerkonzentration kleiner als in der freien Lösung ist (Abb. 4.22, **A**). Ursache ist die Verringerung der Konformationsentropie der Makromoleküle nahe der Grenzfläche, die bei nichtadsorbierenden Polymeren durch die Adsorptionsenergie nicht kompensiert wird. Ist der Plättchenabstand deutlich größer als 2Δ, erreicht die Polymerkonzentration zwischen den Teilchen noch den Wert in der Lösung und die Wechselwirkungsenergie ist Null (Abb. 4.22, **A**). Bei $H < 2\Delta$ befinden sich keine Makromoleküle mehr zwischen den Plättchen (Abb. 4.22, **C**, **D**). Wenn jetzt H abnimmt, diffundiert Lösungsmittel aus dem Raum zwischen den Teilchen in die Lösung. Jedes Lösungsmittelmolekül, das in die Lösung übergeht, verschiebt die freie Energie in Richtung größerer negativer Werte. Bei plättchenförmigen Teilchen ist die Abnahme von H der Zahl dieser Lösungsmittelmoleküle proportional. In diesem Fall sinkt die freie Energie des Systems (pro Flächeneinheit) bei $H < 2\Delta$ linear mit H (Abb. 4.22).

Die Berechnung der aus diesen Prozeß resultierenden attraktiven Wechselwirkungsenergie ist für harte kugelförmige Teilchen recht einfach (Vincent et al., 1986a; Vincent, 1990):

$$V^{\text{dep}} = 2\pi a \left(\frac{\mu_1 - \mu_1^0}{v_1} \right) \left(\Delta - \frac{H}{2} \right)^2 \left(1 + \frac{2\Delta}{3a} + \frac{H}{6} \right), \tag{4.11a}$$

für $\Delta \ll a$, $H \ll a$ (Derjaguinsche Näherung) gilt:

$$V^{\text{dep}} = 2\pi a \left(\frac{\mu_1 - \mu_1^0}{v_1} \right) \left(\Delta - \frac{H}{2} \right)^2 \tag{4.11b}$$

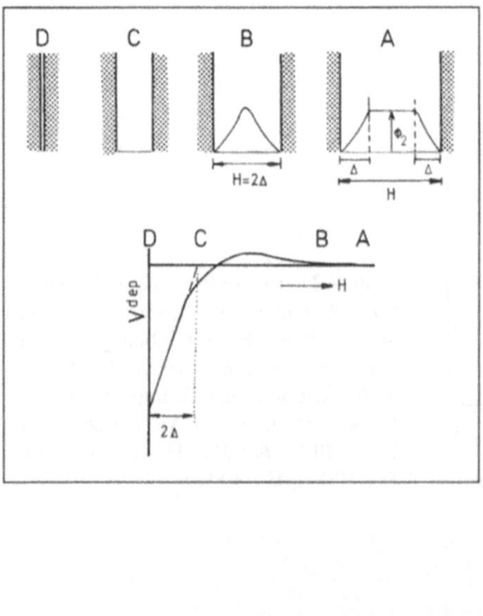

Abb. 4.22. Destabilisierung durch Verarmung. Segmentkonzentration zwischen zwei harten Teilchen und Potentialkurve in Abhängigkeit vom Abstand H. Bei Abständen $H<2\Delta$ werden die Makromoleküle aus dem Raum zwischen zwei Teilchen herausgezogen und die Wechselwirkung zwischen den Teilchen wird anziehend. Δ ist die Reichweite der Verarmung (nach Vincent et al., 1986a).

Darin ist $(\mu_1 - \mu_1^0)/v_1$ der osmotische Druck der makromolekularen Lösung. μ_1 bzw. μ_1^0 sind die chemischen Potentiale der Lösungsmittelmoleküle in der Polymerlösung bei ϕ_2 bzw. in reinem Lösungsmittel. v_1 bezeichnet das molare Volumen des reinen Lösungsmittels. Nach Flory und Huggins beträgt der osmotische Druck bei ϕ_2, dem Volumenbruch des Polymers in der Lösung:

$$P_2 = -\left(\frac{\mu_1 - \mu_1^0}{v_1}\right) = \frac{kT}{v_1}\left[\left(1 - \frac{1}{r_2}\right)\phi_2 + \ln(1-\phi_2) + \chi(\phi_2)^2\right]. \tag{4.12}$$

Darin ist r_2 die effektive Kettenlänge, also die Zahl der statistischen Segmente, und χ der Flory-Huggins-Parameter. Die Reichweite Δ hängt von ϕ_2 ab. Für $\phi_2 < \phi_2^*$ (ϕ_2^* kritische Volumenfraktion für die Überlappung der Polymerknäuel) ist $\Delta \approx r_g$, dem Trägheitsradius des Polymerknäuels. Für $\phi_2 > \phi_2^*$ nimmt Δ stetig auf Null bei $\phi_2 = 1$ ab (Vincent, 1990). Das Wechselspiel von $\mu_1 - \mu_1^0$ und Δ in in den Gleichungen 4.11 führt mit steigendem ϕ_2 zu einem Maximum des Verarmungseffektes und einer Restabilisierung bei hohen Polymerkonzentrationen (Vincent et al., 1986a). Demnach ist die Stabilität bei hohen Polymerkonzentrationen ein thermodynamischer und nicht ein kinetischer Effekt, wie Feigin und Napper (1980) ursprünglich vermutet hatten.

Will man berechnen, unter welchen Bedingungen V^{dep} genügend attraktiv ist, damit die Dispersion instabil wird (Bildung von Flocken oder Phasentrennung), muß auch die Entropieabnahme der Teilchen bei der Zusammenlagerung zu Flocken berücksichtigt werden. Die Größenordnung der Effekte wurde von Fleer et al. (1984) abgeschätzt und ist aus Abb. 4.23 zu ersehen. Die Anziehungsenergie durchläuft ein Minimum. Ist sie kleiner als die abgeschätzte Entropieänderung $\Delta S = -20$ k, wird die Dispersion instabil. Die Dispersion flockt also bei einer Polymerkonzentration $\geq \phi_2^+$ und wird bei $\phi_2^{\ddagger}$ wieder stabil. Für die meisten Dispersionen aus harten Teilchen liegt $\phi_2^{\ddagger}$ bei unrealistisch hohen Werten ($\phi_2 = 1$ bedeutet massives Polymer!), so daß eine Restabilisierung nur selten auftritt.

Der Instabilitätsbereich wird mit abnehmender Teilchengröße ($V^{dep} \propto a$, ϕ_2^+ wird größer, $\phi_2^{\ddagger}$ kleiner) und Teilchenkonzentration (zunehmende Entropieänderung) schmaler. Daher kann die horizontale Linie in Abb. 4.23 bei sehr kleinen

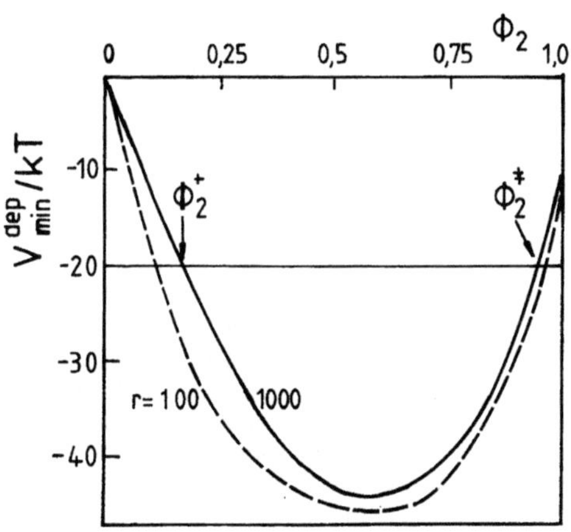

Abb. 4.23. Änderung der attraktiven Wechselwirkung durch den Verarmungseffekt, V^{dep}_{min}, mit der Polymerkonzentration ϕ_2 bei harten Teilchen nach der Scheutjens-Fleer-Theorie. Die horizontale Linie entspricht einer Entropieänderung $\Delta S = -20$k. Zwischen den Polymerkonzentrationen ϕ_2^+ und $\phi_2^{\ddagger}$ ist die Dispersion instabil. Teilchendurchmesser 100 nm, $\chi = 0{,}5$; Kettenlänge $r = 100$ bzw. 1000 Segmente (Fleer et al., 1984; van Lent et al., 1990)

Teilchen oder sehr niedrigen Teilchenkonzentrationen unter dem Minimum liegen: Die Dispersion ist bei allen Werten von ϕ_2 stabil.

Bei der Wechselwirkung der Polymerlösung mit weichen Teilchen muß eine Überlappung der adsorbierten und der freien Ketten in einem Bereich p berücksichtigt werden (Abb. 4.24), so daß die effektive Verarmungszone über jeder Oberfläche $\Delta - p$ ist. Die Anziehung als Folge der Verarmung wirkt sich bis zu einem Abstand von $H = 2\,\delta$ aus; danach wird sie durch die sterische Abstoßung ($V^{\mathrm{s}}_{\mathrm{mix}}$ in Abb. 4.24) überwunden. In Abb. 4.24 ist $\Delta > p$. Im umgekehrten Fall ($\Delta < p$) wäre der Verarmungseffekt in der sterischen Abstoßung „begraben". Wiederum unter der Voraussetzung H und $\Delta \ll a$ (Derjaguinsche Näherung) erhielten Vincent et al. (1986 a) für die Energie des Verarmungseffektes:

$$V^{\mathrm{dep}} = 2\pi a\left(\frac{\mu_1 - \mu_1^0}{v_1}\right)\left(\Delta + \delta - p - \frac{H}{2}\right)^2 \tag{4.13}$$

(für $p < \delta$; bei $p > \delta$ gilt Gleichung 4.11b).

Später berücksichtigten Jones und Vincent (1989), daß die Wechselwirkung mit den gelösten Polymeren die Segmentdichteverteilung der adsorbierten Makromoleküle verändert, indem die Hülle von δ auf δ-q komprimiert wird (Abb. 4.25). Die Ortskoordinate in Abb. 4.24 hat dann den Wert $2\,(\delta + \Delta - p - q)$, und Punkt D entspricht $2\,(d - q)$.

Aus Gleichung 4.13 wird:

$$V^{\mathrm{dep}} = 2\pi a\left(\frac{\mu_1 - \mu_1^0}{v_1}\right)\left(\Delta + \delta - q + p - \frac{H}{2}\right)^2 . \tag{4.14}$$

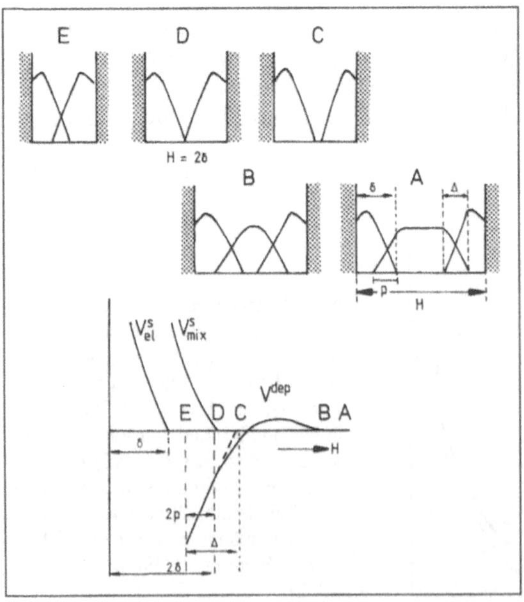

Abb. 4.24. Verarmungsflockung bei weichen Teilchen. Dargestellt sind der Segmentdichteverlauf der adsorbierten und freien Makromoleküle in Abhängigkeit vom Teilchenabstand H und die Potentialkurven für den Verarmungseffekt V^{dep}, den Mischungsbeitrag $V^{\mathrm{s}}_{\mathrm{mix}}$ und den elastischen Beitrag $V^{\mathrm{s}}_{\mathrm{el}}$ der sterischen Wechselwirkung. Δ ist die Reichweite des Verarmungseffekts, δ die Dicke der Polymerhülle und p das Ausmaß der Überlappung von Polymerhülle und makromolekularem Knäuel (nach Vincent et al., 1986 a).

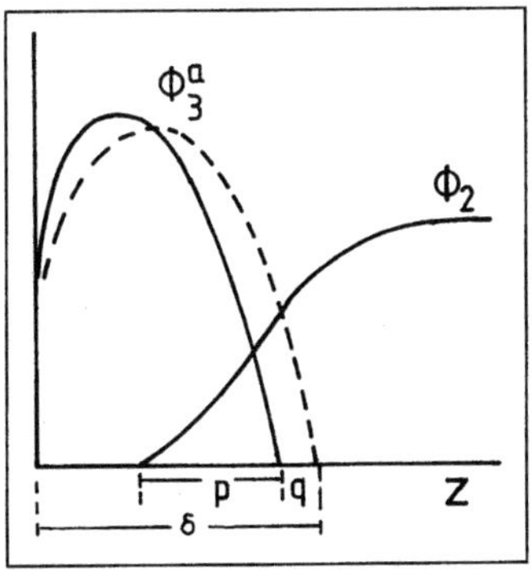

Abb. 4.25. Segmentdichteverlauf bei flexibler makromolekularer Hülle. ϕ_3^a, ϕ_2 Segmentvolumenbruch der adsorbierten und freien Makromoleküle. Durch die freien Makromoleküle wird die Hülle um die Dicke q komprimiert. - - - , —— ϕ_3^a ohne und mit freiem Polymer; δ, d, p wie in Abb. 4.24 (Jones and Vincent, 1989).

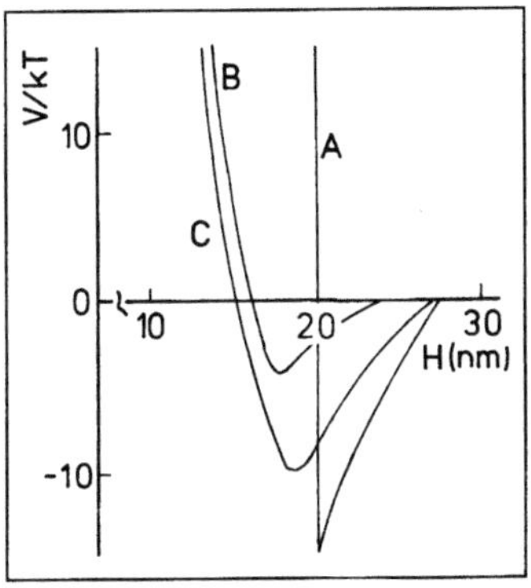

Abb. 4.26. Potentialkurven V_T, berechnet für a = 70 nm, δ = 10 nm, Molmasse des freien Polymers M_2 = 40.000, χ = 0,4; ϕ_3^a = 0,1; ϕ_2 = 0,03 (Jones and Vincent, 1989). **A**: harte Teilchen, **B**: weiche Teilchen mit starrer Hülle, **C**: weiche Teilchen mit flexibler Hülle.

In den Gleichungen 4.8 für die sterische Abstoßung ist dann δ durch $\delta - q$ zu ersetzen.

Die gesamte Wechselwirkung (Verarmungseffekte + sterische Abstoßung) ist:

$$V_T = V^{dep} + V_{mix}^s + V_{el}^s , \tag{4.15}$$

wobei der elastische Term nur bei Abständen $H < \delta$ eine Rolle spielt (Kap. 4.5).

Die Ermittlung der Wechselwirkungsenergie nach den pragmatischen Formeln von Vincent und Mitarbeitern gilt zunächst nur, wenn adsorbiertes und freies Polymer gleich sind. Über Verarmungseffekte bei binären Mischungen gelöster Polymere berichteten Jenkins und Vincent (1996). Bei inkompatiblen Polymeren müßte in Gleichung 4.15 noch ein Verdrängungsterm berücksichtigt werden. Wenn zwischen freien und gebundenen Polymeren starke Attraktionskräfte bestehen, kann es zur Verbrückungsflockung kommen (s. u.).

Das Wechselspiel von Anziehung durch Verarmung und sterischer Abstoßung verursacht ein Minimum von V_T. Auch unter „Schlechter-als-Theta Bedingungen" ($\chi > 0{,}5$; $V_{mix}^s < 0$) tritt infolge des elastischen Terms V_{el}^s ein Minimum auf. Typische Potentialkurven sind in Abb. 4.26 für die drei Fälle harte Teilchen (**A**), weiche Teilchen mit starrer Hülle, q = 0 (**B**), und weiche Teilchen mit komprimierbarer Hülle (**C**) gezeichnet.

Der pragmatische Ansatz von Vincent und Mitarbeitern sowie die Scheutjens-Fleer-Theorie von van Lent et al. (1990) sagen ähnliche Trends in der Stabilität voraus. Einige Folgerungen sind:

- V_{min} hat als Funktion der Bulk-Polymerkonzentration ein Minimum (ähnlich wie in Abb. 4.23), so daß die Dispersion wiederum bei einer Polymerkonzentration ϕ_2^+ instabil, aber bei Konzentrationen $\geq \phi_2^{\ddagger}$ restabilisiert wird. Im Gegensatz zu harten Teilchen konnte die Restabilisierung bei weichen beobachtet werden.
- Die Tiefe des Minimums V_{min} der Potentialkurve nimmt mit steigender Molmasse des freien Polymers zu, d. h. die Dispersion wird weniger stabil, und ϕ_2^+ wird kleiner. Ebenso sinkt ϕ_2^+ mit steigender Molmasse der angebundenen Ketten (Cawdery et al., 1994). Bei zunehmender Dicke δ der Hülle steigt die Durchdringung p, V_{min} nimmt mit steigendem p ab und damit die kritische Flockungskonzentration ϕ_2^+ zu (vgl. Abb. 4.23).
- Die Abhängigkeit von der Lösungsmittelgüte ist für harte und weiche Teilchen unterschiedlich. Bei weichen Teilchen hat V_{min} am Theta-Punkt ein Minimum; bei harten fällt V_{min} stetig mit steigendem χ, d. h. abnehmender Lösungsmittelgüte (Abb. 4.27). Die kritische Polymerkonzentration ϕ_2^+ durchläuft mit abnehmender Lösungsmittelgüte bei weichen Teilchen ein Maximum und nimmt bei harten Teilchen stetig zu. Ein Maximum der kritischen Flockungskonzentration in Abhängigkeit von χ wurde z. B. bei SiO_2-g-Polystyrolteilchen in n-Octan/Toluol gefunden. Am Theta-Punkt (Volumenbruch von Octan $\approx$ 0,5) wurde die Dispersion instabil, $\phi_2^+ = 0$ (Vincent et al., 1986 b).

Die Abhängigkeit der kritischen Flockungskonzentration ϕ_2^+ von der adsorbierten Menge ist nicht offensichtlich, da ϕ_2^+ mit der mittleren Segmentdichte der adsorbierten Moleküle ab-, aber mit δ zunimmt (Vincent et al., 1986 a). Daher kann die kritische Flockungskonzentration ϕ_2^+ als Funktion der adsorbierten Menge ein Maximum durchlaufen (SiO_2-g-PMMA in Gegenwart von PMMA, Cawdery et al., 1994). Mit zunehmendem Bedeckungsgrad wird die Teilchenhülle zunächst weicher, weil die bei geringer Bedeckung anliegenden Makromoleküle („pilzartige“ Struktur) mehr und mehr von der Oberfläche abgedrängt werden („bürstenartige“ Struktur). Bei weicherer Teilchenhülle wird die Durchdringung mit freiem Polymer besser und damit ϕ_2^+ größer. Bei dichterer Abdeckung wird die Oberfläche aber wieder härter, und ϕ_2^+ nimmt ab.

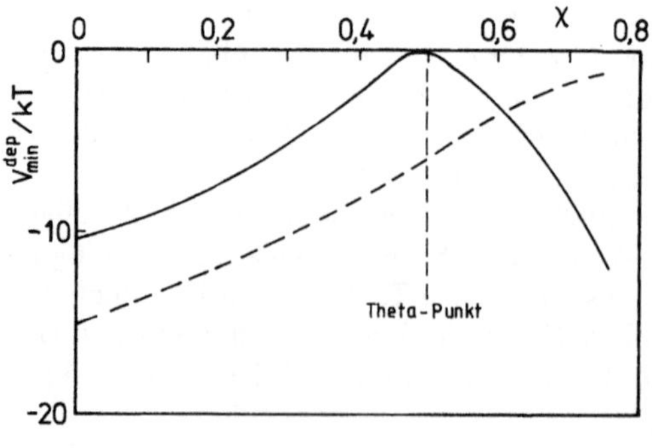

Abb. 4.27. V_{min}^{dep} als Funktion von χ für weiche Teilchen (— δ = 10 nm, ϕ_3^a = 0,2) und harte Teilchen (- - - ϕ_3^a = 1). a = 50 nm; v_1 = 0,2 nm^3; Molmasse des gelösten Polymeren = 10.000; ϕ_2 = 0,03 (Vincent et al., 1986 a).

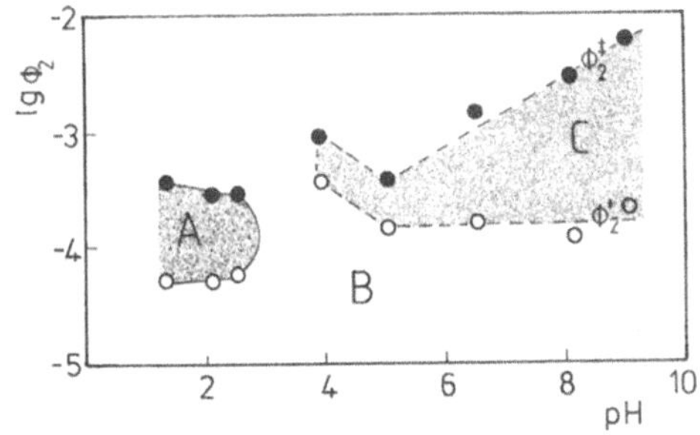

Abb. 4.28. Instabilitätsbereiche wäßriger PS-g-PEO-Dispersionen (Volumenbruch $5 \cdot 10^{-2}$) in Gegenwart von Polyacrylsäure (Molmasse M_n = 111000) (Cawdery et al., 1994). ○ kritische Destabilisierungskonzentration ϕ_2^{+} von PAS, ● Restabilisierungskonzentration $\phi_2^{\ddagger}$, ——10^{-4} M NaCl, - - - 10^{-1} M NaCl, **A**: Verbrückung, **B**: stabiler Bereich, **C**: Verarmungsflockung.

Freie Makromoleküle können unter Umständen durch Verbrückung flocken, wenn zwischen ihnen und den gebundenen Polymeren eine merkliche Anziehung besteht. Ein Beispiel ist die Zugabe von Polyacrylsäure (PAS) zu Polystyrolteilchen mit angebundenem Polyethylenoxid (PS-g-PeO Teilchen; Cawdery et al., 1994). Bei pH < 4 bildete PAS mit PEO infolge von Wasserstoffbrückenbindungen zwischen den undissoziierten -COOH Gruppen und den Sauerstoffatomen des PEO Koazervate. Das Stabilitätsdiagramm zeigte in Abhängigkeit vom pH-Wert zwei Instabilitätsbereiche (Abb. 4.28). Im stark sauren Bereich kam es durch die geschilderte Wechselwirkung zur Verbrückungsflockung (Bildung lockerer Flocken), oberhalb von pH = 4 zur Verarmungsdestabilisierung (Phasentrennung), wenn mit zunehmender Ionisierung der Polyacrylsäure die Vernetzung durch Wasserstoffbrücken entfiel. Die Verbrückung über Wasserstoffbrückenbindungen war weitgehend elektrolytunabhängig, während der Bereich der Verarmungsflockung durch Salzzusatz zu höherem pH-Wert und größeren ϕ_2^{+}-Werten verschoben wurde.

Zum Schluß sei darauf hingewiesen, daß der Volumenbruch der Teilchen eine weitere wichtige Variable ist, da er die Entropie des Flockungsprozesses wesentlich bestimmt, während V_T die Energie des Systems erfaßt (vgl. Napper, 1983, S. 169, 281 f).

4.13 Verarmungseffekte und Phasentrennung

Die Destabilisierung kolloidaler Dispersionen durch gelöste Polymere wird häufig als Phasentrennung aufgefaßt (vgl. Napper, 1983, S. 354 ff., 368 ff.; Vincent et al., 1986 b, 1988). In manchen Fällen ist die Sichtweise als Phasentrennung einleuchtend, in anderen wird das Verhalten besser als Flockung betrachtet. Ein instruktives Beispiel ist die Destabilisierung einer wäßrigen SiO_2-Dispersion (Teilchengröße 22 ± 3 nm, pH ≈ 8) durch Carboxymethylcellulose (CMC, Molmassen von 90000 bis 750000) bzw. Natriumpolystyrolsulfonat (SPSS, Molmasse 70000; Snowden et al., 1994). Überschritt die Konzentration der CMC einen bestimmten Wert, bildeten sich zwei Phasen. Die obere, gelartig wirkende Schicht enthielt überwiegend die CMC. Sie zeigte optische Anisometrie, indem zwischen gekreuzten Polarisationsfiltern Doppelbrechung auftrat. Die untere

Schicht war SiO_2-reich, polymerarm und verhielt sich flüssigkeitsähnlich. Die kritische Polymerkonzentration, bei der die Phasentrennung eintrat, nahm mit steigendem Feststoffanteil ab und wurde vom Substitutionsgrad der Cellulose beeinflußt. Bei Zusatz von SPSS flockte das SiO_2; eine Trennung in eine SiO_2-reiche und eine polymerreiche Phase mit scharfer Grenzfläche wurde nicht beobachtet.

Die Ursachen der Phasentrennung liegen in der Art und Größe der Wechselwirkungen zwischen den Teilchen, zwischen Teilchen und Makromolekülen und den Makromolekülen untereinander. Das bedeutet, die Phasentrennung und die Art der Phasen hängen empfindlich vom Feststoffgehalt, der Polymerkonzentration und den Eigenschaften der Polymeren (neben Molmasse z. B. Substitutionsgrad der CMC) ab. Im Falle der Destabilisierung durch Verarmung kommt es zu einem Wettbewerb der festen Teilchen und der Polymeren um das Lösungsmittel. Es ist zwar einleuchtend, daß gleichzeitig polymerreiche und polymerarme, aber teilchenreiche Phasen auftreten, allerdings außerordentlich schwierig, die genauen Bedingungen zu berechnen. Ein wichtiger Gesichtspunkt ist dabei, wie weit die gelösten Polymere eine konzentriertere, mehr oder weniger geordnete Phase bilden können. Das trifft im obigen Beispiel für CMC zu, die eine konzentrierte anisotrope Phase bildet, nicht aber für SPSS.

Vincent und Mitarbeiter (z. B. Vincent et al., 1988) wenden die Betrachtung als Phasentrennung recht allgemein an. Formal kann damit die unterschiedliche Struktur des Sediments bzw. der unteren Phase mit Begriffen wie „solid-like“ oder „liquid-like“ erfaßt werden (s. a. Kap. 12.1.2). Die Destabilisierung von SiO_2 mit angebundenen Octadecylketten (SiO_2-g-C_{18}, g = grafted; Kap. 5.9) in Cyclohexan durch Polydimethylsiloxan (PDMS) mag als Beispiel dienen (Vincent et al., 1988). Bei sehr kleinen Teilchen (Radius 6,5 nm) änderte sich der Charakter des Sediments (oder der unteren Phase) mit dem Feststoffanteil. War der Volumenbruch der Teilchen niedrig, bildeten sich oberhalb einer bestimmten PDMS-Konzentration kleine, eher körnige Aggregate, die sich nach einiger Zeit zu einem relativ festen Sediment absetzten. Bei höherem Feststoffgehalt verlor die untere Phase den Charakter eines festen Sediments; sie wirkte ölig-flüssig, und ihr Meniskus folgte der Bewegung des Reagenzglases. Schließlich entstand bei noch höherem Volumenbruch ein gelartiges, transparentes Sediment, und die überstehende Flüssigkeit wirkte viskoser als im ersten Fall. Aus der Sicht der Phasentrennung handelte es sich nach Vincent et al. (1988) um die Koexistenz von gasförmiger und fester, gasförmiger und flüssiger sowie flüssiger und fester Phase.

4.14 Überlagerung der verschiedenen Stabilisierungsmechanismen

In vielen Systemen überlagern sich elektrostatische und sterische Wechselwirkung. Auch bei überwiegender sterischer Stabilisierung tragen in vielen wäßrigen Dispersionen elektrostatische Wechselwirkungen zur Stabilität bei. Im Falle niedrigmolekularer Verbindungen, die an niedrig geladenen Teilchen adsorbieren, kann weder die sterische noch die elektrostatische Wechselwirkung allein ausreichende Stabilität gewährleisten, sondern nur eine Kombination beider Mechanismen.

Bei elektrosterischer Stabilisierung können die Ladungen vom Teilchen oder von den stabilisierenden Makromolekülen herrühren. Die Art der Ladungslokalisierung kann bei Latices variiert werden, indem die Ladung der Teilchenoberfläche und der stabilisierenden Polymerhülle durch Wahl der Starter und Comonomere bzw. durch Einbau von Polymeren bei der Herstellung festgelegt wird (Kap. 6.5).

Ein Beispiel ist der Einfluß von Polyvinylpyrrolidon (PVP) auf Polystyrollatices (Smith et al., 1996). PVP flockte erst in Gegenwart von NaCl (Kap. 4.4.2, S. 126). Bei einer PVP-Molmasse gleich oder größer 40000 blieb die Dispersion infolge sterischer Stabilisierung auch in 0,5 M NaCl stabil.

Als weiteres Beispiel ist in Abb. 4.29 die kritische Koagulationskonzentration der Alkalichloride für Latexdispersionen aufgetragen. Die Polystyrollatices wurden in Gegenwart zunehmender Mengen von Kaliumstyrolsulfonat hergestellt. Das Poly(styrolsulfonat) bildete sich bevorzugt an der Oberfläche der Polystyrolteilchen in Form von Haaren (Kap. 6.5) und verlieh den Teilchen elektrosterische Stabilisierung. Diese machte sich in der steil ansteigenden Stabilität gegenüber Salzzusatz bemerkbar (s. a. Tamai et al., 1989). Bei zu hohen Mengen des ionischen Comonomers lösten sich die Teilchen in amöbenartige Formen auf, und die Salzstabilität sank wieder ab.

In technischen Dispersionen kommen häufig neben gebundenen Makromolekülen freie Polymere vor, so daß auch Verarmungseffekte berücksichtigt werden müssen. Sterische Wechselwirkungen und Verarmungseffekte sind nicht rein additiv, da eine wechselseitige Beeinflussung der adsorbierten und freien Makromoleküle nicht auszuschließen ist (vgl. Napper, 1983, S. 398). Zudem können sich Art und Menge der adsorbierten Polymere mit der Konzentration der gelösten Polymeren verändern.

Seebergh und Berg (1994) untersuchten die Stabilität von Dispersionen, in denen elektrostatische Abstoßung, Van-der-Waals-Anziehung, sterische Wechselwirkung und Verarmungseffekt eine Rolle spielten. Die beiden letzteren wurden mit den „pragmatischen" Formeln von Vincent berechnet (Kap. 4.6; 4.12). Als

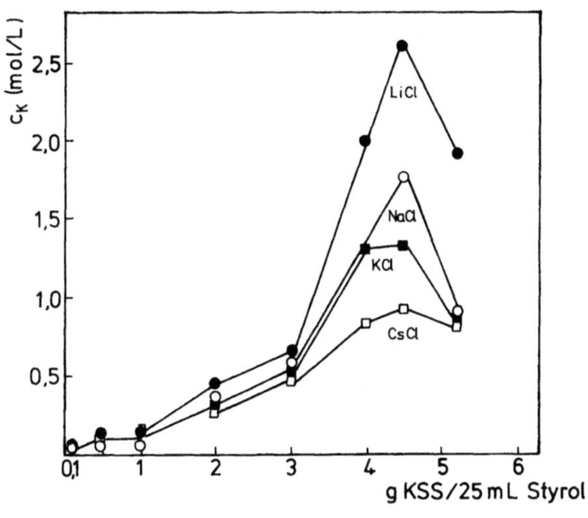

Abb. 4.29. Kritische Koagulationskonzentration von Alkalichloriden für Latexdispersionen. Die Polystyrollatices wurden durch Zusatz von Kaliumstyrolsulfonat (KSS) als Comonomer ohne zusätzliche Starter hergestellt (Zimehl und Lagaly, 1986).

Modellsystem diente eine Dispersion aus Latices, die mit Triblockcopolymeren (L 35 und L 43, s. Kap. 3.11) sterisch stabilisiert waren. Als lösliche Polymere wurden Polyethylenoxide mit Molmassen von 1000 bis 100000 eingesetzt. Der Stabilitätsfaktor wurde in Abhängigkeit des Gehalts gelöster Polyethylenoxide verschiedener Molmasse und der Natriumchloridkonzentration ermittelt. Das Salz beeinflußte nicht nur die elektrostatische Wechselwirkung, sondern auch die sterische Stabilisierung durch Änderung der Lösungsmittelgüte. Im allgemeinen setzt Salzzusatz die Lösungsmittelgüte von Wasser gegenüber gelösten Polymeren herab und verringert damit die sterische Stabilisierung (Kap. 4.10) (Rogan, 1995). Die Lösungsmittelgüte in Abhängigkeit vom Salzzusatz wurde durch den zweiten Virialkoeffizienten (Kap. 4.2) bestimmt, der wiederum durch rheologische Messungen ermittelt wurde.

Die berechneten Stabilitätsdiagramme (Abb. 4.30) zeigen das Zusammenwirken der Stabilisierungsmechanismen. Danach wird die Dispersion bei Zusatz von Polyethylenoxid (Molmasse 10^5; Abb. 4.30a) oberhalb von $\phi_2 = \phi_2^+ \approx 10^{-4}$ instabil. Sie sollte bei $\phi_2 = \phi_2^{\ddagger} > 10^{-2}$ wieder stabil werden. Durch Erhöhung der Salzkonzentration sinkt der Stabilitätsfaktor bei $\phi_2 = 0$ um etwa eine Zehnerpotenz ab, ändert sich aber bei NaCl-Konzentrationen größer 0,1 M kaum noch. Als Folge der sterischen Stabilisierung sinkt W bei $\phi_2 \approx 0$ mit steigender Salzkonzentration nicht auf 1 ab. Polyethylenoxide mit zu niedriger Molmasse, z. B. 8000, destabilisieren bei NaCl-Konzentrationen $\leqq$ 0,03 M nicht mehr (Abb. 4.30b). Die ausgedehnten diffusen Ionenschichten halten die Teilchen dann so weit auseinander, daß eine Verarmungsflockung nicht zum Tragen kommt. Erst bei ausreichendem Salzzusatz flockt die Dispersion. Mit abnehmender Molmasse des gelösten PEO verschiebt sich der Flockungspunkt zu höheren PEO-Konzentrationen; bei zu niedrigen Molmassen (z. B. 1000) erfolgt schließlich auch in 1 M NaCl Lösung keine Flockung mehr. Die Verarmungsschicht ist dann so dünn, daß die attraktive Verarmungswechselwirkung von der sterischen Abstoßung überspielt wird. Anders ausgedrückt: Die Verarmungsschicht ist in der makromolekularen Hülle vergraben (vgl. S. 150).

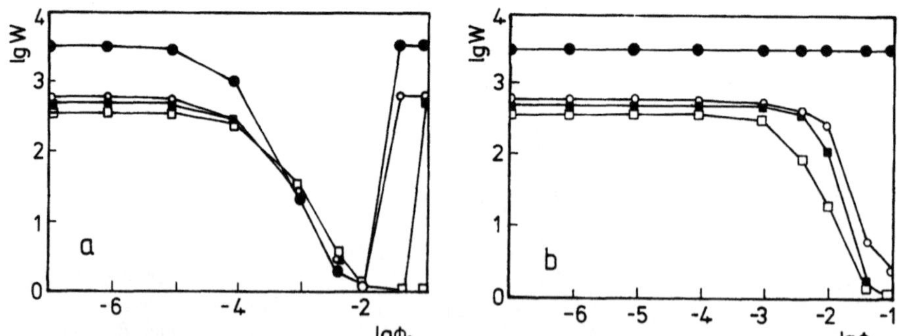

Abb. 4.30. Stabilitätsfaktoren berechnet für Polystyroldispersionen, die elektrostatischen, Van-der-Waals-, sterischen und Verarmungs-Wechselwirkungen unterliegen. $\sigma_o = 0{,}62\ \mu C/cm^2$, $A = 4 \cdot 10^{-21}$ J, Teilchendurchmesser 86 nm; Ermittlung von W nach Kap. 11.7 (Seebergh and Berg, 1994). NaCl-Gehalt: –●– 0,03 M, –○– 0,1 M, –■– 0,4 M, –□–1,0 M, ϕ_2: Volumenbruch des gelösten Polyethylenoxids; Molmasse des gelösten Polyethylenoxids 100000 (a); 8000 (b).

Die Stabilitätsfaktoren wurden nach Kap. 11.7 ermittelt (s. auch Einarson and Berg, 1993). Sie stimmten bei 1 M Salzkonzentration recht gut mit den berechneten Diagrammen überein. Die Plateauwerte von *W* bei kleinen Polymerkonzentrationen waren vergleichbar, ebenso die kritischen Flockungskonzentrationen. Der theoretisch berechnete Stabilitätsfaktor nahm oberhalb dieser Konzentrationen jedoch steiler ab, als experimentell gefunden wurde. Die für die höchsten Polymerkonzentrationen vorhergesagte Restabilisierung wurde nicht beobachtet. Allerdings war nicht auszuschließen, daß die dazu notwendigen PEO-Konzentrationen oberhalb des Meßbereichs lagen.

Literatur

Adachi Y (1995) Dynamic aspects of coagulation and flocculation. Advan Coll Interf Sci 56: 1–31

Akari S, Schrepp W und Horn D (1996) Imaging of single polyethylenimine polymers adsorbed on negatively charged latex spheres by chemical force microscopy. Langmuir 12: 857–860

Alince B und Robertson AA (1974) Aggregation of microcrystalline cellulose with poylethylene imine. Colloid Polym Sci 252: 920–927

Asakura S und Oosawa F (1954) On the interaction between two bodies immersed in a solution of macromolecules. J Chem Phys 22: 1255–1256

Asakura S und Oosawa F (1958) Interaction between particles suspended in solutions of macromolecules. J Polym Sci 33: 183–192

Barnet K, Cosgrove T, Crowley TL, Tadros TF und Vincent B (1982) Neutron scattering, pulsed nuclear magnetic resonance and photon correlation studies of partially-hydrolysed poly(vinyl acetate) adsorbed on a polystyrene latex dispersion in water. In: Tadros TF (ed) The effect of polymers on dispersion. Acad Press, London, pp 183–197

Buscall R (1981) Properties of polyelectrolyte-stabilised dispersions. J Chem Soc, Faraday Trans I, 77: 909–917

Cawdery N, Milling A und Vincent B (1994) Instabilities in dispersions of „hairy" particles on adding solvent-miscible polymers. Colloids Surfaces A 86: 239–249

Chaplain V, Janex ML, Lafuna F, Graillat C und Audebert R (1995) Coupling between polymer adsorption and colloidal particle aggregation. Colloid Polym Sci 273: 984–993

Cohen Stuart MA (1988) Polyelectrolyte adsorption. J Phys France 49: 1001–1008

Cohen Stuart MA, Fleer GJ und Scheutjens JMHM (1984) Displacement of polymers I, II. J Coll Interf Sci 97: 515–525; 526–535

Cowell C, Li-In-On R und Vincent B (1978) Reversible flocculation of sterically stabilized dispersions. J Chem Soc, Faraday Trans I, 74: 337–347

Dobbi JW, Evans R, Gibson DV, Smithan JB und Napper DH (1973) Enhanced steric stabilization. J Coll Interf Sci 45: 557–565

Dupont L, Foissy A, Mercier R und Mottet B (1993) Effect of calcium ions on the adsorption of polyacrylic acid onto alumina. J Coll Interf Sci 161: 455–464

Durand-Piana G, Lafuma F und Audebert R (1987) Flocculation and adsorption properties of cationic polyelectrolytes toward Na-montmorillonite dilute suspensions. J Coll Interf Sci 119: 474–480

Einarson MB und Berg JC (1992) Effect of salt on polymer solvency: implications for dispersion stability. Langmuir 8: 2611–2615

Einarson MB und Berg JC (1993) Electrosteric stabilization of colloidal latex dispersions. J Coll Interf Sci 155: 165–172

Elaissari A und Pefferkorn E (1991) Polyelectrolyte induced aggregation of latex particles: influence of the structural relaxation of adsorbed macromolecules on the colloid aggregation mode. J Coll Interf Sci 141: 522–533

Evans R und Napper DH (1973) a) Steric stabilization. I. Comparison of theories with experiment. Koll Z Z Polym 251: 409–414

Evans R und Napper DH (1973) b) Steric stabilization. II. A generalization of Fisher's solvency theory. Koll Z Z Polym 251: 329–336

Feigin RI und Napper DH (1980) a) Stabilization of colloids by free polymer. J Coll Interf Sci 74: 567–571

Feigin RI und Napper DH (1980) b) Depletion stabilization and depletion flocculation. J Coll Interf Sci 75: 525–541

Fischer EW (1958) Elektronenmikroskopische Untersuchungen zur Stabilität von Suspensionen in makromolekularen Lösungen. Kolloid Z 160: 120–141

Fleer GJ (1996) Polyelectrolyte brushes and polyelectrolyte adsorption layers. Ber Bunsenges Phys Chem 100: 936–942

Fleer GJ und Lyklema J (1974) Polymer adsorption and its effect on the stability of hydrophobic colloids. II. J Coll Interf Sci 46: 1–12

Fleer GJ und Lyklema J (1976) Polymer adsorption and its effect on the stability of hydrophobic colloids. III. J Coll Interf Sci 55: 228–238

Fleer GJ, Scheutjens JHMH und Vincent B (1984) The stability of dispersions of hard spherical particles in the presence of nonadsorbing polymers. Amer Chem Soc Symp Ser 240: 245–263

Fleer GJ, Scheutjens JMHM und Cohen Stuart MA (1988) Theoretical progress in polymer adsorption, steric stabilization and flocculation. Colloids Surfaces 31: 1–29

Foissy A, El Attar A und Lamarche JM (1983) Adsorption of polyacrylic acid on titanium dioxide. J Coll Interf Sci 96: 275–287

Goossens JWS und Vogt HG (1990) The coagulation mechanism of heat sensitive latices. Colloids Surfaces 51: 129–139

Gregory J (1973) Rates of flocculation of latex particles by cationic polymers. J Coll Interf Sci 42: 448–456

Hesselink FT, Vrij A und Overbeek JTG (1971) On the theory of the stabilization of dispersions by adsorbed macromolecules. II. Interactions between two flat particles. J Phys Chem 75: 2094–2102

Hoogeveen NG, Cohen Stuart MA und Fleer GJ (1996) Polyelectrolyte adsorption on oxides. I. Kinetics and adsorbed amount. J Coll Interf Sci 182: 133–145

Iler RK (1971) Relation of particle size of colloidal silica to the amount of a cationic polymer required for flocculation and surface coverage. J Coll Interf Sci 37: 364–373

Järnström L und Stenius P (1990) Adsorption of polyacrylate and carboxymethyl cellulose on kaolinte: salt effects and competitive adsorption. Colloids Surfaces 50: 47–73

Jasmund K und Lagaly G (1993) Tonminerale und Tone. Struktur, Eigenschaften, Anwendung und Einsatz in Industrie und Umwelt. Steinkopff Verlag, Darmstadt

Jenkins P und Vincent B (1996) Depletion flocculation of nonaqueous dispersions containing binary mixtures of nonadsorbing polymers. Evidence for nonequilibrium effects. Langmuir 12: 3107–3113

Jones A und Vincent B (1989) Depletion flocculation in dispersions of sterically-stabilised particles. 2. Modifications to theory and further studies. Colloids Surfaces 42: 113–138

Killmann E und Sapuntzjis P (1994) Dynamic light scattering of polystyrene latex and silica with adsorbed poly(ethylene oxide) layers – influence of ionic strength and coverage. Colloids Surfaces A 86: 229–238

Killmann E, Sapuntzjis P und Maier H (1992) Dynamic light scattering for characterization of latices. Macromol Chem, Macromol Symp 61: 42–58

Kim HS, Lamarche C und Verdier A (1983) Etude des interactions entre une polyélectrolyte cationique de type ammonium tertiaire et une suspension aqueuse de bentonite. Colloid Polym Sci 261: 64–69

Lagaly G (1986) Smectitic clays as ionic macromolecules. In: Wilson AD; Prosser HJ (eds) Developments in Ionic Polymers. Elsevier Appl Sci Publ Ltd, London, vol 2, pp 77–140

Lee LT, Rahbari R, Lecourtier J und Chauveteau G (1991) Adsorption of polyacrylamides on the different phases of kaolinites. J Coll Interf Sci 147: 351–357

Lent van B, Israels R, Scheutjens JMHM und Fleer GJ (1990) Interaction between hairy surfaces and the effect of free polymer. J Coll Interf Sci 137: 380–394

Mabire F, Audebert R und Quivoron C (1984) Flocculation properties of water-soluble cationic copolymers towards silica suspensions: a semiqualitative interpretation of the role of molecular weight and cationicity through a „Patchwork" model. J Coll Interf Sci 97: 120–136

Mackor EL (1951) A theoretical approach of the colloid-chemical stability of dispersions in hydrocarbons. J Coll Interf Sci 6: 492–495

Mackor EL und van der Waals JH (1952) The statistics of the adsorption of rod-shaped molecules in connection with the stability of certain colloidal dispersions. J Coll Interf Sci 7: 535–550

Magdassi S und Rodel BZ (1996) Flocculation of montmorillonite dispersions based on surfactant-polymer interactions. Colloids Surfaces A 119: 51–56

Makino K, Yamamoto S, Fujimoto K, Kawaguchi H und Ohshima H (1994) Surface structure of latex particles covered with temperature-sensitive hydrogel layers. J Coll Interf Sci 166: 251–258

March GC und Napper DH (1977) The thermodynamic limit to the flocculation stability of sterically stabilized emulsions. J Coll Interf Sci 61: 383–387

Meier DJ (1967) Theory of polymeric dispersants. Statistics of constraint polymer chains. J Phys Chem 71: 1861–1868

Mondain-Monval O, Leal-Calderon F, Phillip J und Bibette J (1995) Depletion forces in the presence of electrostatic double layer repulsion. Phys Rev Lett 75: 3364–3367

Nabzar L und Pefferkorn E (1985) An experimental study of kaolinite crystal edge-polyacrylamide interactions in dilute suspensions. J Coll Interf Sci 108: 243–248

Nabzar L, Pefferkorn E und Varoqui R (1984) Polyacrylamide – sodium kaolinite interaction: flocculation behavior of polymer clay suspensions. J Coll Interf Sci 102: 380–388

Napper DH (1977) Steric stabilization. J Coll Interf Sci 58: 390–407

Napper DH (1983) Polymeric stabilization of colloidal dispersions. Acad Press, London

Nevskaia DM, Guerrero-Ruíz A und López-Gonzáles JD (1996) Adsorption of polyoxyethylene surfactants on quartz, kaolin, and dolomite: a correlation between surfactant structure and solid surface nature. J Coll Interf Sci 181: 571–580

Nowicki W und Nowicka G (1995) Model of aggregation of colloidal fine particles in the presence of supersized polymer. Colloid Polym Sci 273: 298–305

Okubo M und Ahmad H (1995) Synthesis of temperature-sensitive submicron-size composite polymer particles. Colloid Polym Sci 273: 817–821

Otsubo Y (1994) Relation between bridging conformation and rheology of suspensions. Advan Coll Interf Sci 53: 1–32

Otsubo Y und Watanabe K (1988) Effect of polymer bridging on the flow behavior of silica suspensions. J Coll Interf Sci 122: 346–353

Otsubo Y und Watanabe K (1989) a) Application of percolation theory to the rheology of silica suspensions flocculated by bridging. J Coll Interf Sci 127: 214–221

Otsubo Y und Watanabe K (1989) b) Rheological behavior of silica suspensions during bridging flocculation induced by shear. J Coll Interf Sci 133: 491–495

Ottewill RH und Walker T (1968) The influence of nonionic surface active agents on the stability of polystyrene latex dispersions. Koll Z Z Polym 227: 108–116

Papenhuijzen J, van der Schee HA und Fleer GJ (1985) a) Polyelectrolyte adsorption. I. A new lattice theory. J Coll Interf Sci 104: 540–552

Papenhuijzen J, Fleer GJ und Bijsterbosch BH (1985) b) Polyelectrolyte adsorption. II. Comparison of experimental results for polystyrene sulfonate, adsorbed on polyoxymethylene crystals, with theorectical predictions. J Coll Interf Sci 104: 553–561

Pefferkorn E, Nabzar L und Varoqui R (1987) Polyacrylamide Na-kaolinite interactions: effect of elctrolyte concentration on polymer adsorption. Colloid Polym Sci 265: 889–896

Pelssers EGM, Cohen Stuart MA und Fleer GJ (1989) Kinetic aspects of polymer bridging: equilibrium and non-equilibrium flocculation. Colloids Surfaces 38: 15–25

Pelssers EGM, Cohen Stuart MA und Fleer GJ (1990) a) Single particle optical sizing (SPOS). I, II. J Coll Interf Sci 137: 350–361; 362–372

Pelssers EGM, Cohen Stuart MA und Fleer GJ (1990) b) Kinetics of bridging flocculation. Role of relaxations in the polymer layer. J Chem Soc, Faraday Trans 86: 1355–1361

Ringenbach E, Chauvetau G und Pefferkorn E (1995) Effect of soluble aluminum ions on polyelectrolyte-alumina interaction. Kinetics of polymer adsorption and colloid stabilization. Colloids Surfaces A 99: 161–173

Rogan KR (1995) The variations of the configurational and solvency properties of low molecular weight sodium polyacrylate with ionic strength. Colloid Polym Sci 273: 364–369

Sarkar N und Teot AS (1973) Coagulation of negative-charged colloids by anionic polyelectrolytes and metal ions. J Coll Interf Sci 43: 370–381

Scheutjens JMHM und Fleer GJ (1979) Statistical theory of the adsorption of interacting chain molecules. 1. Partition function, segment density distribution, and adsorption isotherms. J Phys Chem 83: 1619–1635

Scheutjens JMHM und Fleer GJ (1980) Statistical theory of the adsorption of interacting chain molecules. 2. Train, loop, and tail size distribution. J Chem Phys 84: 178–190

Seebergh JE und Berg JC (1994) Depletion flocculation of aqueous, electrosterically-stabilized latex dispersions. Langmuir 10: 454–463

Smellie RH und La Mer VK (1958) Flocculation subsidence and filtration of phosphate slimes. VI. J Coll Sci 13: 589–599

Smith JN, Meadows J und Williams PA (1996) Adsorption of polyvinylpyrrolidone onto polystyrene latices and the effect on colloid stability. Langmuir 12: 3773–3778

Snowden MJ, Marston NJ und Vincent B (1994) The effect of surface modification on the stability characteristics of poly(N-isopropylamide) latices under Brownian and flow conditions. Colloid Polym Sci 272: 1273–1280

Snowden MJ, Williams PA, Garvey MJ und Robb ID (1994) Phase separation of concentrated aqueous silica dispersions in the presence of nonadsorbed polyelectrolytes. J Coll Interf Sci 166: 161–167

Sperry PR (1981) Morphology and mechanism in latex flocculated by volume restriction. J Coll Interf Sci 99: 97–108

Stenius P, Järnström L und Rigdahl M (1990) Aggregation in concentrated kaolin suspensions stabilized by polyacrylate. Colloids Surfaces 51: 219–238

Tadros TF (1982) Polymer adsorption and dispersion stability. In: Tadros TF (ed) The effect of polymers on dispersion properties. Acad Press, pp 1–38

Tamai H, Kazuhide N und Suzawa T (1989) Surface characterization of styrene/sodium styrenesulfonate copolymer latex particles. J Coll Interf Sci 131: 1–7

Tripp CP und Hair ML (1996) Kinetics of the adsorption of a polystyrene-poly(ethylene oxide) block copolymer on silica: a study of the time dependence in surface/segment interactions. Langmuir 12: 3952–3956

Vincent B (1990) The calculation of depletion layer thickness as a function of bulk polymer concentration. Colloids Surfaces 50: 241–249

Vincent B, Edwards J, Emmett S und Jones A (1986) a) Depletion flocculation in dispersions of sterically-stabilized particles („soft particles“). Colloids Surfaces 18: 261–281

Vincent B, Clarke J und Barnett KG (1986) b) The flocculation of non-aqueous, sterically-stabilised latex dispersions in the presence of free polymer. Colloids Surfaces 17: 51–65

Vincent B, Edwards J, Emmett S und Croot R (1988) Phase separation in dispersions of weakly-interacting particles in solutions of non-adsorbing polymer. Colloids Surfaces 31: 267–298

Vincent B, Luckham PF und Waite FA (1980) The effect of free polymer on the stability of sterically stabilized dispersion. J Coll Interf Sci 73: 508–521

Walker HW und Grant SB (1996) a) Factors influencing the flocculation of colloidal particles by a model anionic polyelectrolyte. Colloids Surfaces A 119: 229–239

Walker HW und Grant SB (1996) b) Role of polymer flexibilty in the stabilization of colloidal particles by model anionic polyelectrolytes. J Coll Interf Sci 179: 552–560

Wang TK und Audebert R (1987) Flocculation mechanisms of a silica suspension by some weakly cationic polyelectrolytes. J Coll Interf Sci 119: 459–465

Wijmans CM, Leermakers FAM und Fleer GJ (1994) Multiblock copolymers and colloid stability. J Coll Interf Sci 167: 124–134
Yu X und Somasundaran P (1994) Stabilization of alumina suspensions in aqueous and non-aqueous media by a hydrophobically modified polymer. Colloids Surfaces A 89: 277–281
Zimehl R und Lagaly G (1986) Coagulation of latex dispersions by inorganic salts: structural effects. Progr Colloid Polym Sci 72: 28–36

5 Herstellung von Dispersionen anorganischer Stoffe

5.1 Dispergierverfahren

Die Herstellung kolloidaler Dispersionen fasziniert heute noch genauso wie in der ersten Hälfte dieses Jahrhunderts, zumal dadurch auch ein (manchmal nur latent vorhandenes) ästhetisches Bedürfnis befriedigt wird. In älteren Lehrbüchern der Kolloidchemie sind viele Beispiele für die Herstellung kolloidaler Dispersionen aufgeführt (Zsigmondy, 1927; Edelmann, 1968; Thiele, 1950; Ostwald, 1943). Heutzutage genügt es nicht mehr, lediglich eine kolloidale Verteilung zu erzeugen, vielmehr werden bestimmte Anforderungen an Art, Gestalt, Größe und Größenverteilung der Teilchen gestellt.

Kolloidale Dispersionen werden entweder durch Dispergierverfahren oder Kondensationsmethoden hergestellt: Man kann sich der kolloidalen Verteilung von beiden Seiten, vom massiven Material oder von der Lösung her, nähern. Beide Gruppen von Verfahren sind in der Praxis von Bedeutung.

Zur mechanischen Aufteilung massiver Stoffe sind im allgemeinen beträchtliche Kräfte erforderlich, auch wenn diese bei Kristallen oft deutlich unter den Gitterkräften liegen, weil Baufehler die Zerteilung erleichtern. In den meisten Fällen gelingt eine Aufteilung bis zu kolloidalen Dimensionen nur unter dem Einfluß starker Scherkräfte. Deshalb waren und sind Maschinenbauer und Verfahrenstechniker herausgefordert, die Wirksamkeit verschiedenster Brecher (Backen-, Walzen-, Kegel-, Prallbrecher etc.), Homogenisatoren, Hochdruckhomogenisatoren und Mühlen (Kugelmühlen, Walzenmühlen, Prallmühlen, Strahlenmühlen etc.) zu verbessern. Es gelingt oft kaum, allein durch mechanische Zerteilung in das kolloiddisperse Gebiet vorzudringen. Mit Kolloidmühlen und Schwingmühlen werden die feinsten Verteilungen erzeugt. Die Aufteilbarkeit erreicht allerdings eine Grenze, die von der Zerkleinerungsmaschine, der Arbeitsweise sowie dem Mahlgut abhängt und nur empirisch bestimmbar ist. Nach längerer Mahldauer findet keine weitere Verkleinerung mehr statt, vielmehr agglomerieren die Teilchen wieder (Brikettierung).

In den Kolloidmühlen wird das Mahlgut in Gegenwart stabilisierender Zusätze z. B. zwischen einem kegelförmigen Rotor in einem konisch zulaufenden Stator geschert, wobei sich der Mahlspalt zwischen dem rotierenden und feststehenden Teil in Fließrichtung verengt. Im allgemeinen wird die Breite des Mahlspaltes je nach Mahlgut eingestellt. Dabei muß auf die Stabilisierung der entstehenden kolloidalen Dispersion besonderen Wert gelegt werden. Unter den hohen Scherkräften kommt es leicht zur orthokinetischen Koagulation (Kap. 3.7). Die dadurch bedingte Erzeugung und Vergrößerung von Sekundärteilchen läßt sich nur durch ausreichende Mengen sofort adsorbierbarer Stabilisatoren verhindern, die von Anfang an zugeführt werden müssen.

Die Aufteilung eines Stoffes im Dispersionsmittel wird in Mühlen durch die Kavitation begünstigt. Unter Kavitation versteht man die Hohlraumbildung in strömenden Flüssigkeiten unter dem Einfluß von Druckwellen, die durch Ultraschall erzeugt oder von Rührblättern bzw. irgendwelchen Turbulenzen ausgehen (Peters, 1996). Die beim Einstürzen dieser Hohlräume auftretenden starken Druckstöße (Wasserschlag) können zu massiven Korrosionserscheinungen (z. B. an Turbinenschaufeln) führen, beim Naßmahlen aber auch die Zerkleinerung fördern.

Im Zusammenhang mit Mahlvorgängen sei noch auf zwei besondere Reaktionen hingewiesen. Die großen Scherkräfte, die in hochenergetischen Mühlen auftreten, werden zum mechanischen Legieren zweier (oder auch mehrerer) Metalle ausgenützt, und zwar auch solcher wie Eisen und Silber, die sich normalerweise nicht legieren (Suryanarayana and Froes, 1993). Intrakristallin reaktionsfähige Schichtverbindungen (Jasmund und Lagaly, 1993, Kap. 3) können unter der Wirkung von Scherkräften Einlagerungsverbindungen bilden, die ohne mechanischen Einfluß nicht entstehen würden. So wurden in Gegenwart von Wasserspuren CsCl und CsBr in Kaolinit eingelagert (Michaelian et al., 1991).

Eine andere Methode zur Aufteilung ist die Gleichstromzerstäubung, z. B. die Lichtbogenzerstäubung von Gold-, Silber-, Kupfer- oder Platindraht in Wasser, die von Bredig (1898) zum ersten Mal beschrieben und von Svedberg (1905; 1906) genauer untersucht wurde. Anstelle der Verdampfung im Lichtbogen kann das Metall auch kathodisch zerstäubt werden (am einfachsten in einer Elektrolyseapparatur).

Die Ultraschallbehandlung wird gerne zur Verbesserung der Dispergierung, weniger zur direkten Verkleinerung benutzt (über die Kavitationswirkung s. o.). Dagegen wird sie bei der Erzeugung von Aerosolen und der Herstellung von Emulsionen (Kap. 7) eingesetzt.

5.2 Dispergierung feinteiliger Stoffe (Peptisation)

In manchen Fällen ist die Substanz bereits kolloidal zerteilt, liegt aber in koagulierter oder geflockter Form vor. Der kolloidale Zustand kann durch verschiedene Maßnahmen wieder hergestellt werden (s. Kap. 3):

- Auswaschen von Salzen, wenn Salzkoagulation vorliegt. Das Koagulat dispergiert oft – aber nicht immer –, wenn eine bestimmte Salzkonzentration unterschritten wird. Im allgemeinen sind die hydrophilen Kolloide (Kap. 1.1) besonders gut zu redispergieren.
- Veränderung des pH-Wertes oder der Konzentration potentialbestimmender Ionen, wenn sich die destabilisierten Teilchen am oder nahe beim Ladungsnullpunkt befinden.
- Wenn die Koagulation durch mehrwertige Ionen erfolgt ist oder die Primärteilchen durch solche zu Sekundärteilchen zusammengehalten werden, wird die Peptisation durch Austausch der mehrwertigen Ionen gegen Natriumionen ermöglicht. Dazu wird (evtl. mehrmals) mit einer Natriumsalzlösung behandelt und überschüssiges Salz mit Wasser ausgewaschen. Restabilisierung in-

folge Umladung der Teilchen (Kap. 3.3) durch ein Überangebot mehrwertiger Ionen versagt oft, weil die „Verkittung" der Primärteilchen durch die mehrwertigen Ionen nicht gelöst wird.

- Eine weitere Möglichkeit ist die Dispergierung durch Tenside. Die Wahl des Tensids, ob anionisch oder kationisch, kann dabei vom pH-Wert abhängen, wenn dieser die Ladung der Teilchen steuert. Üblicherweise muß soviel Tensid als Gegenion zugesetzt werden, bis durch Umladung eine ausreichend hohe Ladungsdichte entsteht.
- Eine der wichtigsten Methoden ist die Peptisation durch Schutzkolloide. Die Schutzkolloidwirkung geht in einigen Fällen auf Umladung oder Erhöhung der Ladungsdichte zurück (z. B. durch Zusatz von Polyphosphat und Quebracho-Tannate zu Bentonitdispersionen, Kap. 3.6; 3.11, S. 109) oder ist eine Folge der sterischen Stabilisierung (Kap. 4.5).
- Geflockte sterisch stabilisierte Systeme werden durch Verbesserung der Lösungsmittelgüte redispergiert (Kap. 4.5; 4.11). Dazu wird entweder gutes Lösungsmittel zugegeben oder das Lösungsmittel durch ein besseres ausgetauscht.

Die Grundlage der Peptisation koagulierter Dispersionen ist das Potentialdiagramm in Kap. 2.6.2, Abb. 2.16. Manchmal gelingt die Redispergierung nicht mehr, da die Primärteilchen durch chemische Reaktionen oder Wachstumsvorgänge miteinander verkitten. Besteht diese Gefahr, ist eine sterische Stabilisierung empfehlenswert, weil durch die makromolekularen Hüllen der direkte Teilchenkontakt verhindert wird. Gegen eine Vergrößerung der Teilchen infolge Ostwald-Reifung (Everett, 1992, S. 160 ff.) bietet auch die sterische Stabilisierung keinen verläßlichen Schutz.

In den zwanziger Jahren hat sich vor allem Buzágh ausführlich mit der Ostwaldschen Bodenkörperregel beschäftigt (Buzágh, 1927). Im allgemeinen durchläuft der peptisierte Anteil eines Stoffes in Abhängigkeit von der eingesetzten Menge ein Maximum. Bei einer großen Menge des in einem gewissen Dispersionsmittelvolumen zu peptisierenden Stoffes ist das Angebot an Peptisator, z. B. Säure, Lauge oder $FeCl_3$ bei Eisenoxidhydroxid, zu gering, und nur ein gewisser Anteil des Stoffes wird peptisiert. Mit abnehmender Gesamtmasse wird das Verhältnis von Peptisator und peptisierendem Stoff günstiger, und die peptisierte Menge steigt an. Ein Maximum tritt auf, weil bei zu kleinen Stoffmengen der Überschuß des Peptisators koagulierend wirkt. Das Zetapotential ändert sich oft in ähnlicher Weise.

Bei manchen industriellen Prozessen soll die Teilchengröße in koagulierten oder geflockten Dispersionen durch Zerschlagen der Flocken möglichst verkleinert werden, ohne daß eine echte Peptisation (d. h. Übergang zu abstoßenden Kräften zwischen den Teilchen) erfolgt. Die Dispersion kann dann z. B. besser umgepumpt werden und doch gut filtrierbar bleiben (vgl. Kap. 12.1.3). Technisch können die Flocken durch Ultraschallbehandlung oder hydrodynamisch (Durchpressen der Dispersion durch enge Düsen) zerkleinert werden. Im ersten Fall werden die Flocken durch Ablösen einzelner Teilchen verkleinert; unter hydrodynamischen Bedingungen werden sie in einzelne Fragmente zerschlagen (Higashitani et al., 1993).

Von großer praktischer Bedeutung für die Redispergierung oder auch nur Aufrührbarkeit ist die Struktur der Sedimente (Kap. 12.1.3).

5.3 Tonmineraldispersionen

Die Dispergierung von Tonen (Kaolin, gemeine Tone, Bentonite; zur Nomenklatur s. Jasmund und Lagaly, 1993, Kap. 1) ist technisch von außerordentlicher Bedeutung (l.c., Kap. 9). Die Herstellung von Dispersionen (Kap. 3.6) dient zunächst einmal der Anreicherung der Tonminerale, die als Fraktion < 2 µm abgetrennt werden (Kap. 8.7.3) (Tributh und Lagaly, 1986b). Die Dispergierung von Kaolin wird bei der Aufbereitung und Kornklassierung (Jasmund und Lagaly, 1993, Kap. 5) sowie für viele Anwendungen (Papierstreichmasse, keramische Schlicker) benötigt. Bentonitdispersionen finden u. a. in der Geotechnik, Bauindustrie und als Bohrspülflüssigkeiten umfangreichen Einsatz.

In den Tonen sind die feinen und feinsten Teilchen der Tonminerale bereits vorgebildet. Die optimale Dispergierung setzt die Entfernung der Calciumionen und pH-Werte größer 6, am besten leicht alkalisch, voraus (Kap. 2.7.1, 3.6). Auch müssen Carbonate (evtl. auch Sulfate), Eisenoxide und organische Stoffe abgetrennt werden. Manchmal sind die Montmorillonitteilchen durch amorphe Kieselsäure verklebt, so daß eine gute Dispergierung nur nach deren Auflösung gelingt.

Carbonate (Calcit, Dolomit) werden entweder vorsichtig mit Salzsäure oder besser durch Natriumacetat/Essigsäure-Puffer zersetzt. Bei höheren Carbonatgehalten wird Ammoniumacetat/Essigsäure empfohlen (Prössl und Karakoussis, 1993). Calciumsulfat (Gips, Anhydrit) und Phosphate (Apatite) können zusammen mit den Carbonaten durch Kationenaustauscher beseitigt werden (Chahi et al., 1993). Die organischen Substanzen (Huminstoffe) werden üblicherweise durch Oxidation mit Wasserstoffperoxid zerstört. Eisenoxide werden durch Reduktion mit Natriumdithionit und Chelatisierung der gebildeten Eisen(II)-ionen mit Natriumcitrat aufgelöst (Mehra and Jackson, 1960; Holmgreen, 1967; s. a. Bahranowski et al., 1993). Amorphe Kieselsäure wird durch Kochen mit Sodalösung entfernt.

Durch die angegebenen Reinigungsschritte tauscht man gleichzeitig die austauschfähigen Kationen (überwiegend Calcium- und evtl. Magnesiumionen) gegen Natriumionen aus. Die Proben enthalten zunächst noch größere Mengen Natriumsalze, die durch Dialyse bei pH $\approx$ 7,5 gereinigt werden. Es entstehen stabile Dispersionen, ohne daß Dispergierungsmittel eingesetzt werden müssen. Genaue Vorschriften s. Kap. 5.12 sowie Tributh und Lagaly, 1986a.

5.4 Aufbaureaktionen

Bei den Dispergierverfahren wird ein massiver Stoff in kolloidale Teilchen zerteilt. Während hierbei die Schwierigkeit besteht, die kolloidale Teilchengröße überhaupt zu erreichen, besteht bei dem entgegengesetzten Verfahren, dem Aufbau kolloidaler Teilchen aus den einzelnen, kleineren Bausteinen, die Gefahr, sie zu überschreiten.

Bei den Aufbaumethoden (wir ziehen diese Bezeichnung dem Begriff Kondensationsmethoden vor) werden Ionen, Atome oder Moleküle zu Teilchen kolloidaler Dimension zusammengefügt. Die Schwierigkeit besteht nicht in der Zusammenlagerung der Bausteine an sich, sondern in der Verhinderung des Teilchenwachstums über den kolloidalen Zustand hinaus. Die dafür notwendigen Bedingungen lassen sich nur empirisch ermitteln, obwohl grundlegende Vorgänge der Keimbildung und des Keimwachstums schon lange bekannt sind (Tammann, 1903; von Weimarn, 1907; 1907/1908; 1908).

Eine Möglichkeit zur Herstellung kolloidaler Dispersionen besteht in der Ausfällung aus der Lösung durch Zugabe eines Nichtlösemittels. Das klassische Beispiel ist die Fällung von kolloidalem Schwefel aus Ethanol durch Wasserzusatz (s. u.). Ein technisch wichtiger Prozeß ist die Herstellung kolloidaler Carotenoiddispersionen (Horn, 1989). Carotenoide werden in wäßrigen Formulierungen zur Pigmentierung von Nahrungs- und Futtermitteln benötigt. Sie müssen wegen ihrer Unlöslichkeit in Wasser kolloidal eingesetzt werden. Zur Gewinnung von Dispersionen mit Teilchengrößen um 0,1 µm wird das grobkristalline Material bei erhöhter Temperatur (140–170 °C) in einem wassermischbaren Lösungsmittel, z. B. Aceton, gelöst und dann durch Vermischen mit Wasser ausgefällt. Dem Wasser sind Schutzkolloide zugesetzt, die das Wachsen der Carotenoidteilchen einschränken und ihre Koagulation verhindern. Die Verweilzeit des molekular gelösten Carotenoids im Aceton muß möglichst kurz (< 0,5 s) sein, um eine zu weit gehende Umlagerung in die cis-Form zu vermeiden.

Die zweite Möglichkeit von Aufbaureaktionen umfaßt die ionischen Fällungsreaktionen. Man lernt bereits in der analytischen Chemie, daß eine Verbindung noch nicht ausfällt, wenn das Löslichkeitsprodukt gerade erreicht wird, sondern erst bei einer gewissen Übersättigung der Lösung[1]. Ursache ist der mit sinkender Teilchengröße zunehmende Einfluß der Oberflächenenergie, der die Löslichkeit über den durch das Löslichkeitsprodukt vorgegebenen Wert erhöht. Keime können sich daher nur bei ausreichender Übersättigung bilden.

Die Änderung der freien Energie ΔG bei der Bildung eines Mols eines Stoffe aus Teilchen (Keimen) mit je n Bausteinen hängt von n ab (Abb. 5.1). Bei einer kritischen Größe n_C des Keims durchläuft die Kurve ein Maximum (zur Ableitung des Kurvenverlaufs s. z. B. Everett, 1992). Bis $n = n_c$ nimmt ΔG mit wachsendem Keim zu: Dennoch gebildete Keime sind nicht stabil und bestrebt zu zerfallen. Erst wenn n_c überschritten wird und ΔG mit n abnimmt, wachsen sie weiter. Keime bilden sich also nur, wenn die kritische Größe durch thermische Schwankungen übersprungen wird, d. h. immer dann, wenn die thermische Energie aufeinandertreffender Bausteine ausreicht, die Barriere der freien Energie zu überwinden. Wie groß diese Wahrscheinlichkeit ist, hängt von der Übersättigung ab. Steigt die Übersättigung, nehmen die Höhe der Barriere und die kritische Größe der Keime ab (Abb. 5.1). Mit zunehmender Übersättigung wird schließlich die Bedingung erreicht, bei der sich kritische Keime als Folge von Fluktuationen bilden und zu wachsen beginnen.

---

[1] Eine besonders reizvolle Art der Ausfällung fester Stoffe ist die periodische Niederschlagsbildung in Gelen, die zu Liesegangschen Ringen führt. Dabei spielen Übersättigung und Diffusion eine wichtige Rolle. Doch konnte der Mechanismus der periodischen Fällung bisher nicht geklärt werden (Henisch, 1988).

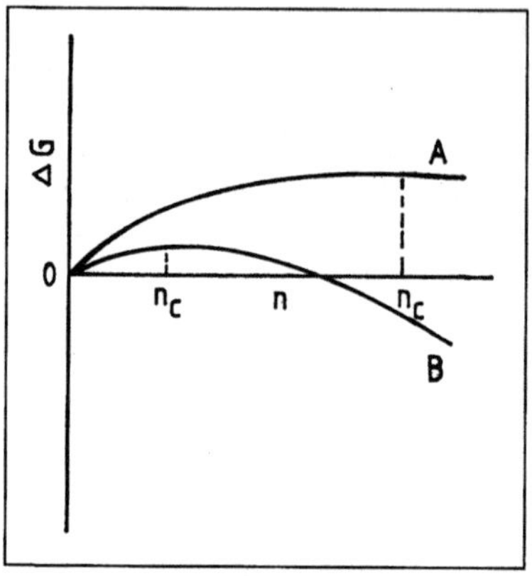

Abb. 5.1. Änderung der freien Energie eines Keims mit seiner Größe (Zahl der Bausteine n) bei niedriger **A** und hoher Übersättigung **B**. n_c ist die kritische Größe, oberhalb derer die Keime wachsen können (Everett, 1992).

Das Wachstum der Keime ist der Übersättigung proportional. Ist diese hoch, wachsen die Keime schnell. Eine kolloidale Dispersion entsteht aber nur, wenn die Übersättigung, also der Vorrat an gelösten Bausteinen, zu Ende geht, solange die Teilchen noch kolloidale Dimensionen haben. Ein zu schnelles Wachstum ist oft nachteilig, weil schlecht geordnete, fehlerhafte Produkte entstehen. Die Herstellung kolloidaler Dispersionen erfordert daher eine ausreichende Übersättigung, damit in kurzer Zeit möglichst viele Keime gebildet werden, sowie verdünnte Lösungen, damit der Materialvorrat rechtzeitig zu Ende geht.

Aus diesen Betrachtungen folgt, daß die Übersättigung dafür verantwortlich ist, ob monodisperse Teilchen entstehen oder nicht. La Mer and Dinegar (1950) haben diese Vorgänge an der Bildung von kolloidalem Schwefel aus Natriumthiosulfat und Salzsäure (Kap. 5.10.6) bzw. aus einer ethanolischen Schwefellösung durch Zusatz von Wasser untersucht (Abb. 5.2). Durch die Bildung der Keime und deren beginnendem Wachstum wird die Übersättigung verringert. Bleibt sie aber noch so hoch, daß weitere Keime entstehen (also oberhalb der Linie **B** in Abb. 5.2), bildet sich ein polydisperses System. Sinkt sie dagegen innerhalb kürzester Zeit unter diesen Wert, können keine neuen Keime mehr entstehen. Die vorhandenen Keime wachsen gleich schnell zu nahezu monodispersen Teilchen. Die Ausgangskonzentration muß daher niedrig sein, damit die Übersättigung schnell genug unter den kritischen Wert für die Keimbildung absinkt. Es ist somit verständlich, daß die experimentellen Bedingungen zur Herstellung gleich großer Teilchen sorgfältig ausgearbeitet werden müssen. Zudem ist es meist äußerst schwierig, Laborverfahren in den technischen Maßstab zu übertragen (Matijević, 1993).

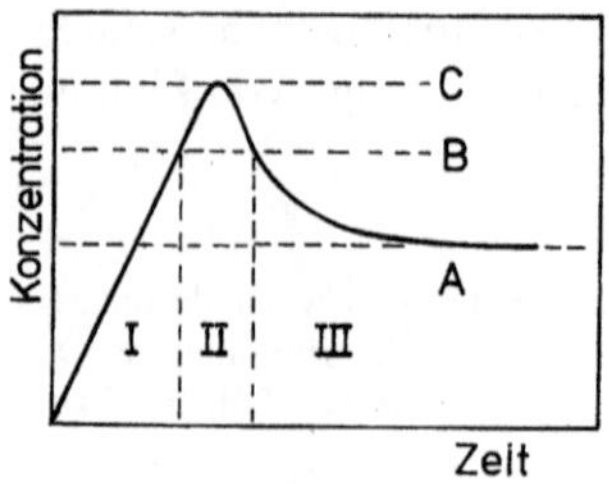

Abb. 5.2. Voraussetzung für die Bildung monodisperser kolloidaler Stoffe. **II**: Bereich der Keimbildung. Keime entstehen nur oberhalb der Konzentration **B**. **C** gibt die maximal mögliche Übersättigung an, **A** entspricht der Löslichkeit grobdisperser Teilchen (La Mer und Dinegar, 1950).

Die primär aus den Keimen gebildeten Partikel wachsen zu größeren Teilchen oder lagern sich durch Koagulationsprozesse zu Aggregaten zusammen (Kap. 12.2.5), aus denen dann die eigentlichen kolloidalen Teilchen entstehen. Aggregation erfolgt, wenn die aus den Keimen hervorgegangenen kleinsten Teilchen noch keine ausreichende Stabilität gegenüber einer Koagulation gewonnen haben. Hochauflösende elektronenmikroskopische Untersuchungen bestätigen die Entstehung spindelförmiger Hämatitkristalle in Gegenwart von Phosphationen durch Zusammenlagerung kleinerer, anionischer Primärteilchen (Ocaña et al., 1995 a). Kolloidale ZnS-Teilchen von einigen μm Durchmesser, die sich durch homogene Fällung von Zinksulfat mit Thioacetamid in Wasser-Glycerin bildeten, bestanden aus perlschnurartigen Aggregaten von etwa 50 nm großen Partikeln (Abb. 5.3) (Eshuis and Koning, 1994).

Nach Look and Zukoski (1995) scheinen nicht allein die elektrostatische Abstoßung und die Van-der-Waals-Anziehung die Teilchenmorphologie zu steuern. Bei der Hydrolyse des Tetraethylorthotitanates entstanden entweder einheitliche kugelförmige Teilchen oder Aggregate aus diskreten Teilchen, die halsförmig zusammengeschmolzen waren. Offenbar wuchsen die Partikel zunächst bis zu einer kritischen Größe, bevor sie sich zusammenlagerten. Führten die Bedingungen in der Lösung zu höheren Zetapotentialen (etwa > 12 mV), entstanden die einheitlichen, diskreten Teilchen. Die bei niedrigen Potentialen und bei einer bestimmten Teilchengröße einsetzende Koagulation könnte die Folge abstoßender Hydrationskräfte (Kap. 2.7.3, S. 63 ff) sein. Diese führen zu einem steileren Potentialanstieg bei kleineren Abständen. Ist die elektrostatische Abstoßung noch nicht genügend hoch, kann oberhalb einer kritischen Teilchengröße ein zusätzliches Minimum zwischen dem primären und dem weit außen liegenden sekundären Minimum auftreten, das für die Aggregation verantwortlich ist (s. Abb. 2.24). Bei höheren Oberflächenpotentialen wird dieses durch die elektrostatische Abstoßung soweit angehoben, bis keine Anziehung mehr erfolgt und die Teilchen isoliert bleiben.

Den Bildungsbedingungen kolloidaler Dispersionen seien ergänzend diejenigen für gut filtrierbare Niederschläge gegenüber gestellt. Hierbei sollen nur wenige Keime entstehen, die nicht zu schnell weiter wachsen. Dazu muß die Übersättigung niedrig gehalten werden, allerdings nicht zu gering, da sonst die Keimbildung zu langsam erfolgt. Dies wird üblicherweise durch tropfenweise Zugabe des Fällungsmittels in der Hitze und durch darauffolgende langsame Abkühlung

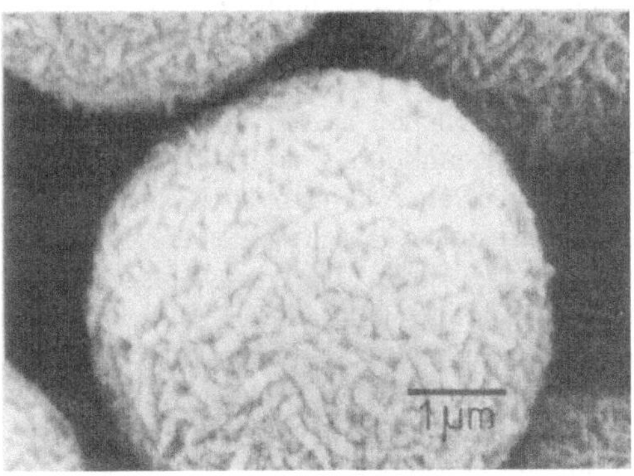

Abb. 5.3. Feinstruktur kolloidaler Zinksulfidteilchen, die durch homogene Fällung von Zinksulfat mit Thioacetamid in Wasser/Glycerin erhalten wurden (Eshuis and Koning, 1994).

erreicht. Die kritische Keimgröße kann häufig durch Zugabe von Fremdkeimen (Glassplitter beim Ankratzen der Glasgefäßwand) übersprungen werden.

Haben sich kolloidale Teilchen gebildet, dürfen sie sich nicht zusammenlagern. Die ausreichende kolloidchemische Stabilisierung ist eine zusätzliche Voraussetzung. Die Aufbaureaktionen in wäßrigen Systemen müssen daher unter Bedingungen durchgeführt werden, bei denen die Teilchen eine genügend hohe Oberflächenladung erwerben und in kolloidaler Verteilung stabilisiert sind. Am Ladungsnullpunkt würden sie sofort aggregieren. Titriert man eine Natriumchloridlösung mit Silbernitrat, bildet sich zunächst kolloidales Silberchlorid, weil die Teilchen infolge der noch ausreichend hohen Chloridionenkonzentration negativ geladen sind. Erst am Ladungsnullpunkt koaguliert das Silberchlorid. Obwohl Ladungsnullpunkt und Äquivalenzpunkt nicht identisch sind (Kap. 10.1), ist der Unterschied für die Durchführung der Titration unwesentlich (Titration von Chlorit- bzw. Silberionen nach Gay-Lussac). Bei der Bildung ungeladener Teilchen oder in unpolaren Flüssigkeiten muß für eine Stabilisierung durch adsorbierte Stoffe (Dispergatoren, Tenside, Makromoleküle) gesorgt werden.

Die Teilchengrößenverteilung in einer kolloidalen Dispersion ändert sich je nach System unterschiedlich schnell. Da die kleinen und kleinsten Teilchen eine höhere Löslichkeit als die großen haben, wachsen letztere auf Kosten der kleineren. Dieser als Ostwald-Reifung bezeichnete Vorgang kann bei der Bildung kolloidaler Teilchen wichtig sein, z. B. bei der Herstellung photographischer Dispersionen (sog. photographischen Emulsionen) sowie von Salben und Emulsionen. Die Teilchenvergrößerung durch Ostwald-Reifung wird häufig zur Gewinnung gut filtrierbarer Niederschläge ausgenutzt.

Die schwierigste Aufgabe des präparativ arbeitenden Kolloidchemikers liegt in der Herstellung monodisperser Teilchen, d. h. Teilchen mit einer möglichst engen Größenverteilungskurve. Dies gelingt heute in den verschiedensten Systemen. Dazu muß die Übersättigung zunächst so hoch sein, daß sich viele Keime spontan bilden, dann soweit absinken, daß keine weiteren Keime mehr entstehen, aber so hoch bleiben, daß die Keime noch eine gewisse Zeit weiterwachsen. Das Problem der für das Keimwachstum zu geringen Konzentration wird in manchen Rezepturen umgangen, indem nach der Keimbildung eine weitere Lösung mit einem gewissen Vorrat des Materials (d. h. einer bestimmten Übersättigung) zugegeben wird und so die Teilchen weiterwachsen können. Zsigmondy (1927) hat dieses Verfahren zum ersten Mal benutzt, um kolloidales Gold herzustellen. Weitere Beispiele sind die Darstellung von CdS (Johnson and Matijević, 1990), von SiO_2-Teilchen mit Durchmessern bis 300 nm (Chang et al., 1994a, b) und von Latexdispersionen (Kap. 6.6).

Eine wichtige Größe bei der Bildung der Teilchen ist die Viskosität der Lösung. Zunehmende Viskosität erschwert die Keimbildung und kann die Wachstumsgeschwindigkeit beträchtlich verringern. Daher können auch aus konzentrierten Lösungen Teilchen kolloidaler Dimension wachsen. Unter diesen Bedingungen ist zwar der Materialvorrat groß, doch bleibt die Wachstumsgeschwindigkeit der Teilchen infolge der erhöhten Viskosität niedrig. Die Bildung von Hämatitteilchen (α-Fe_2O_3) aus einem viskosen Gel beschrieben Sugimoto and Sakata (1992). Nach einer Regel von von Weimarn (Kap. 16) lassen sich kolloidale Dispersionen entweder in sehr verdünnten oder sehr konzentrierten Lösungen, nicht aber bei mittleren Konzentrationen herstellen.

Bei Fällungsreaktionen

$$AB + CD \rightarrow AC \downarrow + BD$$

entsteht das Salz BD, das bei ausreichender Konzentration zur Koagulation der gebildeten kolloidalen Teilchen AC führt. In diesem Fall bildet sich die kolloidale Dispersion erst beim Auswaschen des Niederschlags – ein Effekt, der dem analytisch arbeitenden Chemiker unangenehm in Erinnerung ist.

Keimbildungs- und Keimwachstumsgeschwindigkeit stellen letztlich zwei nicht berechenbare Größen dar. Es bleibt daher keinem Experimentator erspart, die günstigsten Bedingungen herauszufinden. Das Ausarbeiten zuverlässiger Vorschriften wird durch den Einfluß erschwert, den gelöste Fremdstoffe und Fremdpartikel sowohl auf Keimbildung als auch auf Keimwachstum haben.

Fremdstoffe können die Keimbildung verzögern, die Form, Größe und Größenverteilung der Teilchen und deren Oberflächenstruktur verändern und die Kristallinität (amorph oder kristallin, Modifikation, bei kristallisierenden Polymeren auch den Kristallinitätsgrad) beeinflussen. Durch Blockierung des Wachstums bestimmter Flächen kann sich der Habitus drastisch ändern. Es entstehen Formen, die sich auffällig von der üblichen Gestalt unterscheiden. In den meisten Fällen sind die genauen Mechanismen unbekannt. Als Beispiele seien erwähnt die Steuerung des Achsenverhältnisses von Hämatitteilchen durch Phosphationen (Morales et al., 1992; Ocaña et al., 1995 a), der Einfluß von Sulfationen auf die Gestalt von SiO_2-AlO(OH)-Teilchen (Nishikawa and Matijević, 1994) und von anionischen Tensiden auf die Form von Metallphosphatteilchen (Ishikawa and Matijević, 1988). Zusatz von ausreichend Natriumdodecylsulfat zu $FeCl_3$-HCl Lösungen führt zu nadel- oder stäbchenförmigen Goethitteilchen, α-FeO(OH), statt Hämatitteilchen, α-Fe_2O_3 (Kandori et al., 1995). Ein weiteres Beispiel ist der Einfluß von Sulfationen auf die Form von $MnCO_3$-Partikeln (Hamada et al., 1987) (s. Kap. 5.7).

In der Technik werden bei der Herstellung kolloidaler Teilchen häufig Modifikatoren eingesetzt, um die Gestalt zu beeinflussen. Ein bekanntes Beispiel ist die Produktion nadelförmiger Eisenoxidteilchen, die zur Verwendung als magnetische Pigmente bestimmte Achsenverhältnisse aufweisen müssen (Winter, 1986; Bittler and Ostertag, 1980) (Kap. 5.7). Durch Additive (z. B. Phthalocyaninsulfonsäurederivaten) verhindert man das nadelförmige Wachstum von Phthalocyaninpigmenten, denn nadelförmige Teilchen beeinflussen die Streich- und Fließfähigkeit von Lacken ungünstig (Iden, 1994).

Auch makromolekulare Stoffe haben Einfluß auf die Kinetik der Keimbildung sowie auf Teilchenform und -größe. Abgesehen von Arbeiten über die Wirkung von Gelatine auf das Wachstum von Silberhalogenidteilchen (photographische Emulsion) sind dazu nur wenige Untersuchungen bekannt geworden. Polymerzusatz beeinflußt nicht nur Größe, Gestalt und Oberflächenstruktur, sondern kann auch die Bildung der kolloidalen Teilchen verzögern oder gar verhindern. (Johnson and Matijević, 1990; Baumgartner and Mijalchik, 1991; van der Leeden et al., 1992; Xyla et al., 1992; Sosebee et al., 1995; Pach et al., 1996). Über teilkristalline Phasen bei wachsenden Polymerteilchen s. z. B. Keller et al., 1993.

In einigen Fällen liegen die kristallinen, kolloidalen Teilchen in einer anderen Modifikation als die makrokristalline Verbindung vor. Die kolloidalen CdS-Q-

Teilchen kristallisieren in der kubischen Sphaleritstruktur (Weller, 1993), während makrokristallines Material die hexagonale Wurtzitstruktur aufweist. Eine andere Modifikation der kolloidalen Teilchen kann die Folge der Ostwaldschen-Stufenregel sein, wonach bei der Bildung eines Stoffes zuerst die thermodynamisch wenig stabile Form entsteht (schwarzes statt rotes HgS (Zinnober), rötliches statt grünes MnS).

Das empfindliche Auswirken von Reaktionsbedingungen und Fremdstoffen bzw. -partikeln auf Keimbildung, Keim- und Teilchenwachstum verlangt bei der Herstellung kolloidaler Dispersionen gut definierter Teilchen ein besonnenes und sehr sauberes Arbeiten. Es sind möglichst reinste Verbindungen einzusetzen. Organische Stoffe müssen häufig gereinigt werden, z. B. Thioacetamid, bevor es für homogene Sulfidfällungen eingesetzt wird (Johnson and Matijević, 1990; Wilhelmy and Matijević, 1984). Da viele Ionen, die nicht an der Reaktion beteiligt sind, modifizierend wirken, darf nicht von vornherein eine Verbindung durch eine ähnliche ersetzt werden, z. B. Nitrate durch Chloride oder Sulfate. Zum Ansäuern sollte nicht irgendeine beliebige Säure benutzt werden. Weiterhin sind mechanische Verunreinigungen (Fremdpartikel, Staub, Glassplitter) strengstens zu vermeiden, da sie als Fremdkeime wirken. Da geringste Änderungen in den Reaktionsbedingungen zu völlig anders gestalteten Teilchen führen können, müssen Arbeitsvorschriften sorgfältig befolgt werden, d. h. Konzentration, pH, Temperatur, Reaktionszeiten sind genau einzuhalten. Auch die Änderung der Ansatzgröße kann von Einfluß sein. Die in Kap. 5.10.4 beschriebene Darstellung vom kolloidalen Gold mißlingt, wenn die Ansätze verkleinert werden.

Es muß von jedem praktisch tätigen Kolloidchemiker gefordert werden, Herstellungsvorschriften äußerst sorgfältig auszuarbeiten und zwar nicht nur in bezug auf die Reaktionsbedingungen, sondern auch auf die Reinheit der eingesetzten Stoffe.

5.5 Aufbaureaktionen: Oxidische und sulfidische Systeme

Kolloidale Teilchen lassen sich aus den Bausteinen auf verschiedene Weise aufbauen:

1. Durch Ausfällung eines gelösten Elements oder einer gelösten Verbindung durch Zugabe eines Lösungsmittels, in dem diese Stoffe unlöslich sind
2. durch Reaktion zwischen Ionen zu der im Dispersionsmittel wenig oder schwer löslichen Verbindung,
3. durch hydrolytische Verfahren,
4. durch Reduktion von Ionen zur Oxidationszahl Null mit anschließender Zusammenlagerung der Atome zu kolloidalen Teilchen („Elementarsole“),
5. durch Polymerisation oder Polykondensation von Monomeren zu Polymeren.

Als Beispiel des ersten Reaktionstyps sei die Herstellung von kolloidalem Schwefel genannt, indem Schwefel in Ethanol gelöst (die Löslichkeit ist allerdings nicht hoch) und durch Zugabe von Wasser kolloidal ausgefällt wird

(Thiele, 1950). Kolloidalen Schwefel erhält man auch auf andere Weise (Kap. 5.10.6). Die Reaktionen 2 und 3 werden besonders häufig zur Gewinnung kolloidaler Systeme eingesetzt. Elementarsole (Reaktion 4) werden in Kap. 5.6 und Polymerisations- bzw. Polykondensationsreaktionen in Kap. 6 behandelt.

Bekannte Beispiele für die Reaktion 2 sind die Fällung von Silberiodid aus der Lösung eines Silbersalzes durch Zugabe eines Iodids (oder umgekehrt) oder die Fällung von Sulfiden mit H_2S.

Besser steuerbar ist die Umsetzung von komplexierten Ionen mit einem Fällungsmittel. Dazu muß die Löslichkeit der gewünschten Verbindung verglichen mit der Komplexstabilitätskonstante hinreichend niedrig sein. Nadelförmiges Kupfer(II)-hydroxid bildete sich aus dem Kupfertetramminkomplex und NaOH (Durand-Keklikian und Matijević, 1990). Zur Herstellung von Q-Teilchen (Kap. 1.2, S. 9) des Cadmiumsulfids wurden Cadmiumionen in Gegenwart von Natriumpolyphosphat mit H_2S gefällt (Weller, 1993; Spanhel et al., 1987). Das Polyphosphat wirkt zunächst als Komplexbildner für Cd^{2+}, dann als Stabilisator für die kolloidalen Teilchen.

Bei den hydrolytischen Verfahren ist zuerst die Zersetzung wasserempfindlicher Substanzen zu nennen. Die meisten Reaktionen verlaufen jedoch so heftig, daß nur unter besonderen Bedingungen gut definierte kolloidale Dispersionen entstehen. TiO_2-Dispersionen, durch Eintropfen von $TiCl_4$ in Wasser bei 0 °C gewonnen (Moser und Grätzel, 1983), sind polydispers. Eine technisch genutzte Umsetzung ist die Flammenhydrolyse des $TiCl_4$ zu TiO_2 und von $SiCl_4$ zu SiO_2 (Kap. 5.8) (Ettlinger, 1993). Die Hauptmenge des TiO_2 wird jedoch nach dem Sulfat- bzw. Chloridverfahren in wäßriger Lösung hergestellt.

In vielen Fällen dienen Metallalkoxide als Ausgangsverbindungen. Aluminiumalkyloxylate können zu kolloidalem Boehmit (Buining et al., 1991, 1994; Souza Santos et al., 1993) oder Aluminiumacetylacetonat zu amorphem bzw. kristallinem Aluminiumoxidhydroxid (Hamada et al., 1991) zersetzt werden. Ähnliche Reaktionen sind Ausgangspunkt vieler Sol-Gel-Prozesse (Kap. 12.2.2) (Novak, 1993; Lee and Crayston, 1993).

Die Hydrolyse läßt sich besser steuern, wenn die betreffende Verbindung in einem organischen Lösungsmittel gelöst und durch vorsichtige Zugabe von Wasser zersetzt wird. Ein bekanntes Beispiel ist die Hydrolyse von Tetraalkylorthosilicaten in Alkoholen zu monodispersen, kugelförmigen SiO_2-Teilchen (Tab. 5.1; Kap. 5.10.1) (Stöber et al., 1968; Iler, 1979; Coltrain and Kelts, 1994; Zukoski et al., 1994). Dabei entsteht zunächst die monomere Orthokieselsäure $Si(OH)_4$, die zu kleinen Primärteilchen kondensiert. Je nach Bedingungen können diese Partikel weiterwachsen, zu gelartigen Netzwerken kondensieren oder zu größeren, kugelförmigen Teilchen aggregieren. Gelartige Netzwerke bilden sich vor allem im sauren Bereich und in Gegenwart von Salzen, die die Koagulation der Teilchen erleichtern, während im alkalischen Bereich die Teilchen weiterwachsen (Abb. 5.4) (Iler, 1979). Wahrscheinlich führt die Hydrolyse der Kieselsäureester in Alkoholen zunächst zu Teilchen von etwa 5 nm, die sich dann zu großen, kugelförmigen Teilchen zusammenlagern (Iler, 1979; S. 239).

Durch Hydrolyse einer mit einem Verdickungsmittel stabilierten Emulsion von Tetraethylorthosilicat in Wasser wurde feinteiliges Siliciumdioxid erhalten (Butler et al., 1996).

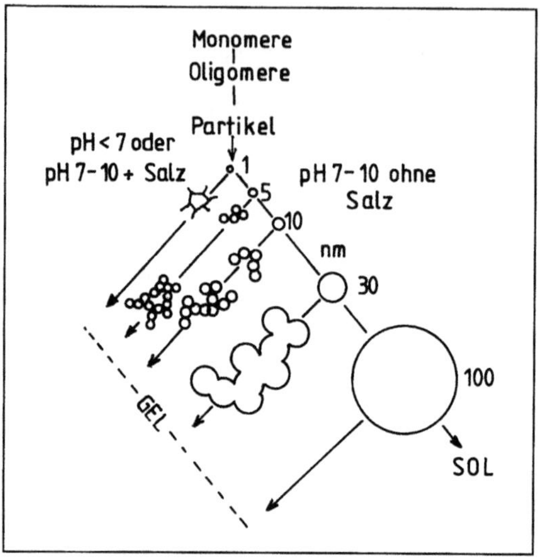

Abb. 5.4. Kondensation von monomerem $Si(OH)_4$ zu gelartigen Netzwerken oder individuellen Teilchen in wäßriger Lösung. (Nach Iler, 1979).

Eine jüngst beschriebene Methode nutzte die Hydrolyse bestimmter Salze in polaren, organischen Lösungen bei hoher Temperatur aus. So bildeten sich 0,2 - 0,4 µm große, monodisperse, kugelförmige ZnO-Teilchen bei der Zersetzung von Zinkacetatdihydrat in Diethylenglycol bei 100 - 200 °C. Die Partikel waren mikroporöse Aggregate aus Teilchen von etwa 10 nm. Die Anionen hatten einen großen Einfluß: In Gegenwart von Zinkchlorid, -sulfat oder -oxalat entstand kein kolloidales ZnO (Jézéquel et al., 1995).

Da sich viele Metallalkoxide in organischen Lösungsmitteln lösen, können zwei oder auch mehrere Metalle gemeinsam als Hydroxide oder Oxidhydroxide ausgefällt werden, was aus der wäßrigen Lösung der Metallionen aufgrund unterschiedlicher Fällungsbedingungen oft nicht gelingt. Im Gegensatz zur direkten Fällung entstehen bei der Hydrolyse der Metallalkoxide im organischen Lösungsmittel im allgemeinen sehr feinverteilte und gleichmäßig durchmischte Produkte, die nach der Fällung meist amorph erscheinen. Sie können entweder als Ausgangsstoffe für Synthesen keramischer Pulver, Gläser und kristalliner Silicate u. a. dienen oder unter geeigneten Bedingungen durch Alterung in kolloidale Teilchen überführt werden. So beschrieben Nishikawa und Matijević (1994) die Herstellung monodisperser, kugelförmiger SiO_2-Al_2O_3-Teilchen durch Hydrolyse von Tetraethylorthosilicat und Aluminium-tri-(tert-butylat) bei pH = 2–3. Anionen beeinflußten die Teilchenform; einheitliche, kugelförmige Teilchen entstanden nur bei bestimmten Konzentrationsverhältnissen von SO_4^{2-} und Al^{3+}.

Zu den hydrolytischen Verfahren gehört die industrielle Herstellung von kolloidalem SiO_2 (Kieselsolen) aus Wasserglaslösungen durch Zuführung von Protonen, üblicherweise über Ionenaustauscher (Bergna and Roberts, 1993).

Von besonderem Nutzen sind die durch hydrolytische Reaktionen erzielten homogenen Fällungen, da sich hierbei die Reaktionsbedingungen sehr genau einstellen können (Matijević, 1993). In der zunächst homogenen Lösung wird, meist durch Temperaturerhöhung initiiert, das Fällungsmittel nach und nach durch hydrolytische Spaltung einer geeigneten Ausgangsverbindung oder Zersetzung von Vorstufen (meist Komplexen) gebildet. Beim Überschreiten der kritischen Keimbildungsbedingungen entstehen Keime, die langsam zu Partikeln weiterwachsen. Infolge des allmählichen Konzentrationsanstiegs des Fällungsmittels wird eine ungünstige, zu hohe Übersättigung vermieden.

Aus der analytischen Chemie ist die homogene Fällung durch Urotropin bekannt. Bei dessen langsamer hydrolytischer Zersetzung entstehen Formaldehyd und Ammoniak, das u. a. Aluminium-, Chrom- und Eisenhydroxid ausfällt. Natürlich zielt man hier auf gut filtrierbare, also nichtkolloidale Niederschläge, doch läßt sich diese Art homogener Fällung auch zur Bildung kolloidaler Teilchen ausnutzen. Einige eindrucksvolle Beispiele stammen von Matijević und Mitarbeitern (s. z. B. Matijević, 1993). So ließen sich sehr einheitliche nadelförmige Cd(OH)Cl-Teilchen und rhomboedrische $CdCO_3$-Teilchen aus Cadmiumsalzen durch Hydrolyse von Harnstoff herstellen (Janeković and Matijević, 1985). Auf ähnliche Weise entstand aus Zinksalzlösungen basisches Zinkcarbonat (Hydrozinkit) (Castellano and Matijević, 1989). Harnstoff dient einmal als Quelle für Carbonationen, andererseits steigt der pH-Wert im leicht sauren Bereich infolge der Hydrolyse des Harnstoffs in der Wärme leicht an, was die Fällung begünstigt oder sogar erst möglich macht. Infolge dieser pH-Verschiebung ließen sich auch Phosphate fällen, z. B. basisches Zinkphosphat (Castellano und Matijević, 1989) oder Kobalt(II)-phosphat (Janeković and Matijević, 1985). Bei entsprechender Wahl der Konzentration von $CoSO_4$ und NaH_2PO_4 fiel das Phosphat in Abwesenheit von Harnstoff nicht. Erst wenn der pH-Wert durch die Hydrolyse des Harnstoffs über 5,8 stieg, bildeten sich kolloidale $Co_3(PO_4)_2$-Teilchen in verschiedenen Formen. Durch Zusatz von Natriumlaurylsulfat entstanden monodisperse, kugelförmige Teilchen.

Ein anderes Beispiel für die homogene Bildung kolloidaler Teilchen ist die Fällung von monodispersem, kugelförmigem ZnS durch Hydrolyse von Thioacetamid (Wilhelmy and Matijević, 1984; Eshuis and Koning, 1994). Stäbchenförmige SnO_2-Teilchen ($\approx$ 0,3 µm) guter Kristallinität entstehen durch Zersetzung von $SnCl_4$-Lösungen in Gegenwart von Formamid (Ocaña et al., 1995 b).

Aus Aquokomplexen erhält man durch Alterung unter präzise definierten Bedingungen sehr einheitliche kolloidale Teilchen. Egon Matijević und Mitarbeiter haben dafür viele Beispiele angegeben. Instruktiv ist die Zersetzung des Hexaquoeisen(III)-Komplexes in Gegenwart von Salzsäure durch Alterung bei 100 bzw. 150 °C (Matijević, 1977). Einige Kristallformen sind in Abb. 5.5 wiedergegeben (zu den Reaktionsbedingungen siehe Tabelle 5.2, S. 188). Die Teilchen bestehen entweder aus Hämatit, α-Fe_2O_3, oder Akaganeit, β-FeO(OH). Morales et al. (1992) und Ocaña et al. (1995 a) beschrieben die Bildung streng monodisperser Hämatitteilchen durch Alterung von $FeCl_3$-Lösungen, wobei das Achsenverhältnis der Teilchen durch Phosphatzusatz gesteuert wurde (Abb. 5.6).

In den modernen Materialwissenschaften gewinnen beschichtete kolloidale Teilchen (coated particles) an Bedeutung. Die kolloidchemischen Eigenschaften lassen sich durch die Überzüge verändern, während die Eigenschaften des massiven Kerns (z. B. magnetisches und optisches Verhalten) bestehen bleiben. In der nichtsilicatischen Keramik bietet die Umhüllung eine Möglichkeit, eine Komponente gleichmäßig zu verteilen, indem sie als Überzug auf eines der Ausgangspulver aufgebracht wird.

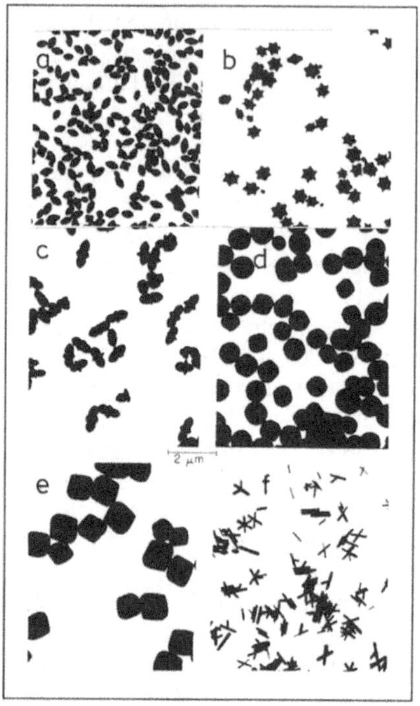

Abb. 5.5. Kolloidale Teilchen von Hämatit, α-Fe_2O_3, (**a-e**) und Akaganeit, β-FeO(OH), (**f**) (Reaktionsbedingungen s. Tabelle 5.2) (Matijević, 1977).

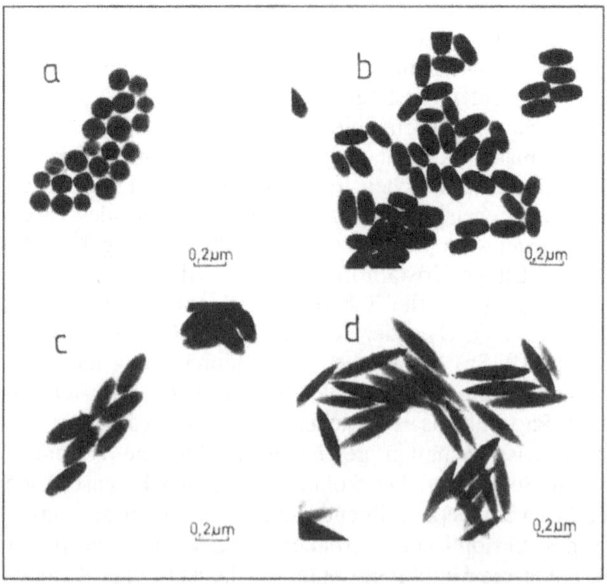

Abb. 5.6 a–d. Veränderung der Gestalt von Hämatitteilchen durch Phosphationen. 0,02 M $FeCl_3$-Lösungen, bei 100 °C gealtert: **a** ohne KH_2PO_4, 2 Tage gealtert, **b** $1 \cdot 10^{-4}$ M KH_2PO_4, 3 Tage gealtert, **c** $2 \cdot 10^{-4}$ M KH_2PO_4, 4 Tage gealtert, **d** $4{,}5 \cdot 10^{-4}$ M KH_2PO_4, 6 Tage gealtert (Morales et al., 1992).

Der übliche Weg ist die direkte Abscheidung der Überzüge auf den kolloidalen Teilchen. Dieser erfordert eine sehr genaue Ausarbeitung der Reaktionsbedingungen, damit die abzuscheidende Komponente nicht in Form separater Teilchen ausfällt. Die Reaktion kann so gesteuert werden, daß sich bereits gebildete Partikel auf dem Träger niederschlagen. Ein gut untersuchtes Beispiel ist die Abscheidung von Hämatit in TiO_2-Dispersionen (Gherardi and Matijević, 1986). Beim Vermischen kolloidaler Dispersionen kann es durch Auflösungs-Fällungs-Reaktionen zur Umhüllung einer Teilchensorte durch das Material der anderen kommen, z. B. bei Mischungen aus Aluminiumoxidhydroxiden und TiO_2 (Kap. 3.3, S. 85).

Viele Beispiele für die Umhüllung kolloidaler Teilchen mit anorganischen Stoffen wurden wiederum von Matijević und Mitarbeitern beschrieben. Eines davon ist die kolloidchemische Stabilisierung der wegen ihrer magnetischen Eigenschaften interessanten Eisenoxidpigmente durch SiO_2-Überzüge (Abb. 5.7). Das SiO_2 wird z. B. durch Hydrolyse des Tetraethylorthosilicats abgeschieden (Ohmori and Matijević, 1992). Auch Latices lassen sich mit anorganischem Material umhüllen (Kawahashi and Matijević, 1990). Überzüge von Kieselsäure oder Aluminiumsilicaten auf TiO_2-Pigmenten sind von großer technischer Bedeutung (Kap. 3.3, S. 85 f) (Winter, 1986). Zur Abscheidung aus der Gasphase s. Kap. 5.8.

Leitende Polymere sind infolge des Aufbaus aus starren, hoch geladenen Makromolekülen mit konjugierten Doppelbindungen schwer zu handhaben. Durch Herstellung kolloidaler Verteilungen wurde versucht, die Verarbeitbarkeit zu verbessern. Zwei wichtige Möglichkeiten zur Stabilisierung des kolloidalen Zustandes sind die sterische Stabilisierung (Armes, 1996) und die Umhüllung mit kleineren SiO_2-Teilchen (Butterworth et al., 1995; Stejskal et al., 1996a,b). Andererseits wurden kolloidale Teilchen (z. B. aus Latex, $BaSO_4$) mit leitfähigen, sterisch stabilisierten Polymerschichten überzogen oder Kompositteilchen aus anorganischem Material (SiO_2, SnO_2) und Polymer hergestellt (Armes, 1996).

Eine moderne präparative Methode ist die Erzeugung der Kristallkeime in dem feinverteilten Wasser von W/O-Mikroemulsionen (Fendler, 1987; Nagy, 1989; Petit and Pileni, 1988; Pillai et al., 1993; Arriagada and Osseo-Asare, 1995; Tanori et al., 1995; Ma et al., 1996). Infolge der Aufteilung der wäßrigen Phase in der Ölphase ist das Teilchenwachstum nach der Ausfällung beschränkt. Ein Beispiel wird in Kap. 5.10.5 beschrieben. Allerdings bestimmen auch hier die Konzentrationsverhältnisse in den „Wasserkernen" Größe und Größenverteilung der entstehenden kolloidalen Teilchen, die meist Durchmesser von 10–80 nm aufweisen. Mittlerweile wurden in Mikroemulsionen kolloidale Teilchen verschiedenster Zusammensetzung hergestellt (Fendler, 1987; Boakye et al., 1994). Chang et al. (1994 a, b) erzeugten Q-Teilchen von CdS innerhalb der in einer Mikroemulsion wachsenden SiO_2-Teilchen (durch Hydrolyse von Tetraethylorthosilicat), indem sie nach und nach Mikroemulsionen zusetzten, die Cd^{2+} und S^{2-} (aus Thioacetamid) enthielten. So entstanden SiO_2-Teilchen mit etwa 100 nm-Durchmesser, die etwa 2,5 nm große CdS-Teilchen (kubische Modifikation) einschlossen. Kern-Hülle-Teilchen konnten erzeugt werden, indem CdS-Teilchen in Mikroemulsionen hergestellt und dann durch Zugabe von Tetraethylorthosilicat mit SiO_2 ummantelt wurden. Durch Herauslösen des CdS mit Säuren bildeten sich poröse SiO_2-Teilchen mit Kratern an der Oberfläche oder zentralem Hohlraum.

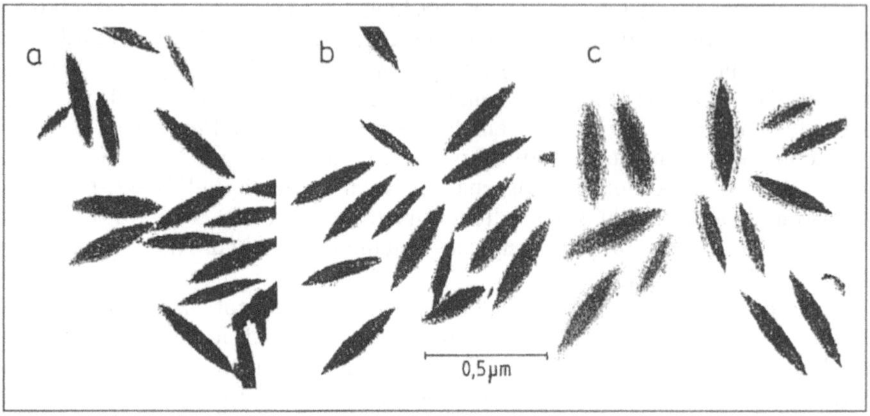

Abb. 5.7. Kieselsäure auf Hämatit, erzeugt durch Hydrolyse von Tetraethoxysilan in Isopropanol in Gegenwart von NH_3 bei 40 °C. Reaktionszeiten **a** 2 h, **b** 4 h, **c** 18 h (Ohmori and Matijević, 1992).

CdS-Teilchen, die den Größenquantisierungseffekt zeigen, konnten auch zwischen den Cadmiumstearatschichten von Langmuir-Blodgett-Filmen hergestellt werden (Moriguichi et al., 1994).

Ein neuer Weg zur Herstellung von Nanoteilchen aus CdS und ZnS ist die Umsetzung von Cd^{2+} und Zn^{2+} mit H_2S in Adsorptionsschichten, die bei der Adsorption aus Flüssigkeitsmischungen wie Methanol oder Ethanol und Cyclohexan (Kap. 14) auf geeigneten Trägern (SiO_2, hydrophobierte Tonminerale) entstehen (Dékány et al., 1995; 1996).

Ein anderer Weg zur Erzeugung sehr kleiner Teilchen ist die Umsetzung in Salzschmelzen (Du and Inman, 1996). So ließ sich Aluminiumchlorid und Aluminiumsulfat in Nitratschmelzen in feinstteiliges Al_2O_3 umwandeln:

$$2\,Al_2(SO_4)_3 + 12\,NO_3^- \rightarrow 2\,Al_2O_3 + 6\,SO_4^{2-} + 12\,NO_2 + 3\,O_2.$$

Aus der Linienverbreiterung des Pulverdiagramms wurden Teilchendurchmesser von 2–4 nm ermittelt und durch elektronenmikroskopische Untersuchungen bestätigt.

5.6 Aufbaureaktionen: Elementarsole

Die wichtigsten kolloidalen Dispersionen von Elementen sind Metallsole (Belloni, 1996). Die annähernd kugelförmigen Teilchen der Metallsole sind oft fazettiert (Mulvaney et al., 1992; Heard et al., 1983; Duff et al., 1987).

Metallsole werden häufig durch Reduktion wäßriger Metallsalzlösungen mit Citrationen, Hydrazin, Hydroxylamin, Formaldehyd, Natriumborhydrid oder sogar mit EDTA hergestellt. Auch durch γ-Bestrahlung können Metallionen reduziert werden. Aus den zahlreichen Arbeiten seien einige Beispiele herausgegriffen: Au aus $HAuCl_4$ mit Natriumcitrat (Frens, 1973; Duff et al., 1987; Chow and Zukoski, 1994), Ag aus $AgNO_3$ mit $NaBH_4$ oder EDTA und durch Bestrahlung (Heard et al., 1983; Duff et al., 1987), Pt aus $H_2PtCl_6 \cdot 6H_2O$ (Kiwi, 1982; Furlong and Sasse, 1983), Ru, Rh, Pd, Pt, Ag, Au aus $RuCl_3 \cdot 3H_2O$, $RhCl_3 \cdot 3H_2O$, $PdCl_2$, $H_2PtCl_6 \cdot 6H_2O$, $AgNO_3$ und $HAuCl_4 \cdot 4H_2O$ mit $NaBH_4$ (Nakao and Kaeriyama, 1986), Co aus Cobaltacetat in Gegenwart von Triethanolamin mit Hydrazin oder $NaBH_4$ (Matijević, 1991), Pt-Au aus Lösungen von $H_2PtCl_6 \cdot 6H_2O + HAuCl_4 \cdot 4H_2O$ mit Natriumcitrat (Sermon et al., 1987), Cu aus Kupferacetat mit Hydrazin (Curtis et al., 1988).

Die Abscheidung von Metallen durch γ-Bestrahlung (^{60}Co-Quelle) wurde genutzt, um Silberteilchen mit Cadmium, Indium, Blei bzw. Gold zu ummanteln. Ziel war die Veränderung elektronischer und optischer Eigenschaften der Silberteilchen (Mulvaney et al., 1992; Henglein et al., 1993).

Bimetallische Kolloide aus einem Edelmetall und einem etwas leichteren Übergangsmetall (z. B. Pt-Cu) lassen sich meist nicht aus wäßrigen Systemen herstellen, einmal wegen unterschiedlicher Redoxpotentiale, aber auch, weil beide Metalle durch Zusätze nicht in gleichem Maße stabilisiert werden. Üblicherweise werden daher Metalloxidmischungen bei höherer Temperatur mit Wasserstoff reduziert. Vor kurzem beschrieben Toshima und Wang (1994) die Ausfällung gemischter Hydroxide bzw. Oxidhydroxide von Pd^{2+} bzw. Pt^{4+} und Cu^{2+} mit NaOH in Ethylenglycol/Wasser in Gegenwart von Poly(vinyl-2-pyrrolidon), wobei sich nach Vertreiben des Wassers bei 198 °C eine tiefbraune, kolloidale Dispersion von Pd-Cu bzw. Pt-Cu in Ethylenglycol bildete. Die Teilchendurchmesser lagen zwischen 1 und 4 nm.

Wie bei den oxidischen Systemen kann das Wasser im Innern von inversen Mizellen (W/O-Mikroemulsionen) als Reaktionsmedium genutzt werden. Zur Herstellung von Platinteilchen wurde zunächst AOT (Aerosol-OT, Natrium-bis(2-ethylhexyl)sulfosuccinat, Formel s. S. 263) in Heptan gelöst und mit einer wäßrigen $PtCl_6^{2-}$- bzw. Hydrazinlösung versetzt. Schon bei leichtem Umschütteln bildete sich die W/O-Mikroemulsion. Beim Vermischen der beiden micellaren Lösungen entstanden innerhalb von Minuten bis Stunden kolloidale Platinteilchen mit einem Radius von 2–10 nm (Clint et al., 1993). Auf gleiche Weise ließen sich Kupferdispersionen herstellen (Pileni and Lisiecki, 1993). Auch inverse Mizellen von Cetyltrimethylammoniumbromid in Chloroform/Heptan (1 : 1) und Wasser eignen sich als Reaktionsmedium. Zur Herstellung von kolloidalem Silber (Teilchendurchmesser 3–9 nm) wurden zwei W/O-Mikroemulsionen (O = Cyclohexan) vermischt, in deren wäßriger Phase $AgNO_3$ bzw. $NaBH_4$ gelöst war. Als Stabilisator diente Dodecylpentaethylenglycolether (Barnickel et al., 1992). Kolloidale Goldteilchen mit definierter Gestalt, Größe und Polydispersität wurden durch Reduktion von Goldsalzen in Mizellen amphiphiler Blockcopolymere hergestellt. Auch hierbei ließ sich die unten erwähnte Desaggregation mit fortschreitender Reduktionszeit beobachten (Antonietti et al., 1996).

Eine besondere Faszination übt kolloidales Gold aus (Hayat, 1989). Es wurde zuerst als Fest/fest-Verteilung in Glas beobachtet, wahrscheinlich von Andreas Libavius (1550–1616). Johann Kunckel (1630–1702) optimierte die Herstellung des Goldrubinglases (Cornejo, 1913). Die Rezeptur ging allerdings mit dem Tod Kunckels verloren. Eine neue Vorschrift entwickelte Oskar Rauter (Rheinische-Glashütten AG) 1888. Die Entdeckung von Gold in Wasser wird zwar meist Andreas Cassius (1685) zugeschrieben, geht aber wohl auf Johann Rudolf Glauber (1604–1668) zurück. „Cassiusscher Goldpurpur" entsteht bei der Reduktion von Goldsalzlösungen mit Sn^{2+}-Ionen in saurer Lösung. Diese Reaktion ist ein bekannter qualitativer Nachweis von Gold. Die kolloidalen Goldteilchen werden durch eine Hülle aus Zinn(IV)-oxidhydrat stabilisiert. Die entsprechende Platinverbindung stellte Wöhler (1907, 1910) her. 1857 beschrieb Faraday die sterische Stabilisierung von Goldteilchen. Zsigmondy beschäftigte sich intensiv mit Herstellung, Stabilisierung und Eigenschaften kolloidaler Goldlösungen (Kap. 16). Er gewann besonders schöne Golddispersionen durch Reduktion von Goldsalzen mit weißem Phosphor. Die modernste Entwicklung ist die Herstellung von Goldclustern (Kap. 1.1, S. 10).

Unter den Eigenschaften fällt die Änderung der Farbe mit der Teilchengröße auf: Sie variiert von orange bei Teilchen mit etwa 16 nm Durchmesser über rot bis violett bei d >100 nm (Tab. 5.3) (Frens, 1973). Zsigmondy beschrieb die Farben kolloidaler Goldlösungen ausführlich. Die Abhängigkeit der Farbe von der Teilchengröße ist ein allgemeines Phänomen. Mie (1908) entwickelte seine Theorie der Lichtstreuung an kolloidalen Goldteilchen (Abb. 5.8):

> „Die Farben der kolloidalen Goldlösungen erklären sich durch das Zusammenwirken zweier Eigenschaften der Goldteilchen. Die Goldteilchen haben nämlich ein recht scharfes Maximum des Absorptionsvermögens im Grün, und zweitens ein Maximum des Reflexionsvermögens im Rotgelb. Sehr kleine Teilchen reflektieren schwach und absorbieren stark, sie machen die Lösung daher rubinrot. Grobe Teilchen reflektieren stark, zugleich wird die Kurve der reinen Absorption für sie niedriger und flacher, sie machen die Lösung deswegen blau. Für die Farbe der allergröbsten Lösungen ist allein die Eigenschaft des Goldes, den rotgelben Teil des Spektrums stark zu reflektieren, ausschlaggebend, dadurch kommt ihre weniger satte blaugrüne Farbe zustande." (Mie, 1908, S. 442).

Wolfgang Ostwald (1924) diskutierte ausführlich die Farbe kolloidaler Dispersionen.

Die Farbe wird durch die Teilchengrößenverteilung beeinflußt. Heterodisperse Systeme zeigen Mischfarben wie grau, braun, oliv, grün (Thiele, 1950). Bei der Koagulation von Golddispersionen wechselt die Farbe von rot nach blau (Kirchner und Zsigmondy, 1904). Eine Farbänderung bei der Koagulation wird auch bei anderen Metallsolen beobachtet. Gelbe Silbersole liefern graue Niederschlä-

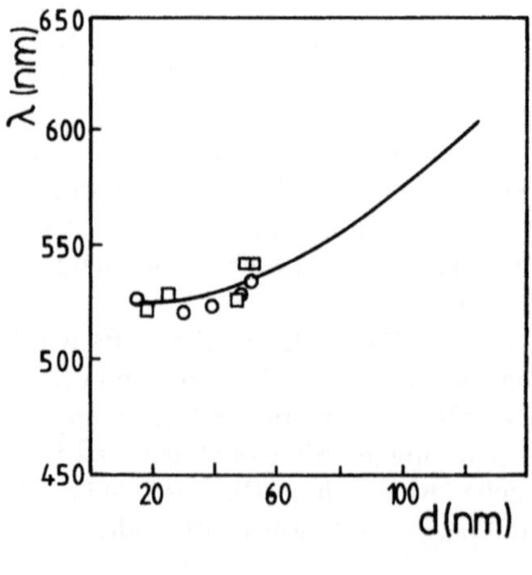

Abb. 5.8. Abhängigkeit der Wellenlänge des Absorptionsmaximum vom Durchmesser kolloidaler Goldteilchen nach der Mieschen Theorie. □, ○ experimentelle Werte bei verschiedenen $HAuCl_4$ (□)- und NaCl (○)-Konzentrationen (Chow and Zukoski, 1994).

ge. Bereits die Aggregation in der Lösung kann zur Farbveränderung führen. So veränderte sich z. B. die Farbe roter Golddispersionen durch Zugabe von Pyridin nach blau, indem im Absorptionsspektrum anstelle einer Bande mit Maximum bei 520 nm ein Maximum bei 620 nm mit einer Schulter bei 520 nm auftrat (Heard et al., 1983). In Silbersolen erschien neben dem Maximum bei 400 nm ein weiteres bei 610 nm. Elektronenmikroskopische Aufnahmen zeigten, daß die kolloidalen Teilchen in den roten und blauen Goldsolen nicht verschieden groß, aber im blauen Sol aggregiert waren. Feinverteiltes Kupfer ergab in Ethanol und n-Propanol rote Dispersionen, die sich bei der durch Luftzutritt ausgelösten Aggregation dunkelgrün färbten (Curtis et al., 1988). Arsensulfidsole wurden beim Gefrieren infolge der Aggregation der Teilchen rot (Buzágh und Rohrsetzer, 1959).

Während der Reduktion der wäßrigen Lösung von $HAuCl_4$ mit Natriumcitrat wechselte die Farbe der Dispersion über purpur und blau zu tiefrot (Kap. 5.10.4) (Turkevich et al., 1951). Bei Temperaturen von 60 °C bis 80 °C färbte sich die Dispersion zunächst schwarz, dann purpur, blau und schließlich rot (Chow and Zukoski, 1994). Die Messung der Teilchengröße (durch dynamische Lichtstreuung bzw. elektronenmikroskopisch) zeigte die Bildung von zunächst recht großen, uneinheitliche Teilchen (>100 nm). Die Teilchengröße nahm mit fortschreitender Zeitdauer ab, bis nahezu einheitliche Teilchen von 15 nm Durchmesser erreicht wurden (Chow and Zukoski, 1994). Hier zeichnete sich der in Kap. 2.7.3, S. 63 f; Kap. 5.4, S. 169 erwähnte Mechanismus ab, demzufolge die zunächst entstehenden, kleinsten Goldteilchen noch nicht genügend stabilisiert sind und sich zu Aggregaten zusammenlagern. Wahrscheinlich werden zunächst $AuCl_4^-$-Ionen adsorbiert, die aber die Oberfläche der wachsenden Keime nicht weit genug aufladen, um eine lockere Aggregation zu verhindern. Mit dem Verbrauch der $AuCl_4^-$-Ionen und zunehmender Adsorption von Citrationen – infolge des Anstiegs der Citrationenkonzentration mit fortschreitender Reduktion von Au^{3+} – wächst die Oberflächenladung soweit, daß die Aggregate zerfallen und eine stabile Dispersion aus einheitlichen Goldteilchen entsteht.

Das bekannteste Nichtmetallsol ist das Schwefelsol. Bei der Verwendung von Schwefel als Insektizid werden meist recht grobkörnige Suspensionen benutzt, die man z. B. aus geschmolzenem Schwefel erhält. Die Herstellung von kolloidalem Schwefel durch Eingießen einer alkoholischen Schwefellösung in Wasser wurde in Kap. 5.4 erwähnt. Weiterhin können Dispersionen aus festem Schwefel sowohl in Luft als auch in Wasser durch Konproportionierung von SO_2 und H_2S gebildet werden:

$$SO_2 + 2H_2S \rightarrow 3S + 2H_2O.$$

Am besten stellt man kolloidalen Schwefel durch Zersetzung verdünnter Natriumthiosulfatlösungen (Fixiersalzlösungen) mit verdünnter Säure her. Bei diesen Solen kann die Lichtstreuung wachsender kolloidaler Teilchen gut verfolgt werden (Kap. 5.10.6).

Kolloidales Selen wurde bereits vor der Entdeckung des kolloidalen Schwefels beschrieben (Schulze, 1885). Es entsteht z. B. durch Reduktion von seleniger Säure mit schwefliger Säure. Die Selensole sind im Durchlicht rot, im Auflicht brauntrübe. Die Reduktion der selenigen Säure mit SO_2 wird technisch zur Gewinnung von Selen benutzt.

5.7 Umwandlung kolloidaler Teilchen

In manchen Fällen erhält man kolloidale Teilchen durch Umwandlung anderer Partikel. Das bekannteste Beispiel ist die Herstellung von nadelförmigem Maghemit, γ-Fe_2O_3, der lange Zeit eine Monopolstellung unter den Pigmenten für magnetische Tonträger einnahm. Da er nicht nadelförmig kristallisiert, wurde er durch Entwässerung von Goethit, α-FeO(OH), gewonnen (Bittler und Ostertag, 1980).

Das entscheidende Problem bei derartigen Reaktionen ist der Erhalt der Teilchenform und -größe. Bei der technischen Goethit-Maghemit-Umwandlung verändern sich die Teilchen schon merklich, doch reicht der nadelförmige Habitus der Maghemitteilchen noch aus. Hämatitpartikel, α-Fe_2O_3, ließen sich unter Erhalt ihrer Form und Größe in Maghemit umwandeln, indem zunächst mit Wasserstoff unterhalb von 400 °C zu Magnetit, Fe_3O_4, reduziert und anschließend an Luft wieder aufoxidiert wurde (Ozaki and Matijević, 1985; Morales et al., 1994).

Akaganeit, β-FeO(OH), – durch Alterung von Eisensalzlösungen (Kap. 5.5) gewonnen – kann über Auflösungs- und Rekristallisationsprozesse in Hämatit umgewandelt werden (Morales et al., 1992; Sugimoto et al., 1996).

Eine andere Gruppe von Umwandlungen umfaßt die Zersetzung von Carbonaten zu Oxiden, die normalerweise unter Zerstörung der Teilchen abläuft. Bei geeigneter Reaktionsführung kann die Teilchenform erhalten bleiben, die Porosität, und damit die spezifische Oberfläche jedoch deutlich ansteigen, z. B. bei der Umwandlung von $CdCO_3$ in CdO (Janković and Matijević, 1985). Sowohl kugelförmige als auch verzerrt würfelförmige (monokline) Mangan(II)-carbonat-Teilchen wandelten sich bei 300–400 °C in Luft oder Sauerstoff in Mangandioxidteilchen ($MnO_{1,80\text{-}1,90}$) um (Hamada et al., 1987).

Die Fragmentierung der Teilchen bei Umwandlungsreaktionen kann zuweilen durch Umhüllung (Kap. 5.5) einigermaßen verhindert werden, z. B. bei der Herstellung von kolloidalem Kupfer durch Reduktion von CuO, das mit SiO_2 geschützt wurde (Matijević, 1991).

Die thermische Zersetzung organischer Polymere unter Luftabschluß spielt bei der Herstellung von Kohlenstoffasern eine wichtige Rolle (Fitzer, 1980; Hüttinger, 1988). Everett und Rojas (1988) beschrieben die thermische Umwandlung von Polyacrylnitrillatices in mesoporöse, kugelförmige Kohlenstoffteilchen (Durchmesser 100–200 nm), wobei der Teilchenradius um etwa 30–40 % abnahm.

5.8 Umsetzungen in der Gasphase

Die Zerstäubung geschmolzener Metalle oder Legierungen im Vakuum spielt in der modernen Metallurgie eine wichtige Rolle. Zur Herstellung von Dispersionen wird dieses Verfahren – auch infolge des apparativen Aufwands – seltener benutzt, da weiterhin die Schwierigkeit besteht, die Metallteilchen im Dispersionsmittel zu stabilisieren. Die Präparation von Metalldispersionen durch Reduktion von Metallionen in Lösung ist einfacher (Kap. 5.6).

Bei verschiedenen Verfahren bilden sich jedoch kolloidale Teilchen durch Zersetzung oder Umwandlung im Gasraum. Besonders feinteilige Eisenteilchen (d <0,5 µm), die als magnetische Pigmente geeignet sind, entstehen durch thermische Zersetzung von Eisenpentacarbonyl. Die Thermolyse dieser Verbindung in Luft bei etwa 600 °C führt zu sehr feinteiligen, kugelförmigen Teilchen von Eisenoxidrot, die als transparente Buntpigmente Verwendung finden (Bittler und Ostertag, 1980).

Ein wichtiger technischer Prozeß ist die Flammenhydrolyse von $SiCl_4$ und $TiCl_4$ zu feinverteiltem SiO_2 bzw. TiO_2 (pyrogene Kieselsäure, z. B. Aerosil[R] der Degussa, und pyrogenes TiO_2). Ein homogenes Gemisch von Siliciumtetrachloriddampf, Wasserstoff und Luft wird in einem gekühlten Verbrennungsraum umgesetzt (Ettlinger, 1993). Die Knallgasflamme liefert das für die Hydrolyse notwendige Wasser. Die Teilchengröße liegt üblicherweise zwischen 7 und 40 nm (spezifische Oberfläche zwischen 50 und 400 m^2/g). Mit abnehmender mittlerer Teilchengröße wird die Kurve der Größenverteilung schärfer. Diese primären Teilchen sind zu Aggregaten verwachsen, die wiederum zu Agglomeraten zusammengelagert sind. Bei der Dispergierung werden die Agglomerate und Aggregate je nach mechanischer Einwirkung mehr oder weniger zerschlagen, im allgemeinen aber nicht in die Primärteilchen. Am besten werden sie durch Ultraschall auseinandergerissen (Eisenlauer und Killmann, 1980). Die Oberfläche der SiO_2-Teilchen kann auf vielfältige Weise modifiziert werden, z. B. durch Umsetzung mit Chlorpropyltrialkoxysilanen (Boehm, 1968; Unger, 1979; Deschler et al., 1986).

Hydrophobes SiO_2, z. B. Aerosil[R] 972 der Degussa, wird technisch durch Oberflächenmodifizierung der frisch hergestellten pyrogenen Kieselsäure mit Dimethyldichlorsilan und einigen anderen Silanen wie Alkoxyalkylsilanen, Hexamethyldisilazan und Polydimethylsiloxan gewonnen (Brünner und Schutte, 1981).

Die Hydrolyse von Metallalkoxiden ist auch in Aerosoltröpfchen möglich, wenn diese dem feuchten Strom eines Inertgases, z. B. Helium, zugeführt werden. Auf diese Weise wurden z. B. kugelförmige, monodisperse Teilchen aus amorphem wasserhaltigem Aluminium- bzw. Titanoxid oder gemischte Teilchen aus beiden Komponenten mit Durchmessern deutlich unter 1 µm erzeugt (Ingebrethsen et al., 1983).

Die Reaktion in Aerosoltröpfchen kann zur Herstellung von Latices benutzt werden (z. B. Umsetzung von Aerosoltröpfchen aus Styrol mit Trifluormethansulfonsäure als gasförmigem Initiator; Nakamura et al., 1984). Mit dieser Technik lassen sich Teilchen herstellen, die sowohl organisches Polymer, z. B. Polyharnstoff aus Diisocyanaten und Ethylendiamin, als auch amorphe Metalloxide wie Aluminium- oder Titanoxid enthalten (Partch et al., 1985). Ebenso lassen sich anorganische Kolloide mit organischen Stoffen umhüllen, z. B. TiO_2 mit Polyurethan (Mayville et al., 1987).

Bei der Teilchenumhüllung aus der Dampfphase (CVD = chemical vapor deposition) werden feine Teilchen im Wirbelbett einem Gasgemisch ausgesetzt, das bei genügend hoher Temperatur zu einem festen oder gasförmigen Produkt reagiert, das die kolloidalen Teilchen ummantelt. So wurden beispielsweise Aluminiumplättchen mit Eisenoxid ummantelt, indem eine Mischung von Eisenpentacarbonyl und Sauerstoff eingesetzt wurde (Iden, 1994).

5.9 Organosole

Eine abnehmende Dielektrizitätskonstante des Dispersionsmittels verringert nicht nur die elektrostatische Abstoßung zwischen den kolloidalen Teilchen, sondern häufig auch die Ladung. Daher kommt den Mechanismen der Ladungserzeugung besondere Bedeutung für die Stabilität der Organosole zu. Wie in Kap. 2.2 und 2.6.5 diskutiert, können auch in unpolaren Medien Ladungen wirksam sein. Zur Stabilisierung ist die Erhöhung der Oberflächenladung durch Adsorption von Tensiden und Polymeren oft unumgänglich. Eine andere Möglichkeit ist die sterische Stabilisierung.

In Kap. 2.2 wurde auf den empfindlichen Einfluß von Wasser auf die Stabilität der kolloidalen Verteilung in unpolaren Medien hingewiesen. Auch in polareren Dispersionsmitteln kann der Wassergehalt die Stabilität entscheidend beeinflussen. Wasserzusatz änderte die Ladung von Al_2O_3-Partikel in Alkoholen von negativ nach positiv, wobei die Stabilität sank. Dagegen nahm in den gleichen Alkoholen die positive Ladung von $Al(OH)_3$-Teilchen geringfügig, die Stabilität der Dispersionen aber merklich zu (Romo, 1966).

Zur Herstellung von Organosolen könnte man das Wasser wäßriger Dispersionen gegen organische Flüssigkeiten austauschen. Das gelingt zufriedenstellend, d. h. ohne merkliche Aggregation, nur in einzelnen Fällen mit polaren organischen Flüssigkeiten. Gerade bei technischen Dispersionen ist ein Lösungsmittelaustausch infolge der Zusätze oft problematisch. Die Überführung des Ludoxsols (SiO_2-Sol, Dupont Co.) in ein Alkosol gelang z. B. erst nach Reinigung des Sols mit einem Anionen- und Kationenaustauscher (Pathmamanoharan and Philipse, 1994).

In den meisten Fällen werden die aus den vorherigen Kapiteln bekannten Herstellungsverfahren auf organische Dispersionsmittel übertragen. Dispersionen von ZnS und HgS in Dimethylformamid oder Dimethylsulfoxid ließen sich durch Fällung mit H_2S aus den gelösten Salzen (Zinkacetat, -iodid oder -chlorid, Quecksilber-II-chlorid) herstellen (Dev et al., 1987). Den Chemiker reizt die Beobachtung, daß in Dimethylformamid unterhalb von -25 °C oder bei niedrigen $HgCl_2$-Konzentrationen das schwarze HgS, bei höheren Temperaturen und Konzentrationen das thermodynamisch stabilere rote HgS entstand. CdS konnte durch Zugabe von Alkanthiole als Stabilisatoren aus Lösungen von $Cd(ClO_4)_2$ in Tetrahydrofuran gefällt werden (Fischer and Henglein, 1989). Das Interesse an diesen kolloidalen Teilchen beruht auf ihren Halbleitereigenschaften und dem Größenquantisierungseffekt (Kap. 1.2, S. 10). In diesem Zusammenhang wurden Dispersionen von HgI_2, PbI_2, BiI_3 durch Fällung in Acetonitril untersucht (Peterson et al., 1988b; Micic et al., 1987). Halbleiterteilchen sind auch MoS_2 und WS_2. Sehr verdünnte Dispersionen dieser Stoffe in Acetonitril erhielt man durch direkte Delamination (Abspaltung einzelner Schichten oder dünner Schichtpakete infolge von Quellungs- oder Intercalationsvorgängen, Kap. 3.6) von grobkörnigem Material (Peterson et al., 1988a).

Die Dispergierung von Erdalkalicarbonaten in Schmierölen konnte durch Oberflächenmodifizierung mit Alkylarylsulfonaten erreicht werden. Die durch Umsetzung von Magnesiumoxid mit CO_2 erhaltenen Teilchen bestanden aus einem Magnesiumcarbonatkern von etwa 4 nm Durchmesser, der von einer etwa 1,3 nm dicken, wahrscheinlich hauptsächlich vom Stabilisator gebildeten Hülle umgeben war (Ottewill et al., 1992). Kolloide Erdalkalicarbonate werden zur Neutralisation der Schwefelsäure in Schmierölen benötigt, die in Verbrennungsmotoren aus schwefelhaltigen Kraftstoffen entsteht.

Am meisten untersucht wurden organische Metallsole, hauptsächlich wegen ihrer potentiellen Verwendung als Katalysatoren bzw. ihrer besonderen elektronischen Eigenschaften. Üblicherweise gewinnt man die Sole durch Reduktion der Metallsalze in organischen Lösungsmitteln und stabilisiert sie durch makromolekulare Stoffe. In Lösungsmitteln mit hohem Dipolmoment kann die kolloidale Verteilung auch ohne polymere Zusätze oder Tenside stabil sein (Satoh et al., 1989). Palladiumsole bildeten sich durch direkte Zersetzung von Palladiumacetat oder -acetylacetonat in siedenden Lösungsmitteln. Sie waren bei ausreichender Polarität des Lösungsmittels (z. B. Methylisobutylketon) ohne Zusätze stabil (Tano et al., 1989). Eine andere Möglichkeit ist die Reduktion der Palladiumsalze mit Alkoholen, die gleichzeitig das Dispersionsmittel darstellen, und Stabilisierung mit Polyvinylpyrrolidon (Esumi et al., 1994). Goldsole lassen sich auf ähnliche Weise herstellen (Hirai, 1979).

Bönnemann et al. (1991) beschrieben die Reduktion mit Organoborhydriden. Dazu wurden Metallsalze ($CrCl_3$, $MnCl_2$, $CoBr_2$, $NiBr_2$, $PdCl_2$, $PtCl_2$ etc.) in Tetrahydrofuran dispergiert und mit Tetraalkylammoniumhydrotriorganoboraten unter Wasserstoffentwicklung umgesetzt:

$$PdCl_2 + 2(NR_4)BEt_3H \rightarrow Pd + 2NR_4Cl + 2BEt_3 + H_2$$

Offenbar wirkten adsorbierte Tetraalkylammoniumionen stabilisierend. Das durch Abdampfen des Lösungsmittels erhaltene Pulver dispergierte auch in anderen Flüssigkeiten, aus denen die Teilchen durch ein weiteres Solvens reversibel ausfielen. Auffällig war eine empfindliche Abhängigkeit vom Dispersionsmittel. Zum Beispiel ließ sich Cobalt nach Entfernen des Tetrahydrofurans in Ethanol dispergieren und durch Ether ausfällen. Palladium dagegen dispergierte gut in Ether und wurde durch Ethanol gefällt. Die Teilchen waren mit 1–5 nm besonders klein.

Eine andere Möglichkeit besteht im Austausch des Wassers einer Metalldispersion durch organische Dispersionsmittel. Dies kann mit polaren Flüssigkeiten gelingen, bereitet aber beim Übergang in Kohlenwasserstoffe Schwierigkeiten, weil eine Aggregation kaum zu vermeiden ist. Goldteilchen konnten durch Phasentransfer aus Wasser in Hexan überführt werden (Hirai and Aizawa, 1993; Hirai, 1996). Durch Zusatz von Hexan zur wäßrigen Golddispersion mit Natriumoleat als Emulgator wurde zunächst eine Emulsion erzeugt. Beim Brechen dieser Emulsion mit $MgCl_2$ entstand eine rote, kolloidale Golddispersion in Hexan neben der farblosen wäßrigen Lösung. Der Zusatz von $MgCl_2$ war für den Phasentransfer notwendig; ohne das Salz trennte sich die Emulsion nach einer gewissen Zeit in die ursprünglichen Phasen, also Hexan und wäßriges Goldsol.

Das Einkondensieren von Metalldämpfen in Kohlenwasserstoffe unter Zusatz polymerer Stabilisatoren ist apparativ aufwendig. Es entstehen sehr kleine, aber agglomerierte Teilchen mit Durchmessern unter 5 nm (Bradley et al., 1987; Satoh et al., 1989).

In den meisten Fällen werden die Organosole durch adsorbierte Makromoleküle sterisch stabilisiert. Prinzipiell können auch die aus der Grenzflächenchemie bekannten Verfahren zur kovalenten Anbindung von Makromolekülen an oxidische Oberflächen (grafting reactions) genutzt werden. Solche Oberflächenmodifizierungen sind oft erforderlich, um Pigmente und Füllstoffe auf organische Lösungsmittel oder Kunststoffe abzustimmen (Salomon and Hawthorne, 1983; Jasmund und Lagaly, 1993, Kap. 9). Derartig modifizierte Teilchen stellen Modellsubstanzen für die systematische Untersuchung der sterischen Stabilisierung und der Verarmungseffekte dar (Kap. 4.12).

Van Helden et al. (1981) beschrieben die Umsetzung von SiO_2 mit Stearylalkohol, wobei harte Teilchen (Kap. 4.12) mit einem Mantel aus Octadecylketten entstanden (SiO_2-g-C_{18} Teilchen, g = grafted). Die nach Stöber et al. (1968) dargestellte SiO_2-Dispersion in Ethanol wurde mit Octadecanol versetzt; die flüchtigen Verbindungen (Wasser, Ethanol, Ammoniak) wurden abdestilliert. Die Veresterung erforderte Erhitzen bis zum Schmelzen des Octadecanols (180 °C). Nach Abdestillieren des langkettigen Alkohols im Vakuum und Reinigung durch Sedimentieren/Redispergieren in Cyclohexan entstand eine stabile Dispersion von SiO_2-g-C_{18}-Teilchen in Cyclohexan. Durch Trocknung bei 80 °C unter N_2-Atmosphäre ließ sich das modifizierte SiO_2 gewinnen, das im Lösungsmittel redispergierte, aber an Luft nicht unbegrenzt beständig war. Dasselbe Verfahren wurde jüngst für Alkosole von SiO_2, gewonnen aus Ludox-Sol, beschrieben (Pathmamanoharan and Philipse, 1994).

Um eine echte makromolekulare Hülle um SiO_2-Teilchen zu erzeugen, wurden diese in Ethanol mit einer Lösung aus Polyisobutylen (mit Tetraethylenpentamin-Endgruppen) in Toluol umgesetzt (de Hek and Vrij, 1981).

Vincent und Mitarbeiter benutzten bei ihren Untersuchungen über Verarmungseffekte neben SiO_2-g-C_{18}-Teilchen SiO_2-g-Polystyrol-Teilchen, die sich durch Umsetzung von SiO_2-Alkosolen (nach Stöber et al., 1968) mit Polystyrol mit Methoxyendgruppen bildeten (Clarke and Vincent, 1981; Vincent et al., 1986 a, b). Über eine mögliche Phasenänderung der Alkylketten an der Oberfläche solcher Teilchen s. de Kruif and van Miltenburg, 1990.

5.10 Einige Rezepturen

Einige wenige Beispiele sollen typische Arbeitsweisen zur Herstellung kolloidaler Dispersionen aufzeigen.

5.10.1 SiO_2-Dispersionen

Das bekannteste Verfahren zur Herstellung monodisperser, kugelförmiger SiO_2-Teilchen erarbeiten Stöber et al. (1968). Dabei werden Tetraalkylorthosilicate in alkoholischer Lösung in Gegenwart von Ammoniak durch Wasser hydrolysiert (Kap. 5.5). Nach einer optisch nicht erkennbaren Anfangsperiode zeigt sich die Kondensation der an Orthokieselsäure und evtl. Oligomeren übersättigten Lösung durch eine zunehmende Opaleszenz. Die Kondensationsgeschwindigkeit nimmt mit dem Wassergehalt zu, d. h. die Zeit bis zum Auftreten der Trübung verkürzt sich. Ohne Ammoniakzusatz bilden sich unregelmäßig geformte SiO_2-Teilchen.

Unter Verwendung von Tetraethylorthosilicat (Siliciumtetraethoxylat, Tetraethoxysilan) wachsen Teilchen mit Durchmessern von 50–900 nm, deren Größe mit dem Wassergehalt und dem Ammoniakzusatz ansteigt (s. a. van Helden et al., 1981). Größere Teilchen bilden sich bei der Hydrolyse von Estern mit längerkettigen Alkoholen (Propanol bis Pentanol).

Die Größe der Teilchen ändert sich mit der Temperatur. Durch Hydrolyse des Ethylesters unterhalb von Zimmertemperatur entstanden sehr große, streng monodisperse Teilchen (1870 nm Durchmesser bei –20° C). Bei 40° C bildeten sich Teilchen mit 260 nm Durchmesser (Tan et al., 1986).

Wie in Kap. 5.5 erwähnt, können die Alkoxysilane auch im Wasserkern inverser Mizellen hydrolysiert werden (Chang et al., 1994 a, b).

Die Veresterung von Stöberschen SiO_2-Teilchen mit langkettigen Alkoholen zur Dispergierung in organischen Lösungsmitteln beschrieben van Helden et al. (1981) (Kap. 5.9).

Zur Herstellung der SiO_2-Dispersionen müssen möglichst reine Verbindungen eingesetzt und saubere Glasgefäße benutzt werden (z. B. Reinigung mit 2%-iger Flußsäure; van Helden et al., 1981).

1. 1 L absoluter Ethanol wird mit 7 g Natrium und 27,5 g Phthalsäurediethylester versetzt und eine Stunde unter Rückfluß gekocht. Nach Abdestillieren über eine kurze Kolonne erhält man Ethanol mit einem Wassergehalt unter 0,05 %.
2. Ammoniak (aus einer Druckgasflasche) wird über Natriumhydroxid getrocknet und in den getrockneten Ethanol eingeleitet. Die Menge des absorbierten Ammoniaks wird aus der Massenzunahme des Ethanols bestimmt (etwa 35–42 g NH_3 in einem Liter Ethanol).
3. Die in Tabelle 5.1 angegebenen Mengen Ethanol, ethanolischer Ammoniaklösung und Wasser werden in einem 250 mL Rundkolben vorgelegt und nach Durchmischung 3,8 mL Tetraethylorthosilicat zugegeben. Das Gesamtvolumen beträgt 100 mL. Die Lösung trübt sich nach etwa 10 Minuten, bei den Proben ohne Wasserzusatz nach etwa zwei Stunden. Die Reaktion wird beendet, wenn die Trübung innerhalb einer Stunde nicht mehr zunimmt. Auch ohne direkten Wasserzusatz hydrolysiert das Silicat durch die Luftfeuchtigkeit und dem Restwasser im Alkohol. Es entstehen, allerdings manchmal erst nach langer Zeit, recht kleine Teilchen.

Tabelle 5.1 soll einen Eindruck von den Teilchengrößen vermitteln. Die Teilchendurchmesser wurden durch Sedimentation (Küvettenscheibenzentrifuge, Horiba CAPA-500; Kap. 8.7.2) ermittelt.

5.10.2 Eisenoxide

Matijević (1977) beschrieb kolloidale Eisenoxidteilchen von unterschiedlichster Gestalt. Sie werden aus Lösungen mit den in Tabelle 5.2 angegebenen Zusammensetzungen hergestellt. Die Alterung der Lösungen erfolgt bei 100 °C bzw.

Tabelle 5.1. Herstellung monodisperser kugelförmiger SiO_2-Teilchen bei Zimmertemperatur, nach Stöber et al. (1968).

Ethanol [mL]	85,2	74,2	68,5	55,3	54,4	73,7	40,8
Wasser [mL]	0	0	2,7	0,9	1,8	2,5	5,4
NH_3-Lösung[1)]	11a	22a	25b	40a	40a	18b	50b
Reaktionszeit [h]	16,5	16,5	5	6	5,5	4	2,5
Teilchendurchmesser [nm][2)]	40	70	130	130	160	170	250

Jeweils 3,8 mL Tetraethylorthosilicat.

[1)] NH_3-Gehalt: a) 6 g NH_3/150 mL Ethanol, b) 7 g NH_3/200 mL Ethanol.

[2)] Mittlerer Teilchendurchmesser aus Sedimentationsmessungen, Teilchengrößenanalysator Horiba CAPA-500.

Tabelle 5.2. Reaktionsbedingungen zur Herstellung kolloidaler Hämatit-(a-e) und Akaganeitteilchen (f) (vgl. Abb. 5.5) (Matijević, 1977).

	C_{Fe}^{3+} (M)	C_X-(M)[1)]	Ausgangs-pH	End-pH	Alterung [°C]	Alterung [Zeit]
a	0,018	0,104	1,3–1,4	1,1–1,2	100	24 h
b	0,018	0,104	1,3-1,4	1,1-1,2	100	24 h
c	0,018	0,104	1,3	1,1	100	24 h
d	0,315	0,995	2,0	1,0	100	9 Tage
e	0,09	0,28	1,65	0,88	100	24 h
f	0,09	0,28	1,65	0,70	150	6 h

[1)] Anion X^-: **a** NO_3^-; **b** ClO_4^-; **c – f** Cl^-.

150 °C für bestimmte Zeiten. Die eingesetzten Eisensalze sind $Fe(NO_3)_3 \cdot 9H_2O$, Eisenperchlorat $Fe(ClO_4)_3 \cdot 9H_2O$ und Eisenchlorid $FeCl_3 \cdot 6H_2O$. Angesäuert wird mit den entsprechenden Säuren, deren Mengen sich aus Spalte 2 und 3 der Tabelle 5.2 ergeben.

5.10.3 Zinksulfid

Die Herstellung kolloidalen Zinksulfids (Wilhelmy and Matijević, 1984) ist ein Beispiel zur Fällung aus homogener Lösung und für ein zweistufiges Verfahren. Das für die Fällung notwendige H_2S entsteht bei der langsamen Hydrolyse von Thioacetamid:

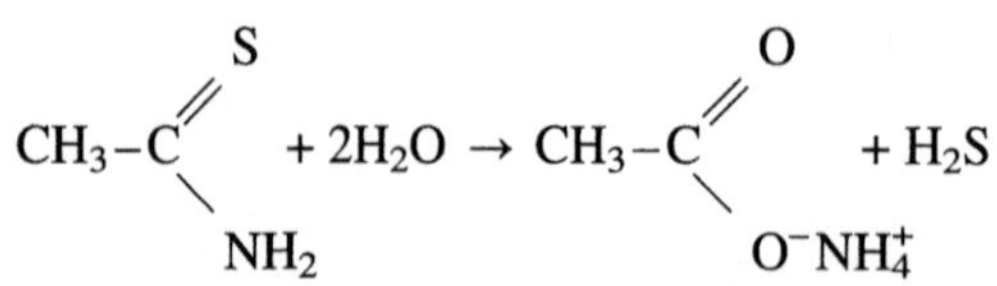

Ein Liter wäßrige Lösung wird aus 0,024 Mol Zinknitrat-Hexahydrat, 0,062 Mol Salpetersäure und 0,11 Mol in etwas Wasser gelöstem Thioacetamid hergestellt und in einem thermostatisierten Wasserbad 5 Stunden auf 26 °C gehalten. Nach Wilhelmy und Matijević (1984) haben die gebildeten Teilchen einen Durchmesser von etwa 160 nm. Danach wird die Dispersion in einem zweiten Wasserbad konstant auf 60 °C gehalten. Die Einheitlichkeit und Größe der Teilchen hängt von der Alterungszeit bei 60 °C ab. Der Teilchendurchmesser erreichen nach 200 Minuten den Maximalwert von 2,2 μm.

5.10.4 Goldsole

Die klassische Vorschrift stammt von Turkevich et al. (1951) (s. a. Chow and Zukoski, 1994; Nowicki and Nowicka, 1994). Eine verdünnte Lösung von Goldchlorwasserstoffsäure ($HAuCl_4 \cdot aq$, Massenanteil Gold je nach Hersteller etwa 50 %) reduziert man mit Natriumcitrat wie folgt:

> 95 mL Goldchlorwasserstofflösung mit 5 mg Gold werden bis zum Sieden erhitzt. Unter intensivem Rühren werden 5 mL einer 1%-igen Lösung von Trinatriumcitrat-Dihydrat zugesetzt. Die nach etwa einer Minute entstehende leichte Grau- bis Rosafärbung (oder Blaufärbung) geht innerhalb von ca. 5 Minuten in eine tiefweinrote Färbung über. Bei geringerem Citratzusatz werden die Farbänderungen deutlicher. Wenn nur ein Zehntel der Citratmenge zugesetzt wird, bleibt die Lösung 12 s klar, wird dann innerhalb einer Sekunde blau und nach insgesamt 72 s rot. Nach Turkevich et al. (1951) lag der mittlere Teilchendurchmesser bei 20 ± 1,5 nm, und die Ansätze waren reproduzierbar.

Frens (1973) stellte eine Serie von Golddispersionen unterschiedlicher Teilchengrößen her. Dazu wurden jeweils 50 mL einer Goldchloridlösung (Massenanteil 10^{-2} % $HAuCl_4$) mit 0,16 bis 1,00 mL einer 1%igen Lösung von Trinatriumcitrat-Dihydrat bei 100 °C umgesetzt (Tabelle 5.3). Die Farbe der Dispersionen wechselte von orange bei den kleinsten Teilchen nach violett bei den größten. Die Größe der nicht exakt kugelförmigen Teilchen wurde elektronenmikroskopisch bestimmt. Die für die Farbänderungen angegebenen Reaktionszeiten (Tabelle 5.3) hängen von den Reaktionsbedingungen ab und können bei der Reproduzierung der Experimente merklich abweichen.

Auf die Reinheit der Chemikalien und der Glasgefäße (Reinigung mit Königswasser) ist dabei zu achten. Das Wasser sollte durch Filtrieren (Porenweite 0,2 μm) von mechanischen Verunreinigungen befreit werden (Chow and Zukoski, 1994). Mit nicht ausreichend reinen Chemikalien und Glasgefäßen entstehen statt der kolloidalen Dispersion bräunliche oder blaue Trübungen bzw. Fällungen. Die Experimente können bei Änderung der Ansatzgröße mißlingen wie z. B. beim Nacharbeiten der Vorschrift von Turkevich et al. (1951), als statt 100 mL Gesamtvolumen nur 50 mL eingesetzt wurden.

Die Überführung von Goldteilchen aus der wäßrigen Phase in Hexan durch Emulgierung beschrieben Hirai und Aizawa (1993). Zunächst stellt man nach Frens (1973) ein Goldsol her (erster Ansatz in Tabelle 5.3). Zu 20 mL dieser Dispersion werden 20 mL n-Hexan und 20 mg Natriumoleat gegeben. Durch kräftiges Rühren wird zwei Stunden bei Zimmertemperatur emulgiert, dann 0,25 g Magnesiumchlorid in 3 mL Wasser zugefügt. Nach vier Stunden Stehen bricht die

Tabelle 5.3. Herstellung von Golddispersionen bei 100 °C nach Frens (1973).

Ansatz [mL] [1]		Durchmesser nm	Farbe	Reaktionszeit [s] [2]	
A	B			blau	rot
50	1,00	16	orange	25	145
50	0,75	24,5	rot	25	120
50	0,50	41	rot	25	70
50	0,30	71,5	tiefrot	40	140
50	0,21	97,5	violett	60	435
50	0,16	147	violett	80	850

[1] Lösung A: 10^{-2}%ige $HAuCl_4$-Lösung; Lösung B: 1%ige Lösung von Trinatriumcitrat-Dihydrat.
[2] Reaktionszeit bis zur Blau- bzw. Rotfärbung.

Emulsion und bildet zwei Schichten: Die obere, rote Schicht ist eine Dispersion der Goldteilchen in Hexan, die untere die farblose wäßrige Lösung. Die mittlere Teilchengröße von 14 nm ändert sich beim Phasentransfer nicht. Ohne Zusatz der Magnesiumionen erfolgt kein Phasentransfer der kolloidalen Goldteilchen.

Die Herstellung grüner Goldsole erfolgt durch Reaktion mit Ethanol, indem etwa 100 mL einer wäßrigen 0,01%-igen Lösung von Goldchlorwasserstoffsäure bis zum Sieden erhitzt werden. Nach kurzem Unterbrechen des Siedens werden 5–10 mL reines Ethanol zugesetzt. Mindestens 10–15 min wird weiter erhitzt, bis die Lösung intensiv blaugrün und klar wird. Die Teilchen werden relativ grobdispers und flocken leicht aus. Wird statt der 0,01%igen Lösung der Goldchlorwasserstoffsäure eine Mischung aus 5 bis 10 mL 0,05%iger Goldchlorwasserstoffsäurelösung und 100 mL Wasser eingesetzt, entsteht eine kirschrote Dispersion, die wesentlich stabiler ist und daher stark eingedampft werden kann. Bei der Koagulation durch Elektrolyte schlägt die Farbe nach blauviolett um (Ostwald, 1943).

Zum Schluß sei die Darstellung des Cassiusschen Goldpurpurs erwähnt: Eine sehr verdünnte, schwach saure Lösung der Goldchlorwasserstoffsäure wird mit einer verdünnten, schwach angesäuerten $SnCl_2$-Lösung reduziert. Das bei der Oxidation der Sn^{2+} Ionen gebildete SnO_2 wirkt als Schutzkolloid:

$$2\ HAuCl_4 + 3Sn^{2+} + 6H_2\ O \rightarrow 2Au + 3\ SnO_2 + 14H^+ + 8Cl^-.$$

Es entsteht eine purpurrote Dispersion. Koaguliertes Gold stellt man am besten nach Thiele (1950) her: 50 mL 0,2%iger Goldchlorwasserstoffsäure und 50 mL 0,3%ige $SnCl_2$-Lösung werden in 500 mL Wasser gegossen und vermischt. Es bildet sich ein brauner Niederschlag. In dieser Form wird der Cassiussche Goldpurpur (Goldstannat) in der Porzellanmalerei und zur Färbung von Glas eingesetzt. Der Niederschlag peptisiert beim Zusatz von Ammoniak.

5.10.5 Kolloidales Bariumferrit über Mikroemulsionen

Die Gewinnung kolloidaler Verteilungen durch Reaktionen in der dispersen Phase von Emulsionen oder Mikroemulsionen nimmt an Bedeutung zu. Die Tensidhülle um die dispergierte Wasserphase schränkt das Wachstum der Teilchen ein und bewahrt sie vor Koagulation. Hier sei ein Beispiel zur Herstellung von Bariumeisencarbonatteilchen in CTAB/Butanol/Octan/Wasser-Mikroemulsionen vorgestellt (Tabelle 5.4; Abb. 5.9) (Pillai et al., 1993).

Die Mikroemulsion aus n-Octan und einer wäßrigen Lösung von Barium- und Eisennitrat mit Cetyltrimethylammoniumbromid (CTAB) und Butanol als Tensid bzw. Cotensid bildet sich spontan (Kap. 7.10). Eine zweite Mikroemulsion wird aus Ammoniumcarbonatlösung, Octan und den gleichen Stabilisatoren hergestellt. Beim Vermischen gleicher Volumina beider Mikroemulsionen unter fortlaufendem Rühren kommt es als Folge von Kollisionen zur Ausfällung von Bariumeisencarbonat im Wasserkern der Mikroemulsionen. Nach Zentrifugieren und Waschen in Methanol/Chloroform (1 : 1) und dann in reinem Methanol wird das Carbonat bei 100 °C getrocknet und anschließend zwölf Stunden bei 950 °C kalziniert.

Die Durchmesser der Carbonatteilchen (wahrscheinlich basische Carbonate) mit unregelmäßiger Größenverteilung liegen zwischen 5 – 15 nm. Beim Kalzinieren entsteht der Ferrit $BaFe_{12}O_{29}$, wobei die Teilchen zusammensintern. Magnetische Untersuchungen weisen die etwa 50–100 nm großen, aber versinterten Partikel als Eindomänenteilchen aus.

Tabelle 5.4. Herstellung von kolloidalem Bariumferrit $BaFe_{12}O_{19}$ in Mikroemulsionen (Pillai et al., 1993).

	Massenanteil	Mikroemulsion I	Mikroemulsion II
wäßrige Phase	0,34	0,011 M $Ba(NO_3)_2$ + 0,12 M $Fe(NO_3)_3$	0,19 M $(NH_4)_2CO_3$
Tensid	0,12	CTAB[1)]	CTAB[1)]
Cotensid	0,10	n-Butanol	n-Butanol
Ölphase	0,44	n-Octan	n-Octan

[1)] CTAB = Cetyltrimethylammoniumbromid.

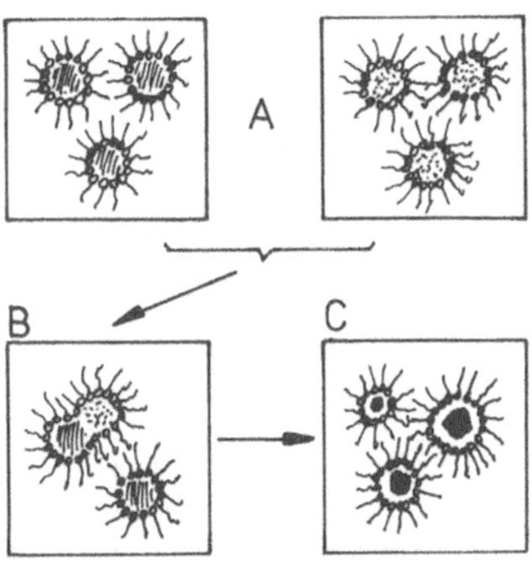

Abb. 5.9. Herstellung kolloidaler Teilchen durch Umsetzung in den Wasserkernen von Mikroemulsionen. (Nach Pillai et al., 1993): **A** Ausgangsmikroemulsionen mit Barium- und Eisennitrat- bzw. Ammoniumcarbonatlösungen als disperse wäßrige Phasen, **B** Kollision und Koaleszenz von Tropfen nach Vermischen der beiden Mikroemulsionen, **C** Chemische Reaktion und Ausfällung von Bariumeisencarbonat.

5.10.6 Handversuche zur Herstellung einiger kolloidaler Dispersionen

Neben den beschriebenen Verfahren zur Herstellung definierter Dispersionen seien noch einige einfachere Ansätze angegeben (Ostwald, 1943; Thiele, 1950; Alyea, 1969).

Grahams Aluminiumhydroxidsol

500 mL einer 1%igen Lösung von Aluminiumchlorid werden in der Siedehitze mit Ammoniak gefällt. Der Niederschlag wird mit heißem Wasser einige Male dekantiert, dann auf dem Filter ausgewaschen. Nach Dispergieren in 200 mL Wasser wird bis zum Sieden erhitzt und in kleinen Mengen etwas weniger als 10 mL 0,1 M Salzsäure zugefügt. Es entsteht ein opaleszierendes Sol, das dialysiert werden kann (Graham, 1861, s. Ostwald, 1943; Thiele, 1950).

Grahams Eisenoxidsol

Zu 0,3 M Eisen(III)-chloridlösung wird unter lebhaftem Rühren in der Kälte solange Ammoniumcarbonatlösung zugetropft, bis sich der ausgefallene Niederschlag gerade noch auflöst. Das klare, dunkelbraunrote Sol wird dialysiert, bis im Außenwasser Chloridionen nicht mehr mit $AgNO_3$ nachzuweisen sind (Graham, 1862, s. Ostwald, 1943; Thiele, 1950).

Chromhydroxidsol

Eine 5%ige Lösung des grünen Chrom(III)-chlorids ($CrCl_3 \cdot 6H_2O$) wird mit einem geringen Ammoniaküberschuß bei 20–25 °C gefällt, mit heißem Wasser gewaschen und bei beginnender Peptisation gegen Wasser dialysiert. Das Sol hat eine tiefgrüne Farbe (Thiele, 1950).

Vanadiumpentoxidsol

In einer Achatschale wird 1 g Ammoniumvanadat mit wenig Wasser zu einem Brei verrieben und mit 10 mL 1 M Salzsäure versetzt. Nach Absetzen des roten Niederschlags, der neben V_2O_5 wohl auch Isopolysäuren enthält, wird zunächst mit heißem Wasser dekantiert und dann durch Zentrifugieren ausgewaschen, bis der Niederschlag zu peptisieren beginnt (beginnende Rotfärbung der Lösung). Dann wird in soviel Wasser dispergiert, bis ein etwa 2%iges Sol entsteht. Das nahezu klare rubinrote Sol gibt nach wenigen Tagen Seidenglanz und zeigt Strömungsdoppelbrechung. Es besteht aus stäbchenformigen Kristallen, die etwa 2,7 nm dick und 20–100 nm lang sind (Ostwald, 1943; Thiele, 1950).

Ein koaleszierendes Taktosol (Kap. 3.5; Abb. 5.10) entsteht unter folgenden Bedingungen (Vorschrift von K. Beneke):

1 g NH_4VO_3 wird in einer Achatschale mit wenigen Tropfen H_2O zu einem Brei verrieben und mit 10 mL 1 M HCl verrührt. Es entsteht ein roter Niederschlag, der in einen Meßzylinder überführt wird. Mit Wasser wird auf insgesamt

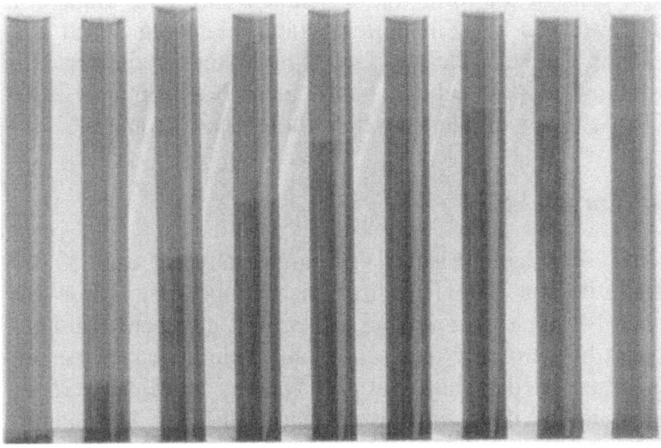

Abb. 5.10. Phasentrennung von Vanadiumpentoxidsolen. Die untere Phase ist das Taktosol, dessen Volumen mit dem Gesamtgehalt an V_2O_5 zunimmt.

20 mL aufgefüllt und absitzen lassen. Die gelbe Lösung wird von dem roten Niederschlag abdekantiert, der erneut in heißem Wasser (80 - 90 °C) dispergiert (Gesamtvolumen wiederum 20 mL) und danach abgetrennt wird. Dieser Vorgang wird dreimal wiederholt. Danach ist der Niederschlag deutlich voluminöser. Er wird nochmals abgetrennt und erneut in heißem Wasser (Gesamtvolumen 20 mL) dispergiert. Der Niederschlag bleibt rot, aber auch die Lösung wird rot. Nun wird mit heißem Wasser auf 40 mL aufgefüllt und nach Abkühlen eine Verdünnungsreihe hergestellt. Bei Mischungsverhältnissen $\geq$2,5 mL Sol in 10 mL Gesamtlösung erfolgt nach etwa drei Tagen eine Phasentrennung (Abb. 5.10). Die untere Phase ist die taktoide Dispersion; die überstehende enthält weniger und kleinere Teilchen. Bei verdünnteren Lösungen dauert die Ordnung zum Taktoid wesentlich länger, evtl. bis zu einigen Monaten. Bei $\leq$1 mL Sol auf 10 mL Gesamtvolumen bilden sich keine Taktoide. Mischt man beide Phasen durch Schütteln, trennen sie sich nach einiger Zeit erneut.

Gelbes und rotes Arsensulfidsol

Gelbes Arsensulfid, das aus H_3AsO_3-Lösungen mit H_2S ausgefällt wird, koaguliert beim Gefrieren (–15 °C) zu orangeroten Produkten. In Gegenwart ausreichender Mengen NaOH als Stabilisator koagulieren die Sole nicht, sondern werden intensiv rot. Es entstehen nach dem Auftauen sehr beständige rote Sole, die Thixotropie und Strömungsdoppelbrechung zeigen. Ursache ist eine Aggregation der Teilchen, die oberhalb 85 °C rückgängig gemacht wird, wobei die Sole wieder gelb werden. Zusätzlich setzt beim Gefrieren die Kristallisation zum Auripigment ein (Buzágh und Rohrsetzer, 1959).

Die zu den Versuchen eingesetzten A_2S_3-Sole werden aus gesättigter As_2O_3-Lösung durch Einleiten von H_2S hergestellt. Im Vakuum werden die Sole bei 30–35 °C von H_2S befreit und filtriert. Sie enthalten etwa 0,7 % (Massenanteil) As_2S_3. Sie koagulieren während des Einfrierens bei –15 °C. Werden etwa 30 mmol/L NaOH zugesetzt, bleiben die Sole stabil, nehmen aber eine dunkelrote Farbe an und sind nach Erwärmen auf Zimmertemperatur beständig. Nach einigen Stunden läßt sich schon bei sehr kleinen Geschwindigkeitsgradienten (Bewegen der Gefäße) Strömungsdoppelbrechung beobachten. Nach einigen Tagen behielten die Sole die Doppelbrechung auch nach Aufhören des Strömens.

Kolloidales Silber nach Carvey Lea

Zunächst wird aus 20 mL 30%-igem Eisen(II)-sulfat-Heptahydrat und 30 mL 40%igem Trinatriumcitrat-Dihydrat Eisen(II)-citrat frisch zubereitet. Diese Lösung wird zu 20 mL einer 10%igen Lösung von Silbernitrat gegeben. Die überstehende Lösung wird vom braunroten Niederschlag aus kolloidalem Silber dekantiert. Übergießt man diesen Niederschlag mit viel Wasser, entsteht sofort rotbraunes Silbersol. Das kolloidale Silber wird zweimal mit 10%iger Ammoniumnitratlösung und zweimal mit Ethanol durch Dekantieren gereinigt. Nach Zentrifugieren läßt sich das koagulierte Silber vorsichtig (Wasserbad, Vakuumexsikkator) trocknen (Carvey Lea, 1891, s. Thiele, 1950).

Kolloidaler Schwefel

Kolloidaler Schwefel entsteht beim analytischen Arbeiten häufig unbeabsichtigt, z. B. bei der Oxidation von H_2S, der Zersetzung von Sulfiden, Polysulfiden und Thiosulfat oder durch Konproportionierung von schwefliger Säure (bzw. SO_2) und Schwefelwasserstoff. La Mer und Dinegar (1950) untersuchten die Herstellung von Schwefelsolen durch Verdünnen der alkoholischen Lösung mit Wasser und durch Zersetzung von Thiosulfat mit Säure. Die Schwefelteilchen hatten in beiden Fällen Durchmesser etwa 800 nm (zur Zersetzung von Thiosulfat s. Ostwald, 1943).

Die Reaktion verdünnter Natriumthiosulfatlösungen mit verdünnten Säuren eignet sich gut, die Veränderung der optischen Eigenschaften mit wachsender Teilchengröße zu demonstrieren (Oster, 1947; Wagner, 1979).

Eine Lösung von 2 g $Na_2S_2O_3 \cdot 5H_2O$ (Fixiersalz) in 100 mL Wasser wird mit 10 mL 2 M HCl in 90 mL Wasser versetzt. Die durch die wachsenden Teilchen zunehmende Lichtstreuung zeigt man am besten, indem die Lösungen in einer auf einem Overheadprojektor stehenden Petrischale zusammengegossen werden. Bei seitlicher Aufsicht auf die Schale läßt sich die bevorzugte Streuung des kürzerwelligen Lichtes erkennen; die milchige Trübung nimmt innerhalb von Sekunden bis Minuten nach dem Zusammengießen zu. Auf der Leinwand erscheint zunächst eine helle Scheibe. Durch die zunehmende Streuung der höherfrequenten Lichtwellen verbleiben die längerwelligen Anteile im durchgehenden Licht, so daß sich die Farbe des projizierten Lichtes von gelb über orange und rot bis zu einem dunklen Braun verändert (Kap. 8.4).

Geschützte Sole

Die Schutzwirkung natürlicher Makromoleküle spielt bei der Präparation kolloidaler Stoffe eine wichtige Rolle. Die Verwendung natürlicher Schutzkolloide gewinnt im Zusammenhang mit nachwachsenden Rohstoffen an Bedeutung. In der Vergangenheit wurde die Wirkung eines Schutzkolloides durch die „Goldzahl" erfaßt (Kap. 3.11).

Als Beispiel sei die Herstellung geschützter Kupfersole beschrieben (Thiele, 1950):

Zu 100 mL Wasser werden zugesetzt: 2 mL 1%ige Kupfersulfatlösung ($CuSO_4 \cdot 5H_2O$), 2 mL 5%ige Ammoniaklösung, 1–5 mL 5%ige Lösung von Gummi arabicum, 2 mL 1%ige Hydrazinlösung (frisch angesetzt!). Beim Erwärmen bis fast zum Sieden entsteht tiefrotes Kupfersol. Weitere bekannte Beispiele sind Gold/Tannin, Silber/Tannin, Silber/Gelatin, Kupfer(I)-oxid/Casein.

5.11 Reinigung kolloidaler Dispersionen

Die Dialyse ist die beste Möglichkeit, kolloidale Dispersionen von gelösten anorganischen und organischen Stoffen zu reinigen. Im einfachsten Fall füllt man die Dispersion in Dialysierschläuche, die in ein Gefäß mit Wasser gehängt werden. Die Salze, organischen Stoffe und Verunreinigungen diffundieren durch die Poren der Schläuche (Trennwirkung etwa 3 nm) in die Außenlösung. Diese wird mehrfach gewechselt, bis in ihr, z. B. durch Leitfähigkeitsmessungen, kaum mehr Verunreinigungen nachzuweisen sind. Die Dialyse soll nicht zu weit getrieben werden, da manche Dispersionen bei zu geringen Salzgehalten ($<10^{-4}$ M) instabil werden (Kap. 2.6.1).

Dialysierschläuche bestehen meist aus Cellophan. Durch Hydrolyse können daraus u. a. carboxylierte Polysaccharide freigesetzt werden. Yates et al. (1977) empfahlen das Auskochen der Schläuche vor der Dialyse.

Die kolloidale Lösung kann auch durch Austausch des Dispersionsmittels gereinigt werden (serum replacement, membran filtration). Am oberen Ende einer Austauschkammer aus Glas oder Polycarbonat wird die Waschflüssigkeit mit leichtem Überdruck in die Dispersion gespült (Abb. 5.11). Am unteren Ende tritt das Serum

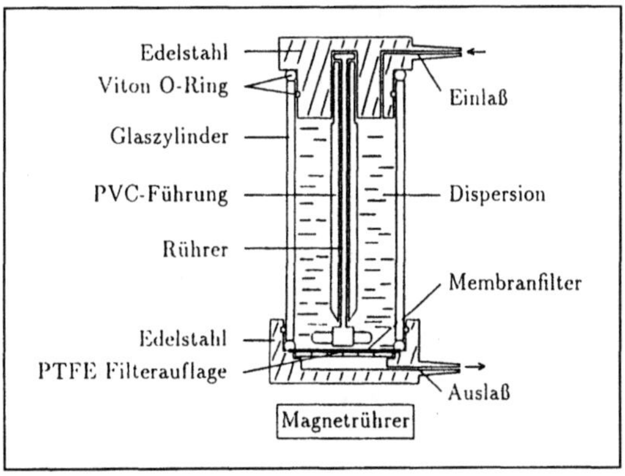

Abb. 5.11. Apparatur zur Reinigung kolloidaler Dispersionen durch Membranfiltration (serum replacement). Die Kammer wird hydrostatisch mit 0,1 bar Überdruck betrieben.

über ein Membranfilter aus. Über dem Filter muß ständig gerührt werden, um ein Verstopfen der Poren zu verhindern. Im allgemeinen eignen sich Cellulosenitratfilter (erhältlich mit Porendurchmessern von 0,01 µm bis 8 µm) besser als Polycarbonatfilter, weil sie auch im feuchten Zustand recht steif und leicht zu handhaben sind. Um das Herauslösen von Hydrolyseprodukten einzuschränken, soll vor Zugabe der Dispersion bidestilliertes Wasser durch den Filter gedrückt werden.

Viele Dispersionen lassen sich sehr gut durch mehrfaches Zentrifugieren-Dekantieren-Redispergieren reinigen. Allerdings muß der Dichteunterschied zwischen Teilchen und Lösungsmittel genügend groß sein, um eine Trennung bei leichtem Zentrifugieren zu erreichen. Durch intensives Zentrifugieren kann die Dispersion u. U. koagulieren. Bei empfindlichen Systemen, z. B. manchen Latexdispersionen, können zudem durch zu hohe Zentrifugalfelder Stabilisatoren von der Oberfläche abgeschert werden (Wieboldt, 1991).

5.12 Reinigung und Dispergierung von Tonen, Kaolinen und Bentoniten

Das folgende Verfahren hat sich zur Aufbereitung von Kaolinen, gemeinen Tonen und Bentoniten bewährt (Tributh und Lagaly, 1986a).

Zerstörung der Carbonate

10–40 g der Probe werden in 1000 mL Bechergläsern in 150 mL H_2O suspendiert und unter pH-Kontrolle solange mit verdünnter HCl behandelt, bis der pH-Wert konstant bei 4,5 bleibt. Am besten werden zur pH-Messung Indikatorstäbchen benutzt, da Glaselektroden den pH-Wert von Tondispersionen nicht zuverlässig anzeigen (Keller and Matlack, 1990). Nachdem sich die Feststoffe vollständig abgesetzt haben, wird der klare Überstand abgesaugt. Bei Proben mit hohem Carbonatgehalt kann dieser Vorgang bis zu zwei Tage dauern. Der Zeitaufwand für die schrittweise Auflösung der Carbonate ist zur Schonung der Tonminerale erforderlich.

Um eine, wenn auch nur vorübergehende, zu starke Ansäuerung zu vermeiden, empfiehlt sich, statt Salzsäure 2 M Natriumacetat-Essigsäurepuffer, pH = 4,8, zu verwenden (164 g Natriumacetat wasserfrei + 120 g 100 % Essigsäure („Eisessig") pro Liter).

Zersetzung der organischen Substanz

Zunächst wird den carbonatfreien, feuchten Proben in 1000 mL-Bechergläsern in kleinen Mengen 10%iges H_2O_2 zugesetzt. Wenn das Aufschäumen nachläßt, werden die Suspensionen auf dem Wasserbad auf 60–70 °C erwärmt und allmählich mit weiteren 50 mL 10%igen H_2O_2 versetzt. Dies wird so lange wiederholt, bis keine Reaktion mehr sichtbar ist. Bei hohem Gehalt an organischem Material kann die vollständige Umsetzung bis zu zwei Tagen dauern. Zwei Stunden nach der letzten Zugabe werden 200 mL Wasser zugesetzt. Ist der Überstand klar, wird er abgesaugt. Trübe Dispersionen werden zur Koagulation mit 2 M NaCl-Lösung versetzt. $CaCl_2$ oder $MgCl_2$ sollen nicht verwandt werden, da sie die anschließende Dispergierung erschweren. Nach dem Zentrifugieren wird der klare Überstand dekantiert und der Rückstand mit der Hauptmenge vereinigt. Unterbleibt die Abtrennung der Lösung, und wird zur Entfernung der Eisenoxide sofort Natriumdithionit zugesetzt, kommt es zu heftigen Reaktionen mit noch vorhandenem H_2O_2. Ein Abdampfen der zugegebenen Flüssigkeitsmenge bis zur Trockne ist zu vermeiden. Ein Teil der Partikel würde dabei irreversibel aggregieren.

Auflösung der Eisenoxide

Für Proben von 15–20 g werden benötigt:

50 mL 0,3 M	Natriumcitrat-Lösung
10 mL 1 M	Natriumhydrogencarbonat-Lösung
3 g	Natriumdithionit.

Die carbonat- und humusfreie Suspension wird mit den beiden Lösungen versetzt und auf dem Wasserbad auf 75–80 °C erhitzt, bevor 3 g Natriumdithionit zugegeben werden. Die Reduktion zeigt sich durch den Farbumschlag von braun nach grau. Ist die Farbänderung nach der ersten Zugabe noch undeutlich, werden nochmals kleine Mengen Natriumdithionit zugegeben.

Bei sehr hohen Eisenoxidgehalten reicht die doppelte Menge Natriumdithionit nicht aus. Zuvor muß dann die Menge von Natriumcitrat und Natriumhydrogencarbonat entsprechend erhöht werden, ehe weiter Natriumdithionit zugegeben wird. Eine zu geringe Pufferung läßt sich an einer Farbänderung bis zu einem tiefen Blau erkennen.

Die Proben werden nach der letzten Zugabe von Natriumdithionit etwa 30 Minuten bei 75–80 °C gehalten, bevor die gelösten Eisenverbindungen viermal mit 2 M NaCl ausgewaschen werden. Nachwaschen mit Wasser ist meistens nur beim ersten Mal möglich; häufig setzt die Dispergierung der Tonminerale schon nach der ersten Zugabe von Wasser ein (Trübung des Überstands trotz Zentrifugieren; der Überstand darf dann nicht dekantiert werden, da der Materialverlust beachtlich sein kann).

Stul und van Leemput (1982) haben ein leicht abgeändertes Verfahren für Bentonite ausgearbeitet. Da bei der Reduktion die Bildung von Eisensulfid, wenn auch nur in geringen Mengen, beobachtet wurde, wird zweimaliges Waschen mit 0,05 M HCl empfohlen. Bei den Bentoniten mit meist geringem Gehalt an organischer Substanz wird die Oxidation mit H_2O_2 nach der Reduktion mit Dithionit ausgeführt.

15 g Bentonit werden in 250 mL Wasser und 200 mL Puffer (0,3 M Natriumcitrat, 1 M Natriumhydrogencarbonat, 1,2 M Natriumchlorid) dispergiert und mindestens 30 Minuten bei 75 °C mit 4 g Natriumdithionit umgesetzt, danach zweimal mit 200 mL 0,05 M HCl gewaschen. Nach Wiederholung der Reduktion wird mit einer Mischung aus 200 mL 0,5 M NaCl und 200 mL 0,5 M NaCl-Lösung gewaschen und dialysiert.

Entfernung amorpher Kieselsäure

10 g Bentonit werden in 100 mL 5%iger Na_2CO_3-Lösung 15 Minuten gekocht, dann wird bis zur Dispergierung ausgewaschen. Die Reaktion sollte nach der Auflösung der Eisenoxide durchgeführt werden, weil sie deren Entfernung erschwert (Stul and van Leemput, 1982).

Es sei darauf hingewiesen, daß die Zerstörung der Huminstoffe und Oxide die Porenstruktur der Proben verändert (Stul, 1985).

Dispergierung und Dialyse

Die wohl einzig brauchbare Methode ist die Dialyse in Dialysierschläuchen im Wasserbad, wobei die Schläuche möglichst in Bewegung gehalten werden sollen (Schüttelmaschine). Die Dialyse kann dann in 10 Tagen abgeschlossen sein. Sie ist beendet, wenn die elektrische Leitfähigkeit der Dispersion unter 30 µS/cm liegt.

Nach der Dialyse wird der pH-Wert der Dispersion durch wenige Tropfen 0,01 M Natronlauge auf etwa 7,5 eingestellt. Es empfiehlt sich, bereits während der Dialyse den pH-Wert des Wassers auf etwa 7,5 zu halten. Auch bei allen folgenden Prozessen (z. B. Abspülen der Siebe, Auffüllen der Standzylinder und der Zentrifugenbecher) ist mit Wasser von pH $\approx$ 7,5 zu arbeiten. Das durch Ionenaustauscher gereinigte Wasser hat einen pH-Wert unterhalb von 6. Die Tonminerale koagulieren bei pH $< 6{,}5$, und die kolloidale Dispersion wird instabil.

Die Natriumtonminerale lassen sich nicht durch Filtration aus den dialysierten Dispersionen abtrennen, da die Tonmineralplättchen die Poren der Filter sofort zusetzen (Kap. 12.1.3). Am besten hat sich das Gefriertrocknen der Dispersionen bewährt. Es entstehen lockere, blätterteigartige Aggregate (s. Abb. 12.11), die in Wasser (pH $> 6{,}5$) hervorragend dispergieren.

Literatur

Alyea HN (1969) Tested overhead projection series. 23. Colloids. J Chem Educ 46: A889–A890

Antonietti M, Thünemann A und Wenz E (1996) Synthesis and characterization of non-spherical gold colloids in block-copolymer micelles. Colloid Polym Sci 274: 795–800

Armes SP (1996) Conducting polymer colloids. Curr Opin Coll Interf Sci 1: 214–220

Arriagada FJ und Osseo-Asare K (1995) Synthesis of nanosize silica in Aerosol OT reverse microemulsions. J Coll Interf Sci 170: 8–17

Bahranowski K, Serwicka EM, Stoch L und Strycharski P (1993) On the possibility of removal of non-structural iron from kaolinite group minerals. Clay Min 28: 379–391

Barnickel P, Wokaun A, Sager W und Eicke HF (1992) Size tailoring of silver colloids by reduction in W/O microemulsions. J Coll Interf Sci 148: 80–90

Baumgartner E und Mijalchik M (1991) Polyelectrolytes as inhibitors of Fe(III)oxide precipitation. J Coll Interf Sci 145: 274–278

Belloni J (1996) Metal nanocolloids. Curr Opin Coll Interf Sci 1: 184–196

Bergna HE und Roberts WO (1993) Colloidal silica. Ullmann's encyclopedia of industrial chemistry. vol A23, Silica, chap 4, pp 614–629

Bittler K und Ostertag W (1980) Entwicklungen bei anorganischen Pigmenten. Angew Chem 92: 187–194

Boakye E, Radovic LR und Osseo-Asare K (1994) Micro-emulsion-mediated synthesis of nanosize molybdenium sulfide particles. J Coll Interf Sci 163: 120–129

Boehm HP (1968) Die Chemie der Oberfläche fester Stoffe. Koll Z Z Polym 227: 17–27

Bönnemann H, Brijoux W, Brinkmann R, Dinjus E, Joußen T und Kovall B (1991) Erzeugung von kolloiden Übergangsmetallen in organischer Phase und ihre Anwendung in der Katalyse. Angew Chem 103: 1344–1346

Bradley JS, Hill E, Leonowicz ME und Witzke H (1987) Clusters, colloids and catalysis. J Mol Catal 41: 59–74

Bredig G (1898) Darstellung kolloidaler Metallösungen durch elektrische Zerstäubung. Angew Chem, 951–954

Brünner H und Schutte D (1981) Hydrophobes Aerosil^R, Herstellung, Eigenschaften und Anwendungen. Schriftenreihe Degussa, Nr 6

Buining PA, Pathmamanoharan C, Jansen JBH und Lekkerkerker HNW (1991) Preparation of colloidal boehmite needles by hydrothermal treatment of aluminum alkoxide precursors. J Amer Ceram Soc 76: 1303–1307

Buining PA, Philipse AP und Lekkerkerker HNW (1994) Phase behaviour of aqueous dispersions of colloidal boehmite rods. Langmuir 10: 2106–2114

Butler MA, James PF und Jackson JD (1996) An emulsion method for producing fine, low density, high surface area silica powder from alkoxides. J Mater Sci 31: 1675–1680

Butterworth MD, Corradi R, Johal J, Lascelles SF, Maeda S und Armes SP (1995) Zeta-potential measurements on conducting polymer-inorganic oxide nanocomposite particles. J Coll Interf Sci 174: 510–517

Buzágh A und Rohrsetzer S (1959) Der Einfluß des Gefrierens auf die As_2S_3-Sole. Kolloid Z 164: 107–111

Buzágh von A (1927) Zur Theorie der Peptisation. I, II, III. Kolloid Z 41: 169–183; 43: 215–220; 43: 220–224

Castellano M und Matijević E (1989) Uniform colloidal zinc compounds of various morphologies. Chem Mater 1: 78–82

Chahi A, Weber F, Prevot L und Lucas J (1993) L'utilisation des resines echangeuses de cations (Amberlite IRC-50H) dans la dispersion et la purification des argiles des roches carbonates, phosphates et sulfates. Clay Min 28: 585–601

Chang SY, Liu L und Asher SA (1994) a) Preparation and properties of tailored morphology, monodisperse colloidal silica-cadmium sulfide nanocomposite. J Amer Chem Soc 116: 6739–6744

Chang SY, Liu L und Asher SA (1994) b) Creation of templated complex topological morphologies in colloidal silica. J Amer Chem Soc 116: 6745–6747

Chow MK und Zukoski CF (1994) Gold sol formation mechanisms: role of colloidal stability. J Coll Interf Sci 165: 97–109

Clarke J und Vincent B (1981) Non-aqueous silica dispersions stabilized by terminally anchored polystyrene: the effect of added polymer. J Coll Interf Sci 82: 208–216

Clint JH, Collins IR, Williams JA, Robinson BH, Towey TF, Cajean P und Khan-Lodhi A (1993) Synthesis and characterisation of colloidal metal and semiconductor particles prepared in microemulsions. Faraday Discuss 95: 219–233

Coltrain SK und Kelts LW (1994) The chemistry of hydrolysis and condensation of silica sol gel precursors. In: Bergna HE (ed) The colloid chemistry of silica. Advan Chem Ser 234. J Amer Chem Soc Washington, pp 403–418

Cornejo A (1913) Beiträge zur Geschichte des kolloiden Goldes. I. Zur ältesten Geschichte des Goldrubinglases. Z Chem Ind Koll (Kolloid Z) 12: 1–6

Curtis AC, Duff DG, Edwards PP, Jefferson DA, Johnson BFG, Kirkland AI und Wallace AS (1988) Preparation and structural characterization of an unprotected copper sol. J Phys Chem 92: 2270–2275

Dékány I, Nagy L, Tri L, Király Z, Kotov NA und Fendler JH (1996) Preparation and characterization of CdS and ZnS particles in nanophase reactors provided by binary liquids adsorbed at colloidal silica particles. Langmuir 12: 3709–3715

Dékány I, Tri L, Tombácz E und Fendler JH (1995) Preparation of size-quantized CdS and ZnS partices in nanophase reactors provided by binary liquids adsorbed at layered silicates. Langmuir 11: 2285–2292

Deschler U, Kleinschmit P und Pansler P (1986) 3-chlorpropyltrialkoxysilane – Schlüsselbausteine für die industrielle Herstellung organofunktionalisierter Silane und Polysiloxane sowie moderner Verbundmaterialien. Angew Chem 98: 237–253

Dev S, Taniguchi A, Yamamoto T, Kubota K und Tominaga Y (1987) New organo sols of ZnS and HgS in N,N-dimetylformamid and dimethylsulfoxide. Use in the preparation of semiconductive poylmer-metal sulfide composite films. Colloid Polym Sci 265: 922–924

Du Y und Inman D (1996) Precipitation of finely divided Al_2O_3 powders by a molten salt method. J Mater Chem 6: 1239–1240

Duff DG, Curtis AC, Edwards PP, Jefferson DA, Johnson BFG und Logan DE (1987) Morphologie und Nanostruktur von kolloidalem Gold und Silber. Angew Chem 99: 688–691

Durand-Keklikian L und Matijević E (1990) Needle-type colloidal copper(II)hydroxide particles. Colloid Polym Sci 268: 1151–1158

Edelmann K (1968) Lehrbuch der Kolloidchemie. VEB Deutscher Verlag der Wissenschaften, Berlin, 2. Aufl, Bd 1

Eisenlauer J und Killmann E (1980) Stability of colloidal silica (aerosil) hydrosols. I. J Coll Interf Sci 74: 108–119

Eshuis A und Koning CAJ (1994) The mechanism of particle formation during homogeneous precipitation of zinc sulfide. Colloid Polym Sci 272: 1240–1244

Esumi K, Itakura T und Torigoe K (1994) Preparation of organopalladium sols from palladium complexes in various alcohols. Colloids Surfaces A 82: 111–113

Ettlinger M (1993) Pyrogenic silica. Ullmann's encyclopedia of industrial chemistry. vol A23, Silica, chap 6, pp 635–642

Everett DH (1992) Grundzüge der Kolloidwissenschaft. Steinkopff Verlag, Darmstadt

Everett DH und Rojas F (1988) Preparation of model mesoporous carbons. J Chem Soc, Faraday Trans I, 84: 1455–1464

Faraday M (1857) Experimental relations of gold (and other metals) to light. Phil Trans Roy Soc London 147: 145–181

Fendler JH (1987) Atomic and molecular clusters in membrane mimetic chemistry. Chem Rev 87: 877–899

Fischer CH und Henglein A (1989) Photochemistry of colloidal semiconductor. 31. Preparation and photolysis of CdS sols in organic solvents. J Phys Chem 93: 5578–5581

Fitzer E (1980) Thermal degradation of polymers to polymeric carbon – an approach to the synthesis of new materials. Angew Chem Int Ed Engl 19: 375–385

Frens G (1973) Controlled nucleation for the regulation of the particle size in monodisperse gold suspensions. Nature, Phys Sci 241: 20–22

Furlong DN und Sasse WHF (1983) Colloidal platinum sols: anion effects on coagulation behaviour. Aust J Chem 36: 2163–2167

Gherardi P und Matijević E (1986) Interactions of precipitated hematite with preformed colloidal titania dispersions. J Coll Interf Sci 109: 57–68

Hamada S, Kudo Y und Hasegawa S (1991) Preparation of uniform spherical aluminum hydrous oxide particles from acetylacetonato aluminum solutions. Colloid Polym Sci 269: 290–294

Hamada S, Kudo Y, Okada J und Kano H (1987) Preparation of monodispersed manganese(IV)oxide particles from manganese(II)carbonate. J Coll Interf Sci 118: 356–365

Hayat MA (1989) Colloidal gold: principles, methods, and applications. Acad Press, San Diego, CA, USA

Heard SM, Grieser F, Barraclough CG und Sanders JV (1983) The characterization of Ag sols by electronmicroscopy, optical adsorption, and electrophoresis. J Coll Interf Sci 93: 545–555

Hek de H und Vrij A (1981) Preparation of sterically stabilized silica dispersions in nonaqueous media. J Coll Interf Sci 79: 289–294

Helden van AK, Jansen JW und Vrij A (1981) Preparation and characterization of spherical monodisperse silica dispersions in nonaqueous solvents. J Coll Interf Sci 81: 354–368

Henglein A, Holzwarth A und Janata E (1993) Chemistry of colloidal silver: reactions of lead atoms and small lead aggregates with Ag_n. Ber Bunsenges Phys Chem 97: 1429–1434
Henisch HK (1988) Crystals in gels and Liesegang rings. Cambridge Univ Press, New York
Higashitani K, Yoshida K, Tanise N und Murata H (1993) Dispersion of coagulated colloids by ultrasonication. Colloids Surfaces A 81: 167–175
Hirai H (1979) J Macromol Sci Chem A 13: 633
Hirai H (1996) Colloidal metal dispersions and metal complexes in hydrocarbons. Macromol Syn 105: 43–49
Hirai H und Aizawa H (1993) Preparation of stable dispersions of colloidal gold in hexane by phase transfer. J Coll Interf Sci 161: 471–474
Holmgreen GGS (1967) A rapid citrate-dithionite extractable iron procedure. Soil Sci Soc Am J 31: 210–211
Horn D (1989) Preparation and characterization of microdisperse bioavailabe carotenoid hydrosols. Angew Makromol Chem 166/167: 139–153
Hüttinger KJ (1988) Kohlenstoffwerkstoffe – vom Graphitkristall zum Hochleistungswerkstoff. Chemiker-Ztg 112: 355–366
Iden R (1994) Dispersionskolloide zum Schützen und Veredeln von Oberflächen. Spektr Wiss, 96–100
Iler RK (1979) The chemistry of silica. John Wiley & Sons, New York
Ingebrethsen BJ, Matijević E und Partch RE (1983) Preparation of uniform colloidal dispersions by chemical reactions in aerosols. III. Mixed titania/alumina colloidal spheres. J Coll Interf Sci 95: 228–239
Ishikawa T und Matijević E (1988) Preparation and properties of uniform colloidal phosphates. III. Cobalt(II)phosphate. J Coll Interf Sci 123: 122–128
Janeković A und Matijević E (1985) Preparation of monodispersed colloidal cadmium compounds. J Coll Interf Sci 103: 436–447
Jasmund K und Lagaly G (1993) Tonminerale und Tone. Struktur, Eigenschaften, Anwendung und Einsatz in Industrie und Umwelt. Steinkopff Verlag, Darmstadt
Jézéquel D, Guenot J, Noureddine J und Fiévet F (1995) Submicrometer zinc oxide particles: elaboration in polyol medium and morphological characteristics. J Mater Res 10: 77–83
Johnson JE und Matijević E (1990) Effects of proteins on the growth of cadmium sulfide sols. J Coll Interf Sci 138: 255–260
Kandori K, Horii I, Yasukawa A und Ishikawa T (1995) J Mater Sci 30: 2145–2152
Kawahashi N und Matijević E (1990) Preparation and properties of uniform coated colloidal particles. V. Yttrium basic carbonate on polystyrene. J Coll Interf Sci 138: 534–542
Keller A, Goldbeck-Wood G und Hikosaka M (1993) Polymer crystallization: survey and new trends with wider implications for phase transformations. Faraday Discuss 95: 109–128
Keller WD und Matlack K (1990) The pH of clay suspensions in the field and laboratory, and methods of measurement of their pH. Appl Clay Sci 5: 123–133
Kirchner F und Zsigmondy R (1904) über die Ursachen der Farbänderung von Gold-Gelatine-Präparaten. Ann Phys 320 (4. F) 15: 573–595
Kiwi J (1982) Stabilization of platinum particles by polymers in aqueous solutions. In: Tadros TF (ed) The effect of polymers on dispersion properties. Acad Press, London, pp 245–261
Kruif CG de, Miltenburg JC van (1990) Phase transitions in sterically stabilized silica colloids studied by adiabatic calorimetry. J Chem Phys 93: 6865–6869
La Mer VK und Dinegar RH (1950) Theory, production and mechanism of formation of monodispersed hydrosols. J Amer Chem Soc 72: 4847–4854
Lee GR und Crayston JA (1993) Sol-gel processing of transition-metal alkoxides for electronics. Advan Mater 5: 434–442
Leeden MC van der, Kashchiev D und van Rosmalen GM (1992) Precipitation of barium sulfate: induction time and the effect of an additive on nucleation and growth. J.Coll Interf Sci 152: 338–350
Look JL und Zukoski CF (1995) Colloidal stability and titania precipitate morphology: influence of short-range repulsions. J Amer Soc 78: 21–32

Ma J, Huang X, Cheng H, Zhao Z und Qi L (1996) Preparation of nanosized ZnS particles in water/oil emulsions by microwave heating. J Mater Sci Lett 15: 1247–1248

Matijević E (1973) Colloid stability and complex chemistry. J Coll Interf Sci 43: 217–245

Matijević E (1977) The role of chemical complexing in the formation and stability of colloidal dispersions. J Coll Interf Sci 58: 374–389

Matijević E (1991) Preparation and properties of well defined finely dispersed metals. Faraday Discuss 92: 229–239

Matijević E (1993) Preparation and properties of uniform size colloids. Chem Mater 5: 412–426

Mayville F, Partch R und Matijević E (1987) Preparation of uniform spherical titania particles coated with polyurea by the Aerosol technique. J Coll Interf Sci 120: 135–139

Mehra OP und Jackson ML (1960) Iron oxid removal from soils and clays by a dithionite-citrate system buffered with sodium bicarbonate. Clays Clay Min 7: 317–327

Michaelian KH, Yariv S und Nasser A (1991) Study of the interactions between cesium bromide and kaolinte by photoacoustic and diffuse reflectance infrared spectroscopy. Can J Chem 69: 749–754

Micic OI, Zongguan L, Mills G, Sullivan JC und Meisel D (1987) On the formation of small particles of PbI_2, HgI_2, and BiI_3 layered semiconductors. J Phys Chem 91: 6221–6229

Mie G (1908) Beiträge zur Optik trüber Medien, speziell kolloidaler Metallösungen. Ann Phys (4. F) 25: 377–445

Morales MP, Gonzalez-Carreno T und Serna CJ (1992) The formation of α-Fe_2O_3 monodispersed particles in solution. J Mater Res 7: 2538–2545

Morales MP, Pecharroman C, Gonzalez-Carreno T und Serna CJ (1994) Structural characteristics of uniform γ-Fe_2O_3 particles with different axial (length/width) ratios. J Solid State Chem 108: 158–163

Moriguichi I, Hosoi K, Nagaoka H, Tanaka I, Teraoka Y und Kagawa S (1994) Stepwise growth of size-confined CdS in the two-dimensional hydrophilic interlayers of Langmuir-Blodgett films by the repeated sulfidation-intercalation technique. J Chem Soc, Faraday Trans 90: 349–354

Moser J und Grätzel M (1983) Light-induced electron transfer in colloidal semiconductor dispersions: single vs dielectronic reduction of acceptors by conductionband electrons. J Amer Chem Soc 105: 6547–6555

Mulvaney P, Giersing M und Henglein A (1992) Surface chemistry of colloidal gold: deposition of lead and accompany optical effects. J Phys Chem 96: 10419–10424

Nagy JB (1989) Multinuclear NMR characterization of microemulsions: preparation of monodisperse colloidal metal bromide particles. Colloids Surfaces 35: 201–220

Nakamura K, Partch RE und Matijević E (1984) Preparation of polymer colloids by chemical reactions in aerosols. J Coll Interf Sci 99: 118–127

Nakao Y und Kaeriyama K (1986) Preparation of noble metal sols in the presence of surfactants and their properties. J Coll Interf Sci 110: 82–87

Nishikawa S und Matijević E (1994) Preparation of monodispersed spherical silica-alumina particles by hydrolysis of mixed alkoxides. J Coll Interf Sci 165: 141–147

Novak BM (1993) Hybrid nanocomposite materials – between inorganic glasses and organic polymers. Advan Mater 5: 422–433

Nowicki W und Nowicka G (1994) Verfication of the Schulze-Hardy rule. J Chem Educ 71: 624–626

Ocaña M, Morales MP und Serna CJ (1995) a) The growth mechanism of α-Fe_2O_3 ellipsoidal particles in solution. J Coll Interf Sci 171: 85–91

Ocaña M, Serna CJ und Matijević E (1995) b) Formation of „monodispersed“ SnO_2 powders of various morphologies. Colloid Polym Sci 173: 681–686

Ohmori M und Matijević E (1992) Preparation and properties of uniform coated colloidal particles. VII. Silica on hematite. J Coll Interf Sci 150: 594–598

Oster G (1947) Light scattering from polymerizing and coagulating systems. J Coll Sci 2: 291–299

Ostwald Wo (1924) Licht und Farbe in Kolloiden. Verlag von Theodor Steinkopff, Dresden und Leipzig

Ostwald Wo (1943) Kleines Praktikum der Kolloidchemie. Verlag von Theodor Steinkopff, Dresden und Leipzig, 9. Aufl

Ottewill RH, Sinagra E, MacDonald IP, Marsh JF und Heenan RK (1992) Small-angle neutron scattering on non-aqueous dispersions. Part 5: Magnesium carbonate dispersions in hydrocarbon media. Colloid Polym Sci 270: 602–608

Ozaki M und Matijević E (1985) Preparation and magnetic properties of monodispersed spindle-type γ-Fe_2O_3 particles. J Coll Interf Sci 107: 199–203

Pach L, Duncan S, Roy R und Komarneni S (1996) Morphological control of precipitated calcium carbonates and phosphates by colloidal additives. J Mater Sci 31: 6565–6569

Partch RE, Nakamura K, Wolfe KJ und Matijević E (1985) Preparation of polymer colloids by chemical reactions in aerosols. III. Polyurea and mixed polyurea metal oxide particles. J Coll Interf Sci 105: 560–569

Pathmamanoharan C und Philipse AP (1994) Preparation of small alkane-grafted silica particles (for Saxs and Sans studies) from aqueous commercial sols. J Coll Interf Sci 165: 519–521

Peters D (1996) Ultrasound in materials chemistry. J Mater Chem 6: 1605–1618

Peterson MW, Micic OI und Nozik Ag (1988) b) Size quantization in layered HgI_2 colloids. J Phys Chem 92: 4160–4165

Peterson MW, Nenadovic MT, Rajh T, Herak R, Micic OI und Goral JP (1988) a) Quantized colloids produced by dissolution of layered semiconductors in acetonitrile. J Phys Chem 92: 1400–1402

Petit C und Pileni MP (1988) Synthesis of cadmium sulfide in situ in reverse micelles and in hydrocarbon gels. J Phys Chem 92: 2282–2286

Pileni MP und Lisiecki I (1993) Nanometer metallic copper particle synthesis in reverse micelles. Colloids Surfaces 80 A: 63–68

Pillai V, Kumar P, Multani MS und Shah DO (1993) Structure and magnetic properties of barium ferrite synthesized using microemulsion processing. Colloids Surfaces A 80: 69–75

Prössl KF und Karakoussis S (1993) Eine Methode zur schonenden Entkarbonatisierung von $CaCO_3$-reichen Festgesteinen (Mergeln, Kalk) für die röntgenographische Tonmineralanalyse. Angew Geowiss 12: 13–20

Romo LA (1966) Effect of C_3, C_4 and C_5-alcohols and water on the stability of dispersions with alumina and aluminum hydroxide. Discuss Faraday Soc 42: 232–237

Salomon DH und Hawthorne DG (1983) Chemistry of pigments and fillers. John Wiley & Sons, New York

Satoh N, Bandow S und Kimura K (1989) Dispersion of fine metal particles in organic solvents. J Coll Interf Sci 131: 161–165

Schulze H (1885) Über das Verhalten von seleniger zu schwefliger Säure. J prakt Chem 32: 390 ff. In: Hatschek H (Hrsg) (1926) Ostwalds Klassiker der exakten Wissenschaften. Nr 217, S 35–50

Sermon PA, Thomas JM, Keryou K und Millward GR (1987) Kolloidale Bimetallkatalysatoren: Pt-Au. Angew Chem 99: 949–951

Sosebee T, Giersig M, Holzwart A und Mulvaney P (1995) The nucleation of colloidal copper in the presence of poly(ethylene imine). Ber Bunsenges Phys Chem 99: 40–49

Souza Santos S de, Freitas Neves R de und Souza Santos H de (1993) Preparation of aqueous sols containing well-shaped boehmite crystals. Colloid Polym Sci 271: 197–200

Spanhel L, Weller H und Henglein A (1987) Photochemistry of semiconductor colloids. 22. Electron injection from illuminated CdS into attached TiO_2 and ZnO particles. J Amer Chem Soc 109: 6632–6635

Stejskal J, Kratochvil P, Armes SP, Lascelles SF, Riede A, Helmstedt M, Prokes J und Krisvka I (1996) a) Polyaniline dispersions. 6. Stabilisation by colloidal silica. Macromolecules 29: 6814–6819

Stejskal J, Kratochvil P und Jenkins AD (1996) b) The formation of polyaniline and the nature of its structures. Polymer 37: 367–369

Stöber W, Fink A und Bohn E (1968) Controlled growth of monodisperse silica spheres in the micron size range. J Coll Interf Sci 26: 62–69

Stul MS (1985) The porosity of deferrated montmorillonites: ethanol and methyl bromide sorption. Clay Min 20: 301–313

Stul MS und van Leemput L (1982) Particle size distribution, cation exchange capacity and charge density of deferrated montmorillonites. Clay Min 17: 209–215

Sugimoto T und Sakata K (1992) Preparation of monodisperse pseudocubic α-Fe_2O_3 particles from condensed ferric hydroxide gels. J Coll Interf Sci 152: 587–590

Sugimoto T, Waki S, Itoh H und Muramatsu A (1996) Preparation of monodisperse platelet-type hematite particles from a highly condensed β–FeO(OH) suspension. Colloids Surfaces A 109: 155–165

Suryanarayana C und Froes FH (1993) Mechanical alloying of titanium base alloys. Advan Mater 5: 96–106

Svedberg T (1905) Über die elektrische Darstellung einiger neuen kolloidalen Metalle. Ber dtsch chem Ges 38: 3616–3620

Svedberg T (1906) Über die elektrische Darstellung colloidaler Lösungen. Ber dtsch chem Ges 39: 1705–1713

Tammann G (1903) Kristallisieren und Schmelzen. Leipzig

Tan CG, Bowen BD und Epstein N (1986) Production of monodisperse colloidal silica spheres: effect of temperature. J Coll Interf Sci 118: 290–293

Tano T, Esumi K und Meguro K (1989) Preparation of organopalladium sols by thermal decomposition of palladium acetate. J Coll Interf Sci 133: 530–533

Tanori J, Duxin N, Petit C, Lisiecki I, Veillet P und Pileni MP (1995) Synthesis of nanosize metallic and alloyed particles in ordered phases. Colloid Polym Sci 273: 886–892

Thiele H (1950) Praktikum der Kolloidchemie als Einführung in die Arbeitsmethoden. Steinkopff Verlag, Frankfurt/Main

Toshima N und Wang Y (1994) Preparation and catalysis of novel colloidal dispersions of copper/noble metal bimetallic clusters. Langmuir 10: 4574–4580

Tributh H und Lagaly G (1986) a) Aufbereitung und Identifizierung von Boden- und Lagerstättentonen. I. Aufbereitung der Proben im Labor. GIT-Fachzeitschrift für das Laboratorium 30: 524–529

Tributh H und Lagaly G (1986) b) Aufbereitung und Identifizierung von Boden- und Lagerstättentonen. II. Korngrößenanalyse und Gewinnung von Tonsubfraktionen. GIT-Fachzeitschrift für das Laboratorium 30: 771–776

Turkevich J, Stevenson PC und Hillier J (1951) A study of the nucleation and growth processes in the synthesis of colloidal gold. Discuss Faraday Soc 11: 55–75

Unger KK (1979) Pourous silica. J of Chromatography Library. Elsevier, Amsterdam, vol 16

Vincent B, Clarke J und Barnett KG (1986) b) The flocculation of non-aqueous, sterically-stabilised latex dispersions in the presence of free polymer. Colloids Surfaces 17: 51–65

Vincent B, Edwards J, Emmett S und Jones A (1986) a) Depletion flocculation in dispersions of sterically-stabilized particles („soft particles"). Colloids Surfaces 18: 261–281

Wagner G (1979) Chemie in faszinierenden Experimenten. Aulis Verlag Deubner & Co, Köln

Weimarn von PP (1907) Zur Lehre von den kolloiden, amorphen und kristallinischen Zuständen. Z Chem Ind Koll (Kolloid Z) 2: 76–78

Weimarn von PP (1907/1908) Zur Lehre von den Zuständen der Materie. Z Chem Ind Koll (Kolloid Z) 2: 199–208; 230–237; 275–284; 301–307; 326–335; 368–372. 3: 282–304

Weimarn von PP (1908) Einfluß der Konzentration der reagierenden Lösungen auf die Form und die Struktur der Niederschläge (russisch). Annalen Kaiserl Berginstituts zu St Petersburg 1: 24 S

Weller H (1993) Kolloidale Halbleiter-Q-Teilchen: Chemie im Übergangsbereich zwischen Festkörper und Molekül. Angew Chem 105: 43–55

Wieboldt J (1991) Kolloidchemische Untersuchungen von Latexdispersionen. Dissertation. Univ Kiel

Wilhelmy DM und Matijević E (1984) Preparation and properties of monodispersed spherical-colloidal particles of zinc sulphide. J Chem Soc, Faraday Trans I, 80: 563–570

Winter G (1986) Anorganische Pigmente. Disperse Festkörper mit technisch verwertbaren optischen und magnetischen Eigenschaften. Ber Bunsenges Phys Chem 90: 736–742

Wöhler L (1907) Das Platinanalogon des Cassius'schen Goldpurpurs. Z Chem Ind Koll (Kolloid Z) (I. Supplementheft) 2: S III

Wöhler L (1910) Rotes Platin als Analogon des Cassius'schen Goldpurpurs. Z Chem Ind Koll (Kolloid Z) 7: 243–249

Xyla AG, Mikroyannidis J und Koutsoukos PG (1992) The inhibition of calcium carbonate precipitation in aqueous media by organophosphorus compounds. J Coll Interf Sci 153: 537–551

Yates DE, Ottewill RH und Godwin JW (1977) Purification of polymer latices. J Coll Interf Sci 62: 356–358

Zsigmondy R (1927) Kolloidchemie, ein Lehrbuch. Verlag von Otto Spamer, Leipzig, 5. Aufl, Bd 2

Zukoski CF, Look JL und Bogush GH (1994) Formation of uniform precipitates from alkoxides. In: Bergna HE (ed) The colloid chemistry of silica. Advan Chem Ser 234. Amer Chem Soc Washington, pp 451–465

6 Herstellung von Polymerkolloiden

6.1 Polymerisationsverfahren

Ein beachtlicher Anteil der Kunststoffe, etwa 30% Massenanteil, wird heute in Form von Dispersionen hergestellt oder verarbeitet. Neben zahlreichen Spezialanwendungen (z. B. als Zusatz zu Beton) werden die Polymerkolloide zur Herstellung von Dispersionsfarben, Lacken, Beschichtungen, Klebstoffen und Folien benötigt sowie zur Papier- und Textilveredelung eingesetzt.

Neben der Massenproduktion relativ unproblematischer Polymerdispersionen wird heute eine zunehmende Palette von Spezialdispersionen (tailor made dispersions) in geringen Produktionsmengen verlangt. Dadurch ist die Prozeßführung der heterogenen Polymerisationsverfahren äußerst vielfältig geworden. Im folgenden Kapitel soll eine kurze Einführung in das sich stürmisch entwickelnde Gebiet der Polymerkolloide gegeben werden.

In der älteren Literatur werden häufig drei Polymerisationsverfahren unterschieden (Abb. 6.1, Tabelle 6.1), die allerdings nicht einheitlich gegeneinander abge-

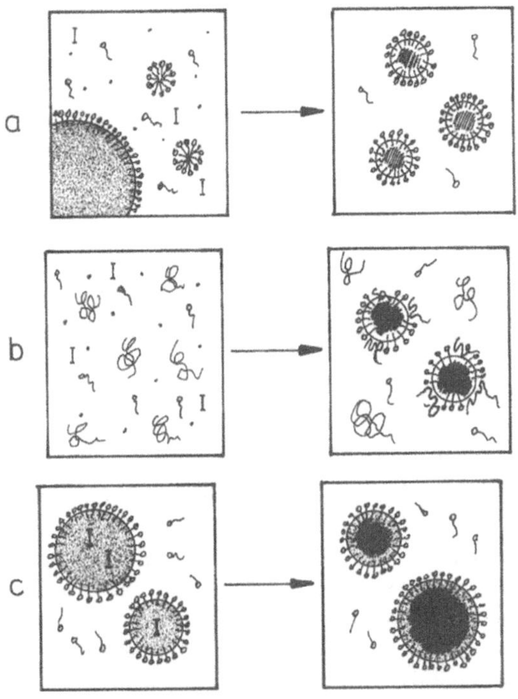

Abb. 6.1 a–c. Drei verschiedene Verfahren zur Herstellung von Polymerkolloiden: **a** Emulsionspolymerisation, Teilchendurchmesser etwa 0,01 – 1 µm, **b** Dispersionspolymeristation, Teilchendurchmesser etwa 1–15 µm, **c** Suspensionspolymerisation, Teilchendurchmesser ≥15 µm. Monomertröpfchen, Monomere, Tenside oder Polymere als Stabilisatoren, I Initiatoren, Polymerkolloide.

Tabelle 6.1. Herstellungsweisen von Polymerteilchen.

	Emulsions-polymerisation	Dispersions-polymerisation	Suspensions-polymerisation
Dispersionsmittel	Wasser Wasser/Alkohol	Wasser, organ. Flüssigkeit	Wasser
Löslichkeit der Monomeren im Dispersionsmittel	gering	hoch	gering
Emulgator	emulgatorfrei oder ionisches/nichtionisches Tensid oder entsprechende Polymere	Polymer, auch Polyelektrolyt	Polymer
Initiierung	radikalisch im Dispersionsmittel	radikalisch oder ionisch im Dispersionsmittel	radikalisch in den Monomertröpfchen
Teilchengröße (Durchmesser)	stabiler Latex 0,1–2 µm	stabiler Latex 0,1–15 µm	Polymerperlen >15 µm

grenzt wurden. Eine Unterteilung kann nach vier Kriterien erfolgen (El-Aasser, 1990; Croucher and Winnik al., 1990; Arshady, 1992; Piskin et al., 1995):

- Ausgangszustand der zu polymerisierenden Mischung,
- Kinetik der Polymerisation,
- Mechanismus der Teilchenbildung,
- Form und Größe der gebildeten Polymerteilchen.

Suspensions- und Emulsionspolymerisation sind die beiden klassischen Polymerisationsverfahren zur Herstellung kugelförmiger Teilchen. Große Partikel (mittlere Teilchendurchmesser ≥15 µm) in recht breiter Größenverteilung werden durch die Suspensionspolymerisation erhalten. Submikroskopische Polymerteilchen (Latices, mittlere Teilchendurchmessern ≤2 µm) lassen sich in enger Größenverteilung durch die konventionelle Emulsionspolymerisation herstellen. Dazwischen klafft eine Lücke, die erst in neuerer Zeit durch die systematische Bearbeitung der Dispersionspolymerisation geschlossen wurde.

6.2 Emulsionspolymerisation

Latexdispersionen werden im industriellen Maßstab durch Emulsionspolymerisation hergestellt. Bei diesem Verfahren werden wasserunlösliche Monomere, z. B. Styrol, oder Monomergemische wie Styrol-Butadien in Wasser als kontinuierlicher Phase emulgiert und nach Initiierung zu meist kugelförmigen Teilchen mit Durchmessern von einigen Nanometern bis etwas über 1 µm polymerisiert (Vollmert, 1973; Elias, 1992; Daniels et al., 1992).

In den frühesten Theorien zur Emulsionspolymerisation wurde angenommen, die Polymerisation laufe in den emulgierten Monomertröpfchen ab, ungeachtet

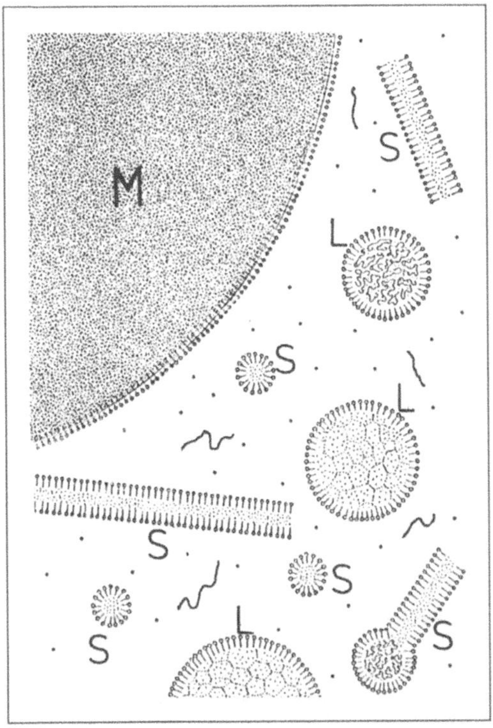

Abb. 6.2. Emulsionspolymerisation. (Nach Vollmert, 1973)
M: Monomertröpfchen
S: Mizellen, hier stäbchenförmig gezeichnet
L: wachsende Latexteilchen
∴ Monomere, ⟍ Tenside, ∿ oligomere Radikale.

der Tatsache, daß diese mehr als das Tausend- bis Millionenfache an Volumen als die schließlich gebildeten Polymerteilchen besitzen. Harkins entwickelte 1947 erstmalig eine experimentell abgesicherte Theorie der Emulsionspolymerisation, indem er den Aufbau der in eine Dispersion übergehenden Emulsion berücksichtigte.

Die Emulsion besteht aus einer kontinuierlichen wäßrigen Phase mit einer sehr kleinen Konzentration an gelösten Monomeren, Stabilisatoren und evtl. Salzen, die durch Phasengrenzen von den Emulgatormizellen, den Latexpartikeln und den Monomertröpfchen getrennt sind (Abb. 6.2). Die Mizellen müssen nicht kugelförmig sein, sondern können auch andere Formen haben, z. B. zylindrisch wie in Abb. 6.2.

Die Emulgatoren bilden oberhalb der kritischen Mizellbildungskonzentration Mizellen, in deren lipophiles Innere die hydrophoben Monomere eindringen und sie aufquellen. Zwischen den Monomeren in den Tröpfchen und in der Wasserphase stellt sich ein Verteilungsgleichgewicht ein. Da bei den üblicherweise eingesetzten Emulgator- und Monomerkonzentrationen bedeutend mehr Mizellen ($\approx 10^{18}$ cm^{-3}) als Monomertröpfchen vorhanden sind (bei 1000 nm Durchmesser und 25 mL Styrol in 250 mL Gesamtvolumen: $2{,}4 \cdot 10^{10}$ Tröpfchen/cm^3), ist die Wahrscheinlichkeit, daß ein Monomeres in eine Mizelle eintritt, wesentlich größer als die der Rückdiffusion in ein Monomertröpfchen. Es entsteht ein Diffusionsstrom aus den Monomertröpfchen in die Mizellen; die Monomertröpfchen wirken als Reservoir.

Die Polymerisation kann an verschiedenen Orten gestartet werden:

- in der wäßrigen Phase,
- in der Mizelle,
- in den Monomertröpfchen,
- an der Grenzfläche zwischen Wasser- und Ölphase.

Während Harkins (1947) zunächst eine Initiierung im Innern der Mizellen annahm, sieht man heute den bevorzugten Ort dafür in der wäßrigen Phase. Einzelne der gerade in der Wasserphase umherwandernden Monomere werden von Initiatorradikalen erfaßt, angelagert und wandeln sich zu Polymerisationskeimen.

Wie weit Phasengrenzen die Initiierung bzw. die Weiterpolymerisation der Oligomeren verzögern oder beschleunigen, ist weitgehend offen (Blumstein und Kakivaya, 1977; Paecht-Horowitz, 1977).

Für die Bildung der endgültigen Teilchen werden drei Mechanismen (homogen, mizellar, koagulativ) diskutiert. Einmal wird angenommen, daß die Polymerisationskeime in der wäßrigen Phase zu primären Teilchen weiterwachsen und dabei Emulgator adsorbieren (homogene Keimbildung, Roe, 1968; Fitch and Shib, 1975; Hansen and Ugelstad, 1979; Schlüter, 1990; Hansen, 1992). Die Polymerisationskeime können aber auch in die mit Monomeren gequollenen Mizellen diffundieren und dort die Polymerisation starten (mizellarer Mechanismus, Harkins, 1947; Smith and Ewart, 1948 a, b, 1949; s. a. Vollmert, 1973; Elias, 1992). In den ersten Minuten der Polymerisation werden beinahe alle Partikelkerne innerhalb der Mizellen gebildet. Die Polymerteilchen wachsen rasch, zunächst innerhalb der Mizellen, die aber bald in die vom Emulgator stabilisierten Teilchen übergehen. Zur Stabilisierung der wachsenden Teilchen mit immer größer werdender Oberfläche müssen mehr und mehr Mizellen aufgelöst werden. Nach einer gewissen Zeit sind daher alle Mizellen verschwunden, und die Zahl der Latexteilchen ist weitgehend festgelegt (Abb. 6.3). Bei einer anfänglichen Emulgatorkonzentration von 5 % (bezogen auf die Gesamtmenge der Monomere) wird ein Umsatzgrad von 13–20 % erreicht. Ist weniger Emulgator vorhanden, bricht die Initiierung schon bei geringeren Umsatzgraden ab, während große Starterkonzentrationen fortgesetzte Initiierung bis zu hohen Umsatzgraden erlauben.

Die Vervollständigung der Polymerisation erfolgt in den Polymer-Monomer-Teilchen, die fortlaufend Monomer aufnehmen, das aus den Monomertröpfchen über die Wasserphase angeliefert wird. Die Reaktionsgeschwindigkeit bleibt konstant, bis die letzten Monomertröpfchen verschwunden sind (Abb. 6.3). Bei einer Konversationsrate von etwa 60 % Monomer in Polymer sind alle monomeren Moleküle in den Polymerteilchen absorbiert, und die Polymerisation läuft nur noch in diesen ab.

Die Polymerisation ist nicht erst dann beendet, wenn alle Monomere aufgebraucht sind. Sie bricht ab, wenn ein zweiter Polymerisationskeim in ein Teilchen eintritt. Erst wenn ein weiteres Radikal eindringt, wird sie erneut gestartet. Die Folge sind recht hohe Molmassen. Polymere mit höheren Molmassen als bei der Bulk-Polymerisation entstehen auch dadurch, daß die wachsenden Makromoleküle in den Mizellen gegen Rekombination geschützt sind (Vollmert, 1973, S. 154 ff.). Während die Radikale nur langsam in die Mizelle eindringen (etwa alle 10–100 Sekunden, Schuller, 1964), erfolgt der Kettenabbruch praktisch sofort (nach etwa 10^{-3} s) nach Eindringen des zweiten Radikals. Im Mittel enthält die Hälfte der Latexteilchen wachsende Polymerketten („lebende Teilchen").

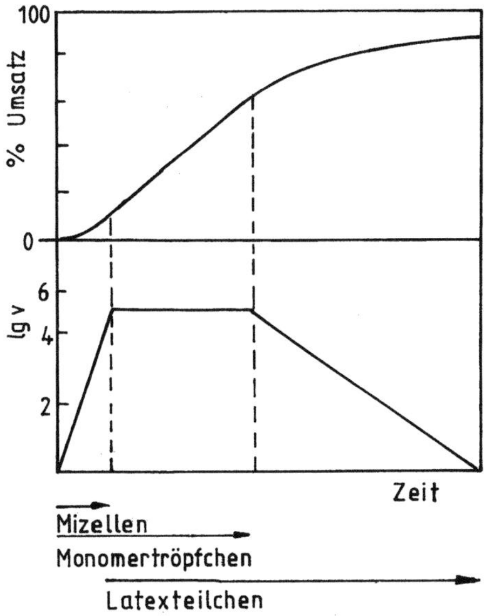

	Anzahl/L				
	0	25	50	75	100 % Umsatz
Monomer-Tröpfchen ≈ 3000 nm	10^{11}	10^{11}	0	0	0
Mizellen ≈ 5 nm	10^{18}	0	0	0	0
Latexteilchen ≈ 100 nm	0	10^{15}	10^{15}	10^{15}	10^{15}

Abb. 6.3. Kinetik der Emulsionspolymerisation, v = Bruttoumsatzgeschwindigkeit (Schuller, 1964).

Eine Erhöhung des Emulgator/Monomer-Verhältnisses vermehrt die Zahl der Mizellen, so daß sich die Zahl der pro Zeiteinheit initiierten Partikelkerne und damit die Teilchenzahl erhöht. Infolgedessen sinkt die Teilchengröße, wie experimentell oft beobachtet wird.

Der besprochene einstufige Keimbildungs-Wachstumsprozeß ist nicht unumstritten. Auf Grund kinetischer Messungen nahmen Feeney et al. (1987) an, daß die endgültigen Latexteilchen über einen Koagulationsvorgang gebildet werden, ähnlich wie es weiter unten für die emulgatorfreie Emulsionspolymerisation beschrieben wird. Es entstehen zunächst Vorläuferteilchen (precursor particles), die ausreichend stabil gegen Homokoagulation, aber relativ instabil gegenüber Heterokoagulation mit schon größeren Teilchen sind. (Die Begriffe Homo- und Heterokoagulation werden in diesem Zusammenhang für die Koagulation zwischen etwa gleich großen bzw. deutlich unterschiedlich großen Teilchen benutzt). Die aggregierten Teilchen werden schließlich so groß, daß alle neu gebildeten Vorläuferteilchen unmittelbar angelagert werden, d. h. die Keimbildung endet. Die Vorläuferteilchen enthalten kaum Monomere, weil diese sofort zum Kettenwachstum verbraucht werden. Die durch Heterokoagulation gebildeten Aggregate nehmen Monomere auf und wachsen schnell zu den endgültigen Latexteilchen.

Die Initiierung muß keineswegs immer in der wäßrigen Phase erfolgen. Abnehmende Wasserlöslichkeit der Monomeren und höhere Emulgatorkonzentration begünstigen die Keimbildung in den gequollenen Mizellen (Vanderhoff, 1985). Dies führt in extremen Fällen (sehr geringe Wasserlöslichkeit der Monomeren *und* des Initiators sowie bei Zusatz von Schutzkolloiden) zur ausschließlichen Initiierung in den Präpartikeln bzw. zur Suspensionspolymerisation.

Die Monomertröpfchen dienen üblicherweise nur als Reservoir für die Nachlieferung der Monomeren. Wenn die Tröpfchen sehr klein werden (50–500 nm), kann u. U. die Polymerisation in ihnen initiiert werden. „Miniemulsionen" entstehen in Gegenwart eines zusätzlichen Coemulgators, z. B. Cetylalkohol, unter Schereinfluß. Das Cotensid soll die Diffusion der Monomere aus den Tröpfchen verzögern (Tang et al., 1992). Der nächste Schritt in der Verkleinerung der Tröpfchen ist die Polymerisation im Inneren von Mikroemulsionströpfchen (Holtzscherer und Candau, 1988; Guo et al., 1992; Antonietti et al., 1995).

Eine Emulsionspolymerisation kann auch in emulgatorfreien Systemen ablaufen (Kotera et al., 1970; Bijsterbosch, 1978). Goodwin et al. (1974), später Song and Poehlein (1989) untersuchten die Umsetzung des Styrols mit Kaliumperoxodisulfat als Initiator (s. a. Poehlein, 1985; Priddy, 1994; Gugot and Tauer, 1994). Die von Goodwin et al. (1974) gefundene Abhängigkeit des Teilchendurchmessers von der Ionenstärke $[I]$, der Konzentration der Monomeren $[M]$, des Starters $[S]$ und der Temperatur sei als Richtlinie für die zu erwartende Teilchengröße (Radius a) angegeben:

$$\lg\,(2a) = 0{,}238\left[\lg\,\frac{[I][M]^{1{,}723}}{[S]} + \frac{4929}{T}\right] - 0{,}827. \tag{6.1}$$

Die Löslichkeit von Styrol in Wasser bei 50 °C entspricht $2{,}2 \cdot 10^{18}$ Molekülen/cm^3. Die durch die Reaktionen der Sulfatradikale (Kap. 6.5) mit Styrolmonomeren entstehenden Oligomere[1)] sind oberflächenaktiv, assoziieren während ihres Wachstums und bilden „Präpartikel", die mit weiteren Monomeren quellen. Diese kleinen Teilchen sind im kolloidchemischen Sinne nicht stabil, solange nicht so viele geladene Gruppen auf ihrer Oberfläche entstanden sind, daß sie ein ausreichendes Oberflächenpotential erhalten. Folglich koagulieren die kleineren Partikel zu größeren Teilchen, bis die elektrostatische Abstoßung zwischen den Teilchen ausreicht, eine stabile Dispersion zu bilden. Nach Goodwin et al. (1974) müssen daher zur Bildung stabiler Polystyroldispersionen folgende Bedingungen erfüllt werden:

1. Die Ionenstärke muß merklich unterhalb der kritischen Koagulationskonzentration liegen; $5 \cdot 10^{-2}$ mol $\cdot$ L^{-1} wird als obere Grenze betrachtet.
2. Die Konzentration des Radikalstarters muß hoch sein, um bei der gewählten Temperatur ausreichende Initiierung zu gewährleisten.
3. Die Temperatur muß merklich über der Zimmertemperatur liegen, um einen hinreichend schnellen Zerfall des Peroxodisulfats zu erreichen; 60 °C wird als untere Grenze angesehen.

[1)] Die bei der emulgatorfreien Emulsionspolymerisation von Styrol gebildeten Oligomere aus zwei bis drei Monomereinheiten konnten durch Einlagerung im Hydrotalkit abgefangen werden (Shouldice et al., 1995).

Ort und Art der Initiierung scheinen bei diesem Verfahren klar zu sein, werden aber durch die chemische Struktur (Reaktivität) der Initiatoren beeinflußt (Guyot and Tauer, 1994). Umstritten ist eher die Phase II der Polymerisation, d. h. der Wachstumsprozeß der Präpartikel zu den endgültigen Latexteilchen. Es wird beobachtet, daß monodisperse Verteilungen mit mittleren Teilchendurchmessern über 1 µm nicht in einer einstufigen Reaktion zu erhalten sind, sondern nur durch einen Keim-Wachstums-Prozeß (seed-growth procedure, Hearn et al., 1970). Dabei werden jedoch häufig Initiierung und Keimbildung einer neuen Teilchenpopulation (Sekundärwachstum) festgestellt, so daß bimodale oder sogar polydisperse Verteilungen entstanden. Dies wurde u.a. als Hinweis auf Wachstumsmechanismen über Homo- und/oder Heterokoagulation gewertet (Goodwin et al., 1973; Chung-Li et al., 1976).

Nach Chung-Li et al. (1976) müßte ein plausibler Mechanismus der Keim-Wachstums-Prozesse sowohl die Homo- als auch die Heterokoagulation berücksichtigen. Die Initiierungsphase muß bei der klassischen Emulsionspolymerisation relativ kurz sein, um stabile oder monodisperse Latices zu erhalten. Ähnliches darf für die emulgatorfreie Polymerisation angenommen werden. Dies bedeutet, daß die erste Generation von Partikeln (Präpartikel, seed particles) nach einer gewissen Zeit infolge ausreichend hoher Oberflächenladung und großer Teilchendurchmesser eine recht stabile Dispersion bildet (Chung-Li et al., 1976). Wird eine neue Generation von Partikeln initiiert, sind diese klein und mit Monomer gequollen. Sie sind nicht genügend stabil und koagulieren mit ihresgleichen oder den bereits vorhandenen größeren Teilchen. Zu Beginn der Polymerisation wird Homokoagulation die einzige Möglichkeit zur Stabilisierung des Gesamtsystems sein. Mit fortschreitender Reaktionszeit können sowohl Homo- als auch Heterokoagulationsprozesse auftreten, so daß sich die Teilchengrößenverteilung verbreitert. (Einzelheiten s. Chung-Li et al., 1976.)

Um einen monodispersen Latex zu erhalten, muß die Heterokoagulation die dominierende Reaktion sein. Dies bedeutet, daß genügend Saatteilchen vorhanden sein müssen, die die neu gebildeten Keime einfangen. Es dürfen aber nicht zu viele neue Keime gebildet werden, die erneut zu Saatteilchen koaleszieren und eine neue Population erzeugen würden. Nach Chung-Li et al. (1976) wird die Heterokoagulation durch niedrige Reaktionstemperaturen und kleine Ionenstärken in der Größenordnung von 10^{-2} M gefördert, aber auch die Monomerkonzentration und das Gesamtvolumen der dispersen Phase sind von Einfluß.

Aus den vorstehenden Betrachtungen folgt, daß die Herstellung monodisperser Latices durch eine zweistufige Arbeitsweise erleichtert wird. Im ersten Schritt werden die Saatteilchen hergestellt. Diese Dispersion wird zu einer Lösung oder Emulsion gegeben, in der die Teilchen weiterwachsen (feeding process), ohne daß neue Keime gebildet werden (Kap. 6.6).

Die Emulsionspolymerisation kann in vielen Fällen auch ohne Initiator gestartet werden, z. B. thermisch oder photochemisch. Die genauen Mechanismen sind nicht bekannt. Bei der thermischen Polymerisation von Styrol könnte ein Diels-Alder-Addukt zweier Styrolmoleküle eine wichtige Rolle bei der Kettenübertragung spielen (Kaufmann et al., 1976; Priddy, 1994).

6.3 Suspensionspolymerisation

Die Suspensionspolymerisation ist die zweite konventionelle Technik, durch die in industriellem Maßstab große Mengen von Polymerperlen für die unterschiedlichsten Anwendungen produziert werden. Sie wird üblicherweise zur Produktion von kugelförmigen Polymerteilchen in breiten Teilchengrößenverteilungen zwischen 50 und 1000 µm eingesetzt.

Bei der Suspensionspolymerisation werden die Monomere in wenige Mikrometer große Tröpfchen in einem (überwiegend wäßrigen) Dispersionsmittel verteilt und durch Zusatz von wasserlöslichen Tensiden und Polymeren stabilisiert. Die Polymerisation wird dann in der üblichen Weise unter Rühren und Temperaturkontrolle durch Initiatoren eingeleitet (Abb. 6.1). Wichtig ist, daß sowohl die Monomere als auch der Initiator nicht oder nur sehr wenig im Dispersionmittel löslich sind; sie befinden sich zum überwiegenden Teil in den geschützten Emulsionströpfchen, so daß Initiierung und Polymerisation innerhalb der Tröpfchen weitgehend wie bei einer Substanzpolymerisation (bulk polymerization) ablaufen. Daher rührt der oft gebrauchte Begriff microbulk polymerization. Der Tröpfchendurchmesser in den Emulsionen läßt sich in gewissen Grenzen durch Art und Konzentration des Stabilisators (Emulgators) beeinflussen.

Wie bei der Substanzpolymerisation können durch Zusatz von Vernetzern, inerten Verdünnern und Fällungsmitteln Strukturen innerhalb der Polymerteilchen erzeugt werden. Kompakte Polymerisate mit Teilchendurchmessern zwischen 50 und 400 µm liegen jenseits kolloidaler Dimensionen. Durch geschickte Wahl von Vernetzern, Verdünnern und Fällungsmitteln lassen sich aber strukturierte oder poröse Polymerteilchen herstellen, die aus einer Vielzahl miteinander verknüpfter Polymerknäuel kolloidaler Größe aufgebaut sind. Ihre innere Struktur wird im Elektronenmikroskop sichtbar.

Durch Zusatz von Kamm- oder Doppelkammpolymeren als Emulgierhilfe lassen sich sehr feinteilige O/W-Emulsionen herstellen, die dann zu „microbeads" polymerisiert werden. Diese Dispersionen sind sehr stabil gegenüber Salzzusatz, Scherbeanspruchung und Änderungen des pH-Wertes (Thompson, 1985).

6.4 Dispersionspolymerisation

Zwischen den Teilchengrößen, die durch die beiden klassischen Polymerisationstechniken erreicht werden, klafft eine Lücke. Es wurden verschiedene Versuche unternommen, um Polymerteilchen mit Durchmessern deutlich über 1 µm zu erzeugen. Der „Norwegische Prozeß" war die erste erfolgreiche Technik, bei der Monomere und/oder Lösungsmittel eingesetzt wurden, um bei Saat-Wachstums-Prozessen den Saatlatex aufzuquellen. Bei der anschließenden Wachstumspolymerisation konnten mittlere Teilchendurchmesser von einigen Mikrometern erreicht werden, ohne daß die Einheitlichkeit der Teilchengrößenverteilung verloren ging (Ugelstad et al., 1985; Okubo and Minami, 1996).

Mittlerweile werden monodisperse Polymerteilchen im Mikrometerbereich in nur einem Schritt durch die Dispersionspolymerisation hergestellt. Im Gegensatz zur klassischen, emulgatorhaltigen Emulsionspolymerisation, bei der die Löslichkeit des Monomers im Dispersionsmittel möglichst gering sein soll und die emulgierten Teilchen durch ionische oder nichtionische Tenside stabilisiert werden, sind bei der Dispersionspolymerisation gut lösliche Monomere sowie lösliche amphiphile Polymere oder Polyelektrolyte als Stabilisatoren einzusetzen. Die Polymerisationsmischung ist zunächst eine homogene Lösung (s. Abb. 6.1; 6.4). Nach Initiierung läuft eine echte Lösungspolymerisation ab, in deren Verlauf sich die im Dispersionsmittel unlöslichen Polymermoleküle bilden. Die Lösung bleibt daher in den ersten Minuten der Polymerisation transparent und trübt sich erst mit einsetzender Teilchenbildung. Bei ausreichender Stabilisierung wachsen diese Vorläuferteilchen zu den eigentlichen Latexteilchen (mittlere Teilchendurchmesser 0,1 – 15 μm) heran. Die Dispersionspolymerisation wird wegen des Teilchenbildungsmechanismus auch als modifizierte Fällungspolymerisation bezeichnet.

Bei der Dispersionspolymerisation kommt der kontinuierlichen Phase eine besondere Bedeutung zu. Anders als bei der Emulsionspolymerisation müssen Stabilisator, Monomer und Initiator während der gesamten Polymerisation in Lösung gehalten werden, während das Polymer sich möglichst früh aus der kontinuierlichen Phase abscheiden sollte, damit man feinteilige und einheitliche Präpartikel erhält. Diese müssen durch polymere Stabilisatoren gut geschützt werden, um als diskrete Einheiten zu den eigentlichen Latexteilchen heranzuwachsen.

Die Dispersionspolymerisation kann wie die Emulsionspolymerisation ein- oder mehrstufig durchgeführt werden.

Beim einstufigen Prozeß (one-shot process) wird die gesamte Monomermenge bei Beginn der Polymerisation vorgelegt. Da die Monomeren gleichzeitig Lösungsvermittler für die gebildeten Polymeren sind, verschlechtert sich mit fortschreitender Polymerisation die Lösungsmittelgüte der wäßrigen Phase in Bezug auf die Polymeren.

Das zweistufige Verfahren beginnt mit der Polymerisation eines Teils der Monomeren, um eine sehr verdünnte Dispersion zu erzeugen (seed polymerization).

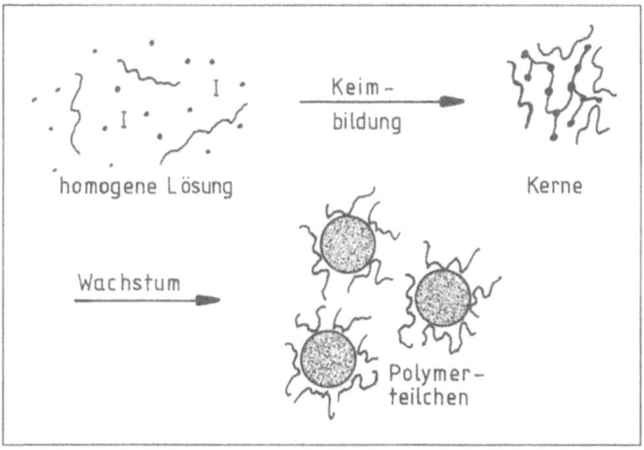

Abb. 6.4. Verlauf einer Dispersionspolymerisation.
·· : Monomere, wachsende Polymere, Stabilisatoren,
I Initiatoren,
Polymerkolloide.

In einem zweiten Schritt wird die verbleibende Monomermenge in einem bestimmten Zeitintervall zugetropft (feed polymerization).

Die Dispersionspolymerisation bietet gegenüber den unterschiedlichen Varianten der Emulsionspolymerisation einige Vorteile:

- In einem Schritt sind recht einheitliche Polymerteilchen bis zu einem mittleren Teilchendurchmesser von 15 µm zugänglich.
- Die Polymerisation läßt sich in beinahe jeder Flüssigkeit oder Flüssigkeitsmischung durchführen, im Gegensatz zur Emulsionspolymerisation also auch in wasserfreien Dispersionsmitteln.
- Die Polymerisation kann durch mehrere Initiierungsreaktionen (radikalisch, ionisch, strahlungsinduziert) gestartet werden.

6.5 Die Vielfältigkeit von Polymerkolloiden

Durch die Reaktionsbedingungen, die Wahl der Starter und Stabilisatoren sowie die Art der Comonomere können Teilchen mit sehr unterschiedlicher Oberflächenstruktur erzeugt werden (Abb. 6.5, 6.6).

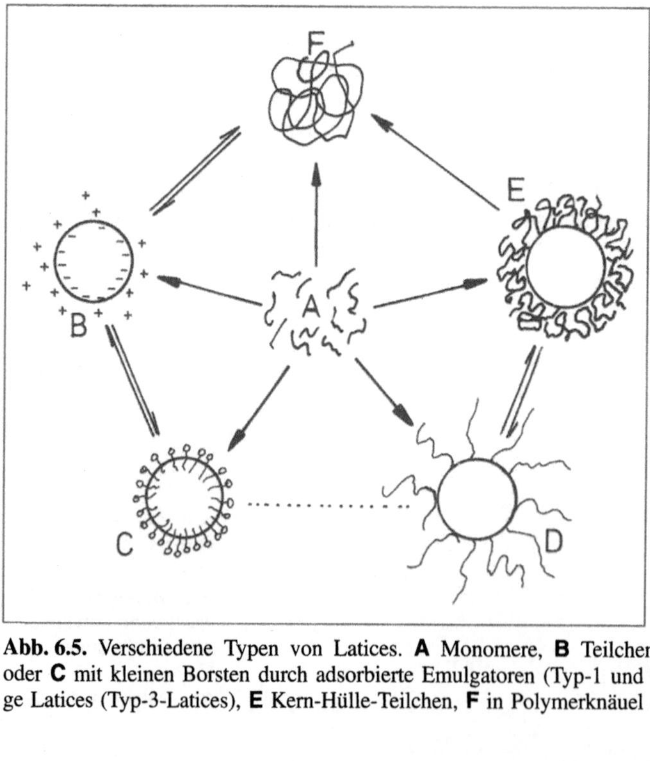

Abb. 6.5. Verschiedene Typen von Latices. **A** Monomere, **B** Teilchen mit glatter Oberfläche oder **C** mit kleinen Borsten durch adsorbierte Emulgatoren (Typ-1 und Typ-2 Latices), **D** haarige Latices (Typ-3-Latices), **E** Kern-Hülle-Teilchen, **F** in Polymerknäuel aufgelöste Teilchen.

Als Starter wird häufig Natrium-, Kalium- oder Ammoniumperoxodisulfat benutzt. In der Emulsion kann der Zerfall des Peroxodisulfats beschleunigt sein. Er wird z. B. durch freie Dodecylsulfationen begünstigt (Okubo et al., 1991). In technischen Ansätzen wird der thermische Zerfall der Peroxoverbindungen in Radikale durch Zusatz von Reduktionsmitteln erheblich beschleunigt. Dadurch kann mit gleicher Radikalausbeute bei niedrigeren Temperaturen polymerisiert werden, was u.a. die Bildung störender Nebenprodukte verringert. Typische Systeme sind Peroxodisulfat/Disulfit/Fe^{2+} und H_2O_2/Ascorbinsäure/Fe^{2+}.

Bei der Initiierung mit Peroxodisulfat in Gegenwart von Disulfit und Fe^{2+} entstehen die startenden Radikale durch folgende Reaktionen (McCarvill and Fitch, 1978):

$$S_2O_8^{2-} + Fe^{2+} \rightarrow {}^{\bullet}OSO_3^- + SO_4^{2-} + Fe^{3+}$$
$$S_2O_5^{2-} + H_2O \rightarrow 2\ HSO_3^-$$
$$HSO_3^- + Fe^{3+} \rightarrow {}^{\bullet}SO_3H + Fe^{2+}$$

sowie (Kolthoff and Miller, 1951):

$${}^{\bullet}OSO_3^- + H_2O \rightarrow HSO_4^- + {}^{\bullet}OH.$$

Es bilden sich also drei verschiedene Radikale, die die Polymerisation starten können. Daher treten als Polymerendgruppen und auch in den Teilchen nicht nur Sulfat-, sondern auch Sulfonat- und Hydroxylgruppen auf. Da die Hydroxylradikale unter Sauerstoffbildung rekombinieren:

$$2{}^{\bullet}OH \rightarrow H_2O + O^{\bullet}$$
$$2{}^{\bullet}O \rightarrow O_2$$

entstehen neben oberflächenständigen Carboxylgruppen Oxidationsprodukte wie Benzaldehyd und Benzoesäure.

Bei der Initiierung mit H_2O_2 in Gegenwart von Fe^{2+} und Ascorbinsäure nach:

$$2H_2O_2 + 2Fe^{2+} \rightarrow 2{}^{\bullet}OH + 2OH^- + 2Fe^{3+}$$

werden Hydroxylradikale erzeugt. An den Kettenenden treten dann überwiegend Hydroxylgruppen auf. Die Ascorbinsäure wird wohl ebenfalls durch Radikalübertragung aktiviert, doch ist der genaue Mechanismus nicht bekannt. Durch den bei der Rekombination der Hydroxylradikale gebildeten Sauerstoff wird ein Teil der Hydroxylendgruppen bis zur Carbonsäure aufoxidiert. Die Anwesenheit der Carboxylatgruppen macht die Oberflächenladung pH-abhängig (Kap. 2 2, Kap. 9.5).

Zur Einführung kationischer Oberflächengruppen über den Starter können Azoverbindungen benutzt werden, z. B. Azo-bisisobutyramidin-dihydrochlorid (ABA · 2HCl) (aus Azo-bisisobutyronitril, AIBN) oder das entsprechende Dimethylenderivat (ADMBA · 2 HCl):

ABA • 2HCl

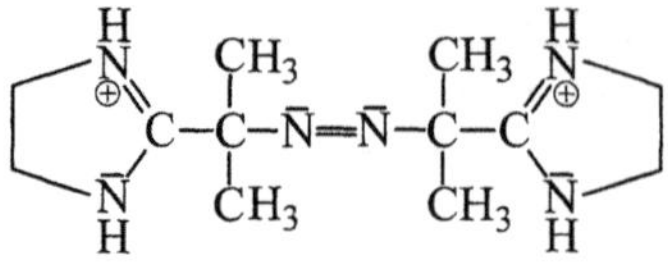

ADMBA · 2 HCl

Allgemein sind zahlreiche Initiatoren mit der Grundstruktur des AIBN eingesetzt worden (Guyot and Tauer, 1994). Auch Polymere wurden, wenngleich mit geringerer Effizienz, benutzt (Priewe, 1994). In wäßriger Phase ließen sich ionische Polymerisationen durchführen (Pepper, 1978). In neuerer Zeit wird Initiierung durch Mikrowellenbestrahlung beschrieben (Murray et al., 1994).

In der Technik werden die Latices üblicherweise in Gegenwart von Emulgatoren oder Emulgatorgemischen hergestellt. Die Emulgatoren sitzen oft nur auf der Oberfläche, sind aber zuweilen mit ihrem hydrophoben Rest im Oberflächenbereich der Teilchen „vergraben". Sie sind meistens ionische Verbindungen, die einen wesentlichen Beitrag zur Oberflächenladung liefern. Zu beachten ist, daß die Oberflächenladungsdichte durch Desorption von Emulgator beim Verdünnen der Latexdispersion abnehmen kann.

Viele Untersuchungen werden an Latexdispersionen durchgeführt, die durch emulgatorfreie Emulsionspolymerisation gebildet worden sind (Goodwin et al., 1974). Die Ladungen werden dann hauptsächlich durch die aus dem Starter gebildeten Gruppen erzeugt.

Zur Vielfalt der Latices tragen insbesondere der Einsatz unterschiedlicher Comonomere oder der Einbau weiterer Polymere bei (Abb. 6.7). Die Comonomere können die mechanischen Eigenschaften der Teilchen (Härte, Glastemperatur) verändern (Guillot, 1992). So wurden harte Teilchen aus Polystyrol (Glastemperatur 105 °C) durch Acrylsäurederivate als Comonomere weicher (Glastemperatur von Polymethylacrylat 0 °C, Polybutylacrylat –50 °C). Andererseits kann durch quervernetzende Comonomere (z. B. Divinylbenzol, Methallylmethacrylat) die Stabilität gegenüber quellenden Lösungsmitteln erhöht werden.

Ionische Comonomere beeinflussen die Eigenschaften der Latices durch die Erzeugung zusätzlicher Oberflächenladungen. Negative Ladungen entstehen z. B. durch Acrylationen und deren Derivate oder Styrolsulfonat als Comonomere, positive durch Vinylbenzyltrimethylammoniumchlorid, Aminoacrylsäurederivate oder quartärnierte Acrylsäureamide.

Amphotere Latices, also solche, deren Oberflächenladung sich mit steigendem pH-Wert von positiv nach negativ verschiebt, können z. B. aus Styrol, Methacrylsäure und N,N-Diethylaminoethylmethacrylat (Homola and James, 1977) oder aus Styrol in Gegenwart von N,N-Dimethyllaurylbetain (Kato et al., 1986) hergestellt werden.

Durch die Wahl der ionischen Monomere können Struktur und Ausdehnung des Grenzbereiches zwischen Teilchen und Lösungsmittel (Kap. 1.1, S. 3) verändert werden. Ionische Monomere werden weniger im Innern eines wachsenden Polystyrolteilchens eingebaut, als vielmehr zur Grenzfläche abgedrängt (Davies et al., 1996). So entstehen Teilchen, aus deren Oberfläche haarartig Emergenzen herausgewachsen sind, oder die – bei dichterer Packung der Haare – eine Hülle

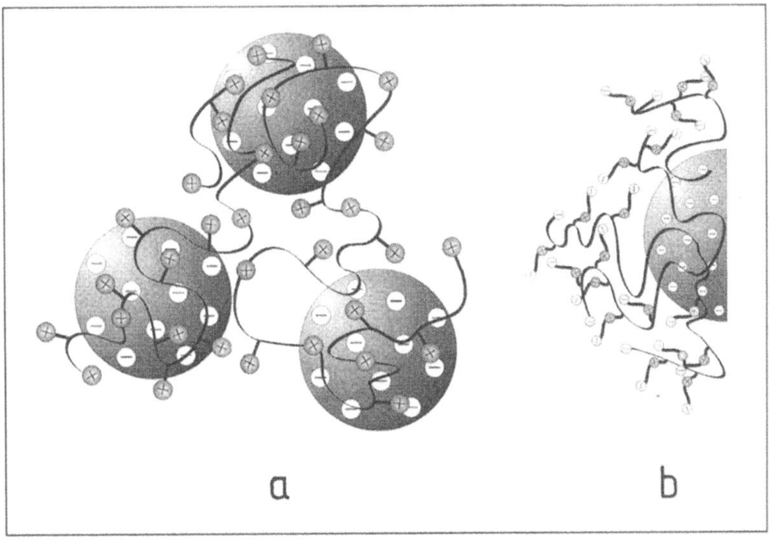

Abb. 6.6. Latices mit Haaren **a** und Kern-Hülle-Teilchen mit versteifter Hülle durch Verwendung von betainartigen Comonomeren **b.**

aus geladenen Makromolekülen tragen (Abb. 6.6). Wenn als Comonomer betainartige Verbindungen benutzt werden, z. B. N-(3-Sulfopropyl)-N-methacrylamidopropyl-N,N-dimethylammonium-betain (SPP),

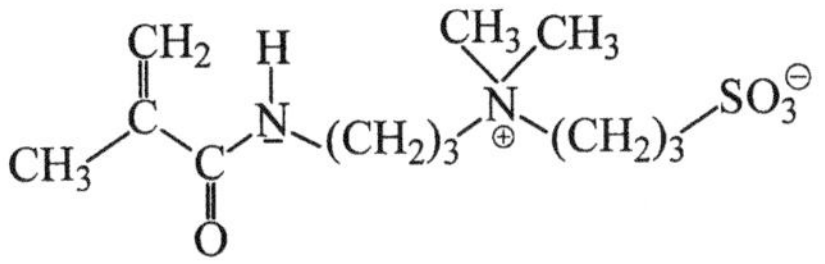

SPP

entstehen besonders dicht gepackte Hüllen (Zimehl et al., 1990) (Abb. 6.6b). Bei hohen Gehalten an hydrophilen, ionischen Comonomeren können die Teilchen in amöbenartige Formen oder sogar Polymerknäuel aufgelöst werden.

Eine andere Möglichkeit zur Herstellung von Latices mit elektrosterischer Stabilisierung ist die Einpolymerisation von Makromolekülen mit reaktionsfähigen Gruppen, z. B. Methoxy-polyethylenglycol-methacrylat (Ottewill and Satgurunathan, 1987; 1995):

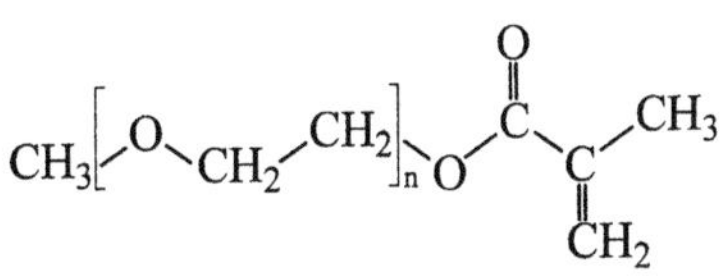

Schließlich kann eine Modifizierung erfolgen, indem in die Oberfläche reaktionsfähige Gruppen eingebaut und mit geeigneten Agentien umgesetzt werden. Zum Beispiel lassen sich mit Glycidylmethacrylat (Epoxypropylmethacrylat)

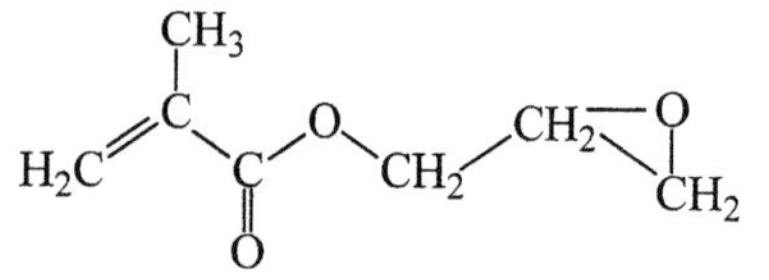

als Comonomer reaktionsfähige Epoxidgruppen einführen, die hydrolysiert oder mit Carbonsäuren, Aminen bzw. Polymeren umgesetzt werden (Antl et al., 1986; Kluß, 1992).

In letzter Zeit gewinnen Latices an Bedeutung, die durch Adsorption oder kovalente Anbindung (z. B. über Epoxidgruppen) hydroxylgruppenreicher Moleküle oder Polymere (Glucamin, Hydroxycellulosen) modifiziert werden und deren Stabilität auf ungewöhnliche Weise vom Dispersionsmittel, dem pH-Wert, dem Zusatz von Salzen und organischen Stoffen und von der Temperatur abhängen kann. Temperatursensitive Latices werden in Kap. 4.8 und 10.10.7 behandelt.

Ob man Teilchen als haarig oder als Kern-Hülle-Teilchen bezeichnet, hängt von der Packungsdichte der Makromoleküle an der Grenzfläche ab. Haare an der Latexoberfläche können nicht direkt sichtbar gemacht werden und beeinflussen die Ergebnisse je nach Meßmethode unterschiedlich. Sie wirken sich auf das Zetapotential (Kap. 10.10.7) und den hydrodynamischen Radius relativ stark, auf die Kleinwinkelstreuung dagegen nur bei ausreichender Packungsdichte (Kap. 4.3, S. 119) aus. Eine einfache Möglichkeit zur Abschätzung der Dicke massiver Hüllen ist durch viskosimetrische Messungen gegeben, wobei die spezifische Viskosität $(\eta - \eta_o)/\eta_o$ (η, η_o Viskosität der Dispersion und des Dispersionsmittels) in Abhängigkeit vom Volumenbruch der Latexteilchen in der Dispersion zu ermitteln ist (Tamai et al., 1984).

Auf Grund der Oberflächenstruktur und des Herstellungsverfahrens (mit/ohne Emulgator) bietet sich folgende Einteilung von Latices an (s. Abb. 6.5):

Typ 1: emulgatorfrei hergestellte Latices mit weitgehend glatter Oberfläche,
Typ 2: emulgatorhaltige Latices,
Typ 3: Latices mit Haaren an der Oberfläche,
Typ 4: Kern-Hülle-Latices oder Latices mit ausgeprägtem Grenzbereich.

Typ-1- und -2-Latices sind harte, Typ 3 und 4 weiche Teilchen. Bei dichter Packung der Makromoleküle in der Hülle können letztere auch hart sein (Kap. 4.12).

Die Stabilisierung der kolloidalen Verteilung ist bei Typ 1 und Typ 2 elektrostatisch, bei Typ 3 und 4 im allgemeinen elektrostatisch plus sterisch (elektrosterisch, Kap. 4.14).

Es können auch Typ-3- oder Typ-4-Latexdispersionen hergestellt werden, die rein sterisch stabilisiert sind (s. u.). Die Immobilisierung von Wasser zwischen den Haaren verringert in wäßrigen Dispersionen die Van-der-Waals-Wechselwirkung, da die Hamaker-Konstante der Hülle derjenigen des Dispersionsmittels ähnlicher wird (Kap. 2.5; S. 44); die elektrostatische Abstoßung gewinnt an Bedeutung (Wu and van de Ven, 1996).

6.6 Herstellungsverfahren

Latexdispersionen werden absatzweise (Batch-Verfahren), zweistufig (seeded polymerization) oder halbkontinuierlich (Semi-batch-Verfahren) hergestellt. Beim zweistufigen Verfahren wird in einem ersten Ansatz die Zahl der Keime festgelegt, die infolge des begrenzten Materialvorrats nur zu kleinen Teilchen heranwachsen. Diese Dispersion wird dann zu einer weiteren Lösung oder Emulsion gegeben. Bei diesem Schritt sollen keine weiteren Keime mehr gebildet werden, sondern die Teilchen weiterwachsen. Beim halbkontinuierlichen Verfahren wird zunächst ein festgelegter Bruchteil der Monomeren, z. B. 10–15 %, in der wäßrigen Emulgatorlösung emulgiert und anpolymerisiert. Nach einer gewissen Zeit (im Labor nach 10–20 min) wird mit dem getrennten Zulauf von Monomeren, Emulgatoren und evtl. zusätzlich einem Starter begonnen. Zur Polymerisation in inversen (=W/O) Emulsionen und Mikroemulsionen s. Candau (1997); in konzentrierten Emulsionen (Volumenanteil des Öls zwischen 0,74 und 0,99; Kap. 7.2, S. 238) s. Ruckenstein (1997).

Die Variationsmöglichkeiten sind vielfältig. Es lassen sich Teilchen mit unterschiedlichster Struktur herstellen, z. B. solche mit Kern-Hülle-Aufbau, zwiebelartiger Schichtung, domänenartiger Verteilung verschiedener Polymere, in himbeer- oder octopusartigen Formen (Abb. 6.8b) (Lee and Rudin, 1992; Laferty and Piirma, 1992; Okubo et al., 1987; Ottewill et al., 1997), mit pustelartiger Oberfläche oder mit Hohlräumen (Abb. 6.7). Ho et al. (1993) erhielten ellipsoidale Polystyrolteilchen durch Verstreckung bei 200 °C (Abb. 6.8a). Ottewill et al. (1996) beschrieben die Herstellung zusammengesetzter Latices, bei der kleinere Teilchen von größeren, entgegengesetzt geladenen verschlungen wurden.

Kern-Hülle-Teilchen erlangen zunehmende praktische Bedeutung, z. B. in Dispersionsfarben, als Zusätze für Kunststoffe, in der Pharmazie als Träger für

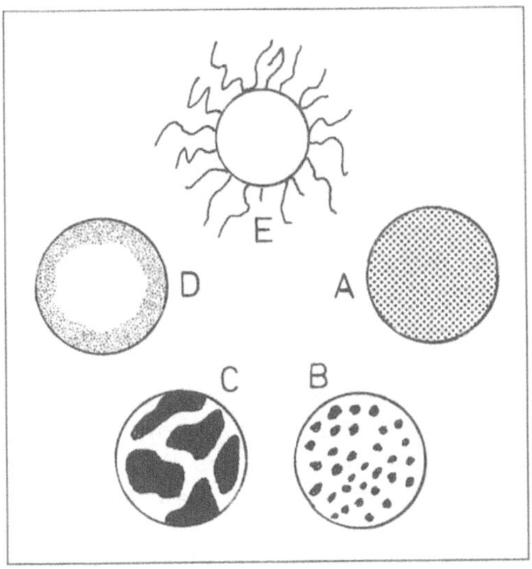

Abb. 6.7. Verschiedene Strukturen beim Einsatz von Monomergemischen (Kluß, 1992). **A** statistische Verteilung, **B**, **C** Vielbereichsstrukturen, **D** Kern-Hülle-Teilchen, **E** haarige Teilchen.

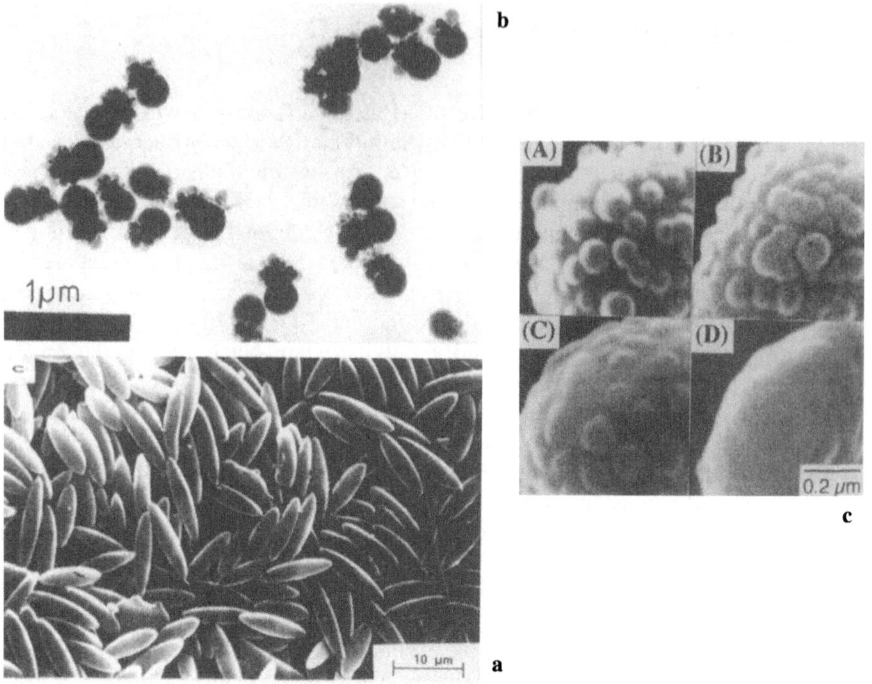

Abb. 6.8 a–c. Ungewöhnliche Formen von Latices. **a** verstreckte Polystyrollatices (Ho et al., 1993), **b** octopusartige Latices aus Styrol, Butylacrylat und Methacrylsäure (Okubo et al., 1987), **c** himbeerartige Latices durch Heterokoagulation von kleinen positiven Polystyrollatices (40 nm Durchmesser) auf negativ geladenen Polystyrolteilchen (450 nm Durchmesser). **B–D**. Glättung der Oberfläche durch thermische Behandlung bei 70 °C, 90 °C und 100 °C (Terpolymere: Zusammensetzung s. Okubo et al., 1994).

Wirkstoffe etc.. Die Umhüllung von Kernen, z. B. aus Styrol, kann u. a. dazu dienen, Teilchen mit hoher Carboxylgruppendichte an der Oberfläche zu erzeugen (Rios et al., 1991). Natürlich können Polymerkerne auch mit anorganischen Stoffen umhüllt werden (Kap. 5.5, S. 177).

Teilchen mit unterschiedlichen Formen und Oberflächenprofilen werden wegen ihrer höheren spezifischen Oberfläche und ihres besseren Lichtstreuvermögens in Betracht gezogen. Neben den erwähnten Verfahren lassen sich solche Teilchen auch durch Heterokoagulation gewinnen, indem z. B. kleinere, positiv geladene Latices auf größeren, negativ geladenen abgeschieden werden. Die Oberfläche kann thermisch geglättet werden (Abb. 6.8c) (Okubo et al., 1994). Auch chemisch ganz andersartige Teilchen werden angelagert, z. B. Magnetitteilchen mit etwa 10 nm Durchmesser an 3 µm große Latexteilchen (Lee and Senna, 1995).

Hohle Latexteilchen entstehen durch zwei- oder mehrstufige Prozesse, indem der weiche, mit Alkali quellbare Kern aus carboxylgruppenhaltigen Polymeren, z. B. Poly(methylmethacrylat), hergestellt und von einer harten Polystyrolhülle umgeben wird. Nach Neutralisation der Carboxylgruppen im Kern mit Ammoniak oder Aminen und Verdampfen des Wassers bilden sich im Teilchen ein oder auch mehrere Hohlräume (Vanderhoff et al., 1992; Okubo et al., 1992; Okubo and Minami, 1996). Hohle Latexteilchen setzt man infolge der erhöhten Lichtstreuung als Trübungsmittel in Anstrichmitteln oder als Beschichtungsmittel, z. B. in Streichfarben in der Papierindustrie, ein (Rennel and Rigdahl, 1994.)

Technische Latexdispersionen werden nach ihrer Herstellung nur begrenzt gereinigt, indem z. B. flüchtige Monomere durch Durchleiten von Wasserdampf entfernt werden. Für wissenschaftliche Untersuchungen ist es häufig erforderlich, die im Dispersionsmittel gelösten Stoffe (Emulgatoren, Salze, Oligomere, Polymere, Oxidationsprodukte etc.) zu entfernen. Dazu stehen mehrere Methoden zur Verfügung, von denen hauptsächlich Schlauchdialyse, Ultrafiltration über Membranfilter (Serum replacement), Zentrifugation-Dekantierung-Redispersierung (Kap. 5.11) und Mischbettionenaustausch (Kap. 6.9) angewandt werden.

Bei der Reinigung wird die Stabilität der Dispersionen, vor allem bei Typ-2-Latices, durch teilweise Entfernung der stabilisierenden Emulgatoren verändert. Auch durch Hydrolyse können ladungstragende Gruppen verlorengehen. Dadurch wird die Empfindlichkeit elektrostatisch stabilisierter Dispersionen gegenüber Salzzusatz erhöht (Fischer und Nölken, 1988). Im ungünstigsten Fall kommt es während der Reinigung zur Koagulation, vor allem dann, wenn mit nichtionischen Startern gearbeitet wurde. Jedoch werden die Emulgatoren auch bei intensiver Reinigung nicht vollständig von der Teilchenoberfläche entfernt, weil sie entweder fest adsorbiert oder mit ihrem hydrophoben Rest in der Oberfläche „vergraben" sind. Die Unsicherheit über den Gehalt an Emulgatoren nach der Reinigung ist einer der Gründe, für wissenschaftliche Messungen emulgatorfrei hergestellte Latices einzusetzen.

Manchmal ist jedoch die ungereinigte Dispersion salzanfälliger. Bei Teilchen mit komplex aufgebautem Grenzbereich kann die Ursache in der Adsorption von Ionen im Grenzbereich liegen (vgl. Kap. 2.7.3, S. 67).

Bei der Reinigung werden auch evtl. vorhandene, gelöste Polymere entfernt. Diese wirken ab einer Konzentration Φ^+ destabilisierend und oberhalb eines sehr hohen Gehaltes $\Phi^\ddagger$ stabilisierend (Kap. 4.12). Die Polymerkonzentration in der ungereinigten Latexdispersion wird kaum über $\Phi^\ddagger$ liegen, so daß bei der Reinigung eine Destabilisierung durch Verringerung der Konzentration gelöster Polymere nicht zu erwarten ist, eher eine Zunahme der Stabilität, wenn die Polymerkonzentration im Bereich um Φ^+ liegt. In diesem Fall wird die gereinigte Dispersion also salzstabiler als die ungereinigte sein (üblicherweise ist es umgekehrt). Der Verarmungseffekt allein mag zur Ausflockung der Latexteilchen nicht ausreichen, so daß erst die Verringerung der elektrostatischen Abstoßung durch Salzzusatz destabilisierend wirkt. Nach der Reinigung ist die notwendige Salzkonzentration höher, wenn die Destabilisierung durch gelöste Polymere keine Rolle mehr spielt.

6.7 Nichtwäßrige Latexdispersionen

Einige Dispersionen von sterisch stabilisierten Latices in nichtwäßrigen Lösungsmitteln wurden als Modellsubstanzen zur Untersuchung der sterischen Wechselwirkung und der Verarmungseffekte hergestellt. Antl et al. (1986) beschrieben die Herstellung von Poly(methylmethacrylat)-Latices, die nach Stabilisierung mit Poly(12-hydroxystearinsäure) in Kohlenwasserstoffen dispergiert werden konnten. Den Stabilisator erhielt man durch Copolymerisation von Methylmethacrylat mit dem Reaktionsprodukt von Poly(hydroxystearinsäure) und Glycidylmethacrylat und die Poly(hydroxystearinsäure) durch Polymerisation aus 12-Hydroxystearinsäure.

Ein anderes Beispiel ist ein Polystyrollatex mit verankertem Poly(ethylenglycol) in Nitromethan (Vincent et al., 1986). Dieser Latex, in wäßriger Phase hergestellt, ging spontan in Nitromethan über. Weitere Beispiele sind: Polystyrollatex mit Polyisoprenhülle in Hexan; Poly(acrylnitril)latices mit Polydimethylsiloxan (als Triblockpolymer) in Hexan (Vincent et al., 1986); Poly(vinylacetat)latices mit Diblock-Copolymeren in n-Alkanen (Dawkins and Shakir, 1992).

6.8 Vorschriften zur Herstellung von Latices

Typ-1-Polystyrollatices

Allgemein wird zur Herstellung von Latices ein 1-L-Vierhalskolben mit Rückflußkühler, Stickstoffeinleitungsrohr, Kontaktthermometer und Paddelrührer benutzt.

Als Beispiel einer emulgatorfreien Emulsionspolymerisation sei die Herstellung negativ geladener Polystyrolteilchen mit Kaliumperoxodisulfat (KPS) als Starter beschrieben (Goodwin et al., 1974; Bijsterbosch, 1978; Zimehl et al., 1990).

Es werden 25 mL Styrol in 180 mL Wasser unter kräftigem Rühren emulgiert. Die Emulsion wird (unter ständig weiterem Rühren) auf 100 °C erhitzt und das in wenig Wasser gelöste KPS hinzugefügt. Das Gesamtvolumen der wäßrigen Phase beträgt 225 mL. Geeignet sind 0,01–2,0 g Starter. Die Dispersion wird 6 h auf 100 °C gehalten. Während dieser Zeit entwickelt sich bei nicht zu hohen Initiatorkonzentrationen (0,05–0,1 g KPS/25 mL Styrol) ein deutliches Farbspiel. Nach Beendigung der Reaktion wird die Dispersion durch Glaswolle, dann durch Papierfilter filtriert und gegen Wasser dialysiert (Kap. 5.11). Die Latexkonzentration, ausgedrückt durch den Volumenbruch ϕ, steigt mit der Initiatormenge von 0,007 (0,01 g KPS/25 mL Styrol) auf 0,09 (2 g KPS/25 mL Styrol) an. (ϕ wird gravimetrisch durch Eintrocknen der filtrierten Dispersion bei 60 °C – 80 °C unter Berücksichtigung des Salzgehaltes und ggf. des Emulgators ermittelt; Dichte der Polystyrolteilchen: 1,06 g/cm^3). Die Teilchengrößen liegen zwischen 200 nm und 300 nm (im einzelnen s. Zimehl et al., 1990).

Eine Latexdispersion aus positiv geladenen Teilchen kann auf ähnliche Weise hergestellt werden, wenn statt KPS ADMBA · 2 HCl (s. S. 218) eingesetzt wird (Goodwin et al., 1979; Wieboldt, 1991):

400 mL Wasser werden unter Stickstoffspülung und Rühren auf 90 °C erwärmt. Nach Zugabe von 25 mL Styrol wird die Gaszufuhr unterbrochen, um Monomerverluste zu vermeiden. Nach 5 min wird die Reaktion mit 1 g

ADMBA · 2 HCl, gelöst in 15 mL Wasser, initiiert. Die beginnende Polymerisation macht sich nach 4 min durch einen Blauschimmer bemerkbar. Nach 7,5 h wird die Reaktion abgebrochen. Die milchig-weiße Dispersion enthält kein Koagulat, aber überschüssiges Styrol, das im leichten Vakuum (Wasserstrahlpumpe) entfernt wird. Der Latexgehalt, ausgedrückt als Volumenbruch, beträgt $\phi = 0{,}02$, die Teilchengröße 65 nm (quasielastische Lichtstreuung; Kap. 8.6). ADMB · 2 HCl wird aus käuflichem Azo-bisisobutyronitril hergestellt.

Typ-2-Polystyrollatices

In der Technik werden Latexdispersionen nur in Gegenwart von Emulgatoren hergestellt. Folgende Vorschrift ist ein Laborbeispiel für die Herstellung negativ geladener Polystyrolteilchen.

25 mL Styrol werden in 180 mL Wasser, das den Emulgator (0,10–2 g Natrium-dodecylsulfat, SDS) enthält, unter Rühren am Rückfluß erhitzt. Nach Erreichen eines konstanten Rückflusses werden 25 mL wäßrige KPS-Lösung (enthaltend 0,5 g KPS) zugesetzt und mit 20 mL Wasser eingespült. Die Emulsion/Dispersion wird für 6–8 h bei 100 °C gehalten. Danach wird sie wie zuvor beschrieben aufgearbeitet. Die Teilchengröße nimmt mit steigendem SDS-Zusatz von 204 nm bei 0,10 g SDS/25 mL Styrol auf 65 nm bei 2 g SDS/25 mL Styrol ab (Teilchengröße durch quasielastische Lichtstreuung bestimmt; Zimehl et al., 1990).

Kationische Typ-2-Latices lassen sich auf ähnliche Weise mit kationischen Tensiden (Alkylpyridiniumchlorid, Dimethyldialkyl- bzw. Dimethylalkylarylammoniumchlorid oder Hyamin 1622) herstellen. Man kann z. B. mit ADMBA · 2 HCl initiieren. Bei hohen Emulgatorgehalten werden recht kleine Teilchen erhalten (Wieboldt, 1991). In Ansätzen aus 25 mL Styrol und 0,5 g ADMBA · 2 HCl im Gesamtvolumen von 250 mL entstehen bei 100 °C mit 1 g und 2 g Dodecylpyridiniumchlorid Teilchen mit mittleren Radien von 33 nm bzw. 21 nm, mit 1,3 g Tetradecylbenzylammoniumchlorid 22,5 nm große und mit 1,6 g Hyamin 19 nm große Teilchen (Teilchengröße durch quasielastische Lichtstreuung).

Haarige Typ-3-Latices

Haarige Latices entstehen in Gegenwart ionischer Comonomere, die bei der Polymerisation der Monomeren, z. B. Styrol, zur Oberfläche der wachsenden Teilchen abgedrängt werden. Als Comonomer kann z. B. Styrolsulfonat (Kalium-4-vinylbenzolsulfonat, KSS) eingesetzt werden (s. a. Tamai et al., 1989). Die Reaktion bei 100 °C führt auch ohne Starter zu guten Ausbeuten (Zimehl und Lagaly, 1986).

Eine abgewogene Menge (0,05–5 g) KSS wird in 25 mL Wasser gelöst und mit zusätzlich 10 mL Wasser in die auf 100 °C gehaltene Emulsion aus 25 mL Styrol in 180 mL Wasser eingespült. Das Gesamtvolumen wird auf 250 mL eingestellt. Die Reaktionszeit beträgt 6 h; die Initiierungszeit sinkt von 10–15 min bei den kleinsten KSS-Konzentrationen auf 2–5 min bei den höchsten. Die besten Ansätze mit wenig Koagulat werden mit 1–4,5 g KSS erhalten. Die Teilchengröße fällt von 400 nm (0,05 g KSS) auf 70 nm (3 g KSS) ab. Bei den höheren Konzentrationen steigt sie wieder bis auf 270 nm (Zimehl et al., 1990).

Die Zunahme der Salzstabilität als Folge der haarigen Oberflächenstruktur wird in Kap. 4.14 beschrieben (s. a. Kim et al., 1989; Tamai et al., 1989).

Typ-4-Latices mit betainartiger Hülle

Eine straff organisierte Hülle entsteht mit betainartigen Comonomeren, z. B. SPP (S. #; Zimehl et al., 1990):

Zur Herstellung der Latexdispersion werden 200 mL Wasser auf 100 °C erhitzt und mit 25 mL Styrol emulgiert. Es werden 0,1–5 g SPP und 0,5 g KPS getrennt in kleinen Mengen Wasser gelöst. Zunächst wird die SPP-Lösung, einige Minuten später die KPS-Lösung zugegeben. Das Gesamtvolumen beträgt 250 mL, die Reaktionszeit 6 h. Die Dispersion wird auf übliche Weise aufgearbeitet. Weitgehend unabhängig vom SPP-Gehalt liegen die Teilchengrößen bei 100 nm.

Die Salzstabilität der (undialysierten) Dispersionen ist extrem hoch: mit >0,1 g SPP, NaCl: >2700 mM, $BaCl_2$: 30–175 mM, mit 4 und 5 g SPP, $BaCl_2$ >1000 mM!

Irisierende Latexdispersionen

Manchmal beobachtet man schon bei der Herstellung von Latexdispersionen ein irisierendes Farbenspiel (s. Abb. 12.32, S. 478). Es wird noch ausgeprägter in konzentrierten Dispersionen oder wenn die Latexdispersion eingetrocknet oder zum Film gegossen wird. Ursache ist die Bildung geordneter Strukturen (Kap. 12.4). Ein „farbiger" Polybutylmethacrylat-Latex wird nach folgender Vorschrift erhalten.

Es werden 240 mL bidest. Wasser auf 80 °C erwärmt und 15 min unter Rühren (600 U/min) mit Stickstoff entgast. Anschließend werden 130 mL n-Butylmethacrylat, 1 g Natriumdodecylsulfat und 1 mL Acrylsäure zugegeben. Die Mischung wird weitere 30 min gerührt, bevor die Polymerisation mit 1 g Kaliumperoxodisulfat in 25 mL Wasser initiiert wird. Nach 5 h wird die Reaktion abgebrochen und der abgekühlte Latex durch ein Nylonnetz filtriert. Der Latex erscheint weiß und undurchsichtig (Hahn et al., 1986). Die Reinigung erfolgt durch Ultrafiltration mit 5 L bidest. Wasser. Während der Reinigung wird der Latex gelartig und durchsichtig. Das Gel ist dann auf einen Feststoffgehalt zwischen 1 und 1,5 % zu verdünnen und mit einer geringen Menge Mischbettionenaustauscher (Serdolit MB MICRO 0,05–0,1 mm; Serva) zu versetzen. Nach kurzer Zeit bilden sich bunt schillernde Blättchen.

6.9 Reinigung von Latexdispersionen

Zur Reinigung von Latexdispersionen eignen sich neben der Dialyse (Yates et al., 1977) vor allem das Zentrifugations- und Redispergierungsverfahren (Kap. 5.11) und der Einsatz von Ionenaustauschern (Vanderhoff et al., 1970).

Der Ionenaustausch ist zur Entfernung aller Elektrolyte, Emulgatoren und gelöster Polyelektrolyte zu empfehlen, insbesondere, wenn die Teilchen anschließend durch elektrochemische Analysenmethoden (Konduktometrie, Potentiometrie, Kap. 9.5) charakterisiert werden sollen. Dabei werden die auf der Teilchenoberfläche gebundenen ladungstragenden Gruppen in die H^+- bzw. OH^--Form überführt. Das Verfahren ist schnell, erfordert aber eine sorgfältige Reinigung der Ionenaustauscher.

Üblicherweise werden die Massenanteile von Latexfeststoff, Anionenaustauscher und Kationenaustauscher gleich gewählt. Die Latexdispersion soll bei Teilchen <0,5 µm auf 10 % Massenanteil oder weniger verdünnt werden. Bei größeren Teilchen genügt eine Verdünnung auf 20 % Massenanteil.

Die Latexdispersion wird unter leichtem Rühren zu den Austauschern gegeben; die Mischung wird 1–2 h schonend gerührt. Dann wird die Latexdispersion durch langsame, vorsichtige Vakuumfiltration durch eine Glasfritte abgetrennt. Auch Säulen können benutzt werden, doch ist die Gefahr größer, daß evtl. koagulierter Latex im Austauscherbett hängen bleibt. Hochreine Dispersionen lassen sich bequem gewinnen, wenn die Ansätze durch eine mit dem Ionenaustauscher gefüllte Zelle gepumpt werden (Palberg et al., 1992).

Die Ionenaustauscher (stark basischer Anionen- und stark saurer Kationenaustauscher) werden durch folgende Wasch- und Spülschritte gereinigt (McCann, 1974):

1. Waschen mit heißem dest. Wasser (>80 °C)
2. Waschen mit Methanol
3. Dreimal Spülen mit dest. Wasser
4. Waschen mit 3 M NaOH
5. Spülen mit dest. Wasser, bis der pH-Wert des Eluats gleich dem pH des dest. Wassers ist
6. Waschen mit 3 M HCl
7. wie 5
8. – 11. Wiederholen der Schritte 4 bis 7.

Nach dieser Reinigung können die Austauscher einige Wochen gelagert werden. Der Kationenaustauscher kann dann direkt eingesetzt werden, während die benötigte Menge des Anionenaustauschers nochmals durch die Schritte 4 und 5 aktiviert werden muß. Der Anionenaustauscher sollte dann innerhalb 4 Stunden eingesetzt werden, ansonsten wären beide Schritte zu wiederholen.

Literatur

Antl L, Goodwin JW, Hill RD, Ottewill RH, Owens SM, Papworth S und Water JA (1986) The prepraration of poly(methylmethacrylate)latices in non-aqueous media. Colloids Surfaces 17: 67–78

Antonietti M, Basten R und Lohmann S (1995) Polymerization in microemulsions – a new approach to ultrafine, highly functionalized polymer dispersions. Macromol Chem Phys 196: 441–466

Arshady R (1992) Suspension, emulsion and dispersion polymerization: A methodological survey. Colloid Polym Sci 270: 717–732

Bamford CH (1979) Template polymerization. In: Haward RN (ed) Developments in polymerization. 2. Appl Sci Publ, London, pp 215–277
Bijsterbosch BH (1978) Preparation and characterization of detergent-free monodisperse polystyrene latices of small particle size. Colloid Polym Sci 256: 343–349
Blumstein A und Kakivaya SR (1977) Polymerization on polycationic backbones. In: Elias HG (ed) Polymerization of p-styrene sulfonate-ionene and vinylsulfonate-ionene complexes. Bordon and Breach Sci Publ, pp 189–211
Candau F (1997) Inverse emulsion and microemulsion polymerization. In: Lovell PA, Al-Aasser MS (eds) Emulsion polymerization and emulsion polymers. J Wiley & Sons, pp 723–741
Chung-Li Y, Goodwin JW und Ottewill RH (1976) Studies on the preparation and characterization of monodisperse latices. IV. The preparation of latex particles with a size greater than 1 μm. Progr Colloid Polym Sci 60: 163–175
Croucher MD und Winnik MA (1990) Preparation of polymer particles by dispersion polymerization. In: Candau F; Ottewill RH (eds) Scientific methods for the study of polymer colloids and their applications. pp 35–72
Daniels ES, Sudol ED und El-Aasser MS (eds) (1992) Polymer latexes. Preparation, characterization, and applications. ACS Symp Ser 492. J Amer Chem Soc, Washington
Davies MC, Lynn RAP, Hearn J, Paul AJ, Vickerman JC und Watts JF (1996) Surface chemical characterization using XPS and ToF-SIMS of latex particles prepared by the emulsion copolymerization of methacrylic acid and styrene. Langmuir 12: 3866–3875
Dawkins JV und Shakir SA (1992) Nonaqueous polymer colloids. In: Daniels ES; Sudol ED; El-Aasser MS (eds) Polymer latexes. Preparation, characterization and applications. ACS Symp Ser 492. J Amer Chem Soc, Washington, pp 432–444
El-Aasser MS (1990) Emulsion polymerization. In: Candau F; Ottewill RH (eds) Scientific methods for the study of polymer colloids and their applications. pp 1–34
Elias HG (1992) Makromoleküle. Technologie. Hüthig & Wepf, Basel, Bd 2
Feeney PJ, Napper DH und Gilbert RG (1987) The determinants of latex monodispersity in emulsion polymerisation. J Coll Interf Sci 118: 493–505
Fitch RM und Shib LB (1975) Emulsion polymerization: kinetics of radical capture by the particles. Progr Colloid Polym Sci 56: 1–11
Fischer JP und Nölken E (1988) Correlation between latex stability data determined by practical and colloid chemistry-based methods. Progr Colloid Polym Sci 77: 180–194
Goodwin JW, Hearn J, Ho CC und Ottewill RH (1973) The preparation and characterization of polymer latices formed in the absence of surface active agents. Brit Polym J 5: 347–362
Goodwin JW, Heran J, Ho CC und Ottewill RH (1974) Studies on preparation and characterization of monodisperse polystyrene latices. III. Preparation without added surface active agents. Colloid Polym Sci 257: 464–471
Goodwin JW, Ottewill RH und Pelton R (1979) Studies on the preparation and characterization of monodisperse polystyrene latices. V. The preparation of cationic latices. Colloid Polym Sci 257: 61–74
Guillot J (1992) Emulsion copolymer glass-transition behavior and particle morphology. In: Daniels ES; Sudol ED; El-Aasser MS (eds) Polymer latexes. Preparation, characterization and applications. ACS Symp Ser 492. J Amer Chem Soc, Washington, pp 145–162
Guo JS, Sudo ED, Vanderhoff JW und El-Aasser MS (1992) Kinetics and mechanisms of styrene microemulsion polymerization. In: Daniels ES; Sudol ED; El-Aasser (eds) Polymer latexes. Preparation, characterization, and applications. ACS Symp Ser 492. J Amer Chem Soc, Washington, pp 99–113
Guyot A und Tauer K (1994) Reactive surfactants in emulsion polymerization. Advan Polym Sci 111: 45–65
Hahn K, Ley G, Schuller H und Oberthur R (1986) On particle coalescence in latex films. Colloid Polym Sci 264: 1092–1096
Hansen FK (1992) Is there life beyond micelles? Mechanisms of latex particle nucleation. In: Daniels ES; Sudol ED; El-Aasser MS (eds) Polymer latexes. Preparation, characterization and applications. ACS Symp Ser 492. J Amer Chem Soc, Washington, pp 12–27

Hansen FK und Ugelstad J (1979) Particle nucleation in emulsion polymerization. I, II, III, IV. J Polym Sci, Polym Chem Educ 17: 3033–3045; 3047–3067; 3069–3082
Harkins WD (1947) A general theory of the mechanism of emulsion polymerization. J Amer Chem Soc 69: 1428–1444
Hearn J, Ottewill RH und Shaw JN (1970) Characterisation of latex particles produced by emulsion. Brit Polym J 2: 116–120
Ho CC, Keller A, Odell JA und Ottewill RH (1993) Preparation of monodisperse ellipsoidal polystyrene particles. Colloid Polym Sci 271: 469–479
Holtzscherer C und Candau F (1988) Salt effect on solutions of nonionic surfactants and its influence on the stability of polymerized microemulsions. J Coll Interf Sci 125: 97–110
Homola A und James RO (1977) Preparation and characterization of amphoteric polystyrene latices. J Coll Interf Sci 59: 123–134
Kato K, Kondo H, Morita A, Sumi K und Meguro K (1986) Synthesis of polystyrene latex with amphoteric surfactant and its characterization. Colloid Polym Sci 264: 737–742
Kaufmann HF, Olaj DF und Breitenbach JW (1976) Spectroscopic measurements on spontaneously polymerizing styrene. Makromol Chem 177: 939–943
Kim JH, Chainey M, El-Aasser MS und Vanderhoff JW (1989) Preparation of highly sulfonated polystyrene model colloids. J Polym Sci Part A: Polym Chem 27: 3187–3199
Kluß BU (1992) Darstellung und Eigenschaften oberflächen-modifizierter Latexdispersionen. Dissertation. Univ Kiel
Kolthoff IM und Miller IK (1951) The chemistry of persulfate. I. J Amer Chem Soc 73: 3055–3059
Kotera A, Furusawa K und Takeda Y (1970) Colloid chemical studies of polystyrene latices polymerized without any surface-active agents. I. Methods for preparing monodisperse latices and their characterization. Colloid Polym Sci 239: 677–681
Laferty S und Piirma I (1992) Two-stage emulsion polymerization of acrylonitrile and butadiene. In: Daniels ES; Sudol ED; El-Aasser MS (eds) Polymer latexes. Preparation, characterization and applications. ACS Symp Ser 492. J Amer Chem Soc, Washington, pp 255–271
Lee J und Senna M (1995) Preparation of monodispersed polystyrene microspheres uniformly coated by magnetite via heterogeneous polymerization. Colloid Polym Sci 273: 76–82
Lee S und Rudin A (1992) Control of core-shell latex morphology. In: Daniels ES; Sudol ED; El-Aasser MS (eds) Polymer latexes. Preparation, characterization and applications. ACS Symp Ser 492. J Amer Chem Soc, Washington, pp 234–254
McCann GD (1974) Latex clean-up ion exchange. Dow Chem Co, Midland, Michigan
McCarvill WT und Fitch RM (1978) The surface chemistry of polystyrene latices initiated by the persulfate/bisulfite/iron system. J Coll Interf Sci 67: 204–212
Murray M, Charlesworth D, Swires L, Riby P, Cook J, Chowdhry BZ und Snowden MJ (1994) Microwave synthesis of the colloidal poly(N-isopropylamide) microgel system. J Chem Soc, Faraday Trans 90: 1999–2000
Okubo M, Fujimura M und Mori T (1991) The acceleration of decomposition of potassium persulfate in the presence of sodium dodecyl sulfate and polymer particles as a model of emulsion polymerization system. Colloid Polym Sci 269: 121–123
Okubo M, Ichikawa K und Fujimura M (1992) Production of multihollow polymer particles by stepwise alkali-acid method. In: Daniels ES; Sudol ED; El-Aasser MS (eds) Polymer latexes. Preparation, characterization and applications. ACS Symp Ser 492. J Amer Chem Soc, Washington, pp 282–288
Okubo M, Kanaida K und Matsumodo T (1987) Production of anomalously shaped carboxylated polymer particles by seeded emulsion polymerization. Colloid Polym Sci 265: 876–881
Okubo M und Minami H (1996) Control of hollow size of micron-sized monodispersed polymer particles having a hollow structure. Colloid Polym Sci 274: 433–438
Okubo M, Miyachi N und Lu Y (1994) Variation of surface uneveness of anomalous composite polymer particles produced by the stepwise heterocoagulation of small particles onto large particles by heat treatment. Colloid Polym Sci 272: 270–275
Ottewill RH und Satgurunathan R (1987) Nonionic latices in aqueous media. Part 1. Preparation and characterization of polystyrene latices. Colloid Polym Sci 265: 846–854

Ottewill RH und Satgurunathan R (1995) Nonionic latices in aqueous media. Part 4. Colloid Polym Sci 273: 379–386

Ottewill RH, Schofield AB und Waters JA (1996) Preparation of composite latex particles by engulfment. Colloid Polym Sci 274: 763–771

Ottewill RH, Schofield AB, Waters JA und Williams NSJ (1997) Preparation of core-shell polymer colloid particles by encapsulation. Colloid Polym Sci 275: 274–283

Paecht-Horowitz M (1977) Polymerization on Surfaces. In: Elias HG (ed) Polymerization of organised systems. Midland Macromolecule Monographs. Bordon and Breach Sci Publ, pp 89–113

Palberg T, Härtl W, Wittig U, Versmold H, Würth M und Simnacher E (1992) Continuous deionization of latex suspensions. J Phys Chem 96: 8180–8183

Pepper DC (1978) Anionic and zwitterionic polymerization of α-cyanoacrylates. J Polym Sci, Polym Symp 62: 65–77

Piskin E, Tuncel A, Denizli A und Ayhan H (1995) Monosize microbeads based on polystyrene and their modified forms for some selected medical and biological applications. In: Cooper SL; Bamford CM; Tsuruta T (eds) Polymer biomaterials in solution, as interfaces and as solids. VSP BV, Utrecht, The Netherlands, pp 481–501

Poehlein GW (1985) Mechanism and kinetics of emulsion polymerisation. In: Buscall R; Corner T; Stageman JF (eds) Polymer colloids. Elsevier, pp 45–68

Priddy DB (1994) Recent advances in styrene polymerization. Advan Polym Sci 111: 67–114

Priewe J (1994) Kolloidchemische Aspekte der Darstellung und Charakterisierung sterisch stabilisierter Latexdispersionen. Dissertation. Univ Kiel

Rennel C und Rigdahl M (1994) Enhancement of the light-scattering ability of coating by using hollow pigments. Colloid Polym Sci 272: 1111–1117

Rios L, Hidalgo M, Cavaille JY, Guillot J, Guyot A und Pichot C (1991) Polystyrene(1)/poly(butyl acrylate-methacrylic acid)(2) core-shell emulsion polymers. I. Synthesis and colloidal characterization. Colloid Polym Sci 269: 812–824

Roe CP (1968) Ind Eng Chem 60: 20ff

Ruckenstein E (1997) Concentrated emulsion polymerization. Advan Polym Sci 127: 1–58

Schlüter H (1990) Particle formation and catalyzed agglomeration in emulsion polymerization. Macromolecules 23: 1618–1625

Schuller H (1964) Herstellung von hochmolekularen Stoffen und Erzeugung bestimmter Eigenschaften. BASF AG, Ludwigshafen/Rhein

Shouldice GTD, Choi PY, Koene BE, Nazar LF und Rudin A (1995) A novel way to study the initial stages of soap-free emulsion polymerizations: the intercalation of polystyrene oligomers into hydrotalcite. J Polym Sci Part A: Polym Chem 33: 1409–1417

Smith WV und Ewart RH (1948) a) Kinetics of emulsion polymerization. J Chem Phys 16: 592–599

Smith WV und Ewart RH (1948) b) The Kinetics of styrene emulsion polymerization. J Amer Chem Soc 70: 3695–3702

Smith WV und Ewart RH (1949) Chain initiation in styrene emulsion polymerization. J Amer Chem Soc 71: 4077–4082

Song Z und Poehlein GW (1989) Particle formation in emulsifier-free aqueous-phase polymerization of styrene. J Coll Interf Sci 128: 501–510

Tamai H, Iida A und Suzawa T (1984) The surface characterization of styrene acrylamide copolymer latex particles and their deposition onto fibers. Colloid Polym Sci 262: 77–82

Tamai H, Kazuhide N und Suzawa T (1989) Surface characterization of styrene/sodium styrenesulfonate copolymer latex particles. J Coll Inferf Sci 131: 1–7

Tang PL, Sudol ED, Adams ME, Silebi CA und El-Aasser MS (1992) Miniemulsion polymerization. In: Daniels ES; Sudol ED; El-Aasser MS (eds) Polymer latexes. Preparation, characterization, and applications. ACS Symp Ser 492. J Amer Chem Soc, Washington, pp 72–98

Thompson MW (1985) Types of polymerization. In: Buscall R; Corner T; Stageman JF (eds) Polymer colloids. Elsevier, pp 1–43

Ugelstadt J, Mork PC, Nordhuus I, Mfutakamba H und Soleimany E (1985) Thermodynamics of swelling. Preparation and application of some composite, monosized polymer particles. Macromol Chem Suppl 10/11: 215–234

Vanderhoff HW, Park JM und El-Aasser MS (1992) Preparation of particles for microvoid coatings by seeded emulsion polymerization. In: Daniels ES; Sudol ED; El-Aasser MS (eds) Polymer latexes. Preparation, characterization and applications. ACS Symp Ser 492. J Amer Chem Soc, Washington, pp 272–281

Vanderhoff JW (1985) Mechanism of emulsion polymerization. J Polym Sci, Polym Symp 72: 161–198

Vanderhoff JW, van den Hul HJ, Tausk RJM und Overbeek JTG (1970) The preparation of monodisperse latexes with well-characterized surfaces. In: Goldfinger E (ed) Clean surfaces: their preparation and characterization for interfacial studies. Marcel Dekker, New York, pp 15–44

Vincent B, Clarke J und Barnett KG (1986) The flocculation of non-aqueous, sterically stabilised latex dispersions in the presence of free polymer. Colloids Surfaces 17: 51–65

Vollmert B (1973) Polymer chemistry. Springer, Berlin

Wieboldt J (1991) Kolloidchemische Untersuchungen von Latexdispersionen. Dissertation. Univ Kiel

Wu X und van de Ven TGM (1996) Characterization of hairy latex particles with colloidal particle scattering. Langmuir 12: 3859–3865

Yates DE, Ottewill RH und Goodwin JW (1977) Purification of polymer latices. J Colloid Polym Sci 62: 356–358

Zimehl R und Lagaly G (1986) Coagulation of latex dispersions by inorganic salts: structural effects. Progr Colloid Polym Sci 72: 28–36

Zimehl R, Lagaly G und Ahrens J (1990) Some aspects of polymer colloids. I. Preparation and properties of different types of latex particles. Colloid Polym Sci 268: 924–933

7 Herstellung und Eigenschaften von Emulsionen

7.1 Eigenschaften von Emulsionen

Emulsionen sind disperse Systeme, bei denen eine flüssige Phase (dispergierte Phase, innere Phase) in eine andere flüssige Phase (kohärente Phase, äußere Phase) verteilt ist (Becher, 1983, 1985, 1988; Lissant, 1974, 1984; Shah, 1985; Rieger, 1986; Myers, 1988; Stache, 1990; Heusch, 1993). Das Phasenvolumenverhältnis φ ist der Quotient aus dem Volumen V_i der inneren Phase und dem der äußeren:

$$\varphi = V_\mathrm{i}/V_\mathrm{a}\,. \tag{7.1}$$

Eine der Phasen ist meist Wasser, die zweite („Ölphase“) eine mit Wasser nicht mischbare organische Flüssigkeit, häufig ein Kohlenwasserstoff oder tatsächlich ein echtes Öl. Bei den Öl-in-Wasser-Emulsionen (O/W-Emulsionen) ist die Ölphase in der wäßrigen Phase verteilt (Abb. 7.1, **A**), bei Wasser-in-Öl-Emulsionen (W/O-Emulsionen) ist es umgekehrt (Abb. 7.1, **B**). In einigen Fällen werden Mehrfachemulsionen (multiple emulsions) hergestellt, also solche, bei denen eine O/W-Emulsion in Öl (O/W/O) (Abb. 7.1, **C**) oder eine W/O-Emulsion in Wasser (W/O/W) (Abb. 7.1, **D**) verteilt ist. Bei Änderung der Bedingungen, z. B. der Temperatur, des Volumenanteils der inneren Phase, des Salzzusatzes u.a. kann sich der Emulsionstyp ändern, also z. B. eine O/W-Emulsion in eine W/O-Emulsion übergehen (Kap. 7.5).

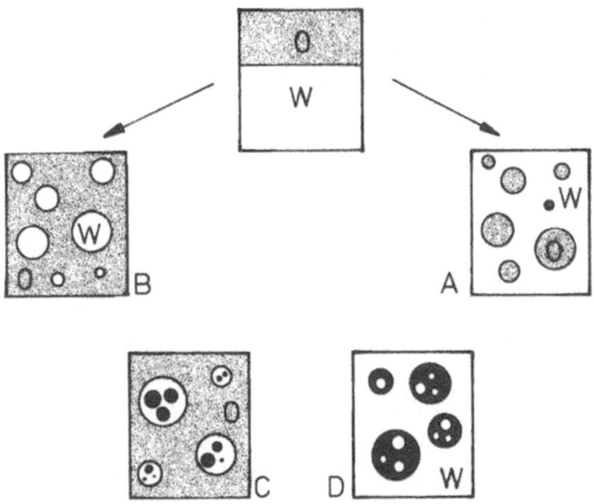

Abb. 7.1. Emulsionstypen. **A** O/W **B** W/O **C** Mehrfachemulsion $O_1/W/O_2$ bzw. **D** $W_1/O/W_2$.

Die Existenz beider Emulsionstypen wurde um 1910 erkannt (Ostwald, 1910a; Robertson, 1910; s. a. Bancroft, 1912a) Ostwald untersuchte W/O-Emulsionen im Zusammenhang mit Fragen zur Holzimprägnierung: „Das Steigen der Teerölpreise machte es nötig, beim Imprägnieren von Eisenbahnschwellen und Telegraphenstangen mit dem Imprägniermittel zu sparen“ (Ostwald, 1910a, S. 103). Er erkannte sofort, weshalb Teeröl/Wasser-Emulsionen nicht, wohl aber Wasser/Teeröl-Emulsionen geeignet waren. Er erwähnte eine andere praktische Anwendung: „Jede Hausfrau spült ihren Milchtopf, selbst wenn er ganz rein ist, mit Wasser aus, bevor sie die Milch eingießt und abkocht. Die Erfahrung hat sie gelehrt, daß anderenfalls die Milch viel leichter anbrennt. Milch ist aber nun eine Emulsion mit geschlossener wässeriger Phase und im Sinne meiner Darlegungen hat das Ausspülen den Zweck, den durch lokale Erhitzung begünstigten Umschlag der O-in-W-Emulsion in eine W-in-O-Emulsion und dadurch das Anbrennen zu verhindern“ (Ostwald, 1910b).

Emulsionen sind aus dem täglichen Leben bekannt. Milch sowie die Saucen mayonnaise, hollandaise und béarnaise sind Öl-in-Wasser-Emulsionen. Die Fetttröpfchen der Milch sind durch Milchproteine stabilisiert. Bei der Herstellung der Saucen wird zur Emulgierung Eigelb zugesetzt, dessen Lipide, Proteine und Lipoproteine als Emulgatoren wirken (Dickinson, 1989, 1992). Pickering hat bereits 1907 auf die Eignung von Milch, Eiweiß und Stärke als Emulgatoren hingewiesen.

Die physikalischen Eigenschaften der Emulsionen hängen von dem Phasenvolumenverhältnis, der Teilchengröße und der Teilchengrößenverteilung ab. Bis zu einem Phasenvolumenverhältnis von etwa 0,3/0,7 $\approx$ 0,4 ($V_i \approx 30$ % des Gesamtvolumens) werden die Eigenschaften weitgehend von der äußeren Phase bestimmt. Die Tröpfchen bewegen sich nahezu unabhängig voneinander. Die Viskosität von O/W-Emulsionen ist niedrig und ähnlich der des Wassers. Bei höherem Phasenvolumenverhältnis steigt sie deutlich an; vielfach wechselt die Phasenlage (Phasenumkehr, Kap. 7.5).

Emulsionen sind nie monodispers, meistens recht polydispers. Die Raumerfüllung gleich großer Kugeln erreicht sowohl bei kubisch als auch bei hexagonal dichtester Packung maximal 74%; in polydispersen Systemen kann sie größer sein, da kleine Teilchen die Hohlräume zwischen den größeren ausfüllen (Myers, 1988, S. 222). Bei höheren Phasenvolumenverhältnissen sind eng verteilte Emulsionen viskoser als grob disperse (Kap. 12.3.3) (Richardson, 1953).

Der mittlere Teilchendurchmesser in Emulsionen liegt üblicherweise zwischen 100 nm und 1 mm (s. Abb. 1.1, S. 1). Emulsionen wirken milchig-trübe. Die Trübung wird durch eine breite Teilchengrößenverteilung und größere mittlere Teilchendurchmesser verstärkt. Emulsionen, z. B. verdünnte Milch, erscheinen im Durchlicht rötlich, im Auflicht bläulich (Kap. 5.10.6, S. 194; Kap. 8.4).

Bei der Destabilisierung können die Tröpfchen miteinander agglomerieren (Abb. 7.2, **A**), ein Prozeß, der als Flockung bezeichnet wird. Wenn die innere Phase spezifisch leichter ist als die äußere wie bei den meisten O/W-Emulsionen, schwimmen die Teilchen auf (Aufrahmen, creaming; Abb. 7.2, **B**). Bei höherer Dichte der inneren Phase sedimentieren die Tröpfchen. Die Agglomeration ist reversibel; durch Schütteln oder Rühren läßt sich die ursprüngliche Teilchengrößenverteilung wiederherstellen. Im Gegensatz zu den Feststoffdispersionen können die Emulsionstropfen bei der Destabilisierung zusammenfließen (Koa-

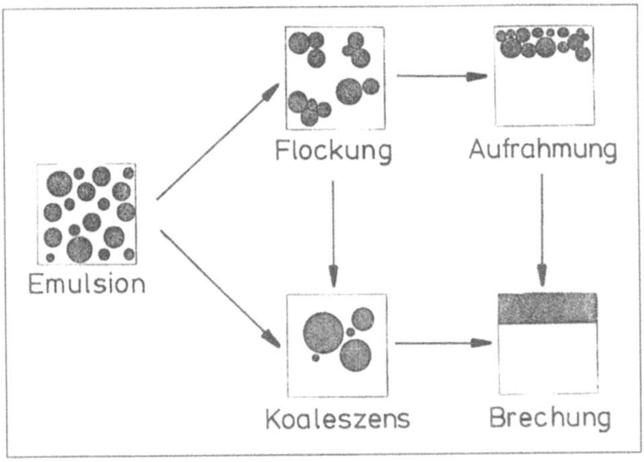

Abb. 7.2. Destabilisierung von Emulsionen. **A** Agglomeration (Flokkung) **B** Aufrahmen **C** Koaleszenz **D** Brechung.

leszenz; Abb. 7.2, **C**). Dabei werden kleinere Tröpfchen von den größeren aufgenommen, die schließlich auch zusammentreten, so daß zwei kontinuierliche Phasen übrigbleiben: Die Emulsion ist gebrochen (Abb. 7.2, **D**).

Ostwald-Reifung (Vergrößerung der großen Tröpfchen auf Kosten der kleineren (vgl. Kap. 5.4, S. 170) macht sich bei den üblichen Emulsionen kaum bemerkbar, da die zeitliche Zunahme des Radius $\delta a/\delta t = (1/a^2)\delta a^3/\delta t$ mit a^{-2} abnimmt. Sie wirkt sich aber bei sehr feinteiligen Emulsionen (wie bei Blutersatzemulsionen) aus oder bei vergleichsweise hoher Löslichkeit der dispergierten Phase, z. B. bei Toluol in Wasser (Taylor, 1995).

7.2 Bildung von Emulsionen

Die Dispergierung einer flüssigen in einer zweiten flüssigen Phase erfordert Arbeit zur Vergrößerung der Grenzfläche zwischen beiden Phasen (Finkle et al., 1923). 1 g Paraffinöl (Dichte $\rho = 0{,}88$ g/cm^3) werde in n Tröpfchen mit einem Durchmesser $2a$ verteilt. Die Gesamtoberfläche der n Teilchen ist $S = n \cdot 4\pi a^2$, wobei $n = 3/(4\pi a^3 \rho)$ ist, also $S = 3/a\rho$. Bei $a = 1$ µm beträgt die spezifische Oberfläche $S = 3{,}4$ m^2/g Öl, bei $a = 0{,}01$ µm 341 m^2/g Öl. Zur Schaffung der Grenzfläche S ist die Arbeit $S \cdot \gamma_{O/W}$ zu leisten, wobei $\gamma_{O/W}$ die Grenzflächenspannung zwischen beiden Phasen bezeichnet. Die notwendige Energie wird mechanisch zugeführt.

Öl läßt sich zwar durch kräftiges Rühren in Wasser verteilen; es entsteht aber nur eine grobdisperse Emulsion, die in kürzester Zeit nach Beendigung des Rührens bricht, d. h. die Öltröpfchen laufen wieder zur kohärenten Phase zusammen. Zur Herstellung von Emulsionen müssen daher Emulgatoren zugesetzt werden (Bancroft, 1912a–c). Diese haben zunächst die Emulgierung zu fördern bzw. überhaupt erst zu ermöglichen und dann die verteilten Tröpfchen zu stabilisieren (Kap. 7.3, 7.4).

Um eine gute Aufteilung der dispersen Phase zu erreichen, soll die Grenzflächenspannung durch möglichst niedrige Konzentrationen des Emulgators herabgesetzt werden. Eine niedrige Grenzflächenspannung per se ist aber kein zuverlässiger Hinweis auf erhöhte Emulsionsstabilität (Bancroft, 1912b; Friberg et al., 1988). Die gebildeten Tröpfchen müssen durch den Emulgator so schnell wie möglich vor dem Zusammenfließen geschützt werden. Daher sind Diffusionsprozesse von großer Bedeutung. Emulgatoren sind umso wirksamer, je schneller sie aus der Phase, in der sie gelöst sind, an die Grenzfläche herandiffundieren und dort hängen bleiben. Im allgemeinen formen sie an der Grenzfläche einen Film, indem ihre polaren, hydrophilen Endgruppen in die wäßrige Phase eintauchen und die hydrophoben Gruppen zur unpolaren Ölphase gerichtet sind (Finkle et al., 1923).

Neben der Diffusion der Emulgatoren aus der flüssigen Phase zur Grenzfläche spielt ihre Spreitungsgeschwindigkeit an der Grenzfläche eine Rolle. Wenn ein Teilchen in zwei kleinere zerteilt wird, ist zunächst ein Teil der Oberfläche vom Emulgator unbedeckt. Es entsteht ein Gradient der Grenzflächenspannung zwischen belegter und unbelegter Oberfläche. Er wird durch Nachschub aus der Lösung (Diffusion) und durch Spreitung der Emulgatoren ausgeglichen. Deren mittlere Packungsdichte nimmt daher solange ab, bis ein Ausgleich durch Diffusion erfolgt ist.

Eine weitere wichtige Wirkung der Emulgatoren ist die Erhöhung der Viskoelastizität der Grenzfläche, so daß deren Bewegung erschwert wird. Die Viskosität der dispergierten Phase kann daher die Viskosität der Bulk-Phase um mehr als eine Größenordnung übertreffen (Lucassen-Reynders and Kuijpers, 1992). Eine größere Zähigkeit trägt zur kinetischen Stabilität bei (s.u.), wirkt aber bei der Emulgierung der Aufteilung der zu dispergierenden Phase in immer kleinere Tröpfchen entgegen.

Der Marangoni-Effekt erleichtert die Emulgierung (Marangoni, 1871; s. a. Dörfler, 1994, S. 279). Die Emulgatormoleküle diffundieren in den engen Bereich zwischen zwei Tröpfchen langsamer hinein als an die frei zugängliche Oberfläche. Daher nimmt die Grenzflächenspannung im Spalt langsamer als an der übrigen Grenzfläche ab. Die Folge ist eine Bewegung von Emulgatormolekülen – zusammen mit einer dünnen Flüssigkeitsschicht – zwischen die Teilchen, die einer Verringerung der Spaltdicke und damit der Koaleszenz entgegenwirkt. Weiterhin fördern die beim Zerreißen von Tropfen entstehenden Strömungen bzw. Turbulenzen die Bildung neuer Tröpfchen und setzen damit die Koaleszenzgeschwindigkeit herab (Heusch, 1983).

Da zur Schaffung der Grenzfläche S die Arbeit $S \cdot \gamma_{O/W}$ zu leisten ist, sollte die Tropfengröße linear mit der Grenzflächenspannung abnehmen. Aus mehreren Gründen ist dies jedoch höchstens bei sehr niedrigen Schergeschwindigkeiten der Fall. Die Grenzflächenspannung der entstehenden Tropfen bleibt weder konstant noch einheitlich: Sie kann an verschiedenen Stellen des verzerrten Tropfens unterschiedlich hoch sein. Der Mittelwert der Grenzflächenspannung ist infolge der Oberflächenvergrößerung bei zu langsamer Diffusion der Emulgatoren höher als im Gleichgewicht. Weiterhin erfolgt die Scherung bei der Emulgierung je nach Gerätetyp nicht gleichmäßig. Neben Bereichen mit hoher Scherbeanspruchung existieren dann solche mit geringerer. Zusätzlich tragen Grenzflächenviskosität und Diffusionsprobleme dazu bei, daß die Tropfengröße nicht linear mit $\gamma_{O/W}$ abnimmt, sondern sich mit sinkender Grenzflächenspannung nur noch wenig erniedrigt. Die Erniedrigung der Grenzflächenspannung wirkt sich dann kaum noch auf die Tropfengröße aus (Lucassen-Reynders and Kuijpers, 1992; Östberg et al., 1995). Besonders feinteilige Emulsionen lassen sich nach Shinoda und Saito (1969) bei Temperaturen nahe am Phasenumkehrpunkt (Kap. 7.5) herstellen. Welche mittlere Teilchengröße und Teilchengrößenverteilung anzustreben ist, hängt meistens vom Anwendungszweck ab.

Ob eine Wasser-in-Öl-Emulsion (W/O-Emulsion) oder eine Öl-in-Wasser-Emulsion (O/W-Emulsion) entsteht, wird hauptsächlich, aber nicht ausschließlich vom Emulgator bestimmt. Manchmal spielt allerdings auch die Art der Herstellung eine Rolle (Kap. 7.6). Im allgemeinen bleibt die Phase kohärent, in der sich der Emulgator besser löst (Bancroft, 1913; Ruckenstein, 1996). Wäre diese Phase in einzelne Tröpfchen aufgeteilt, könnte der in das Tröpfcheninnere abdiffundierende Emulgator diese nicht ausreichend gegen Koaleszenz schützen. Besser wasser- als öllösliche Emulgatoren stabilisieren daher O/W-Emulsionen, öllösliche Emulgatoren W/O-Emulsionen. Hinter der Bancroft-Regel steht letztendlich der Einfluß der polaren (hydrophilen) und unpolaren (hydrophoben) Gruppen des Emulgators. Das Verhältnis dieser Gruppen innerhalb des Emulgatormoleküls hat daher große Bedeutung für die Auswahl der Emulgatoren (Kap. 7.6).

Die notwendige Menge eines Emulgators hängt von der mittleren Teilchengröße ab. Wegen der größeren Oberfläche ist umso mehr Emulgator einzusetzen, je feinteiliger die Emulsion und je höher das Phasenvolumenverhältnis werden sollen. Umso weniger Emulgator wird gebraucht, je stärker die Grenzflächenspannung mit seiner Konzentration abnimmt. Die Emulgatormenge liegt in der Praxis immer oberhalb der kritischen Mizellbildungskonzentration; oft reicht aber das Zwei- bis Dreifache (Heusch, 1993). Vielfach wird die benötigte Emulgatormenge durch Emulgatormischungen verringert.

Die mechanische Emulgierung kann mit unterschiedlichen Geräten erfolgen: Schnell laufende Rührwerke, Schütteleinrichtungen, Vibrationsmischer, Ultraschallgeneratoren, Homogenisatoren, Emulgierzentrifugen, Kolloidmühlen (Kap. 5.2), Zerstäuber u.a. Wird ein Gerät durch ein wirkungsvolleres, das zur besseren Aufteilung führt, ersetzt, muß die Emulgatormenge erhöht werden, da die Stabilisierung der kleineren Tröpfchen (höhere spezifische Oberfläche) mehr Emulgator erfordert.

Mehrfachemulsionen (Abb. 7.1, **C**, **D**) werden gewöhnlich in einem Zweistufenverfahren hergestellt (Pal, 1996). Eine W_1/O-Emulsion kann z. B. in einer wäßrigen Phase W_2 emulgiert werden. Es entsteht eine W_1/O/W_2-Emulsion, bei der in der kohärenten Phase W_2 Öltröpfchen verteilt sind, die selbst wieder Tröpfchen der wäßrigen Phase enthalten. Eine O_1/W/O_2-Emulsion bildet sich durch Emulgierung einer O_1/W-Emulsion in einer Ölphase O_2. DiStefano et al. (1983) konnten in einem einstufigen Verfahren O/W/O-Emulsionen mit besonders kleinen Öltröpfchen (0,02–0,05 μm Durchmesser) herstellen.

Bei manchen Anwendungen werden Spontanemulsionen benötigt. Die Emulgatoren bzw. Emulgatormischungen sind dabei so auszusuchen, daß die Bewegungsenergie beim Mischen der beiden Phasen oder höchstens bei leichtem Umrühren zur Emulgierung ausreicht. Ein Beispiel ist die Emulgierung von Öl in Wasser nach Einsprühen ölverschmierter Teile (z. B. Motoren) mit einer Emulgatormischungen (Kaltlöser) oder das Verdünnen von Emulsionskonzentrat mit Wasser im Pflanzenschutz.

Eine Besonderheit sind hoch konzentrierte Emulsionen (Gelemulsionen), in denen der Volumenanteil der dispergierten Phase im Extremfall 99% erreicht (Pickering, 1907; 1910). Als Beispiele seien genannt: 97,84% (Massenanteile) n-Hexan; 2,14 % H_2O; 0,024% N-Dodecylpyridiniumbromid oder 98,34% n-Hexan; 1,64% H_2O; 0,02% Hexadecyltrimethylammoniumchlorid (Ruckenstein et al. 1989). Bei den hohen Volumenanteilen der inneren Phase sind die Tröpfchen zu polyedrischen Zellen verformt und durch dünne Filme der kohärenten Phase getrennt. Infolge dieser Spreitung der kohärenten Phase sind Emulsionen, auch wenn sie mit ionischen Emulgatoren hergestellt wurden, besonders salzstabil (Hoffmann und Ebert, 1988; Ruckenstein et al., 1989). Hochkonzentrierte Emulsionen sind nicht ohne weiteres durch einfache mechanische Aufteilung herzustellen. Meistens wird die dispergierte Phase nach und nach zugegeben oder die lokale Rührwirkung wird durch Zusatz von Glaskugeln verstärkt. Hochkonzentrierte W/O-Emulsionen entstanden spontan, als eine O/W-Mikroemulsion aus Wasser, Alkylpolyethylenoxid und Öl über den HLB-Umschlagspunkt erhitzt wurde (Kunieda et al., 1996). Ursache ist der Umschlag des hydrophilen Charakters der Alkylpolyethylenoxide in lipophiles Verhalten bei höherer Temperatur (S. 239, 242).

7.3 Stabilität von Emulsionen

Emulsionen können wenige Stunden, aber auch bis zu Jahren haltbar sein. Sie sollen oft über Monate lager-, wärme- und/oder kältestabil sowie unempfindlich gegen Änderungen des chemischen Milieus (pH, Salzzusatz) sein. Für manche Anwendungszwecke genügen jedoch kurze Stabilitätszeiten, z. B. wenige Stunden bei den oben erwähnten Pflanzenschutzmitteln. Teeremulsionen (typische Zusammensetzung: 50 - 70% Asphalt, 0,1 - 2% kationisches Tensid, Rest: Wasser) sollen nach dem Einsatz im Straßenbau bald brechen, damit das Wasser abfließen oder verdunsten kann. Sie verbessern die Haftung des Asphalts an den Steinen des Unterbaus und die mechanische Stabilität gegenüber Regen. Emulsionen, die in der Textilindustrie zur wasserabstoßenden Ausrüstung von Geweben eingesetzt werden, müssen das Gewebe gut benetzen, aber unter bestimmten Bedingungen (Temperatur, pH-Wert, Konzentration von Farbstoffen und Salzen) zu brechen sein (Kap. 7.8).

In der Medizin werden O/W-Emulsionen zur intravenösen Ernährung von Intensivpatienten eingesetzt. Dazu werden z. B. Emulsionen ölartiger Triglyceride und Wasser mit Lecithinen stabilisiert. Dabei sind besondere Anforderungen an die Stabilität zu stellen, um ein Vergrößern der Öltröpfchen (z. B. Sojaöl mit Tropfendurchmessern von 200–400 nm) durch Koaleszenz zu vermeiden. Oberhalb von 5 μm würden sie die Kapillaren verstopfen und lebensbedrohende Embolien auslösen. Bei der Injektion von Medikamenten werden oft Fettemulsionen, also W/O-Emulsionen, eingesetzt (Müller and Paulke, 1994). Da die Resorption durch Spaltung der Emulsion begünstigt wird, wäre eine Wirkstoffliberation an den Zielorganen wünschenswert, die aber nur sehr begrenzt gelingt.

Am ehesten läßt sie sich bei oral eingenommenen Emulsionen erreichen, die durch die pH-Bedingungen in Magen und Darm gebrochen werden können.

7.4 Stabilisierungsmechanismen

Die wesentlichen Stabilisierungsmechanismen der Emulsionen sind dieselben wie bei den Dispersionen: elektrostatische und sterische Stabilisierung.

Die elektrostatische Stabilisierung setzt eine ausreichende Aufladung der Grenzfläche der Tröpfchen voraus (Bancroft, 1912a). Die Adsorption anorganischer Ionen spielt kaum eine Rolle. In den meisten Fällen entstehen die Ladungen durch die an der Grenzfläche adsorbierten Emulgatoren und Stabilisatoren (s.u.). Eine elektrostatische Aufladung kann auch durch Reibung, vor allem an Apparatewänden, erfolgen und stellt eine Gefährdung im Betrieb dar (Kap. 2.6.5).

Höhermolekulare oder polymere Emulgatoren stabilisieren, evtl. zusätzlich zur elektrostatischen Abstoßung, über die sterische Wechselwirkung (Kap. 4.5). Diese setzt eine ausreichende Länge der Makromoleküle und eine gute Verträglichkeit mit der flüssigen Phase voraus.

Da die Packungsdichte der Emulgatoren relativ hoch ist, wird neben dem osmotischen Term der sterischen Wechselwirkung auch der elastische Term bedeutsam (Kap. 4.5). Die zeigt sich z. B. im Verhalten nichtionischer Tenside wie Alkyl(aryl)polyethylenglycole (z. B. p-Isononylphenoldecaethylenglycol, NP-10).[1] Zur Stabilisierung von O/W-Emulsionen muß die Polyethylenglycolkette ausreichend lang sein. Die Abstoßung zwischen den Ölteilchen mit ihrer Polyethylenglycolhülle resultiert weitgehend aus dem osmotischen Beitrag der sterischen Wechselwirkung. Die Wechselwirkung der Polyethylenoxidketten mit dem Wasser ist bekanntlich so intensiv, daß mehrere Hydrate und flüssigkristalline Phasen gebildet werden (Heusch, 1991, 1992, 1993; Strey, 1996). Wie empfindlich die sterische Stabilisierung auf die Wechselwirkung der Ethylenoxidgruppe mit Wasser anspricht, zeigt sich z. B. daran, daß der hydrophile Charakter mit der Verringerung der Hydration bei höherer Temperatur abnimmt. Bei kürzerer Polyethylenoxidkette werden die Emulgatoren schließlich so hydrophob (Kap. 7.7), daß sie sich in der Ölphase lösen, W/O-Emulsionen stabilisieren und z. B. als Emulgatoren für Wasser/Benzin und Wasser/Dieselöl dienen (Heusch, 1992). In diesem Fall müssen die im Öl verteilten Wassertröpfchen, die den hydrophilen Teil des Emulgators enthalten, durch die in das Öl weisenden Alkyl(aryl)reste vor Koaleszenz geschützt werden. Diese hydrophoben Reste sind nicht allzu lang, stehen aber relativ dicht. Wahrscheinlich verhindert jetzt der elastische Term der sterischen Wechselwirkung die Koaleszenz.

Bei der Stabilität von Emulsionen spielen kinetische Faktoren eine wichtige Rolle. Alle Parameter, die die Bewegung der Tröpfchen oder die ihrer Grenzfläche erschweren, erhöhen die Stabilität. Viele Emulgierhilfsmittel dienen diesem

---

[1] Die Nomenklatur der Alkylpolyethylenglycolether erfreut durch die Vertauschbarkeit der Gruppenbezeichnungen: Polyethylenglycolalkylether, Alkylpolyethylenglycole, Alkylpolyethylenoxide, Alkylpolyoxyethylene, Polyoxyethylenalkylether, Polyglycolether.

Zweck. So ist es günstig, den Dichteunterschied zwischen beiden Phasen durch Zusatz von Hilfsstoffen gering zu halten. Wie bereits diskutiert (Kap. 7.2) verbessert eine hohe Grenzflächenviskosität die Stabilität, erschwert jedoch die Emulgierung. Auch durch Erhöhung der Viskosität der äußeren Phase kann die Stabilität gesteigert werden. Durch Zusatz eines Verdickungsmittels läßt sich daher die Stabilität oft entscheidend verbessern. Zur Erhöhung der Viskosität von Druckpasten werden große Mengen von Naturprodukten (Alginate, Johannisbrotkernmehl) und synthetische Polymere eingesetzt (Heusch, 1993). Es sei ergänzend erwähnt, daß in anderen Fällen Plastifikatoren zur Erniedrigung der Viskosität sehr steifer Emulsionen zugesetzt werden, z. B. um Margarine bei Kühlschranktemperaturen streichfähig zu halten.

Ein wichtiger Stabilisierungsmechanismus gegen Koaleszens (aber nicht unbedingt gegen Flockung) ist die Ausbildung flüssigkristalliner Phasen an der Grenzfläche (Dreiphasenemulsionen) (Friberg and Rydhag, 1971; Rydhag and Friberg, 1973; Friberg et al. 1988). Infolge der Bildung solcher Phasen reichen geringe Mengen p-Isononylphenol-9-glycolether aus, Emulsionen aus Wasser und p-Xylol zu stabilisieren. Wasser/Hexadecan-Emulsionen mit gleichem Emulgator sind deutlich weniger stabil, weil keine flüssigkristalline Phase entsteht (Friberg and Wilton, 1970). Cremeartige Emulsionen mit flüssigkristallinen Strukturen spielen in der Pharmazie und Kosmetik eine Rolle.

Die Stabilisierung durch flüssigkristalline Schichten beruht hauptsächlich auf drei Wirkungen (Friberg et al., 1988):

1. Die flüssigkristalline Phase bildet einen dicken Schutzfilm um die Tröpfchen. Ihre hohe Viskosität fördert den Widerstand gegen Koaleszenz. Trotz der Dicke des Films wird eine vergleichsweise geringe Tensidmenge benötigt, da die flüssigkristallinen Schutzschichten einen hohen Anteil an Öl und Wasser enthalten.
2. Die Van-der-Waals-Wechselwirkung zwischen den Tröpfchen wird durch den flüssigkristallinen Film verringert (Kap. 2.5, S. 44, 45 f).
3. Die Bildung eines Netzwerkes aus flüssigkristallinen Schichten behindert die Bewegung der Tröpfchen und verbessert die Stabilität in ähnlicher Weise wie die Erhöhung der Viskosität der kohärenten Phase.

Zu 1. geben Friberg et al. (1988) folgendes Beispiel: Eine Emulsion aus 2% Emulgator, 49% Öl und 49% Wasser enthält Teilchen mit 5 μm Durchmesser. Die gesamte Emulgatormenge könnte einen Film von 0,07 μm um die Teilchen bilden. Bei 4% Emulgator nähme die Ölphase 47% Volumenanteil ein, die wäßrige Phase nur noch 29%, und 24% des Volumens entfielen auf die flüssigkristalline Phase. Diese könnte einen hochviskosen, 0,85 μm dicken Film aus 7% Emulgator, 75% Wasser und 18% Öl um die Tröpfchen bilden.

Wegen der Bedeutung kinetischer Faktoren kann in manchen Fällen die Verfahrensweise bei der Herstellung die Phasenlage bestimmen (Pons et al., 1995). Auch die vorausgehende Benetzung der Gefäßwand durch Wasser oder Öl kann eine Rolle spielen (Kap. 7.1) (Ostwald, 1910a).

7.5 Phasenumkehr

Im allgemeinen wechselt der Emulsionstyp (Phasenumkehr, Phaseninversion), wenn der Volumenanteil der inneren Phase zu hoch wird: Eine O/W-Emulsion geht in eine W/O-Emulsion über und umgekehrt (Robertson, 1910; Ostwald, 1910a, b; zur Thermodynamik der Umwandlung s. Dickinson, 1982). Bei nicht hinreichend sorgfältig ausgesuchten Emulgatoren kann die Emulsion brechen. Meist läßt sich die Destabilisierung am Inversionspunkt durch geeignete Emulgatormischungen aus wasser- und fettlöslichen Komponenten verhindern.

Inversion läßt sich auch durch Veränderung des Grenzflächenfilms erreichen. Bei Erhöhung der Oberflächenladung kann eine W/O-Emulsion in eine O/W-Emulsion übergehen (Schulman and Cockbain, 1940). Auch ein Wechsel des pH-Wertes kann über die Veränderung der Ladungsverhältnisse zur Phasenumkehr führen. Eine Emulsion aus Pflanzenöl in Wasser mit Natriumoleat als Stabilisator wechselt bei Zugabe von Bariumionen in eine W/O-Emulsion, da durch Bildung des Bariumoleats die Wasserlöslichkeit ab- und die Öllöslichkeit zunimmt (Kap. 7.11). Diese Phaseninversion läßt sich auf molekularer Ebene verstehen (Abb. 7.3) (Finkle et al., 1923). Ionische Tenside sind im allgemeinen keine guten Emulgatoren (Kap. 7.6), da die Abstoßung zwischen den geladenen Kopfgruppen die Stabilität des Grenzflächenfilms verringert. Durch die Bariumionen werden die Kopfgruppen zusammengezogen, so daß sich die Grenzfläche zum Wasser hin krümmt und eine W/O-Emulsion entsteht.

Phasenumkehr tritt auch bei Temperaturerhöhung auf. Ursache ist letztendlich die Wechselwirkung der hydrophilen Gruppen mit dem Wasser. Steigende Temperaturen schwächen diese Wechselwirkung und lassen den Einfluß der lipophilen Molekülteile deutlicher hervortreten. Die bevorzugte Wasserlöslichkeit bei niedriger Temperatur kann in eine bevorzugte Öllöslichkeit bei höherer Temperatur übergehen (Dickinson, 1982). Mit zunehmender Temperatur diffundiert dann immer mehr Emulgator in die Ölphase, bis schließlich die Konzentration in Öl so hoch wird, daß die O/W-Emulsion in eine W/O-Emulsion umschlägt. Bei gegebenem Emulgatorgehalt steigt daher die Phaseninversionstemperatur mit dem Volumenanteil der inneren Phase. Je größer dieser wird, desto mehr Emulgator muß in die Ölphase wandern, um die zur Inversion notwendige Konzentration zu erreichen, d. h. umso höher liegt die Inversionstemperatur (Lehnert et al., 1994).

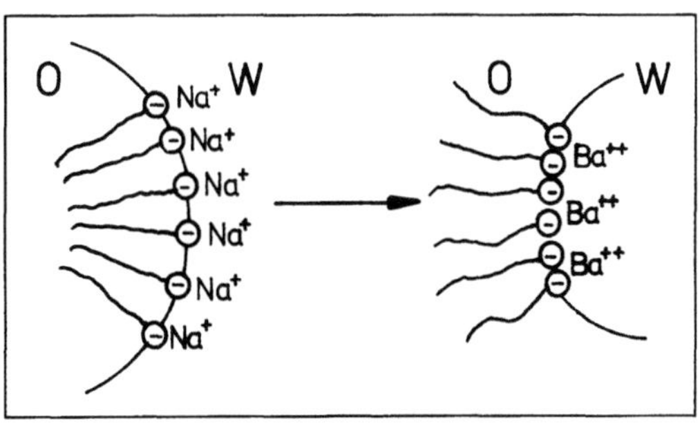

Abb. 7.3. Umwandlung einer O/W-Emulsion, stabilisiert durch das Natriumsalz einer Fettsäure, in eine W/O-Emulsion bei Zugabe von Bariumionen.

Bei Alkylpolyethylenoxid-Emulgatoren korreliert die Phaseninversionstemperatur mit dem Trübungspunkt (Krafft-Punkt); beide sind aber nicht identisch. Wenn eine wäßrige Lösung dieser Emulgatoren erwärmt wird, trübt sich die Lösung bei einer bestimmten Temperatur. (Im Experiment wird 1 g Polyglycolether in 100 mL Wasser oder Salzlösung erwärmt, bis die Lösung trübe wird). Die Polyglycolether sind stark hydratisiert (Heusch, 1992) und werden über Wasserstoffbrückenbindungen im Wasser gehalten. Mit steigender Temperatur brechen die Wasserstoffbrücken auf, und die Polyethylenoxide werden hydrophober. Bei einer bestimmten Temperatur, dem Trübungspunkt, tritt dann Phasentrennung auf. Je niedriger diese Temperatur ist, desto tiefer ist auch die Temperatur, bei der die O/W-Emulsion in eine W/O-Emulsion umschlägt.

Es sei erwähnt, daß der Trübungspunkt den Einfluß von Salzen auf die Wasserstruktur widerspiegelt. Strukturbrechende Ionen (Kap. 3.2) begünstigen die Hydration des Polyethylenglycols und erhöhen daher die Temperatur zum Aufbrechen der Wasserstoffbrückenbindungen bzw. zur Phasentrennung. Für p-Isooctylphenol-9-glycolether steigt der Trübungspunkt in der Reihe der Natriumsalze mit folgenden Anionen an: $SO_4^{2-} < F^- < Cl^- < NO_3^- < Br^- < I < ClO_4^- < SCN^-$ (Salzkonzentration 0,5 M). Ohne Salzzusatz liegt er zwischen den Temperaturen von NaBr und NaI (Luck, 1970, 1976, 1978).

Robbins und Bock (1988) stellten den Übergang zwischen beiden Emulsionstypen im Tröpfchenmodell anschaulich dar (Abb. 7.4). Die Umwandlung kann auch über bikontinuierliche Strukturen ablaufen, die laminar (Abb. 7.5) (Saito and Shinoda, 1970; Shinoda, 1983) oder röhrenförmig (Abb. 7.6) aufgebaut sind.

In Abb. 7.7 ist der Einfluß der Temperatur auf die Grenzflächenspannung und den Volumenanteil der einzelnen Phasen dargestellt (Saito and Shinoda, 1970; Shinoda, 1983). Bei Annäherung an die Phasenumkehrtemperatur sinkt die Grenzflächenspannung fast auf Null ab. Die Änderung der Volumenbrüche mit der Temperatur bedarf noch einer Erläuterung. Der Emulgatorgehalt liegt oberhalb der kritischen Mizellbildungskonzentration, d. h. die wäßrige Phase enthält Mizellen, die eine gewisse Menge Öl solubilisiert haben. Mit steigender Temperatur nimmt

Abb. 7.4. Übergang einer O/W-Emulsion in eine W/O-Emulsion nach dem Tröpfchenmodell (Robbins und Bock, 1988).

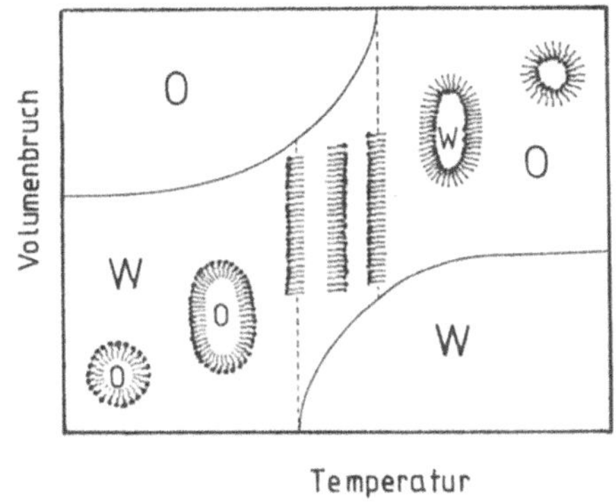

Abb. 7.5. Einfluß der Temperatur: Bei niedriger Temperatur sind die polaren Gruppen der hydrophilen Mizellen zur kohärenten wäßrigen Phase ausgerichtet, bei höherer Temperatur entstehen oleophile Mizellen; im Bereich der Phaseninversion bilden sich lamellare Strukturen (Shinoda, 1983).

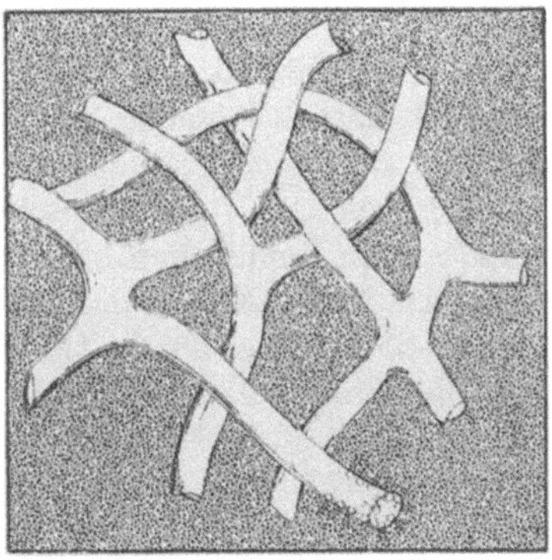

Abb. 7.6. Schematische Darstellung einer bikontinuierlichen Struktur (Chen et al., 1986).

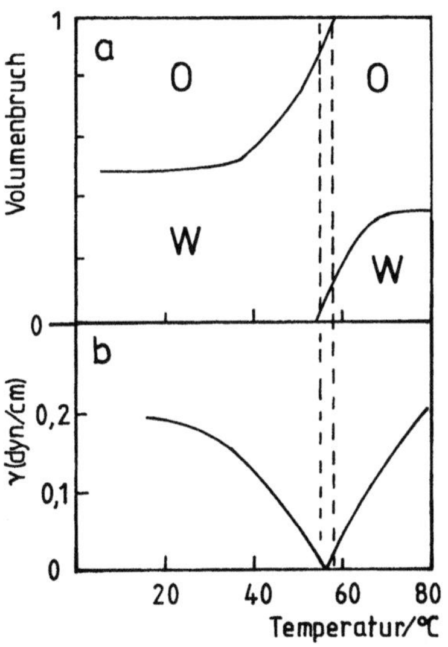

Abb. 7.7. Änderung des Volumenbruchs der Wasser und Ölphase **a** und der Grenzflächenspannung γ **b** mit der Temperatur. 47,5 % (Massenanteil) Wasser, 47,5 % Cyclohexan, 5 % Polyoxyethylen-(8,6)-nonylphenylether (Saito and Shinoda, 1970).

der Volumenanteil dieser Phase zu, weil immer mehr Öl in den Mizellen solubilisiert wird. Bevor jedoch die Phasenumkehrtemperatur erreicht ist, durchläuft das System den Trübungspunkt bei 55 °C. Die wäßrige, emulgatorhaltige Phase trennt sich dabei in eine Wasserphase mit sehr geringem Emulgatorgehalt (etwa 0,01%) und eine tensidreiche Phase (surfactant phase nach Saito und Shinoda, 1970), die etwa 80% des Volumens ausmacht. Steigt die Temperatur noch etwas an, nimmt das Volumen der Wasserphase zu, und weiteres Öl löst sich in der Tensidphase, bis schließlich bei 58 °C die Ölphase verschwunden ist. Die Tensidphase, die immer mehr Öl aufgenommen hat, geht in die „neue" Ölphase über, in der eine beträchtliche Menge Wasser in den inversen Mizellen solubilisiert ist. Das System besteht daher oberhalb der Phasenumkehrtemperatur aus dieser Ölphase mit dem in den Mizellen solubilisierten Wasser und einer an Tensid verarmten Wasserphase. Die wäßrige Phase mit hydrophilen Mizellen geht also kontinuierlich in eine Ölphase mit oleophilen Mizellen über. Die Tenside sind unterhalb der Phaseninversionstemperatur in der wäßrigen Phase und darüber in der Ölphase angereichert.

Bei Temperaturen nahe der Phaseninversionstemperatur (routinemäßig ±4 °C) lassen sich besonders feinteilige Emulsionen herstellen (Shinoda and Saito, 1969; Engels et al., 1995). Üblicherweise werden die kleinsten Tröpfchendurchmesser nahe der Inversionstemperatur beobachtet (Saito and Shinoda, 1970). Bei der Phasenumkehrtemperatur selbst wird die Koaleszenzrate der Tröpfchen sehr groß. Die bei erhöhter Temperatur hergestellten, feinteiligen Emulsionen müssen also rasch auf die Lagerungstemperatur abgekühlt werden. Nach Shinoda und Saito (1969) soll die Phaseninversionstemperatur etwa 20–65 °C höher als die Lagerungstemperatur der O/W-Emulsion sein. Entsprechend werden relativ stabile W/O-Emulsionen erhalten, wenn die Phasenumkehrtemperatur 10–40 °C niedriger als die Lagerungstemperatur liegt (Saito and Shinoda, 1970). Die Herstellung von Emulsionen über den dreiphasigen Zustand nahe der Phaseninversionstemperatur hat den Vorteil, daß nur wenig Energie zur Emulgierung aufgewandt werden muß (low energy emulsification). Flaim und Friberg (1981) und Friberg et al. (1985) schlugen vor, die speziellen Verhältnisse bei der Phaseninversionstemperatur zur Extraktion von Kohlenwasserstoffen auszunutzen. Wenn eine wäßrige Tensidlösung bei dieser Temperatur in Kontakt mit einem Kohlenwasserstoff gebracht wird, löst sich dieser spontan in der Tensidphase (surfactant phase). Beim Abkühlen geht das Dreiphasensystem wieder in zwei Phasen über, nämlich in die wäßrige, tensidhaltige Phase und in die Ölphase. Die Tenside sind in der wäßrigen Phase angereichert, die daher für weitere Extraktionsschritte eingesetzt werden kann. Unter Umständen bildet sich neben den drei Phasen eine vierte, flüssigkristalline Phase, die allerdings die Extraktionsgeschwindigkeit verzögert (Neogi et al., 1985).

Die Phaseninversion läßt sich meist phänomenologisch erkennen, da die oft gröberteilige O/W-Emulsion in eine feinteiligere (und damit deutlich trübere) und viskosere W/O-Emulsion übergeht. In der Nähe der Inversionstemperatur sind häufig Schlieren zu beobachten. Am Phaseninversionspunkt sinkt die Grenzflächenspannung scharf auf sehr kleine Werte, fast bei Null, und steigt nach der Phasenumkehr wieder steil an (Abb. 7.7a). Daher läßt sich die Inversionstemperatur auch durch Messung der Grenzflächenspannung bestimmen. Noch einfacher ist – bei ausreichendem Salzgehalt – die Messung der elektrischen Leitfähigkeit einer O/W-Emulsion. Bei der Phasenumkehrtemperatur sinkt die Leitfähigkeit stark ab (Abb. 7.8), weil das nichtleitende Öl zur kohärenten Phase wird.

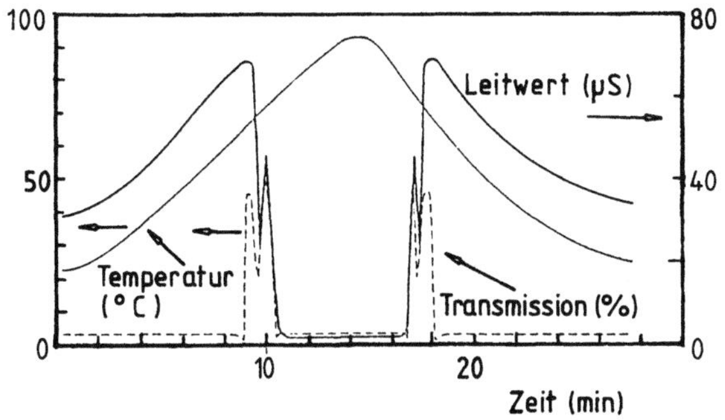

Abb. 7.8. Änderung des Leitwerts (s. S. 366) bei der Phaseninversion einer Emulsion aus 45 % Wasser; 42 % Öl (Dicaprylether); 5,7 % $C_{16/18}E_{12}$ und 7,3 % $C_{12/14}E_4$). In der W/O-Emulsion sinkt die Konduktanz fast auf Null (Engels et al., 1995).

7.6 Die Auswahl der Emulgatoren

Die oft geäußerte Ansicht, ein Emulgator könne nur einen Emulsionstyp ausbilden, ist nicht haltbar (Heusch, 1993, S. 228). Die Phasenlage kann durch die Zusammensetzung, das Phasenvolumenverhältnis, die Temperatur, aber auch durch die Reihenfolge der zugegebenen Stoffe und die Art des Dispergierens (Heusch, 1984) beeinflußt werden (vgl. S. 240).

Ein Emulgator oder eine Emulgatormischung, die für einen bestimmten Anwendungszweck optimal ist, muß empirisch ausgesucht werden. Allerdings helfen Auswahlregeln bei der Suche (Heusch, 1993):

1. Ein wichtiges Auswahlkriterium ist die Löslichkeit des Emulgators in den beiden Phasen. Der Emulgator muß in der kohärenten Phase besser als in der inneren Phase löslich sein (Kap. 7.2). So bilden die wasserlöslichen Alkalisalze von Fettsäuren, Alkylsulfonsäuren etc. bevorzugt O/W-Emulsionen, während die im Wasser schlechter, in der Ölphase besser löslichen Lithiumsalze und die Salze mit zwei- (Mg^{2+}, Ca^{2+} u.a.) und dreiwertigen Ionen (Al^{3+}) zu W/O-Emulsionen führen (Kap. 7.5; 7.11).
2. Aus 1. folgt, daß die Konstitution des Emulgators bzw. des entsprechenden Molekülteils mit der inneren Phase harmonisieren sollte. Aliphatische Kohlenwasserstoffe sind eher mit Alkyl- als Arylresten verträglich. Daher lassen sich aliphatische Mineralöle besser mit Alkylpolyglycolethern als mit Alkylphenolpolyglycolethern (mit nicht zu langen Polyethylenoxidketten) emulgieren. Letztere sind besser zur Emulgierung aromatischer Mineralöle geeignet. Für Fette wählt man Fettsäurederivate. Die Emulgierung von Wasser in Fluorkohlenwasserstoffen gelingt nur in Gegenwart ausgesuchter fluorierter Tenside, die z. B. von Dimorpholinophosphat abgeleitet sind.[2)]
3. Eine Mischung aus einem besser wasserlöslichen und einem eher öllöslichen Emulgator fördert häufig die Emulgierung bzw. Emulsionsstabilität und senkt die Emulgatormenge. Schon eine Mischung chemisch gleichartiger Moleküle (z. B. Alkylpolyethylenoxide) mit unterschiedlicher Kettenlänge kann solche

---

2) Mit derartigen Emulsionen könnten bestimmte, im dispergierten Wasser gelöste Wirkstoffe über die Lunge verabreicht werden. Einige Systeme befinden sich in klinischer Erprobung (Sadtler et al., 1996).

Wirkungen hervorrufen. Durch das unterschiedliche Verhältnis der hydrophoben und hydrophilen Anteile beider Emulgatoren erfolgt eine besonders feste Verankerung in beiden Phasen. Ebenso erniedrigen die lateralen Wechselwirkungen die Beweglichkeit der Moleküle an der Grenzfläche. Beide Effekte erhöhen die Stabilität des Grenzflächenfilms und verringern die Gefahr der Koaleszenz.

Ein synergistischer Effekt von Emulgatormischungen wird beobachtet, wenn die beiden Emulgatoren an der Grenzfläche Komplexe bilden, die in keiner der beiden Phasen auftreten (Abb. 7.9) (Schulman and Cockbain, 1940; Myers, 1988, S. 228 ff.).

4. Im allgemeinen werden nichtionische Emulgatoren bevorzugt. Ionische Emulgatoren allein führen meist nicht zu hinreichend stabilen Emulsionen, da die Grenzflächenfilme infolge der wechselseitigen Abstoßung der Kopfgruppen nicht genügend stabil sind (Abb. 7.10b). Die kurze Lebensdauer ionisch stabilisierter Emulsionen ist allerdings zuweilen erwünscht (Kap. 7.3).
5. Ionische Emulgatoren werden meist nur in Mischungen mit nichtionischen eingesetzt. Die im Grenzflächenfilm zwischen den ionischen Tensiden eingeschobenen ungeladenen Moleküle verringern die elektrostatische Abstoßung zwischen den geladenen Kopfgruppen und stabilisieren den Film (Abb. 7.10c). Die Mischung wirkt häufig synergistisch, da die Auflockerung des Grenzflächenfilms durch die elektrostatische Abstoßung zwischen den ionischen Tensiden die optimale Emulgatormenge verringert. Mit Mischungen anionischer und nichtionischer Emulgatoren kann die Stabilität von Emulsionen über einen bestimmten Temperaturbereich temperaturunabhängig gehalten werden (Antón et al., 1995). Üblicherweise werden anionische Tenside mit steigender Temperatur hydrophiler, nichtionische hydrophober (Kap. 7.5).
6. Die Wahl des geeigneten Emulgators wird erleichtert, wenn das Ausmaß des hydrophilen und lipophilen Verhaltens eines Emulgators erfaßt und mit dem entsprechenden Wert der zu emulgierenden Verbindung verglichen wird. Der fruchtbarste Ansatz ist das HLB-Konzept von Griffin (1954) (HLB = hydrophilic-lipophilic balance, Kap. 7.7).
7. Neben der Messung der Löslichkeit des Emulgators in beiden Phasen ist die Ermittlung der Grenzflächenspannung bei der Auswahl von Emulgatoren bzw. Emulgatorgemischen zu empfehlen. Geeignete Emulgatoren müssen diesen Wert deutlich herabsetzen.

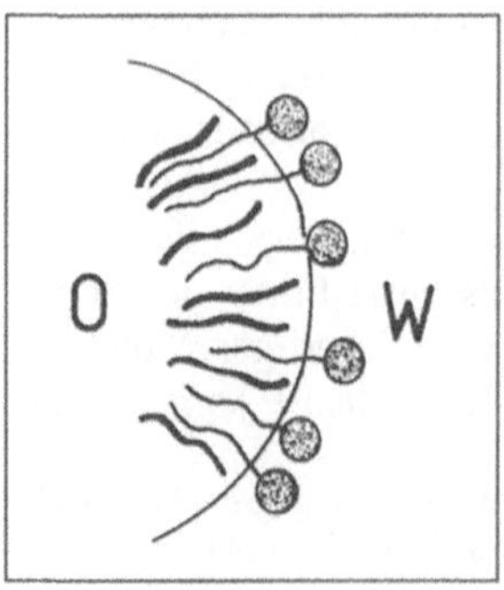

Abb. 7.9. Grenzflächenkomplexe zwischen hydrophilen und lipophilen Emulgatoren.

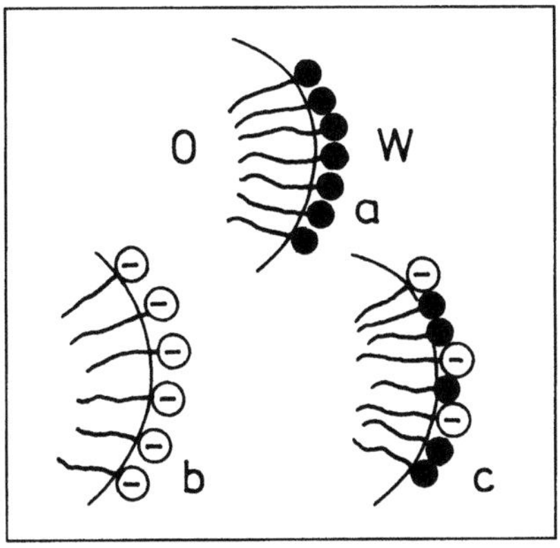

Abb. 7.10. a–c. Geladene und ungeladene Emulgatoren. **a** Dichter, stabiler Film aus ungeladenen Emulgatoren, **b** Auflockerung des Films infolge der Abstoßung zwischen den Kopfgruppen geladener Emulgatoren, **c** dichter, stabiler Flim aus ionischen und nichtionischen Emulgatoren.

8. Die Messung der Phasenumkehrtemperatur wird zu einem Vergleich von Emulgatoren empfohlen (Shinoda and Saito, 1969; Friberg et al., 1988, S. 80). Emulgatoren, die zu einer Umkehrtemperatur von 25–75 °C über der Lagerungstemperatur führen, ergeben stabile O/W-Emulsionen. Bei W/O-Emulsionen soll die Phaseninversionstemperatur 10–40 °C unter der Lagerungstemperatur liegen (Kap. 7.5) (Saito and Shinoda, 1970). Die Phasenumkehrtemperatur kann auch als Auswahlkriterium für Tenside bei der tertiären Erdölgewinnung dienen (Balzer und Kosswig, 1979).
9. Die Stabilität muß durch länger dauernde Beobachtung bestimmt werden. Zentrifugationstests zur Verkürzung der Standzeiten ergeben nicht immer zuverlässige Werte (Kap. 7.11). Weitere Tests s. Kap. 7.11.

7.7 Das HLB-Konzept

Das wichtigste Auswahlkriterium für Emulgatoren ist der HLB-Wert (Tabelle 7.1). Über einige weitere Auswahlkonzepte, wie z. B. die Messung des Verteilungskoeffizienten einer Substanz zwischen Wasser und Butanol, s. Myers, 1988; Heusch, 1993.

Griffin (1954) schlug vor, den HLB-Wert aus der chemischen Struktur des Emulgators zu ermitteln und mit demjenigen der zu emulgierenden Verbindung zu vergleichen. Ist die Molmasse eines nichtionischen Emulgators M, die seines hydrophilen Anteils M_H, wird der HLB-Wert berechnet nach

$$\mathrm{HLB} = 20\,(M_H/M)\,. \tag{7.2}$$

Damit ergibt sich eine Skala von 0 (kein hydrophiler Anteil, $M_H = 0$) bis 20 (nur hydrophile Gruppen, $M_H = M$). Im oberen Bereich der Skala liegen demnach die ausgeprägt hydrophilen Emulgatoren mit guter Wasserlöslichkeit, die zur Herstellung von O/W-Emulsionen geeignet sind. Am unteren Ende stehen

Tabelle 7.1. HLB-Werte einiger nichtionischer Tenside (Myers, 1988).

Tensid	Name	HLB
Sorbitantrioleat[1)]	SPAN 85	1,8
Sorbitantristearat	SPAN 65	2,1
Sorbitanmonooleat	SPAN 80	4,3
Sorbitanmonostearat	SPAN 60	4,7
Diethylenglycolmonolaurat	GLAURIN	6,1
Sorbitanmonolaurat	SPAN 20	8,6
Polyoxyethylen(2)cetylether	BRIJ 52	5,3
Polyoxyethylen(10)cetylether	BRIJ 56	12,9
Polyoxyethylen(20)cetylether	BRIJ 58	15,7
Polyoxyethylen(6)tridecylether	RENEX 36	11,4
Polyoxyethylen(12)tridecylether	RENEX 30	14,5
Polyoxyethylen(15)tridecylether	RENEX 31	15,4

1) Sorbitane s. S. #.

Tabelle 7.2. Abschätzung des HLB-Wertes eines Tensids aus seinem Verhalten gegenüber Wasser (Kreuter, 1971).

Verhalten bei Zugabe von Wasser	HLB-Wert
in Wasser nicht dispergierbar	1 bis 4
sehr schlechte Dispergierung	3 bis 6
milchig nach heftigem Schütteln	6 bis 8
stabile, milchige Dispersion bzw. Emulsion	8 bis 10
durchscheinend bis klar	10 bis 13
klare Lösung	über 13

die hydrophoben, gut öllöslichen Emulgatoren, die zur Emulgierung von Wasser in Ölen eingesetzt werden. Der HLB-Wert läßt sich aus dem Verhalten des Emulgators gegenüber Wasser grob abschätzen (Tabelle 7.2) (Kreuter, 1971).

Gleichung 7.2 kann auch in der Form geschrieben werden:

$$\text{HLB} = \%\ \text{Massenanteil hydrophile Gruppen}/5\,. \tag{7.3}$$

Ein unsubstituiertes Polyethylenoxid $H\text{-}(OCH_2CH_2)_n\text{-}OH$ erreicht HLB = 20, ein Polyoxyethylen-(20)-cetylether hat HLB = 15,7, ein Polyoxyethylen-(2)-cetylether HLB = 5,3 (s. Tabelle 7.1).

Der HLB-Wert einer Emulgatormischung setzt sich additiv aus den HLB-Werten der einzelnen Komponenten zusammen, die in den Massenanteilen χ_i vorhanden sind:

$$\text{HLB} = \Sigma \chi_i (\text{HLB})_i \tag{7.4}$$

Für ethoxylierte Fettsäureester mehrwertiger Alkohole kann der HLB-Wert nach:

Tabelle 7.3. Korrekturfaktoren C zur Berechnung des HLB-Wertes nach Gleichung 7.6 (Heusch, 1970, 1993).

Emulgator	C
aliphatische Polyglycolether	−1,2
aromatische Polyglycolether	
mit einer Alkylgruppe	−1,9
mit zwei Alkylgruppen	−4,4
Natriumsalze von n-Alkylsulfonsäuren	+5,5
Natriumsalze von n-Alkylschwefelsäuren	+6,0

$$HLB = (A + E)/5 \tag{7.5}$$

berechnet werden (Kreuter, 1971), wobei A und E die Massenanteile des mehrfachen Alkohols (Glycerin, Sorbitane[3] etc.) bzw. des Polyethylenoxids sind. Gleichung 7.5 ist gleichwertig mit der Beziehung 7.3, wobei der mehrfache Alkohol zu den hydrophilen Molekülteilen gezählt wird. Zur Berechnung des HLB-Wertes aus der Verseifungs- bzw. Säurezahl (Griffin, 1954) s. die kritischen Bemerkungen von Petkov (1980).

Die HLB-Werte ionischer Tenside können nicht zuverlässig ermittelt werden. Berechnungen nach Gleichung 7.1 ergeben zu niedrige Werte. Heusch (1970) hat daher ein Korrekturglied C eingeführt:

$$HLB = 20\,(M_H/M) + C \tag{7.6}$$

Durch Auftragung des Flächenbedarfs (aus F/A-Isothermen und γ/c-Kurven) gegen die Zahl der Ethylenoxideinheiten konnte er Korrekturwerte für einige Emulgatoren gewinnen. Die Werte in Tabelle 7.3 machen deutlich, wie sehr ionische Gruppen den HLB-Wert erhöhen.

Davies (1957) sowie Davies und Rideal (1963) schlugen vor, den HLB-Wert aus Zahlenwerten für die einzelnen chemischen Gruppen zu berechnen. Wenn die Moleküle aus m hydrophilen Gruppen mit der Gruppennummer H_h und n lipophilen mit der Gruppennummer H_l bestehen, ist der HLB-Wert:

$$HLB = 7 + mH_h + nH_l\,. \tag{7.7}$$

[3] Sorbitane, $C_6H_{12}O_5$ (Molmasse 164,16), sind vierwertige Alkohole, die durch Abspaltung von einem Mol Wasser aus Sorbit entstehen:

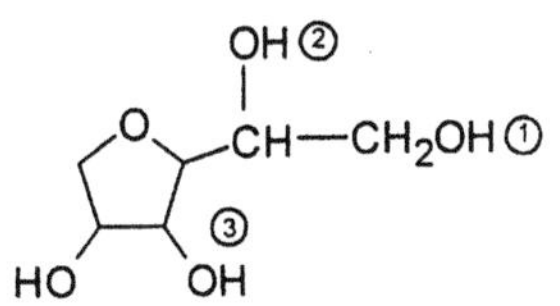

Die technischen Sorbitanester sind die Mono-(1), Di-(1,2) oder Triester (1,2,3). Sie werden als umweltverträgliche nichtionische Emulgatoren geschätzt. Polysorbate stellen ethoxylierte Sorbitane dar.

Tabelle 7.4. HLB-Gruppenzahlen nach Davies (1957), Davies and Rideal (1963) und Lin (1972).

Gruppe	Gruppenzahl
hydrophile Gruppen	(H_h)
-SO_4Na	38,7
-SO_3Na	37,4
-COOK	21,1
-COONa	19,1
N(tertiäres Amin)	9,4
Ester (Sorbitanring)	6,8
Ester	2,4
–COOH	2,1
–OH	1,9
–O–	1,3
–OH (am Sorbitanring)	0,5
–CH_2CH_2–O–	0,33
hydrophobe Gruppen	(H_l)
–$CH_2CH_2CH_2$–O–	–0,15
–CH_3; –CH_2-; –CH=;	–0,475
Benzolring	–1,662
–CF_2-, –CF_3	–0,870

Typische Gruppennummern sind in Tabelle 7.4 angegeben.

Weiterhin wurde der HLB-Wert mit dem Hildebrandschen Löslichkeitsparameter und Grenzflächenenergiewerten verknüpft (s. Myers, 1988, S. 238 ff.; Richter und Vollhardt, 1995). Lin (1972), Lin et al. (1973) sowie Lin und Marszall (1976) bezogen den HLB-Wert auf die kritische Mizellbildungskonzentration cmc:

$$\ln(\mathrm{cmc}) = c_1 + c_2 * \mathrm{HLB}\,, \tag{7.8}$$

wobei c_1 und c_2 Konstanten sind.

Shinoda (1968) setzte die HLB-Werte mit der Phaseninversionstemperatur in Beziehung; eine niedrige Umkehrtemperatur entspricht einem niedrigen HLB-Wert. Allerdings wird ein direkter Zusammenhang nur innerhalb homologer Reihen beobachtet (Shinoda, 1968; Saito and Shinoda, 1970). Die Phaseninversionstemperatur von O/W-Emulsionen steigt oft steil mit dem HLB-Wert an, d. h. eine größere Temperaturänderung entspricht einer kleinen Verschiebung des HLB-Wertes. Je nach Kettenlänge von Polyoxyethylen-nonylphenolethern liegt die Phaseninversionstemperatur von Cyclohexan-Wasser-Emulsionen zwischen 27 °C und 94 °C, während der HLB-Wert von 11,1 auf 14,7 steigt.

Wäßrige Lösungen nichtionischer Tenside bilden oberhalb des Trübungspunktes flüssigkristalline Phasen, die u.a. durch polarisiertes Licht zu erkennen sind. Für Alkylpolyethylenoxide zeigte Kunieda (1986) einen Zusammenhang zwischen der für die Bildung der flüssigkristallinen Phase charakteristischen Temperatur und dem HLB-Wert des Tensids.

Robbins und Bock (1988) berechneten den hydrophil/lipophilen Charakter aus dem Volumenverhältnis der hydrophilen und lipophilen Gruppen im Grenzflächenfilm:

$$H/L = V_H/V_L \,. \tag{7.9}$$

Dazu müssen die molekularen Volumina der einzelnen Gruppen ermittelt werden. Der Vorteil ist, daß die Verschiebung des *H/L*-Verhältnisses bei strukturellen Änderungen qualitativ leicht vorauszusagen ist (Kap. 7.10).

In vielen Untersuchungen (Ref. s. Heusch, 1993, S. 233, s.a. Szymanowski und Beger, 1987) wurde versucht, den HLB-Wert direkt experimentell zu ermitteln, allerdings ohne sonderlichen Erfolg, da zuverlässige Beziehungen meist nur für homologe Verbindungen erhalten wurden.

Die nach Griffin (1954) und die nach Davies (1957) berechneten HLB-Werte weichen deutlich voneinander ab, auch wenn der hydrophile Molekülteil Polyoxyethylen ist (Schott, 1989). Die Davies-Skala ist gegenüber der Griffin-Skala verzerrt (Tabelle 7.5), so daß sie als Auswahlkriterium schlechter geeignet erscheint. Die HLB-Werte nach Griffin gehen mit steigendem Polyethylenoxidgehalt gegen den Grenzwert 20, während die Werte nach Davies immer weiter ansteigen – was wenig sinnvoll erscheint. Für praktische Zwecke ist die Griffin-Skala vorzuziehen.

Die für praktische Anwendungen benötigten Griffinschen HLB-Werte sind Tabelle 7.6 zu entnehmen. Für W/O-Emulsionen sind HLB-Werte von 3–8 und für O/W-Emulsionen solche von 8–18 erforderlich. Dies sind Rahmenwerte; natürlich hängt der erforderliche HLB-Wert auch von der Art des zu emulgierenden Stoffes ab (Tabelle 7.7). Man erkennt die Tendenz, daß der notwendige HLB-Wert mit zunehmendem hydrophilen Charakter der inneren Phase von O/W-Emulsionen etwas größer wird, z. B. Butylstearat 11, Stearylalkohol 14, Stearinsäure 15, Ölsäure 17. Zur Emulgierung leichter flüchtiger Kohlenwasserstoffe

Tabelle 7.5. Vergleich der HLB-Werte nach Griffin (HLB_G) und Davies (HLB_D) für Polyethylenoxidderivate (q C_2H_4O-Einheiten) von p-tert-Octylphenol (Triton X-Serie) und Dodecanol (Brij-Serie) (Schott, 1989).

Verwendung	q	HLB_G	HLB_D[1]	
			a	b
	0–0,47	0–2		3,2–3,4
	0–0,52	0–2	2,25–2,4	
W/O-Emulgatoren	0,75–1,81	3–6		3,45–3,8
	0,83–2,01	3–6	2,5–2,9	
O/W-Emulgatoren	2,82–24,0	8–17	4,1–11,1	
	3,12–26,5	8–17		3,3–11,0
Solubilisierungs-mittel (Lösungs-vermittler)	12,7–38,1	15–18	7,4–15,8	
	14,1–42,2	15–18		6,9–16,2

[1] a, b: HLB_D für die Derivate des Octylphenols (a) bzw. Dodecanols (b)

Tabelle 7.6. Typische HLB-Werte (nach Griffin) für verschiedene Anwendungen (Heusch, 1993).

Anwendung	HLB-Wert
Entschäumer	0–3
W/O-Emulsionen	3–8
Netzmittel	7–9
O/W-Emulsionen	8–18
Waschmittel	11–15
Lösungsvermittler	12–18

Tabelle 7.7. Erforderliche HLB-Werte zur Emulgierung verschiedener Produkte (nach Heusch, 1993; s.a. Becher, 1983–1988; Kreuter, 1971). In Klammern: HLB-Werte aus der Phaseninversionstemperatur (Shinoda, 1968).

W/O-Emulsionen			
Bienenwachs	4	Stearinsäure	6
Tafelparaffin	4	Paraffinöl	8
Baumwollsaatöl	5	Lanolin	8
Vaseline	5-7		
O/W-Emulsionen			
Öle und Wachse			
Sonnenblumenöl	8	Lanolin	10-11
Baumwollsaatöl	10	Vaseline	12
Mineralöl	10–12 (10)	Bienenwachs	12
Paraffinöl	11	Carnaubawachs	12
Tafelparaffin	11	Rizinusöl	14
Siliconöl 300 CP	11-12	Etherische Öle	12-18
		Vitaminöle	12-18
Kohlenwasserstoffe			
Benzin	14	Benzol	15 (16.5)
Petroleum	14	Cyclohexan	15 (13)
Kerosin	14 (12)	Styrol	15
Xylol	14 (14.5)	Toluol	15 (15.5)
Tetrachlorkohlenstoff	16 (13)		
Ester			
Butylstearat	11	Trikresylphosphat	17
Benzoesäureethylester	13		
Diisooctylphthalat	13		
Säuren, Alkohole, Amine			
Laurylamin	12	Laurinsäure	16
Decylalkohol	14	Stearinsäure	15
Laurylalkohol	14	Ölsäure	17
Cetylalkohol	15		
Stearylalkohol	14	Nonylphenol	14

werden HLB-Werte um 14, für Öle und schwerflüchtige Kohlenwasserstoffe solche um 11 benötigt.

Das HLB-Konzept bietet eine Hilfe zur Auswahl eines Emulgators oder einer Emulgatormischung (Tabelle 7.6 und 7.7), ersetzt aber nicht Emulgierversuche mit einer Reihe von Emulgatoren.

7.8 Das Brechen von Emulsionen

Wenn auch in der bisherigen Darstellung die Herstellung der Emulsionen im Vordergrund stand, bedeutet das nicht, daß der umgekehrte Vorgang, das Brechen von Emulsionen, ohne technische Bedeutung wäre (Lissant, 1983). Demulgierung ist wichtig bei Textilemulsionen (Kap. 7.3), Bitumenemulsionen im Straßenbau (Kap. 7.3), Rohölemulsionen in der Petrochemie (Kap. 7.9, S. 254) (Urdahl and Sjöblom, 1995) oder emulgierten Ölen in der Umwelttechnik. Ein bekanntes Beispiel für eine Emulsionsbrechung ist die Herstellung von Butter aus Milch.

Die Verfahren sind recht vielfältig. Zuweilen reicht der mechanische Einfluß durch Schütteln, Schlagen, Scheren oder Druckeinwirkung aus, den stabilisierenden Oberflächenfilm zu zerstören. Beim Buttern werden die Proteinfilme zerrissen, die die Öltröpfchen in der Milch stabilisieren.

Elektrostatisch stabilisierte Emulsionen lassen sich wie Feststoffdispersionen durch Zusatz von Salzen brechen. Besonders wirksam sind Gegenionen, die an der Grenzfläche adsorbiert werden, z. B. Tetraalkylammoniumionen bei anionischen Emulgatoren (Jansson and Pés, 1994). Bei Koaleszenz nimmt die Oberflächenladungsdichte zu, da das Verhältnis Oberfläche/Volumen kleiner wird. Die zur vollständigen Koaleszenz notwendige Ionenstärke muß daher höher sein als die zum Einleiten dieses Vorgangs, wenn die ersten Tröpfchen koaleszieren (Hall et al., 1991).

Eine weitere Möglichkeit der Destabilisierung ist die Verbrückungsflockung bei Zusatz von Polymeren. Allerdings ist das Verhalten des Systems weniger gut zu durchschauen, da Wechselwirkungen der Polymere mit den Emulgatoren einbezogen werden müssen (z. B. Dickinson et al., 1993).

Sterisch stabilisierte Emulsionen reagieren auf Salzzusatz wenig empfindlich. Sie können vor allem durch Änderung der Lösungsmittelgüte destabilisiert werden (Kap. 4.11). Schließlich lassen sich Emulsionen auch durch Polymere destabilisieren, die nicht an der Grenzfläche adsorbiert werden (Verarmungseffekte, Kap. 4.12) (Meller and Stavans, 1996) oder durch Mizellen, die die Rolle des gelösten Polymers übernehmen (Mondain-Monval et al., 1995).

Die mit steigender Temperatur zunehmende thermische Bewegung vergrößert die Kollisionsrate der Emulsionströpfchen, so daß eine Emulsion leicht bei der Phaseninversionstemperatur brechen kann (Kap. 7.5). Sterisch stabilisierte Emulsionen können bei Temperaturerhöhung brechen (enthalpisch stabilisierte Systeme, Kap. 4.7, 4.11), müssen es aber nicht bzw. können erst bei erhöhter Temperatur stabil werden (entropisch stabilisierte Systeme). Ein instruktives Beispiel ist in Tabelle 4.4 wiedergegeben.

Eindampfen einer Emulsion führt meistens zur Destabilisierung, weil der Tröpfchenabstand verkleinert und bei höherer Temperatur mehr kinetische Energie zugeführt wird. In günstigen Fällen agglomerieren die Teilchen, und bei Wasserzugabe entsteht wieder eine Emulsion.

Zur Charakterisierung von Emulsionen sind Gefrier-Tau-Tests wichtig. Die Zahl der Zyklen, die die Emulsion überlebt, kann als Stabilitätsmaß dienen (Kap. 7.11).

Die Brechung einer Emulsion läßt sich auch durch chemischen Einfluß erreichen, also z. B. durch pH-Änderung, Ausfällung des Emulgators oder Absenkung seiner Löslichkeit durch Salzzusatz, Verdrängung durch nichtstabilisierende Moleküle oder Ionen, hydrolytische Zersetzung durch Säure- bzw. Alkalizugabe oder Bindung des Emulgators durch Zugabe von Adsorptionsmitteln (Silicagel, Bleicherden, Aluminium- und Eisen(hydr)oxide). Schließlich sei auf die Möglichkeit der elektrolytischen Abtrennung der Ölphase hingewiesen (Ibanez et al., 1995).

7.9 Stabilisierung von Emulsionen durch Feststoffe

Emulsionen können durch feinverteilte feste Stoffe stabilisiert werden. Seit der Antike ist die Stabilisierung von Mayonnaise und ähnlichen Produkten durch Senfpulver bekannt. Manchmal sind die Feststoffe die alleinigen Stabilisatoren, in anderen Fällen wirken sie nur in Verbindung mit Tensiden.

Feststoffstabilisierte Emulsionen werden z. B. für pharmazeutische und kosmetische Anwendungen eingesetzt. So kann die Sedimentation fester Wirkstoffe in Flüssigkeiten durch Darreichung als Emulsion verhindert werden. In der Ölindustrie treten feststoffstabilisierte Emulsionen während der Produktion von Rohöl und synthetischen Kraftstoffen auf. Häufig entstehen sie, weil feinverteilte Stoffe anwesend sind, die ihnen hohe Stabilität verleihen, z. B. bei Ölrückgewinnungsverfahren oder bei der Bitumenextraktion aus Ölsanden. Auch in Öl selbst enthaltene feste organische Stoffe können zur Stabilisierung beitragen (Púskás et al., 1996). Im letzten Stadium der Aufbereitung feststoffstabilisierter Öl-Wasser-Emulsionen wird – nicht nur aus ökologischen, sondern auch ökonomischen Gründen – immer mehr angestrebt, auch Emulsionen mit niedrigem Ölgehalt aufzuarbeiten, d. h. das Öl abzutrennen. Ein wichtiges, aber teures Verfahren ist die Zentrifugation. Es besteht deshalb ein hohes Interesse, Methoden zur Brechnung feststoffstabilisierter O/W-Emulsionen zu entwickeln.

Ramsden (1903) wies als erster auf die stabilisierende Wirkung fester Stoffe hin. Pickering (1907) zeigte dann, daß kleine Teilchen, die durch Wasser besser als durch Öl benetzt werden, Öl-in-Wasser-Emulsionen stabilisieren. Emulsionen, die durch feste Stoffe stabilisiert sind, werden daher oft als „Pickering-Emulsionen" bezeichnet. Pickering (1907) hat u.a. die „Bordeauxmischung" (Kalk und Kupfersulfat, noch heute als fungizide und insektizide Kupferkalkbrühe benutzt) als stabilisierende Feststoffmischung untersucht und bewiesen, daß die Emulsion die pestizide Wirkung behält.

In der Folgezeit wurde die stabilisierende Wirkung vieler Feststoffe (Eisenoxide, Siliciumdioxid, Kohlen, Bariumsulfat, Tonminerale) untersucht (Briggs, 1921; Finkle et al., 1923; Schulman and Leja, 1954). Kolloidal verteilte Metalle wie Silber (Zhai and Efrima, 1996) können ebenfalls stabilisieren und verleihen den Emulsionen ein hohes Reflektionsvermögen. Auch kristalline organische Verbindungen wie Glycerinstearat eignen sich als Stabilisatoren (Lucassen-Reynders and van den Temple, 1963). Die kombinierte Wirkung von Feststoffen und Tensiden wurde u. a. von Schulman und Leja (1954) sowie Gelot et al. (1984) beschrieben.

Entscheidend für die Stabilisierung ist die Bildung eines stabilen, mechanisch hinreichend widerstandsfähigen Films aus feinverteiltem Feststoff um die dispergierte Phase (Abb. 7.11) (Bancroft, 1912b; Briggs, 1921; Rapachietta and Neumann, 1977; Tadros and Vincent, 1983; Levine et al., 1989; Denkov et al., 1992; Tambe and Sharma, 1993, 1994, 1995). Für eine ausreichende Stabilisierung müssen daher folgende Bedingungen erfüllt sein:

1. Der Feststoff muß sehr feinteilig sein (Tadros and Vincent, 1983).
2. Die Teilchen müssen möglichst dicht gepackt sein. Je größer der Abstand zwischen ihnen wird, umso eher reißt der Film (Denkov et al., 1992).
3. Der Kontaktwinkel θ zwischen den beiden Phasen Wasser und Öl an der Festkörperoberfläche (im Wasser gemessen, Abb. 7.12) darf nicht zu niedrig ($\rightarrow 0°$) bzw. zu hoch ($\rightarrow 180°$) sein, weil dann die Teilchen vollständig in die Wasser- bzw. Ölphase gezogen werden und ihre schützende Wirkung verlieren. Am festesten haften die Teilchen bei $\theta = 90°$ (Tadros and Vincent, 1983; Denkov et al., 1992)[4].
4. Ein weiterer wichtiger Faktor ist nach Levine et al. (1989) und Denkov et al. (1992) die Stabilität der gekrümmten Flüssigkeitsmenisken zwischen den festen Teilchen. Denkov et al. (1992) folgerten, daß bei stabilen Emulsionen θ nicht bei genau 90°, aber nahe bei 90° liegen soll, was mit vielen experimentellen Daten übereinstimmt.
5. Die Kontaktwinkelhysterese erhöht die Stabilität des Films (Denkov et al., 1992). Rauhe Teilchen stabilisieren besser als glatte (Tadros and Vincent, 1983).
6. Bei $\theta < 90°$ entstehen im allgemeinen O/W-, bei $\theta > 90°$ W/O-Emulsionen (Finkle et al., 1923; Schulman and Leja, 1954). Es gibt aber auch Ausnahmen (s.u.). Bei $\theta > 90°$ würden die Teilchen einer O/W-Emulsion immer mehr in die Ölphase absinken (Abb. 7.12). Wenn sich dann zwei Öltröpfchen einander nähern, können die Feststoffteilchen den Wasserfilm zwischen den Teilchen nicht mehr stabilisieren. Dagegen bildet sich zwischen zwei Wassertröpfchen ein stabiler Ölfilm. Bei $\theta > 90°$ entstehen daher W/O-Emulsionen. SiO_2 stabilisiert üblicherweise O/W- und Graphit W/O-Emulsionen. Eine Mischung aus SiO_2 und Graphit stabilisiert dagegen beide Emulsionstypen nicht (Briggs, 1921).
7. In vielen Fällen werden zusätzlich zu den Feststoffteilchen Tenside eingesetzt, die den Oberflächencharakter der Partikel verändern. Durch die Adsorption öl-

[4] Die Benetzungsverhältnisse spielen die entscheidene Rolle bei der Aggregation von Teilchen über Ölbrücken (oil agglomeration, liquid bridge agglomeration). Eine wichtige Anwendung ist die Trennung von Kohle und Asche, möglicherweise auch die Entfernung der Tonerteilchen von der Papiermasse bei der Aufarbeitung von Altpapier (deinking, Snyder and Berg, 1994).

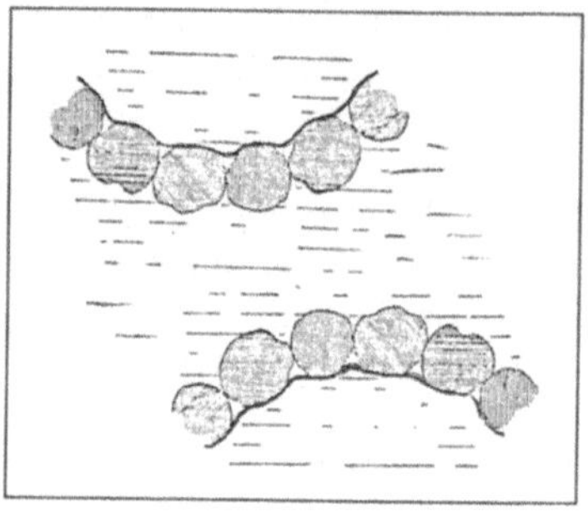

Abb. 7.11. Stabilisierung von Emulsionen durch feinverteilte Feststoffe (Nach Finkle et al., 1923, verändert).

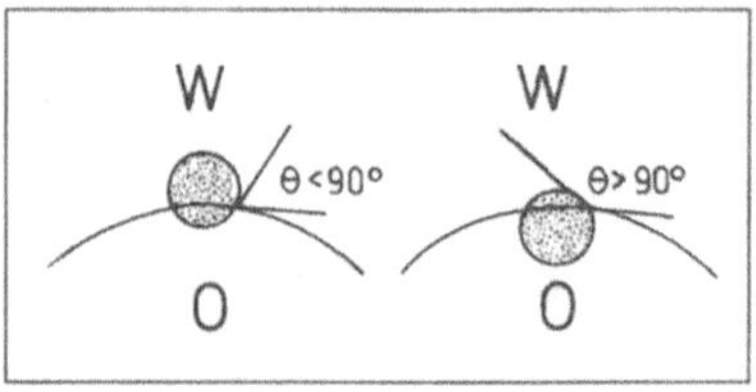

Abb. 7.12. Feststoffteilchen an der Öl-Wasser-Grenzfläche bei Kontaktwinkeln $\theta < 90°$ und $\theta > 90°$ (Nach Yan and Masliyah, 1993).

löslicher Tenside kann das Benetzungsverhalten der Teilchenoberfläche von hydrophil nach hydrophob umschlagen oder bei hydrophoben Teilchen durch wasserlösliche Tenside nach hydrophil. Je nach den experimentellen Bedingungen (Tensid- und Salzgehalt, pH-Wert, Feststoffkonzentration) kann also eine O/W- in eine W/O-Emulsion übergehen (oder umgekehrt) (Schulman und Leja, 1954; Tambe and Sharma, 1993). Bei gegebenem Emulgator läßt sich daher die Phasenlage einer Emulsion durch Zusatz eines Feststoffes ändern (s.u.).

8. In manchen Fällen, z. B. bei Tonmineralen, bilden die in der kontinuierlichen Phase dispergierten Teilchen Raumnetzstrukturen (Kap. 12.2.5), die die dispergierten Ölteilchen einschließen. Der Kontaktwinkel wird dann weniger Bedeutung für die Phasenlage und Stabilität der Emulsionen haben, weil die Bildung des Netzwerks in der kontinuierlichen Phase dominiert.

Vorteile der Feststoffstabilisierung sind:

- Die Emulsionen sind oft widerstandsfähiger gegenüber der Änderung chemischer Parameter (pH, Salzgehalt, Salzart, Zusammensetzung des Öls u. a.).
- Auf Tenside als zusätzliche Emulgatoren kann gegebenenfalls verzichtet, oder der Tensidgehalt kann verringert werden.
- Gute Stabilisierung läßt sich mit Tensiden erreichen, die übliche Emulsionen nicht oder nur mäßig stabilisieren. Gute, aber kosmetisch bzw. pharmazeutisch bedenkliche Emulgatoren können durch unbedenkliche ersetzt werden, die ohne Feststoff nicht stabilisieren würden.
- In Gegenwart eines Feststoffs kann die Phasenlage der Emulsion entgegengesetzt derjenigen der üblichen Emulsion aus den gleichen Bestandteilen sein (s.u.).
- Die Viskosität und die Art des Fließens (newtonisch, nichtnewtonisch, mit oder ohne Fließgrenze) können durch den Feststoffzusatz unter Umständen stark verändert werden (s.u.).
- Feststoffstabilisierte Emulsionen sind oft besonders schwer zu brechen. Das ist allerdings manchmal (z. B. in der Ölindustrie) auch von Nachteil.

Schulman und Leja (1954) untersuchten den Einfluß der Tensidadsorption am Beispiel einer mit $BaSO_4$ stabilisierten Wasser-Benzol-Emulsion. In 10^{-3} M wäßriger Natriumlauratlösung betrug bei pH = 12 der Kontaktwinkel 80–85°; es bildete sich eine O/W-Emulsion. Mit Natriumdodecylsulfat entstand dagegen bei einem Kontaktwinkel von 120–130° eine ölkontinuierliche Emulsion. Mit längerkettigen Seifen (z. B. Natriumoleat) bildeten sich infolge hoher Kontaktwinkel ebenfalls W/O-Emulsionen, die instabil waren, weil die hydrophoben Feststoffteilchen in die Ölphase gezogen wurden.

Da sich der Dissoziationsgrad des Dodecylsulfats bei niedrigen pH-Werten und damit der Kontaktwinkel nicht änderte, entstand in Gegenwart von $BaSO_4$ auch im neutralen Bereich eine W/O-Emulsion. Im feststofffreien System Wasser-Benzol-Natriumdodecylsulfat bildete sich dagegen eine O/W-Emulsion. Bei den Seifen nahm der Kontaktwinkel mit fallendem pH-Wert ab. Mit Natriumoleat entstand im neutralen Bereich eine O/W-Emulsion, die stabiler als die bei höheren pH-Werten gebildete W/O-Emulsion war.

Die Verringerung des Kontaktwinkels mit fallendem pH-Wert in Gegenwart der Fettsäureanionen ist eine Folge der abnehmenden Dissoziation der Fettsäuren. Möglicherweise ist die Bindung der Fettsäureionen an der Teilchenoberfläche bei vollständiger Dissoziation äquivalent (zwei Fettsäureionen pro Ba^{2+}) und bei niedrigeren pH-Werten äquimolar (ein Fettsäureanion pro Ba^{2+}), wobei die Packung lockerer und der Grad der Hydrophobierung niedriger bleibt.

Unter den Feststoffen sind die Tonminerale hervorzuheben, die meist in Form von Kaolinen oder Bentoniten eingesetzt werden. Neben ihrem plättchenförmigen Habitus ist die ausgeprägte Neigung zur Aggregation und Bildung von Raumnetzstrukturen von besonderer Bedeutung (Kap. 12.2.5). Neben der Bildung eines mechanisch stabilen Films um die dispergierten Tröpfchen wirkt der Aufbau eines Netzwerks in der wäßrigen Phase stabilisierend. Durch Modifizierung der Basaloberflächen und Kanten mittels Ionenaustausch können Kaoline und Bentonite an das System angepaßt werden. Besonders wichtig ist die Modifizierung der Tonmineraloberflächen der Bentonite mit organischen Stoffen (Jasmund und Lagaly, 1993, Kap. 3). Diese Verbindungen werden entweder adsorbiert oder, im Falle von Kationen, durch Ionenaustausch gebunden. Sie dringen in manchen Fällen zwischen die Schichten des Natriummontmorillonits (z. B. Glycerinmonolaurat, -palmitat und -stearat; Tsugita et al., 1983) oder sind nur an den äußeren Oberflächen adsorbiert. Die interlamellare Adsorption ist keine Voraussetzung für die Emulgierwirkung, eine Adsorption an den äußeren Tonmineraloberflächen ist jedoch unerläßlich. Zu beachten ist das unterschiedliche Verhalten von Bentoniten verschiedener Lagerstätten, die sich daher auch unterschiedlich gut als Feststoffemulgatoren eignen. Weiterhin ist entscheidend, ob und wie der Bentonit aufbereitet wurde (Kap. 3.6; 5.3).

Tsugita et al. (1983) wiesen die Eignung von Montmorillonit-Glycerid-Kombinationen für die Emulgierung von Paraffinöl nach. Glyceride werden dank ihrer physiologischen Unbedenklichkeit gerne in Nahrungsmitteln und kosmetischen Zubereitungen eingesetzt.

In Abb. 7.13 ist ein Beispiel für die Stabilisierung einer Wasser-Paraffinöl-Emulsion mit einem Bentonit in Gegenwart von Glycerinmonostearat (GMS) aufgeführt (Reese, 1994). Bentonit oder GMS allein lieferten keine stabilen Emulsionen. Die Aufrahmgeschwindigkeit wurde durch die zeitliche Änderung der Leitfä-

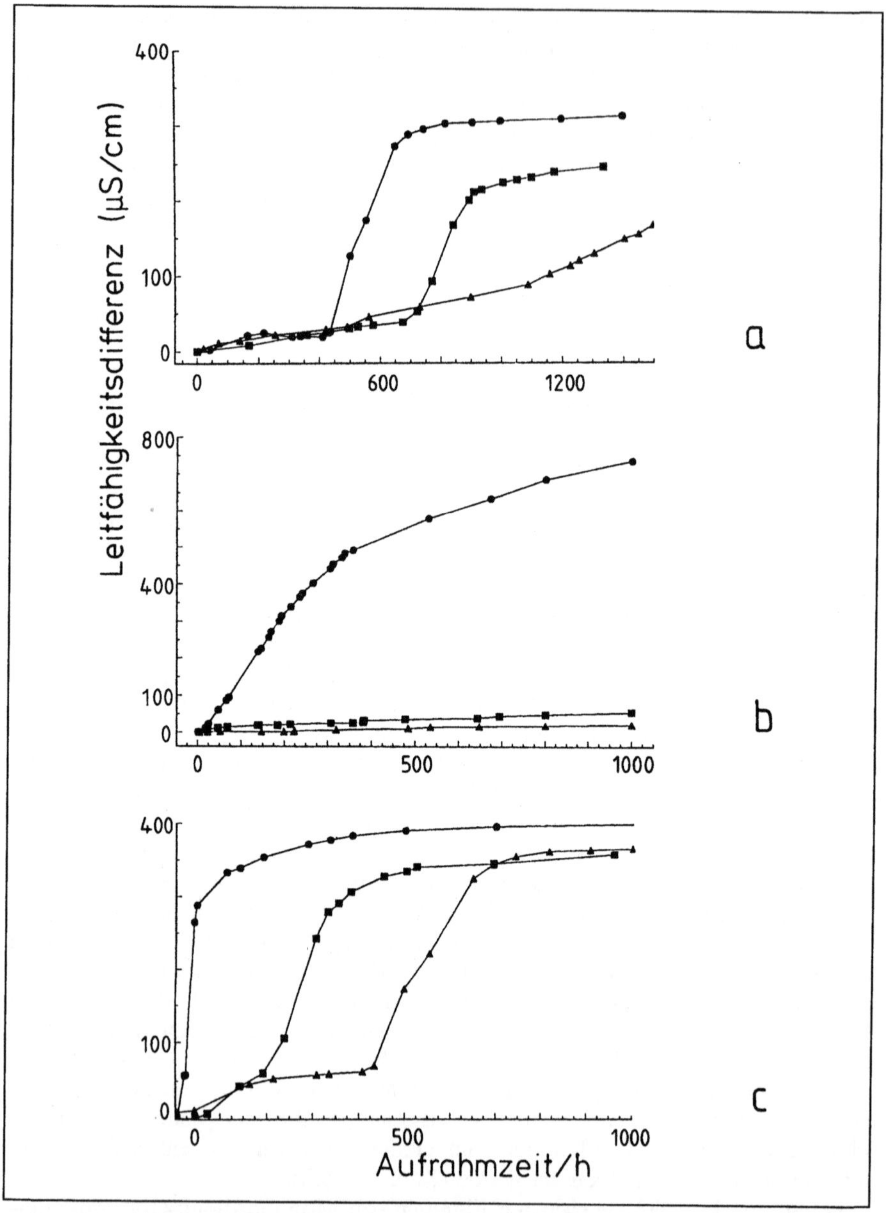

Abb. 7.13 a–c. Stabilisierung von Paraffinöl-Wasser-Emulsionen durch Natriummontmorillonit und Glycerinmonostearat (GMS). Paraffinöl, ρ = 0,88 g/cm^3, η = 150 mPas; Natriummontmorillonit aus Bentonit von Wyoming. Messung der Aufrahmgeschwindigkeit über die Leitfähigkeit (Kap. 7.11) (Reese, 1994). **a** Unterschiedliche Menge GMS, Montmorillonit 2 % (Massenanteil) in der wäßrigen Phase: ● 300, ■ 400, ▲ 500 mg GMS/25 mL Gesamtvolumen, Volumenbruch des Öls = 0,50, **b** wie **a**, jedoch 2,5 % Montmorillonit, **c** verschiedene Volumenbrüche ϕ: ● ϕ = 0,285; ■ ϕ = 0,375; ▲ ϕ = 0,500.

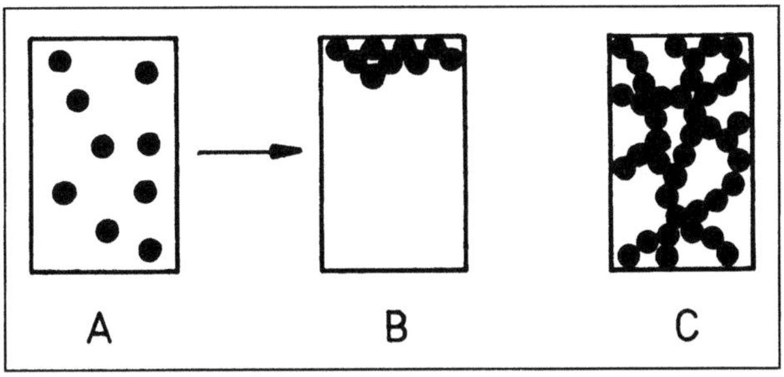

Abb. 7.14. Verzögerung des Aufrahmens mit (**A** → **B**) zunehmendem Volumenbruch Öl infolge einer Verbundstruktur (**C**) aus dem Tonmineralnetzwerk und den Öltröpfchen

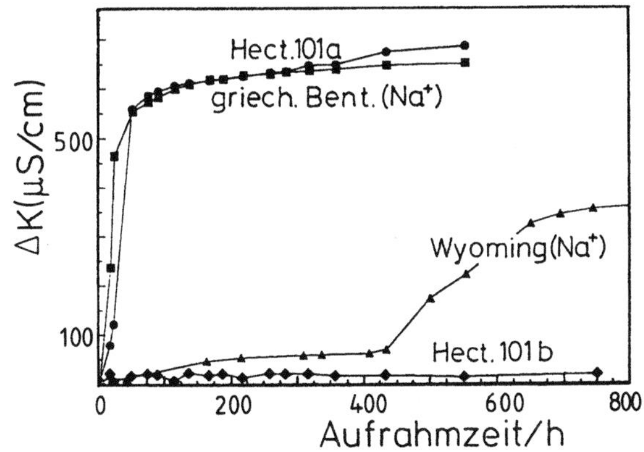

Abb. 7.15. Aufrahmverhalten (Leitfähigkeitsmessungen, Kap. 7.11) einer Paraffinöl-Wasser-Emulsion in Gegenwart von Smectiten: Hectorit, synthetisch (101a); dieser ausgewaschen (101b); Bentonit von Kimolos (Griechenland) in der Natriumform (Fa. Süd-Chemie), Natriummontmorillonit aus Bentonit von Wyoming. 2 % Hectorit oder Montmorillonit in der wäßrigen Phase, 200 mg GMS/ 25 mL Gesamtvolumen, Volumenbruch $\phi = 0{,}5$ (Reese, 1994).

higkeit (Kap. 7.11) in Abhängigkeit vom GMS-Gehalt gemessen. Der steile Anstieg der Differenz der Leitfähigkeiten entstand durch das Aufrahmen der Emulsion. Erst ab einem gewissen GMS-Gehalt wurden die Emulsionen ausreichend stabil (Abb. 7.13a). Bei Erhöhung des Bentonitgehaltes in der wäßrigen Dispersion von 2 auf 2,5 % Massenanteil nahm die Stabilität wesentlich zu, sofern genügend Tensid vorhanden war (Abb. 7.13b). Bei der geringsten Zugabe von GMS war das Verhältnis GMS/Montmorillonit zu niedrig, und die Emulsion blieb nicht stabil.

Die Aufrahmzeit verlängerte sich mit dem Ölanteil (Abb. 7.13c). Mit zunehmender Anzahl der Öltröpfchen entsteht ein Verbundsystem aus dem Netzwerk der Tonmineralteilchen und den Öltröpfchen, das das Aufrahmen bremst (Abb. 7.14). Dementsprechend nahm auch die Viskosität mit dem Ölanteil zu. Oft wurde die Aufrahmzeit schlagartig geringer, wenn eine bestimmte Volumenfraktion überschritten wurde.

Emulsionen dieser Art ließen sich höchstens bis zu einer Volumenfraktion $\phi = 0{,}55$ herstellen. Es waren immer O/W-Emulsionen, die wegen des hydrophilen Charakters des Montmorillonits bei höheren Volumenbrüchen nicht in W/O-Emulsionen umschlugen, sondern instabil wurden.

Wie erwähnt, hängt die Eignung eines Bentonits zur Stabilisierung einer Emulsion oft empfindlich von der Art des Bentonits, seiner Herkunft und seiner Aufbereitung ab (Abb. 7.15). Es ist noch weitgehend unklar, worauf die Unterschiede zwischen Bentoniten verschiedener Lagerstätten beruhen, weshalb z. B. der griechische Bentonit schlechter stabilisiert als der Wyoming-Bentonit. Die

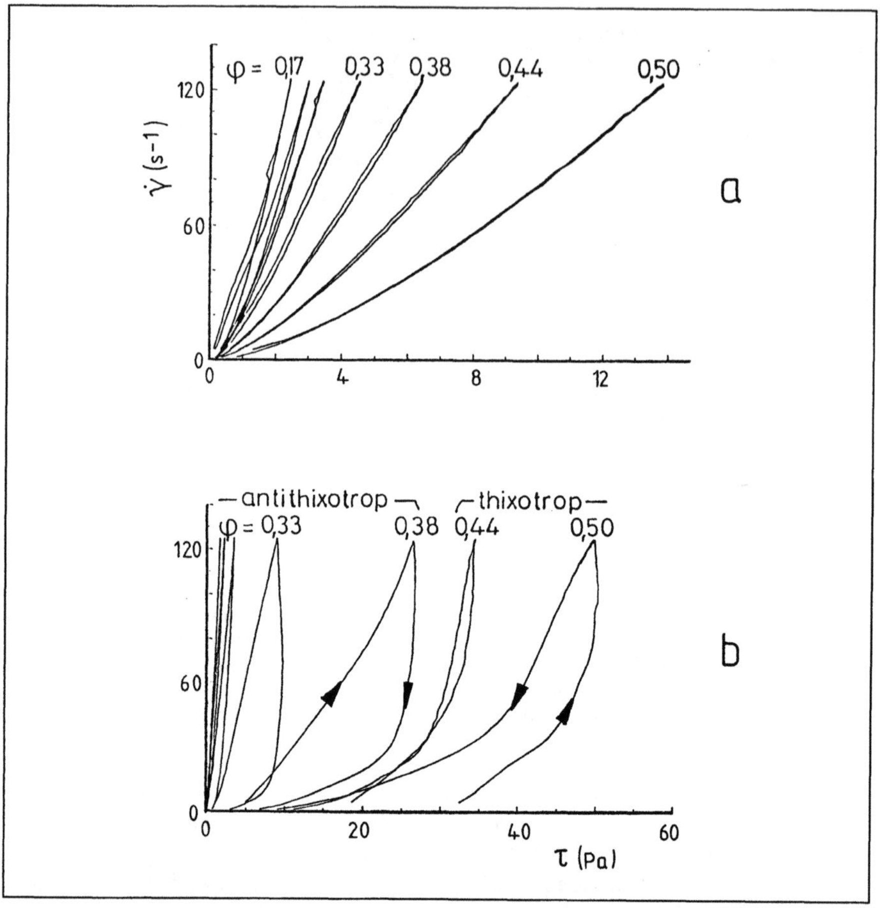

Abb. 7.16. Fließverhalten von Paraffinöl-Wasser-Emulsionen, Volumenbruch des Öls φ = 0,17; 0,23; 0,29; 0,33; 0,38; 0,44 und 0,50. 2 % Natriummontmorillonit (Massenanteil) in der wäßrigen Phase, Tensid/Öl = 50 mg/10 mL (Reese, 1994). **a** Tensid: Glycerinmonostearat, **b** Tensid: Tetraethylenglycolhexadecylether.

technisch vielfältig genutzten sodaaktivierten Bentonite (Jasmund und Lagaly, 1993; Kap. 9.2) waren nicht brauchbar.

Abbildung 7.15 zeigt auch das Verhalten eines synthetischen Hectorits, der sehr feinteilig und meist stark ungeordnet anfällt (Jasmund und Lagaly, 1993, S. 360). Das direkt nach der technischen Synthese (Fa. Süd-Chemie AG) erhaltene Produkt eignete sich erst nach kräftigem Auswaschen. Ursache dürfte die Entfernung von Salzen sein.

Pickering-Emulsionen mit Tonmineralen können recht unterschiedliches Fließverhalten zeigen (Abb. 7.16). Die oben beschriebene Emulsion mit Wyoming-Bentonit und GMS floß fast newtonisch, während die ausgeprägten Hysteresen mit Tetraethylenglycol-hexadecylether anstelle von GMS bei Ölvolumenfraktionen $0{,}33 < \phi < 0{,}38$ antithixotropes und für $\phi = 0{,}44$ und 0,50 thixotropes Verhalten anzeigten.

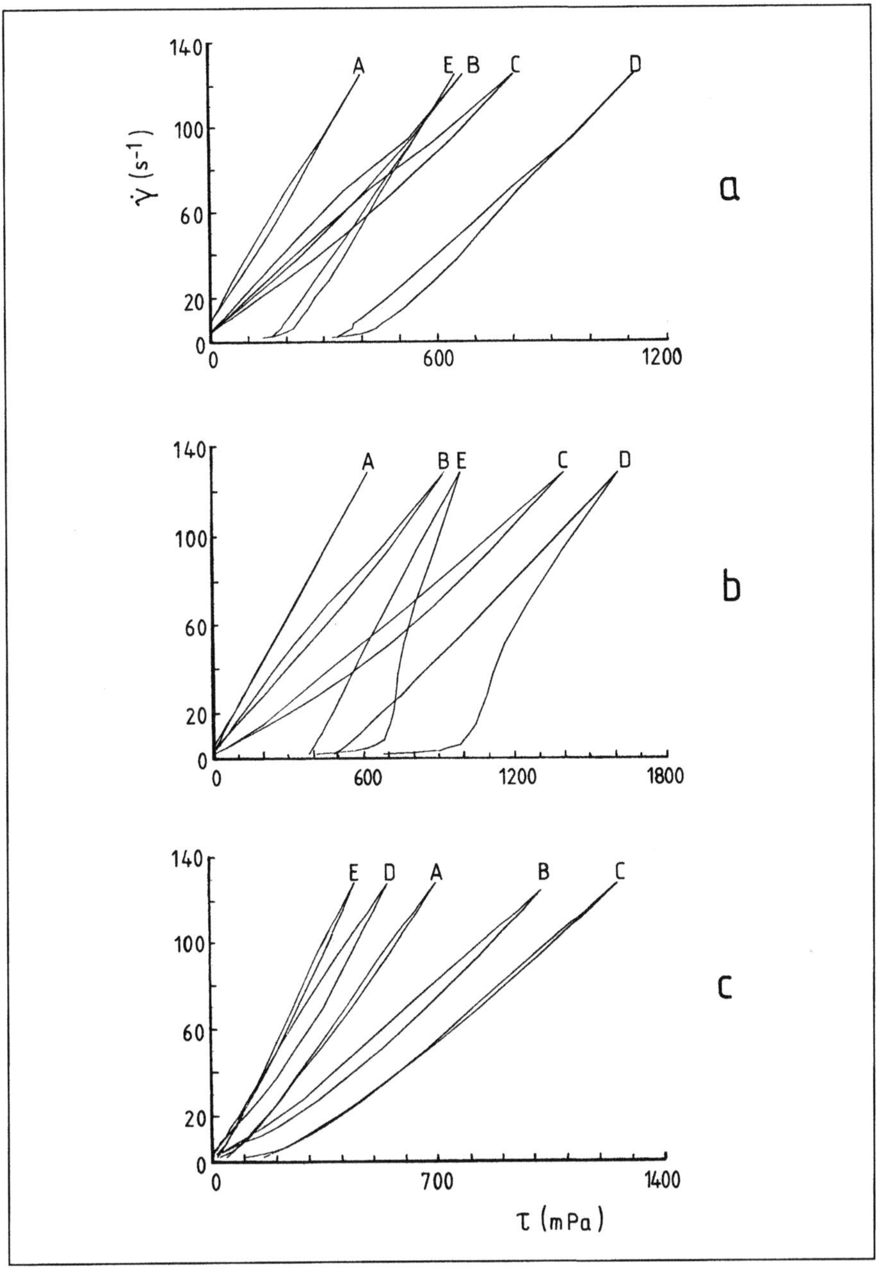

Abb. 7.17 a–c. Fließverhalten von Emulsionen aus p-Xylol und Wasser bzw. Wasser/Methanol in Gegenwart von Dimethyldioctadecylammonium-Bentonit (Tixogel VP, Süd-Chemie AG); Volumenbruch (Xylol) **A**: 0,38 **B**: 0,44 **C**: 0,55 **D**: 0,62 **E**: 0,66; 0,2 g Bentonit auf 25 mL Wasser bzw. Wasser-Methanol-Mischung (Reese, 1994). **a** Wasser; Phasenlage: **A** – **C** O/W, **D** und **E** W/O; **b** wäßrige Phase mit 10 % (Volumenanteil) Methanol; **A** – **C** O/W; **D** und **E** W/O mit starker Hysterese (hier mit „Anlaufnasen" s. Kap. 13); **c** wäßrige Phase mit 50 % (Volumenanteil) Methanol; **A** O/W, **B** – **E** W/O.

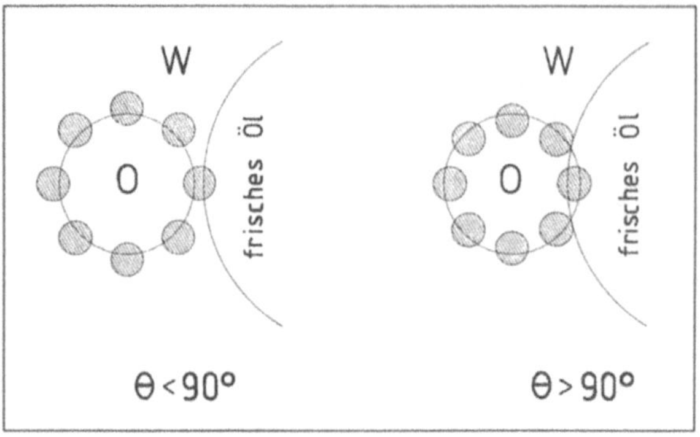

Abb. 7.18. Modell für die Demulgierung von Kaolin-Asphalt-stabilisierten Emulsionen durch Zusatz von frischem Öl. Bei Kontaktwinkeln > 90° kann das frisch zugegebene Öl leichter mit den stabilisierten Öltropfen koaleszieren (Yan and Masliyah, 1993).

In den beschriebenen Fällen spielt die Adsorption des nichtionischen Tensids an den Montmorillonitteilchen sicher eine wichtige Rolle. Die organische Verbindung könnte auch fest, z. B. durch Kationenaustausch, am Tonmineral verankert sein. Hydrophobierung des Montmorillonits mit langkettigen Alkylammoniumionen sollte die Stabilisierung von W/O-Emulsionen ermöglichen.

Für zahlreiche Anwendungen wird z. B. der Dimethyldioctadecylammonium-(DMDO-)Bentonit eingesetzt (Jasmund und Lagaly, 1993; Kap. 9.2). Dieser Bentonit stabilisiert Emulsionen ohne Tensidzusatz, allerdings nicht mit Paraffinöl, wohl aber Xylol als Ölphase. Emulsionen konnten bis ϕ (Xylol) = 0,66 hergestellt werden. Bei einer Zusammensetzung aus 25 mL Wasser, 15 bis 50 mL Xylol und 0,2 g Bentonit invertierte die Emulsion bei ϕ = 0,62; d. h. bei ϕ < 0,62 entstanden O/W-, bei ϕ = 0,62 und 0,66 W/O-Emulsionen (Reese, 1994).

Bei den O/W-Emulsionen trat keine Fließgrenze auf, wohl aber bei den W/O-Emulsionen (Abb. 7.17a). Durch Zusatz von 10 bzw. 20% (Volumanteilen) Methanol zur wäßrigen Dispersion erhöhte sich die Viskosität, ohne daß sich die Phasenlage änderte (Abb. 7.17b). Die W/O-Emulsionen zeigten große Hysteresen. Bei höheren Methanolgehalten verschob sich der Inversionspunkt zu kleineren Volumenfraktionen; mit 30 bzw. 50 % Methanol entstanden bei ϕ > 0,55 und ϕ > 0,44 W/O-Emulsionen (Abb. 7.17c). Bei Zusatz von Ethanol und n-Propanol lag der Inversionspunkt ebenfalls bei kleineren Volumenfraktionen von Xylol. Mit 20 % Propanol bildeten sich nur noch W/O-Emulsionen. Der zunehmende „hydrophobe" Charakter der wäßrigen Dispersion machte sich also in der Phaseninversion deutlich bemerkbar.

Auf die Bedeutung feststoffstabilisierter Emulsionen in der Ölindustrie wurde bereits hingewiesen. Als Modellsysteme eignen sich mit Asphalt belegte Montmorillonite und Kaolinite (Menon and Wasan, 1986; Yan and Masliyah, 1993, 1995). Je nach Grad der Belegung (aus Toluol-n-Heptan-Mischungen 1 : 1, *v/v*) änderte sich der Kontaktwinkel an Kaolinit zwischen 30° und 150°. Mit diesen modifizierten Kaoliniten ließen sich O/W-Emulsionen herstellen, sogar bei einem Kontaktwinkel > 90° (Yan and Masliyah, 1993). Eine interessante Beobachtung war die Zunahme der Tröpfchendurchmesser von etwa 60 µm auf 300 µm, wenn der Kontaktwinkel von 30° auf 150° stieg. Durch Zusatz von frischem Öl konnten die Emulsionen gebrochen werden. Nach dem Modell in Abb. 7.18 ist die Demulgierung bei Kontaktwinkeln > 90° begünstigt.

7.10 Mikroemulsionen

Mikroemulsionen sind keine Emulsionen mit besonders kleinen Tröpfchen der dispergierten Phase (etwa < 100 nm)[5)] (s. Abb. 1.1, S. 1), sondern thermodynamisch stabile, flüssige Mischungen von Wasser, Öl und Tensiden. Thermodynamische Stabilität, spontane Bildung und optische Transparenz unterscheiden sie von Emulsionen (Shinoda and Friberg, 1975; Bansal and Shah, 1977; Mittal, 1977; Friberg, 1977; Prince, 1977; Shah and Schechter, 1977; Shinoda and Kunieda, 1977; Robb, 1982; Shah, 1985; Rosano and Clausse, 1987; Gelbart et al., 1994; zur Einführung s. Kabalnov et al., 1996). Mikroemulsionen werden hauptsächlich in der pharmazeutischen und kosmetischen Industrie, zur tertiären Erdölförderung, als Schmiermittel und Schneideöle, für die Flüssig-Flüssig-Extraktion (Kap. 7.5, S. 244), zur Textilveredlung und in Waschmitteln eingesetzt (Stickdorn et al., 1994).

Mikroemulsionen wurden zuerst von Schulman beschrieben (Hoar and Schulman, 1943). Die Bezeichnung Mikroemulsion wurde aber erst nach 1958 eingeführt (Schulman et al., 1959). Ausführliche historische Beschreibung s. Prince, 1977, Kap. 1, 2.

Mikroemulsionen entstehen oft nur, wenn zur Mischung von Wasser, Öl und Tensid ein Cotensid oder Cosolvens (s. Fußnote S. 267) zugesetzt wird. Toluol bildet mit Wasser und Natriumoleat eine trübe O/W-Emulsion, die bei Zusatz einer bestimmten Menge n-Pentanol transparent wird: Es entsteht eine Mikroemulsion (Kap. 7.11). Bei einem gegebenen Tensid stabilisieren kürzerkettige Cotenside W/O-, längerkettige O/W-Mikroemulsionen (Prince, 1977, S. 44 ff.).

Der Zusatz eines Cotensids ist nicht immer erforderlich. Mikroemulsionen lassen sich auch in bestimmten Dreikomponentensystemen herstellen, z. B. Wasser/n-Octan/Didodecyldimethylammoniumbromid (Chen et al., 1986) oder Wasser n-Octan/n-Dodecylpentaethylenglycolether oder Wasser/n-Decan/AOT. AOT = Natrium-bis-(2-ethylhexyl)sulfosuccinat, vereinfacht: Dioctylnatriumsulfosuccinat.

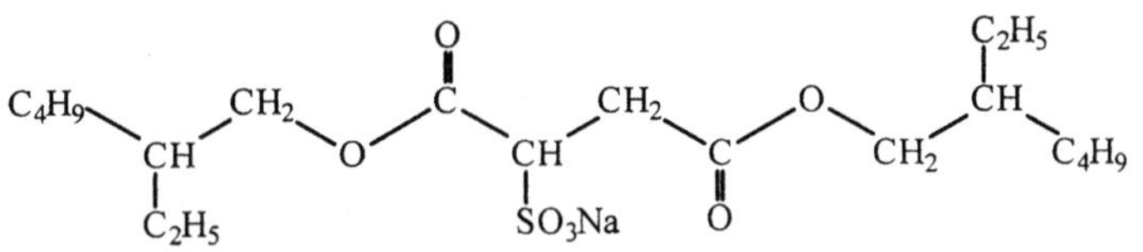

Mikroemulsionen entstehen nur innerhalb bestimmter Gebiete in den Zustandsdiagrammen für drei bzw. vier Komponenten. Die Phasendiagramme sind im allgemeinen sehr komplex (s. z. B. Friberg, 1977; Kahlweit, 1993; Dörfler, 1994, Kap. 9; Evans and Wennerström, 1994, Kap. 11.2).

Verschiedene Untersuchungsmethoden (Röntgen- und Neutronenkleinwinkelstreuung, NMR-Selbstdiffusionsmessungen, Messung der elektrischen Leitfähigkeit, Gefrierbruch-Transelektronenmikroskopie) belegen, daß die Mikroemulsionen in wasserreiche und ölreiche Domänen strukturiert sind, die durch eine Schicht amphiphiler Moleküle getrennt werden. Die Ermittlung der Anordnung

[5)] Emulsionen mit besonders kleinen Teilchen werden gelegentlich „Miniemulsionen“ genannt.

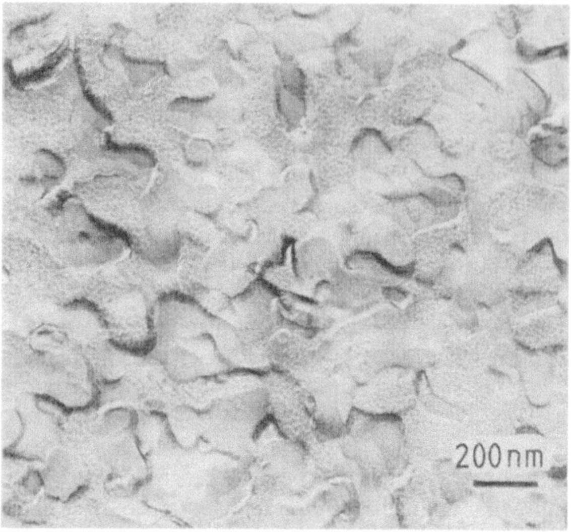

Abb. 7.19. Elektronenmikroskopische Aufnahme einer bikontinuierlichen Struktur. System: H_2O/Octan/Dodecylpentaethylenglycol (7 % Massenanteil); Massenverhältnis Wasser/Octan = 1,5. Die dekorierten Bereiche sind Octan. Strich = 200 nm (Jahn und Strey, 1988).

und Gestalt der Domänen gehört zu den wichtigsten Aufgaben bei der Untersuchung von Mikroemulsionen. Neben Strukturen, bei denen eine Phase in winzigen Tröpfchen in der anderen verteilt ist, treten bikontinuierliche Strukturen auf (s. Abb. 7.6). Jahn und Strey (1988) wiesen diese Strukturen nach durch transelektronenmikroskopische Aufnahmen von Proben, die durch eine spezielle Gefrierbruchtechnik erhalten worden waren (Abb. 7.19). Die wäßrige und die ölige Phase ließen sich durch die Dekoration unterscheiden, die beim Bedampfen der Bruchflächen mit Tantal-Wolfram entstand. Die Oberfläche der Ölphase erschien infolge der andersartigen Abscheidung der Metalle körnig; diese Oberflächenstruktur hatte nichts mit der Mikrostruktur der Mikroemulsion zu tun.

Mikroemulsionen können wie Emulsionen von W/O nach O/W (oder umgekehrt) umschlagen, z. B. bei Änderung des Phasenvolumenverhältnisses. Beim Verdünnen einer W/O-Mikroemulsion mit Wasser wird ein viskoelastischer Gelzustand durchschritten, bevor das System nach O/W invertiert (Bansal and Shah, 1977; Prince, 1977, S. 11).

Überraschen mag zunächst das sprunghafte Absinken der elektrischen Leitfähigkeit bestimmter Mikroemulsionen bei Wasserzusatz. Ein Mikroemulsionsgel mit bikontinuierlicher Struktur (z. B. Didodecyldimethylammoniumbromid, Wasser und Kohlenwasserstoff (Octan, Decan, Dodecan); Chen et al., 1986; Evans et al., 1986) zeigte eine merkliche elektrische Leitfähigkeit, die über die Wasserkanäle (s. Abb. 7.6) entstand. Durch die Wasserzugabe vergrößert sich der Radius der „Wasserröhren“, und die Packung der Kopfgruppen wird lockerer. Wenn die Packungsdichte etwa auf den Wert für kugelförmige Aggregate abgesunken ist (s. S. 268f.), lösen sich die röhrenförmigen Aggregate auf, die bikontinuierliche Struktur wird zerstört. Es bildet sich eine Mikroemulsion aus Wassertröpfchen in Öl, und die Leitfähigkeit sinkt stark ab. Die treibende Kraft ist die Entropie, da beim Zerfall eines Stäbchens viele kugelförmige Aggregate entstehen. Weitere Wasserzugabe vergrößert die Wassertröpfchen im Öl. Wenn schließlich die

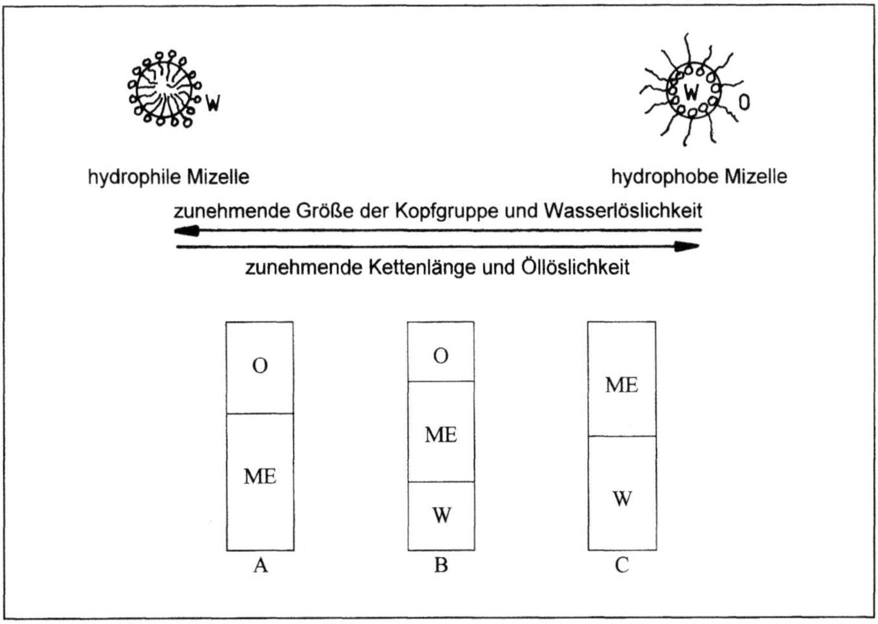

Abb. 7.20. Übergang einer wasserkontinuierlichen Mikroemulsion (**A**, untere Phase) über eine mittlere Mikroemulsionsphase (**B**) in eine ölkontinuierliche Mikroemulsion (**C**, obere Phase) mit steigendem lipophilen Charakter. (Nach Robbins und Bock, 1988)

Krümmung der Oberfläche der Tröpfchen zu gering wird, tritt Phasentrennung ein (Chen et al., 1986). Ein vergleichbares Beispiel ist der Zerfall stäbchenförmiger Mizellen in kugelförmige bei steigender Solubilisierung mit Kohlenwasserstoffen (Hoffmann und Ebert, 1988).

Winsor (1948) unterschied verschiedene Kombinationen transparenter Phasen im System Wasser, Öl und Tensiden:

Typ I (Abb. 7.20, **A**): Eine untere Mikroemulsionsphase (in heutiger Nomenklatur) steht mit überschüssigem Öl im Gleichgewicht.
Typ III (Abb. 7.20, **B**): Eine mittlere Mikroemulsionsphase trennt eine untere wäßrige von einer darüberstehenden öligen Phase.
Typ II (Abb. 7.20, **C**): Eine Mikroemulsionsphase bildet sich über einer wäßrigen.

Ein einphasiges System (Winsor-Typ IV) entsteht erst bei ausreichend hohem Tensidgehalt. Wenn in Typ I (Abb. 7.20, **A**) die Mikroemulsion in Tröpfchen aufgeteilt ist, besteht die kohärente Phase aus Wasser, bei Typ II (Abb. 7.20, **C**) aus Öl. Man kann sich gut vorstellen, daß der Übergangszustand **B** die Mikroemulsion als bikontinuierliche Phase enthält.

Der Übergang von Typ I (O/W) nach Typ II (W/O) ist die Folge einer lipophilen Verschiebung, indem Öl in der Mikroemulsionsphase absorbiert und Wasser ausgeschieden wird. Die umgekehrte Umwandlung (W/O) → (O/W) setzt eine Zunahme des hydrophilen Charakters voraus. Die Reaktion des Wasser/Öl/Tensid-Systems auf chemische Veränderungen läßt sich anschaulich aus der Ver-

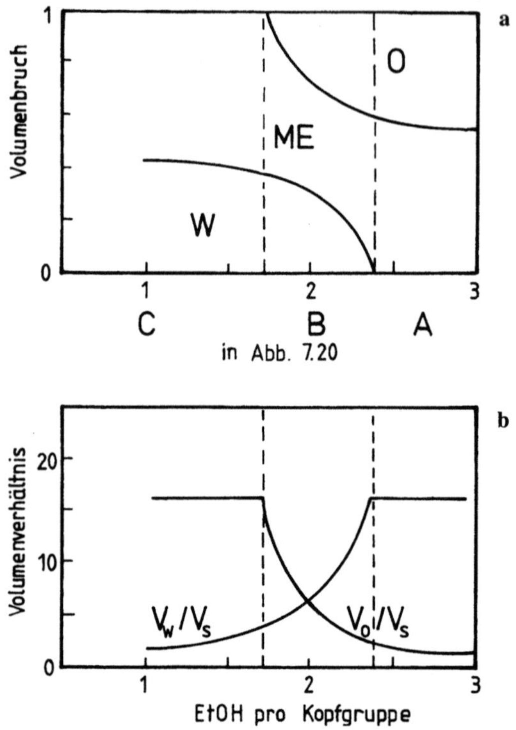

Abb. 7.21. Einfluß der Kopfgröße. **a** auf das Volumen von Wasser, Decan und Mikroemulsionsphase, **b** auf die Wasser- und Decanaufnahme in der Mikroemulsion, ausgedrückt in Volumenverhältnissen, bezogen auf das Volumen des Emulgators V_s. Emulgator: Mono-, Di- und Triethanolammoniumsalz von Dodecylorthoxylolsulfonsäure (s. Text), Wasser mit einem Salzgehalt von 2,9 % NaCl; 3 g Emulgator auf 100 mL Wasser + Decan, 24 °C (Robbins und Bock, 1988).

schiebung des H/L-Wertes erklären (Robbins und Bock, 1988), der durch das Volumenverhältnis von hydrophilen und lipophilen Molekülteilen angegeben wird (Kap. 7.7). Die Bedeutung dieses Verhältnisses geht auch daraus hervor, daß bei einer Mikroemulsion mit Tröpfchendurchmessern von 100 nm (Kern + Grenzflächenfilm) 14 % des Gesamtvolumens von dem Grenzflächenfilm mit einer Dicke von 2,5 nm eingenommen werden; bei Durchmessern von 50 nm, 25 nm und 10 nm beträgt dieser Anteil 27, 49 bzw. 88 % (Prince, 1977, S. 56).

Der Einfluß einer strukturellen Veränderung des Emulgators wurde u.a. von Robbins und Bock (1988) beschrieben (Abb. 7.21). Emulgator war das Ammoniumsalz der ethoxylierten Dodecylorthoxylolsulfonsäure:

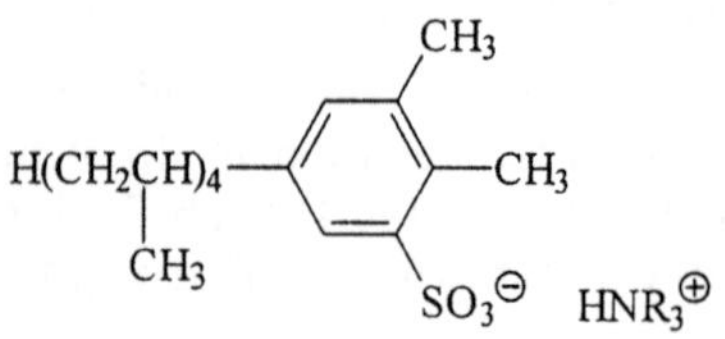

$R_3 = C_2H_4OH, H, H$ (=MEA)
$= (C_2H_4OH)_2, H$ (=DEA)
$= (C_2H_4OH)_3$ (=TEA)

Mit zunehmender Zahl von Ethanolgruppen[6)], also vom Monoethanol zum Triethanolderivat, wird der Emulgator hydrophiler (V_H nimmt zu), und die Mikroemulsion wechselt von der ölkontinuierlichen zur wasserkontinuierlichen Struk-

[6)] Die Werte zwischen 1, 2, 3 auf der Abszisse in Abb. 7.21 wurden durch Mischungen eingestellt.

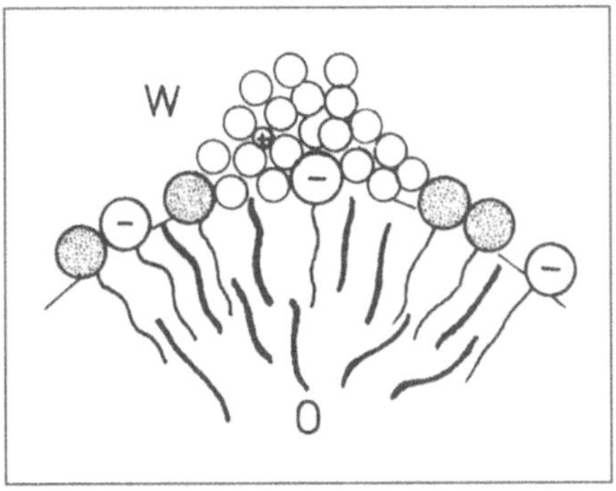

Abb. 7.22. Die Struktur eines Grenzflächenfilms aus anionischen und nichtionischen Tensiden, Kohlenwasserstoffmolekülen und hydratisierten Gegenionen. (Nach Prince, 1977).

tur. Die Volumenanteile der drei Phasen sind in Abb. 7.21a dargestellt. Die in den Mikroemulsionsphasen enthaltenen Mengen Wasser bzw. Öl sind in Abb. 7.21b als Volumenverhältnisse, bezogen auf das Volumen V_S des Emulgators, wiedergegeben. Der Zustand links im Diagramm entspricht dem Winsor-Typ II. Mit dem MEA-Derivat entstand die W/O-Mikroemulsion als obere Phase (Abb. 7.20, **C**); V_w/V_s betrug etwa 2. Beim Übergang in Typ I (O/W-Mikroemulsion als untere Phase, Abb. 7.20, **A**) stieg die Wasseraufnahme auf $V_w/V_s = 16{,}7$ und blieb innerhalb des Existenzbereichs dieser Phase konstant. Die Ölaufnahme änderte sich entsprechend.

Über das Verhältnis V_H/V_L lassen sich auch Veränderungen mit dem Salzgehalt und der Hydration voraussagen. Zunehmender Salzgehalt der wäßrigen Phase verschiebt V_H/V_L zu lipophileren Werten, weil sich die Kopfgruppen infolge besserer Abschirmung dichter packen. Eine lipophile Verschiebung tritt bei ethoxylierten Tensiden auch mit steigender Temperatur auf, weil die Hydration die Ethoxygruppen verringert und damit V_H kleiner wird. Im Gegensatz dazu werden sulfonierte Emulgatoren mit steigender Temperatur infolge besserer Hydration (Robbins und Bock, 1988) hydrophiler.

Ein vielfach wichtiger Vorgang ist das Eindringen des Öls in den Tensidfilm (Prince, 1977; S. 51 ff. und Kap. 5; Chen et al., 1986). Dadurch kann die chemische Natur des Öls die Art der Emulsion beeinflussen. Kürzerkettige Kohlenwasserstoffe dringen besser ein und beeinflussen die Krümmung der Grenzfläche stärker als längerkettige (Abb. 7.22). Die Penetration kleinerer Kohlenwasserstoffmoleküle in den Tensidfilm vergrößert V_L, der lipophile Charakter nimmt zu, und die Bildung von W/O-Emulsionen gegenüber O/W-Emulsionen wird begünstigt.

In Gegenwart eines oberflächenaktiven Stoffes sinkt die Grenzflächenspannung einer O/W-Grenzfläche beachtlich, in den meisten Fällen jedoch nicht so weit, daß das System spontan emulgiert. Erst bei Zusatz eines Cotensids[7)] (häufig Alkohole mittlerer Kettenlänge) wird der Spreitungsdruck so groß, daß die Grenzflächenspannung sehr klein oder sogar negativ wird. Die spontane Bildung

[7)] Üblicherweise werden Alkohole mit mittlerer Kettenlänge als Cotenside angesehen. Nach Kahlweit et al. (1991) wirken diese Alkohole eher als Cosolvenzien, die sich zwischen der wäßrigen und der öligen Phase verteilen und dadurch den effektiven hydrophilen Charakter der amphiphilen Moleküle und die Hydrophobizität der Ölphase herabsetzen.

der Mikroemulsionen wurde auf eine negative Grenzflächenspannung zurückgeführt (Schulman et al., 1959).

Wenn $\gamma_{O/W}$ die Grenzflächenspannung zwischen Öl- und Wasserphase ist und π der zweidimensionale Spreitungsdruck der amphiphilen Stoffe, ist die resultierende Grenzflächenspannung $\gamma = \gamma_{O/W} - \pi$. Für $\pi > \gamma_{O/W}$ wird $\gamma < 0$. Es steht dann die Energie $-\gamma dA$ zur Vergrößerung der Grenzfläche um die Fläche dA zur Verfügung. Gleichgewicht wird erreicht, wenn γ durch Änderung der Molekülverteilung und Abnahme des Spreitungsdrucks Null wird (s.a. Overbeek, 1978). Dabei ist zu beachten, daß Moleküle der Ölphase in den Grenzflächenfilm aus Tensid und Cotensid eindringen können (Abb. 7.22). Weiterhin wird $\gamma_{O/W}$ durch die Verteilung des Cotensids zwischen Öl- und Wasserphase beeinflußt. Ein negativer Wert von γ kann daher nicht nur durch einen hohen Spreitungsdruck, sondern auch durch Absinken von $\gamma_{O/W}$ erreicht werden. Mikroemulsionen entstehen daher nur bei mittleren Konzentrationen des Cotensids. Bei zu geringen Konzentrationen kann π zwar groß sein, aber $\gamma_{O/W}$ ist noch nicht soweit abgesenkt, daß $\gamma < 0$ wird. Bei zu hohen Konzentrationen verdrängt das Cotensid zuviele Ölmoleküle aus dem Film, oder der Film wird zu starr. (Eine gute Darstellung der historischen Entwicklung s. Prince, 1977, Kap. 5.)

Die Krümmung der Grenzfläche ergibt sich aus der Auffassung der Grenzfläche als Duplexfilm nach Bancroft (1913) (s. Prince, 1977, S. 106ff.). Wenn der zweidimensionale Druck auf der Wasserseite größer ist als auf der Ölseite, krümmt sich die Oberfläche zum Öl hin; es bilden sich O/W-Emulsionen oder -Mikroemulsionen. Eine Vergrößerung der polaren Kopfgruppe oder des Abstandes zwischen den Kopfgruppen infolge verstärkter Abstoßung bzw. zunehmender Hydration begünstigen daher die Bildung von O/W-Emulsionen. Zunehmender Salzgehalt verringert den Abstand der Kopfgruppen und fördert die Bildung einer W/O-Emulsion. In gleicher Richtung wirkt sich das Eindringen von Ölmolekülen in den hydrophoben Bereich des Films aus.

Das Konzept von Schulman und Prince (Schulman et al., 1959) ist eine gewisse Vereinfachung, da Faktoren ignoriert werden, die zur Instabilität der Grenzfläche führen, auch wenn die Grenzflächenspannung noch positiv, aber niedrig ist. Ein solcher Faktor ist die Entropieänderung bei der Dispergierung. Ruckenstein und Chi (1975) berechneten unter Berücksichtigung der elektrischen Doppelschichtabstoßung, der Van-der-Waals-Wechselwirkung und der Entropie die Bedingungen für die Bildung von Mikroemulsionen, die Phaseninversion und die Tröpfchengröße. Die elektrostatischen Kräfte (und bei nichtionischen Tensiden die sterische Abstoßung) erwiesen sich als wesentlich, um hinreichend niedrige Werte der spezifischen freien Energie zu erreichen, die Voraussetzung für eine spontane Emulgierung ist. Die Van-der-Waals-Wechselwirkungen hatten demgegenüber nur geringen Einfluß.

In einigen Fällen (s.o.) bilden sich Mikroemulsionen im Dreikomponentensystem Wasser/Öl/Tensid. Eine wichtige Bedingung dafür ist $v/al \approx 1$ mit v = Volumen des Kohlenwasserstoffrestes, a = Fläche der Kopfgruppe im laminaren Film, l = volle Länge der Kohlenwasserstoffkette (Chen et al., 1986). Das Verhältnis v/al stellt ein Auswahlkriterium für den Aggregationstyp in Tensid-Wasser-Systemen dar (Israelachvili et al., 1976):

$v/al < 0{,}33$: kugelförmige Mizellen
$0{,}33 < v/al < 0{,}5$: polydisperse, zylindrische Mizellen
$0{,}5 < v/al < 1$: Vesikel oder bimolekulare Schichten
$v/al > 1$: inverse Strukturen.

Diese Werte ergeben sich aus einfachen geometrischen Betrachtungen. Dreikomponenten-Mikroemulsionen bilden sich bei $v/al \approx 1$. Bei Tensiden mit einer unverzweigten Alkylkette ist v/al deutlich kleiner 1 und wird erst durch das Cotensid auf etwa 1 gebracht. Die Bedingung $v/al \approx 1$ ist besser für Tenside mit zwei Alkylketten erfüllt, so daß sich diese Mikroemulsionen ohne Cotensid bilden; evtl. erfolgt Volumenausgleich durch eindringende Ölmoleküle. Didodecyldimethylammoniumbromid hat $v/al \approx 0{,}82$. Es bildet Mikroemulsionen mit Wasser und kürzerkettigen Kohlenwasserstoffen, aber nicht mit Hexadecan. Durch den eindringenden, kürzerkettigen Kohlenwasserstoff wird $v/al \approx 1$ und die Bedingung für Dreikomponenten-Mikroemulsionen erfüllt. Der kürzerkettige Kohlenwasserstoff wirkt wie ein Cotensid.

Wie bereits erwähnt, werden Mikroemulsionen durch spontane Bildung, thermodynamische Stabilität und optische Transparenz von Emulsionen abgegrenzt. Da die Größe von Mikroemulsionströpfchen in den Größenbereich gequollener Mizellen fällt (etwa 5 bis 100 nm), werden beide Begriffe gelegentlich, aber fälschlicherweise gleichgesetzt. Gequollenen Mizellen und Mikroemulsionen unterscheiden sich deutlich (Myers, 1988). Einmal bilden sich Mizellen unter vielen Bedingungen (wobei sich die kritische Mizellbildungskonzentration, die Aggregationszahl und die Gestalt durchaus mit den Bedingungen verändern können), während Mikroemulsionen oft nur innerhalb enger Konzentrationsbereiche der einzelnen Komponenten entstehen. Hierauf beruht das Titrationsverfahren zur Herstellung von Mikroemulsionen (Kap. 7.11) (Schulman et al., 1959). Weiterhin ist das Anzahlverhältnis solubilisierter Moleküle zu Tensidmolekülen bei Mizellen niedrig und selten größer 2 (Myers, 1988, S. 160, 165), d. h. das Innere der Mizellen stellt keine Ölphase dar, die die Eigenschaften des Bulks besitzt. Bei Mikroemulsionen kann das angegebene Verhältnis groß (bis über 100) werden; das Innere der Mikroemulsionströpfchen enthält dispergiertes Öl, das in seinen Eigenschaften dem Bulk-Öl entspricht.

7.11 Einige Versuche mit Emulsionen

Nachweis des Emulsionstyps

Der Emulsionstyp läßt sich einfach und schnell durch das Verhalten der Emulsion gegenüber Wasser – nur O/W-Emulsionen lassen sich mit Wasser verdünnen – oder durch Farbreaktionen erkennen:

1. Ein Tropfen der Emulsion wird mit einem Wassertropfen in Berührung gebracht. Fließen die Tropfen zusammen, liegt eine O/W-Emulsion vor. Der Tropfen einer W/O-Emulsion bildet eine deutliche Phasengrenze zum Wassertropfen.

2. Ein Tropfen einer O/W-Emulsion breitet sich viel schneller auf Filterpapier aus als ein Tropfen einer W/O-Emulsion (Ostwald, 1910 a).
3. Wasserlösliche Farbstoffe wie Methylenblau und Malachitgrün färben eine O/W-Emulsion an, nicht aber eine W/O-Emulsion. Dazu werden einige Tropfen der Emulsion auf einem Uhrglas mit einer sehr verdünnten wäßrigen Lösung von Methylenblau oder Malachitgrün versetzt. Die wäßrige Phase der O/W-Emulsion färbt sich; die W/O-Emulsion nimmt die Farbe nicht an.
   Umgekehrt kann man eine W/O-Emulsion mit fettlöslichem Sudan III (Fa. Merck, z. B. in Toluol gelöst) anfärben (Robertson, 1910; s.a. Bancroft 1912a).

Stabilitätsmessungen

Die Stabilität von Emulsionen wird meist phänomenologisch beurteilt. Die Struktur kann auch mikroskopisch, heute meist mit digitaler Bildauswertung, untersucht werden.

Sehr einfach läßt sich die Abscheidung der Aufrahmphase oder der Ölphase bei Koaleszenz (s. Abb. 7.2, S. 235) in Meßzylindern untersuchen, indem das Volumen dieser Phase oder das Verhältnis der Höhe der Aufrahmphase oder Ölphase zur Gesamthöhe (= ursprüngliche Höhe der intakten Emulsion) gemessen wird.

Aufrahmen oder Abscheidung des Öls kann durch Leitfähigkeitsmessungen verfolgt werden. Die thermostatisierte Meßzelle in Abb. 7.23 enthält nahe am unteren und am oberen Ende je ein Paar Leitfähigkeitselektroden. Beginnen die Öltröpfchen aufzurahmen, nimmt die Leitfähigkeit im unteren Teil der Emulsion zu, im oberen Teil ab, d. h. die Differenz beider Leitfähigkeiten wird größer (s. hierzu auch Abb. 7.8; 7.13; 7.15).

Ein recht zuverlässiger Stabilitätstest ist die Messung der Teilchengrößenverteilung in den ersten Wochen während der Lagerung. Eine beginnende Destabili-

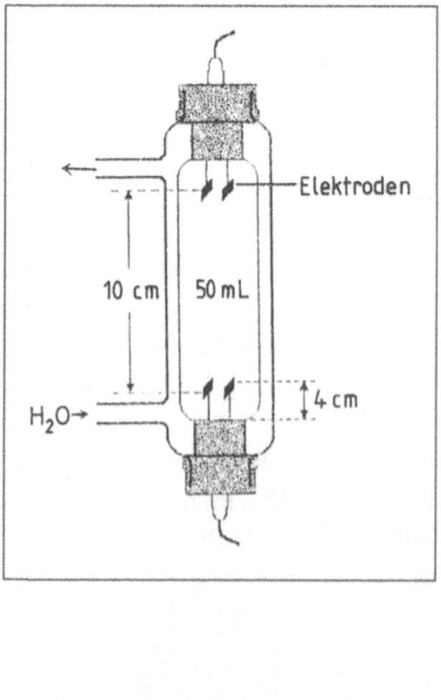

Abb. 7.23. Meßzelle zur Verfolgung der Aufrahmung und Brechung von Emulsionen über Leitfähigkeitsmessungen.

sierung verrät sich im Ausschwänzen der Verteilungskurve zu größeren Teilchendurchmessern. Eine solche Veränderung der Verteilungskurve muß daher ernst genommen werden.

Um den Zeitraum der Untersuchung bei Stabilitätstests zu verkürzen, wird die Ölabscheidung öfter durch Zentrifugation der Emulsion beschleunigt. Unter der erzwungenen Sedimentation kann jedoch der stabilisierende Film zerstört werden, oder es kommt direkt zu einer scherinduzierten Destabilisierung (Kap. 3.7). Daher läßt sich die Lagerstabilität nicht sicher aus dem Ergebnis von Zentrifugationstests voraussagen.

Ein weiterer Test ist das Erwärmen der Emulsion. Für praktische Anwendungen wird oft eine gewisse Wärmestabilität gefordert. Als Regel mag dienen, daß ein Erwärmen auf 40°C die Stabilitätszeit auf 1/4 verkürzt. Eine Emulsion, die bei 40 °C etwa 3 Monate stabil ist, wird eine Lagerstabilität bei Zimmertemperatur von etwa 1 Jahr haben (Friberg et al., 1988).

Gefrier-Tau-Tests werden ebenfalls zur Stabilitätsbeurteilung herangezogen. Sie sind schnell durchzuführen und liefern im allgemeinen gute Aussagen über die Lagerstabilität und natürlich auch über das Verhalten bei tiefen Temperaturen. Die destabilisierenden Vorgänge laufen während der Gefrier- bzw. Auftauzeiten ab; eine längere Lagerung im gefrorenen Zustand verändert die Stabilität nicht. Manche Systeme, die schwierig zu stabilisieren sind, werden im gefrorenen Zustand aufbewahrt.

Nicht unwichtig ist häufig die Stabilität gegen Schütteln, z. B. während des Transports. Dabei entstehen Scherkräfte, die die Zahl der Teilchenkollisionen erhöhen und evtl. auch den stabilisierenden Film zerstören. Weiterhin werden die Tröpfchen ständig gegen die Behälterwand gestoßen. Wenn diese durch die dispergierte Phase gut benetzt wird, entsteht durch Koaleszenz ein dünner Film auf der Wand, der je nach Dichte nach oben oder unten abläuft und kontinuierlich durch weitere Koaleszenz der Tröpfchen erneuert wird (Ostwald, 1910a; Friberg et al., 1988).

Phaseninversion

Da eine O/W-Emulsion eine deutlich höhere Leitfähigkeit als eine W/O-Emulsion hat, ist die Phaseninversionstemperatur durch eine Abnahme der Leitfähigkeit zu erkennen. Dazu wird in einer thermostatisierten Meßzelle die Leitfähigkeit mit steigender Temperatur registriert (s. Abb. 7.8, S. 245) (s. z. B. Balzer und Kosswig, 1979). Nähert sich die Temperatur der Phaseninversionstemperatur, wird starke Schlierenbildung beobachtet. Oberhalb der PIT nimmt die Emulsion die dunklere Färbung der W/O-Emulsion an. Beispiele für die Phaseninversion bei Erhitzen mit Brij-, Tween- und Span-Emulgatoren s. Lehnert et al. (1994).

Phaseninversion durch die Bildung der Erdalkalisalze von Fettsäuren läßt sich mit folgenden Versuchen demonstrieren (s. Abb. 7.3; Kap. 7.5); (Prof. Dr. E. Tombacz, Praktikumsanleitung, Kolloidchemisches Institut, Universität Szeged):

27,5 mL wäßrige Natriumoleatlösung (10 g auf 1 L Wasser) und 22,5 mL Pflanzenöl werden drei Minuten lang gemischt. Die Emulsion wird in einem Schüttelzylinder mit 0,1 M $BaCl_2$ in 0,2 mL Schritten titriert. Nach jeder Salzzugabe wird der Zylinder kräftig geschüttelt. Bei etwa 2,4 mL ändert sich die Phasenlage von W/O nach O/W. Die Art der Emulsion läßt sich mit Methylenbau und Sudan III erkennen. Beim Zusatz von $BaCl_2$ geht auch das Schäumen beim Umschütteln zurück. Die höhere Viskosität der W/O-Emulsion ist beim Umschütteln deutlich zu bemerken.

Eine abgewogene Menge einer langkettigen Fettsäure, etwa 300–400 mg Laurin-, Myristin-, Palmitin- oder Stearinsäure wird in 30 mL Pflanzenöl dispergiert. Die äquivalente Menge $Ca(OH)_2$ (74 mg auf 200 mg Laurinsäure) wird in 20 mL Wasser suspendiert. Die Flüssigkeiten werden zusammengegeben und drei Minuten geschüttelt. Das gebildete Calciumsalz der Fettsäure wirkt als Emulgator. Es bildet sich eine recht viskose W/O-Emulsion.

Pickering-Emulsion

Nach Tsugita et al. (1983) und Reese (1994) werden Emulsionen aus 30% (Massenanteil) Paraffinöl, 66,8 % Wasser, 3,0 % Natriummontmorillonit (aus Bentonit von Wyoming) und 0,2 % Emulgator (Glycerinmonostearat, Ethylenglycolmonostearat, Glycerin und Ethylenglycol) hergestellt. Jeweils 0,3 g des Emulgators werden in 45 g Öl bei 80 °C gelöst. Diese Lösung wird zu einer Dispersion von 4,5 g Natriummontmorillonit in 100 mL Wasser, die ebenfalls auf 80 °C erwärmt wurde, zugegeben. Es wird 10 Minuten lang gemischt und dann unter Rühren auf Zimmertemperatur abgekühlt.

Die Stabilität kann durch Zentrifugieren (10 Minuten bei 2000 U/min) getestet werden. Infolge der spezifisch schweren Feststoffteilchen sind die Pickering-Emulsionen im allgemeinen weniger stabil gegen Zentrifugieren als normale Emulsionen.

Mit Glycerinmonostearat entstehen sehr stabile Emulsionen; es wird beim Zentrifugieren kein Öl abgeschieden. Mit Ethylenglycolmonostearat scheiden sich bis zu 10 % (Volumenanteil) Öl ab. Glycerin und Ethylenglycol stabilisieren nicht ausreichend, die Ölabscheidung ist >10 %.

Pickering-Emulsionen können mit organophilem Bentonit ohne Zusatz eines Tensids z. B. nach folgender Vorschrift hergestellt werden (Reese, 1994):

0,2 g Dimethyldioctadecylammonium-Montmorillonit (Tixogel® VP, Süd-Chemie AG) werden mit 15 mL Xylol und 25 mL Wasser vorsichtig überschichtet (Volumenbruch Xylol 0,38). Dann wird zwei Minuten mit dem Turrax-Mischer emulgiert. Mit 20, 30, 40 und 50 mL Xylol erreicht man bei gleicher Wassermenge Volumenbrüche von 0,44; 0,55; 0,62 und 0,67. Mit Farbindikatoren stellt man fest, daß bei ϕ = 0,38; 0,44 und 0,55 O/W-Emulsionen und bei ϕ > 0,62 und 0,67 W/O-Emulsionen entstehen. Man beachte die Unterschiede im Fließverhalten (s. Abb. 7.17)! Durch Zusatz von Alkohol wird der Phaseninversionspunkt zu kleinerem ϕ verschoben (Kap. 7.9, S. 262). Mit 20 % (Volumanteil) Propanol statt reinem Wasser entstehen nur noch W/O-Emulsionen.

Herstellung einer Mikroemulsion

10 mL Toluol, 2 mL Wasser und 0,97 g Natriumoleat werden im Schüttelzylinder geschüttelt. Es entsteht eine trübe Emulsion. Nun wird mit n-Pentanol in 0,2 mL Schritten titriert. Nach jedem Schritt wird geschüttelt; Transparenz und Viskosität werden beobachtet. Die zunächst viskose Emulsion wird bei 1,4 mL Pentanol dünnflüssig und transparent: Es bildet sich die Mikroemulsion. (Titrationsverfahren nach Schulman et al. (1959); (Prof. Dr. E. Tombacz, Praktikumsanleitung, Institut für Kolloidchemie, Universität Szeged; weitere Rezepturen s. z. B. Beyer und Mubarak, 1983).

Literatur

Antón R, Mosquéra F und Oduber M (1995) Anionic-nonionic surfactant mixture to attain emulsion insensitivity to temperature. Progr Colloid Polym Sci 98: 85–88

Balzer D und Kosswig K (1979) Die Phasen-Inversions-Temperatur als Auswahlkritierium für Tenside bei der tertiären Erdölgewinnung. Tenside Detergents 16: 256–261

Bancroft WD (1912) a–c) The theory of emulsification I, III, IV. J Phys Chem 16: 177–233; 475–512; 739–758

Bancroft WD (1913) The theory of emulsification V. J Phys Chem 17: 501–519

Bansal VK und Shah DO (1977) Microemulsions and tertiary oil recovery. In: Prince LM (ed) Microemulsions – theory and practice. Acad Press, New York, pp 149–173

Becher E (ed) (1983–1988) Encyclopedia of emulsion technology. Marcel Dekker, New York, vol 1 (1983), vol 2 (1985), vol 3 (1988)

Beyer C und Mubarak K (1983) Mikroemulsionen. Pharm uns Zeit 12: 55–60

Briggs TR (1921) Ind Eng Chem 13: 1008 ff

Chen SJ, Evans DF, Ninham BW, Mitchell DJ, Blum FD und Pickup S (1986) Curvature as a determinant of microstructure and microemulsions. J Phys Chem 90: 842–847

Davies JT (1957) A qualitative kinetic theory of emulsion type. I. Physical chemistry of the emulsifying agent. Proc internat congress on surface active substances, London, pp 426–438

Davies JT und Rideal EK (1963) Interfacial phenomena. 2nd ed. Acad Press, London

Denkov ND, Ivanov IB, Kralchevsky PA und Wasan DT (1992) A possible mechanism of stabilization of emulsions by solid particles. J Coll Interf Sci 150: 589–593

Dickinson E (1982) Thermodynamic aspects of emulsion phase inversion. J Coll Interf Sci 87: 416–423

Dickinson E (1989) Food colloids – an overview. Colloids Surfaces A 42: 191–204

Dickinson E (1992) An introduction to food colloids. Univ Press, Oxford

Dickinson E, Goller MI und Wedlock DJ (1993) Creaming and rheology of emulsions containing polysaccharide and non-ionic or anionic surfactants. Colloids Surfaces A 75: 195–201

DiStefano FV, Shaffer OM, El-Aasser MS und Vanderhoff JW (1983) Multiple oil-in-water-in-oil emulsions of extremely fine droplet size. J Coll Interf Sci 92: 269–272

Dörfler HD (1994) Grenzflächen- und Kolloidchemie. VCH, Weinheim

Engels T, Förster T und Rybinski W von (1995) The influence of coemulsifier type on the stability of oil-in-water emulsions. Colloids Surfaces 99: 141–149

Evans DF, Mitchell DJ und Ninham BW (1986) Oil, water, and surfactant: properties and conjectured structure of simple microemulsions. J Phys Chem 90: 2817–2825

Evans DF und Wennerström H (1994) The colloidal domain where physics, chemistry, biology, and technology meet. VCH, Weinheim

Finkle P, Draper HD und Hildebrand JH (1923) The theory of emulsification. J Amer Chem Soc 45: 2780–2788

Flaim T und Friberg SE (1981) A reversible separation method process using nonionic surfactants. Sep Sci Techn 16: 1467–1471

Friberg S (1977) Microemulsions and micellar solutions. In: Prince LM (ed) Microemulsions – theory and practice. Acad Press, New York, pp 133–148

Friberg S und Rydhag L (1971) The system: water-p-xylene-1-amino-octane-octanoic acid. II. The stability of emulsions in different regions. Koll Z Z Polym 244: 233–239

Friberg S und Wilton I (1970) Liquid crystals – the formula of emulsions. American Perfumer and Cosmetics 85: 27–30

Friberg SE, Goldsmith LB und Hilton ML (1988) Theory of emulsions. In: Lieberman HA; Rieger MM; Banker GS (eds) Pharmaceutical dosage forms. Marcel Dekker, New York, pp 49–91

Friberg SE, Mortensen M und Neogi P (1985) Hydrocarbon extraction into surfactant phase with nonionic surfactants. I. Influence of phase equilibria for extraction kinetics. Sep Sci Techn 20: 285–296

Gelbart WM, Ben-Shaul A und Roux D (eds) (1994) Micelles, membranes, microemulsions, and monolayers. Springer-Verlag, New York

Gelot A, Friesen W und Hamza HA (1984) Colloids Surfaces 12: 271 ff

Griffin WC (1954) Calculation of HLB-values of non-ionic surfactants. J Soc Cosmetic Chem 5: 249–256

Hall SB, Duffield JR und Williams DR (1991) A reassessment of the applicability of the DLVO theory as an explanation for the Schulze-Hardy rule for colloid aggregation. J Coll Interf Sci 143: 411–415

Heusch R (1970) Eine experimentelle Methode zur Bestimmung des HLB-Wertes von Tensiden. Koll Z Z Polym 236: 31–38

Heusch R (1983) Elementarprozesse bei der Herstellung und Stabilisierung von Emulsionen. Chem Ing Techn 55: 608–616

Heusch R (1984) Mizellquellung und die Bildung von Solubilisaten, Mikroemulsionen und Emulsionen. Progr Colloid Polym Sci 69: 29–38

Heusch R (1991) Zusammensetzung und Anwendungen mesomorpher Tensidphasen. Ber Bunsenges Phys Chem 95: 625–637

Heusch R (1992) Hydratkomplexe in wäßrigen Tensidsystemen. Naturwiss 79: 450–456

Heusch R (1993) Grundlagen zur Emulgierwirkung von Tensiden. In: Kosswig K; Stache H (eds) Die Tenside. C. Hauser Verlag, München, Wien, S 203–249

Hoar TP und Schulman JH (1943) Transparent water-in-oil dispersions: the olepathic hydro-micelle. Nature (London) 152: 102–103

Hoffmann H und Ebert G (1988) Tenside, Micellen und faszinierende Phänomene. Angew Chem 100: 933–944

Ibanez JG, Takimoto MM, Vasquez RC, Basak S, Myung N und Rajeshwar K (1995) Laboratory experiments on electrochemical remediation of the environment: electrocoagulation of oily wastewater. J Chem Educ 72: 1050–1052

Israelachvili JN, Mitchell DJ und Ninham BW (1976) Theory of self-assembly of hydrocarbon amphiphiles into micells and bilayers. J Chem Soc, Faraday Trans II, 72: 1525–1568

Jahn W und Strey R (1988) Microstructure of microemulsions by freeze fracture electron microscopy. J Phys Chem 92: 2294–2301

Jansson M und Pés MA (1994) Demulsification of dilute oil/water emulsions with organic electrolytes. J Coll Interf Sci 163: 512–514

Jasmund K und Lagaly G (1993) Tonminerale und Tone. Struktur, Eigenschaften, Anwendung und Einsatz in Industrie und Umwelt. Steinkopff Verlag, Darmstadt

Kabalnov A, Lindman B, Olsson U, Puculell L, Thuresson K und Wennerström H (1996) Microemulsions in amphiphilic and polymer-surfactant systems. Colloid Polym Sci 274: 297–308

Kahlweit M (1993) Mikroemulsionen. Tenside Surf Det 30: 83–89

Kahlweit M, Strey R und Busse G (1991) Effect of alcohols on the phase behavior of microemulsions. J Phys Chem 95: 5344–5352

Kreuter R (1971) Der Aufbau von Emulsionen. Seifen – Öle – Fette – Wachse 97: 847–850

Kunieda H (1986) Correlation between the formation of a lamellar liquid crystalline phase and the hydrophile-lipophile balance (HLB) of surfactants. J Coll Interf Sci 114: 378–385

Kunieda H, Fukui Y, Uchigama H und Solans C (1996) Spontaneous formation of highly concentrated water-in-oil emulsions (gel-emulsions). Langmuir 12: 2136–2140
Lehnert S, Tarabishi H und Leuenberger H (1994) Investigation of thermal phase inversion in emulsions. Colloids Surfaces A 91: 227–235
Levine S, Bowen BD und Partridge SJ (1989) Stabilization of emulsions by fine particles. I/II. Colloids Surfaces 38: 325–343; 345–364
Lin IJ (1972) The hydrophile-lipophile balance (hlb) of fluorocarbon surfactants and its relation to the critical micelle concentration. J Phys Chem 76: 2019–2023
Lin IJ, Friend JP und Zimmels G (1973) The effect of structural modifications on the hydrophile-lipophile balance of ionic surfactants. J Coll Interf Sci 45: 378–385
Lin IJ und Marszall L (1976) CMC, HLB, and effective chain length of surface-active anionic and cationic substances containing oxyethylene groups. J Coll Interf Sci 57: 85–92
Lissant KJ (1974, 1984) Emulsions and emulsion technology. Marcel Dekker, New York, vol I, II (1974), vol III (1984) (Surfactant Science Ser vol VI)
Lissant KL (1983) Demulsification: industrial applications. Surfactant science series. Marcel Dekker, New York, vol 13
Lucassen-Reynders EH und Kuijpers KA (1992) The role of interfacial properties in emulsification. Colloids Surfaces 65: 175–184
Lucassen-Reynders EH und van den Tempel M (1963) Stabilization of water in oil emulsions by solid particles. J Phys Chem 67: 731–734
Luck WAP (1970) Zur Struktur wäßriger Lösungen. Die Mediz Welt, 21 (NF), S 857–870
Luck WAP (1976) Hydrogen bonds in liquid water. In: Schuster P; Zundel G; Syndorfy C (eds) The hydrogen bond. Recent developments in theory and experiments. North-Holland Publ Comp, Amsterdam, pp 1369–1423
Luck WAP (1978) Zur Struktur des Wassers und wäßriger Systeme. Progr Colloid Polym Sci 65: 6–28
Marangoni C (1871) über die Ausbreitung der Tropfen einer Flüssigkeit auf der Oberfläche einer anderen. Ann Phys Chem CXLIII (2. F): 337–354
Meller A und Stavans J (1996) Stability of emulsions with nonadsorbing polymers. Langmuir 12: 301–304
Menon VB und Wasan DT (1986) Particle-fluid interaction with application to solid-stabilized emulsions. Colloids Surfaces 19: 89–105
Mittal KL (ed) (1977) Micellization, solubilization and microemulsions. Plenum Press, New York, vol 1, 2
Mondain-Monval O, Leal-Calderon F, Phillip Y und Bibette J (1995) Depletion forces in the presence of electrostatic double layer repulsion. Phys Rev Lett 75: 3364–3367
Müller RH und Paulke BR (1994) Kolloide als Arzneistoffträger in der Medizin. Spektr Wiss, 102–106
Myers D (1988) Surfactant science and technology. VCH Publ, New York, Chapter 6
Neogi P, Myungsoo K und Friberg SE (1985) Hydrocarbon extraction into surfactant phase with nonionic surfactants. II. Model. Sep Sci Techn 20: 613–622
Östberg G, Bergensfahl B und Huldén M (1995) Influence of emulsifier on the formation of alkyd emulsions. Colloids Surfaces A 94: 161–171
Ostwald Wo (1910) a) Beiträge zur Kenntnis von Emulsionen. Z Chem Ind Koll (Kolloid Z) 6: 103–109
Ostwald Wo (1910) b) Der kritische Punkt bei Emulsionen. Z Chem Ind Koll (Kolloid Z) 7: 64
Overbeek JTG (1978) Microemulsions, a field at the border between lyophobic and lyophilic colloids. J Chem Soc Faraday Discuss 65: 7–19
Pal R (1996) Multiple O/W/O emulsion rheology. Langmuir 12: 2220–2225
Petkov L (1980) Kritische Bemerkungen über die HLB-Bestimmungsmethode von Esteremulgatoren nach ihrer Verseifungszahl. Seifen – Öle – Fette – Wachse 106: 213–215
Pickering SU (1907) Emulsions. J Chem Soc 91: 2001–2021
Pickering SU (1910) Über Emulsionen. Z Chem Ind Koll (Kolloid Z) 7: 11–16
Pons R, Solans C und Tadros TF (1995) Rheological behavior of highly concentrated oil-in-water (O/W) emulsions. Langmuir 11: 1966–1971

Prince LM (ed) (1977) Microemulsions – theory and practice. Acad Press, New York

Pskás S, Balázs J, Farkas A, Regdon I, Barkesi O und Dékány I (1996) The significance of colloidal hydrocarbons in crude oil production. I. Colloids Surfaces A 113: 279–293

Ramsden W (1903) Separation of solids in the surface-layers of solutions and suspensions (Observations on surface-membranes, bubbles, emulsions, and mechanical coagulation). Proc Roy Soc London 72: 156–164

Rapachietta AV und Neumann AW (1977) Force and free-energy analyses of small particles at fluid interfaces. J Coll Interf Sci 59: 555–567

Reese M (1994) Untersuchungen an tonmineralstabilisierten Emulsionen. Dissertation. Univ Kiel

Richardson EG (1953) The flow of emulsion. II. J Coll Interf Sci 8: 367–373

Richter L und Vollhardt D (1995) Concept of surface interaction energy densities: basis for emulsifying properties of organic solvents immiscible with water. Colloids Surfaces A 95: 113–118

Rieger MM (1986) Emulsions. In: Lachman L; Lieberman HA; Kanig JL (eds) Theory and practice of industrial pharmacy. 3rd ed. Lea and Febiger, Philadelphia, pp 502ff

Robb ID (ed) (1982) Microemulsions. Plenum Press, New York

Robbins ML und Bock J (1988) Model for microemulsions. I, II. J Coll Interf Sci 124: 462–485; 486–503

Robertson TB (1910) Notiz über einige Faktoren, welche Bestandteile von Öl-Wasseremulsionen bestimmen. Z Chem Ind Koll (Kolloid Z) 7: 7–10

Rosano HL und Clausse M (ed) (1987) Microemulsion systems. Marcel Dekker, New York

Ruckenstein E und Chi JC (1975) Stability of microemulsions. J Chem Soc, Faraday Trans II, 71: 1690–1707

Ruckenstein E (1996) Microemulsions, macroemulsions, and the Bancroft rule. Langmuir 12: 6351–6353

Ruckenstein E, Ebert G und Platz G (1989) Phase behavior and stability of concentrated emulsions. J Coll Interf Sci 133: 432–441

Rydhag L und Friberg S (1973) Phase equilibria of water/hydrocarbons/nonionic emulsifiers. Chemie, physikalische Chemie und Anwendungstechnik der grenzflächenaktiven Stoffe. VI. Internat. Kongreß für grenzflächenaktive Stoffe. Zürich, 483–491

Sadtler VM, Krafft MP und Riess JG (1996) Herstellung stabiler, inverser Wasser-in-Fluorkohlenstoff-Emulsionen. Angew Chem 108: 2106–2108

Saito H und Shinoda K (1970) The stability of W/O type emulsions as a function of temperature and the hydrophilic chain length of the emulsifier. J Coll Interf Sci 32: 647–651

Schott H (1989) Comments on hydrophile-lipophile balance systems. J Coll Interf Sci 133: 527–529

Schulman JH und Cockbain EG (1940) Molecular interactions at oil/water interfaces. I, II. Trans Faraday Soc 36: 651–668

Schulman JH und Leja J (1954) Control of contact angles at the oil-water-solid interfaces. Trans Faraday Soc 50: 589–605

Schulman JH, Stoeckenius W und Prince LM (1959) Mechanism of formation and structure of microemulsions by electron microscopy. J Phys Chem 63: 1677–1680

Shah DO und Schechter RS (1977) Improved oil recovery by surfactant and polymer flooding. Acad Press, New York

Shah DO (ed) (1985) Macro- and microemulsions. Theory and applications. ACS Symp Ser 272. Amer Chem Soc, Washington D.C.

Shinoda K (1968) The comparison between the PIT system and the HLB-value system to emulsifier selection. Proc internat congress on surface active substances, Barcelona, vol II, pp 275–283

Shinoda K (1983) Solution behavior of surfactants: the importance of surfactant phase and the continuous change in HLB of surfactant. Progr Colloid Polym Sci 68: 1–7

Shinoda K und Friberg S (1975) Microemulsions: colloidal aspects. Advan Coll Interf Sci 4: 281–300

Shinoda K und Kunieda H (1977) How to formulate microemulsions with less surfactant. In: Prince LM (ed) Microemulsions – theory and practice. Acad Press, New York, pp 57–89

Shinoda K und Saito H (1969) The stability of O/W type emulsions as functions of temperature and the HLB of emulsifiers: the emulsification by PIT-method. J Coll Interf Sci 30: 258–263

Snyder BY und Berg JC (1994) Liquid bridge agglomeration: a fundamental approach to toner deinking. TAPPI J 77: 79–84

Stache H (Hrsg) (1990) Tensid-Taschenbuch. Carl Hauser Verlag, München, Wien

Stickdorn A, Schwuger MJ und Schomäker R (1994) Einsatz von Mikroemulsionen in technischen Prozessen. Tenside Surf Det 31: 218–228

Strey R (1996) Water-nonionic surfactant systems, and the effects of additives. Ber Bunsenges Phys Chem 100: 182–189

Szymanowski J und Beger J (1987) The estimation of hydrophile-lipophile balance from solubility and polarity data. J Coll Interf Sci 119: 286–288

Tadros TF und Vincent B (1983) Emulsion stability. In: Becher P (ed) Encyclopedia of emulsion technology. Marcel Dekker, vol 1, pp 129–287

Tambe DE und Sharma MM (1993) Factors controlling the stability of colloid-stabilized emulsions. I. An experimental study. J Coll Interf Sci 157: 244–253

Tambe DE und Sharma MM (1994) Factors controlling the stability of colloid-stabilized emulsions. II. A model for the rheological properties of colloid-laden interfaces. J Coll Interf Sci 162: 1–10

Tambe DE und Sharma MM (1995) Factors controlling the stability of colloid-stabilized emulsions. III. Measurement of the rheological properties of colloid-laden interfaces. J Coll Interf Sci 171: 456–462

Taylor P (1995) Ostwald ripening in emulsions. Colloids Surfaces A 99: 175–185

Tsugita A, Takemoto S, Mori K, Yoneya T und Otani Y (1983) Studies on O/W emulsions stabilized with insoluble montmorillonite-organic complexes. J Coll Interf Sci 95: 551–560

Urdahl O und Sjöblom J (1995) Water-in-crude oil emulsions from the Norwegian continental shelf. A stabilization and destabilization study. J Dispersion Sci Techn 16: 557–574

Winsor PA (1948) Hydrotropy, solubilisation and related emulsification processes. Part I–IV. Trans Faraday Soc 44: 376–398

Yan N und Masliyah JH (1993) Solids stabilized oil-in-water emulsions: scavenging of emulsion droplets by fresh oil addition. Colloids Surfaces 75: 123–132

Yan N und Masliyah JH (1995) Characterization and demulsification of solids-stabilized oil-in-water emulsions. I, II. Colloids Surfaces 96: 229–242; 243–252

Zhai X und Efrima S (1996) Chemical physical aspects of macroemulsions stabilized by interfacial colloids. J Phys Chem 100: 11019–11028

8 Teilchengröße

8.1 Methoden zur Teilchengrößenbestimmung

Abgesehen von der Lichtstreuung in Lösung decken die verschiedenen Methoden zur Teilchengrößenbestimmung unterschiedliche Größenbereiche ab (Abb. 8.1). Die wichtigste mikroskopische Methode ist die Elektronenmikroskopie. Zukunftsweisend ist die Röntgenmikroskopie, weil die Teilchen in situ in ihrer wäßrigen Umgebung untersucht werden können (Kap. 8.3).

Lichtstreuverfahren, insbesondere die Photonenkorrelation, werden häufig zur Teilchengrößenbestimmung benutzt. Allerdings kann mit der Photonenkorrelation eine polydisperse Verteilung nicht aufgelöst und häufig nicht einmal erkannt werden (Kap. 8.6). Die Ermittlung von Teilchengrößen aus Trübungsmessungen (Kap. 8.5) ist ein altes Verfahren, das durch verbesserte mathematische Auswertemethoden wieder an Boden gewinnt.

Die dritte wichtigste Gruppe umfaßt die Sedimentations- und Strömungsmethoden (Kap. 8.7, 8.8). Die Ermittlung der Korngrößenverteilung von Tonen, Kaolinen und Bentoniten und die Gewinnung von Korngrößenfraktionen durch Sedimentation sind im Labor wie in der Technik gängige Verfahren. Da die Sedimentation im Schwerefeld nur für Teilchen bis herab zu 1 μm brauchbar ist (Abb. 8.1), wird die Verteilung unterhalb 1 μm im Zentrifugalfeld bestimmt. Immer häufiger werden Scheibenzentrifugen (Kap. 8.7.4) zur Analyse von Teilchengrößenverteilungen eingesetzt, da polydisperse Verteilungen gut aufzulösen sind. In dieser Hinsicht ist auch die Kraftfeldfraktionierung wirkungsvoll (Kap. 8.8.3).

Bei kristallinen Stoffen kann die mittlere Teilchengröße aus der Linienverbreiterung der Röntgenreflexe im Pulverdiagramm bestimmt werden.

Weitere Methoden führen nicht direkt zur Teilchengröße, sondern zur spezifischen Oberfläche. Als wichtigstes Meßverfahren ist die Gasadsorption zu nennen (Gregg und Singh, 1982; Allen, 1997, Bd. 2). Die Adsorption aus Lösung ist nur für Einzelfälle zu empfehlen (z. B. Messung der spezifischen Oberfläche von Bodenproben durch Nitrophenoladsorption, Ristori et al. 1989). Die Adsorption von Methylenblau wird in Betriebslabors gerne zur Messung der spezifischen Oberfläche von Tonen oder zur Bestimmung des Montmorillonitgehaltes in Bentoniten eingesetzt. Die erhaltenen Werte sind mit Vorbehalt zu betrachten (Jasmund und Lagaly, 1993, S. 140). Bei hochgeladenen Teilchen wie Tonmineralen kann die spezifische Oberfläche auch aus dem Anionenausschluß (negative Adsorption) bestimmt werden (Kap. 8.9).

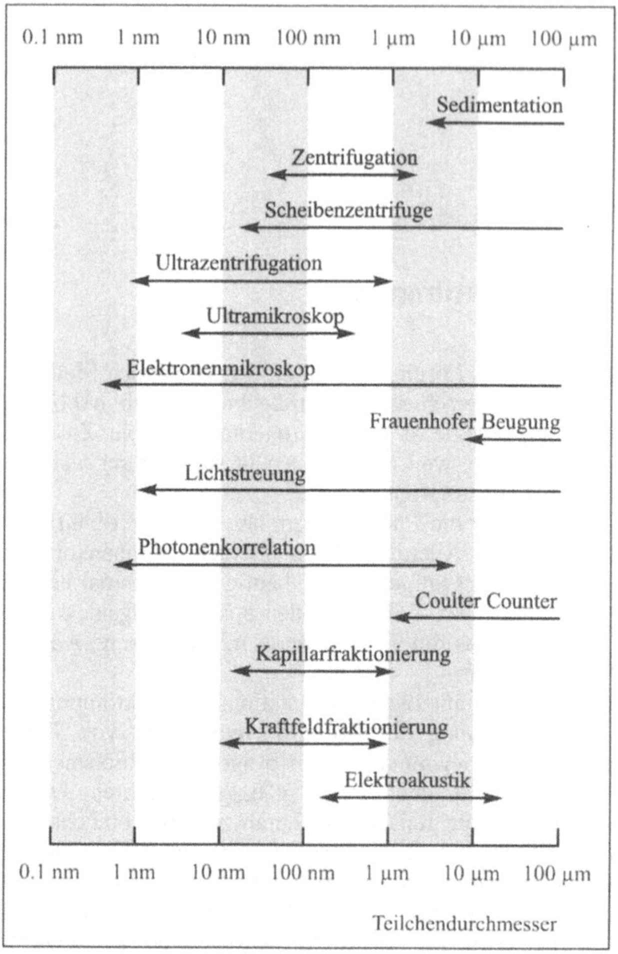

Abb. 8.1. Die mit unterschiedlichen Meßmethoden erfaßbaren Teilchengrößenbereiche. (Nach Hunter, 1993)

8.2 Mittlere Durchmesser

Die kolloidalen Teilchen haben in Dispersionen häufig, in Emulsionen immer, unterschiedliche Durchmesser. Die mittleren Teilchendurchmesser können in verschiedener Weise ermittelt werden, je nachdem, ob eine Anzahl-, Längen-, Oberflächen- oder Volumenverteilung zugrunde gelegt wird (Allen, 1993, Kap. 4).

Die Anzahlverteilung ist aus dem täglichen Leben vertraut (Abb. 8.2a). Sie gibt an, wie viele Teilchen *n (d)* mit dem Durchmesser *d* in einem kleinen Teilchengrößenintervall Δd bzw. ∂d enthalten sind. Die Summe $\Sigma n(d)\Delta d$ bzw. das Integral $\int n(d)\partial d$ (jeweils von $d_{\min}$ bis $d_{\max}$) gibt die Gesamtzahl der Teilchen an. Bei einer monomodalen Verteilung (Abb. 8.2a) gibt der *häufigste Durchmesser* d_h den Teilchendurchmesser an, der dem Maximum der Verteilungskurve entspricht. Der *mediane Durchmesser* (Halbwertsdurchmesser, Zentral- oder Medi-

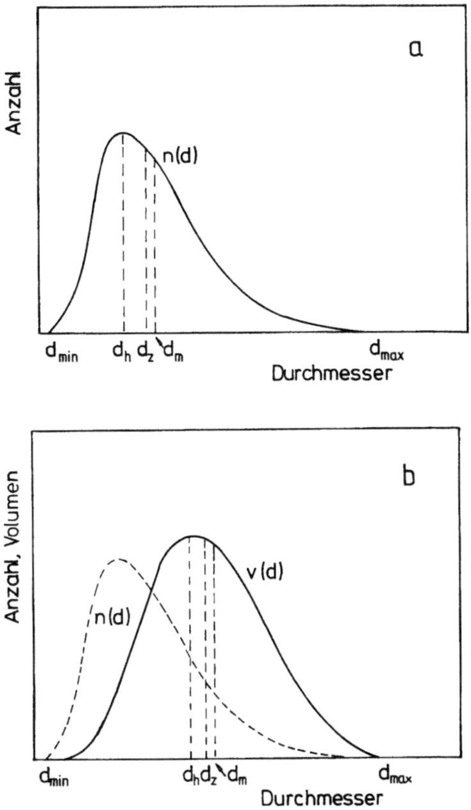

Abb. 8.2. Anzahl – **a** und Volumenverteilung **b** der Teilchendurchmesser: d_h häufigster Durchmesser, d_m mittlerer Durchmesser, d_z Halbwertsdurchmesser oder Zentralwert (Median) der Verteilung.

anwert der Verteilung) d_z trennt die Fläche unter der Verteilungskurve in zwei gleich große Hälften, d. h. es gibt genau so viele Teilchen mit einem Durchmesser größer d_z wie Teilchen mit einem Durchmesser kleiner d_z. Schließlich ist der *mittlere Durchmesser* d_m:

$$d_m = \frac{\int d n(d)\,\partial d}{n} = \frac{\int d n(d)\,\partial d}{\int n(d)\,\partial d} \tag{8.1}$$

Es wird also jeder Durchmesser d zwischen d_{min} und d_{max} mit der Anzahl n(d) der Teilchen gewichtet, bevor aufsummiert bzw. integriert wird. Die Summe muß dann durch die Gesamtzahl der Teilchen geteilt werden. Der mittlere Durchmesser d_m als „Schwerpunkt" der Teilchengrößenverteilung läßt sich demonstrieren, indem man die Fläche unter der Kurve ausschneidet und das Papier entlang d_m auf eine Schneide legt. Man kann es auch entlang d_m falten und mit dieser Kante auf eine glatte Fläche stellen: Es bleibt im Gleichgewicht.

Bei einzelnen Verfahren zur Messung der Teilchengröße fallen häufig nicht Anzahlverteilungen, sondern andere Verteilungen wie Längen-, Oberflächen-,

Volumen- oder auch Intensitätsverteilungen an. Allgemein ist der mittlere Durchmesser d (M, N):

$$d\,(M,N) = \left[\frac{\int d^M\, n\,(d)\,\partial d}{\int d^N\, n\,(d)\,\partial d}\right]^{1/(M-N)}. \tag{8.2a}$$

Mit $M = 1$, $N = 0$ erhält man den mittleren Durchmesser der Anzahlverteilung:

$$d(1{,}0) = \frac{\int \mathrm{d}n\,(d)\,\partial d}{\int n\,(d)\,\partial d} = d_M. \tag{8.2b}$$

Für $M = 2$, $N = 1$; $M = 3$, $N = 2$ und $M = 4$, $N = 3$ erhält man dann die mittleren Durchmesser nach der Längen-, Oberflächen- bzw. Volumenverteilung.

Eine Volumenverteilung z. B. gibt an, mit welchem Anteil die Teilchen mit einem Volumen innerhalb eines engen Volumenbereichs zum Gesamtvolumen beitragen. Diese Kurve ist gegenüber der Anzahlverteilung zu höheren Durchmessern verschoben (Abb. 8.2b). Der mittlere Teilchendurchmesser nach der Volumenverteilung ist:

$$d = \frac{\int \mathrm{d}v\,(d)\,\partial d}{\int v\,(d)\,\partial d}. \tag{8.3a}$$

Der Zähler wird als Moment der Volumenverteilung bezeichnet. Da $v = \mathrm{kd}^3\,\mathrm{n(d)}$ ist, folgt:

$$d = \frac{\int d^4\, n\,(d)\,\partial d}{\int d^3\, n\,(d)\,\partial d} \equiv d(4{,}3). \tag{8.3b}$$

Es seien noch die mittleren Durchmesser mit $M > 1$, $N = 0$ erläutert:

$$d(2{,}0) = \left[\frac{\int d^2\, n\,(d)\,\partial d}{\int n\,(d)\,\partial d}\right]^{1/2}. \tag{8.4}$$

Da das Integral im Zähler proportional zur Gesamtoberfläche aller Teilchen ist, ist $d(2{,}0)$ der Teilchendurchmesser einer monodispersen Probe, die die gleiche Gesamtoberfläche wie die reale Oberfläche hat. Entsprechendes gilt für $d(1{,}0)$ und $d(3{,}0)$ in bezug auf die Gesamtlänge und das Gesamtvolumen.

Neben den mittleren Durchmessern $d(2{,}1)$, $d(3{,}2)$ und $d(4{,}3)$ der Längen-, Oberflächen- und Volumenverteilung kann man wie bei der Anzahlverteilung die häufigsten Durchmesser d_h und die Zentralwerte bestimmen (Abb. 8.2b).

Die Beschreibung der unterschiedlichen Durchmesser ist deshalb wichtig, weil die mit verschiedenen experimentellen Methoden ermittelten Durchmesser von unterschiedlichem Charakter sein können. Zum Vergleich lassen sich die einzelnen Verteilungen ineinander umrechnen. Die Verteilungskurven können sich in ihrer Form beträchtlich unterscheiden, z. B. bei der Anzahl- und Massenverteilung, weil wenige große Teilchen wesentlich stärker zum Volumen bzw. zur Masse beitragen als viele kleine Teilchen (vgl. Abb. 8.7).

Aus elektronenmikroskopischen Abbildungen lassen sich die verschiedenen Verteilungen direkt ermitteln bzw. aus den gemessenen Durchmessern und der Anzahl der Teilchen errechnen. Die bei den Lichtstreuversuchen gemessenen Intensitäten sind proportional zu d^6. Der mit $d(6,5)$ vergleichbare Mittelwert ist höher als der Mittelwert der Volumenverteilung und der Anzahlverteilung:

$$d(6,5) > d(4,3) > d(1,0).$$

Zur Umrechung der intensitätsgewichteten Verteilung in eine Anzahlverteilung muß der Wert dieser Verteilung durch $d^6 \cdot P(d)$ dividiert werden, wobei $P(d)$ der Streuformfaktor ist. Als Beispiel (Untersuchung kolloidaler Zeolithteilchen) s. Schoeman et al. (1994).

8.3 Mikroskopische Untersuchungen

Kolloidale Teilchen lassen sich im Lichtmikroskop nicht direkt erkennen. Bereits 1903 zeigten Siedentopf und Zsigmondy, daß die Teilchen bei seitlicher Beleuchtung durch den von ihnen ausgehenden Streukegel sichtbar werden (Ultramikroskop). Aus der Größe der Beugungskegel läßt sich aber nicht auf die Größe der Teilchen schließen. Siedentopf und Zsigmondy (1903) ermittelten die Größe von Goldteilchen im Goldrubinglas durch Auszählen der Teilchen in einem gegebenen Volumen und Bestimmung ihrer Gesamtmasse.

Die Elektronenmikroskopie ist die genaueste Methode zur Ermittlung der Teilchengestalt und Teilchengrößenverteilung (Allen, 1993, Kap. 6). ELMI-Aufnahmen unterschiedlichster kolloidaler Teilchen wurden von Matijević und Mitarbeitern veröffentlicht. Es ist nicht zu leugnen, daß die bestechenden Aufnahmen auch ein ästhetisches Bedürfnis befriedigen (s. Abb. 5.5, 5.6, S. 176). Oft sind die morphologisch einheitlichen Teilchen aus vielen kleineren Teilchen zusammengesetzt (s. Abb. 5.3, S. 169).

Bei elektronenmikroskopischen Aufnahmen müssen mögliche Veränderungen der Teilchen durch die Aufnahmebedingungen (Trocknung, Vakuum, Wirkung des Elektronenstrahls) berücksichtigt werden. Latices sind besonders anfällig. Auch die Art der Kontrastierung kann die elektronenmikroskopisch ermittelte Teilchengröße beeinflussen. Bei einigen filmbildenden Latices lieferte die Kontrastierung mit Uranylacetat größere Teilchendurchmesser als mit Osmiumtetroxid. Ursache war ein merkliches Auseinanderfließen der Teilchen unter den Aufnahmebedingungen. Osmiumtetroxid reagiert mit Doppelbindungen und stabilisiert somit die Form der Teilchen durch Erhöhung der Glastemperatur (Karlsson et al., 1995).

Durch sehr schnelles Einfrieren von Dispersionen (Jet-freezing) lassen sich die Teilchen in der Dispersion, also nicht erst nach Entfernen des Dispersionsmittels, abbilden. Um Artefakte durch das Auskristallisieren des Dispersionsmittels, meist Wasser, zu vermeiden, muß extrem schnell abgekühlt werden, damit die Lösungsmittelkristalle bzw. Segregationen aus Lösungsmittel und gelösten Stoffen kleiner als mindestens 10 nm bleiben (Sandwich-freezing in einer Propan/Propylen-Mischung bei 77 K mit Abkühlungsraten um 10^5 K/s). Auf diese

Weise konnten Vali und Bachmann (1988) die verschiedenen Arten der Aggregation von Tonmineralteilchen in Wasser und Salzlösungen bestimmen. Sie zeigten in ihrer Abbildung 2d einen typischen Artefakt, wie er bei zu langsamem Abkühlen entsteht: Beim Wachsen der Eiskristalle werden die Tonmineralteilchen an die Korngrenzen gedrängt, wo sie ein dreidimensionales Netzwerk bilden, das aber nicht die Struktur in der Dispersion darstellt.

Die elektronenmikroskopische Untersuchung von Mikroemulsionen demonstriert eindrucksvoll die Leistungsfähigkeit moderner Präparationstechniken (s. Abb. 7.19, S. 264). Das Verfahren wurde von Jahn und Strey (1988) ausführlich beschrieben.

Eine direkte Abbildung der Teilchen in der wäßrigen Dispersion gelingt mit der Röntgenmikroskopie. Strahlung mit Wellenlängen zwischen 2,34 nm und 4,38 nm (K-Absorptionskante von Sauerstoff und Kohlenstoff) wird von Wasser schwach, von anorganischem Material (Silicate, Eisenoxide) und organischen Stoffen stark absorbiert. Dadurch wird ein hoher Amplitudenkontrast in wäßrigen Proben erreicht. Somit kann z. B. die Aggregation von Tonmineralteilchen in Wasser oder Salzlösungen unmittelbar betrachtet werden. Die Auflösung liegt zwischen der des Lichtmikroskops und der des Elektronenmikroskops. Leider benötigt das Röntgenmikroskop Synchrotronstrahlung. Zwei Geräte, ein Röntgenmikroskop und ein Rasterröntgenmikroskop, sind in Berlin an BESSY angeschlossen (Niemeyer et al., 1994; Thieme et al., 1994).

8.4 Lichtstreuung

Die Mie-Theorie beschreibt die Lichtstreuung an kugelförmigen elektrisch leitenden und nichtleitenden Teilchen. Sie liefert die richtige Intensitätsverteilung des Streulichtes in Abhängigkeit vom Streuwinkel für alle Wellenlängen und Teilchengrößen, ist aber kompliziert und erfordert einen hohen Rechnungsaufwand.

Wird der Durchmesser der Teilchen kleiner als die Lichtwellenlänge (etwa $\lambda/10$), ist die Intensität des Streulichts nicht mehr winkelabhängig. Es kann die mathematisch wesentlich einfachere Rayleigh-Näherung benutzt werden. Nach dieser ist die Intensität proportional zu d^6 und $1/\lambda^4$. Daher verfälscht die Anwesenheit einiger größerer Partikel in einer kleinerteiligen Dispersion das Ergebnis des Lichtstreuexperiments extrem. Es ist somit auf höchste Sauberkeit zu achten. Durch sorgfältige Probenvorbereitung (z. B. mehrmaliges Filtrieren über Membranfilter) sind Staubpartikel auszuschließen. Jede Nachlässigkeit äußert sich in einer Verfälschung der Meßwerte. Dies ist einer der Gründe, weshalb manchmal unsinnige Ergebnisse mitgeteilt werden. Weiterhin bedeutet die Abhängigkeit der Intensität von d^6, daß eine polydisperse Verteilung aus kleinen und deutlich größeren Teilchen nicht aufgelöst wird, weil die hohe Streulichtintensität der großen Teilchen diejenige der kleinen überdeckt.

Die Änderung der Intensität der Streustrahlung mit $1/\lambda^4$ verursacht das für kolloidale Verteilungen typische Phänomen: Das gestreute Licht ist kürzerwelliger als das durch die Probe hindurchgehende. Verdünnte Schwefelsole oder verdünnte

Milch erzeugen eine bläuliche Streustrahlung und erscheinen im Durchlicht rötlich (Kap. 5.10.6, S. 194).

Bei Partikeln mit Durchmessern größer als die Lichtwellenlänge (je nach dem Verhältnis der Brechungsindizes von Probe und Dispersionsmittel bei etwa >5 λ) kann die Fraunhofer-Näherung zur Teilchengrößenbestimmung benutzt werden. Sie ist aus der Theorie der Beugung am Gitter abgeleitet. In Granulometern wird sie zur Korngrößenmessung pulverförmiger Substanzen im Bereich von etwa 1 bis 200 µm (Helium-Neon-Laser, λ = 624 nm) ausgenutzt.

Die Teilchengröße kann auch aus der Doppelbrechung ermittelt werden. Eine verdünnte Dispersion anisometrischer Teilchen ist normalerweise nicht doppelbrechend, da die Teilchen statistisch orientiert sind. Unter Wirkung äußerer Kräfte können sich die Teilchen parallel ausrichten, und die Dispersion wird doppelbrechend. Auf die Doppelbrechung unter Strömung wurde in Kap. 3.5 hingewiesen. Die durch ein elektrisches Feld erzeugte optische Anisotropie der Dispersion wird als Kerr-Effekt bezeichnet. Die Orientierung der Teilchen erfolgt durch die Wechselwirkung des elektrischen Feldes mit dem permanenten Dipolmoment des Teilchens oder dem durch anisotrope Polarisierbarkeit entstehenden Moment. Beim Anlegen eines pulsförmigen Feldes steigt die Doppelbrechung bis zu einem Gleichgewichtswert, wobei die Brownsche Molekularbewegung der Einregelung der Teilchen entgegenwirkt. Nach Abschalten des Feldes klingt die Doppelbrechung nach einer e-Funktion ab, aus der der Rotationsdiffusionskoeffizient D_R[1)] ermittelt wird. D_R läßt sich in den äquivalenten sphärischen Durchmesser d_R umrechnen (Parslow and Jennings, 1986):

$$D_R = \frac{kT}{\pi\eta} * d_R^3. \tag{8.5}$$

Bei einer Teilchengrößenverteilung erhält man die Parameter einer Zweiparameterverteilungskurve aus der Messung von D_R bei niedrigen und hohen Feldstärken (im einzelnen und Beschreibung der Meßapparatur s. Oakley et al., 1982; Hinds et al., 1996).

Werden die Teilchen durch ein Magnetfeld orientiert, spricht man vom Cotton-Mouton-Effekt.

8.5 Trübungsmessungen

Trübungsmessungen werden seit langem zur Teilchengrößenbestimmung benutzt (Lange, 1968). Der apparative Aufwand ist gering; die mathematische Auswer-

[1)] Im Gegensatz zu der üblichen (translatorischen) Diffusion ist die rotatorische Diffusion (rotational oder rotary diffusion) die statistische Rotation von Molekülen oder Teilchen unter Einfluß der thermischen Bewegung (Einheit s^{-1} gegenüber $m^2 s^{-1}$ bei der translatorischen Diffusion) (Lyklema, 1991, S. 670). Diese Diffusion bestimmt das Verhalten von Teilchen bei elektrooptischen und magnetooptischen Messungen. Hierbei werden Rotationsbewegungen elektrisch oder magnetisch induziert und optisch gemessen.

tung der Meßwerte wird mehr und mehr verbessert (z. B. Eliçabe and Garciá-Rubio, 1989; Apfel et al., 1994).

Die Größe dispergierter Teilchen läßt sich häufig aus dem Aussehen einer Dispersion abschätzen (SiO_2, Kap. 1.2, S. 7; Gold, Kap. 5.6, S. 180). Mit dem im folgenden geschilderten Verfahren werden trotz der Einfachheit der Messung recht zuverlässige Werte erhalten (Lange, 1968; van den Esker and Pieper, 1975).

Die kolloidale Dispersion wird in einer Küvette (Schichtdicke L) mit Licht der Wellenlänge λ und der Intensität I_{02} bestrahlt. Beim Durchgang durch die Dispersion sinkt die Intensität des Lichtes von I_0 auf I ab (Lambert-Beersches Gesetz):

$$I = I_0\,\mathrm{e}^{-\tau L}. \tag{8.6a}$$

Üblich sind folgende Begriffe:

Turbidität (turbidity, absorptivity)

$$\tau = \frac{1}{L}\ln\frac{I_0}{I} = \frac{2{,}303}{L}\lg\frac{I_0}{I} = \frac{2{,}303}{L}\lg\frac{1}{T} \tag{8.6b}$$

Transparenz

$$T = I/I_0$$

Extinktion E, optische Dichte D (optical density, absorbance)

$$E \text{ oder } D = \lg I_0/I = \lg 1/T \tag{8.6c}$$

Daraus folgt

$$\tau = \frac{2{,}303}{L}\,E \text{ bzw. } \frac{2{,}303}{L}D. \tag{8.6d}$$

Nach DIN und IUPAC-Empfehlungen soll Extinktion durch die umständlichen Ausdrücke „spektrales Absorptionsmaß“ (DIN) oder „dekadisches Absorptionsvermögen“ (IUPAC) ersetzt werden.

Angemerkt sei, daß bei photometrischen Analysen die Konzentrationsabhängigkeit der Extinktion interessiert:

$$E = \varepsilon \cdot c \cdot L \tag{8.7}$$

(ε molarer dekadischer Extinktionskoeffizient, c Stoffmengenkonzentration in mol/Liter, L wiederum Weglänge des Lichtes durch die Lösung).

Die Turbidität einer kolloidalen Dispersion mit N Teilchen in der Volumeneinheit ist:

$$\tau = N \cdot q, \tag{8.8a}$$

wobei q der Streuquerschnitt eines Teilchens (Radius a) angibt. Er ist aber nicht identisch mit dem geometrischen Querschnitt πa^2 des Teilchens, sondern proportional dazu:

$$q = Q \cdot \pi a^2. \tag{8.8b}$$

Die Zahl N der Teilchen kann durch den Volumenbruch ϕ des Feststoffs ausgedrückt werden:

$$N = \frac{\phi}{(4/3)\,\pi\, a^3} \tag{8.9a}$$

oder aus der Feststoffkonzentration c (in g cm^{-3}) berechnet werden:

$$N = \frac{c}{(4/3)\,\pi\, a^3 \rho}. \tag{8.9b}$$

Man erhält dann:

$$\tau/c = \frac{3}{4\,a\,\rho} Q. \tag{8.10}$$

Q stellt eine Funktion von $x = 2\pi n_0 a/\lambda$ und dem relativen Brechungsindex $m = n/n_0$ dar, wobei n, n_0 die Brechungsindizes der Teilchen und des Dispersionsmittels bedeuten.

Für kleine Teilchen ($0 \le x \le 1$ bzw. $0 \le a \le 70$ nm bei $\lambda = 600$ nm) und einem nicht zu hohen Brechungsindex ($1 \le m \le 1{,}3$ bzw. $1{,}334 \le n \le 1{,}734$ für Wasser als Dispersionsmittel, $n_0 = 1{,}334$) kann Q mit Hilfe der Rayleigh-Näherung berechnet werden:

$$Q = \frac{8}{3} x^4 \left(\frac{m^2 - 1}{m^2 + 2}\right)^2, \tag{8.11}$$

und man erhält aus Gleichung 8.10:

$$\tau/c = \frac{32\,\pi^4\, n_0^4\, a^3}{\rho\, \lambda^4} \left(\frac{m^2 - 1}{m^2 + 2}\right)^2. \tag{8.12}$$

Wenn der Brechungsindex der reinen Teilchen nicht bekannt ist, kann er aus dem Brechungsinkrement berechnet werden (Lange, 1968):

$$\left(\frac{\partial n}{\partial c}\right) = \frac{3\, n_0}{2\rho} * \frac{g\,(x,\, m)}{x^3}. \tag{8.13}$$

Unter den oben genannten Bedingungen läßt sich $g\,(x, m)$ wiederum annähern:

$$g\,(x,\, m) \approx \left(\frac{m^2 - 1}{m^2 + 2}\right) * x^3. \tag{8.14}$$

Es folgt dann:

$$\left(\frac{m^2-1}{m^2+2}\right)=\frac{2\rho}{3n_0}\left(\frac{\partial n}{\partial c}\right) \tag{8.15}$$

und somit:

$$\tau/c=\frac{128}{9}*\frac{\pi^4 n_0^2 \rho a^3}{\lambda^4}\left(\frac{\partial n}{\partial c}\right)^2. \tag{8.16a}$$

Die Anwendung der vorangehenden Beziehungen ist an die Bedingung geknüpft, daß die einzelnen Teilchen unabhängig voneinander streuen, d. h. die Dispersionen müssen immer hinreichend verdünnt sein (z. B. Feststoffgehalte $<10^{-3}$ g/cm^3 bei Latices). Man mißt daher die Turbidität einer Reihe verdünnter Dispersionen und extrapoliert (τ/c) auf $c = 0$ ($\rightarrow (\tau/c)_0$). Die Teilchengröße ergibt sich dann aus Gleichung 8.16 a:

$$a=\left(\frac{9\,(\tau/c)_0\,\lambda^4}{128\,\pi^4\,(\partial n/\partial c)^2\,n_0^2\,\rho}\right)^{1/3} \tag{8.16b}$$

(im CGS-System: a (cm), τ (cm^{-1}), c (g cm^{-3}), λ (cm), $\partial n/\partial c$ (cm^{3}g^{-1}), q (g cm^{-3}). Für Latices (ρ = 1,06 g cm^{-3}) wurde $\partial n/\partial c$ = 0,253 cm^{3}g^{-1} ermittelt. Der Brechungsindex von Wasser ist n_0 = 1,334. Somit wird aus Gleichung 8.16a:

$$a=0,1815\,\lambda^4\,(\tau/c)_0^{1/3}. \tag{8.16c}$$

Meßbeispiele findet man bei Lange (1968). Für eine Reihe verschiedener Latices lag die Dichte zwischen 0,991 g/cm^3 und 1,200 g/cm^3, n zwischen 1,474 und 1,602 und m zwischen 1,105 und 1,200. Die Teilchendurchmesser variierten zwischen 64 und 150 nm (in einigen Fällen sogar bis 570 nm). Auch bei den eigentlich zu großen Teilchen stimmten die Durchmesser sehr gut mit Ultrazentrifugationsdaten überein. Wir selbst haben mit der Langeschen Methode für unterschiedlichste Latexdispersionen verläßliche Werte erhalten. Testmessungen in verschiedenen Labors bestätigten die allgemeine Anwendbarkeit dieser Methode (Lange, 1995).

Gleichung 8.12 wird mit $a^3 = 3\,V/4\,\pi$ umgeschrieben in:

$$\tau=\frac{24\,\pi^3\,n_0^4}{\lambda^4}\frac{cV}{\rho}\left(\frac{m^2-1}{m^2+2}\right)^2. \tag{8.17}$$

Wird s gegen c aufgetragen, erhält man aus der Steigung das mittlere Volumen der einzelnen Teilchen (vgl. z. B. Ferreiro et al., 1995, für Eisenoxidhydroxid, n = 3,01, und Montmorillonit, n = 1,60, in Wasser, n_0 = *1,333)*.

Die angegebenen Beziehungen wurden zwar für kugelförmige Teilchen abgeleitet, sind aber auch für andere optisch isotrope Teilchen brauchbar, wenn die Brechungsindizes von Teilchen und Dispersionsmittel nicht zu unterschiedlich sind und die längste Ausdehnung des Teilchens unter 0,1 λ bleibt. Schramm und

Tabelle 8.1. Numerische Werte zur Teilchengrößenbestimmung von Latices aus Trübungsmessungen (van den Esker und Pieper, 1975).

x	Q_R	Q_M	Q_M/x	$\lg(10^4\,Q_M/x)$
0,2	0,0000698	0,0000692	0,000346	0,54
0,4	0,00112	0,00108	0,00270	1,43
0,6	0,00565	0,00523	0,00872	0,94
0,8	0,0179	0,0154	0,0193	2,29
1,0	0,0436	0,0345	0,0345	2,54
1,2	0,0905	0,0616	0,0514	2,71

Kwak (1982a) bestimmten durch Trübungsmessungen die Größe der Taktoide in Montmorillonitdispersionen (Kap. 3.6).

Bei Teilchen > 0,1 λ muß die Theorie der Lichtstreuung nach Mie benutzt werden. In erster Näherung kann ähnlich wie bisher verfahren werden, indem man wiederum von den Gleichungen 8.8a,b und 8.10 ausgeht, aber andere Werte für Q benutzt. Wenn N durch ϕ ausgedrückt wird, erhält man analog zu Gleichung 8.10:

$$\tau = \frac{3}{4}\frac{Q_M}{a}\,\phi. \tag{8.18}$$

Mit $x = 2\pi na/\lambda$ wird

$$Q_M/x = \frac{2\lambda_T}{3\pi n\rho}. \tag{8.19}$$

Numerische Werte von Q_M bzw. Q_M/x für Latices (m = 1,20) sind in Tabelle 8.1 angegeben (van den Esker and Pieper, 1975). Man extrapoliert τ/ρ von Latexdispersionen auf $\phi = 0$ und berechnet Q_M/x bzw. $\lg(10^4\,Q_M/x)$. Aus Tabelle 8.1 ermittelt man x und aus x dann die Teilchengröße.

Die Tabelle 8.1 enthält auch die Q-Werte für die Rayleigh-Streuung (= Q_R). Trübungsmessungen von Dispersionen aus kleinen Latexteilchen (< 0,1 λ) können daher auch mit Hilfe der Tabelle 8.1 ausgewertet werden.

8.6 Photonenkorrelationsspektroskopie

Die Photonenkorrelationsspektroskopie (PCS)[2)] mißt die ungeordnete Bewegung kolloidaler Teilchen und ermittelt daraus deren Größe (Uzgiris, 1981). Die Teilchen werden durch die Stöße der Lösungsmittelmoleküle bewegt. Mit der PCS läßt sich auch die Bewegung von Teilchen im Gasraum untersuchen.

2) Andere gebräuchliche Bezeichnungen: dynamische Lichtstreuung, quasielastische Lichtstreuung (QELS), Laser-Doppler-Spektroskopie.

Die Teilchen bewegen sich umso langsamer, je größer sie sind. Aus der PCS wird der hydrodynamische Durchmesser nach der Stokes-Einsteinschen Gleichung erhalten:

$$d = kT/3\,\pi\,\eta\,D \tag{8.20}$$

D ist der Diffusionskoeffizient, η die Viskosität des Dispersionsmittels. Der Durchmesser ist weder zum Anzahl- noch zum Volumendurchmesser äquivalent, sondern entspricht am ehesten d (6,5) (Kap. 8.2).

Die experimentelle Anordnung für PCS-Messungen ist recht einfach (Abb. 8.3): Die kolloidale Dispersion wird mit Laserlicht (Helium-Neon-Laser, $\lambda = 633$ nm;

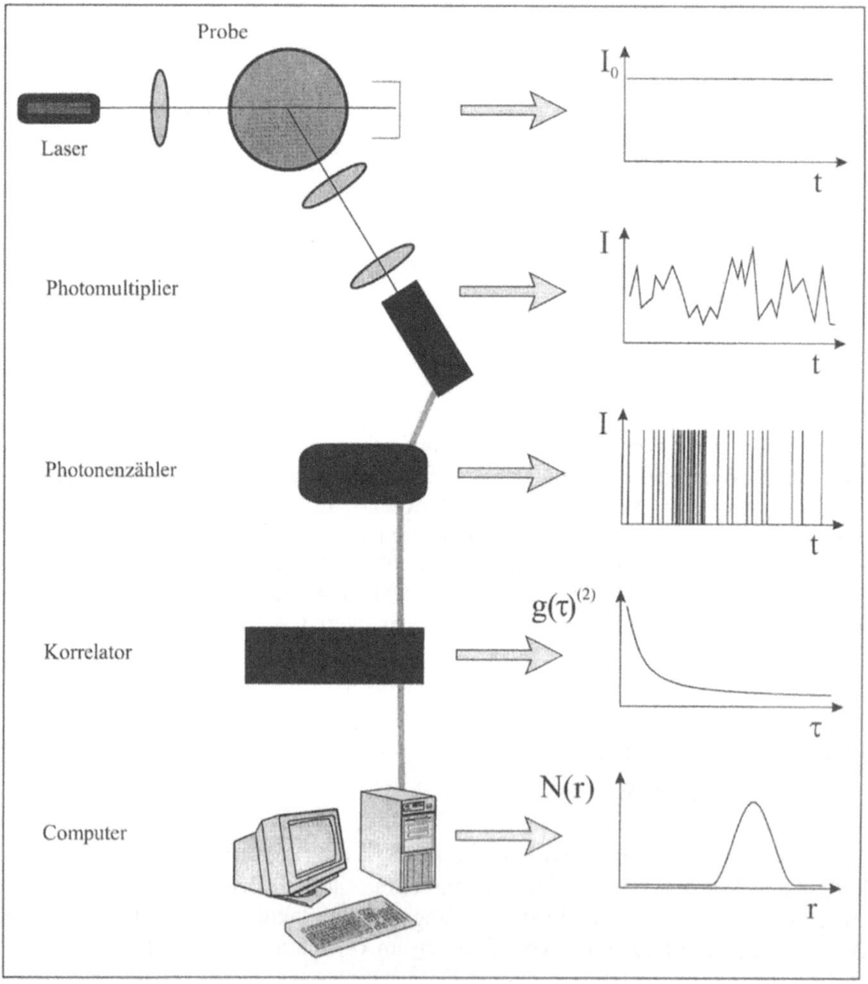

Abb. 8.3. Photonenkorrelationsspektroskopie (PCS) zur Teilchengrößenbestimmung (Horn et al., 1986).

Argon-Laser, λ = 488 nm) bestrahlt. Der Laserstrahl durchdringt die Probe. Die Streustrahlung wird unter einem bestimmten Winkel von einem Photomultiplier empfangen. Üblicherweise wird bei einem festen Winkel (im allgemeinen 90°) gemessen. In manchen Fällen (d. h. bei bestimmten Teilchengrößen) liegt bei 90° ein Streulichtminimum, das zu einem ungünstigen Signal-Rausch-Verhältnis führt. Dann sollte bei einem anderen Winkel gemessen werden. Der Photomultiplier registriert einzelne Photonen. Die Signale werden als Rechteckspannungsimpulse mit einer Länge von 5 ns an einen Korrelator weitergegeben.

Durch die Bewegung der Teilchen entsteht neben dem Intensitätsmaximum bei der Frequenz des eingestrahlten Lichtes infolge des Doppler-Effekts auch Streulicht mit etwas veränderter Frequenz. Anstelle einer scharfen Linie beobachtet man eine Intensitätsverteilung mit einer durch die Teilchengröße bestimmten Breite zwischen einigen Hundert und tausend Herz (dynamischer Streueffekt). Die Halbwertsbreite der Verteilungsfunktion sei Γ.

Die Bewegung der Teilchen äußert sich auch in einer stochastischen Intensitätsänderung des Streulichtes als Funktion der Zeit. Je größer das Teilchen ist, umso langsamer verlaufen die statistischen zeitlichen Veränderungen. Diese werden im Korrelator verarbeitet. Die Intensität eines statistisch fluktuierenden Signals hat nach längerer Zeit keine Beziehung zur Intensität des Signals zur Zeit $t = 0$. Es liegt nur noch eine reine Zufallskorrelation vor; die Information über die Bewegung der Teilchen ging verloren. Anders dargestellt: Aus der Anfangsintensität läßt sich nicht auf die Intensität zur Zeit t = unendlich schließen. Dagegen besteht nach einer sehr kurzen Zeit τ (Korrelationszeit, im Bereich einiger Mikrosekunden) noch eine Relation zwischen den Intensitäten beider Signale. Es werden daher die Intensitäten zu den Zeiten t und $t + \tau$, $t + 2\tau$, $t + 3\tau\ldots$ gemessen. In einem Korrelator mit z. B. 64 Kanälen werden 64 dieser Signale gespeichert, wobei für jedes neu ankommende Signal das jeweils älteste entfernt wird. Das neu ankommende Signal wird mit jedem vorhandenen Signal multipliziert. Die Summe ($\langle\ldots\rangle$) über alle diese Produkte ergibt die Autokorrelationsfunktion zweiter Ordnung:

$$g^{(2)}(\tau) = \frac{\langle I(t) * I(t+\tau)\rangle}{\langle I(t)\rangle^2}. \tag{8.21a}$$

Diese Funktion kann in die Korrelationsfunktion erster Ordnung umgerechnet werden:

$$g^{(2)}(\tau) = 1 + [g^{(1)}(\tau)]^2. \tag{8.21b}$$

Die Korrelationsfunktion $g^1(\tau)$ ist mit der Teilchengröße über den Diffusionskoeffizienten D verknüpft. Für eine verdünnte Dispersion monodisperser Teilchen gilt:

$$g^{(1)}(\tau) = \exp(-\Gamma t). \tag{8.22}$$

Die Halbwertsbreite des Intensitätspeaks beträgt:

$$\Gamma = DK^2, \tag{8.23}$$

K ist der Streuvektor:

$$K = \frac{4\,\pi\, n_0}{\lambda} \sin\left(\frac{\theta}{2}\right) \tag{8.24}$$

(λ Wellenlänge der anregenden Laserstrahlung, θ Streuwinkel, n_0 Brechungsindex des Dispersionsmittels).

Gemessen wird also der Diffusionkoeffizient, aus dem der hydrodynamische Teilchendurchmesser nach dem Stokes-Einsteinschen Gesetz (Gleichung 8.20) berechnet wird.

Streng monodisperse Systeme treten in der Praxis selten auf. In polydispersen Systemen gehört zu jeder Partikelgröße eine eigene Abklingkonstante, so daß die Autokorrelationsfunktion durch die Summe über verschiedene e-Funktionen zu erfassen ist. Gemessen wird nach wie vor jedoch eine einzige abklingende Autokorrelationsfunktion, die sich aus mehreren unterschiedlich schnell abklingenden e-Funktionen zusammensetzt. Die Schwierigkeit, aus der gemessenen Autokorrelationsfunktion die Teilchengrößenverteilung zu ermitteln, ist die Ursache, daß Polydispersität schwierig zu erkennen und kaum aufzulösen ist. Zudem wirken sich selbst geringfügige Änderungen der Autokorrelationsfunktion auf die Größenverteilung aus. Durch verfeinerte mathematische Auswertemethoden wird dennoch versucht, möglichst viele Informationen aus den PCS-Daten zu gewinnen (s. a. Horn et al., 1986; Killmann et al., 1992).

Es sind mehrere PCS-Geräte auf dem Markt. Bei einem Kauf sollte darauf geachtet werden, daß die in der Software benutzten Auswerteverfahren durchschaubar sind. Bei den Messungen sind einige wichtige Punkte zu beachten:

- Es muß mit höchster Sauberkeit gearbeitet werden. Staubteilchen als relativ große Teilchen verfälschen die Meßwerte, da die Intensität der Streustrahlung proportional zu d^6 ist.
- Die Partikelbewegung muß ungeordnet sein. Ist eine gerichtete Bewegung überlagert, läßt sich die Photonenkorrelationsspektroskopie nicht anwenden. Gerichtete Bewegungen können u. a. durch Konvektionsströmungen bei unzureichender Temperaturkonstanz oder durch Sedimentation entstehen. Die obere Grenze in der Teilchengröße wird daher durch das Verhältnis der Dichten von Teilchen und Dispersionsmittel bestimmt. Bei einer wäßrigen Dispersion mit einer Dichte der Teilchen ähnlich wie Wasser (Latices) liegt die obere Meßgrenze bei einigen Mikrometern. Die Sedimentationsgeschwindigkeit läßt sich durch Erhöhung der Dichte des Dispersionsmittels verringern; die Meßwertgrenze verschiebt sich zu größeren Teilchendurchmessern. Allerdings ist zu beachten, daß Zusätze oder der Wechsel des Dispersionsmittels kolloidchemische Veränderungen bewirken und zu Aggregationen führen können.
- Da sich die Teilchen nur unter Wirkung der Brownschen Molekularbewegung, d. h. unabhängig voneinander, bewegen dürfen, können nur sehr verdünnte Dispersionen gemessen werden (Feststoffanteil von Latexdispersionen: 10^{-4} g/cm^3 $\cong \phi < 10^{-4}$ bzw. $< 10^{-12}$ Teilchen/cm^3 ($d = 100$ nm); Killmann et al., 1992). Attraktive Wechselwirkungen zwischen den Teilchen dürfen ebenfalls nicht auftreten. Die Teilchenkonzentration muß auch deshalb niedrig bleiben, damit Mehrfachstreuung ausgeschlossen ist.

- Beim Vergleich mit anderen Meßmethoden ist die Art der Mittelung der Durchmesser zu beachten (Kap. 8.2). Aus den PCS-Messungen wird eine intensitätsgewichtete Verteilung erhalten (die Intensität ist proportional zu d^6!). Sie muß zum Vergleich mit Elektronenmikroskopaufnahmen in die anzahlgewichtete Verteilung umgerechnet werden. Als Beispiel sei die Untersuchung der Teilchengrößenverteilung bei der Synthese kolloidaler Zeolithe angeführt (Schoeman et al., 1995).

Der Einfluß von Makromolekülen an der Oberfläche auf den mittleren Durchmesser ist bei den einzelnen Meßmethoden unterschiedlich. Polyethylenoxidketten an der Latexoberfläche beeinflussen den hydrodynamischen Durchmesser, da abstehende Schwänze den Diffusionskoeffizienten der Teilchen verringern. Man mißt einen hydrodynamischen Durchmesser, der den aus der Kleinwinkelstreuung erhaltenen Wert übertrifft. Die Schwänze sind in zu geringer Konzentration vorhanden, um durch Kleinwinkelstreuung bemerkt zu werden (Killmann et al., 1992).

Wie bereits erwähnt, müssen die Dispersionen für die PCS-Messungen soweit verdünnt sein, daß keine Mehrfachstreuung auftritt. Viele praktisch eingesetzte Systeme enthalten jedoch sehr hohe Feststoffkonzentrationen (bis 50% Massen-

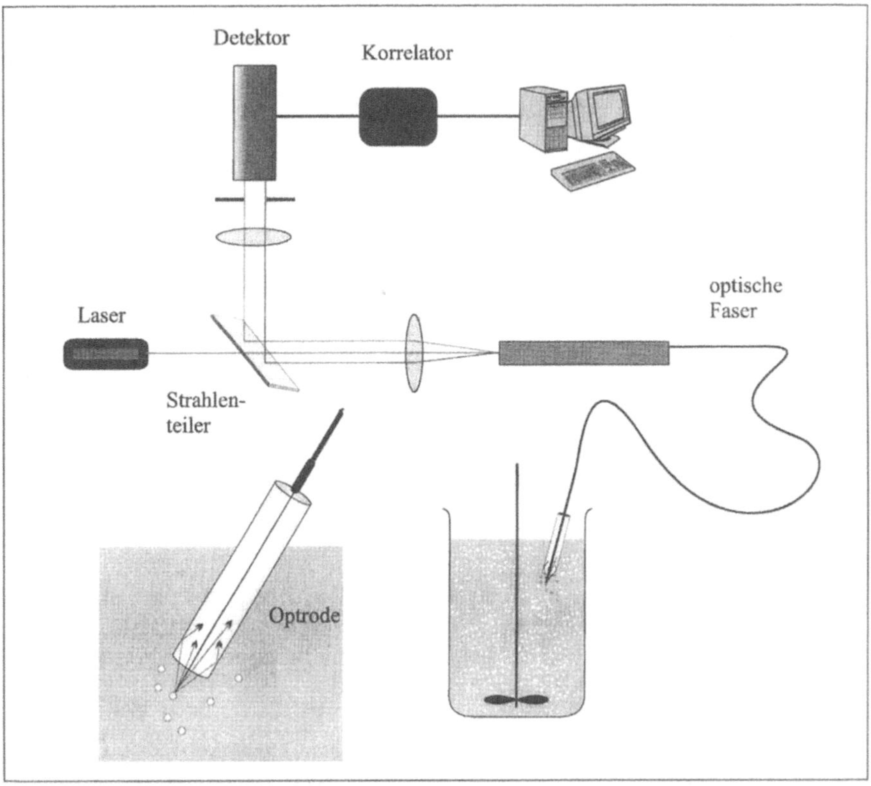

Abb. 8.4. Faseroptische Photonenkorrelationsspektroskopie zur Untersuchung konzentrierter Dispersionen. (Nach Horn et al., 1986)

anteile und mehr). Eine Verdünnung ist oft nicht möglich, ohne die Dispersion zu destabilisieren.

Das Problem der Mehrfachstreuung in konzentrierteren Dispersionen kann durch die Verwendung faseroptischer Methoden weitgehend umgangen werden. Mit einer optischen Faser werden einige Teilchen aus der Dispersion herausgegriffen, deren individuelles Streuverhalten untersucht wird (Auweter and Horn, 1985; Horn et al., 1986). Dazu wird der Laserstrahl über eine Glasfaser in die Dispersion geführt. Er trifft auf einige Teilchen in unmittelbarer Nachbarschaft des eingetauchten Glasfaserendes (Optrode) (Abb. 8.4). Ein Teil des zurückgestreuten Lichts wird über die Faser und den Strahlenteiler zum Detektor geführt. Im wesentlichen wird das Streulicht eines einzelnen Teilchens untersucht, doch werden auch Anteile aus der Vielfachstreuung beleuchteter Teilchen der Nachbarschaft erfaßt.

Bei der Auswertung sind nicht nur die dynamischen Besonderheiten (z. B. kollektiver Diffusionskoeffizient und Selbstdiffusionskoeffizient) konzentrierter Dispersionen zu beachten, sondern auch die Tatsache, daß der ermittelte Selbstdiffusionskoeffizient und der Durchmesser nicht mehr über die Stokes-Einsteinsche Gleichung verknüpft sind.

Die Photonenkorrelationsspektroskopie ist dank moderner Gerätebautechnik und Datenverarbeitung eine bequeme und häufig eingesetzte Methode. Die Grenzen ihrer Leistungsfähigkeit müssen aber beachtet werden (Filella et al., 1997)!

8.7 Sedimentationsmethoden

8.7.1 Grundlagen

Korngrößenanalyse und Fraktionierung nach der Korngröße gehören zu den klassischen Untersuchungs- und Trennverfahren bei industriell eingesetzten Feststoffen, insbesondere bei Tonen und Tonmineralen, und in der Bodenkunde.

Die Teilchen einer Dispersion sinken mit einer konstanten Geschwindigkeit ab, die sich aus der Gravitationskraft $mg = \rho Vg$, vermindert um den Auftrieb $\rho_0 Vg$, und der Stokesschen Reibungskraft $3\pi\eta vd$ ergibt:

$$V(\rho - \rho_0)\, g = 3\pi\eta\, vd. \tag{8.25}$$

Darin sind: V Volumen eines Teilchens; ρ, ρ_0 Dichte der Teilchen und des Lösungsmittels; g Erdbeschleunigung (= 9,81 ms^{-2}); η Viskosität des Dispersionsmittels; v = h/t Geschwindigkeit des absinkenden Teilchens, das in der Zeit t die Strecke h durchfällt. Aus Gleichung 8.25 folgt:

$$v = \frac{h}{t} = \frac{(\rho - \rho_0)}{18\eta} = d^2. \tag{8.26}$$

Die Fallzeit wird daher berechnet nach:

$$t = \frac{18\eta}{(\rho - \rho_0)\, g} * \frac{h}{d^2} \tag{8.27}$$

oder allgemein:

$$t = K_s\, h/d^2. \tag{8.28}$$

In der Tabelle 8.2 sind die Werte von K_s sowie die Fallzeiten (h = 0,1 m) für Teilchen der Dichte $\rho_0 = 2{,}65 \cdot 10^6$ g m^{-3} (Quarz) in Wasser bei Temperaturen zwischen 16 und 25 °C angegeben.

Die Fallzeiten von Teilchen < 2 µm sind sehr lang; unterhalb < 0,1 µm behindert die Brownsche Molekularbewegung die Trennung. Es muß dann im Zentrifugalfeld sedimentiert werden.

In Gleichung 8.27 ist statt der Erdbeschleunigung g die Zentrifugalbeschleunigung einzusetzen:

$$4\,\pi^2\,\omega^2\, r = 4\,\pi^2\,(U/60)^2\, r$$

ω = Umdrehungsfrequenz in s^{-1}, U = Umdrehungszahl pro Minute, r = Abstand des Teilchens von der Drehachse (Abb. 8.5). Die Fallgeschwindigkeit $v = \mathrm{d}h/\mathrm{d}t$ ist vom Abstand r des Teilchens von der Drehachse abhängig. Ein Teilchen, das in der Position r die Höhe dh durchfällt, benötigt die Zeit

$$\mathrm{d}t = \frac{18\eta}{(\rho - \rho_0)\, 4\pi^2\, r\,(U/60)^2} * \frac{\mathrm{d}h}{d^2} = \frac{K_z}{U^2\, r} * \frac{\mathrm{d}h}{d^2}, \tag{8.29}$$

Tabelle 8.2. Sedimentation im Schwere- und Zentrifugalfeld für Teilchen mit einer Dichte von 2,65 · 10³ kg/m³ (Quarz) in Wasser (Tributh und Lagaly, 1986).

Temperatur	$10^3\,\eta$	Schwerefeld $10^6 \cdot K_S$	Fallzeit für h=0,1 m						Zentrifugalfeld $10^4\,K_Z$
			d=2 µm		d=6,3 µm		d=20 µm		
°C	[kg m^{-1} s^{-1}]	[m·s]	h	min	min	s	min	s	[m^2 s^{-1}][1])
16	1,109	1,2332	8	34	51	47	5	8	11,0322
17	1,081	1,2021	8	21	50	29	5	1	10,7537
18	1,053	1,1710	8	8	49	10	4	53	10,4751
19	1,027	1,1421	7	56	47	58	4	46	10,2165
20	1,002	1,1143	7	45	46	48	4	39	9,9678
21	0,9779	1,0875	7	33	45	40	4	32	9,7280
22	0,9548	1,0618	7	23	44	35	4	26	9,4983
23	0,9325	1,0370	7	12	43	33	4	19	9,2764
24	0,9111	1,0132	7	2	42	33	4	13	9,0635
25	0,8904	0,9902	6	53	41	35	4	8	8,8576

[1]) Gleichung 8.30 mit U in Umdrehungen/Minute

wobei im Faktor K_z die für ein gegebenes System charakteristischen Konstanten zusammengefaßt sind (für Quarzteilchen in Wasser s. Tabelle 8.2).

Die Gesamtfallzeit für eine Fallstrecke $h = r - r_0$ ($dh = dr$) ergibt sich durch Integration

$$t = \frac{K_z}{d^2 U^2} \int_{r_0}^{r} \frac{dr}{r} = \frac{K_z}{d^2 U^2} \ln \frac{r}{r_0}. \tag{8.30}$$

Der Abstand r_0 ist durch die Dimension des Arbeitskopfes der Zentrifuge und der Fallhöhe im Becher vorgegeben (Abb. 8.5). Einige Fallzeiten sind in Tabelle 8.3 eingetragen.

Für eine saubere Trennung können nur Zentrifugen mit frei ausschwingendem Gehänge benutzt werden. In Zentrifugen mit Winkelarbeitskopf sedimentieren die Teilchen nicht senkrecht zum Becherboden, sondern schräg zur Außenwand. Beim Anhalten der Zentrifuge rutscht das Sediment zum Boden ab, löst sich ev. von der Wand und vermischt sich mit dem Dispersionsmittel.

Durch die Sedimentationsverfahren werden die Teilchen nach ihrem Stokeschen Äquivalenzdurchmesser getrennt, der bei anisometrischen Teilchen nicht dem tatsächlichen geometrischen Durchmesser entspricht.

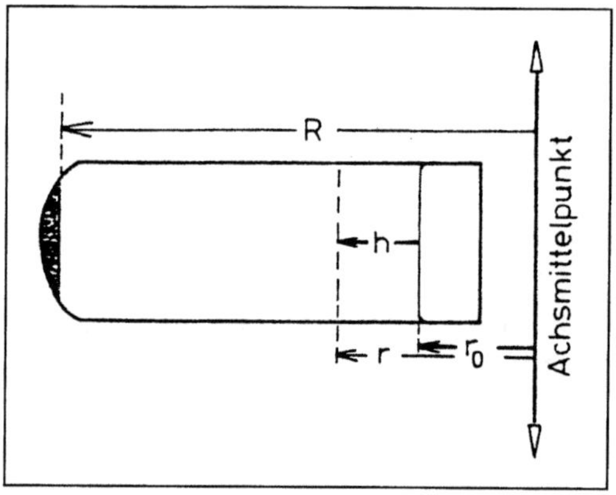

Abb. 8.5. Sedimentation im Zentrifugalfeld (Tributh und Lagaly, 1986).

Tabelle 8.3. Sedimentation im Zentrifugalfeld: Ein Beispiel für die Laufzeit der Zentrifuge bei Teilchen mit einer Dichte von 2,65 · 10^3 kg m^{-3} (Quarz) in Wasser bei 20 °C (r, r_0, h s. Abb. 8.5; U = Umdrehungen pro Minute) (Tributh und Lagaly, 1986).

r	r_0 [cm]	h	U	Teilchendurchmesser [µm]	Laufzeiten h	min	s
12,4	10,4	2	1000	0,6	–	8	7
13,2	11,2	2	2000	0,2	–	17	4
14,0	12,0	2	4000	0,06	–	44	28
14,8	12,8	2	5000	0,02	4	1	11

8.7.2 Korngrößenanalyse

Die Korngrößenverteilung über 20 µm wird durch Siebverfahren bestimmt. In der Fraktion < 20 µm wird die Verteilung durch die Schwerkraftsedimentation ermittelt. Die untere Grenze ist von den Dichteunterschieden abhängig. Für Quarz und Tonminerale liegt sie bei 2 µm.

Zur Korngrößenanalyse wird die bei der Naßsiebung erhaltene Dispersion verdünnt. Der Feststoffgehalt soll (bei Quarz und Tonmineralen) nicht höher als $2 \cdot 10^{-3}$ (Volumenverhältnis Feststoff/Wasser), aber auch nicht wesentlich niedriger als 10^{-3} sein. Bei zu hohen Konzentrationen beeinflussen sich die Bewegungen der Teilchen gegenseitig, bei zu kleinen Konzentrationen wird die analytische Bestimmung der einzelnen Fraktionen durch Wägung zu ungenau. Bei Tonmineraldispersionen entspricht das günstige Volumenverhältnis etwa 5 g Ton im Liter Wasser.

Das Verfahren zur Ermittlung der Teilchengrößenverteilung sei beispielhaft erläutert. Die Dispersion wird in einem nicht zu engen Standzylinder kräftig aufgeschüttelt oder gerührt. Im Moment, in dem die Turbulenzen abgeklungen sind (nach etwa 30 s), wird nochmals, nun allerdings vorsichtig, umgeschüttelt und mit der Zeitnahme begonnen. Nach Tabelle 8.2 sind die Fallzeiten für 20, 6,3 und 2 µm Teilchen (ρ = 2,65 g/cm^3) in Wasser bei 20 °C und 10 cm Fallhöhe t_1 = 4 min 39 s, t_2 = 46 min 48 s und t_3 = 7 h 45 min. Nach der Zeit t_1 werden 10 ml Dispersion genau 10 cm unterhalb des Flüssigkeitsspiegels mit einer Pipette entnommen. In der Zeit t_1 haben alle Teilchen > 20 µm die Strecke von 10 cm durchfallen. Die 10 ml-Probe enthält daher nur noch Teilchen < 20 µm. Zur Zeit t_2 wird eine weitere Probe genommen, die jetzt nur noch Teilchen < 6,3 µm enthält. Der Unterschied im Feststoffgehalt beider Proben (gravimetrisch durch vorsichtiges Trocknen bei 110 °C bestimmt) ergibt die Masse der Teilchen mit einem Durchmesser von 6,3 bis 20 µm. Entsprechend werden die Massenanteile der weiteren Fraktionen ermittelt. Da sich die Fallzeiten mit der Viskosität des Wassers und damit mit der Temperatur ändern, sollen die Standzylinder in einem in etwa temperaturkonstanten Raum aufgestellt oder – bei zu starken Schwankungen der Raumtemperatur – in ein thermostatisiertes Wasserbad eingetaucht werden.

Für die anschließende Fliehkraftsedimentation werden aliquote Mengen, z. B. 100 mL, aus dem Standzylinder mit der erneut aufgeschüttelten Dispersion entnommen. Die Analyse wird wie bei der Schwerkraftsedimentation durchgeführt, d. h. es wird mit den Fallzeiten (= Laufzeiten der Zentrifuge) der gröbsten Fraktion, also 0,6 bis 2 µm, begonnen. Da in die Berechnung der Fallzeiten der Abstand r_0 des Flüssigkeitsspiegels von der Drehachse eingeht (s. Abb. 8.5), ist dessen Absinken nach jeder Probennahme zu beachten (etwa 8 mm bei Entnahme von 10 ml aus den üblichen 100 ml-Gläsern). Weiterhin sollten die An- und Auslaufzeiten der Zentrifuge berücksichtigt werden. Einzelheiten s. Tributh und Lagaly (1986).

Mit normalen Zentrifugen können Quarz- und Tondispersionen bis herab zu etwa ≤ 0,02 µm getrennt werden. Sind die Dichteunterschiede zwischen Teilchen und Dispersionsmittel geringer, müssen ggf. Ultrazentrifugen eingesetzt werden.

Käufliche Geräte zur Korngrößenanalyse stehen zur Verfügung. In den Küvettenphotozentrifugen wird die Sedimentation in einer Küvette photometrisch verfolgt, die in eine rotierende Scheibe eingesetzt ist. Aus der Abnahme der optischen Dichte an einer bestimmten Stelle der Küvette wird die Teilchengrößenverteilung ermittelt. Allerdings werden die Auswerteprogramme in den seltensten Fällen vom Hersteller angegeben, so daß ein unsicheres Gefühl über die Verläßlichkeit der erhaltenen Meßwerte zurückbleibt. Ohne ausreichende optische Korrekturen (Weiner et al., 1994) und Berücksichtigung der radialen Teilchendichteänderung (s. u.) sind die Messungen nur zu Vergleichszwecken geeignet (Allen, 1993, Kap. 12; Allen, 1997, Bd. 1, Kap. 8). Zweifellos liefert die Auftrennung „per Hand“ die sichersten Ergebnisse.

8.7.3 Gewinnung von Korngrößenfraktionen

Neben der Ermittlung der Teilchengrößenverteilung werden die Sedimentationsverfahren zur Materialgewinnung, d. h. zur Aufteilung in bestimmte Teilchengrößenfraktionen, benutzt. Im allgemeinen wird für analytische und präparative Zwecke die Fraktion < 2 µm ausgeschlämmt (Atterberg-Verfahren). Dazu wird das Material in großen Standzylindern mit etwa 10 l-Inhalt gut aufgeteilt. Bei 20 °C sind nach 7 h 45 min (s. Tabelle 8.2) alle Teilchen ≥ 2 µm um 10 cm abgesunken. Man entnimmt die oberen 10 cm der Flüssigkeitssäule, die nur Teilchen < 2 µm enthält. Nachdem auf die ursprüngliche Höhe mit Wasser aufgefüllt worden ist, wird der Vorgang wiederholt, und zwar so oft, bis alle Teilchen > 2 µm ausgeschlämmt worden sind, d. h. die entnommene Flüssigkeit vollkommen klar ist. Es ist zu beachten, daß eine Dispersion mit gerade noch erkennbarer Trübung merkliche Mengen an Feststoff enthalten kann. Die Auftrennung in Fraktionen < 2 µm muß in der Zentrifuge erfolgen. Wenn die Fraktionen nach unten nicht begrenzt sind, also z. B. Fraktionen < 0,2 µm; < 0,06 µm bzw. < 0,02 µm gewonnen werden, wird ähnlich wie bei der Gewinnung der < 2 µm-Fraktion im Gravitationsfeld gearbeitet.

In den meisten Fällen sollen abgegrenzte Fraktionen erhalten werden, z. B. 2–0,2 µm, 0,2–0,06 µm, 0,06–0,02 µm bzw. < 0,02 µm. Dann wird mit den Laufzeiten für die kleinste Fraktion, z. B. < 0,02 µm begonnen, wobei die Füllhöhe im Zentrifugenglas weitgehend ausgenutzt wird. Die Fallstrecke reicht von r_0 bis fast zum Sediment, also $h \approx R - r_0$. Die überstehende Dispersion, die nur Teilchen < 0,02 µm enthält, wird abdekantiert. Im Sediment sind aber auch < 0,02 µm-Teilchen enthalten, nämlich alle Teilchen, die nicht von der Höhe r_0 aus abgesunken sind. Daher wird das Sediment erneut in Wasser dispergiert; die Dispersion wird genau auf die vorgesehene Höhe r_0 aufgefüllt. Wiederum wird wie im ersten Schritt sedimentiert. Der Vorgang wird so lange wiederholt, bis der Überstand klar ist. Dann wird die nächste Fraktion, 0,06–0,02 µm, in gleicher Weise abgetrennt, wobei die Laufzeit der Zentrifuge für 0,06 µm-Teilchen eingestellt wird. Die gröbste Fraktion (2–0,6 µm) bleibt schließlich als Sediment im Zentrifugenbecher. Experimentelle Einzelheiten s. Tributh und Lagaly (1986).

Wichtig für den Erfolg der Korngrößenanalyse und der Aufteilung in bestimmte Fraktionen sind stabile Ausgangsdispersionen. Bei Tonmineraldispersionen dürfen nur Natriumionen (oder Lithiumionen) als Gegenionen vorhanden sein. Verunreinigungen sind zuvor abzutrennen oder zu beseitigen (Kap. 3.6, 5.12). Für die Teilchengrößenanalyse sind die dialysierten Dispersionen zu benutzen. Zum Ausschlämmen der > 2 µm-Fraktion nach dem Atterberg-Verfahren kann jedoch die nichtdialysierte, NaCl-haltige Dispersion eingesetzt werden, da die Salzkonzentration durch den Einsatz großer Wassermengen hinreichend erniedrigt wird. Das benutzte Wasser muß mit einigen Tropfen NaOH auf pH 7,5 eingestellt werden, da die Dispersionen bei niedrigeren pH-Werten koagulieren.

Die Wahl der Fraktionsgrenzen von Tonmineraldispersionen wurde ausführlich diskutiert (Tributh und Lagaly, 1986). Empfehlenswert ist die logarithmische Aufteilung in Fraktionen 20–6,3; 6,3–2; 2–0,6; 0,6–0,2; 0,2–0,06; 0,06–0,02 und < 0,02 (in μm).

Die Fraktionierung von Kaolin- und Tondispersionen ist ein wichtiger Verfahrensschritt bei der Aufbereitung, im industriellem Maßstab ebenso wie in kleineren Töpfereibetrieben (Jasmund und Lagaly, 1993, Kap. 5.6.1). Bei den Kaolinen dient die Sedimentation zur Anreicherung des Kaolinits und Abtrennung der gröberen Bestandteile. Der Kaolinit ist in den Fraktionen < 20 μm angereichert; der „Kornschnitt" liegt daher je nach Rohkaolin zwischen 2 und 20 μm.

In der Papierindustrie ist die richtige Wahl der Teilchengröße des eingesetzten Kaolinits von entscheidender Bedeutung (Jasmund und Lagaly, 1993, Kap. 9.4.3).

Tone werden nur zur Herstellung von Engoben und Glasuren fraktioniert. In genialer Weise wurde der unterschiedliche Mineralbestand verschiedener Tonfraktionen in der antiken Keramik – zunächst in der Halafzeit in Mesopotamien (etwa 5100–4300 v. C.) und später in Griechenland (vor allem Kreta, Attika) – zur bichromen Rot-Schwarz-Bemalung genutzt (Hofmann, 1962; Noll, 1975, 1980, 1982). Die Abtrennung erfolgte durch Sedimentation in Absatzbecken. Heute werden daneben Kornklassifizierungen mit den in der keramischen Industrie weitverbreiteten Hydrozyklonen oder auch mit Zentrifugen durchgeführt.

Hydrozyklone (Abb. 8.6) sind genial einfache Geräte zur Trennung von festen Stoffen von Dispersionsmittel bzw. zur groben Trennung von gröberen und fei-

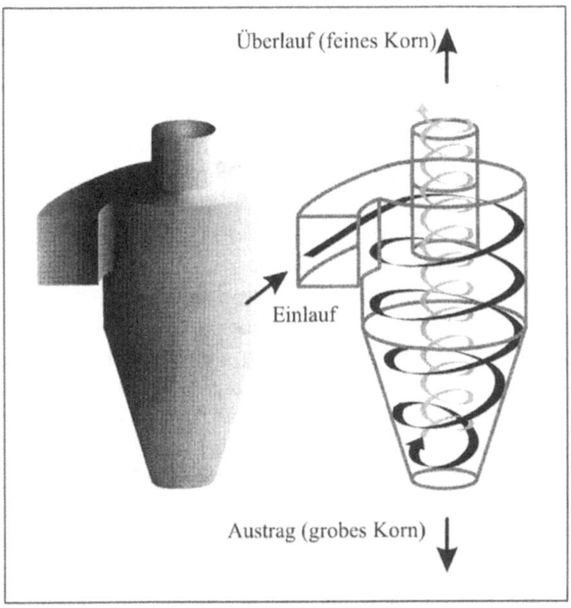

Abb. 8.6. Hydrozyklone. **A** Einströmende Dispersion, **B** Austrag der groben Teilchen, **C** feinteilige Dispersion.

neren Teilchen. Die Dispersion strömt tangential in den oberen, zylindrischen Teil des Hydrozyklons und wird in einer Wirbelbewegung nach unten gerissen. Dabei werden die gröberen Teilchen zur Wand geschleudert und fallen nach unten, wo sie ausgetragen werden. Der Flüssigkeitswirbel selbst kehrt am unteren Ende des Hydrozyklons seine Richtung um und treibt die feineren Teilchen wieder nach oben, so daß am Überlauf eine feinteiligere Dispersion austritt.

8.7.4 Scheibenphotozentrifuge

Durch moderne Scheibenzentrifugen konnte der Meßbereich der Sedimentationsanalysen auf etwa 10 nm bis 100 nm ausgeweitet werden. Ein besonderer Vorteil ist die hohe Auflösung, so daß noch Unterschiede in der Teilchengröße von 10 % erkannt und polydisperse Verteilungen analysiert werden können (Abb. 8.7). Die hohe Auflösung der Teilchengrößenverteilung ergibt sich aus Gleichung 8.30, nach der die Sedimentationszeit umgekehrt proportional zum Quadrat des Teilchendurchmessers ist (Thomas and Fairhurst, 1991; Weiner et al., 1994; Allen, 1993, Kap. 12; McFadyen and Fairhurst, 1993; Verdurmen et al., 1994; Allen, 1997, Bd. 1, Kap. 8).

In einer hochauflösenden Scheibenphotozentrifuge ist ein Teil des Rotors als hohle, transparente Scheibe ausgebildet, die mit einer konstanten Geschwindigkeit zwischen 500 und 15000 U/min rotiert. Die hohle Scheibe enthält die Dispersion oder eine geeignete Flüssigkeit, in die die Probe bei der Achse während der Rotation der Scheibe eingeführt wird. Die durch die Sedimentation hervorgerufene Änderung der Teilchenanzahl an einer bestimmten Stelle der Scheibe wird über einen Detektor ermittelt, indem die Extinktion von Licht- oder Röntgenstrahlen gemessen wird.

Durch die Wahl einer geeigneten Spinflüssigkeit mit bestimmter Viskosität und Dichte können die Versuchsbedingungen jeder Kombination von Teilchengröße und -dichte angepaßt werden. Die untere Grenze der meßbaren Teilchengröße wird durch die Diffusion bestimmt. Wenn die Teilchen so klein werden, daß Sedimentations- und Diffusionsgeschwindigkeit vergleichbar werden, ist die Sedimentationszeit nicht mehr nach Gleichung 8.30 mit dem Teilchendurchmesser verbunden. In den heutigen Zentrifugen können Teilchen mit niedriger Dichte bis zu Durchmessern von etwa 50 nm, bei schwereren Stoffen bis etwa 7 nm gemessen werden (McFadyen and Fairhurst, 1993).

Die Messung in der Scheibenzentrifuge kann nach zwei Methoden erfolgen. Im einfachsten Fall (kumulative Methode, homogeneous mode) wird die verdünnte Dispersion in die Scheibe eingeführt. Der Detektor sieht zunächst die Mischung aller verschiedenen großen Teilchen. In dem Maße, wie die Teilchen mit zunehmender Laufzeit der Zentrifuge zum Rande der Scheibe abwandern, ändert sich die mit dem Detektor gemessene Extinktion, aus der die kumulative Verteilungskurve der Teilchengröße erhalten wird. Durch Bewegung des Detektors gegen die Sedimentationsrichtung kann die Analysenzeit verkürzt werden. Bei der Auswertung ist neben den geometrischen Größen wie Durchmesser der Scheibe und Position des Detektors die radiale Abnahme der Teilchenkonzentration bei der Wanderung der Teilchen zum Scheibenrand zu berücksichtigen.

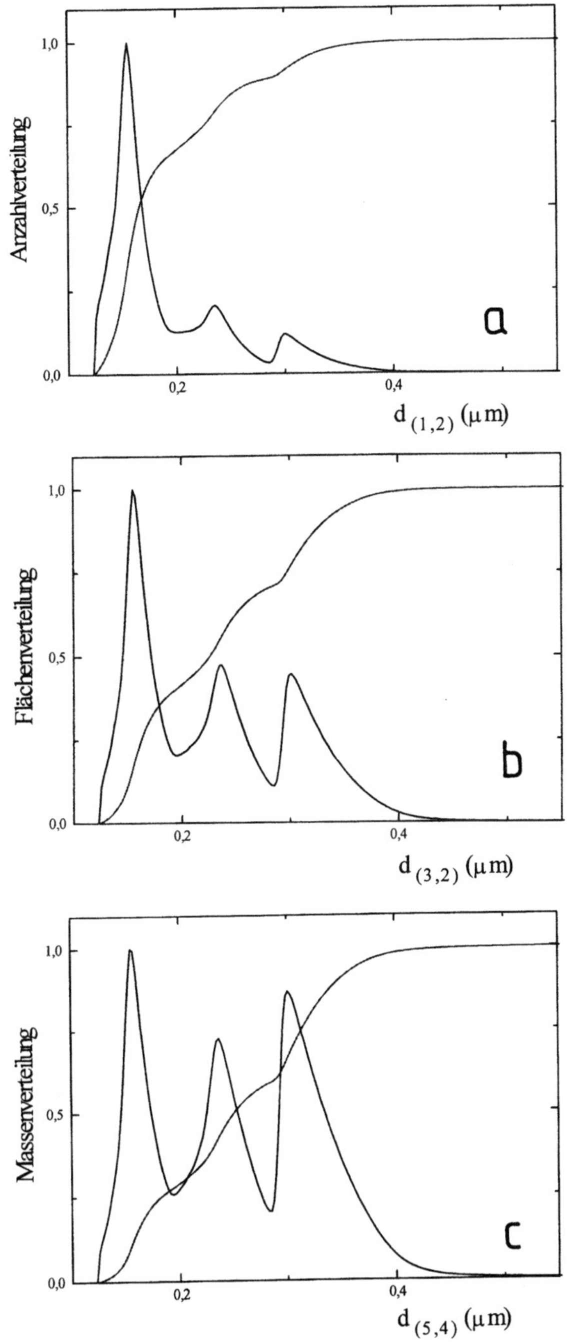

Abb. 8.7 a–c. Teilchengrößenanalyse negativ geladener Polystyrollatices mit der Scheibenzentrifuge (BI-DCP, Brookhaven, line start-Methode). Die Abbildung zeigt die je nach Gewichtung unterschiedliche Form der Verteilungskurve (kumulative und differentielle Kurve): **a** Anzahlverteilung; **b** Flächenverteilung; **c** Massenverteilung (M. Mielke).

Bei der differentiellen Methode (line start mode) wird zunächst eine Spinflüssigkeit in die Scheibe eingefüllt und die Probe bei laufender Zentrifuge auf die Oberfläche dieser Flüssigkeit injiziert. Die durch die Spinflüssigkeit wandernden Teilchen werden nach ihrer Größe getrennt und erreichen nach unterschiedlichen Zeiten den Detektor. Somit wird direkt die differentielle Teilchengrößenverteilung gemessen. Die kumulative Verteilung erhält man durch Integration.

Bei der Messung der Extinktion mit sichtbarem Licht ist der in Kap. 8.5 dargestellte Zusammenhang der Extinktion mit der Teilchengröße zu berücksichtigen. Er folgt nur unter bestimmten Bedingungen der einfachen Rayleigh-Näherung; im allgemeinen Fall ist er nach der Mie-Theorie zu berechnen. In beiden Fällen müssen die Brechungsindizes der Teilchen und des Dispersionsmittels bekannt sein. Jedoch bietet die Messung der Teilchengrößenverteilung in der Scheibenzentrifuge den einzigartigen Vorteil, daß die Größe der Teilchen, d. h. die x-Achse der Verteilungskurve, richtig erhalten wird, denn die Teilchengröße ist durch das Sedimentationsverhalten festgelegt. Die Art der optischen Auswertung betrifft nur die vertikale Achse und wirkt sich daher auf den Mengenanteil der einzelnen Fraktionen aus. Ohne optische Korrekturen werden kumulative Verteilungskurven erhalten, die etwas unter den wahren Verteilungskurven liegen (Provder, 1991, Kap. 9–12).

Die optischen Korrekturen entfallen bei der Verwendung von Röntgenstrahlung, denn die Schwächung der Intensität durch die dispergierten Teilchen beruht hauptsächlich auf der Absorption der Strahlung, die – unabhängig von der Teilchengröße – direkt proportional zur Masse der Teilchen im Strahlengang ist. Geeignet ist diese Art der Detektion für Tonminerale, viele Pigmente und anorganische Stoffe, nicht aber für Teilchen aus organischem Material. Da die Empfindlichkeit geringer als bei der Messung mit Lichtstrahlen ist, kann nur die kumulative Methode mit ihrer höheren Teilchenkonzentration benutzt werden.

8.8 Strömungsmethoden

8.8.1 Coulter-Counter

Im Coulter-Counter wird die Änderung der Leitfähigkeit durch strömende Teilchen zur Bestimmung des Teilchenvolumens und der Teilchenanzahl ausgenutzt. Das Gerät besteht aus einem Vorratsbehälter für die Dispersion, aus dem diese mit leichtem Unterdruck durch eine kapillare Öffnung in ein rohrartig ausgebildetes Gefäß eingesaugt wird. Vor und hinter der kapillaren Öffnung ist eine Elektrode zur Messung der Leitfähigkeit angebracht (Abb. 8.8) (Allen, 1993, Kap. 13; Allen, 1997, Bd. 1, Kap. 9). Jedes durch die Öffnung wandernde, nichtleitende Teilchen bewirkt einen Spannungsimpuls, der in einem Pulshöhenanalysator verarbeitet wird. Aus Impulszahl und Volumendurchsatz pro Zeiteinheit wird die Teilchenzahldichte bzw. das Volumen der Teilchen ermittelt.

Die Pulshöhe ist allerdings nicht streng proportional zum Teilchenvolumen (Hunter, 1991, S. 149). Die kapillare Öffnung wird als Widerstand betrachtet

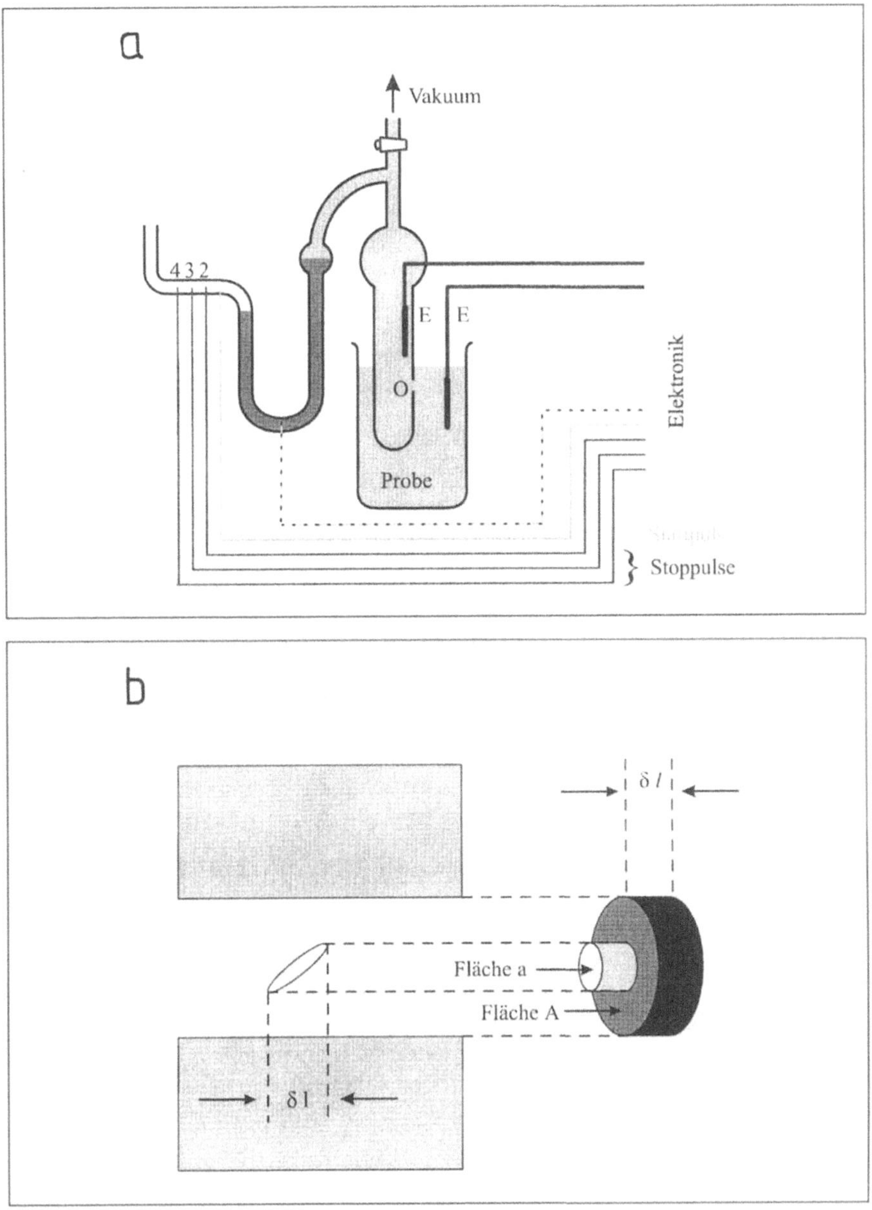

Abb. 8.8 a, b. Coulter-Counter. **a** Meßanordnung aus zwei Gefäßen, die mit der kapillaren Öffnung **O** verbunden sind. **E** Elektroden zur Messung der Leitfähigkeit. **b** Berechnung der Widerstandsänderung beim Durchtritt eines Teilchens (Querschnittfläche *a*, Dicke *δl*) durch die kapillare Öffnung mit der Querschnittfläche *A*. (Nach Hunter, 1991)

(Abb. 8.8). Ohne Teilchen ist der Widerstand der Elektrolytlösung einer Scheibe der Dicke δl und der Fläche A:

$$R_0 = \rho_0 \frac{\delta l}{A}, \tag{8.31a}$$

worin ρ_0 der spezifische Widerstand der Elektrolytlösung ist. Das in diese Scheibe eingedrungene Teilchen soll einen sehr hohen Widerstand haben. Es können aber auch Teilchen mit einer gewissen Leitfähigkeit gemessen werden, weil Polarisationseffekte den Stromfluß durch sie verhindern. Wenn ein Teilchen der Dicke δl und der Fläche a die Scheibe durchwandert, ist der Widerstand:

$$R = \rho_0 \frac{\delta l}{A - a}. \tag{8.31b}$$

Somit ist die Änderung des Widerstandes:

$$\delta R = R - R_0 = \rho_0 \delta l \left(\frac{1}{A - a} - \frac{1}{A} \right) = \rho_0 \frac{a \delta l}{A^2} \left(1 - \frac{a}{A} \right)^{-1}. \tag{8.31c}$$

Das Volumen des Teilchen ist $v = a\delta l$. Die Pulshöhe ist daher proportional zu $v\,(1 - a/A)^{-1}$. Der zusätzliche Faktor gewinnt bei den im Vergleich zur Öffnung großen Teilchen an Einfluß und führt zu einer leichten Verfälschung am oberen Ende der Teilchengrößenverteilung.

Durch Vorgabe eines Schwellenwertes im Pulshöhenanalysator können beim Zählprozeß alle Impulse unterhalb dieser Höhe und damit alle Teilchen ignoriert werden, deren Volumen unter einem bestimmten Wert liegt. Indem die Schwelle bei der Messung fortwährend heraufgesetzt wird, läßt sich die kumulative Verteilung der Teilchenvolumina messen. Es wird die Anzahlverteilung des Volumens erhalten.

Die kapillare, in Saphir gearbeitete Öffnung bestimmt den Meßbereich des Instruments. Daher wird eine Reihe von Meßröhren mit unterschiedlichen Öffnungen benutzt. Im allgemeinen können Teilchen bis zu einem Durchmesser von 2% des Durchmessers der Öffnung gemessen werden. Die kleinste Öffnung ist 16 μm, so daß Teilchen bis herab zu 0,3 μm gezählt werden. Für Routineuntersuchungen sind etwas größere Öffnungen zu empfehlen, da die kleinsten zu leicht verstopfen. Die oberste Grenze liegt bei 1000 μm oder noch etwas höher. Somit lassen sich Teilchen bis zu 500 μm untersuchen. Der Coulter-Counter ist daher vor allem für Teilchengrößenmessungen oberhalb des typisch kolloidalen Bereichs geeignet.

8.8.2 Kapillarfraktionierung

Die Kapillarfraktionierung (capillary hydrodynamic fractionation, CHDF) ist ein hydrodynamisches Trennverfahren, das auf der unterschiedlichen Wanderungsgeschwindigkeit verschieden großer Teilchen in Kapillaren beruht (Allen, 1997, Bd. 1, Kap. 5). Die Probe wird in eine Trägerflüssigkeit injiziert. Diese wird unter Druck entweder durch eine lange Säule, welche mit nichtporösen Glaskugeln (Durchmesser etwa 10 μm) gefüllt ist, oder durch eine lange, sehr dünne Kapillare (im Matec CHDF Instrument, 1–20 m lang mit lichten Durchmessern von 4–60 µm) gepreßt (Provder, 1991, Kap. 17–19; Hunter, 1993, S. 89ff.). Unter diesen Bedingungen wandern Teilchen unterschiedlicher Größe mit unterschiedlicher Geschwindigkeit, und zwar die größeren schneller als die kleineren. Ursache ist das parabolische Strömungsprofil (s. Abb. 10.3; Kap. 10.4.3). Die kleinsten Teilchen geraten in die dünnsten, der Wand anliegenden Flüssigkeitsschichten, in denen die Flüssigkeit langsamer strömt als in der Mitte der Kapillare. Die größeren Teilchen werden auch von den schneller strömenden Flüssigkeitsschichten erfaßt und so nach einer gewissen Länge der Säule oder Kapillare schneller weggeführt und vor den feinen Teilchen eluiert. Fraktionen verschiedener Teilchengröße treten also nacheinander am Kapillarende aus. Bei ausreichender Auflösung werden polydisperse Verteilungen in einer Art Chromatogramm sichtbar. Allerdings zeigen auch streng monodisperse Verteilungen einen gewissen Bereich von Eluierungszeiten (axiale Dispersion), was die Auflösbarkeit polydisperser Systeme verringert.

Die kolloidalen Teilchen wandern schneller als die Trägerflüssigkeit (oder das Eluat). Der Wert von R_F (Geschwindigkeit des kolloidalen Teilchens/Geschwindigkeit der Trägerflüssigkeit) ist daher >1. Die mittlere Strömungsgeschwindigkeit in einer Kapillare (Radius r) ist $v_0/2$, wobei v_0 die maximale Strömungsgeschwindigkeit in der Mitte der Kapillare (parabolisches Geschwindigkeitsprofil!) ist. Demgegenüber ist die mittlere Wanderungsgeschwindigkeit eines Teilchens mit Radius a (s. Hunter, 1993, S. 91):

$$\bar{v}_p = v_0\left[1 - \frac{1}{2}\left(1 - \frac{a}{r}\right)^2\right]. \tag{8.32}$$

Die Teilchen wandern also etwas schneller als die Trägerflüssigkeit. Der R_F-Wert folgt aus Gleichung 8.32:

$$R_F = 1 + (a/r) \cdot (2 - a/r). \tag{8.33}$$

Die Wanderungsgeschwindigkeit der kolloidalen Teilchen kann durch Trübungsmessungen, die der Trägerflüssigkeit u. a. durch Markierung mit einem Farbstoff ermittelt werden. Das Verhältnis beider Wanderungsgeschwindigkeiten ist R_F. Somit läßt sich der Radius der Teilchen aus R_F nach Gleichung 8.33 abschätzen. Genauer ist die Messung der Retentionszeiten mit Standardproben. Die Ursache liegt wohl darin, daß der durch die Teilchengröße bestimmte Einfluß der am langsamsten fließenden Flüssigkeitsschichten nicht allein maßgebend ist. Die Wechselwirkungen zwischen den kolloidalen Teilchen und der Wand spielen ebenfalls eine Rolle. Einen deutlichen Einfluß hierauf hat die Konzentration von Salzen, die Anwesenheit von nichtionischen und ionischen Tensiden und von Polyionen (Provder, 1991, Kap. 17, 18). Eine saubere Trennung gelingt daher nur bei geeigneter Zusammensetzung der Trägerflüssigkeit und erfordert ggf. eine Modifizierung der Oberfläche der Glaskugeln bzw. der Kapillare durch Makromoleküle wie z. B. Gelatine. Die elektrostatische Abstoßung drückt die Teilchen von der Wand ab, so daß ihre Wanderungsgeschwindigkeit erhöht wird. Makromolekulare Stoffe können zusätzlich zu dem Ladungseffekt als sterische Barriere wirken. Die theoretischen Grundlagen dieser Einflüsse sind noch unklar.

8.8.3 Kraftfeldfraktionierung

Die Teilchengrößenanalyse durch Sedimentation ist eine Fraktionierung im Gravitations- oder Zentrifugalfeld. In der Mitte der 60er Jahre wurde dieses Prinzip von Giddings (s. z. B. Provder, 1991, Kap. 13) zu einer „chromatographischen" Trennung von Teilchen oder Makromolekülen in einem dünnen Kanal mit einer strömenden Trägerflüssigkeit unter Wirkung eines Kraftfeldes genutzt (field flow fractionation, FFF; Provder, 1991, Kap. 13–16; Arner and Kirkland, 1992; Giddings et al., 1994; Blau and Zollars, 1996; Allen, 1997, Bd. 1, Kap. 5).

Die Trennung erfolgt in einem bandartigen Kanal, der nur einige Hundert µm dick und 0,25–1 m lang ist und von der Dispersion mit parabolischem Profil (s. Abb. 10.3, Kap. 10.4.3) durchflossen wird. Zunächst sind die in ihrer Größe unterschiedlichen Teilchen gleichmäßig verteilt. Senkrecht zur Strömungsrichtung wird ein Kraftfeld angelegt, das die Teilchenverteilung beeinflußt. Die größeren oder schwereren Teilchen geraten in den Bereich der Wand mit den langsamer fließenden Flüssigkeitsschichten, während die kleineren oder leichteren Teilchen im Mittelbereich des Kanals bleiben und mit der schneller strömenden Flüssigkeit weggetragen werden (Abb. 8.9a). Somit werden die Teilchen nach ihrer Masse getrennt: die Teilchengrößenfraktionen treten am Ende des Kanals mit zunehmender effektiver Masse oder Molmasse aus.

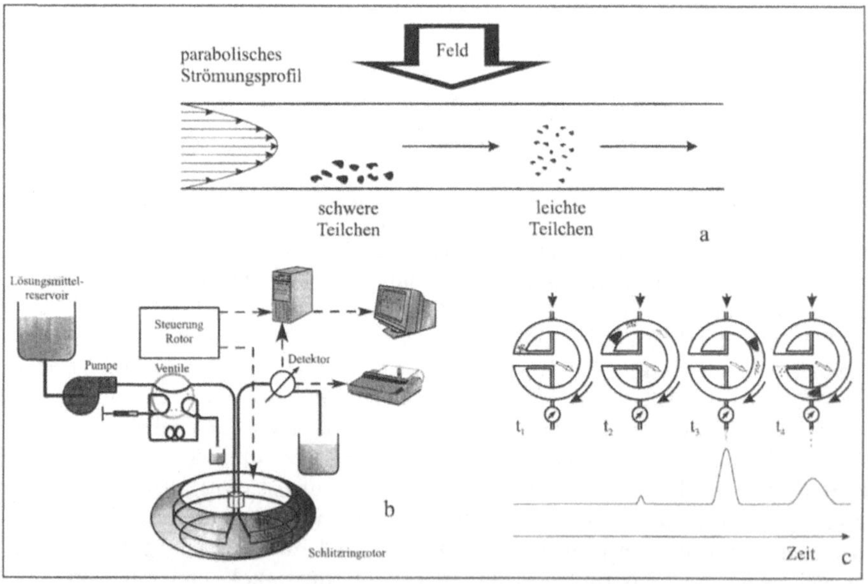

Abb. 8.9a–c. Kraftfeldfraktionierung in der Zentrifuge (sedimentation field flow fractionation, Arner and Kirkland, 1992). **a** Prinzip, **b** Meßanordnung, **c** Meßvorgang. Zeitlicher Ablauf: t_1 Relaxationsperiode; t_2 Trägerflüssigkeit beginnt zu strömen; t_3, t_4 Eluierung der feinen und groben Teilchen. Computer zur Steuerung von Zentrifuge und Pumpe sowie zur Auswertung der Meßdaten.

Die Fraktionierung kann unter Wirkung eines elektrischen Feldes, eines hydraulischen Drucks (cross field flow fractionation) und eines Zentrifugalfeldes sowie in einem Temperaturgradienten erfolgen.

Am besten ausgearbeitet – auch apparativ – ist die Sedimentationskraftfeldtrennung in Zentrifugen (sedimentation field flow fractionation, SFFF). Dabei können Stoffe mit Molmassen zwischen 10^5 und 10^{11} oder Teilchen mit Durchmessern von etwa 0,01 bis 1 µm getrennt werden (Arner and Kirkland, 1992; Williams et al., 1977). Die Trennung erfolgt in einem ringförmigen Kanal innerhalb des Rotors einer Zentrifuge (Abb. 8.9b,c), durch den die Trägerflüssigkeit mit konstanter Geschwindigkeit fließt. Die Dispersion oder makromolekulare Lösung wird in die Trägerflüssigkeit im rotierenden Kanal eingeführt. Bei weiter laufender Zentrifuge wird dann die Bewegung der Trägerflüssigkeit gestoppt und das Sedimentationsgleichgewicht kann sich einstellen. Die schwereren Teilchen werden gegen die Außenwand des Kanals getrieben. Die eigentliche Trennung erfolgt dann bei Wiederaufnahme der Flüssigkeitsströmung unter Ausbildung des parabolischen Strömungsprofils. Die Moleküle der Trägerflüssigkeit und sehr kleine Teilchen, die von dem Zentrifugalfeld nicht beeinflußt werden, bleiben gleichmäßig verteilt. Die zu untersuchenden Teilchen oder Makromoleküle treten mit steigender effektiver Masse aus dem Kanal aus. Es entsteht ein einem Chromatogramm ähnliches Fraktogramm (Abb. 8.9c).

Die Trennung wird verbessert, wenn mit Zeitverzögerung gearbeitet wird (time-delay, exponential-delay, TDE-SFFF). Dabei wird die volle Umdrehungszahl der Zentrifuge nach der Relaxationsperiode nur eine kurze Zeit aufrechterhalten. Die Zentrifuge wird so gesteuert, daß das Zentrifugationsfeld exponentiell abfällt. Innerhalb kurzer Zeit erreicht man so schärfere Peaks (Fig. 3 in Arner and Kirkland, 1992).

SFFF ist ein schonendes Trennverfahren, das insbesondere für fragile Stoffe und biologisches Material geeignet ist. Da die Trennung nach der Masse erfolgt, werden die Molmassen direkt und ohne Bezug auf Standardproben erhalten. Sie werden aus dem Retentionsvolumen und den geometrischen Größen berechnet. Bei polydispersen Systemen gelingt eine vorzügliche Auflösung, z. B. werden Latexteilchen mit Durchmessern von 0,091, 0,176, 0,220, 0,312 und 0,481 µm getrennt.

8.9 Ermittlung der spezifischen Oberfläche durch Coionenausschluß

Coionen werden von der gleichsinnig geladenen Oberfläche abgestoßen (negative Adsorption, s. Abb. 2.5, S. 24). Die Konzentration der Coionen in der Lösung steigt, wenn eine Salzlösung in Kontakt mit einer geladenen Oberfläche gebracht wird. Die negative Adsorption der Coionen wird auch dadurch ausgedrückt, daß ein Volumen V^{ex}(ex = exclusion) der Lösung als unzugänglich für Coionen betrachtet wird (Abb. 8.10). Es ergibt sich aus der spezifischen Oberfläche und dem fiktiven Abstand von der Oberfläche, bei dem die in Abb. 8.10 markierte Fläche gerade halbiert wird.

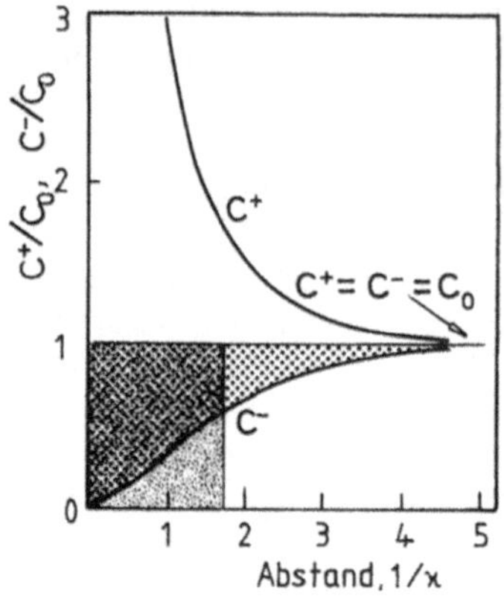

Abb. 8.10. Zur Bestimmung der spezifischen Oberfläche durch Coionenausschluß (berechnet für ψ_d = –100 mV) (Chan et al., 1984).

Die Menge der ausgeschlossenen Coionen (1:1-Salz) pro Flächeneinheit beträgt (Kap. 2.3) (Chan et al., 1984):

$$N = \int_0^\infty (c_0 - c)\mathrm{d}x. \tag{8.34}$$

Das ausgeschlossene Volumen ist:

$$V^{\mathrm{ex}} = \frac{N}{c_0} S, \tag{8.35}$$

wenn S die spezifische Oberfläche und c_0 die „Reservoirkonzentration" der Coionen darstellt (N in mol/m^3, S in m^2/g).

Unter Berücksichtigung von Gleichung 2.1b,

$$c_i^- = c_{i,0}^- \exp^{-vF\psi/RT}, \tag{2.1b}$$

erhält man für einwertige Anionen als Coionen v=–1, ψ<0:

$$V^{\mathrm{ex}} = S \int_0^\infty [1 - \exp(F\psi/RT)]\mathrm{d}x. \tag{8.36a}$$

Mit $y = F\psi/RT$ (Kap. 2.3) wird Gleichung (8.36a) umgeschrieben in:

$$V^{\mathrm{ex}} = S \int_{y_d}^0 (1 - \mathrm{e}^y) \left(\frac{\mathrm{d}x}{\mathrm{d}y}\right) \mathrm{d}y, \tag{8.36b}$$

wobei die Integration von $y_d = F\psi_d/RT$ (ψ_d = Stern-Potential, s. Abb. 2.6) bis $y = 0$ bei $x \to \infty$ durchzuführen ist. Unter Berücksichtigung der Poisson-Boltzmann-Gleichung (Gleichung 2.2a) führt die Integration (ähnlich wie bei Gewinnung von Gleichung 2.10) zu:

$$dy/dx = +\kappa\sqrt{2}\cdot\sqrt{\cosh y - 1}, \tag{8.37}$$

so daß aus Gleichung 8.36b wird:

$$V^{ex} = -\frac{S}{\kappa}\int_{y_d}^{0}\left[\frac{1-e^{y}}{2\sinh(y/2)}\right]dy. \tag{8.36c}$$

Integration liefert ($y_d < 0$):

$$V^{ex} = \frac{2S}{\kappa}(1 - e^{y_d/2}) \tag{8.38a}$$

Für 2:2-Elektrolyte erhält man (Chan et al., 1984):

$$V^{ex} = \frac{S\sqrt{3}}{\kappa}[\sqrt{3} - (1 + e^{y_d/2})]^{1/2} \tag{8.38b}$$

Für hohe (negative) Oberflächenpotentiale wird aus Gleichung 8.38a:

$$V^{ex} = \frac{2S}{\kappa}. \tag{8.38c}$$

Diese Beziehung wurde bereits von Schofield (1947) abgeleitet, der auch entsprechenden Ausdrücke für 1:2- und 2:1-Elektrolyte angab (Schofield, 1949).

Bei genügend hohen Oberflächenpotentialen kann aus dem Coionenausschluß nach Gleichung 8.38c die spezifische Oberfläche ermittelt werden. Eine wichtige experimentelle Voraussetzung ist eine hinreichende Verdünnung der Dispersion, damit sich die diffusen Ionenschichten ungestört entwickeln können, d. h. nicht gegenseitig überlappen.

Nach dieser Methode ließ sich die spezifische Oberfläche von Kaolinen (Schofield, 1947, 1949; Schofield and Samson, 1954) und Wyoming-Bentonit (Bolt und Warkentin, 1958) ermitteln. Dazu wurde die Konzentrationserhöhung der Chloridionen von Natriumchloridlösungen bei Zusatz der Natriumtonminerale gemessen.

Die Kanten der Kaolinitplättchen tragen bei pH < 6 positive Ladungen, die zu einer Anreicherung der Chloridionen an der Grenzfläche führen: Die negative Adsorption der Chloridionen über den Flächen wird durch die Anreicherung dieser Ionen an den Kanten verringert. Schofield und Samson (1954) setzten daher den mit 1 M NaCl + 10^{-3} M HCl gewaschenen Kaolinen steigende Mengen

NaOH zu, wobei die anfängliche, meist positive Chloridionenadsorption ab- und dann die negative zunahm, bis ein Plateau erreicht wurde. Aus diesem Wert wurde die spezifische Oberfläche nach Gleichung 8.38c ermittelt.

Bolt und Warkentin (1958) erreichten die Umladung der Randladungen von Montmorillonit (von Wyoming) durch Zugabe von Natriumpolyphosphat und erhielten dann den linearen Zusammenhang zwischen V^{ex} und $1/\kappa$.

Etwas später untersuchten Edwards und Quirk (1962) bzw. Edwards et al. (1965) Illit- und Montmorillonitdispersionen in Lithium- bis Cäsiumchloridlösungen. In allen Fällen bestätigte sich die lineare Abhängigkeit des Ausschlußvolumens von $1/\kappa$. Auffallend war jedoch eine deutliche Abnahme der Steigung der Kurven (und damit der spezifischen Oberfläche) von LiCl zu CsCl, während die aus der Gasadsorption ermittelte spezifische Oberfläche der Illite konstant blieb. Bei den Montmorilloniten können die nach beiden Methoden ermittelten Oberflächen prinzipiell nicht übereinstimmen, da die Montmorillonitkriställchen beim Dispergieren delaminieren (Kap. 3.6). Zerfallen die Kriställchen vollständig in die individuellen Silicatschichten, wäre die spezifische Oberfläche 750 m^2/g (s. u.). Mit Lithium- und Natriumionen wurden 650 bzw. 560 m^2/g gefunden, mit KCl 436 m^2/g und mit CsCl 156 m^2/g. Aus dem von Bolt und Warkentin (1958) gemessenen Anionenausschluß in NaCl-Lösungen folgt ebenfalls $S = 560$ m^2/g (s. Edwards und Quirk, 1962). Schramm and Kwak (1982b) fanden 570 m^2/g für Montmorillonit (von Belle Fourche, South Dakota). Demgegenüber ermittelten Bailey et al. (1994) für Greenbond-Montmorillonit (von Wyoming) mit NaCl $S = 760$ m^2/g und mit KCl $S = 320$ m^2/g.

Edwards et al. (1965) erklärten die zu niedrigen Werte der spezifischen Oberfläche in LiCl- und NaCl-Lösungen mit der Bildung von „Ionenpaaren". Gemeint war die Bindung eines Teils der Gegenionen an die negativen Ladungen der Oberfläche. Tatsächlich wird ein nicht unbedeutender Anteil der Gegenionen in der Stern-Schicht adsorbiert (Kap. 2.3.2). Dadurch wird das maßgebende Potential kleiner als der aus der Ladungsdichte berechnete Wert (Gleichung 2.10 sowie Kap. 9.6), und es ist nicht mehr hoch genug, um die Verwendung von Gleichung 8.38c zu rechtfertigen. Bei Potentialen <150 mV wird die Steigung der Geraden $V^{ex} = f(1/\kappa)$ vom Stern-Potential abhängig, und Gleichung 8.38a ist zur Auswertung zu benutzen. Möglicherweise wird durch die EDTA-Behandlung des Greenbound-Montmorillonits (Bailey et al., 1994) das Stern-Potential soweit erhöht, daß V^{ex} fast unabhängig vom Potential wird und die Gerade $V^{ex} = f(1/\kappa)$ die maximale Steigung mit $S = 760$ m^2/g erreicht.

Wenn sich V^{ex} linear mit $1/\kappa$ ändert (wie immer beobachtet wurde, s. a. Bailey et al., 1994), muß das Stern-Potential nach Gleichung 8.38a mit abnehmender Salzkonzentration (zunehmendem $1/\kappa$) – zumindest im Bereich der untersuchten Salzkonzentrationen, 0,003–0,5 M Alkalichloridlösungen – konstant bleiben. Möglicherweise liegt die Ursache für ein nahezu konstantes Potential in einer Veränderung der Dicke der Stern-Schicht mit dem Salzgehalt (Kap. 2.3.2, S. 33f.).

Für Illite kann das wirksame Potential aus der spezifischen Oberfläche und dem ausgeschlossenen Volumen berechnet werden. Für Lithium- und Natriumchlorid erhielten Chan et al. (1984) $\psi_d = -65$ mV bzw. -51 mV und noch niedrigere Potentiale für die schwereren Alkaliionen. Die Adsorption dieser Gegenionen an der Tonmineraloberfläche muß demnach sehr ausgeprägt sein.

Für Montmorillonite berechneten Chan et al. (1984) unter Annahme von $S = 750$ m²/g[3)] nach Gleichung 8.38a Stern-Potentiale von –90 mV (Li^+), – 69 mV (Na^+), – 44 mV (K^+), –21 mV (Rb^+) und –12 mV (Cs^+), also Potentiale in ähnlicher Größenordnung wie beim Illit.

Es leuchtet unmittelbar ein, daß die Stern-Potentiale in Gegenwart der schwereren Alkaliionen kleiner sind. Eine andere Deutung stammt von Schramm and Kwak (1982a, b). Sie vermuteten auf Grund von Lichtstreumessungen an verdünnten Alkalimontmorillonitdispersionen, daß sich taktoidartige Aggregate bilden (Kap. 3.6), indem sich einige wenige Silicatschichten in Abständen von 1 nm übereinanderlagern. Der Anionenausschluß wird dann nur durch die äußeren Flächen der Taktoide bestimmt. Die aus der Zahl der Silicatschichten pro Taktoid berechnete äußere Oberfläche wurde zur Ermittlung von ψ_d aus dem ausgeschlossenen Volumen benutzt. Im Vergleich zu den Ergebnissen von Chan et al. (1984) ergaben sich für Na^+ und K^+ höhere, für NH_4^+ und Cs^+ kleinere Beträge für ψ.

Eine prinzipielle Frage der Ermittlung der spezifischen Oberfläche aus dem Anionenausschluß betrifft auch die Annahme unendlich ausgedehnter Plättchen. In Modellrechnungen untersuchten Chang und Sposito (1994, 1996) den Einfluß der Dimensionen scheibenförmiger Teilchen mit positiven Randladungen. Bei sehr kleinen Teilchen (allerdings $\leq$ 0,01 µm) wird das Anionenausschlußvolumen in verdünnten Lösungen größer als für unendlich ausgedehnte Plättchen. Positive Randladungen machen sich nicht bemerkbar, da das Feld der negativen Flächenladung über die Ränder hinweggreift. Bei Teilchen dicker als etwa 0,05 µm nimmt das Ausschlußvolumen nicht monoton mit der Elektrolytkonzentration ab, sondern wechselt das Vorzeichen, da sich die positiven Randladungen bei höheren Salzkonzentrationen bemerkbar machen. Die Unterschiede zwischen scheibenförmigen und unendlich ausgedehnten Plättchen werden mit zunehmender Salzkonzentration kleiner.

Van den Hul (1982, 1983) berichtete über die Messung des Ausschlußvolumens an kugelförmigen Teilchen. Bei diesen Teilchen hängt die negative Adsorption über die Poisson-Boltzmann-Gleichung in komplizierter Weise vom Teilchenradius ab. Allerdings kann die Lösung dieser Gleichung für Doppelschichten um kugelförmige Teilchen nur numerisch gefunden werden (Kap. 2.3.1). Das dimensionslose Produkt aus ausgeschlossenem Volumen V^{ex} und Teilchendichte ist für kugelförmige Teilchen stets größer als für plättchenförmige. Ähnlich wie bei ebenen Oberflächen wird der Anionenausschluß bei hohen Stern-Potentialen (hier $\psi_d \geq 8$) von diesen unabhängig. Aus der negativen Adsorption kann bei bekanntem Stern-Potential der Teilchenradius ermittelt wer-

3) Ohne Berücksichtigung der Kantenfläche ergibt sich aus der mittleren Molmasse zweier Formeleinheiten von Natriummontmorillonit und den Gitterkonstanten (a = 5,18 Å, b = 9,00 Å, s. Tabelle 2.1) eine spezifische Oberfläche von

$$2 \cdot (5{,}18 \cdot 9{,}00 \cdot 6{,}02 \cdot 10^{23} \cdot 10^{-20})/753{,}8 = 742 \text{ m}^2/\text{g}$$

(Die Elementarzelle enthält zwei Formeleinheiten, die Molmasse ist 740 + 0,6 · (Molmasse Natrium) = 753,8).
Für Teilchen mit den Dimensionen 2000 · 2000 · 10 Å³ berechnet man eine Kantenfläche von 8 m²/g, so daß die gesamte äußere spezifische Oberfläche 750 m²/g wird.

den. In Dispersionen aus nicht genau gleich großen Teilchen entspricht der so gewonnene mittlere Durchmesser recht gut dem $d(3,2)$-Wert (Kap. 8.2) (Van den Hul, 1982). Umgekehrt läßt sich das Stern-Potential bei bekanntem Radius aus dem Anionenausschluß berechnen.

8.10 Anisometrische Teilchen

In einem gut ausgestatteten Labor, das mit Meßgeräten für die verschiedenen Methoden der Teilchengrößenbestimmung ausgestattet ist (ein für Universitäten meist ziemlich hypothetischer Fall), würde ein Mitarbeiter bei der Untersuchung einer Dispersion eine Enttäuschung erleben: Jedes Gerät ergäbe eine andere Verteilungskurve und einen anderen Mittelwert (vgl. Abb. 8.7, 8.13). Sogar bei monodispersen Systemen würden etwas unterschiedliche Teilchendurchmesser gefunden. Es wäre voreilig zu folgern, manche Geräte würden nicht zuverlässig messen (was natürlich auch zutreffen kann).

Aus Kap. 8.2 ist bekannt, daß die Mittelwerte je nach Meßmethode durch unterschiedliche Gewichtung der Einzelwerte entstehen und daher nicht übereinstimmen können. Auch bei monodispersen Systemen sind die gemessenen Teilchendurchmesser nicht gleich, weil die Meßgröße der äquivalente sphärische Durchmesser ist, der je nach Meßmethode in unterschiedlicher Weise auf die tatsächlichen Dimensionen der Teilchen bezogen ist. Nur für harte, glatte kugelförmige Teilchen ist dieser Wert gleich dem tatsächlichen Durchmesser.

Der äquivalente sphärische Durchmesser ESD ist der Durchmesser von Kugeln, die sich in bezug auf die gerade eingesetzte physikalische Meßmethode genau so verhalten wie die realen Teilchen. Die gleichen (realen) Teilchen können daher bei einer anderen Meßmethode einen anderen äquivalenten sphärischen Durchmesser haben.

Bei den einzelnen Meßmethoden werden unterschiedliche größenabhängige Eigenschaften der Teilchen gemessen (Jennings and Parslow, 1988), die zu verschiedenen Werten der äquivalenten sphärischen Durchmesser führen: *Teilchenvolumen*: Coulter-Counter-Prinzip (Kap. 8.8.1), ESD = d_V; *Streuquerschnitt* (projizierte Fläche): Optische Beugungsmethoden (Kap. 8.5), ESD = d_A; *translatorische Diffusion*: Photonenkorrelation, ESD = d_T; *rotatorische Diffusion*: Elektrooptische und magnetooptische Messungen (Kap. 8.4), ESD = d_R; *Stokessche Bewegung*: Bewegung eines Teilchens unter Wirkung der Gravitations- oder Zentrifugalkraft und der Reibungskraft, ESD = d_S.

Für Stäbchen (Länge L, Durchmesser t, Achsenverhältnis $\rho = L/t$) ergeben sich die folgenden äquivalenten sphärischen Durchmesser d_i (Jennings, 1993):

$$d_V = L * \sqrt[3]{\frac{3}{2\rho^2}} \tag{8.39a}$$

$$d_A = L * \sqrt{\frac{1}{\rho}\left(1 + \frac{1}{2\rho}\right)} \tag{8.39b}$$

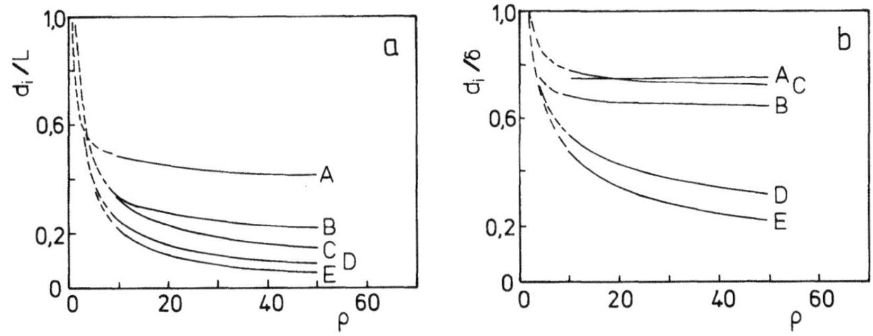

Abb. 8.11 a, b. Äquivalenter sphärischer Durchmesser d_i durch maximale Länge L bzw. Durchmesser δ in Abhängigkeit vom Achsenverhältnis ρ: **A** Rotation, **B** Translation, **C** Fläche, **D** Volumen, **E** Sedimentation (Jennings, 1993). **a** Stäbchenförmige Teilchen, Länge L, Dicke t, $\rho = L/t$; **b** scheibchenförmige Teilchen, Durchmesser δ, Dicke t, $\rho = \delta/t$.

$$d_T = L * \left(\frac{1}{\ln (2\rho)}\right) \tag{8.39c}$$

$$d_R = L * 1/\sqrt[3]{3 \ln (2\rho - 0{,}5)} \tag{8.39d}$$

$$d_S = L * \frac{\sqrt{1,5 \ln 2\rho}}{\rho} \tag{8.39e}$$

Der Zusammenhang zwischen dem ESD und den tatsächlichen Teilchendimensionen ist also alles andere als einfach. Der Wert ist immer kleiner als die größte Dimension L; jedoch ist d_i/L nur eine Funktion von ρ (Abb. 8.11a). Bei kleineren Achsenverhältnissen (kurze, dicke Stäbchen) hängt d_i/L empfindlich von $\rho = L/t$ ab, ändert sich aber weniger stark bei dünneren und längeren Stäbchen.

Für *scheibenförmige* Teilchen (Durchmesser δ, Dicke t, Achsenverhältnis $\rho = \delta/t$)[4] erhält man:

$$d_v = \delta * \sqrt[3]{\frac{1{,}5}{\rho}} \tag{8.40a}$$

$$d_A = \delta * \sqrt{0{,}5 + 1/\rho} \tag{8.40b}$$

$$d_T = \delta * \frac{1}{\arctan \rho} \tag{8.40c}$$

$$d_R = \delta * \sqrt[3]{4/3\pi} \tag{8.40d}$$

---

[4] Das Verhältnis Durchmesser zur Dicke plättchenförmiger Teilchen wird als Längenverhältnis (aspect ratio) bezeichnet.

$$d_S = \delta\sqrt{\frac{1,5}{\rho}}\ \arctan\rho. \tag{8.40e}$$

Nach Abb. 8.11b nimmt d_i/δ anfänglich wiederum steil ab, aber nicht so weit wie bei den Stäbchen. Auffallend sind die niedrigen Werte von d_V/δ und d_S/δ bei großen axialen Verhältnissen. In Tabelle 8.4 sind die äquivalenten sphärischen Durchmesser für ein Stäbchen von 1 µm Länge und 0,1 µm Durchmesser sowie für ein Scheibchen von 1 µm Durchmesser und eine Dicke von 0,1 µm (jeweils ρ = 10) angegeben. Für Ellipsoide s. Jennings und Parslow (1988) sowie Lyklema (1991, S. 6.67 ff.).

Die Rotationsdiffusion wird durch die Teilchenform und das Achsenverhältnis am wenigsten beeinflußt, das Sedimentationsverhalten am stärksten. Die genauesten Daten für die Teilchengröße werden daher mit den Methoden gewonnen, die auf der Messung der Rotationsdiffusion beruhen. Für Scheibchen sollte man ähnlich gute Werte auch aus der Messung der translatorischen Diffusion und dem Streuquerschnitt erhalten. Unregelmäßig geformte Teilchen in einem Ensemble von Teilchen mit einem bestimmten Habitus beeinflussen den äquivalenten Stokesschen Durchmesser d_S dementsprechend stärker als die aus Diffusionsmessungen ermittelten Durchmesser d_R und d_T.

Die unterschiedliche Abhängigkeit der äquivalenten sphärischen Durchmesser vom Achsenverhältnis kann zur Bestimmung dieser Größe genutzt werden, wenn die äquivalenten Durchmesser nach zwei Methoden bestimmt werden, die zu möglichst verschiedenen Werten von d/L bzw. d/δ führen. Empfehlenswert ist die Kombination von Rotationsdiffusions- oder Lichtstreumessungen mit Sedimentationsmessungen (Jennings and Parslow, 1988; Jennings, 1993; Slepetys and Cleland, 1993; Hinds et al., 1996). Aus Abb. 8.11a,b oder aus den entsprechenden Gleichungen 8.39 und 8.40 lassen sich Standardkurven konstruieren, die d_R/d_S (Abb. 8.12) oder d_A/d_S als Funktion des Achsenverhältnisses angeben. Aus den gemessenen Werten d_R bzw. d_A und d_S erhält man das Achsenverhältnis.

Am besten geht man von den auf die Masse bezogenen kumulativen Verteilungen (weight cumulative distributions, Abb. 8.13) aus und ermittelt die Werte der äquivalenten sphärischen Durchmesser, also d_R bzw. d_A und d_S, bei dem gleichen Wert der Verteilungskurve, z. B. bei 50 %. Aus d_R/d_S bzw. d_A/d_S folgt wiederum das Achsenverhältnis ρ.

Tabelle 8.4. Vergleich der äquivalenten sphärischen Durchmesser (ESD) d_i für Stäbchen (Länge 1 µm, Dicke = 0,1 µm) und Scheibchen (Durchmesser 1 µm, Dicke 0,1 µm) (Jennings, 1993).

Meßgröße	Typ	ESD [µm]	
		Stäbchen	Scheibchen
Volumen	d_V	0,25	0,53
Streuquerschnitt	d_A	0,31	0,77
Translatorische Diffusion	d_T	0,33	0,68
Rotatorische Diffusion	d_R	0,48	0,75
Sedimentation	d_S	0,21	0,47

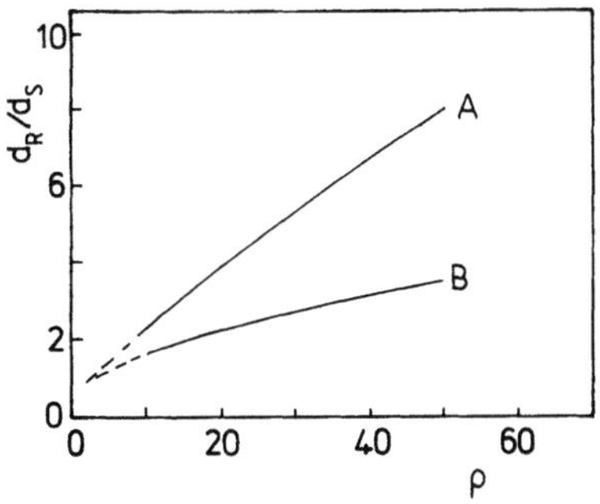

Abb. 8.12. Verhältnis der äquivalenten sphärischen Durchmesser d_R/d_S in Abhängigkeit vom Achsenverhältnis ρ. **A** Stäbchen, **B** Scheibchen (Jennings, 1993).

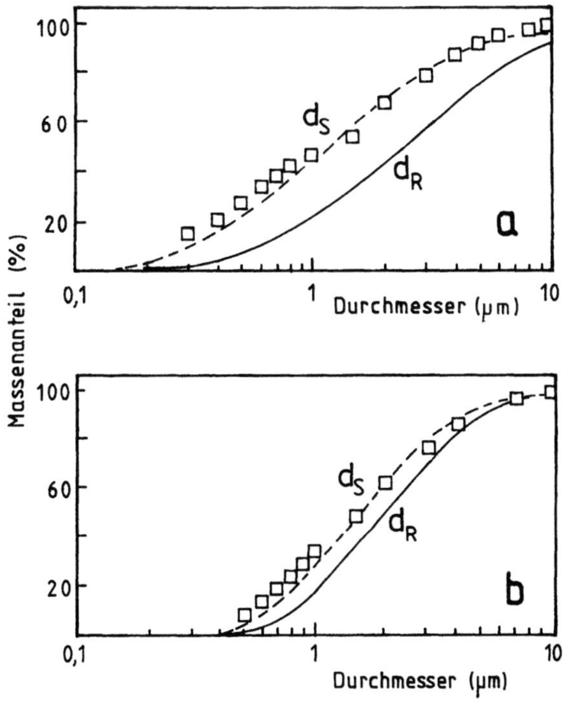

Abb. 8.13 a, b. Kumulative Verteilungskurven (bezogen auf Massenanteile, weight fractions). ——Verteilung von d_R, □□□ Verteilung von d_S, - - - d_S berechnet aus d_R (Jennings, 1993). **a** Delaminierter Kaolin (Georgia), **b** kalzinierter Kaolin (Georgia).

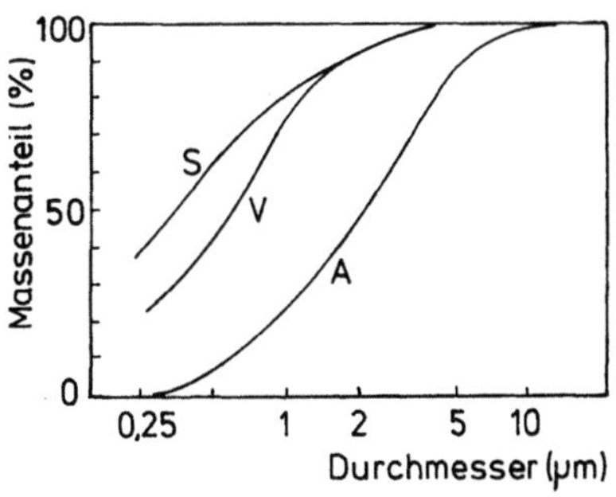

Abb. 8.14. Vergleich zwischen den Verteilungskurven (bezogen auf Massenanteile): **S** d_S aus Sedimentationsmessungen, **V** d_V aus Coulter-Counter-Messungen, **A** d_A aus Lichtstreumessungen (Jennings and Parslow, 1988).

Als Beispiel seien die Verteilungskurven von d_R und d_S für zwei Kaoline (aus Georgia) angegeben (Abb. 8.13a,b) (Jennings, 1993). Natürlich sind die Verteilungskurven nicht identisch. Man könnte zunächst folgern, beide Messungen wären nicht kompatibel. Ermittelt man aber ρ aus d_R/d_S nach Abb. 8.12, kann man d_R in d_S umrechnen (Gln. 8.40d,e) (gestrichelte Kurve in Abb. 8.13) und erkennt, daß die Ergebnisse beider Messungen übereinstimmen. Die Differenzen zwischen den Verteilungskurven für d_R und d_S sind beim kalzinierten Kaolinit (Abb. 8.13b) kleiner als bei der delaminierten Probe (Abb. 8.13a), d. h. die Teilchen sind kompakter, ihre Struktur nähert sich mehr einer isometrischen Gestalt. Als weiteres Beispiel für die Auswertung von Trübungs- und Sedimentationsmessungen an Kaolindispersionen s. Slepetys und Cleland (1993).

Die unterschiedlichen Verteilungskurven, die bei verschiedenen Meßmethoden erhalten wurden, sind nochmals in Abb. 8.14 für einen Kaolinit dargestellt (Jennings and Parslow, 1988), und zwar d_S (Sedimentation), d_V (Coulter-Counter) und d_A (Lichtstreuung). Die Durchmesser bei 50 % der Verteilung sind $d_S = 0{,}35$ µm, $d_V = 0{,}6$ µm und $d_A = 2{,}1$ µm. Das ermittelte Achsenverhältnis zeigt sehr dünne Plättchen an ($\rho > 30$).

Literatur

Allen T (1993) Particle size measurement. Chapman and Hall, London

Allen T (1997) Particle size measurements. Chapman and Hall, London, vol 1, vol 2

Apfel U, Grunder R und Ballauff (1994) A turbidity study of particle interaction in latex suspensions. Colloid Polym Sci 272: 820–829

Arner EC und Kirkland JJ (1992) Sedimentation field flow fractionation. In: Harding SE; Rowe AJ; Horton JC (eds) Analytical ultracentrifugation in biochemistry and polymer science. pp 208–227

Auweter H und Horn D (1985) Fiber-optical quasi-elastic light scattering of concentrated dispersions. J Coll Interf Sci 105: 399–409

Bailey L, Keall M, Audibert A und Lecourtier J (1994) Effect of clay/polymer interactions on shale stabilization during drilling. Langmuir 10: 1544–1549

Blau P und Zollars RL (1996) Sedimentation field-flow fractionation of nonspherical particles. J Coll Interf Sci 183: 476–483

Bolt GH und Warkentin BP (1958) The negative adsorption of anions by clay suspensions. Kolloid Z 156: 41–46

Chan DYC, Pashley RM und Quirk JP (1984) Surface potentials derived from co-ion exclusion measurements on homoionic montmorillonite and illite. Clays Clay Min 32: 131–138

Chang FRC und Sposito G (1994) The electrical double layer of a disk-shaped clay mineral particle: effect of particle size. J Coll Interf Sci 163: 19–27

Chang FRC und Sposito G (1996) The electrical double layer of a disk-shaped clay mineral particle: effects of electrolyte properties and surface charge density. J Coll Interf Sci 178: 555–564

Edwards DG, Posner AM und Quirk JP (1965) Repulsion of chloride ions by negatively charged clay surfaces. I, II, III. Trans Faraday Soc 61: 2808–2815; 2816–2819; 2819–2823

Edwards DG und Quirk JP (1962) Repulsion of chloride by montmorillonite. J Coll Sci 17: 872–882

Eliçabe GE und Garciá-Rubio LH (1989) Latex particle size distribution from turbidimetry using inversion techniques. J Coll Interf Sci 129: 192–200

Esker van den MWJ und Pieper JHA (1975) Latex particle size by light absorption. In: van Olphen H; Mysels KJ (eds) Physical chemistry: enriching topics from colloid and surface science. Theorex, La Jolla, California, pp 175–180

Ferreiro EA, Helmy AK und de Bussetti SG (1995) Interaction of Fe-oxyhydroxide colloidal particles with montmorillonite. Clay Min 30: 195–200

Filella M, Zhang J, Newman ME und Buffle J (1997) Analytical applications of photon correlation spectroscopy for size distribution measurements of natural colloidal suspensions: capabilities and limitations. Colloids Surfaces A 120: 27–46

Giddings JC, Ratanathanawongs SK, Barman BN, Moon MH, Liu G, Tjelta BL und Hansen ME (1994) Characterization of colloidal and particulate silica by field flow fractionation. In: Bergna HE (ed) The colloid chemistry of silica. Adv chem ser 234. Am Chem Soc, Washington, pp 309–340

Gregg SJ und Sing KSW (1982) Adsorption, surface area and porosity. Acad Press, London; siehe auch Auflage von 1967

Hinds IC, Ridler PJ und Jennings BR (1996) Electric birefringence for monotoring size changes in clay suspensions. Clay Min 31: 549–556

Hofmann U (1962) Die chemischen Grundlagen der griechischen Vasenmalerei. Angew Chem 74: 397–442

Horn D, Auweter H, Ditter W und Eisenlauer J (1986) Laser-optical methods for the characterization of disperse systems. In: Parfitt GD; Patsis AV (eds) Organic coatings. Science and technology. M Dekker, New York, Basel, vol 8, pp 251–277

Hul van den HJ (1982) Negative adsorption of co-ions from spherical particles. J Coll Interf Sci 86: 173–177

Hul van den HJ (1983) Estimation of outer Helmholtz plane potentials from negative adsorption of co-ions. J Coll Interf Sci 92: 217–221

Hunter RJ (1991) Foundations of colloid science vol I. Clarendon Press, Oxford

Hunter RJ (1993) Introduction to modern colloid science. Oxford Univ Press, Oxford

Jahn W und Strey R (1988) Microstructure of microemulsions by freeze fracture electron microscopy. J Phys Chem 92: 2294–2301

Jasmund K und Lagaly G (1993) Tonminerale und Tone. Struktur, Eigenschaften, Anwendung und Einsatz in Industrie und Umwelt. Steinkopff Verlag, Darmstadt

Jennings BR (1993) Size and thickness measurement of polydisperse clay samples. Clay Min 28: 485–494

Jennings BR und Parslow K (1988) Particle size measurement: the equivalent spherical diameter. Proc Roy Soc London A 419: 137–149

Karlsson O, Hassander H und Wesslén B (1995) Particle size measurements of heterogeneous film-forming latices. J Colloid Polym Sci 273: 496–504

Killmann E, Sapuntzjis P und Maier H (1992) Dynamic light scattering for characterization of latices. Makromol Chem, Macromol Symp 61: 42–58

Lange H (1968) Bestimmung von Teilchengrößen aus Trübung und Brechungsinkrement. Koll Z Z Polym 223: 24–30

Lange H (1995) Comparative test of methods to determine particle size and particle size distribution in the submicron range. Part Part Syst Charact 12: 148–157

Lyklema J (1991) Fundamentals of interface and colloid science. I. Fundamentals. Acad Press, London

McFadyen P und Fairhurst D (1993) High-resolution particle size analysis from nanometers to microns. Clay Min 28: 531–537

Niemeyer J, Thieme J, Guttmann P, Wilhein T, Rudolph D und Schmahl G (1994) Direct imaging of aggregates in aqueous clay-suspensions by X-ray microscopy. Progr Colloid Polym Sci 95: 139–142

Noll W (1975) Bemalung antiker Keramik. Angew Chem 87: 639–651

Noll W (1980) Chemie vor unserer Zeit: antike Pigmente. Chemie uns Zeit 14: 37–43

Noll W (1982) Techniken der Dekoration antiker Keramik. Ber DKG, 17–25

Oakley DM, Jennings BR, Waterman DR und Fairey RC (1982) An electrooptic birefringence fine-particle sizer. J Phys E Sci Instrum 15: 1077–1082

Parslow K und Jennings BR (1986) Simultaneous size and thickness measurements for heterogeneous micrometre-sized particles. J Phys D Appl Phys 19: 1233–1243

Provder T (ed) (1991) Particle size distribution. II. ACS Symp Ser 472. Amer Chem Soc, Washington

Ristori GG, Sparvoli E, Landi L und Martelloni C (1989) Measurement of specific surface areas of soils by p-nitrophenol adsorption. Appl Clay Sci 4: 521–532

Schoeman BJ, Sterte J und Otterstedt JE (1994) The synthesis of colloidal zeolite hydroxysodalite sols by homogeneous nucleation. Zeolites 14: 208–216

Schoeman BJ, Sterte J und Otterstedt JE (1995) Dynamic light scattering applied to the synthesis of colloidal zeolite. J Porous Mat 1: 185–198

Schofield RK (1947) Calculation of surface areas from measurements of negative adsorption. Nature 160: 408–410

Schofield RK (1949) Calculation of surface areas of clays from measurements of negative adsorption. Trans Brit Ceram Soc 48: 207–213

Schofield RK und Samson HR (1954) Flocculation of kaolinite due to the attraction of oppositively charged crystal faces. Discuss Faraday Soc 18: 135–145

Schramm LL und Kwak JCT (1982) a) Influence of exchangeable cation composition on the size and shape of montmorillonite particles in dilute suspensions. Clay Clay Min 30: 40–48

Schramm LL und Kwak JCT (1982) b) Interactions in clay suspensions: the distribution of ions in suspension and the influence of tactoid formation. Colloids Surfaces 3: 43–60

Siedentopf H und Zsigmondy R (1903) 1. Über die Sichtbarmachung und Größenbestimmung ultramikroskopischer Teilchen, mit besonderer Anwendung auf Goldrubingläser. Ann Phys 10 (4. F): 1–39

Slepetys RA und Cleland AJ (1993) Determination of shape of kaolin pigment particles. Clay Min 28: 495–508

Thieme J, Niemeyer J, Guttmann P, Wilhein T, Rudolph D und Schmahl G (1994) X-ray microscopy studies of aqueous colloidal systems. Progr Colloid Polym Sci 95: 135–138

Thomas JC und Fairhurst D (1991) High resolution particle size analysis of coating materials. In: Sharma MK; Micale FJ (eds) Surface phenomena and fine particles in water-based coatings and printing technology. Plenum Press, New York, pp 213–224

Tributh H und Lagaly G (1986) Aufbereitung und Identifizierung von Boden- und Lagerstättentonen. II. Korngrößenanalyse und Gewinnung von Tonsubfraktionen. GIT-Fachzeitschrift für das Laboratorium 30: 771–776

Uzgiris EE (1981) Laser doppler spectroscopy: applications to cell and particle electrophoresis. Advan Coll Interf Sci 14: 75–171

Vali H und Bachmann L (1988) Ultrastructure and flow behavior of colloidal smectite dispersions. J Coll Interf Sci 126: 278–291

Verdurmen EM, Albers JG und German AL (1994) Polybutadiene latex particle size distribution analysis utilizing a disk centrifuge. Colloid Polym Sci 272: 57–63

Weiner BB, Tscharnuter W und Fairhurst D (1994) Accurate particle sizing of high density materials to 10 nm using an X-ray disc centrifuge with a moving source detector. In: Bose A; Dowding RJ (eds) Tungsten and Refractory Metals. Proceedings of the 2nd int conf on tungsten and refractory metals. Metal Powder Industries Federation, Princeton, NJ, vol 2, pp 727–735

Williams PS, Xu Y, Pierluigi R und Giddings JC (1997) Colloid characterization by sedimentation field-flow fractionation: correction for particle-wall interaction. Ann Chem 69: 349–360

9 Oberflächenladung

9.1 Oberflächenladung und Oberflächenpotential

Die Stabilität elektrostatisch oder überwiegend elektrostatisch stabilisierter Dispersionen wird durch das Potential ψ_d an der Grenze zur diffusen Ionenschicht bestimmt (s. Abb. 2.6, Kap. 2.3.2 und Abb. 9.4). Im allgemeinen ist jedoch nur die Oberflächenladung, genauer die Oberflächenladungsdichte, experimentell zugänglich. Aus dieser läßt sich das Oberflächenpotential ψ_0 nach Gleichung 2.10 ausrechnen, aus dem ψ_d nach dem Stern-Modell ermittelt werden kann (Kap. 2.3.2).

Die Oberflächenladung oxidischer Teilchen ist durch potentiometrische Titration zu ermitteln, indem die Bindung bzw. Abspaltung von Protonen durch eine pH-empfindliche Elektrode (Glaselektrode) gemessen wird. Da sich die Oberflächenladung mit dem pH-Wert ändert (Kap. 2.2), muß sie in Abhängigkeit vom pH-Wert der Dispersion bestimmt werden.

Bei Teilchen mit permanenter Ladung (vor allem Silicaten) wird die Oberflächenladungsdichte durch Bestimmung des Kationenaustauschvermögens ermittelt oder aus der chemisch-analytischen Zusammensetzung berechnet (Kap. 9.6).

In den letzten Jahren wurde der Partikelladungsdetektor (PLD oder PCD) zur Ermittlung der Menge der Oberflächenladungen eingesetzt (Kap. 9.7).

Das maximale Potential ψ_d der diffusen Ionenschicht kann nicht direkt gemessen werden, läßt sich aber aus den c_K-Werten ausrechnen (Kap. 11.2). Wer es sich einfach machen will, setzt ψ_d näherungsweise dem Zetapotential ζ gleich (Kap. 10.3). Streng genommen ist das Zetapotential jedoch eine aus elektrokinetischen Messungen ermittelte Größe, die a priori nichts mit ψ_d zu tun hat.

9.2 Potentiometrische Titration

Bei der potentiometrischen Titration werden jeweils zwei Titrationen ausgeführt, nämlich die der Dispersion und die einer Vergleichslösung. Die Vergleichslösung enthält keinen dispergierten Feststoff, wohl aber alle anderen Zusätze. Bei Oxiden werden im allgemeinen Säure-Base-Titrationen mit einer starken Säure, z. B. HNO_3, bzw. einer starken Lauge wie KOH nach Einstellung einer bestimmten Ionenstärke durch Zusatz eines inerten Salzes durchgeführt. Dabei wird durch eine pH-empfindliche Elektrode (Glaselektrode) die Änderung des pH-Wertes bzw. der elektromotorischen Kraft registriert. Die chemische Zusammensetzung der Dispersion und der Vergleichslösung sollte so übersichtlich wie möglich gehalten werden. Es ist zu empfehlen, die Titrationen bei verschiedenen Ionenstärken, z. B. in 10^{-1} M, 10^{-2} M und 10^{-3} M KNO_3, durchzuführen. Die Kurven für verschiedene Ionenstärken müssen sich in einem Punkt schneiden, dem „gemeinsamen Schnittpunkt" (cip = common intersection point), aus dessen Lage im σ_0-pH-Diagramm wichtige Folgerungen gezogen werden (Kap. 9.3).

Für die potentiometrische Titration wird eine geschlossene, thermostatisierte Meßzelle mit Rührer, Mikrobürette, Meßelektrode (Glaselektrode bei Säure-Base-Titrationen), Referenzelektrode mit Salzbrücke und hochohmigem Potentialmeßgerät benötigt (Abb. 9.1) (Kallay et al., 1993). Die Dispersionen und Basenlösungen sind in PTFE-Gefäßen, nicht in Glasgefäßen aufzubewahren, um Verunreinigungen durch Herauslösen von Glasbestandteilen, vor allem der Silicatspezies, zu verhindern, die u. U. vom Feststoff adsorbiert werden können (Furlong et al., 1981). Auch bei der Titration sind Glasgefäße zu vermeiden.

Spülung mit einem Inertgas (N_2, Ar) ist vor allem bei der Titration mit der Base notwendig, um die Absorption von CO_2 in der Dispersion zu verhindern. Als Referenzelektrode wird meistens die Kalomelelektrode eingesetzt. Für Messungen bei höheren Temperaturen ist die Ag/AgCl-Elektrode (z. B. aus einer zerbrochenen Glaselektrode) wegen ihres niedrigen Temperaturkoeffizienten zu empfehlen. Genaue und zuverlässige Messungen erfordern die Trennung der Referenzelektrode von der Dispersion durch eine Salzbrücke. Diese verhindert, daß die Elektrolytlösung der Referenzelektrode (KCl-Lösung) in die Meßzelle diffundiert, und verringert das Diffusionspotential (liquid junction potential, Lyklema, 1991, S. 580 ff) und den Dispersionseffekt (Suspensionseffekt, Lyklema, 1991, S. 586 ff). Die Zusammensetzung des Elektrolyts in der Salzbrücke sollte derjenigen der Dispersion ähnlich sein. Es empfiehlt sich, die Funktionsfähigkeit der Salzbrücke durch Titra-

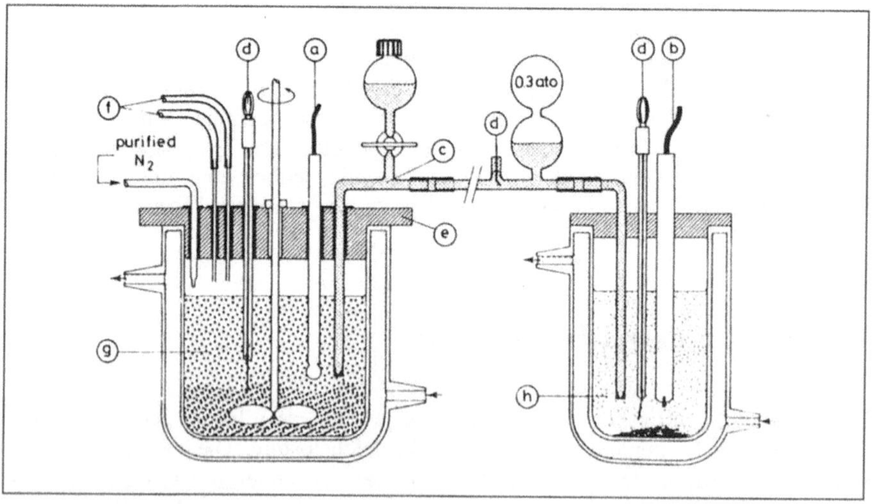

Abb. 9.1. Anordnung für potentiometrische Titrationen bei verschiedenen Temperaturen (Fokkink et al., 1989). **a** Glaselektrode, **b** Kalomelelektrode, **c** Salzbrücke (1,75 M KNO_3 + 0,25 M $NaNO_3$), **d** Zusätzliche Pt-Elektroden zur Widerstandsmessung, **e** Deckel, **f** Kapillaren der Büretten, **g** Titrationsgefäß mit der kolloidalen Dispersion, **h** Referenzgefäß mit gesättigter KCl-Lösung.

tion der Vergleichslösung direkt mit der Ag/AgCl-Elektrode und zum anderen mit der Ag/AgCl-Elektrode plus Salzbrücke zu überprüfen. Säure oder Base werden aus der Mikrobürette über eine Kapillare zugeführt. Das Auslaufen der konzentrierten Lösung von der Spitze der Kapillare in die Dispersion kann durch einen schwachen Argonstrom verhindert werden (Kallay et al., 1993).

Bei der Titration selbst ist auf die Einstellung des Gleichgewichts zu achten, die eine längere Zeit erfordern kann. Manchmal läßt sich ein schneller Prozeß von einem langsameren unterscheiden. Wie weit die Gleichgewichtseinstellung tatsächlich abzuwarten ist, muß das Fingerspitzengefühl des Experimentators zeigen, da sich manche Reaktionen lange hinschleppen. Längere Einstellzeiten können auch durch die Aggregation der Teilchen nahe am Ladungsnullpunkt oder bei Elektrolytkonzentrationen im Bereich der kritischen Koagulationskonzentration entstehen, wenn die Gleichgewichtseinstellung im Inneren der Aggregate zu langsam erfolgt. Hesleitner et al. (1987) beobachteten in der Tat eine schnellere Gleichgewichtseinstellung während der Titration von Hämatitdispersionen, wenn die Aggregate durch Ultraschall auseinandergerissen wurden.

Experimentelle Angaben s. z. B. Stone-Masui and Watillon (1975); Kallay et al. (1986); Sonnefeld et al. (1995); Messung der Temperaturabhängigkeit: Fokkink et al. (1989).

Zur Auswertung wird der Verbrauch an eingestellter Säure oder Lauge bei jeweils gleichen pH-Werten von Vergleichslösung und Dispersion bestimmt und die Differenz ermittelt (also Differenzen parallel zur Abszisse. In Abhängigkeit vom pH-Wert wird aus dieser Differenz die Ladungsdichte berechnet:

$$\sigma_0 = vc/m \qquad [\mathrm{mol/g}]. \tag{9.1a}$$

Darin ist v das Volumen Säure bzw. Lauge der Konzentration c [mol/L] und m der Feststoffgehalt (in g) der titrierten Probe. Umrechnung auf Ladungen/g (F = Faraday-Konstante):

$$\sigma_0 = Fvc/m \qquad [\mathrm{C/g}]. \tag{9.1b}$$

Wenn die spezifische Oberfläche S [m^2/g] bekannt ist, erhält man:

$$\sigma_0 = Fvc/mS \qquad [\mathrm{C/m^2}]. \tag{9.1c}$$

Die spezifische Oberfläche ergibt sich aus dem (mittleren) Teilchendurchmesser d:

$$S = \frac{\text{Oberfläche}}{\text{Volumen} \cdot \text{Dichte}} = \frac{\pi d^2}{(\pi d^3/6)\rho} = \frac{6}{\rho d} \tag{9.2}$$

(ρ=Dichte der Teilchen in g/m^3(!), d in m, S in m^2/g). Ist also der Teilchendurchmesser bekannt, wird die Oberflächenladungsdichte nach folgender Beziehung berechnet:

$$\sigma_0 = F\frac{vc}{m} \cdot \frac{\rho d}{6} \qquad [\mathrm{C/m^2}] \tag{9.1d}$$

9.3 Der Ladungsnullpunkt

Aus methodischen Gründen ist es zweckmäßig, die Oberflächenladung von Oxiden durch den Oberflächenüberschuß Γ von Protonen bzw. OH^--Ionen zu definieren (Lyklema, 1984, 1989):

$$\sigma_0 \equiv F(\Gamma_{H^+} - \Gamma_{OH^-}), \tag{9.3}$$

worin F die Faraday-Konstante ist. Γ wird in mol/m^2 oder mol/g gemessen. Dementsprechend erhält man σ_0 in C/m^2 bzw. C/g. Die Menge der Protonen und Hydroxylionen an der Oberfläche wird durch die zu ihrer Neutralisation verbrauchte Menge an Base bzw. Säure im Verlauf der potentiometrischen Titration ermittelt.

Natürlich läßt sich durch eine Titration nicht entscheiden, ob eine negative Ladung durch die Adsorption einer OH^--Gruppe oder Desorption eines Protons entsteht; in den meisten Fällen dürfte die Veränderung von σ_0 durch die De- bzw. Adsorption von Protonen entstehen.

Anhand von Abb. 9.2a sei die Titration eines Oxides verfolgt, beginnend mit der alkalisch eingestellten Dispersion bei niedriger Konzentration eines Inertsalzes, z. B. 10^{-3} M KNO_3 (Punkt 1 in Abb. 9.2a). An der Abszisse der Abb. 9.2a

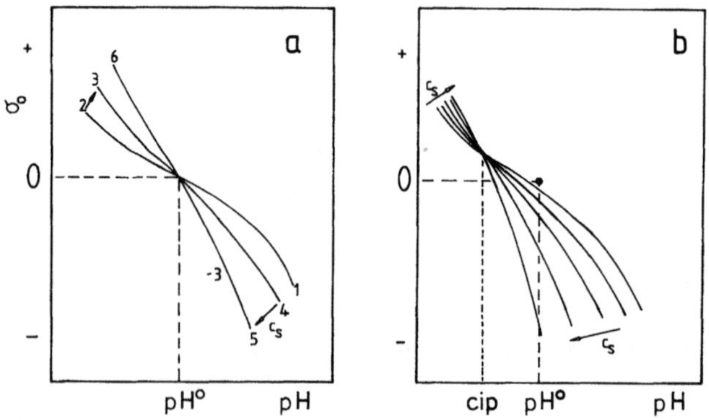

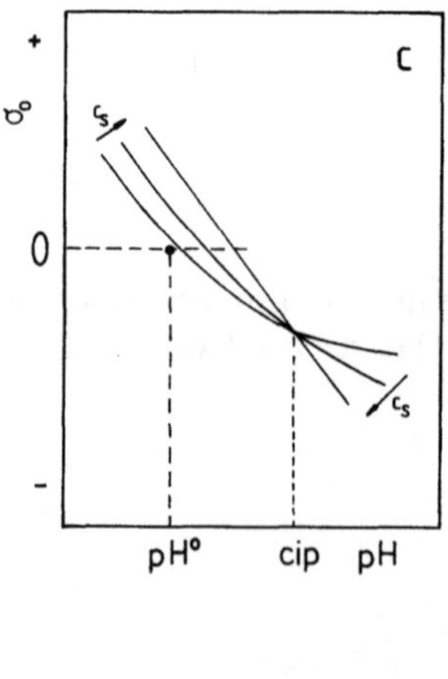

Abb. 9.2a–c. Ladungsnullpunkt (pcz) und gemeinsamer Schnittpunkt (cip). (Nach Lyklema, 1984, 1989.) **a** Ermittlung des Ladungsnullpunktes eines kolloidalen Oxids durch Titration bei steigender (von 2 nach 3 und von 4 nach 5) Konzentration eines Inertsalzes, z. B. KNO_3. **b** Bei der spezifischen Adsorption von Kationen, hier Me^{2+}-Ionen, schneiden sich die Kurven nicht im Ladungsnullpunkt (pH^0, $\sigma_0=0$), sondern bei kleinerem pH-Wert und höherer positiver Ladungsdichte; **c** wie **b**, jedoch bei spezifischer Adsorption von Anionen. Der cip liegt jetzt bei einem höheren pH-Wert und höherer negativer Ladungsdichte als der Ladungsnullpunkt.

steht der registrierte pH-Wert, an der Ordinate zunächst die benötigte Menge HNO_3, um in der Dispersion diesen pH-Wert einzustellen. Diese HNO_3-Menge ist die Differenz aus der zur Dispersion zugegebenen Menge HNO_3 und der HNO_3-Menge, die den gleichen pH-Wert in der Vergleichslösung erzeugt. Die Oberflächenladung kann zunächst nicht angegeben werden, da der Absolutwert von σ_0 bei Beginn der Titration nicht bekannt ist. Wenn im genügend sauren Bereich Punkt 2 erreicht ist, wird die Konzentration des Salzes erhöht (Punkt 3) und mit KOH bis zu einem hinreichend hohen alkalischen pH-Wert titriert (Punkt 4). Es folgt erneut eine Titration mit HNO_3 bei nochmals erhöhter Salzkonzentration (von 5 nach 6).

Die Änderung der Oberflächenladung und des pH-Wertes bei Erhöhung der Salzkonzentration (Pfeile in Abb. 9.3a) wird durch die bessere Abschirmung der Oberflächenladungen verursacht. Infolge der Zugabe von KNO_3 (2 → 3) steigt die positive Oberflächenladung durch Bindung von Protonen: Der pH-Wert nimmt zu. Nur am Ladungsnullpunkt ($\sigma_0 = 0$) hat Salzzusatz keinen Einfluß. Die Kurven schneiden sich im cip, der den Ladungsnullpunkt angibt.

Da am gemeinsamen Schnittpunkt $\Gamma_{H^+} = \Gamma_{OH^-}$ ist, können die Werte an der Ordinate (also Mole HNO_3 bzw. KOH) unter Berücksichtigung des Feststoffgehaltes in Ladungen pro Gramm bzw. m^2 umgerechnet werden.

Zu Bestimmung des Ladungsnullpunktes müssen also mehrere Titrationen (einschließlich der Vergleichslösungen) bei unterschiedlichen Salzkonzentrationen durchgeführt werden. Der gemeinsame Schnittpunkt ist aber nur dann der Ladungsnullpunkt (pzc = point of zero charge), wenn das Salz ein Inertsalz ist, d. h. seine Ionen nicht spezifisch adsorbiert werden. „Nichtspezifisch" bedeutet, daß lediglich die Coulombschen Wechselwirkungen eine Rolle spielen und die Ionen sich wie Punktladungen verhalten (Lyklema, 1984; 1989; 1995, S. 3.64).

Wenn ein Ion spezifisch adsorbiert wird, entsteht zwar ebenfalls ein gemeinsamer Schnittpunkt (Abb. 9.2b, c), der aber nicht mit dem pzc identisch ist (Lyklema, 1984; 1989). Ob der gemeinsame Schnittpunkt der Ladungsnullpunkt ist oder nicht, läßt sich erst durch Vergleich mit dem cip der Kurven in Gegenwart eines Inertsalzes erkennen. In Abb. 9.2b ist (aus Gründen der Übersichtlichkeit) nur der Punkt pH^0, $\sigma_0 = 0$ für KNO_3 als Inertsalz eingezeichnet. Der gemeinsame Schnittpunkt in Gegenwart der Me^{2+}-Ionen ist zu kleineren pH-Werten und höherer Oberflächenladungsdichte verschoben, entspricht also nicht dem durch Protonen bzw. Hydroxylionen definierten Ladungsnullpunkt. Man erkennt, daß der Ladungsnullpunkt ($\sigma_0 = 0$) mit steigender Me^{2+}-Konzentration zu kleineren pH-Werten wandert.

Nach der eingangs gegebenen Definition (Lyklema, 1984) wird die Oberflächenladung nur durch die Ad- bzw. Desorption von Protonen bzw. Hydroxylionen bestimmt. Diese Ionen werden direkt der Oberfläche zugerechnet, während andere spezifisch adsorbierte Ionen in einer Ebene in einem gewissen Abstand von der Oberfläche liegen (Kap. 9.4). Die Definition ist nicht zwingend, hat aber methodische Vorteile, da die Oberfläche der Oxide auf H_3O^+ bzw. OH^--Zusatz reagiert und fast ausschließlich Säure-Base-Titrationen durchgeführt werden. Es wäre nicht falsch, auch andere spezifisch adsorbierbare Ionen in die Berechnung der Ladungsdichte einzubeziehen, wie manche Autoren empfehlen.

Aus der Definition des Ladungsnullpunktes ($\Gamma_{H^+} = \Gamma_{OH^-}$) ergibt sich die Verschiebung des cip im σ_0-pH-Diagramm, wenn Kationen bevorzugt adsorbiert werden (Abb. 9.2b). Die Anreicherung von Kationen in der Stern-Schicht führt zur Desorption einer gewissen Menge von Protonen. Ein niedrigerer pH-Wert der Lösung wird dann benötigt, um erneut die Bedingung $\Gamma_{H^+} = \Gamma_{OH^-}$ herzustellen. Der cip verschiebt sich dadurch zu kleineren pH- und größeren σ_0-Werten. Bei spezifischer Adsorption von Anionen wandert er entsprechend zu höheren pH- und stärker negativen σ_0-Werten (Abb. 9.2c).

Der aus elektrokinetischen Messungen gewonnene isoelektrische Punkt hat a priori nichts mit dem pzc zu tun. Er gibt lediglich den pH-Wert an, bei dem sich die Teilchen nicht im elektrischen Feld bewegen (Kap. 10.4). Da die effektive Ladung der Teilchen nicht nur durch den pH-Wert in der Lösung, sondern auch durch die Konzentrationen spezifisch adsorbierter Ionen bestimmt wird, können die pH-Werte für den pzc und den cip merklich differieren. Kallay et al. (1986) fanden bei Anatasteilchen infolge spezifischer Anionenadsorption einen deutlich unterhalb des Ladungsnullpunktes (pH = 6,5) liegenden isoelektrischen Punkt (pH = 4,4).

Wie bereits aus der Verschiebung des cip (Abb. 9.2b,c) klar wird, können spezifisch adsorbierbare Ionen die Oberflächenladung verändern (z. B. Böhmer and Koopal, 1992; Goloub et al., 1996). Als Beispiel sei die Adsorption anionischer Tenside an TiO_2 genannt. Die Adsorptionsisothermen zeigen – in logaritmischer Darstellung – vier Stufen. Bei Salzzusatz schneiden sie sich in einem Punkt (Abb. 9.3a). (Oxide mit konstant bleibender Oberflächenladung liefern bei niedrigen Inertsalzkonzentrationen Zweistufenisothermen.)

Bei der Adsorption des anionischen Tensids am positiven TiO_2 (pH < 5,85) werden zunächst die positiven Oberflächenladungen kompensiert. Mit weiter steigender Adsorption wird nahezu mit jedem adsorbierten Tensidanion auch ein Proton gebunden: Die Oberflächenladung steigt mit der Tensidadsorption an (Abb. 9.3b). Der Ladungsnullpunkt verschiebt sich durch die Adsorption der Tensidanionen plus Protonen zu höheren pH-Werten, z. B. in Gegenwart von $0{,}28 \cdot 10^{-3}$ M SNBS (Natriumnonylbenzolsulfonat) und 10^{-1} M NaCl von 5,85 auf 6,3. Im Bereich des gemeinsamen Schnittpunktes beginnt die Adsorption der Tensidanionen mit umgekehrter Orientierung, d. h. mit der Kopfgruppe zur Lösung, indem sich Oberflächenaggregate, etwa nach dem Modell von Rupprecht und Gu (Kap. 3.10), bilden. Auch in diesem Bereich setzt sich die Ladungsanpassung der Oberfläche fort, allerdings in geringerem Maße als bei niedrigerer Bedeckung, wie aus dem flacheren Verlauf der Kurven oberhalb 1 μmol/m^2 bei niedrigem Salzgehalt folgt (Abb. 9.3b). Es kommt zu einer Umladung der Teilchen (Abb. 9.3c), die an der Änderung der Beweglichkeit zu erkennen ist (Abb. 9.3d) (Kap. 10.10.2). Bei hoher Salzkonzentration ist von vornherein eine höhere positive Oberflächenladung vorhanden, da – bei etwa konstantem Potential – die Ladungsdichte nach den Gleichungen 2.10 mit der Salzkonzentration zunimmt. Die Kurve $\Gamma(0)$ gegen Γ_{SNBS} verläuft daher in 0,1 M NaCl bei geringen Belegungsgraden deutlich flacher als bei niedrigeren Salzkonzentrationen (Abb. 9.3b).

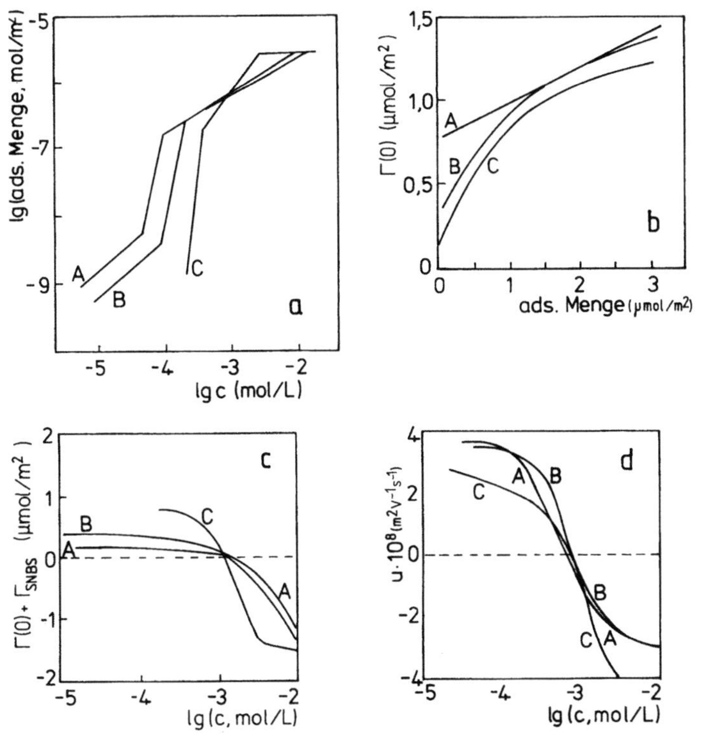

Abb. 9.3 a–d. Änderung der Oberflächenladung von TiO_2 (Rutil, spezifische Oberfläche 50 m^2/g) bei der Adsorption eines anionischen Tensids (Natrium-p-3-nonylbenzolsulfonat, SNBS) (Böhmer and Koopal, 1992). **a** Adsorptionsisothermen (in doppelt-logarithmischer Auftragung) in Gegenwart von 10^{-3} M (**A**), 10^{-2} M (**B**), und 10^{-1} M (**C**) NaCl bei pH = 4,1. **b** Änderung der Oberflächenladungsdichte, $\Gamma(0) = \sigma_0/F$, mit der adsorbierten Menge SNBS bei den gleichen Inertsalzkonzentrationen wie in *a*. **c** Gesamtladung der Teilchen, $\Gamma_{SNBS} + \Gamma(0)$, in Abhängigkeit von der Gleichgewichtskonzentration, Salzkonzentrationen wie in **a**. **d** Elektrophoretische Beweglichkeit *u* in Abhängigkeit von der Gleichgewichtskonzentration, Salzkonzentrationen wie in **a**.

9.4 Modellvorstellungen für oxidische Oberflächen

Die Verteilung der Protonen und Hydroxylionen, weiterer spezifisch[1)] und nichtspezifisch adsorbierten Ionen und der Kationen und Anionen des inerten Salzes wird durch verschiedene Modelle beschrieben.

---

1) Die spezifische Adsorption, d. h. eine über die Coulomb-Wechselwirkung hinausgehende Bindung von Ionen am Feststoff (Gleichung 9.12a), wird vor allem in der angelsächsischen Literatur als Bildung von Oberflächenkomplexen (surface complexation) bezeichnet. Mit diesem nicht gerade glücklichen Ausdruck ist aber eine spezielle Bindungsart verbunden. „Surface complexation" bedeutet lediglich, daß zusätzlich zu dem elektrostatischen Gewichtsfaktor $\exp\{-ve_0\psi/kT\}$ noch ein Faktor $\exp\{-\Delta G^0/kT\}$ hinzukommt, der durch die spezifische freie Adsorptionsenergie bestimmt wird (Sposito, 1983; Koopal et al., 1987).

Wie zu Beginn des vorangehenden Kapitels ausgeführt, werden Protonen und OH^--Ionen direkt der Grenzfläche zugeordnet (Lyklema, 1984; 1989). Ihre Konzentration bestimmt die Ladung der Grenzfläche und damit den Ladungsnullpunkt (Abb. 9.2). Alle anderen adsorbierten Ionen sollen in einer oder auch mehreren Ebenen parallel zur Oberfläche liegen (Abb. 9.4). Wenn alle adsorbierten, d. h. spezifisch und nichtspezifisch gebundenen Ionen in eine Ebene d (äußere Helmholtz-Ebene) gelegt werden, handelt es sich um das häufig benutzte, einfache Stern-Modell (Abb. 2.6, 9.4a). Das Potential fällt in der Schicht der Dicke δ linear von ψ_0 auf ψ_d; die Ladungsdichten sind σ_0 in der Ebene s und σ_d in der Ebene d (Lyklema, 1995, S. 3.58 ff).

In einem erweiterten Modell, dem Dreischichtmodell (triple layer model, Yates et al., 1973; Abb. 9.4b) werden die spezifisch adsorbierten Ionen näher an die Oberfläche (Ebene β) herangerückt als die nichtspezifisch, d. h. nur elektro-

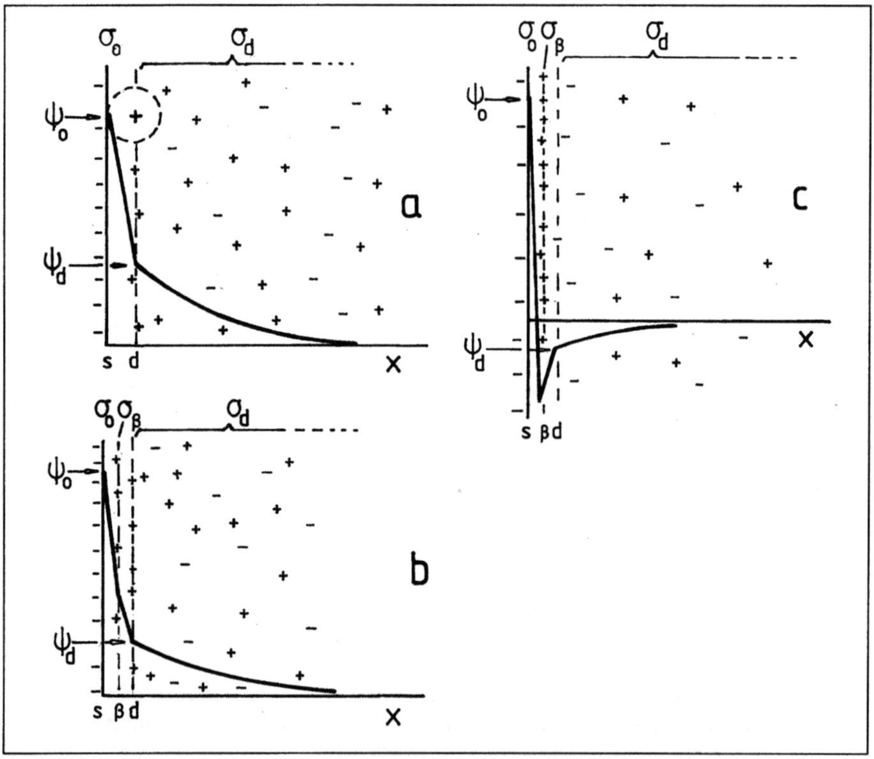

Abb. 9.4 a–c. Modelle zur Struktur oxidischer Grenzflächen. Die Oberflächenladung sei negativ. Die die Oberflächenladungsdichte bestimmenden Protonen und Hydroxylionen werden der Oberfläche zugerechnet (Ebene s). Die adsorbierten Ionen liegen je nach Modell in verschiedenen Ebenen parallel zur Oberfläche (Lyklema, 1995). **a** „Klassisches" Stern-Modell: Alle adsorbierten Ionen liegen in der Ebene δ (äußere Helmholtz-Ebene, oHp) im Abstand δ von der Oberfläche. **b** Dreischichtmodell: Die spezifisch adsorbierten Ionen liegen in der Ebene β (innere Helmholtz-Ebene, iHp), die nichtspezifisch adsorbierten in der Ebene d. **c** Umladung durch bevorzugte Adsorption von Gegenionen auf der inneren Helmholtz-Ebene β.

statisch gebundenen Ionen, die in der Ebene *d* liegen. Die Ebene β wird als innere Helmholtz-Schicht bezeichnet. Die Potentiale sind ψ_0, ψ_β und ψ_d und die Ladungsdichten entsprechend σ_0, σ_β und σ_d. Zur Definition der Kapazitäten s. Lyklema 1995, S. 3.58 ff.

Auch das Dreischichtmodell läßt sich noch erweitern, indem den verschiedenen Sorten spezifisch adsorbierter Ionen unterschiedliche Ebenen zugewiesen werden (Barrow and Bowden, 1987; Goldberg, 1992). Zum Beispiel könnten mehrwertige Gegenionen und Oxyanionen in einer Ebene *a* nahe bei der Oberfläche liegen, während sich die einwertigen Gegen- und Coionen in der etwas weiter entfernten Ebene β aufhalten (vgl. Goldberg, 1992). Beim Literaturstudium ist zu beachten, daß trotz gleicher Bezeichnung unterschiedliche Ionenverteilungen gemeint sein können.

Bei starker spezifischer Adsorption können mehr Gegenionen gebunden werden als der Ladungsneutralisation entspricht: Es kommt zur Ladungsumkehr. Der Potentialverlauf nach dem Dreischichtmodell ist in Abb. 9.4c gezeigt.

Bleiben wir aber beim Dreischichtmodell und den zu Grunde liegenden Gleichgewichtsreaktionen (Koopal et al., 1987; Koopal, 1996). Die Oberflächengruppen SOH können sowohl Protonen aufnehmen wie abspalten:

$$SOH + H_3O^+ \rightleftarrows SOH_2^+ + H_2O \tag{9.4a}$$

und

$$SOH + OH^- \rightleftarrows SO^- + H_2O\,. \tag{9.4b}$$

Die entstandenen Oberflächenladungen binden die Ionen eines Salzes, z. B. mit Me^+X^-:

$$SOH_2^+ + X^- \rightleftarrows SOH_2^+X^- \tag{9.5a}$$

$$SO^- + Me^+ \rightleftarrows SO^-Me^+. \tag{9.5b}$$

Kombiniert mit den Reaktionen 9.4a und 9.4b:

$$SOH + H_3O^+ + X^- \rightleftarrows SOH_2{}^+X^- + H_2O \tag{9.6a}$$

$$SOH + OH^- + Me^+ \rightleftarrows SO^-Me^+ + H_2O. \tag{9.6b}$$

Die Oberflächenladung σ_0, die durch potentiometrische Säure-Base-Titration ermittelt wird, muß sich auf alle Gruppen beziehen, die mit einem Proton oder OH^--Ion reagiert haben, also nach Gleichung 9.3:

$$\sigma_0 = F\{[SOH_2^+] + [SOH_2^+X^-] - [SO^-] - [SO^-Me^+]\}. \tag{9.7}$$

F ist die Faraday-Konstante (in C/mol); die eckige Klammer gibt die Anzahldichte der Gruppen in mol/m^2 an. Somit erhält man σ_0 in C/m^2.

Die in der Ebene β liegenden Ionen Me^+ und X^- kompensieren die Ladung σ_β:

$$\sigma_\beta = F\{[SO^-Me] - [SOH_2^+X^-]\}. \tag{9.8}$$

Die Ionen der diffusen Schicht müssen daher die Ladung:

$$\sigma_d = F\{[SO^-] - [SOH_2]^+\} \tag{9.9}$$

ausgleichen. Elektroneutralität erfordert:

$$\sigma_0 + \sigma_\beta + \sigma_d = 0 \tag{9.10}$$

(Gl. 9.10 erzwingt die unterschiedlichen Vorzeichen in den Gln. 9.8 und 9.9 gegenüber 9.7).

Die Gesamtzahl der Oberflächengruppen ist (in mol/m^2):

$$N_S = [SOH] + [SOH_2^+] + [SOH_2^+X^-] + [SO^-] + [SO^-Me^+]. \tag{9.11}$$

Die Gleichgewichtsreaktionen (Gln. 9.4 und 9.6) lassen sich z. B. für die Adsorption von Protonen in folgender Weise formulieren (Koopal et al., 1987):

$$\frac{[SOH_2^+] \cdot \{H_2O\}}{[SOH] \cdot \{H_3O^+\}} = \exp[-\{\Delta G^0(SOH_2^+) + e_0(\psi_0 + \phi_0)\}/kT] \tag{9.12a}$$

$\{H_3O^+\}$ bedeutet die Aktivität der Protonen, $\{H_2O\}$ = 55,5 die Molarität des Wassers in der Lösung. ΔG^0 (SOH_2^+) ist die freie Adsorptionsenthalpie eines Protons an einer SOH-Gruppe in ladungsfreier Umgebung. Mit dem elektrostatischen Oberflächenpotential ψ_0 wird der Einfluß der Ladungen berücksichtigt. Das Potential ϕ_0 ist nicht zu verwechseln mit ϕ in Gleichung 2.11 und 2.12, sondern berücksichtigt die diskrete Ladungsverteilung. Infolge der Lokalisierung der einzelnen Ladungen an der Oberfläche (discretness of charge) fühlt ein Ion, das nahe an die Oberfläche herankommt oder adsorbiert wird, ein Mikropotential, das verschieden ist von dem mittleren, aus der gemittelten Oberflächenladung resultierenden Potential ψ_0 (smeared out potential).

Sofern ϕ_0 konstant, d. h. unabhängig von der Ladungsdichte und/oder der Ionenstärke bleibt, lassen sich zwei Terme der rechten Seite von Gleichung 9.12a in einer Konstanten ($KSOH_2^+$) = $\exp[-\{\Delta G^0(SOH_2^+) + e_0\phi_0\}/kT]$ zusammenfassen:

$$\frac{[SOH_2^+]}{[SOH]\{H_3O^+\}} \equiv Q(SOH_2^+) = K(SOH_2^+)\exp(-e_0\psi_0/kT). \tag{9.12b}$$

Die Größe Q wird als scheinbare Affinität (apparent affinity) bezeichnet. $K(SOH_2^+)$ wird meist intrinsische Gleichgewichtskonstante (intrinsic equilibrium constant) genannt. Koopal et al. (1987) empfehlen die Bezeichnung „Affinitätskonstante“ (affinity constant). Diese Konstante regelt das Gleichgewicht 9.4a, wenn $\psi_0 = 0$ ist, also am Ladungsnullpunkt. Sie ist aber nur dann eine echte Gleichgewichtskonstante, wenn die Lokalisierung der Ladungen vernachlässigt werden kann. Hiemstra et al. (1989) tabellierten die numerischen Werte der Affinitätskonstanten von Protonen für verschiedene Oberflächengruppen.

Für die drei anderen Gleichgewichtsreaktionen (Gleichungen 9.4b, 9.6a und b) ergeben sich ähnliche Beziehungen wie in 9.12 (s. Koopal et al., 1987). Es müssen also aus den Ergebnissen der potentiometrischen Titrationen die scheinbaren Affinitäten Q und die Affinitätskonstanten ermittelt werden. Dazu wurden graphische Extrapolations- und numerische Optimierungsverfahren entwickelt (Ref. s. Koopal et al., 1987; Hesleitner et al., 1987 sowie Kap. 9.5.1). Koopal et al. (1987) haben die Möglichkeiten und Grenzen dieser Verfahren ausführlich diskutiert. Eine entscheidende Folgerung ist, daß die Genauigkeit der potentiometrischen Titration kaum ausreicht, die Konstanten zuverlässig anzupassen. Vor diesem Hintergrund sollten viele publizierte Ergebnisse kritisch betrachtet werden. Die numerische Auswertung ist zwar allgemeiner anzuwenden als die graphischen Methoden, führt aber infolge der experimentellen Ungenauigkeit und der Grenzen der Modelle nicht zu einem eindeutigen Satz von Parametern.

Vor kurzem diskutierten Righetto et al. (1995) die Verfahren zur Ermittlung der Parameter des Dreischichtmodells erneut und schlugen ein neues, statistisches Optimierungsverfahren vor.

9.5 Untersuchung von Latexdispersionen

9.5.1 Potentiometrische Titration

Potentiometrische und konduktometrische Titrationen sind übliche Untersuchungsmethoden von Latexdispersionen. Eine methodisch grundlegende Arbeit stammt von Stone-Masui und Watillon (1975).

In vielen Fällen müssen die Latexdispersionen zuvor gereinigt werden (Kap. 6.9), um eindeutige Aussagen zu erhalten. Dabei werden aber nicht nur gelöste Verbindungen entfernt; auch die Oberflächenstruktur kann z. B. durch Desorption von Emulgatoren verändert werden (Kap. 6.6, S. 223).

Üblicherweise werden die (gereinigten) Latexdispersionen mit einem stark sauren Ionenaustauscher in die H^+-Form überführt (Kap. 6.8) und mit NaOH titriert. Zur Ermittlung der Oberflächenladung wird wiederum eine Vergleichslösung titriert (Kap. 9.2). Da diese bis auf den Gehalt an Latexteilchen mit der Lösung der Latexdispersion identisch sein soll, folgt schon hieraus, daß die Latexdispersion gereinigt werden muß. Ist dies nicht möglich, kann abgetrenntes Serum als Vergleichslösung eingesetzt werden. Es empfiehlt sich, sowohl der Dispersion als auch der Vergleichslösung vor Beginn der Titration eine genau definierte Menge einer Säure, z. B. $HClO_4$ bei der Verwendung von $NaClO_4$ als Inertsalz, zuzusetzen (Schulz et al., 1994) bzw. eine bestimmte Menge NaOH, wenn von alkalischer Seite aus titriert wird (Hlavacek et al., 1995). Experimentelle Einzelheiten zur Titration s. Stone-Masui and Watillon (1975); Schulz et al. (1994); Hlavacek et al. (1995).

Als Beispiel ist in Abb. 9.5 die potentiometrische Titration einiger Latices dargestellt. Aus der Differenz des Verbrauchs an NaOH zwischen der Titrationskurve der Latexdispersion und der Vergleichslösung bei gleichem pH-Wert (also aus dem Abstand der Kurven parallel zur Abszisse) wird die durch NaOH neutralisierte Anzahl der sauren Oberflächenprotonen und damit die Oberflächenladungsdichte in Abhängigkeit vom pH-Wert berechnet (Kap. 9.2).

Die Titrationskurven **A**, **B** und **C** für die Dispersion und die Vergleichslösung in Abb. 9.5 laufen nahezu parallel, d. h. die Oberflächenladungsdichte dieser Latices ist nahezu pH-unabhängig. Das ist für Polystyrollatices zu erwarten, die mit Alkylsulfat als Emulgator und Natriumperoxodisulfat als Initiator hergestellt worden sind. Die mit Natriumoctadecylsulfat hergestellten Latexteilchen besitzen eine höhere Oberflächenladungsdichte ($\sigma_0 = 5{,}1\ \mu C/cm^2$) als die dodecylsulfathaltigen ($\sigma_0 = 1{,}0\ \mu C/cm^2$). Wesentlich flacher verläuft die Titrationskurve für die mit Kaliumstearat als Emulgator hergestellte Dispersion; und die Oberflächenladungsdichte steigt mit dem pH-Wert an. Da schwach saure Oberflächengruppen entstanden sind, erhöht sie sich auch mit zunehmender Salzkonzentration. Bei gleichem pH-Wert der Lösung müssen bei Salzzusatz mehr Gruppen dissoziieren, weil die Konzentration der Gegenionen größer wird. Ähnliches wurde im Zusammenhang mit Abb. 9.2a beschrieben. Die Kurven für verschiedene Salzkonzentrationen sollten bei ausreichend niedrigen und hohen pH-Werten zusammenlaufen, was in Abb. 9.6 zumindest für den sauren Bereich zu erkennen ist.

Es sei noch eine einfache Überlegung zur Acidität der schwach sauren Oberflächengruppen angefügt (Stone-Masui and Watillon, 1975). Da die Oberfläche nicht amphoter ist, sind die Verhältnisse einfacher als in Kap. 9.4 beschrieben, Gleichung 9.4a entfällt. Zudem spielt die Bindung der Gegenionen, solange es Natriumionen sind, keine Rolle (Schultz et al., 1994; Hlavcek et al., 1995). Aus der in Abhängigkeit vom pH-Wert gemessenen Oberflächenladungsdichte und deren Maximalwert bei hohem pH-Wert (etwa 9 $\mu C/cm^2$ in Abb. 9.6) läßt sich der Dissoziationsgrad α ausrechnen. Behandelt man die schwach sauren Gruppen an der Latexoberfläche wie die schwacher Säuren in homogener Lösung, gilt die Gleichgewichtsbeziehung:

$$\frac{[A^-]_s[H_3O^+]_s}{[AH]_s} = K_a \tag{9.13a}$$

und

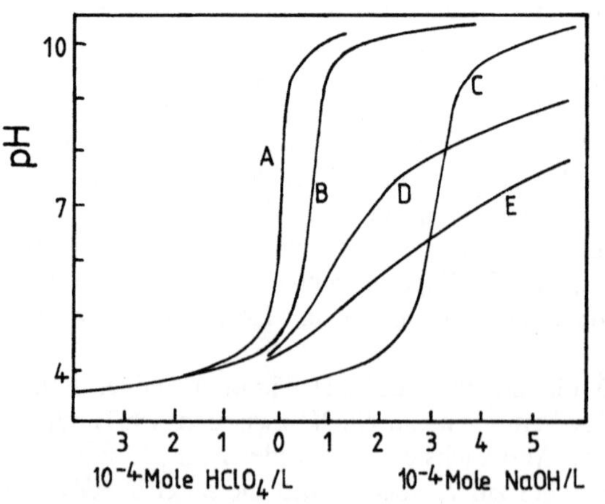

Abb. 9.5. Potentiometrische Titration von Latexdispersionen (Stone-Masui and Watillon, 1975). **A** Vergleichstitration (10^{-4} und 10^{-1} M $NaClO_4$), **B** Latex hergestellt mit Natriumdodecylsulfat als Emulgator; Volumenbruch $\phi = 0{,}008$ (10^{-4} M und 10^{-1} M $NaClO_4$), **C** Latex hergestellt mit Natriumoctadecylsulfat, $\phi = 0{,}01$ (10^{-4} M 10^{-1} M $NaClO_4$), **D** Latex hergestellt mit Kaliumstearat, $\phi = 0{,}015$ (10^{-4} M $NaClO_4$), **E** Latex wie **D**, aber in 10^{-1} M $NaClO_4$. Initiierung bei allen Latices mit $K_2S_2O_8$.

$$a = [A^-]_s/([A^-]_s + [AH]_s). \tag{9.13b}$$

Darin sei (unter Vernachlässigung der Aktivitäten!) $[]_s$ die Oberflächenkonzentration der entsprechenden Gruppen. Somit erhält man analog zur Hendersson-Hasselbach-Gleichung für schwache Säuren:

$$pH_s = pK_a - \lg[(1 - a)/a]. \tag{9.13c}$$

Der Wert pH_s ist aber nicht der pH-Wert in der Lösung, sondern bezieht sich auf die Konzentration der Protonen an der Grenzfläche. Er ist mit dem pH-Wert in der Lösung nach Gleichung 2.1 verknüpft ($\psi_0 < 0$):

$$C_{H_3O^+} = C_{H_3O^+(\text{Lösung})} e^{-e_0\psi_0/kT} \tag{9.14a}$$

oder

$$pH_s = pH_{(\text{Lösung})} + \frac{e_0\psi_0}{2,303\,kT}. \tag{9.14b}$$

Für $\psi_0 \approx -100$ mV ($e_0\psi_0/kT \approx -4$) ist $pH_s = pH_{(\text{Lösung})} - 1{,}7$ (vgl. Ottewill and Shaw, 1967). Es folgt aus 9.13c und 9.14b:

$$pH_{(\text{Lösung})} + \lg[(1 - a)/a] = pK_a - \frac{e_o\psi_0}{2,303\,kT} \equiv pK_a^*. \tag{9.15}$$

Man kann pK_a^* als scheinbare Säurekonstante auffassen, die die elektrostatische Arbeit zur Entfernung eines Protons von der geladenen Oberfläche beinhaltet. Sie ist daher größer als pK_a. Infolge der elektrostatischen Wechselwirkungen wird also der gleiche Dissoziationsgrad der oberflächenständigen Säuregruppen bei einem höheren pH-Wert als in homogener Lösung erreicht.

Die freie Energie der Protonenabspaltung pK_a^* setzt sich nach Gleichung 9.15 aus zwei Termen zusammen: Der Dissoziation des Protons von der –COOH-Gruppe, die durch pK_a erfaßt wird, und dem Übergang des abgespaltenen Protons von der $-COO^-$-Gruppe in die Lösung, der durch $e_0\psi_0/kT$ kontrolliert wird. Von einer schwachen Säuregruppe, die von negativ geladenen Gruppen umgeben ist, wird ein Proton nicht so leicht in die Lösung übergehen wie von einer –COOH-Gruppe innerhalb eines ungeladenen Bereichs. Daher muß pK_a^* mit zunehmender negativer Ladungsdichte, d. h. zunehmendem a ansteigen. Bei konstantem a nimmt pK_a^* mit zunehmender Salzkonzentration ab, da sich das Proton infolge der besseren Abschirmung (stärker abfallendes ψ) leichter von der $-COO^-$-Gruppe entfernen kann.

Trotz der vereinfachenden Darstellung erhält man eine Abhängigkeit des pK_a^*-Wertes und damit des Dissoziationsgrades vom pH-Wert der Lösung, die unmittelbar einleuchtet. Aus Abb. 9.6 läßt sich für jeden pH-Wert (wie schon oben diskutiert) a entnehmen (Abb. 9.7a) und damit auch $pH_{\text{Lösung}} + \lg[(1 - a)/a] \equiv pK_a^*$ berechnen (Abb. 9.7b). In 10^{-4} M NaCl steigt pK_a^* von etwa 5 bei $a = 0$ auf etwa 8,7 bei $a = 0{,}8$. Mit steigender Salzkonzentration fällt pK_a^* bei $a = 0{,}8$ von 8,7 in 10^{-4} M $NaClO_4$ auf 7,2 in 10^{-1} M $NaClO_4$ ab.

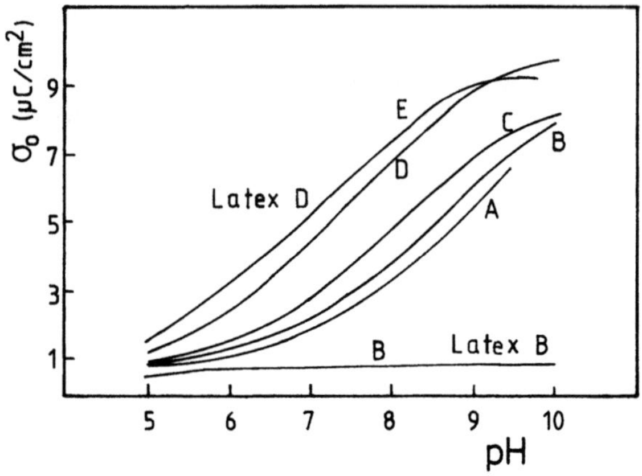

Abb. 9.6. Die Oberflächenladungsdichte zweier Polystyrollatices in Abhängigkeit vom pH-Wert, ermittelt aus potentiometrischen Titrationskurven. Latex **B** und **D** von Abb. 9.5. Konzentration des Inertsalzes $NaClO_4$ **A** 0 M; **B** 10^{-4} M; **C** 10^{-3} M; **D** 10^{-2} M, **E** 10^{-1} M (Stone-Masui and Watillon, 1975).

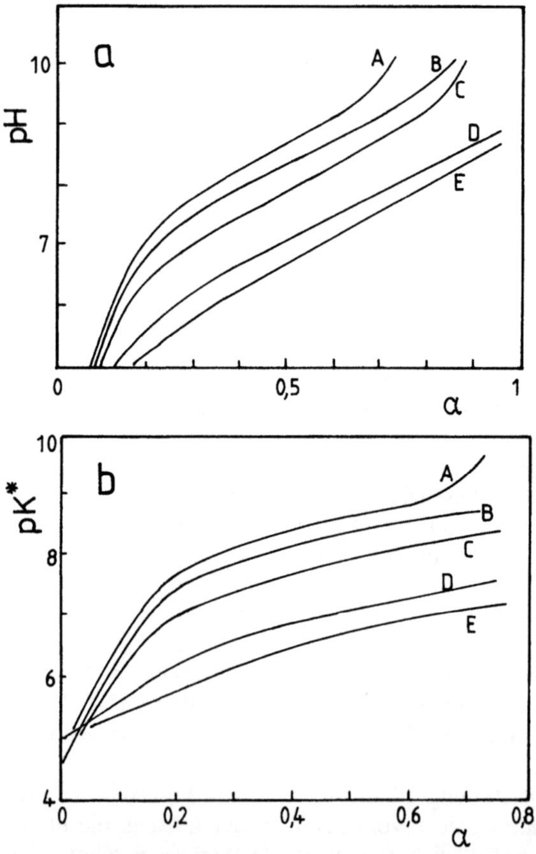

Abb. 9.7 a, b. Die Dissoziation schwacher Säuregruppen an der Oberfläche von Latices (Latex D von Abb. 9.5) (Stone-Masui and Watillon, 1975). **a** Abhängigkeit des Dissoziationsgrades α vom pH-Wert der Lösung und dem Salzgehalt. Salzkonzentrationen wie in Abb. 9.6 (von **A** bis **E** steigend). **b** Zusammenhang zwischen Dissoziationsgrad und scheinbarer Säurekonstante pK_a^* (Gleichung 9.15), Salzgehalt wie in **a**.

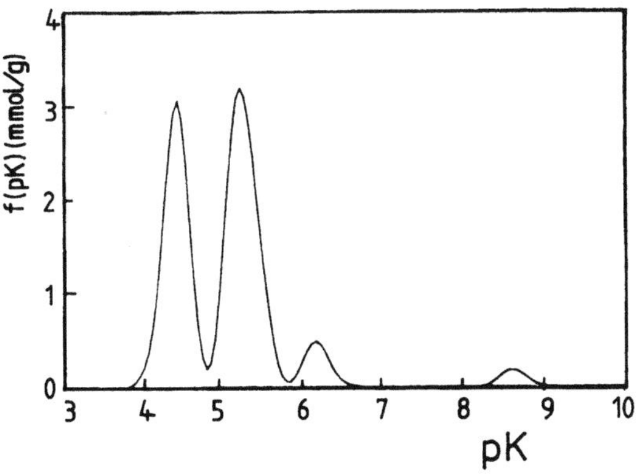

Abb. 9.8. Verteilungskurve der Säurestärke eines Sephadex CM-Harzes, ermittelt durch numerische Analyse potentiometrischer Titrationskurven (Jagiello et al., 1995).

Für $\psi_0 \rightarrow 0$, d. h. $a = 0$, verschwindet der elektrostatische Einfluß der geladenen Nachbargruppen, und $pK_a^* \equiv pK_a$ wird in unserem Beispiel 4,8 (Abb. 9.7b), d. h. identisch mit dem Wert der Säurekonstante der Fettsäuren in homogener Lösung (Essigsäure: $pK_a = 4{,}75$).

Die mit schwach sauren Oberflächengruppen besetzten Latexteilchen, die mit $K_2S_2O_8$ als Initiator hergestellt worden sind, sollten auch einige stark saure Gruppen aus dem Initiator enthalten (Kap. 6.5). Die Existenz solcher Gruppen ist aber aus den potentiometrischen Titrationskurven nicht so ohne weiteres zu erkennen, wenn diese Gruppen nur einen geringen Anteil (< 20 %) aller Oberflächengruppen ausmachen (s. berechnete Kurven in Fig. 1 in Schultz et al., 1994).

Zur Titration amphoterer Latices s. nächstes Kapitel.

Die scheinbare Säurekonstante pK_a^* nimmt stetig zu, wenn die Oberfläche mehr und mehr mit negativen Gruppen belegt ist, d. h. je weiter die Dissoziation fortschreitet. Bei vielen Proben sind von vornherein Zentren mit verschiedener Säurestärke vorhanden. Ziel der Analyse ist dann die Ermittlung der Verteilung der pK-Werte. Ein neues numerisches Verfahren zur Auswertung potentiometrischer Titrationskurven wurde von Jagiello und Mitarbeitern entwickelt (Bandosz et al., 1993, 1994; Jagiello et al., 1995). Als Beispiel ist in Abb. 9.8 die Verteilung der pK-Werte für einen Sephadex CM Ionenaustauscher dargestellt (Jagiello et al., 1995). Dieser Ionenaustauscher mit -O-$CH_2CO_2^-$-Gruppen an der Oberfläche einer quervernetzten Dextranmatrix enthält also vier Arten von Säuregruppen unterschiedlicher Stärke.

9.5.2 Konduktometrische Titration

Ein zweites einfaches Verfahren zur Charakterisierung von Latices ist die Konduktometrie, mit der stark und schwach saure (oder basische) Gruppen nebeneinander erkannt werden (Stone-Masui and Watillon, 1975).

Im allgemeinen werden wiederum die gereinigten Latexteilchen mit einem sauren Ionenaustauscher in die H^+-Form überführt und mit NaOH konduktometrisch titriert. Wie bei den potentiometrischen Titrationen sind entsprechende Maßnahmen gegen Verunreinigungen durch CO_2 und Glasbestandteile zu ergreifen.

Sind lediglich stark saure Oberflächengruppen vorhanden, weist die Leitfähigkeit einen scharfen Knickpunkt auf (Abb. 9.9a), aus dessen Lage die Oberflächenladungsdichte nach den Gleichungen 9.1 a–c berechnet wird. Der linke Ast der Kurve entspricht der Vernichtung der Oberflächenprotonen durch die zutitrierten OH^--Ionen. Die Steigung ist deutlich geringer als die für freie Protonen (gestrichelte Kurve), da die Oberflächenprotonen weniger beweglich sind als in homogener Lösung.

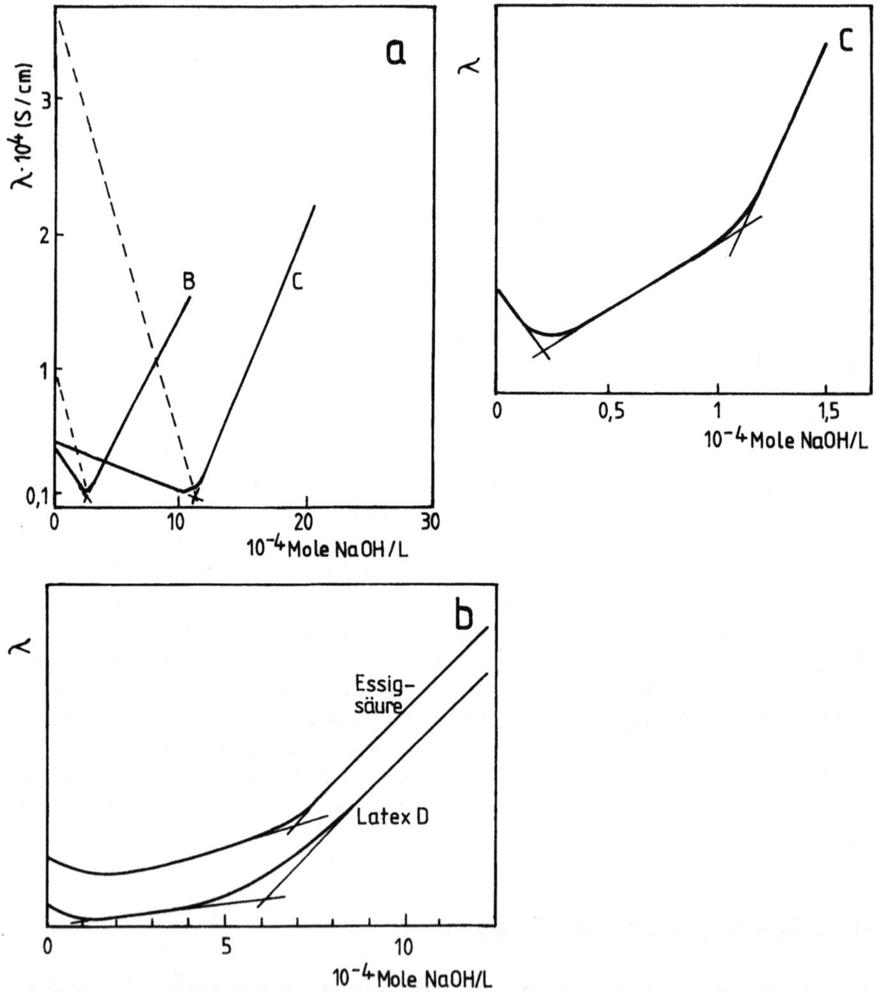

Abb. 9.9 a–c. Konduktometrische Titration zweier Polystyrollatices (Stone-Masui and Watillon, 1975). **a** Stark saure Oberflächengruppen. Latex **B** und **C** von Abb. 9.5, Feststoffgehalt (Volumenbruch) $\phi = 0{,}029$. Die gestrichelte Gerade entspricht der Mobilität der Protonen in homogener Lösung. **b** Überwiegend schwach saure Oberflächengruppen. Latex **D** von Abb. 9.5. Volumenbruch $\phi = 0{,}01$. Zum Vergleich ist die Titrationskurve von $7 \cdot 10^{-4}$ M Essigsäure gezeigt. **c** Stark und schwach saure Oberflächengruppen. Latex hergestellt mit $K_2S_2O_8$ als Initiator und in Gegenwart von 10^{-3} M $KHCO_3$, ohne Emulgator.

Bei schwach sauren Gruppen ist die Leitfähigkeit infolge der geringen Beweglichkeit der Protonen zunächst gering, so daß der linke Ast der Kurve flach und leicht durchgebogen verläuft (Abb. 9.9b). Zudem knickt die Kurve am Äquivalenzpunkt nicht deutlich ab. Dieser kann daher nur als Schnittpunkt beider Extrapolationsgeraden ermittelt werden. Ursache ist die zunehmende Leitfähigkeit durch die ansteigende Konzentration der Na^+- und OH^-- Ionen.

Als Beispiel für die Titration von Latices mit stark sauren und schwach sauren Oberflächengruppen dient Abb. 9.9c. Der erste Knickpunkt entspricht dem Anteil von stark sauren Gruppen mit einer Oberflächenladungsdichte von 3 $\mu C/cm^2$. Bis zu dem zweiten Knickpunkt werden die schwach sauren Carboxylgruppen titriert ($\cong$ 11,8 $\mu C/cm^2$).

Nicht so ohne weiteres interpretierbar sind die potentiometrischen und konduktometrischen Titrationskurven amphoterer Latices, die gleichzeitig quartäre Ammoniumgruppen und Carboxylgruppen enthalten. Die potentiometrische Kurve zeigt nur einen Wendepunkt. Auch aus der konduktometrischen Kurve sind die Mengen der kationischen und anionischen Gruppen nicht erkennbar. Eine Interpretation gelang jedoch unter Berücksichtigung des isoelektrischen Punktes; die Oberflächenladungsdichte konnte in Abhängigkeit vom pH-Wert der Lösung ermittelt werden (+40 $\mu C/cm^2$ bei pH = 3,7 und –43 $\mu C/cm^2$ bei pH = 10,4) (Homola and James, 1977). Nach der Methode von Stone-Masui und Watillon (1975) wurden die beiden intrinsischen Gleichgewichtskonstanten pK_a und pK_b durch Extrapolation auf $a = 0$ ermittelt ($pK_a = 5{,}4$; $pK_b = 8{,}2$).

9.6 Ladungsdichte und Kationenaustausch bei Tonmineralen

Die grundlegende Größe zur Klassifizierung der Dreischicht-Tonminerale ist die Oberflächenladungsdichte der Silicatschichten, die überlicherweise durch die Schichtladung ausgedrückt wird (Jasmund und Lagaly, 1993, Kap. 1). Die für die einzelnen Gruppen von Tonmineralen charakteristischen Werte wurden bereits in Tabelle 2.1 (S. 19) aufgeführt. Da das kolloidchemische Verhalten durch die Höhe der Schichtladung bestimmt wird, ist die Ermittlung – evtl. auch nur die Abschätzung – der Schichtladung für die praktische Anwendung der Tonminerale wichtig (Jasmund und Lagaly, 1993, Kap. 9).

Im Gegensatz zu den bisher behandelten Systemen sind die meisten Ladungen (80 % und mehr) permanent, d. h. unabhängig vom pH-Wert in der Lösung, weil sie durch isomorphe Substitutionen und unbesetzte Kationenplätze innerhalb der Silicatschichten entstanden sind. Die pH-abhängige Ladung („variable Ladung“ bei den Tonmineralogen) entsteht durch die Ad- bzw. Desorption von Protonen an den Rändern der Silicatschichten. Das Vorzeichen dieser Ladung ist zuweilen von ausschlaggebender Bedeutung, z. B. für das Fließverhalten und die damit zusammenhängenden technischen und praktischen Anwendungen (Kap. 3.6; 12.2.5). Die genaue Lage des Ladungsnullpunktes konnte bisher nicht ermittelt werden. Er dürfte zwischen pH = 5 und pH = 6 liegen.

Unter Schichtladung wird nur die Dichte der permanenten Ladungen verstanden. Sie kann aus der chemischen Zusammensetzung und den Dimensionen der Elementarzelle berechnet werden. Aus der Zusammensetzung (Jasmund und Lagaly, 1993, S. 6) folgt direkt die Schichtladung ($x + y$) in Ladungen/Formeleinheit (Si, Al_4O_{10}) bzw. eq/mol:

$$Me^{v+}_{(x+y)/v}(H_2O)_n\{(Me^{3+}, Me^{2+}, Me^{+})^{(6-x)+}_{2\,\text{bis}\,3}\ [Si_{4-y}Al_yO_{10}(OH)_2]\}^{(x+y)-} \tag{9.16d}$$

Die Elementarzelle umfaßt zwei dieser Formeleinheiten mit $2(x + y)$ Ladungen, die auf beiden Seiten der Silicatschicht über eine Fläche von $a \cdot b$ verteilt sind (a, b = Gitterkonstante der Elementarzelle). Damit wird die Ladungsdichte (Elementarladung = $1{,}602 \cdot 10^{-19}$ C):

$$\sigma_0 = 1{,}602 \cdot 10^{-19}(x+y)/ab \qquad [\mathrm{C/m^2}]. \tag{9.17}$$

Ein Montmorillonit mit einer Schichtladung von (x + y) = 0,3 hat daher eine Ladungsdichte (s. Tabelle 2.1):

$$\sigma_0 = 1{,}602 \cdot 10^{-19} \cdot 0{,}3/(46{,}62 \cdot 10^{-20}) = 0{,}103\ \mathrm{C/m^2}.$$

Die Bestimmung der Schichtladung aus der analytischen Zusammensetzung gelingt in den wenigsten Fällen zuverlässig, weil die Tonminerale selten rein sind. Die beste Methode zur Bestimmung der Schichtladung von Smectiten und Vermiculiten ist der Eintausch von Alkylammoniumionen $C_nH_{2n+1}NH_3^+$ durch Umsetzung mit wäßrigen Lösungen von Alkylammoniumsalzen (n = 1 – 18, meist reicht n = 8 – 18). Experimentelles s. Lagaly (1981, 1991, 1994).

Einem einwertigen Kation steht im Schichtzwischenraum folgende Fläche zur Verfügung:

$$A_e = \frac{ab}{2\xi} \tag{9.18}$$

A_e wird Äquivalentfläche genannt (Tabelle 2.1, S. 19). ξ ist die Kationendichte und bei gleichmäßiger Ladungsverteilung (s. u.) numerisch gleich der Schichtladung ($x + y$).

Die Äquivalentfläche ist vergleichbar mit dem Flächenbedarf flachliegender (Smectite) bzw. aufrechtstehender (Vermiculite, Glimmer) Alkylammoniumionen. Daher ordnen sich die Alkylammoniumionen je nach Kettenlänge und Äquivalentfläche in verschiedener Weise an. Die Art der Anordnung zwischen den Schichten und der dadurch bedingte Abstand zwischen den Mittelebenen zweier Schichten (Schichtabstand) hängen somit von der Kationendichte ab. Der Schichtabstand kann in einfacher Weise aus den d-Werten der Basalreflexe ($00l$-Reflexe) im Diagramm einer röntgenographischen Pulveraufnahme bestimmt werden. Aus dem Gang des Schichtabstandes mit der Kettenlänge n der Alkylammoniumionen wird dann die Kationendichte (Schichtladung) ermittelt. Im

Einzelnen s. Lagaly (1981, 1991, 1994) sowie Jasmund und Lagaly (1993, Kap. 3.3.6; 3.3.7).

Da die Schichtladung röntgenographisch bestimmt wird, müssen die Tonminerale nicht sauber abgetrennt werden. Im allgemeinen kann das Material (Ton, Bentonit) direkt mit Alkylammoniumionen umgesetzt werden. Auch Mischungen verschiedener Tonminerale können analysiert werden.

Ein wichtiges Ergebnis der Untersuchung mit Alkylammoniumionen war die Bestätigung der uneinheitlichen Ladungsverteilung. Die Ladungsdichte der im Kristall übereinanderliegenden Silicatschichten ist nicht gleich, so daß die Kationendichte von Schichtzwischenraum zu Schichtzwischenraum schwankt (Abb. 9.10). Die Art der Ladungsverteilung kann bisher nur mit der Alkylammoniummethode sichtbar gemacht werden.

Es sei erwähnt, daß die Hydrophobierung von Smectiten mit Alkylammoniumionen in der Technik eine wichtige Rolle spielt (Jasmund und Lagaly, 1993, Kap. 9.2.5).

Eine der wichtigsten Eigenschaften der Tone und Tonminerale ist das Kationenaustauschvermögen. Zu den gängigen Untersuchungsmethoden gehört daher die Bestimmung der Kationenaustauschkapazität (cation exchange capacity, CEC; früher inkorrekt als Basenaustauschvermögen bezeichnet). Dazu sind viele Methoden ausgearbeitet worden (Weiss, 1958). Aus der Bestimmung des C- und/oder N-Gehaltes der Alkylammoniumderivate kann die Menge der gebundenen Alkylammoniumionen und damit die CEC ermittelt werden (Lagaly 1981, 1991, 1994). Bei den meisten Methoden werden die austauschfähigen Kationen des Tonminerals durch anorganische Ionen verdrängt. Oft werden dazu Ammoniumionen benutzt, indem die Probe mit Ammoniumacetat bei pH = 7 umgesetzt wird. Dabei werden alle austauschfähigen Kationen durch die Ammoniumionen verdrängt. Ausgewaschen wird mit Isopropanol. In dem mit dem Waschwasser

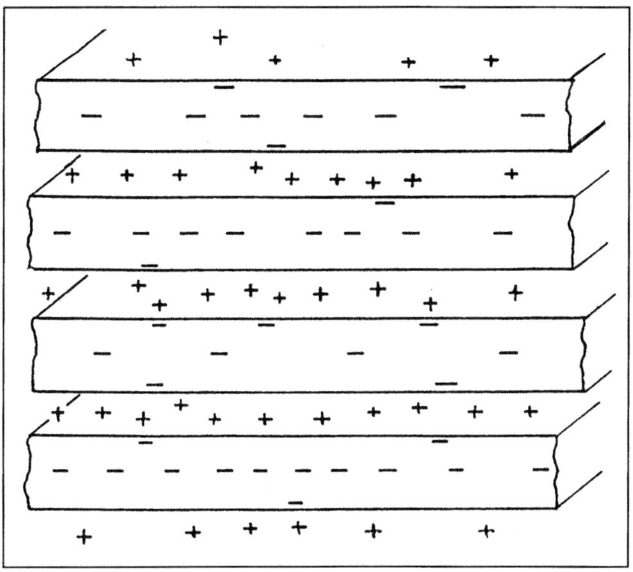

Abb. 9.10. Schichtstruktur der Dreischichttonminerale (Smectite, Vermiculite, Glimmer) mit uneinheitlicher und überwiegend montmorillonitischer Ladungsverteilung (schem., vgl. Abb. 2.2d, 3.15b).

vereinigten Filtrat können bis auf die Protonen alle ausgetauschten Kationen quantitativ bestimmt werden. Im zweiten Schritt werden die Ammoniumionen durch Natriumionen ersetzt. Die verdrängten Ammoniumionen werden nach Kjeldahl (auch potentiometrisch mit Isocyanurat oder mit ionenselektiven Elektroden) bestimmt. Genaue Vorschrift s. Wilson (1987).

Die im zweiten Schritt bestimmte Menge von Ammoniumionen, die der CEC entspricht, ist nicht identisch mit der äquivalenten Menge der Kationen aus dem ersten Schritt, wenn mehrwertige Kationen äquimolar (s. u.) oder Protonen gebunden waren. Protonen sind in den Rohbentoniten und -vermiculiten nicht enthalten, können aber bei der Aufbereitung und Dialyse eingeführt werden. Es sei erwähnt, daß zu hohe Protonenkonzentrationen Zersetzungsreaktionen einleiten (Jasmund und Lagaly, 1993, Kap. 3.2.4, 9.2.3). Bei höheren Schichtladungen (hochgeladene Vermiculite, Illite, Glimmer) ist mit einer gewissen Ammoniumionenfixierung zu rechnen, d. h. im zweiten Schritt werden die Ammoniumionen nicht mehr vollständig durch Natriumionen verdrängt. Dann wird die Reihenfolge des Austauschs umgekehrt: Zuerst wird mit Natriumionen ausgetauscht, dann werden diese durch Ammoniumionen verdrängt.

Nach Chhabra et al. (1975) kann auch die Bindung des Silberthioharnstoffkomplexes zur Bestimmung der CEC genutzt werden.

Eine andere Möglichkeit ist, das Tonmineral in die Natriumform zu überführen und mit einer radioaktiv markierten Natriumsalzlösung ins Gleichgewicht zu bringen, z. B. in einer Anordnung wie bei der Dialyse (Kap. 5.11). Aus der Konzentrationsabnahme bis zur Gleichgewichtseinstellung wird die Austauschkapazität berechnet (Peigneur et al., 1975).

Einige Methoden beruhen auf der Verdrängung der austauschfähigen Kationen mit zweiwertigen Ionen wie Ba^{2+} (Vorschrift: Wilson, 1987) oder Co^{2+} (Peigneur et al., 1975; Rhodes and Brown, 1994). Zweiwertige Ionen können nicht nur in äquivalenter Menge:

$$2\overline{Me}^{+} + Me^{2+} \rightleftarrows \overline{Me}^{2+} + 2\,Me^{+},$$

sondern auch äquimolar gebunden werden:

$$\overline{Me}^{+} + Me^{2+} + X^{-} \rightleftarrows \overline{Me}^{2+}X^{-} + Me^{+} \tag{9.19}$$

($\overline{Me}^{+}$, $\overline{Me}^{2+}$: am Ionenaustauscher gebunden). Infolge des äquimolaren Austauschs kann die Menge der gebundenen zweiwertigen Kationen die CEC übersteigen (Weiss, 1958).

Schließlich sei die Ermittlung der Austauschkapazität durch Verdrängung der Zwischenschichtkationen durch organische Ionen, insbesondere kationische Farbstoffmoleküle, genannt (Rytwo et al., 1991).

In allen Fällen muß die CEC auf die gut getrocknete Probe (24h bei 110 bis 120 °C) bezogen werden. Sie wird meistens in mval/g (meq/g, früher mval/ 100 g, neuerdings $mmol_c$/g, c von charge) angegeben. Wenn das Tonmineral homoionisch vorliegt, z. B. in der Natrium- oder Calciumform, ist das gemessene Austauschvermögen auf Gramm Natrium- bzw. Calciumtonmineral bezogen. Die Unterschiede sind bei anorganischen Ionen nur gering. Zu Vergleichszwecken sollte die Kationenaustauschkapazität auf Gramm Silicatgerüst umgerechnet werden (s. u.).

Da bei pH > 5 auch an den Rändern Kationen gebunden sein können, ist die CEC höher als dem Gehalt an Zwischenschichtkationen entspricht. Bis zu 20 % der Austauschkapazität können auf die Kationen an den Rändern entfallen (Lagaly 1981, 1991, 1994). Dieser Anteil läßt sich durch Vergleich der CEC mit dem Ergebnis des Alkylammoniumaustauschs ermitteln. Die Molmasse der Formeleinheit (ohne Zwischenschichtkationen und Zwischenschichtwasser) sei M. Dann ist das Austauschvermögen in Bezug auf die Zwischenschichtkationen:

$$C_{\mathrm{i}} = \xi/M \qquad [\mathrm{val/g\ Silicatgerüst}], \tag{9.20a}$$

wobei ξ die mit der Alkylammoniummethode gemessene Schichtladung darstellt. Die Molmasse (+ austauschfähige anorganische Kationen) der 2 : 1 – Tonminerale liegt mit Ausnahme von Biotit und Clintonit zwischen 370 und 390 (s. Tabelle 2.1). Fast alle Montmorillonite haben eine Molmasse (ohne Zwischenschichtkationen) von 360.

Bezieht man die Menge der Zwischenschichtkationen auf die Molmasse einschließlich aller austauschfähigen Kationen, gilt:

$$c_{\mathrm{i}} = \xi/(M + \zeta M^*) \tag{9.20b}$$

bzw. für die gesamte Kationenaustauschkapazität:

$$c_{\mathrm{t}} = \zeta/(M + \zeta M^*). \tag{9.20c}$$

Hierbei ist ζ die Gesamtmenge (in val/g) der austauschfähigen Kationen, die nach den oben beschriebenen Methoden bestimmt wird. M^* ist die Molmasse der austauschfähig gebundenen Kationen (Lagaly, 1991; 1991, 1994)[2)]. Die Gesamtaustauschkapazität c_{t} kann dann mit der interlamellaren Austauschkapazität c_{i} verglichen werden.

Zur Unterscheidung von permanenter und variabler, d. h. pH-abhängiger Ladung, schlugen Anderson und Sposito (1991) die Adsorption von Cäsiumionen vor. Cäsiumionen werden sogar von den permanenten Ladungen der Montmorillonite fester als von den variablen Ladungen gebunden, weil sie nach Trocknen der Probe mit den Siloxansauerstoffionen der Silicatschicht Inner-sphere-Komplexe bilden, d. h. direkt diesen Sauerstoffionen anliegen. Bei den Outer-sphere-Komplexen sind Wassermoleküle zwischen den Gegenionen und den Sauerstoffionen eingeschoben. Man könnte die Bildung der Inner- und Outer-sphere-Komplexe mit der Adsorption der Gegenionen in den Ebenen α und β eines Vierschichtmodells (Kap. 9.4, S. 327) vergleichen. An den variablen Ladungen der Kanten sind die Cäsiumionen in Form von Outer-sphere-Komplexen gebunden. Nach Sättigung mit Cäsiumionen lassen sich daher die an den Rändern gebundenen Cäsiumionen durch Lithiumionen leichter austauschen als die durch die Schichtladungen festgehaltenen Cäsiumionen, die erst bei mehrfachem Waschen

---

2) Bei Lagaly (1994) muß in Gleichung 1b und im folgenden Absatz ζ statt ξ geschrieben werden.

mit Ammoniumacetat verdrängt werden. Für Montmorillonit von Wyoming fanden Anderson and Sposito (1991) 0,70 mval/g permanente und 0,11 mval/g variable Ladungen, d. h. von der gesamten Kationenaustauschkapazität (0,81 mval/g) gingen 14 % auf randständige Kationen zurück.

Kürzlich haben Chorover und Sposito (1995) die permanente und variable Ladung von Kaoliniten in ähnlicher Weise gemessen. Die auf die Adsorption und Desorption zurückgehende Ladung σ_H wurde durch Säure-Base-Titration bei verschiedenen Salzkonzentrationen bestimmt. Für die meisten Kaoline wurden ähnliche Kurven wie in Abb. 9.3b gefunden; die cip lagen bei pH $\approx$ 3. Der Ladungsnullpunkt in Bezug auf die variable Ladung, σ_H, verschob sich mit steigender Salzkonzentration (von 0,001 bis 0,01 mol/kg) von pH $\approx$ 6 auf pH $\approx$ 4. Die permanente Ladung bei $\sigma_H = 0$ betrug 0,01–0,02 mval/g.

9.7 Der Partikelladungsdetektor

Der Partikelladungsdetektor (streaming current detector) ist ein einfaches, leistungsfähiges Gerät. Er besteht aus einer zylindrischen Meßzelle mit zwei Elektroden (innerer Durchmesser 40 mm, Gesamthöhe 120 mm, Abstand der Elektroden 50 mm, PCD2, Fa. Mütek), in die ein zylindrischer Kolben eingesetzt ist, so daß ein Spalt von 0,1 mm entsteht (Probenvolumen etwa 30 ml) (Abb. 9.11). Der Kolben kann glatt oder von oben nach unten durchgehend eingefräst sein. Die Meßzelle besteht aus Teflon (PTFE); der Zylinder kann aus Teflon oder Polypropylen gefertigt sein. Er wird durch einen kleinen Motor mit einer Frequenz von einigen Hertz (meist 5 Hz) auf und ab bewegt. Durch die Bewegung des Kolbens werden die Ionen der elektrischen Doppelschicht, die sich über der Wand der Meßzelle und

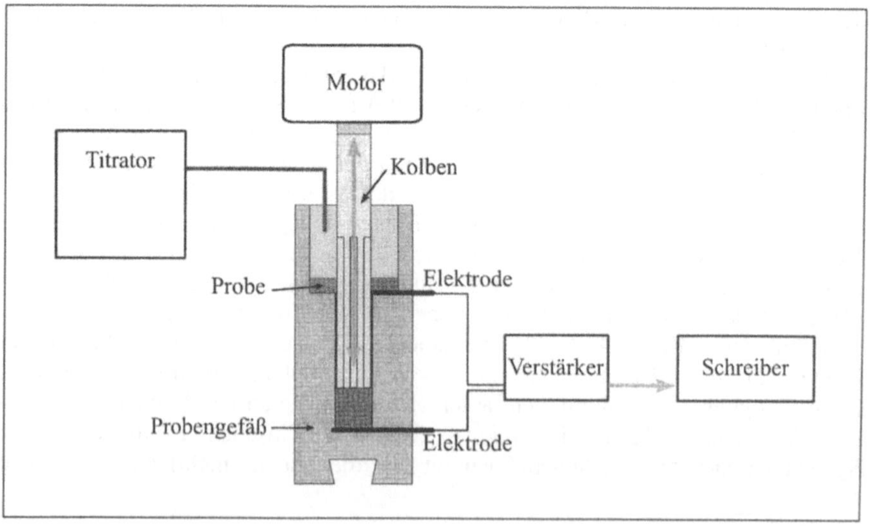

Abb. 9.11. Aufbau des Partikelladungsdetektors.

des Kolbens ausbildet, abgeschert. Der dadurch erzeugte Ionenfluß wird als Wechselstrom mit den beiden Elektroden gemessen, die an der inneren Wand der Meßzelle angebracht sind. Die elektronische Verarbeitung führt zu einem Signal, das in willkürlichen Einheiten ausgegeben und aufgezeichnet wird. Das Vorzeichen des Signals wird entsprechend der Ladung der Wand angezeigt. Die Höhe des Signals ist kaum auswertbar (zur Berechnung s. Barron et al., 1994), so daß allein die Änderung mit den chemischen Parametern der Lösung oder Dispersion (pH, Salzgehalt, Zusätze) interessiert.

Wird der Meßspalt mit einer Salzlösung gefüllt, z. B. KNO_3, entspricht die Änderung des aufgezeichneten Signals mit dem pH-Wert derjenigen des Strömungspotentials des Kunststoffes (Barron et al., 1994). Da die Kunststoffoberfläche bei pH > 3 negativ geladen ist, beeinflußt das Anion die Änderung des Signals nicht (Abb. 9.12a,b).

Wird eine kolloidale Dispersion benutzt, enthält das Signal die Beiträge von der Wand der Meßzelle, des Kolbens und des kolloidalen Materials, das an der Wand festgehalten wird. Die Gegenüberstellung in Abb. 9.13 zeigt, daß das Signal einer Al_2O_3-Dispersion dem Verlauf des Zetapotentials (aus Strömungspotentialmessungen, Kap. 10.8) folgt (Barron et al., 1994). Das Signal von SiO_2-Dispersionen liegt nahe bei dem der reinen Elektrolytlösung. Es ist klar, daß die Bedeckung der negativ geladenen Teflon- bzw. Polypropylenwand mit den positiv geladenen Al_2O_3-Teilchen ausgeprägter und stabiler ist als mit dem negativ geladenen SiO_2-Partikeln. Immerhin reicht deren zeitweiliges Verweilen an der Gefäßwand aus, das Signal zu beeinflussen (Barron et al., 1994).

Zur Bestimmung der Oberflächenladungsdichte der kolloidalen Teilchen wird ein entgegengesetzt geladener Polyelektrolyt zutitriert. Dahinter steht die Idee, daß die Oberflächenladungen durch die Ladungen des Polyelektrolyten kompensiert werden. In der Tat steigt das PLD-Signal bei einem bestimmten Verbrauch der Polyelektrolytlösung steil an und wechselt das Vorzeichen (Abb. 9.14). Aus dem Verbrauch der Titrierlösung bis zum Nulldurchgang des Signals wird die Oberflächenladungsdichte nach Gleichungen 9.1 a–c berechnet.

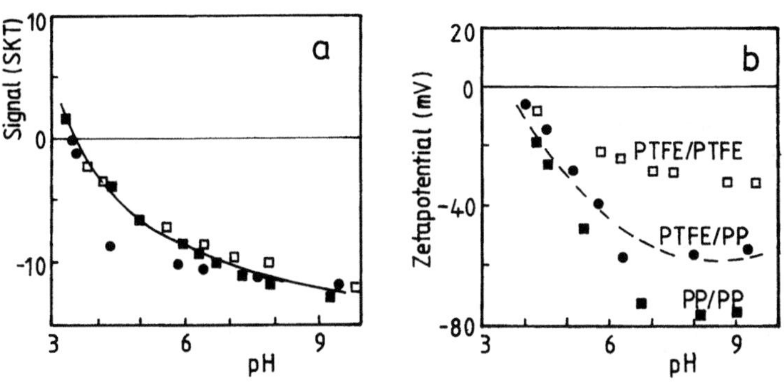

Abb. 9.12 a, b. **a** Signal eines Partikelladungsdetektors (Gefäß aus PTFE, Kolben aus Polypropylen PP) einer Elektrolytlösung (10^{-3} M Lösungen von ■ KNO_3, □ K_2SO_4, ● KCl). **b** Zetapotential der Kunststoffe (b) in 10^{-3} M KCl-Lösung (aus dem Strömungspotential ermittelt) in Abhängigkeit vom pH-Wert (Barron et al., 1994).

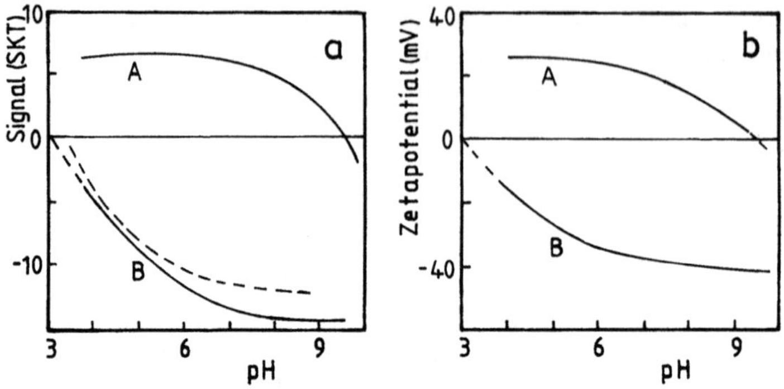

Abb. 9.13. PLD-Signal **a** und Zetapotential (aus Strömungspotentialmessungen) **b** kolloidaler Dispersionen. **A** Aluminiumoxid **B** Ludox-SiO_2; jeweils 4 g/L Feststoff in 10^{-3} M KCl (Barron et al., 1994), - - - Zetapotential in Abwesenheit der Teilchen.

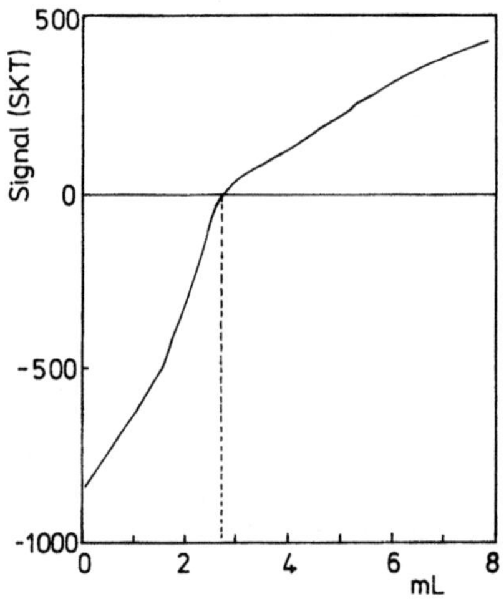

Abb. 9.14. Verlauf des PLD-Signals bei der Titration eines anionischen Latex mit Poly-DADMAC (S. 343): 1 mL Latex, Feststoffgehalt 0,0397 g/mL, Dichte des Latex 1,059 g/cm³, mittlerer Teilchendurchmesser 270 nm, Poly-DADMAC-Lösung 1,0819 · 0,001 N.

Im Beispiel (Abb. 9.14) wurde 1 mL einer anionischen Latexdispersion mit einem Feststoffgehalt von 0,0397 g/mL (Volumenbruch ϕ = 0,0375) vorgelegt und mit einer 0,001 N Polyelektrolytlösung (Poly-DADMAC, s. u., Faktor 1,0819) titriert. Das Signal ging nach 2,831 mL durch den Nullpunkt. 2,831 mL Polyelektrolytlösung entsprechen $2{,}831 \cdot 0{,}001 \cdot 1{,}0819 \cdot 10^{-3}$ Mol Ladungen = $0{,}306 \cdot 10^{-5} \cdot 96485$ C = 0,296 C. Da 1 mL der Latexdispersion 0,0397 g Latex enthielt, betrug die Oberflächenladung der Latexteilchen σ_0 = 7,44 C/g. Die spezifische Oberfläche der Teilchen mit einem mittleren Durchmesser von 270 nm und einer Dichte von 1,059 g/cm³ erreichte nach Gleichung 9.2 21 m²/g, und damit wurde die Oberflächenladungsdichte σ_0 = 0,35 C/m².

Nach den bisherigen Erfahrungen wird die Oberflächenladung zuverlässig bestimmt, und zwar auch bei negativ geladenen Teilchen. Voraussetzung ist die Verwendung von Polyelektrolyten mit hoher Ladungsdichte, um Ladungsneutralisation zu erreichen. In vielen Fällen erfolgt diese wohl kaum punktuell (site-by-site-charge compensation), sondern domänenweise (Kap. 4.4.1, Seite 123). Diese Ladungsverteilung begünstigt das Haften der zunächst negativen Teilchen an der negativen Wand der Meßzelle und des Kolbens. Trotz Zutitration des Polykations kann daher das PLD-Signal einer Dispersion von negativ geladenen Teilchen zunächst zu größeren negativen Werten ansteigen, da durch die Anwesenheit der Polykationen mehr und mehr negative Teilchen an der Wand hängen bleiben.

Als Polyelektrolytlösungen sind 0,001 M wäßrige Lösungen von Natriumpolyethylensulfonat (Formel I) für positiv geladene Teilchen und Poly(diallyldimethylammonium)chlorid (Poly-DADMAC) für negativ geladene geeignet. Lösungen des fast reinen Polyanions (≥ 97,7 %), dessen Ladung pH-unabhängig ist, werden auch zur Einstellung der Lösungen des Polykations benutzt.

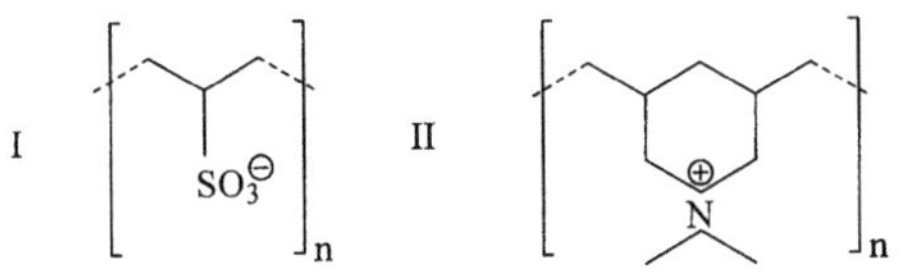

Die elektrolytische Eigenleitfähigkeit der Lösung oder Dispersion darf nicht zu hoch sein, da dieser Strompfad eine Konkurrenz zum Meßkreis darstellt. Bei zu hoher Leitfähigkeit bricht das strömungsinduzierte Potential zusammen. Andererseits sollte die Eigenleitfähigkeit nicht zu gering sein, weil dann geringe Ladungsmengen hohe Signale erzeugen. Die Leitfähigkeit sollte einige mS/cm nicht übersteigen.

Meßzelle und Kolben müssen nach jeder Messung sorgfältig gereinigt werden. Empfohlen wird (Fa. Mütek), Kolben und Meßgefäß zunächst mit Wasser und Bürste zu reinigen. Dann soll das Gerät eine Minute mit Dimethylformamid betrieben, gründlich mit deionisiertem Wasser ausgewaschen und mit Fließpapier abgetrocknet werden.

Literatur

Anderson SJ und Sposito G (1991) Cesium adsorption method for measuring accessible structural surface charge. Soil Sci Soc Am J 55: 1569–1576

Bandosz TJ, Jagiello J, Contescu C und Schwarz JA (1993) Characterization of the surfaces of activated carbons in terms of their acidity constant distributions. Carbon 31: 1193–1202

Bandosz TJ, Jagiello J, Putyera K und Schwarz JA (1994) Characterization of acidity of pillared clays by proton affinity distribution and DRIFT spectroscopy. J Chem Soc, Faraday Trans 90: 3573–3578

Barron W, Murray BS, Scales PJ, Healy TW, Dixon DR und Pascoe M (1994) The streaming current detector: a comparison with conventional electrokinetic techniques. Colloids Surfaces A 88: 129–139

Barrow NJ und Bowden JW (1987) A comparision of models for describing the adsorption of anions on a variable charge mineral surface. J Coll Interf Sci 119: 236–250

Böhmer MR und Koopal LK (1992) Adsorption of ionic surfactants on variable-charge surfaces. Langmuir 8: 2649–2659; 2660–2665

Chhabra R, Pleysier J und Cremers A (1975) The measurement of the cation exchange capacity and exchangeable cations in soils: a new method. Proc Internat Clay Conf. Appl Publ Ltd, Wilmette, Illinois 60091, pp 439–449

Chorover J und Sposito G (1995) Surface charge characteristics of kaolinitic tropical soils. Geochim Cosmochim Acta 59: 875–884

Fokkink LGK, Keizer A de und Lyklema J (1989) Temperature dependence of the electrical double layer on oxides: rutile and hematite. J Coll Interf Sci 127: 116–131

Furlong DN, Freeman PA und Lau ACM (1981) The adsorption of soluble silica at solid-aqueous solution interfaces. I. Leaching from glass – an electrokinetic study. J Coll Interf Sci 80: 20–31

Goldberg S (1992) Use of surface complexation models in soil chemical systems. Advan Agronomy, vol 47, pp 233–329

Goloub TP, Koopal LK, Bijsterbosch BH und Sidoraova MP (1996) Adsorption of cationic surfactants on silica. Surface charge effects. Langmuir 12: 3188–3194

Hesleitner P, Babić D, Kallay N und Matijević E (1987) Adsorption at solid/solution interfaces. 3. Surface charge and potential of colloidal hematite. Langmuir 3: 815–820

Hiemstra T, Riemsdijk van WH und Bolt GH (1989) Multisite proton adsorption modeling at the solid/solution interface of (hydr)oxides: a new approach. J Coll Interf Sci 133: 91–104

Hlavacek M, Chenevire P, Sardin M und Dodds J (1995) Interpretating titration data of aqueous latices by coupling ionization and ion-exchange equilibria. Colloids Surfaces A 95: 101–111

Homola A und James RO (1977) Preparation and characterization of amphoteric polystyrene latices. J Coll Interf Sci 59: 123–134

Jagiello J, Bandosz TJ, Putyera K und Schwarz JA (1995) Determination of proton affinity distributions for chemical systems in aqueous environments using a stable numerical solution of the adsorption integral equation. J Coll Interf Sci 172: 341–346

Jasmund K und Lagaly G (1993) Tonminerale und Tone. Struktur, Eigenschaften, Anwendung und Einsatz in Industrie und Umwelt. Steinkopff Verlag, Darmstadt

Kallay N, Babić D und Matijević E (1986) Adsorption at solid/solution interfaces. II. Colloids Surfaces 19: 375–386

Kallay N, Hlady V, Jednačak-Biščan und Milonjić S (1993) Techniques for the study of adsorption from solution. In: Rossiter BW; Baetzold RC (eds) Investigations of surfaces and interfaces. Part A. Physical methods of chemistry series, 2nd edn. John Wiley & Sons, vol IXA, pp 73–140

Koopal LK (1996) Mineral hydroxides: from homogeneous to heterogeneous modelling. Electrochim Acta 41: 2293–2306

Koopal LK, Riemsdijk WH van und Roffey MG (1987) Surface ionization and complexation models: a comparison of methods for determining model parameters. J Coll Interf Sci 118: 117–136

Lagaly G (1981) Characterization of clays by organic compounds. Clay Min 16: 1–21

Lagaly G (1991) Erkennung und Identifizierung von Tonmineralen mit organischen Stoffen. In: Tributh H; Lagaly G (Hrsg) Identifizierung und Charakterisierung von Tonmineralen. Ber Dtsch Ton- und Tonmineralgruppe, Gießen

Lagaly G (1994) Layer charge determination by alkylammonium ions. In: Mermut AR (ed) Layer charge characteristics of 2:1 silicate clay minerals. CMS workshop lectures. The Clay Min Soc, Boulder, CO, USA, vol 6, pp 1–46

Lyklema J (1984) Points of zero charge in the presence of specific adsorption. J Coll Interf Sci 99: 109–117

Lyklema J (1989) Discrimination between physical and chemical adsorption of ions on oxides. Colloids Surfaces 37: 197–204

Lyklema J (1991) Fundamentals of interface and colloid science. I. Fundamentals. Acad Press, London

Lyklema J (1995) Fundamentals of interface and colloid science. II. Solid-liquid interfaces. Acad Press, London

Ottewill RH und Shaw JN (1967) Studies on preparation and characterization of monodisperse polystyrene latices. Koll Z Z Polym 218: 34–40

Peigneur P, Maes A und Cremers A (1975) Heterogeneity of charge density distribution in montmorillonite as inferred from cobalt adsorption. Clays Clay Min 23: 71–75

Rhodes CN und Brown DR (1994) Rapid determination of the cation capacity of clays using Co(II). Clays Clay Min 29: 799–801

Righetto L, Azimonti G, Missana T und Bidoglio G (1995) The triple layer model revised. Colloids Surfaces A 95: 141–157

Rytwo G, Serban C, Nir S und Margulies L (1991) Use of methylene blue and crystal violet for determination of exchangeable cations in montmorillonite. Clays Clay Min 39: 551–555

Schulz SF, Gisler T, Borkovec M und Sticher H (1994) Surface charge on functionalized latex spheres in aqueous colloidal suspensions. J Coll Interf Sci 164: 88–98

Sonnefeld J, Göbel A und Vogelsberger W (1995) Surface charge density of spherical silica particles in aqueous alkali chloride solutions. Part 1, 2. Colloid Polym Sci 271: 926–931; 932–938

Sposito G (1983) On the surface complexation model of the oxide-aqueous solution interface. J Coll Interf Sci 91: 329–340

Stone-Masui J und Watillon A (1975) Characterization of surface charge on polystyrene latices. J Coll Interf Sci 52: 479–503

Weiss A (1958) Über das Kationenaustauschvermögen der Tonminerale. I, II. Z Anorg Allg Chem 297: 232–256; 258–286

Wilson MJ (ed) (1987) A handbook of determinative methods in clay mineralogy. Blackie, Glasgow, London

Yates DE, Levine S und Healy TW (1974) Site-binding model of the electrical double layer at the oxide/water interface. J Chem Soc, Faraday Trans I. 70: 1807–1818

10 Oberflächenpotential und elektrokinetisches Potential

10.1 Das Oberflächenpotential ψ_0

Die Ladungen an der Oberfläche eines Teilchens erzeugen ein Potential ψ, das unmittelbar an der Grenzfläche den Wert ψ_0 hat und zur Lösung hin abfällt. Weit weg vom Teilchen ist $\psi = 0$ (Kap. 2.3.1). Wie sich das Potential mit zunehmendem Abstand von der Grenzfläche ändert, hängt von der Verteilung der Ionen zwischen Grenzfläche und Lösung ab. Modelle, die diese Verteilung beschreiben, wurden bereits diskutiert (Kap. 2.3.2, 9.4).

Nach dem Gouy-Chapman-Modell beginnt die diffuse Ionenschicht direkt an der Grenzfläche; ψ sinkt exponentiell von ψ_0 bei $x = 0$ auf Null bei $x \to \infty$ (Gleichung 2.4, 2.5, 2.6). Bei den anderen Modellen (Kap. 9.4, Abb. 9.4) wird eine ladungsfreie Schicht zwischen der Grenzfläche und der Position der Gegenionen (mit Ausnahme von H_3O^+ und OH^-, die nach Kap. 9.3 der Grenzfläche zugerechnet werden) angenommen. In dieser Schicht fällt das Potential linear ab.

Das Oberflächenpotential ψ_0 an der Stelle $x = 0$ (s. Abb. 2.5, S. 24) kann in einigen Fällen (schwerlösliche Salze wie Silberhalogenide) nach dem Nernstschen Gesetz berechnet werden. Dieses Gesetz stellt den Zusammenhang zwischen dem elektrischen Potential einer reversiblen Elektrode und der Gleichgewichtsaktivität der potentialbestimmenden Ionen in der Lösung her.

Das Oberflächenpotential ist:

$$\psi_0 = -\frac{2{,}303\,RT}{v_i\,F}(p_\mathrm{i} - p_\mathrm{i}^0) \tag{10.1a}$$

bei 25 °C:

$$\psi_0 = -\frac{0{,}0592}{v_i}(p_\mathrm{i} - p_\mathrm{i}^0). \tag{10.1b}$$

Darin gibt $p_\mathrm{i} = -\lg a_\mathrm{i}$ die Aktivität des Ions i in der Lösung und p_i^0 den entsprechenden Wert am Ladungsnullpunkt an (zur Ableitung von Gleichung 10.1a siehe Lyklema, 1975).

Zum Beispiel gilt für AgI:

$$\psi_0 = -0{,}0592(p\mathrm{Ag} - p\mathrm{Ag}^0). \tag{10.2a}$$

Wegen $p\mathrm{Ag} + p\mathrm{I} = 16$ (Löslichkeitsprodukt) kann das Oberflächenpotential natürlich auch aus der Aktivität der Iodidionen in der Lösung berechnet werden:

$$\psi_0 = +\,0{,}0592(p\mathrm{I} - p\mathrm{I}^0). \tag{10.2b}$$

Die Aktivität der Silberionen am Ladungsnullpunkt ist $p\mathrm{Ag}^0 = 6$. Der Ladungsnullpunkt wird also nicht erreicht, wenn die Aktivität von Silber- und Iodidionen in der Lösung gleich ist ($p\mathrm{Ag} = p\mathrm{I} = 8$), sondern bei einer deutlich höheren Silberionenkonzentration, weil die stärker polarisierbaren Iodidionen bevorzugt adsorbiert werden (vgl. Kap. 5.4, S. 170).

Wenn ein Liter 0,050 M $AgNO_3$-Lösung mit einem Liter 0,054 M KI-Lösung versetzt wird, entstehen etwa 20 nm große Silberiodidteilchen. In der Lösung (Volumen 2 L) verbleiben etwa 4 mmol KI, so daß $p\mathrm{I} = 2{,}7$ ist. Das Oberflächenpotential wäre dann $\psi_0 = 0{,}059\ (2{,}7 - 10) = -\ 431$ mV. Durch Dialyse gegen Wasser wird $p\mathrm{I} \approx 4$ erreicht und ψ_0 beträgt –354 mV.

Bei Oxiden könnte man Protonen also potentialbestimmend ansehen (siehe aber Lyklema, 1975). Noch ist nicht sicher, welche Oxide tatsächlich Nernstsches Verhalten zeigen (Fokkink et al., 1987). In diesem Fall müßte sich das Potential ψ_0 an der Grenzfläche mit dem pH-Wert in der Lösung entsprechend

$$\psi_0 = -\frac{RT}{F}(\mathrm{pH} - \mathrm{pH}^0) \tag{10.3}$$

ändern, wobei pH^0 der pH-Wert am Ladungsnullpunkt ist. Für α-Fe_2O_3, TiO_2, Al_2O_3 und RuO_2 konnte diese Beziehung bestätigt werden.

In den meisten Fällen ist primär nicht das Oberflächenpotential, sondern die Ladungsdichte bekannt. Das Oberflächenpotential kann daraus nach Gleichung 2.10 (Gouy-Chapman-Modell) ermittel werden. Als Beispiel sei das Oberflächenpotential eines Montmorillonits (Kap. 2.2, Tabelle 2.1, S. 19) berechnet. Ein typischer Wert der Oberflächenladungsdichte ist $\sigma_0 = -\ 10{,}3\ \mu\mathrm{C/cm^2}$ ($= -\ 0{,}103\ \mathrm{C/m^2}$) (Kap. 9.6). Nach Gleichung 2.10c ist bei 25 °C in wäßrigen Lösungen ($\varepsilon = 78{,}5$):

$$\sigma_0 = 37,13 \cdot 10^{-4}\sqrt{c_0}\sinh(z/2) \qquad [\mathrm{C/m^2}]. \tag{2.10c}$$

Darin ist $z = \upsilon\psi_0 F/RT$, c_0 die Gegenionenkonzentration (in $\mathrm{mol/m^3}$).

Zum Beispiel erhält man in 10^{-5} M NaCl-Lösung ($c_0 = 10^{-2}\ \mathrm{mol/m^3}$):

$$\sinh(z/2) = -\frac{0{,}103}{37{,}13 \cdot 10^{-4}\sqrt{10^{-2}}} = -277{,}40$$

Unter Berücksichtigung der Umrechnung:

$$\sinh x = y \rightarrow x = 2\ln[y + \sqrt{(1 + y^2)}], \tag{10.4}$$

sowie $\sinh(-x) = -\sinh x$ ergibt sich:

$$z = -\ 12{,}64;\ \psi_0 = -\ 12{,}64 \cdot 25{,}7 = -\ 325\ \mathrm{mV}.$$

Entsprechend berechnet man für höhere Konzentrationen: $c_0 = 10^{-3}$ mol/L, $\sinh(z/2) = -\ 27{,}74$, $z = -\ 8{,}02$, $\psi_0 = -\ 206$ mV; $c_0 = 10^{-1}$ mol/L, $\sinh(z/2) = -\ 2{,}77$, $z = -\ 3{,}49$, $\psi_0 = -\ 90$ mV. Bei zweiwertigen Gegenionen wären die Potentiale halb so groß ($\psi_0 = zRT/\upsilon F$).

10.2 Das Potential ψ_d

Die tatsächliche Bedeutung des Oberflächenpotentials für die Stabilität der elektrostatisch stabilisierten Dispersionen ist eher gering. Da die Adsorption von Gegenionen kaum zu vernachlässigen ist, wird die Stabilität nicht durch ψ_0, sondern durch ψ_d, dem maximalen Wert des Potentials zu Beginn der diffusen Ionenschicht, bestimmt (s. Abb. 9.4, S. 326).

Dieses Potential kann nicht direkt gemessen, aber z. B. aus den kritischen Salzkonzentrationen nach den Gleichungen zu 3.1 berechnet werden.

Kugelförmige Teilchen in wäßriger Lösung bei 25 °C:

$$c_K = 3{,}837 \cdot 10^{-39}\, \gamma^4/A^2 v^6 \qquad [\text{mol/L}] \qquad (3.1b)$$

Plättchenförmige Teilchen in wäßrigen Lösungen bei 25 °C:

$$c_K = 8{,}308 \cdot 10^{-39}\, \gamma^4/A^2 v^6\,, \qquad [\text{mol/L}] \qquad (3.2b)$$

wobei $\gamma = (e^{z/2} - 1)(e^{z/2} + 1)$ ist mit $z = vF\psi_d/RT$.

Als Beispiel einer numerischen Auswertung s. Kap. 11.2.

Gerne wird die Beziehung:

$$\mathrm{dlg}W/\mathrm{dlg}c = -2{,}15 \cdot 10^7\, a\gamma^2/v^2 \qquad (2.39)$$

zur Bestimmung von γ und damit ψ_d benutzt (Kap. 11.4). Die Änderung des Stabilitätsfaktors mit der Konzentration läßt sich photometrisch bestimmen. Der scheinbare Vorteil von Gleichung 2.39 ist das Fehlen der Hamaker-Konstante. Man sollte vorsichtig sein! Die Auswertung von Koagulationsdaten nach dieser Beziehung kann in die Irre führen. Einmal liegt der Berechnung ein bestimmtes Modell der Koagulationskinetik zu Grunde, zum andern sollte die Van-der-Waals-Wechselwirkung in eine sorgfältige Auswertung einbezogen werden (Kap. 11.4).

10.3 Elektrokinetisches Potential

Das Zetapotential ist experimentell aus elektrokinetischen Messungen zugänglich. Elektrokinetische Phänomene werden beobachtet, wenn sich eine feste und eine flüssige Phase relativ zueinander bewegen:

1. Wandern die Teilchen einer Dispersion unter Einfluß eines elektrischen Feldes, spricht man von Elektrophorese. Die Messung der Wanderungsgeschwindigkeit der Teilchen wird am häufigsten zur Ermittlung des Zetapotentials ausgenutzt.
2. Wenn sich die Teilchen infolge des Gravitations- oder eines Zentrifugalfeldes durch die Flüssigkeit bewegen, entsteht ein Potential, das als Sedimentations- bzw. Zentrifugationspotential (Dorn-Effekt) bezeichnet wird.

3. Wird eine Potentialdifferenz an die Enden einer Kapillare oder eines porösen Stoffes gelegt, bewegt sich die Elektrolytlösung: Elektroosmose. Wird die Flüssigkeit am Fließen gehindert, entwickelt sich ein elektroosmotischer Druck.
4. Läßt man andererseits die Elektrolytlösung unter Anwendung eines Druckes oder Vakuums durch ein Porensystem fließen, entsteht ein Strömungspotential.

Bei der Bewegung einer Flüssigkeit entlang einer Feststoffoberfläche (Elektroosmose, Strömungspotential) oder eines Teilchens in einer Flüssigkeit (Elektrophorese, Sedimentations- und Zentrifugationspotential) bleibt immer eine gewisse Flüssigkeitsschicht mit ihren Ladungen an der Oberfläche haften; die Scherebene (slipping plane) liegt in einem gewissen Abstand von der Oberfläche. In dieser Ebene kommt es zu einer Umverteilung der Ladungen, so daß ein Potential entsteht, das als elektrokinetisches Potential oder Zetapotential ζ bezeichnet wird.

Die Beziehung zwischen Zetapotential und Potential ψ_d hängt von der Lage der Scherebene ab, die durch das spezielle System Feststoff-Flüssigkeit und insbesondere durch die Oberflächenstruktur und die Art der Ladungsverteilung (s. Abb. 9.4, S. 326) bestimmt wird. Immerhin scheint die Scherebene häufig nahe bei der Ebene d (s. Abb. 9.4, S. 326) zu liegen bzw. es wird $\zeta = \psi_d$ angenommen. Meist wird zudem stillschweigend unterstellt, die Lage der Scherebene sei von der Ionenstärke der Lösung unabhängig. Wenn die Dicke der Stern-Schicht wie üblich mit etwa 0,5 nm (zwei Wasserschichten) angesetzt wird, mag diese Annahme gerechtfertigt erscheinen. Umfaßt die Stern-Schicht aber mehrere Wasser- bzw. Lösungsmittelschichten, sollte eine Änderung ihrer Dicke in Betracht gezogen werden. Gan und Low (1993) vermuteten, daß die Stern-Schicht in Tonmineraldispersionen mit zunehmender Salzkonzentration dünner wird (Kap. 2.3.2). Durch Vergleich zwischen Mobilitäts- und Titrationsdaten (Kap. 9.5) kamen auch Schulz et al. (1994) zu dem Schluß, daß sich die Lage der Scherebene mit der Ionenstärke verschiebt. Die Abdeckung der Oberfläche durch tensidartige Gegenionen wird ebenfalls die Position der Scherebene beeinflussen. Der numerische Wert des Zetapotentials von TiO_2 in Hexan in Gegenwart von Alkylaminen $C_nH_{2n+1}NH_3^+$ nahm bei $n > 4$ stark ab (Kap. 10.10.6). Siffert et al. (1994) folgerten, daß die Scherebene durch die verstärkte Aggregation der längerkettigen Ionen von der Grenzfläche abgerückt wird.

Haare an der Oberfläche von Latices können die Scherebene in die Lösung hinein verschieben. Wenn sich die Konformation der Makromoleküle der Hülle ändert, z. B. mit dem pH-Wert, dem Salzgehalt oder der Temperatur, wird sich auch die Scherebene verlagern (Kap. 10.10.7).

10.4 Messung der elektrophoretischen Beweglichkeit

10.4.1 Elektrophoretische Beweglichkeit

Die Wanderungsgeschwindigkeit v kolloidaler Teilchen in einem elektrischen Feld der Stärke E [V/m] ergibt sich aus der Verschiebung der Teilchen um die Strecke Δx in der Zeit Δt:

$$v = \Delta x / \Delta t \qquad [\mathrm{m/s}]. \tag{10.5}$$

Die elektrophoretische Beweglichkeit ist:

$$u = v/E \qquad [\mathrm{m^2/Vs}] \tag{10.6}$$

Die Feldstärke (V = angelegte Potentialdifferenz, L = Abstand der Elektroden):

$$E = V/L \qquad [\mathrm{V/m}] \tag{10.7a}$$

wird meist durch eine Strommessung (Stromstärke I) bei bekannter Leitfähigkeit K^{L} der Dispersion ermittelt. K^{L} wird in einem getrennten Experiment mit einer Leitfähigkeitsmeßzelle bestimmt. Es ist:

$$K^{\mathrm{L}} = \frac{1}{R} \cdot \frac{L}{q} = \frac{I}{V} \cdot \frac{L}{q} = \frac{I}{Eq} \tag{10.7b}$$

$R = V/I$ ist der Widerstand, q die Elektrodenfläche, Dimension von K^{L}: A/Vm = 1/Ωm = S/m. Damit wird die Feldstärke erhalten aus:

$$E = \frac{I}{K^{\mathrm{L}} q} \qquad [\mathrm{V/m}]. \tag{10.7c}$$

Üblicherweise wird die Beweglichkeit über die Verschiebung der Grenzfläche (moving boundary method, Kap. 10.4.2), mikroelektrophoretisch (Kap. 10.4.3) oder unter Ausnutzung des Doppler-Effekts gemessen (Kap. 10.4.4). Seltener benutzt wird die Massentransportelektrophorese, bei der die innerhalb einer gewissen Zeit in den Elektrodenraum eingewanderte Masse kolloidaler Teilchen bestimmt wird (s. z. B. Ottewill and Rance, 1986). Bedeutung hat die Elektrodeposition zur Bestimmung des Ladung/Masse-Verhältnisses kolloidaler Teilchen in unpolaren Lösungsmitteln (Kap. 10.5.5).

10.4.2 Verschiebung der Grenzfläche

Diese Methode bietet die einfachste Möglichkeit, die elektrophoretische Beweglichkeit zu bestimmen, weil ein Meßgerät leicht aufzubauen ist. In einer U-förmig gebogenen Kapillare, die mit zwei Elektrodenräumen verbunden ist (Abb. 10.1), wird die Verschiebung der Grenzfläche zwischen der Dispersion und einer klaren Elektrolytlösung gemessen. Allen und Matijević (1969) beschrieben ausführlich die Durchführung solcher Messungen.

Das von uns benutzte Gerät beruht auf der gleichen Anordnung (Abb. 10.1b). Notwendig sind bei einem lichten Kapillardurchmesser von 4 mm Spannungen von etwa 300 V. Die Verschiebung der Grenzfläche wird mit einer einfachen Millimeterskala und Lupe bei guter seitlicher Beleuchtung gemessen. Zunächst ist die Meßkapillare mit Elektrolytlösung gefüllt. Nach Einstellung der Spannung wird der Hahn vorsichtig umgelegt, damit sich eine scharfe Grenzfläche zwischen der trüben Dispersion und der Salzlösung bildet. Wenn die Grenzfläche den unteren Skalenteil erreicht hat, wird mit der Messung begonnen. In Abständen von einigen Minuten wird die zurückgelegte Strecke gemessen. Gleichzeitig wird die Stromstärke registriert. $\Delta x/\Delta t$ wird am besten durch graphische Auftragung von x gegen t ermittelt.

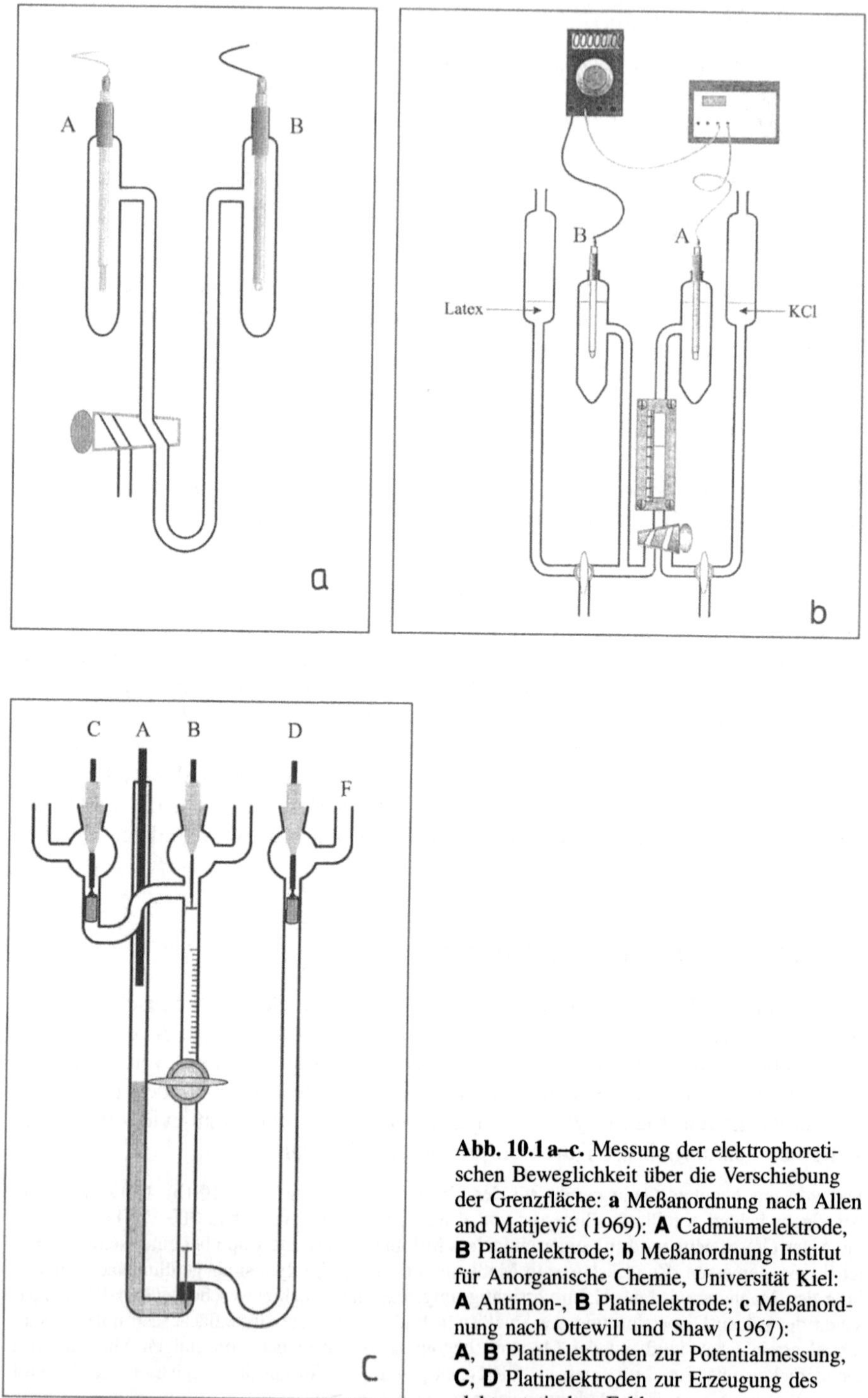

Abb. 10.1 a–c. Messung der elektrophoretischen Beweglichkeit über die Verschiebung der Grenzfläche: **a** Meßanordnung nach Allen and Matijević (1969): **A** Cadmiumelektrode, **B** Platinelektrode; **b** Meßanordnung Institut für Anorganische Chemie, Universität Kiel: **A** Antimon-, **B** Platinelektrode; **c** Meßanordnung nach Ottewill und Shaw (1967): **A**, **B** Platinelektroden zur Potentialmessung, **C**, **D** Platinelektroden zur Erzeugung des elektrostatischen Feldes.

Ottewill und Shaw (1967) beschrieben eine Meßzelle mit vier Elektroden, um die Anreicherung von Reaktionsprodukten im Meßraum zu verringern (Abb. 10.1c).

Die Methode der Verschiebung der Grenzfläche setzt sichtbare optische Unterschiede zwischen der Dispersion und der Elektrolytlösung voraus. Tiselius (1937) untersuchte Proteine und Mischungen zweier verschiedener Biokolloide (z. B. Blutserum) – die Apparaturen wurden ausführlich beschrieben – und nutzte die Methode zur Trennung von Biokolloiden. Zur Erkennung der Grenzfläche wurde die Schlieren-Methode angewandt. Moderne Messung der elektrophoretischen Beweglichkeit von Viren: Penrod et al. (1995).

10.4.3 Mikroelektrophoretische Messungen

Bei den mikroelektrophoretischen Messungen wird die Bewegung einzelner Teilchen im Mikroskop beobachtet, wobei die Teilchen nicht als solche, sondern durch ihren Streukegel sichtbar werden (Abb. 10.2) (Kap. 8.3). Das Meßgerät besteht aus einer Kapillare oder einer flachen Meßzelle, die an beiden Enden mit Elektroden verbunden ist. Bis zu Salzkonzentrationen von etwa 0,01 mol/L eignen sich Platinmohrelektroden, ansonsten werden reversible Elektroden (z. B.

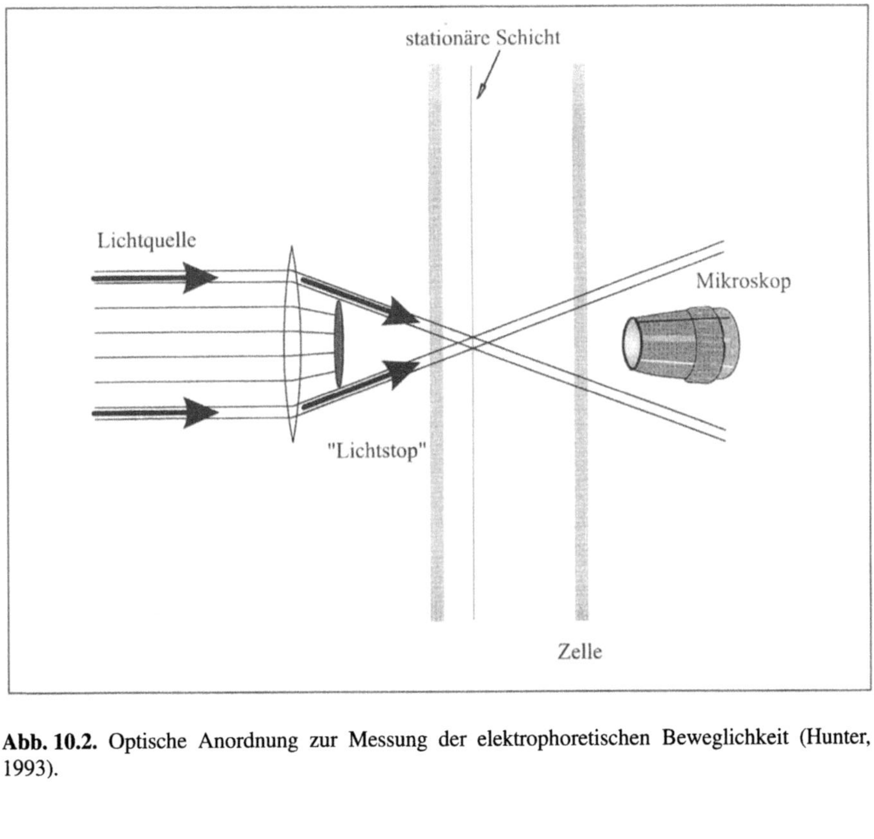

Abb. 10.2. Optische Anordnung zur Messung der elektrophoretischen Beweglichkeit (Hunter, 1993).

Ag/AgCl) benutzt. Die Verschiebung der Teilchen wird über ein Gitter im Okular des Mikroskops bei Dunkelfeldbeleuchtung gemessen. Meist werden Spannungen von 50–100 V bei Elektrodenabständen von 5–10 cm angelegt, so daß Feldstärken bis etwa 10 V/cm erreicht werden.

Zur Bestimmung der Wanderungsgeschwindigkeit dürfen nur Teilchen gemessen werden, die sich in einem bestimmten Abstand von der Wand der Kapillare bewegen, weil die Teilchenwanderung von der elektroosmotischen Flüssigkeitsströmung überlagert wird. Diese entsteht durch die Bewegung der entgegengesetzt zur Wand geladenen Ionen (Kap. 10.9). Meist ist die Wand negativ geladen, so daß die Kationen als Gegenionen in Richtung der Kathode wandern und Flüssigkeit mitschleppen (Abb. 10.3a). Wäre die Kapillare offen, würde die Flüssigkeit mit einem bis auf den Wandbereich planaren Profil in Richtung Kathode wandern (s. Kap. 10.9). Da das System geschlossen ist, muß die an der Wand mit der elektroosmotischen Geschwindigkeit v_{eo} fließende Flüssigkeit in der Mitte der Kapillare zurückströmen (Abb. 10.3b). Es entsteht ein parabolisches Geschwindigkeitsprofil, das für eine Kapillare mit rechteckigem Querschnitt die Form hat (Hagen-Poiseuillesches Gesetz; Ableitung s. Hunter, 1993, S. 243; vgl. auch Kap. 13.2):

$$v_e = \frac{v_{eo}}{2}\left[\frac{3y^2}{h^2} - 1\right]. \tag{10.8a}$$

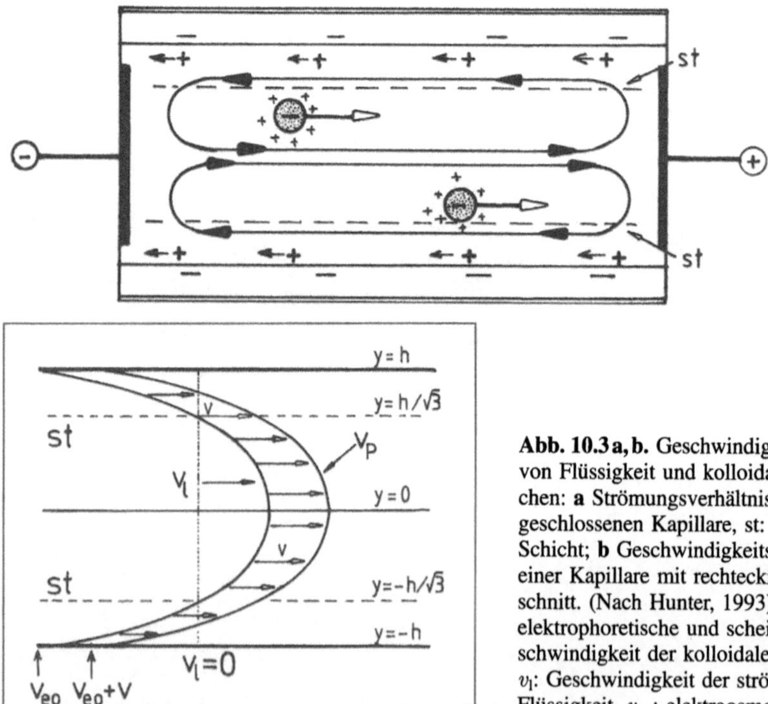

Abb. 10.3 a, b. Geschwindigkeitsprofil von Flüssigkeit und kolloidalen Teilchen: **a** Strömungsverhältnisse in der geschlossenen Kapillare, st: stationäre Schicht; **b** Geschwindigkeitsprofil in einer Kapillare mit rechteckigem Querschnitt. (Nach Hunter, 1993) v, v_p: elektrophoretische und scheinbare Geschwindigkeit der kolloidalen Teilchen, v_l: Geschwindigkeit der strömenden Flüssigkeit, v_{eo}: elektroosmotische Geschwindigkeit.

Für $y = h$ bzw. $-h$ wird $v_e = v_{eo}$. Bei $y = 0$ strömt die Flüssigkeit mit $v_e = v_{eo}/2$ in Gegenrichtung. In einem bestimmten Abstand von der Wand bewegt sich die Flüssigkeit nicht (stationäre Schicht):

$$\frac{3y^2}{h^2} - 1 = 0 \rightarrow y = \frac{h}{\sqrt{3}}. \tag{10.8b}$$

Bei zylindrischen Kapillaren (Radius r) ist das Geschwindigkeitsprofil:

$$v_e = v_{eo}\left[\frac{2y^2}{r^2} - 1\right], \tag{10.8c}$$

und die stationäre Schicht liegt bei:

$$\frac{2y^2}{r^2} - 1 = 0 \rightarrow y = \frac{\mathrm{r}}{\sqrt{2}}. \tag{10.8d}$$

Die kolloidalen Teilchen bewegen sich mit gleicher Geschwindigkeit relativ zur Flüssigkeit, d. h. die Geschwindigkeitsverteilung der Teilchen ist ebenfalls parabolisch. Da man die Strömung der Flüssigkeit im Mikroskop nicht sieht, scheinen die kolloidalen Teilchen in der Mitte der Kapillare schneller zu wandern als an der Wand.

Eine meßtechnische Verbesserung wurde durch Verwendung eines beweglichen kubischen Prismas im Strahlengang des Mikroskops erreicht (Pen Kem 501, Abb. 10.4). Das Prisma führt eine Pendelbewegung mit schnellem Rücklauf durch, die zu einer seitlichen Bildverschiebung führt, deren Geschwindigkeit digital angezeigt wird. Wenn die Geschwindigkeit der Prismabewegung so eingestellt wird, daß die Teilchen scheinbar nicht wandern, entspricht sie deren Wanderungsgeschwindigkeit. Natürlich muß auch hier auf die stationäre Schicht eingestellt werden. Das mikroskopische Bild kann durch einen Videozusatz auf einen Bildschirm übertragen werden. Die visuelle Auswertung auf dem Bildschirm läßt sich dann durch eine Computerauswertung ersetzen, indem die Teilchenwanderung bei ausgeschalteter Prismabewegung direkt ausgewertet wird.

Der Vorteil dieser Meßanordnung gegenüber den auf dem Doppler-Effekt beruhenden Geräten (Kap. 10.4.4) ist die direkte Beobachtung der Teilchen. Die geeignete Teilchenkonzentration, bei der das Beugungsbild eines Teilchens nicht von einem anderen überlagert wird, ist leicht herauszufinden. Bei zu geringer

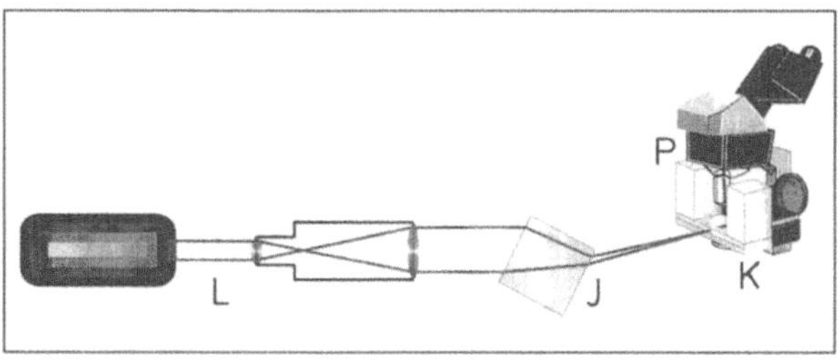

Abb. 10.4. Messung der elektrophoretischen Beweglichkeit durch direkte Beobachtung der Teilchenbewegung (PEN KEM 501): **L** Laser mit Optik, **J** vertikale Einstellung, **K** Meßkammer, **P** Prisma.

Konzentration wandern zu wenig Teilchen durch das Bildfeld, bei zu hoher erscheint das Bild nebelartig verwaschen. Da die Bewegung individueller Teilchen verfolgt wird, lassen sich unterschiedlich schnell wandernde Teilchen erkennen und vermessen.

10.4.4 Laser-Doppler-Elektrophorese

Die Messung der Teilchenbewegung über den Doppler-Effekt ist derzeit weit verbreitet (Laser-Doppler-Elektrophorese; Uzgiris 1981, s. a. Horn et al., 1986). Im Zetasizer 3 (Fa. Malvern) wird das kohärente Licht eines Helium-Neon-Lasers im Modulator in zwei Teilstrahlen aufgespalten, die sich in der stationären Schicht der Dispersion in der kapillarförmigen Meßzelle kreuzen (Abb. 10.5). Es entsteht ein Beugungsmuster, das die Teilchen durchwandern. Die Intensität fluktuiert mit einer Frequenz, die in Beziehung zur Geschwindigkeit der Teilchenbewegung steht. Die vom Photomultiplier weitergeleiteten Signale werden – ähnlich wie in Kap. 8.6 beschrieben – über einen Korrelator verarbeitet. Dieser liefert ein Frequenzspektrum, aus dem die Verteilung der Geschwindigkeit der Teilchenbewegung errechnet wird. Einer der beiden Spiegel wird periodisch vor und zurück bewegt. Wenn sich Teilchen und Spiegel aufeinander zubewegen, wird die Wanderungsgeschwindigkeit scheinbar höher als im umgekehrten Fall. Aus der scheinbaren Zu- oder Abnahme der Geschwindigkeit wird das Vorzeichen der Teilchenbewegung ermittelt.

Man erhält eine Mobilitätsverteilung statt eines einzelnen Wertes wie bei Pen Kem 501. Eine deutliche Verbreiterung zeigt sicher unterschiedliche Beweglich-

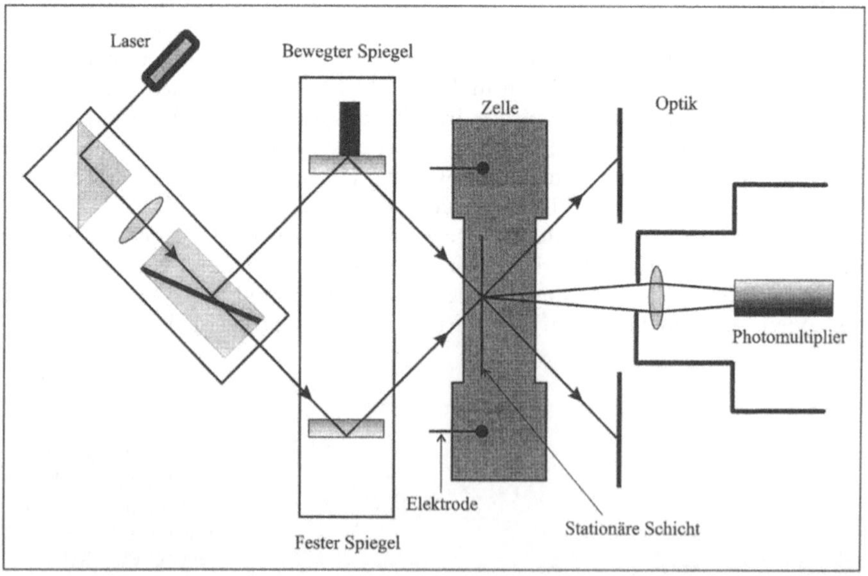

Abb. 10.5. Messung der Beweglichkeit durch Laser-Doppler-Elektrophorese (Zetasizer 3, Malvern).

keiten an. Wie bei der Analyse der Teilchengröße sind unterschiedliche Mobilitäten oft schwer zu erkennen und kaum zu bestimmen. Die direkte mikroskopische Beobachtung ist mit Sicherheit zuverlässiger.

Da der Kreuzungsbereich der beiden Referenzstrahlen breiter (etwa 50 µm) als die stationäre Schicht ist, läßt sich eine gewisse Beeinflussung der Teilchenbewegung durch die Flüssigkeitsströmung nicht ausschließen. Dies wird im Pen Kem 3000 durch eine andere Meßmethodik vermieden. Die Laserstrahlung wird scharf auf die stationäre Schicht eingestellt. Der bestrahlte Bereich ist nur 2 µm dick. Die angestrahlten Teilchen können auch direkt mikroskopisch beobachtet werden. Das mikroskopische Bild der Teilchen wird auf einen Photomultiplier projiziert. In den Strahlengang des Streulichtes ist ein rotierendes Gitter eingeschaltet, das die Funktionsweise des Beugungsbildes beim Malverngerät übernimmt. Die Signale werden in einem Korrelator verarbeitet; das Frequenzspektrum liefert die Mobilitätsverteilung. Die Optik wird automatisch auf die stationäre Schicht eingestellt.

Die Einstellung auf die stationäre Schicht entfällt beim Zeta-Plus (Brookhaven), da die Bewegung der Teilchen an einer Stelle etwa in der Mitte der 0,4 cm weit auseinanderstehenden Elektroden (0,5 · 1,0 cm^2) gemessen wird (Abb. 10.6). Ein Laserstrahl durchtritt den Elektrodenraum und wird von den wandernden Teilchen gestreut. Aus der Frequenzverschiebung durch den Dopplereffekt wird wiederum die Wanderungsgeschwindigkeit der Teilchen berechnet. Um das Vorzeichen zu ermitteln, wird der Laserstrahl vor der Küvette im Intensitätsverhältnis 1:9 geteilt. Der Strahl mit der geringeren Intensität wird nicht durch die Küvette geführt, sondern durch einen piezoelektrisch bewegten Spiegel moduliert und dann durch ein

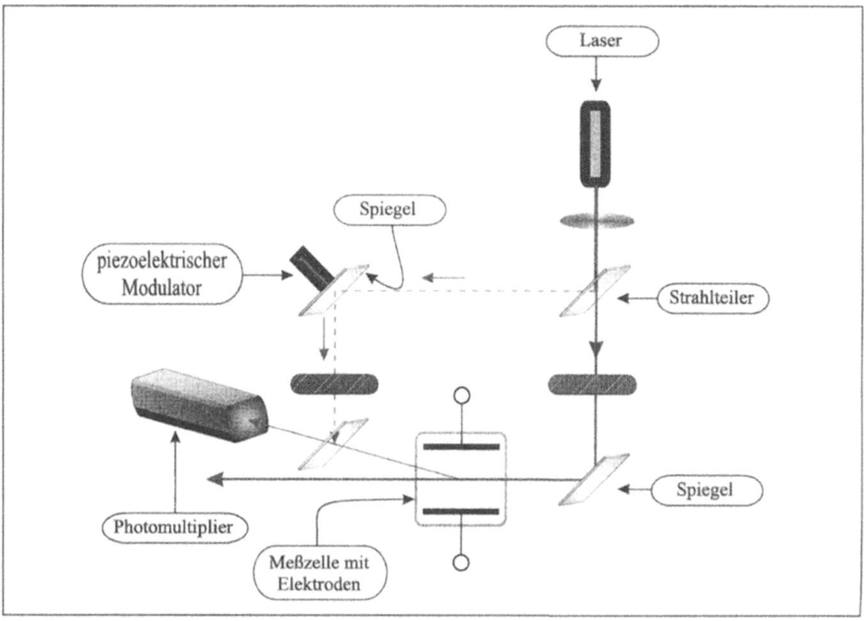

Abb. 10.6. Meßprinzip im Zeta-Plus (Brookhaven Instruments GmbH).

Prisma mit dem Streulicht aus der Probe gemischt. Der Photomultiplier mißt lediglich die Intensität der beiden wiedervereinigten Strahlen. Die Intensitätssignale werden im Korrelator weiterverarbeitet.

10.4.5 Konzentrierte Dispersionen

Konzentrierte Dispersionen können mit den genannten Verfahren nicht gemessen werden. Manche in der Praxis eingesetzte Dispersionen mit hohem Feststoffgehalt werden jedoch beim Verdünnen instabil. Konzentrierte Dispersionen (slurries) werden z. B. zur Papierbeschichtung, als Farbdispersionen, Drucktinten, Bohrspülflüssigkeiten und in der Keramik benötigt.

Zur Messung der elektrophoretischen Beweglichkeit nach der Methode der Grenzflächenverschiebung wurde ein interferenzoptisches Verfahren entwickelt, das sich besonders für konzentrierte Dispersionen anorganischer und organischer Farbpigmente eignet (Horn und Ditter, 1976; Horn et al., 1986). Die Meßzelle

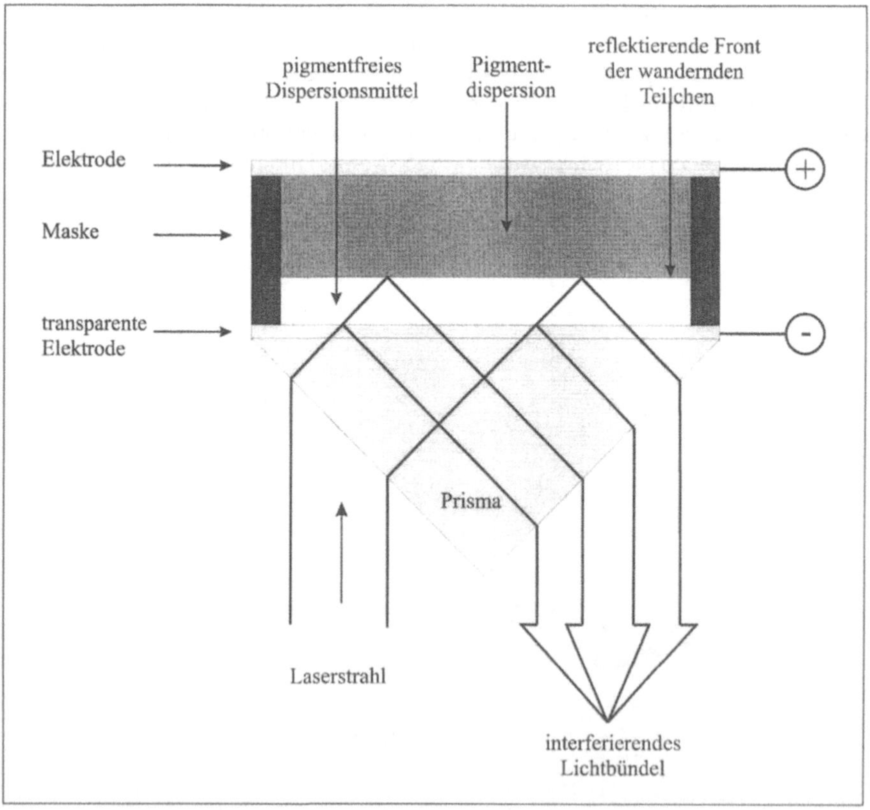

Abb. 10.7. Meßzelle und experimentelle Anordnung zur interferenzoptischen Messung der elektrophoretischen Wandergeschwindigkeit (Elektrodenabstand 0,4 – 5 mm, Länge der Prismabasisfläche 5 cm) (Horn und Ditter, 1976).

besteht aus zwei planparallelen Elektroden, die durch eine Maske in einem Abstand von 0,4 bis 5 mm gehalten werden (Abb. 10.7). Die einem Kronglasprisma angekittete Elektrode ist optisch durchlässig (SnO_2 auf Glas). Beim Anlegen eines elektrischen Feldes an die mit der Dispersion gefüllte Meßzelle wandern die Teilchen in einer Front von der transparenten Elektrode ab, wenn die Ladungsvorzeichen gleich sind. Die Front entfernt sich mit konstanter Wanderungsgeschwindigkeit, die interferometrisch durch Bestrahlen mit monochromatischem Licht gemessen wird. Meßanordnung, Ermittlung der Beweglichkeit und Anwendungen wurden von Horn und Ditter (1976) ausführlich beschrieben.

Die akustophoretische Messung der dynamischen Mobilität liefert eine weitere Möglichkeit zur Untersuchung konzentrierter Dispersionen (Kap. 10.6).

10.5 Auswertung von Mobilitätsmessungen

10.5.1 Retardations- und Relaxationseffekte

Auf ein geladenes kolloidales Teilchen, das sich in einer Elektrolytlösung unter Wirkung eines elektrischen Feldes bewegt, wirken vier Kräfte ein, von denen zwei leicht anzugeben sind, während die beiden anderen die Teilchenbewegung in höchst komplizierter Weise beeinflussen (Overbeek und Bijsterbosch 1979; Lyklema 1995, Kap. 4).

Die elektrostatische Kraft ist:

$$F_1 = qE \tag{10.9}$$

(E = elektrische Feldstärke, q = Ladung des Teilchens). Die durch die Viskosität η des Lösungsmittels hervorgerufene Reibungskraft ist proportional zur Geschwindigkeit v des Teilchens und zu seinem Radius a:

$$F_2 = 6\pi\eta a v. \tag{10.10}$$

Unter elektrophoretischer Retardation versteht man die Verringerung der Wanderungsgeschwindigkeit der Teilchen durch die in die Gegenrichtung wandernden Gegenionen, die durch die in die gleiche Richtung wandernden Coionen nicht kompensiert wird. Die Bremswirkung der Gegenionenbewegung auf die Teilchenbewegung ist höchst kompliziert. Die retardierende Kraft, von ihrer Natur her eine hydrodynamische Größe, hängt von den Eigenschaften der Doppelschicht (κa, ζ), der Beweglichkeit der Ionen und der Dukhin-Zahl (s. u.) ab. Die Retardation kann die elektrophoretische Beweglichkeit der Teilchen um eine oder auch mehrere Größenordnungen verzögern.

Durch die unterschiedlich gerichtete Wanderung von Teilchen und Gegenionen wird die Ladungsverteilung asymmetrisch, d. h. der Schwerpunkt der Ionenladungen fällt nicht mehr mit dem Schwerpunkt der Teilchenladungen zusammen. Es entsteht ein Feld ΔE, das dem ursprünglichen Feld entgegengesetzt ist und die Teilchenbewegung verzögert (Abb. 10.8). Die asymmetrische Ladungsverteilung erfordert eine gewisse Zeit. Daher rührt die Bezeichnung Relaxationseffekt. Der Effekt ist elektrischer Natur und kann die elektrophoretische Beweglichkeit um 10–50 % verzögern.

Die Retardations- und Relaxationskräfte können nicht unabhängig voneinander berechnet werden und sind nicht additiv (zur allgemeinen Theorie s. Lyklema, 1995, Kap. 4.6).

Allgemein gilt für die Beweglichkeit u (Gleichung 10.6) im SI-System:

$$u = \frac{2}{3} \cdot \frac{\varepsilon_0 \varepsilon \zeta}{\eta} f\{\kappa a, K^S/K^L, Du\}. \tag{10.11}$$

K^S, K^L sind die Leitfähigkeiten des Teilchens und des Lösungsmittels, durch die der Verlauf der Feldlinien um das Teilchen bestimmt wird (vgl. Fig. 3.84 in Lyklema, 1995). Du ist die Dukhin-Zahl (s. u.). Wie die modernen Theorien zeigen, geht bei $\kappa a \ll 1$ die Funktion f gegen 1 und bei $\kappa a \gg 1$ gegen 1,5. Man erhält die schon lange bekannten Beziehungen zwischen u und ζ, im SI-System:

$\kappa a \ll 1$, Hückel-Onsager-Gleichung:

$$u = \frac{2\varepsilon_0 \varepsilon}{3\eta} \zeta \tag{10.12a}$$

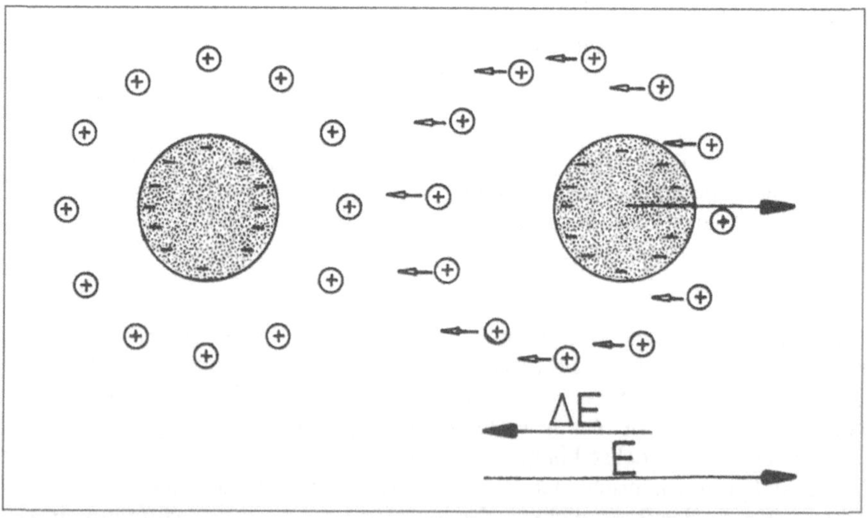

Abb. 10.8. Zum Relaxations- oder Polarisationseffekt. Durch die entgegengesetzte Bewegung von kolloidalen Teilchen und Gegenionen wird ein Polarisationsfeld ΔE induziert, das dem angelegten Feld E entgegengerichtet ist. Die Gegenionen wandern nach links, so daß ihre Konzentration links größer, rechts kleiner als bei ruhenden Teilchen ist (nach Overbeek and Bijsterbosch, 1979).

$\kappa a \gg 1$, Helmholtz-Smoluchowski-Gleichung

$$u = \frac{\varepsilon_0 \varepsilon}{\eta} \zeta. \tag{10.12b}$$

Man betrachte den denkbar einfachsten Fall eines kugelförmigen Teilchens mit der Oberflächenladung q und dem Potential ζ, das sich im Feld E bewegt, ohne daß die Gegenionen die Teilchenbewegung beeinflussen. Die Ladung eines kugelförmigen Teilchens steht mit dem Potential an dessen Oberfläche in dem Zusammenhang (siehe Lehrbücher der Physik):

$$q = 4\pi a \varepsilon_0 \varepsilon \zeta. \tag{10.13a}$$

Mit Gleichungen 10.9 und 10.10 folgt:

$$qE = 6\pi \eta a v, \tag{10.13b}$$

$$u = \frac{v}{E} = \frac{q}{6\pi \eta a} = \frac{2\varepsilon_0 \varepsilon}{3\eta} \zeta, \tag{10.13c}$$

also die Hückel-Onsager-Gleichung (10.12a). Ein solcher Fall kann auftreten, wenn die Ionenkonzentration in der Doppelschicht äußerst niedrig ist, z. B. Lösungsmittel mit sehr niedrigen Dielektrizitätskonstanten wie Kohlenwasserstoffe (Kap. 2.6.5, 10.10.6).

Die Beziehung (10.12a) wurde zuerst von Hückel (1924) abgeleitet. Kurz danach zeigte Onsager (1926), daß Gleichung 10.12a auch unter weniger restriktiven Bedingungen gilt und leitete sie unter Berücksichtigung der elektrophoretischen Relaxation ab. Die Ableitung wurde von Overbeek und Bijsterbosch (1979) wiedergegeben.

Gleichung 10.12b für dünne Doppelschichten ($\kappa a \gg 1$) wurde von von Smoluchowski (1914) ermittelt. Die Brücke zwischen beiden Gleichungen 10.12a und 10.12b schlug Henry (1931). Er berücksichtigte die hydrodynamischen Verhältnisse, also die Retardation, die Leitfähigkeitsunterschiede zwischen Teilchen (K^S) und Lösungsmittel (K^L), nicht aber den Relaxationseffekt und die Oberflächenleitfähigkeit. Für nichtleitfähige Teilchen ($K^S/K^L = 0$) steigt $f(\kappa a)$ von 1,0 bei $\kappa a = 0$, 1,03 bei $\kappa a = 1$, 1,24 bei $\kappa a = 10$, 1,45 bei $\kappa a = 100$ auf den Sättigungswert von 1,5 bei $\kappa a = 1000$. Für vollständig leitfähige Teilchen ($K^S/K^L = \infty$) würde f von 1,0 auf 0 absinken (vgl. Fig. 7 in Overbeek and Bijsterbosch 1979 oder Fig. 4.4 in Lyklema, 1995). Der Fall $K^S/K^L = \infty$ ist ohne Bedeutung, da normalerweise kein Ladungstransport durch die Grenzflächen erfolgt.

Henry konnte die mathematischen Schwierigkeiten nur durch Verwendung der linearisierten Form der Poisson-Boltzmann-Gleichung (Debye-Hückel-Näherung, Gleichung 2.2e) überwinden. Daher sind die Werte von $f(\kappa a)$ nur für kleine Zetapotentiale ($\leq 25/v$ [mV]; v = Wertigkeit der Gegenionen) gültig.

Overbeek behandelte den Einfluß der Relaxation in seiner Doktorarbeit (Thesis, Universität Utrecht 1941). Die entscheidende Arbeit wurde 1966 zusammen mit Wiersema und Loeb veröffentlicht (Wiersema et al., 1966). Die Differential-

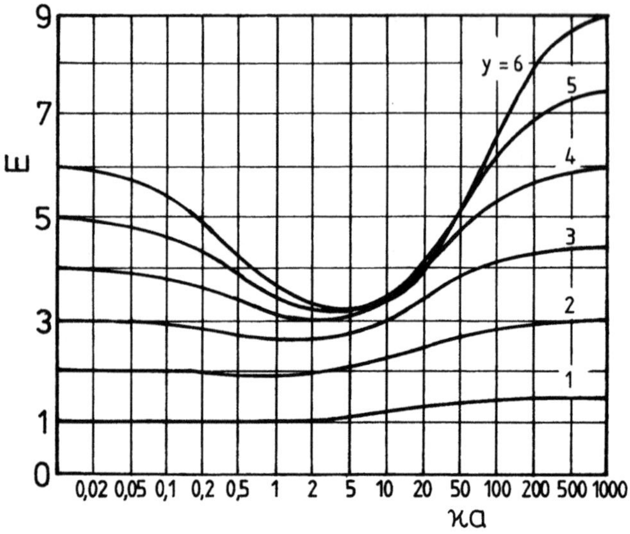

Abb. 10.9. Theorie von Wiersema et al. (1966): Elektrophoretische Mobilität u, ausgedrückt durch $E = 3\eta Fu/2\varepsilon_0\varepsilon RT$ als Funktion von κa ($v^+ = -v^- = 1$) für Zetapotentiale bis $y = F\zeta/RT = 6$. Berechnet für $m^\pm = 0{,}184$ (s. Text).

gleichungen wurden numerisch gelöst. In Abb. 10.9 ist die zur Mobilität proportionale, dimensionslose Größe $E = 6\pi\eta e_0 u/\varepsilon kT$ ($= 3\eta Fu/2\varepsilon_0\varepsilon RT$) aufgetragen[1)], und zwar in Abhängigkeit von κa (für $v^+ = -v^-$) und dem Zetapotential, ausgedrückt durch $y = ve_0\zeta/kT$ ($= vF\zeta/RT$).

Bei $\kappa a < 0{,}02$ nimmt E proportional mit y zu; für $y = 1$ ($\zeta = 25{,}7$ mV bei $v^+ = -v^- = 1$) ist $E = 1$. Proportional ändert sich E mit y auch bei $\kappa a > 500$, aber jetzt wird $E = 1{,}5$ bei $y = 1$. Das sind genau die Grenzfälle der Gleichung 10.11 mit $f = 1$ für $\kappa a \ll 1$ und $f = 1{,}5$ für $\kappa a \gg 1$. Nach Gleichung 10.12a wird ($\kappa a \ll 1$):

$$E = \frac{3\eta Fu}{2\varepsilon_0\varepsilon RT} = \frac{F}{RT}\zeta = y \tag{10.13d}$$

bzw. für $\kappa a \gg 1$ (Gleichung 10.12b):

$$E = \frac{3F}{2RT}\zeta = 1,5y. \tag{10.13e}$$

Bei $y < 2$ nimmt E von $\kappa a < 0{,}02$ auf $\kappa a > 1000$ etwa so zu, wie es die Henrysche Theorie voraussagt. Man sieht aber sofort, daß die Gültigkeit der Henryschen Beziehung für y > 2 erschöpft ist. Die Kurven durchlaufen ein immer tie-

---

1) E ist dimensionslos. Dies läßt sich zeigen, wenn folgende Einheiten benutzt werden. Im SI-System: η in kg $\mathrm{m^{-1}s^{-1}}$, F in As, u in $\mathrm{ms^{-1}/Vm^{-1}}$, ε_0 in $\mathrm{AsV^{-1}m^{-1}}$, RT in J [= kg $\mathrm{m^2s^{-2}}$] (Kap. 15.2). Im CGS-System ist η in g $\mathrm{cm^{-1}s^{-1}}$, e_0 in $\mathrm{g^{1/2}cm^{3/2}\ s^{-1}}$, $u = v/E$ mit v in cm $\mathrm{s^{-1}}$, E in $\mathrm{g^{1/2}cm^{-1/2}s^{-1}}$ und kT in erg = $\mathrm{gcm^2s^{-2}}$ einzusetzen.

feres Minimum um $\kappa a \approx 5$, in dem sich alle Kurven mit $y > 3$ überlagern. Die Relaxation führt also dazu, daß die Mobilität bei mittleren κa-Werten unabhängig von ζ wird, oder anders ausgedrückt, die Mobilität läßt sich nicht mehr eindeutig in ein Zetapotential umrechnen. Die in diesem Bereich aus der Mobilität nach der Henryschen Beziehung berechneten Zetapotentiale wären falsch, nämlich zu niedrig.

Die Kurven in Abb. 10.9 wurden für die Parameter $m^+ = m^- = 0{,}184$ und $v^+ = -v^- = 1$ berechnet. m^+ und m^- enthalten neben der Viskosität des Dispersionsmittels die Reibungskoeffizienten $f^\pm$:

$$m^\pm = \frac{\varepsilon kT}{6\pi\eta e_0^2} f^\pm . \tag{10.14a}$$

Für kleine Ionen kann $f^\pm$ durch den Grenzwert $\lambda^\pm$ der Äquivalentleitfähigkeit ausgedrückt werden (N_A = Avogadro-Zahl):

$$m^\pm = \frac{N_A \varepsilon kT}{6\pi\eta} \cdot \frac{v^\pm}{\lambda^\pm} . \tag{10.14b}$$

In Wasser bei 25 °C und $\lambda^\pm$ in $\mathrm{Ohm^{-1}\ cm^2\ val^{-1}}$ ist:

$$m^\pm = 12{,}86 \frac{v^\pm}{\lambda^\pm} . \tag{10.14c}$$

Wiersema et al. (1966) beschreiben genau, wie aus den gemessenen Mobilitäten, d. h. aus E, die Zetapotentiale ermittelt werden. Wenn $m^\pm$ deutlich von 0,184 abweicht, ist E zu korrigieren, wobei auch v ungleich 1 und unsymmetrische Elektrolyte berücksichtigt werden können.

Ein weiterer wichtiger Schritt zum Verständnis des Zusammenhangs zwischen Mobilität und Zetapotential stellt die Arbeit von O'Brien und White (1978) dar. Die Differentialgleichungen wurden nach einem Computerprogramm gelöst, das seither oft zur Berechnung des Zetapotentials benutzt wurde. Die Mobilität, bzw. $E = 6\pi\eta e_0 u/\varepsilon kT$, wurde als Funktion des Zetapotentials bzw. $y = e_0\zeta/kT$ dargestellt (Abb. 10.10a,b). Parameter ist κa. Experimentell werden diese Kurven durchlaufen, wenn bei konstanter Gesamtsalzkonzentration (konstantes κ) die Mobilität durch die Konzentration potentialbestimmter Ionen (Protonen bei Oxiden) geändert wird. Zunächst nimmt E linear mit y zu; es ist, wiederum in Übereinstimmung mit Gleichung 10.12a bzw. 10.13d, $E = y$. Bei $y = 2$ und $\kappa a > 0{,}01$ geht die Linearität verloren. Die Mobilität fällt umso stärker ab, je größer κa wird (Abb. 10.10a). Sie erreicht bei $\kappa a \approx 2$ und $y > 5$ einen Grenzwert (entsprechend der Überlagerung der Kurven im Minimum von Abb. 10.9). Die Bremswirkung von Retardation und Relaxation ist so stark, daß sich die Teilchen trotz höherer Zetapotentiale nicht schneller bewegen. Bei $\kappa a > 4$ (Abb. 10.10b) wird dieser Effekt noch ausgeprägter: Mit steigendem Zetapotential wandern die Teilchen langsamer; E durchläuft ein Maximum bei $y = 5$ bis 6. Bei kleinen Werten von y nähern sich die Kurven einer Geraden an, die dem Grenzfall in Gleichung 10.12b bzw. 10.13e entspricht, es wird $E = 1{,}5\ y$. Das

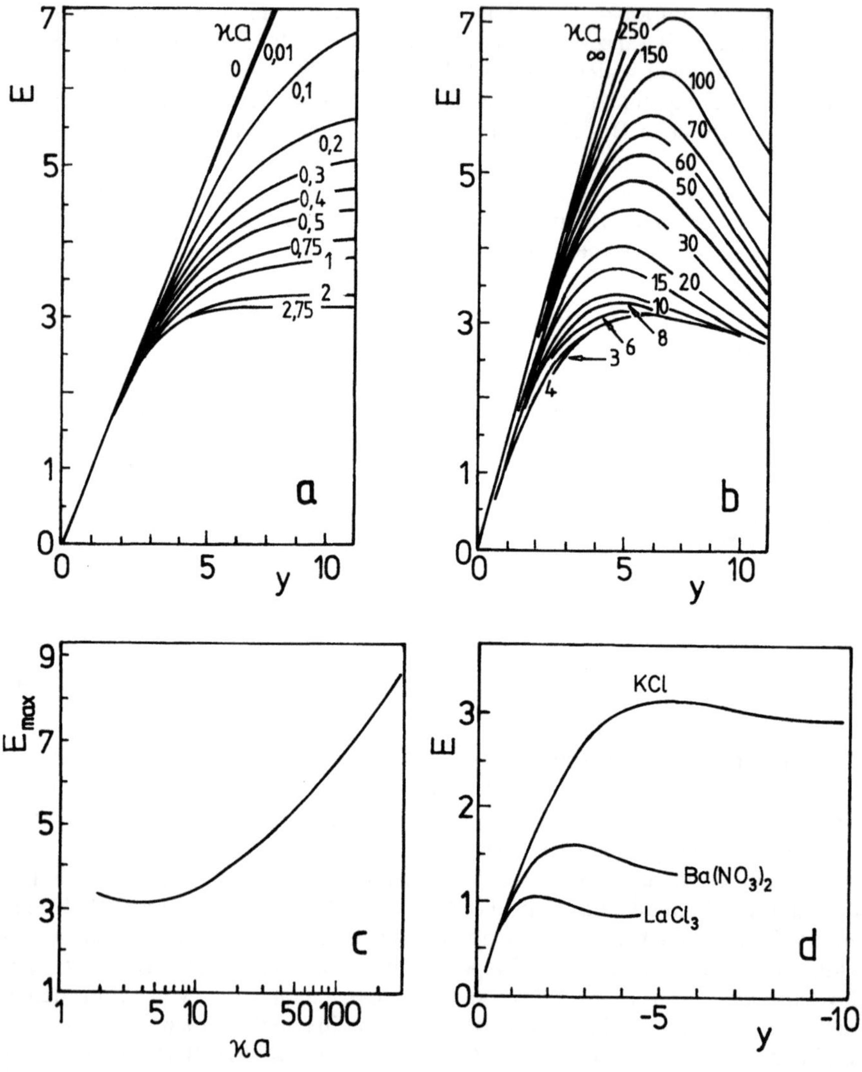

Abb. 10.10 a–d. Theorie von O'Brien and White (1978): Elektrophoretische Mobilität, ausgedrückt durch E (s. Abb. 10.9) als Funktion des Zetapotentials y (s. Abb. 10.9) für **a** $\kappa a = 0$ bis 2,75 ($v^+ = -v^- = 1$), **b** $\kappa a = 3$ bis ∞ ($v^+ = -v^- = 1$), **c** Maximale Beweglichkeit E_{max} als Funktion von κa ($v^+ = -v^- = 1$), **d** Beweglichkeit E in Abhängigkeit vom Zetapotential für ein-, zwei- und dreiwertige Gegenionen.

Zetapotential, bei dem die Beweglichkeit am größten wird, liegt bei $\approx$ 125 mV ($y = 5$) und verschiebt sich kaum mit κa (Abb. 10.10b). Die maximale Beweglichkeit nimmt nach einem schwach ausgebildeten Minimum bei $\kappa a \approx 5$ mit κa zu (Abb. 10.10c).

Die Verzerrung der Doppelschicht durch ein elektrisches Feld nimmt mit der Wertigkeit der Gegenionen zu. Entsprechend größer wird die Bremswirkung auf die Teilchenbewegung. Die maximale Beweglichkeit bei zwei- und dreiwertigen Gegenionen ist etwa halb bzw. ein Drittel so groß wie bei $v = 1$ (Abb. 10.10d). Das Maximum verschiebt sich zu $y \approx 5/2$ bzw. $y \approx 5/3$.

Ohshima et al. (1983) entwickelten näherungsweise analytische Ausdrücke für die elektrophoretische Beweglichkeit, die mit der numerischen Lösung von O'Brien and White (1978) übereinstimmt.

10.5.2 Oberflächenleitfähigkeit

Eine tangentiell zur Oberfläche auftretende Leitfähigkeit (Oberflächenleitfähigkeit) beeinflußt die Wanderungsgeschwindigkeit der kolloidalen Teilchen. Das Verhältnis der Oberflächenleitfähigkeit K^σ zur Leitfähigkeit K^L der Elektrolytlösung wird nach Lyklema (1995, S. 3.208) als Dukhin-Zahl bezeichnet:

$$Du \equiv K^\sigma / aK^\mathrm{L} \tag{10.15}$$

Durch die Einbeziehung des Teilchenradius a wird Du dimensionslos (K^L in S m^{-1} = $CV^{-1}s^{-1}m^{-1}$, K^σ in S = $CV^{-1}s^{-1}$, s. Fußnote, S. 366).

Die Oberflächenleitfähigkeit K^σ erstreckt sich im allgemeinen Fall über eine Schichtdicke, die über die Scherebene hinausgeht. Sie besteht aus einem Beitrag, der durch die tangentielle Bewegung der Ionen in der diffusen Schicht geliefert wird, und einem Beitrag durch die Bewegung der Ionen in der ruhenden Schicht (stagnant layer) zwischen Oberfläche und Scherebene. Dieser Beitrag wird oft als „anomalous surface conductivity" bezeichnet. Was soll daran aber „anormal" sein?

Die Leitfähigkeit innerhalb der ruhenden Schicht (Lyklema, 1995, S. 4.31 ff) ergibt sich aus der Beweglichkeit $\mu_\mathrm{i}^\mathrm{s}$ der Ionen i und deren Ladungsdichte $\sigma_\mathrm{i}^\mathrm{s}$ in dieser Schicht:

$$K^{\sigma\mathrm{s}} = \Sigma K_\mathrm{i}^{\sigma\mathrm{s}} = \Sigma\sigma_\mathrm{i}^\mathrm{s}\mu_\mathrm{i}^\mathrm{s}, \tag{10.16a}$$

wobei die Beweglichkeit nach der Einsteinschen Beziehung mit dem Diffusionskoeffizienten D_i in Beziehung steht:

$$\mu_\mathrm{i} = \frac{|v_\mathrm{i}|F\,D_\mathrm{i}}{RT}, \tag{10.17}$$

somit wird

$$K^{\sigma\mathrm{s}} = \frac{F}{RT}\Sigma|v_\mathrm{i}|D_\mathrm{i}\sigma_\mathrm{i}^\mathrm{s}. \tag{10.16b}$$

Die Berechnung der Oberflächenleitfähigkeit im Bereich der diffusen Schicht geht auf Bikerman (1933, 1935) zurück. Durch das angelegte Feld entsteht eine elektroosmotische Flüssigkeitsbewegung (Kap. 10.9), die von Bikerman berücksichtigt wurde. Die Mobilität der Ionen wurde derjenigen in der homogenen Lösung (bulk) gleichgesetzt. Für symmetrische Elektrolyte wurde $K^{\sigma d}$ unter Berücksichtigung der Gouy-Chapman-Verteilung und $\psi_d = \zeta$ berechnet:

$$K^{\sigma d} = \sqrt{8\varepsilon_0 \varepsilon c RT} \left\{ \frac{u^+}{A-1} - \frac{u^-}{A+1} + \frac{4\varepsilon_0 \varepsilon c RT}{\eta v F} \cdot \frac{1}{A^2-1} \right\} \tag{10.18}$$

$$A = \coth(-vF\zeta/4RT)$$

Die Oberflächenleitfähigkeit steigt mit der Konzentration der Ionen und dem Zetapotential an. Für 10^{-3} M Lösungen ($v = 1$) und $\zeta = 125$ mV wird $K^{\sigma d}$ etwa $2 \cdot 10^{-9}$ S (vgl. Fig. 4.10 in Lyklema, 1995). $K^{\sigma s}$ kann in der gleichen Größenordnung liegen, aber auch zehnmal so groß sein.

In geometrisch übersichtlichen Systemen kann K^{σ} als Differenz aus der Gesamtleitfähigkeit und der Leitfähigkeit K^{L} des Elektrolyts ermittelt werden, z. B. bei Stoffen mit zylindrischen Poren der Länge L und dem Radius a, in denen die Konduktanzen[2)] $\pi a^2 K^L/L$ bzw. $2\pi a K^{\sigma}/L$ betragen.

Ein wichtiges Kontrollverfahren ist die Konsistenzprüfung elektrokinetischer Meßwerte (Lyklema, 1995, S. 497). So haben Kijlstra et al. (1992, 1993) die Ergebnisse von Messungen der elektrophoretischen Beweglichkeit, der Leitfähigkeit und der dielektrischen Relaxation von SiO_2- und Hämatitsolen verglichen. Das Verhältnis $K^{\sigma s}/K^{\sigma d}$ wurde so angepaßt, daß die Meßergebnisse konsistent wurden. Für SiO_2 ($\kappa a = 19$, $a = 184$ nm) lag dieses Verhältnis bei 1,2 (pH = 7,4) bzw. 1,7 (pH = 8,6). Bei α-Fe_2O_3 ($\kappa a = 31$, $a = 257$ nm) war der Anteil der Leitfähigkeit in der Stern-Schicht höher: bei pH = 0,5 betrug $K^{\sigma s}/K^{\sigma d}$ 5,8. Zu beachten ist, daß die Gegenionen im SiO_2-Sol Kaliumionen, im Fe_2O_3-Sol Chloridionen waren.

Aus der Existenz bzw. Nichtexistenz der Oberflächenleitfähigkeit und der Größe der Beiträge $K^{\sigma i}$ und $K^{\sigma d}$ sollte man wichtige Hinweise auf die Verteilung und das Verhalten der Ionen im Bereich der Grenzfläche erhalten. Gegenwärtig liegen jedoch nur wenige Messungen vor.

Ein weiteres Beispiel für eine Konsistenzprüfung ist in den Arbeiten von Zukoski und Saville (1985, 1986) enthalten. Die aus Leitfähigkeitsmessungen ermittelten Zetapotentiale waren immer höher als die Werte aus der elektrophoretischen Beweglichkeit. Es ist allerdings nicht trivial, das Zetapotential aus der Leitfähigkeit bzw. dem Leitfähigkeitsinkrement (s. u.) zu ermitteln (Saville 1983, Gleichung 18). Ähnlich wie bei den Berechnungen von O'Brien und White (1978) sind mehrere Differentialgleichungen numerisch zu lösen (Saville, 1983; Zukoski and Saville, 1986). Unter Berücksichtigung der Gegenionenadsorption entwickelten Zukoski und Saville (1985, 1986) ein dynamisches Modell der Stern-Schicht, mit dem der Einfluß des Ionentransports zwischen Teilchenoberfläche und Scherebene erfaßt wurde. Die Bewegung der Ionen zwischen Scherebene und Oberfläche vergrößert das Inkrement der Leitfähigkeit und reduziert die elektrophoretische Beweglichkeit. Wertet man also die elektrophoretische Be-

[2)] Beachte den Unterschied: Konduktanz (elektrischer Leitwert, reziproker Wert des elektrischen Widerstandes, in S = 1/Ohm; engl. conductance) und Konduktivität (elektrische Leitfähigkeit, Reziprokwert des spezifischen elektrischen Widerstandes in S/m; engl. conductivity).

weglichkeit in üblicher Weise, z. B. nach Helmholtz-Smoluchowski (Gleichung 10.12b) aus, erhält man zu niedrige Werte für ζ.

Das Leitfähigkeitsinkrement ist:

$$\lim_{\phi\to 0}(K - K^{\mathrm{L}})/\phi K^{\mathrm{L}} \tag{10.19}$$

(K, K^{L} = Leitfähigkeit der Dispersion bzw. des Dispersionsmittels, ϕ = Volumenbruch der Teilchen). Es nimmt nach Zukoski und Saville (1985, 1986) mit der Salzkonzentration ab (Abb. 10.11a). Die Adsorptionskonstante für die Bindung der Gegenionen:

$$K_{\mathrm{i}} = \frac{n_{\mathrm{i}} s_{\mathrm{i}}}{n_{\mathrm{i}}^{\mathrm{s}}} \tag{10.20}$$

beeinflußt ΔK nur bei niedrigeren Salzkonzentrationen (n_{i} = Konzentration der Ionen i an der Grenzfläche, s_{i} = Dichte der Adsorptionsplätze, $n_{\mathrm{i}}^{\mathrm{s}}$ = Dichte der belegten Adsorptionsplätze, K in mol/L).

Die elektrophoretische Beweglichkeit (Abb. 10.11b) fällt mit steigender Salzkonzentration zu einem Minimum ab und durchläuft anschließend ein Maximum. Eine vergleichbare Abhängigkeit wurde bei Latices gefunden (Kap. 10.10.7) (Zukoski and Saville, 1986). Die Autoren rechneten mit einer Adsorption der Coionen (nach Gleichung 10.20) und erklärten den Verlauf der Kurven in Abb. 10.11b folgendermaßen: Bei sehr niedrigen Salzkonzentrationen verringert die Adsorption der Gegenionen die effektive Ladung und damit die

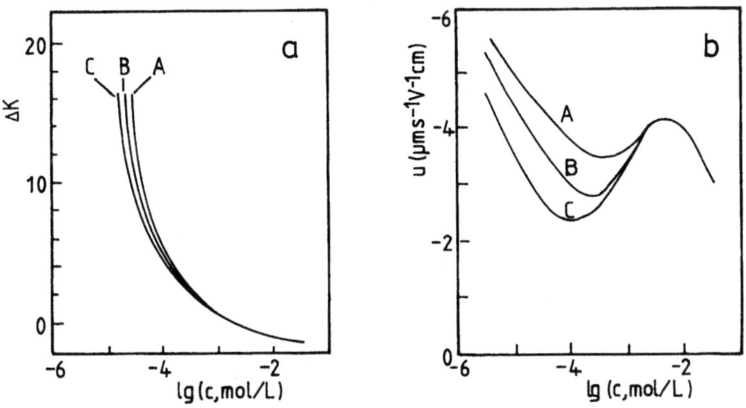

Abb. 10.11 a, b. Theorie von Zukoski und Saville (1986): Elektrophoretische Mobilität kolloidaler Teilchen unter Berücksichtigung der Oberflächenleitfähigkeit und der Gegen- und Coionenadsorption (Parameter der Berechnung siehe Originalarbeit). **a** Leitfähigkeitsinkrement $\Delta K = (K - K^{\mathrm{L}})/\phi K^{\mathrm{L}}$ (Gleichungen 10.19) als Funktion der KCl-Konzentration; Adsorptionskonstante der Kaliumionen (Gleichung 10.20): **A**, **B**, **C** $K_{\mathrm{K^+}} = 10^{-3}$, 10^{-4}, 10^{-5} mol/L. **b** Elektrophoretische Beweglichkeit als Funktion der KCl-Konzentration, wiederum für unterschiedliche Adsorptionskonstanten von Kaliumionen.

Beweglichkeit. Mit zunehmender Salzkonzentration werden schließlich auch Coionen gebunden, so daß die effektive Ladung weniger stark abnimmt und, wenn alle Plätze der Gegenionen besetzt worden sind (bei etwa 10^{-4} KCl in Abb. 10.11b), wieder ansteigt. Der erneute Abfall der Beweglichkeit bei hoher Salzkonzentration wird durch die Kompression der diffusen Ionenschicht erzwungen. Ein Kurvenverlauf wie in Abb. 10.11b wurde z. B. von Galisteo et al. (1990) gefunden.

Der Einfluß der Oberflächenleitfähigkeit auf die Beweglichkeit der Teilchen wurde wohl zuerst von Shilov und Dukhin (1970) beschrieben. Später haben dann Semenikhin und Dukhin (1975) analytische Ausdrücke für den Einfluß der Oberflächenleitfähigkeit in der diffusen und innerhalb der ruhenden Schicht entwickelt. Der analytische Ausdruck ist recht komplex, auch wenn er unter bestimmten Bedingungen vereinfacht wird (s. Chabalgoity-Rodriguez et al., 1991; Fernandez Barbero et al., 1994; Moléon Baca et al., 1991) (s. a. Kap. 10.10.7).

Mangelsdorf und White (1990) haben auf der Basis der Theorie von O'Brien and White (1978) den Einfluß der Oberflächenleitfähigkeit (in der Stern-Schicht und der diffusen Ionenschicht) auf die Beweglichkeit der kolloidalen Teilchen berechnet. (Die Autoren stellen ein entsprechendes Programm zur Verfügung.) Die Anreicherung der Ionen in der Stern-Schicht wird über eine Dissoziationskonstante berücksichtigt. Je kleiner diese Konstante ist, umso mehr Ionen sind in der Stern-Schicht vorhanden und umso größer wird der Beitrag der Ionenleitung in der Stern-Schicht zur Oberflächenleitfähigkeit. Nach O'Brien and White (1978) durchläuft die Beweglichkeit in Abhängigkeit vom Zetapotential für $\kappa a > 3$ ein Maximum (Abb. 10.10b). Erfolgt in der Stern-Schicht eine Ionenleitung parallel zur Oberfläche, wird dieses Maximum umso kleiner, je kleiner die Dissoziationskonstante ist, oder verschwindet ganz (Abb. 10.12a).

Der Beitrag zur Leitfähigkeit (ΔK in Gleichung 10.19) steigt in Abwesenheit einer Oberflächenleitfähigkeit mit dem Zetapotential an (Abb. 10.12b, **A**). Der S-förmige Anstieg des Inkrementes bei unbeweglichen Ionen in der ruhenden Schicht läßt sich folgendermaßen verstehen: Werden ungeladene, nichtleitende Teilchen in eine Elektrolytlösung gebracht, nimmt die Leitfähigkeit des Systems ab, weil ein Teil der leitfähigen Lösung durch nichtleitendes Material ersetzt wird und die Ionen sich um die Teilchen herum bewegen müssen. Sind die Teilchen jedoch von einer diffusen Ionenschicht umgeben, tragen die Ionen dieser Schicht zur Leitfähigkeit umso mehr bei, je höher das Zetapotential wird: Die Abnahme der Leitfähigkeit wird kompensiert oder, wenn ζ hinreichend groß wird, überkompensiert.

Die Oberflächenleitfähigkeit erniedrigt die Beweglichkeit der kolloidalen Teilchen bei mittleren Zetapotentialen ($vF\zeta/RT \approx 5$, Abb. 10.12c). Allerdings sei bemerkt, daß Zetapotentiale $\gg 100$ mV praktisch nicht auftreten (Kap. 2.3.2). In Abhängigkeit vom Salzgehalt macht sich der Einfluß der Oberflächenleitfähigkeit bei $3 < \kappa a < 50$ am stärksten bemerkbar. Mit steigender Salzkonzentration erreicht das Verhältnis – Mobilität der Teilchen mit Oberflächenleitfähigkeit zur Mobilität in Abwesenheit einer Oberflächenleitfähigkeit – ein Minimum bei $10 < \kappa a < 30$. Die Beweglichkeit ist dann bis zu 25 % niedriger. (Die Abbildungen 10.12 sollen *qualitativ* den Einfluß der Oberflächenleitfähigkeit aufzeigen; die bei den Berechnungen benutzten Parameter sind der Originalarbeit zu entnehmen.)

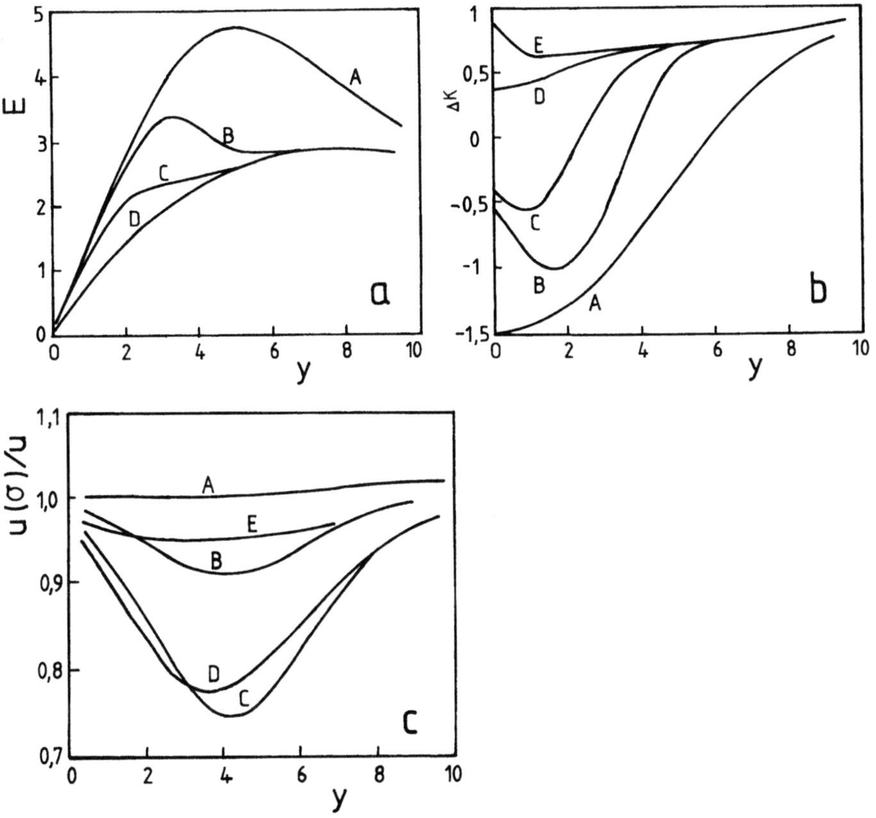

Abb. 10.12 a–c. Theorie von Mangelsdorf und White (1990) (genaue Parameter der Berechnungen s. Originalarbeit). **A** keine Oberflächenleitfähigkeit, **B** bis **E** Berücksichtigung der Oberflächenleitfähigkeit bei abnehmender Dissoziationskonstante (zunehmende Anreicherung) der Gegenionen in der Stern-Schicht **B** pK = –1, **C** pK = 0, **D** pK = +1, **E** pK = +2. **a** Beweglichkeit $E = 3\eta Fu/2\varepsilon_0\varepsilon RT$ als Funktion des Zetapotentials $y = F\zeta/RT$, **b** Leitfähigkeitsinkrement $\Delta K = (K - K^L)/\phi K^L$ (Gleichung 10.19) als Funktion des Zetapotentials, **c** Verhältnis der Beweglichkeit bei Oberflächenleitfähigkeit zur Beweglichkeit ohne Oberflächenleitfähigkeit als Funktion des Zetapotentials für verschiedene Elektrolytkonzentrationen ($v^+ = -v^- = 1$); **A** 10^{-6} mol/L ($\kappa a \approx 0{,}3$), **B** 10^{-4} mol/L ($\kappa a \approx 3$) **C** 10^{-3} mol/L ($\kappa a \approx 10$), **D** 10^{-2} mol/L ($\kappa a \approx 30$) und **E** 10^{-1} mol/L (κa =100); κa berechnet für $a = 10^2$ nm.

Bei der Messung der dynamischen Beweglichkeit über den elektrophoretischen Effekt kann das Oberflächenleitvermögen am Mobilitätsspektrum erkannt werden (Kap. 10.6). Untersucht wurden Gibbsit- und Kaolinitteilchen. Für Kaolinit wurde eine merkliche Oberflächenleitfähigkeit gefunden (Rowlands and O'Brien, 1995).

10.5.3 Poröse Teilchen

In den bisherigen Betrachtungen wurden die Teilchen als undurchlässig, nichtporös angesehen. In manchen Fällen sind die wandernden Teilchen porös oder in Wirklichkeit Aggregate aus kleineren Teilchen. Ein derartiger Aufbau der Teilchen dürfte häufiger sein als bisher angenommen (vgl. Kap. 5.4, S. 169). Die Wanderung eines Aggregates in einem elektrischen Feld wird durch mindestens zwei Prozesse beeinflußt. Die Bewegung der Gegenionen im Innern ruft einen elektroosmotischen Flüssigkeitstransport durch das Teilchen hervor. Wenn ein Aggregat in einem elektrischen Feld z. B. nach rechts wandert, bewegen sich die Gegenionen nach links. Auf der linken Seite des Aggregats wird Flüssigkeit ausgestoßen, die das Teilchen (wie eine Rakete) nach rechts, also in Feldrichtung beschleunigt. Die Wanderungsgeschwindigkeit des Aggregats wird erhöht. Andererseits beeinflußt der leitfähige Elektrolyt im Aggregatinnern den Verlauf der Feldlinien (vgl. Fig. 3.84 in Lyklema, 1995) und verringert mit zunehmendem Porenvolumen die Beweglichkeit.

Miller et al. (1992) berechneten die Beweglichkeit eines Aggregates aus gleich großen Teilchen. Das Zetapotential des Aggregates wurde gleich dem der einzelnen Teilchen gesetzt und kleiner als 25 mV angenommen. Der elektroosmotische Flüssigkeitstransport wurde als Transport durch ein Bett gleich großer Kugeln berechnet.

Bei niedrigen Elektrolytkonzentrationen ist die Beweglichkeit des Aggregates kleiner als die des massiven Teilchens (Abb. 10.13). Bei $\kappa a \approx 10$ sind die Beweglichkeiten gleich. Bei höheren Elektrolytkonzentrationen wandern die Aggregate schneller. Mit zunehmendem Porenvolumen (abnehmendem Volumenbruch ϕ der Teilchen im Aggregat) nimmt bei allen Salzkonzentrationen die Mobilität durch den steigenden Gehalt am leitfähigen Elektrolyt ab. Diese Abnahme wird verringert bzw. bei mittleren Werten von κa sogar überkompensiert durch den elektroosmotischen Effekt. Zwischen $\kappa a \approx 2$ und $\kappa a \approx 10$ sind daher die Mobilitäten für ϕ = 0,4 und 0,6 gleich. Bei kleineren Salzkonzentrationen tritt der elektroosmotische Effekt nicht auf, da sich die Doppelschichten noch überlappen.

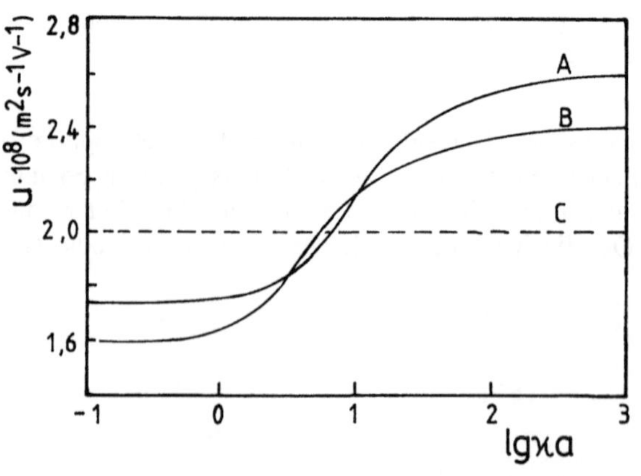

Abb. 10.13. Elektrophoretische Beweglichkeit eines Aggregates aus Teilchen mit Radius a. Berechnet für Zetapotentiale von 25 mV; konstantes Potential; mittlerer Volumenbruch der Teilchen im Aggregat **A** ϕ = 0,6 und **B** ϕ = 0,4, **C** nichtporöses Teilchen (Miller et al., 1992).

Während sich das Zetapotential nichtporöser Teilchen durchweg parallel mit anderen Meßgrößen, z. B. der adsorbierten Menge, ändert, trifft dies bei porösen Teilchen oft nicht zu. Ein Beispiel wird in Kap. 10.10.5 besprochen.

10.5.4 Weiche Teilchen

Weiche Teilchen sind kolloidale Teilchen, die aus nicht zu dicht gepackten (geladenen oder ungeladenen) Makromolekülen bestehen oder, was häufiger ist, eine Hülle aus solchen Molekülen tragen. Die Grenzfläche zwischen Teilchen und Dispersionsmittel ist oft nicht scharf; beide Phasen gehen langsam ineinander über. Lösungsmittelmoleküle dringen weit in die Hülle ein, und Makromoleküle tentakeln in das Dispersionsmittel. Weiche Teilchen stehen zwischen harten Teilchen und sphärischen Polyelektrolytknäueln (Abb. 10.14). Beispiele für weiche Teilchen sind verschiedene Latextypen (Kap. 6.5), manche Kern/Hülle-Teilchen und biologische Zellen.

Während die Beweglichkeit harter Teilchen im einfachsten Fall durch die Gleichungen 10.12 erfaßt wird, gilt für sphärische Polyelektrolytteilchen (Ohshima 1995a,b):

$$u = \frac{\rho_{\text{fix}}}{\eta\lambda^2}\left\{1 + \frac{2}{3}\left(\frac{\lambda}{\kappa}\right)^2 \frac{1 + \lambda/2\kappa}{1 + \lambda/\kappa}\right\}. \tag{10.21}$$

Angenommen wird, daß die fixierten Ladungen, d. h. die ladungstragenden Gruppen der Makromoleküle, gleichmäßig mit einer Dichte ρ_{fix} verteilt sind. Weiterhin ist $\lambda = (\tau/\eta)^{1/2}$, worin τ der Reibungskoeffizient und η die Viskosität des Lösungsmittels bedeuten. Die Beweglichkeit der Polyelektrolytknäuel im elektrischen Feld unterscheidet sich in charakteristischer Weise von der harter Teilchen. Gleichung 10.21 enthält keinen Ausdruck für das Zetapotential; die Beweglichkeit wird ausschließlich durch die Ladungsdichte bestimmt. Im Gegensatz zu harten Teilchen geht die Mobilität bei hohen Salzkonzentrationen nicht gegen Null, sondern gegen einen endlichen Wert.

Der Brückenschlag zwischen den Beziehungen für harte Teilchen (Gl. 10.12) und Polyelektrolytknäueln (Gl. 10.21) gelang Ohshima (1994, 1995a,b). Ohshima entwickelte einen analytischen Ausdruck für weiche Teilchen. Die Teilchen bestehen aus einem harten Kern mit Radius a und einer Hülle der Dicke d. Der allgemeine Ausdruck ist äußerst kompliziert (Ohshima, 1994). Eine einfache (in den Augen von Ohshima!) analytische Näherung für $\lambda a \gg 1$, $\kappa a \gg 1$, $\lambda d \gg 1$ und $\kappa d \gg 1$ ist:

$$u = \frac{2\varepsilon_0\varepsilon}{3\eta}\,\frac{\psi_0/\kappa_{\text{m}} + \psi_{\text{DON}}/\lambda}{1/\kappa_{\text{m}} + 1/\lambda}\left[1 + \frac{1}{2(1 + d/a)^3}\right] + \frac{\rho_{\text{fix}}}{\eta\lambda^2}. \tag{10.22}$$

Darin sind das Donnan-Potential ψ_{DON} und das Potential ψ_0 an der Grenze zwischen Polyelektrolytschicht und Lösung sowie κ_{m} Funktionen von ρ_{fix}, der Wertigkeit der Ionen ($v^+ = -v^- = v$) und ihrer Konzentration n_0 in der Lösung (im Einzelnen s. Ohshima 1994, 1995 a, b).

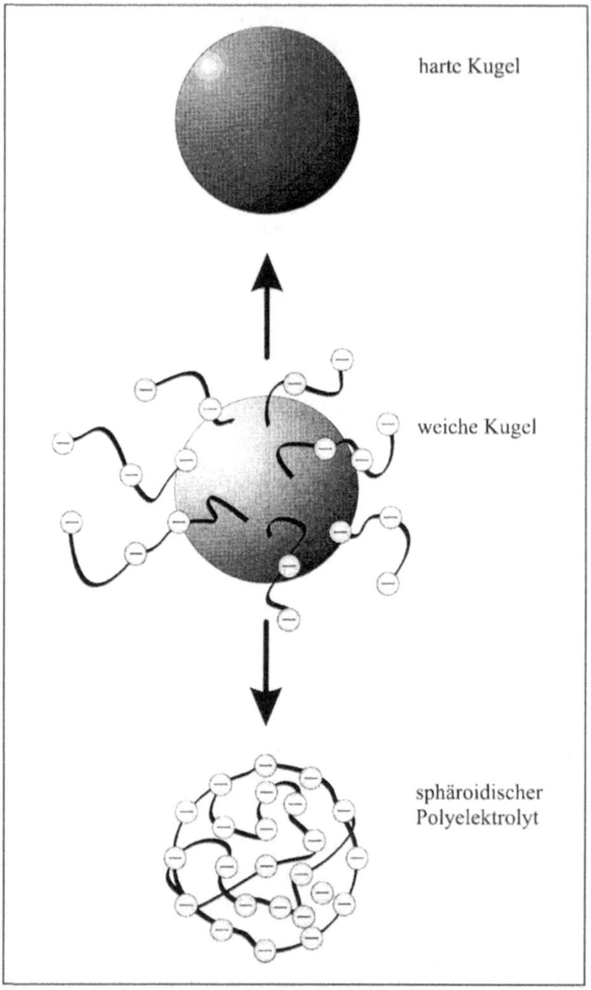

Abb. 10.14. Einordnung weicher Teilchen zwischen harten Teilchen und Polyelektrolytknäueln (Ohshima, 1995a).

Nach Gleichung 10.22 geht die Mobilität für hohe Salzkonzentrationen nicht gegen Null, sondern gegen einen endlichen Grenzwert ($u \rightarrow \rho_{\text{fix}}/\eta\lambda^2$). Für $\lambda \rightarrow \infty$ und $d \gg 0$ und kleine Potentiale beschreibt Gleichung 10.22 das Verhalten eines Polyelektrolytknäuels (Gl. 10.21).

Gleichung 10.22 enthält zwei wichtige Größen: ρ_{fix} und $1/\lambda$. Beide lassen sich aus Mobilitätskurven ($u = f(\kappa)$) durch Anpassung ermitteln. Es ist $\rho_{\text{fix}} = ve_0N$, wobei N die Anzahldichte der ladungstragenden Gruppen mit der Wertigkeit v ist. $1/\lambda$ (softness parameter) wird von Ohshima als ein Maß für die Weichheit der Teilchen betrachtet. Für harte Teilchen geht $1/\lambda \rightarrow 0$.

Unter Einfluß physikalischer (z. B. Temperatur) oder chemischer Größen (z. B. pH-Wert) können sich N oder die Dicke d der Hülle, d. h. ρ_{fix}, ändern. Die Veränderung der Ladungsdichte wirkt sich zudem auf die Weichheit der Hülle aus, so daß die Beweglichkeit in komplexer Weise beeinflußt wird. Sind

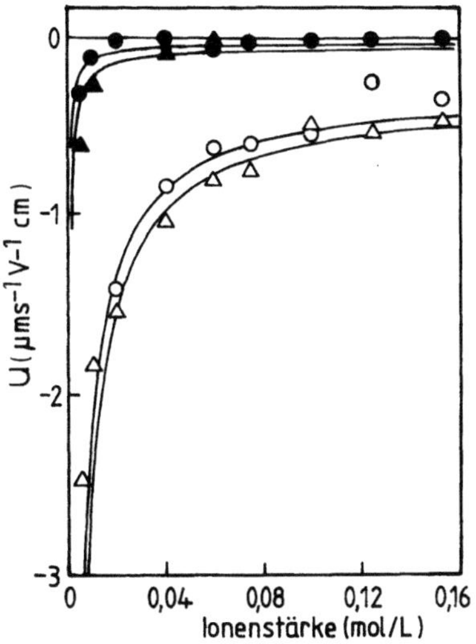

Abb. 10.15. Elektrophoretische Beweglichkeit u temperaturempfindlicher Latexteilchen mit einer Hülle aus Poly(N-isopropylacrylamid) bei pH = 7,4 in Abhängigkeit von der Ionenstärke. Kurven entsprechend Gl. 10.22 (mit $d \gg a$), angepaßt über ρ_{fix} und $1/\lambda$, ●, ▲ 25 °C, 30 °C (unterhalb der Phasenumwandlungstemperatur der Hülle); ○, △ 35 °C, 40 °C (Ohshima, 1995a).

z. B. schwach saure Gruppen vorhanden, wird N mit abnehmendem pH-Wert kleiner. Dabei dürfte sich auch die Hülle mehr oder weniger zusammenziehen und etwas härter werden, vor allem, wenn durch die Bildung von –COOH-Gruppen Wasserstoffbrückenbindungen zwischen benachbarten Makromolekülen entstehen. Beide Effekte erniedrigen die Beweglichkeit.

Ein Beispiel für den Temperatureinfluß zeigt Abb. 10.15 (Ohshima, 1995a). Latexteilchen mit einer Hülle aus Poly(N-isopropylacrylamid) sind thermosensibel (Kap. 10.10.7). Durch die Initiierung der Polymerisation mit Kaliumperoxodisulfat entstanden einige negative Ladungen in der Hülle. Bei Zimmertemperatur war die Ladungsdichte der ausgedehnten Hülle so gering, daß sie sich kaum bemerkbar machte. Die Beweglichkeit ging mit steigender Ionenstärke gegen Null. Oberhalb 30 °C schrumpfte die Hülle, die Ladungsdichte wurde wesentlich größer, und das Teilchen bewegte sich schneller im elektrischen Feld. Die Beweglichkeit ging mit steigender Ionenstärke gegen einen endlichen Wert. Durch Kurvenanpassung wurden die Parameter ermittelt: vN = 0,0025 M, $1/\lambda$ = 1,2 nm bei 25°C; vN = 0,03 M, $1/\lambda$ = 0,9 nm bei 35 und 40°C.

Makino et al. (1994) bezogen in die Berechnungen Teilchen ein, deren Hülle aus einem inneren Teil mit geladenen und einem äußeren Teil mit ungeladenen Makromolekülen bestand.

10.5.5 Dispersionen in unpolaren Lösungsmitteln

In manchen Bereichen spielen Dispersionen in unpolaren Lösungsmitteln wie Kohlenwasserstoffen durchaus eine Rolle (Kap. 1.2, S. 6; Kap. 2.2, S. 21; Kap. 2.6.5). Im Zusammenhang mit der Reprographie wurde das elektrophoretische und photoelektrophoretische Verhalten von Farbpigmenten untersucht. Weiterhin wurden die elektrokinetischen Eigenschaften von Pigmentteilchen in Anstrichmitteln, Tinten und Polymeren ermittelt. Allerdings ist die Untersuchung derartiger Systeme längst nicht soweit fortgeschritten wie diejenige wäßriger Dispersionen. Jedoch wurden sehr einfache Näherungsbeziehungen zwischen einzelnen Meßgrößen entwickelt (Morrison and Tarnawskyi, 1991).

Das Potential ψ_0 an der Oberfläche eines kugelförmigen Teilchens mit dem Durchmesser d ist mit der Gesamtladung durch folgende Beziehung verknüpft (s. a. Gl. 10.13 a sowie Lehrbücher der Physik):

$$q = 2\pi\varepsilon_0\varepsilon d \cdot \psi_0. \tag{10.23}$$

Da die diffusen Ionenschichten wegen der äußerst niedrigen Konzentration der Ionen im unpolaren Lösungsmittel sehr ausgedehnt sind (Kap. 2.6.5, S. 57), kann $\psi_0 \approx \zeta$ gesetzt werden. Die Masse eines Teilchens (Dichte ρ) ist:

$$m = \pi d^3 \rho / 6. \tag{10.24}$$

Somit gilt für jedes Teilchen:

$$\frac{(q/m)d^2}{\zeta} = \frac{12\varepsilon_0\varepsilon}{\rho}. \tag{10.25}$$

Für eine Kollektion vieler Teilchen sind q, m und d als Anzahlmittelwerte anzusehen. Da κ sehr klein ist, können Zetapotential und Beweglichkeit über die Hückel-Onsager-Beziehung (Gleichung 10.12a) verknüpft werden:

$$u = \frac{2\varepsilon_0\varepsilon}{3\eta}\zeta, \tag{10.12a}$$

so daß schließlich:

$$\frac{(q/m)d^2}{u} = \frac{18\eta}{\rho} \tag{10.26}$$

erhalten wird. Auf der linken Seite stehen drei voneinander unabhängig meßbare Größen q/m, d und u, rechts stehen nur Materialkonstanten. Mit den Beziehungen 10.25 und 10.26 kann daher die Konsistenz der drei Meßgrößen überprüft werden.

Da die Leitfähigkeit K hauptsächlich durch die wandernden Teilchen bestimmt wird, gilt:

$$K \approx u \cdot \varphi\rho_0(q/m). \tag{10.27}$$

Darin ist φ der Massenbruch der Teilchen und ρ_0 die Dichte des Dispersionsmittels (Masse der Teilchen pro Volumeneinheit $\approx \varphi\rho_0$).

Einsetzen von Gleichung 10.27 in 10.26 liefert:

$$\frac{(q/m)^2 d^2}{K} \approx \frac{18\eta}{\varphi\rho\,\rho_0}. \tag{10.28}$$

Das Verhältnis q/m der kolloidalen Teilchen in unpolaren Dispersionsmitteln wird üblicherweise durch Elektrodeposition gewonnen (Ditter and Horn, 1978; Novotny and Hair, 1979). Morrison et al. (1991) beschrieben die Bestimmung von q/m durch Abscheren der diffusen Ionenschicht von den Teilchen und Aufsammeln in einen Faraday-Becher.

10.5.6 Folgerungen

Zur Messung der elektrophoretischen Beweglichkeit werden Geräte unterschiedlichster Art angeboten. Die meisten mikroelektrophoretischen Meßverfahren erfordern stark verdünnte Proben. Größtmögliche Reinheit der Meßgefäße und Meßzellen ist Voraussetzung für zuverlässige Ergebnisse (Kap. 9.2).

Aus den Mobilitätsmessungen erhält man direkt das Vorzeichen des Oberflächenpotentials und den isoelektrischen Punkt. Oft ist diese Information wichtiger als der numerische Wert des Zetapotentials. Lyklema (1995) tabellierte die Ladungsnullpunkte zahlreicher Systeme.

Die gemessene Beweglichkeit darf nicht kritiklos nach den Beziehungen von Hückel-Onsager bzw. Helmholtz-Smoluchowski (Gl. 10.12) in Zetapotentiale umgerechnet werden. Die Leichtgläubigkeit in diese Umrechnung wird durch manche Gerätehersteller verstärkt, die die Software ihrer Geräte so anlegen, daß die Zetapotentiale direkt nach der Helmholtz-Smoluchowski-Gleichung berechnet und ausgegeben werden. Dadurch können falsche Werte des Zetapotentials erhalten werden, weil – wie in den vorangehenden Kapiteln gezeigt – die Beziehungen 10.12 nur unter bestimmten Bedingungen gültig sind.

Einzelne Werte des Zetapotentials, auch wenn sie noch so formvollendet auf dem Bildschirm des Computers erscheinen, haben meist kaum eine wirkliche Aussagekraft. Sie geben höchstens das Vorzeichen des Potentials (und damit der Ladung) an, was allerdings gelegentlich ausreicht. Entscheidend ist, wie sich die Beweglichkeit mit den Parametern pH-Wert, Konzentration und Art der Salze, Zusammensetzung des Dispersionsmittels, Zusatz organischer Stoffe u. a. ändert. Zu empfehlen ist, die Beweglichkeit in Gegenwart mehrerer Salze zu untersuchen (vgl. Kap. 3.2). Es soll nicht nur die Wertigkeit der Gegenionen, sondern auch die der Coionen variiert werden. Auf den pH-Wert der Dispersion ist zu achten. Zusatz von Aluminium- und Eisensalzen kann ihn deutlich erniedrigen (Kap. 3.3). In manchen Fällen ist der Vergleich von Adsorptionsisothermen mit dem Verlauf des Zetapotentials informativ (Kap. 10.5.3, 10.10. 5).

Eine Konsistenzprüfung der mit unterschiedlichen Meßmethoden erhaltenen Zetapotentiale kann aufschlußreich sein (Kap. 10.5.2), ist aber häufig mit einem erheblichen mathematischen Aufwand verbunden, z. B. bei der Ermittlung des Zetapotentials aus Leitfähigkeitsmessungen zum Vergleich mit dem aus der elektrophoretischen Beweglichkeit abgeleiteten Wert. Bei Dispersionen in unpolaren Lösungsmitteln wie Kohlenwasserstoffen läßt sich eine Konsistenzprüfung leichter durchführen, da einfache Zusammenhänge zwischen Ladung pro Masse, Oberflächenpotential ($\approx$ Zetapotential) und Leitfähigkeit der Dispersion bestehen (Kap. 10.5.5).

10.6 Elektroakustische Messungen

Wenn eine hochfrequente Schallwelle durch eine Dispersion läuft, bewegen sich die Teilchen mit gleicher Frequenz wie die Welle vor- und rückwärts. Schneller als die Bewegung der Teilchen selbst ist die entsprechende Bewegung der diffusen Ionenschicht, wiederum vor und zurück. Dadurch wird jedes Teilchen mit seiner Ionenhülle zu einem kleinen Dipol, der ständig seine Richtung ändert. In einem bestimmten Zeitpunkt weisen aber die Dipole in eine Richtung, so daß ein makroskopisches Feld entsteht, das durch zwei Elektroden detektiert werden kann: Das Kolloidvibrationspotential (colloid vibration potential) wird gemessen (Hunter, 1993, S. 94f).

Bei den akustophoretischen Messungen wird der umgekehrte Effekt ausgenutzt. Ein elektrisches Wechselfeld wird zwischen zwei Elektroden an die Dispersion angelegt. Es erzeugt eine Schallwelle gleicher Frequenz – ähnlich wie bei dem piezoelektrischen Effekt von Kristallen. Gemessen wird die elektrokinetische Schallamplitude (electrokinetic sound amplitude, ESA).

Kern der Meßzelle ist der Sensor, mit dem ein elektrisches Wechselfeld angelegt und die Schallamplitude gemessen wird. Durch Umschaltung kann auch eine Schallwelle erzeugt und das Kolloidvibrationspotential registriert werden. Weiterhin enthält die thermostatisierte Zelle einen Temperaturfühler, ggf. Leitfähigkeits- und pH-Elektroden, einen Rührer und den Anschluß für einen Titrator. Ein verbesserter Sensor (Abb. 10.16), der die Bestimmung des Zetapotentials und der Teilchengröße in beliebig konzentrierten Dispersionen ermöglicht, wurde von O'Brien et al. (1995) beschrieben. Das ESA-Signal wird durch einen gepulsten Wechselstrom zwischen beiden Elektroden erzeugt. Die Schallwellen durchlaufen die Glasstäbe und werden vom Signalumformer (transducer) rechts detektiert. Durch die Zeitverzögerung beim Durchlaufen der Schallwellen durch den Glasstab werden unerwünschte Interferenzen vermieden.

Zwischen dem angelegten Signal und der Reaktion der Teilchen entsteht eine Phasenverschiebung. Je höher die Trägheit (das Beharrungsvermögen) der Teilchen ist, umso schlechter können sie der angelegten Schallwelle oder dem angelegten elektrischen Feld folgen. Die diffusen Ionenschichten reagieren dagegen noch bei 15 MHz ohne Phasenverschiebung auf das Signal. Aus der Messung

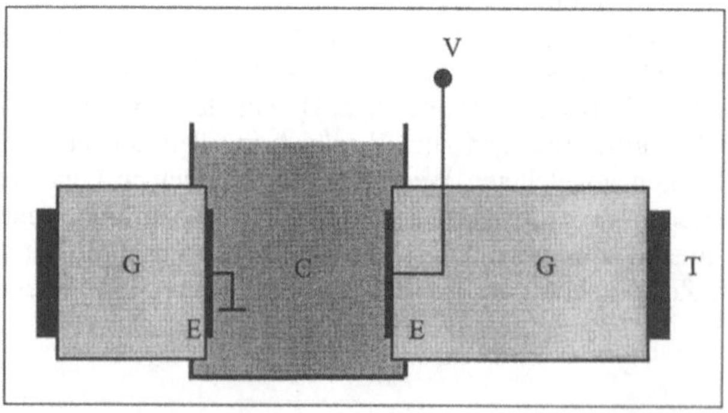

Abb. 10.16. Sensor für elektroakustische Messungen in beliebig konzentrierten Dispersionen nach O'Brien et al. (1995). **C** Dispersion, **E** Elektroden, **G** Glasstäbe, **T** Signalumformer (transducer), **V** Wechselspannung zur Erzeugung des ESA-Signals.

der Phasenverschiebung in Abhängigkeit von der Frequenz wird das Massenmittel der Teilchengröße erhalten (Hunter, 1993, Kap. 3.7). Von besonderem Vorteil ist, daß gerade konzentrierte Dispersionen gut vermessen werden können (vgl. Kap. 10.4.5).

Für eine verdünnte Dispersion (Volumenbruch $\phi < 0{,}02$) ist die Schallamplitude (Rowlands and O'Brien, 1995):

$$\mathrm{ESA}(\omega) = A(\omega)\phi \frac{\Delta\rho}{\rho} \langle \mu_\mathrm{d} \rangle, \tag{10.29}$$

wobei ω die Winkelfrequenz des angelegten Feldes ist. A ist ein instrumenteller Faktor, ρ die Lösungsmitteldichte, $\Delta\rho$ die Dichtedifferenz zwischen Teilchen und Lösungsmittel und $\langle \mu_\mathrm{d} \rangle$ die mittlere dynamische Beweglichkeit.

Anstelle der statischen Beweglichkeit bei den elektrophoretischen Methoden erscheint hier die dynamische Beweglichkeit, die für Teilchen größer etwa 0,1 µm frequenzabhängig und durch eine komplexe Größe darzustellen ist (s. Kap. 15.5). Der Absolutbetrag mag (μ_d) ist die Teilchengeschwindigkeit pro Einheit des elektrischen Feldes (Gl. 10.6). Das Argument arg $(\mu_\mathrm{d}) = 2\pi\omega\Delta t$ (in rad, s. Kap. 15.6) enthält die Zeitverschiebung Δt zwischen angelegtem Feld und Teilchenbewegung. Δt ist von der Trägheit des Teilchens und damit von der Teilchengröße und der Frequenz des angelegten elektrischen Feldes abhängig (zur Theorie siehe O'Brien 1988, 1990; Rowlands and O'Brien, 1995; O'Brien et al., 1995).

Für ein Teilchen mit einer dünnen Doppelschicht ist der Absolutbetrag von μ_d mit dem Zetapotential verbunden nach:

$$\mu_\mathrm{d} = \frac{2\varepsilon_0\varepsilon}{3\eta}\zeta G\left(\frac{\omega a^2}{\nu}\right)(1 + f(Du, \omega)). \tag{10.30a}$$

Darin sind $\nu = \eta/\rho$ die kinematische Viskosität und a der Teilchenradius. Mit G wird der Einfluß der Trägheit berücksichtigt. Er verringert den Absolutbetrag von μ_d, mag(μ_d), und vergrößert die Phasenverschiebung, arg(μ_d). G ist eine Funktion von $\omega a^2/\nu$ (s. Hunter, 1993, S. 249). In Wasser bei 25 °C und 1 MHz ist G etwa 1 für a = 0,1 µm und 0,5 für a = 1 µm (Hunter, 1993, S. 247, 249). Du ist wiederum die Dukhin-Zahl, d. h. das Verhältnis der Oberflächenleitfähigkeit K^σ zur Leitfähigkeit der Elektrolytlösung K^L (Gl. 10.15).

Wenn die Oberflächenleitfähigkeit und die Dielektrizitätskonstante gering sind, wird f = 0,5 und:

$$\mu_\mathrm{d} = \frac{\varepsilon_0\varepsilon\zeta}{\eta} G\left(\frac{\omega a^2}{\nu}\right). \tag{10.30b}$$

Die Form des Mobilitätsspektrums (μ_d = f(ν)) wird durch G bestimmt. Ferner ist arg(μ_d) unabhängig vom Zetapotential. Aus seinem Wert kann die Teilchengröße ermittelt werden. Das Zetapotential erhält man aus dem Absolutwert von μ_d. Wenn für den obengenannten Fall G = 1 wird, geht Gleichung 10.30b in die Helmholtz-Smoluchowski-Beziehung (Gl. 10.12b) über.

Als Beispiel für die Ermittlung und Auswertung von Mobilitätsspektren sei eine Untersuchung von Kaolinit- und γ-Aluminiumhydroxidteilchen bei pH = 10,5 genannt (Rowlands and O'Brien, 1995). Während mag(μ_d) bei Gibbsit monoton mit steigender Frequenz ω abfiel, durchliefen die Kurven bei Kaolinit Maxima. Diese Kurvenform wurde mit einer merklichen Oberflächenleitfähigkeit des Kaolinits erklärt. Zur Anpassung wurden $\zeta\lambda$ und der mediane Durchmesser der scheibenförmigen Teilchen variiert. Die unter Berücksichtigung der Oberflächenleitfähigkeit erhaltenen Zetapotentiale für Kaolinit ($\approx$ 90 – 100 mV bei 3 bis 7 $\cdot 10^{-3}$ M NaCl) waren natürlich höher als die Werte, die ohne Berücksichtigung der Oberflächenleitfähigkeit aus mikroelektrophoretischen Daten ermittelt wurden.

Als Beispiel für elektroakustische Messungen an Emulsionen sei die Untersuchung konzentrierter Fettemulsionen für die intravenöse Applikation genannt (Carasso et al., 1995).

10.7 Sedimentationspotential (Dorn-Effekt)

Der Aufbau einer Potentialdifferenz durch sedimentierende Teilchen stellt die Umkehrung des elektrophoretischen Effekts dar. Wenn geladene Teilchen in einer Dispersion unter Wirkung der Schwerkraft sedimentieren, hinkt die Bewegung der Gegenionen der Fallbewegung der Teilchen hinterher (Relaxationseffekt, s. Abb. 10.8). Es entsteht ein mikroskopisches Feld, das die Fallgeschwindigkeit der Teilchen verringert. Die Felder der einzelnen Teilchen addieren sich zu dem makroskopischen Sedimentationsfeld mit einer Feldstärke in der Größenordnung von 0,1 – 0,2 V/cm. Zwischen zwei Elektroden entlang der Fallstrecke wird daher eine Potentialdifferenz von einigen Volt gemessen. Natürlich kann die Sedimentation auch im Zentrifugalfeld erfolgen.

Der Zusammenhang zwischen der Teilchenbewegung und dem elektrokinetischen Potential entspricht im einfachsten Fall den Gleichungen 10.12.

Durch n Teilchen (Ladung q), die in der Volumeneinheit der Suspension mit der Geschwindigkeit v sedimentieren, entsteht ein elektrischer Strom vnq. Diesem entgegengerichtet ist die Bewegung der Ionen der Lösung in dem entstandenem Feld (E = Betrag der Feldstärke), so daß im stationären Zustand gilt (Lyklema, 1995, S. 424f):

$$vnq = E \cdot K^{L}, \tag{10.31}$$

wobei K^L wiederum die Leitfähigkeit der Lösung ist. Nach dem Stokesschen Gesetz ist die Geschwindigkeit der im Schwerefeld sedimentierenden Teilchen (Gleichung 8.27)

$$v = 2a^2 \Delta\rho g / 9\eta. \tag{8.27}$$

Ist im einfachsten Modell das Potential an der Teilchenoberfläche ζ, d. h. der Abstand der Scherebene von der Teilchenoberfläche ist klein gegenüber a, gilt:

$$q = 4\pi a \varepsilon_0 \varepsilon \cdot \zeta. \tag{10.13a}$$

Die Zahl n der Teilchen pro Volumeneinheit wird am besten durch den Volumenbruch der Teilchen ersetzt:

$$\phi = \frac{4\pi a^3}{3} n, \tag{10.32}$$

und man erhält:

$$E = \frac{2}{3} \cdot \frac{\varepsilon_0 \varepsilon \Delta\rho g \phi}{\eta K^{\mathrm{L}}} \cdot \zeta. \tag{10.33a}$$

Die zugrunde liegenden Annahmen sind die gleichen wie zur Ableitung der Hückel-Onsager-Gleichung 10.12a. Gleichung 10.33a gilt also nur für $\kappa a \ll 1$. Entsprechend erhält man für $\kappa a \gg 1$:

$$E = \frac{\varepsilon_0 \varepsilon \Delta\rho g \phi}{\eta K^{\mathrm{L}}} \cdot \zeta. \tag{10.33b}$$

Ohshima et al. (1984) haben allgemeine Ausdrücke zur Berechnung des Sedimentationspotentials entwickelt. Das skalierte Sedimentationspotential zeigt ähnlich wie die Mobilität (s. Abb. 10.10a,b) bei $\kappa a > 1$ Maxima in Abhängigkeit von $F\zeta/RT$.

Durch Messung des Sedimentationsfeldes (d. h. der Potentialdifferenz V zwischen den beiden Elektroden im Abstand L, $E = V/L$) erhält man für die Grenzfälle $\kappa a \ll 1$ nach Gleichung 10.33a und $\kappa a \gg 1$ nach Gleichung 10.33b das Zetapotential. Allerdings werden solche Messungen weitaus seltener als elektrophoretische benutzt. Von Interesse mögen sie zum Beispiel bei der Untersuchung sedimentierender Teilchen in natürlichen Wässern oder in Abwässern sein.

10.8 Strömungspotential

Eine Flüssigkeit werde durch eine Kapillare mit geladener Wand gedrückt. Die angewandte Druckdifferenz zwischen den Enden der Kapillare in Abstand L sei Δp; der Gradient des Druckes ist also $\Delta p/L$. Im unmittelbaren Bereich der Wand werden die Gegenionen mit der strömenden Flüssigkeit weggeführt, so daß ein elektrischer Strom, der Strömungsstrom I_{str}, entsteht. Die Wand von Glaskapillaren ist üblicherweise negativ, so daß Kationen als Gegenionen weggerissen werden.

Der Strömungstrom ist (Lyklema, 1995, S. 426 ff; Hunter, 1993, S. 250 ff)

$$I_{\mathrm{str}} = \pi r^2 \cdot \frac{\varepsilon_0 \varepsilon \zeta}{\eta} \cdot \frac{\Delta p}{L}. \tag{10.34}$$

Darin ist πr^2 die Querschnittsfläche der Kapillare. Entweder wird der Strom direkt zwischen zwei Elektroden an den Enden der Kapillare (s. u.) oder die Potentialdifferenz V_{str} bei hohem Widerstand des äußeren Stromkreises gemessen. Infolge dieser Potentialdifferenz entsteht ein Ionenstrom (conduction current) in die entgegengesetzte Richtung:

$$I_{\text{c}} = \pi r^2 K^{\text{L}} E_{\text{str}} = \pi r^2 K^{\text{L}} V_{\text{str}}/L. \tag{10.35a}$$

Im stationären Zustand ist (dem Betrage nach) $I_{\text{str}} = I_{\text{c}}$. Es folgt:

$$V_{\text{str}} = \frac{\varepsilon_0 \varepsilon \zeta}{\eta K^{\text{L}}} \cdot \Delta p. \tag{10.36a}$$

Bei einer Oberflächenleitfähigkeit ist noch die Größe SK^{σ} zu berücksichtigen, wobei S den Umfang der Kapillare angibt ($S = 2\pi r$ bei kreisförmigen Querschnitt). Es gilt dann:

$$I_{\text{c}} = (\pi r^2 K^{\text{L}} + 2\pi r K^{\sigma}) V_{\text{str}}/L \tag{10.35b}$$

und somit:

$$V_{\text{str}} = \frac{\varepsilon_0\, \varepsilon \zeta}{\eta (K^{\text{L}} + 2K^{\sigma}/r)} \Delta p. \tag{10.36b}$$

Bei hohen Elektrolytkonzentrationen wird das Strömungspotential geometrieunabhängig, da der Anteil der Oberflächenleitfähigkeit nicht ins Gewicht fällt.

Das Strömungspotential wird als positiv angesehen, wenn das höhere Potential an der Seite des höheren Drucks liegt, d. h. die Wand positiv geladen ist.

Bei Verwendung von Kapillaren oder einem Bündel von Kapillaren mit Radius r läßt sich die Oberflächenleitfähigkeit messen. Die Gesamtleitfähigkeit ist:

$$K = K^{\text{L}} + 2K^{\sigma}/r. \tag{10.37}$$

Bei hohen Salzkonzentrationen wird $K \approx K^{\text{L}}$, und man kann wie bei jeder Leitfähigkeitsmessung die Zellkonstante bestimmen. Durch Messung der Leitfähigkeit K bei niedrigen Konzentrationen wird die Oberflächenleitfähigkeit ermittelt, indem man K^{L} aus der Salzkonzentration berechnet. Zur experimentellen Ermittlung von K^{σ} in allgemeinen Fällen und Berücksichtigung der Doppelschichtpolarisation vergleiche man van den Hoven und Bijsterbosch (1987).

Cohen und Radke (1991) untersuchten den Einfluß einer periodischen ungleichmäßigen Ladungsverteilung der Wand schlitzförmiger Poren auf das Zetapotential durch numerische Lösung der Differentialgleichungen. Die Folge waren etwas höhere Zetapotentiale (bis zu 30 %), vor allem wenn die Ionenstärke niedrig, Δp hoch und der Unterschied in den Ladungsdichten groß war.

In den meisten Fällen werden Strömungspotentiale an porösen Pfropfen gemessen, wobei ganz andere hydrodynamische Verhältnisse wie in Bündeln von Kapillaren auftreten. Nur wenn κa groß ist, folgt das Feld der Oberfläche, und die Gleichungen 10.36 bleiben gute Näherungen.

Mit den Gleichungen 10.36 läßt sich verdeutlichen, daß in Dispersionsmitteln mit niedrigen Leitfähigkeiten sehr hohe Potentiale entstehen, die z. B. beim Transport von Kohlenwasserstoffen in Pipelines zu gefährlichen Explosionen führen können (Kap. 1.2, 2.6.5) (Abedian and Sonin, 1986).

Zur Messung des Strömungsstroms und Potentials sei eine auf Bijsterbosch und Mitarbeiter (z. B. van den Hoven and Bijsterbosch, 1987) zurückgehende Meßanordnung beschrieben, mit der auch der elektroosmotische Fluß und die Leitfähigkeit gemessen werden (Abb. 10.17). Beschreibung weiterer Meßzellen s. z. B. Goddard und Leung (1987), Friese et al. (1987), Börner et al. (1994) und Agerbaek and Keiding (1995).

Bei der Meßanordnung der Abbildung 10.17 sind zwei Paare von Elektroden vorhanden (1,1' und 2,2'), wobei die durchlochten Elektroden 2,2' gleichzeitig zum Festhalten des Pfropfens dienen. Es werden Platinelektroden benutzt. Der linke Teil der Apparatur dient der Druckversorgung. Die Apparatur muß so ausgelegt sein, daß die Strömungsrichtung der Flüssigkeit umgekehrt werden kann. An die Dreiweghähne sind Kolbenbüretten angeschlossen, um die bei der Elektroosmose transportierte Flüssigkeitsmenge zu messen.

Einfach und zuverlässig ist die Messung des Strömungspotentials. Dieses kann sowohl am Elektrodenpaar 1,1' als auch an 2,2' gemessen werden. Die Ergebnisse müssen identisch sein. Die Spannung muß bei konstanten Δp zumindest einige Minuten konstant bleiben und linear mit Δp ansteigen. Die Gerade $V_{str}(\Delta p)$ hat durch den Koordinatenursprung zu gehen. Bei Umkehrung der Strömungsrichtung der Flüssigkeit müssen die Meßwerte auf derselben Geraden im dritten Quadranten liegen (van den Hoven und Bijsterbosch, 1987). Werden diese Bedingungen nicht erfüllt, sind die Messungen fehlerhaft. Eine wichtige Ursache ist die Polarisation der Elektroden, evtl. auch des Pfropfens. An den Elektroden gebildete Produkte und Gasblasen können ebenfalls stören.

Die zuverlässige Messung des Strömungsstroms ist experimentell wesentlich kritischer, da die Elektrodenpolarisation bei der Strommessung nicht einmal mit reversiblen Elektroden (z. B. Ag/AgCl, vgl. S. 391) zu vermeiden ist (van der Linde and Bijsterbosch, 1989). Eine direkte Folge der Elektrodenpolarisation ist

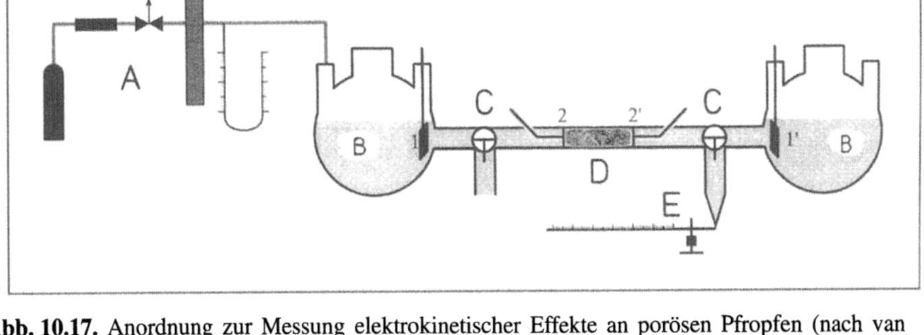

Abb. 10.17. Anordnung zur Messung elektrokinetischer Effekte an porösen Pfropfen (nach van den Hoven and Bijsterbosch, 1987); **A** Druckversorgung, **B** Elektrolytvorrat, **C** Dreiwegehähne, **D** Pfropfen, **E** Vorrichtung zur Messung des Flüssigkeitstransports; 1,1' und 2,2': Elektrodenpaare.

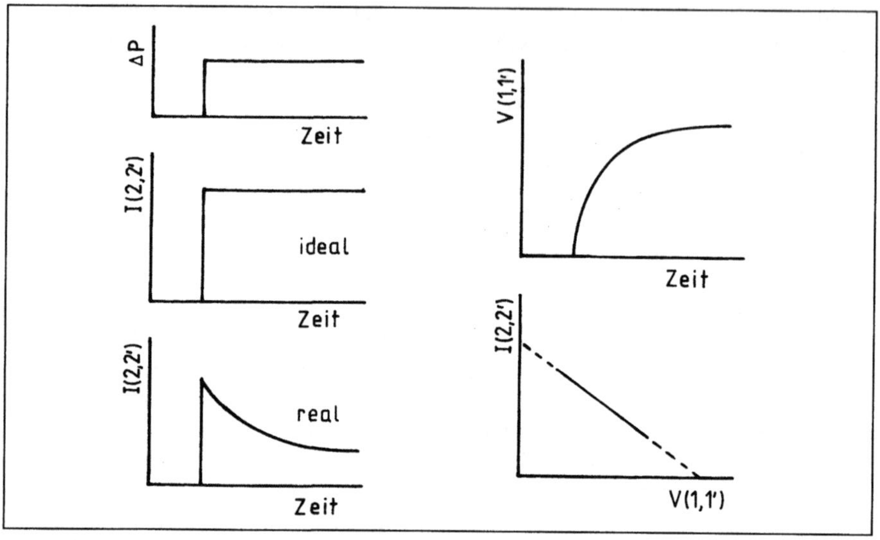

Abb. 10.18. Einfluß der Polarisation auf den Strömungsstrom I (2,2') und das Potential V (1,1'). Dargestellt sind die zeitliche Veränderung von I und V bei konstanter Druckdifferenz Δp und das $I(V)$-Diagramm (van den Hoven and Bijsterbosch, 1987).

die Abnahme der zwischen den Elektroden 2,2' gemessenen Stromstärke mit der Zeit. Mit zunehmender Polarisation während der Strommessung ist am Elektrodenpaar 1,1' eine ansteigende Spannung V(1,1') zu messen (Abb. 10.18). I(2,2') nimmt linear mit wachsendem V(1,1') ab. Extrapolation auf I(2,2') = 0 gibt das Strömungspotential V_{str} recht zuverlässig an (van der Linde and Bijsterbosch, 1989). Die Extrapolation auf V(1,1') = 0 ergäbe den Strömungsstrom; aus der Steigung ließe sich die Konduktanz bzw. der Gleichstromwiderstand ermitteln. Da aber der Charakter der $I(V)$-Diagramme merklich von den Polarisationsvorgängen abhängt, sind die Werte für den Strömungsstrom und die Leitfähigkeit nicht unbedingt zuverlässig und nicht allzu genau. Die Messung des Strömungspotentials ist jedenfalls vorzuziehen (van der Linde and Bijsterbosch, 1989).

Eine weitere Frage betrifft die Leitfähigkeitsmessung. Neben der Ermittlung aus dem $I(V)$-Diagramm kann sie mit der beschriebenen Anordnung (Abb. 10.18) direkt gemessen werden, wenn sich die Polarisationseffekte weitgehend unterdrücken lassen. Dazu wird ein konstanter, aber niedriger Strom (einige µA) über die Elektroden 1,1' durch die Meßzelle geführt und die Potentialdifferenz an den Elektroden 2,2' gemessen. Um zeitkonstante Potentiale zu erhalten, darf die Salzkonzentration nicht zu niedrig sein (> $5 \cdot 10^{-3}$ M NaCl, van den Hoven and Bijsterbosch, 1987).

Der Wechselstromwiderstand (a. c. resistance) bzw. die Admittanz der Vierelektrodenmeßzelle (Abb. 10.17) nahm zwischen etwa 10^{-2} Hz und 10^3 Hz kräftig zu. In reiner Lösung ist die Leitfähigkeit $K(\omega)$, d. h. die reale Komponente, bis zu hohen Frequenzen ($\geq 10^4$Hz) konstant (Lyklema, 1995, S. 462). Ursache für die Frequenzabhängigkeit sind Polarisationsphänomene innerhalb des porösen Systems. Zur Berechnung der Strömungspotentiale (Gl. 10.36) müssen daher die Wechselstromleitfähigkeiten bei hohen Frequenzen benutzt werden. Eine Messung der Leitfähigkeit bei irgendeiner Standardfrequenz kann zu ernsten Fehlern in der Auswertung führen (vgl. Kap. 10.10.7). Wie wichtig die Messung der Wechselstromleitfähigkeit bzw. des -widerstandes ist, wird auch aus den Untersuchungen von Börner et al. (1994) deutlich.

10.9 Elektroosmose

Der elektroosmotische Effekt wurde schon mehrfach erwähnt. Wenn an eine Kapillare ein elektrisches Feld, also eine Potentialdifferenz zwischen zwei Elektroden in der Längsrichtung der Kapillare, angelegt wird, bewegen sich die Gegenionen an der Kapillarwand in Richtung auf die entgegengesetzt geladene Elektrode und reißen die Flüssigkeit mit. Bei der Messung des Strömungspotentials ist es umgekehrt: Die Strömung der Flüssigkeit unter einer Druckdifferenz ruft ein Potential hervor.

Die Berechnung des Zusammenhangs zwischen dem Zetapotential und der transportierten Flüssigkeitsmenge geht wiederum auf von Smoluchowski zurück (s. Hunter, 1993, S. 235 ff). Das Geschwindigkeitsprofil über den Kapillarquerschnitt ist nicht wie bei der Elektrophorese oder bei der Messung des Strömungspotentials parabolisch (s. Abb. 10.3b). Die Geschwindigkeit ist vielmehr bis auf den sehr schmalen Bereich (einige $1/\kappa$) an der Wand konstant (Abb. 10.19).

Die elektroosmotische Mobilität u_{eo} ist entsprechend Gleichung 10.12b:

$$u_{eo} = v_{eo}/E = \frac{\varepsilon_0 \varepsilon}{\eta} \zeta, \tag{10.38a}$$

wenn v_{eo} die Strömungsgeschwindigkeit ist. Meist werden das in der Zeiteinheit transportierte Volumen V und der Strom I bestimmt:

$$V = \pi r^2 v_{eo} = \pi r^2 (\varepsilon_0 \varepsilon \zeta / \eta) E \tag{10.39a}$$

und

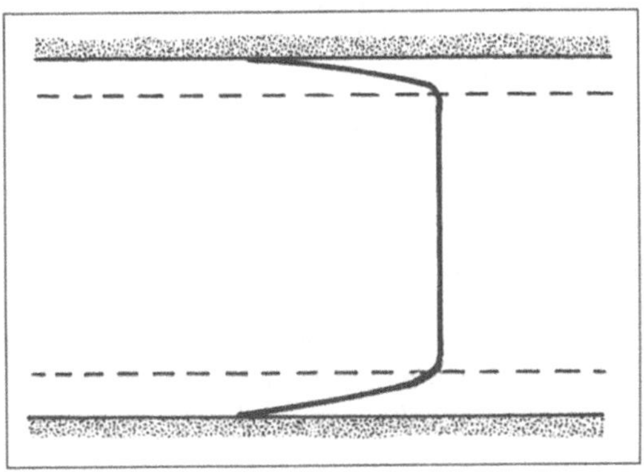

Abb. 10.19. Flüssigkeitsprofil in einer Kapillare während der Elektroosmose. Der Bereich der Änderung der Geschwindigkeit ist in Wirklichkeit wesentlich schmaler (einige $1/\kappa$).

$$I/E = \pi r^2 K^{\mathrm{L}}. \tag{10.39b}$$

Somit:

$$\frac{V}{I} = \frac{\varepsilon_0 \, \varepsilon \zeta}{\eta \, K^{\mathrm{L}}}, \tag{10.38b}$$

bzw. wenn mit einer Oberflächenleitfähigkeit zu rechnen ist (vgl. Gl. 10.36a, b):

$$\frac{V}{I} = \frac{\varepsilon_0 \, \varepsilon \zeta}{\eta \, (K^{\mathrm{L}} + 2K^{\sigma}/r)}. \tag{10.38c}$$

Der elektroosmotische Flüssigkeitstransport kann mit der Anordnung in Abb. 10.17 gemessen werden (s. Friese et al., 1987).

Der elektroosmotische Effekt wurde für eine Reihe von technischen Anwendungen vorgeschlagen, z. B. für Entwässerungsprozesse (Porta, 1986; Weber et al., 1987; Iwata et al., 1991; Iritani et al., 1992), zur Entwässerung von Schlämmen (Hakoda et al. 1976), Trockenlegung von Mauerwerk (Friese et al., 1987), zur Ultrareinigung von Wasser (Mokvin et al., 1986), zur Lösungsmitteltrennung (Bro and Dey, 1969) und für Waschvorgänge (Tagawa and Watanabe, 1980).

10.10 Beispiele von Mobilitäts- und Zetapotentialmessungen

10.10.1 Oxide in Gegenwart von Salzen

Der Zusatz von Salzen, deren Ionen nicht spezifisch von der Oxidoberfläche adsorbiert werden, verringert die Mobilität kolloidaler Teilchen, weil die diffuse Ionenschicht komprimiert wird und das Potential steiler zur Lösung hin abfällt (s. Abb. 2.5a, S. 24). Bei unveränderter Lage der Scherebenen nimmt daher das Zetapotential ab (Abb. 10.20, Al_2O_3 und NaCl).

Das Zetapotential kann nur in Grenzfällen in einfacher Weise (Gl. 10.12) aus der Mobilität berechnet werden (Kap. 10.5). In vielen Fällen ist es daher angebracht, die Beweglichkeit und nicht das Zetapotential anzugeben. Bei den folgenden Beispielen sind je nach den Angaben in der Originalarbeit entweder Beweglichkeiten oder Zetapotentiale dargestellt.

Elektrophonetische Beweglichkeit von SiO_2-Präparaten für HPLC-Säulen s. Dietrich et al., 1997.

Mehrwertige Gegenionen werden in der Stern-Schicht adsorbiert und führen zu einer Umladung der Teilchen. Aus den Abb. 3.14 und 10.21 wird ersichtlich, daß die Umladung nicht einfach durch adsorbierte Aluminiumionen bewirkt wird (Kap. 3.3, Kap. 3.4, S. 91). Vielmehr bleibt das Zetapotential mit steigendem pH-Wert zunächst unverändert, bevor es steil auf einen positiven Wert springt und erneut konstant wird. Matijević (1977) nahm an, daß die Teilchenoberfläche erst durch die Adsorption der mit steigendem pH-Wert gebildeten Polyhydroxoaluminiumionen umgeladen wird.

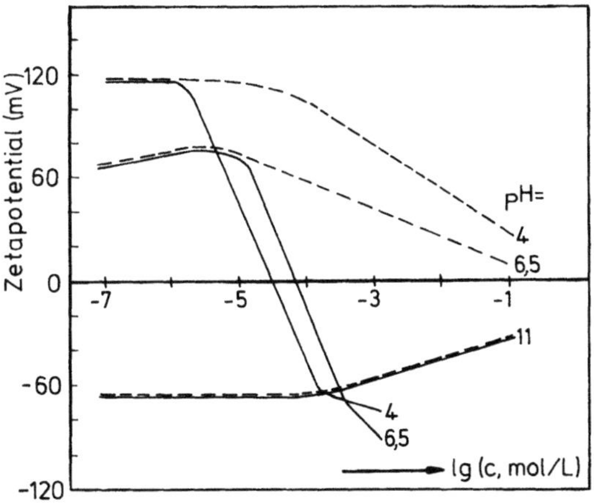

Abb. 10.20. Einfluß der Konzentration von NaCl (- - -) und Natriumdodecylsulfat (—) auf das Zetapotential von Korund bei verschiedenen pH-Werten (Fuerstenau and Modi, 1959).

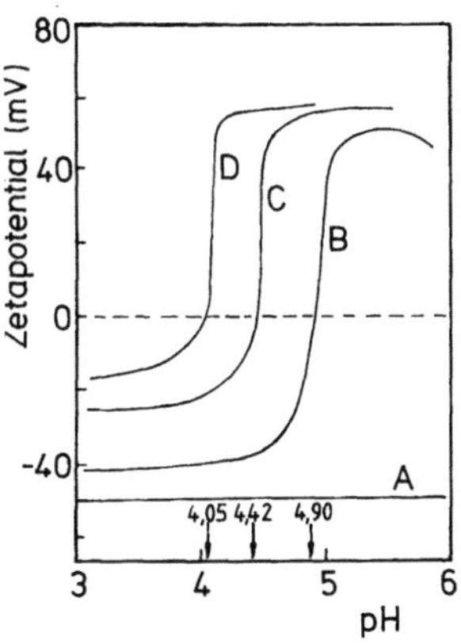

Abb. 10.21. Umladung von PVC-Latexteilchen (Massenanteil 0,003 %) durch pH-Wert-Änderung in 10^{-3} M $NaNO_3$ ohne und mit Aluminiumnitrat. Pfeile zeigen die Ladungsnullpunkte an. Konzentration von $Al(NO_3)_3$ [mol/L]: **A**, 0, **B** 1,1 · 10^{-5}, **C** 1,1 · 10^{-4}, **D** 1,1 · 10^{-3} (Matijević, 1977).

Bei höheren pH-Werten als in Abb. 10.21 dargestellt kann das Zetapotential erneut abnehmen und wieder negativ werden, so daß das System instabil und schließlich erneut stabil wird. Die Aufeinanderfolge von Stabilitäts- und Destabilitätsbereichen ist bereits aus den Abbildungen 3.7 und 3.10 bekannt.

Schematisch wird die pH-Abhängigkeit des Zetapotentials in Gegenwart hydrolysierender Metallionen in Abb. 10.22 dargestellt (James et al., 1977a). Abbildung 10.21 entspricht den Kurventeilen links der Maxima. Die Ursache für den Abfall ganz rechts läßt sich aus den Abb. 3.7 und 3.10 erkennen: Es ist der Bereich, wo kolloidales Metall(oxid)hydroxid, entweder als eigene Phase oder als Oberflächenniederschlag (surface precipitate), ausgefällt wird. Man kann sich gut vorstellen, daß die an der Oberfläche adsorbierten Polyhydroxoaluminiumionen in ein Oberflächenpräzipitat umgebaut werden, das sich etwa wie Aluminium(oxid)hydroxid verhält, also mit weiter steigendem pH-Wert negativ geladen wird, wobei das System einen zweiten Instabilitätsbereich durchläuft.

Die in Abb. 10.22 schematisch dargestellten Kurven wurden durch die pH-Abhängigkeit der dynamischen Mobilität (Kap. 10.6) von Kaolinitteilchen in Gegenwart von Co^{2+}- , Cd^{2+}- und Cu^{2+}-Ionen verifiziert (Hunter and James, 1992).

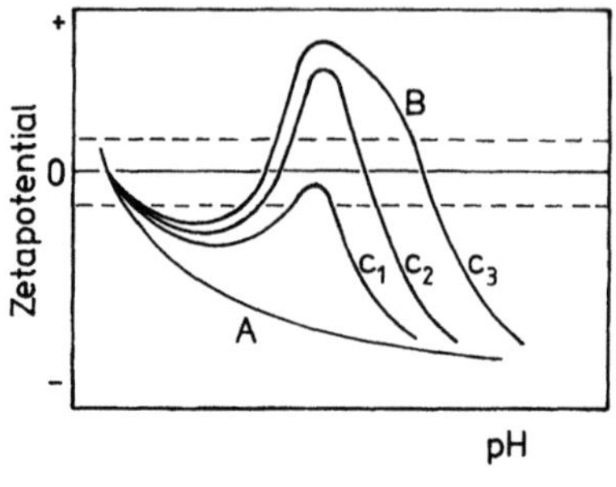

Abb. 10.22. Änderung des Zetapotentials mit dem pH-Wert in Gegenwart hydrolysierender Metallkationen der Konzentration $c_3 > c_2 > c_1$. Kurve **A** entspricht dem Oxid in Abwesenheit der Metallionen, Kurve **B** dem kolloidalen Metallhydroxid. Zwischen den durch - - - markierten Zetapotentialen wird die Dispersion instabil (James et al., 1977 a).

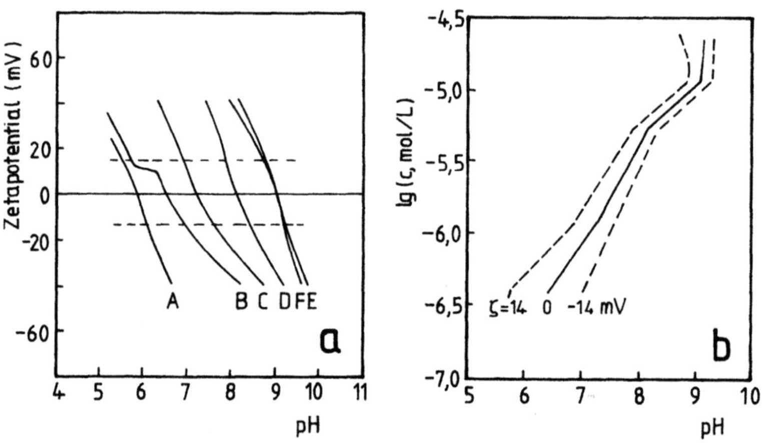

Abb. 10.23 a–b. Einfluß des pH-Wertes auf die Stabilität von TiO_2-Dispersionen (0,05 g/L; 10^{-4} M KNO_3) in Gegenwart von Aluminiumnitrat (James et al., 1977 a). **a** Änderung des Zetapotentials mit dem pH-Wert. Konzentration von $Al(NO_3)_3$ [mol/L]: **A** 0; **B** $5 \cdot 10^{-7}$; **C** $1{,}2 \cdot 10^{-6}$; **D** $5{,}2 \cdot 10^{-6}$; **E** $1{,}2 \cdot 10^{-5}$; **F** $2{,}1 \cdot 10^{-5}$. Im Bereich - - - erfolgt schnelle Koagulation. **b** Instabilitätsbereich der Dispersion in Abhängigkeit vom pH-Wert und der Aluminiumnitratkonzentration.

Die Änderung des Zetapotentials von TiO_2-Teilchen mit dem pH-Wert (Abb. 10.23a) entspricht den rechten Kurvenästen von Abb. 10.22. Die erste Umladung und die Kurvenäste links vom zweiten Maximum entfallen, da TiO_2 bei pH < 6 bereits positiv geladen ist. Wie im schematischen Diagramm (Abb. 10.22) angedeutet, verschiebt sich der Ladungsnullpunkt mit steigender (nebenbei bemerkt sehr niedriger) Aluminiumsalzkonzentration zu höheren pH-Werten. Bei den höchsten Aluminiumsalzkonzentrationen fallen die Kurven zusammen, der Ladungsnullpunkt entspricht dem von Aluminium(oxid)hydroxid. Man kann daraus folgern, daß die Oberfläche vollständig mit dem Oxidhydroxid abgedeckt ist. Das kolloidale TiO_2 wird nur instabil bei Zetapotentialen zwischen +14 mV und –14 mV. Lediglich ein schmaler Instabilitätsbereich durchzieht das Stabilitätsdiagramm (Abb. 10.23b).

Wenn keine spezifischen Wechselwirkungen zwischen Ionen und Oberfläche bestehen, hängt die Koagulation nur von der Salzkonzentration in der Lösung ab, d. h. es existiert eine kritische Salzkonzentration, die unabhängig vom Feststoffgehalt ist. In Anwesenheit adsorbierender Ionen ändert sich dagegen der Koagulationspunkt, z. B. der pH-Wert bei konstanter Aluminiumsalzkonzentration (oder umgekehrt), mit dem vom Feststoffgehalt (Kap. 11.10). Je niedriger der Gehalt an TiO_2 und je kleiner die zur Verfügung stehende Oberfläche wird, umso dichter wird diese mit Aluminium(oxid)hydroxid belegt. Der pH-Wert am Ladungsnullpunkt verschiebt sich in Richtung zum Ladungsnullpunkt des Aluminium(oxid)hydroxids. Die Verschiebung entspricht der Verlagerung der Kurven in Abb. 10.22a mit steigender Aluminiumsalzkonzentration zu höheren pH-Werten. Daraus folgt der Hinweis: Bei adsorbierenden Gegenionen decken sich Zetapotential-pH-Diagramme und Stabilitätsdiagramme (Salzkonzentration gegen pH) nicht, wenn die Zetapotentialmessungen wie üblich bei sehr niedrigen und die Stabilitätsmessungen bei höheren Feststoffgehalten durchgeführt worden sind.

Eine noch kompliziertere Abhängigkeit des Zetapotentials vom pH-Wert wurde bei Oxiden (Al_2O_3, Fe_2O_3, SiO_2, TiO_2) in Gegenwart von Cu^{2+}, Ni^{2+}, Co^{2+} und Ammoniumionen bzw. Ammoniak gefunden (Fuerstenau and Osseo-Asare, 1987). Da sich je nach pH-Wert unterschiedliche Hydroxo- und Amminokomplexe bildeten, durchlief die adsorbierte Menge der Metallionen zwischen pH = 4 und 12 mehrere Maxima und Minima. Die Mobilitätskurven zeigten mehrere Umladungen an.

Bei Salzen, mit merklicher Löslichkeit im Dispersionsmittel, wie Calciumcarbonat in Wasser, können die gelösten und evtl. wieder in die Stern-Schicht eingebauten Ionen das Zetapotential – in manchmal nicht klar ersichtlicher Weise – beeinflussen. Werden kleine Mengen von Calcit (< 30 mg/L) in Wasser dispergiert, ist das Zetapotential negativ. Es wird aber bei größeren Mengen positiv, obwohl die Konzentration der gelösten Ionen und der pH-Wert unter definierten experimentellen Bedingungen nicht meßbar unterschiedlich sind (Siffert and Fimbel, 1984).

10.10.2 Oxide und Tenside

Die Adsorption von Tensiden als Gegenionen führt fast immer zu einer scharfen Umladung. Ein Beispiel ist die Umladung von Quarz durch Alkylammoniumionen (Abb. 10.24). Mit steigender Alkylkettenlänge wird die zur Umladung notwendige Konzentration von Alkylammoniumacetat um Zehnerpotenzen kleiner. In Abb. 10.20 sind die Zetapotentiale von Korund, α–Al_2O_3, in Gegenwart von Dodecylsulfat eingetragen. Bei pH = 4 und pH=6 folgen die Kurven zunächst den Kurven für NaCl, bevor Umladung einsetzt. Bei pH = 11 ist Al_2O_3 negativ geladen, Dodecylsulfat wird nicht adsorbiert, sondern wirkt wie ein Inertsalz: Das Zetapotential ändert sich genau wie in Gegenwart von NaCl.

Ein lehrreiches Beispiel ist die Adsorption von quartären Tetraalkylammoniumsalzen (alkyl = ethyl, propyl und pentyl) an SiO_2 (Rutland and Pashley, 1989). Durch die Adsorption der Tetraalkylammoniumionen wurden die SiO_2-Teilchen nicht umgeladen, das Zetapotential änderte sich aber wellenartig (Abb. 10.25). Erklärt wurde der Verlauf des Zetapotentials folgendermaßen: Zunächst werden die Tetraalkylammoniumionen adsorbiert, ohne Protonen zu verdrängen. Die Oberflächenladungsdichte (in Bezug auf die Protonen, Kap. 9.3) ändert sich daher kaum. Dagegen verschiebt sich das negative Zetapotential zu

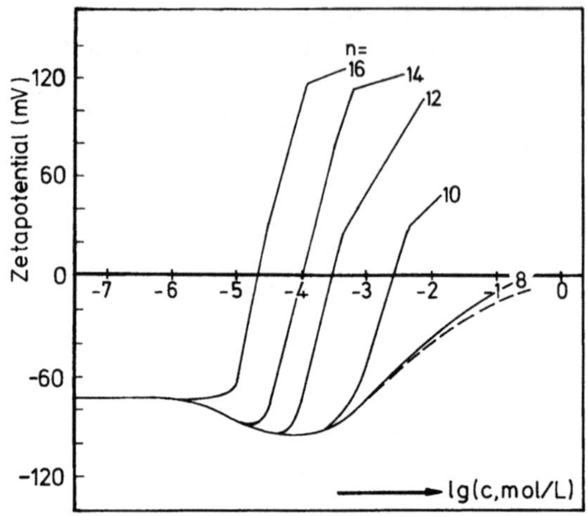

Abb. 10.24. Einfluß der Konzentration von Ammoniumacetat und Alkylammoniumacetat auf das Zetapotential von Quarz. *n* ist die Kettenlänge im Alkylammoniumion $C_nH_{2n+1}NH_3^+$ (Fuerstenau, 1956).

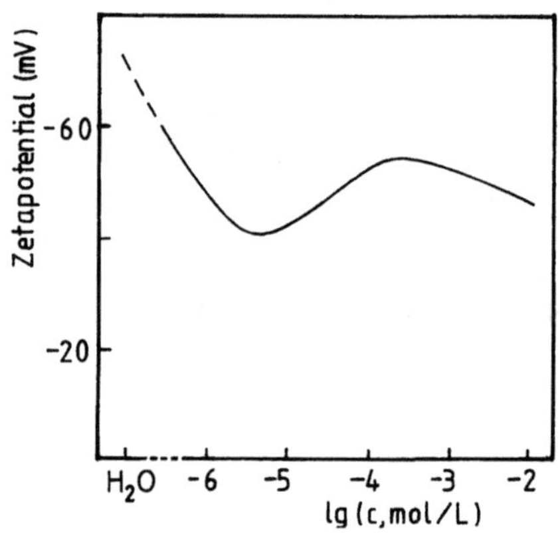

Abb. 10.25. Zetapotential von SiO_2-Dispersionen in Gegenwart von Tetrapentylammoniumbromid (Konzentration *c*) bei pH ≈ 5,7 (Rutland and Pashley, 1989).

kleineren numerischen Werten, weil in einem größeren Abstand von der Oberfläche die Nettoladung (d. h. negative Oberflächenladung plus Ladung durch die adsorbierten Tetraalkylammoniumionen) wirksam wird. Erst bei höherer Konzentration verdrängen die organischen Ionen Protonen und werden durch Ionenaustausch gebunden; die Oberflächenladungsdichte steigt an. Die Nettoladung bleibt aber infolge des Ionenaustausches konstant. Der leichte Abfall des Zetapotentials mag damit zusammenhängen, daß etwas mehr Protonen verdrängt als organische Kationen gebunden werden, da bei Konzentrationen größer 10^{-5} mol/l die Oberfläche vollständig mit den großen organischen Ionen abgedeckt ist. Der Anstieg des negativen Zetapotentials bei den höchsten Salzkonzentrationen ist auf die Wirkung der Tetraalkylammoniumsalze als Inertsalz zurückzuführen.

Auffallend ist der empfindliche Einfluß der organischen Salze auf die Stabilität der SiO_2-Dispersion. Schon sehr geringe Konzentrationen (z. B. 10^{-3} M Tetrabutylammoniumchlorid bei pH = 5–6; 10^{-2} M bei pH ≈ 8, Rubio and Goldfarb, 1971) wirkten destabilisierend, obwohl das Zetapotential noch ausreichend

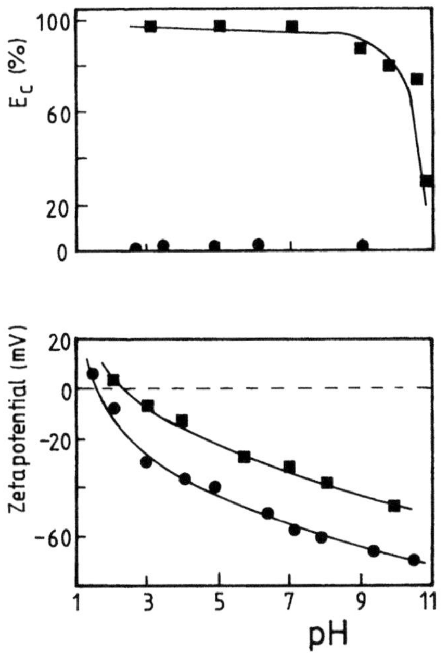

Abb. 10.26. Zetapotential und Dispergierbarkeit von SiO_2 vor (●) und nach (■) Methylierung in Abhängigkeit vom pH-Wert. Die Stabilität der Dispersion ist ausgedrückt durch E_c = Prozent des *nicht* dispergierten Materials (Xu and Yoon, 1989).

hoch war. Wie in Kap. 2.7.3 ausgeführt, ist bei SiO_2 die elektrostatische Stabilisierung nicht allein maßgebend; abstoßende Hydrationskräfte spielen eine wichtige Rolle. Gerade diese können durch die strukturbrechenden Tetraalkylammoniumionen empfindlich beeinflußt werden.

Ein ähnlicher Effekt wurde von Xu und Yoon (1989, 1990) beobachtet. SiO_2 wurde mit Trimethylchlorsilan hydrophobiert. Obwohl das Zetapotential von etwa –10 mV bei pH $\approx$ 3 auf –50 mV bei pH $\approx$ 10 absank, war die Dispersion nahezu über den ganzen pH-Bereich instabil (Abb. 10.26). Erst oberhalb pH $\approx$ 10 wurde die Dispersion einigermaßen stabil. Wahrscheinlich war erst bei pH $\geq$ 10 die Oberflächenladung so hoch, daß die elektrostatische Abstoßung den Einfluß der Trimethylgruppen überwog. Ursache ist wohl weniger die zusätzliche Anziehung durch „hydrophobe Wechselwirkungen“ zwischen den Kohlenwasserstoffgruppen benachbarter Teilchen (Xu and Yoon, 1989, 1990) als vielmehr der Einfluß der organischen Gruppen auf die Wasserstruktur an der SiO_2-Oberfläche.

10.10.3 Umladung durch adsorbierte Polymere

Die Umladung von Oberflächen durch geladene Makromoleküle wird häufig praktisch genutzt. Ein technisch sehr wichtiges Beispiel ist die Umladung der positiven Kanten von Kaolinit, um hochkonzentrierte Dispersionen für die Papierindustrie zu erhalten (Kap. 3.6, 12.3.3). Bei den Tonmineralen läßt sich die Umladung der Kantenflächen im Zetapotential allerdings nicht erkennen, da die negativen Ladungen der Flächen überwiegen.

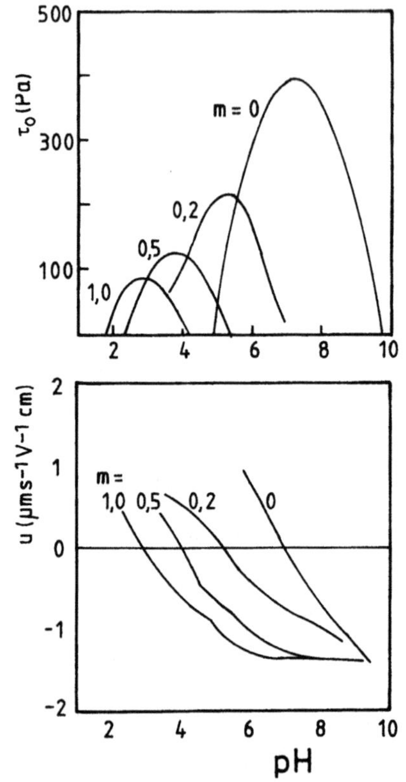

Abb. 10.27. Dynamische Mobilität u (ESA-Messungen) und Fließgrenze τ_0 von ZrO_2-Dispersionen in Gegenwart von Polyacrylsäure bzw. Polyacrylat in Abhängigkeit vom pH-Wert. Polyacrylsäure Molmasse 2000, m = Zugabe von Polyacrylsäure in g auf 100 g ZrO_2; Mobilitätsmessungen mit 5 Vol% ZrO_2; rheologische Messungen mit 18 Vol% (= 57 % Massenanteile) ZrO_2 (Leong et al., 1995).

Als weiteres Beispiel sei die Umladung von Zirkondioxidteilchen durch Polyacrylsäure angeführt (Abb. 10.27) (Leong et al., 1995). Durch die Adsorption der Polyacrylsäure bzw. des Polyacrylats im Alkalischen wurde der Ladungsnullpunkt zu niedrigeren pH-Werten verschoben. Die Fließgrenze hatte am Ladungsnullpunkt ein Maximum; bei positiver oder negativer Ladung der Teilchen fiel sie symmetrisch vom Maximum ab. Mit zunehmender Polymermenge wurde die maximale Fließgrenze kleiner.

10.10.4 Kohle, Bitumen

Das Zetapotential einer Rohkohle (Virginia) war im sauren Bereich positiv, der Ladungsnullpunkt lag bei pH $\approx$ 6,5 (Abb. 10.28). Bei Oxidationstemperaturen > 140°C entstanden mehr und mehr negative Oberflächenladungen, und der Ladungsnullpunkt verschob sich weit ins saure Gebiet. Im alkalischen Bereich sank das Zetapotential auf –80 mV ab. Durch die bedeutende Verlagerung des Ladungsnullpunktes zu niedrigen pH-Werten waren die stärker oxidierten Kohlen im sauren Bereich nicht mehr dispergierbar (Xu und Yoon, 1989).

Die Beweglichkeit von Bitumen-Wasser-Emulsionen wurde von Chow und Takamura (1988 a) mit der Laser-Doppler-Elektrophorese gemessen. Die Autoren

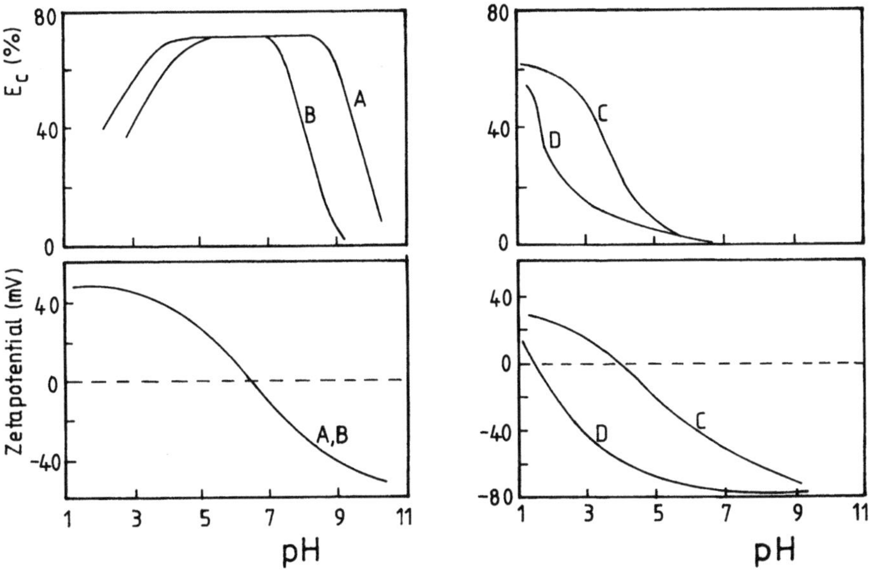

Abb. 10.28. Zetapotential und Dispergierbarkeit von Kohlen in Abhängigkeit vom pH-Wert. **A** Rohkohle, **B**, **C**, **D** oxidiert bei 140 °C, 170 °C und 200 °C. Die Dispergierbarkeit ist ausgedrückt durch E_c = Prozent des *nicht* dispergierten Materials (Xu and Yoon, 1989).

zeigten, daß die Meßwerte infolge einer pH-Verschiebung durch Polarisationseffekte an den Elektroden verfälscht wurden. Erst wenn diese Effekte durch Verwendung von Pufferlösungen und durch mehrfaches Platinieren der Platinelektroden ausgeschaltet worden waren, wurden Beweglichkeiten gemessen, die mit den mikroelektrophoretisch gewonnenen übereinstimmten. Die Emulsionströpfchen waren negativ geladen; die Beweglichkeit stieg in Gegenwart von 10^{-3} bis 10^{-1} M NaCl von pH $\approx$ 3 bis pH $\approx$ 7 an und blieb dann konstant. Sie war wie erwartet umso geringer, je höher die Salzkonzentration war. Chow und Takamura (1988a) beobachteten Beweglichkeiten, die sichtlich höher als die nach O'Brien und White (Kap. 10.5.1) berechneten Werte lagen. Das untersuchte System erscheint chemisch zu unübersichtlich, als daß man aus den Ergebnissen folgern könnte, der Einfluß der Relaxationseffekte sei in der Theorie zu stark veranschlagt. Wenn sich die Tröpfchen infolge der Struktur an der Phasengrenze wie weiche Teilchen verhielten, würden höhere Beweglichkeiten gemessen (Kap. 10.5.4 und Abb. 10.15).

10.10.5 Poröse Teilchen

Thomas et al. (1989, 1995) untersuchten die Adsorption von Salicylat, Heptylbenzolsulfonat, Octylbenzolsulfonat und Polyacrylat an mesoporösen Aluminiumoxiden, wobei gleichzeitig der pH-Wert und die Zetapotentiale gemessen wurden (Abb. 10.29). Das Zetapotential änderte sich nicht parallel zur Adsorptionsisotherme. Obwohl die adsorbierte Menge bei niedrigen Gleichgewichtskonzen-

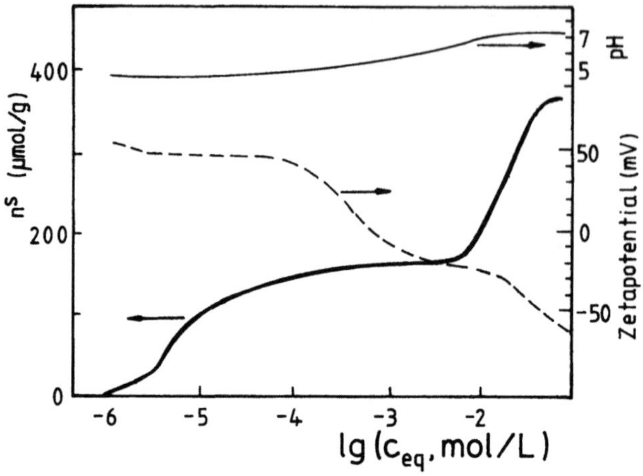

Abb. 10.29. Adsorption von Natriumheptylbenzolsulfonsäure, Zetapotential und pH-Wert von mesoporösem Aluminiumoxid in Abhängigkeit von der Gleichgewichtskonzentration c_{eq} (mol/L). Al_2O_3: Merck, 90a, 30 µm-Teilchen, wenig kristalline, η-Modifikation, BET-Oberfläche 117 m^2/g. Adsorption n^s in µmol/g (Thomas et al., 1989).

trationen stark zunahm, blieb das Zetapotential zunächst konstant. Erst in dem folgenden Bereich mit geringfügig zunehmender Adsorption fiel es ab und wechselte zu negativen Werten. Der steile Anstieg der Adsorptionsisotherme war dann mit einer weiteren, merklichen Abnahme des Zetapotentials verbunden.

Die Anionen X^- können an die $>AlOH_2^+$-Gruppen gebunden werden (surface complexation, s. Fußnote S. 325), wobei die Nettoladung abnimmt:

$$\rangle AlOH_2^+ + X^- \rightleftarrows \rangle AlOH_2^+X^-. \tag{I}$$

Weiterhin könnte spezifische Adsorption (z. B. durch Wasserstoffbrückenbindung) an ungeladene Oberflächengruppen erfolgen:

$$\rangle AlOH + X^- \rightleftarrows \rangle AlOHX^-. \tag{II}$$

Schließlich ist ein Ionenaustausch zu berücksichtigen:

$$\rangle AlOH + X^- \rightleftarrows \rangle Al^+X^- + OH^-, \tag{III}$$

wobei der pH-Wert ansteigen sollte. Aus der pH-Änderung in Abb. 10.29 läßt sich errechnen, daß nur etwa 2 % der insgesamt adsorbierten Menge von Heptylbenzolsulfonationen durch Ionenaustausch gebunden würden. Jedoch könnte ein Teil der nach (III) freigesetzten Hydroxylionen an anderen Stellen der Oberfläche adsorbiert werden, so daß der Anteil des Anionenaustausches in Wirklichkeit höher wäre.

Durch die Oberflächenreaktionen sollte das Zetapotential abnehmen. Offensichtlich werden aber zunächst nur die Adsorptionsplätze in den Poren besetzt.

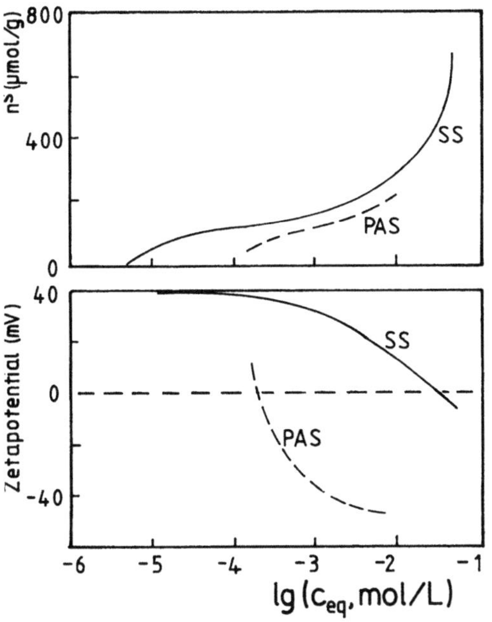

Abb. 10.30. Adsorption von Salicylsäure (SS) und Polyacrylsäure (PAS) an mesoporösem Aluminiumoxid und Zetapotential in Abhängigkeit von der Gleichgewichtskonzentration c_{eq} bei pH = 6. Adsorption n^s in µmol Salicylsäure bzw. µmol Polyacrylsäureeinheiten pro Gramm Al_2O_3. Eingesetztes Al_2O_3 siehe Abb. 10.29 (Thomas et al., 1995).

Die Ladungsveränderung in den Poren wirkt sich kaum auf das in einem Abstand von vielleicht 0,5 – 1nm von der Oberfläche gemessene Zetapotential aus. Ähnliches wurde bei β-FeO(OH) beobachtet (Rubio and Matijević, 1979). Erst wenn die Tensidanionen an Gruppen der äußeren Oberfläche und im Öffnungsbereich der Poren gebunden werden, sinkt das Zetapotential. Der starke Anstieg der Adsorptionsisotherme, der von einer Abnahme des Zetapotentials auf -60 mV begleitet ist, geht auf die Bildung von Oberflächenaggregaten aus Tensidanionen zurück (Modell von Gu und Rupprecht, Kap. 3.10).

Bei der Umsetzung mit Polyacrylsäure bzw. Polyacrylat (pH = 6) sank das Zetapotential bei beginnender Adsorption der Makroanionen sofort stark ab (Abb. 10.30). Die großen Anionen dringen nicht in die Poren ein. Das Maximum der Porenverteilung liegt bei etwa 5 nm Durchmesser. Die Länge des gestreckten Polyanions ist von gleicher Größenordnung. Bei der Adsorption von Salicylat blieb das Zetapotential dagegen zunächst unverändert, obwohl die adsorbierte Menge deutlich anstieg (Abb. 10.30). Die Adsorption dieser Anionen setzte bei wesentlich kleineren Gleichgewichtskonzentrationen ein als die der Makroanionen. Die energetisch günstigen Adsorptionsplätze liegen also im Innern der Poren und sind dem Polyanion nicht zugänglich.

Wie die vorstehenden Betrachtungen zeigen, kann der isoelektrische Punkt eines porösen Teilchens erreicht werden, ohne daß alle Oberflächenladungen durch die Adsorption der Gegenionen kompensiert werden. Es genügt, wenn im äußeren Bereich eine Kompensation erfolgt. Dies ist gut bei der Adsorption von Polykationen an Montmorillonit zu erkennen (Breen et al., 1996). Das Zetapotential der Montmorillonitteilchen stieg S-förmig mit der Zahl der adsorbierten kationischen Segmente von etwa –50 mV auf +60 bis +80 mV an. Es lief bereits durch Null, als nur ein Bruchteil der Ladungen des Tonminerals (je nach Polykation 20–60 % des Kationenaustauschvermögens) kompensiert war. Offensichtlich wird der isoelektrische Punkt erreicht, wenn lediglich die negativen Ladungen der äußeren Oberflächen und im Eingangsbereich der Schichtzwischenräume durch die Ladungen der Polykationen kompensiert werden. An diesem Punkt ist auch die Aggregation der Teilchen maximal.

10.10.6 Dispersionen in unpolaren Lösungsmitteln

Spange et al. (1991) berichteten über Zetapotentiale von Aerosil® in zahlreichen organischen Flüssigkeiten. Die Zetapotentiale – durch Elektrophorese und Elektroosmose gemessen – lagen zwischen –15 mV (Pyridin), –28 mV (Wasser) und –85 mV (Benzol) und –87 mV (Dichlorethan). Zur Entstehung der Ladungen s. Kap. 2.2.

Das Zetapotential von Al_2O_3 in Hexan und Octan war positiv (+20 mV in Hexan, > +80 mV in Octan), wurde nach Erhitzen des Oxids auf über 150°C negativ und erreichte Werte von –40 mV (Hexan) und –60 mV (Octan). TiO_2-Teilchen waren in den Kohlenwasserstoffen ebenfalls positiv geladen (+25 mV in Hexan, +20 mV in Octan) und wurden beim Erhitzen auf ≥ 300°C negativ (–30 mV in Hexan, –70 mV in Octan). In Ethanol war das Zetapotential von Al_2O_3 positiv (+30 mV), ging aber bei etwa 300°C auf ein Minimum von wenigen mV zurück. TiO_2-Teilchen waren in Ethanol schwach negativ geladen (–5 bis –10 mV) und wurden nach Erhitzen über 350°C schwach positiv (etwa +10 mV) (Siffert et al., 1994).

Die Änderung des Ladungsvorzeichens beim Erhitzen während der thermischen Behandlung weist auf den Übergang der Donoreigenschaften der Ober-

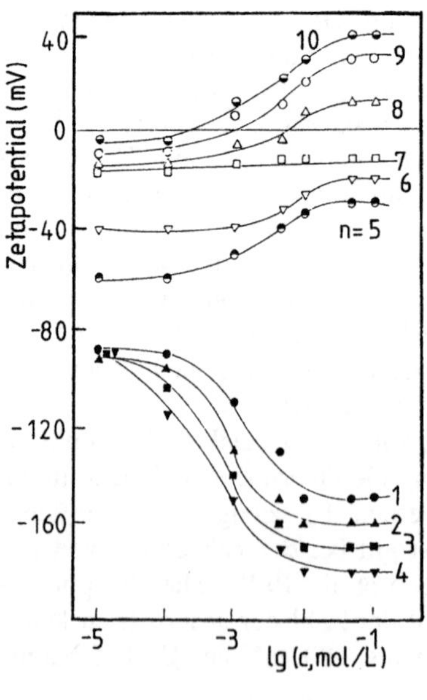

Abb. 10.31. Zetapotential von TiO_2-Teilchen in Hexan in Gegenwart von Alkylaminen $C_nH_{2n+1}NH_2$ der Konzentration c (Siffert et al., 1994).

fläche gegenüber dem Lösungsmittel (positive Potentiale) zu Akzeptoreigenschaften (negative Potentiale) hin.

Durch Zusatz von Alkylaminen als Protonenakzeptoren wurden die TiO_2-Teilchen in Hexan negativ umgeladen (Siffert et al., 1994). Jedoch änderte sich das Zetapotential mit der Alkylaminkonzentration in auffallender Weise: Mit kurzkettigen Aminen (bis Butylamin) nahm es weiter ab (Abb. 10.31), während längerkettige Amine das Potential erhöhten und sogar wieder positiv werden ließen.

Durch die Übertragung von Protonen der TiOH-Gruppen an die Amine entstehen negative Oberflächenladungen, von denen einige durch adsorbierte Alkylammoniumionen kompensiert werden. Mit zunehmender Konzentration des Amins wird der Protonentransfer ausgeprägter, und das Zetapotential nimmt bis auf Werte unter −150 mV ab. Das gilt jedoch nur für die kurzkettigen Amine bis Pentylamin. Bei längerkettigen Alkylammoniumionen überwiegt die Adsorption und Aggregationstendenz; die Nettoladung steigt mit der Konzentration des Amins. Wahrscheinlich werden mehr und mehr Alkylammoniumionen etwa nach dem Gu-Rupprechtschen Modell (Kap. 3.10) an den an der Grenzfläche verankerten Alkylammoniumionen gebunden. Dabei verschiebt sich die Scherebene in den Bereich der positiven Oberflächenaggregate, so daß die Zetapotentiale schließlich positiv werden.

Bei elektrophoretischen „moving boundary"-Messungen in unpolaren Dispersionsmitteln wird – häufiger als in wäßrigen Systemen – beobachtet, daß die Beweglichkeit bei kleineren Feldstärken je nach Wanderungsgeschwindigkeit (auf die Elektrode zu oder von der Elektrode weg) unterschiedlich ist. Diese Effekte treten immer dann auf, wenn sich die elektrische Leitfähigkeit im Bereich der wandernden Grenzschicht ändert. Das trifft vor allem in unpolaren Dispersionsmitteln mit sehr niedriger elektrischer Leitfähigkeit zu. Die elektrophoretische Beweglichkeit ist daher bei hinreichend hohen Feldstärken zu messen. Zur Erklärung s. Horn und Ditter (1976).

10.10.7 Latices

Latices werden oft als Modelle zum Studium der Wechselwirkung zwischen kolloidalen Teilchen herangezogen. Allerdings wird diese Annahme meist nur mit der kugelförmigen Gestalt und vielleicht auch damit begründet, daß die Oberflächenladungsdichte bequem durch Titration zu bestimmen ist. Infolge der meist komplexen Oberflächenstruktur (Kap. 6.5) ist der Einfluß der Ladungen auf die Stabilität gelegentlich schwer zu durchschauen.

Als Beispiel für die Abhängigkeit der Stabilität des Zetapotentials zeigen wir in Abb. 10.32 das Verhalten amphoterer Latices (James et al., 1977 a; Harding and Healy, 1985). Diese wurden durch Copolymerisation aus Styrol, N,N-Diethylaminoethylmethacrylat und Methacrylat mit $K_2S_2O_8$ als Starter hergestellt (Homola and James, 1977; die Vorschrift ist leider nicht genau angegeben). Infolge der Anwesenheit von positiven und negativen Oberflächengruppen änderte sich das Zetapotential mit steigendem pH-Wert von positiv nach negativ. Der Ladungsnullpunkt verschob sich mit steigendem Methacrylsäuregehalt zu kleineren pH-Werten. In der Nähe des Ladungsnullpunkts sank der Stabilitätsfaktor steil

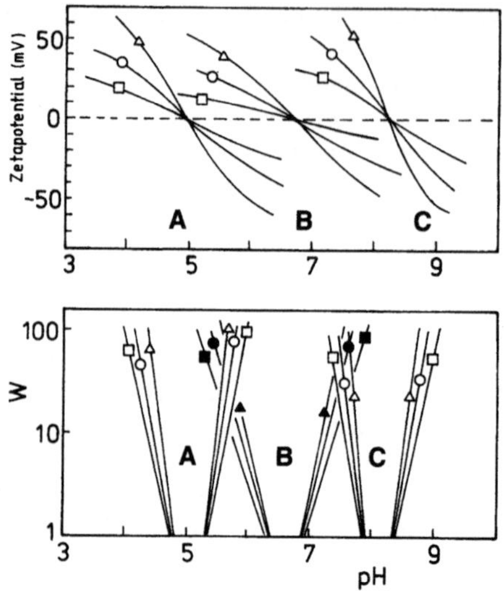

Abb. 10.32. Zetapotential und Stabilitätsfaktor amphoterer Latices in Abhängigkeit vom pH-Wert (von **A** bis **C** nimmt das Verhältnis der Anzahl von Säuregruppen zu Amingruppen ab. Konzentration von KCl (mol/L): ▲, △ 10^{-3}; ●, ○ 10^{-2}; ■, □ 10^{-1} (James et al., 1977 b).

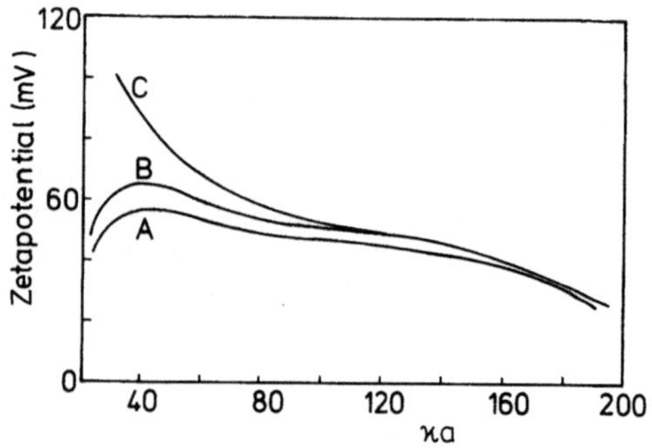

Abb. 10.33. Elektrokinetisches Potential von Latices in Abhängigkeit von κa. Die Beweglichkeit wurde nach verschiedenen Modellen in das Zetapotential umgerechnet. **A** Helmholtz-Smoluchowski, **B** O'Brien and White, **C** Dukhin. Latex: emulgatorfreie Emulsionspolymerisation von Styrol in Gegenwart von Azo-N', N'-dimetyleniso-butyramidin-hydrochlorid. Radius $a = 265$ nm; pH = 5 (Fernandez Barbero et al., 1994).

ab und stieg nach der Umladung wieder an. Die Dispersionen koagulierten in einem engen pH-Bereich (s. Abb. 3.11, S. 87) (Healy et al., 1978).

Die Ausbildung eines Maximums der Mobilität bzw. des Zetapotentials in Abhängigkeit von der Elektrolytkonzentration wurde häufig beschrieben (z. B. Zukoski and Saville, 1985; Tamai et al., 1989, 1991; Galisteo et al., 1990; Rosen and Saville, 1992). Dieser Befund kann mehrere Ursachen haben (Midmore and Hunter, 1988):

- das Auftreten einer Oberflächenleitfähigkeit,
- die Leitfähigkeitsmessungen sind nicht korrekt,
- Coionenadsorption und
- eine haarige Oberfläche.

Vorweg sei darauf hingewiesen, daß man falsche Zetapotentiale erhält, wenn die Mobilitätsdaten über den ganzen Bereich von κa nach Helmholtz-Smoluchowski ausgewertet werden (Kap. 10.5.6).

Hidalgo-Alvarez und Mitarbeiter zeigten in mehreren Arbeiten, daß sich ein Maximum im Zetapotential ergibt, wenn die Oberflächenleitfähigkeit vernachlässigt wird (Abb. 10.33) (Moléon Baca et al., 1991; Chabalgoity-Rodriguez et al., 1991; Hidalgo-Alvarez et al., 1992; Bastos and de las Nieves, 1993; Fernandez Barbero et al., 1994).

Es wurde bereits darauf hingewiesen, daß zur Ermittlung des Zetapotentials aus dem Strömungspotential die Wechselstromleitfähigkeit bei hohen Frequenzen zu messen ist (Kap. 10.8). Wird statt dieser Leitfähigkeit die Gleichstromleitfähigkeit zur Berechnung des Zetapotentials eingesetzt, werden bei kleinen Salzkonzentrationen zu niedrige Werte erhalten. Dadurch entsteht ein Maximum, das unter Berücksichtigung der Wechselstromleitfähigkeit bei hohen Frequenzen verschwindet (Abb. 10.34).

Haare an der Oberfläche von Latexteilchen (van der Put and Bijsterbosch, 1983) können die Beweglichkeit der Teilchen in verschiedener Weise beeinflussen. Im allgemeinen wird die Scherebene durch die Haare von der Teilchenoberfläche weggeschoben, Zetapotential und Beweglichkeit werden verringert. Änderung der Temperatur, des Salzgehalts, des pH-Werts u. a. kann zu einer Streckung bzw. verstärkten Knäuelung der Haare führen (Goossens and Zembrod, 1979), wobei sich die Scherebene verschiebt und das Zetapotential verändert. Die Bildung einer ausgedehnten, hydrodynamisch ruhenden Schicht durch die Haare könnte die Oberflächenleitfähigkeit erhöhen und damit die Mobilität der Teilchen verringern.

Es wurde immer wieder betont (Tamai et al., 1989, 1991; Rosen and Saville, 1992), daß das Maximum der Beweglichkeit in Abhängigkeit vom Salzgehalt mit der Ausbildung von Haaren an der Oberfläche der Latexteilchen zusammenhängt. Wenn die Haare Ladungen tragen, wird eine Zunahme der Salzkonzentration die Abschirmung dieser Ladungen durch die Gegenionen verbessern. Die Haare werden sich stärker knäueln, wodurch die Scherebene näher an die Teilchenoberfläche rückt, so daß das Zetapotential und damit die Beweglichkeit zunimmt. Bei zu hoher Salzkonzentration wird die Beweglichkeit wieder geringer, weil das Potential infolge der Kompression der diffusen Ionenschicht steiler zur Lösung hin abfällt (Abb. 2.5a, Kap. 10.10.1). Eine Veränderung der Konforma-

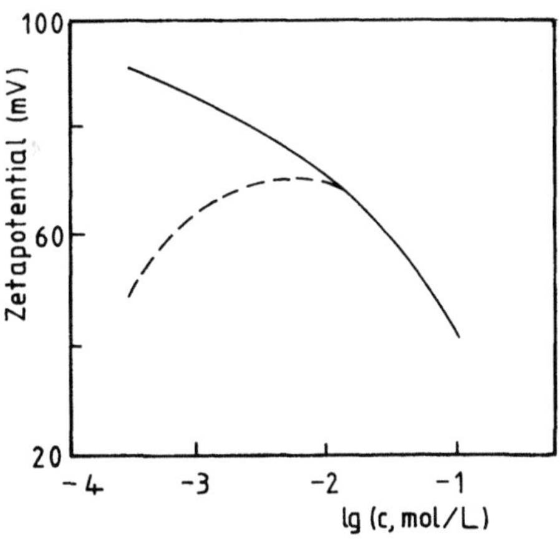

Abb. 10.34. Zetapotential als Funktion der KBr-Konzentration *c*, ermittelt aus dem Strömungspotential. - - - berechnet mit den Werten der Gleichstromleitfähigkeit, — berechnet mit den Werten der Wechselstromleitfähigkeit bei hohen Frequenzen (100–1000 Hz) (van der Linde and Bijsterbosch, 1989).

tion der Haare sollte auch eine evtl. vorhandene Oberflächenleitung merklich beeinflussen (vgl. Rosen and Saville, 1990).

Ein nicht zu dünner Haarkranz wird harte Teilchen in weiche verwandeln. Wie in Kap. 10.5.4 gezeigt, verhalten sich solche Teilchen im elektrischen Feld anders als harte. Insbesondere wird die Beweglichkeit nicht durch ein Zetapotential gesteuert; sie geht bei höheren Salzkonzentrationen gegen einen endlichen Wert.

Tamai et al. (1989) beobachteten eine Verschiebung des negativen Zetapotentials von Poly(styrol/styrolsulfonat)-Latices zu kleineren Beträgen (bei pH = 7 von etwa –66 mV auf –50 mV) mit zunehmendem Gehalt an Styrolsulfonat, obwohl die Ladungsdichte zunahm. Bei der Polymerisation wird das Styrolsulfonat an die Teilchenoberfläche abgedrängt und die Bildung von Haaren aus Polystryrolsulfonat begünstigt (Kap. 6.5). Mit zunehmendem Styrolsulfonatgehalt nimmt daher die Oberflächenladung zu und das Zetapotential ab, weil die Scherebene zur Lösung hin verschoben wird.

Chow and Takamura (1988b) maßen die elektrophoretische Beweglichkeit von carboxylierten Styrol-Acrylamid-Copolymerlatices vor und nach dem Tempern bei 115°C. Beim Tempern wird die Oberfläche glatter, weil die Haare kollabieren und sich dichter packen oder sogar mit der Oberfläche verschmelzen. Dadurch wird die Scherebene wieder näher zur Teilchenoberfläche verschoben. Tatsächlich war die Beweglichkeit der Teilchen nach dem Tempern deutlich höher. Ähnliche Beobachtungen berichteten auch Rosen and Saville (1990, 1992). Dielektrische Messungen zeigten bei haarigen Latices deutlich höhere Abweichungen zwischen Theorie und Experiment als bei Latices mit glatter Oberfläche (Poly(methylmethacrylat/acrolein)-Latices ohne und mit kovalent gebundenem Polyacrylamid). Nach Tempern der haarigen Latices waren die Differenzen geringer. Während die elektrophoretische Beweglichkeit der glatten Teilchen beim Tempern absank, stieg sie bei haarigen Teilchen.

Eine Hülle aus N-Isopropylacrylamid um einen Teilchenkern macht die Latices temperaturempfindlich (Kap. 4.8, S. 142). Makino et al. (1994) untersuchten drei Typen von Latices. Latices A bestand aus Styrol/N-Isopropylacrylamid-Copolymere. Aus ihnen waren die Typen B und C durch Umhüllung mit Poly(N-isopropylacrylamid) hergestellt worden (Kap. 6.6). Je nach Initiator während des letzten Schrittes war die Hülle ungeladen (Initiator: 2,2'-Azobis[2-methyl-N-(2-hydroxyethyl)propionamid, Latices C) oder negativ geladen (Initiator: $K_2S_2O_8$, Latices B). Die Mobilität aller Latices nahm mit der Temperatur zu, doch war die Abhängigkeit bei den drei Typen unterschiedlich (Abb. 10.35). Bei Typ A sank die Mobilität etwa parallel mit der hydrodynamischen Teilchengröße. Mit steigender Salzkonzentration nahm die Beweglichkeit ebenfalls ab, die Kurven rückten schließlich mehr und mehr zusammen. Bei den Kern-Hülle-Teilchen war die Beweglichkeit bei niedriger Temperatur unabhängig von der Salzkonzentration und stieg dann – vor allem bei niedrigen Salzkonzentrationen – mit der Temperatur steil an. Der hydrodynamische Teilchenradius der Latices B und C änderte sich zwischen 33 und 35°C stärker als bei Typ A, die Hülle schrumpfte.

Die Mobilitätskurven wurden nach Ohshimas Theorie über die Beweglichkeit weicher Teilchen (Kap. 10.5.4) analysiert. Durch Anpassung wurden die Parameter vN (N = Anzahldichte der geladenen Gruppen mit der Wertigkeit v) und $1/\lambda$ (softness parameter) ermittelt. Bei Typ A nahm die Ladungsdichte mit der Tem-

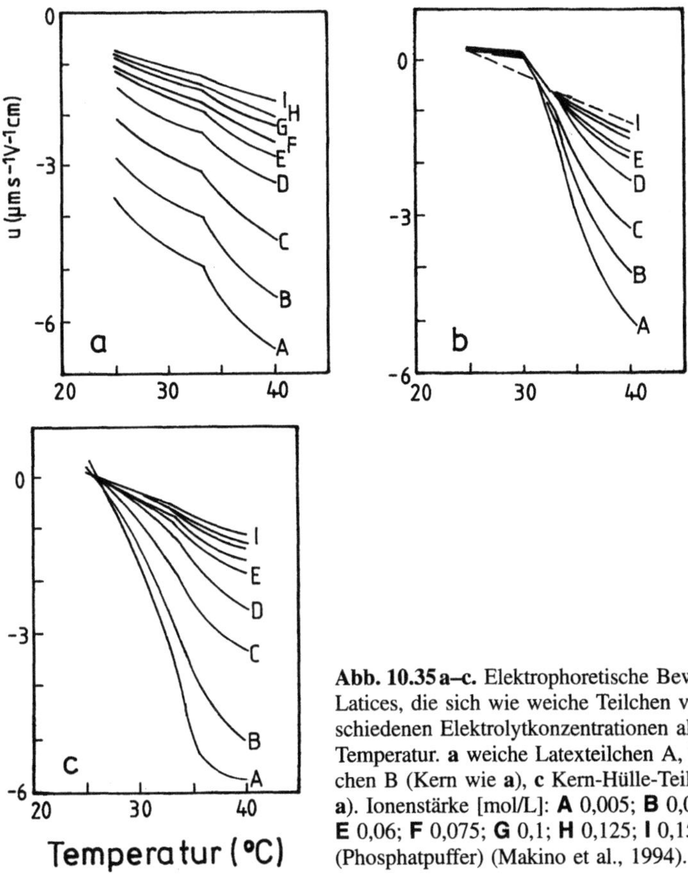

Abb. 10.35 a–c. Elektrophoretische Beweglichkeit für drei Latices, die sich wie weiche Teilchen verhalten, bei verschiedenen Elektrolytkonzentrationen als Funktion der Temperatur. **a** weiche Latexteilchen A, **b** Kern-Hülle-Teilchen B (Kern wie **a**), **c** Kern-Hülle-Teilchen C (Kern wie **a**). Ionenstärke [mol/L]: **A** 0,005; **B** 0,01; **C** 0,02; **D** 0,04; **E** 0,06; **F** 0,075; **G** 0,1; **H** 0,125; **I** 0,154; pH = 7,4 (Phosphatpuffer) (Makino et al., 1994).

peratur zu, da der Teilchendurchmesser abnahm, die „Weichheit" änderte sich dagegen nicht. Bei den Teilchen B nahm vN oberhalb 30°C schlagartig zu, weil zusätzlich zum Kern auch die Hülle schrumpfte. Dadurch wurden die Makromoleküle dichter gepackt und $1/\lambda$ wurde sprunghaft kleiner: Die Hülle wurde härter.

Zur Analyse des Verhaltens von Teilchen C nahmen Makino et al. (1994) an, daß die Teilchen von einer inneren Hülle aus den geladenen (softness parameter $1/\lambda_2$), und einer äußeren aus ungeladenen Haaren (softness parameter $1/\lambda_1$) umgeben waren. Durch Anpassung ergab sich für $1/\lambda_2 \approx 1$ Temperaturunabhängigkeit, während $1/\lambda_1$ im Gegensatz zur Probe B oberhalb 30°C steil anstieg. Da die Hülle nicht so stark schrumpfte wie beim Teilchen B, vermuten die Autoren, daß sich ungeladene Haare bündelten und Hohlräume in der Hülle entstehen, die diese insgesamt weicher machen.

Wie bereits in Kap. 4.8 erwähnt, nimmt die Van-der-Waals-Energie beim Schrumpfen der Teilchen zu, wodurch sich die Stabilität der Dispersion erniedrigt (Snowden et al., 1994).

Mehrere Autoren postulierten eine Adsorption von Coionen an der Latexoberfläche (Zukoski and Saville, 1986; Midmore and Hunter, 1988; Midmore et al.,

1989). Diese kann ebenfalls ein Maximum der Beweglichkeit in Abhängigkeit vom Salzgehalt verursachen (Kap. 10.5.2, S. 367 f). Wahrscheinlich binden negativ geladene Latices bevorzugt Anionen, die wesentlich besser als Kationen von hydrophoben Oberflächen adsorbiert werden (Holz and Sörensen, 1992; s. a. Blokzijl and Engberts, 1993). Diese Wechselwirkung ist möglicherweise eine Folge der Orientierung der Wassermoleküle an der hydrophoben Oberfläche. Sind die Sauerstoffionen bevorzugt zur hydrophoben Oberfläche gerichtet, wird die Adsorption von Coionen durch die zur Lösung gerichteten Protonen begünstigt.

Literatur

Abedian B und Sonin AA (1986) Electric currents generated by turbulent flows of liquid hydrocarbons in smooth pipes: experiment vs theory. Chem Eng Sci 41: 3183–3189

Agerbaek ML und Keiding K (1995) Streaming potential during cake filtration of slightly compressible particles. J Coll Interf Sci 169: 342–355

Allen LH und Matijević E (1969) Stability of colloidal silica. I. J Coll Interf Sci 31: 287–296

Bastos D und de las Nieves FJ (1993) On the zeta-potential of sulfonated polystyrene model colloids. Progr Colloid Polym Sci 93: 37–44

Bikerman JJ (1933) Ionentheorie der Elektroosmose, der Strömungsströme und der Oberflächenleitfähigkeit. Z Phys Chem A 163: 378–394

Bikerman JJ (1935) Oberflächenleitfähigkeit und ihre Bedeutung. Kolloid Z 72: 100–108

Blokzijl W und Engberts JBFN (1993) Hydrophobe Effekte – Ansichten und Tatsachen. Angew Chem 105: 1610–1648

Börner M, Jacobasch HJ, Simon F, Churaev NV, Sergeeva IP und Sobolev VD (1994) Zeta potential measurements with fibre plugs in 1:1 electrolyte solutions. Colloids Surfaces A 85: 9–17

Breen C, Rawson JO und Mann BE (1996) Adsorption of polycations on clays: an in situ study using ^{133}Cs solution-phase NMR. J Mater Chem 6: 253–260

Bro P und Dey AN (1969) Elektroosmotische Lösungsmitteltrennung: ein neuer Trennprozeß. AIChE J 15: 293–294

Carasso ML, Rowlands WN und Kennedy RA (1995) Electroacoustic determination of droplet size and Zeta potential in concentrated intravenous fat emulsions. J Coll Interf Sci 174: 405–413

Chabalgoity-Rodriguez A, Martin-Rodriguez A, Galisteo-González F und Hidalgo-Alvarez R (1991) Electrophoretic mobility, primary electroviscous effect and colloid stability of highly charged polystyrene latexes. Progr Colloid Polym Sci 84: 416–424

Chow RS und Takamura K (1988) a) Electrophoretic mobilities of bitumen and conventional crude-in-water emulsions using the laser doppler apparatus in the presence of multivalent cations. J Coll Interf Sci 125: 212–225

Chow RS und Takamura K (1988) b) Effects of surface roughness (hairiness) of latex particles on their electrokinetic potentials. J Coll Interf Sci 125: 226–236

Cohen RR und Radke CJ (1991) Streaming potentials of nonuniformly charged surfaces. J Coll Interf Sci 141: 338–347

Dietrich PG, Lerche KH, Reusch J und Nitzsche R (1997) The characterization of silica microparticles by electrophoretic mobility measurements. Chromatographia 44: 362–366

Ditter W und Horn D (1978) Measurement and significance of surface charge of organic pigments dispersed in hydrocarbon media. In: Parfitt GD; Patsis AV (eds) Fourth internat conf in organic coatings science and technolgogy, vol 2, pp 114–145

Fernández Barbero A, Martinez Garcia R, Cabrerizo Vilchez MA und Hidalgo-Alvarez R (1994) Effect of surface charge density on the electrosurface properties of positively charged polystyrene beads. Colloids Surfaces A 92: 121–126

Fokkink LGJ, Keizer A de und Lyklema J (1987) Specific ion adsorption on oxides: surface charge adjustment and proton stoichiometry. J Coll Interf Sci 118: 454–462

Friese P, Jacobasch HJ und Börner M (1987) Einige Voraussetzungen zur Anwendung elektrokinetischer Verfahren bei der Sanierung von Mauerwerk mit aufsteigender Feuchtigkeit. Bauphysik 6: 279–283

Fuerstenau DW (1956) J Phys Chem 60: 981 ff

Fuerstenau DW und Modi HJ (1959) J Electrochem Soc 106: 336 ff

Fuerstenau DW und Osseo-Asare K (1987) Adsorption of copper, nickel, and cobalt by oxide adsorbents from aqueous ammoniacal solutions. J Coll Interf Sci 118: 524–542

Galisteo F, de las Nieves López FJ, Cabrerizo M und Hildalgo-Alvarez R (1990) Effects of particle concentration, ionic strength, pH and temperature on the micro electrophoretic mobility of cationic polystyrene latices. I. Progr Colloid Polym Sci 82: 313–320

Gan H und Low PF (1993) Spectroscopic study in ionic adjustment in the electric double layer of montmorillonite. J Coll Interf Sci 161: 1–5

Goddard ED und Leung PS (1987) Elektrische Eigenschaften der Haut des Haares. Parfümerie Kosmetik 68: 546–561

Goossens JWS und Zembrod A (1979) Characterization of the surface of polymer latices by photon correlation spectroscopy. Colloid Polym Sci 257: 437–438

Hakoda M, Kobayashi K, Yoshida H und Yukawa H (1976) Eine Grundlagenstudie zur elektroosmotischen Entwässerung von Schlämmen in einem konstanten elektrischen Feld. J Chem Eng Jpn 9: 402–407

Harding IH und Healy TW (1985) Electrical double layer properties of amphoteric polymer latex colloids. J Coll Interf Sci 107: 382–397

Healy TW, Homola A, James RO und Hunter RJ (1978) Coagulation of amphoteric latex colloids: reversibility and specific ion effects. Faraday Disc 65: 156–163

Henry DC (1931) The cataphoresis of suspended particles. Part I. The equation of cataphoresis. Proc Roy Soc London A 133: 106–129

Hildalgo-Alvarez R, Moleon JA, de las Nieves FJ und Bijsterbosch BH (1992) Effect of anomalous surface conductance on ζ-potential determination of positively charged polystyrene microspheres. J Coll Interf Sci 149: 23–26

Holz M und Sörensen M (1992) Direct detection of an attractive interaction between anions and hydrophobically hydrated unpolar groups. Ber Bunsenges Phys Chem 96: 1441–1447

Homola A und James RO (1977) Preparation and characterization of amphoteric polystyrene latices. J Coll Interf Sci 59: 123–134

Horn D, Auweter H, Ditter W und Eisenlauer J (1986) Laser optical methods for the characterization of disperse systems. In: Parfitt GD; Patsis AV (eds) Organic coatings, science and technology. Marcel Dekker, New York, vol 8, pp 251–277

Horn D und Ditter W (1976) Laser-optisches Verfahren zur Messung der elektrophoretischen Beweglichkeit kolloid-disperser Teilchen bei hoher Pigment-Volumen-Konzentration. Progr Colloid Polym Sci 60: 203–212

Hoven van den TJJ und Bijsterbosch BH (1987) Streaming currents, streaming potentials and conductances of concentrated dispersions of negatively-charged, monodisperse polystyrene particles. Effect of adsorbed tetraalkylammonium ions. Colloids Surfaces 22: 187–205

Hückel E (1924) Die Kataphorese der Kugel. Physk Z 25: 204 ff

Hunter RJ (1993) Introduction to modern colloid science. Oxford Sci Pub, Oxford

Hunter RJ und James M (1992) Charge reversal of kaolinite by hydrolyzable metal ions: an electroacoustic study. Clays Clay Min 40: 644–649

Iritani E, Ohashi K und Murase T (1992) J Chem Eng Jpn 25: 383 ff

Iwata M, Igami H, Murase T und Yoshida H (1991) J Chem Eng Jpn 24: 45 ff, 399 ff

James RO, Wiese GR und Healy TW (1977) a) Charge reversal coagulation of colloidal dispersions by hydrolysable metal ions. J Coll Interf Sci 59: 381–385

James RO, Homola A und Healy TW (1977) b) Heterocoagulation of amphoteric latex colloids. Faraday Trans I: 1436–1445

Kijlstra J, van Leeuwen HP und Lyklema J (1992) Effects of surface conduction on the electrokinetic properties of colloids. J Chem Soc Faraday Trans 88: 3441–3449

Kijlstra J, van Leeuwen HP und Lyklema J (1993) Low-frequency dielectric relaxation of hematite and silica sols. Langmuir 9: 1625–1633

Leong YK, Scales PJ, Healy TW und Boger DV (1995) Interparticle forces arising from adsorbed polyelectrolytes in colloidal suspensions. Colloids Surfaces A 95: 43–52

Linde van der AJ und Bijsterbosch BH (1989) Electrode polarization and its implications in streaming potential and streaming current measurements. Colloids Surfaces 41: 345–352

Lyklema J (1975) Electrochemistry of reversible electrodes and colloidal particles. In: Olphen van H; Mysels KJ (eds) Physical chemistry: enriching topics from colloid and surface science. Theorex, La Jolla, California, pp 281–292

Lyklema J (1995) Fundamentals of interface and colloid science. II. Solid-liquid interfaces. Acad Press, London

Makino K, Yamamoto S, Fujimoto K, Kawaguchi H und Ohshima H (1994) Surface structure of latex particles covered with temperature-sensitive hydrogel layers. J Coll Interf Sci 166: 251–258

Mangelsdorf CS und White LR (1990) Effects of Stern-layer conductance on electrokinetic transport properties of colloidal particles. J Chem Soc Faraday Trans 86: 2859–2870

Matijević E (1977) The role of chemical complexing in the formation and stability of colloidal dispersions. J Coll Interf Sci 58: 374–389

Midmore BR, Diggins D und Hunter RJ (1989) The effect of temperature and ion type on the effective charge in polystyrene latices. J Coll Interf Sci 129: 153–161

Midmore BR und Hunter RJ (1988) The effect of electrolyte concentration and co-ion type on the ζ–potential of polystyrene latices. J Coll Interf Sci 122: 521–529

Miller NP, Berg JC und O'Brien RW (1992) The electrophoretic mobility of a porous aggregate. J Coll Interf Sci 153: 237–243

Mokvin LN, Godon LA und Epimakhova LV (1986) Thorough purification of water by an electroosmotic method. Part 1. J Appl Chem USSR (engl trans) 59: 484–487

Moleón Baca JA, Rubio Hernández FJ, de las Nieves López FJ und Hidalgo-Alvarez R (1991) Calculation of ζ-potential by non-equilibrium double layer theory in positive polystyrene model colloids. J Non-Equilib Thermodyn 16: 187–199

Morrison ID und Tarnawskyi CJ (1991) Toward self-consistent characterizations of low conductivity dispersions. Langmuir 7: 2358–2361

Morrison ID, Thomas AG und Tarnawskyi CJ (1991) A method to measure the average charge to mass ratio of particles in low-conductivity media. Langmuir 7: 2847–2852

Novotny V und Hair ML (1979) Simple electrical plateout method for measuring charge/mass of nonaqueous suspensions. J Coll Interf Sci 71: 273–282

O'Brien RW (1988) Electro-acoustic effects in a dilute suspension of spherical particles. J Fluid Mech 190: 71–86

O'Brien RW (1990) The electroacoustic equations for a colloidal suspension. J Fluid Mech 212: 81–93

O'Brien RW, Cannon DW und Rowlands WN (1995) Electroacoustic determination of particle size and zeta potential. J Coll Interf Sci 173: 406–418

O'Brien RW und White LR (1978) Electrophoretic mobility of a spherical colloidal particle. J Chem Soc Faraday Trans 2, 74: 1607–1626

Ohshima H (1994) Electrophoretic mobility of soft particles. J Coll Interf Sci 163: 474–483

Ohshima H (1995) a) Electrophoretic mobility of soft particles. Electrophoresis 16: 1360–1363

Ohshima H (1995) b) Electrophoresis of soft particles. Advan Coll Interf Sci 62: 189–235

Ohshima H, Healy TW und White LR (1983) Approximate analytic expressions for the electrophoretic mobility of spherical colloidal particles and the conductivity of their dilute solutions. Chem Soc, Faraday Trans 2, 79: 1613–1628

Ohshima H, Healy TW, White LR und O'Brien RW (1984) Sedimentation velocity and potential in a dilute suspension of charged spherical colloidal particles. J Chem Soc Faraday Trans 2, 80: 1299–1317

Onsager L (1926) Physik Z 27: 388 ff

Ottewill RH und Rance DG (1986) Studies on polytetrafluoroethylene latices. Part 3. Electrophoretic mobility in univalent electrolytes. Colloid Polym Sci 264: 982–991

Ottewill RH und Shaw JN (1967) Studies on the preparation and characterization of monodisperse polystyrene latices. Koll Z Z Polym 218: 34–40

Overbeek JTG und Bijsterbosch BH (1979) The electrical double layer and the theory of electrophoresis. In: Righetti PG; van Oss CJ; Vanderhoff JW (eds) Electrokinetic separation methods. Elsevier

Penrod SL, Olson TM und Grant SB (1995) Whole particle microelectrophoresis for small viruses. J Coll Interf Sci 173: 521–532

Porto A (1986) Scale-up aspects in electroosmotic dewatering. Adv Solid-Liquid Sep, 275–290

Put van der AG und Bijsterbosch BH (1983) Electrokinetic measurements on concentrated dispersions and their theoretical interpretation. J Coll Interf Sci 92: 499–507

Rosen LA und Saville DA (1990) The dielectric response of polystyrene latexes: effects of alterations in the structure of the particle surface. J Coll Interf Sci 140: 82–92

Rosen LA und Saville DA (1992) The electrokinetic response of surface-modified polymer latexes: effects of grafted water-soluble polymer and heat treatment. J Coll Interf Sci 149: 542–552

Rowlands WN und O'Brien RW (1995) The dynamic mobility and dielectric response of kaolinite particles. J Coll Interf Sci 175: 190–200

Rubio J und Goldfarb J (1971) Stability of colloidal silica in the presence of quaternary ammonium salts. J Coll Interf Sci 36: 289–291

Rubio J und Matijević E (1979) Interaction of metal hydrous oxides with chelating agents. J Coll Interf Sci 68: 408–421

Rutland MW und Pashley RM (1989) The charging properties of monodisperse colloidal silica in symmetrical quaternary ammonium ion solutions. J Coll Interf Sci 130: 448–456

Saville DA (1983) The electrical conductivity of suspensions of charged particles in ionic solutions: the role of added counterions and nonspecific adsorption. J Coll Interf Sci 91: 34–50

Schulz SF, Gisler T, Borkovec M und Sticher H (1994) Surface charge on functionalized latex spheres in aqueous colloidal suspensions. J Coll Interf Sci 164: 88–98

Semenikhin NM und Dukhin SS (1975) Kolloidn Zh 37: 1127–1132

Shilov NV und Dukhin SS (1970) Kolloidn Zh 32: 117

Siffert B und Fimbel P (1984) Paramters affecting the sign and the magnitude of the electrokinetic potential of calcite. Colloids Surfaces 11: 377–389

Siffert B, Jada A und Eleli Letsango J (1994) Location of the shear plane in the electrical double layer in an organic medium. J Coll Interf Sci 163: 327–333

Smoluchowski M von (1914) Elektrische Endosmose und Strömungsströme. Handbuch der Elektrizität und des Magnetismus. Vol II, S 366–428

Snowden MJ, Marston NF und Vincent B (1994) The effect of surface modification on the stability characteristics of poly(N-isopropylacrylamide) latices under Brownian and flow conditions. Colloid Polym Sci 272: 1273–1280

Spange S, Simon F, Heublein G, Jacobasch HJ und Börner M (1991) Donator acceptor behavior of aerosil in several organic liquids. Colloid Polym Sci 269: 173–178

Tagawa M und Watanabe A (1980) On electroosmotic washing. J Coll Interf Sci 75: 218–229

Tamai H, Niino K und Suzawa T (1989) Surface characterization of styrene/sodium styrenesulfonate copolymer latex particles. J Coll Interf Sci 131: 1–7

Tamai H, Nishida Y und Suzawa T (1991) Surface properties of micron-sized polystyrene latex particles prepared by seeded polymerization. J Coll Interf Sci 146: 288–290

Thomas F, Bottero JY und Cases JM (1989) An experimental study of the adsorption mechanisms. I, II. Colloids Surfaces A 37: 269–280; 281–294

Thomas F, Schouller E und Bottero JY (1995) Adsorption of salicylate and polyacrylate on mesoporous aluminas. Colloids Surfaces A 95: 271–279

Tiselius A (1937) A new apparatus for electrophoretic analysis of colloidal mixtures. Trans Faraday Soc 33: 524–531

Uzgiris EE (1981) Laser doppler spectroscopy: applications to cell and particle electrophoresis. Advan Coll Interf Sci 14: 75–171

Weber ME, Witwit SM und Mujumdor AS (1987) A model for electroosmotic dewatering under constant voltage. Drying Technol 5: 467–474

Wiersema PH, Loeb AL und Overbeek JTG (1966) Calculation of the electrophoretic mobility of a spherical colloidal particle. J Coll Interf Sci 22: 78–99

Xu Z und Yoon RH (1989) The role of hydrophobic interactions in coagulation. J Coll Interf Sci 132: 532–541

Xu Z und Yoon RH (1990) A study of hydrophobic coagulation. J Coll Interf Sci 134: 427–434

Zukoski CF und Saville DA (1985) An experimental test of electrokinetic theory using measurements of electrophoretic mobility and electrical conductivity. J Coll Interf Sci 107: 322–333

Zukoski CF und Saville DA (1986) The interpretation of electrokinetic measurements using a dynamic model of the Stern layer. I. The dynamic model. II. Comparisons between theory and experiment. J Coll Interf Sci 114: 32–44; 45–53

11 Stabilitätsmessungen

11.1 Methoden

Elektrostatisch stabilisierte Dispersionen werden durch Zugabe von Salzen, pH-Änderung und durch Zusatz von Flüssigkeiten mit niedrigen Dielektrizitätskonstanten destabilisiert (Kap. 3.9). Sterisch stabilisierte Dispersionen sprechen weniger auf Salzzusatz an, reagieren aber auf eine Verschlechterung der Lösungsmittelgüte und können mit steigender oder sinkender Temperatur instabil werden (Kap. 4.11).

Die experimentellen Bedingungen, die zur Koagulation oder Flockung einer Dispersion führen, können phänomenologisch bestimmt werden, indem das Verhalten der Dispersionen direkt beobachtet wird (Kap. 11.2). Häufig wird die Aggregation der Teilchen photometrisch verfolgt (Kap. 11.3, 11.4, 11.5). Zur Untersuchung von Latexdispersionen wird gerne die Turbiditäts-Wellenlängen-Methode (Kap. 11.6) benutzt. Das Erstarren der Teilchenbewegung bei der Koagulation läßt sich im Ultramikroskop gut erkennen und wurde u. a. bei Rutildispersionen beschrieben (Ehringhaus, 1934; s. a. Kap. 12.2.4, S. 455). Der Vorgang kann mit Videoaufnahmen bequem demonstriert werden.

Zu erwähnen sind noch die direkte Kraftmessung zwischen makroskopischen Oberflächen (Israelachivili, 1994; Claesson et al., 1996) oder im AFM (atomic force microscope, Veeramasuneni et al., 1996) und die Kompressionsmethoden (Barclay und Ottewill, 1970; Ottewill, 1977; Homola und Robertson, 1976; Gilányi et al., 1984; Tombácz et al., 1993).

11.2 Reagenzglastest

Die Destabilisierung einer kolloidalen Dispersion ist mit dem Auge zu beobachten. Es bilden sich feinteilige bis voluminöse Flocken, die sich zu einem Sediment absetzen, sofern die Dichteunterschiede zwischen dem Feststoff und dem Dispersionsmittel genügend groß sind. Bei wäßrigen Latexdispersionen (Dichte von Polystyrol 1,05 g/cm^3) setzen sich die Flocken oft nicht ab oder schwimmen auf.

Üblicherweise bereitet man eine Reihe von standfesten Tablettenröhrchen, früher meist Reagenzgläsern (Name!) vor, in die z. B. 2 mL der Dispersion gefüllt werden. Dann werden jeweils 2 mL Salzlösung steigender Konzentration zugegeben (Abb. 11.1a). Nach kräftigem Durchschütteln bleiben die Gläschen bei einigermaßen konstanter Temperatur in Ruhe zur Beobachtung stehen. Die

Destabilisierung läßt sich meistens schon in den ersten Minuten, manchmal aber auch erst nach Stunden durch zunehmende Trübung der Dispersion erkennen. Nach etwa 24 Stunden wird festgestellt, bei welcher Salzkonzentration die Dispersion koaguliert (Abb. 11.1b, c). Es lohnt sich, die Dispersion innerhalb dieser Zeit mehrfach anzuschauen, aber auch, sie noch länger stehen zu lassen (s. u.).

Der Feststoffgehalt der Dispersion soll möglichst gering sein, damit sich die Teilchen nicht gegenseitig behindern, aber doch so hoch, daß die einsetzende Koagulation durch eine deutliche Trübung der Dispersion bemerkbar wird. Für dispergierte anorganische Feststoffe eignen sich Massenanteile um 0,02 %, bei Latexdispersionen soll der Volumenbruch etwa 10^{-4} bis $5 \cdot 10^{-4}$ betragen.

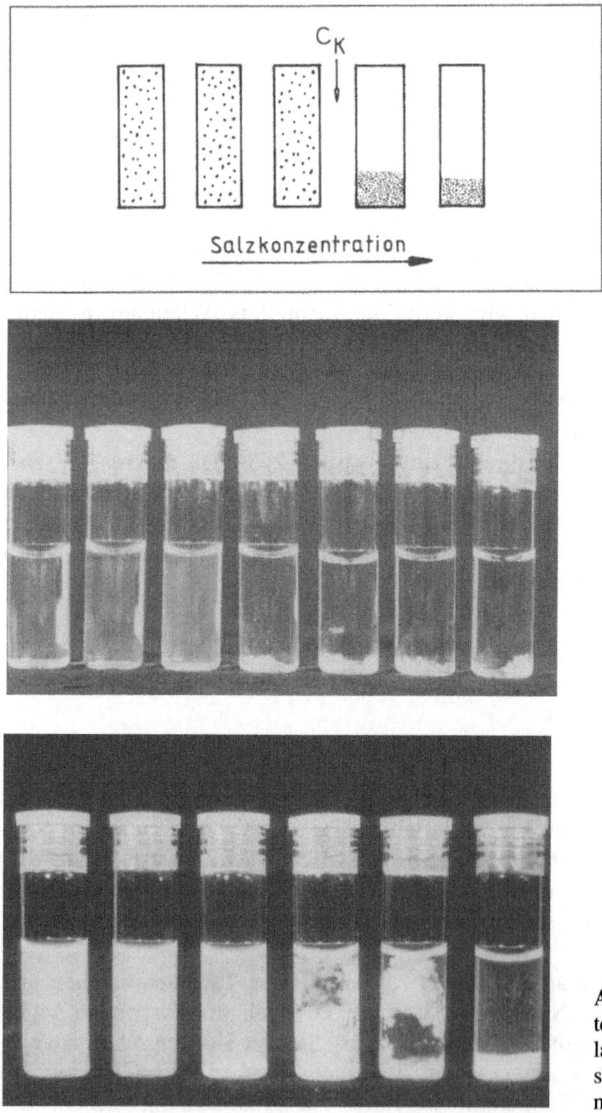

Abb. 11.1 a–c. Reagenzglastest. **a** schematisch; **b** Koagulationsserie von Latexdispersionen mit Bildung von Sedimenten oder **c** Flocken.

Die Konzentrationsschritte der Salzlösungen können zuerst groß gewählt werden, um die Konzentrationen herauszufinden, die die kritische Koagulationskonzentration c_K einschließen. Darauffolgend wird der Bereich um den c_K-Wert mit kleineren Konzentrationsschritten abgedeckt.

Aus der kritischen Koagulationskonzentration wird nach den Gleichungen 3.1 bzw. 3.2 bei bekannter Hamaker-Konstante die Größe $\gamma = (e^{z/2} - 1)/(e^{z/2} + 1)$ und aus z das Stern-Potential berechnet: $\psi_d = zRT/vF$.

Für eine anionische Latexdispersion wurden folgende kritische Salzkonzentrationen gefunden (Zimehl und Lagaly, 1986):

$NaCl$: $c_K = 437$ mmol/L
$BaCl_2$: $c_K = 24$ mmol/L
$LaCl_3$: $c_K = 0{,}42$ mmol/L

Es ist

$$c_K = 3{,}837 \cdot 10^{-39} \gamma^4 / A^2 v^6 \quad [\text{mol/L}] \tag{3.1b}$$

Mit $A = 10^{-20}$ J für Latex erhält man:

$$\gamma^4 = 0{,}02606 \; v^6 c_K,$$

für NaCl: $\gamma^4 = 0{,}02606 \cdot 0{,}473 = 0{,}01233$
$\gamma = -0{,}3332.$
Aus $\gamma = (e^{z/2} - 1)/(e^{z/2} + 1)$
folgt $z = 2 \ln(1 + \gamma)/(1 - \gamma)$ (11.1)
somit ist $z = -1{,}39$
und

$$\psi_d = -z\frac{RT}{vF} = -1{,}39 \cdot 25{,}7 \text{ mV} = -35{,}6 \text{ mV}.$$

Entsprechend erhält man für $BaCl_2$:

$\gamma^4 = 0{,}02606 \cdot 2^6 \cdot 0{,}024 = 0{,}0400$
$\gamma = -0{,}4473$
$z = -1{,}93$, $\psi_d = -1{,}93 \cdot 25{,}7/2 = -24{,}7$ mV

und $LaCl_3$:

$\gamma^4 = 0{,}02606 \cdot 3^6 \cdot 0{,}00042 = 0{,}00798$
$\gamma = -0{,}2989$
$z = -1{,}23$, $\psi_d = -1{,}23 \cdot 25{,}7/3 = -10{,}6$ mV.

Wie erwartet nehmen die Stern-Potentiale mit der Wertigkeit ab, da die Adsorption in der Stern-Schicht mit der Wertigkeit steigt.

Neben der Messung der kritischen Salzkonzentrationen sollte auch die Art der Flockenbildung (sehr feinteilige Flocken bis zu großen, wattebauschartigen Aggregationen) und die des Sediments[1)] beobachtet werden. Es können dicht gepackte Sedimente entstehen, die ein nur kleines Volumen einnehmen und deren Oberflä-

1) Mit „Sediment" wird hier recht allgemein das Volumen bezeichnet, das von den destabilisierten kolloidalen Teilchen eingenommen wird.

che sich beim Bewegen des Teströhrchens nicht ändert, oder voluminöse, lockere Sedimente, die leicht aufzuschütteln sind, aber auch Sedimente, die wie eine Flüssigkeit der Bewegung des Röhrchens folgen. Die Sedimente sollten auch bei Salzkonzentrationen > c_K beobachtet werden, da sich ihre Struktur (dicht, locker, gelartig) und ihr Volumen mit der Salzkonzentration ändern können (Kap. 12.1).

Viele Stoffe, vor allem aus anisometrischen Teilchen, bilden bei etwas höheren Feststoffgehalten Gele (Kap. 3.5, 12.2). Diese können sich sowohl bei abstoßenden wie auch bei leicht attraktiven Wechselwirkungskräften bilden. Die zur Gelbildung notwendigen Salzkonzentrationen sind meistens verschieden von den c_K-Werten.

Voluminöse und gelartige Sedimente sind nicht immer klar zu unterscheiden. Gelartig bedeutet, daß das Sediment eine gewisse mechanische Stabilität besitzt, also der Bewegung des Teströhrchens kaum folgt und schwerer aufzurühren ist als ein lockeres Sediment aus einzelnen Flocken.

Der Reagenzglastest kann mit einer einfachen photometrischen Messung verbunden werden. Zur Beurteilung der Koagulation wird die mehr oder weniger klare Flüssigkeit von den gebildeten Koagulationsprodukten abgetrennt und ihre Durchlässigkeit im Photometer (Wellenlänge meist um 500 nm) gemessen. Unter Umständen müssen die Ansätze kurzzeitig (einige Minuten) bei *niedriger* Geschwindigkeit zentrifugiert werden, um die Abtrennung der Koagulationsprodukte zu erleichtern.

Aufgetragen wird die Extinktion E (optische Dichte) (Kap. 8.5):

$$E = \lg I_0/I \tag{11.2}$$

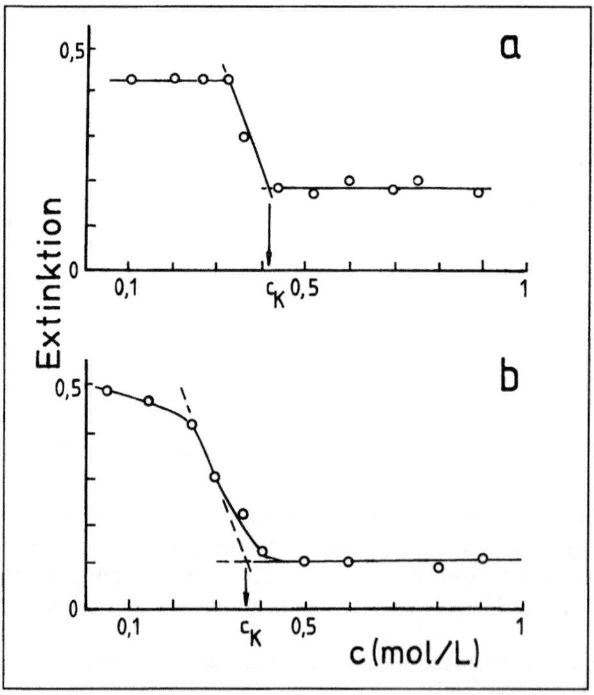

Abb. 11.2. Kombination des Reagenzglastests mit Trübungsmessungen. Es wird die Extinktion E des abgetrennten Serums gemessen. a, b) zwei verschiedene Latexdispersionen (emulgatorfrei hergestellt), koaguliert mit NaCl.

gegen die Salzkonzentration (Abb. 11.2). In dem Maße, wie die Teilchen koagulieren, wird das Serum optisch klarer. Die kritische Salzkonzentration wird durch Extrapolation (Abb. 11.2) festgelegt.

Wie gerade für die Destabilisierung durch Salz beschrieben, können entsprechende Untersuchungen in Abhängigkeit von anderen Parametern (pH-Wert, Lösungsmittelzusammensetzung, Lösungsmittelgüte bei sterisch stabilisierten Dispersionen) durchgeführt werden. Ebenso läßt sich der Temperatureinfluß (vor allem bei sterisch stabilisierten Dispersionen, Kap. 4.7) untersuchen, wenn die Teströhrchen in ein thermostatisiertes Wasserbad in einer durchsichtigen Glaswanne eingestellt werden.

Trotz der einfachen experimentellen Technik sollte die Bedeutung des Reagenzglastestes nicht unterschätzt werden. Gerade in komplizierten Systemen (z. B. in Gegenwart organischer Stoffe) können langsame Veränderungen verfolgt werden, die bei photometrischen Messungen nicht erkannt werden (vgl. Kap. 11.3).

11.3 Turbiditätsdiagramme

Bei der Vergrößerung der Aggregate im Bereich der c_K nimmt die optische Dichte zu. Daher kann die kritische Koagulationskonzentration durch photometrische Messung der Turbidität τ (Kap. 8.5) bestimmt werden (Bibeau und Matijević, 1973; Zimehl und Lagaly, 1986):

$$\tau L = \ln I_0/I = 2{,}303 \lg I_0/I = 2{,}303\, E \qquad (11.3)$$

(L: Schichtdicke der Dispersion, Küvettenlänge). Aufgetragen wird τ_0/τ, wobei τ_0 und τ die Turbiditäten vor und nach Salzzusatz sind. Um reproduzierbare Ergebnisse zu erhalten, wird die Turbidität nach einer konstanten Zeit, z. B. nach einer Minute, gemessen. Da $\tau > \tau_0$ ist, nimmt τ_0/τ mit der Salzkonzentration ab und erreicht bei c_K einen konstanten Wert.

Abbildung 11.3 zeigt einige Meßbeispiele für zwei Latexdispersionen, die in Gegenwart von Harnstoffen durch Zusatz von KCl koaguliert wurden. Latex 1 war ein emulgatorfrei hergestellter Polystyrollatex mit $K_2S_2O_8$ als Initiator und einem mittleren Teilchendurchmesser von 90 nm. Latex 3 war ein haariger Latex (Kap. 6.5), hergestellt durch Copolymerisation von Styrol und 4-Vinylbenzolsulfonat, mit einem mittleren Teilchendurchmesser von 290 nm (Zimehl und Lagaly, 1987). Die c_K-Werte sind durch Pfeile gekennzeichnet. Der Zusatz der Harnstoffe veränderte die c_K-Werte von Latex 1 nur wenig. In Wasser war c_K = 290 mmol/L (lg [mM KCl] = 2,46). Der haarige Latex hatte eine deutlich höhere Koagulationskonzentration in Wasser (c_K = 850 mmol/L; lg [mM KCl] = 2,93), die durch Harnstoff und Ethylharnstoff auf etwa 1000 mmol/L erhöht wurde. Dagegen wirkte Butylharnstoff ausgeprägt stabilisierend, die Dispersion war auch mit 2000 mmol/L KCl nicht zu koagulieren. Die Ursache dürfte eine Versteifung der haarigen Hülle durch eingelagerte Butylharnstoffmoleküle sein (Zimehl und Lagaly, 1987).

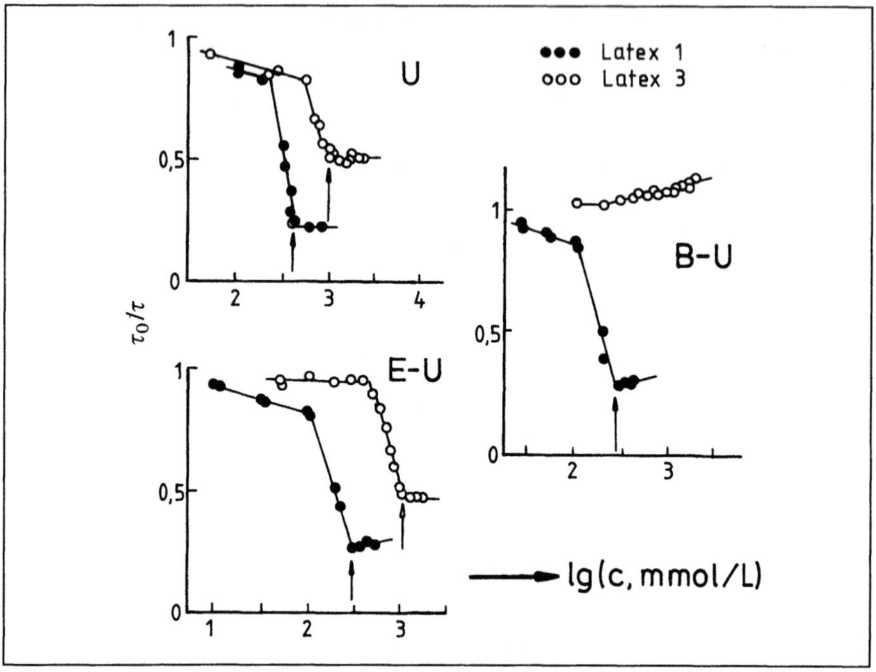

Abb. 11.3. Turbiditätsdiagramme (τ_0/τ gegen Salzkonzentration) zweier Latexdispersionen bei der Koagulation mit KCl in Gegenwart von 0,3 M Harnstofflösungen. Latex 1 ist ein emulgatorfrei hergestellter Latex. Latex 3 ist elektrosterisch stabilisiert (Copolymer von Styrol und 4-Vinylbenzolsulfonat). U = Harnstoff, E-U = Ethylharnstoff, B-U = Butylharnstoff (Zimehl und Lagaly, 1987).

Jeffrey und Ottewill (1988) schlugen vor, die Turbidität τ bei zwei verschiedenen Wellenlängen zu messen und den Quotienten:

$$T = \tau_1 \lambda_1 / \tau_2 \lambda_2 \qquad (11.4)$$

zur Verfolgung der Koagulation heranzuziehen. Die Wellenlängen sind so auszusuchen, daß T über einen weiten Bereich möglichst linear mit zunehmendem Teilchendurchmesser abnimmt. Für Latices bis zu einem Teilchenradius von 0,7 μ sind die Wellenlängen $\lambda_1 = 400$ nm und $\lambda_2 = 600$ nm oder 760 nm geeignet. Beim Auftragen von T gegen die Salzkonzentration entstehen ähnliche Kurven wie in Abb. 11.3.

Gelegentlich wird das Rayleigh-Verhältnis statt τ angegeben. Nach der Rayleigh-Theorie ist die in einem Winkel θ und im Abstand r registrierte Intensität I_θ des gestreuten Lichts (s. z. B. Hunter, 1991, I, S. 72, 151 ff):

$$\frac{I_\Theta}{I_0} = \frac{\pi^2 (n^2 - n_0^2)^2}{2\lambda^4 N r^2} (1 + \cos^2 \Theta). \qquad (11.5a)$$

I_0 ist die Intensität des einfallenden Lichtes der Wellenlänge λ, N die Zahl der Teilchen pro Volumeneinheit, n und n_0 sind die Brechungsindices der Teilchen und des Dispersionsmittels. Das Rayleigh-Verhältnis ist definiert als:

$$R_\Theta = \frac{\pi^2(n^2 - n_0^2)^2}{2\lambda^4 N}(1 + \cos^2\Theta) = \frac{I_\Theta}{I_0}r^2, \tag{11.5b}$$

weiterhin ist:

$$R_\Theta = R_{90}(1 + \cos^2\Theta). \tag{11.5c}$$

Das Rayleigh-Verhältnis für die Streuintensität bei $\Theta = 90°$ ist mit der Turbidität verbunden (Hunter, 1991, S. 153 f):

$$\tau = \frac{16\pi}{3}R_{90}. \tag{11.5d}$$

Dem Reagenzglastest, den Turbiditätsmessungen und den photometrischen Messungen liegen unterschiedliche Zeitskalen zugrunde. Daher ist es nicht verwunderlich, wenn die ermittelten c_K-Werte nicht genau übereinstimmen. Die Unterschiede können zuweilen beachtlich sein, z. B. im obigen Beispiel bei Latex 3. Aus den Turbiditätsmessungen wurden deutlich höhere c_K-Werte (bis Faktor 2 und mehr) gewonnen als aus den Reagenzglastests (Zimehl und Lagaly, 1987). Die Ursache mag in den Konformationsänderungen der Makromoleküle an der Teilchenoberfläche liegen. In der Zeitskala der Turbiditätsmessungen kommt es eher zu einer Nichtgleichgewichtsflockung (Kap. 4.4.2, S. 130) als beim Reagenzglastest, bei dem genügend Zeit für Konformationsänderungen der Makromoleküle besteht. Durch Zusatz von KCl werden die negativen Ladungen der Haare abgeschirmt, die Makromoleküle knäueln sich stärker, wodurch sich der Beitrag der sterischen Stabilisierung ändert. Bei den Turbiditätsmessungen erfolgt die Messung so schnell, daß diese Veränderungen nicht vollständig ablaufen. Die makromolekulare Hülle ist noch weiter ausgedehnt und stabilisiert stärker, die c_K-Werte liegen höher.

11.4 Photometrische Bestimmung der kritischen Koagulationskonzentration und des Stabilitätsfaktors

Beim Zusammenlagern der Teilchen zu größeren Aggregaten nimmt die Extinktion (optische Dichte) zunächst linear mit der Zeit zu. Die Kurven biegen nach kurzer Zeit (Sekunden bis Minuten) ab, da die optische Dichte bei größeren Aggregaten nicht mehr linear mit deren Größe zunimmt, sondern sich wellenartig ändert (Kap. 11.5).

Bei Teilchen mit Durchmessern < $\lambda/10$ ist die Turbidität τ der Dispersion im Bereich der Rayleigh-Streuung (Kap. 8.5):

$$\tau = AN_0V_0^2. \tag{11.6a}$$

Darin ist N_0 die Zahl der Einzelteilchen, V_0 das Volumen eines Teilchens. A ist eine optische Konstante, die die Wellenlänge λ des eingestrahlten Lichtes und die Brechungsindices n, n_0 der Teilchen bzw. des Dispersionsmittels enthält:

$$A = \frac{24\pi^3 N_0^4}{\lambda^4}\left(\frac{n^2 - n_0^2}{n^2 + 2n_0^2}\right)^2. \tag{11.6b}$$

Bei beginnender Aggregation ändert sich die Turbidität mit der Zeit (Oster, 1947; Ottewill und Watanabe, 1960):

$$\tau = AN_0V_0^2(1 + kN_0t) = AN_0V_0^2\left(1 + \frac{k_0}{W}N_0t\right). \tag{11.6c}$$

Daraus folgt, daß im linearen Anfangsbereich der Trübungskurven die zeitliche Änderung der Extinktion, $E = \tau/2{,}303$, proportional zur Geschwindigkeitskonstante des bimolekularen Stoßprozesses ist (Kap. 2.6.3) (Ottewill und Watanabe, 1960a, b; Ottewill und Shaw, 1966; Mathai und Ottewill, 1966; Sonntag und Strenge, 1987, S. 9ff):

$$(\mathrm{d}E/\mathrm{d}t)_{c,t\to 0} = Ak_0c_s^2/2{,}303W\rho^2 \tag{11.7a}$$

Darin ist c_s der Feststoffgehalt der Dispersion, ρ die Dichte der Teilchen. Allgemein ausgedrückt:

$$(\mathrm{d}E/\mathrm{d}t)_{c,t\to 0} = K/W \tag{11.7b}$$

oder

$$\lg(\mathrm{d}t/\mathrm{d}E)_{c,t\to 0} = \lg W - K. \tag{11.7c}$$

Reerink und Overbeck (1954) berechneten den Zusammenhang zwischen W und der Salzkonzentration nach Gleichung 2.39, wobei anstelle von V_T das Maximum $V_{T,max}$ eingesetzt wurde (Kap. 2.6.3, S. 53). Zur Berechnung von V_T bzw. der Barriere $V_{T,max}$ wurden die Beziehungen 2.16 und 2.26 verwandt. Die Autoren erhielten die seitdem oft benutzte Beziehung:

$$\mathrm{d}\lg W/\mathrm{d}\lg c = -2{,}15\cdot 10^7 a\gamma^2/v^2. \tag{2.39}$$

Da $\mathrm{d}\lg W/\mathrm{d}\lg c$, wie gleich gezeigt, einfach zu messen ist, läßt sich aus Gleichung 2.39 $\gamma = (e^{z/2} - 1)/(e^{z/2} + 1)$ und damit das Stern- bzw. Oberflächenpotential $\psi_d = zRT/vF$ ermitteln.

Experimentell wird die zeitliche Änderung der optischen Dichte in Abhängigkeit von der Salzkonzentration in einen Photometer (nächstes Kapitel) bei konstanter Wellenlänge, z. B. 500 nm, gemessen (Abb. 11.4a). Es entsteht eine Schar von Kurven, die mit einem linearen Anstieg beginnen. Oberhalb einer kritischen Salzkonzentration fallen die Kurven in ihrem Anfangsbereich zusammen. Aus dem linearen Anfangsteil der Kurven wird $(\mathrm{d}E/\mathrm{d}t)_{c,t\to 0}$ ermittelt und in Form von lg $(\mathrm{d}t/\mathrm{d}E)_{c,t\to 0}$ aufgetragen. Es entsteht eine Gerade, die bei einer bestimmten Salzkonzentration in eine Parallele zur Konzentrationsachse einbiegt. Bei dieser Konzentration ist die maximale Koagulationsgeschwindigkeit (fast coagulation) erreicht: $\lg W = 0$, $W = 1$. Der Schnittpunkt beider Geraden liefert daher die kritische Koagulationskonzentration (Abb. 11.4b). Bei Salzkonzentrationen $< c_K$ ist $\lg W$ als Differenz zwischen beiden Geraden zu entnehmen (Abb. 11.4b).

Eine gleichartige Kurve wie in Abb. 11.4b wird beim Auftragen von $\lg W$ gegen $\lg c$ erhalten (Abb. 11.4c). Der Knickpunkt bzw. der Schnittpunkt der beiden

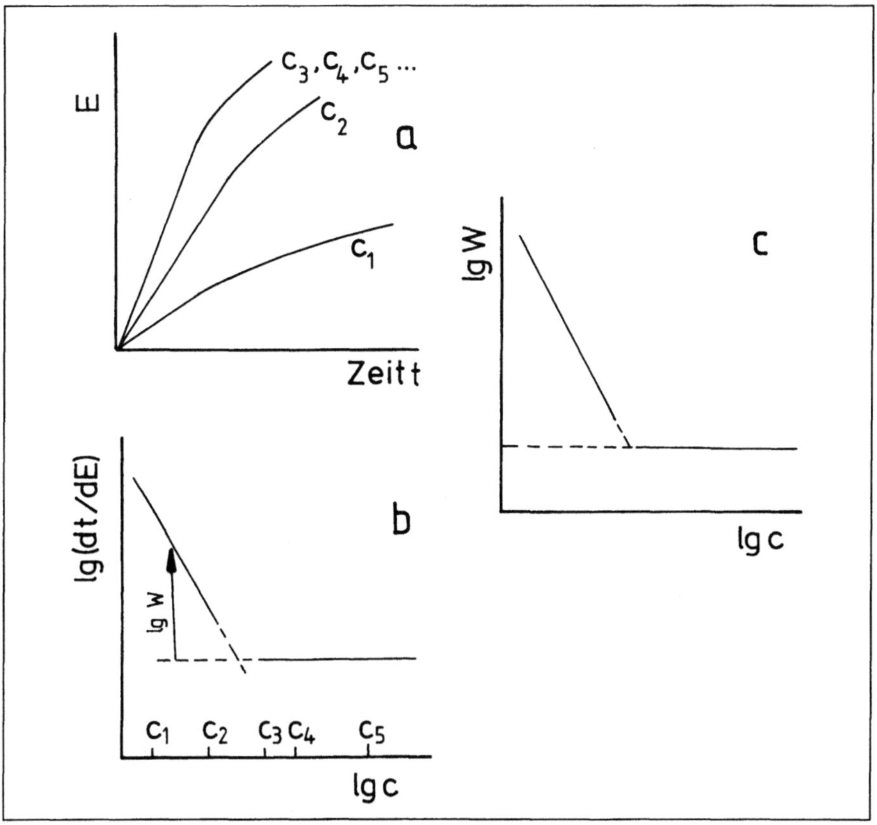

Abb. 11.4a–c. Photometrische Ermittlung des Stabilitätsfaktors aus der zeitlichen Änderung der Extinktion E (optischen Dichte): **a** Änderung der Extinktion E mit der Zeit t bei verschiedenen Salzkonzentrationen c. **b** Aus **a** wird $(\mathrm{d}E/\mathrm{d}t)_c$ entnommen und $\lg(\mathrm{d}t/\mathrm{d}E)_c$ als Funktion von $\lg c$ aufgetragen; **c** aus **b**) wird $\lg W$ entnommen und gegen $\lg c$ aufgetragen.

Geraden ergibt wiederum die kritische Salzkonzentration. Die Steigung $\mathrm{dlg}W/\mathrm{dlg}c$ wird nach Gleichung 2.39 ausgewertet.

Eine Latexdispersion mit Teilchen von 90 nm = $90 \cdot 10^{-7}$ cm Durchmesser wurde durch 47 mM $MgCl_2$-Lösung koaguliert (Zimehl und Lagaly, 1986). Die Steigung war $\mathrm{dlg}W/\mathrm{dlg}c = -7{,}00$.

Aus Gleichung 2.39 erhält man

$$\gamma^2 = \frac{7,00 \cdot 2^2}{2,15 \cdot 45} = 0{,}2894$$

$$\gamma = -0{,}5380;\ z = -2{,}41;\ \psi = -30{,}9 \text{ mV}.$$

Die Hamaker-Konstante kann jetzt bei bekanntem γ aus dem c_K-Wert nach Gleichung 3.1b erhalten werden:

$$A^2 = 3{,}837 \cdot 10^{-39} \gamma^4 / c_K v^6 \text{ [J]}$$

$$A = 1{,}03 \cdot 10^{-20} \text{ [J]}.$$

Kurven wie in Abb. 11.4c werden oft in der Literatur dargestellt. Abbildung 3.9 von S. 86 zeigt solche Kurven für die Koagulation von Teflonlatices mit NaCl in Abhängigkeit vom pH-Wert.

In praktischen Fällen sind die Kurven oft nicht so ideal wie in Abb. 11.4b bzw. 11.4c gezeigt. Die Abweichungen sind offenbar spezifisch für bestimmte Systeme und können mit speziellen Koagulationsmechanismen zusammenhängen. Manchmal verläuft die Kurve $\lg W = f(\lg c)$ zunächst flacher und sinkt erst oberhalb einer gewissen Salzkonzentration linear mit dieser ab. Möglicherweise bilden sich zunächst kleine Aggregate, die nur langsam weiterwachsen. Killmann und Adolph (1995) (s. Kap. 11.7) beobachteten bei Stabilitätsmessungen mit Photonenkorrelationsspektroskopie, daß SiO_2-Dispersionen in Gegenwart von Polyethylenglycolen mit Molmassen um 27 000 und 50 000 bei niedrigen NaCl-Konzentrationen kleine Aggregate bildeten, die in der Meßzeit (bis 30 Minuten) nicht weiterwuchsen. Ursache könnte eine ungleichmäßige Verteilung der Ladungen sein, die schon bei niedrigen Salzkonzentrationen zu einer gewissen Zusammenlagerung von Teilchen führt. Ungleichmäßig geladene Teilchen werden sich bei den niedrigsten Salzkonzentrationen so zusammenlagern, daß die hochgeladenen Bereiche nach außen gerichtet sind. Die endgültige Koagulation zwischen diesen Aggregaten erfolgt dann bei einer etwas höherer Salzkonzentration.

Die Kurve $\lg(\mathrm{d}t/\mathrm{d}E) = f(\lg c)$ knickt manchmal nicht scharf in einem Punkt ab, sondern ist ausgerundet, der c_K-Wert wird dann durch Extrapolation der beiden Geraden bestimmt. Dieser Effekt dürfte in den meisten Fällen mit unzureichender Genauigkeit bei der Messung zusammenhängen, da sich die Steigungen der Kurven $E = f(t)$ im Bereich der c_K nur geringfügig unterscheiden (Abb. 11.4a).

Allgemein ist bei der Auswertung der photometrischen Messungen zu bedenken, daß Reerink und Overbeek (1954) von Näherungsbeziehungen ausgingen (Gleichungen 2.16 und 2.26). Nach Honig et al. (1971) wirkt sich der hydrodynamische Effekt (Kap. 2.6.3) wohl kaum auf die Steigung der $\lg W$-Kurven aus, da die Koagulationsgeschwindigkeit sowohl bei der schnellen wie auch bei der langsamen Koagulation in etwa gleicher Weise verringert wird. Dagegen verändern sich die Steigung der Kurve und der c_K-Wert, wenn der Einfluß der Ladung der kolloidalen Teilchen und der Größe der Gegenionen auf den hydrodynamischen Effekt berücksichtigt werden. Die Kurve wird umso steiler und der c_K-Wert umso höher, je kleiner das Ion ist (größerer hydrodynamischer Widerstand) (Kap. 2.6.3, S. 53; Kap. 3.2). Bei der Auswertung des lg$W$(lg$c$)-Diagramms nach Gleichung 2.39 und der c_K-Werte nach Gleichung 3.1b erhält man scheinbar höhere Oberflächenpotentiale. Es ist daher zunächst nicht ohne weiteres zu entscheiden, ob die Abnahme des Oberflächenpotentials mit zunehmender Ionengröße (Kap. 3.2) eine Folge des diskutierten Effekts oder einer zunehmenden spezifischen Adsorption der Gegenionen ist. Nach van de Ven (1988) sollte c_K linear mit abnehmendem Reibungskoeffizienten kleiner werden. Für $Li^+ \rightarrow K^+$ wird dies öfter gefunden, während Rubidium- und Cäsiumgegenionen im Vergleich zu diesen Ionen zu kleine c_K-Werte haben: Ein sicheres Anzeichen, daß bei diesen Ionen auch spezifische Adsorption eine Rolle spielt.

Fernández-Barbero et al. (1994) berücksichtigten bei der Auswertung von lg$W$(lg$c$)-Kurven von Latices den hydrodynamischen Effekt und folgerten, daß dieser bei der Ermittlung des numerischen Wertes der Hamaker-Konstante zu berücksichtigen sei. Allerdings benutzten die Autoren Gleichung 2.36c, jedoch mit 1 im Nenner, d. h. die Van-der-Waals-Wechselwirkung wurde im Gegensatz zu den Arbeiten von Honig et al. (1971) nicht korrekt berücksichtigt. Weiterhin wurde das elektrokinetisch gemessene Zetapotential unter Berücksichtigung der Oberflächenleitfähigkeit (Kap. 10.5.2) anstelle des Stern-Potentials eingesetzt.

Wie aus Kap. 3.11 und 4.4 bekannt, können Polymere sehr wirksame Destabilisatoren sein. Die dazu notwendigen kritischen Polymerkonzentrationen sind durchweg sehr niedrig. Oft tritt bei höheren Polymerkonzentrationen Restabilisierung ein. Die Stabilitätsbereiche können wie bei der Salzkoagulation über Reagenzglastests und photometrische Methoden ermittelt werden. Die Diagramme $\lg(\mathrm{d}t/\mathrm{d}E) = f(\lg c)$ bzw. $\lg W = f(\lg c)$ haben bei der kritischen Flockungskonzentration ein Minimum, wenn Restabilisierung durch sterische Wechselwirkung erfolgt (vgl. z. B. Williams und Ottewill, 1971).

11.5 Durchführung photometrischer Messungen

Die photometrische Verfolgung des Koagulationsvorganges kann mit jedem Photometer durchgeführt werden, bei dem die optische Dichte (Extinktion) bei einer festen Wellenlänge (meist um 500 nm) gemessen wird. Üblicherweise werden Küvetten der Länge 1 cm benutzt. Dispersionen müssen wie beim Reagenzglastest kräftig verdünnt sein (etwa 0,02 % Massenanteile, bei Latices Volumenbrüche von etwa 10^{-4} bis $5 \cdot 10^{-4}$ *nach* Zusatz der Salzlösung).

In der Küvette wird 1 mL Dispersion vorgelegt. Nach Zusatz von 1 mL Salzlösung muß die Zunahme der Trübung sofort, d. h. innerhalb der ersten Sekunden, gemessen werden. Der Anschluß des Photometers an einen Schreiber oder die Computerverarbeitung des Meßsignals ist daher unerläßlich. Die sofortige Messung der Durchlässigkeit bedeutet aber auch, daß die Salzlösung so schnell wie möglich zuzusetzen und mit der Dispersion zu vermischen ist. Von diesem Vorgang hängt die Qualität der Messung entscheidend ab. Daher wurden verschiedene Mischvorrichtungen entwickelt, um den Salzzusatz möglichst gut zu standardisieren (z. B. „T-Mischer“: Bensley und Hunter, 1982; Couette-Technik: Cowell und Vincent, 1983). Für umfangreiche Serienmessungen sind diese Hilfsmittel oft zu umständlich. Nach unseren Erfahrungen erreicht man am schnellsten eine gute Durchmischung, wenn die Dispersion nach Zugabe der Salzlösung in die Pipette zurückgesaugt und erneut in die Küvette gespritzt wird.

Bewährt hat sich ein selbstgebautes Photometer mit 16 unabhängigen Meßstrecken (Abb. 11.5). Damit kann eine größere Zahl von Proben gemessen und der Koagulationsvorgang über eine längere Zeit verfolgt werden. Bei manchen tensid- und polyelektrolytstabilisierten Dispersionen oder bei Zusatz organischer Cosolvenzien wurden deutliche Verzögerungen bei der Salzkoagulation beobachtet, die eine länger andauernde Registrierung der optischen Durchlässigkeit erforderten.

Beim Bau wurde auf eine teure und aufwendige Optik zugunsten einer größeren Anzahl unabhängiger Meßstrecken verzichtet. Außerdem sollte ein möglichst geringer Öffnungswinkel der Lichtquelle und des Detektors den Fehler der Intensitätsmessung minimieren, der durch Streuung an großen Partikeln in Vorwärtsrichtung (Staub, Koagulationsprodukte) entsteht. In jeder Meßstrecke dient eine besondere lichtstarke Lumineszenzdiode als Lichtquelle, deren Intensität durch eine Photodiode mit anschließendem Regelkreis stabilisiert wird. Mit der sendeseitigen Blendenkombination wird eine Winkelauflösung von etwa 0,9° Halbwinkel erreicht. Auf der Empfangsseite sind Blenden für die Selektion eines etwa

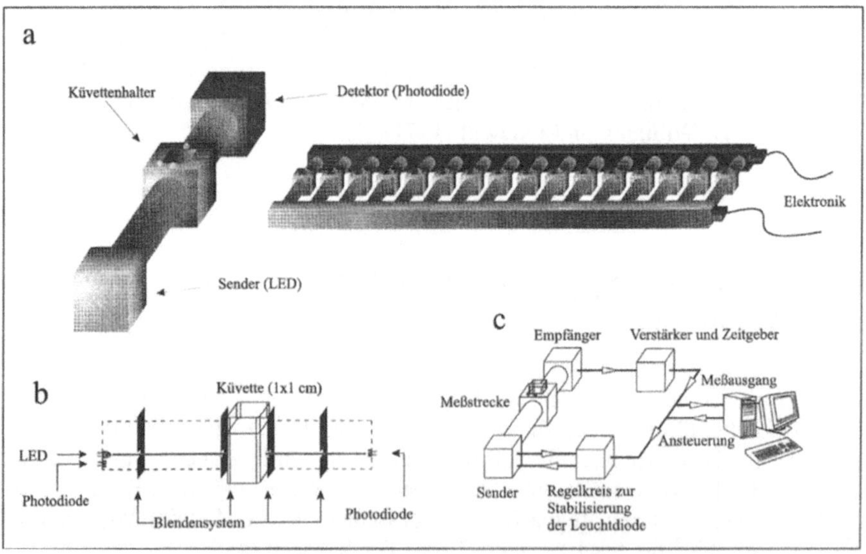

Abb. 11.5. Schematischer Aufbau eines Vielkanalphotometers (Institut für Anorganische Chemie der Universität Kiel): **a** sechzehn parallele Meßstrecken, **b** Strahlengang und Blendensystem, **c** Regelung und Messung.

gleich großen Halbwinkels angeordnet. Die Blenden im Inneren der beiden Teilstücke sollen Reflexionen an der Innenwand unterdrücken. Die anschließende Photodiode mit nachgeschaltetem Vorverstärker liefert ein intensitätsproportionales Signal, das über einen Datenüberträger dem A/D-Wandler zugeführt wird. Die Daten werden im Computer verarbeitet. Die Summe der beiden sende- und empfangsseitig selektierten Halbwinkel ergibt unter Berücksichtigung der Brechung an der Küvettenwandung etwa 1,4°. Numerische Rechnungen nach der Mie-Streutheorie ergeben für Latexpartikel mit Radien < 1 µm einen Fehler der empfangsseitigen Intensität von weniger als 1,5 %.

Ditter et al. (1982) sowie Horn et al. (1986) beschrieben ein laseroptisches Verfahren zur In-situ-Verfolgung von Flockungsvorgängen, das auch für höher konzentrierte Dispersionen eingesetzt werden kann. Ein Laserstrahl (z. B. ein 0,5 mW He-Ne Laser) wird in den Mittelpunkt einer Durchflußzelle fokussiert. Teilchen, die durch den Fokusbereich strömen, schwächen das von einem Photomultiplier empfangene Laserlicht durch Streuung und Absorption. Die vom Photomultiplier aufgenommenen, fluktuierenden Signale werden in einem modifizierten Pulshöhenanalysator verarbeitet. Das Einsetzen der Koagulation oder Flockung ist an einer deutlichen Zunahme der Pulsamplitude zu erkennen. Gemessen wird entweder im geschlossenen System, indem die Dispersion durch die Meßzelle gepumpt wird, oder in offenen Systemen. Das Meßsystem kann zur Betriebskontrolle eingesetzt werden.

Da mit dieser Methode auch höher konzentrierte Dispersionen untersucht werden können, sei darauf hingewiesen, daß dann das von den kolloidalen Teilchen eingenommene Volumen bei der Berechnung der Salzkonzentration berücksichtigt werden muß (s. a. Kap. 11.8).

Eine einfache Möglichkeit zur Messung der Trübung ist die photoelektrische Sonde (z. B. Mettler Phototrode, Abb. 11.6), die direkt in die Dispersion getaucht wird und die optische Durchlässigkeit von grünem Licht (λ = 555 nm oder 660 nm) mißt. Die Sonde liefert ein Spannungssignal, das nach Eintauchen in Wasser auf 1000 mV eingestellt wird. In einer Dispersion mit höherer optischer Dichte ist das Signal X (mV) kleiner. Die Extinktion ist dann:

$$E = \lg I_0/I = \lg(1000/X). \tag{11.8}$$

Mit der Phototrode kann die kritische Koagulationskonzentration durch Titration der Dispersion mit einer Salzlösung bestimmt werden. Abbildung 11.6a zeigt die Änderung des Signals und die nach Gleichung 11.8 berechnete Extinktion von vier Latexdispersionen, die mit $CaCl_2$ titriert wurden. Bei kleinen Teilchen stieg die Extinktion bei der Koagulation an. Wenn dann größere Aggregate gebildet wurden, nahm sie wieder ab. Die Extinktion von Dispersionen aus sehr großen Latexteilchen wurde dagegen im Bereich der Koagulation kleiner. Ursache ist das komplizierte Streuverhalten in Abhängigkeit von der Teilchengröße (Mie-Theorie). Mit zunehmender Teilchengröße steigt die Trübung zunächst zu einem Maximum an, fällt wieder ab und durchläuft vor allem bei kleineren Wellenlängen (< 500 nm) Maxima und Minima mit abnehmender Amplitude, bis sie dann bei großen Teilchendurchmessern unabhängig von diesen wird (s. z. B. Schmidt, 1987, Abb. 12). Ob die Extinktion also zu- oder abnimmt, hängt von der Teilchengröße in der Ausgangsdispersion ab.

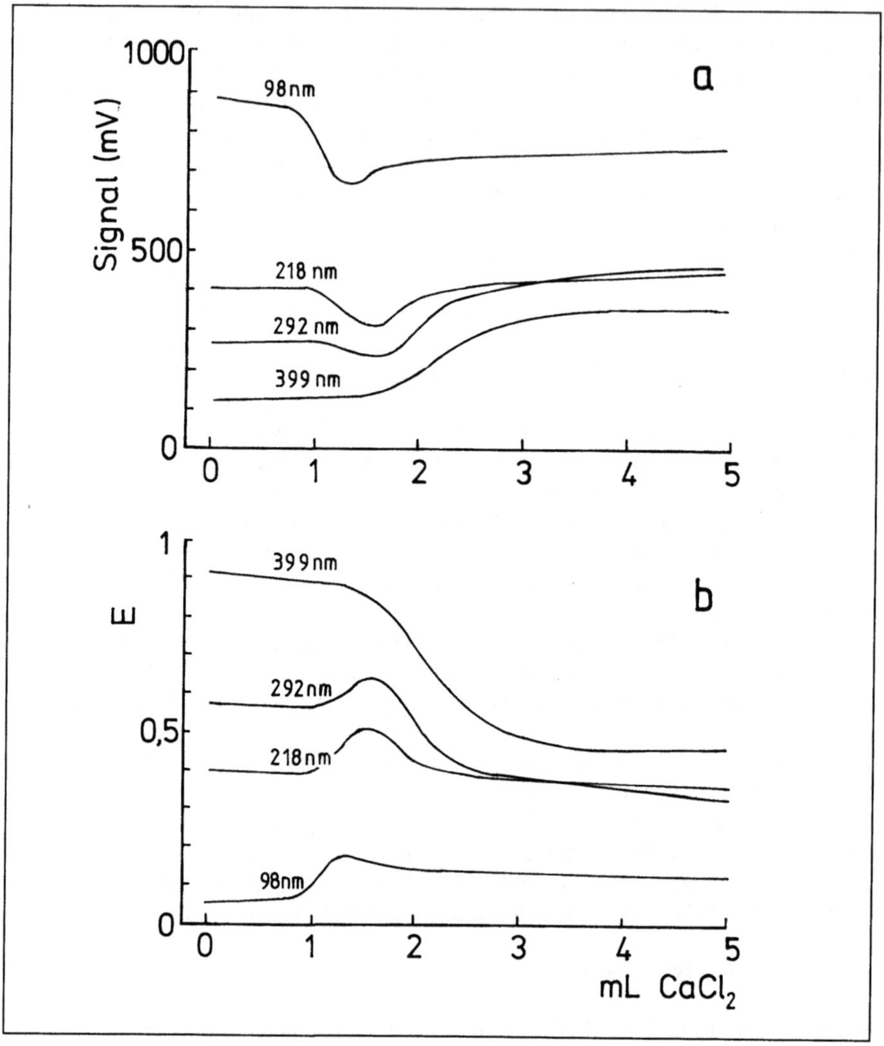

Abb. 11.6a, b. Stabilitätsmessungen mit der Phototrode. Dispersionen von carboxylathaltigen Polystyrollatices (emulgatorfrei hergestellt mit 4,4'-Azo-bis-4-cyanovaleriansäure als Starter) wurden mit $CaCl_2$ titriert. Volumenbruch der Latices $5 \cdot 10^{-5}$, 50 mL titriert mit 0,4 M $CaCl_2$ (Hollricher, 1994). **a** Signal der Phototrode (Mettler, DP550), reines Wasser = 1000 mV; **b** Änderung der Extinktion bei der Titration.

Die kritische Salzkonzentration wird durch Extrapolation zwischen der Anfangsgeraden und dem in etwa linearen Anstieg oder Abfall der Extinktionskurven ermittelt. Auf der Abszisse ist das zugesetzte Volumen der eingestellten Salzlösung aufgetragen. Der c_K-Wert ist:

$$c_K = \frac{v}{v_G} \cdot \frac{c}{1000} \qquad [\text{mol/L}] \qquad (11.9)$$

v: zugesetztes Volumen [mL] der Salzlösung der Konzentration c [mol/L] bis zum kritischem Punkt, v_G: Gesamtvolumen [mL] am kritischen Punkt = Volumen der Dispersion + v.

11.6 Turbiditäts-Wellenlängen-Diagramme

Long et al. (1973) (s. a. Cowell et al., 1978) haben die Abhängigkeit der Turbidität von der Wellenlänge zur Untersuchung von Destabilisierungsprozessen benutzt.

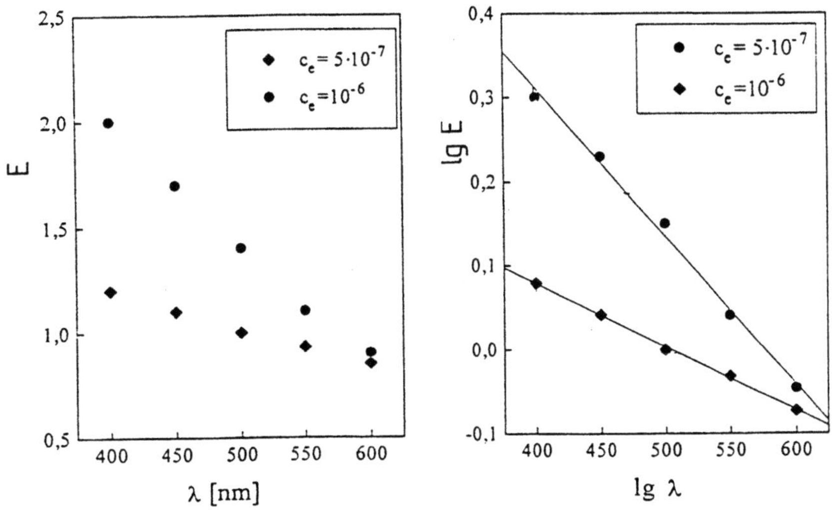

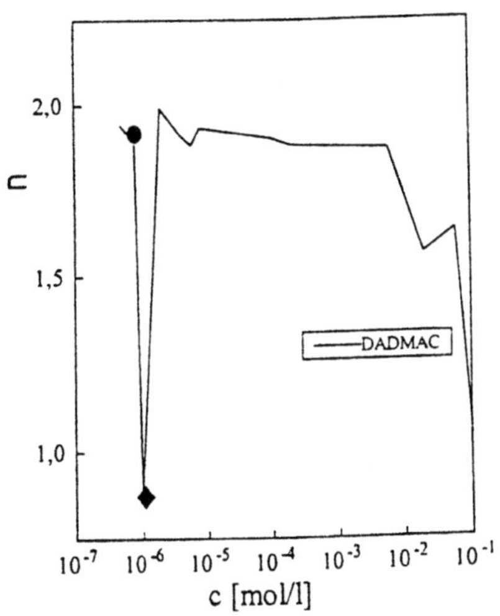

Abb. 11.7. Trübungs-Wellenlängen-Methode: Gemessen wird die Extinktion E der Dispersion bei mehreren Wellenlängen. Bei der Koagulation nimmt die Steigung n der Kurven $\lg E = f(\lg \lambda)$ stark ab. Anionische Latexdispersion, die nur bei 10^{-6} mol/L Poly-DADMAC (S. 343) instabil wird (Mielke, 1996).

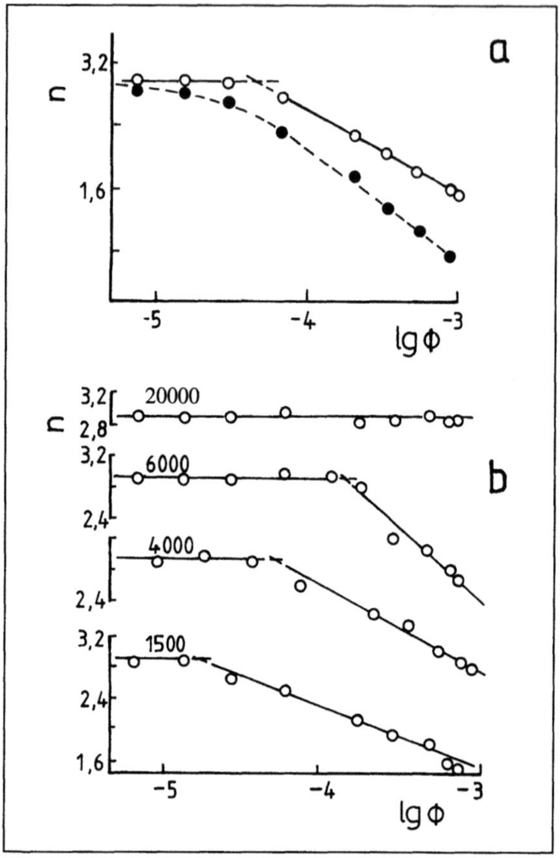

Abb. 11.8a, b. Turbiditäts-Wellenlängen-Methode. Aufgetragen ist n gegen den Logarithmus des Volumenbruchs der Latexteilchen. Latexdispersion mit Polyethylenglycolen verschiedener Molmassen in Gegenwart von 10^{-2} M $BaCl_2$. Polymerkonzentration 2500 ppm, 25 °C (Cowell und Vincent, 1982). **a** Einfluß der Zeit zwischen Zugabe der Polymerlösung zur Dispersion und der Messung der Extinktion, — nach 3 Minuten, - - - nach 50 Minuten; **b** Einfluß der Molmasse.

Die Methode wird seither gerne bei der Untersuchung sterisch stabilisierter Dispersionen eingesetzt, da auch ein geringes Ausmaß der Aggregation erkennbar ist.

Im Spektralphotometer wird die Turbidität τ bzw. $(\tau/c)_{c \to 0}$ bei verschiedenen Wellenlängen zwischen 400 und 625 nm gemessen (s. z. B. Fig. 1, Long et al., 1973). Nach Heller und Mitarbeitern (Lit. s. Long et al., 1973) ist:

$$(\tau/c)_{c\to 0} = \mathrm{K} \cdot \lambda^{-n}. \tag{11.10a}$$

K ist eine Konstante, die von der Teilchengröße und dem relativen Brechungsindex Teilchen/Dispersionsmittel abhängt (Kap. 8.5). Im Bereich der Rayleigh-Streuung (Teilchengröße < $\lambda/10$) ist $n = 4$. Für Teilchen zunehmender Größe nimmt n ab, geht durch Null und oszilliert dann zwischen positiv und negativ. Der Exponent n reagiert daher empfindlich auf eine Vergrößerung der streuenden Teilchen durch Aggregation. Aus Gleichung 11.10a folgt:

$$n = -\left(\frac{\partial \lg \tau}{\partial \lg \lambda}\right)_c + \left(\frac{\mathrm{d} \lg K}{\mathrm{d} \lg \lambda}\right). \tag{11.10b}$$

Da K bei einem nicht zu großen Wellenbereich konstant ist, kann n aus der Steigung der linearen Kurventeile in $\lg\tau = f(\lg\lambda)$-Diagrammen ermittelt werden (Abb. 11.7).

Unterhalb der kritischen Koagulations- oder Flockungskonzentration bleibt $n = -(\partial\lg\tau/\partial\lg\lambda)$ bzw. $-(\partial\lg E/\partial\lg\lambda)$ mit steigendem Salz- oder Polymerzusatz konstant. Nur bei ausreichend kleinen Teilchen ist $n \approx 4$, bei größeren Teilchen ist der Wert von n kleiner. Wenn die Teilchen zu aggregieren beginnen, knickt die Kurve $n = f(\lg c)$ ab (Ab. 11.8). Der Knickpunkt entspricht der kritischen Koagulations- (bei Salzzusatz) bzw. Flockungskonzentration (bei Polymerzusatz). Um einen scharfen Knickpunkt zu erhalten, muß in konstantem zeitlichen Abstand nach Salz- oder Polymerzusatz gemessen werden, meist nach einer bis wenigen Minuten. Bei zu langen Zeiträumen ist ein scharfer Knick nicht mehr festzulegen (Abb. 11.8a).

Mit der Turbiditäts-Wellenlängen-Methode ist die Restabilisierung gut zu erkennen. In Abb. 11.9 ist das Verhalten einer Dispersion eines anionischen Polystyrollatex gegenüber Poly-DADMAC (s. Kap. 9.7, S. 343), Tetraphenylphosphoniumchlorid (TPPCl), Bis-(triphenylphosphin)iminiumchlorid (PNPCl) und NaCl dargestellt.

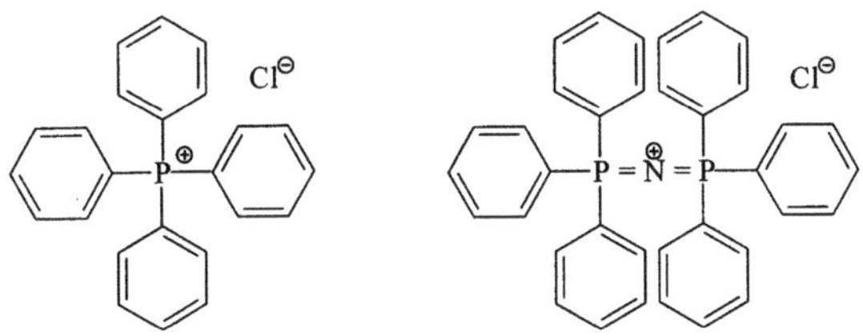

TPPCl PNPCl

Poly-DADMAC und PNPCl destabilisierten innerhalb eines sehr engen Konzentrationsbereichs um 10^{-6} mol/L (s. Kap. 11.10). Die besonders stark adsorbierenden Kationen kompensierten die negativen Oberflächenladungen, so daß die Latexteilchen schon bei Konzentrationen von etwas über 10^{-6} mol/L umgeladen wurden und die Dispersion erneut stabil wurde. TPPCl koagulierte bei Konzentrationen von $2 \cdot 10^{-4}$ mol/L; oberhalb etwa 10^{-3} mol/L wurde die Dispersion restabilisiert. Dagegen wurden 10^{-1} mol/L NaCl zur Koagulation benötigt. In Gegenwart hoher Konzentrationen der organischen Ionen wurde die Dispersion als Folge der Kompression der diffusen Ionenschicht um die umgeladenen Latexteilchen erneut instabil. Mit PNPCl konnte dieser Bereich infolge der zu geringen Löslichkeit dieses Salzes nicht mehr beobachtet werden.

Abbildung 11.10 zeigt den Einfluß von Methanol auf die Stabilität von Latexdispersionen, die ebenfalls mit der Turbiditäts-Wellenlängen-Methode gemessen wurde. Unterschiede in der Güte der Stabilisierung durch kovalent gebundene Polyoxyethylengruppen können durch Alkoholzusatz sichtbar gemacht werden.

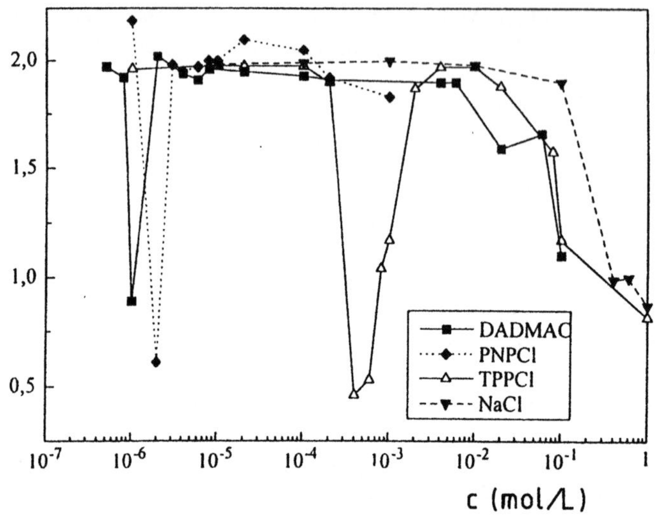

Abb. 11.9. Turbiditäts-Wellenlängen-Methode. Destabilisierung einer anionischen Latexdispersion (emulgatorfrei hergestellte Polystryrollatices mit Sulfat- und Sulfonatoberflächengruppen) mit Poly-DADMAC (S. 343), PNPCl, TPPCl (S. 421) und NaCl. Aufgetragen ist die zugesetzte Menge an Salz (Mielke, 1996).

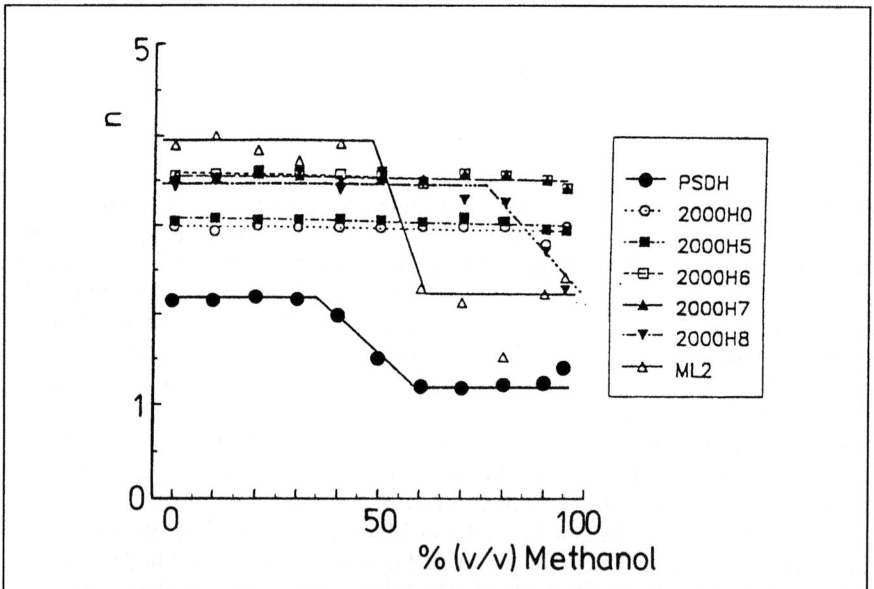

Abb. 11.10. Turbiditäts-Wellenlängen-Methode. Destabilisierung von Latexdispersionen durch Methanolzusatz. Die verschiedenen Polystyrollatices (mit Divinylbenzol quervernetzt) wurden durch Polyoxyethylengruppen unterschiedlich stark stabilisiert. PSDH: Stabilisierung durch Zusatz von Nonylphenol-20-ethoxylat, Typen 2000 mit Verankerung der Polyoxyethylengruppen durch Copolymerisation des Styrols mit Bisomer 2000 (S. 426); ML 2: aus einer Mikroemulsion hergestellter Latex (Priewe, 1994).

11.7 Stabilitätsmessungen mit der Photonenkorrelationsspektroskopie

Nach Virden und Berg (1992) kann die Geschwindigkeitskonstante k_{11} für die Bildung von Dubletts (Kap. 2.6.3) durch Photonenkorrelationsspektroskopie (PCS) gemessen werden.

Die experimentell ermittelte Intensitätsautokorrelationsfunktion ergibt einen mittleren Wert der Abklingkonstanten Γ_m, die einen mittleren Diffusionskoeffizienten und damit einen mittleren Durchmesser d_m liefert (Kap. 8.6). Dieser steht mit den Durchmessern d_i der Aggregate aus i individuellen Teilchen in der Beziehung (vgl. S. 283, 293):

$$d_m = \frac{i\Sigma f_i P_i(\Theta) d_i^6}{i\Sigma f_i P_i(\Theta) d_i^5}. \tag{11.11a}$$

Darin ist f_i der Anzahlbruch der Teilchen i, $P_i(\Theta)$ ist der Formfaktor für die Teilchen i beim Streuwinkel Θ.

Bei beginnender Koagulation – wenn nur Dubletts gebildet werden – wird aus Gleichung 11.11a:

$$d_m = \frac{f_1 P_1(\Theta) d_1^6 + f_2 P_2(\Theta) d_2^6}{f_1 P_1(\Theta) d_1^5 + f_2 P_2(\Theta) d_2^5} \tag{11.11b}$$

Damit kann die zeitliche Änderung von d_m bestimmt werden. Durch Extrapolation wird $\partial(d_m/2)/\partial t$ bei $t = 0$ ermittelt. Aus dieser Größe läßt sich die Geschwindigkeitskonstante k_{11} für die Dublettbildung berechnen:

$$k_{11} = \frac{1}{(d_{m,0}/2) a N_0} \left(\frac{\partial(d_m/2)}{\partial t} \right)_{t=0}. \tag{11.12}$$

Darin ist $d_{m,0}/2$ der ursprüngliche mittlere Radius der Teilchen, N_0 die Anzahl der ursprünglichen Einzelteilchen und a ein optischer Faktor, der von P_1, P_2 und d_1, d_2 abhängt. Die Formfaktoren wurden aus der Rayleigh-Debye-Theorie ermittelt. Aus dem Diffusionskoeffizienten eines Dubletts (nach Kirkwood und Riesemann) und der Stockes-Einstein-Gleichung folgt $d_2 = 1{,}333 d_1$.

Schließlich wurde der Stabilitätsfaktor W definiert als

$$W = k_0/k_{11},$$

wobei k_0 nach der Smoluchowski-Theorie der diffusionsbegrenzten Bewegung der Teilchen berechnet wurde (Gleichung 2.33). Die in Abb. 4.30 (Kap. 4.14) dargestellten Stabilitätsfaktoren wurden nach dieser Methode ermittelt.

Killmann und Adolph (1995) bestimmten nach einem etwas anderen Anpassungsverfahren die Geschwindigkeitskonstante k_{11} aus der Zeitabhängigkeit des mittleren Diffusionskoeffizienten. Untersucht wurden SiO_2-Dispersionen (nach Stöber hergestellt, Kap. 5.10.1) mit und ohne Zusatz von Polyethylenglycolen. In 0,1 M NaCl betrug k_{11} etwa $5 \cdot 10^{-18}$ m^3s^{-1} $Teilchen^{-1}$. Die Geschwindigkeitskonstante bei maximaler Adsorption von Polyethylenglycolen mit Molmassen > 160 000 war in 0,1 M NaCl deutlich kleiner ($k = 0{,}17 \cdot 10^{-18}$ m^3s^{-1} $Teilchen^{-1}$, PEO 160 000), nicht aber bei niedrigeren Salzkonzentrationen. Adsorbiertes Polyethylenglycol wirkte also destabilisierend (niedrigere kritische Koagulationskonzentrationen), verzögerte aber die schnelle Koagulation bei hohen Salzkonzentrationen.

11.8 Kapillare Wanderungsgeschwindigkeit

Bei einigen Beispielen wurde die Messung der Wanderungsgeschwindigkeit einer wäßrigen Dispersion in den Kapillaren eines Filterpapieres (capillary suction time, CST) zur Ermittlung der kritischen Salzkonzentration genutzt (Laponitdispersionen: Perkins et al. (1974); Latexdispersionen: Bensley und Hunter (1982)). Gemessen wird die Zeit, die das Dispersionsmittel eines Sols, Gels oder Schlickers braucht, um im Kapillarsystem eines Filterpapiers eine vorgegebene Strecke zwischen zwei Elektroden zurückzulegen. Um Dispersion und Salzlösung schnell zu vermischen und in die Mitte zwischen den beiden Elektroden auf das Filterpapier zu bringen, eignet sich der von Bensley und Hunter (1982) vorgeschlagene „T-Mischer". Das Meßverfahren ist so empfindlich wie die Turbiditätsmessungen.

Die CST wird durch mehrere Faktoren bestimmt wie Viskosität des Dispersionsmittels, hydrostatischer Druck, Kapillardruck sowie Permeabilität eines evtl. gebildeten Filterkuchens (an der Eintropfstelle). Eine Rolle spielt aber auch die Verstopfung der Poren durch die sich bildenden Aggregate. Bei niedrigen Salzkonzentrationen wandern sowohl das Lösungsmittel wie die kolloidalen Teilchen. Wenn mit steigender Salzkonzentration die Koagulation einsetzt, bilden sich zunächst kleinere, dichte Aggregate, die die Poren verstopfen, so daß das Dispersionsmittel langsamer wandert, die CST steil ansteigt (Abb. 11.11). Bei höherer Salzkonzentration entstehen größere, lockere Flocken, die die Poren nicht mehr dichtsetzen. Ist schnelle Koagulation erreicht, wird die Wanderungsgeschwindigkeit des Dispersionsmittels konstant. Meist ist dann die CST etwas kleiner als in der salzfreien Dispersion, da bei stabilen Dispersionen die kolloidalen Teilchen mitwandern, nach der Koagulation sich aber hauptsächlich das Dispersionsmittel bewegt und die Flocken im Netzwerk des Papieres hängenbleiben. Folgerichtig identifizierten Bensley und Hunter (1982) den scharfen Knickpunkt oberhalb des Maximums der CST (Abb. 11.11) als die kritische Salzkonzentration. Der Kurvenverlauf bei Salzkonzentrationen oberhalb des Maximums erinnert in der Tat an den Verlauf der optischen Dichte in den Turbiditätsdiagrammen (Kap. 11.3, Abb. 11.3). Dementsprechend finden die Autoren eine gute Übereinstimmung zwischen den optischen und den CST-Messungen. (Perkins et al., 1974 identifizierten dagegen den Anstieg der CST bei niedrigeren Salzkonzentrationen mit dem kritischen Wert.)

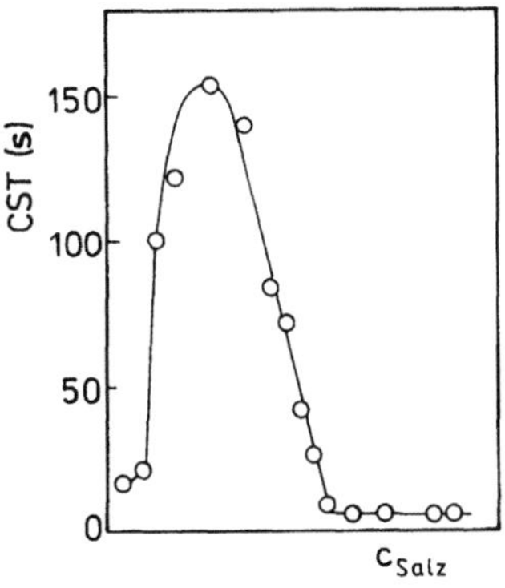

Abb. 11.11. Messung der kritischen Salzkonzentration über die kapillare Wanderungsgeschwindigkeit. Polystyrollatex (Volumenbruch 0,05) in Gegenwart von KCl. Aufgetragen ist die capillary suction time (CST) in Abhängigkeit von der Konzentration der zugesetzten Salzlösung. Der Knickpunkt auf der rechten Seite der Kurve (= kritische Koagulationskonzentration) entspricht einer Salzkonzentration (unter Berücksichtigung des Volumenbruchs der Latexteilchen) von 0,164 mol/L (Bensley und Hunter, 1982).

Über die kapillare Wanderungsgeschwindigkeit können etwas höher konzentrierte Dispersionen als bei den üblichen photometrischen Messungen gemessen werden. Bensley und Hunter (1982) haben Latexdispersionen untersucht. Wird bei diesen Messungen zu einem vorgegebenen Volumen der Dispersion ein bestimmtes Volumen einer eingestellten Salzlösung zugegeben, ist der Volumenanteil ϕ der kolloidalen Teilchen zu berücksichtigen. Zur Berechnung der Salzkonzentration steht von dem vorgegebenen Volumen der Dispersion ja nur der Anteil $1-\phi$ als Dispersionsmittel zur Verfügung.

11.9 Gefrier-Tau-Tests

Durch Messung der Gefrier-Tau-Stabilität lassen sich sterisch stabilisierte Teilchen von elektrostatisch stabilisierten unterscheiden bzw. Relativwerte über den Beitrag der sterischen Stabilisierung gewinnen. Ladungsstabilisierte Teilchen sind empfindlich gegenüber Einfrieren: Eis kristallisiert aus, die Ionenstärke im Restwasser steigt, und die Dispersion koaguliert, wenn die kritische Salzkonzentration erreicht wird. Weiterhin kommen beim Auskristallisieren des Eises viele Teilchen in direkten Kontakt. Sind dagegen die Teilchen durch Polymerhüllen geschützt, widerstehen sie den Gefrier-Tau-Zyklen.

Proben der Dispersion, etwa 10 mL, werden im Kühlschrank bei etwa –15 °C über Nacht oder auch länger eingefroren und bei Raumtemperatur oder schwach erhöhter Temperatur (Wasserbad 30 °C) aufgetaut. Dieser Vorgang wird mehrmals wiederholt.

Um ein Maß für die Gefrier-Tau-Stabilität zu gewinnen, werden die Proben nach dem Auftauen leicht zentrifugiert. Im Überstand wird die Extinktion E (optische Dichte) gemessen und mit dem Wert E_0 einer gleich konzentrierten Probe verglichen, die bei Zimmertemperatur gehalten wurde:

$$\text{Gefrier-Tau-Stabilität} = E/E_0 \qquad (11.13)$$

Bei sehr guter Gefrier-Tau-Stabilität geht $E/E_0 \rightarrow 1$. Ottewill und Satgurunathan (1995) fanden bei elektrosterisch mit Polyethylenglycol stabilisierten Latices $E/E_0 \approx 0{,}5$.

In Abb. 11.12 ist die Gefrier-Tau-Stabilität zweier mit Polyethylenglycol stabilisierten Latices dargestellt. Die Aggregation wurde durch Photonenkorrelationsmessungen verfolgt. Die Latices waren ähnlich wie die Proben von Ottewill und Satgurunathan (1995) mit *α*-Methacryloyl-*ω*-methoxy-polyethylenglycol (Bisomer, BP-Chemicals) stabilisiert worden:

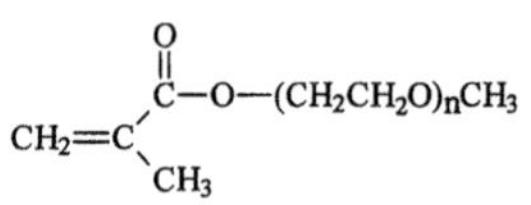

Latex A zeigte eine von Zyklus zu Zyklus zunehmende Aggregation, die nach dem fünften Zyklus zu einer sehr breiten Teilchengrößenverteilung führte. Der besser stabilisierte Latex B veränderte seine Teilchengrößenverteilung innerhalb

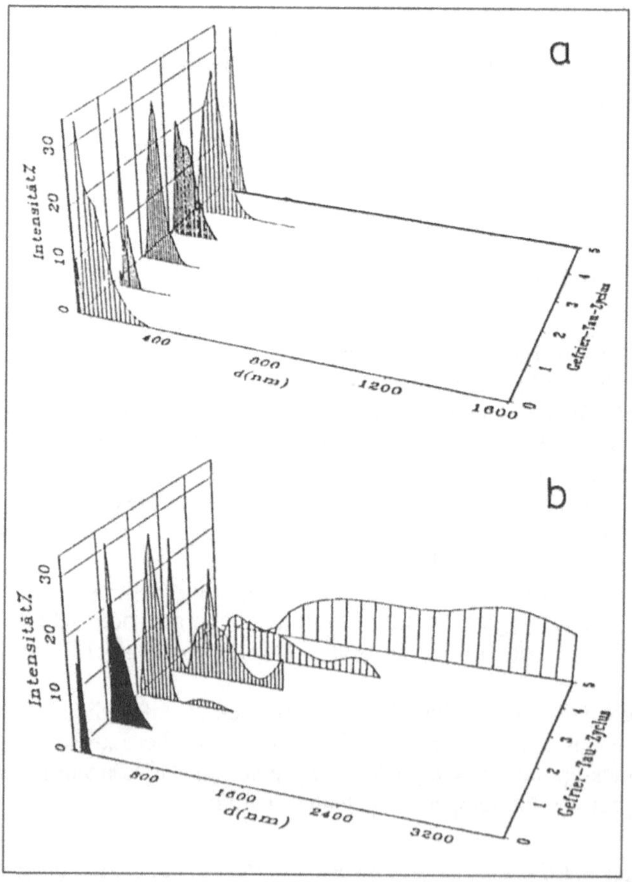

Abb. 11.12. Stabilität zweier Latexdispersionen (**a**, **b**) im Gefrier-Tau-Test. Teilchengrößenverteilung im Zetasizer 4 (Malvern) gemessen. Stabilisierung der Latices durch Copolymerisation des Styrols mit Bisomer 2000 (Priewe, 1994). **a** 0,26 g Bisomer/mL Styrol, **b** 0,10 g Bisomer/mL Styrol.

des Meßrahmens der Photonenkorrelation kaum; die Dispersion blieb auch optisch unverändert.

Über die Bedeutung von Gefrier-Tau-Tests bei Emulsionen s. Kap. 7.11.

11.10 Stabilität bei spezifisch adsorbierten Gegenionen

Die Koagulation elektrostatisch stabilisierter Dispersionen setzt bei einer bestimmten Salzkonzentration ein, eben der kritischen Koagulationskonzentration c_K. Diese ist unabhängig von der Konzentration der kolloidalen Teilchen, solange die Koagulation allein durch die Kompression der diffusen Ionenschicht infolge zunehmender Salzkonzentration bewirkt wird. Allerdings muß soviel Dispersionsmittel vorhanden sein, daß der Abstand der Teilchen einige $1/\kappa$ beträgt. Bensley und Hunter (1982) untersuchten Latexdispersionen bis zu einem Volumenbruch Feststoff $\phi = 0{,}1$. Die Stabilität wurde photometrisch ($\phi \leq 0{,}05$), bei höheren Feststoffgehalten mit der Methode der kapillaren Wanderungsgeschwindigkeit gemessen (Kap. 11.3; 11.8). Bis zu $\phi = 0{,}1$ war c_K unabhängig vom Feststoffgehalt.

Anders ist es, wenn die Gegenionen spezifisch adsorbiert werden. Im Extremfall werden alle zu der Dispersion zugegebenen Gegenionen gebunden. Wenn alle Oberflächenladungen abgesättigt sind, ist das Stern-Potential Null, die Dispersion wird instabil. Erst in diesem Moment steigt die Konzentration der Gegenionen in der Lösung merklich an. Wird eine Dispersion mit doppeltem Massengehalt an Feststoffteilchen untersucht, muß zur Koagulation entsprechend die doppelte Menge Salz zugesetzt werden: Die scheinbare kritische Salzkonzentration wird doppelt so hoch. Gemeint ist dann aber nicht die Konzentration des Salzes in der Lösung, also nicht die Gleichgewichtskonzentration in der Lösung am Koagulationspunkt, sondern die zugesetzte Menge Salz, auch wenn sie in Molen pro Liter Dispersion ausgedrückt wird. Die bis zur Koagulation verbrauchte Salzmenge entspricht der Gesamtzahl der Oberflächenladungen: Diese können mit den Gegenionen titriert werden. De Rooy et al. (1980) bezeichneten den Vorgang als Äquivalentkoagulation (equivalent coagulation).

Typische Beispiele sind Latices und große organische Gegenionen wie kationische Latices mit Tetraphenylborationen und Dodecylsulfationen oder anionische Latices mit Polykationen, PNPCl und TPPCl (S. 421; Abb. 11.9). Auffallend ist, daß die Ladungsneutralisation anionischer Latices mit Tetraphenylphosphoniumionen bei einer deutlich höheren „Konzentration" (etwa $2 \cdot 10^{-4}$ mol/L) erfolgt als bei kationischen Latices mit Tetraphenylborationen (etwa 10^{-5} mol/L)(Mielke, 1996). Aufgrund der Orientierung der Wassermoleküle an der hydrophoben Oberfläche der Polystyrollatexteilchen werden in der Tat Anionen stärker adsorbiert als Kationen (Holz und Sörensen, 1992).

Koagulation durch Ladungsneutralisation erfolgt häufig in Mischungen aus Wasser mit organischen Flüssigkeiten. De Rooy et al. (1980) stellten fest, daß die zur Koagulation von Silberiodidteilchen in 99,5 % Ethanol erforderliche Menge $Mg(NO_3)_2$ mit dem Feststoffgehalt linear anstieg. In FeO(OH)-Hydroso-

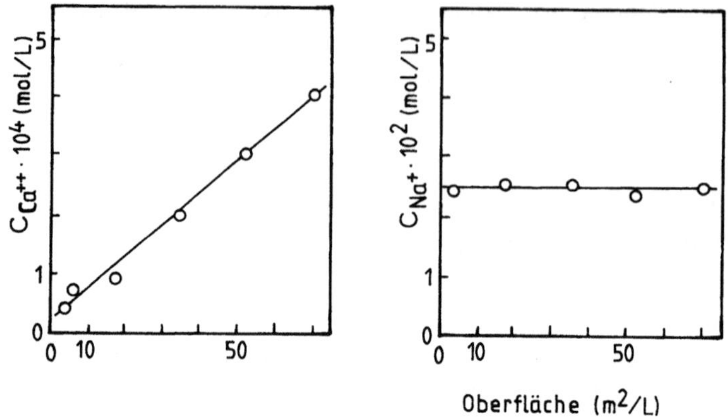

Abb. 11.13. Kritische Menge von Calcium- und Natriumionen (in 10^{-4} mol/L) zur Koagulation von δ-MnO_2 in Abhängigkeit von der Oberfläche des Feststoffs bei pH = 8 (Stumm et al., 1970).

len erfolgte die Äquivalentkoagulation mit $MgSO_4$ und $K_3[Fe(CN)_6]$ schon in Wasser, und die notwendigen Salzmengen wurden kaum noch durch Zusatz von Ethanol beeinflußt.

Ein instruktives Beispiel gaben auch Stumm et al. (1970) (Abb. 11.13). Dargestellt ist die zur Koagulation von δ-MnO_2 notwendige Menge von Calcium- und Natriumionen (in mol/L) in Abhängigkeit von der zur Verfügung stehenden Oberfläche (in m^2/L) bei pH = 8. Die kritische Menge Natriumionen ist unabhängig von der Oberfläche, die der Calciumionen steigt linear mit ihr an, weil diese Ionen adsorbiert werden.

Werden die Gegenionen spezifisch adsorbiert, läßt sich ein Zusammenhang zwischen dem Stern-Potential ψ_d und der Konzentration der Gegenionen in der Lösung herstellen (Ottewill et al., 1960; Ottewill und Watanabe, 1960 a, b; s. a. Hunter, 1991 Band II, S. 769 ff). Nach dem Stern-Modell ist die Zahl der adsorbierten Gegenionen (pro cm^2):

$$n_c = \frac{N_1}{1 + \exp(\overline{\Delta G}/kT)/x_c} \tag{11.14}$$

$\overline{\Delta G}$ ist die elektrochemische freie Energie der Adsorption, N_1 die Zahl der Plätze pro cm^2. Wenn die Konzentration der Gegenionen niedrig ist, kann deren Molfraktion angesetzt werden:

$$x_c = c/55{,}6,$$

weiterhin sei:

$$\exp(\overline{\Delta G}/kT)/55{,}6 = k_2. \tag{11.15}$$

Nach Ottewill et al. (1960) gilt:

$$\psi_d^0 - \psi_d = \frac{c\,k_2}{1 + k_2\,c} \cdot \frac{4\pi a v e_0 N_1}{\varepsilon(1 + \kappa a)}. \tag{11.16a}$$

Am Ladungsnullpunkt ist $\psi_d = 0$ und $c = c_0$. ψ_d^0 ist das Stern-Potential der Teilchen vor Zusatz der spezifisch adsorbierenden Gegenionen. Umformung von Gleichung 11.16a ergibt für den Ladungsnullpunkt:

$$\frac{1}{c_0} = k_2 \left[\frac{4\pi a v e_0 N_1}{\psi_d^0 \varepsilon (1 + \kappa a)} - 1 \right]. \tag{11.16b}$$

Weiterhin zeigten die gleichen Autoren, wie die Änderung des Stern-Potentials mit der Konzentration im Bereich des Ladungsnullpunktes zusammenhängt:

$$\left(\frac{d\psi_d}{d \lg c} \right)_{\psi_d = 0} = 2{,}303 \psi_d^0 \left[\frac{\psi_d^0 \varepsilon (1 + \kappa a)}{4\pi a v e_0 N_1} - 1 \right]. \tag{11.17}$$

Identifiziert man ψ_d^0 und ψ_d mit den Zeta-Potentialen ζ^0 (vor Salzzusatz) und ζ (in Gegenwart des Salzes), kann aus der Steigung der Kurve ζ gegen $\lg c$ nach den Gleichungen 11.15, 11.16b und 11.17 die freie elektrochemische Energie der Adsorption bestimmt werden. Dazu ist allerdings eine Voraussetzung zu beachten. Es wurde angenommen, daß k_2 über den ganzen Bereich der Kurve konstant ist. ΔG setzt sich aber aus der chemischen freien Energie, ΔG, und dem elektrischen Term $v e_0 \psi_d$ zusammen:

$$\overline{\Delta G} = \Delta G + v e_0 \psi_d \tag{11.18}$$

$\overline{\Delta G}$ kann also nur konstant bleiben, wenn der zweite Term kleiner gegenüber dem ersten ist. Dies ist bei spezifisch adsorbierenden Gegenionen der Fall, wenn ψ_d^0 nicht zu hoch ist. Spezifische Adsorption bedeutet ja, daß ΔG einen merklichen Anteil der freien elektrochemischen Enthalpie der Adsorption liefert.

Für die mehrfach erwähnten Latexdispersionen mit großen organischen Gegenionen erhält man $\overline{\Delta G}$-Werte in der Größenordnung von 30 - 50 kJ/mol Gegenionen (Mielke, 1996).

11.11 Heterokoagulation

Von Heterokoagulation spricht man, wenn unterschiedliche Teilchen einer Dispersion in Wechselwirkung treten. Unterschiedlich heißt, die Teilchen können sich in einer oder auch mehreren charakteristischen Größen unterscheiden: chemische Zusammensetzung, Teilchengröße, Teilchengestalt, Oberflächenladungsdichte und Vorzeichen der Oberflächenladungen.

Häufig wird Heterokoagulation nur auf Dispersionen von Teilchen bezogen, die sich im Vorzeichen der Oberflächenladungen unterscheiden. In der Tat ist das Vorzeichen der Ladungen und damit die Lage der Ladungsnullpunkte besonders wichtig. Im ausreichend sauren Gebiet sind beide Teilchen 1 und 2 positiv geladen; die Dispersion ist stabil (s. Abb. 3.8a, S. 85). Wenn mit steigendem pH-Wert die Teilchen 1 umgeladen, also negativ werden, wird die Dispersion instabil. Das Instabilitätsgebiet reicht bis zum Ladungsnullpunkt der Teilchen 2. Bei höheren pH-Werten sind jetzt alle Teilchen negativ geladen, und die Dispersion wird wieder stabil. Es ist aber darauf hinzuweisen, daß unter bestimmten Bedingungen Dispersionen aus Teilchen unterschiedlich hoher Ladungsdichte trotz unterschiedlichem Vorzeichen stabil bzw. trotz gleichem Vorzeichen instabil sein können (Kap. 2.4.2, S. 39).

Für das Anfangsstadium der Koagulation einer Dispersion aus zwei unterschiedlichen Teilchen ist der Gesamtstabilitätsfaktor W_T aus den Stabilitätsfaktoren der Homokoagulation (W_{11}, W_{22}) und der Heterokoagulation (W_{12}) zu berechnen (Hogg et al., 1966):

$$\frac{1}{W_T} = \frac{n_1^2}{W_{11}} + \frac{2n_1n_2}{W_{12}} + \frac{n_2^2}{W_{22}}. \tag{11.19}$$

Darin sind n_1 und n_2 die Anzahlbrüche der beiden Teilchen ($n_1 + n_2 = 1$). Die Stabilitätsfaktoren W_{11} und W_{22} werden nach Kap. 2.6.3, Gleichung 2.36b bzw. bei Berücksichtigung der Van-der-Waals-Wechselwirkung und des hydrodynamischen Effektes nach Gleichung 2.36c berechnet. Für W_{12} gilt entsprechend (Hogg et al., 1966; Sasaki et al., 1980):

$$W_{12} = \frac{\int_0^\infty \frac{\beta(a_1+a_2)}{(a_1+a_2+H)^2} \exp\left(V_T/kT\right) \mathrm{d}H}{\int_0^\infty \frac{\beta(a_1+a_2)}{(a_1+a_2+H)^2} \exp\left(V_A/kT\right) \mathrm{d}H}. \tag{11.20}$$

Zur Berechnung der elektrostatischen Wechselwirkung zwischen zwei Teilchen mit dem Radius a_1 und a_2 und verschiedenen Stern-Potentialen können die Gleichungen 2.19 benutzt werden. Die Van-der-Waals-Wechselwirkung zwischen verschieden großen, kugelförmigen Teilchen wird nach Gleichung 2.25b berechnet.

Die Geschwindigkeitskonstante k_{12} der Heterokoagulation kann wie die der Homokoagulation aus der zeitlichen Änderung der Intensität des gestreuten Lichtes ermittelt werden (Ryde und Matijević, 1994). Dazu ist nun allerdings vom Rayleigh-Verhältnis $R(t, \theta)$ (Gleichung 11.5b) für das Ensemble der Teilchen 1, 2 und 1+2 auszugehen, was zu einem etwas umständlichen Ausdruck führt, der k_{12} enthält. Letztlich wird k_{12} aus der zeitlichen Änderung der Intensität des im Winkel θ gestreuten Lichtes ermittelt.

Bei den photometrischen Messungen ist τ eine Funktion der optischen Konstanten für die nach Größe und Brechungsindex unterschiedlichen Einzelteilchen bzw. Dubletts aus beiden Teilchen und deren Anzahl. Nur wenn die Teilchen bei unterschiedlicher Ladung gleichen Radius und gleichen Brechungsindex haben, läßt sich die Stabilitätskonstante der Heterokoagulation, W_H, aus der zeitlichen Änderung von τ bei der Homo- und Heterokoagulation ableiten (Maroto und de las Nieves, 1995):

$$W_H = (\mathrm{d}\tau/\mathrm{d}t)_{0,\mathrm{HOMO}}/(\mathrm{d}\tau/\mathrm{d}t)_{0,\mathrm{HET}}. \tag{11.21}$$

Die zeitliche Änderung von τ ist auf $t = 0$ extrapoliert. Der Zähler gibt die Änderung von τ bei der schnellen Homokoagulation an. Diese Beziehung gilt aber wegen der unterschiedlichen optischen Konstanten nicht für den allgemeinen Fall unterschiedlich großer Teilchen mit unterschiedlichen Brechungsindices.

Die Änderung $(d\tau/dt)_{0,HET}$ ist maximal, wenn die Anzahl beider Teilchen gleich ist. Maroto und de la Nieves (1995) schlugen daher vor, anstelle von Gleichung 11.21 den Stabilitätsfaktor auf die maximale Destabilisierungsbedingung zu beziehen und ihn zu berechnen nach:

$$W_{HET} = (d\tau/dt)_{0,HET,0,5}/(d\tau/dt)_{0,HET} \qquad (11.22)$$

Gemessen wird die zeitliche Änderung der Trübung der Mischung mit der gleichen Anzahl beider Teilchen, $(d\tau/dt)_{0,HET,0,5}$, und der Dispersion bei einem beliebigen Mischungsverhältnis der beiden Teilchensorten, $(d\tau/dt)_{0,HET}$.

Nun aber zu den mehr chemischen Aspekten. Ein Beispiel (Sasaki et al., 1980) ist das Verhalten von Mischdispersionen aus $Al(OH)_3$ und anionischen bzw. kationischen Latices in Abhängigkeit vom pH-Wert. Das System verhält sich so, wie man es nach Abb. 3.8a aus der Lage der Ladungsnullpunkte ($Al(OH)_3$ pH = 9,5; anionischer Latex: pH = 2,2; kationischer Latex: pH = 6,0) erwartet. Für die Mischung mit anionischem Latex sinkt W_T bei pH $\approx$ 3 auf 1 ab; es beginnt ein Instabilitätsgebiet, das sich bis pH $\approx$ 9,5 erstreckt. In diesem Bereich kommt es zur Heterokoagulation zwischen den negativ geladenen Latexteilchen und den positiv geladenen $Al(OH)_3$-Teilchen. Die Mischungen von anionischen und kationischen Latices sind zwischen pH $\approx$ 3 und pH $\approx$ 7 instabil.

Heterokoagulation tritt häufig in Gegenwart mehrwertiger Gegenionen in bestimmten pH-Bereichen auf. Zwei Beispiele wurden in Kap. 3.3 besprochen: SiO_2 und Al^{3+} (s. Abb. 3.7, S. 84) und PVC-Latex mit Al^{3+} (s. Abb. 3.10, S. 87).

In manchen Fällen wird das Verhalten der Dispersion hauptsächlich durch die Eigenschaften einer Komponente bestimmt. Bereits in Kap. 3.3 wurde gezeigt, daß sich eine Al_2O_3-TiO_2-Dispersion einige Zeit nach dem Vermischen wie eine Al_2O_3-Dispersion verhält (s. Abb. 3.8b, S. 85). Ursache ist die allmähliche Umhüllung der TiO_2-Teilchen mit Aluminiumhydroxid.

Eine Mischung von relativ großen Latexteilchen (Durchmesser 510 nm) und sehr kleinen SiO_2-Teilchen (Ludox HS, Durchmesser 13,5 nm) zeigte eine ausgeprägte Salzstabilität, die sogar über der des sehr feinteiligen SiO_2 lag (Abb. 11.14). Es sei darauf hingewiesen, daß sehr feinteilige SiO_2-Dispersionen infolge der Hydrathülle um die Teilchen besonders salzstabil sind (Kap. 2.7.3). Obwohl beide Teilchensorten bei pH = 3 bis 11 negativ geladen waren, kam es zur Deposition des SiO_2 auf den Latexteilchen. Bleier und Matijević (1978) zeigten, daß die Potentialbarriere von V_T für die Heterokoagulation deutlich niedriger war als für die Homokoagulation (Berechnung nach den Gleichungen 2.19b und 2.25b), so daß es zur Abscheidung der kleinen SiO_2-Teilchen auf den Latexkugeln kam.

Schließlich sei noch die Mischung von PVC-Latexteilchen (Ladungsnullpunkt bei pH $\approx$ 3) mit β-FeO(OH) (Ladungsnullpunkt bei pH $\approx$ 7) erwähnt (Matijević und Kitazawa, 1983). Unterhalb des Ladungsnullpunktes von FeO(OH) waren die beiden Teilchenarten entgegengesetzt geladen. Die Mischdispersion koagulierte jedoch nur dann zwischen pH $\approx$ 3 und 7, wenn die Latexteilchen in großem Überschuß vorlagen, sonst erst am Ladungsnullpunkt des Eisenoxids. Es bildete sich ein Heterokoagulat aus beiden Teilchen. Offensichtlich ist eine ge-

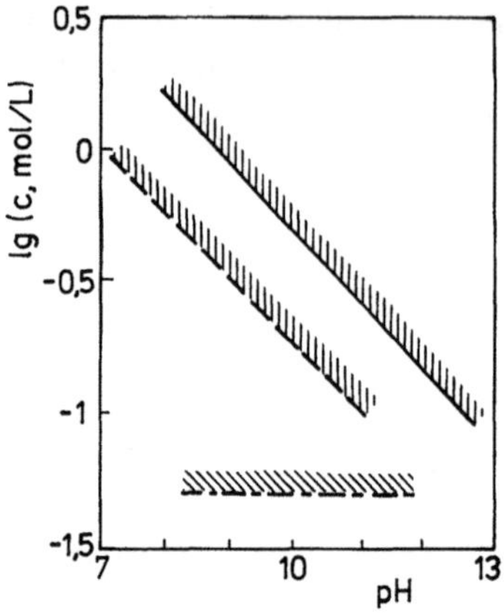

Abb. 11.14. Kritische Koagulationskonzentration von $NaNO_3$ in Abhängigkeit vom pH-Wert für - - - SiO_2-Sol (Teilchendurchmesser 13,5 nm, 2 g/L); ‐·‐·‐ PVC-Latex (Teilchendurchmesser 510 nm; 0,05 g/L) und — die Mischung dieser Sole, 24 h nach Vermischen. Mit KNO_3 waren die Koagulationsbedingungen identisch. (Bleier und Matijević, 1978).

genseitige Ladungskompensation zwischen den sehr langen FeO(OH)-Nadeln und den kugelförmigen Latexteilchen nicht gut möglich. Erst bei deutlichem Latexüberschuß wird die Mischdispersion für alle pH-Werte zwischen 3 und 7 instabil. Es ist wenig wahrscheinlich, daß die PVC-Teilchen (510 nm Durchmesser) an den etwa 3 µm langen FeO(OH)-Nadeln adsorbiert werden. Vielmehr werden die Latexkügelchen in einem Netzwerk der langen Nadeln eingeschlossen. In keinem Fall wurde eine selektive Koagulation, weder der Latex- noch der FeO(OH)-Teilchen, beobachtet.

Eine wichtige Anwendung findet die Heterokoagulation bei der Umhüllung kolloidaler Teilchen (Kap. 5.5, S. 177). Eine andere Anwendung bezieht sich auf die Steuerung der Aggregation kolloidaler Teilchen und damit auf Erscheinungen wie Filtrierbarkeit, Aufrührbarkeit und Packungsdichte von Sedimenten oder Gelbildung. Eine wichtige Rolle spielt die Heterokoagulation zwischen Kanten und negativen Flächen beim praktischen Einsatz von Tonen und Tonmineralen (Kap. 3.6, 12.2.5).

Literatur

Barclay LM und Ottewill RH (1970) Measurement of forces between colloidal particles. Spec Disc Faraday Soc, 138–147

Bensley CN und Hunter RJ (1982) The effect of particle volume fraction on the critical coagulation concentration. J Coll Interf Sci 88: 546–561

Bibeau AA und Matijević E (1973) Stability of polyvinyl chloride latex. III. Effects of simple electrolytes. J Coll Interf Sci 43: 330–338

Bleier A und Matijević E (1978) Heterocoagulation. Part 3. Interactions of polyvinyl chloride latex with ludox HS silica. Chem Soc Faraday Trans I, 74: 1346–1359

Claesson PM, Ederth T, Bergeron V und Rutland MW (1996) Techniques for measuring surface forces. Advan Coll Interf Sci 67: 119–183

Cowell C, Li-In-On R und Vincent B (1978) Reversible flocculation of sterically-stabilised dispersions. J Chem Soc Faraday I, 74: 337–347

Cowell C und Vincent B (1982) The stability of polystyrene latices in the presence of poly(ethylene oxide). In: Tadros TF (ed) The effect of polymers on dispersion properties. Acad Press, London, pp 263–284

Cowell C und Vincent B (1983) Flocculation kinetics and equilibria in sterically stabilized dispersions. J Coll Interf Sci 95: 573–582

Ditter W, Eisenlauer J und Horn D (1982) Laser optical method for dynamic flocculation testing in flowing dispersions. In: Tadros TF (ed) The effect of polymers on dispersion properties. Acad Press, London, pp 323–342

Ehringhaus A (1934) Objektive Demonstrationen mit Rutilsuspensionen. Naturwiss 22: 149–150

Fernández-Barbero A, Martín-Rodríguez A, Callejas-Fernández J und Hidalgo-Alvarez R (1994) On the calculation of electrokinetic potential and Hamaker constant of model colloids. J Coll Interf Sci 162: 257–260

Gilányi T, Horváth-Szabó G und Wolfram E (1984) Experimental determination of the state equation of dispersions by a new centrifugal compression method. J Coll Interf Sci 98: 72–77

Hogg R, Healy TW und Fuerstenau DW (1966) Mutual coagulation of colloidal dispersions. Trans Faraday Soc 62: 1638–1651

Hollricher S (1994) Kolloidchemische Untersuchungen an carboxylierten Homostyroldispersionen. Diplomarbeit. Univ Kiel

Holz M und Sörensen M (1992) Direct detection of an attractive interaction between anions and hydrophobically hydrated unpolar groups. Ber Bunsenges Phys Chem 96: 1441–1447

Homola A und Robertson AA (1976) A compression method for measuring forces between colloidal particles. J Coll Interf Sci 54: 286–297

Honig EP, Roebersen GJ und Wiersema PH (1971) Effect of hydrodynamic interaction on the coagulation rate of hydrophobic colloids. J Coll Interf Sci 36: 97–109

Horn D, Auweter H, Ditter W und Eisenlauer J (1986) Laser optical methods for the characterization of disperse systems. In: Parfitt GD; Patsis AV (eds) Organic coatings. Science and Technology. Marcel Dekker, New York and Basel, vol 8, pp 251–277

Hunter RJ (1991) Foundations of colloid science. Clarendon Press, Oxford, vol I, II

Israelachvili J (1994) Intermolecular and surface forces. Acad Press, London

Jeffrey GC und Ottewill RH (1988) Reversible aggregation. Part I. Reversible flocculation monitored by turbidity measurements. Colloid Polym Sci 266: 173–179

Killmann E und Adolph H (1995) Coagulation and flocculation measurements by photon correlation spectroscopy – colloidal SiO_2 bare and covered by polyethylene oxide. Colloid Polym Sci 273: 1071–1079

Long JA, Osmond DWJ und Vincent B (1973) The equilibrium aspects of weak flocculation. J Coll Interf Sci 42: 545–553

Maroto JA und de las Nieves FJ (1995) Optimization of the heterocoagulation process of polymer colloids with different particle size. Colloids Surfaces A 96: 121–133

Mathai KG und Ottewill RH (1966) Stability of hydrophobic sols in the presence of non-ionic surface-active agents. Part 2. Stability of silver iodide sols in the presence of non-ionic surface-active agents. Trans Faraday Soc 62: 759–769

Matijević E und Kitazawa Y (1983) Heterocoagulation. VII. Interactions of rod-like β–FeO(OH) with spherical latex particles. Coll Polym Sci 261: 527–534

Mielke M (1996) Wechselwirkung kolloidaler Polymere mit organischen Gegenionen. Diplomarbeit. Univ Kiel

Oster G (1947) Light scattering from polymerizing and coagulating systems. J Coll Sci 2: 291–299

Ottewill RH (1977) Stability and instability in disperse systems. J Coll Interf Sci 58: 357–373

Ottewill RH, Rastogi MC und Watanabe A (1960) The stability of hydrophobic sols in the presence of surface-active agents. Part I. Theoretical treatment. Trans Faraday Soc 56: 854–865

Ottewill RH und Satgurunathan R (1995) Nonionic latices in aqueous media. Part 4: preparation and characterization of electrosterically stabilised particles. Colloid Polym Sci 273: 379–386

Ottewill RH und Shaw JN (1966) Stability of monodisperse polystyrene latex dispersions of various sizes. Disc Faraday Soc 42: 154–163

Ottewill RH und Watanabe A (1960) a) Studies on the mechanism of coagulation. Part I. The stability of positive silver iodide sols in the presence of anionic surface active agents. Kolloid Z 170: 38–47

Ottewill RH und Watanabe A (1960) b) Studies on the mechanism of coagulation. Part 2. The electrophoretic behaviour of positive silver iodide sols in the presence of anionic surface active agents. Kolloid Z 170: 132–139

Perkins R, Brace R und Matijević E (1974) Colloid and surface properties of clay suspensions. I. Laponite CP. J Coll Interf Sci 48: 417–426

Priewe J (1994) Kolloidchemische Aspekte der Darstellung und Charakterisierung sterisch stabilisierter Latexdispersionen. Dissertation. Univ Kiel

Reerink H und Overbeek JTG (1954) The rate of coagulation as a measure of the stability of silver iodide sols. Disc Faraday Soc 18: 74–84

Rooy N de, Bruyn PL de und Overbeek JTG (1980) Stability of dispersions in polar organic media. I. Electrostatic stabilization. J Coll Interf Sci 75: 542–554

Ryde N und Matijević E (1994) Kinetics of heterocoagulation. Part 4. Evaluation of absolute coagulation rate constants using a classical light scattering technique. J Chem Soc Faraday Trans 90: 167–171

Sasaki H, Matijević E und Barouch E (1980) Heterocoagulation. VI. Interactions of a monodispersed hydrous aluminum oxide sol with polystyrene latex. J Coll Interf Sci 76: 319–329

Schmidt A (1987) Systematik und Eigenschaften von Latices und kolloidalen Systemen, Polymerisation und Terpolymerisation in Emulsionen. Houben-Weyl Makromolekulare Stoffe. S 227–268, Bd E20/I

Sonntag H und Strenge K (1987) Coagulation kinetics and structure formation. Plenum Press, New York

Stumm W, Huang CP und Jenkins SR (1970) Specific chemical interaction affecting the stability of dispersed systems. Croatica Chemica Acta 42: 223–244

Tombácz E, Deér I und Dékány I (1993) Compression study on hydrophobic layered silicates dispersed in organic liquid mixtures. Colloids Surfaces A 71: 269–276

Veeramasuneni S, Yalamanchili MR und Miller JD (1996) Measurement of interaction forces between silica and α-alumina by atomic force microscopy. J Coll Interf Sci 184: 594–600

Ven TGM van de (1988) On the role of ion size in coagulation. J Coll Interf Sci 124: 138–145

Virden JW und Berg JC (1992) The use of photon correlation spectroscopy for estimating the rate constant for doublet formation in an aggregating colloidal dispersion. J Coll Interf Sci 149: 528–535

Williams DJA und Ottewill RH (1971) The stability of silver iodide sols in the presence of polyacrylic acids of various molecular weights. Koll Z Z Polym 243: 141–147

Zimehl R und Lagaly G (1986) Coagulation of latex dispersions by inorganic salts: structural effects. Progr Colloid Polym Sci 72: 28–36

Zimehl R und Lagaly G (1987) Coagulation of latex dispersions in the presence of some organic compounds. Colloids Surfaces 22: 225–236

12 Aggregation

12.1 Sedimentation

12.1.1 Sedimentationsvorgänge

In den vorausgegangenen Kapiteln wurden die Bedingungen für die Stabilität bzw. zur Destabilisierung kolloidaler Dispersionen ermittelt. Oft ist aber auch wichtig, wie die kolloidalen Teilchen aggregieren, sedimentieren und welche Art von Sediment entsteht.

Wenn eine Dispersion instabil wird, lagern sich ihre Teilchen zu Dubletts, Tripletts etc. zusammen (Kap. 2.6.3), bis schließlich Aggregate entstehen, die sich unter Wirkung der Schwerkraft absetzen. Im Idealfall sedimentieren die Aggregate unabhängig voneinander und bilden ein vom Boden des Gefäßes her wachsendes Sediment, während die Teilchenkonzentration in der darüber stehenden Schicht stetig abnimmt (freie, granulare oder aufstockende Sedimentation). Die Sedimentation wird durch das Stokessche Gesetz beschrieben (Kap. 8.7.1).

Wird die Konzentration der Teilchen zu hoch (oft schon bei Massenanteilen > 1 %), bewegen sich diese nicht mehr ungehindert durch die Flüssigkeit, sie beeinflussen sich gegenseitig. Das von den Partikeln verdrängte Flüssigkeitsvolumen gewinnt an Bedeutung. Die Sedimentationsgeschwindigkeit wird durch die Aufwärtsströmung der Flüssigkeit verringert. Typisch ist eine gewisse Tendenz aller Teilchen, mit ähnlicher Geschwindigkeit zu sedimentieren, wobei die großen Partikel die kleineren mit sich reißen (gehinderte Sedimentation). Unter diesen Bedingungen gelingt die in Kap. 8.7.3 beschriebene Fraktionierung nach der Teilchengröße nicht mehr. Am Boden des Gefäßes bildet sich ein kompaktes, nach oben wachsendes Sediment. Darüber steht eine trübe Schicht, in der die Teilchen mit nahezu gleicher Geschwindigkeit sedimentieren. Diese Schicht ist mehr oder weniger deutlich gegen eine weitere, etwas weniger trübe Schicht abgesetzt. Mit fortschreitender Sedimentationszeit wandert die Grenzfläche zwischen beiden Schichten nach unten, wobei die oberste Schicht langsam an Teilchen verarmt.

Die gehinderte Sedimentation stellt einen Übergang zwischen freier und strukturierter (absetzender) Sedimentation dar (Szánto et al., 1972). Im letzten Fall sind die Teilchen „aneinander gebunden" und sedimentieren unabhängig von ihrer Größe in Form eines zusammenhängenden Netzwerks. Eine trübe Schicht setzt sich dann von einer überstehenden klaren Schicht ab, die praktisch frei von Teilchen ist. In der trüben Schicht ist die Teilchenkonzentration nahezu konstant. Die geringe Sinkgeschwindigkeit der scharfen Grenzfläche wird durch das Aufwärtsströmen des Dispersionsmittels im Teilchennetzwerk bedingt.

In Abb. 12.1 sind die drei Typen der Sedimentation dargestellt (Wolff, 1957). Kurve **A** zeigt die Zunahme des Sedimentvolumens bei freier (aufstockender)

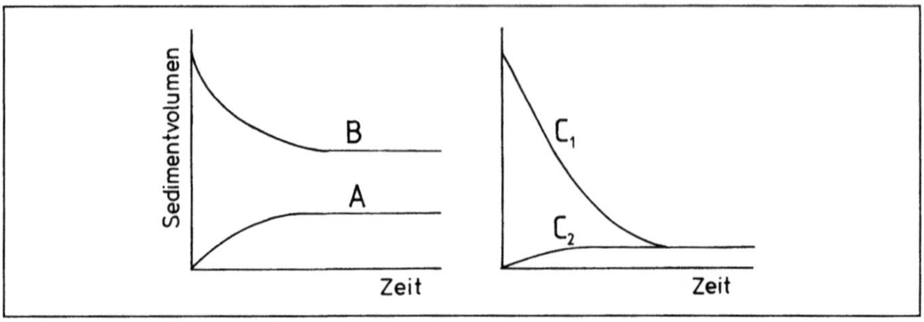

Abb. 12.1. Sedimentationstypen (Wolff, 1957). **A** aufstockende (freie ungehinderte, granulare) Sedimentation: Es bildet sich ein Sediment, dessen Höhe mit der Zeit zunimmt. **B** absetzende (strukturelle) Sedimentation: Die Dispersion trennt sich mit scharfer Grenzfläche in eine trübe Phase und eine klare überstehende Lösung. Die Grenzfläche wandert im Laufe der Zeit nach unten. **C** gehinderte Sedimentation: von unten her wächst ein Sediment (**C_2**), über dem eine trübe Phase steht, deren Grenzfläche zur klaren Lösung mit der Zeit nach unten wandert (**C_1**).

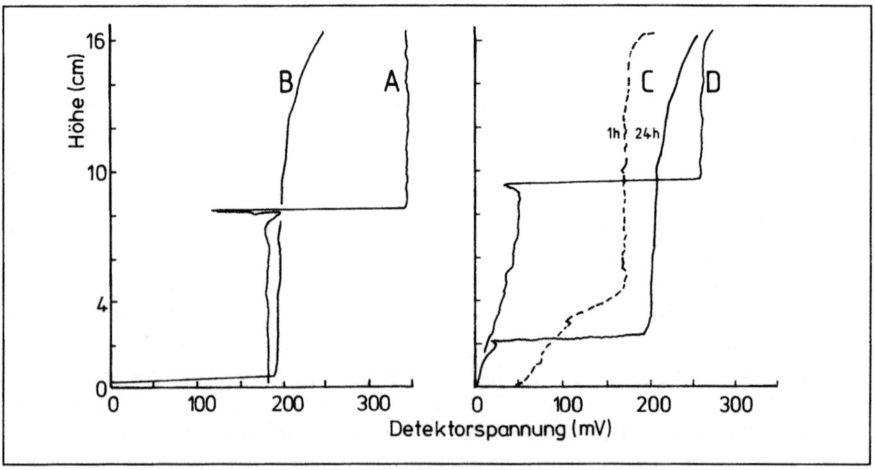

Abb. 12.2. Sedimentation von Aerosil 200 (0,01 g/mL; pH = 4,7; 25 °C) in Gegenwart von Polyethylenglycol 6000. Detektorspannung (Durchlässigkeit) in Abhängigkeit von der Höhe in der Dispersionssäule (nach Killmann und Eisenlauer, 1982). **A** SiO_2-Dispersion, Sol mit Polymerlösung überschichtet, kurz vor der Durchmischung. **B** PEO-Konzentration $6 \cdot 10^{-5}$ g/mL, nach 24 h. **C** PEO-Konzentration $8 \cdot 10^{-5}$ g/mL, nach 1 h und 24 h. **D** PEO-Konzentration $16 \cdot 10^{-5}$ g/mL, nach 24 h.

Sedimentation der Teilchen. **B** beschreibt das Absinken der scharfen Grenzfläche der strukturierten Schicht bei absetzender Sedimentation. Der Übergang zwischen beiden Sedimentationstypen ist durch die Kurven **C_1** und **C_2** dargestellt. Von unten wächst ein Sediment (Kurve **C_2**), während sich gleichzeitig in der Dispersion eine Netzwerkstruktur bildet, deren scharfe Grenzfläche zur überstehenden klaren Lösung nach unten absinkt (Kurve **C_1**). Nach einer gewissen Zeit gehen die Grenzflächen Sediment/Netzwerkstruktur und Netzwerkstruktur klare Lösung ineinander über. Als Beispiele beschrieb Wolff (1957) Bleichromat in

Butylamin (freie Sedimentation), Bleichromat in n-Propanol (strukturierte Sedimentation) und NaCl in Methylacetat (gehinderte Sedimentation). In jüngster Zeit wurden die drei Typen der Sedimentation bei Kaolinitteilchen in Abhängigkeit von der Konzentration von Fe^{3+}-Ionen beobachtet (Pierre et al., 1995).

Ein anderes Beispiel wurde von Killmann und Eisenlauer (1982) vorgestellt. Untersucht wurde die Sedimentation von Aerosil 200 in Polyethylenglycollösungen (PEO Molmassen 6000 und 40000) mit dem von den Autoren entwickelten Gerät (s. u.) (Abb. 12.2). Registriert wurde die Durchlässigkeit der Dispersion in Abhängigkeit von der Höhe. **A** wurde kurz vor der Durchmischung der SiO_2-Dispersion gemessen. Bei geringer Konzentration von PEO ($6 \cdot 10^{-5}$ g/mL) wurde eine ungehinderte Sedimentation beobachtet (**B**). Der Zusatz von etwas mehr PEO ($8 \cdot 10^{-5}$ g/mL) reichte gerade aus, eine Strukturbildung zu initiieren (**C**). Bei höheren Konzentrationen von PEO trat dann ausgeprägte strukturelle Sedimentation mit einer scharfen Grenzfläche auf, die sich langsam absenkte (**D**).

Im allgemeinen wird die Sedimentation in kleinen, nicht zu engen Gläschen (Durchmesser mindestens 1 cm) mit dem Auge verfolgt und die Position der Grenzfläche direkt gemessen. Killmann und Eisenlauer (1976) beschrieben den Prototyp eines Sedimentometers. Ein Laserstrahl wurde entlang der Küvette geführt und sein Intensitätsverlust beim Durchgang durch die Dispersion mit einem Photomultiplier gemessen. Ähnliche Geräte sind auch käuflich erhältlich. Unter Umständen bietet die Detektion mit Röntgenstrahlen einen Vorteil, da die Volumenfraktion des Feststoffs direkt gemessen werden kann, ohne daß optische Korrekturen notwendig wären (Kap. 8.7.4) (Bergström, 1992).

12.1.2 Sedimenttypen

Die unterschiedliche Art der Sedimentation führt naturgemäß zu verschiedenen Typen von Sedimenten. Im Falle der strukturellen Sedimentation bilden sich oft Gele. Auch bei gehinderter Sedimentation können Gele entstehen, die sich über einem Sediment am Boden des Gefäßes entwickeln.

Zunächst sei die Sedimentation zu mehr oder weniger voluminösen Bodensätzen behandelt. Gele werden in Kap. 12.2 beschrieben.

Der Zustand in der Dispersion ist entscheidend, ob die Teilchen dichte oder lockere Sedimente bilden (Abb. 12.3a). Locker gepackte Sedimente entstehen, wenn die Wechselwirkungen zwischen den Teilchen leicht attraktiv sind und in der Dispersion bereits eine gewisse Aggregation erfolgt. Die entstehenden Flokken sedimentieren und lagern sich zu einem lockeren Sediment zusammen, dessen Hohlräume mit Lösungsmittel gefüllt sind. Mehrwertige Gegenionen begünstigen die Bildung solcher Sedimente. Das Sedimentvolumen kann mit steigender Salzkonzentration zunehmen, weil die stärkere Anziehung zwischen den Teilchen eine lockere Packung stabilisiert. Oft bricht bei zu hohen Salzkonzentrationen diese Struktur zusammen, weil die Teilchen durch die starken Anziehungskräfte dichter gepackt werden.

Dichte Sedimente entstehen, wenn die Wechselwirkungen zwischen den Teilchen abstoßend sind. Die Teilchen sind dann leicht gegeneinander verschiebbar und ordnen sich zu dichtgepackten Strukturen, ohne daß sie – solange noch Dispersionsmittel vorhanden ist – in direkten Kontakt kommen, vielmehr durch die dif-

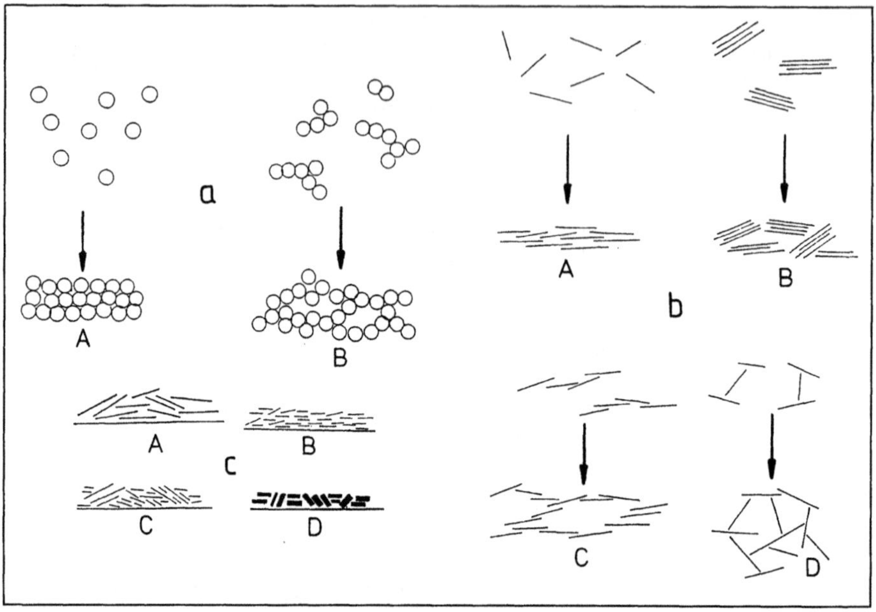

Abb. 12.3 a–c. Einfluß des Dispersionsgrades auf die Sedimentstruktur (nach Lagaly, 1986; Jasmund und Lagaly, 1993). **a** Kugelförmige Teilchen: **A**, **B** dichte und lockere Sedimente bei abstoßenden bzw. attraktiven Wechselwirkungen in der Dispersion. **b** Plättchenförmige Teilchen: **A** dichtes Sediment aus parallel gelagerten Plättchen bei abstoßenden Wechselwirkungen in der Dispersion, **B** Sediment aus gegeneinander verworfenen Paketen von Teilchen bei Fläche/Fläche-Aggregation, **C** lockeres Sediment bei bänderartiger Aggregation in der Dispersion, **D** Kante/Fläche-Wechselwirkungen in der Dispersion und kartenhausartige Aggregation im Sediment. **c** Abhängigkeit der Parallelorientierung vom Längen-/Dickenverhältnis und der Teilchengrößenverteilung: **A**, **B** optimale Parallellagerung bei plättchenförmigen Teilchen, **C** Störung der Textur kleinerer Teilchen durch größere, **D** geringe Textur bei relativ dicken Teilchen.

fusen Ionenschichten getrennt bleiben. Da die Dispersionen infolge der Abstoßung zwischen den Teilchen stabil sind, entstehen derartige Sedimente, wenn die Teilchen allmählich durch ihr Gewicht absinken oder das Dispersionsmittel entfernt wird. Beim Eintrocknen bilden sich harte Krusten; beim Filtrieren entstehen dichte Filterkuchen, die die Filtration verzögern oder gar unmöglich machen.

Plättchenförmige Teilchen können sich in vielfältiger Weise zusammenlagern. Sind die Plättchen gut dispergiert, ordnen sie sich beim Entfernen des Lösungsmittels oder beim Filtrieren nahezu parallel übereinander an, es entstehen dichte Sedimente (Abb. 12.3b, **A**). Etwas lockerere Sedimente bilden sich, wenn die Teilchen bereits in der Dispersion eine gewisse Parallellagerung erreichen (Abb. 12.3b, **B**, **C**). Ausgesprochen voluminöse Sedimente entstehen durch die Bildung von Bänder- und Kartenhausstrukturen (Abb. 3.20 b; 12.3 b, **C**, **D**; Kap. 3.6; 12.2.5).

Das Ausmaß der Parallelorientierung hängt vom Längen/Dickenverhältnis der Teilchen ab. Kleinere (aber nicht zu kleine) dünne Plättchen lagern sich eher parallel größere (Abb. 12.3c, **C**, **D**). Dicke Teilchen ordnen sich nicht in dem Maße parallel an wie dünne (Abb. 12.3c, **D**). Bei breiter Teilchengrößenverteilung behindern große Plättchen die Parallellagerung der kleineren (**C** in Abb. 12.3c).

Die Parallellagerung plättchenförmiger Teilchen (Textur) spielt bei der röntgenographischen Untersuchung schichtförmiger Verbindungen eine wichtige Rolle, weil sie die Intensität bestimmer Reflexe erhöht. Zur Identifizierung von Tonmineralen ist die Herstellung von Präparaten mit hoher Textur oft unerläßlich (Jasmund und Lagaly, 1993, Kap. 1.5.3).

Als Beispiel für die Aggregation stäbchenförmiger Teilchen sei die Sedimentation von Boehmitteilchen, γ-AlO(OH), beschrieben (Buining et al., 1994). Die Nadeln hatten eine mittlere Länge von 130 nm bei einem mittleren Durchmesser von 17 nm (Probe I) bzw. von 281 nm und 14 nm (Probe II).

Eine 0,3%ige Dispersion der Teilchen I (= 0,12 % Volumenanteil) bildete bei NaCl-Konzentrationen $\leq 10^{-3}$ M auch nach 10 Monaten kein Sediment. Die Boehmitteilchen II setzten sich dagegen nach einem Monat zu einem dichten Sediment ab, das zwischen gekreuzten Polarisatoren eine permanente Doppelbrechung zeigte und sich leicht aufschütteln ließ. Bei der kritischen Koagulationskonzentration von 0,05 M NaCl bildeten beide Präparate ein trübes, isotropes Gel geringer Viskosität, das das gesamte Volumen ausfüllte. Das Gel der kleineren Teilchen zeigte im Laufe der Zeit eine geringe Synärese, weil die kürzeren Nadeln den Raum schlechter durchspannen konnten als die längeren. Mit höherer Salzkonzentration wurden die Gele beider Teilchensorten steifer und entwickelten eine deutliche Synärese. Die zunehmende Bindungsfestigkeit der Kontakte bei höheren NaCl-Konzentrationen äußerte sich in erhöhter Gelfestigkeit. Die Synärese wurde stärker, weil die Teilchen zu dichteren Strukturen zusammengezogen wurden.

Sehr ausgeprägt war die Abhängigkeit der verschiedenen Aggregatstrukturen vom Massengehalt AlO(OH). So bildeten die längeren Teilchen in salzarmer Lösung ($\leq 10^{-4}$ M NaCl) nur bis 0,017% Massenanteil eine isotrope, nicht sedimentierende Dispersion. Bis 0,67% war die Dispersion isotrop, zeigte aber Strömungsdoppelbrechung bei leichtem Bewegen und vorsichtigem Schütteln. Die Dispersion trennte sich in eine geordnete untere Phase und eine überstehende isotrope Lösung. Bei steigender NaCl-Konzentration wurde die Packung der unteren Phase dichter und die Doppelbrechung stärker. Mit zunehmendem Boehmitanteil stieg naturgemäß der Anteil der anisotropen Phase. Bei 0,67% versteifte die Dispersion „glasartig" und wurde permanent doppelbrechend. Der Teilchenabstand sank auf weniger als 200 nm. Die abstoßende Wechselwirkung der Doppelschichten behinderte die Bewegung der Teilchen. Diese waren also nicht über Kontakte aggregiert, sondern durch die bevorzugte Orientierung immobilisiert (Kap. 12.2.3, S. 451). Die Versteifung war umso ausgeprägter, je stärker die Anisometrie war. Bei den kürzeren AlO(OH)-Teilchen wurden 10% (Massenanteil) benötigt, um den glasartigen Zustand zu erreichen (Die Autoren wollen den Begriff Gel nur für Systeme mit attraktiven Kontakten verwenden).

Das komplexe Verhalten solcher Dispersionen in Abhängigkeit vom Massenanteil und Salz- oder Polymergehalt sowie pH-Wert wird gerne als Phasentrennung beschrieben (van Duijneveldt and Lekkerkerker, 1995). Die einzelnen Phasen werden als kolloidale Analoga für gasförmige, flüssige und feste Phasen aufgefaßt; letztere können kristallin (Kap. 12.4) oder amorph (glasartig oder gelartig) sein. Beispiele von Phasentrennungen in Gegenwart von Polymeren wurden in Kap. 4.13 beschrieben.

Als weiteres Beispiel sei das Verhalten verschieden großer Latexteilchen in Gegenwart von Hydroxyethylcellulose (HEC) dargestellt (Abb. 12.4) (Sperry,

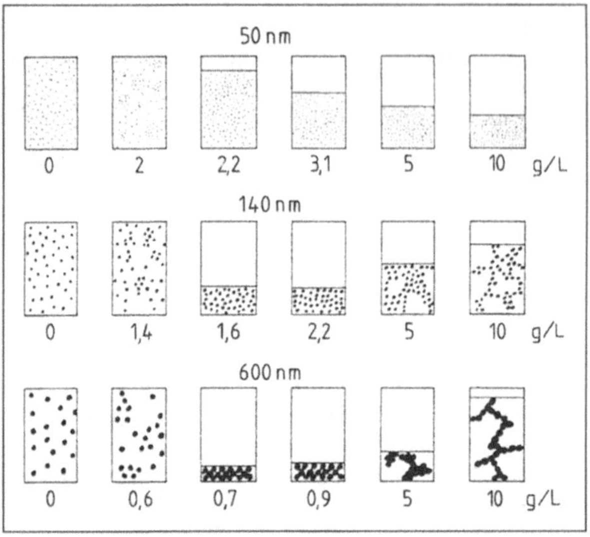

Abb. 12.4. Sedimentstruktur von Latexteilchen mit Durchmessern von 50 nm, 140 nm und 600 nm in Gegenwart von Hydroxyethylcellulose (Sperry, 1984).

1984). Die Latices waren Copolymere aus Butylacrylat und Methylmethacrylat mit Teilchengrößen von 50 nm bis 600 nm. Die Morphologie der Flocken nach HEC-Zusatz (Molmasse $M_n \approx 306000$) wurde im Lichtmikroskop untersucht, die Sedimentation in 20mL-Glasröhrchen verfolgt (Kap. 12.1.4).

Infolge des Verarmungseffektes (Kap. 4.12, 4.13) durch gelöste HEC wurden die Dispersionen oberhalb einer bestimmten HEC-Konzentration, die mit der Teilchengröße abnahm, instabil. Bereits vor der Bildung eines deutlich abgesetzten Sediments (jeweils drittes Bild) bildeten sich kleinere Aggregate, die jedoch noch zu leicht waren, um zu sedimentieren (vgl. Kap. 11.4, S. 414). Bei den kleinsten Teilchen nahm das Sedimentvolumen mit zunehmender Polymerkonzentration ab, während es bei größeren Teilchen anstieg, indem gelartige Strukturen gebildet wurden. Diese entstanden, weil die Wechselwirkungen zwischen den Teilchen stärker attraktiv wurden (wir bewegen uns auf der Kurve in Abb. 4.23, S. 149 zum Minimum hin) und den Aufbau voluminöser Gele förderten. Netzwerke aus größeren Teilchen sind weitaus besser aufzubauen als aus kleinen Teilchen, bei denen mit zunehmenden Wechselwirkungskräften das Sediment dichter wird.

Es ist verständlich, daß die Vielfalt der durch Polymere erzeugten Phänomene bei anisometrischen Teilchen noch größer wird. Buitenhuis et al. (1995) beschrieben das Verhalten der oben genannten Boehmitteilchen nach Oberflächenmodifizierung mit Polyisobuten in Gegenwart von Polystyrol und Polydimethylsiloxan (vgl. Kap. 4.13).

12.1.3 Technische Aspekte: Aufrühren, Filtrieren

Die Art der Sedimente entscheidet, ob ein Bodensatz schwer oder leicht aufzurühren ist. Dichte Sedimente sind wesentlich schwieriger aufzurühren als voluminöse. In vielen technischen Systemen (Anstrichmitteln, Pestiziddispersionen, Klebstoffen, Schlickern etc.) muß die Aufrührbarkeit beachtet bzw. bewußt eingestellt werden (Kap. 1.2).

Im vorangehenden Kapitel wurde bereits auf den Einfluß der Sedimentationsvorgänge bzw. der Struktur der Sedimente auf die Filtrierbarkeit hingewiesen. In der Verfahrenstechnik muß ggf. die Filtrierbarkeit einer Dispersion durch gezielte Veränderung der Teilchen/Teilchen-Wechselwirkungen optimiert werden.

Bei der Abwasserreinigung kann das Abfiltrieren der mit Polymeren geflockten Schwebeteilchen Probleme bereiten. Eine Verbesserung der Filtrierbarkeit wurde durch aufeinanderfolgende Zudosierung eines positiven und eines negativen Polyelektrolyten (umgekehrt etwas weniger wirksam) erreicht (Böhm und Kulicke, 1997).

Instruktiv ist der Versuch, eine Natriumbentonitdispersion zu filtrieren. Nach kürzester Zeit bildet sich ein sehr dünner Film aus parallel liegenden Tonmineralplättchen (Abb. 12.3b, **A**), der das Filter so erfolgreich abdichtet, daß keine Flüssigkeit mehr durchgesaugt werden kann. Filtrierbare Koagulate entstehen bei Zusatz von soviel Calciumionen, daß die Teilchen zu aggregieren beginnen (Abb. 12.3 b, **B**, **C**). Lockere Filterkuchen, deren Struktur durch Kante/Fläche-Wechselwirkungen zwischen den Tonmineralteilchen geprägt ist, entstehen nur im sauren Bereich (Kap. 12.2.5).

Das Na^+/Ca^{2+}-Verhältnis bestimmt die Aggregatstruktur in Böden (Quirk, 1986; Quirk and Murray, 1991). Zu hohe Natriumionengehalte erzeugen eine dichte Packung der Tonmineralplättchen mit zunehmendem Verlust der Permeabilität. In Gegenwart von Calciumionen bilden sich lockere Aggregate, die eine ausreichende Durchlüftung und einen guten Wassertransport in der Bodenschicht ermöglichen.

Der Verschluß von Poren durch plättchenförmige Teilchen, in den meisten Fällen Tonminerale, wird zur Abdichtung des Untergrunds oder von Gewässern gegenüber porösen Böden oder Gesteinen ausgenutzt. Dieser „plastering effect" spielt weiterhin eine wichtige Rolle bei Bohrspülflüssigkeiten und im Schlitzwandbau (Kap. 12.2.4).

Die Abhängigkeit der Packungsdichte von den interpartikulären Wechselwirkungskräften ist in der Keramik von besonderer Bedeutung (s. z.B. Bergström et al., 1997, und Lit. dort). Keramische Gießverfahren beruhen auf der Bildung von Filterkuchen an der Wand poröser Formen (Jasmund und Lagaly, 1993, Kap. 7, S. 280). Dazu wird ein dünnflüssiger Schlicker (Kap. 12.3.3) mit hohem Massenanteil in eine poröse Form gegossen, und ihm durch die Kapillarkräfte oder durch „Druckbeaufschlagung" Wasser entzogen. An der Wand der Form bildet sich als Filterkuchen ein roher Scherben, der entnommen, getrocknet und gebrannt wird.

12.1.4 Sedimentvolumina

Zur Beurteilung des Sedimentationsverhaltens wird gerne das Sedimentvolumen angegeben. Man läßt die Dispersion sedimentieren und bestimmt nach einer gewissen Zeit das Sedimentvolumen aus der Höhe des Sediments im Meßröhrchen.

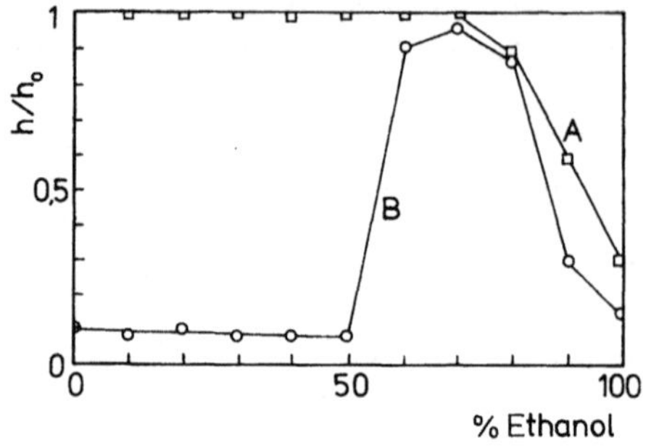

Abb. 12.5. Sedimentation von Natriummontmorillonit (2% Massenanteil Montmorillonit, aus Betonit von Wyoming, Kap. 5.12, Teilchendurchmesser <2 µm) in Ethanol/Wasser-Mischungen. Ethanolkonzentration in % Volumenanteil. h/h_0 relative Höhe des Sedimentes nach 24 Stunden (**A**) und nach 15 Monaten (**B**). $h/h_0 = 1$ bedeutet kolloidale Verteilung ohne Bildung eines Sedimentes (nach Permien and Lagaly, 1994 b).

„Eine gewisse Zeit" bedeutet, zunächst so lange zu warten, bis sich die Sedimenthöhe nicht mehr sichtbar ändert. 24 Stunden sind manchmal ausreichend, oft nicht. Es schadet ja nichts, die Meßröhrchen länger stehen zu lassen und gelegentlich zu kontrollieren.

Aus der Höhe des Sediments bzw. der Größe des Sedimentvolumens lassen sich nach den Ausführungen in den vorangehenden Kapiteln wichtige Informationen erhalten. Grundlegende kolloidchemische Erkenntnisse von Tonmineraldispersionen wurden durch Messung des Sedimentvolumens gewonnen (z. B. Hofmann und Hausdorf, 1945; Szánto und Varkonyi, 1963, 1964, 1965).

Als erstes Beispiel sei die Sedimentation von Natriummontmorillonit (aus Wyoming-Bentonit, Teilchendurchmesser < 2 µm) in Wasser/Ethanol-Mischungen aufgeführt (Abb. 12.5) (Permien und Lagaly, 1994 b). Die Montmorillonitdispersion (2% Massenanteil) stand zunächst 24 Stunden (Kurve **A** in Abb. 12.5). Sie blieb bis 70% Volumenanteil Ethanol stabil. Oberhalb dieser Konzentration bildete sich ein Sediment, dessen Höhe mit dem Alkoholgehalt steil abnahm. Nach einigen Wochen hatten sich die Montmorillonitplättchen infolge ihres Gewichtes abgesetzt und ein sehr dichtes Sediment gebildet. Oberhalb 50% Ethanol blieb jedoch das Sediment in nahezu unveränderter Höhe erhalten.

Bei Ethanolgehalten ≤50% sind die Montmorillonitplättchen weitgehend delaminiert, d. h. die kolloidale Dispersion besteht aus einzelnen Silicatschichten und dünnen Schichtpaketen (Kap. 3.6), die durch die abstoßende elektrostatische Wechselwirkung in kolloidaler Verteilung gehalten werden. Daher entsteht zunächst kein Sediment. Zu dem Maße, wie die Teilchen unter Wirkung der Schwerkraft absinken, bildet sich ein aufstockendes, sehr dichtes Sediment, das nicht gut aufzurühren ist. Bei hohen Alkoholgehalten werden die Wechselwirkungen zwischen den Teilchen attraktiv, weil die Dielektrizitätskonstante abnimmt (Verringerung der Ausdehnung der diffusen Ionenschicht) und die Gegenionen verstärkt in die Stern-Schicht abgedrängt werden (Kap. 3.9). Durch attraktive Kontakte zwischen den einzelnen Silicatschichten und dünnen Schichtpaketen entsteht daher ein voluminöses Sediment aus bänderartig verbundenen Teilchen (Abb. 12.6, **B**). Mit steigendem Alkoholgehalt und stärkerer Wechselwirkung zwischen den Teilchen werden die Bänder mehr und mehr zu diskreten Teilchen zusammengezogen (Abb. 12.6, **C**), und das Sedimentvolumen nimmt ab. Die Veränderung der Aggregationsweise von **A** nach **C** in Abb. 12.6 spiegelt sich also in der Höhe der Sedimente wieder.

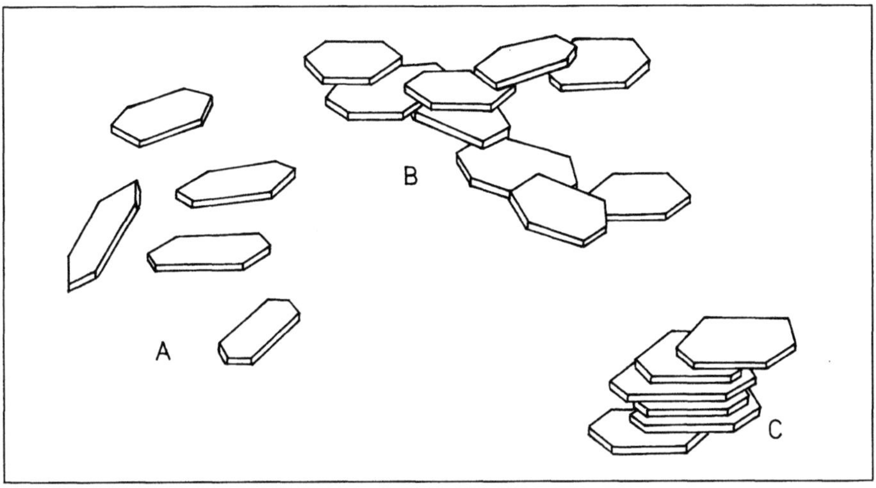

Abb. 12.6. Verteilungszustand von Natriummontmorillonitschichten oder -lamellen. Die Schichtladungen und Gegenionen sind nicht gezeichnet (Permien und Lagaly, 1994a). **A** kolloidale Dispersion, elektrostatische Abstoßung zwischen den Teilchen, **B** Bildung von Bänderstrukturen bei attraktiven Wechselwirkungen, **C** Kontraktion der Bänder zu einzelnen Teilchen bei starker Anziehung zwischen den Schichten.

Die Adsorption von Tensiden mit zunehmender Hydrophobierung und anschließender Hydrophilierung durch Umladung wirkt sich auf das Sedimentvolumen deutlich aus. Eine 0,2%ige Natriummontmorillonitdispersion wurde mit steigenden Mengen 0,05 M Cetylpyridiniumchloridlösung (CPC) versetzt (Abb. 12.7). Mit zunehmenden Austausch der Natriumionen durch Cetylpyridiniumionen stieg das Sedimentvolumen steil an und erreichte ein Maximum bei vollständiger Hydrophobierung, wenn alle Natriumionen durch die Cetylpyridiniumionen ersetzt waren. Es bildet sich ein voluminöses, lockeres Sediment, in dem die hydrophobierten Montmorillonitplättchen große Wassermengen einschlossen. Mit der Adsorption weiterer Cetylpyridiniumionen bei höheren Tensidkonzentrationen erfolgte Umladung (Abb. 3.25b, s. S. 105). Die Montmorillonitplättchen wurden hydrophil, und das Sedimentvolumen nahm wieder ab. Durch Extrapolation der beiden Geraden in Abb. 12.7 läßt sich das Gesamtkationenaustauschvermögen des Montmorillonits bestimmen (Kloppenburg, 1997).

Die Wirkung hydrophobierter Tonminerale als Versteifungs- und Thixotropierungsagentien (Kap. 12.3.2) für unpolare Lösungsmittel wird in vielen Fällen durch Zusatz geringer Mengen einer polaren Flüssigkeit optimiert. Der Einfluß dieses Zusatzes macht sich häufig im Sedimentvolumen bemerkbar. Abbildung 12.8 zeigt das Sedimentvolumen von Montmorillonit, der mit steigenden Mengen (**A** bis **F**) Hexadecylpyridiniumionen hydrophobiert worden war, in Abhängigkeit von x_1, dem Molenbruch von Methanol in Methanol/Benzol-Mischungen (Szánto et al., 1986). Bei etwas stärkerer Belegung mit den organischen Kationen war das Sedimentvolumen in Benzol ($x_1 = 0$) höher als in reinem Methanol ($x_1 = 1$) und erreichte maximale Werte bei Methanolgehalten um $x_1 = 0{,}1$. Die Kompositisothermen (Kap. 14) zeigten, daß die Zusammensetzung der adsorbierten Phase über größere Bereiche von x_1 konstant blieb. Die Zusammensetzung der Gleichge-

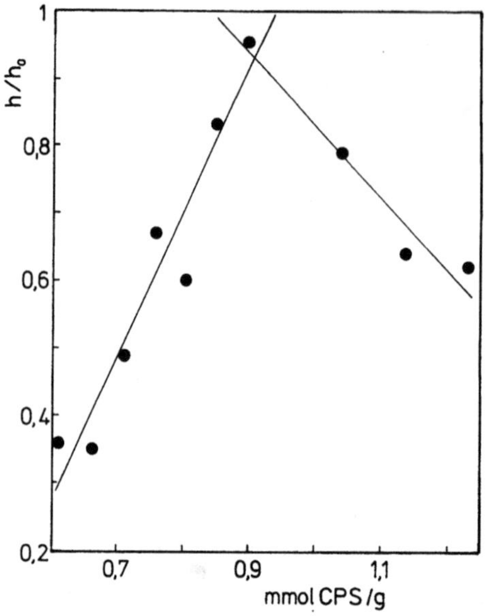

Abb. 12.7. Sedimentation einer 0,2%igen Natriummontmorillonitdispersion (aus Bentonit von Wyoming, Kap. 5.12) in Gegenwart von Cetylpyridiniumchlorid (CPC; Kloppenburg, 1997).

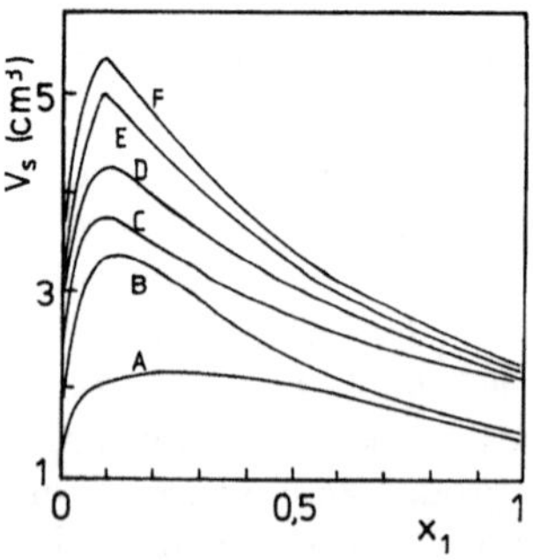

Abb. 12.8. Sedimentvolumen von organophilem Montmorillonit in Methanol/Benzol-Mischungen. Montmorillonit aus Bentonit von Mad (Ungarn) (Kap. 5.10.8, Teilchengröße <2 µm) mit steigenden Mengen Hexadecylpyridiniumionen umgesetzt: **A** 0,20; **B** 0,40; **C** 0,56; **D** 0,68; **E** 0,81; **F** 0,90 mmol/g Montmorillonit. x_1 = Molenbruch Methanol, V_s=Sedimentvolumen von 0,5 g Hexadecylpyridiniummontmorillonit (Szánto et al., 1986).

wichtslösung wirkte sich also stärker auf das Sedimentvolumen als auf die Zusammensetzung des adsorbierten Flüssigkeitsgemisches aus.

Ein Beispiel für den Einfluß von Polymeren auf die Aggregationsweise und damit auf das Sedimentvolumen wurde in Kap. 4.4.2 und Abb. 4.10 für Kaolinit in Gegenwart von Polyacrylamid beschrieben.

Polyethylenimine (PEI) werden häufig als Flockungsmittel benutzt, z. B. in der Papierindustrie. Als kationische Polyelektrolyte flocken sie mikrokristalline Cellulose durch Ladungsneutralisation oder Verbrückung (Kap. 4.4.2). Hinweise auf zwei unterschiedliche Destabilisierungsmechanismen ließen sich aus den Sedimentvolumina gewinnen (Alince and Robertson, 1974). Bei Zugabe von niedrigmolekularen PEI (PEI 12, Molmasse etwa 1200) erfolgte Aggregation oberhalb von 2 mg PEI/g Cellulose (Abb. 12.9a, **A**). Es bildete sich ein Sediment, dessen Volumen unabhängig von der Polymerzugabe war; die überstehende Lösung blieb klar. Höhermolekulares PEI (PEI 600, Molmasse etwa $(40 - 60) \cdot 10^3$) erzeugte

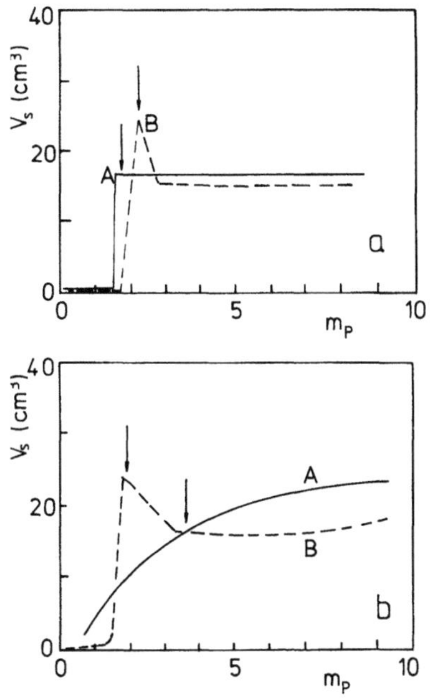

Abb. 12.9 a, b. Sedimentation mikrokristalliner Cellulose (Avicel, Dimensionen etwa 5 · 100 nm) in Gegenwart von Polyethyleniminen (PEI). V_s = Sedimentvolumen (Alince and Robertson, 1974). **a** PEI 12, Molmasse etwa 1200; 24 mg Avicel/50 mL; **b** PEI 600, Molmasse (40–60) · 10^3; 22,2 mg Avicel/50 mL; m_P: Zugabe von PEI in mg/g Avicel; **A** erste Sedimentation, **B** zweite Sedimentation nach kräftigem Dispergieren der Sedimente. Pfeile: Bildung eines klaren Überstandes.

schon bei kleinsten Konzentrationen ein Sediment, dessen Volumen mit zunehmender Polymerkonzentration stetig anstieg (Abb. 12.9b, **A**). Die überstehende Lösung wurde erst bei höheren Polymerzugaben klar (Pfeile in Abb. 12.9b). Bei sehr hohen Polymerdosen (> 20 mg/g) redispergierte das Sediment, was mit PEI 12 auch bei Zugaben bis 300 mg/g nicht beobachtet wurde. Das Verhalten bei PEI-12-Zusatz sprach für eine Destabilisierung durch Ladungsneutralisation, während PEI 600 durch Verbrückung flockte.

Die Sedimente wurden nach der Messung kräftig geschüttelt und die Dispersionen erneut sedimentieren lassen (Abb. 12.9, **B**). Bei kurzkettigem PEI verlief die Sedimentation wie zuvor, die Sedimentvolumina waren gleich. Dagegen änderte sich das Sedimentationsverhalten beim längerkettigen PEI. Die aufgeschüttelte Dispersion sedimentierte ähnlich wie mit PEI 12, das Sedimentvolumen blieb über einen großen Bereich von Polymerkonzentrationen konstant und war so groß wie mit PEI 12. Offenbar wurden die makromolekularen Brücken zwischen den Teilchen durch die mechanischen Kräfte aufgerissen und nicht wieder gebildet, so daß die Teilchen wie im ersten Fall unabhängig voneinander sedimentieren konnten.

12.2 Gele

12.2.1 Typen von Gelen

Unter bestimmten experimentellen Bedingungen (Feststoffgehalt, Salzkonzentration, pH-Wert u.a.) versteifen sich viele Dispersionen zu meist trüb durchscheinenden Gelen (Abb. 12.10, **A**, **B**). Diese nehmen entweder das ganze Volumen ein oder trennen sich von einer meist geringen Menge der klar überstehenden Lösung, wenn der Feststoffgehalt etwas zu niedrig ist. Manche Gele altern im Laufe der Zeit, indem das vom Gel eingenommene Volumen abnimmt und die Menge der überstehenden klaren Lösung ansteigt (Synärese) (Abb. 12.10, **C**).

Gele (Bezeichnung von Gelatine abgeleitet) sind nahezu formbeständige, doch leicht deformierbare, an Flüssigkeiten reiche disperse Systeme, die aus mindestens zwei Komponenten, einem Feststoff und Wasser (Hydrogele) oder einer anderen Flüssigkeit (Lyogele), hergestellt werden. Ein Gel zeichnet sich durch zwei charakteristische Eigenschaften aus: die durch das Polymergerüst verursachte Elastizität und die von der Wechselwirkung zwischen Flüssigkeit und Gerüst herrührende Viskosität.

Xerogele sind ausgetrocknete Hydro- oder Lyogele, die ihre Flüssigkeit durch Verdampfen, Absaugen oder Abpressen verloren haben (Abb. 12.10, **D**). Kieselgele werden durch Austrocknen der Hydrogele (Kap. 1.2) hergestellt.

Gele schrumpfen beim Trocknen stark. Ursache sind – vor allem bei Wasser mit seiner hohen Oberflächenspannung – die starken Kapillarkräfte, die das Gel beim Rückzug der Flüssigkeit aus den Poren soweit zusammenziehen, bis dessen Struktur diesen Kräften widersteht (Deshpande et al., 1992). Manche Gele, z. B. Gelatine, verlieren ihre Porosität vollständig, bei anderen wie z. B. Kieselgelen,

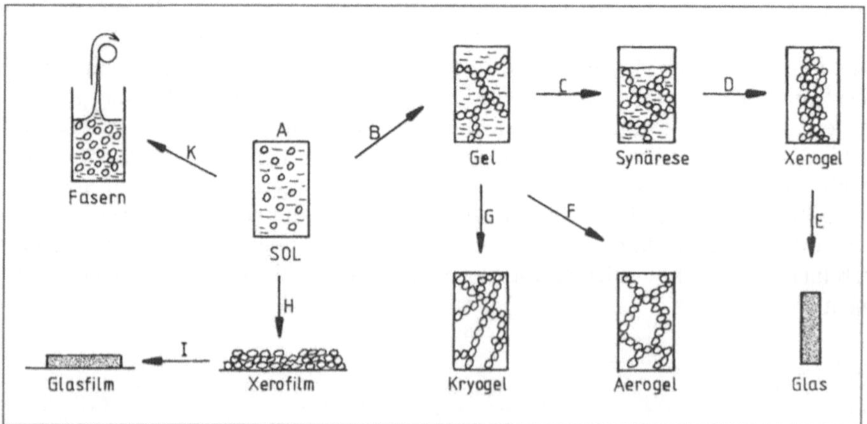

Abb. 12.10. Sol-Gel-Prozesse **A** Sol, **B** Versteifung zum Gel, **C** Synärese des Gels, **D** Trocknung des Gels zum Xerogel, **E** Umwandlung in ein Glas durch Brennen, **F** überkritische Trocknung zum Aerogel, **G** Gefriertrocknung zum Kryogel, **H** Xerogelfilm, **J** Umwandlung in einen homogenen Glasfilm, **K** Faserherstellung. (Nach Brinker, 1994).

Abb. 12.11. Gefriergetrocknetes Gel aus Natriummontmorillonit (aus Bentonit von Wyoming gewonnen, Kap. 5.12).

bleiben die Poren erhalten. Art und Größe dieser Poren spielen bei der Anwendung der Kieselgele eine wichtige Rolle.

Zur Herstellung von Aerogelen, d. h. Gelen mit hohem Porenvolumen (z. B. SiO_2, Volumenanteil der Poren ≥95%), muß die Schrumpfung beim Trocknen verhindert werden (Abb. 12.10, **F**). Das überkritische Trocknen wurde von Kistler (1932; 1937) eingeführt (s. a. Kistler et al. 1943, und Gesser and Goswami, 1989). Das Wasser wird zunächst durch eine mit ihm mischbare Flüssigkeit (meist Ethanol) verdrängt und diese am kritischen Punkt verdampft. Dazu wird das Gel, umgeben von der Flüssigkeit, im Autoklaven erhitzt. Beim Erhöhen der Temperatur darf daher der Flüssigkeitsspiegel nicht unter die Höhe des Gels absinken. Wird die kritische Temperatur überschritten, verschwindet der Unterschied zwischen Flüssigkeit und Dampf, es gibt keine Flüssigkeit/Gas-Grenzfläche, keine Oberflächenspannung und keinen Kapillardruck mehr. Das Gel trocknet daher beim vorsichtigen Ablassen des Gases ohne stärkere Schrumpfung und enthält einen sehr hohen Anteil an gasgefüllten Poren.

In einem zusätzlichen Schritt kann Ethanol bei 35°C und 70 atm durch CO_2 verdrängt werden, das unter diesen Bedingungen flüssig und mit Ethanol mischbar ist. Das flüssiges, CO_2 enthaltende Gel wird bei 35°C superkritisch getrocknet (Gesser and Goswami, 1989).

Aerogele werden hauptsächlich wegen ihrer thermischen Isolierwirkung (transparente und opake Wärmedämmung) benutzt, finden aber einige andere Anwendungen wie z. B. zur Verdickung von Flüssigkeiten oder als Čerenkov-Detektoren zur Messung von Teilchengrößenenergien (Čerenkov-Strahlung s. Lehrbücher der Physik) (Gesser and Goswami, 1989; Fricke, 1995).

Beim Gefriertrocknen von Gelen entstehen Kryogele (Abb. 12.10, **G**), wobei das Dispersionsmittel eingefroren und dann sublimiert wird. Kryogele aus Natriummontmorillonit wurden zuerst von Weiss et al. (1952) hergestellt. Die Bänderstruktur der Natriummontmorillonitgele (Kap. 12.2.5) bleibt beim Gefriertrocknen erhalten (Abb. 12.11). Vor einiger Zeit wurde die Textur dieser Kryogele rasterelektronenmikroskopisch genauer untersucht (Nakazawa et al., 1987; 1994).

12.2.2 Sol-Gel-Prozesse

Unter Sol-Gel-Prozessen versteht man die Herstellung anorganischer Stoffe, indem zunächst ein Sol (Abb. 12.10, **A**) hergestellt und dieses in ein Gel **B** umgewandelt wird (Klein, 1988; Brinker and Scherer, 1985, 1990; Novak, 1993; Brinker, 1994; Schubert, 1996). In der Keramik wird die Bezeichnung Sol-Gel-Prozeß sehr weit gefaßt und auf alle Prozesse übertragen, bei denen ein keramisches Material aus einer flüssigen Phase hergestellt wird, auch wenn kein Gel als Zwischenstufe auftritt (**K**, **L**). Unter die weitgefaßte Definition des Sol-Gel-Prozesses fällt auch die Präparation kolloidaler Teilchen (**L**), z. B. von kugelförmigen SiO_2-Teilchen nach Stöber et al. (Kap. 5.10.1). Die Bedeutung der Sol-Gel-Technik liegt in der Vielfalt der Produkte (Abb. 12.10) (Klein, 1988).

Die Sole werden üblicherweise durch Hydrolyse von Metallhalogeniden oder metallorganischen Verbindungen, z. B. Tetraethoxysilan (TEOS) für SiO_2-Gele, gewonnen (Kap. 5.5; 5.10.1). Aus den Gelen entstehen zunächst poröse Produkte (**B**, **D**, **F**), die unter geeigneten Bedingungen zu dichten, homogenen Körpern (**E**) gesintert werden. Die Herstellung monolithischer Strukturen ist eine der wichtigsten Anwendungsgebiete der Sol-Gel-Technik. Es lassen sich auch Filme (**H**) herstellen, die in dichte, glasartige Überzüge (**J**) überführt werden können. Einige viskose, aus Metallalkoxiden herstellbare Sole werden zu Fasern gezogen oder gesponnen (**K**). Ein spinnbares Sol entsteht z. B. beim Zusatz von 1–2 Molen Wasser zu TEOS im sauren Bereich (Brinker, 1994). Auf diese Weise gewonnene Fasern werden zur Herstellung oder Verstärkung von Feuerfestmaterialien eingesetzt.

12.2.3 Zur Struktur von Gelen

Voraussetzung für die Bildung von Gelen sind in den meisten Fällen anziehende Kräfte zwischen den Teilchen, so daß sich eine voluminöse Netzwerkstruktur aus Kugeln, Stäbchen oder Plättchen[1)] bildet (Abb. 12.12) (Hofmann, 1952). Die Kräfte müssen so stark sein, daß das mit Flüssigkeit gefüllte Netzwerk mechanischen Einflüssen widersteht. Ziehen sich die Teilchen zu kräftig an, wird das Netzwerk kontrahiert: Es entstehen dichtere Aggregate. Für plättchenförmige Teilchen ist dieser Prozeß in Abb. 12.6 (**B** → **C**) dargestellt.

Eine weitere Bedingung ist ein ausreichender, allerdings oft niedriger Feststoffgehalt (einige Prozente Massenanteil). SiO_2-Dispersionen (Ludox Sol HS) versteifen in Abhängigkeit vom pH-Wert und dem Feststoffgehalt innerhalb eines etwa parabolischen Bereichs (Abb. 12.13) (Xu et al., 1996). Die geringsten SiO_2-Konzentrationen zur Gelbildung werden bei pH $\approx$ 3 bis 6 benötigt. Im sehr sauren und alkalischen Bereich entstehen auch bei hohen Feststoffgehalten Sole.

[1)] In Abb. 12.12c ist nur eine der möglichen Raumnetzstrukturen dargestellt. Über eine andere wichtige Anordnung siehe Abb. 3.20b.

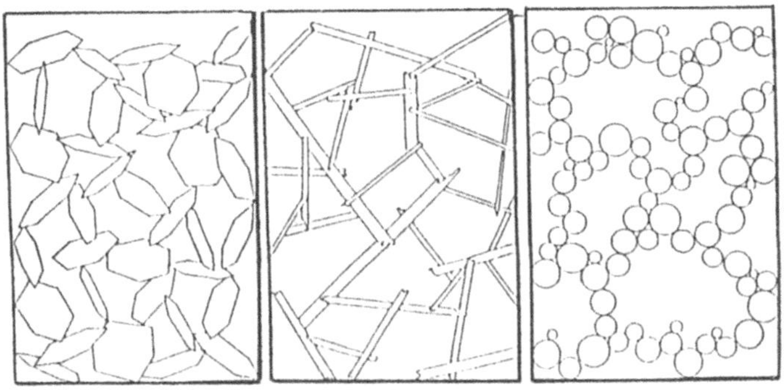

Abb. 12.12. Gerüststrukturen aus kugelförmigen **a**, leisten- oder röhrenförmigen **b** und plättchenförmigen **c** Teilchen (Hofmann, 1952).

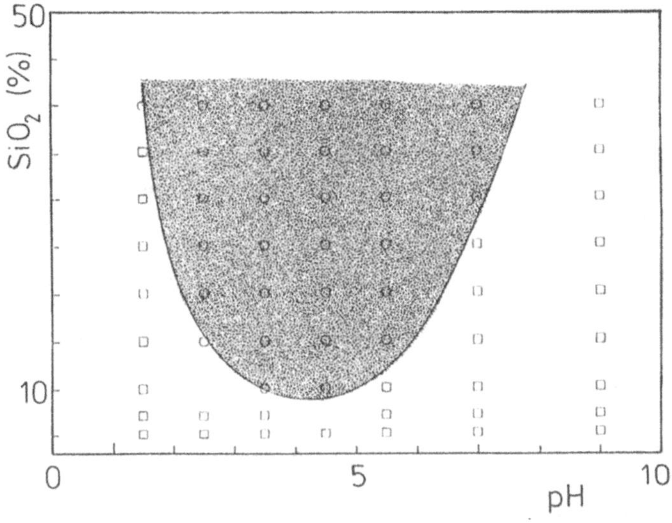

Abb. 12.13. Sol-Gel-Diagramm für konzentrierte SiO_2-Dispersionen (Ludox-Sol HS); SiO_2-Gehalt in % (Massenanteil); Konzentration der Natriumionen infolge Zusatz von Boraxpuffer: 0,02 M; □ stabiles Sol ○, Gel (Xu et al., 1996).

Bei niedrigen pH-Werten um den Ladungsnullpunkt aggregieren die SiO_2-Teilchen zu dichten Flocken, die sich erst bei hohen Feststoffkonzentrationen zu einem Netzwerk zusammenlagern. Mit zunehmender negativer Ladung werden diese Aggregate auseinandergerissen. Die Fragmente verbinden sich über Wasserstoffbrückenbindungen $\equiv$Si-OH$\cdots H_2O \cdots$HO-Si$\equiv$ zu einem dreidimensionalen Netzwerk, das die Dispersion versteift. Man stellt sich heute vor, daß das Netzwerk aber immer noch aus kleineren Aggregaten von SiO_2-Teilchen besteht, die über recht dünne „Ausläufer" miteinander verbunden sind (Beelen et al, 1994,

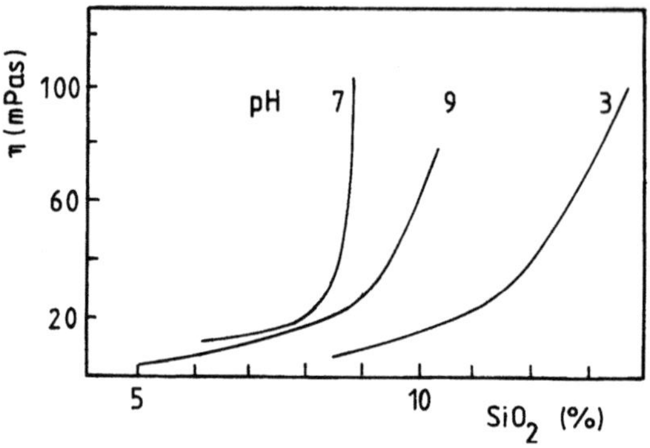

Abb. 12.14. Plastische Viskosität η einer SiO_2-Dispersion (Aerosil 200) bei verschiedenen pH-Werten in Abhängigkeit vom SiO_2-Gehalt (in % Volumenanteil). (Nach Lagaly, 1986, bzw. Heath and Tadros, 1983).

1995). Ein ähnliches Modell wurde 1937 von Hauser und Reed entwickelt. Bei höherer negativer Ladungsdichte der Oberfläche, im alkalischen Bereich werden die Wasserstoffbrückenbindungen durch die elektrostatische Abstoßung und den Verlust von Silanolgruppen ($\equiv$Si-OH $\rightleftarrows$ $\equiv$Si-O$^-$) auseinandergerissen; die Viskosität nimmt ab. Zur Bildung des Gels muß der Feststoffgehalt erhöht werden.

Die pH-Abhängigkeit der Gelbildung ist auch aus dem Anstieg der Fließkurven für Aerosildispersionen zu erkennen (Abb. 12.14) (Heath and Tadros, 1983). Bei pH = 3 fließt die Dispersion bis zu etwa 10% Massenanteil newtonisch. Infolge der geringen Oberflächenladungsdichte kann der SiO_2-Gehalt beträchtlich erhöht werden, ohne daß die Viskosität merklich zunimmt. Die Dispersion versteift daher erst bei höheren Gehalten und zeigt dann Scherverdickung (Kap. 13), weil durch das Scheren Kontakte zwischen den Flocken geschlossen werden. Bei pH = 7 steigt die Fließkurve infolge der Ausbildung der Wasserstoffbrückenbindungen oberhalb 8% Massenanteil SiO_2 steil an. Der zunehmende Abbau der Wasserstoffbrückenbindungen bei höheren pH-Werten, pH = 9 in Abb. 12.14, erfordert wieder größere Massenanteile zur Versteifung. Beim Zerfall des Netzwerkes bilden sich aber infolge der höheren Oberflächenladung kleinere Aggregate als bei pH = 3, so daß die Zahl der sich bewegenden Einheiten größer ist. Die Viskosität bleibt daher bei gleichen Massengehalten immer höher als bei pH = 3.

Es sei erwähnt, daß das Fließverhalten von SiO_2-Dispersionen von der Art des SiO_2 und dem Ausmaß der Dispergierung bei der Herstellung der Stammlösungen (Eisenlauer and Killmann, 1980) sowie von Zusätzen abhängt, die in technischen Dispersionen enthalten sind. Daher stimmen die aus Abbildungen 12.13 und 12.14 abzulesenden Bedingungen für die Gelbildung nicht genau überein.

Die Alterung der SiO_2-Gele ist für die technische Herstellung der Xerogele (Kieselgele, silica gel) sehr wichtig. Dabei sind folgende Prozesse von Bedeutung (Iler, 1979; S. 225; Beelen et al., 1994):

Die Lösung in den Poren des Gels enthält zunächst noch Monomere, Oligomere und Polymere der Kieselsäure, evtl. auch kleinste Teilchen und Aggregate, die sich beim Altern auf dem Netzwerk abscheiden und dieses zunehmend verstärken. Da das System nicht im thermodynamischen Gleichgewicht ist, wird das Netzwerk durch Auflösungs- und Abscheidungsprozesse ständig verändert. Durch Ostwald-Reifung (Kap. 5.4, S. 170) werden kleinste Teilchen aufgelöst.

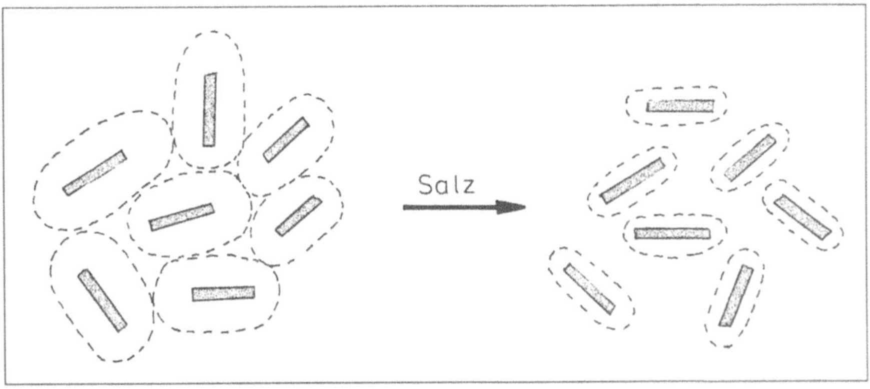

Abb. 12.15. Zur Erklärung des sekundären elektroviskosen Effektes. Die ausgedehnten diffusen Ionenschichten um die Teilchen verhindern deren unabhängige Verschiebung und Rotation. Mit steigendem Salzzusatz werden die diffusen Ionenschichten komprimiert und behindern die Bewegung der Teilchen weniger, die Viskosität sinkt. Die Oberflächenladungen und die Gegenionen sind nicht gezeichnet. (Nach Permien und Lagaly, 1994 a).

Dabei wachsen aber nicht nur die größeren Teilchen; SiO_2 scheidet sich auch an Stellen hoher Oberflächenenergie (kleine Krümmungsradien) ab. Auf diese Weise verschwinden viele Einschnürungen (necks) und kleine Hohlräume in den Aggregaten. Die Oberflächen werden glatter und die Verbindungsstränge zwischen den einzelnen Aggregaten stabiler. Das Gel gewinnt eine größere mechanische Widerstandskraft, so daß das Netzwerk gealterter Gele beim Austrocknen nicht vollständig kollabiert.

Die Gelbildung muß nicht in jedem Fall über attraktive Kontakte erfolgen. Gele aus anisometrischen Plättchen können bei ausreichendem Feststoffgehalt auch unter Wirkung abstoßender Kräfte eine gewisse Formbeständigkeit erreichen. Es ist der elektroviskose Effekt, der sich auch unter diesen Bedingungen bemerkbar macht (Abb. 12.15). Die diffusen Ionenschichten behindern die translatorische und rotatorische Bewegung der Plättchen, die Viskosität wird erhöht. Bei Salzzusatz wird die Ausdehnung der diffusen Ionenschichten verringert, die Teilchen bewegen sich unabhängig voneinander bewegen, die Viskosität sinkt ab. Dies ist in dem Fließverhalten von Montmorillonitdispersionen gut zu erkennen (Kap. 12.2.5).

Ein Beispiel für die Auswirkung des elektroviskosen Effekts bei hohen Massenanteilen ist die Gelbildung von Laponitdispersionen. Laponite sind synthetische, niedrig geladene 2 : 1-Schichtsilicate (Kap. 3.6) aus sehr kleinen, kaum 30 nm im Durchmesser umfassenden und unregelmäßig geformten Teilchen. Sie bilden bei Ionenstärken von 10^{-4} M bei 3% Massenanteil ein Gel, in dem elektronenmikroskopisch keine direkten Teilchen/Teilchen-Kontakte nachweisbar waren (Mourchid et al., 1995). Fukushima (1984) schlug auf Grund von Kleinwinkelstreuungsmessungen einige Anordnungsmöglichkeiten der Plättchen in solchen Gelen vor.

Mit steigender Ionenstärke verschob sich die Grenze zwischen Gel und Sol zumindest bei Laponit und pH = 10 (Abb. 12.16a) nicht wie zunächst erwartet. Bei Tonmineraldispersionen sind derartige Überraschungen kaum verwunderlich!

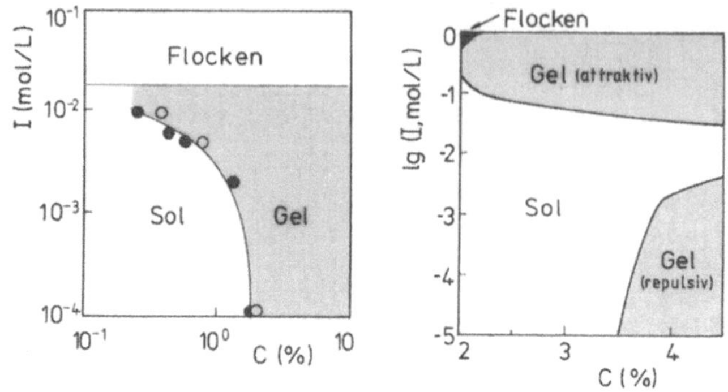

Abb. 12.16 a, b. Phasendiagramm von Tonmineraldispersionen, I: Ionenstärke, C: Feststoffgehalt (% Massenanteil). **a** Laponit RD, pH = 10, ● rheologische, ○ osmometrische Messungen (Mourchid et al., 1995); **b** Natriummontmorillonit (aus Bentonit von Wyoming, Kap. 5.12). pH ≈ 6,5. Sol- und Gelbereiche durch die relative elastische Komplianz (Kap. 13.2) festgelegt: Sol, $J_e/J_{max} = J_e/J_{max} = 0$, Gel, $J_e/J_{max} > 0$. Gelbildung bei repulsiven bzw. attraktiven Wechselwirkungskräften zwischen den Teilchen (Abend und Lagaly, in Vorbereitung).

Wird durch Salzzusatz die Ausdehnung der diffusen Ionenschicht verringert, sollte zur Versteifung ein höherer Massenanteil benötigt werden, d. h. die Kurve in Abb. 12.16 sollte sich nach rechts krümmen. Mit zunehmender Salzkonzentration werden jedoch die Wechselwirkungen attraktiv; die kritischen Koagulationskonzentrationen von Natriumionen liegen etwas unter 10^{-2} M. Durch die einsetzende Aggregation zu Bändern, die wirkungsvoller versteifen als isolierte Teilchen, werden daher geringere Feststoffgehalte zur Gelbildung benötigt als bei sehr niedrigen Salzkonzentrationen. Bei Ionenstärken über 10^{-2} M entstehen infolge der verstärkten Anziehung an Stelle von Bändern Aggregate oder diskrete Teilchen (Abb. 12.6, **B** → **C**): Laponit koaguliert in Flocken. Das Zustandsdiagramm von Laponit ist recht übersichtlich, bei Montmorillonit ist es wesentlich komplexer. Der Bereich des Gels mit abstoßenden Wechselwirkungskräften ist deutlich von dem des Gels mit attraktiven Kräften getrennt (Abb. 12.16b).

Eine grundsätzlich andere Art von Gelen sind die Polymergele (Zrínyi, 1996). Der Gelzustand unterscheidet sich von einer makromolekularen Lösung, indem die Knäuel (Kap. 4.2) ihre Plätze nicht mehr wechseln können. Die Knäuel brauchen dazu nur eng aneinanderzurücken und an wenigen Punkten miteinander in Kontakt zu treten. Kontakte können durch kovalente Bindungen (permanent cross-linked gels, alte Bezeichnung: Hauptvalenzgele) oder durch andere Kräfte, vor allem Wasserstoffbrückenbindungen oder ionische Brücken (temporarily cross-linked gels, früher: Nebenvalenzgele) hergestellt werden. Bei Durchdringungsnetzwerken (interpenetrating gels) wird das Gel aus zwei sich durchdringenden Netzwerken gebildet.

Hauptvalenzgele entstehen entweder durch Quellung vernetzter Polymere oder durch Vernetzung gelöster Polymere (Vollmert, 1973; Collins et al., 1973; Finch, 1983). Nebenvalenzgele bilden sich leicht in schlechten Lösungsmitteln, in denen die Solvation unvollständig ist (Kap. 4.2). Da die Haftung zwischen den Knäueln nicht von großer Dauer ist, bedarf es einer gewissen Mindestgröße der Moleküle, damit bei gegebenem Solvationsgleichgewicht Gele entstehen. Die

Gele sind meist thermosensibel, d. h. sie gehen beim Erwärmen wieder in eine Lösung über (Borchard, 1983).

In den Gelen verhindert die Flüssigkeit, daß das Netzwerk zu einer kompakten Masse zusammenfällt; das Polymergerüst sorgt dafür, daß die Flüssigkeit nicht davonfließt (Tanaka, 1981). Die mechanischen Eigenschaften werden durch die Entropieelastizität (Gummieleastizität) bestimmt (Hermans, 1949; Thiele, 1950; Vollmert, 1973; Urry 1993). Bei einer Deformation werden die Knäuel gezwungen, einen weniger wahrscheinlichen Zustand einzunehmen, so daß die Entropie des Systems geringer wird. Nach Beendigung der Deformation versucht das System, wieder den ursprünglichen Zustand zu erreichen.

Schon eine geringfügige Störung des inneren Kräftegleichgewichts kann einen Phasenübergang hervorrufen und das Gel in sich zusammenfallen lassen. Dabei bilden sich zwischen den Polymersträngen größere, flüssigkeitsgefüllte Poren. Bei einer bestimmten kritischen Störung verschwindet die Elastizität schließlich ganz, das Gel setzt einer Verformung keinen Widerstand mehr entgegen, die Porengröße erreicht makroskopische Dimensionen (Tanaka, 1981).

Ob ein Gel schrumpft oder quillt, hängt vom Druck ab, der darin herrscht. Die freie Energie des Systems setzt sich aus drei Komponenten zusammen, der Gummielastizität (ΔF_{el}), der Polymer-Polymer-Affinität (ΔF_{mix}) und dem osmotischen Druck der immobilisierten Ionen (ΔF_{osm}). Im Gleichgewicht muß

$$\Delta F_{\mathrm{el}}+\Delta F_{\mathrm{mix}}+\Delta G_{\mathrm{osm}}=0$$

sein. Um das Verhalten eines Polyelektrolytgels zu erfassen, müssen alle drei Energieterme berücksichtigt werden (Tanaka, 1981; Nottelmann und Kulicke, 1991).

Quervernetzte Hydrogele (Polyelektrolytgele) finden vielfältige Anwendungen in Technik und Medizin (Hoffman et al., 1986; Cooper et al., 1995; Stolnik et al., 1995). Zwei Beispiele sollen den Zusammenhang zwischen Struktur und Anwendung verdeutlichen:

1. Unterschiedlich quervernetzte Polyelektrolyte werden für viele Funktionen im Pharmabereich eingesetzt. So wirkt unvernetztes Polyvinylpyrrolidon als wasserlösliches Bindemittel, quervernetztes als Sprengmittel. Durch unvernetzte Polymethacrylate werden Tablettenüberzüge hergestellt, die sich in Abhängigkeit vom pH-Wert im Außenmedium auflösen bzw. permeabel werden.
2. In geringem Maße quervernetzte Polyacrylsäuren werden als Hygieneprodukte (u. a. Windeln) zum Aufsaugen von Flüssigkeiten eingesetzt. Derartige „Superabsorber“ können das Vierzig- bis Fünfzigfache ihres eigenen Gewichts an Wasser aufnehmen und dieses so fest binden, daß es bei mechanischer Beanspruchung nicht mehr abgegeben wird.

In den hier beschriebenen Beispielen werden die Quellbarkeit sowie die Adsorptionskapazität und das Flüssigkeitsrückhaltevermögen durch die osmotische Druckdifferenz zwischen dem Gelinnern und der ungebundenen Flüssigkeit bestimmt. Wie bei allen kolloidalen Systemen muß auch bei den Polyelektrolytgelen der Einfluß vom pH-Wert und von Art und Konzentration der beteiligten Elektrolyte berücksichtigt werden (Nottelman und Kulicke, 1991; Urry, 1993; Cooper et al., 1995; Lee et al., 1996; Saunders und Vincent, 1996).

Eine besondere Rolle spielen pH-, elektrolyt- und pufferabhängige Quellungsvorgänge von Polyelektrolytgelen in der molekularen Biophysik (Proteinfaltung, DNS-Spleißung, Helixbildung, molekulare Maschinen; genetisches Ingenieuring) (Thiele, 1950; Urry, 1993, 1995, 1996; Steinberg et al., 1966; Hu et al., 1995).

Zur Untersuchung von Gelen (Hermans, 1949; Thiele, 1950; Collins et al., 1973; Tanaka, 1981) eignen sich insbesonders rheologische Messungen (Warburton, 1983; Horkay und Zrinyi, 1988; Nottelmann und Kulicke, 1991; Hahn and Woermann, 1997). NMR-Messungen (Creekmore und Reilley, 1970; Komoroski und Mauritz, 1978; Errede, 1991 a) und IR-Untersuchungen (Levy et al., 1977) ergänzen sich. Zu Strukturuntersuchungen wird weiterhin die Kleinwinkelstreuung benutzt (Hall et al., 1996; Schink et al., 1996). Wichtig ist die Bestimmung des Quellverhaltens (Gregor et al., 1951; Nagy und Horkay, 1980; O'kane und Sherrington, 1990; Dumitrin et al., 1991; Errede, 1991 b; Huglin und Rego, 1992; Koßmehl et al., 1992; Zimehl, 1997). In Betriebslabors werden die Bedingungen zur Gelbildung häufig durch einfache Tests ermittelt, indem z. B. das Verhalten der Dispersion in einem Gläschen beim Bewegen oder Umkippen beurteilt wird. Oder es wird mit einem Glasstab eine Rinne in die gelierende Schicht geritzt. Ausreichende Gelfestigkeit ist erreicht, wenn die Spur des Glasstabes sichtbar bleibt. Eine häufig gebrauchte Methode zum Vergleich von Gelfestigkeiten ist die Bestimmung der Eindringtiefe verschieden schwerer Kugeln oder Kegel in das Gel.

Die Permeabilität wird meistens an Gelscheibchen gemessen. Es wird der Druck bestimmt, der benötigt wird, um ein gewisses Flüssigkeitsvolumen durch das Gel zu drücken. Eine bessere Methode beschreibt Scherer (1995). Aus der Verbiegung eines vierkantigen Gelstäbchens in der Flüssigkeit unter Belastung werden die viskoelastischen Eigenschaften und die Permeabilität bestimmt.

12.2.4 Thixotropie und Antithixotropie

Eine typische Eigenschaft vieler Gele und gelartig versteifter Systeme ist die Thixotropie. Thixotrope Gele werden unter Wirkung mechanischer Kräfte (Rühren, Schütteln) dünnflüssiger und versteifen wieder in Ruhe. Versteifung kann innerhalb von Sekunden, aber auch erst nach Tagen und Wochen erfolgen. Die Erstarrungszeit ist oft empfindlich vom Massenanteil des Feststoffs abhängig.

Das thixotrope Verhalten keramischer Massen ist seit frühester Zeit bekannt. Wissenschaftlich beschrieben wurde die Thixotropie zuerst von Schalek und Szegvary (1923a,b) an Eisenoxiddispersionen. Szegvarys Mitarbeiter schlug die Bezeichnung „Thixitropie“ vor, die einige Jahre später von Freundlich in „Thixotropie“ abgeändert wurde (s. Reitstötter, 1954).

Die Ursache der Thixotropie liegt im Aufbau von Gerüststrukturen (Mewis, 1979). Unter mechanischem Einfluß werden Kontakte im Netzwerk der Teilchen gebrochen. Es entstehen Fragmente, evtl. auch Einzelteilchen, die leichter beweglich sind: Viskosität und Fließgrenze nehmen ab. In Abb. 12.17 ist dies schematisch für eine Bänderstruktur aus plättchenförmigen Teilchen dargestellt. Bleibt die verflüssigte Dispersion in Ruhe stehen, drehen sich und diffundieren die Fragmente infolge der Brownschen Molekularbewegung so lange, bis sie sich berühren und wieder miteinander verkleben (Hofmann, 1952); Viskosität und Fließgrenze steigen an, die Dispersion erstarrt erneut zum Gel. Die Zustandsänderungen können beliebig oft wiederholt werden, ohne daß sich das System verändert.

Eine merkliche Thixotropie entsteht nur, wenn der Aufbau der Struktur genügend langsam erfolgt (Mewis, 1979). Mehrere Phänomene können den Struktur-

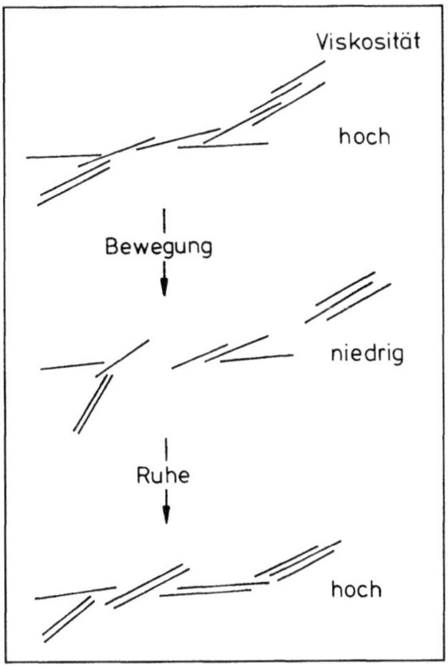

Abb. 12.17. Erklärung des thixotropen Verhaltens am Beispiel des Ab- und Aufbaus von Bänderstrukturen.

aufbau verzögern und damit die Thixotropie begünstigen, z. B. die Diffusion, wenn das Dispersionsmittel viskos ist, oder eine ausgeprägte Anisometrie der Teilchen, die deren Beweglichkeit verringert. Die Geschwindigkeit des Strukturaufbaus hängt zudem (evtl. entscheidend) davon ab, in welcher Weise das Gerüst durch die Schwerkräfte fragmentiert wird.

Raghavan und Khan (1995) verfolgten durch Messung des Elastizitätsmoduls G' (Kap. 13) den Wiederaufbau der Struktur von SiO_2-Gelen (Aerosil D 150 und R 805 in Mineralöl und Polypropylenglycol) nach oszillierendem Scheren. Dabei wurde eine zunächst überraschende Abhängigkeit des Elastizitätsmoduls des wieder hergestellten Gels von der Amplitude der vorausgehenden oszillierenden Verformung erkannt. Bei großen Amplituden erreichte das wiederhergestellte Gel eine höhere Elastizität als bei kleineren Amplituden. Dieses Verhalten wird dadurch erklärt, daß bei großen Amplituden kleinere Fragmente oder Flocken entstehen und sich zu einem dichteren Gerüst zusammenlagern als bei kleineren Verformungsgraden, bei denen das ursprüngliche Gerüst in größere flexiblere Fragmente auseinandergerissen wird, die sich dann zu einem lockerer aufgebauten Gerüst vereinigen.

Die Bewegung der Fragmente bzw. Teilchen im verflüssigten Gel und das Erstarren bei der Bildung der Kontakte wurde bereits von Schalek und Szegvary (1923b) beobachtet. Reitstötter (1954) gibt einen lebendigen Bericht von Szegvary wieder, wie dieser zum ersten Mal das Verhalten von Eisenoxidhydroxidteilchen beobachtete. Hauser (1929) und später Hofmann und Hausdorf (1945) beschrieben das Phänomen bei Montmorillonitdispersionen. Heutzutage lassen sich Bewegung und Erstarren der Teilchen bequem in Videofilmen darstellen.

Als Maß für die Thixotropie wird die Erstarrungszeit bei einem gegebenen Massenverhältnis Feststoff/Flüssigkeit bestimmt oder das Massenverhältnis ermittelt, welches eine geeignet gewählte Erstarrungszeit ergibt. Durchgeführt werden diese Versuche in zylindrischen Gläsern, in denen die Dispersionen kräftig aufgeschüttelt werden können. Dabei ist zu beachten, daß Gläser gleicher Weite benutzt werden. Die Erstarrungszeit wird umso kürzer, je enger das Teströhrchen ist. Empfehlenswert sind Röhrchen von 1 bis 2 cm Durchmesser (Hauser und Reed, 1937; Hofmann, 1952). Wir weisen auf das von Hauser und Reed (1937) entwickelte „pendulum thixotometer" hin.

Thixotrope Versteifung wurde in Natriumbentonitdispersionen mit nur 0,01 bis 0,05% Massenanteil (!) durch das verlangsamte Aufsteigen von Luftblasen beobachtet (Hauser and Reed, 1937). Glasblasen steigen in newtonisch fließenden Flüssigkeiten auch bei hoher Viskosität infolge des Auftriebs empor. In Flüssigkeiten oder Dispersionen mit einer Fließgrenze wird die Aufwärtsbewegung der Gasblasen mehr und mehr verzögert, bis schließlich die Fließgrenze erreicht wird und die Gasblase hängen bleibt (entsprechend der Abwärtskurve in Abb. 13.3).

Heute wird das Ausmaß der Thixotropie durchweg über die Hysterese der Fließkurven (Kap. 13) bestimmt. Für praktische Anwendungen ist die Messung der Erstarrungszeit bzw. des optimalen Feststoffgehaltes unerläßlich.

Gelegentlich wird antithixotropes (rheopexes) Fließverhalten beobachtet. Dabei versteift sich eine Dispersion beim Schütteln, Rühren oder Schlagen und wird in Ruhe wieder flüssiger. Eine sanfte rhytmische Bewegung kann den Aufbau einer Gerüststruktur fördern, indem die Teilchen oder Aggregate solange verschoben werden, bis sie an einigen Stellen aneinander haften. Die Gerüste oder Gerüstfragmente sind allerdings noch nicht ausreichend stabil. In der Ruhe werden sie durch das von der Brownschen Molekularbewegung hervorgerufene Bombardement der Flüssigkeitsmoleküle wieder auseinander gerissen: Die Dispersion wird dünnflüssiger. Antithixotropie tritt daher nur bei relativ geringen Schergeschwindigkeiten auf und wird nicht allzuoft beobachet. Berichtet wurde antithixotropes Verhalten von Vanadinpentoxiddispersionen, Seifensolen, einer 40% Suspension von Gips in Wasser und einer 5% wäßrigen Polymethylacrylsäurelösung (Kulicke, 1986, S. 39).

Manche Systeme sind bei niedrigen Scherraten antithixotrop und bei höheren thixotrop. In den Rheogrammen kreuzt daher der absteigende Ast der Fließkurve den aufsteigenden. Man beobachtet das antihixotrope-thixotrope Verhalten häufig bei Bentonitdispersionen (Brandenburg and Lagaly, 1988).

Das thixotrope Verhalten läßt sich gut mit Bentoniten demonstrieren: 10 g Bentonit werden in 80 mL entionisiertes Wasser gegeben, gut eingerührt, in einen 100 mL Standzylinder gegossen und 10 min stehengelassen. Danach läßt sich der Zylinder auf den Kopf stellen, ohne daß die Suspension zu laufen beginnt. Beim Aufschütteln fließt sie, in der Ruhe erstarrt sie wieder. Je nach Art des Bentonits muß ggf. die Mengenangabe geändert werden. Von Natriumbentonit werden nur 3 bis 5 g benötigt. Bei synthetischem Hectorit reichen oft schon 2 - 3 g für 100 mL Wasser. Bei Zugabe von 1 mL 2% Calgonlösung (Natriumpolyphosphatlösung, Kap. 3.6) wird die Suspension fließfähig und versteift sich auch in der Ruhe nicht mehr (Mitteilung Dr. G. Kahr, Tonmineralogisches Labor der ETH Zürich).

Thixotropes Verhalten ist in der Praxis von ganz besonderer Bedeutung. Im allgemeinen werden die gewünschten thixotropen Eigenschaften (Grad der Versteifung, Erstarrungszeit) durch Zusatz von Thixotropierungsmitteln erreicht. Häufig werden Bentonite benutzt. Das Einstellen des richtigen Thixotropiegrades erfordert oft Fingerspitzengefühl.

Zu nennen seien zunächst zwei Anwendungen, die aus dem Alltagsleben bekannt sind. Viele Pasten und Cremes sollen nicht aus der offenen Tube herausfließen, also eine ausreichende Fließgrenze und Viskosität besitzen. Bei der Produktion und Verarbeitung dieser Präparate werden jedoch niedrige Viskositäten gewünscht, um z. B. das Abfüllen zu erleichtern. Beide Forderungen sind nur durch Thixotropierung zu erreichen.

Baumärkte profitieren von der Thixotropierung der Dispersionsfarben, weil dadurch auch weniger Geschickte einen guten Farbanstrich erzeugen können. Eine thixotrop eingestellte Farbe wird beim Umrühren und Auftragen mit Rolle oder Bürste bzw. beim Aufsprühen dünnflüssiger und bildet einen gleichmäßigen Film. Ausreichend schnelles thixotropes Erstarren des Anstrichs verhindert Nasenbildung und Ablaufen der Farbe (Abb. 12.18). Das Ausmaß der Thixotropie guter Dispersionsfarben muß sorgfältig eingestellt werden. Die Versteifung darf auch nicht zu stark sein, damit Unebenheiten beim Auftragen, z. B. Riefen durch die Bürste, noch ausgeglichen werden.

Eine wichtige Rolle spielt die Thixotropie in der Geotechnik, z. B. bei der Schlitzwandbauweise, heute ein verbreitetes Verfahren zum Umschließen von Baugruben (Jasmund und Lagaly, 1993, Kap. 8.1.1). Dabei werden relativ schmale Schlitze (heute bis zu 70 m tief!) unter einer Natriumbentonitdispersion bis zu der vorgesehenen Tiefe ausgehoben. Die thixotrop erstarrende Natriumbentonitdispersion stützt das Erdreich vorübergehend ab. Im Kontaktbereich zum Boden oder Gestein bildet sich ein dichter Film aus nahezu parallelliegenden Plättchen, der das Abfließen des Wasser aus der Dispersion verhindert (plastering effect, Kap. 12.1.3).

Bohrspülflüssigkeiten sind sehr komplexe, oft geheimnisvoll zusammengesetzte, kolloidale Dispersionen (Jasmund und Lagaly, 1993, Kap. 9.4.5; Darley and Gray, 1991). Die Spülflüssigkeit muß eine ausreichende Dichte haben, um das feine Bohrgut zu tragen und es durch Umpumpen aus dem Bohrloch zu fördern. Günstig ist Scherverflüssigung, d. h. eine Abnahme der Viskosität mit stei-

Abb. 12.18. Durch Thixotropierungsmittel wird ein gleichmäßiger Farbauftrag gewährleistet (Firmenschrift Süd-Chemie).

gendem Schergeschwindigkeitsgefälle (Kap. 13). Dadurch wird die Viskosität der Flüssigkeit am Bohrkopf mit hohem Schergeschwindigkeitsgefälle niedriger als im Ringraum, in dem die höhere Viskosität das Absinken der feinen Teilchen des Bohrguts verlangsamt. Die Spülflüssigkeit muß thixotrop sein, damit das Bohrgut nicht sedimentiert und der Bohrer sich festsetzt, wenn die Bohrung unterbrochen wird. Schließlich verhindert die Dichtwirkung der Tonminerale das Abdiffundieren der Flüssigkeit in die Gesteinsformation. Bei Bohrungen im Küstenbereich (Off-shore-Bohrungen) und durch Salzdome muß die Bohrspülflüssigkeit ausreichend salzstabil eingestellt sein. Die sterische Stabilisierung durch Zusatz von Polymeren spielt dabei eine wichtige Rolle (Kap. 3.11, Abb. 3.28).

Ein Kuriosum sei erwähnt. In Neapel wird seit 1389 zu gewissen Zeiten das in einer gläsernen Phiole aufbewahrte eingetrocknete Blut des Stadtpatrons St. Gennaro (Hl. Januarius) wieder flüssig. Diese wundersame Verflüssigung wird von manchen Wissenschaftlern als thixotroper Effekt interpretiert. Eine Dispersion von 25 g $FeCl_3 \cdot 6\,H_2O$ in 100 mL Wasser bei Zusatz von 10 g $CaCO_3$ und 1,7 g NaCl verhält sich ähnlich – allerdings nur für kurze Zeit und nicht über Jahrhunderte (Kirchberger, 1992).

12.2.5 Aggregation von Tonmineralteilchen

Tonmineraldispersionen wurden an vielen Stellen dieses Buches beschrieben. Verwiesen sei auf die Struktur der Tonminerale (Kap. 2.2; 3.6; 9.6 sowie Tab. 2.1), die kolloidchemische Eigenschaften (Kap. 2.2; 2.3.2; 2.6.2; 2.7.1; 3.6; 8.7.2; 8.9; 10.5.2; 10.6; 12.1.2; 12.1.3; 12.1.4; 12.2.1; 12.2.3; 12.2.4), die Herstellung von Dispersionen (Kap. 3.6; 5.3; 5.12; 8.7.3), deren Stabilität (Kap. 2.7.1; 3.6; 3.8), auf die Wechselwirkung mit Polymeren (Kap. 3.6; 3.11; 4.4.2; 5.3) und die Anwendungen (Kap. 3.6; 3.11; 4.4.2; 5.3; 7.9; 12.1.3; 12.2.4; 12.3.2). Ergänzend seien hier die Grundzüge der Aggregation von Tonmineralteilchen dargestellt.

Ein wesentlicher Schritt im Verständnis thixotroper Tonmineralgele war Hofmanns Modell der kartenhausartigen Aggregation der Plättchen (Abb. 3.20, s. S. 98) (Hofmann und Hausdorf, 1945; Hofmann, 1952, 1961, 1962). In der Folgezeit wurde die Bildung der Kartenhausstruktur von Hofmann und Weiss ausführlich untersucht (Hofmann et al., 1957; Weiss und Frank, 1961 a, b, c; Weiss, 1962). Weiss et al. (1952) wiesen nach, daß sich das Volumen des thixotrop erstarrten, gefrorenen Gels beim Austrocknen durch Absublimieren der Flüssigkeit im Hochvakuum kaum ändert. Dies ist nur möglich, wenn sich die festen Teilchen im versteiften Gel berühren (s. Fahn et al., 1953). Später haben Weiss und Frank (1961 a) die Größe der Hohlräume im Gel über die anomale Gefrierpunktserniedrigung abgeschätzt (s. Weiss, 1962).

1961 wiesen Weiss und Frank (1961 c) darauf hin, daß neben der Kartenhausstruktur mit den T-förmigen Kante/Fläche-Kontakten auch bänderartige Strukturen aus Fläche/Fläche-Kontakten auftreten. Zum ersten Mal wurde die bänderartige Verknüpfung von Shofield und Samson (1954) vorgeschlagen. Die Bedeutung der Bänderstrukturen für den Aufbau von Tonmineralgelen wurde erst später klar (Quirk, 1986; Brandenburg and Lagaly, 1988; Keren et al., 1988; Keren,

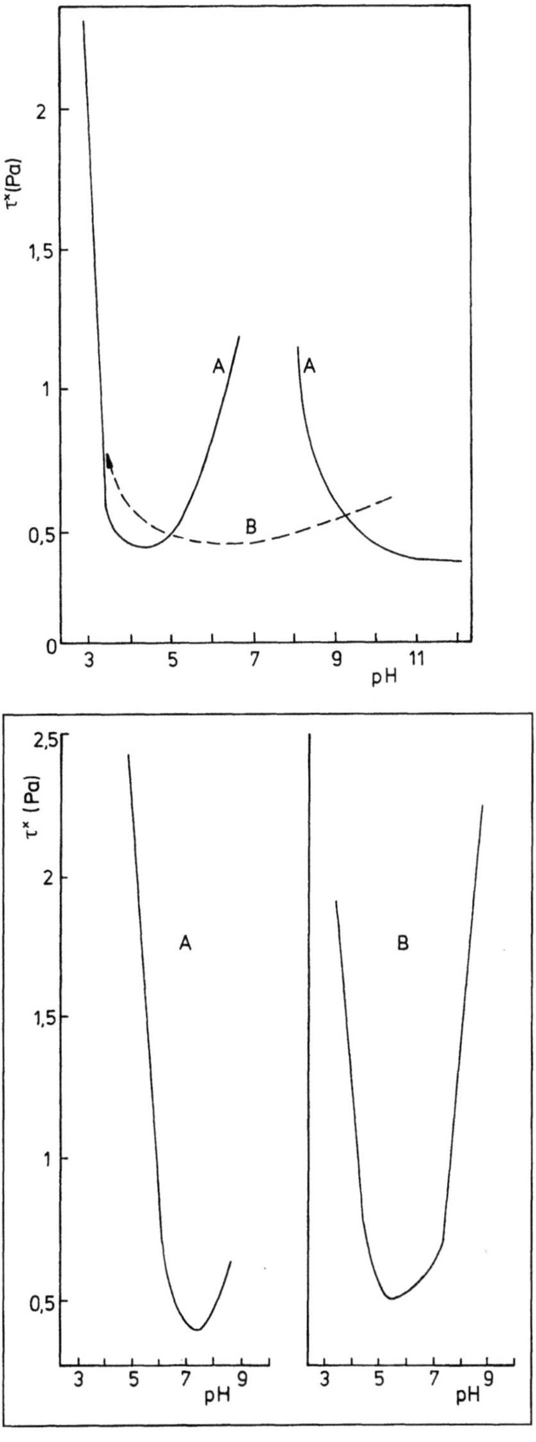

Abb. 12.19 a, b. Zum Fließverhalten von Natriummontmorillonit und Natriumbentonitdispersionen in Abhängigkeit vom pH-Wert. Schubspannung τ^* bei einem Schergeschwindigkeitsgefälle $\dot{\gamma} \approx 94{,}5\ s^{-1}$ bei 20 °C; pH-Werte unmittelbar vor oder nach den rheologischen Messungen bestimmt. **a** 2%ige Dispersion von Natriummontmorillonit (**A**) und von Natriumcalciumbentonit (**B**) von Wyoming (Na^+/Ca^{2+} = 6,5 mol/mol), Fraktion <2 µm (Permien und Lagaly, 1995). **b** 4 %ige Dispersion in 0,01 M NaCl; **A** Natriummontmorillonit, **B** Natriumcalciumbentonit wie in **a** (Lagaly, 1989).

1989; Quirk and Murray, 1991; Ramsay and Lindner, 1993; Permien and Lagaly, 1994 a, b).

Die verschiedenen Arten der Kontakte wurden elektronenmikroskopisch nachgewiesen. Fitzsimmons et al. (1970) beobachteten die bandartige Aggregation von Natriummontmorillonitschichten unmittelbar nach Zusatz von Calciumionen; Vali und Bachmann (1988) sahen sowohl Fläche/Fläche- wie auch Kante/Fläche-Aggregation. Pierre und Mitarbeiter (Pierre, 1992; Zou and Pierre, 1992; Pierre et al., 1993) postulierten auch Kante/Kante-Kontakte, doch lassen sich diese von knapp übereinander geschobenen, sehr dünnen Montmorillonitlamellen oder -schichten kaum unterscheiden.

Die Kartenhausstruktur setzt attraktive Wechselwirkungen zwischen den Flächen und Kanten der Tonmineralplättchen voraus. Sie ist daher nur im sauren Bereich stabil, wo sich Kante(+)/Fläche(–)-Kontakte infolge der positiven Randladungen bilden (Abb. 3.16, s. S. 95; 3.20, s. S. 98; Kap. 2.2; 3.6). Im stark sauern Bereich können die Kartenhausstrukturen der Natriummontmorillonitgele aus verschiedenen Gründen zusammenbrechen (Brandenburg and Lagaly, 1988).

Fließgrenze und Schubspannung (Kap. 13) von Natriummontmorillonitdispersionen sinken mit steigendem pH-Wert steil ab und erreichen um pH $\approx$ 5 ein Minimum (Abb. 12.19 a); das Fließverhalten wird newtonisch (Brandenburg and Lagaly, 1988; Lagaly, 1989; Permien and Lagaly, 1995). Die Kante(+)/Fläche(–)-Verstrebungen brechen zusammen, da die positiven Kantenladungen verschwinden bzw. die Kanten umgeladen werden (Kap. 2.2). Kante(–)/Fläche(–)-Kontakte entstehen nur in Gegenwart von Salzen (DLVO-Theorie). Man muß daher davon ausgehen, daß Bentonitdispersionen in Wasser oder salzarmen Lösungen pH>5 infolge der Delamination (Kap. 3.6) durch Einschränkung der translatorischen und rotatorische Bewegungsmöglichkeiten der Teilchen versteifen (Kap. 12.2.3, S. 451). Die Teilchen bleiben durch ihre diffusen Ionenschichten getrennt. Die erneute Ab-

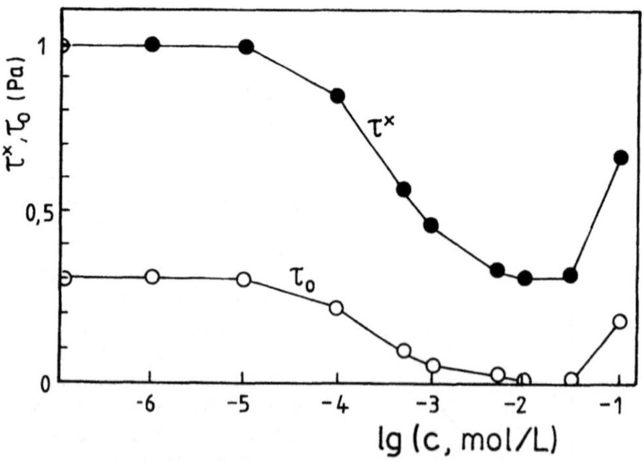

Abb. 12.20. Einfluß des elektroviskosen Effektes auf das Fließverhalten (Schubspannung τ^* bei $\dot{\gamma}$ = 94,5 s^{-1}, Fließgrenze τ_0) einer 2%igen Natriummontmorillonitdispersion (wie in Abb. 12.19, **A**) in Natriumchloridlösungen (Konzentration c) bei pH $\approx$ 6,5 (Permien and Lagaly, 1994 c).

nahme der Schubspannung und der Fließgrenze bei höheren pH-Werten (Abb. 12.19a) ist die Folge relativ großer Mengen NaOH, die wegen der Pufferwirkung der Montmorillonite bei pH $\approx$ 6,5 zur Einstellung des pH-Wertes benötigt werden (Permien and Lagaly, 1995). Die Plättchen aggregieren zu konkreten Teilchen, die weitgehend unabhängig voneinander fließen.

Der Zusatz von Salzen einwertiger, einfacher Kationen (vor allem Alkaliionen) zu verdünnten Dispersionen des Natriummontmorillonits, in denen abstoßende Kräfte zwischen den Teilchen wirken, verringert den elektroviskosen Effekt (Kap. 12.2.3, S. 451) (Abb. 12.15). Daher nehmen Fließgrenze und Schubspannungen zunächst ab (Abb. 12.20). Bei höheren Salzkonzentrationen steigen diese Werte steil an, weil infolge attraktiver Fläche(–)/Fläche(–)-Wechselwirkungen (DLVO-Theorie) Bänderstrukturen entstehen. Zu hohe Salzkonzentrationen zerstören diese Strukturen, da die Bänder zu diskreten Teilchen zusammengezogen werden (Abb. 12.6, **B** → **C**).

Von besonderem Einfluß auf die Stabilität der Gele und das Fließverhalten der Tonmineraldispersionen sind Calciumionen. Die Ursache liegt in der ausgeprägten Ionen/Ionen-Korrelation, die zu einer Anziehung nach Art der Van-der-Waals-Kräfte führt (Kap. 2.7.1) und damit die Fläche/Fläche-Aggregation begünstigt.

Im sauren Bereich erzeugen die durch Calciumionen gebildeten Fläche(–)/Fläche(–)-Kontakte Defekte in der Kartenhausstruktur, die zu einer größeren Maschenweite der Netzstruktur führen (Abb. 12.21). Schubspannung und Fließgrenze werden deutlich erniedrigt (Fig. 4 a, b in Brandenburg and Lagaly, 1988). Im neutralen und leicht alkalischen Bereich kann die in Abb. 12.19a dargestellte Versteifung der Natriummontmorillonitgele durch den elektroviskosen Effekt unterbleiben, da die Calciumionen eine merkliche Aggregation der Tonmineralplättchen oder -schichten erzwingen. Andererseits fördern die Calciumionen die Bildung von Bänderstrukturen und können somit die Dispersionen versteifen (Tombacz et al., 1989) (Abb. 12.19 b). Welcher Effekt überwiegt, hängt vom Massenanteil des Bentonits ab, weil bei zu niedrigen Feststoffgehalten nicht genügend Teilchen zur Ausbildung der raumfüllenden Bänderstruktur vorhanden sind.

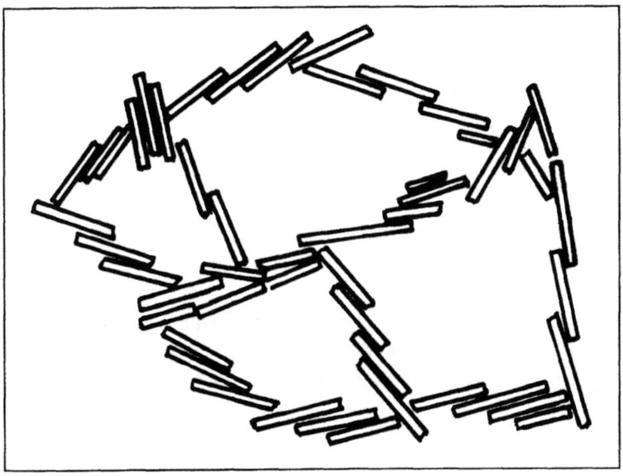

Abb. 12.21. Raumnetzstruktur aus Fläche/Fläche und Fläche/Kante-Kontakten (stair-step cardhouse; O'Brien, 1971).

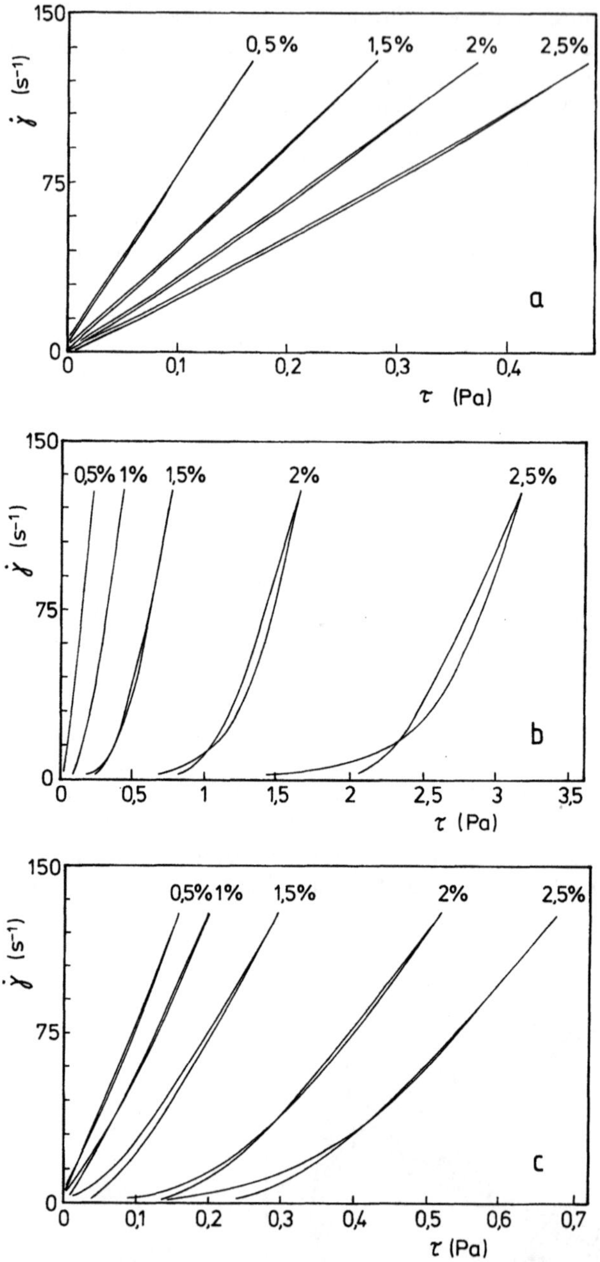

Abb. 12.22 a–c. Einfluß von Calciumionen auf das Fließverhalten einer Natriummontmorillonitdispersion (0,5 bis 2,5 % Massenanteil). Natriummontmorillonit aus Bentonit von Südbayern (Kap. 5.10.8), Fraktion <2 μm, pH ≈ 6,5 (Permien and Lagaly, 1994 a). **a** in Wasser, **b** in 10^{-2} M $CaCl_2$, **c** in $2{,}5 \cdot 10^{-2}$ M $CaCl_2$.

Die Versteifung durch Calciumionen ist nochmals in Abb. 12.22 dargestellt (Permien und Lagaly, 1994 a). Dieser Bentonit erreichte in 10^{-2} M $CaCl_2$-Lösung wesentlich höhere Schubspannungen als in Wasser. Zu hohe Calciumkonzentrationen waren schädlich, weil die Bänderstruktur durch die Aggregation der Teilchen zusammengezogen wurde und schließlich diskrete Teilchen entstanden (Abb. 12.6). Bereits $2{,}5 \cdot 10^{-2}$ M CaCl-Lösungen reichten aus, die Schubspannungen drastisch abzusenken. Der Einfluß von Calciumionen auf das Fließverhalten ist daher insgesamt recht vielfältig (s. Tombacz et al., 1989).

Die Beispiele zeigen, daß das Na^+/Ca^{2+}-Verhältnis ausschlaggebend für Versteifung oder Verflüssigung einer Tondispersion ist. Oft sind geringe Änderungen der Menge der Calciumionen entscheidend. Die besondere Eignung der sodaaktivierten Bentonite (Kap. 3.6; S. 96) als thixotrope Gele für zahlreiche Anwendungen, vor allem auch im Schlitzwandbau (Kap. 12.2.4), beruht auf der Anwesenheit gelöster, d. h. nicht als $CaCO_3$ ausgefällter Calciumionen, die die Bänderstruktur verstärken.

Durch das Na^+/Ca^{2+}-Verhältnis läßt sich das Fließverhalten bei allen Bentoniten steuern. Welche Fließgrenzen und Gelfestigkeiten aber tatsächlich erreicht werden, hängt sehr vom Bentonit bzw. dem darin enthaltenen Montmorillonit ab. Insbesondere sind Teilchenmorphologie und vorgebildete „Sollbruchstellen" zwischen den übereinanderliegenden Montmorillonitlamellen von großem Einfluß (Abb. 3.18, s. S. 96) (Lagaly, 1989). Da beim Na^+/Ca^{2+}-Ionenaustausch Hysteresen auftreten (Jasmund und Lagaly, 1993, Kap. 3.1; Verburg and Baveye, 1995), beeinflußt die Art der Zuführung der Calciumionen zu Natriummontmorillonitdispersionen bzw. von Natriumionen zum dispergierten Calciummontmorillonit die Eigenschaften der Dispersion, was auch praktische Konsequenzen hat.

Das Fließverhalten ändert sich mit dem pH-Wert (Abb. 12.19), doch ist zu bedenken, daß Bentonitdispersionen bei pH $\approx$ 6,5 puffern (Fig. 1 in Permien und Lagaly, 1995). Daher ist die starke Änderung bei pH < 4 praktisch kaum von Bedeutung, es sei denn beim Arbeiten mit Bleicherden. Wegen der Pufferwirkung der Bentonitdispersionen werden merkliche Mengen von Säure oder Lauge zur Einstellung von pH-Werten größer oder kleiner 6,5 benötigt, so daß dann ein gewisser Salzgehalt zu berücksichtigen ist. Im sauren Bereich ist die Änderung des pH-Wertes infolge der allmählichen Zersetzung der Tonminerale zu beachten (zum Einfluß auf das rheologische Verhalten s. Permien und Lagaly, 1994 c). Hinweis: In Ton- und Tonmineraldispersionen versagt die pH-Messung mit der Glaselektrode. Die pH-Werte werden zuverlässig mit Indikatorstäbchen gemessen (Keller and Matlack, 1990).

12.2.6 Fraktale Dimension

Für die Beschreibung von Gelstrukturen ist die Theorie der fraktalen Dimensionen sehr fruchtbar geworden (Mandelbrot, 1982; Jullien and Botet, 1987; Brickmann, 1990). Wir müssen uns allerdings mit einem kurzen Hinweis begnügen. Als Beispiel sei eine Ansammlung von Kugeln gewählt (Abb. 12.23), die bei der Bildung von Aggregaten und Gelen aus kugelförmigen Teilchen eine wichtige Rolle spielt (Beelen et al., 1994).

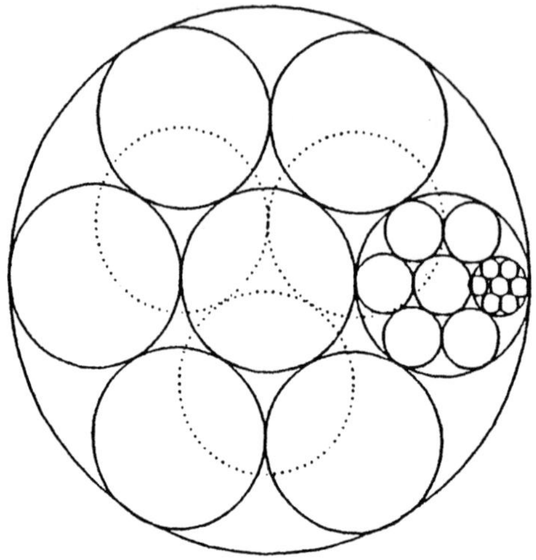

Abb. 12.23. Ein fraktales Gebilde aus jeweils 13 Kugeln, die zu größeren Kugeln zusammengelagert sind (Beelen et al., 1994).

Bei einer massiven Kugel mit Radius R ist die Masse proportional zu R^3. Ist die Kugel aber aus kleineren Kugeln, z. B. aus 13 Kugeln mit Radius $r = R/3$, zusammengesetzt, gilt diese Beziehung nicht mehr, denn es sind jetzt viele Lükken vorhanden. Vielmehr ist die Masse proportional zu R^D, wobei $D < 3$ ist, in diesem Fall $D = \lg 13/\lg 3 = 2{,}33$. Anders ausgedrückt: Werden die 13 kleinen Kugeln zusammengesetzt, steigt die Masse nicht um den Faktor $3^3 = 27$, sondern nur um 13. Ein Wert von $D < 3$ bedeutet eine Zunahme der Leerstellen mit wachsendem Radius R. Die Aufteilung der großen Kugel in 13 kleinere kann unbegrenzt weitergeführt werden: Jede kleine Kugel kann aus 13 noch kleineren Kugeln mit jeweils einem Drittel des Radius zusammengesetzt werden (Abb. 12.23). Diese Selbstabbildung ist eine typische Eigenschaft fraktaler Systeme (z. B. Fig. 9.16 in Hunter, 1993; Fig. 1 in van Damme et al., 1988).

Die fraktale Dimension wurde zuerst durch Adsorptionsmessungen bestimmt (Farin et al., 1985). Sie kann weiterhin direkt aus Kleinwinkelstreuexperimenten ermittelt werden (Malekani et al., 1996). Devreux et al. (1990) erhielten die fraktale Dimension aus Kernresonanzmessungen (s. a. Malekani et al., 1996).

Flocken sind wichtige Strukturen mit fraktalen Dimensionen (Huang, 1993; und Literaturangaben dort; Spicer et al., 1996). Die Anlagerung von Bausteinen an einen wachsenden Keim kann zu fraktalen Aggregaten führen, die sich im Weiterwachstum mehr und mehr verdichten. Beschrieben wurden solche Vorgänge mit dem Modell der diffusionsbestimmten Aggregation[2)] (Family and Landau, 1984; s. van Damme et al., 1988). Die Computersimulation in Abb. 12.24 zeigt das Wachstum eines zunächst fragilen Aggregates zu einem kompakteren Gebilde.

Bei Adsorptionsvorgängen an Stoffen mit fraktaler Oberfläche ist der Zusammenhang zwischen Teilchengröße und spezifischer Oberfläche zu beachten (van

2) Bei der diffusionsbestimmten Aggregation der Bausteine führt jede Kollision zwischen den durch Diffusion aufeinandertreffenden Bausteinen (auch „cluster") zu Bindungen. Die Geschwindigkeit der Aggregation wird daher durch die Diffusionsgeschwindigkeit festgelegt. Bei der reaktionsbestimmten Aggregation führt nur ein geringer Bruchteil der Zusammenstöße zur Bildung des größeren Aggregats.

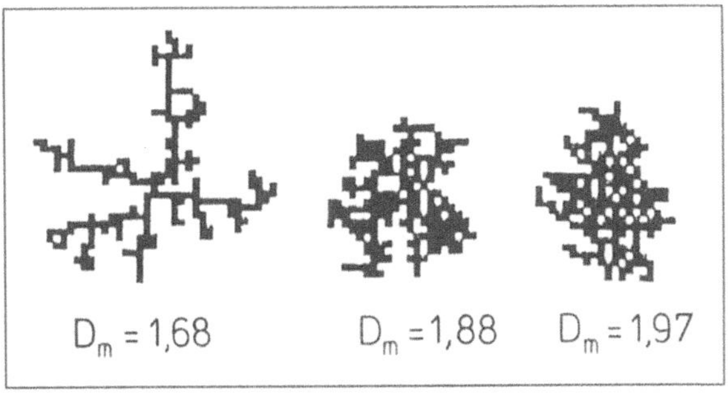

Abb. 12.24. Wachstum fraktaler Aggregate nach dem Modell der diffusionsbestimmten Aggregation. D_m ist die fraktale Dimension der Massenverteilung (van Damme et al., 1988).

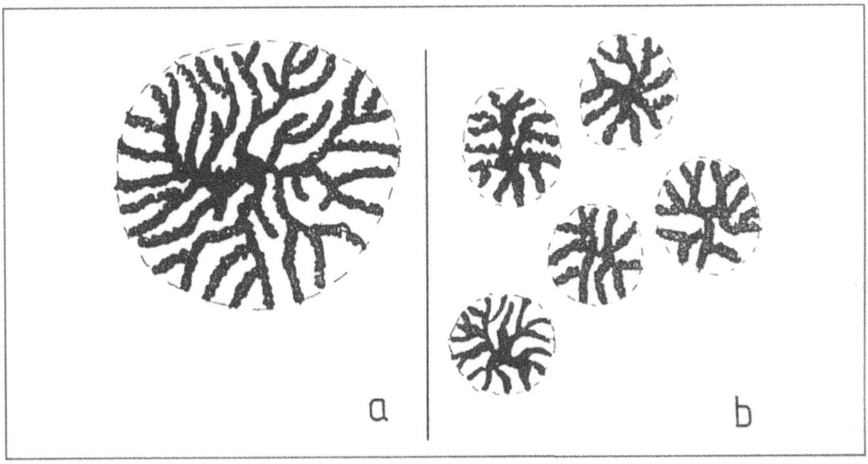

Abb. 12.25. Bei hohen fraktalen Dimensionen ($D_s \to 3$) ist die spezifische Oberfläche unabhängig vom Teilchenradius (Gleichung 12.1). Bei diesen hochporösen Teilchen wird auch $D_m \approx 3$. Die Teilchendurchmesser in **a** und **b** sind unterschiedlich, die spezifische Oberfläche ist gleich (Brikmann, 1990).

Damme et al., 1988). Wenn die Größe der Oberfläche auf ein konstantes Volumen bezogen ist, skaliert sie mit

$$S_v \propto R^{D_s - 3}, \tag{12.1}$$

worin D_s die fraktale Dimension der Oberfläche ist, also einen Wert zwischen 2 und 3 nimmt. Überlicherweise wird die Größe der Oberfläche jedoch auf die Masseneinheit bezogen (spezifische Oberfläche). Dann aber hängt diese auch von der fraktalen Dimensionen D_m der Massenverteilung ab (Ben Ohoud et al., 1988):

$$S_m \propto R^{D_s - D_m}. \tag{12.2}$$

Dahinter steht, daß die scheinbare Dichte nicht unabhängig von R ist. Die Masse individueller Teilchen ändert sich proportional mit R^{D_m}.

Bei nichtfraktalen Teilchen, z. B. glatten, massiven Kugeln, ist D_s = 2 und D_m=3, da dann Oberfläche und Masse bzw. Volumen proportional zu R^2 und R^3 sind. Damit wird die vertraute Beziehung $S_m \propto R^{-1}$ erhalten. Für Kugeln gilt:

$$S_m = O/V\rho = 4\pi R^2/(4/3)\pi R^3 \rho = 3/R\rho. \tag{12.3}$$

Für die meisten Stoffe, die entweder kompakt oder sehr porös und homogen sind, ist $D_m \simeq 3$ (Ben Ohoud et al., 19#).

Wenn D_s gegen 3 geht, d. h. sich die Oberfläche mehr und mehr auflöst (Abb. 12.25), werden S_v bzw. S_m (bei $D_m \simeq 3$) unabhängig vom effektiven Radius der Teilchen. Ein klassisches Beispiel ist poröses Kieselgel (Farin et al., 1985). S_m wird auch unabhängig von R, wenn D_s und D_m gleich sind. Dies scheint für regelmäßige Aggregate nach dem Modell der diffusionsbestimmten Aggregation zuzutreffen (van Damme et al., 1988).

12.3 Versteifung, Verflüssigung

12.3.1 Versteifung durch Polymere

Bei vielen Anwendungen müssen die Viskositäten von Flüssigkeiten, Lösungsmitteln und Dispersionen erhöht werden. Oft ist damit der Wunsch nach einem mehr oder weniger starken thixotropen Verhalten verbunden (Kap. 12.2.4). In vielen Fällen sollen diese Zusätze zudem das Absetzen der dispergierten Teilchen verhindern und die Aufrührbarkeit verbessern (Kap. 12.1.3). Verdickungs- und Thixotropierungsmittel werden benötigt in Anstrichmitteln, Emaillen, Druckfarben, Tinten, Klebstoffen, Harzen, Fetten, Pasten (z. B. Reinigungspasten, Rostentferner, Zahnpasten, Kontaktschutzpasten, Desinfektionspasten), Dichtungsmassen, Plastisolen, Gleitmitteln, Treibstoffmischungen, Vergußmassen, Bohrspülflüssigkeiten, Emulsionen, pharmazeutischen und kosmetischen Produkten (Salben, Lotionen, Suspensionen, Emulsionen, etc.).

Im Haushalt werden wäßrige Flüssigkeiten (z. B. Obstsäfte, Suppen, Soßen, etc.) durch natürliche Polyelektrolyte wie Agar-Agar (Heteropolysaccharid aus der Zellwand zahlreicher Rotalgen), Gelatine (Polypeptid, durch Hydrolyse des Kollagens aus Haut und Knochen von Tieren gewonnen) und natürliche und modifizierte Stärke versteift (Scherz, 1996). In technischen Systemen werden auch synthetische Polymere, z. B. Polyvinylalkohol, eingesetzt. Ursache der Versteifung ist die Gelbildung der Makromoleküle (Elias, 1992, S. 735 ff).

In den letzten Jahren wurde die Versteifung durch niedermolekulare Verbindungen diskutiert. Als Beispiel ist das Dodecylderivat des trans-1,2-Diaminocyclohexans zu nennen:

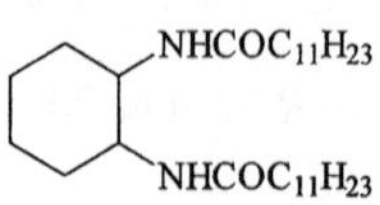

Zur Gelbildung in unpolaren Lösungsmitteln werden etwa 5 - 20 g pro Liter benötigt. Bei Siliconöl reichen 2 g aus, bei Sojaöl 7 g. In polaren Lösungsmitteln sind die Mengen recht unterschiedlich (5 - 44 g/L) (Hanabusa et al., 1996).

Der wesentliche Beitrag nichtadsorbierender Polymere zum Fließverhalten ist die Zunahme der Viskosität der kontinuierlichen Phase. Jedoch ist immer damit zu rechnen, daß die gelösten Polymere oberhalb bestimmter Konzentrationen die kolloidalen Teilchen durch den Verarmungseffekt flocken oder Phasentrennung hervorrufen (Kap. 4.12, 4.13). Die Viskosität der geflockten Dispersionen nimmt bei höheren Schergeschwindigkeiten ab (Scherverflüssigung).

Wenn die Makromoleküle an den kolloidalen Teilchen adsorbiert werden, kann die Dispersion zunächst eine etwas geringere Viskosität haben als die entsprechende reine makromolekulare Lösung. Ein Beispiel wurde in Kap. 4.4.2 mit dem Einfluß von Polyacrylamid auf die Viskosität von SiO_2-Dispersionen gegeben. In Abb. 4.11a (s. S. 128) liegt die Viskosität aller Dispersionen etwas unter der der reinen PAM-Lösung, weil die Konzentration von PAM in der Lösung durch die Adsorption verringert wird und die Teilchen sterisch stabilisiert werden. In dem Maße, wie durch Änderung der Molmasse oder Lösungsmittelgüte die Teilchen über die Makromoleküle miteinander verbrücken, steigt die Viskosität (Abb. 4.11b). Der Einfluß der scherinduzierten Verbrückung ist in Abb. 4.11c,d zu erkennen.

In Abb. 4.11a wird ersichtlich, daß die sterische Stabilisierung die Viskosität im Vergleich zur reinen Polymerlösung nicht wesentlich erhöht. Oft wird dieser Vorteil ausgenutzt, gerade weil die Viskosität sterisch stabilisierter Dispersionen mit zunehmendem Massenanteil nicht so stark ansteigt wie bei elektrostatischer Stabilisierung und trotz hohen Feststoffgehalts niedrig bleibt.

Da die Verbrückung im allgemeinen bei unvollständiger Belegung der Oberfläche (etwa bei Halbbelegung) optimal ist (Kap. 4.4.1), erreichen auch Fließgrenze und Viskosität unter diesen Bedingungen ein Maximum und sinken dann wieder ab (Heath and Tadros, 1983, sowie Otsubo, 1995, für Polyvinylalkohol und Aerosil; Eisenlauer et al., 1980, für Polyethylenglycol und Aerosil; Heijman und Stein, 1995, für Polyacrylsäure und Rutil). Nicht unbedingt verwunderlich ist, daß die Maxima der Fließkurve und der Viskosität nicht genau bei gleichen Polymerkonzentrationen erreicht werden. Im System SiO_2-PVA liegt das Maximum der Fließgrenze bei etwas kleineren PVA-Konzentrationen als das Viskositätsmaximum.

Wie oben angesprochen, wird das Fließverhalten von Dispersionen in Gegenwart gelöster Polymere wesentlich durch die Wechselwirkung der Teilchen mit den Makromolekülen bestimmt. Bei einer Verbrückungsflockung muß sich das Makromolekül einerseits mit dem Dispersionsmittel gut vertragen, andererseits einigermaßen fest am Teilchen haften. Die sog. assoziativen Polymere finden daher als rheologische Additive zunehmendes Interesse (z. B. Santore et al., 1990; Fonnum et al., 1993; Otsubo, 1995). Sie bestehen aus wasserlöslichen, nicht absorbierenden Molekülteilen, an die Kohlenwasserstoffreste angebunden sind. Mit diesen können sie sich an hydrophoben Oberflächenbereichen der Teilchen (z. B. Latices) festhalten. Wie fest sie sich verankern, hängt von der Zahl und Größe der hydrophoben Arme ab. Durch Variation dieser Gruppen kann daher die Adsorption gesteuert werden. Wichtig ist, daß die Makromoleküle nur über eine oder einige wenige hydrophobe Gruppen an der Oberfläche kleben. Da die Zahl der Kontakte also sehr klein ist und die Bindung nur über hydrophobe Wechselwirkungen erfolgt, kann die Adsorption zwar recht ausgeprägt sein, aber dennoch weitgehend reversibel bleiben. Die Dispersion flockt bei sehr niedrigen Polymerkonzentrationen und zeigt Scherverflüssigung. Bei höheren Konzentrationen wird sie infolge der sterischen Stabilisierung stabil und fließt nahezu newtonisch.

Durch Zugabe von Tensiden kann die Wechselwirkung zwischen den Teilchen und den Makromolekülen und damit das Fließverhalten zusätzlich beeinflußt werden. Otsubo (1995) beschrieb das Fließverhalten einer Latexdispersion (Styrol/Methacrylat-Latices, 30% Massenanteil) in wäßrigen PVA-Lösungen (0–1%). In Gegenwart von 0–2% Triton X-100 (ethoxyliertes Octylphenol ohne Zusätze) floß die Latexdispersion newtonisch. Die durch PVA geflockte Dispersion erreichte vor allem bei niedrigen Scherraten $\dot{\gamma}$ eine höhere Viskosität als die reine Latexdispersion und zeigte Scherverflüssigung und Viskoelastizität. Geringe Mengen Tensid erhöhten die Viskosität über den ganzen Bereich von $\dot{\gamma}$ (von 10^{-1} bis 10^2 s^{-1}), weil sie PVA von der Oberfläche verdrängten und damit die Verbrückung förderten. Mit steigender Tensidzugabe durchlief die Viskosität ein Maximum, weil schließlich soviel PVA von der Oberfläche abgedrängt wurde, daß sich keine Brücken mehr bildeten. Das Fließverhalten wurde nahezu newtonisch. Bei vollständigem Ausschluß der Polymeren von der Oberfläche, bei 2% Triton, kam es infolge des Verarmungseffekts zur Phasentrennung und einem erneuten Anstieg der Viskosität mit ausgeprägter Scherverflüssigung. Die Dispersion zeigte dann überwiegend viskoses Verhalten.

12.3.2 Versteifung durch feinteilige Feststoffe

Die Versteifung von Lösungsmitteln und Dispersionen läßt sich in der Praxis oft nur durch Zusatz kolloidal aufgeteilter Feststoffe erreichen, vor allem wenn gleichzeitig thixotropes Verhalten und Stabilität gegen Absetzen oder gute Aufrührbarkeit gewünscht werden.

Feinteilige Stoffe versteifen Lösungsmittel und Dispersionen einmal durch Erhöhung des Feststoffgehalts. Für eine ausreichende Viskositätszunahme sind dafür aber recht hohe Massenanteile notwendig. Die Menge des Zusatzes soll jedoch möglichst gering bleiben. Eine wirkungsvolle Versteifung erreicht man, wenn sich die Feststoffteilchen nach Abb. 12.12 zu einem das ganze Volumen der Flüssigkeit durchziehenden Netzwerk zusammenlagern. Je weitmaschiger dieses bei ausreichender Festigkeit der Kontakte ist, desto geringere Feststoffgehalte werden benötigt. Die Stabilität der Netzwerkstruktur erfordert attraktive Kräfte zwischen den kolloidalen Teilchen. Wie oben begründet (Kap. 12.1.4, S. 442; 12.2.5, S. 461, Abb. 12.6), darf die Anziehung zwischen den Teilchen aber nicht zu stark sein.

Eine Versteifung kann, vor allem mit anisometrischen Teilchen, auch unter Bedingungen erfolgen, bei denen die Wechselwirkungskräfte zwischen den Partikeln abstoßend sind. Als Beispiele wurden Dispersionen aus nadelförmigen Boehmit (Kap. 12.1.2, S. 439) und plättchenförmigen Tonmineralen beschrieben (Kap. 12.1.4, S. 442; 12.2.3, S. 451; 12.2.5). Da die diffusen Ionenschichten die Teilchen auseinanderhalten und ihre translatorischen und rotatorischen Bewegungen behindern, dürfen sie nicht durch die Bestandteile der zu versteifenden Flüssigkeiten komprimiert oder vernichtet werden. Die Versteifung reagiert daher recht anfällig auf Zusätze oder Änderungen in der Zusammensetzung des Dispersionsmittels (als Beispiel s. den Einfluß von Alkoholen auf Natriummontmorillonitdispersionen in Kap. 12.1.4). Daher ist die Versteifung durch Ausbildung von Gerüststrukturen in der Praxis wichtiger.

Die Viskosität nimmt im allgemeinen mit der spezifischen Oberfläche des Verdickungsmittels zu. Doch gibt es Ausnahmen, weil die Versteifung davon abhängt, in wieweit das Pulver beim Dispergieren aufgeteilt wird. Da hohe Dispergierenergien gerne vermieden werden, kann die wirksame spezifische Oberfläche deutlich unter der tatsächlichen liegen.

Als wirkungsvolles faserförmiges Verdickungsmittel wurde früher in großem Umfang Asbest eingesetzt (Zur Struktur dieses *Schicht*silicates s. Jasmund und Lagaly, 1993, Kap. 1 und 2). Ähnlich wie die heute mehr und mehr benutzten faserförmigen Sepiolithe und Palygorskite (Attapulgite) (Galan, 1996; Struktur s. l. c.) beruht die Verdickung hauptsächlich auf dem Masseneffekt der ineinander verfilzenden Fasern. Daher ist die Versteifung recht unempfindlich gegenüber Zusätzen und Änderungen der Zusammensetzung der Dispersion, also weniger salzanfällig als Tonmineraldispersionen. Zudem lassen sich Gele in vielen organischen Lösungsmitteln ebenso gut wie in Wasser herstellen (Simonton et al., 1988). Wegen der Salzstabilität werden Sepiolith und Palygorskit als Spülflüssigkeiten bei Bohrungen in Brack- und Salzwasser eingesetzt. Über eine mögliche Gefährdung durch diese faserförmigen Minerale s. Galan, (1996).

Sepiolithe bilden Nadeln von sehr unterschiedlichen Dimensionen, etwa 10 nm bis 5 μm lang, 10 – 30 nm breit und 5 – 10 nm dick. Typische Dimensionen von Palygorskit sind: 1 μm · 15 nm · 7,5 nm.

Unter den kugelförmigen Versteifungsmitteln stehen, die durch Flammenhydrolyse hergestellten SiO_2-Produkte, Kieselsole und Kieselgele im Vordergrund. Typisch für die pyrogenen Produkte ist die Verschmelzung oder Verklebung der Teilchen über Gelbrücken, während in den Kieselsolen die naßchemisch gewonnenen SiO_2-Teilchen voneinander isoliert vorliegen. Fällungskieselsäuren bestehen ebenfalls aus stark aggregierten Teilchen (Kap. 1.2; 5.5; 5.8; 5.10.1) (Zur Dispergierung von Aerosil s. Kap. 5.8, S. 183).

Entscheidend für die Wirkung als Verdickungsmittel ist die Ausbildung von Wasserstoffbrückenbindungen zwischen den Teilchen und zu den Lösungsmittelmolekülen. Die SiO_2-Teilchen bzw. einzelnen Aggregate (Kap. 12.2.3) werden über direkte Wasserstoffbrücken oder wahrscheinlicher unter Vermittlung von Wasserbrücken

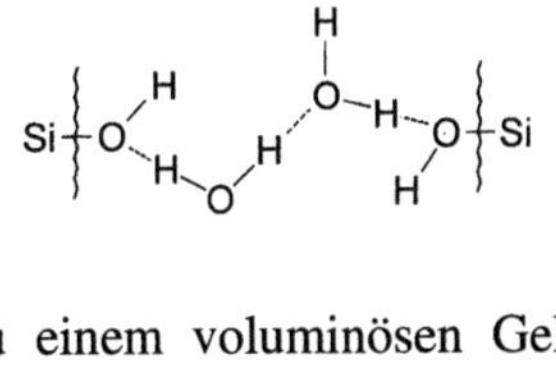

zu einem voluminösen Gel verknüpft, dessen Hohlräume mit dem unpolaren Lösungsmittel ausgefüllt sind. Daher lassen sich am besten Lösungsmittel verdicken, die selbst keine Wasserstoffbrücken ausbilden.

Um polare Lösungsmittel zu verdicken, müssen deutlich höhere Feststoffgehalte eingesetzt werden, doch wird der steile Anstieg der Viskosität mit dem

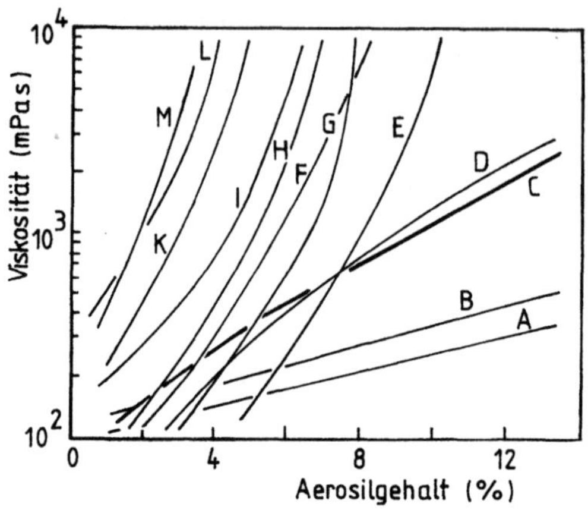

Abb. 12.26. Versteifung verschiedener Lösungsmittel mit Aerosil 200 (nach: Schriftenreihe Pigmente, No 23, Degussa, 1977). **A** Butylglycol, **B** n- und iso-Butanol, **C** Wasser, **D** Aceton, **E** Hexan, **F** Heizöl E, **G** Toluol, **H** Trikresylphosphat, **I** Lackleinöl, **K** Dioctylphthalat, **L** Maschinenöl HTY, **M** Siliconöl M100.

Feststoffgehalt, der für unpolare Lösungsmittel typisch ist, nicht erreicht (Abb. 12.26). Da jetzt Wechselwirkungen zwischen den Teilchen und dem Lösungsmittel eine wichtige Rolle spielen, hängt die Verdickung oft empfindlich vom pH-Wert des Dispersionsmittels ab.

In unpolaren oder wenig polaren Lösungsmitteln kann die Wirkung von SiO_2 als Verdickungsmittel durch Additive wie Glycol, Glycerin, Polyethylenglycole, Triethanolamin oder Diamine gesteigert werden, weil zusätzliche Partikelkontakte über Molekülbrücken gebildet werden:

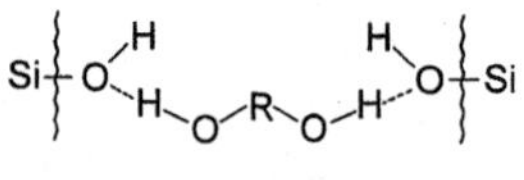

Auch geringe Mengen von Wasser fördern in unpolaren Systemen die Versteifung, weil Wasserbrücken gebildet werden. Es wird im allgemeinen als adsorbiertes Wasser mit dem Feststoff eingeschleppt.

In stärker polaren Lösungsmitteln erhöhen auch Zusätze längerkettiger monofunktioneller Moleküle oder Ionen (Amine, Alkohole, Ester, Tenside) die Viskosität. Es ist wohl weniger die Versteifung der Gerüststruktur durch die Wechselwirkung zwischen den hydrophoben Resten als vielmehr eine verstärkte Immobilisierung des Lösungsmittels in den Hohlräumen des teilweise hydrophobierten Gerüstes, die zur Viskositätserhöhung beiträgt.

Grundsätzlich hängt die Wirkung vom Mengenverhältnis Additiv/Feststoff ab. In den meisten Fällen durchläuft die Versteifung mit steigendem Additivzusatz ein Maximum. Bei zu hohen Additivkonzentrationen werden anstelle eines Moleküls, das die Oberflächengruppen zweier Teilchen verbrückt, zwei Moleküle gebunden: Die Brücke reißt auf.

Die Verdickungsfähigkeit eines hydrophilen Feststoffs läßt sich verbessern, indem die Teilchen gleichzeitig positiv und negativ geladene Oberflächenbereiche aufweisen, z. B. bei SiO_2/Al_2O_3-Mischpräparaten, die auch als Katalysatoren Bedeutung haben. Bei nicht zu hohem pH-Wert ist SiO_2 negativ, Al_2O_3 positiv geladen (vgl. Abb. 10.20, 10.24), so daß bei richtiger Wahl der Bedingungen Netzwerke durch Heterokoagulation entstehen.

Hydrophobierte SiO_2-Präparate sind im allgemeinen wesentlich schlechtere Verdickungsmittel als hydrophile, da nicht genügend stabile Teilchen/Teilchen-Kontakte gebildet werden.

Die Eignung der Tonminerale, besonders der Montmorillonite bzw. Bentonite, als Verdickungs-, Antiabsetz- und Thixotropierungsmittel ist aus Kap. 12.2.5 ersichtlich. Daher werden Bentonite vielen wäßrigen Systemen (Dispersionsfarben, Emaillefarben, Klebstoffen, Salben, Emulsionen) zugesetzt. Die Geschmeidigkeit von Pasten und Salben wird durch Bentonit erhöht. Natriumbentonite werden meist als alkalisch aktivierte Produkte benutzt (Kap. 3.6). In manchen Fällen würden mit aufwendiger, z. B. durch Ionenaustausch in verdünnten wäßrigen Dispersionen oder unter Scherung hergestellten Natriumbentonite bessere Ergebnisse erzielt, doch stehen dem Einsatz derartiger Produkte höhere Kosten entgegen. Bei der Optimierung ist nach Kap. 12.2.5 auf das Na^+/Ca^{2+}-Verhältnis zu achten. Zur Förderung der Gelbildung wird den Natriumbentoniten gelegentlich mikrokristalline Cellulose zugesetzt. Die Cellulose verhindert die Bildung dichter Sedimente, die bei Natriummontmorillonit zu erwarten sind.

In nichtwäßrigen Lösungsmitteln werden organisch modifizierte Bentonite eingesetzt, die durch Ionenaustausch mit kationischen Tensiden, meist quartären Alkylammoniumionen mit ein oder zwei langen Alkylketten, hergestellt werden (Jasmund und Lagaly, 1993, Kap. 3.3; 9.2.5). Einsatzgebiete sind Anstrichmittel, Emaille, Fette, Harze, Schmieröle, Teer- und Asphaltanstriche (Jones, 1983; Lagaly und Jasmund, 1993, 1993, Kap. 9.4.8). Den unpolaren oder wenig polaren Lösungsmitteln werden zusätzlich polare Additive zugegeben. Auch hier ist die Versteifung bei bestimmten Additivkonzentrationen optimal. (Jones, 1983; Gherardi et al., 1996; sowie Abb. 9.16 in Jasmund und Lagaly, 1993). Bei der Gelierung von Toluol mit Octadecylammonium-Bentonit oder von Mineralöl mit Dimethyldioctadecylammonium-Bentonit erreicht die Gelfestigkeit bei Methanolgehalten um 1% scharfe Spitzen (Granquist and McAtee, 1963). Die polaren Additive verändern wahrscheinlich die Konformationen der an den Montmorillonitplättchen gebundenen Alkylketten und beeinflussen damit die Wechselwirkungen zwischen den Alkylketten benachbarter Teilchen (Brandenburg, 1990).

Im allgemeinen werden die anorganischen Ionen vollständig durch die Alkylammoniumionen ausgetauscht. In unpolaren Lösungsmitteln wird dadurch maximale Versteifung erreicht (z. B. Fig. 9 in Jones, 1983). Für etwas polarere Lösungsmittel stehen auch partiell umgesetzte organophile Bentonite zur Verfügung.

In der Technik wird der Ionenaustausch mit Alkylammoniumionen meistens durch Einkneten der Tenside in Natrium- oder Aktivbentonite durchgeführt. Da die Präparate nicht ausgewaschen werden, verbleibt ein gewisser Anteil des Tensids als Salz im organophilen Bentonit bzw. die Teilchen werden durch im Überschuß gebundene Alkylammoniumionen umgeladen. Die zusätzliche Bindung von Alkylammoniumionen wirkt sich auf das Fließverhalten aus. In Abb. 12.27 ist die Fließkurve einer 1%igen Dispersion eines technischen organophilen Bentonits in Xylol (aktiviert mit Ethanol und Wasser) dargestellt. Die Dispersion hatte eine niedrige Fließgrenze und war nicht thixotrop. Nach Auswaschen der überschüssigen Tensidionen traten wesentlich höhere Schubspannungen auf. Die Hysterese der Fließkurve zeigte eine starke Thixotropie an. Das

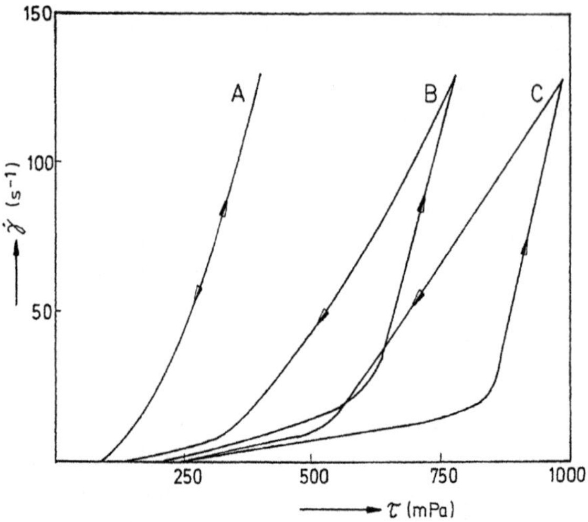

Abb. 12.27. Fließverhalten (Schubspannung τ gegen Schergeschwindigkeitsgefälle $\dot{\gamma}$) einer 1%igen Dispersion von Dimethyldioctadecylammonium-Bentonit in Xylol (aktiviert mit 0,2% Ethanol und 0,02% Wasser) (Jasmund und Lagaly, 1993, Kap. 9.4.8). **A** Fließverhalten des technischen Produkts; 1,22 mmol N/g Bentonit, **B** Fließverhalten des technischen Produkts; 1,02 mmol N/g Bentonit, **C** Fließverhalten nach Umsatz von **B** mit Dimethyldioctadecylammoniumionen und sorgfältigem Auswaschen; 1,33 mmol N/g Bentonit.

ausgewaschene Präparat wurde nochmals mit Alkylammoniumionen umgesetzt und wieder ausgewaschen. Die Schubspannungen stiegen wieder an, die Thixotropie wurde stärker.

Im ursprünglichen technischen Produkt waren nicht alle Calciumionen gegen Alkylammoniumionen ausgetauscht. Dennoch waren an den äußeren Oberflächen zusätzliche Tensidionen adsorbiert, also nicht als Gegenionen zu den Schichtladungen gebunden. Dadurch entstand eine gewisse Aufladung der Teilchen, die beim Auswaschen der Tensidionen verringert wurde. Da die zusätzlichen Tensidionen wie ein Gleitmittel wirkten (vgl. Lagaly, 1986, Fig. 8, 9), war die Fließkurve nach dem Auswaschen des Bentonits zu höheren Schubspannungen verschoben. Gleichzeitig trat infolge von Ketten/Ketten-Kontakten Thixotropie auf. Beide Effekte wurden noch stärker, wenn durch einen weiteren Eintausch mit anschließendem sorgfältigen Auswaschen alle Schichtladungen durch Alkylammoniumionen kompensiert wurden, ohne daß zusätzlich Tensidionen mit Gegenionen gebunden waren.

12.3.3 Verflüssigung

Bei technischen Prozessen ist eine Verringerung der Viskosität mancher Dispersionen notwendig, um sie besser verarbeiten oder handhaben (Umrühren, Umpumpen, Abfüllen, etc.) zu können. Manchmal gelingt dies durch vergleichsweise geringe Eingriffe in das System, und zwar durch Änderungen im Salzgehalt oder der Art der Ionen, um Koagulation, Flockung oder Gelbildung der Dispersion zu verhindern. Oft reicht auch eine geringe Änderung im Feststoffgehalt aus, um eine zur Gelbildung neigende Dispersion zu verflüssigen, nämlich dann, wenn sich das System nahe an der Grenze zwischen Gel- und Solbereich befindet (vgl. Abb. 12.13, 12.16).

Ein sehr wichtiger Parameter ist der pH-Wert. Viele Dispersionen zeigen ein Maximum der Fließgrenze und der Viskosität im Bereich des isoelektrischen Punktes (Abb. 12.28). Die Abhängigkeit der Fließgrenze von konzentrierten ZrO_2-Dispersionen vom pH-Wert ist in Abb. 12.29 dargestellt. Kann der pH-Wert, aus welchen Gründen auch immer, nicht so weit geändert werden, daß Fließgrenze oder Viskosität ausreichend abnehmen, zeigt Abb. 12.29 einen Ausweg. Durch Adsorption geeigneter Ionen läßt sich das Maximum der Fließgrenze zu kleineren pH-Werten verschieben. Ähnlich wie Citrat wirken auch Benzol-1,2,3-tricarboxylat, Phosphate (weniger gut dagegen Sulfat) (Leong et al., 1993) oder Polyacrylate (Abb. 10.27). Ergänzend sei erwähnt, daß die Fließgrenzen durch Zusatz langkettiger Verbindungen in den alkalischen Bereich verschoben

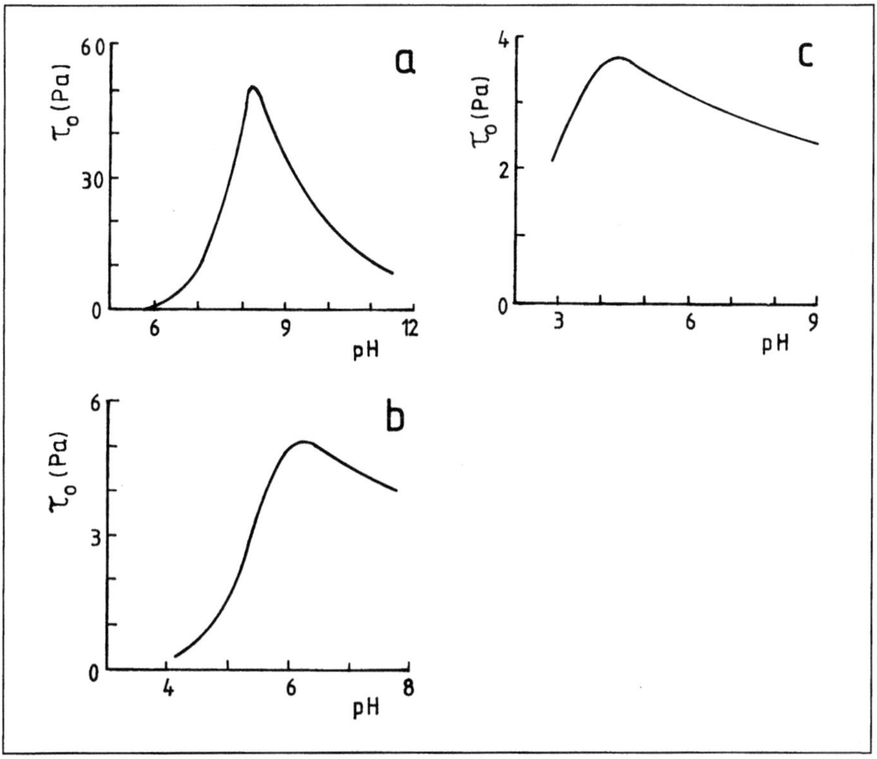

Abb. 12.28 a–c. Fließgrenze τ_0 einiger Dispersionen in Abhängigkeit vom pH-Wert bei 25°C (Tombacz et al., 1995). **a** Pyrogenes Aluminiumoxid (Typ C, Degussa), Massenanteil 10%, **b** pyrogenes Titandioxid (Typ P25, Degussa), Massenanteil 7,5%, **c** pyrogenes Siliciumdioxid (Typ Aerosil 200, Degussa), 8% Massenanteil.

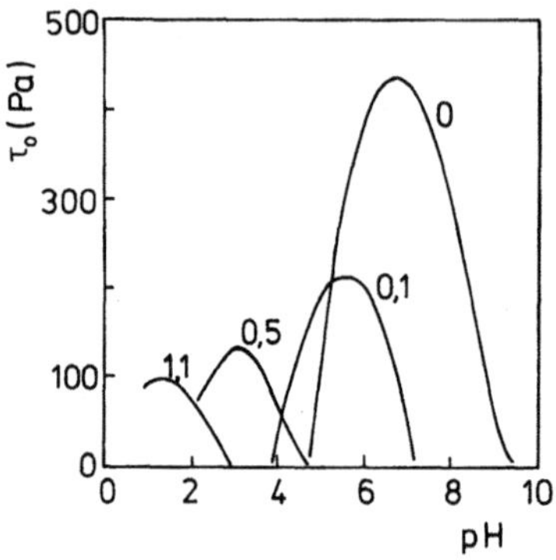

Abb. 12.29. Fließgrenze τ_0 gegen pH-Wert von ZrO_2-Dispersionen (57 % Massenanteil) in Abhängigkeit vom Zusatz von Natriumcitrat (in % Massenanteil) bei 25 °C (Leong et al., 1993).

und die Maxima höher werden. Ursache sind Wechselwirkungen zwischen den Alkylketten (Leong et al., 1996).

Bei SiO_2-Dispersionen sind die Verhältnisse etwas komplizierter (Kap. 12.2.3), aber auch hier kann durch eine Änderung des pH-Wertes eine Verflüssigung erzielt werden (Abb. 12.13, 12.14 und 12.28c). Es sei nochmals darauf hingewiesen, daß die Maxima der Fließgrenze und Viskosität bzw. das Optimum der Gelbildung bei etwas unterschiedlichen pH-Werten auftreten, je nachdem, wie gut zuvor dispergiert worden ist.

Wie aus Kap. 12.3.1 ersichtlich, kann ein Verflüssigung auch durch Zusatz von Polymeren erfolgen, allerdings nur, wenn der Bereich der sterischen Stabilisierung erreicht wird.

Aus den obigen Diskussionen wird klar, daß gelegentlich auftretende, unerwünschte Versteifungen durch pH-Verschiebungen verursacht sein können und durch entsprechende pH-Änderungen zu vermeiden sind. Zu beachten ist, daß auch unbedeutend erscheinende Änderungen der Formulierung (z. B. des Salzgehaltes oder der Art der Salze) zur Koagulation, Flockung oder Gelbildung der Dispersion führen können. Unter Umständen macht sich schon ein Wechsel in der Wasserversorgung bemerkbar. In Gegenwart vom Polymeren kann sich eine Änderung der Lösungsmittelgüte durch Zumischen eines weiteren Lösungsmittels störend auswirken (Kap. 4.11).

Besonders wichtig ist die Erniedrigung der Viskosität konzentrierter Dispersionen, um diese überhaupt verarbeitbar zu machen. Der klassische Fall ist die Herstellung eines keramischen Gießschlickers. Kaoline und Tone müssen so aufbereitet werden, daß ein dünnflüssiger Schlicker entsteht, der sich gut in die Form gießen läßt (Kap. 12.1.3). Die grundlegenden Kenntnisse der kolloidchemischen Vorgänge wurden von Hofmann gewonnen (Hofmann, 1961; 1962). Wie in Kap. 3.6 und 5.3 dargestellt, sind die Calciumionen durch Natriumionen zu ersetzen und die Kanten der Tonmineralteilchen von positiv nach negativ umzuladen. In vielen Fällen werden die Dispersionen durch Adsorption polymerer Stoffe sterisch stabilisiert.

Die Verflüssigung durch Diphosphat läßt sich in einem eindrucksvollen Versuch vorführen (Tonmineralogisches Labor ETH-Zürich):

12,5 g Kaolin werden in 25 mL Wasser dispergiert (Ultra Turrax). Es entsteht eine Paste, die nach Einrühren von 0,15 g $Na_4P_2O_7$ dünnflüssig wird. Die Fließkurve verschwindet, und das Fließverhalten wird newtonisch. Der Zusatz von 0,4 g KCl versteift die Dispersion wieder. Es tritt erneut eine Fließgrenze auf (Fließkurven s. Lagaly, 1989, Fig. 6 oder Jasmund und Lagaly, 1993, Abb. 3.24).

Die Versteifung durch Zusatz von KCl entsteht durch die nun attraktiven Fläche(–)/Fläche(–)- und Kante(–)/Fläche(–)-Wechselwirkungen (Kap. 12.2.5).

Extrem konzentrierte Kaolindispersionen (Kap. 3.6, 5.3) werden bei der Papierbeschichtung eingesetzt (Lepoutre and Lord, 1990; Adams, 1993; Jasmund und Lagaly, 1993, Kap. 9.4.3). Neben der sorgfältigen Wahl der Dispergatoren ist die Teilchengröße und deren Verteilung zu beachten.

Die Viskosität einer Dispersion wird durch eine Verbreiterung der Teilchengrößenverteilung erniedrigt. Man betrachte eine dichte Packung aus gleich großen und eine solche aus verschieden großen Kugeln. Im letzteren Fall können in die Lücken zwischen den größeren Kugeln kleinere eingelagert werden, wodurch die Packungsdichte erhöht und über den Wert von 72% Raumerfüllung für dichteste Packungen gleich großer Kugeln steigen kann. Bei gleichem Feststoff/Flüssigkeits-Verhältnis wird daher in den Hohlräumen der polydispersen Teilchen weniger Flüssigkeit immobilisiert als im System aus gleich großen Kugeln: Die Dispersion besitzt eine niedrigere Viskosität.

Dies sei am Beispiel von kleinen und großen Aluminiumoxidteilchen mit 0,5 und 7 µm Durchmesser (bei 50% der kumulativen Verteilungskurve) gezeigt (Smith and Haber, 1995). Die Ansätze mit Massengehalten von 42 bis 50% wurden mit soviel Tetranatriumdiphosphat versetzt, bis minimale Viskosität erreicht war. Die grobkörnige Dispersion (48% Volumenanteil Feststoff) hatte eine Viskosität von 1700 mPas, die feinkörnige (45% Volumenanteil Feststoff) von 2200 mPas. Die Viskosität der Mischungen war deutlich niedriger: Grobkornanteil 85% : 196 mPas, 75% : 205 mPas, 50% : 358 mPas, 30% : 720 mPas. Die Zumischung eines nicht allzuhohen Feinkornanteils verringerte die Viskosität also am stärksten. Der Einfluß der Teilchengrößenverbreiterung ist aus den Fließkurven in Abb. 12.30 zu erkennen. Die grobteilige Dispersion zeigte Scherverdickung, die feinteilige Scherverdünnung (Kap. 13). Auch die Probe mit 85% Grobanteil wurde mit zunehmender Scherrate viskoser, während die Dispersion mit 75% Grobanteil nahezu

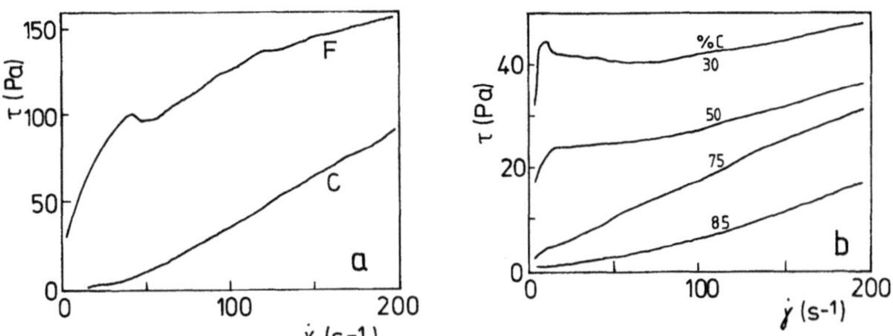

Abb. 12.30. Fließverhalten zweier Aluminiumoxiddispersionen **a** und deren Mischungen **b**; **F**, **C** = feinteiliges bzw. grobes Aluminiumoxid, mittlere Teilchengröße etwa 0,5 µm bzw. 7 µm. Dispersion in Wasser unter Zusatz von Tetranatriumdiphosphat (s. Text). Beachte den unterschiedlichen Maßstab der Ordinate in **a** und **b**. Volumenanteil Feststoff in **a**: **F** 45 %, **C** 42 %; in **b**: 50 % (Smith and Haber, 1995).

newtonisch floß. Bei niedrigeren Grobanteilen traten Fließgrenzen auf. Voreilig wäre die Folgerung, die Dispersion mit der niedrigsten Viskosität wäre für die Bildung eines Filterkuchens am wenigsten geeignet, wie man es für eine gut stabilisierte Dispersion erwarten würde. Da die Viskosität durch die Anwesenheit von großen und kleinen Teilchen, nicht aber durch eine besonders gute Stabilisierung erniedrigt wurde, bildeten sich infolge der geringen Viskosität der Dispersion 85% Grobkornanteil beim Abfließen des Wassers größere Poren (um 1 μm Durchmesser in Grünscherben), die eine gute Drainage erlaubten. Diese Mischung gab die dicksten Filterkuchen. In den Ansätzen mit niedrigeren Grobkornanteilen wurden so große Poren nicht mehr gefunden; die größten lagen bei 0,1 μm.

12.4 Geordnete Strukturen

Bilden kolloidale Teilchen bei abstoßenden Wechselwirkungskräften ein Sediment, einen Filterkuchen oder Film, so versuchen sie sich regelmäßig zu ordnen. Kugelförmige Teilchen werden sich zu dichtesten Kugelpackungen zusammenlagern.[3] Die erste elektronenmikroskopische Aufnahme einer solchen Packung von Latexteilchen wurde 1951 veröffentlicht (Physikalische Blätter 7; S. 79). In der Zwischenzeit sind viele derartige Aufnahmen gezeigt worden. Die Packung der Kugeln in der (100)-Ebene (Luck, 1967) läßt die kubisch dichteste Struktur erkennen. (Bei dieser Anordnung liegen die dichtest gepackten Schichten in der (111)-Ebene.) Tatsächlich tritt durchweg die kubisch dichteste Packung auf (s. u.).

Infolge der regelmäßigen Anordnung der Teilchen in Abständen vergleichbar mit den Lichtwellenlängen werden die Lichtstrahlen nach dem Braggschen Gesetz gebeugt (Luck et al., 1963; Dux und Versmold, 1997). Die Bragg-Reflexe können mit einer einfachen Apparatur sichtbar gemacht werden (Luck, 1967).

Die Streuung von weißem Licht am Gitter geordneter Teilchen von 0,2 bis 1 μm Durchmesser macht sich durch einen schönen perlmutterartigen Glanz bemerkbar (Abb. 12.31). Durch Verlagerung der Blickrichtung oder Drehen des Präparats kommen in Abhängigkeit von der Wellenlänge andere Netzebenen zur Reflektion, und das faszinierende Schauspiel der Iriszenz wird erlebt (Smits et al., 1989; Okubo, 1990).

Die Farbmuster der Dispersionen sind oft kleinteilig, doch können die geordneten Strukturen zu zentimetergroßen Domänen wachsen. In neuerer Zeit hat vor allem T. Okubo (Ise et al., 1982; Okubo, 1986, 1987, 1988, 1993; Okubo und Fujita, 1996) geordnete Strukturen von Latices und SiO_2-Teilchen untersucht und mehrere Arbeiten mit prächtigen Farbaufnahmen geschmückt (Okubo 1990, 1993, 1994, 1996; Okubo et al., 1996).

Voraussetzung für die Bildung von Kolloidkristallen ist lediglich eine eine monodisperse Teilchengrößenverteilung. Zunächst wurden geordnete Strukturen vom Tabak- und Tomatenmosaikvirus, später vom Tipula Iriscent-Virus beschrie-

---

[3] Ise und Mitarbeiter (s. Kap. 2.7.2) schlossen aus der Koexistenz von geordneten Bereichen neben ungeordneten Bereichen auf eine Überlagerung der elektrostatischen Abstoßung durch eine in größeren Abständen wirkende Anziehungkraft.

Abb. 12.31. Iriszenz geordneter Latexstrukturen; Polybutylmethacrylatlatices hergestellt nach Kap. 6.8, Feststoffgehalt der Proben geringfügig unterschiedlich (Aufnahme M. Mielke).

ben (Pieranski, 1983). Dieser Autor bezeichnete die aus dichtest gepackten SiO_2-Kugeln bestehenden Opale[4] als „fossile kolloidale Kristalle".

Für die Bildung geordneter Strukturen ist eine bestimmte Teilchenkonzentration erforderlich, die vom Salzgehalt der Lösung abhängt. Schon Luck (1967) beobachtete eine Änderung der Gitterkonstanten mit dem Salzgehalt. In der geordneten Struktur sind nicht die „nackten", sondern die von ihren diffusen Ionenschichten umgebenen Teilchen dicht gepackt (Ottewill, 1980; Okubo, 1994). Um bei steigendem Volumenanteil der dispergierten Teilchen geordnete Strukturen zu erzeugen, muß daher die diffuse Ionenschicht komprimiert, d. h. der Salzgehalt erhöht werden (Abb. 12.32). Bei einer bestimmten Salzkonzentration ist ein Mindestwert des Volumenbruchs Feststoff erforderlich, um eine geordnete Struktur zu erzeugen. Wird bei konstantem Volumenbruch die Salzkonzentration erhöht, werden die Baueinheiten (Teilchen plus diffuse Ionenschicht) zu klein, um eine geordnete Struktur durch das ganze Volumen aufrecht zu erhalten. Zunächst treten geordnete und ungeordnete Strukturen nebeneinander auf, bevor die geordneten Bereiche ganz verschwinden (Ottewill, 1980).

Die Struktur ist in den meisten Fällen eine kubisch-dichteste Kugelpackung (kubisch-flächenzentriert = fcc). Die hexagonal dichteste Packung tritt infolge der erhöhten Oberflächenenergie nicht auf (Luck, 1967; Shih et al., 1987). Die fcc-Struktur kann jedoch in die lockerer gepackte kubisch-innenzentrierte Struktur (bcc) übergehen, wenn die Teilchen sehr hochgeladen sind oder der Feststoffgehalt verringert bzw. Salzkonzentration, Temperatur und Druck erhöht werden (Okubo, 1986; Shih et al., 1987; Okubo and Fujita, 1996).

---

[4] Opale sind durchsichtig bis undurchsichtige Minerale mit glasartigem Glanz und meist buntem Farbspiel (Opaleszens). Sie sind entweder röntgenamorph (Opal A) oder bestehen aus Tridymit und Cristobalit (Opal C und CT) (Elzea und Rice, 1996). Die SiO_2-Kügelchen haben Durchmesser zwischen 150 - 400 nm.

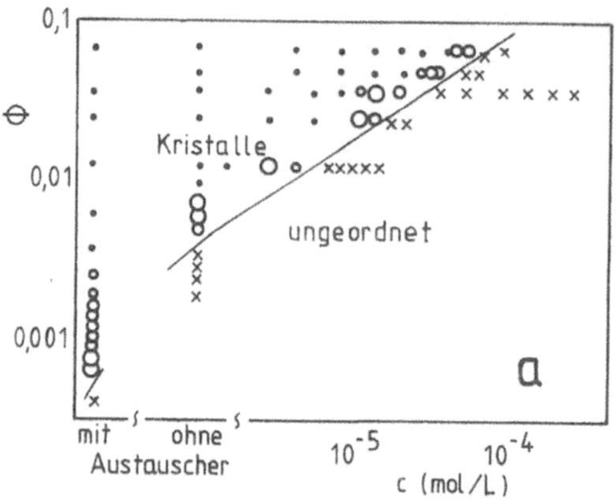

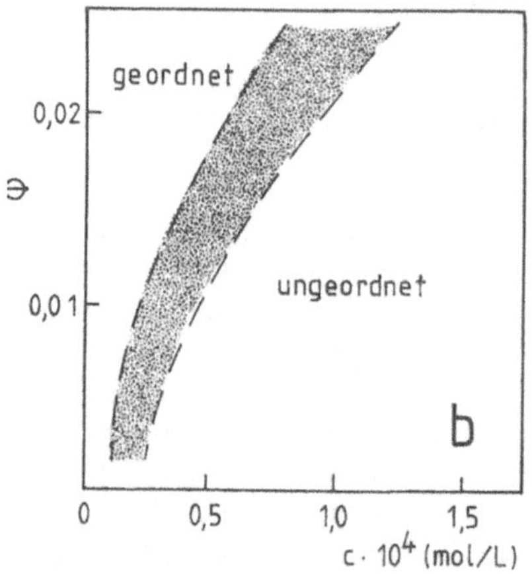

Abb. 12.32. Bildung geordneter Strukturen in Abhängigkeit vom Volumenbruch ϕ des Feststoffs und der Natriumchloridkonzentration c. **a** SiO_2-Teilchen, 103 nm Durchmesser, Größe der Kolloidkristalle: ○ > 3 nm ○ ≈ 1,5–3 mm ○ ≈ 0,2–0,7 nm · < 0,2 mm, × ungeordnete Dispersion. Werte ganz links nach optimaler Reinigung mit Ionenaustauscher (Okubo, 1996); **b** Polystyrollatices, 109 nm Durchmesser, ■ Koexistenzbereich geordneter und ungeordneter Phasen (Ottewill, 1980).

Luck (1967) beobachtete die Bildung von Mischkristallen, wenn sich die Teilchendurchmesser um weniger als 10% unterschieden. Andererseits können sich monodisperse Latices mit deutlich unterschiedlichem Durchmesser zu geordneten Strukturen zusammenlagern. In der Tat beobachteten Yoshimura und Hachisu (1983) eine Reihe geordneter Strukturen, die Strukturtypen intermetallischer Phasen entsprachen (alloy crystals), z. B. $NaZn_{13}$, AlB_2, $CaCu_5$, $MgCu_2$. Weitere Literatur s. Okubo und Fujita (1996).

Die Herstellung geordneter Strukturen (Kap. 6.8) setzt zunächst eng verteilte monodisperse Teilchen voraus. Die Dispersionen müssen sehr sorgfältig gereinigt werden, am besten durch Ultrazentrifugation (Ise et al., 1982). Meist ist die Dispersion dann immer noch mit Stoffen aus der Luft und dem Gefäßmaterial verunreinigt, so daß keine Iriszenz auftritt. Erst wenn durch Zusatz eines wirkungsvollen Mischbettionenaustauschers eine optimale Reinigung, d. h. Austausch aller Ionen in der Lösung gegen H^+ und OH^- erreicht wird, tritt das Farbspiel auf, allerdings oft einige Tage später. Um größere Kolloidkristalle zu erhalten, braucht man noch mehr Geduld: Sie bilden sich langsam innerhalb von drei bis vier Wochen (Okubo, 1990, 1993, 1994).

Geordnete Strukturen von reinen und organisch modifizierten SiO_2-Teilchen (Kap. 5.9) in organischen Lösungsmitteln (Tetrachlorkohlenstoff, Ethanol, Cyclohexan, Toluol) wurden z. B. von Emmett et al. (1989) und Smits et al. (1989) beschrieben.

Literatur

Adams JM (1993) Particle size and shape effects in materials science: examples from polymer and paper systems. Clay Min 28: 509-530

Alince B und Robertson AA (1974) Aggregation of microcrystalline cellulose with polyethylenimine. Colloid Polym Sci 252: 920-927

Beelen TPM, Dokter WH, van Garderen HF und van Santen RA (1994) Aggregation, gelation and aging in silica. Advan Coll Interf Sci 50: 23-37

Beelen TPM, Dokter WH, van Garderen HF, van Santen RA und Pantos E (1995) The role of aging on the formation of porous silica. In: Poncelet G et al (eds) Preparation of catalysts VI. Elsevier, Amsterdam, pp 33-48

Ben Ohoud M, Obrecht F, Gatineau L, Levitz P und van Damme H (1988) Surface area, mass fractal dimension, and apparent density of powders. J Coll Interf Sci 124: 156-161

Bergström L (1992) Sedimentation of flocculated alumina suspensions: X-ray measurements and comparison with model predictions. J Chem Soc, Faraday Trans 88: 3201-3211

Bergström L, Shinozaki K, Tomiyama H und Mizutani H (1997) Colloidal processing of a very fine $BaTiO_3$ powder – effect of particle interactions on the suspension properties, consolidation, and sintering behavior. J Amer Ceram Soc 80: 291-300

Böhm N und Kulicke WM (1997) Optimization of the use of polyelectrolytes for dewatering industrial sludges of various origins. Colloid Polym Sci 275: 73-81

Borchard W (1983) Thermoreversible gelation. In: Finch CA (ed) Chemistry and technology of water-soluble polymers. Plenum Press, New York, pp 113-142

Brandenburg U (1990) Fließverhalten von Bentonit-Dispersionen. Dissertation. Univ Kiel

Brandenburg U und Lagaly G (1988) Rheological properties of sodium montmorillonite dispersions. Appl Clay Sci 3: 263-279

Brickmann J (1990) Fraktale Dimension in der Chemie. In: Gerok et al (Hrsg) Ordnung und Chaos in der unbelebten und belebten Natur. Wiss Verlagsges, Stuttgart, S 229-247

Brinker CJ (1994) Sol-gel processing of silica. In: Bergna HE (ed) The colloid chemistry of silica. ACS 234. J Amer Chem Soc, Washington, pp 361-402

Brinker CJ und Scherer GW (1985) Sol → gel → glass: I. Gelation and gel structure. J Non-Cryst Solids 70: 301-322

Brinker CJ und Scherer GW (1990) Sol-gel science. Acad Press, San Diego

Buining PA, Philipse AP und Lekkerkerker HNW (1994) Phase behavior of aqueous dispersions of colloidal boehmite rods. Langmuir 10: 2106-2114

Buitenhuis J, Donselaar LN, Buining PA, Stroobants A und Lekkerkerker HNW (1995) Phase separation of mixtures of colloidal boehmite rods and flexible polymer. J Coll Interf Sci 175: 46-56

Collins EA, Bares J und Billmeyer FW (1973) Experiments in polymer science. Wiley Intersci, Wiley Inc, New York, London

Cooper SL, Bamford CH und Tsuruta T (eds) (1995) Polymer biomaterials in solution, as interfaces and as solids. VSP, Utrecht, The Netherlands

Creekmore RW und Reilley CN (1970) Nuclear magnetic resonance study of ion-exchange resins. Ann Chem 42: 570-575

Damme van H, Levitz P, Gatineau L, Alcover JF und Fripiat JJ (1988) On the determination of the surface fractal dimension of powders by granulometric analysis. J Coll Interf Sci 122: 1-8

Darley HCH und Gray GR (1991) Composition and properties of drilling and completion fluids. Gulf Publ Comp, Houston

Deshpande R, Hua DW, Smith DM und Brinker CJ (1992) Pore structure evolution in silica gel during aging/drying. III. Effect of surface tension. J Non-Cryst Solids 144: 32-44

Devreux F, Boilot JP, Chaput F und Sapoval B (1990) NMR determination of the fractal dimension in silica aerosols. Phys Rev Lett 65: 614-617

Duijneveldt van JS und Lekkerkerker HNW (1995) Phase behavior of hard particles. J Statistical Phys 78: 103-116

Dumitrin S, Dumitrin M und Matian C (1991) Bioactive polymers: isosorbide dinitrate retardation in xanthan-based hydrogels. Colloid Polym Sci 269: 1140-1147

Dux C, Versmold H (1997) Light diffraction from shear ordered colloidal dispersions. Phys Rev Lett 78: 1811–1814

Eisenlauer J und Killmann E (1980) Stability of colloidal silica (Aerosil) hydrosols. I. J Coll Interf Sci 74: 108-119

Eisenlauer J, Killmann E und Korn M (1980) Stability of colloidal silica (Aerosil) hydrosols II. J Coll Interf Sci 74: 120-135

Elias HG (1992) Makromoleküle. Technologie. Hüthig & Wepf, Basel, Bd 2

Elzea JM und Rice SB (1996) TEM and X-ray diffraction evidence for cristobalite and tridymite stacking sequences in opal. Clays Clay Min 44: 492-500

Emmett S, Lubetkin SD und Vincent B (1989) The growth of ordered sediments of monodispersed hydrophobic silica particles. Colloids Surfaces 42: 139-153

Errede LA (1991) a) Molecular interpretations of sorption in polymers. Advan Polym Sci 99: 11-64

Errede LA (1991) b) Molecular interpretations of sorption in polymers. Advan Polym Sci 99: 10-11

Fahn R, Weiss A und Hofmann U (1953) Über die Thixotropie bei Tonen. Ber Dtsch Keram Ges 30: 21-25

Family F und Landau DP (eds) (1984) Kinetics of aggregation and gelation. North-Holland, Amsterdam

Farin D, Volpert A und Avnier D (1985) Determination of adsorption conformation from surface resolution analysis. J Amer Chem Soc 107: 3368-3370

Finch CA (1983) Chemistry of technology of water-soluble polymers. Plenum Press, New York

Fitzsimmons RF, Posner AM und Quirk JP (1970) Electron microscopy and kinetic study of the flocculation of calcium montmorillonite. Israel J Chem 8: 301-314

Fonnum G, Bakke J und Hansen FK (1993) Associative thickeners. Part I: Synthesis, rheology and aggregation behavior. Colloid Polym Sci 271: 380-389

Fricke J (1995) Aerogele. Phys Bl 51: 935-939

Fukushima Y (1984) X-ray diffraction study of aqueous montmorillonite emulsions (richtig muß es heißen: dispersions). Clays Clay Min 32: 320-326

Galan E (1996) Properties and applications of polygorskite-sepiolite clays. Clay Min 31: 443-453

Gesser HD und Goswami PC (1989) Aerogels and related porous materials. Chem Rev 89: 765-788

Gherardi B, Tahani A, Levitz P und Bergaya F (1996) Sol/gel phase diagrams of industrial organo-bentones in organic media. Appl Clay Sci 11: 163-170

Granquist WT und McAtee JL (1963) The gelation of hydrocarbons by montmorillonite organic complexes. J Coll Sci 18: 409-420

Gregor MP, Gutoff F und Bregman JI (1951) Studies on ion-exchange resins. II. Volumes of various cation-exchange resin particles. J Coll Sci 6: 245-270

Hahn O und Woermann D (1997) Strain-birefringence of a poly-electrolyte gel. Ber Bunsenges Phys Chem 101: 703-707

Hall PJ, Ruiz Machado W, Gascon Galan D, Barientos Barria E und Sherrington DC (1996) Use of contrast matching small-angle neutron scattering to monitor the presence of closed porosity in controlled porosity styrene-divinylbenzene resins. J Chem Soc, Faraday Trans 92: 2607-2610

Hanabusa K, Yamada M, Kumura M und Shirai H (1996) Hervorragende Gelbildung durch und chirale Aggregate aus Alkylamiden, die aus trans-1,2-Diaminocyclohexan erhalten wurden. Angew Chem 108: 2086-2088

Hauser EA (1929) Über die Thixotropie von Dispersionen geringer Konzentration. Kolloid Z 48: 57-63

Hauser EA und Reed CE (1937) Studies in thixotropy. II. J Phys Chem 41: 911-934

Heath D und Tadros TF (1983) Influence of pH, electrolyte, and poly(vinyl alcohol) addition on the rheological behavior of aqueous silica (Aerosil) dispersions. J Coll Interf Sci 93: 320-328

Heijman SGJ und Stein HN (1995) Electrostatic and sterical stabilization of TiO_2 dispersions. Langmuir 11: 422-427

Hermans PH (1949) Gels. In: Kruyt HR (ed) Colloid Science. Elsevier Publ Comp, New York, vol II, pp 483-650

Hoffman AS, Afrassiabi A und Dong LC (1986) Thermally reversible hydrogels: II. Delivery and selective removal of substances from aqueous solutions. J of Controlled Release 4: 213-222

Hofmann U (1952) Neue Erkenntnisse auf dem Gebiet der Thixotropie, insbesondere bei tonhaltigen Gelen. Kolloid Z 125: 86-99

Hofmann U (1961) Geheimnisse des Tons. Ber Dtsch Keram Ges 38: 201-240

Hofmann U (1962) Die Tonminerale und die Plastizität des Tons. Keram Z 14: 14-18

Hofmann U, Fahn R und Weiss A (1957) Thixotropie bei Kaolinit und innerkristalline Quellung bei Montmorillonit. Kolloid Z 151: 97-115

Hofmann U und Hausdorf A (1945) Über das Sedimentvolumen und die Quellung von Bentonit. Kolloid Z 110: 1-17

Horkay F und Zrínyi M (1988) Studies of mechanical and swelling behavior of polymer networks on the basis of the scaling concept. 7. Effect of deformation on the swelling equilibrium concentration of gels. Macromolecules 21: 3260-3266

Hu Z, Zhang X und Li Y (1995) Synthesis and application of modulated polymer gels. Science 269: 525-527

Huang H (1993) Porosity-size relationship of drilling mud flocs: fractal structure. Clays Clay Min 41: 373-379

Huglin MB und Rego JM (1992) Thermodynamic properties of copolymeric hydrogels based on 2-hydroxyethyl methacrylate and a zwitterionic methacrylate. Colloid Polym Sci 270: 234-242

Hunter RJ (1993) Introduction to modern colloid science. Oxford Sci Publ, Oxford

Iler RE (1979) The chemistry of silica. A Wiley-Intersci Pub, New York

Ise N, Okubo T, Kitano H, Sugimura M und Date S (1982) Ordering of charged particles in solution. Naturw 69: 544-546

Jasmund K und Lagaly G (1993) Tonminerale und Tone. Struktur, Eigenschaften, Anwendung und Einsatz in Industrie und Umwelt. Steinkopff Verlag, Darmstadt

Jones TR (1983) The properties and uses of clay which swell in organic solvents. Clay Min 18: 399-410

Jullien R und Botet R (1987) Aggregation and fractal aggregates. World Scientific, Singapore

Keller WD und Matlack K (1990) The pH of clay suspensions in the field and laboratory, and methods of measurement of their pH. Appl Clay Sci 5: 123-133

Keren R (1989) Effect of clay charge density and adsorbed ions on the rheology of montmorillonite suspension. Soil Sci Soc Am J 53: 25-29

Keren R, Shainberg I und Klein E (1988) Settling and flocculation value of sodium-montmorillonite particles in aqueous media. Soil Sci Soc Am J 52: 76-80

Killmann E und Eisenlauer J (1976) Sedimentations-Untersuchungen zur Wirkung makromolekularer Adsorptionsschichten auf die Stabilität von Aerosilsuspensionen. Progr Colloid Polym Sci 60: 147-151

Killmann E und Eisenlauer J (1982) The stability of silica-(Aerosil)-hydrosols under the influence of polymer adsorption. In: Tadros TD (ed) The effect of polymers on dispersion properties. Acad Press, London, pp 221-242

Kirchberger B (1992) Wundersame Alchemie. Bild Naturw, S 110

Kistler SS (1932) Coherent expanded aerogels. J Phys Chem 36: 52-64

Kistler SS (1937) Method of producing aerogels. United State Pat 2,093,454.

Kistler SS, Fischer EA und Freeman IR (1943) Sorption and surface area in silica aerogel. J Amer Chem Soc 65: 1909-1919

Klein LC (ed) (1988) Sol-gel technology for thin films, fibers, preforms, electronics, and speciality shapes. Nayes, Park Ridge, New Jersey

Kloppenburg S (1997) Kolloidchemische Steuerung der Porosität aggregierter Tonminerale. Dissertation. Univ Kiel

Komoroski RA und Mauritz KA (1978) A sodium-23 nuclear magnetic resonance study of ionic mobility and contact ion pairing in a perfluorosulfonate ionomer. J Amer Chem Soc 100: 7487-7489

Koßmehl G, Fluthwedel A und Schäfer H (1992) Swellable polymeric networks with starlike branching point from styrene, acrylonitrile and multifunctional cyclosiloxanes. Makromol Chem 193: 2289-2301

Kulicke WM (Hrsg) (1986) Fließverhalten von Stoffen und Stoffgemischen. Hüthig & Wepf, Basel

Lagaly G (1986) Colloids. Ullmann's encyclopedia of industrial chemistry. VCH, Weinheim, vol A7, pp 341-367

Lagaly G (1989) Principles of flow of kaolin and bentonite dispersions. Appl Clay Sci 4: 105-123

Lee MY, Kim SH und Cho CS (1996) Synthesis and swelling characteristics of pH and thermo-responsive interpenetrating polymer network hydrogel composed of poly(vinyl alcohol) and poly(acrylic acid). J Appl Polym Sci 62: 301-311

Leong YK, Boger DV, Scales PJ und Healy TW (1996) Interparticle forces arising from adsorbed surfactants in colloidal suspensions: an additional attractive force. J Coll Interf Sci 181: 605-612

Leong YK, Scales PJ, Healy TW, Boger DV und Buscall R (1993) Rheological evidence of adsorbate-mediated short-range steric forces in concentrated dispersions. J Chem Soc Trans 89: 2473-2478

Lepoutre P und Lord D (1990) Destabilized clay suspensions: flow curves and dry film properties. J Coll Interf Sci 134: 66-73

Levy L, Hurwitz HD und Jenard A (1977) The determination of water content in cation-exchange membranes by IR spectrometry. Analytica Chimica Acta 88: 377-380

Luck W, Klier M und Wesslau H (1963) Über die Bragg-Reflexe mit sichtbarem Licht an monodispersen Kunststofflatices. I, II. Ber Bunsenges 67: 75-83; 84-85

Luck WAP (1967) Kristallstrukturen aus nichtmolekularen Bausteinen. Phys Bl 23: 304-313

Malekani K, Rice JA und Lin JS (1996) Comparison of techniques for determining the fractal dimensions of clay minerals. Clays Clay Min 44: 677-685

Mandelbrot BB (1982) The fractal geometry of nature. Freeman, San Francisco; bzw. Die fraktale Geometrie der Natur (1987) Birkhauser Verlag, Basel, Bonn

Mewis J (1979) Thixotropie – an general review. J Non-Newtonian Fluid Mechanics 6: 1-20

Mourchid A, Delville A, Lambard J, Lécolier E und Levitz P (1995) Phase diagram of colloidal dispersions of anisotropic charged particles: equilibrium properties, structure, and rheology of laponite suspensions. Langmuir 11: 1942-1950

Nagy M und Horkay F (1980) A simple and accurate method for the determination of solvent activity in swollen gels. Acta Chimica Academiae Scientiarum Hungariae 104: 49-61

Nakazawa H, Yamada H, Fujita T, Hashizume H und Shimomura S (1994) Porous clay-fiber composite: a potential substitute for foamed styrol. In: Yamamoto R et al (eds) Advanced Materials '93. A: Ecomaterials. Trans Mat Res Soc Jpn, vol 18A, pp 157-160

Nakazawa H, Yamada H, Fujita T und Ito Y (1987) Texture control of clay-aerogel through the crystallization process of ice. Clay Sci 6: 269-276

Nottelmann H und Kulicke WM (1991) Preparation, characterization, and rheological behaviour of water-swellable polymer networks. In: Schulz DN; Glass JE (eds) Polymers as rheology modifiers. ACS Symp Ser 462. J Amer Chem Soc, Washington, pp 62-87

Novak BM (1993) Hybrid nanocomposite materials – between inorganic glasses and organic polymers. Advan Mater 5: 422-433

O'Brien (1971) Fabric of kaolinite and illite floccules. Clays Clay Min 19: 353-359

O'kane JM und Sherrington DC (1990) Hysteresis-like behaviour in the swelling/deswelling of polystyrene cross-linked resins using binary solvent mixtures. Macromolecules 23: 5286-5291

Okubo T (1986) Ordered solution structure of a monodisperse polystyrene latex. J Chem Soc Faraday Trans I, 82: 3163-3173; 3175-3183; 3185-3196

Okubo T (1987) Microscopic observation of ordered colloids in sedimentation equilibrium and important role of Debye-screening length. II.. J Chem Phys 86: 5182-5187

Okubo T (1988) Deformation of „crystal-like" structure of a monodisperse polystyrene sphere under shear rate as studied by the transmitted-light spectrum method. J Chem, Faraday Trans I, 84: 1171-1180

Okubo T (1990) Phase transition between liquid-like and crystal-like structures of deionized colloidal suspensions. J Chem Soc Faraday Trans 86: 2871-2876

Okubo T (1993) Large single crystals of colloidal silica spheres appearing in deionized and diluted suspension. Colloid Polym Sci 271: 190-196

Okubo T (1994) Giant colloidal single crystals of polystyrene and silica spheres in deionized suspensions. Langmuir 10: 1695-1702

Okubo T (1996) Importance of electrical double layers in structural and diffusional properties of deionized colloidal suspensions. Colloids Surfaces A 109: 77-88

Okubo T und Fujita H (1996) Phase diagram of alloy crystal in the exhaustively deionized suspensions of binary mixtures of colloidal spheres. Colloid Polym Sci 274: 368-374

Okubo T, Fujita H, Kiriyama K und Yamaoka H (1996) Colloidal single crystals of silica spheres in the presence of simple- and poly-electrolytes, and ionic detergents. Colloid Polym Sci 274: 73-80

Otsubo Y (1995) Rheology control of suspensions by soluble polymers. Langmuir 11: 1893-1898

Ottwill RH (1980) Direct measurements of particle-particle interactions. Progr Colloid Polym Sci 67: 71-83

Permien T und Lagaly G (1994) a) The rheological and colloidal properties of bentonite dispersions in the presence of organic compounds. I. II. Clay Min 29: 751-760; 761-766

Permien T und Lagaly G (1994) b) The rheological and colloidal properties of bentonite dispersions in the presence of organic compounds. III. Colloid Polym Sci 272: 1306-1312

Permien T und Lagaly G (1994) c) The rheological and colloidal properties of bentonite dispersions in the presence of organic compounds. IV. Appl Clay Sci 9: 251-263

Permien T und Lagaly G (1995) The rheological and colloidal properties of bentonite dispersions in the presence of organic compounds. V. Clays Clay Min 43: 229-236

Pieranski P (1983) Colloid crystals. Contemp Phys 24: 25-73

Pierre AC (1992) The gelation of colloidal platelike particles. J Can Ceram Soc 61: 135-138

Pierre AC, Ma K und Barker C (1995) Structure of kaolinite flocs formed in an aqueous medium. J Mater Sci 30: 2176-2181

Pierre AC, Zou J und Barker C (1993) Structure reorganization in montmorillonite gels during drying. J Mater Sci 28: 5193-5198

Quirk JP (1986) Soil permeability in relation to sodicity and salinity. Phil Trans Roy Soc London A 316: 297-317

Quirk JP und Murray RS (1991) Towards a model for soil structure behavior. Aust J Soil Res 29: 829-867

Raghavan SR und Khan SA (1995) Shear-induced microstructural changes in flocculated suspensions of fumed silica. J Rheol 39: 1311-1325

Ramsay JDF und Lindner P (1993) Small-angle neutron scattering investigations of the structure of thixotropic dispersions of smectite clay colloids. J Chem Soc Faraday Trans 89: 4207-4214

Reitstötter J (1954) Herbert Freundlich. Kolloid Z 139: 1-11

Santore MM, Russel WB und Prud'homme RK (1990) Experimental and theoretical study of phase transitions induced in colloid dispersions by associative polymers. Faraday Discuss Chem Soc 90: 323-333

Saunders BR und Vincent B (1996) Thermal and osmotic deswelling of poly(NIPAM) microgel particles. J Chem Soc, Faraday Trans 92: 3385-3389

Schalek E und Szegvary A (1923) a) Über Eisenoxydgallerten. Kolloid Z 32: 318-319

Schalek E und Szegvary A (1923) b) Die langsame Koagulation konzentrierter Eisenoxydsole zu reversiblen Gallerten. Kolloid Z 23: 326-334

Scherer GW (1995) Viscoelasticity and permeability of silica gels. Faraday Discuss 101: 225-234

Scherz H (1996) Hydrokolloide. Stabilisatoren, Dickungs- und Geliermittel in Lebensmitteln. In: Lebensmittelchemische Ges. (Fachgruppe in der GdCH) (Hrsg) Schriftenreihe Lebensmittelchemie, Lebensmittelqualität. Bd 2

Schink J, Belkoura L, Woermann D, Yeh F, Li YJ und Chu B (1996) Structure and function of phenolsulfonic acid/formaldehyde ion exchange gels. Ber Bunsenges Phys Chem 100: 1103-1108

Schofield RK und Samson HR (1954) Flocculation of kaolinite due to the attraction of oppositely charged crystal faces. Discuss Faraday Soc 18: 135-145

Schubert U (1996) New materials by sol-gel processing: design at the molecular level. J Chem Soc, Dalton Trans, 3343-3348

Shih WY, Aksay IA und Kikuchi R (1987) Phase diagrams of charged colloidal particles. J Chem Phys 86: 5127-5132

Simonton TC, Komarneni S und Roy R (1988) Gelling properties of sepiolite versus montmorillonite. Appl Clay Sci 3: 165-176

Smith PA und Haber RA (1995) Effect of particle packing on the filtration and rheology behavior of extend size distribution alumina suspensions. J Amer Ceram Soc 78: 1737-1744

Smits C, Briels WJ, Dhont JKG und Lekkerkerker HNW (1989) Influence of the stabilizing coating on the rate of crystallization of colloidal systems. Progr Colloid Polym Sci 79: 287-292

Sperry PR (1984) Morphology and mechanism in latex flocculated by volume restriction. J Coll Interf Sci 99: 97-108

Spicer PT, Keller W und Pratsinis SE (1996) The effect of impeller type on floc size and structure during shear-induced flocculation. J Coll Interf Sci 184: 112-122

Steinberg IZ, Oplatka A und Katchalsky A (1966) Mechanochemical engines. Nature 210: 568-571

Stolnik S, Illum L und Davis SS (1995) Long circulating microparticulate drug carriers. Advanced Drug Delivery Reviews 16: 195-214

Szántó F, Dékány I, Pázko A und Várkonyi B (1986) Wetting, swelling and sediment volumes of organophilic clays. Colloids Surfaces 18: 359-371

Szántó F, Gilde F und Sipos E (1972) Sedimentation organophiler Bentonite. Koll Z Z Polym 250: 683-688

Szántó F und Várkonyi B (1963-1965) Über das Sedimentvolumen von Montmorillonit-Suspensionen. I, II, III. Koll Z Z Polym 191: 123-130; 199: 52-56; 201: 143-147

Tanaka T (1981) Gele. Spektr Wiss 3: 79-93

Thiele H (1950) Praktikum der Kolloidchemie als Einführung in die Arbeitsmethoden. Steinkopff Verlag, Frankfurt/Main

Tombácz E, Balázs J, Lakatos J und Szántó F (1989) Influence of the exchangeable cations on stability and rheological properties of montmorillonite suspensions. Colloid Polym Sci 267: 1016-1025

Tombácz E, Szekeres M, Kertész I und Turi L (1995) pH-dependent aggregation state of highly dispersed alumina, titania and silica particles in aqueous medium. Progr Colloid Polym Sci 98: 160-168

Urry DW (1993) Molekulare Maschinen: Wie Bewegung und andere Funktionen lebender Organismen aus reversiblen chemischen Änderungen entstehen. Angew Chem 105: 859-883

Urry DW (1995) Elastic Biomolecular Machines. Scientific American 272: 44-49
Urry DW (1996) Engineers of creation. Chemistry in Britain 32: 39-43
Vali H und Bachmann L (1988) Ultrastructure and flow behavior of colloidal clay dispersions. J Coll Interf Sci 126: 278-291
Verburg K und Baveye P (1995) Effect of cation exchange hysteresis on a mixing procedure used in the study of clay suspensions. Clays Clay Min 43: 637-640
Vollmert B (1973) Polymer chemistry. Springer-Verlag, Berlin
Warburton B (1983) The rheological characterization of concentrated solutions and gels of water soluble polymers. In: Finch CA (ed) Chemsitry and technology of water-soluble polymers. Plenum Press, New York, pp 21-30
Weiss A (1962) Neuere Untersuchungen über die Struktur thixotroper Gele. Rheol Acta 2: 292-304
Weiss A, Fahn R und Hofmann U (1952) Nachweis der Gerüststruktur in thixotropen Gelen. Z Naturforsch 39: 351-352
Weiss A und Frank R (1961) a) Über den Nachweis der Gerüststruktur in thixotrop erstarrten Gelen. Kolloid Z 176: 102-108
Weiss A und Frank R (1961) b) Die Bedeutung der austauschfähigen Ionen für die Ausbildung der Gerüste in thixotropen Gelen. Kolloid Z 177: 47-56
Weiss A und Frank R (1961) c) Über den Bau der Gerüste in thixotropen Gelen. Z Naturforsch 16b: 141-142
Wolff R (1957) Über die Geschwindigkeit der Sedimentation von Pulvern in Flüssigkeiten. Kolloid Z 150: 71-80
Xu Y, Hiew PL, Klippenstein MA und Koga Y (1996) Study of a commercial SiO_2 sol and gel by small angle X-ray scattering: effect of sample thickness and interpretation by means of Smoluchowski scheme. Clays Clay Min 44: 197-213
Yoshimura S und Hachisu S (1983) Order formation in binary mixtures of monodisperse latices. Progr Colloid Polym Sci 68: 59-70
Zimehl R (1997) Fow micro calorimetry and competitive liquid sorption. II. Liquid sorption and wetting on macroreticular hydrophilic/hydrophobic networks. Thermochimica Acta, in press
Zou J und Pierre AC (1992) Scanning electron microscopy observations of „card-house“ structures in montmorillonite gels. J Mater Sci Lett 11: 664-665
Zrínyi M (ed) (1996) Gels. Progr Colloid Polym Sci 102: 1-152

13 Rheologische Eigenschaften von Dispersionen

Als eines ihrer auffälligsten Merkmale läßt sich das Fließverhalten von Medien durch ihren Viskositätskoeffizienten η (kurz Viskosität genannt; lat.: viscum – Vogelmist, Vogelleim) beschreiben. Diese Größe definiert den Widerstand, den ein System dem Fließvorgang entgegensetzt. Man kann heute auf eine Reihe ganz verschiedener Viskositätsmodelle zurückgreifen, die – abhängig von den strukturellen Eigenschaften der jeweiligen Flüssigkeit – mehr oder weniger gut zu ihrer Behandlung geeignet sind. Die Einsteinsche Theorie der Viskosität etwa geht von starren, kugelförmigen Teilchen aus, so daß sie insbesondere bei rigiden Spezies Anwendung findet. Die Kirkwood-Riseman-Theorie hingegen bewährt sich z. B. bei der Diskussion flexibler Ketten, wie sie u. a. in Polymerlösungen anzutreffen sind.

Im Rahmen der Viskositätsmessung (Viskosimetrie) werden Flüssigkeiten in der Regel makroskopisch, d. h. als Kontinua aufgefaßt. Eine wichtige Rolle spielt zuweilen die Annahme, der Prozeß des Fließens habe keinerlei Auswirkungen auf Form bzw. Struktur der vorliegenden Teilchen. Bei der Behandlung koagulierter Systeme ist diese grundlegende Vorstellung nicht brauchbar, da durch den Fluß Flocken auseinandergerissen oder neu aufgebaut werden können.

Die Bezeichnung Rheologie wurde von Bingham und Crawford eingeführt. Sie wurde aber auch schon vorher, z. B. 1901 von Forel, benutzt (Fischer, 1948).

13.1 Der Viskositätskoeffizient η

Der Viskositätskoeffizient η ist eine im konkreten Einzelfall auf theoretischer Basis oft nur schwer erfaßbare Größe. Um ihn zu verstehen, stelle man sich zwei parallele, übereinander befindliche Platten der jeweiligen Fläche A vor, zwischen denen sich eine Flüssigkeit mit der Viskosität η befinden möge. Läßt man nun auf eine von ihnen (z. B. die obere) eine Kraft $\boldsymbol{F}$ in Richtung der x-Achse einwirken, so wird sie sich mit einer bestimmten Geschwindigkeit v längs dieser Koordinate verschieben, deren Betrag ermittelt werden soll. Die untere Platte sei hingegen unbeweglich (Abb. 13.1). Es sei angenommen, die Flüssigkeit bestehe aus zahlreichen Schichten, die parallel zu den beiden begrenzenden Platten ausgerichtet seien. Diejenigen äußeren Flüssigkeitsschichten, die mit den Platten in Kontakt stehen, mögen dieselbe Geschwindigkeit wie die Platten selbst besitzen, also $v=0$ im Falle der unteren bzw. $v=v$ an der beweglichen Oberfläche (nonslip condition). Die Zwischenschichten hingegen sollen dementsprechend Werte zwischen Null und v besitzen. Man spricht dann von einem laminaren Fluß. Die-

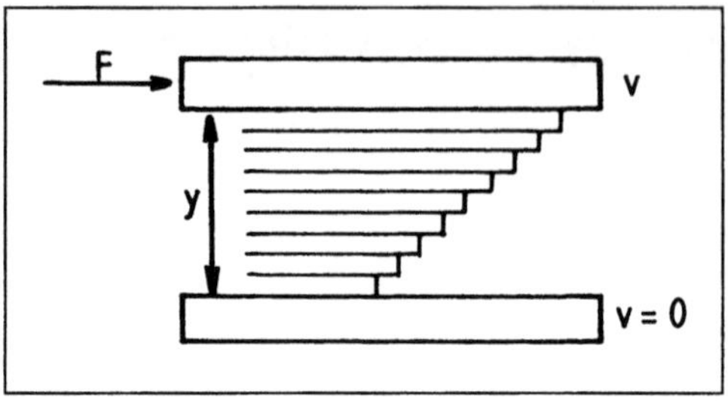

Abb. 13.1. Zur Definition von Scherrate und Viskosität bei laminarem Fließen

ser ist auf kleine Geschwindigkeiten beschränkt, da bei größeren Werten Turbulenzen einsetzen, wie die dimensionslose Reynolds-Zahl *Re*

$$Re = \frac{v\,l\,\rho}{\eta} = \frac{v\,l}{\eta_{\mathrm{kin}}} = v\,l\,f \tag{13.1}$$

lehrt, in deren Definition die Geschwindigkeit v, die Dichte ρ und ein die geometrische Anordnung berücksichtigender Faktor l mit der Dimension einer Länge (z.B. Durchmesser einer Kapillare) eingehen. Der Quotient (ρ/η) wird als Fluidität f bezeichnet und stellt den Kehrwert der kinematischen Viskosität $\eta_{\mathrm{kin}} = (\eta/\rho)$ dar. Einer Faustregel zufolge fließen Medien mit $Re < 2000$ laminar, solche mit Re>2000 turbulent.

Aus den vielen Schichten greife man zwei heraus, die sich im Abstand dy voneinander befinden. Dieser Strecke dy entspricht eine Geschwindigkeitsänderung dv. Der Geschwindigkeitsgradient (dv/dy) beschreibt die Änderung der Geschwindigkeit mit dem Ort. Newtons Viskositätsgesetz konstatiert Proportionalität zwischen dv/dy und der auf die Einheitsfläche ausgeübten Kraft ***F/A***. Dem Viskositätskoeffizienten η kommt hier die Bedeutung eines konstanten, lediglich mathematisch vermittelnden Faktors zu:

$$\frac{F}{A} = \eta\,\frac{\mathrm{d}v}{\mathrm{d}y}\;. \tag{13.2a}$$

Es ist folglich eine umso größere Kraft auf die Einheitsfläche auszuüben, je stärker die Geschwindigkeit von Ort zu Ort variiert.

Führt man mit $\gamma = (\mathrm{d}x/\mathrm{d}y)$ die auf die Flüssigkeit wirkende Scherung ein und berücksichtigt $\mathrm{d}v = (\mathrm{d}x/\mathrm{d}t)$, dann folgt $(\mathrm{d}v/\mathrm{d}y) = (\mathrm{d}\gamma/\mathrm{d}t) = \dot{\gamma}$. Die zeitliche Änderung der Scherung, $(\mathrm{d}\gamma/\mathrm{d}t) \equiv \dot{\gamma}$, genannt Scherrate (rate of shear), ist daher gleich dem Geschwindigkeitsgradienten. Ändert sich also die Scherung stark mit der Zeit, entspricht dies einer großen Geschwindigkeitsvariation von Ort zu Ort. Scherrate und Geschwindigkeitsgradient besitzen die Einheit einer reziproken Zeit (s^{-1}). Aus Newtons Viskositätsgesetz folgt für die Viskosität η die SI-Dimension kg m^{-1} s^{-1} (Masse pro Ort und Zeit). Im cgs-System ist das an den französischen Arzt Poiseuille erinnernde Poise, P, gebräuchlich. Für die Umrechnung gilt: 10 P=1 kg m^{-1} s^{-1}.

Flüssigkeiten, die dem Newtonschen Gesetz gehorchen, heißen newtonisch:

$$\tau = \eta\,\dot{\gamma}\;. \tag{13.2b}$$

Nichtnewtonische Fluide verletzen hingegen die Proportionalitätsbeziehung zwischen Schubspannung $\tau = \boldsymbol{F}/A$ und Scherrate $\dot{\gamma}$. Nach der Art der Abweichung unterscheidet man mehrere Varianten des nichtnewtonischen Fließverhaltens. Führt man sich die Verhältnisse mit Hilfe eines Diagramms $(\boldsymbol{F}/A)$ *vs* $(\mathrm{d}\gamma/\mathrm{d}t) = \dot{\gamma}$ vor Augen, dann resultieren für newtonische Flüssigkeiten Ursprungsgeraden, deren Steigungen gleich den Viskositäten η sind. Nichtnewtonische Medien liefern hingegen keine Geraden, denn ihre Viskositäten sind nicht mehr konstant, sondern variieren mit der Scherrate $\dot{\gamma}$ und ergeben sich aus den jeweiligen Tangentensteigungen (s. Abb. 13.2)[1)]. Im Gegensatz zur konstanten, d.h. scherratenunabhängigen echten Viskosität newtonischer Systeme wird bei nichtnewtonischen von scheinbarer Viskosität (apparent viscosity) gesprochen. Die einzelnen Typen des nichtnewtonischen Fließens werden ausführlicher in Kap. 13.5 erörtert.

Die Größe η läßt sich noch auf eine andere Weise begreifen. Dazu multipliziert man beide Seiten des Newtonschen Gesetzes mit dem Geschwindigkeitsgradienten $(\mathrm{d}v/\mathrm{d}y)$:

$$\frac{F}{A}\frac{\mathrm{d}v}{\mathrm{d}y} = \eta\left(\frac{\mathrm{d}v}{\mathrm{d}y}\right)^2 . \tag{13.3}$$

Mit $\mathrm{d}v = (\mathrm{d}x/\mathrm{d}t)$ ergibt sich nach Umordnen:

$$\left(\frac{F\,\mathrm{d}x}{A\,\mathrm{d}y}\right)/\mathrm{d}t = \eta\left(\frac{\mathrm{d}v}{\mathrm{d}y}\right)^2 . \tag{13.4}$$

Da $(F\ \mathrm{d}x)$ einem Energie- und $(A\ \mathrm{d}y)$ einem Volumeninkrement entsprechen, kann man notieren:

$$\frac{\mathrm{d}E/\mathrm{d}V}{\mathrm{d}t} = \eta\left(\frac{\mathrm{d}v}{\mathrm{d}y}\right)^2 . \tag{13.5}$$

Im Zähler der linken Seite steht mit $(\mathrm{d}E/\mathrm{d}V)$ die pro Volumenelement umgesetzte Energie. Die Ableitung dieses Terms nach der Zeit, $(\mathrm{d}E/\mathrm{d}V)/\mathrm{d}t$, bezeichnet somit die pro Zeiteinheit im Volumenelement umgesetzte Energie. Die volumenbezogene Geschwindigkeit der Energieumsetzung ist also dem Quadrat des Geschwindigkeitsgradienten – und damit dem Quadrat der Scherrate – proportional. In beiden äquivalenten Formulierungen des Newtonschen Gesetzes erscheint die Viskosität η lediglich als eine die Proportionalität vermittelnde Konstante. Sie mißt zum einen die zur Aufrechterhaltung des Geschwindigkeitsgradienten notwendige Kraft, also den Fließwiderstand, und andererseits die Geschwindigkeit der Energieumsetzung, wenn der Gradient erhalten bleibt. Ein großer Viskositätswert spiegelt demgemäß eine große aufzuwendende Kraft bzw. eine schnelle Energieumsetzung wieder.

---

1) Neben den Fließdiagrammen $\tau = f(\dot{\gamma})$ werden auch Diagramme $\dot{\gamma} = f(\tau)$wiedergegeben; im letzten Fall ergeben die Tangentensteigerungen die reziproken Viskositäten.

13.2 Grundlagen der Viskositätsmessung (Viskosimetrie)

In einem konzentrischen Zylinderviskosimeter (Couette-Viskometer) befindet sich die zu untersuchende Flüssigkeit im engen Zwischenraum zweier konzentrischer Zylinder (vgl. Hiemenz, 1986; Whorlow, 1980). Wird einer der beiden in Rotation versetzt, wirkt aufgrund des Widerstands des flüssigen Mediums gegen die Rotation ein Drehmoment T auf den anderen Zylinder ein, dessen Größe von der Viskosität der Flüssigkeit abhängt. Zähere Fluide verursachen größere Drehmomente.

Ist r der Abstand von der Drehachse (in radialer Richtung) und ω die Winkelgeschwindigkeit, beträgt die Geschwindigkeit einer zylindrischen Flüssigkeitsschicht im Abstand r von der Drehachse $v=r\omega$. Der Geschwindigkeitsgradient ($\mathrm{d}v/\mathrm{d}r$) über den Zwischenraum wird:

$$\frac{\mathrm{d}v}{\mathrm{d}r} = r\frac{\mathrm{d}\omega}{\mathrm{d}r} \,. \tag{13.6}$$

Wenn man eine Flüssigkeitsschicht als zylindrische Scheibe der Länge l und der Dicke $\mathrm{d}r$ auffaßt, beläuft sich ihre Fläche auf $A=2\pi r l$. Auf sie wirkt die Kraft:

$$F = \eta A \frac{\mathrm{d}v}{\mathrm{d}r} = 2\pi\eta l r^2 \frac{\mathrm{d}\omega}{\mathrm{d}r} \,. \tag{13.7}$$

Aus der Definition des Drehmoments T als Produkt aus Kraft und Wegstrecke, $T=Fr$, ergibt sich als allgemeingültige Gleichung für T:

$$T = Fr = 2\pi\eta l r^3 \frac{\mathrm{d}\omega}{\mathrm{d}r} \,. \tag{13.8}$$

Nach einer anfänglichen Beschleunigung der Flüssigkeit (bei beginnender Rotation) ist recht rasch ein stationärer, d. h. durch ein Kräftegleichgewicht gekennzeichneter Zustand erreicht. Der Radius des äußeren Zylinders sei R und seine Rotationsgeschwindigkeit ω, während der innere, sich nicht drehende Zylinder den Radius fR besitzen möge. Der dimensionslose Bruchteil f nimmt Werte zwischen 0 und 1 an, wobei für enge Zwischenräume $f \approx 1$ gilt. Integration von innen nach außen liefert den Wert des unter stationären Bedingungen vorliegenden Drehmoments T, das sich für diesen speziellen Fall auf

$$T = F(fR) = 4\pi\eta l R^2 \omega \frac{f^2}{1-f^2} \tag{13.9}$$

beläuft. Bei Stationarität wirkt auf den inneren, feststehenden Zylinder die Kraft F. Da in dieser Gleichung lediglich η unbekannt ist, wird sie zur Berechnung der Viskosität herangezogen. Ist der Abstand zwischen beiden Zylindern sehr klein (Grenzfall $f \to 1$), stellt die Anordnung der konzentrischen Zylinder eine

Näherung für den Fall zweier paralleler Platten dar, der oben bei der Definition der Viskosität herangezogen wurde.

Es ist zu beachten, daß der Ausdruck $[r^3(\mathrm{d}\omega/\mathrm{d}r)]$ und damit $[r^2(\mathrm{d}v/\mathrm{d}r)]$ im Zwischenraum konstant ist – und nicht etwa der Geschwindigkeitsgradient bzw. die Scherrate $(\mathrm{d}v/\mathrm{dr})$ selbst –, denn die Scherrate ist zwischen den Zylindern an jedem Punkt in der Flüssigkeit unterschiedlich groß (Gl. 13.6). Für kleine Spaltbreiten hält sich ihre Veränderung mit dem Ort allerdings in Grenzen. Auch bei Variation der Winkelgeschwindigkeit bzw. des Zylinderabstands stellt die Scherrate daher eine gemittelte Größe dar. Oft wird demzufolge auch von der mittleren Scherrate gesprochen.

Bei den meisten kommerziellen Zylinderviskosimetern rotiert der Innenzylinder (bob), obwohl die Theorie bescheinigt, es sei günstiger, den äußeren (cup) in Bewegung zu halten. Dann sei der laminare Fluß nämlich stabil, während im anderen Fall infolge von Zentrifugalkräften Turbulenzen entstehen könnten. Allerdings lassen sich bei der Anordnung mit rotierendem Innenzylinder die Wellen auswechseln, so daß dieser Nachteil kompensiert wird. Oftmals ist ferner in praxi die exakte Geometrie nicht verwirklicht, so daß Kalibrierungen notwendig werden. An den Geräten lassen sich verschiedene Winkelgeschwindigkeiten einstellen bzw. unterschiedliche Zylinder benutzen, so daß eine umfangreiche Palette mittlerer Scherraten zugänglich ist.

Im Kegel-Platte-Viskosimeter (cone-and-plate-viscometer) befindet sich die Flüssigkeit, deren Viskosität ermittelt werden soll, zwischen einer stationären Platte und einem Kegel, der die Platte mit seiner Spitze berührt. Bei diesem Bautyp ist jeder beliebige Punkt in der Flüssigkeit durch zwei Parameter gekennzeichnet, z. B. den Abstand r von der Drehachse und den von dieser Drehachse aus gemessenen Winkel θ. Für den Geschwindigkeitsgradienten – und damit für die Scherrate – gilt in dieser Anordnung (Hiemenz, 1986):

$$\frac{\mathrm{d}v}{\mathrm{d}r} \approx \omega \frac{\cos\theta}{\cos\theta_0} \,. \tag{13.10}$$

Dabei bezeichnet θ_0 den Winkel zwischen Drehachse und befeuchteter Kegeloberfläche. Diese Näherung gilt für den Fall, daß sowohl θ als auch θ_0 nahe bei 90° liegen, eine Forderung, die in der Praxis oftmals erfüllt ist, da mit sehr flachen Kegeln gemessen wird. Die Beziehung zeigt, daß der Geschwindigkeitsgradient (Scherrate) vom Drehachsenabstand r annähernd unabhängig ist. Dieser Befund stellt einen deutlichen Unterschied zum konzentrischen Zylinderviskosimeter dar und verschafft der Kegel-Platte-Anordnung einen großen Vorteil bei Untersuchungen, die die exakte Kenntnis der Scherrate erfordern.

Zur Bestimmung der Viskosität mißt man das Drehmoment T, das erforderlich ist, um dem Kegel die Winkelgeschwindigkeit ω zu verleihen. T hängt folgendermaßen von der Viskosität η der Flüssigkeit ab:

$$T = \frac{\frac{4}{3}\,\pi R^3\,\eta\,\omega \sin\theta_0}{\cot\,\theta_0 + \frac{1}{2}\ln\left[(1+\cos\theta_0)/(1-\cos\theta_0)\right]\sin\theta_0} \tag{13.11}$$

Hierbei stellt R den Kegelradius dar. Auch bei diesem Gerät kann mit verschiedenen Winkelgeschwindigkeiten ω gearbeitet werden, so daß die Viskosität bei sich ändernder Scherrate zugänglich ist. Letztere ist in der gesamten Flüssigkeit nahezu konstant.

Sowohl das konzentrische Zylinderviskosimeter als auch die Kegel-Platte-Anordnung erfreuen sich großer Verbreitung. Liegt newtonisches Fließverhalten vor, ist also die Viskosität η ohnehin unabhängig von der Scherrate, können die Möglichkeiten dieser beiden Gerätetypen eigentlich gar nicht voll ausgeschöpft werden. Dementsprechend bedient man sich im Falle einer so einfachen Fließcharakteristik oft des einfacher gebauten Kapillarviskosimeters, dessen Prinzip ebenfalls kurz geschildert werden soll.

Strömt eine Flüssigkeit an einer stationären Wand entlang, dann bildet sich stets ein Geschwindigkeitsgradient aus. Zur mathematischen Behandlung der Frage, wie schnell ein Medium der Viskosität η durch eine Kapillare fließt (Poiseuille-Fluß), stelle man sich ein Stück einer zylindrischen Kapillare vor, das den Radius R und die Länge l besitzen möge. Da quasi dieselbe zylindrische Geometrie wie beim konzentrischen Zylinderviskosimeter (zirkulärer Couette-Fluß) vorliegt, steht man hier erneut einem zylindrischen Flüssigkeitssegment vom Radius r und der Dicke dr gegenüber. Der non-slip condition an der Kapillarwand entsprechend besitzt diejenige Schicht, die mit der Wand in Verbindung steht, die Geschwindigkeit $v=0$. Sinkt r, geht man also zu weiter innen liegenden Flüssigkeitsschichten über, so steigt die Geschwindigkeit. Es läßt sich also in der Tat erneut ein Geschwindigkeitsgradient beobachten, und es interessiert die Funktion $v(r)$. Wenn die Flüssigkeit unter einer Druckdifferenz Δp strömt, erhält man (Hiemenz, 1986):

$$v = \frac{\left(\rho g + \frac{\Delta p}{l}\right)(r^2 - R^2)}{4\eta} \,. \tag{13.12}$$

Folglich resultiert ein parabolisches Fließprofil, denn die Geschwindigkeit v der Flüssigkeit hängt quadratisch vom Abstand zur Kapillarmitte ab (vgl. Kap. 10.4.3).

Das Volumen (V/t), das pro Zeiteinheit durch dieses Rohr strömt, ergibt sich durch Addition aller mit der jeweiligen Geschwindigkeit multiplizierten einzelnen Querschnittsflächen über die gesamte Strecke R:

$$\frac{V}{t} = \int_0^R \frac{(\rho g l + \Delta p)}{4\eta l}(r^2 - R^2)\, 2\pi r \,\mathrm{d}r \tag{13.13}$$

bzw. nach Ausführung der Integration:

$$\frac{V}{t} = \frac{(\rho g l + \Delta p)\,\pi R^4}{8\eta l} \,. \tag{13.14}$$

Es handelt sich um das berühmte Hagen-Poiseuille-Gesetz, das die Basis der Kapillarviskosimetrie und damit des gebräuchlichsten Verfahrens zur Viskositätsmessung newtonisch fließender Systeme darstellt.

Insbesondere in frühen Kapillarviskosimetern ist häufig an jedem der beiden Kapillarenden ein weiter Kolben angebracht, wobei sich im oberen ein bekanntes Flüssigkeitsvolumen befindet. Als Meßgröße dient diejenige Zeit, die verstreicht, bis ein definiertes Volumen durch die Kapillare geflossen ist.

Man kann Gl. 13.14 nach Hiemenz (1986) für praktische Zwecke näherungsweise schreiben:

$$\eta = A \rho t \,. \tag{13.15}$$

A beinhaltet dabei gerätespezifische Parameter bzw. Konstanten. Folglich gilt:

$$\eta_2 = \frac{\rho_2 t_2}{\rho_1 t_1} \eta_1 \,. \tag{13.16}$$

Die Viskosität η_2 einer unbekannten Flüssigkeit läßt sich daher auf einfache Weise ermitteln, indem ihre Fließzeit t_2 mit derjenigen eines bekannten Referenzfluids (η_1, t_1) unter Verwendung desselben Geräts verglichen wird.

Diese Beziehung stellt allerdings nur eine grobe Näherung dar, da das ihr zugrundeliegende Hagen-Poiseuille-Gesetz die realen Verhältnisse an den beiden Kapillarenden nicht korrekt beschreibt. Ein genauerer Ansatz beinhaltet daher eine Endeffektskorrektur in Form eines additiven Glieds:

$$\eta = A \rho t - B \frac{\rho}{t} \,. \tag{13.17}$$

Kapillarviskosimeter werden meist so konstruiert, daß dieser letzte Term vernachlässigbar klein ist. A und B stellen Geräteparameter dar, die durch Kalibrierung der Meßanordnung mit Hilfe zweier Flüssigkeiten bekannter Viskosität und Dichte ermittelt werden können.

Im Kapillarviskosimeter ist die Scherrate dem Abstand r von der Kapillarmitte proportional. Daher verschwindet sie in der Mitte ($r=0$) und nimmt an den Kapillarwänden ($r=R$) ihren Maximalwert an. Als weitere Kenngröße eines solchen Geräts kann die Scherrate im halben Abstand zwischen Wand und Kapillarmitte, $(\mathrm{d}v/\mathrm{d}r)_{R/2}$, gelten, denn Kapillaren verschiedener Durchmesser unterscheiden sich hinsichtlich dieses Parameters. Dennoch läßt sich mit Hilfe eines konzentrischen Zylinderviskosimeters ein wesentlich breiterer Bereich (mittlerer) Scherraten abdecken. Dieser Bautyp und das Kegel-Platte-Viskosimeter kommen daher bevorzugt zum Einsatz, wenn das Verhalten einer Flüssigkeit unter verschiedenen Scherraten untersucht werden soll.

Für die Untersuchung konzentrierter Dispersionen und insbesondere von Gelen ist neben der Bestimmung des Viskositätskoeffizienten die Ermittlung des Speicher- und Verlustmoduls durch oszillierende Scherung bzw. der Komplianzen durch Kriechversuche bedeutungsvoll (s. z.B. Barnes et al., 1989). Die Komplianz (Nachgiebigkeit) ist das Verhältnis der (zeitabhängigen) Verformung γ zur Schubspannung τ: $\mathrm{J} = \gamma/\tau$.

13.3 Die fundamentale Bewegungsgleichung

Im Rahmen einer mathematisch anspruchsvolleren Besprechung des Viskositätsbegriffs spielt immer wieder die sog. fundamentale Bewegungsgleichung (equation of motion) eine zentrale Rolle, eine partielle Differentialgleichung, deren Lösung und Interpretation einige Mühe erfordert, ohne die allerdings ein eingehenderes Verständnis der Fluidmechanik fast unmöglich erscheint. Sie beschreibt die Geschwindigkeit einer Stromlinie im Innern eines fließenden Mediums in Abhängigkeit des Orts. Da die Beziehung als zusätzliche Variable die Zeit enthält, ist sie insbesondere bei Problemen unter Nichtstationarität wertvoll (vgl. Binder, 1973; Streeter und Wylie, 1983). Auch die Funktionsweise der angesprochenen Viskosimeter läßt sich mit Hilfe dieser Gleichung verstehen. Besondere Bedeutung ist erwartungsgemäß den Randbedingungen zuzumessen, die durch die spezielle Fragestellung vorgegeben sind und die Gestalt der jeweiligen Lösung maßgeblich beeinflussen. Beschränkt man sich auf hochsymmetrische Spezies, dann sind die Randbedingungen verhältnismäßig einfach, und das Problem läßt sich mit relativ geringem Aufwand lösen. Die beschriebenen Viskosimeter zylindrischer Bauart stellen Beispiele für diesen Fall dar, während sich die mathematische Behandlung des Kegel-Platte-Viskosimeters komplizierter gestaltet, weil zusätzlich Winkel berücksichtigt werden müssen. Da die fundamentale Bewegungsgleichung demzufolge meist nur für hochsymmetrische Körper gelöst wird, trifft man sie häufig in Zylinder- bzw. Polarkoordinatennotation an. Trotz des komplizierteren Aussehens läßt sie sich in dieser Formulierung erheblich besser lösen.

Zum Verständnis der Gleichung kann man sich ein kartesisches Volumenelement innerhalb einer Flüssigkeit, die mit der Geschwindigkeit v ströme, vorstellen, das die Abmessungen Δx, Δy und Δz besitzen soll. Die Geschwindigkeitskomponenten längs der drei Koordinaten betragen v_x, v_y und v_z. Man ist an der Abhängigkeit der Fließgeschwindigkeit v von den drei Ortskoordinaten x, y, z und der Zeit t unter den jeweiligen Randbedingungen interessiert.

Die zeitliche Änderung eines Impulses $p = mv$ stellt bekanntlich eine Kraft F dar:

$$\frac{\mathrm{d}p}{\mathrm{d}t} = \frac{\mathrm{d}\,(mv)}{\mathrm{d}t} = m\left(\frac{\mathrm{d}v}{\mathrm{d}t}\right) = ma = F\,. \tag{13.18}$$

Die Geschwindigkeit der Impulsänderung in einem Volumen läßt sich folgendermaßen schreiben:

$$\frac{\mathrm{d}}{\mathrm{d}t}\left(\frac{\mathrm{d}p}{\mathrm{d}V}\right) = \frac{\mathrm{d}}{\mathrm{d}t}\left(\frac{\mathrm{d}(mv)}{\mathrm{d}V}\right) = \frac{\mathrm{d}(\rho v)}{\mathrm{d}t}\,. \tag{13.19}$$

Der Term $\mathrm{d}(\rho v)/\mathrm{d}t$ entspricht der Summe aller Kräfte, die auf das Volumenelement einwirken. In diese Summe gehen drei verschiedene Arten von Kräften ein, nämlich äußere Kräfte (z. B. die Gravitationskraft), hydraulische Kräfte und viskose Kräfte, so daß man formulieren kann:

$$\frac{\mathrm{d}(\rho v)}{\mathrm{d}t} = F_{\mathrm{ext}} + F_{\mathrm{press}} + F_{\mathrm{vis}} \,. \tag{13.20}$$

Bei einer inkompressiblen Flüssigkeit ist die Dichte ρ konstant. Wird zusätzlich eine Aufgliederung in die drei Raumrichtungen eingeführt, so ergibt sich zunächst:

$$\frac{\mathrm{d}(\rho v)}{\mathrm{d}t} = \rho\left(\frac{\mathrm{d}v}{\mathrm{d}t}\right) = \rho\left(\frac{\mathrm{d}v}{\mathrm{d}x}\frac{\mathrm{d}x}{\mathrm{d}t} + \frac{\mathrm{d}v}{\mathrm{d}y}\frac{\mathrm{d}y}{\mathrm{d}t} + \frac{\mathrm{d}v}{\mathrm{d}z}\frac{\mathrm{d}z}{\mathrm{d}t} + \frac{\mathrm{d}v}{\mathrm{d}t}\right) \,. \tag{13.21}$$

Die Terme ($\mathrm{d}x/\mathrm{d}t$), ($\mathrm{d}y/\mathrm{d}t$) und ($\mathrm{d}z/\mathrm{d}t$) können als v_x, v_y und v_z notiert werden. Auch die drei Arten der auf das Volumenelement einwirkenden Kräfte lassen sich noch detaillierter formulieren, so daß schließlich geschrieben werden kann:

$$\rho\left(\frac{\mathrm{d}v}{\mathrm{d}x}v_x + \frac{\mathrm{d}v}{\mathrm{d}y}v_y + \frac{\mathrm{d}v}{\mathrm{d}z}v_z + \frac{\mathrm{d}v}{\mathrm{d}t}\right) = \rho g + \frac{\mathrm{d}p}{\mathrm{d}x} + \frac{\mathrm{d}p}{\mathrm{d}y} + \frac{\mathrm{d}p}{\mathrm{d}z} + \eta\left(\frac{\mathrm{d}^2 v}{\mathrm{d}x^2} + \frac{\mathrm{d}^2 v}{\mathrm{d}y^2} + \frac{\mathrm{d}^2 v}{\mathrm{d}z^2}\right) \tag{13.22}$$

Diese Beziehung ist die angesprochene fundamentale Bewegungsgleichung einer inkompressiblen Flüssigkeit. Wird sie auf eine spezielle Situation angewandt, muß man sie für die jeweiligen Randbedingungen lösen. Man erhält einen Zusammenhang $v\ (x, y, z, t)$ zwischen der Fließgeschwindigkeit v und den Ortskoordinaten bzw. der Zeit.

Aus Gründen der Übersichtlichkeit empfiehlt es sich, den Nabla-Operator ∇ bzw. seine zweifache Anwendung, den Laplace-Operator $\Delta = \nabla^2$, einzuführen:

$$\nabla = \frac{\partial}{\partial x} + \frac{\partial}{\partial y} + \frac{\partial}{\partial z} \tag{13.23}$$

bzw.

$$\nabla^2 = \frac{\partial^2}{\partial x^2} + \frac{\partial^2}{\partial y^2} + \frac{\partial^2}{\partial z^2} \tag{13.24}$$

Damit ergibt sich die fundamentale Bewegungsgleichung in übersichtlicherer Notation:

$$\rho(v\nabla v) + \rho\frac{\partial v}{\partial t} = \rho g + \nabla p + \eta\nabla^2 v \tag{13.25}$$

Bei der Betrachtung ihrer einzelnen Bestandteile stößt man – beginnend auf der rechten Seite – auf den Term ρg, der die auf das Volumenelement einwirkende Gravitationskraft beschreibt. Aus Gründen der Additivität stellt der zweite rechte Ausdruck ebenfalls eine Kraft dar, und zwar den auf dem Volumenelement lastenden Kraftanteil, der auf Drücke zurückzuführen ist. Der dritte rechts erscheinende Summand beschreibt schließlich viskose Kräfte, die auf das Volumenelement wirken. Auf der rechten Seite erkennt man also in der Tat die drei Kraftanteile F_{ext}, F_{press} und F_{vis} wieder. Auf der linken Seite schließlich nennt man den ersten Term, $\rho(v\nabla v)$, Trägheitsterm, den zweiten Ausdruck, $\rho\,(\partial v/\partial t)$, viskosen Term. Bei kleinen Geschwindigkeiten v ist die Bedeutung des letztgenannten größer als die des Trägheitsterms. Liegen Randbedingungen vor, unter denen der Trägheitsterm – verglichen mit dem viskosen – vernachlässigbar klein ist, erhält man die Stokes-Näherung der fundamentalen Bewegungsgleichung:

$$\rho\frac{\mathrm{d}v}{\mathrm{d}t} = \rho g + \nabla p + \eta\nabla^2 v\,. \tag{13.26}$$

Diese vereinfacht sich unter stationären Verhältnissen noch weiter, da sich die Geschwindigkeit v dann zeitlich nicht mehr ändert. So folgt mit $(\mathrm{d}v/\mathrm{d}t) = 0$ die berühmte Stokes-Navier-Gleichung:

$$\rho g + \nabla p + \eta\nabla^2 v = 0\,, \tag{13.27}$$

die der Auswertung elektrokinetischer Messungen zugrunde liegt (s. z. B. Zukoski and Saville, 1985; Mangelsdorf and White, 1990 in Kap. 10.5.).

Die fundamentale Bewegungsgleichung kann unter Verwendung verschiedener Koordinatenschreibweisen formuliert werden, sie erscheint in verkürzten Notationen, und es lassen sich unter verschiedenen Randbedingungen weitverbreitete Näherungen erhalten. Dies mag in der Literatur zuweilen zu Verwirrungen Anlaß geben.

13.4 Das Viskositätsgesetz von Einstein und seine Grenzen

Diesem Abschnitt sollen in Tabelle 13.1 zunächst einige Viskositätsbegriffe und ihre Beziehungen zueinander vorangestellt werden, die für die folgende Diskussion von Nutzen sind.

Dispergierte Teilchen stören erwartungsgemäß einen laminaren Fließvorgang und erhöhen somit den Widerstand der Flüssigkeit gegen die Fortbewegung. Zu Beginn unseres Jahrhunderts beschäftigte sich Einstein in einer frühen Arbeit (Einstein, 1906) sowie in einer korrigierten Fassung (Einstein, 1911) mit dem Beitrag, den ein in eine Suspension eingebrachtes Teilchen zur Viskosität des gesamten Systems liefert. In der berühmten Einstein-Gleichung:

$$\frac{\eta}{\eta_0} = \eta_{rel} = 1 + k\,\phi \tag{13.28}$$

bezeichnet ϕ den dimensionslosen Volumenanteil (v/v) der dispergierten Teilchen und k eine Konstante, in deren Wert sich Charakteristika des Systems widerspiegeln. Unter den idealisierten Bedingungen Einsteins, der von starren Kugeln

Tabelle 13.1. Übersicht grundlegender Viskositätsbegriffe.

Symbol	Einheit (SI, cgs)	Bezeichnung (Definition)
η	1 Pa s = 10 P [1]	Viskosität Scherviskosität Viskositätskoeffizient
η_{kin}	1 $m^2\ s^{-1} = 10^4$ St [1]	kinematische Viskosität $\eta_{kin} = \eta/\rho$
f	1 s $m^{-2} = 10^{-4}\ St^{-1}$	Fluidität $f = 1/\eta_{kin} = \rho/\eta$
η_0	1 Pa s = 10 P	Viskosität des reinen Dispersionsmittels
η_{rel}	dimensionslos	relative Viskosität $\eta_{rel} = \eta/\eta_0$
η_{sp}	dimensionslos	spezifische Viskosität $\eta_{sp} = \eta_{rel} - 1$ $\eta_{sp} = (\eta/\eta_0) - 1$
η_{red}	dimensionslos	reduzierte Viskosität $\eta_{red} = (1/\phi)\ \eta_{sp}$ $\eta_{red} = (1/\phi)\ (\eta_{rel} - 1)$ $\eta_{red} = (1/\phi)\ [(\eta/\eta_0) - 1]$
$[\eta]$	dimensionslos	intrinsische Viskosität $[\eta] = \lim_{\phi \to 0} \eta_{red}$ $[\eta] = \lim_{\phi \to 0} (1/\phi)\ \eta_{sp}$ $[\eta] = \lim_{\phi \to 0} (1/\phi)\ (\eta_{rel} - 1)$ $[\eta] = \lim_{\phi \to 0} (1/\phi)\ [(\eta/\eta_0) - 1]$
η_{inh}	dimensionslos	inhärente Viskosität logarithmic viscosity number $\eta_{inh} = (1/\phi)\ \ln \eta_{rel}$ $\eta_{inh} = (1/\phi)\ \ln (\eta/\eta_0)$

[1] P = Poise, St = Stokes sind veraltete Einheiten

in einem äußerst verdünnten Medium ausging, beträgt $k = 2{,}5$. Unter Berücksichtigung der Definition der dimensionslosen intrinsischen Viskosität erkennt man die Identität zwischen k und $[\eta]$:

$$[\eta] = \lim_{\phi \to 0} \frac{\eta - \eta_0}{\eta_0\, \phi} = \lim_{\phi \to 0} \frac{1}{\phi} \eta_{sp} = \lim_{\phi \to 0} \eta_{red} \tag{13.29}$$

Einsteins so einfacher, aus heutiger Sicht ausgesprochen bedeutsamer Beziehung, die die Konzentrationsabhängigkeit der Viskosität $\eta(\phi)$ beschreibt, war ein mehr als dreißigjähriger Dornröschenschlaf beschieden, bis Mitte der vierziger Jahre ihre engen Grenzen gesprengt und auf ihrer Grundlage realitätsnähere, erweiterte Gleichungen vorgestellt wurden. Die meisten Dispersionen enthalten keineswegs starre, unsolvatisierte, kugelförmige Teilchen, die in sehr großer Verdünnung wechselwirkungsfrei vorliegen. Vielmehr erweisen sich die Partikel häufig als nichtsphärisch sowie in gewissen Grenzen verformbar und sind zudem von Lösungsmittelmolekülen umgeben, so daß in der Dispersion komplexe Kraftbilanzen herrschen. Gerade technisch bedeutsame Zubereitungen sind oft konzentrierter als es Einsteins Ansatz vorsieht, was die interpartikulären Wechselwirkungen noch weiter kompliziert. Man kann die genannten, Einfluß nehmenden Faktoren in folgenden drei Kategorien zusammenfassen (z. B. Güven, 1992; Barnes, et al., 1989):

- Konzentration der Teilchen
- Beschaffenheit der Teilchen
- Wechselwirkungen der Teilchen.

Konzentration der Teilchen

Zur Annäherung an realitätsgerechtere Verhältnisse wurde die lineare Einstein-Gleichung in Form eines Polynoms n-ter Ordnung erweitert:

$$\eta_{\mathrm{rel}} = 1 + k_1\phi + k_2\phi^2 + k_3\phi^3 + \ldots + k_n\phi^n \tag{13.30}$$

Darin beschreiben die Multiplikatoren k_n, die gleich mehrere Faktoren in sich vereinen, mit wachsendem n die Auswirkungen von Teilchen-Teilchen-Interaktionen immer höherer Ordnung auf die Viskosität des Systems. Der Faktor k_1 ist erneut mit der intrinsischen Viskosität $[\eta]$ identisch, während in der Konstante k_2 Wechselwirkungen zwischen Teilchenpaaren zum Ausdruck kommen (vgl. Batchelor, 1977). Nach Hiemenz (1986) liegen die berechneten Werte von k_2 zwischen 7 und 15. Es ist über die Potenzen ϕ^n ersichtlich, daß fortschreitendes Einbringen von Partikeln (Konzentrationsmaß ϕ steigt) einen immer größeren Einfluß auf die Zähigkeit der Dispersion ausübt.

Bricht man das Polynom nach dem zweiten Glied ab und trägt die reduzierte Viskosität $\eta_{\mathrm{red}} = (1/\phi)(\eta_{\mathrm{rel}} - 1)$ als Funktion von ϕ auf, erhält man als Näherung eine Gerade, deren Ordinatenabschnitt k_1 und deren Steigung k_2 liefert[2)].

Mittlerweile sind wohl mehrere Dutzend verschiedener Gleichungen vorgestellt worden, die zum Ziel haben, die Abhängigkeit der Viskosität von der Konzentration η (ϕ) möglichst realitätsnah abzubilden. In der dem Polynom eng verwandten Beziehung:

$$\eta_{\mathrm{rel}} = 1 + k_1\phi + k_2\phi^2 + k_3\phi^3 + \ldots + k_n\phi^{\mathrm{n}} + Ae^{B\phi} \tag{13.31}$$

mit den beiden temperaturabhängigen Konstanten A und B trug Thomas (1965) durch den an einen Arrhenius-Term bzw. eine Aktivierungsenergie erinnernden letzten Summanden den insbesondere bei hohen Schergeschwindigkeiten ablaufenden Übergängen der Teilchen zwischen verschiedenen Scherebenen Rechnung. Zwei besonders praxisrelevante, oft benutzte exponentielle Viskositäts-Konzen-

---

2) Zur Bestimmung der Adsorptionsschichtdicke aus dieser Beziehung s. Fleer et al., 1972; Tamai et al., 1984. Zugrunde liegt, daß der Volumenbruch ϕ durch adsorbierte Schichten vergrößert wird.

trations-Zusammenhänge stellen die empirisch abgeleitete Krieger-Dougherty-Gleichung:

$$\eta_{rel} = \left(1 - \frac{\phi}{\phi_{max}}\right)^{-[\eta]\phi_{max}} \quad (13.32)$$

(Krieger, 1985; zu ihrer Herleitung s. Ball und Richmond, 1980) und die Mooney-Gleichung dar:

$$\eta_{rel} = \exp\left(\frac{k\phi}{1 - a\phi}\right) \quad (13.33)$$

(Mooney, 1951). ϕ_m ist der maximal mögliche Volumenanteil mit Werten zwischen 0,5 und 0,75. Die Mooney-Gleichung enthält zudem den dimensionslosen „self-crowding coefficient“ a, auch „hydrodynamic interaction factor“ genannt.

Zur Rheologie konzentrierter Dispersionen s. u.a. Tadros, 1985; Quemeda, 1989; Buscall et al., 1990; Goodwin and Ottewill, 1991.

Beschaffenheit der Teilchen

Das rheologische Verhalten einer Dispersion wird neben der Konzentration maßgeblich von einigen molekularen Eigenschaften der Teilchen beeinflußt, nämlich von:

- Teilchenform (morphologische Aspekte)
- Teilchengröße und Teilchengrößenverteilung
- Oberflächeneigenschaften (Güven, 1992)
- Solvationsprozessen (Robinson, 1949).

In diesem Kapitel soll lediglich auf die ersten beiden Unterpunkte näher eingegangen werden.

Teilchenform (morphologische Aspekte)

Die Einstein-Gleichung bezieht sich auf starre, kugelförmige Partikel. In Wirklichkeit erweisen sich Teilchen meist weder als starr noch als sphärisch, so daß diese ideale Beziehung erneut sehr schnell an ihre Grenzen stößt. Nichtkugelförmige Spezies werden zur Verdeutlichung ihres Fließvorgangs oft als Ellipsoide aufgefaßt, die – verglichen mit Kugeln – den energetischen Betrag vergrößern und daher zu einer erhöhten Viskosität führen. Oben wurde erwähnt, daß die intrinsische Viskosität $[\eta]$ dem Faktor k in Einsteins Ansatz entspricht. Schon Mitte der vierziger Jahre haben Simha (1945) sowie Kuhn und Kuhn (1945) auf der Basis des elliptischen Teilchenmodells k-Werte für nichtsphärische Partikel angegeben. Zu diesem Zweck wurde die Elliptizität (ellipticity) θ eines Teilchens als das Achsenverhältnis der Rotationsachse c des Ellipsoids zur anderen Achse a eingeführt:

$$\theta = \frac{c}{a} \, . \quad (13.34)$$

Im Falle eines scheibchenartigen Ellipsoids (oblate ellipsoid), der etwa bei einem plättchenförmigen Tonmineralteilchen vorliegt, gilt $c<a$ und damit $\theta<1$. Für ein solches Tonmineralplättchen läßt sich mit der Plättchendicke d und der sog. „lateral dimension" l folgender Quotient formulieren:

$$\theta = \frac{d}{l} \,. \tag{13.35}$$

Kuhn und Kuhn (1945) haben die intrinsische Viskosität eines scheibchenförmigen Ellipsoids angegeben mit:

$$[\eta] = \frac{5}{2} + \frac{32}{15\pi}\left(\frac{1}{\theta} - 1\right) - 0{,}628\left(\frac{1-\theta}{1-0{,}075\,\theta}\right) . \tag{13.36}$$

Analog gilt für den Fall eines länglichen Tonmineralteilchens (prolate ellipsoid), wie es in Form von Fasern oder Leisten vorliegt, folgendes Verhältnis:

$$\theta = \frac{l}{w} \,. \tag{13.37}$$

Hier bezeichnet l die Länge und w die Breite des Teilchens. Es waren erneut Kuhn und Kuhn (1945), die bei diesem Ellipsoidtyp für das Intervall $1<\theta<15$ folgende Abhängigkeit der intrinsischen Viskosität $[\eta]$ von der Elliptizität θ vorschlugen:

$$[\eta] = \frac{5}{2} + 0{,}4075(\theta - 1)^{1,508} \,. \tag{13.38}$$

Simha (1945) veröffentlichte nahezu zeitgleich für solche Ellipsoide unter der Bedingung $\theta>15$ folgende Beziehung:

$$[\eta] = \frac{14}{15} + \frac{\theta^2}{5}\left[\frac{1}{3\,(\ln 2\,\theta - 1,5)} + \frac{1}{\ln 2\,\theta - 0,5}\right] . \tag{13.39}$$

Für den Spezialfall gleichlanger Achsen entartet eine Ellipse zum Kreis ($\theta=1$), und im Diagramm $[\eta]$ vs θ ergibt sich für den Abszissenwert $\theta=1$ der Ordinatenwert $[\eta]=2{,}5$, der gewissermaßen den Anfangspunkt der Funktion bildet. Man erkennt durch Einsetzen der jeweiligen Werte der Elliptizität θ, die in den obigen Gleichungen den einzigen Parameter darstellt, daß bei beiden Geometrien beträchtliche intrinsische Viskositäten resultieren können: Die $[\eta]$-Werte der nichtsphärischen Partikel überschreiten mit Beträgen von bis zu Tausend und mehr den für Kugeln angegebenen idealen Wert Einsteins von 2,5 deutlich.

Teilchengröße und Teilchengrößenverteilung

Die Auswirkungen der Teilchengröße(nverteilung) auf das Fließverhalten wurden in den meisten Fällen lediglich indirekt – d. h. im Zusammenhang mit anderen

Faktoren wie Solvation, Konzentration u. a. – dokumentiert. Daher sind direkte Beziehungen zu rheologischen Kenngrößen eher rar. Eine willkommene Ausnahme findet sich in einer frühen Arbeit von Saunders (1961), der die Viskosität kugelförmiger Polymerteilchen bei unterschiedlichen Teilchengrößen untersuchte. In einem bestimmten Konzentrationsbereich ließ sich die Mooney-Gleichung (Gleichung 13.33) anwenden. Der Faktor k erwies sich im untersuchten Konzentrationsbereich als nahezu konstant und damit als von Teilchengröße und Konzentration unabhängig, lag er doch nahe bei dem von Einstein für starre Kugeln geforderten Wert von 2,5, was als Hinweis auf die sphärische Teilchengestalt gelten kann. Der Parameter a hingegen hing deutlich von der Teilchengröße ab; er sank mit wachsender Teilchengröße. Dies deutet darauf hin, daß die Wechselwirkungen zwischen kleinen Teilchen ausgeprägter als zwischen großen sind. Berücksichtigt man diese Veränderung von a mit dem Partikelradius, wird deutlich, daß die Viskosität in einer inversen Beziehung zur Teilchengröße steht, d. h. bei Systemen aus großen Partikeln resultieren tendenziell eher kleine Zähigkeiten und umgekehrt. Frühe Ergebnisse aus den sechziger Jahren unterstützen dies anhand der Abhängigkeit der Wechselwirkungsfaktoren k_1 und k_2 im oben angeführten Viskositäts-Konzentrations-Polynom von der Teilchengröße: Beide nehmen für kleinere Partikel größere Werte an.

Die Auswirkungen der Teilchengrößenverteilung auf das Fließverhalten lassen sich erwartungsgemäß besonders gut in Systemen erforschen, in denen klar abgrenzbare Größenfraktionen vorliegen. Stellt man sich eine monodisperse Dispersion aus Partikeln der Größe d_1 vor, in der also per definitionem nur diese eine Teilchengröße vorliegt, gilt für die Viskosität:

$$\eta\,(d_1) = \eta_0\,(1 + K_1\,\phi_{\mathrm{d1}})\ . \tag{13.40}$$

Analog erhält man für eine zweite monodisperse Dispersion aus Partikeln der Größe d_2:

$$\eta\,(d_2) = \eta_0\,(1 + k_2\,\phi_{\mathrm{d2}})\ . \tag{13.41}$$

Vereinigt man diese beiden Dispersionen, dann ergibt sich ein neues System, das beide Teilchengrößen enthält. Dazu geht man gedanklich von der reinen d_1-Dispersion aus, die gewissermaßen als Solvens der Viskosität $\eta(d_1)$ dient, und fügt die Dispersion aus d_2-Partikeln hinzu. Für die Zähigkeit der Mischung erhält man nach Substitution:

$$\eta\,(d_1 + d_2) = \eta\,(d_1)(1 + k_2\,\phi_{\mathrm{d2}}) = \eta_0\,(1 + k_1\,\phi_{\mathrm{d1}})(1 + k_2\,\phi_{\mathrm{d2}}) \tag{13.42}$$

oder durch Verwendung der relativen Viskositäten $\eta_{\mathrm{rel}} = \eta/\eta_0$:

$$\eta_{\mathrm{rel}}\,(d_1 + d_2) = \eta_{\mathrm{rel}}\,(d_1) * \eta_{\mathrm{rel}}\,(d_2)\ . \tag{13.43}$$

Für eine Dispersion, die m verschiedene Teilchengrößen $d_i (i = 1,\ 2,\ \ldots,\ m)$ enthält, läßt sich ein analoges Produkt formulieren:

$$\eta_{\mathrm{rel}}\,(d_1 + d_2 + \ldots + d_m) = \prod_{i=1}^{m} \eta_{\mathrm{rel}}\,(d_i) \tag{13.44}$$

Legt man für die relativen Viskositäten der jeweils nur eine Teilchengröße bzw. -sorte enthaltenden (d. h. monodispersen) Dispersionen die Mooney-Beziehung (Gleichung 11.33) zugrunde, ergibt sich für ein polydisperses System, das m verschiedene Teilchengrößen enthält:

$$\eta_{\text{rel}}\,(d_1 + d_2 + \ldots + d_m) = \left[\exp \sum_{i=1}^{m} \left(\frac{k_i\,\phi_{\text{di}}}{1 - a_{\text{di}}\,\phi_{\text{di}}} \right)\right] \tag{13.45}$$

Im Argument der Summe müssen folglich alle m Koeffizienten a_{di} der einzelnen monodispersen Systeme erst einmal bekannt sein.

Firth (1976) wies die Abhängigkeit rheologischer Kenngrößen von Kaolindispersionen von der Teilchengröße unterhalb eines kritischen Werts nach. Oberhalb dieser kritischen Teilchengröße (ca. 2 μm) hingegen lag kein Einfluß auf die Fließparameter mehr vor. Ähnliches haben Brandenburg und Lagaly (1988) über verschiedene Smectitfraktionen berichtet: Während die groben Teilchen (>2 μm) nur noch einen geringen Einfluß auf die Viskosität entfalteten, wuchs die Zähigkeit unterhalb dieses Werts mit abnehmender Teilchengröße deutlich an. Die Dicke der in einer Suspension befindlichen Smectitkriställchen ist bekanntlich keineswegs stets konstant, sondern hängt von den jeweils herrschenden äußeren Bedingungen ab (pH, Art der austauschbaren Kationen, Na^+/Ca^{2+}-Verhältnis, hydrodynamische Kräfte u. a.) (Kap. 3.6.). Auf Grund des geschilderten Einflusses der Teilchendicke auf die intrinsische Viskosität läßt sich nachvollziehen, daß $[\eta]$ für einen vollständig in die Einzelschichten delaminierten Natriumsmectit um ein Mehrfaches größer ausfällt als für einen Calciumsmectit (s. a. Schulz, 1997).

Über den Einfluß der Teilchengrößenverteilung bei konzentrierten Dispersionen s. Kap. 12.3.3.

13.5 Einige Varianten des Fließverhaltens nichtnewtonischer Systeme

Enthält die kolloidale Dispersion Aggregate einzelner Partikel, können diese durch die Scherkräfte zerrissen, aber auch wieder neu gebildet werden. Da diese Prozesse in Abhängigkeit von der Größe des Geschwindigkeitsgradienten (und damit von der Scherrate) mit einer Umsetzung von Energie verbunden sind, erhöhen sie die Viskosität über den newtonischen Wert. Die Viskosität η kann bei dem dann vorliegenden nichtnewtonischen Fließen auf ganz verschiedene Weise von der Scherrate $\dot{\gamma}$ abhängen[3] (Abb. 13.2). Zusätzlich wird der Zeitdimension Rechnung getragen, indem zwischen zeitabhängigen (nichtstationären, variablen) und zeitunabhängigen (stationären) Bedingungen unterschieden wird.

Es existieren zahlreiche Systeme, die solange eine relativ große Viskosität aufweisen, d. h. noch nicht fließen, bis die angewandte Kraft einen kritischen

[3] Zur Rheologie von Emulsionen s. Barnes (1994).

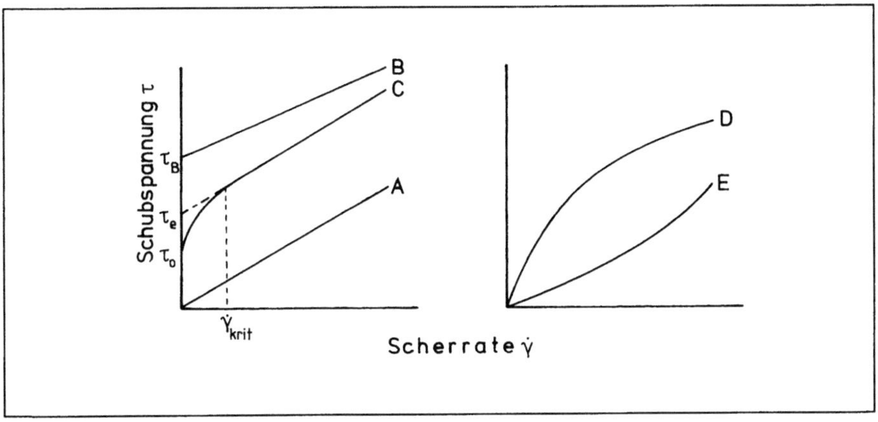

Abb. 13.2. Fließkurven (Schubspannung τ gegen Scherrate $\dot{\gamma}$) bei newtonischen und nichtnewtonischen Systemen
A newtonisch: $\tau = \eta \cdot \dot{\gamma}$
B ideal-plastisch (Bingham): $\tau = \tau_B + \eta_{pl}\,\dot{\gamma}$; τ_B: Fließgrenze
C plastisch (Bingham); erst oberhalb einer kritischen Scherrate ist $\tau = \tau_B + \eta_{pl}\,\dot{\gamma}$; $\tau_0 \mathrel{\widehat{=}}$ anfängliche Fließgrenze; τ_e: extrapolierte Fließgrenze
D Scherverflüssigung (gelegentlich auch als pseudoplastisch bezeichnet), $n<1$ in Gleichung 13.46.
E Scherverfestigung (rheologische Dilatanz), $n>1$ in Gleichung 13.46
D und **E** hier ohne Fließgrenze gezeichnet. Es können aber auch Fließgrenzen auftreten.

Wert erreicht. Diese kritische Schubspannung bezeichnet man als Fließgrenze (yield value). Bei Überschreitung dieser kritischen Kraft tritt ein mehr oder minder abrupter Viskositätsabfall auf, und der Fließvorgang setzt ein.

Man hat versucht, den vielfältigen Abweichungen vom Newtonschen Gesetz mit Hilfe unterschiedlicher mathematischer Beziehungen gerecht zu werden (s. Hunter, 1987; Kulicke, 1986). Meist trifft man komplexe drei- oder vierparametrische Ansätze an, unter denen das Potenzgesetz (power law) mit der Fließgrenze (initial yield stress) τ_0 und dem Fließindex (flow behavior index, flow index) n besondere Popularität genießt:

$$\tau = \tau_0 + \eta_{pl}\,(\dot{\gamma})^n \,. \tag{13.46}$$

Die Größe η_{pl} (plastische Viskosität) muß nicht länger konstant sein, sondern kann mit der Scherrate variieren.

Ideale Plastizität, auch unter der Bezeichnung Bingham-Fließverhalten bekannt, zeichnet sich durch $n=1$ und eine konstante plastische Viskosität η_{pl} aus (Abb. 13.2, **B**). Die Fließgrenze τ_0 (initial yield stress) wird in diesem speziellen Fall als Bingham-Fließgrenze (Bingham yield stress) τ_B bezeichnet. Daher resultiert eine dem newtonischen Verhalten ähnliche Gerade, die allerdings nicht mehr durch den Ursprung verläuft ($\tau_B=0$), sondern die Ordinate bei τ_B schneidet:

$$\tau = \tau_B + \eta_{pl}\,\dot{\gamma} \,. \tag{13.47}$$

Der Bingham-Fließvorgang beginnt also nicht sofort, d. h. nicht schon bei sehr kleiner Scherrate, sondern erst nach Überschreitung der Bingham-Fließgrenze τ_B, um dann allerdings mit konstanter Viskosität η_{pl} – gewissermaßen newtonisch – fortzufahren.

Plastizität ähnelt der idealen Plastizität sehr; es tritt jedoch bei kleinen Scherraten ein nichtlinearer Anfangsbereich der Fließkurve auf. Dieser berührt die Ordinate bei τ_0 (initial yield stress). Oberhalb eines kritischen Abszissenwerts, der kritischen Scherrate $\dot{\gamma}_{crit}$, wird die Fließkurve linear, entspricht dann also der idealen Plastizität. Extrapoliert man diesen linearen Teil auf die Ordinate, ergibt sich die extrapolierte Fließgrenze (extrapolated yield stress) τ_e (Abb. 13.2, **C**).

Bei der Scherverflüssigung (shear-thinning flow) liegt eine durchgängige Nichtlinearität zwischen τ und $\dot{\gamma}$ vor. Da $n<1$ ist, sinkt die Viskosität mit zunehmender Scherrate, die Flüssigkeit wird also immer dünnflüssiger (Abb. 13.2, **D**). Man kennt dabei Fälle mit oder ohne Fließgrenze (initial yield stress) τ_0. Manche Autoren sprechen hier auch von Pseudoplastizität. Diese Erscheinung tritt z. B. im Treibsand auf, wobei die Bewegungen von Menschen mit einer erhöhten Scherrate einhergehen, so daß die Viskosität verringert wird und sich die mißliche Lage verschlimmert.

Scherverfestigung (shear-thickening flow), auch als rheologische Dilatanz bekannt, zeichnet sich ebenfalls durch eine durchgängig nichtlineare Funktion τ $(\dot{\gamma})$ aus, wobei sich nun allerdings infolge von $n>1$ die Krümmung der Fließkurve verändert (Abb. 13.2, **E**). Mit wachsender Scherrate wird das System also immer viskoser (Frith et al., 1996). Nasser Sand, wie er etwa an Ostseestränden vorliegt, verhält sich rheologisch dilatant, also steigt seine Viskosität mit wachsender Scherrate. Bei geringer Belastung (kleine Scherrate) noch vergleichsweise fluide, erweist er sich bei stärkerer Krafteinwirkung (hohe Scherrate) als ziemlich hart.

Bei zu schnellen Messungen können die Fließkurven Anlaufnasen zeigen (s. z. B. Abb. 7.17 b).

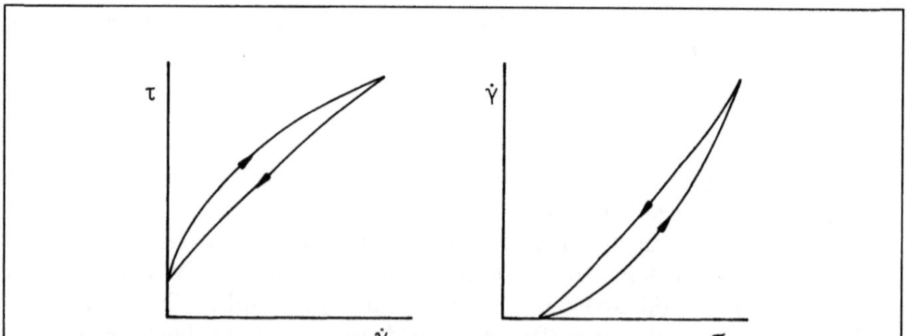

Abb. 13.3. Hysterese der Fließkurven bei thixotropem Verhalten, dargestellt im Diagramm $\tau = f(\dot{\gamma})$ bzw. $\dot{\gamma} = f(\tau)$. Bei rheopexem Verhalten wird die Hystereseschleife in anderer Richtung durchlaufen.

Das Phänomen der Thixotropie (griech.: Kränkung, Berührung), d.h. sinkende Viskosität mit wachsender Scherrate bzw. mit verstreichender Zeit *und* eine Erholung des Systems über die Zeit nach Beendigung der Beanspruchung, beobachtet man u. a. bei Flocken aus asymmetrischen Teilchen. In den Fließkurven macht sich die Thixotropie durch eine Hysterese bemerkbar (Abb. 13.3) (Mewis, 1979).

Die in einer gelartigen Struktur vorliegende Flüssigkeit erweist sich mitunter als nahezu unbeweglich. Steigert man die auf die Oberfläche des Gels einwirkende Kraft, wird schließlich die Fließgrenze erreicht. An diesem Punkt beginnt der Zusammenbruch des Netzwerks und damit der Fließvorgang. Bei weiter wachsender Scherrate oder Scherzeit schreitet der strukturelle Abbau fort, und das System wird immer fluider. Setzt man es dann über längere Zeit keiner bzw. nur einer schwachen mechanischen Belastung aus (z.B. leichtes Schütteln), bildet sich wieder eine Netzwerkstruktur. Strukturbildung bzw. Wachstum benötigen bis zur Erreichung eines Gleichgewichtszustands eine gewisse Zeit: Die Geschwindigkeit des strukturellen Neuaufbaus ist maßgeblich von der Größe der einwirkenden Scherrate, d.h. vom Ausmaß der mechanischen Beanspruchung, abhängig.

Das der Thixotropie gegensätzliche Verhalten, eine mit zunehmender Scherrate wachsende Zähigkeit, wobei das System nach Beendigung der Beanspruchung auch eine Erholungsphase durchläuft, wird als Antithixotropie bzw. Rheopexie (griech.: Gerinnung) bezeichnet. Thixotrope Zubereitungen besitzen größte technische Relevanz (Kap. 12.2.4).

Das Fließverhalten instabiler kolloidaler Systeme, in denen die Teilchen Aggregate oder Flocken bilden, läßt sich oft durch das Modell elastischer Flocken beschreiben. Nach diesem Modell kann aus der anfänglichen Fließgrenze (τ_B bzw. τ_0) die Energie zur Trennung zweier Partikel abgeschätzt werden (Firth and Hunter, 1976a, b; Firth, 1976; van de Ven and Hunter, 1977).

Anhand der Ausführungen dieses Kapitels wird deutlich, daß rheologische Prozesse hochkomplexe Phänomene darstellen, deren angemessene theoretische Erklärung sehr schnell den hier noch eingehaltenen einfachen mathematischen Rahmen sprengt. Es ergibt sich die dringende Forderung enger Kooperation zwischen Theoretikern verschiedener Disziplinen. Noch bedeutsamer hingegen erscheint eine ständige Reflexion der so erzielten theoretischen Fortschritte im Hinblick auf ihre praktische Anwendbarkeit, um einer Entfremdung der untrennbar miteinander verwobenen theoretischen und praktischen Bereiche voneinander in der Rheologie entgegenzuwirken.

Literatur

Ball R und Richmond P (1980) Dynamics of colloidal dispersions. J Phys Chem 9: 99-116

Barnes HA (1994) Rheology of emulsions – a review. Colloids Surfaces A 91: 89-95

Barnes HA, Hutton JF und Walters K (1989) An introduction to rheology. Rheology Ser 3. Elsevier, Amsterdam

Batchelor GK (1977) The effect of Brownian motion on the bulk stress in a suspension of spherical particles. J Fluid Mech 83: 97-117

Binder RC (1973) Fluid Mechanics. 5th edn. Prentice Hall, Englewood Cliffs

Brandenburg U und Lagaly G (1988) Rheological properties of sodium montmorillonite dispersions. Appl Clay Sci 3: 263-279

Buscall R, McGowan IJ und Mumme-Young CA (1990) Rheology of weakly interacting colloidal particles at high concentration. Faraday Discuss Chem Soc 90: 115-127

Einstein A (1906) Eine neue Bestimmung der Moleküldimension. Ann Phys 19: 289-306

Einstein A (1911) Berichtigung meiner Arbeit: Eine neue Bestimmung der Moleküldimension. Ann Phys 34: 591-592

Firth BA (1976) Flow properties of coagulated colloidal suspensions. II. Experimental properties of the flow curve parameters. J Coll Interf Sci 57: 257-265

Firth BA und Hunter RJ (1976) a) Flow properties of coagulated colloidal suspensions. I. Energy dissipation in the flow units. J Coll Interf Sci 57: 248-256

Firth BA und Hunter RJ (1976) b) Flow properties of coagulated colloidal suspensions. III. The elastic floc model. J Coll Interf Sci 57: 266-275

Fischer EK (1948) Note on the origin of the term „rheology". J Coll Sci 3: 73

Fleer GJ, Koopal LK und Lyklema J (1972) Polymer adsorption and its effect on the stability of hydrophobic colloids. Koll Z Z Polym 250: 689-702

Frith WJ, d'Haene P, Buscall R und Mewis J (1996) Shear thickening in model suspensions of sterically stabilized particles. J Rheol 40: 531-548

Goodwin JW und Ottewill RH (1991) Properties of concentrated colloidal dispersions. J Chem Soc, Faraday Trans 87: 357-369

Güven N (1992) Rheological aspects of aqueous smectite suspensions. In: Güven N; Pollastro RM (eds) Clay-water interface and its rheological implications. CMS workshop lectures. Clay Min Soc, Boulder, CO, vol 4, pp 81-125

Hiemenz PC (1986) Principles of colloid and surface chemistry. 2nd edn. Marcel Dekker, Inc, New York

Hunter RJ (1987) Foundations of colloid science. Oxford Univ Press, Oxford, vol 1

Krieger IM (1985) Rheology of polymer colloids. In: Polymer colloids. Elsevier, New York, pp 219-246

Kuhn W und Kuhn H (1945) Die Abhängigkeit der Viskosität vom Strömungsgefälle bei hochverdünnten Suspensionen und Lösungen. Helvetica Chimica Acta 28: 97-127

Kulicke WM (1986) Fließverhalten von Stoffen und Stoffgemischen. Hüthig und Wepf, Basel

Mewis J (1979) Thixotropy – a general review. J Non-Newtonian Fluid Mech 6: 1-20

Mooney M (1951) The viscosity of a concentrated suspension of spherical particles. J Coll Sci 6: 162-170

Quemeda D (1989) An overview of recent results on rheology of concentrated colloidal dispersions. Progr Colloid Polym Sci 79: 112-119

Robinson JV (1949) The viscosity of suspensions of spheres. J Phys Coll Chem 53: 1042-1056

Saunders FL (1961) Rheological properties of monodisperse latex systems. I. Concentration dependence of relative viscosity. J Coll Sci 16: 13-22

Schulz KO (1997) Strukturell-rheologische Eigenschaften kolloidaler Tonmineraldispersionen. Dissertation. Univ Kiel

Simha R (1945) The influence of molecular flexibility on the intrinsic viscosity, sedimentation, and diffusion of high polymers. J Phys Chem 13: 188-195

Streeter VL und Wylie EB (1983) Fluid mechanics. McGraw-Hill International Book Company, Tokyo, Japan

Tadros TF (1985) Rheology of concentrated suspensions. Chem Ind, pp 210-218

Tamai H, Iida A und Suzawa T (1984) The surface characterization of styrene-acrylamide copolymer latex particles and their deposition onto fibers. Colloid Polym Sci 262: 77-82

Thomas DG (1965) Transport properties of suspension. VIII. A note on the viscosity of newtonian suspensions of uniform spherical particles. J Coll Sci 20: 267-277

Ven van de TGM und Hunter RJ (1977) The energy dissipation in sheared coagulated sols. Rheol Acta 16: 534-543

Whorlow RW (1980) Rheological techniques. John Wiley & Sons, New York

14 Adsorption aus binären Flüssigkeitsmischungen

In der Praxis spielen Lösungsmittelmischungen eine große Rolle. Mehr und mehr werden Mischungen von Wasser und wasserverdünnbaren Lösungsmitteln eingesetzt. Aufgrund der unterschiedlichen Wechselwirkungen mit den dispergierten Teilchen unterscheidet sich die Zusammensetzung der Lösungsmittelmischung im Einflußbereich der Festkörperoberfläche von derjenigen der Lösung. Die Bildung einer Adsorptionsschicht kann sich in zweifacher Weise auf die Stabilität der Dispersion auswirken. Einmal wird die Van-der-Waals-Wechselwirkung betroffen. Ein Beispiel wurde am Ende von Kap. 2.5 aufgeführt. Zum anderen wird sich die Verteilung der Gegen- und Coionen zwischen Stern-Schicht und diffuser Ionenschicht ändern. Dieser Prozeß ist bisher kaum untersucht worden. Ein anderes Beispiel ist die Koagulation von Latices in 2-Butoxyethanol-Wasser, wenn sich Zusammensetzung und Temperatur der binodalen Kurve nähern (Grüll and Woermann, 1997).

Der erste Schritt zum grundlegenden Verständnis beider Einflüsse ist die Bestimmung der Adsorption der Komponenten aus einer binären Lösungsmittelmischung. Üblicherweise werden eingewogene Mengen des Feststoffs in bestimmten Mengen von Flüssigkeitsmischungen dispergiert. Nach Erreichen des Gleichgewichts wird die Zusammensetzung der Flüssigkeitsmischung ermittelt (Dékány et al., 1985a; 1986a; 1986b; Dékány et al., 1990; Dékány, 1992; Zimehl et al., 1992; Machula et al., 1993; Dékány 1996).

Der Molenbruch der Komponente 1 in der Ausgangsmischung sei $x_1{}^0$, nach Erreichen des Gleichgewichts x_1. Weiterhin sei n^0 die Gesamtzahl der Flüssigkeitsmoleküle bezogen auf 1 g Adsorbens. Durch die Adsorption ändert sich die Zusammensetzung der Lösung um $n^0\ (x_1^0 - x_1)$. Diese Größe wird als spezifischer Oberflächenüberschuß $n_1{}^{\sigma(n)}$ bezeichnet:

$$n_1^{\sigma(n)} = n^0(x_1^0 - x_1) \tag{14.1}$$

Wird $n_1^{\sigma(n)}$ gegen x_1 aufgetragen, erhält man die sogenannten Komposit- oder Überschußisothermen (Abb. 14.1). Man spricht von U- (Typ I, II, III) und S-förmigen (Typ IV, V) Isothermen. Die Isothermen II, III, IV verlaufen über einen gewissen Konzentrationsbereich linear. Isotherme III führt im Gegensatz zur Isotherme II zu keiner linearen Abhängigkeit im Everett-Schay-Diagramm (s. u.) (Fóti et al., 1974).

Der spezifische Oberflächenüberschuß $n_1^{\sigma(n)}$ ist nicht identisch mit den wirklich adsorbierten Mengen der Komponenten 1 und 2, n_1^s und n_2^s. Die Überschußisotherme entsteht durch die Kombination zweier individueller Isothermen $n_1^s = f(x_1)$ und $n_2^s = f(x_1)$ (Abb. 14.2). Die nicht immer lösbare Aufgabe besteht darin, die beiden individuellen Isothermen aus der Überschußisotherme abzuleiten.

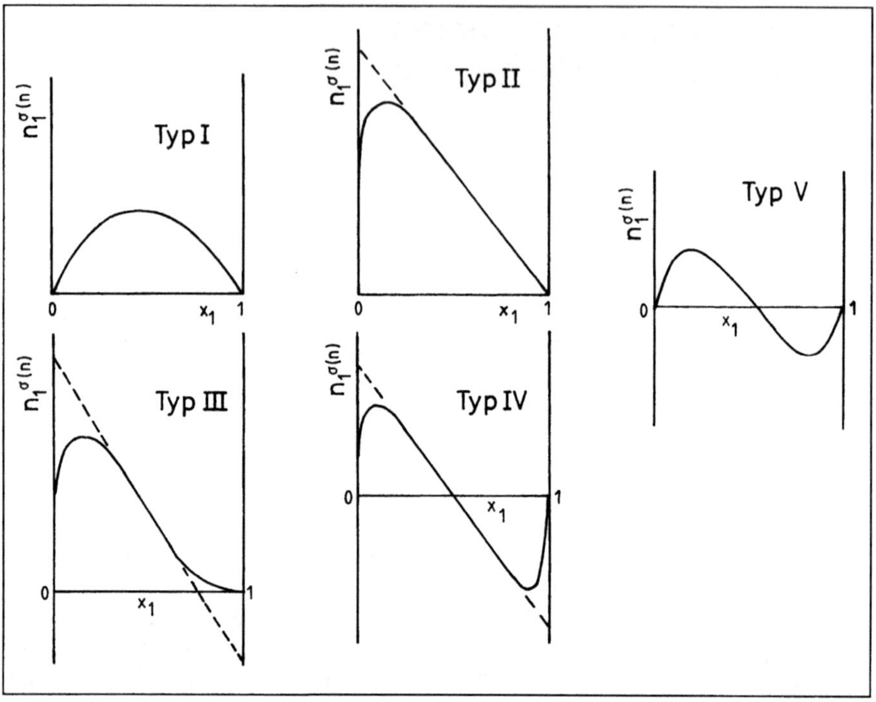

Abb. 14.1. Adsorption aus binären Flüssigkeitsmischungen: Schay-Nagy-Klassifizierung von Adsorptionsüberschußisothermen. $n_1^{\sigma(n)}$ ist der spezifische Oberflächenüberschuß (Gleichung 14.1), x_1 der Molenbruch der Komponente 1 in der Gleichgewichtsmischung der beiden Flüssigkeiten (Fóti et al., 1974).

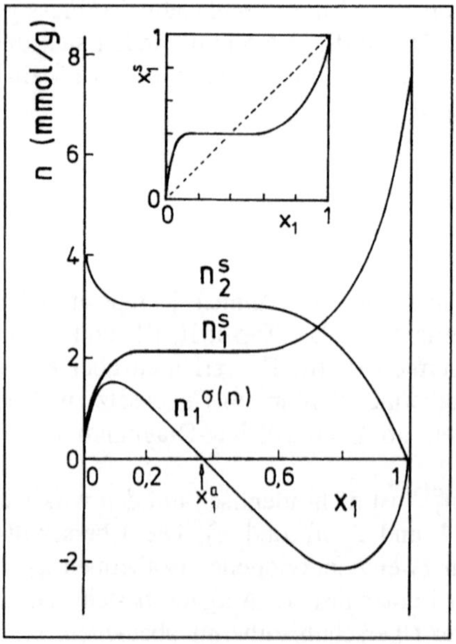

Abb. 14.2. Beispiel für eine S-förmige Kompositisotherme (Adsorptionsüberschußisotherme $n_1^{\sigma(n)} = f(x_1)$ und die Aufspaltung in die beiden individuellen Isothermen $n_1^s = f(x_1)$ bzw. $n_2^s = f(x_1)$. Eingefügt ist der Verlauf des Molenbruchs x_1^s der Komponente 1 in der Adsorptionsschicht in Abhängigkeit von der Gleichgewichtszusammensetzung x_1. Dargestellt sind die Isothermen für die Adsorption von Methanol/Benzol an Alkylpyridinium-Montmorillonit. x_1 ist der Molenbruch Methanol bei der Gleichgewichtszusammensetzung der Flüssigkeitsmischung. (Dékány et al., 1985b).

Nach der Ostwald-de-Izaguirre-Gleichung hängt der Oberflächenüberschuß $n_1^{\sigma(n)}$ mit den adsorbierten Mengen n_1^s und n_2^s folgendermaßen zusammen:

$$n_1^{\sigma(n)} = n^0(x_1{}^0 - x_1) = n_1^s - n^s x_1 = n^s(x_1{}^s - x_1) \tag{14.2}$$

Darin ist $n^s = n_1^s + n_2^s$. x_1^s gibt den Molenbruch der Komponente 1 in der Adsorptionsschicht an.

Solange die Adsorption als Verdrängung der einen Komponente durch die andere zu beschreiben ist, d. h. die verdrängten Mengen durch das Verhältnis des Oberflächenbedarfs beider Molekülarten bestimmt werden, gilt (z. B. Dékány, 1988):

$$n_1^s = \frac{r\,n_1^{\sigma(n)} + n_{1,0}^s x_1}{x_1 + r x_2}, \tag{14.3a}$$

$$n_2^s = \frac{n_{1,0}^s x_2 - n_1^{\sigma(n)}}{x_1 + r x_2} \tag{14.3b}$$

Darin ist $r = a_{m,2}/a_{m,1}$ das Verhältnis des Oberflächenbedarfs beider Komponenten. Die Größe $n_{1,0}^s$ ist die Adsorptionskapazität der reinen Komponente 1 (bezogen auf 1 g Adsorbens).

Zur Bestimmung von $n_{1,0}^s$ kann die Everett-Schay-Funktion benutzt werden:

$$\frac{x_1 x_2}{n_1^{\sigma(n)}} = \frac{1}{n_{1,0}^s}\left[\frac{r}{s-1} + \frac{s-r}{s-1}x_1\right] \tag{14.4a}$$

mit dem Separationsfaktor

$$s = x_1^s x_2 / x_2^s x_1. \tag{14.4b}$$

Nach Gleichung 14.4a steigt $x_1 x_2 / n_1{}^{\sigma(n)}$ linear mit x_1 an. Aus der Steigung und dem Achsenabschnitt können $n_{1,0}^{\sigma}$ und s bestimmt werden (vgl. 14.3b).

Gleichung 14.4a ist nur bei U-förmigen Typ-II-Isothermen zur Bestimmung der Adsorptionskapazität geeignet, weil nur diese die lineare Abhängigkeit über einen ausreichend breiten Konzentrationsbereich von x_1 aufweisen.

Zur Auswertung S-förmiger Isothermen kann eine modifizierte Form der Gleichung 14.4a benutzt werden:

$$\frac{x_1(x_1^a - x_1)}{n_1^{\sigma(n)}} = \frac{1}{n^s}\left[\frac{r}{s-1} + \frac{s-r}{s-1}x_1\right]. \tag{14.4c}$$

$x_1{}^a$ gibt die Zusammensetzung am azeotropen Punkt an, d. h. den Wert von x_1 zwischen $x_1 = 0$ und $x_1 = 1$, für den $n_1^{\sigma(n)} = 0$ wird (Schnittpunkt der Isotherme mit der Abszisse). Die Lage des azeotropen Punktes ist als Maß für die Hydrophobizität einer Oberfläche zu betrachten. In einem gegebenen Flüssigkeitspaar verschiebt sich x_1^a mit zunehmendem hydrophobem Charakter der Oberfläche zu kleineren Werten von x_1, wenn 1 die polarere Komponente ist (s. u.).

Bei der Konzentration $x_1 = x_1^a$ ist die Zusammensetzung der Adsorptionsschicht gleich derjenigen der Flüssigkeitsmischung, $x_1^a = x_1^s$. Aus x_1^a und n^s läßt sich dann die Adsorptionskapazität $n_{1,0}^s$ erhalten:

$$n_{1,0}^s = n^s x_1^a + (1 - x_1^a) r n^s. \tag{14.5}$$

U- und S-förmige Isothermen, die über einen gewissen Konzentrationsbereich von x_1 linear verlaufen, lassen sich in einfacher Weise nach dem graphischen Extrapolationsverfahren von Schay und Nagy auswerten (Abb. 14.1). Nach der Ostwald-de-Izaguirre-Gleichung 14.2 gilt für den linearen Bereich:

$$n_1^{\sigma(n)} = n_1^s - n^s x_1 = a - b x_1. \tag{14.6}$$

Bei der Extrapolation des linearen Kurvenstücks einer U-förmigen Isotherme auf $x_1 = 0$ erhält man daher n_1^s (vgl. Abb. 14.1). Die Steigung ist $b = n_1^s/1$, d. h. $n_2^s = 0$. Im Konzentrationsbereich des linearen Kurvenverlaufs wird nur Komponente 1 adsorbiert.

Wird das lineare Kurvenstück einer S-förmigen Isotherme auf $x_1 = 0$ und $x_1 = 1$ extrapoliert (vgl. Abb. 14.1), erhält man für $x_1 = 0$ wiederum $n_1^{\sigma(n)} = n_1^s$, für $x_1 = 1$ nach Gleichung 14.6 $n_1^{\sigma(n)} = n_1^s - n^s = -n_2^s$. Damit läßt sich die Zusammensetzung der Adsorptionsschicht auch bei S-förmigen Isothermen ermitteln. Aus n_1^s und n_2^s ergibt sich bei bekannten Flächenbedarf der Moleküle 1 und 2 die spezifische Oberfläche a^s:

$$a^s = n_1^s a_{m,1} + n_2^s a_{m,2}. \tag{14.7}$$

Diese Oberfläche stimmt in vielen Fällen mit der BET-Oberfläche überein.

Wäre die Oberfläche nur mit einer Komponente vollständig abgedeckt, würde

$$a^s = n_{1,0}^s a_{m,1} = n_{2,0}^s a_{m,2} \tag{14.8}$$

sein, woraus folgt:

$$n_{1,0}^s = n_1^s + r n_2^s. \tag{14.9}$$

Es sei nochmals betont, daß die Adsorptionskapazität $n_{1,0}^s$ bzw. $n_{2,0}^s$ eine scheinbare Größe ist, denn sie gilt nur im Bereich des linearen Isothermenstücks. Wie groß n_1^s bzw. wie dick die Adsorptionsschicht bei $x_1 = 0$ bzw. $x_1 = 1$ tatsächlich ist, läßt sich nicht entnehmen. Mit diesem Problem haben sich Dékány und Mitarbeiter in jüngerer Zeit beschäftigt (Berger und Dékány, 1997). Tatsächlich kann sich die Dicke der Adsorptionsschicht mehr oder weniger stark mit x_1 ändern. So stieg sie bei Aerosil R-972 in Benzol/Heptan mit zunehmendem Molenbruch von Benzol stetig, schließlich sogar steil, an. Dagegen war sie in Methanol/Benzol bei mittleren Methanolkonzentrationen etwas größer als in den nahezu reinen Flüssigkeiten (Machula et al., 1993).

Als Beispiel sind in Abb. 14.3 die Kompositisothermen zweier Flüssigkeitsgemische am Aerosil gezeigt (Dékány, 1988). Aus der Mischung der beiden

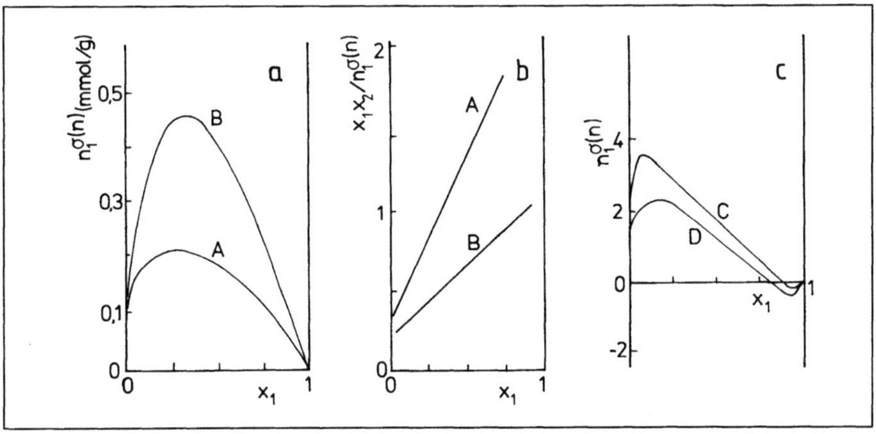

Abb. 14.3 a–c. Adsorptionsüberschußisothermen aus Flüssigkeitsmischungen an Aerosil® (Dékány, 1988). **a** Benzol/Heptan an Aerosil®. Spezifische BET-Oberfläche 42 m²/g (**A**) bzw. 120 m²/g (**B**), x_1 = Molenbruch Benzol; **b** Everett-Schay-Darstellung (Gleichung 14.4a) der beiden Dispersionen von **a; c** Methanol/Benzol an Aerosil® (BET-Oberfläche 231 m²/g **C**) und an diesem Aerosil, nachdem durch Erhitzen in Methanol ein Teil der Silanolgruppen verestert worden war (**D**). x_1 = Molenbruch Methanol.

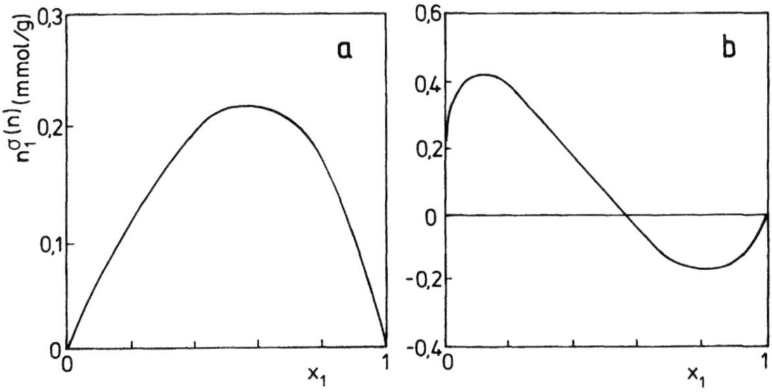

Abb. 14.4. Adsorptionsüberschußisothermen von hydrophobiertem Aerosil® R-972 in **a** Benzol/Heptan (x_1 = Molenbruch Benzol) und **b** Methanol/Benzol (x_1 = Molenbruch Methanol) (Machula et al., 1993).

Kohlenwasserstoffe wurde nur Benzol adsorbiert (U-förmige Isotherme). In Methanol/Benzol[1)] verlief die Isotherme S-förmig. Bei $0 < x_1 < 1$ wurden beide Komponenten adsorbiert. Durch die Methylierung der Oberfläche verschob sich der azeotrope Punkt zu einem kleineren Wert von x_1, d. h. die Oberfläche verhielt sich im Adsorptionsexperiment etwas hydrophober.

Die den Ausführungen in Kap. 2.5, S. 45 f zugrunde liegenden Adsorptionsisothermen sind in Abb. 14.4 dargestellt (Machula et al., 1993). In Benzol/Hep-

[1)] Die jeweils zuerst aufgeführte Verbindung ist Komponente 1.

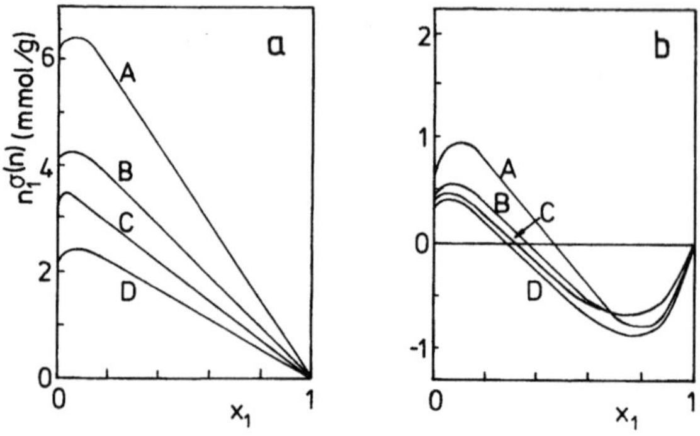

Abb. 14.5. Adsorptionsüberschußisothermen von Alkohol/Benzol-Mischungen an Zeolith Y in der Natriumform **a** und nach Dealuminierung **b**. Alkohole: **A** Methanol **B** Ethanol **C** n-Propanol **D** n-Butanol. x_1 ist der Molenbruch Alkohol (Dékány et al., 1986 c).

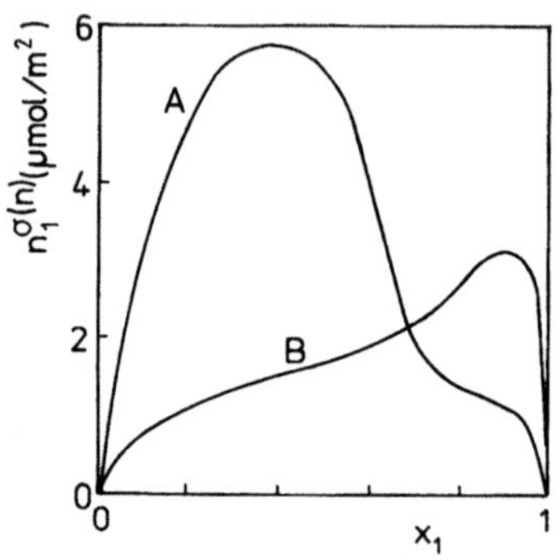

Abb. 14.6. Adsorptionsüberschußisothermen von Methanol/Wasser an graphitierter Kohle (Printex-80, Sigri Electrographit GmbH, **A**) und Kieselgel (Kieselgel K-60, Merck, **B**). x_1 ist der Molenbruch Methanol (Marosi et al., 1992).

tan-Mischungen verlief die Kurve U-förmig ohne lineares Teilstück; Benzol wurde bevorzugt adsorbiert. In Methanol/Benzol entstand eine S-förmige Isotherme mit einem linearen Teilstück und einem azeotropen Punkt bei $x_1^a \approx 0{,}55$.

Die Hydrophobierung der Oberfläche von Zeolithen infolge der Dealuminierung wirkt sich auf den Typ der Überschußisothermen aus (Dékány et al., 1986c; Dékány, 1996). Zeolith Y in der Natriumform adsorbierte aus Alkohol/Benzol-Mischungen bei $x_1 > 0$ nur den Alkohol: Die Isothermen waren U-förmig mit ausgedehntem linearen Bereich (Abb. 14.5a). Nach Dealuminierung durch Behandlung mit $SiCl_4$ bei 730 K wurden S-förmige Isothermen mit azeotropen Punkten zwischen $x_1 = 0{,}3$ und 0,5 erhalten. Es wurde also neben Alkohol auch Benzol adsorbiert.

Schließlich sei durch Abb. 14.6 belegt, daß in Mischungen polarer Flüssigkeiten wie Methanol/Wasser an graphitierter Kohle und Kieselgel recht ungewöhnliche Isothermenformen auftreten können (Marosi et al., 1992, 1994).

Mikrokalorimetrische Untersuchungen stellen wichtige Ergänzungen zu den Adsorptionsmessungen dar (Dékány et al., 1985a; 1986a; Dékány et al., 1990; Dékány, 1992; 1996).

Literatur

Berger F, Dékány I (1997) Multilayer adsorption with variable thickness at solid-liquid interfaces. Colloid Polym Sci 275; in press

Dékány I (1988) Flüssigkeitsadsorption und Benetzung an Aerosilderivaten. Farbe + Lack 94: 103-107

Dékány I (1992) Liquid adsorption and immersional wetting on hydrophilic/hydrophobic solid surfaces. Pure Apl Chem 64: 1499-1509

Dékány I (1996) Adsorption and immersional wetting on hydrophilic and hydrophobic silicates. In: Dabrowski A; Tertykh VA (eds) Adsorption on new and modified inorganic sorbents. Studies in surface science and catalysis. Elsevier, Amsterdam, vol 99, pp 879-897

Dékány I, Marosi T, Király Z und Nagy LG (1990) Surface modification and surface thermodynamic potential functions at the S/L interface. Colloids Surfaces A 49: 81-93

Dékány I, Szántó F und Nagy LG (1985) a) Sorption and immersional wetting on clay minerals having modified surface. I. J Coll Interf Sci 103: 321-331

Dékány I, Szántó F, Weiss A und Lagaly G (1985) b) Interlamellar liquid sorption on hydrophobic silicates. Ber Bunsenges Phys Chem 89: 62-67

Dékány I, Szántó F und Nagy LG (1986) a) Sorption and immersional wetting on clay minerals having modified surface. II. J Coll Interf Sci 109: 376-384

Dékány I, Szántó F, Weiss A und Lagaly G (1986) b) Interactions of hydrophobic layer silicates with alcohol-benzene mixtures. I. II. Ber Bunsenges Phys Chem 90: 422-427; 427-431

Dékány I, Szántó F, Nagy LG und Beyer HK (1986) c) Liquid sorption and immersional wetting on dealuminated Y-type zeolites. J Coll Interf Sci 112: 261-267

Fóti G, Nagy LG und Schay G (1974) Determination of adsorption capacity from adsorption excess isotherms of liquid mixtures. Acta Chim Acad Scient Hungaricae 80: 25-40

Grüll H, Woermann D (1997) Stability of colloidal suspensions in a binary liquid mixture in the vicinity of its binodal curve. Ber Bunsenges Phys Chem 101: 814–820

Machula G, Dékány I und Nagy LG (1993) The properties of the adsorption layer and the stability of aerosil dispersions in binary liquids. Colloids Surfaces A 71: 241254

Marosi T, Dékány I und Lagaly G (1992) Displacement processes on hydrophilic/hydrophobic surfaces in methanol-water mixtures. Colloid Polym Sci 270: 1027-1034

Marosi T, Dékány I und Lagaly G (1994) Displacement processes on hydrophilic/hydrophobic surfaces in 1-propanol-water mixtures. Colloid Polym Sci 272: 1136-1142

Zimehl R, Dékány I und Lagaly G (1992) Sorption of binary liquid mixtures on polymer networks. Part I. Colloid Polym Sci 270: 68-77

15 Konstanten, Einheiten, Hyperbelfunktionen

Fundamentalkonstanten

Avogadrozahl	$N_A = 6{,}0221367 \cdot 10^{23}$ mol^{-1} (CODATA Task Group on Fundamental Constants, 1986)
Elementarladung	$e_0 = 1{,}602177 \cdot 10^{-19}$ C $= 4{,}806531 \cdot 10^{-10}$ esu (1C $= 3 \cdot 10^9$ esu)
Boltzmann-Konstante	$= 1{,}380658 \cdot 10^{-23}$ JK^{-1} $= 1{,}380658 \cdot 10^{-16}$ ergK^{-1}
Elektrische Feldkonstante ε_0	$= 8{,}854188 \cdot 10^{-12}$ As V^{-1}m^{-1}

Einheiten im cgs- und SI-System

im cgs-System		folgt aus:
Kraft	dyn = g cm s^{-2}	Kraft = Masse · Beschleunigung
Energie	erg = g cm^2 s^{-2}	Kraft · Weg
Ladung	g$^{1/2}$ cm$^{3/2}$ s^{-1}	nach dem Coulombschen Gesetz: Ladung = $\sqrt{\text{Kraft}}$ · Länge
Potential	$\sqrt{\text{dyn}}$ = g$^{1/2}$cm$^{1/2}$ s^{-1}	Potential = Energie/Ladung
Feldstärke	$\sqrt{\text{dyn}}$ /cm = g$^{1/2}$ cm$^{-1/2}$s^{-1}	Feldstärke = Potential/Länge
Viskosität	g cm^{-1} s^{-1}	Kraft pro Fläche/Schergeschwindigkeitsgradient (s^{-1})
im SI-System		
Kraft	N = J m^{-1} = kg m s^{-2}; 1 N = 10^5 dyn	
Energie	J = Nm = Ws = kg m^2 s^{-2}; 1J = 10^7 erg; 1 kcal = 4,1868 kJ	
Ladung	C = As; 1 F = $N_A \cdot e_0$ = 96485,29 C; 1C = 3 · 10^9 esu	
Potential	V = JC^{-1} = kg m^2 s^{-3} A^{-1}; 1V = (1/300) esu	
Feldstärke	Vm^{-1} = kg m s^{-3} A^{-1}	
Viskosität	kg m^{-1} s^{-1}	

Weiterhin
1 eV = $1{,}6022 \cdot 10^{-19}$ CV = $1{,}6022 \cdot 10^{-19}$ J
= 38,92 kT (bei 25 °C);
auf ein Mol bezogen: $N_A \cdot 1{,}6022 \cdot 10^{-19}$ $\mathrm{Jmol^{-1}}$ = 96,485 $\mathrm{kJmol^{-1}}$ = 23,05 $\mathrm{kcalmol^{-1}}$

Bei der Umschreibung der Gleichungen vom cgs-System in das SI-System sind folgende Einheiten zu beachten:

	cgs	SI
Länge	cm	m
Konzentration	n: Zahl der Teilchen pro $\mathrm{cm^3}$ $n = 10^{-6}\ N_A c$	c: $\mathrm{molm^{-3}}$ (!)
Energie	erg	J 1 J = 1 Ws = 1 VAs 1 J = 10^7 erg
Boltzmann-Konstante	$k = 1{,}380658 \cdot 10^{-16}\ \mathrm{ergK^{-1}}$	$R = N_A k = 8{,}314511\ \mathrm{JK^{-1}\ mol^{-1}}$
thermische Energie bei 25 °C	$kT = 0{,}411643 \cdot 10^{-13}$ erg	$RT = 2478{,}97\ \mathrm{J\ mol^{-1}}$
Ladung	$e_0 = 4{,}806531 \cdot 10^{-10}$ esu	$F = N_A e_0 = 96485{,}29\,\mathrm{C}$
Dielektrizitäts-konstante	ε	$4\pi\varepsilon\varepsilon_0$

Werte von γ und κ bzw. $1/\kappa$

Es ist $\gamma = (e^{z/2} - 1)/(e^{z/2} + 1)$
mit $z = vF\psi_d/RT$.
Bei 25 °C entspricht $z = 1$ einem Potential von 25,69 mV ($v = 1$).

z	γ	γ^2	z	γ	γ^2
1	0,2453	0,0599	6	0,9051	0,8193
2	0,4621	0,2136	7	0,9414	0,8862
3	0,6351	0,4034	8	0,9640	0,9293
4	0,7616	0,5800	9	0,9780	0,9565
5	0,8483	0,7196	10	0,9866	0,9734

Die reziproke Debye-Hückel-Länge κ beträgt bei symmetrischen Elektrolyten ($v^+ = -v^- = v$):

$$\kappa = 1{,}0395 \cdot 10^8 v\sqrt{c_0} \qquad (\mathrm{m^{-1}})$$

wobei c_0 in $\mathrm{mol/m^3}$ einzusetzen ist. Wird c_0 in mol/L angegeben, wird:

$$\kappa = 32{,}87 \cdot 10^8 v\sqrt{c_0} \qquad (\mathrm{m^{-1}})$$

Man erhält für die reziproke Debye-Hückel-Länge κ und die „Dicke“ $1/\kappa$ der diffusen Ionenschicht ($v = 1$):

c_0 (mol/L)	κ (m^{-1})	$1/\kappa$ (nm)
10^{-5}	$1{,}04 \cdot 10^7$	96,2
$5 \cdot 10^{-5}$	$2{,}32 \cdot 10^7$	43,1
10^{-4}	$3{,}29 \cdot 10^7$	30,4
$5 \cdot 10^{-4}$	$7{,}35 \cdot 10^7$	13,6
10^{-3}	$1{,}04 \cdot 10^8$	9,6
$5 \cdot 10^{-3}$	$2{,}32 \cdot 10^8$	4,3
10^{-2}	$3{,}29 \cdot 10^8$	3,0
$5 \cdot 10^{-2}$	$7{,}35 \cdot 10^8$	1,4
10^{-1}	$1{,}04 \cdot 10^9$	0,96
$5 \cdot 10^{-1}$	$2{,}32 \cdot 10^9$	0,43
1	$3{,}29 \cdot 10^9$	0,30

Hyperbelfunktionen

$\sinh y = (e^y - e^{-y})/2$
$\cosh y = (e^y + e^{-y})/2$
$\tanh y = (e^y - e^{-y})/(e^y + e^{-y})$
$\cosh y - 1 = (e^y - 2 + e^{-y})/2 = (e^{y/2} - e^{-y/2})^2/2 = 2[\sinh(y/2)]^2$
$\sec y = 1/\cos y$
$\mathrm{cosec}\, y = 1/\sin y$
$\mathrm{cosech}\, y = 2/(e^y - e^{-y})$

Darstellung komplexer Zahlen

$a = \alpha + \beta i = \rho(\cos\varphi + i \sin\varphi) = \rho e^{\varphi i}$
$\rho = |a| = \sqrt{\alpha^2 + \beta^2}$: Modul oder Absolutbetrag (mag(a))
$\varphi = \arctan \beta/\alpha$: Argument der komplexen Zahl (arg(a))
$\alpha = \rho \cos\varphi$; $\beta = \rho \sin\varphi$

Radiant (rad)

$1\ \mathrm{rad} \simeq 360°/2\pi = 57{,}3°$
$1° \simeq 2\pi/360\ \mathrm{rad} = 0{,}017453\ \mathrm{rad}$

16 Biographische Daten bedeutender Kolloidwissenschaftler

Klaus Beneke

Die Untersuchung kolloidaler Systeme ist nicht auf Chemiker und Physiker als Kolloidwissenschaftler beschränkt; auch Mediziner, Biologen, Geologen, Mineralogen u. a. haben sich mit kolloidalen Teilchen beschäftigt (s. Wo. Ostwald). Schon im Altertum wurden kolloidwissenschaftliche Prozesse bei der Herstellung bzw. Verwendung von alkoholischen Getränken, Seifen, Tinten, Pigmenten, Farbstoffen, Beizen, Gläsern u. a. angewandt. Diese Anwendung setzte sich über das Mittelalter bis in die heutige Zeit fort, wobei immer wieder versucht wurde, Produkte zu verbessern bzw. neue und preiswertere Stoffe herzustellen (Volke, 1989; Beneke, 1995).

In Kapitel 4.5 bzw. 7.9 wurde auf die Herstellung redispergierbarer Tinten und Tuschen und die Stabilisierung von Emulsionen durch Senfpulver hingewiesen. Bis heute spielt die Optimierung der kolloidchemischen Eigenschaften von Stoffen eine wichtige Rolle (Kap. 1.2).

Eine intensive Forschungstätigkeit auf dem Gebiete der Kolloidik setzte in der Mitte des letzten Jahrhunderts ein und erreichte um 1900 einen ersten Höhepunkt. Diese Entwicklung der Kolloidwissenschaft wurde vor allem durch Wolfgang Ostwald (1883–1943) vorangetrieben, der 1906 die erste, bereits im Verlag Steinkopff und Springer, ab 1908 Theodor Steinkopff Verlag Dresden, erschienenen Fachzeitschrift *Zeitschrift für Chemie und Industrie der Kolloide* (später *Kolloid-Zeitschrift,* heute *Colloid and Polymer Science*) und 1922 die Kolloid-Gesellschaft in Leipzig gründete (Beneke, 1996 a).

Nachfolgend sollen Leben und Leistung der in den vorangehenden Kapiteln erwähnten Wissenschaftler aufgezeigt werden. Interessant ist die Tatsache, daß in Biographien und Nekrologen nicht immer die kolloidwissenschaftliche Leistung aufgeführt wurde (z. B. Otto Stern, Fritz London, D. L. Chapman, L.-G. Gouy). Von einigen Kolloidwissenschaftlern (z. B. S. U. Pickering, H. C. Hamaker) konnten bis jetzt keine näheren Angaben ermittelt werden.

Bancroft, Wilder Dwight

01. 10. 1867 Middletown (Rhode Island)–07. 02. 1953 Ithaca (New York). Bancroft, Sohn eines Kunstmalers, studierte von 1884 bis 1888 an der Harvard-Universität in Cambridge (Massachusetts). 1889 ging er an die Universität Straßburg, 1890 bis 1892 an die Universität Leipzig, und promovierte 1892 bei Wilhelm Ostwald (1853–1932). Danach wechselte er an die Universität Amsterdam zu Jacobus van't Hoff (1852–1911), kehrte 1893 an die Harvard Universität zurück und wurde 1894 Dozent für Chemie. 1895 ging er als Assistent Professor für physikalische Chemie an die Cornell Universität in Ithaca, wo er 1903 eine Professur erhielt und bis 1937 im Amte blieb.

Bancroft führte die physikalische Chemie, die er bei Wilhelm Ostwald in Leipzig kennengelernt hatte, in USA ein. Er arbeitete vor allem auf elektrochemischem Gebiet, wobei er Redoxvorgänge untersuchte, z. B. das Phänomen der Überspannung, welches er mit der Bildung einer monoatomaren Wasserstoffschicht an der Kathode erklärte. Er bestimmte Elektrodenpotentiale und konnte 1896 zeigen, daß die Kristallgröße abgeschiedener Metalle auf der Kathodenfläche durch Zugabe verschiedener Stoffe beeinflußt wird. 1897 entwickelte er den Begriff des chemischen Potentials, nachdem Maurice Marie Durhem (1861–1916) bereits 1884 das thermodynamische Potential definiert hatte.

Nach 1900 beschäftigten sich Bancroft und seine Mitarbeiter u. a. mit der Anwendung des Phasengesetzes auf heterogene Gleichgewichte und mit thermodynamischen Vorgängen bei der Isomerisierung. Es folgten Untersuchungen biochemischer und kolloidwissenschaftlicher Themen, im besonderen die Herstellung und Eigenschaften von Emulsionen. Nach ihm ist die *Bancroft Regel* benannt (Kap. 7.2).

Bancroft gründete 1896 das Journal of Physical Chemistry und schrieb die Monographien *The Phase Rule* (1897) und *Applied Colloid Chemistry* (1921). In späteren Jahren hatte er viele nationale und internationale Ämter inne (Miles, 1970; Fischer, 1989 a).

Boer, Jan Hendrik de

19. 03. 1899 Ruinen (bei Drenthe/Niederlande) – 26. 04. 1971 Den Haag. De Boer studierte von 1917 bis 1923 Chemie an der Universität Groningen und war dort ab 1919 Assistent für anorganische und physikalische Chemie. Nebenbei arbeitete er 1920 als Mittelschullehrer. Nach seiner Promotion (1923) ging er als Industriechemiker zu Philips nach Eindhoven, wo er 1939 Chef des Zentrallabors wurde. 1940 zog de Boer mit einem Teil der Firma nach Großbritannien um und übernahm während des Krieges die Leitung der Niederländischen Chemieforschung. Von 1946 bis 1950 arbeitete er im Forschungslabor der Firma Unilever und wurde 1946 als a. o. Professor für Technische Chemie an die Universität Delft berufen. Von 1950 bis 1962 wirkte de Boer als Professor für anorganische Chemie in Limburg (Niederlande), ab 1962 führte er den Vorsitz im wissenschaftlichen Rat für Kernenergie in ś Gravenhagen.

1924 entwickelte de Boer zusammen mit Anton Eduard van Arkel (1893–1976) ein Verfahren zur Trennung von Hafnium und Zirconium durch fraktionierte Kristallisation. Es folgte die Entwicklung des *Arkel – de Boer – Verfahrens* zur Herstellung von reinem Titan und Zirconium. 1925 gelang de Boer die Gewinnung von duktilem Hafnium und Zirconium über die Phosphatverbindungen.

De Boer beschäftigte sich danach mit der Photoemission adsorbierender Alkaliionen und untersuchte den inneren Photoeffekt in Gleichrichterhalbleitern. Nach dem 2. Weltkrieg widmete er sich physikalisch – chemischen Problemen an Oberflächen (Adsorption, Katalyse, Elektronenemission monomolekular bedeckter Oberflächen).

De Boer schrieb 1929 gemeinsam mit van Arkel das Buch *Chemische Bindung als elektrostatische Erscheinung*. Weitere Werke von de Boer waren *Electron Emission and Adsorption Phenomena* (1935) und *The Dynamic Character of Adsorption* (1953) (Fischer, 1989 b).

Bredig, Georg

01. 10. 1868 Glogau – 24. 04. 1944 New York. Bredig begann das Studium der Chemie 1886 in Freiburg und führte seine Studien in Berlin (1886 1889) und Leipzig (1889 –1893) weiter, wo er mit einer Arbeit über die Stöchiometrie der Ionenbeweglichkeit promovierte. Danach war er sechs Jahre Assistent bei Wilhem Ostwald (1853–1932). Forschungsreisen führten Bredig 1893 bis 1895 zu J. H. van't Hoff (1852–1911), E. J. Cohen (1869–1944) nach Amsterdam, M. P. Berthelot (1827–1907) nach Paris und zu S. A. Arrhenius (1859–1927) nach Stockholm. Bredig habilitierte sich 1901 an der Universität Leipzig mit einer Arbeit über *Anorganische Fermente* und einer Vorlesung über „Die Chemie der extremen Temperaturen". Im selben Jahr wurde er als a. o. Professor an die Universität Heidelberg zur Leitung der physikalisch-chemischen Abteilung des chemischen Unterrichtslaboratoriums berufen. 1910 folgte er einem Ruf als o. Professor an die ETH Zürich, ein Jahr später ging er als Nachfolger von Fritz Haber (1868–1934) an die TH Karlsruhe, an der er bis zu seiner Emeritierung 1934 als Direktor des Instituts für physikalische Chemie blieb. Infolge des fortschreitenden Antisemitismus emigrierte Bredig 1938 in die Niederlande und danach in die USA. Eine von der University of Princeton in New Jersey angebotene Professur konnte er wegen Krankheit nicht mehr antreten. Er starb 1944 seelisch zermürbt und verbittert in New York.

Bredig war einer der ersten Vertreter der klassischen physikalischen Chemie. Seine elektrochemischen Arbeiten und grundlegenden Beiträge zur Theorie und Praxis der Katalyse waren richtungsweisend. Er wies Analogien zwischen katalytischen Vorgängen und Fermentwirkungen nach.

Bredig begann mit Arbeiten über die Dissoziation schwacher Basen und wies 1899 die Existenz von Zwitterionen nach. 1898 stellte er erstmals kolloidale Metallsole (Kupfer, Nickel, Blei, Silber, Gold, Platin) mit Hilfe eines elektrischen Lichtbogens zwischen den entsprechenden Metallelektroden unter Wasser her (Kap. 5.1), für welche er den Begriff anorganische Fermente schuf. Aufgrund des Einsatzes solcher Sole in der Medizin wurde er 1929 von der Universität Rostock mit dem Dr. med. h. c. und für seine katalytischen Arbeiten 1930 von der TH Zürich mit dem Dr. sc. techn. h. c. ausgezeichnet.

Sein Hauptarbeitsgebiet, die Katalyse, führte er mit der ihm eigenen Akribie in Theorie und Experiment durch, wobei er sich der Kinetik katalytischer Vorgänge, den Einflüssen von Acidität und Basizität, den reversiblen und irreversiblen Vergiftungen von Katalysatoren, ihrer Aktivierung durch Aufladung sowie der Synthese optisch aktiver Stoffe mit optisch aktiven Katalysatoren widmete.

Bredig schrieb viele Abhandlungen; ein eigentliches Werk über die Katalyse hat er nicht abgefaßt. Zu erwähnen sind seine 1901 erschienenen Bücher *Anorganische Fermente. Darstellung kolloidaler Metalle auf elektrischem Wege und Untersuchung ihrer katalytischen Eigenschaften* und *Die Chemie der extremen Temperaturen* (Kuhn, 1962).

Brown, Robert

21. 12. 1773 Montrose (Schottland) – 10. 06. 1858 London. Brown, Sohn eines Geistlichen, studierte ab 1789 Medizin und Botanik in Edinburgh. Ab 1795 arbeitete er als Militärarzt. Auf Empfehlung des Botanikers Sir Joseph Banks (1743–1820) nahm ihn Kapitän Matthew Flinders (1774–1814) mit dem Schiff *Investigator* auf seine zweite Vermessungsfahrt (1801–1803) nach Australien mit. Brown sammelte und studierte während der Küstenvermessung Pflanzen und blieb bis 1805 in Australien.

Im Oktober 1805 kehrte Brown mit über 4000 nahezu unbekannten Pflanzenarten nach England zurück. Als Bibliothekar der Linné-Gesellschaft in London brachte er 1810 einen Band der *Prodromus Florae Novae Hollandiae („Flora von Neuholland"*, wie Australien damals noch hieß) heraus. Ab 1810 verwaltete er als Bibliothekar die Sammlungen Banks' und erhielt nach dessen Tod (1820) und der Übernahme des Nachlasses an das British Museum dort die Stelle eines Kurators der Botanischen Sammlungen. Von 1849 bis 1853 war Brown Präsident der Linnean Society.

Schon in seiner Zeit als Militärarzt untersuchte Brown ein damals aktuelles Gebiet der Botanik, der Kryptogamen (Sporenpflanzen). Dabei war die Benutzung von Lupe und Mikroskop unerläßlich, und Brown wies auch später immer wieder auf die Bedeutung der mikroskopischen Untersuchungen hin. Besondere Aufmerksamkeit widmete er dem Befruchtungsprozeß und der Entwicklung des Embryos. Beim Studium des Befruchtungsprozesses bei Orchideen (1831) entdeckte er den Zellkern, dem er eine maßgebende Bedeutung bei der Embryonalentwicklung zuwies. Die pflanzlichen Sexualorgane waren bis dahin weitgehend unbekannt, ja sogar umstritten, und die Entstehung des Embryos unklar.

Eine wichtige Entdeckung machte Brown 1827, als er unter dem Mikroskop die andauernden, spontanen, unregelmäßigen Bewegungen feinster Teilchen im Pflanzensaft beschrieb (*Brownsche Molekularbewegung*) (Kap. 2.6.3) (Brown, 1828) (s. Smoluchowski, Svedberg). Brown lehnte drei Angebote einer Professur ab (Stearn, 1970; Jahn, 1992).

Buzágh von, Aladár

06. 06. 1895 Derenecsény – 20. 01. 1962 Budapest. Buzágh erhielt sein Diplom als Ingenieur an der TH Budapest. Danach wechselte er an die Königlich Ungarische Pázmany Péter Universität in Budapest, wo er 1920 bei Professor István Bugarski promovierte. Dieser hielt seit 1913 ein Kolloquium für Kolloidchemie. 1921 wurde Buzágh dessen Assistent. Er knüpfte Kontakte zu anderen Kolloidwissenschaftlern wie Richard Zsigmondy in Göttingen, Wolfgang Ostwald in Leipzig und Herbert Freundlich (1880–1940) in Berlin. 1925 wurde Buzágh Assistent bei Wo. Ostwald, 1928 Mitarbeiter von H. Freundlich am Kaiser-Wilhelm-Institut für Physikalische- und Elektrochemie in Berlin-Dahlem. Er habilitierte sich an der Universität in Budapest und wurde als Privatdozent am Institut für Allgemeine Chemie tätig. 1936 wurde er in die Ungarische Akademie der Wissenschaften aufgenommen (Beneke and Lagaly, 1995; Lagaly and Beneke, 1995).

1939 begann Buzágh mit dem Unterricht der Kolloidchemie und wurde Leiter der chemisch-technischen und kolloidchemischen Abteilung an der Universität Budapest, wo er 1941 zum a. o. Professor ernannt wurde. Bereits 1943 übernahm er den Lehrstuhl und das neugegründete Institut für Kolloidchemie an dieser Universität und wurde dessen Direktor bis zu seinem Tode.

Buzágh gehört zu den Begründern der Kolloidwissenschaften in Ungarn. Er setzte durch, daß der kolloidwissenschaftliche Unterricht für Studenten der Chemie und Biologie an allen ungarischen Universitäten obligatorisch wurde. In Ungarn nahm daher die Kolloidwissenschaft mit neuen Instituten und Lehrstühlen einen großen Aufschwung, während die Entwicklung in der BRD umgekehrt verlief; renommierte Lehrstühle und Institute wurden abgebaut.

Buzágh arbeitete sehr vielfältig auf dem kolloidwissenschaftlichen Sektor. In den zwanziger Jahren erschienen Arbeiten über Bentonite und dem Fließverhalten kolloidaler Stoffe. Diese Themen griff er immer wieder auf. Er untersuchte kolloidale Erdalkalicarbonate und beschäftigte sich in den dreißiger Jahren mit der rhythmischen Bildung von $CaCO_3$-Niederschlägen (Liesegangsche Ringe).

In vielen Arbeiten untersuchte er die Peptisation. In diesem Zusammenhang erschienen ab 1927 Beiträge über die *Ostwald-Buzághsche-Bodenkörperregel* (s. Ostwald) (Kap. 5.2). Er untersuchte den Einfluß des Gefrierens auf den kolloidalen Zustand (Kap. 5.6; 5.10.6). Bekannt wurde Buzágh auch durch seine Adhäsionsmessungen (Buzágh, 1927 a; Buzágh, 1927 b; Buzágh, 1927 c; Buzágh, 1928).

1931 entstand „*A Kolloidok Természettudományi Jelentosége*", welches 1936 in deutscher Sprache unter dem Titel *Kolloidik, eine Einführung in die Probleme der modernen Kolloidwissenschaft* erschien und 1938 ins Englische übersetzt wurde. Mit Wo. Ostwald und H. Freundlich war Buzágh ein Leben lang befreundet (Beneke and Lagaly, 1995; Lagaly and Beneke, 1995).

Chapman, David Leonard

08. 12. 1869 Wells (Norfolk/England) – 17. 01. 1958 Oxford. Chapman studierte bis 1893 Chemie an der Manchester Grammar School und Christ Church in Oxford. Er arbeitete zunächst als Lehrer. Danach wurde er von 1897 bis 1907 Assistent von Harold B. Dixon (1852–1930) am Owens College in Manchester, welcher sich mit Gasexplosionen beschäftigte. Hier erarbeitete er die Theorie der Gasexplosion und stellte 1899 dafür die *Chapman-Gleichung* auf. 1907 wurde er Fellow am Jesus College in Oxford. Chapman leitete das College Laboratorium bis zu seiner Emeritierung 1944.

Chapman eröffnete das Gebiet der kinetischen Messung homogener Gasreaktionen und untersuchte die thermische Zersetzung von Ozon. Er beschäftigte sich mit den photochemischen Reaktionen von Wasserstoff und Chlor.

Unabhängig von Louis-Georges Gouy (1854–1926) entwickelte er 1913 die später *Gouy-Chapman-Theorie* (s. Gouy) genannte Theorie der diffusen Doppelschicht (Kap. 2.3.1) (Chapman, 1913) (Bowen, 1971).

Debye, Peter Joseph Wilhelm

24. 03. 1884 Maastricht (Niederlande) – 02. 11. 1966 Ithaca (New York). Debye studierte Elektrotechnik an der TH Aachen, an der er 1905 das Diplom ablegte und Assistent für Technische Mechanik wurde. Er ging als Assistent für theoretische Physik mit Arnold Sommerfeld (1868–1951) 1906 an die Universität München, wo er 1908 promovierte. 1910 habilitierte er sich und wurde zum Dozenten ernannt. 1911 erhielt Debye den Lehrstuhl für theoretische Physik an der Universität Zürich. Bereits ein Jahr später wurde er Professor für mathematische Physik und theoretische Mechanik in Utrecht. Ab 1914 wirkte er als Professor für theoretische und experimentelle Physik in Göttingen.

Von 1920 bis 1927 war er wieder in Zürich, diesmal als Professor der Physik an der ETH. Danach hatte Debye von 1927 bis 1934 den Lehrstuhl für experimentelle Physik an der Universität Leipzig inne. 1935 wurde er Direktor des Physikalischen Instituts der Kaiser-Wilhelm-Gesellschaft und Professor der Physik an der Universität Berlin. Nach Ausbruch des Zweiten Weltkrieges emigrierte er in die USA, wo er ab 1940 an der Universität Ithaca als Professor der Chemie bis zu seiner Emeritierung 1952 wirkte.

1912 erklärte Debye die Temperaturabhängigkeit der Dielektrizitätskonstanten. Ebenfalls 1912 entwickelte er die Einsteinsche Theorie der spezifischen Wärme weiter.

Nach der Entdeckung der Interferenz von Röntgenstrahlen durch Max von Laue (1879–1960) im Jahre 1912 begann Debye 1913 seine Arbeiten zur Anordnung und Struktur von Atomen und Molekülen in Festkörpern, Flüssigkeiten und Gasen. Ab 1916 untersuchte er zusammen mit Paul Scherrer (1890–1969) die Abhängigkeit der Interferenzerscheinungen monochromatischer Röntgenstrahlen von der Teilchengröße (Debye-Scherrer-Verfahren). Die Debye-Scherrer-Aufnahmetechnik wurde zu einer der wichtigsten Methoden der Strukturuntersuchung. In USA übertrug er später seine Erfahrung mit der Streuung von Röntgenstrahlen auf die Streuung von Licht. Die Lichtstreuung benutzte er zur Bestimmung der Molmassen von Polymeren und der Gestalt der Makromoleküle. Er untersuchte dabei auch die Viskosität und Diffusion makromolekularer Lösungen.

Debye entwickelte 1923 mit seinem Assistenten Erich Hückel (1896 1980) die *Debye-Hückel-Theorie*, die von der Annahme eines quasikristallinen Zustandes der Flüssigkeit elektrolytischer Lösungen ausgeht. Das abweichende Verhalten verdünnter Lösungen starker Elektrolyte von idealen Lösungen wurde durch die Annahme interionischer elektrostatischer Wechselwirkungskräfte erklärt (Debye und Hückel, 1923 a; 1923 b) (s. Hückel, Onsager).

Debye entwickelte auch ein Konzept der adiabatischen Entmagnetisierung zur Erzeugung tiefster Temperaturen. Der nicht einfache experimentelle Nachweis wurde 1933 von William F. Giauque (1895–1982) erbracht.

Debyes Vorlesungen und Vorträge waren exzellent und anregend gestaltet, wobei er die Zusammenhänge auf einfache Weise plausibel machte. Debye war Mitglied zahlreicher Akademien und Gesellschaften und erhielt viele Ehrendoktorate und Auszeichnungen. 1936 wurde er mit dem Nobelpreis der Chemie für seine Pionierarbeiten zur Strukturbestimmung im festen, flüssigen und gasförmigen Zustand ausgezeichnet. Die Kolloid-Gesellschaft verlieh ihm 1965 die Ehrenmitgliedschaft (Brodersen, 1936; Hund, 1966; Fischer, 1989 c).

Derjaguin, Boris Vladimirovich

09. 08. 1902 Moskau - 16. 05. 1994 Moskau. Derjaguin studierte Physik bei den Schülern von Pjotr Nikolajewitsch Lebedew (1866–1912). Nach seiner Graduierung 1922 in Physik an der Moskauer Universität begann er seine wissenschaftliche Karriere am Institut für Biophysik. Unter der Leitung von Pjotr Petrowitsch Lasarew (1878–1942) bearbeitete er Probleme der Akustik und der Physik der Sehkraft. Bald wandte er sich Gebieten zu, die ihn weltweit bekannt machten: der physikalischen Chemie, Molekularphysik und Kolloid- und Grenzflächenchemie. Er begann 1932 seine Forschung am Institut für Angewandte Mineralogie mit der Untersuchung dünner Schichten an Flüssigkeiten.

Im Jahre 1935 wurde er Professor der Physik und baute ein Laboratorium für dünne Filme am Institut für Kolloid- und Elektrochemie der Akademie der Wissenschaften der UdSSR in Moskau auf. 1936 wurde ihm der Doktorgrad der Chemie verliehen, ohne daß er eine Arbeit schreiben und verteidigen mußte.

Derjaguin entwickelte bereits 1933/34 eine Theorie der Adhäsion von Feststoffen und schlug eine allgemeine elektrische Theorie der Adhäsion vor. Danach (1935 bis 1941) untersuchte er die Stabilität disperser Systeme und die Koagulation durch Elektrolytzugabe.

Im Jahre 1941 veröffentlichte er zusammen mit Lew Landau (1908–1968) die Arbeit, welche die spätere *DLVO-Theorie* begründete (Kap. 2.4; 2.5; 2.6) (s. Landau, Verwey, Overbeek), allerdings unbemerkt in einer russischen Zeitschrift (Derjaguin and Landau, 1941). Im Jahre 1948 erschien das berühmte Werk *„Theory of the Stability of Lyophobic Colloids; the Interaction of Sol Particles Having an Electric Double Layer“* von E. J. W. Verwey und J. Th. G. Overbeek. Darin ist die Arbeit von Derjaguin und Landau nicht erwähnt. Verwey und Overbeek erklärten, daß sie diese Publikation nicht gekannt hatten, da sie infolge der Besetzung der Niederlande durch die Deutsche Armee von vielen Informationen abgeschnitten waren. Sie erkannten Derjaguins und Landaus Priorität ausdrücklich an (Verwey and Overbeek 1955 a; 1955 b).

Großes Aufsehen erregte Derjaguin 1962, als er die Existenz einer neuen flüssigen Modifikation des Wassers, das *Wasser II,* postulierte. Dieses *anormale Wasser*, später auch *Polywasser* genannt, hatte gegenüber normalen Wasser einen erheblich kleineren Dampfdruck und wies eine größere Viskosität (1.2–1.3 g/cm^3) auf. Außerdem erstarrte es bei etwa -40 °C zu einer glasartigen Masse und fing erst bei 450 °C an zu sieden, wobei es sich zu normalen Wasser zersetzen sollte. Es sollte nicht unbegrenzt mit normalem Wasser mischbar sein. „Anormales Wasser“

wurde durch Kondensation von Wasserdampf an Silicatglas- oder Siliciumdioxidkapillaren dargestellt. Es entstand in nur 5 bis 20 % der frischgezogenen Kapillaren in 5 bis 7 Tagen (Luck, 1970).

Dazu gesellten sich Spekulationen über das natürliche Vorkommen von Polywasser. Einige Autoren befürchteten sogar eine „Verglasung" der Erde durch Polymerisation des Wassers, wenn dieses mit synthetisch hergestelltem Polywasser in Berührung käme. In den USA wurde viel Geld für die technische Anwendung des Polywassers bei der Meerwasserentsalzung, als Schmieröl und als Kühlmittel bei Kernreaktoren zur Verfügung gestellt (Krauss, 1970).

Zum Thema „anormales Wasser" erschienen zwischen 1966 und 1974 über 500 Publikationen, wobei es wenig kritische Artikel gab, da diese sogar von namhaften Zeitschriften abgelehnt wurden (Luck, 1970). Zudem wiesen bekannte Theoretiker quantenmechanisch nach, daß das anormale Wasser existieren müsse. Im Endeffekt stellte sich heraus, daß das anormale Wasser mit Silicatspecies verunreinigtes Wasser war (Franks, 1984).

Derjaguin arbeitete bis wenige Tage vor seinem Tode auf vielen Gebieten der Physik und Chemie. Er legte seine Ergebnisse in über 1000 Publikationen nieder. Mehrere Ehrendoktorate und viele andere Auszeichnungen wurden ihm zuteil. Den Nobelpreis, den er verdient hätte, hat er nicht erhalten. Ob daran das anormale Wasser Schuld hatte (Churaev and Vinogradova, 1994)?

Faraday, Michael

22. 09. 1791 Newington-Butts bei London – 25. 08. 1867 London. Faraday wurde als drittes Kind eines Grobschmieds geboren. Seine Schulbildung war auf die Anfangsgründe des Lesens, Schreibens und Rechnens beschränkt. Mit 13 Jahren begann er Zeitungen auszutragen, mit 14 Jahren eine Buchbinderlehre. Durch Bücher, die er band und las, ließ er sich zu seinen ersten chemischen Experimenten anregen. Als Grundlage diente vor allem das Buch *Gespräche über Chemie* von Jane Marcet (1769–1858) (Balmer, 1971). 1810 wurde Faraday in die City Philosophical Society eingeführt, wo er Vorträge über verschiedene Themen hörte und auch selbst Vorträge hielt. 1812 besuchte er in London Vorlesungen von Humphry Davy (1778–1829), dem Präsidenten der Royal Institution of Great Britain. Davy war von Faraday so beeindruckt, daß er ihm 1813 eine Assistentenstelle anbot (Katscher, 1900).

Auf einer anderthalbjährigen Europareise mit Davy lernte Faraday führende Wissenschaftler wie Louis Joseph Gay-Lussac (1778–1850), Pierre Simon Laplace (1749–1827) und Alexander von Humboldt (1769–1859) kennen. Als Davy 1820 zum Präsidenten der Royal Society ernannt wurde, nahm Faraday dessen Platz an der Royal Institution ein, wo er 1825 Direktor des Laboratoriums und 1827 Professor der Chemie wurde. Er wurde gleichzeitig Professor der Chemie an der Militärschule in Woolwich (1829 bis 1842) (Katscher, 1900).

Faraday führte 1825 die populären Freitagabend-Vorlesungen ein, wobei er selbst über 100 Lektionen hielt. Besonders bekannt wurde seine letzte Vorlesung für die Jugend (1850) *The Chemical History of a Candle* (Kroto, 1991; Thomas, 1991).

Faraday veröffentlichte 1816 eine chemische Analyse des Ätzkalks und stellte 1820 die ersten Chlorkohlenstoffverbindungen dar. Er beschäftigte sich intensiv mit der Verbesserung von Stählen durch Zusatz von Silber, Rhodium, Platin u. a., und untersuchte Verdichtung und Verflüssigung der Gase (Katscher, 1900).

Bei der Untersuchung der unerwünschten Flüssigkeitsabscheidung im „Ölgas" von Gordons tragbaren Gaslampen entdeckte Faraday 1825 das „bicarburet of hydrogen" (Faraday, 1825), welches 1833 Eilhard Mitscherlich (1794–1863) und 1834 Eugéne Melchior Péligot (1881–1890) unabhängig voneinander bei der Trockendestillation von Benzoesäure mit Kalk erhielten. Mitscherlich nannte diese Flüssigkeit Benzin, doch setzte sich Justus Liebigs (1803–1873) Vorschlag „Benzol" durch.

Faraday suchte seit 1822 nach einem Umkehreffekt von Oersteds Entdeckung (1820), daß fließende Elektrizität Magnetismus erzeugt. Dabei fand er mit Hilfe zweier einfacher Versuchsanordnungen die elektromagnetische Induktion, die Grundlage der Elektrodynamik und der Elektrotechnik (Faraday, 1832). Unabhängig von Joseph Henry (1797–1878) entdeckte er 1833 die Selbstinduktion (Faraday, 1833; Wiederkehr, 1991).

Bei der Untersuchung von elektrischen und chemischen Kräften bei der Elektrolyse (ab 1833) stellte er die drei grundlegenden elektrochemischen Gesetze auf (Faraday, 1834).

James Keir (1735–1820) beschrieb 1790 als erster die Widerstandsfähigkeit bestimmter Metalle gegen Säuren. Christian F. Schönbein (1799–1868) führte dafür 1836 den Begriff Passivität ein. Faraday beschrieb dieses Phänomen im selben Jahre und kam zu der noch heute gültigen Ansicht, daß es sich dabei um eine Oxidation der Oberfläche handelt (Faraday, 1836).

Faraday veröffentlichte eine umfangreiche Arbeit über kolloidales Gold und andere Metallsole. Er beschrieb die Farbe in Abhängigkeit von der Teilchengröße (Kap. 5.6) und die Stabilisierung durch Schutzkolloide (Kap. 3.11) (Faraday, 1857 a). In einer anderen Publikation befaßte er sich mit der Lichtstreuung an dispergierten Stoffen, wobei bei seitlicher Beleuchtung kolloidale Lösungen selbstleuchtend zu sein scheinen und das gestreute Licht polarisiert wurde. Diese später *Faraday-Tyndall-Effekt* genannte Erscheinung wurde von John Tyndall 1869 (s. Tyndall) später genauer untersucht (Kap. 8.4) (Faraday, 1857 b).

Faraday gilt als einer der größten Naturforscher. Er prägte die Begriffe para- und dimagnetisch, Kraftfeld, Elektrolyse, Elektrode, Elektrolyt, Anode, Kathode, Ion, Anion und Kation. Die Liste der Auszeichnungen war lang. Er war Mitglied in Akademien aller Welt.

Gouy, Louis-Georges

19. 02. 1858 Vals-les-Bain (Ardéche, Frankreich) – 27. 01. 1926 Vals-les-Bains. Über Gouys Leben und Ausbildung ist wenig bekannt. Die meiste Zeit seines Lebens verbrachte er als Professor der Naturwissenschaften an der Universität in Lyon. Er begann seine wissenschaftliche Forschung 1870 und veröffentlichte viele Artikel in den führenden französischen Fachzeitschriften seiner Zeit.

In vielen Arbeiten beschäftigte er sich mit der Optik. In grundlegenden Arbeiten (1880) behandelte er die Geschwindigkeit des Lichtes. Weiterhin studierte er die Brownsche Molekularbewegung (s. Brown, Svedberg).

Unabhängig von David Leonard Chapman 1913 entwickelte Gouy 1910 die später *Gouy-Chapman-Theorie* (s. Chapman) genannte Theorie der diffusen Doppelschicht (Kap. 2.3.1) (Gouy, 1910; Gough, 1972).

Graham, Thomas

21. 12. 1805 Glasgow – 16. 09. 1869 London. Graham war der Sohn eines Fabrikanten, der gerne gesehen hätte, daß sein Sohn Theologie studieren würde. Mit 14 Jahren begann dieser jedoch mit dem Studium der Chemie an der Universität Glasgow. Nach dem Abschluß in Glasgow mit dem Master of Art wechselte er an die Universität Edinburgh und studierte bei Thomas Charles Hope (1766 1844), dem Entdecker des Strontiums, bei dem er nach der Promotion 1824 noch zwei Jahre blieb.

1826 ging er zurück nach Glasgow. Da ihn sein Vater nicht unterstützte, gab er Nachhilfeunterricht in Chemie und Mathematik und eröffnete wenig später ein Privatlaboratorium. 1829 wurde er chemischer Dozent an der Mechanics Institution in Glasgow und ein Jahr später Professor der Chemie an der Andersonian University in Glasgow.

Nach dem Tode von Edward Turner (1796 1837) erhielt er den Ruf an das University College in London. Als sich die *Chemical Society of London* 1841 konstituierte, wurde Graham der erste Präsident. Er wurde auch ständiger Präsident der *Cavendish Society*, die sich hauptsächlich mit der Herausgabe wissenschaftlicher Bücher beschäftigte. Als 1854 der Physiker Sir John Herschel (1792–1871) das Amt des Münzmeisters von England niederlegte, wurde Graham die Stelle angetragen. Nur ungern vom University College scheidend nahm er das ehrenvolle Amt des Münzmeisters an, welches er bis zu seinem Tode bekleidete.

Graham wird immer wieder als der Begründer der Kolloidchemie genannt. Das ist so nicht richtig. Er prägte das Wort „*Kolloid*“, doch Kolloidchemie wurde vor ihm auch schon von anderen Wissenschaftlern betrieben.

Grahams Forschung war vielseitig. Die erste Abhandlung *Über die Absorption der Gase durch Flüssigkeiten* erschien 1826. Es folgten Arbeiten über die Reibungswärme, die begrenzte Ausdehnung der Atmosphäre, der Einfluß der Luft auf die Kristallisation von Salzlösungen sowie über die temperaturabhängige Löslichkeit von Salzen. Er erkannte 1831 die Analogie zwischen Kristallwasser und Kristallalkohol bei der Kristallisation von Salzen mit Wasser oder Alkohol, 1833 untersuchte er die Art der unterschiedlichen Phosphorsäuren und faßte sie als Verbindungen des Phosphorpentoxids mit einem, zwei und drei Molekülen Wasser auf. Er nannte sie Phosphor-, Diphosphor- und Metaphosphorsäure. Dies führte zur Entdeckung der Mehrbasigkeit.

Bei seinen Untersuchungen über die Diffusion von Gasen kam Graham zu dem Schluß, daß die Diffusion von zwei Gasen umgekehrt proportional der Quadratwurzel aus der Dichte jeden Gases ist (*Grahamsches Gesetz*). Bei Diffusionsversuchen mit Flüssigkeiten konnte er nachweisen, daß die Diffusionsgeschwindigkeit annähernd proportional der Konzentration der Lösung ist.

Graham beschrieb die Diffusion gelöster Stoffe durch Membranen und nannte den Vorgang *Dialyse* (Kap. 1.1). Dabei benutzte er erstmals für die nicht permeierenden Verbindungen das Wort *Kolloid,* im Unterschied zu den Kristalloiden. Er wies aber darauf hin, daß viele Substanzen in beiden Gruppen existieren. Das Wort *Kolloid* kommt aus dem Griechischen und steht für *kolla* = Leim und *eidos* = Form, Aussehen.

Graham konnte organische kolloidale Stoffe wie Tannin, Albumin, Gelatine und Dextrin mittels Dialyse sehr rein isolieren. Ebenso stellt er kolloidale Lösungen von Aluminium-, Chrom- und verschiedenen Metalloxiden mit Hilfe der Dialyse her.

Um 1863 wandte Graham Dialyseversuche bei Gasen an und fand, daß rotglühendes Platin als Blech oder als Draht das 3,8-fache Volumen an Wasserstoff aufnahm, während Palladiumfolie schon unterhalb 100 °C das 643-fache Volumen absorbierte. Sauerstoff und Stickstoff wurden nicht aufgenommen. Graham sprach von einer Okklusion des Wasserstoffs und bezeichnete die Verbindungen als Legierung. In seinen letzten Arbeiten untersuchte er deren Dichte, Zähigkeit, das elektrische Leitungsvermögen sowie die chemischen Eigenschaften. Kurz vor seinem Tode ließ er aus einer Palladium-Wasserstoff-Legierung kleine Medaillen für seine Freunde schlagen.

Aus der Stellung als Münzmeister heraus befaßte sich Graham auch mit allgemeinen Problemen und angewandter Chemie. So machte er 1852 mit seinem Freund August Wilhelm von Hofmann (1818–1892) Vorschläge, wie die neue Wasserzufuhr von London auszustatten sei. Nach einem Schiffsbrand wurde er als Gutachter eingesetzt und schlug neue Sicherheitsvorkehrungen vor. Er widerlegte die Gerüchte, daß die angenehme Bitterkeit von Pale Ale durch Zugabe von Strychnin zu erreichen sei.

Die Regierung nahm dankbar den Vorschlag Grahams an, Alkohol für die chemische Industrie und Forschung zu vergällen, um ihn ungenießbar und damit steuerfrei zu machen. In England setzte sich schnell seine Empfehlung durch, den Kaffee ungemahlen zu verkaufen, um Fälschungen zu verhindern. Die Häufung von Todesfällen durch Verbrennen verringerte Graham durch Zugabe feuerhemmender Stoffe bei der Herstellung und Verarbeitung von Kleidungsstücken.

Graham erhielt viele Auszeichnungen; sein Name ist mit dem *Grahamschen Gesetz* und dem *Grahamschen Salz* (Natriumpolyphosphat) verbunden. Das *Graham Brot* ist nach dem amerikanischen Vegetarier Sylvester Graham (1794–1851) benannt (Williamson, 1869; Hofmann, 1888; Speter, 1955; Kerker, 1987 a; Beneke, 1994 a).

Hardy, William Bate

06. 04. 1864 Erdington (England) – 23. 01. 1934 Cambridge. Hardy begann 1884 seine Studien am Gonville und Caius College in Cambridge. Er arbeitete ein Leben lang mit seinen Kollegen in Cambridge zusammen. Ab 1913 war er University Lecturer in Physiology.

Hardy übernahm viele Ämter und Ehrenämter. Während des 1. Weltkrieges organisierte er als Sekretär der biologischen Abteilung der Royal Society ein Programm zur Versorgung der Bevölkerung mit Lebensmitteln. Von 1917 bis 1928 war er Chairman des Food Investigation Board und von 1917 bis 1934 Direktor of Food Investigation im Department of Scientific and Industrial Research. Außerdem war er von 1919 bis 1931 Chairman of the Advisory Commitee on Fisheries Development und von 1922 bis 1934 Superintendent of the Low Temperature Research Station in Cambridge. Hardy wurde 1925 geadelt und war bis zu seinem Tode Präsident of the British Associaton for the Advancement of Science (Fruton, 1974).

Hardy begann seine wissenschaftliche Laufbahn 1890 mit histologischen Arbeiten. Ab 1899 beschäftigte er sich mit der Fixierung und Anfärbung von Zellen, um Einzelheiten des Zellaufbaus aufzuzeigen (Hardy, 1899 a). Er untersuchte die kolloidalen Eigenschaften von Proteinen und das amphotere Verhalten von Albuminteilchen im elektrischen Feld (Hardy, 1899 b). 1900 arbeitete er die von Schulze (s. Schulze) erstellte und später *Schulze-Hardy-Regel* genannte Regel aus (Hardy, 1900). Ab 1912 wandte er sein Interesse den Eigenschaften molekularer Filme an der Luft/Flüssigkeit-Grenzfläche zu (Fruton, 1974).

Hofmeister, Franz
30. 08. 1850 Prag – 26. 07. 1922 Würzburg. Hofmeister war der Sohn eines Arztes, der erstmals in Prag die Anästhesie mit Chloroform durchführte. Er studierte Medizin an der Deutschen Universität in Prag, wo er 1874 promovierte. 1879 habiltierte er sich in Prag mit einer Arbeit über die Analyse von Peptonen. Nach kurzem Aufenthalt in Straßburg bei dem Pharmakologen Oswald Schmiedeberg wurde Hofmeister 1883 als a. o. Professor, ab 1885 als o. Professor für experimentelle Pharmakologie, später auch noch für Pharmakognosie, nach Prag berufen.

Im Jahre 1896 wurde er Nachfolger des verstorbenen Felix Ernst Immanuel Hoppe-Seyler (1825–1895) in Straßburg auf dem Ordinariat für physiologische Chemie. Die Rufe nach Heidelberg, Berlin und Wien lehnte er ab. Nach dem Ersten Weltkrieg mußte Hofmeister aufgrund der politischen Verhältnisse – das Elsaß kam wieder zu Frankreich – Straßburg verlassen. Er ging zu dem Pathologen Martin Benno Schmidt (1863–1949) an dessen Institut in Würzburg.

Seit seiner Assistentenzeit befaßte sich Hofmeister mit der Proteinchemie. Dabei entdeckte er die Aminosäuren als Bausteine der Proteine, und postulierte die säureamidartige Bindung der Aminosäuren in den Proteinen. Dieses wurde später von Emil Fischer (1852–1919) und Albrecht Kossell (1853–1927) bestätigt. Bei dieser Beschäftigung erarbeitete Hofmeister die Methode, Proteine wie z. B. Ovalbumin durch fraktionierte Salzfällung reinst herzustellen.

Andere Arbeitsgebiete von Hofmeister galten der Resorption und Assimilation von Nährstoffen sowie der Kohlenhydratassimilation, Enzymatik der Eiweißverdauung, ferner der Verdauungsleukocytose und der Hungerdiabetes. Weiterhin beschäftigte er sich mit dem intermediären Stoffwechsel, der Methylierung im Zellplasma, Aldehydmutasen und Coezymen sowie mit Problemen der Harnstoffbildung und dem Blut u. a.

Unter dem Generalthema „Zur Lehre von der Wirkung der Salze“ erschienen zwischen 1888 und 1891 sechs Arbeiten von Hofmeister und seinen Schülern, in welcher er die nach ihm benannte *Hofmeistersche Reihe* beschrieb (Kap. 3.2).

Seine letzten Arbeiten in Würzburg galten der Vitaminforschung, durch die er zur Untersuchung von Lipoiden wie Kephalin und Cerebronsäure gelangte. Hofmeister war nicht nur als Forscher, sondern auch als Lehrer von großer wissenschaftlicher Bedeutung (Abernethy, 1967; Wagner, 1992).

Hückel, Erich
09. 08. 1869 Berlin – 16. 02. 1980 Marburg. Hückel wurde als Sohn eines Arztes geboren und studierte von 1914 bis 1921 Physik und Mathematik an der Universität Göttingen, wo er 1921 promovierte. Bis 1922 wirkte er als Assistent in Göttingen. Als Assistent von P. Debye habilitierte er sich 1924 an der ETH Zürich (Hückel, 1925). Nach Aufenthalten an den Universitäten London, Cambridge, Kopenhagen und Leipzig wurde er 1930 Privatdozent und Lehrbeauftragter der Physik an der TH Stuttgart. 1935 wurde er in Marburg zum a. o. Professor, 1937 zum beamteten Universitätsprofessor und 1961 zum o. Professor für Theoretische Physik ernannt. 1962 wurde er emeritiert.

Mit Debye entwickelte Hückel 1923 die *Debye-Hückel-Theorie,* in der die Gesetzmäßigkeit für das osmotische Verhalten und das Leitvermögen starker Elektrolyte beschrieben wird. Unter der Annahme vollständiger Dissoziation werden die osmotischen Effekte durch die Existenz von Ionenwolken und durch die Wirkung des Lösungsmittels als Dielektrikum erklärt (Debye und Hückel 1923 a; 1923 b). Die Theorie wurde von Lars Onsager vervollständigt, indem er Relaxations- und Retardationsprozesse (Kap. 10.5.1) berücksichtigte (*Debye-Hückel-Onsager-Theorie*) (s. Debye, Onsager).

Hückel arbeitete hauptsächlich auf dem Gebiete der theoretischen Chemie (Bindungscharakter organischer Verbindungen, *Aromatenregel* 1931, *Molekül-Orbital-Theorie* (HMO-Theorie) 1937), sowie über physikalische Eigenschaften ungesättigter und aromatischer Verbindungen und über optische Aktivität (Fischer, 1989 d).

E. Hückel war mit Annemarie Zsigmondy (geb. 1904), der Tochter von Richard Zsigmondy (s. Zsigmondy) verheiratet, sein Bruder Walter Hückel (1895–1973) war Professor für Organische Chemie.

La Mer, Victor Kuhn

15. 06. 1895 Leavenworth (Kansas/USA) – 26. 09. 1966 Nottingham (Großbritannien). La Mer legte seine Prüfung des Bachelor of Art 1915 an der Universität von Kansas in Lawrence ab. Danach arbeitete er zwei Jahre als Lehrer und studierte dann Chemie an der Universität Chicago. 1921 promovierte er an der Columbia Universität in New York. An dieser Universität wirkte La Mer mit kurzen Unterbrechungen bis 1961. 1935 wurde er o. Professor der Chemie. Zwischendurch führten ihn Studienaufenthalte nach Cambridge in England (1922) zu Sir Eric Rideal (1890–1974), der 1924 den ersten Lehrstuhl der Kolloidwissenschaften in England erhielt, und zu Nicolaus Broensted (1879–1947) nach Kopenhagen (1923).

Im Jahre 1924 erbrachte La Mer den ersten experimentellen Beweis für Hückels und Debyes elektrostatischer Theorie der starken Elektrolyte (s. Debye, Hückel). Durch seine Erkenntnis (1933), daß Reaktionen von Ionen in Lösungen stark temperaturabhängig sind, wurden neue Untersuchungen und Theorien der Reaktionsgeschwindigkeit angeregt. Weiterhin beschäftigte er sich mit Säure-Base-Gleichgewichten in unpolaren Lösungsmitteln.

Während des Zweiten Weltkrieges untersuchte La Mer Rauche und Gasdispersionen und entwickelte mit Sinclair eine Apparatur zur Herstellung monodisperser Aerosole. Sie entdeckten 1941 einen neuen optischen Effekt (das Faraday-Tyndall-Spektrum höherer Ordnung), der ein schnelleres und einfacheres Messen von Teilchengrößen ermöglichte. Es sei darauf hingewiesen, daß La Mers kolloidchemische Arbeit über die Bildungsbedingungen kolloidaler Teilchen (Kap. 5.4) kaum erwähnt werden.

La Mer gründete 1946 das *Journal of Colloid Science* und war dessen Herausgeber bis Band 19 (1964). Die Nachfolger wurden Milton Kerker und Albert Charles Zettlemoyer (1915–1991). Ab Band 21 (1966) wurde die Zeitschrift *Journal of Colloid and Interface Science* genannt.

La Mer starb am 29. September 1966 während einer Tagung der *Faraday Society Discussions on Colloid Stability* in Nottingham (England) (Zettlemoyer and Kerker 1966; Fischer, 1989 e)

Landau, Lew Dawidowitsch

9. 01. 1908 Baku – 01. 04. 1968 Moskau. Landau, Sohn einer Ärztin und eines Erdölingenieurs, beendete mit 13 Jahren die Schule. Nach einem Jahr ökonomischer Ausbildung begann er 1922 mit dem Studium an der physikalischen-mathematischen und der chemischen Fakultät in Baku. Er wechselte 1924 an die physikalische Abteilung der Universität Leningrad. Noch als Student wurde Landau 1926 außerplanmäßiger und 1927 planmäßiger Aspirant an dem von Abram Ioffe (1880–1960) geleiteten physikalisch-technischen Institut in Leningrad. Ein Stipendium für einen Auslandsaufenthalt 1929 führte ihn zu Max Born (1882–1970), Paul Ehrenfest (1880–1933), Werner Heisenberg (1901–1976) und Niels Bohr (1885–1962), den er als seinen eigentlichen Lehrer betrachtete. Er kehrte 1931 nach Leningrad zurück.

Im Alter von 24 Jahren wurde Landau mit der Leitung der theoretischen Abteilung des neu gegründeten ukrainischen physikalisch-technischen Institut in Charkow betraut, parallel dazu erhielt er 1933 den Lehrstuhl für theoretische Physik am Institut für Mechanik und Maschinenbau. Im Jahre 1934 wurde Landau ohne Dissertationsschrift und deren Verteidigung der Doktortitel zuerkannt. Ein Jahr später wurde er Professor für Allgemeine Physik an der Universität Charkow.

Pjotr Kapiza (1894–1984) holte ihn 1937 an sein neugegründetes Akademieinstitut für physikalische Probleme in Moskau, wo Landau die Abteilung für theoretische Physik übernahm und hier bis zu seinem Lebensende wirkte.

Ab Herbst 1936 wurden viele Physiker verhaftet oder vom NKWD überwacht. Landau war im Dezember 1936 von seiner Lehrtätigkeit suspendiert worden; aus Protest kündigten einige seiner Mitarbeiter. Nachdem er im März 1937 in Moskau eingestellt worden war, wurde er nach einem Maiaufruf im April 1938 mit anderen Physikern verhaftet. Kapiza und Bohr schrieben gleich nach der Verhaftung Briefe an Josef Stalin (1879–1953), die aber nicht beantwortet wurden. Im April 1939, es fehlte jegliche Nachricht vom Verbleib Landaus, gelang es Kapiza, über den Ratsvorsitzenden der Volkskommissare, W. Molotow (1890–1986), Landau durch persönliche Bürgschaft aus dem Gefängnis zu holen. Wahrscheinlich rettete er damit Landaus Leben (Gorelik, 1991; Gorelik, 1992; Gorelik und Rotter, 1993).

Landaus wissenschaftlichen Leistungen waren sehr vielschichtig. Bereits 1926 legte Landau seine erste Arbeit *Zur Theorie der Spektren zweiatomiger Moleküle* vor. 1927 folgte eine grundlegende Arbeit zur Quantenmechanik. Grundlegenden Charakter trugen auch die Arbeiten über Diamagnetismus (1930, 1939), Antiferromagnetismus (1936) und die Kaskadentheorie der Elektronenschauer in kosmischen Strahlen (1938). Arbeiten zur Polaronentheorie der Leitfähigkeit von Ionenkristallen erschienen 1933 und 1948, zur Plasmaphysik 1937 und 1946. Auf seiner Theorie der Phasenübergänge zweiter Art (1937) baute er gemeinsam mit Witali Ginsburg (geb. 1916) die phänomenologische Theorie der Supraleitung auf.

Im Jahre 1941 veröffentlichte er zusammen mit Derjaguin die Arbeit über die Stabilität von Dispersionskolloiden (Derjaguin and Landau, 1941) (DLVO-Theorie, Kap. 2.4; 2.5; 2.6) (s. Derjaguin, Verwey, Overbeek).

Landau schrieb insgesamt 115 Veröffentlichungen und mehrere Bücher. Sein *Lehrbuch der Theoretischen Physik*, gemeinsam mit E. M. Lifschitz (1917–1982), erscheint seit 1938. Der brillante Diskussionspartner Landau fühlte sich gehemmt, etwas schriftlich zu formulieren. Deshalb sind die meisten Bücher und Veröffentlichungen mit Koautoren geschrieben (Kant, 1992).

Am 7. Januar 1962 erlitt Landau bei einer Autofahrt von Moskau nach Dubna auf der eisglatten Straße einen Autounfall, von dem er sich nicht mehr erholen sollte. In einer beispiellosen internationalen Aktion wurden aus aller Welt Mediziner geholt, das Leben Landaus zu retten. Seine Genesung machte nur langsam Fortschritte, Landau mußte wie ein kleines Kind anfangen, wieder alles zu lernen. 1962 erhielt er für seine Pionierarbeiten zur Theorie der kondensierten Zustände, insbesondere des flüssigen Heliums, den Nobelpreis der Physik, der ihm im Krankenhaus in Moskau vom schwedischen Botschafter übergeben wurde. Landau starb am 1. April 1968, ohne seine volle Schaffenskraft erreicht zu haben (Kofink, 1962; Brüche, 1968; Rumer, 1973).

Langmuir, Irving
31. 01. 1881 Brooklyn (New York) – 16. 08. 1957 Falmouth (Massachusetts/USA). Langmuir war der Sohn wohlhabender Eltern und verbrachte einen Teil seiner Jugend in Europa, ab 1892 in Paris. 1898 kehrte er nach Brooklyn zurück, um die High School zu beenden. Durch seinen älteren Bruder Arthur angeregt begann er, Chemie zu studieren (Chestnut Hill Academy in Philadelphia, Pratt Institute in Brooklyn und School of Mines der Columbia Universität in New York).

Ein dreijähriger Studienaufenthalt führte ihn nach Europa. Hier promovierte er 1906 bei Walter Nernst (1864–1941). Ende 1906 wurde er Lehrer am Stevens Institute of Technology in Hoboken (New Jersey). Unaufmerksame Studenten, große Lehrverpflichtung, begrenzte Forschungsmöglichkeiten und schlechte Bezahlung veranlaßten ihn, 1909 eine Stelle in der Industrie anzunehmen. Er begann als Chemiker im Forschungslaboratorium der General Electric Company in Schenectady (New York) und übernahm dessen Leitung bis 1950.

Langmuirs wissenschaftliche Tätigkeit läßt sich in sieben Hauptgebiete einteilen:
1. Ablauf chemischer Reaktionen bei hohen Temperaturen und niederen Drücken (1906–1921)
2. Erforschung thermischer Effekte in Gasen (1911–1936)
3. Untersuchung der Elektronenemission sowie der Oberflächenionisation glühender Körper im Vakuum (1913–1937)
4. Chemische Wirkungen in Feststoffen, Flüssigkeiten und Oberflächenfilmen (1916–1943)
5. Weiterentwicklung der modernen Elektronentheorie der Valenz (1919–1921)
6. Elektrische Entladungen in verdünnten Gasen (1923–1932)
7. Atmosphärische Untersuchungen (wie künstliche Witterungsbeeinflussung) (1938–1955).

Die erste Aufgabe für Langmuir bei General Electric war die Verbesserung der Glühlampe. Er erkannte, daß die kurze Lebensdauer der Lampen durch Gasreste und Gasverunreinigungen verursacht wurde. Mit der Inertgasfüllung (1913) und kurze Zeit später der Verwendung von Metallfadenspiralen (Wolfram) entwickelte er den Lampentyp, der noch heute gebräuchlich ist (Langmuir, 1928).

Bei diesen Arbeiten entdeckte Langmuir die Bildung des atomaren Wasserstoffs aus den Molekülen. Bei der *Langmuir-Fackel* (1924) wird die Rekombinationswärme zum Schweißen ausgenutzt (NN, 1926).

Langmuir entwickelte verschiedene Techniken zur Untersuchung von Oberflächenfilmen. Er verbesserte den *Pockels-Trog* und baute die *Langmuir-Pockels-Waage* zum Messen des Spreitungsdrucks (Langmuir, 1917; Beneke, 1995). Die 1917 aufgestellte *Langmuir-Adsorptionsisotherme* wurde die Grundlage der Adsorptionsuntersuchungen (Kap. 2.3.2).

Auf speziell präparierten Glasoberflächen konnten Langmuir und seine Mitarbeiterin K. B. Blodgett (1898–1979) 1935 Monoschichten aufbringen und polymolekulare Aufbauschichten herstellen (*Langmuir-Blodgett-Technik*). Diese gewinnen in der heutigen Zeit, möglicherweise für Informationsspeicherung und -übertragung, große Bedeutung (Beneke, 1995).

Langmuir stellte weiterhin die für die Entwicklung der Elektronenröhren wichtige Raumladungstheorie auf. Außerdem konstruierte er eine Quecksilberkondensationspumpe zur Erzeugung eines besseren Hochvakuums und untersuchte das *Langmuirsche Plasma*, ein Gemisch von Elektronen, Ionen, normalen und angeregten Atomen und Lichtquanten, das einem elektrischen Feld ausgesetzt wurde (Anwendung in den Leuchtstoffröhren) (Seeliger, 1932).

Langmuir war wissenschaftlich und technologisch gleichermaßen tätig. Sein umfangreiches Lebenswerk bildete einen wesentlichen Bestandteil des chemischen Forschungskonzeptes der General Electric Company.

Im Jahre 1932 wurde Langmuir als erster amerikanischer Industriechemiker mit dem Nobelpreis der Chemie für seine Forschungen und Entdeckungen auf dem Gebiet der Oberflächenchemie ausgezeichnet. Er erhielt insgesamt 13 Ehrendoktorate (Süsskind, 1973; Kerker, 1989).

Langmuir liebte Skifahren, Bergsteigen und Camping. Er war ein begeisterter Flieger und erwarb 1930 die Pilotenlizenz, um ein eigenes Flugzeug zu steuern (Kerker, 1989).

London, Fritz Wolfgang

07. 03. 1900 Breslau – 30. 03. 1954 Durham (North Carolina/USA). London wurde als Sohn des Privatdozenten und späteren Professors der Mathematik in Bonn, Franz London, geboren. Er studierte Philosophie an den Universitäten Bonn, Frankfurt/Main und München, wo er 1921 promovierte. Bis 1925 arbeitete er als Gymnasiallehrer in verschiedenen Städten Deutschlands. 1925 ging er an die Universität München zurück und studierte unter Arnold Sommerfeld (1868–1951) theoretische Physik. Nach kurzer Assistentenzeit in Stuttgart bei Peter Paul Ewald (1888–1985) war er 1927 Stipendiat an der Universität Zürich und wurde 1928 in Berlin Assistent von Erwin Schrödinger (1887–1961).

Infolge seiner jüdischen Herkunft emigrierte London nach Oxford und arbeitete an der Universität weiter. Im Jahre 1936 wechselte er nach Paris ans Institut Henri Poincaré, dann als Professor für Theoretische Chemie (später Physikalische Chemie) an die Duke Universität in Durham, an der er bis zu seinem Tode lehrte (Everitt and Fairbank, 1973).

London und Walter Heitler (1904–1984) eröffneten 1927 den Zugang zum tieferen Verständnis der Atombindung mit der ersten wellenmechanischen Näherungsberechnung des Wasserstoffmoleküls (Heitler und London, 1927).

1930 folgten die Arbeiten zur Untersuchung der zwischen Molekülen wirkenden Anziehungs- und Abstoßungskräfte (*Londonsche Dispersionskräfte*) (London, 1930). H. C. Hamaker benutzte diese Theorie zur Berechnung der Anziehung kugelförmiger Teilchen (Kap. 2.5) (Hamaker, 1937).

Mit seinem Bruder Heinz (1907–1970), einem Physiker, begann London ab 1934, eine Theorie magnetischer Felder in Supraleitern auszuarbeiten (phänomenologische Theorie der elektrodynamischen Eigenschaften von Supraleitern 1. Art, Suprafluidität) (Everitt and Fairbank, 1973).

Mie, Gustav Adolf Ludwig

29. 09. 1868 Rostock – 13. 02. 1957 Freiburg/Breisgau. Mie war der Sohn eines Pastors und verbrachte seine Schulzeit in Rostock. Er studierte Mathematik und Physik an der Universität Heidelberg und promovierte 1891 mit einer mathematischen Arbeit. Kurze Zeit arbeitete er als

Lehrer an einer Privatschule in Dresden und ging dann als Assistent an die TH Karlsruhe und reaktivierte die Apparaturen von Heinrich Hertz (1857–1894). Mie habilitierte sich 1897 und wurde Privatdozent. 1902 wurde er zum a. o. Professor für experimentelle Physik und 1905 zum Professor und Direktor des Physikalischen Instituts an der Universität Greifswald ernannt. Von 1917 bis 1924 wirkte er als Professor für experimentelle Physik an der Universität Halle. Danach war er bis zu seiner Emeritierung (1935) Direktor des Instituts für Physik an der Universität Freiburg (Mehra, 1974).

Mie führte 1900 Untersuchungen über die Fortpflanzungen elektrischer Wellen an versilberten Drähten durch und untersuchte 1908 die Streuung des Lichts an kolloidalen Partikeln. Unter dem *Mie-Effekt* versteht man die Tatsache, daß Licht an Partikeln, die nicht klein gegenüber der Wellenlänge des Lichts sind, nicht mehr symmetrisch, sondern um so mehr bevorzugt nach vorn gestreut werden, je größer die Zentren werden. Er entwickelte die allgemeine Theorie zur Beschreibung der Lichtstreuung an Teilchen jeder Art (Kap. 8.4) (Mie, 1908).

In anderen Arbeiten beschäftigte er sich mit der Gravitation, Relativitätstheorie und den Maßsystemen. Er führte das praktische Maßsystem in die Physik ein (Emde, 1948; Mehra, 1974).

Onsager, Lars

27. 11. 1903 Oslo – 05. 10. 1976 Coral Gables (Florida). Onsager, Sohn eines Anwaltes, begann sein Studium der chemischen Technologie an der TH in Trondheim. Dort promovierte er 1925. Ein Jahr später wurde er Assistent bei P. Debye an der ETH Zürich, 1928 lehrender Mitarbeiter der Chemie an der John Hopkins Universität in Baltimore. Er wechselte aber im gleichen Jahre als Dozent für statistische Mechanik an die Brown Universität in Providence (Rhode Island). Ab 1933 an der Yale Universität in New Haven (Connecticut) wurde er dort 1934 Assistentsprofessor. Er promovierte 1935 und war ab 1940 Associated Professor für Chemie. Onsager erhielt 1945 die Professur für theoretische Chemie, die er bis zu seinem Rücktritt 1972 innehatte. Danach nahm er einen Lehrstuhl an der Universität von Miami in Coral Gables (Florida) an.

In Trondheim beschäftigte sich Onsager mit der Theorie der Elektrolyte und fand, daß in der *Debye-Hückel-Theorie* der starken Elektrolyte die Brownsche Molekularbewegung des Zentralions vernachlässigt war. Bei deren Berücksichtigung erhielt er eine bessere Übereinstimmung berechneter und experimentell ermittelter Werte (s. Debye, Hückel) (Onsager, 1926; Onsager, 1927; Machlup, 1981). 1927 veröffentlichte er das nach ihm benannte Grenzgesetz für die molare Leitfähigkeit. Er berechnete die Wirkung von Relaxation und elektrophoretischen Kräften auf die Leitfähigkeit (vgl. Kap. 10.5.1). Auf den *Onsagerschen Reziprozitätsbeziehungen* (1929) zwischen thermischer und elektrischer Leitung beruht die thermische Trennung von Gemischen im Temperaturgradienten. 1931 folgte die *Theorie der linearen irreversiblen Prozesse* (Onsager, 1931).

In Erweiterung der Debyeschen Theorie stellte Onsager eine allgemeine Formel für die Dipolmomente von Molekülen in Lösungen auf. Er zeigte 1942, daß die spezifische Wärme in der Nähe von Phasenübergangspunkten statistisch gegen unendlich geht. Mit der Berechnung der spontanen Magnetisierung schuf er die Grundlage der Theorie der Flüssigkristalle. Weiterhin beschäftigte er sich mit dem Diamagnetismus von Metallen und bearbeitete Probleme in Elektrolytlösungen und Strukturfragen. In Coral Gables wandte er sich biophysikalischen Fragen zu.

Onsager erhielt viele Auszeichnungen, darunter sieben Ehrenpromotionen. 1968 empfing er den Nobelpreis der Chemie für seine grundlegenden Arbeiten zur Thermodynamik irreversibler Prozesse (Machlup, 1981; Fischer, 1989f).

Ostwald, Carl Wilhelm Wolfgang

27. 05. 1883 Riga – 22. 11. 1943 Dresden. Wo. Ostwald wurde als Sohn des Chemikers und späteren Nobelpreisträgers (1909) Friedrich *Wilhelm* Ostwald (1853–1932) geboren. Er verbrachte seine Jugend in Leipzig, da dort sein Vater ab 1887 den Lehrstuhl für Physikalische Chemie der Universität inne hatte. Nach dem Abitur (1901) studierte er in Leipzig Naturwissenschaften, vorrangig Biologie, und promovierte 1904 mit dem Thema *Experimentelle Untersuchungen über den Saisonpolymorphismus bei Daphniden.*

Von 1904 bis 1906 war Wo. Ostwald bei Jacques Loeb (1859–1924), einem Schüler von Wi. Ostwald, als Research Assistent am Physiologischen Institut der State Universität von California tätig. Hier untersuchte er an Krebstieren (Gammarus) die Wirkung von destilliertem Wasser und

Kochsalzlösungen. Er wandte dabei die von seinem akademischen Lehrer Wilhelm Pfeffer (1845–1920) entdeckten Gesetze der Osmose (1877) und Erfahrungen aus dem Studium anorganischer und organischer kolloidaler Verbindungen erfolgreich an, und wurde dadurch zu den Kolloidwissenschaften hingeführt.

Wo. Ostwald habilitierte sich 1908 am Zoologischen Institut der Universität Leipzig und erhielt die Lehrbefugnis für Allgemeine Biologie und 1913 die venia legendi für Kolloidchemie in ihrer Anwendung auf die Biologie.

Im Wintersemester 1913/14 folgte er einer Einladung in die USA und Kanada und hielt in 10 Wochen 56 Vorträge über die Kolloidwissenschaften an 16 Universitäten. Die Vortragsmanuskripte faßte Wo. Ostwald unter dem Titel *Die Welt der vernachlässigten Dimensionen* zusammen. Dieses Buch wurde mit über 20 000 Exemplaren das erfolgreichste Werk der Kolloidwissenschaften mit neunzehn Auflagen in drei Sprachen (Beneke, 1996 a).

Nach einem Einsatz an der Front 1916 wurde Wo. Ostwald zum außeretatsmäßigen a. o. Professor für Kolloidchemie ernannt. Ab 1919 war er Assistent und ab 1921 Oberassistent am physikalisch-chemischen Institut der Universität Leipzig und erhielt 1923 das erste planmäßige Extraordinariat für Kolloidchemie in Deutschland, dem im gleichen Jahre in Dresden das zweite folgte, das mit Alfred Lottermoser (1870–1945) besetzt wurde. 1935 wurde Wo. Ostwald zum persönlichen Ordinarius für Kolloidchemie ernannt.

P. P. von Weimarn (1879–1935) und Wo. Ostwald stellten unabhängig voneinander 1906/07 das Postulat auf, daß *Kolloide allgemein mögliche Zustände der Materie und nicht spezifische Stoffe* sind (Ostwald, 1907; von Weimarn, 1907) (s. von Weimarn) (Kap. 1.1).

Mehr als 260 Publikationen auf dem Gebiete der Kolloidwissenschaften zeigen Ostwalds Vielseitigkeit. Er übertrug kolloidwissenschaftliche Methoden und Erkenntnisse auf die Papier- und Kautschukherstellung, die Glas-, Farben- und Baustoffabrikation sowie auf Prozesse der Gärungs- und Lebensmittelindustrie (speziell dem Brot) und untersuchte kolloidale Katalysatoren, das Färben von Gläsern und Fasern, hydraulische Bindemittel im Bauwesen, Tonminerale, Torf, das Koagulieren von natürlichem Latex sowie die Verwendung von Schutzkolloiden und Waschmitteln. Weiterhin erschienen Arbeiten über die Theorie der Vulkanisation (1910), die theoretische Möglichkeit einer Chromultramikroskopie (1912), Theorie der Osmose (1918), Theorie der Indikatoren (1919), Theorie der Liesegangschen Ringe (1925/26), an der schon sein Vater gearbeitet hatte, und die Theorie der Flotation (1932/34) (Beneke, 1993 a). Zur *Ostwald-Buzághschen-Bodenkörperregel* trug Wo. Ostwald durch Untersuchung der Peptisation der Huminsäure entscheidend bei (s. Buzágh) (Kap. 5.2).

Wo. Ostwald war der Nestor der Kolloidwissenschaften in Deutschland. Die Herausgabe der Kolloid-Zeitschrift (1907–1943) und die Gründung und der Vorsitz der Kolloid-Gesellschaft (1922–1943), jeweils die ersten ihrer Art, brachten ihm international Anerkennung. Kolloid-Zeitschrift und Kolloid-Gesellschaft waren international sehr bekannt. Die Kolloid-Gesellschaft hatte 1938 über 1000 Mitglieder, davon 40% Ausländer.

Wo. Ostwald erhielt viele Auszeichnungen. Kurz nach seinem 60. Geburtstag, am 22. November 1943, starb er an Leberkrebs. Die Kolloid-Gesellschaft ehrt seit 1959 durch den Wolfgang-Ostwald-Preis, der an international bekannte Kolloidwissenschaftler vergeben wird (Beneke, 1996 a).

Overbeek, Jan Theodor Gerad

Geboren am 05. 01. 1911 in Groningen/Niederlande. Overbeek studierte Chemie an der Universität Utrecht. Danach ging er zu J. Errera in Brüssel und 1935/36 mit Hugo Kruyt (1882–1959) nach Gent zu A. Rutgers. Von 1936 bis 1941 war er Assistent bei H. Kruyt an der Universität Utrecht und promovierte 1941 mit der Arbeit *Theorie der Elektrophorese; der Relaxationseffekt* (Kap. 10.5.1). Nach der Promotion ging er an das Philips Forschungszentrum nach Eindhoven. Sein Lehrer H. Kruyt trat 1946 in den Ruhestand, und Overbeek wurde sein Nachfolger als Professor am Van't Hoff Laboratorium für Physikalische- und Kolloidchemie an der Universität Utrecht. Er wurde 1981 emeritiert.

Aus Overbeeks Untersuchungen zur Stabilität kolloidaler Systeme (einschließlich der Messungen der Van-der-Waals-Kräfte) ging zusammen mit Evert Verwey (1905 –1981), das grundlegende Werk der DLVO-Theorie (1948) *Theory of the Stability of Lyophobic Colloids; the Interaction of*

Sol Particles Having an Electric Double Layer hervor (Kap. 2.4; 2.5; 2.6) (s. Derjaguin, Landau, Verwey).

Ein anderes Arbeitsgebiet von Overbeek war die Untersuchung von Schäumen, ultradünnen und schwarzen Seifenfilmen (Overbeek, 1960). Weiterhin bearbeitete er Probleme der Biochemie und Biophysik (Polyelektrolyte, Phospholipiddoppelschichten). Schließlich wandte er sich der Untersuchung von Mikroemulsionen zu (Overbeek, 1978).

Forschungsaufenthalte in der USA führten ihn an das M I T (1952/53), Columbia Universität, New York (1956) und die Universität von Southern California, Los Angeles (1959/60).

Overbeek veröffentlichte über 200 Publikationen. Ab 1969 arbeitete er an einem Kurs über Kolloidwissenschaften auf Video, der 1972 vorlag. Overbeek war nicht nur ein ausgezeichneter Wissenschaftler, sondern auch ein hilfreicher und stimulierender Lehrer, bei dem über 70 Schüler promovierten.

Er erhielt die Ehrendoktorwürde der Universitäten von Clarkson, Potsdam, New York und Bristol und ist Mitglied mehrerer Akademien. Die Kolloid-Gesellschaft verlieh ihm in Anerkennung seiner grundlegenden Arbeit auf vielen Gebieten der reinen und angewandten Kolloidwissenschaft, insbesondere in Würdigung seiner Beiträge zum Verständnis der Stabilität von kolloidalen Systemen, 1989 den Wolfgang-Ostwald-Preis (Lyklema, 1972; de Bruyn et al., 1991; Overbeek, 1981a, 1981 b).

Lord Rayleigh (ab 1873), Baron John William Strutt

12. 11. 1842 Langford Grove (Essex/England) – 30. 06. 1919 Terling Place bei Witham (Essex). Rayleigh studierte von 1857 bis 1861 Mathematik am Trinity College in Cambridge, und strebte, unüblich für seinen Stand, eine wissenschaftliche Karriere an. Er wurde ab 1869 Mitglied des Lehrkörpers des Trinity College, Laboratorien wurden aber erst geschaffen, als James Clerk Maxwell (1831–1879) 1871 die Professur für Experimentelle Physik übernahm.

Mit seiner Heirat 1871 schied er als Lehrer des College aus und ging auf den Landsitz der Strutts nach Terling. Nach einem rheumatischen Anfall verbrachten die Rayleighs den Winter 1873 auf einem Hausboot auf dem Nil, auf dem Rayleigh einen Großteil seiner *Theorie des Schalls* niederschrieb. Nach dem Tode seines Vaters baute er den Landsitz um und führte dort in entsprechenden Räumen optische Experimente durch.

Nach Maxwell übernahm Rayleigh 1879 die Professur für Experimentalphysik und wurde Direktor des Cavendish Laboratoriums in Cambridge. Von 1887 bis 1905 arbeitete er an der Royal Institution, wobei er die Tradition von Faraday weiterführte und öffentliche Vorlesungen hielt. Forschungen führte er weiterhin auf seinem Landsitz durch (Kerker, 1986 a).

Rayleigh arbeitete hauptsächlich physikalisch und mathematisch und verfaßte 466 wissenschaftliche Veröffentlichungen. Er beschäftigte sich mit optischen und akustischen Problemen (*Rayleigh-Streuung* (s. Kap. 8.4; 8.5), *Rayleighes Gesetz, Rayleigh-Grenze*), Strahlungsdruck, Oberflächenspannung, Kapillarität, Strömungslehre und Hydromechanik.

Bei Präzisionsbestimmungen fiel Rayleigh auf, daß chemisch reiner Stickstoff eine Dichte von 1,2505 g/l, aus Luft gewonnener Stickstoff dagegen 1,2521 g/l ergab und schloß auf die Anwesenheit eines schwereren Gases im Luftstickstoff (Rayleigh, 1894). Ein Jahr später gaben Rayleigh und Sir William Ramsay (1852–1916) gemeinsam die Entdeckung eines neuen Elementes, des Edelgases Argon bekannt (Ramsay and Rayleigh, 1895).

Rayleigh erhielt über 80 Auszeichnungen und Ehrungen, darunter 1904 den Nobelpreis der Physik für Untersuchungen über die Dichte der Gase und Entdeckung des Edelgases Argon. Im selben Jahre wurde auch Ramsay mit dem Nobelpreis der Chemie für die Entdeckung der Edelgase und ihre Einordnung ins Periodensystem ausgezeichnet (Kerker, 1986 a).

Schulze, Hans

1853 Dresden – 24. 11. 1892 Santiago de Chile. Über Schulze sind nur wenige Lebensdaten überliefert. Er studierte Chemie an der Bergakademie Freiberg. Dort war er mehrere Jahre Assistent bei Clemens Winkler (1838–1904). In dieser Zeit entwickelte er die später *Schulze-Hardy-Regel* (s. Hardy) genannte Regel (Schulze, 1882; Schulze, 1883).

Später folgte Schulze einem Ruf als Professor für anorganische Chemie an die Universität Santiago de Chile und richtete eine Ausbildung nach deutschem Muster ein. Er wurde Ratgeber der chilenischen Regierung in technischen Fragen und nahm als Mitglied verschiedener Regierungskommissionen und wissenschaftlicher Vereine eine geachtete Stellung ein. Er starb 1892 an den Folgen einer Arsenwasserstoffvergiftung (Hatschek, 1926).

Smoluchowski, Marian von, Ritter von Smolan

28. 05. 1872 Vorderbrühl bei Wien – 05. 09. 1917 Krakau. Smoluchowski, Sohn polnischer Eltern (der Vater war Kabinettssekretär von Franz Josef I), besuchte in Wien das Gymnasium der k. k. Theresianischen Akademie. Von 1890 bis 1894 studierte er Physik an der Universität Wien, wo er 1895 mit der Arbeit *Akustische Untersuchungen über die Elastizität weicher Körper* promovierte. Danach ging er zu Gabriel Lippmann (1845 – 1921) an die Sorbonne und untersuchte die Wärmestrahlung. Im Winter 1896/97 arbeitete er in Glasgow unter Lord Kelvin (Sir William Thomson 1824–1907) über Radioaktivität. Danach beschäftigte er sich in Berlin bei Emil Warburg (1846 1931) mit der kinetischen Theorie der Gase.

Nach Wien zurückgekehrt habilitierte er sich 1898 und wechselte ein Jahr später an die Universität in Lemberg. Hier wurde Smoluchowski 1900 außerordentlicher Professor für Theoretische Physik, mit 28 Jahren der jüngste Professor der Donaumonarchie. Ab 1913 wirkte er in Krakau und übernahm die Lehrkanzel für Experimentalphysik.

Smoluchowski klärte 1906 nach einer Reihe theoretischer Untersuchungen die Natur der *Brownschen Molekularbewegung* (s. Brown) auf und entwickelte eine Formel für das mittlere Verschiebungsquadrat der Teilchen. Albert Einstein (1879–1955) hatte 1905 ein ähnliches Ergebnis veröffentlicht, ohne allerdings einen konkreten Mechanismus der Bewegung vorauszusetzen, während Smoluchowski Stoßvorgänge annahm. The Svedberg (1884–1971) (s. Svedberg) und Jean Perrin (1870–1942) bestätigten experimentell diese Beziehung. Svedberg berechnete die Avogadrosche Zahl aus der Brownschen Bewegung und der Teilchengröße in Solen (Einstein, 1905; Einstein, 1906; Smoluchowski, 1906; Svedberg, 1910; Beneke, 1995).

Vermindert man in einem feinporösen Pulver den Luftdruck, bleibt die Wärmeleitzahl zunächst konstant. Bei Erreichung eines gewissen Druckbereichs nimmt sie jedoch stark ab, nämlich dann, wenn die mittlere freie Weglänge auf die Größenordnung der Porendimensionen zugenommen hat. Erst bei sehr kleinen Drücken wird die Wärmeleitzahl wieder konstant (*Smoluchowski-Effekt*).

Die Theorie zur Entstehung des Himmelsblaus von Rayleigh (s. Rayleigh) wurde durch Smoluchowski experimentell bestätigt (Smoluchowski, 1916 a). Mit der Brownschen Molekularbewegung beschäftigte er sich bis zu seinem Tode, wobei er die Koagulation kolloidaler Teilchen in seine Untersuchungen einbezog (Kap. 2.6.3). Eine seiner letzten Veröffentlichungen mit dem Versuch einer mathematischen Theorie der Koagulationskinetik erschien posthum 1918 (Smoluchowski, 1916 b; Smoluchowski, 1918).

Als erfahrener Bergsteiger beschäftigte sich Smoluchowski mit der Frage der Entstehung der Faltengebirge. Er war ein leidenschaftlicher Musikliebhaber und starb am 5. September 1917 im Alter von 45 Jahren an einer in Krakau grassierenden epidemischen Dysenterie (Einstein, 1917; Sm, 1918; Teske, 1975; Kerker, 1988; Ciok und Franke, 1992).

Stern, Otto

17. 02. 1888 Sorau (Niederschlesien) – 17. 08. 1969 Berkeley (Californien/USA). Stern war das älteste der fünf Kinder von Oskar und Eugenie Stern, einer jüdischen Familie. Er besuchte das Johannes-Gymnasium in Breslau (Abitur 1906).

Danach begann er das Studium an den Universitäten Freiburg/Breisgau, München und Breslau und hörte Vorlesungen von Arnold Sommerfeld (1868–1951), Otto Lummer (1860–1925) und Ernst Pringsheim (1859–1917) sowie Richard Abegg (1869–1910) und O. Sackur in Breslau. Er promovierte 1912 mit einer Arbeit über den osmotischen Druck von Kohlendioxid in konzentrierten Lösungen.

Nach der Promotion arbeitete Stern mit einem Stipendium bei Albert Einstein (1879 – 1955) an der deutschen Universität in Prag und ging mit ihm 1913 an die ETH Zürich, an der er die venia legendi bekam. Mit Einstein verband ihn eine lebenslange Freundschaft. 1914 wechselte er als Privatdozent ohne Gehalt an die Universität Frankfurt. Im Zweiten Weltkrieg wurde Stern rekrutiert und arbeitete als Offizier in technischen Einheiten, u. a. als militärischer Wetterbeobachter. Das letzte Kriegsjahr verbrachte er, wie andere deutsche Naturwissenschaftler in Berlin in der Militärforschung, unter Walter Nernst (1864 –1941). Nach dem Krieg kehrte er nach Frankfurt zurück.

1921 wurde Stern als a. o. Professor für theoretische Physik an die Universität Rostock berufen. Kurze Zeit später erhielt er einen Ruf als Direktor des Instituts für Physikalische Chemie an der Universität Hamburg. Er emigrierte 1933 in die USA und wurde Professor für Physik am Carnegie Institute of Technology in Pittsburgh. 1946 zog sich Stern nach Berkeley/Californien zurück. Nach Hamburg kam er nie wieder (Estermann, 1976).

Sterns wissenschaftliche Aktivität kann in eine theoretische (1912–1919) und eine experimentelle Periode (1919–1945) aufgeteilt werden. In einer frühen Publikation gemeinsam mit Einstein beschäftigte er sich mit der Existenz der Nullpunktsenergie. Weiterhin bearbeitete er verschiedene Probleme der statistischen Thermodynamik (kinetische Theorie des Dampfdrucks einatomiger fester Stoffe, Entropie fester Lösungen) (Stern, 1913; Stern, 1916). Nach der Rückkehr nach Frankfurt veröffentlichte er mit Max Born (1882–1970) eine Arbeit über die Oberflächenenergie von Kristallen (Stern und Born, 1919).

Ab 1919 untersuchte Stern Molekularstrahlen und arbeitete ab 1920 mit Walter Gerlach (1889–1979) zusammen (*Stern-Gerlach-Versuch*) (Stern, 1921; Stern und Gerlach, 1921; Gerlach und Stern, 1922 a, 1922 b; Gerlach und Stern, 1924).

Im Jahre 1924 publizierte Stern eine Arbeit, die, wie er selbst schrieb, durch Debyes Theorie der Elektrolyte (s. Debye) angeregt worden war. Er schlug darin eine Kombination des Helmholtz- und Gouy-Chapman-Modells über die Verteilung der Gegenionen kolloidaler Teilchen vor, die als Stern-Modell (Kap. 2.3.2; 9.4) grundlegend wurde (Stern, 1924).

In den Hamburger Jahren beschäftigte er sich mit der Beugung von Atomen an Kristalloberflächen und konnte damit die von Prince Louis Victor de Broglie (1892–1987) postulierte Wellennatur der Elementarteilchen endgültig bestätigen.

Stern erhielt 1943 den Nobelpreis der Physik für seine Beiträge zur Entwicklung der Molekularstrahlmethode und der Entdeckung des magnetischen Moments des Protons (Estermann, 1976; Toschek, 1988).

Svedberg, Theodor (genannt The)

30. 08. 1884 Fleräng (bei Gävle/Schweden) – 26. 02. 1971 Koppaberg (bei Örebro). Im Jahre 1904 begann Svedberg mit dem Studium der Chemie an der Universität Uppsala, an der er sein Leben lang blieb. Schon im September 1905 erhielt er den Bachelor of Science und begann mit eigenen Forschungen. In diesem Jahr erschien auch seine erste wissenschaftliche Publikation (Svedberg, 1905). Bereits in dieser Arbeit beschäftigte er sich mit kolloidalen Systemen. Im Jahre 1907 promovierte er zum Dr. phil. mit *Studien zur Lehre von den kolloiden Lösungen.* Kurz danach wurde er Dozent für Chemie. Svedberg erhielt 1912 den ersten Lehrstuhl für physikalische Chemie in Schweden an der Universität Uppsala, den er bis zu seiner Emeritierung 1949 innehatte (Claesson and Pedersen, 1976; Kerker, 1986 b; Fischer, 1989 g).

Svedberg wurde zu seinen kolloidwissenschaftlichen Forschungen angeregt durch W. Nernsts Buch *Theoretische Chemie* und die Bücher von R. Zsigmondy *Zur Erkenntnis der Kolloide* und G. Bredig *Anorganische Fermente.* Er begann mit der Untersuchung von Metallsolen in organischen Lösungsmitteln (Kap. 5.1) und präparierte durch elektrische Zerstäubung Organosole von über dreißig unterschiedlichen Metallen mit dem Ziel, stabilere Sole und gleichmäßige Teilchengrößen zu erhalten (Svedberg, 1905).

1908 führte ihn eine Reise nach Göttingen zu R. Zsigmondy (s. Zsigmondy), bei dem er das Ultramikroskop näher kennenlernte. Er baute ein Ultramikroskop zu einer Zeit, als Uppsala noch nicht elektrifiziert war. Mit diesem untersuchte er die Brownsche Molekularbewegung (s. Brown) in seinen Solen und ermittelte den Einfluß des Lösungsmittels, der Viskosität, der Temperatur und anderer Faktoren. Er bestätigte die von Einstein und Smoluchowski (s. Smoluchowski) aufgestellte Theorie der Brownschen Molekularbewegung experimentell (Svedberg, 1910) und berechnete aus der Brownschen Bewegung in Solen und der Teilchengröße die Avogadrosche Zahl (1913). Anschließend untersuchte er die optischen Eigenschaften kolloidaler Systeme (Beneke, 1995).

Svedberg hatte auch ein Leben lang Interesse an radioaktiven Problemen. Im Anschluß an Untersuchungen zur Stabilität von kolloidalem Gold bei der Bestrahlung mit Röntgenstrahlen wies er zusammen mit D. Strömholm die Existenz isotoper Elemente in Niederschlägen mit radioaktiven Elementen nach (Strömholm und Svedberg, 1909; Claesson and Pedersen, 1976; Kerker, 1986 b).

Svedberg publizierte eine Monographie über die Herstellung von kolloidalen Lösungen anorganischer Stoffe (Svedberg, 1909), und eine weitere über die Existenz der Moleküle (Svedberg, 1912).

Zwischen 1914 und 1922 untersuchte er die Anisotropie von Flüssigkristallen im elektrischen und magnetischen Feld und arbeitete über die elektrische Leitfähigkeit, Reaktionsgeschwindigkeit und Diffusion. Er beschäftigte sich mit dem Zusammenhang zwischen Größe der Körnung und der photographischen Empfindlichkeit. Bereits 1916 hatte er eine Waage konstruiert, mit der die Sedimentation im Schwerkraftfeld beobachtet werden konnte.

1923 reiste Svedberg für acht Monate in die USA an die Universität Wisconsin in Madison. Hier erhielt er den für seine weitere wissenschaftliche Laufbahn wichtigen Anstoß zum Bau der Ultrazentrifuge und der Untersuchung der Elektrophorese (s. Tiselius). Mit J. B. Nichols baute er in Wisconsin die erste Zentrifuge, bei der die Sedimentation der Teilchen während des Zentrifugierens photographisch festgehalten wurde. Sie erreichte Beschleunigungen von 150 g (Claesson and Pedersen, 1976; Kerker, 1986 b).

Nach seiner Rückkehr nach Uppsala verbesserten Svedberg und H. Rinde die Zentrifuge, so daß schließlich Beschleunigungen von 7000 g erreicht wurden. Mit dieser Zentrifuge konnten sie kolloidale Goldteilchen, die im Ultramikroskop nicht sichtbar waren, zentrifugieren und das Sediment photographieren. 1925/26 baute Svedberg eine größere und neuere Hochgeschwindigkeits-Öl-Turbinen-Ultrazentrifuge, die Beschleunigungen von 100 000 g erreichte (Svedberg and Nichols, 1923; Svedberg and Rinde, 1924).

Svedberg begann nun Proteine zu untersuchen. Er ermittelte 1924 die Molekularmassen für das Casein aus der Milch und 1925 für das Hämoglobin nach der Sedimentationsmethode und lieferte den Beweis für die Existenz von Proteinmolekülen einheitlicher Größe. 1929 gelang ihm die Entdeckung des Hämocyaninmoleküls, des größten damals bekannten Moleküls (Svedberg and Fåhraeus, 1926; Svedberg, 1929).

Um 1930 war die Ultrazentrifuge so weit entwickelt, daß versucht wurde, höhere Beschleunigungen zu erreichen: 200 000 g (1931), 300 000 g (1933) und 400 000 g (1934). Schließlich konnte man ab 1939 im Dauerbetrieb 525 000 g (120 000 rpm) erreichen.

Ende der dreißiger Jahre fing Svedberg an, Polysaccharide, insbesondere Cellulose, zu untersuchen. Im Zweiten Weltkrieg entwickelte er ein ölresistentes Gummi.

Svedberg publizierte 240 Veröffentlichungen und Monographien. Nach ihm ist die *Svedberg-Einheit* für den Sedimentationskoeffizienten benannt. Er erhielt viele internationale Auszeichnungen. Der Nobelpreis der Chemie 1926 wurde ihm für seine Forschungen über disperse Systeme verliehen (Claesson and Pedersen, 1976; Kerker, 1986 b).

Tammann, Gustav Heinrich Johann Apollon

16. 05. 1861 Jamburg (Kingissepp/Baltikum) – 17. 12. 1938 Göttingen. Tammann, Sohn eines Arztes, begann das Studium der Chemie an der Universität Dorpat. Seine akademischen Lehrer waren Carl Schmidt (1822–1894) und Johann Lemberg (1842–1902). Als Nachfolger von Wilhelm Ostwald wurde er 1883 zweiter Assistent bei C. Schmidt. Er promovierte 1887 in Dorpat und habilitierte sich danach. 1890 schlug er eine Berufung zum a. o. Professor an die Universität Gießen aus; er wurde Dozent in Dorpat und 1892 a. o. Professor und Leiter des Chemischen Instituts. 1894 wurde er zum o. Professor ernannt.

In Studienreisen kam er nach Deutschland zu Hermann von Helmholtz (1889), Wilhelm Ostwald (1889) und Walther Nernst (1889/90). Mit W. Nernst und Svante Arrhenius verband ihn eine lebenslange Freundschaft.

1903 wurde Tammann als Ordinarius und Direktor an das neugegründete Institut für Anorganische Chemie an die Universität Göttingen berufen. Als W. Nernst 1905 einem Ruf an die Berliner Universität folgte, wurde Tammann 1907 dessen Nachfolger als Direktor des Instituts für Physikalische Chemie der Universität Göttingen, das er bis zu seiner Emeritierung 1929 leitete. Nachfolger von Tammann auf dem Lehrstuhl für Anorganische Chemie in Göttingen wurde Richard Zsigmondy (Masing, 1939; Girnus, 1992).

Tammann wandte sich immer wieder neuen Gebieten zu, ohne die alten Gebiete zu verlassen, und betrat oft wissenschaftliches Neuland. Im Mittelpunkt stand jedoch immer die Untersuchung der Kristallisationsprozesse.

Erste Arbeiten betrafen Molmassebestimmungen durch Dampfdruckerniedrigung. Ab 1893 begann er Untersuchungen bei sehr hohen Drücken (mehr als 300 MPa), die ihn zu den Zustandsänderungen von Einstoffsystemen, insbesondere zu den Kristallisationsvorgängen führten. Kurz danach (1895) wandte er sich der Erforschung heterogener Gleichgewichte zu. Er zeigte, daß – im Gegensatz zur verbreiteten Annahme – jeglicher Phasenübergang vom kristallinen in einen anderen Zustand diskontinuierlich erfolgt. Die Ergebnisse publizierte Tammann in den Monographien *Kristallisieren und Schmelzen* (1903) und *Aggregatzustände* (1922). Durch seine Arbeiten über Keimbildung, Kristallisation und Schmelzdiagramme unter hohen Drücken wurde die Lehre von den Aggregatzuständen begründet (Masing, 1939; Girnus, 1992).

In Göttingen wandte sich Tammann der Metallkunde zu. Er entwickelte die thermische Analyse als zuverlässiges Verfahren zur Aufstellung von Zustandsdiagrammen und zur Ermittlung der Zusammensetzung intermetallischer Verbindungen. Sein *Lehrbuch der Metallographie*, 1914 erschienen, wurde zum internationalen Standardwerk. Die von ihm und seinen Schülern erarbeiteten Ergebnisse über das Verhalten der Metalle zueinander wurden zur Grundlage der modernen Legierungskunde. Ab 1925 begann er mit Untersuchungen über die physikalisch-chemischen Eigenschaften der Gläser.

Die *Tammann-Regel* besagt, daß Metalle derselben Untergruppe des Periodensystems miteinander keine intermetallischen Verbindungen bilden. Der *Tammann-Ofen* ist ein Hochtemperaturofen, der früher für Einkristallsynthesen eingesetzt wurde.

Tammann war Mitbegründer der physikalischen Chemie als selbstständige Wissenschaftsdisziplin. Er bildete über 100 Doktoranden zu Physikochemikern und Metallurgen aus (Masing, 1939; Girnus, 1992).

Tiselius, Arne Wilhelm Kaurin

10. 08. 1902 Stockholm – 29. 10. 1971 Uppsala. Tiselius wurde als Sohn eines Mathematikers geboren. Sein Wunsch war, bei The Svedberg (1884 – 1971), dem führenden Physikochemiker und Kolloidwissenschaftler in Schweden, zu studieren. Er begann 1921 mit dem Studium in Uppsala. In dieser Stadt blieb er sein Leben lang.

Tiselius promovierte 1930 mit einer Arbeit über Elektrophorese von Proteinen und wurde Dozent für Chemie (Tiselius and Svedberg, 1926). An der Fakultät der Wissenschaften wurde für ihn 1938 eine spezielle Forschungsprofessur im Institut für Physikalische Chemie eingerichtet, aus dem 1950 das Institut für Biochemie erwuchs, dessen Leiter er bis zu seiner Emeritierung 1968 war (Pedersen, 1975; Pötsch, 1989).

Nach seiner Promotion wandte sich Tiselius zunächst anderen Themen zu. Er untersuchte die optischen Eigenschaften von Zeolithen und entwickelte eine optische Methode zur quantitativen Messung der Diffusion von Wasserdampf und anderen Gasen in Zeolithkristallen (Tiselius, 1936).

Bei Diskussionen mit Biochemikern u. a. am Rockefeller Institut in Princeton und New York John Howard Northrop (1891–1975), Wendell Meredith Stanley (1904–1971), Karl Landsteiner (1868–1943), Leonor Michaelis (1875–1949) wurde Tiselius klar, daß die Entwicklung von neuen und wirkungsvolleren Trennmethoden das Schlüsselproblem der Biochemie war. Er konstruierte in Uppsala einen neuen Typ von Elektrophoreseapparaturen (*Tiselius-Apparatur*) (Tiselius, 1937 a) (Kap. 10.4.2). Interessant ist, daß dieses Manuskript von einer Biochemischen Zeitschrift als zu physikalisch abgewiesen wurde, obwohl mit dieser Apparatur im Laufe der Zeit viele biochemische Substanzen untersucht und abgetrennt wurden (Tiselius, 1937 b; Pedersen, 1975). Die Wanderung von Teilchen in einem elektrischen Feld wurde zuerst von F. v. Reuss 1808 an Tonsuspensionen beschrieben (Beneke, 1995).

Mit der *Tiselius-Apparatur* gelang die Trennung chemisch nur wenig unterschiedlicher Substanzen. Durch Verbesserung der elektrophoretischen Verfahren und Kombination mit der Chromatographie, Gelfiltration, Interferometrie und anderen physikalischen Verfahren konnte Tiselius die Plasmaproteine des Blutserums trennen und identifizieren. Ebenso wurden Aminosäuren, Kohlenhydrate, Fettsäuren und deren kolloidale Komplexe untersucht. Tiselius beschäftigte sich auch mit Blutplasmaersatzstoffen (Dextrane, Polysaccharide auf Basis D-Glucose) und untersuchte die Bestandteile von Viren.

1948 erhielt er den Nobelpreis der Chemie für seine Forschungen über Elektrophorese und Adsorptionsanalyse, insbesondere für die Entdeckung der komplexen Natur der Serumproteine. Er publizierte 161 Veröffentlichungen (Pedersen, 1975; Pötsch, 1989).

Tyndall, John

02. 08. 1820 Leighlinbridge (Irland) – 04. 12. 1893 Hindhead (England). Tyndall kam aus einer einfachen Familie; sein Vater arbeitete als Landwirt, Schuster und Angehöriger der Polizei. Er verließ als 19jähriger ohne Abschluß die Schule und arbeitete als Zeichner und später als Zivilingenieur im Vermessungswesen. Diese Stelle verlor er, weil er sich gegen die Unfähigkeit des Amtes und Unterdrückungspraktiken auflehnte. Er ging nach England und fand 1844/45 Arbeit als Vermessungsingenieur bei der Trassierung der Eisenbahnlinie von Lancashire und Yorkshire. Danach arbeitete er als Mathematik- und Zeichenlehrer am Queenwood College in Hampshire.

Seine Laufbahn als Chemiker begann 1848, als er das Studium der Chemie bei Robert Wilhelm Bunsen (1811–1899) in Marburg aufnahm. Er wechselte an die Universität Berlin, studierte bei Gustav Heinrich Magnus (1802–1870) Physik und promovierte über ein mathematisches Thema.

Sein Bemühen, die wissenschaftliche Laufbahn einzuschlagen, scheiterte in Irland, Australien und Kanada. Bei einem Vortrag 1853 vor der Royal Institution in London konnte er sein Talent als Lehrer und Experimentator unter Beweis stellen. Auf Betreiben von Michael Faraday (1791–1867) wurde er als Professor für Naturphilosophie in das Institut berufen und nach Faradays Tod dessen Nachfolger als Präsident der Royal Institution. Dieses Amt hatte Tyndall zwanzig Jahre inne, bis er es 1887 aus gesundheitlichen Gründen niederlegte.

Tyndalls wissenschaftliche Tätigkeit war bis 1875 mehr physikalisch ausgerichtet. Seine erste Abhandlung über das Verhalten von Kristallen im Magnetfeld erschien 1851. Durch Einwirkung von Druck auf Kristallen suchte er eine Erklärung für die unterschiedliche Spaltbarkeit zu erhalten. Auf die Untersuchungen von Schmelzen und Wiedereinfrieren unter Druckeinwirkung baute er eine Hypothese für die Gletscherbewegung auf. 1860 erschien das Buch *The Glaciers of the Alps*.

Faraday hatte 1857 die Lichtstreuung an dispergierten Phasen entdeckt. Tyndall beschäftigte sich anhand der Beobachtung von meteorologischen Erscheinungen mit der Absorption von Licht- und Wärmestrahlen in trüben Medien, auch mit Rauch und Staub. Er zeigte 1869, daß ein Lichtstrahl, der durch ein kolloidales Medium geht, infolge Streuung von der Seite aus sichtbar und das gestreute Licht polarisiert wird (Kap. 8.4) (Tyndall, 1869). Dieser *Faraday-Tyndall-Effekt* (s. Faraday) wird heute oft nur *Tyndall-Effekt* genannt. Lord William Rayleigh (1842–1919) stellte auf Grund dieser Experimente 1871 das *Rayleighsche Gesetz* für die Abhängigkeit der Intensität des gestreuten Lichtes von der Wellenlänge auf (s. Rayleigh).

Die fraktionierte Sterilisation durch Wärmestrahlung, das *Tyndallisieren*, geht ebenfalls auf Tyndall zurück.

Die wissenschaftlichen Leistungen Tyndalls wurden sehr beachtet, waren aber teilweise auch umstritten. Seine Experimente zum Verhalten kristalliner Stoffe wurden von der Festkörperphysik aufgegriffen. Einige von ihm beschriebene Effekte konnten später durch den Entwicklungsstand der Atomtheorie besser gedeutet werden.

Tyndall hatte eine außerordentliche Begabung für die Verbreitung naturwissenschaftlicher Erkenntnisse in verständlicher Form. Er war ein geschätzter Redner und Experimentator bei Veranstaltungen der Royal Institution und veröffentlichte über 180 Publikationen.

Sein Einsatz für die Prioritätsansprüche Julius Robert Meyers (1814–1878) als Entdecker des *Energiesatzes* gegen die Anhänger James Prescott Joules (1818–1899) ist beispiellos. Die Anerkennung Meyers ist vor allen Dingen Tyndall zu verdanken (MacLeod, 1976; Kerker, 1987 b; Beneke, 1993 b).

Verwey, Evert Johannes Willem

30. 04. 1905 Amsterdam – 13. 02. 1981 Utrecht. Verwey schrieb sich 1923 als Student für Wissenschaft- und Naturkunde an der Universität Amsterdam ein. Von 1927 bis 1931 war er Assistent im Laboratorium von Buchner und kam mit der Kolloidchemie in Berührung. Ende 1931 wechselte er als Assistent zu Jaeger an die Universität Groningen. Diese Zeit unterbrach er im Sommer 1933 mit einem Forschungsaufenthalt bei Izaak Maurits Kolthoff (1894–1993) an der Universität Minnesota in Minneapolis (Overbeek and Rathenau, 1967; Vink, 1981; Beneke, 1994 b).

Schon in Amsterdam hatte Verwey regelmäßig an den Kolloquien über Kolloidchemie bei H. Kruyt an der Universität Utrecht teilgenommen. Ende 1933 beendete er seinen Aufenthalt in Groningen und promovierte im März 1934 bei H. Kruyt in Utrecht mit einer Arbeit über die elektrische Doppelschicht und Stabilität an Silberiodidsolen (Verwey, 1934).

Danach trat Verwey als wissenschaftlicher Mitarbeiter in das Naturkunde Laboratorium der N. V. Philips in Eindhoven ein, dessen Direktor er später wurde (bis 1966). Schon 1928 hatte er auf eigene Initiative mit A. E. van Arkel und J. H. de Boer (s. de Boer) schriftlichen Kontakt aufgenommen. Mit letzterem arbeitete Verwey auf verschiedenen Gebieten zusammen. Dazu gesellte sich noch H. C. Hamaker (Hamaker, 1937).

Es erschienen Publikationen über die elektrische Doppelschicht, Adsorption und, 1935, eine Übersichtsarbeit über die Stabilität kolloidaler Systeme. Erst allein, später in Zusammenarbeit mit Overbeek, der ebenfalls eine Zeitlang bei Philips tätig war, arbeitete er die später *DLVO-Theorie* genannte grundlegende Theorie der Stabilität von kolloidalen Dispersionen aus (Kap. 2.4; 2.5; 2.6) (Verwey and Overbeek, 1948) (s. Derjaguin, Landau, Overbeek). Außerdem untersuchte er die kolloidchemischen Eigenschaften von Oxiden, die für die Elektroindustrie wichtig waren; u. a. stellte er Überzüge mit Edelmetallen und Kohlenstoff her. Dabei bestimmte er auch die Kristallstruktur von γ-Al_2O_3 und γ'-Al_2O_3. Das neue Gebiet der Spinelle wurde in die Forschung eingebaut, wobei die magnetischen und elektrischen Eigenschaften untersucht wurden (*Verwey-Übergang*). Ab 1960 baute Verwey eine sich schnell entwickelnde biochemische Gruppe bei Philips auf, die sich mit DNA/RNA-Problemen, Enzymen und Membranen beschäftigte.

Verwey war Mitglied der Königlichen Niederländischen Akademie der Wissenschaften (1949), Ehrenmitglied der Königlichen Niederländischen Chemischen Vereinigung (1963) und erhielt den Ehrendoktor der Technischen Hochschule Delft (1967) (Overbeek and Rathenau, 1967; Vink, 1981).

Interessant ist in diesem Zusammenhang, daß die Firma Philips in Eindhoven viele bekannte Kolloidwissenschaftler wie de Boer, Hamaker, Verwey und eine Zeitlang auch van Arkel und Overbeek beschäftigt hatten. Die Universität Utrecht war die Wiege einer niederländischen Schule der Kolloidwissenschaften, die von Hugo Rudolph Kruyt (1882 – 1959) mitbegründet wurde, der wiederum angeregt worden war von Alfred Lottermoser, Wolfgang Ostwald, Gustav Tammann und Herbert Freundlich. Diese kolloidwissenschaftliche Schule hat bis heute in den Niederlanden eine große Tradition und hohes internationales Ansehen.

Van der Waals, Johannes Diderik

23. 11. 1837 Leiden/Niederlande – 08. 03. 1923 Amsterdam. Van der Waals, Sohn eines Zimmermannes, studierte von 1862 bis 1865 an der Universität Leiden, während er für seinen Lebensunterhalt Unterricht gab. Ab 1864 arbeitete er als Lehrer an der höheren Bürgerschule in Deventer. Ab 1866 war er als Physik- und Mathematiklehrer Schuldirektor in den Haag. Gleichzeitig nahm er das Studium der Physik an der Universität Leiden wieder auf. Der klassischen Sprachen nicht mächtig konnte er erst infolge einer Gesetzesänderung Ende der 60er Jahre, die Naturwissenschaftler von der Prüfung der klassischen Sprachen befreite, 1873 mit der Arbeit *Over de Continuiteit van den Gas- en Vloeistoftoestand* (Über die Kontinuität des gasförmigen und des flüssigen Zustandes) promovieren. In seiner Doktorarbeit ging er von einer Arbeit von Rudolf Clausius (1822–1888) aus.

Als Van der Waals seine berühmte Gleichung vorschlug, war die Wirkung von Kräften zwischen unpolaren Molekülen umstritten. Die Existens solcher Kräfte wurde erst durch die Verflüssigung von Helium (1908) durch Heike Kamerlingh Onnes (1853–1926) bewiesen.

Die *Van-der-Waals-Kräfte* umfassen die *Keesom-Wechselwirkungen* zwischen Paaren permanenter Dipole, die *Debye-Wechselwirkungen* zwischen Dipolen und induzierten Dipolen und die

Londonschen Dispersionskräfte (im Einzelnen s. Lyklema 1991, S. 4.16 ff). *Keesom- und Debye-Van-der-Waals-Kräfte* beruhen auf klassischen elektrostatischen Wechselwirkungen, während die Dispersionskräfte quantenmechanischer Natur sind. Zwischen einzelnen, nicht zu weit entfernten Molekülen (Abstand r) fällt die Energie mit $1/r^6$ ab. Für die Londonschen Dispersionskräfte ist jedoch das Phänomen der Retardation charakteristisch, d. h. bei sehr großen Abständen ändert sich die Energie mit $1/r^7$. Zudem sind die Londonschen Kräfte weitgehend additiv, d. h. in einer Ansammlung von Molekülen ist die gesamte Wechselwirkungsenergie aus den paarweisen Beträgen zusammengesetzt. Dieses Verhalten ist für kolloidale Systeme von außerordentlicher Bedeutung, da infolge dieser Additivität die Wechselwirkung zwischen kolloidalen, kugelförmigen Teilchen mit H^{-1}, und zwischen Plättchen mit d^{-2} abfällt (Kap. 2.5). Von Van-der-Waals-artiger Natur sind auch die Ionen-Ionen-Korrelationskräfte (Kap. 2.7.1).

Diese Doktorarbeit von Van der Waals erregte Aufsehen und brachte den einfachen Lehrer in den Rang eines international angesehenen Wissenschaftlers. Er erhielt 1877 (Gründung der Universität) den Lehrstuhl für Physik an der Universität Amsterdam, von welchem er 1908 zurücktrat.

Später arbeitete und publizierte Van der Waals über die Theorie binärer Mischungen (1890), Dissoziation von Elektrolyten (1891), Messungen von Dampfdruckdiagrammen (1891), Kapillartheorie (1894) und dann wieder über Zustandsgleichungen. Er erhielt 1910 den Nobelpreis der Physik für die Zustandsgleichung der Gase und Flüssigkeiten.

Sein Sohn, Johannes Diderik Jr. unterrichtete von 1903 bis 1908 Physik an der Universität Groningen und wurde 1908 auf den Lehrstuhl seines Vaters an die Universität Amsterdam berufen (Prins, 1976; Charles, 1988).

Weimarn von, Peter Paul

18. 07. 1879 St. Petersburg – 02. 06. 1935 Schanghai (China). Die Vornamen wurden auch mit Peter Petrovic angegeben (Fischer, 1989 h). Von Weimarn absolvierte das Alexander-Kadettenkorps, studierte von 1901 bis 1908 am Berg-Institut der Kaiserin Katharina II in St. Petersburg und promovierte 1908 mit der Arbeit *Einfluß der Konzentration der reagierenden Lösungen auf die Form und die Struktur der Niederschläge*. Er habilitierte sich 1910 an der Universität St. Petersburg und wurde im gleichen Jahr zum Dozenten und 1915 zum o. Professor der Kolloidchemie ernannt. In diesem Jahre wurde von Weimarn von der Regierung beauftragt, den Bau und die Organisation des Berginstituts in Ekaterinenburg im Ural zu leiten. Das Institut wurde 1917 unter von Weimarn als Rektor eröffnet. 1919 wurde das Institut infolge politischer Umstände nach Wladiwostok in Sibirien evakuiert. Von Weimarn arbeitete dort bis 1921 als Professor für Kolloidchemie an der Polytechnischen Hochschule unter denkbar ungünstigen Bedingungen.

Im Sommer 1921 hielt von Weimarn Vorlesungen über Kolloidchemie an der Universität Tokio. Daraufhin folgte er einer Einladung an die Universität Sendai bis Herbst 1921. 1922 wurde er a. o. Professor an der Universität Kyoto, so daß er seine Forschungen wieder aufnehmen konnte. Im April 1923 wurde von Weimarn als Leiter mit der Neugründung eines Dispersoidologischen Laboratoriums an die Kaiserliche Technische Prüfungs- und Forschungsanstalt berufen und war bis 1930 in diesem Amte tätig, das er aus gesundheitlichen Gründen niederlegen mußte. Zwei Jahre später gründete er in Kobe ein Privatlaboratorium, wo er wieder bis zu seinem Tode 1935 wissenschaftlich tätig war (Ostwald, 1936; Fischer, 1989 h).

Von Weimarn war ein vielseitiger Forscher, der hauptsächlich auf dem Gebiete der Kolloidwissenschaften gearbeitet hat. 1906 stellte er in seiner ersten eigenständigen Arbeit *Der kolloide Zustand, eine allgemeine Eigenschaft der Materie* (in Russisch) das Postulat auf, *Kolloide seien allgemein mögliche Zustände der Materie und nicht spezifische Stoffe* (von Weimarn, 1906) (Kap. 1.1). Wolfgang Ostwald kam 1907 unabhängig von von Weimarn zur gleichen Folgerung und erkannte dessen Erstveröffentlichung sofort an (Ostwald, 1907; von Weimarn, 1907) (s. Ostwald).

Diese russische Arbeit von Weimarn's ist übrigens keine rein theoretische Arbeit. Er zeigte, daß 63 Elemente und Verbindungen durch entsprechende Wahl der Niederschlagsbedingungen in den kolloidalen Zustand überführt werden können. In Svedberg's klassischem Buch *Die Methoden zur Herstellung kolloider Lösungen anorganischer Stoffe* (1909) findet man insgesamt etwa 140 Elemente und Verbindungen, die bis dahin kolloidal dargestellt werden konnten (Ostwald, 1936).

In vielen Arbeiten beschäftigte sich von Weimarn mit den experimentellen Bedingungen, um Verbindungen in den kolloidalen Zustand zu versetzen. Er gelangte zu theoretischen Gesetzmäßigkeiten, aber auch praktischen Regeln. Man kennt die *von Weimarnsche-Regel* über die Abhängigkeit der Teilchengröße eines Niederschlags von der Konzentration. Bei extrem kleiner und großer Konzentration der Reaktionskomponenten entstehen die kleinsten Teilchen, bei mittleren die größten. Diese Regel gilt aber nur für die zuerst entstehenden Teilchen, nicht für die durch „Sammelkristallisation" im Laufe der Zeit veränderten Niederschläge (Kap. 5.4) (Ostwald, 1936).

Er sah in der Keimbildung und dem Keimwachstum die beiden entscheidenden kinetischen Faktoren der Teilchenbildung (Kap. 5.4), lange bevor Fritz Haber (1868–1934) zwei ähnliche, aber nicht identische Begriffe, Ordnungs- und Häufungs-Geschwindigkeit, in die Kinetik der Solbildung einführte.

Insgesamt veröffentlichte von Weimarn 339 Publikationen, davon 212 in der Kolloid-Zeitschrift und 4 Monographien (Ostwald, 1936).

Zsigmondy, Richard

01. 04. 1865 Wien - 23. 09. 1929 Göttingen. Als Sohn eines Arztes geboren, studierte Zsigmondy ab 1883 Naturwissenschaften an der TH Wien und an der Universität München, an der er 1889 promovierte. 1891/92 wirkte er als Privatassistent des Physikers August Kundt (1839–1894) an der Universität Berlin und habilitierte sich 1893 an der TH Graz. 1897 ging Zsigmondy als wissenschaftlicher Mitarbeiter zu den Glaswerken Schott & Genossen (gegr. 1884) in Jena, das später als Jenaer Glaswerk Schott & Genossen firmierte. Danach wirkte er ab 1900 als Privatgelehrter in Jena und wurde 1907 als a. o. Professor Nachfolger von Gustav Tammann (1861–1938) auf dem 1902 neu errichteten Lehrstuhl für anorganische Chemie an der Universität Göttingen, 1919 wurde er zum o. Professor ernannt.

Bei Kundt lernte Zsigmondy die Problematik der zur Färbung von Porzellan verwendeten organischen Dispersionen von Gold kennen. Dadurch wurde sein Interesse an der Kolloidchemie geweckt. Bei den Glaswerken Schott arbeitete er hauptsächlich mit kolloidalem Gold, aber auch mit kolloidalen Dispersionen anderer Elemente. Diese versuchte er in feste Substanzen wie Glas einzuarbeiten, wobei er Farbgläser wie Goldrubinglas und Milchglas erhielt.

Bei Schott lernte er den Physiker Henry Siedentopf (1872–1940) kennen, mit dem er auch als Privatgelehrter weiter arbeitete. Dieser entwickelte ein Ultramikroskop, um kolloidale Teilchen durch ihren Streukegel sichtbar zu machen (*Faraday-Tyndall-Effekt*) (Kap. 8.3) (Siedentopf und Zsigmondy, 1903). Später verbesserte Zsigmondy das Ultramikroskop durch das Immersionsverfahren.

Bei Untersuchungen am Cassiuschen Goldpurpur, den er aus kolloidalem Gold und kolloidalem Zinndioxidhydrat (Zinnsäure) herstellte, erkannte Zsigmondy die Schutzwirkung hydrophiler Kolloide gegen elektrolytische Koagulation und prägte dafür den Begriff *Schutzkolloid.* Dazu führte er den Begriff *Goldzahl* ein, mit der die Menge des Schutzkolloids bestimmt werden konnte (Kap. 3.11) (Zsigmondy, 1925; Beneke, 1995; Beneke, 1996 b).

Das Problem der Filtration kolloidaler Lösungen wurde von Zsigmondy und seinem Mitarbeiter Wilhelm Bachmann (1885–1933) durch Entwicklung und Patentierung von Membran- und Ultrafeinfiltern gelöst. Diese waren mechanisch bedeutend stabiler als die gebräuchlichen Gallert-Ultrafilter (Beneke, 1996 b).

Mit seinen Mitarbeitern beschäftigte sich Zsigmondy auch mit Oxidsolen und dem Feinbau verschiedener Gele, besonders den Kieselsäure- und Seifengelen (Theorie der Gele) (Zsigmondy und Bachmann, 1912; Zsigmondy et al., 1912).

Einen Höhepunkt in Zsigmondys Leben bildete 1926 die Verleihung des Nobelpreises der Chemie (1925) für die Aufklärung der heterogenen Natur kolloidaler Lösungen. Gleichzeitig erhielten The Svedberg den Nobelpreis der Chemie 1926 (s. Svedberg) und Jean Baptiste Perrin (1870–1942) den Nobelpreis der Physik 1926 für Arbeiten über die unstetige Struktur der Materie und Entdeckung des Sedimentationsgleichgewichtes (Freundlich, 1930; Beneke, 1996 b).

Die Brüder Zsigmondys, der Zahnarzt Otto und der Arzt Emil waren bekannte Hochalpinisten. Emil Zsigmondy schrieb ein Buch über den Alpinismus und verunglückte 1885 tödlich am Montblanc. Nach ihm ist die Zsigmondyspitze in den Dolomiten benannt, die er als erster bestieg (Beneke, 1996 b).

Literatur

Abernethy JL (1967) Franz Hofmeister, the impact of his life and research on chemistry. Chem Ed 44: 177–180

Balmer H (1971) Faradays Lehrerin. Phys Bl 27: 318

Beneke K (1993 a) Wolfgang Ostwald (1883–1943). In: Beiträge zur Geschichte der Kolloidwissenschaften I, Mitteilungen der Kolloid-Gesellschaft 1–7

Beneke K (1993 b) John Tyndall (1820–1893). In: Beiträge zur Geschichte der Kolloidwissenschaften I, Mitteilungen der Kolloid-Gesellschaft 9–11

Beneke K (1994 a) Thomas Graham (1805–1869). In: Beiträge zur Geschichte der Kolloidwissenschaften III, Mitteilungen der Kolloid-Gesellschaft 2–13

Beneke K (1994 b) Izaak Maurits Kolthoff (1894–1993). In: Beiträge zur Geschichte der Kolloidwissenschaften III, Mitteilungen der Kolloid-Gesellschaft 24–26

Beneke K (1995) Zur Geschichte der Grenzflächenerscheinungen – mit ausgesuchten Beispielen –. Beiträge zur Geschichte der Kolloidwissenschaften IV, Mitteilungen der Kolloid-Gesellschaft, Verlag Reinhard Knof, Kiel

Beneke K, Lagaly G (1995) Buzágh Aladár tudományos munkássága a „Kolloid Zeitschrift" cimü folyóiratban. Magyar Kemiai Folyoirat 101: 455–459

Beneke K (1996 a) Wolfgang Ostwald (1883–1943). In: Über 70 Jahre Kolloid-Gesellschaft, Gründung, Geschichte, Tagungen (mit ausgesuchten Beispielen der Kolloidwissenschaften). Beiträge zur Geschichte der Kolloidwissenschaften V, Mitteilungen der Kolloid-Gesellschaft 108–112

Beneke K (1996 b) Richard Zsigmondy (1865–1929). In: Über 70 Jahre Kolloid-Gesellschaft, Gründung, Geschichte, Tagungen (mit ausgesuchten Beispielen der Kolloidwissenschaften). Beiträge zur Geschichte der Kolloidwissenschaften V, Mitteilungen der Kolloid-Gesellschaft 148–159

Bowen EJ (1971) Chapman, David Leonard. In: Gillispie Ch C (ed) Dictionary of Scientific Biography American Council of Learned Societies, Charles Scribner's Sons, New York 3: 197

Brodersen PH (1936) Peter Debye. Umschau 40: 955–956

Brown R (1828) A brief account of microscopical observations made in the month June, July, and August, 1827, on the particles contained in the pollen of plants; and on the general existance of active molecules in organic and inorganic bodies. Phil Mag 4 (21): 161–173

Brüche E (1968) Lew Dawidowitsch Landau starb am 01. 04. 1968. Phys Bl 24: 268–270

Bruyn de Ph L, Lekkerkerker H N W, Lyklema J, Vrij A (1991) Professor J. Th. G. Overbeek on his eightieth birtday. Adv Coll Interf Sci 34: VI–X

Buzágh von A (1927 a) Zur Theorie der Peptisation. I. Über die Abhängigkeit der kolloiden Löslichkeit von der relativen Menge des Bodenkörpers. Kolloid Z 41: 169–183

Buzágh von A (1927 b) Zur Theorie der Peptisation II. Kolloid Z 43: 215–220

Buzágh von A (1927 c) Zur Theorie der Peptisation III. Über die Bodenkörperregel bei der Peptisation mit hydrophilen Solen. Kolloid Z 43: 220–224

Buzágh von A (1928) Zur Theorie der Bodenkörperregel. Kolloid Z 46:178–185

Chapman DL (1913) A contribution to the theory of electrocapillarity. Phil Mag 25: 475–481

Charles AD (1988) Johannes Diderik Van-der-Waals. In: Magill F N (ed) The Nobel Prize Winners, Physics Volume I (1901–1937) Salem Press, Pasedena 149–156

Churaev NV, Vinogradova OL (1994) In Memoriam Boris Vladimirovich Derjaguin (1902–1994). J Coll Interf Sci 168: 273–274

Ciok Z, Franke M (1992) Smoluchowski, Marian. In: H-L Wußing (Hrsg) Fachlexikon abc Forscher und Erfinder, Harri Deutsch Verlag 534–535

Claesson S, Pedersen KO (1976) Svedberg, The (Theodor) In: Dictionary of Scientific Biography American Council of Learned Societies, Charles Scribner's Sons, New York 13: 158–164

Debye P, Hückel E (1923 a) Zur Theorie der Elektrolyte. I. Gefrierpunktserniedrigung und verwandte Erscheinungen. Physikal Z 24: 185

Debye P, Hückel E (1923 b) Zur Theorie der Elektrolyte. II. Das Grenzgesetz für elektrische Leitfähigkeit. Physikal Z 24: 305

Derjaguin B, Landau L (1941) Theory of the stability of strongly charged lyophobic sols and of the adhesion of strongly charged particles in solutions of electrolytes. Acta Phys Chem USSR 14: 633
Einstein A (1905) Über die von der molekularkinetischen Theorie der Wärme geforderte Bewegung von in ruhenden Flüssigkeiten suspendierten Teilchen. Ann Physik 4 F 17: 549–560
Einstein A (1906) Zur Theorie der Brownschen Bewegung. Ann Physik 4 F 19: 371–381
Einstein A (1917) Marian v. Smoluchowski. Naturwiss 5: 737–738
Emde F (1948) Gustav Mie 80 Jahre. Phys Bl 4: 349–350
Estermann I (1976) Stern, Otto. In: Dictionary of Scientific Biography American Council of Learned Societies, Charles Scribner's Sons, New York 13: 40–43
Everitt CWF, Fairbank WM (1973) London, Fritz. In: Dictionary of Scientific Biography American Council of Learned Societies, Charles Scribner's Sons, New York 8: 473–479
Faraday M (1825) On new compounds of carbon and hydrogen, and on certain other products during the decomposition of oil by heat. Phil Trans R Soc London II: 440–466
Faraday M (1832) Experimental research in electricity. Phil Trans R Soc London I: 125; 162; 163–194
Faraday M (1833) Phil Trans R Soc London I: 23–54
Faraday M (1834) Law of definite action. Phil Trans R Soc London I: 77–122
Faraday M (1836) Phil Mag 9: 75, 122
Faraday M (1857 a) Experimental relations of gold (and other metals) to light. Phil Trans R Soc London 147: 145–181
Faraday M (1857 b) Phil Mag 14: 512
Fischer A (1989 a) Bancroft, Wilder Dwight. In: Pötsch W R (Hrsg) Lexikon bedeutender Chemiker Verlag Harri Deutsch, Frankfurt 26–27
Fischer A (1989 b) Boer, Jan Hendrik de. In: Pötsch W R (Hrsg) Lexikon bedeutender Chemiker Verlag Harri Deutsch, Frankfurt 52
Fischer A (1989 c) Debye, Peter Joseph Wilhelm. In: Pötsch W R (Hrsg) Lexikon bedeutender Chemiker Verlag Harri Deutsch 111
Fischer A (1989 d) Hückel, Erich. In: Pötsch W R (Hrsg) Lexikon bedeutender Chemiker Verlag Harri Deutsch 214
Fischer A (1989 e) La Mer, Victor Kuhn. In: Pötsch W R (Hrsg) Lexikon bedeutender Chemiker Verlag Harri Deutsch 256
Fischer A (1989 f) Onsager, Lars. In: Pötsch W R (Hrsg) Lexikon bedeutender Chemiker Verlag Harri Deutsch 328–329
Fischer A (1989 g) Svedberg, Theodor. In: Pötsch W R (Hrsg) Lexikon bedeutender Chemiker Verlag Harri Deutsch 412–413
Fischer A (1989 h) Weimarn, Peter von. In: Pötsch W R (Hrsg) Lexikon bedeutender Chemiker Verlag Harri Deutsch 447–448
Franks F (1984) Polywasser. Betrug oder Irrtum in der Wissenschaft. Vieweg Verlag, Braunschweig
Freundlich H (1930) Richard Zsigmondy (1865–1929). Ber Dtsch Chem Ges 63: 170–175
Fruton JS (1974) Hardy William Bate. In: Dictionary of Scientific Biography American Council of Learned Societies, Charles Scribner's Sons, New York 10: 201–202
Gerlach W, Stern O (1922 a) Der experimentelle Nachweis der Richtungsquantelung im Magnetfeld. Z Physik 9: 349–352
Gerlach W, Stern O (1922 b) Das magnetische Moment des Silberatoms. Z Physik 9: 353 – 355
Gerlach W, Stern O (1924) Über die Richtungsquantelung im Magnetfeld. Ann Physik 4 F 74: 673
Girnus W (1992) Tammann, Gustav. In: Wußing H-L (Hrsg) abc Forscher und Erfinder, Verlag Harri Deutsch, 553–554
Gorelik G (1991) Meine antisowjetische Tätigkeit. Ein Jahr im Leben von Lew Landau. Priroda 11:93–104 (Übersetzt von H. Rotter)
Gorelik G (1992) Physiker unter dem Sozialismus – Dokumente aus den Archiven des KGB. Swobodnaja Myssl 1: 45–53 (Übersetzt von H. Rotter)
Gorelik G, Rotter H (1993) Freiheit gegen Bürgschaft. Phys Bl 49: 115–119

Gough JB (1972) Gouy, Louis-Georges. In: Gillispie Ch C (ed) Dictoinary of Scientific Biography American Council of Learned Societies, Charles Scribner's Sons, New York 5: 483–484
Gouy LG (1910) Sur la constitution de la charge électrique a la surface d'un électrolyte. J de Phys 4 ser 9: 457–467
Hamaker HC (1937) The London-Van-der-Waals attraction between spherical particles. Physica 4: 1058–1072
Hardy WB (1899 a) On the structure of cell protoplasma. J. Physiology 24: 158–210
Hardy WB (1899 b) On the coagulation of proteid by electricity. J. Physiology 24: 288–304
Hardy WB (1900) On the conditions which determine the stability of irreversible hydrosols. Proc R Soc London 66: 110–125
Hatschek E (1926) Schulze, Hans. Camille Winßinger. S. Ernest Linder. Harold Picton. Francesco Selmi und Ascanio Sobrero, Klassische Arbeiten über kolloide Lösungen. In: Ostwalds Klassiker der exakten Wissenschaften 217: 172 Seiten
Heitler W, London F (1927) Wechselwirkung neutraler Atome und homöopolare Bindung nach der Quantenmechanik. Z Physik 44: 455–472
Hofmann von AW (1888) Thomas Graham. In: Zur Erinnerung vorangegangener Freunde. Gesammelte Gedächtnisreden. Vieweg Verlag, Braunschweig 3–42
Hückel E (1925) Zur Theorie konzentrierter wäßriger Lösungen starker Elektrolyte. Physikal Z 26: 93
Hund F (1966) Peter Debye 1884–1966. Jahrbuch der Akademie der Wissenschaften Göttingen 59–64
Jahn I (1992) Brown, Robert, Botaniker. In: H-L-Wußing (Hrsg) Fachlexikon abc Forscher und Erfinder. Verlag Harri Deutsch 98
Kant H (1992) Landau, Lew Dawidowitsch. In: H-L-Wußing (Hrsg) Fachlexikon abc Forscher und Erfinder. Verlag Harri Deutsch 343–344
Katscher L (1900) Faraday. Naturwiss. Wochenschrift 15: 253–256
Kerker M (1986 a) Historical Note. Classics and classicists of colloid and interface science, 2. John William Strutt, Lord Rayleigh. J Coll Interf Sci 113: 589–593
Kerker M (1986 b) Historical Note. Classics and classicists of colloid and interface science, 3. The (Theodor) Svedberg. J Coll Interf Sci 114: 295–297
Kerker M (1987 a) Historical Note. Classics and classicists of colloid and interface science, 5. Thomas Graham. J Coll Interf Sci 116: 296–299
Kerker M (1987 b) Historical Note. Classics and classicists of colloid and interface science, 6. John Tyndall. J Coll Interf Sci 119: 602–604
Kerker M (1988) Historical Note. Classics and classicists of colloid and interface science, 7. Marian Smoluchowski. J Coll Interf Sci 124: 697–699
Kerker M (1989) Historical Note. Classics and classicists of colloid and interface science, 9. Irving Langmuir. J Coll Interf Sci 133: 290–292
Kofink W (1962) Nobelpreis für Physik 1962 an L. D. Landau. Phys Bl 18: 568–571
Krauss HL (1970) Anomales Wasser. Naturw Rdsch 23: 417–420
Kroto HW (1991) New Light on´The Case of Imperfect Combustion. J Chem Soc Faraday Trans 87: 2871–2875
Kuhn W (1962) Georg Bredig 1868-1944. Chem Ber 95: XLVII–LXIII
Lagaly G, Beneke K (1995) Laudatio, Aladár von Buzágh. Colloid Polym Sci 273: 1098–1099
Langmuir I (1917) The constitution and fundamental properties of solids and liquids. II. Liquids, J Am Chem Soc 39: 1848
Langmuir I (1928) Die Entstehungsgeschichte der gasgefüllten Glühlampe. Naturw 16: 1019–1024
London F (1930) Zur Theorie und Systematik der Molekularkräfte. Z Physik 63: 245–279
Luck WAP (1970) Wasser als Pressestar. Eine kritische Übersicht über die wichtigsten Veröffentlichungen. Phys Bl 26: 133–137
Lyklema J (1972) Professor Dr. J. Th. G. Overbeek, On the ocassion of his twenty-five years as Professor at the Van't Hoff Laboratory, Utrecht. J Electroanal Chem Interf Electrochem 7: 1–2
Lyklema J (1991) Fundamentals of Interface and Colloid Science, Volume I: Fundamentals. Academic Press Limited, London S. 4.16ff

Machlup S (1981) Onsager, Lars. In: Dictionary of Scientific Biograohy American Council of Learned Societies, Charles Scribner's Sons, New York 18: 690–695

MacLeod R (1976) Tyndall, John. In: Dictionary of Scientific Biography American Council of Learned Societies, Charles Scribner's Sons, New York 13: 521–524

Masing G (1939) Gustav Tammann verstorben. Naturwiss 27: 169–170

Mehra J (1974) Mie Gustav. In: Dictionary of Scientific Biography American Council of Learned Societies, Charles Scribner's Sons, New York 9: 376–377

Mie G (1908) Beiträge zur Optik trüber Medien, speziell kolloidaler Metallösungen. Ann Physik 4 F 25: 377–445

Miles WD (1970) Wilder Dwight Bancroft. In: Gillispie Ch C (ed) Dictionary of Scientific Biography American Council of Learned Societies, Charles Scribner's Sons, New York 1: 430–431

N N (1926) Das autogene Schweißen im einatomigen Wasserstoff. Umschau 30: 762–764

Onsager L (1926) Zur Theorie der Elektrolyte I. Physikal Z 27: 388–392

Onsager L (1927) Zur Theorie der Elektrolyte II. Physikal Z 28: 277–298

Onsager L (1931) Reciprocal relations in irreversible processes I. Physical Rev 37: 405–426; II. Physical Rev 38: 2265–2279

Ostwald Wo (1907) Zur Systematik der Kolloide. Z Chem Ind Koll (Kolloid Z) 1: 291–300

Ostwald Wo (1936) P. P. von Weimarn, 1879-1935. Kolloid Z 74: 1–10

Overbeek JTG (1960) Black soap films. J Phys Chem 64: 1178

Overbeek JTG, Rathenau GW (1967) E. J. W. Verwey. Bij zijn aftreden als directeur van het Philips Natuurkundig Laboratorium. Chemisch Weekbl 63: 3–6

Overbeek JTG (1978) The first Rideal lecture. Microemulsions, a field at the border between lyophobic and lyophilic colloids. Farad Disc Chem Soc 65: 7–19

Overbeek JTG (1981 a) Fifty years intergration of forces. A written and pictorial reminiscence of Prof. Dr. J. Th. G. Overbeek. 5–13

Overbeek JTG (1981 b) Dat was het dan. Afscheidscollege gegeven op 3 juni 1981 door J. Th. G. Overbeek na zijn aftreden als hoogleraar in de fysische chemie aan de Rijksuniversiteit te Utrecht. 1–13

Pedersen KO (1975) Tiselius, Arne Wilhelm Kaurin. In: Dictionary of Scientific Biography American Council of Learned Societies, Charles Scribner's Sons, New York 13: 418–422

Pötsch WR (1989) Tiselius, Arne Wilhelm Kaurin. In: W. R. Pötsch (Hrsg) Lexikon bedeutender Chemiker, Verlag Harri Deutsch, 425

Prins JA (1976) Waals, Johannes Diderik van der. In: Dictionary of Scientific Biography American Council of Learned Societies, Charles Scribner's Sons, New York 14: 109–111

Ramsay W, Rayleigh JW (1895) Argon, a new constituent of the atmosphere. Proc R Soc London 57: 265

Rayleigh JW (1894) On an anomaly encountered in determination of the density of nitrogen gas. Proc R Soc London 55: 340

Rumer G (1973) Zum Gedenken an L. D. Landau. Phys Bl 29: 147–152

Schulze H (1882) Schwefelarsen in wäßriger Lösung. J Prakt Chemie 25: 431–452

Schulze H (1883) Antimontrisulfid in wäßriger Lösung. J Prakt Chemie 27: 320–332

Seeliger R (1932) Das Langmuirsche Plasma. Naturwiss 20: 711–715

Siedentopf H, Zsigmondy R (1903) Über Sichtbarmachung und Größenbestimmung ultramikroskopischer Teilchen, mit besonderer Anwendung auf Goldrubingläser. Ann Physik 4. F. 10: 1–39

Sm v S (1918) Biographisches über Marian von Smoluchowski. Naturwiss 6: 47

Smoluchowski von M (1906) Zur kinetischen Theorie der Brownschen Molekularbewegung und der Suspensionen. Ann Physik 4 F 21: 756–780

Smoluchowski von M (1916 a) Experimentelle Bestätigung der Rayleighschen Theorie des Himmelsblaus. Bull intern de l'Acad d Sci e de lettr Cracovie A: 218–222

Smoluchowski von M (1916 b) Drei Vorträge über Diffusion. Brownsche Molekularbewegung und Koagulation von Kolloidteilchen. Physikal Z 17: 557–571, 585–599

Smoluchowski von M (1918) Versuch einer mathematischen Theorie der Koagulationskinetik kolloider Lösungen. Z Physikal Chem 42: 129–168

Speter M (1955) Graham. In: G. Bugge (Hrsg) Das Buch der Großen Chemiker 2. Band, Unveränderter Nachdruck von 1929, Verlag Chemie Weinheim 69–77
Stearn WT (1970) Brown, Robert. In: Gillespie Ch C (ed) Dictionary of Scientific Biography American Council of Learned Societies, Charles Scribner's Sons, New York 2: 516 – 522
Stern O (1913) Zur kinetischen Theorie des Dampfdrucks einatomiger fester Stoffe und über die Entropiekonstante einatomiger Gase. Physikal Z 14: 629–632
Stern O (1916) Die Entropie fester Lösungen. Ann Physik 4 F 49: 823–841
Stern O, Born M (1919) Über die Oberflächenenergie der Kristalle und ihren Einfluß auf die Kristallgestalt. Sitzungsber Preuss Akad Wiss Berlin 901–913
Stern O (1921) Ein Weg zur experimentellen Prüfung der Richtungsquantelung im Magnetfeld. Z Physik 7: 249–253
Stern O, Gerlach W (1921) Der experimentelle Nachweis des magnetischen Moments des Silberatoms. Z Physik 8: 110–111
Stern O (1924) Zur Theorie der Elektrolytischen Doppelschicht. Z Elektrochem 30: 508–516
Strömholm D, Svedberg T (1909) Untersuchungen über die Chemie der radioaktiven Grundstoffe I–II. Z anorg allg Chem 61: 338–346; 63: 197–206
Süßkind C (1973) Langmuir Irving. In: Dictionary of Scientific Biography American Council of Learned Societies, Charles Scribner's Sons, New York 8: 22–25
Svedberg T (1905) Über die elektrische Darstellung einiger neuen colloidalen Metalle. Ber Dtsch Chem Ges 38: 3616–3620
Svedberg T (1909) Die Methoden zur Herstellung kolloider Lösungen anorganischer Stoffe. Theodor-Steinkopff-Verlag, Dresden und Leipzig
Svedberg T (1910) Die Methoden zur Messung der Brown'schen Bewegung. Z Chem Ind Koll (Kolloid Z) 7: 1–7
Svedberg T (1912) Die Existens der Moleküle, Leipzig
Svedberg T, Nichols JB (1923) Determination of size and distribution of size of particle by centrifugal methods. J Amer Chem Soc 45: 2910–2917
Svedberg T, Rinde H (1924) The Ultra-Centrifuge, a new instrument for the determination of size particle in amicroscopic colloids. J Amer Chem Soc 46: 2677–2693
Svedberg T, Fähraeus R (1926) A new method for the determination of the molecular weight of the proteins. J Amer Chem Soc 48: 430–438
Svedberg T (1929) Mass and size of protein molecules. Nature 123: 871
Teske AA (1975) Smoluchowski, Marian. In: Dictionary of Scientific Biography American Council of Learned Societies, Charles Scribner's Sons, New York 12: 496–498
Thomas JM (1991) Science at Interfaces. The Metaphor and Reality. A Bicentennial Assessment of Michael Faraday. J Chem Soc Faraday Trans 87: 2865–2870
Tiselius A, Svedberg T (1926) A new method for determination of the mobility of proteins. J Amer Chem Soc 48: 2272–2278
Tiselius A (1936) Adsorption and diffusion in zeolite crystals. J Phys Chem 40: 223–232
Tiselius A (1937 a) A new apparatus for electrophoretic analysis of colloidal mixtures. Trans Farad Soc 33: 524–531
Tiselius A (1937 b) Electrophoresis of serumglobulin II. Electrophoretic analysis of normal and immune sera. Biochem J 31: 1464–1477
Toschek PE (1988) Zum hundertsten Geburtstag von Otto Stern – Festkolloquium in Hamburg. Phy Bl: 44 78–79
Tyndall J (1869) Proc R Soc London 17: 223
Verwey EJW (1934) Dubbellaag en stabiliteit van lyophobe colloiden, dissertatie Utrecht
Verwey EJW, Overbeek JTG (1948) Theory of the stability of lyophobic colloids; the interaction of sol particles having an electric double layer. Elsevier Publishing Company, Amsterdam–New York 1–202
Verwey EJW, Overbeek JTG (1955 a) Theory of the stability of lyophobic colloids. J Coll Sci 10: 224–225
Verwey EJW, Overbeek JTG (1955 b) Theorie der Stabilität lyophober Kolloide. Kolloid Z 141: 44–45

Vink HJ (1981) Levensbericht van Evert Johannes Willem Verwey (30 april 1905–13 februari 1981) in: Jaarbook Kon Ned Akad Wetenschappen 1–11

Volke K (1989) Kolloidchemie im Altertum. Akademie der Wissenschaften der DDR, Forschungsinstitut für Aufbereitung Freiberg

Wagner D (1992) Hofmeister, Franz. In: H-L Wussing (Hrsg) Fachlexikon abc Forscher und Erfinder, Verlag Harri Deutsch, Frankfurt 236–237

Weimarn von PP (1906) Der kolloide Zustand als allgemeine Eigenschaft der Materie I–III. J Russ Phys Chem Ges: Februar 55 Seiten (russisch)

Weimarn von PP (1907) Zur Lehre von den kolloiden, amorphen und kristallinen Zuständen. Z Chem Ind Koll (Kolloid Z) 2: 76–83

Wiederkehr KH (1991) Faradays Feldkonzept und Hans Christian Oersted. Phys Bl 47: 825–830

Williamson AW (1869) The late Professor Graham. Nature Nov 4: 20–22

Zettlemoyer ACh, Kerker M (1966) Victor Kuhn La Mer 1895–1966. J Coll Interf Sci 22:i

Zsigmondy R, Bachmann W (1912) Über Gallerten. Ultramikroskopische Studien an Seifenlösungen und -gallerten. Z Chem Ind Koll (Kolloid Z) 11: 145–157

Zsigmondy R, Bachmann W, Stevenson E.F (1912) Über einen Apparat zur Bestimmung der Dampfspannungsisothermen des Gels der Kieselsäure. Z anorg Chem. 75: 189–197

Zsigmondy R (1925) Kolloidchemie. Ein Lehrbuch, 5., vermehrte und vollständig umgearbeitete Auflage, Verlag Otto Spamer, Leipzig, 227–228

Sachverzeichnis

A

E

I

J

K

L

Q

R

S

T

U

V

GPSR Compliance

The European Union's (EU) General Product Safety Regulation (GPSR) is a set of rules that requires consumer products to be safe and our obligations to ensure this.

If you have any concerns about our products, you can contact us on ProductSafety@springernature.com

In case Publisher is established outside the EU, the EU authorized representative is:

Springer Nature Customer Service Center GmbH
Europaplatz 3
69115 Heidelberg, Germany

Batch number: 10577878

Printed by Printforce, the Netherlands